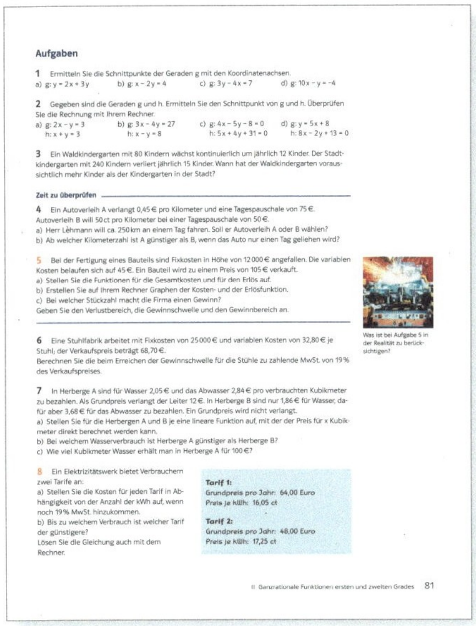

Die **Aufgaben** fangen leicht an und werden immer anspruchsvoller. Wenn bei einer Aufgabe die Aufgabenziffer orange ist, sollen Sie diese Aufgabe mit dem Rechner bearbeiten.

Im Aufgabenblock **Zeit zu überprüfen** können Sie alleine testen, ob Sie die grundlegenden Aufgaben zu dem neu gelernten Stoff lösen können. Die Lösungen zu diesen Aufgaben finden Sie hinten im Buch.



## Wiederholen – Vertiefen – Vernetzen

Auf den Seiten **Wiederholen – Vertiefen – Vernetzen** finden Sie Aufgaben, die den Lernstoff verschiedener Lerneinheiten und manchmal auch verschiedener Kapitel miteinander vernetzen.

## Exkursion

Die **Exkursionen** am Ende der Kapitel bieten Inhalte, die über den üblichen Lernstoff hinausgehen. In den Exkursionen dieses Buches können Sie zum Beispiel erfahren, wie man mit Statistik mogeln kann oder wie die Differenzialrechnung fast zeitgleich von zwei verschiedenen Mathematikern entdeckt wurde.

## Rückblick

Auf den **Rückblick**-Seiten sind alle zentralen mathematischen und wirtschaftlichen Inhalte des Kapitels zusammengefasst und an Beispielen veranschaulicht.

## Training

Mit den **Training**-Seiten am Ende des Kapitels können Sie sich eigenständig auf die nächste Klausur vorbereiten. Die Lösungen zu den Trainingsaufgaben finden Sie hinten im Buch.

## Fundus

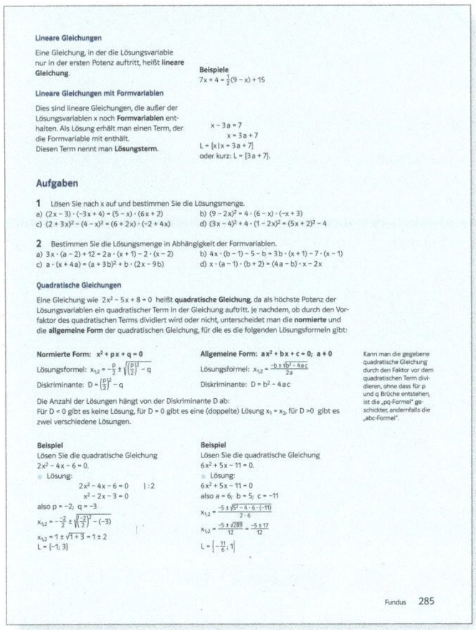

Der **Fundus** am Ende des Buches fasst wichtige, grundlegende Inhalte aus früheren Klassen, die bereits bekannt sein sollten, knapp und übersichtlich zusammen. Ob Sie diese Inhalte wirklich noch beherrschen, können Sie mithilfe der Übungsaufgaben selbstständig überprüfen. Die Lösungen zu den Übungsaufgaben finden Sie hinten im Buch.

Ihr Mathematikbuch gibt Ihnen also viele Hilfestellungen für den Unterricht und für Klausuren, aber vor allem möchte es Ihnen zeigen: Mathematik ist nicht nur ein wichtiges Werkzeug bei der Lösung wirtschaftlicher Problemstellungen, sondern Mathematik kann auch Freude machen.

Wir wünschen Ihnen viel Erfolg!
Das Autorenteam und der Verlag.

# Inhaltsverzeichnis

# Inhaltsverzeichnis

## III Ganzrationale Funktionen höheren Grades



## IV Gebrochenrationale Funktionen



## V Exponentialfunktionen und Wachstum

## VI Veränderungen – Einführung in die Differenzialrechnung



### Fundus

# Zur Konzeption des Buches

Der vorliegende Band für den Mathematikunterricht der 11. Jahrgangsstufe der beruflichen Gymnasien (Berufskollegs), Ausgabe Wirtschaft, basiert auf dem bewährten Konzept des Lambacher Schweizer. Er orientiert sich an den aktuellen Bildungsplänen für Nordrhein-Westfalen und Niedersachsen. Der Band kann aber auch in entsprechenden Kursen beruflicher Gymnasien anderer Bundesländer eingesetzt werden.

Die Einführungsphase **beruflicher Gymnasien** ist unter anderem gekennzeichnet durch
- eine Gelenkfunktion, um unterschiedlich vorgebildeten Schülerinnen und Schülern die Kompetenzen zu vermitteln, die am Gymnasium bis zum Ende der Klasse 10 erworben werden,
- die anwendungsbezogene Ausrichtung des Mathematikunterrichtes an den Profilfächern der jeweiligen beruflichen Gymnasien,
- die durchgängige Verfügbarkeit eines grafikfähigen Taschenrechners (GTR) oder Computer-Algebra-Systems (CAS), auch vorbereitend auf die Abiturprüfung.

Die Konzeption des Buches geht hierauf besonders ein und bietet einen schülergerechten, klar strukturierten Lehrgang durch die geforderten Themenbereiche.

### Angleichung der Vorkenntnisse mithilfe des „Fundus" im Anhang

Im Rahmen der Gelenkfunktion werden im vorliegenden Band wichtige Begriffe aus der Funktionen- und Gleichungslehre früherer Jahrgänge anhand wirtschaftlicher Fragestellungen wieder aufgegriffen, erweitert und vertieft. Darüber hinaus sind in einem Fundus am Ende des Buches wünschenswerte Vorkenntnisse aus dem Sekundarbereich I in übersichtlicher und knapper Form zusammengestellt. Die instruktiven Beispiele und die vielen routinebildenden Übungsaufgaben sind so gestaltet, dass Schülerinnen und Schüler eigenständig Defizite besonders im Rechnen und im Lösen von Gleichungen gezielt aufarbeiten können. Zur Selbstkontrolle befinden sich die Lösungen dieser Aufgaben im Anhang. In den Lerneinheiten wird an geeigneten Stellen auf den Fundus hingewiesen.

### Einsatz elektronischer Hilfsmittel wie grafikfähige Taschenrechner (GTR), Computer-Algebra-Systeme (CAS) und Tabellenkalkulationsprogramme

GTR bzw. CAS-Rechner sind heute im Sekundarbereich II durchgängige Arbeits- und Lernwerkzeuge in der Hand der Schülerinnen und Schüler. Damit kann ein rein ergebnisorientierter Kalkül ersetzt werden durch einen angemessenen Einsatz der elektronischen Hilfsmittel, insbesondere bei gezieltem Experimentieren, Entdecken neuer Sachverhalte und Modellbildungen. Diese Veränderungen, die der Mathematikunterricht in den letzten Jahren erfahren hat, werden konsequent berücksichtigt bei der Einführung neuer Themen im Lehrtext und in den Aufgaben, um die Schülerinnen und Schüler von Beginn an auf eine sichere Handhabung der Hilfsmittel in der Abiturprüfung vorzubereiten. Daher gibt es in dem Band immer wieder Beispiele, die mit dem TI-84 bzw. mit dem TI-Nspire bearbeitet werden. Häufig werden die Lösungen durch Screenshots dokumentiert. Ins Einzelne gehende Eingaben werden aber aus Gründen der Übersichtlichkeit nicht im Buch abgebildet. Stattdessen sind als Anhang ab Seite 320 die wichtigsten GTR-Verfahren mit dem TI-84 bzw. dem TI-Nspire zusammengestellt.

Berücksichtigt wird aber auch das unverzichtbare Ziel, in einfachen Fällen die Rechnungen von Hand durchführen zu können. Auf die Förderung sprachlicher Kompetenzen bei der Dokumentation von Lösungsstrategien, der Interpretation von Ergebnissen sowie der Erläuterung der Ideen, die den verwendeten Begriffen und Methoden zugrunde liegen, wird besonderer Wert gelegt.

## Der Lerngang des Buches

Die wichtigste Besonderheit an dem vorliegenden Band ist, dass die Begriffe aus der Wirtschaft und die zugehörigen Anwendungen nicht additiv an eine vorrangig mathematische Darstellung dargeboten werden, sondern dass sie in den Lehrgang integriert sind: Die Mathematik wird konsequent aus wirtschaftlichen Fragestellungen entwickelt; auf diese Weise ist – wie von den Bildungsplänen gefordert – für die Schülerinnen und Schüler von Beginn an der Bezug zum Fachbereich Wirtschaft und Verwaltung zu erkennen.
Als weitere Besonderheit enthält jedes Kapitel nach den beiden Auftaktseiten eine erste Lerneinheit, in der ohne viel Begrifflichkeit ein Überblick über die in diesem Kapitel wichtigsten Themenbereiche sowohl aus der Mathematik als auch aus der Wirtschaft gegeben wird.

**Kapitel I** „Von Daten zu Funktionen“ hat eine wichtige Funktion in mehrfacher Hinsicht: Zum einen werden die notwendigen Begriffe der Beschreibenden Statistik behandelt, zum anderen wird der fundamentale Begriff der Funktion realitätsbezogen eingeführt. Weiterhin werden hier die im Fachbereich Wirtschaft und Verwaltung schon behandelten Modelle wie vollständige Konkurrenz (Polypol) und Monopol wieder aufgenommen und vertieft.
Das Buch unterstützt aber auch die Lehrerinnen und Lehrer, die alternativ mit Kapitel II „Ganzrationale Funktionen ersten und zweiten Grades“ einsteigen möchten. Dieser Zugang wird dadurch erleichtert, dass die Beschreibung von Abhängigkeiten bei Größen durch Funktionen zu Beginn dieses Kapitels nochmals kurz zusammenfassend dargestellt wird.
Anhand von Kosten-, Erlös- und Gewinnfunktionen werden in **Kapitel II** lineare und quadratische Funktionen einschließlich der Lösungsmethoden der zugehörigen Gleichungen behandelt. Bei den quadratischen Funktionen wird auch auf die verschiedenen Möglichkeiten zum Aufstellen eines Funktionsterms eingegangen.
In **Kapitel III** „Ganzrationale Funktionen höheren Grades“ werden übergreifende mathematische Ideen und Prinzipien wie Symmetrie und Grenzverhalten an Potenzfunktionen eingeführt und in der Folge auf die neue Funktionsklasse übertragen. Im Rahmen der Bestimmung von Kostenfunktionen wird das Gauss-Verfahren dargestellt.
Die Betrachtung von Kosten und Gewinn pro Stück führt in **Kapitel IV** „Gebrochenrationale Funktionen“ auf natürliche Weise zu der neuen Funktionsklasse.
Die Idee der Modellbildung steht im Mittelpunkt von **Kapitel V** „Exponentialfunktionen und Wachstum“. Der Vergleich verschiedener Arten von Wachstum und die Anwendung auf die Zinseszinsrechnung führt auf die Funktionsklasse der Exponentialfunktionen. Das Thema Logarithmen wird nur soweit behandelt, wie es zum Lösen von Gleichungen benötigt wird.
In **Kapitel VI** „Veränderungen – Einführung in die Differenzialrechnung“ steht an zentraler Stelle die Idee, Veränderungen von Zahlenwerten oder im Verlauf eines Graphen mathematisch zu beschreiben. Hier werden Begriffe wie mittlere und lokale Änderungsrate am Beispiel der Geschwindigkeit eingeführt und im ökonomischen Kontext interpretiert. Der für alles Folgende zentrale Begriff der Ableitung wird definiert, erste elementare Regeln zur Bestimmung der Ableitung einer Funktion werden eingeführt.

## Vielfältige und realitätsorientierte Aufgaben

Die unverzichtbaren Routine bildenden Übungsaufgaben sind weiterhin in ausreichendem Maße vorhanden. Sie werden ergänzt durch eine Vielfalt betont grafischer, sprachlicher sowie wiederholender, vertiefender und vernetzender Aufgabenformate. Diese „etwas anderen Aufgaben“ fördern gezielt das Verständnis der eingeführten Inhalte. In allen Kapiteln finden sich auch in den Aufgaben viele Fragestellungen aus wirtschaftlichen und kaufmännischen Bereichen.

# Von Daten zu Funktionen

Bei vielen Untersuchungen fallen in der Regel große Mengen von Daten an.
Diese werden oft zunächst in Form von Tabellen aufbereitet. Um einen schnellen Überblick über wesentliche Aspekte der ermittelten Daten zu erhalten, wählt man grafische Darstellungen.

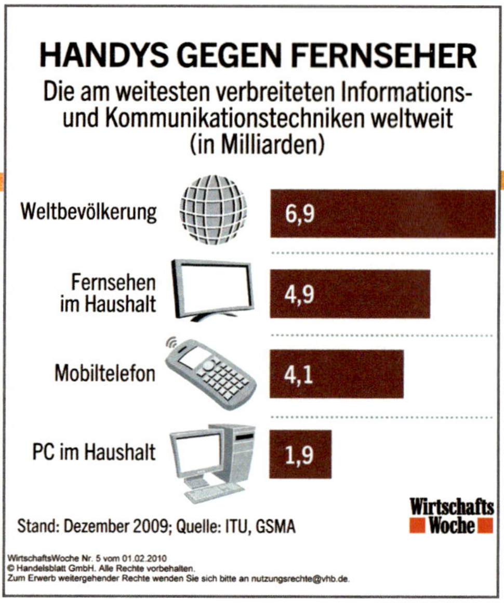


**Weltautomobilproduktion deutscher Hersteller**

| | 2009 | 2010 | Veränderung in % |
|---|---|---|---|
| Personenkraftwagen | 9822501 | 11638895 | 18,5 |
| Nutzfahrzeuge | 648968 | 958325 | 47,7 |
| davon Lkw bis 6t zul. Ges.-Gew. | 320994 | 454980 | 41,7 |
| Lkw über 6t zul. Ges.-Gew. | 262471 | 426713 | 62,6 |
| Omnibusse | 65503 | 76632 | 17,0 |
| **Kraftwagen insgesamt** | **10471469** | **12597220** | **20,3** |

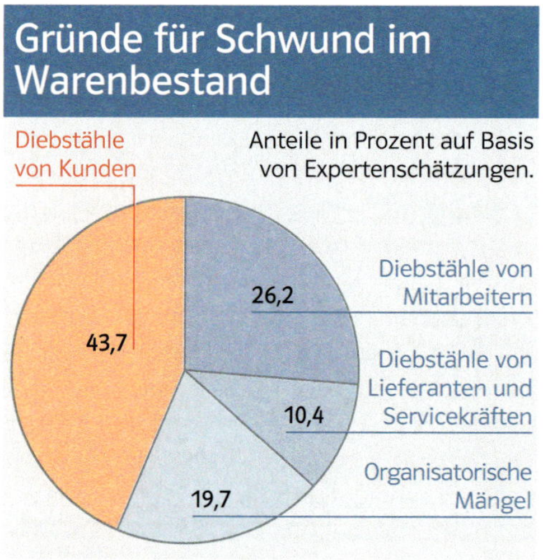


Ladendiebstahl: Kunden langen zu
Quelle: EHI Retail Institut,
Institut der deutschen Wirtschaft Köln

## Das kennen Sie schon

- Tabellarische Darstellung von Daten
- Grafische Darstellungen von Daten durch Balkendiagramme, Kreisdiagramme und Kurven

**Bruttoverdienste**

| Jahr | Durchschnitt (in Euro) | Veränderung |
|---|---:|---:|
| 2000 | 25108 | |
| 2001 | 25563 | +1,8% |
| 2002 | 25904 | +1,3% |
| 2003 | 26231 | +1,3% |
| 2004 | 26399 | +0,6% |
| 2005 | 26470 | +0,3% |
| 2006 | 26706 | +0,9% |
| 2007 | 27128 | +1,6% |
| 2008 | 27751 | +2,3% |
| 2009 | 27648 | −0,4% |

(Stuttgarter Nachrichten; 4.3.2010)

**Produktionsindex: Originalwert und Trend**
2005 = 100, Monatswerte

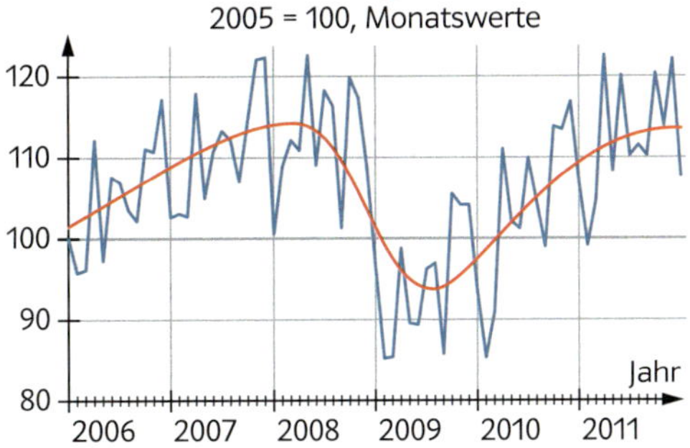


Arithmetik/ Algebra

Funktionen

Geometrie

Stochastik

Argumentieren/ Kommunizieren

Problemlösen

Modellieren

Werkzeuge

## In diesem Kapitel

- lernen Sie, wie man Grafiken erstellt und was zu beachten ist, um Fehlinterpretationen zu vermeiden.
- werden statistische Kennzahlen wie z.B. das arithmetische Mittel eingeführt.
- werden durchschnittliche Wachstumsraten berechnet.
- werden Daten modelliert, d.h., es werden Funktionen gesucht, deren Funktionswerte sich gut an die Daten anpassen.

# 1 Einführung: Typische Fragestellungen bei statistischen Untersuchungen

*Baden-Baden, 9. April 2010*

**Mädchen schauen mehr fern als Jungen**

Erstmals seit 15 Jahren saßen 3- bis 13-jährige Zuschauerinnen im ersten Quartal des Jahres länger vor den Bildschirmen als ihre männlichen Altersgenossen. Mädchen haben rund 102 Minuten, Jungen rund 95 Minuten täglich ferngesehen.

Zu dem in der Pressenotiz angegebenen Ergebnis kommt eine Sonderstudie eines Marktforschungsunternehmens.
Beschreiben Sie die wesentlichen Schritte einer Studie, durch die man zu einer solchen Aussage kommen könnte.
Würden Sie der Überschrift zustimmen, wenn man die Daten genauer betrachtet?

Es wurden immer rund 1000 Amerikaner befragt. Fasst man die Anteile für „ausgezeichnet" oder „gut" zusammen, ergibt sich (Angaben in Prozent):

| Monat | Frauen | Männer |
|---|---|---|
| Sep. 2002 | 38 | 44 |
| Apr. 2003 | 28 | 27 |
| Sep. 2003 | 32 | 35 |
| Sep. 2004 | 42 | 49 |
| Sep. 2005 | 37 | 51 |
| Feb. 2007 | 41 | 49 |
| Sep. 2008 | 32 | 54 |
| Dez. 2009 | 42 | 53 |

Fig. 1

Soll für wirtschaftliche oder wissenschaftliche Zwecke ein bestimmter Sachverhalt statistisch untersucht werden, muss zunächst die Fragestellung klar formuliert werden. Anschließend kann eine **Umfrage** oder ein **Experiment** die notwendigen Daten liefern, um Antworten zu finden. So lässt z. B. die Bundesrepublik Deutschland seit 2002 jedes Jahr untersuchen, wie das Deutschlandbild der Amerikaner ist. Auf die Frage „Wie würden Sie Ihren Gesamteindruck von Deutschland beschreiben" können die Amerikaner ihre Meinung auf der 5-Punkte-Skala „5: ausgezeichnet, 4: gut, 3: befriedigend, 2: ausreichend, 1: schlecht" abgeben (Fig. 1).
Die Tabelle enthält die wichtigsten Ergebnisse der Umfrage. Diese kommen aber erst richtig zum Ausdruck, wenn man sie **grafisch veranschaulicht** (Fig. 2).

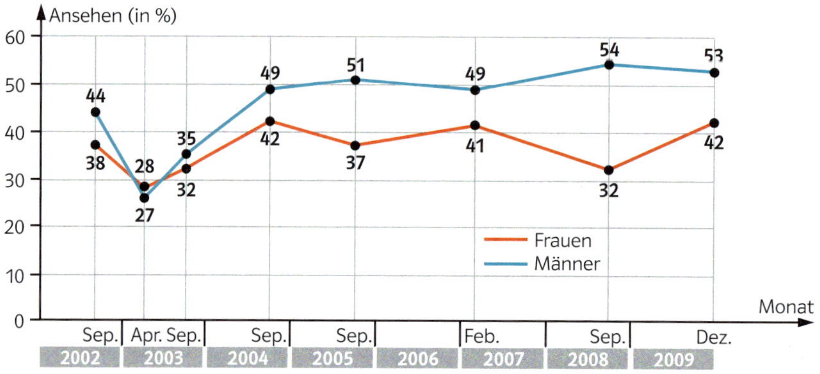


Fig. 2

Welches Ereignis war wohl der Grund für die niedrigen Werte im April 2003?

Der Grafik kann man entnehmen: Fast immer war das Ansehen bei den Frauen deutlich niedriger als bei den Männern. Zu Beginn des Jahres 2003 gab es in beiden Gruppen einen Tiefpunkt in den Sympathiewerten. Ab September 2004 war bei den Männern das gute Ansehen nahezu konstant.

Das Wort „Statistik" wird in doppeltem Sinne gebraucht:
- Statistik als eine zahlenmäßige Zusammenstellung von Ergebnissen einer Untersuchung
- Statistik als Zusammenfassung von Methoden, mit denen Daten untersucht werden können.

Zu einem kurzen Vergleich der Verteilungen der Frauen und Männer eignet sich besonders die Angabe der **Mittelwerte (arithmetisches Mittel)**. Für die Frauen bzw. Männer gilt:
$m_1 = \frac{38 + 28 + 32 + 42 + 37 + 41 + 32 + 42}{8} = 36{,}50$; $m_2 = \frac{44 + 27 + 35 + 49 + 51 + 49 + 54 + 53}{8} = 45{,}25$;
d. h., im Schnitt hatten die Männer ein um 8,75 Prozentpunkte besseres Deutschlandbild als die Frauen.

In der statistischen Datenanalyse (auch **Beschreibende Statistik** genannt) werden Daten gewonnen, grafisch und rechnerisch aufbereitet und interpretiert.

Bei der angegebenen Umfrage wurde nur ein so genanntes **Merkmal** betrachtet, nämlich der Gesamteindruck der Amerikaner von Deutschland. Häufig sind aber auch solche Fälle, bei denen gleichzeitig zwei Merkmale betrachtet werden.

So möchte ein Unternehmer wissen, ob seine Werbung erfolgreich war. Hierzu stellt er für zwölf Monate die Werbungskosten und den Umsatz einander gegenüber (Fig. 1).
Fig. 2 zeigt eine grafische Veranschaulichung dieser Daten. Ein solches Diagramm heißt **Punktdiagramm** oder auch **Streudiagramm**.
Das Punktdiagramm spiegelt eine steigende Tendenz des Umsatzes mit zunehmenden Werbungskosten wider. Die Vorstellung aber, höhere Werbungskosten würden automatisch zu höheren Umsätzen führen, scheint ab siebzehntausend Euro Werbungskosten nicht mehr zu stimmen.

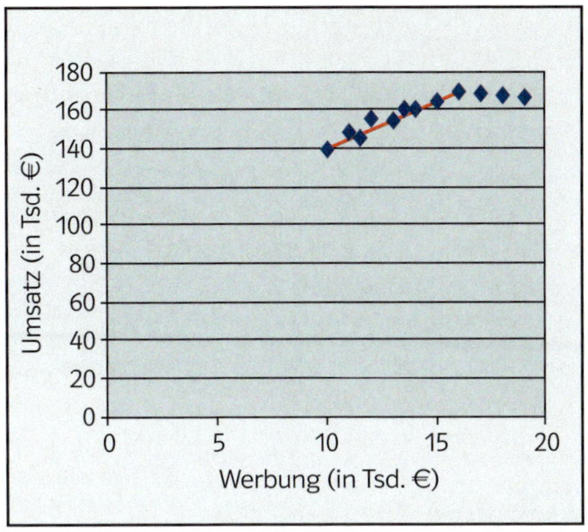


Fig. 2

| Werbung (in Tsd. €) | Umsatz (in Tsd. €) |
|---|---|
| 11 | 149 |
| 13 | 155 |
| 16 | 170 |
| 12 | 156 |
| 14 | 161 |
| 11,5 | 146 |
| 17 | 169 |
| 19 | 167 |
| 15 | 165 |
| 13,5 | 161 |
| 18 | 168 |
| 10 | 140 |

Fig. 1

Bis zu sechzehntausend Euro aber ist es sinnvoll, nach Augenmaß eine „möglichst gut passende" Gerade (**Trendgerade**) einzuzeichnen. In späteren Lerneinheiten wird dann eine rechnerische Methode eingeführt, die zu einer eindeutigen Bestimmung der Gleichung einer solchen Geraden führt.

Streuen in einem Punktdiagramm die Punkte um den Graphen einer Funktion, so ist es das Ziel einer statistischen Datenanalyse, die Gleichung einer solchen **Funktion** zu bestimmen. Die Funktion nennt man dann ein **mathematisches Modell**, da sie den Zusammenhang zwischen den beiden Merkmalen „im Wesentlichen" erfasst.
**Lineare Funktionen** spielen hierbei eine besondere Rolle, da viele Zusammenhänge durch die Angabe einer Trendgeraden näherungsweise beschrieben werden können.

**Beispiel 1** Absolute und relative Häufigkeit
In einem Hotel wurde an einem bestimmten Tag die Aufenthaltsdauer der abreisenden Gäste notiert. Man erhielt dabei die folgenden Daten (in Tage).
2, 1, 5, 3, 1, 4, 3, 2, 1, 2, 1, 6, 2, 5, 3
a) Ermitteln Sie die absoluten und die relativen Häufigkeiten für die Aufenthaltsdauer. Notieren Sie die Werte in einer Häufigkeitstabelle.
b) Stellen Sie die ermittelten relativen Häufigkeiten grafisch dar.
c) Wie lange blieben die abreisenden Gäste im Schnitt in dem Hotel?

Lösung: a)

| Tage | 1 | 2 | 3 | 4 | 5 | 6 |
|---|---|---|---|---|---|---|
| abs. Häufigkeit | 4 | 4 | 3 | 1 | 2 | 1 |
| rel. Häufigkeit | $\frac{4}{15}$ | $\frac{4}{15}$ | $\frac{3}{15}$ | $\frac{1}{15}$ | $\frac{2}{15}$ | $\frac{1}{15}$ |

b) Siehe Fig. 3.
c) Es ist $\frac{1 \cdot 4 + 2 \cdot 4 + 3 \cdot 3 + 4 \cdot 1 + 5 \cdot 2 + 6 \cdot 1}{15} = \frac{41}{15} \approx 2{,}7$.
Im Schnitt waren die Gäste also 2,7 Tage in dem Hotel.

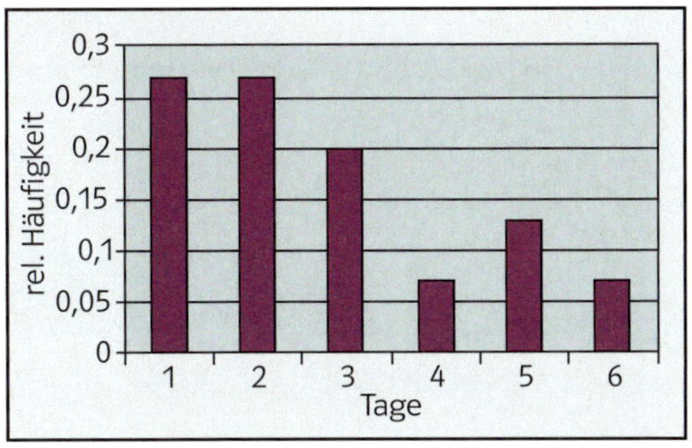


Fig. 3

| Fahrleistung (in Tsd. km) | Preis (in Tsd. €) |
|---|---|
| 18 | 16,4 |
| 154 | 1,6 |
| 55 | 16,9 |
| 10 | 25,9 |
| 18 | 16,9 |
| 51 | 18,6 |
| 19 | 16,5 |
| 44 | 13,6 |
| 190 | 3,9 |
| 83 | 14,9 |
| 130 | 10,2 |

Fig. 1

**Beispiel 2** Trendgerade

Der Gebrauchtwagenseite einer Tageszeitung wurden für die angebotenen VW Passat die gefahrenen Kilometer (Fahrleistung) und der geforderte Preis entnommen (Fig. 1).

a) Zeichnen Sie ein Punktdiagramm und tragen Sie nach Augenmaß eine Trendgerade ein.

b) Jemand möchte einen VW Passat verkaufen, bei dem der Tacho auf 130 000 km steht. Welchen Richtpreis liefert ihm diese Untersuchung?

■ Lösung: a) Fig. 2 zeigt das Punktdiagramm einschließlich einer nach Augenmaß eingezeichneten Trendgerade.

b) Mithilfe der Trendgeraden erhält man für 130 000 km einen Preis von näherungsweise 8000 Euro.

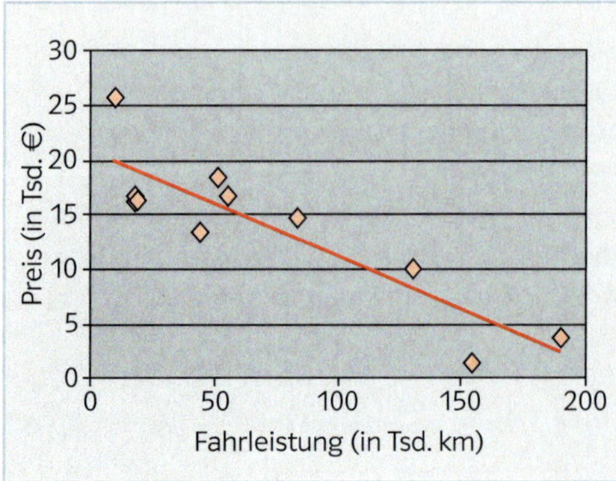


Fig. 2

## Aufgaben

**1** Die Grafik in Fig. 3 zeigt bundesweit die Altersstruktur der Lehrkräfte an allgemeinbildenden und berufsbildenden Schulen (Angaben in Prozent).
Stellen Sie den gleichen Sachverhalt anders grafisch dar und vergleichen Sie beide Darstellungen.

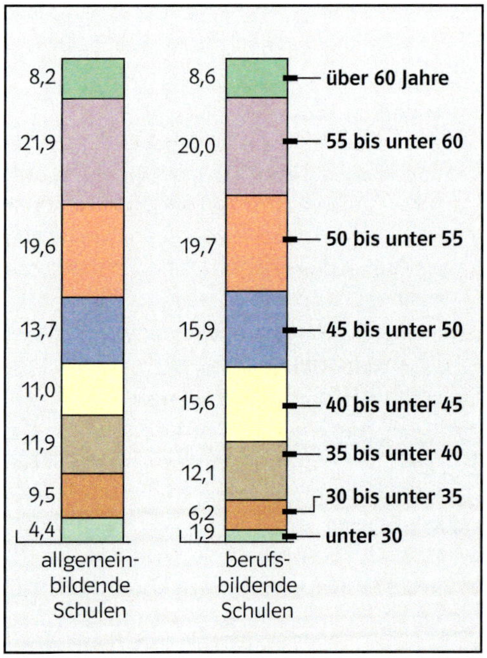


Fig. 3

**2** Das Statistische Landesamt Nordrhein-Westfalen hat folgende Statistik veröffentlicht:
Von den Schüler(innen) des Schuljahres 2009/2010 waren …

| Merkmal | Anzahl |
|---|---|
| männlich | 278 485 |
| weiblich | 318 187 |
| Deutsche | 569 352 |
| Ausländer(innen) | 27 320 |

Wie hoch ist der Anteil (in Prozent)
a) der männlichen Personen unter allen
b) der Deutschen unter allen?

| Wohnfläche (in m²) | Nettomiete (in €) |
|---|---|
| 30 | 375 |
| 46 | 551 |
| 38 | 350 |
| 55 | 550 |
| 44 | 380 |
| 50 | 340 |
| 64 | 570 |
| 60 | 495 |
| 78 | 600 |
| 75 | 620 |
| 85 | 495 |
| 90 | 690 |
| 107 | 750 |
| 119 | 800 |
| 124 | 1100 |
| 135 | 1500 |
| 105 | 895 |
| 125 | 780 |
| 101 | 760 |
| 115 | 745 |
| 150 | 1250 |
| 184 | 1500 |

Fig. 4

**3** Der Wochenendausgabe einer Tageszeitung wurden für eine Stadt die Daten der Tabelle in Fig. 4 entnommen.
a) Wie hoch ist die mittlere Wohnfläche in dieser Stadt?
b) Wie hoch ist die mittlere Nettomiete in dieser Stadt?
c) Zeichnen Sie ein Punktdiagramm und tragen Sie nach Augenmaß eine Trendgerade ein.
d) Von welcher Nettomiete muss eine Familie in dieser Stadt näherungsweise ausgehen, wenn sie beabsichtigt, eine Wohnung mit rund 100 $m^2$ zu mieten?
e) Ein Datenpaar in der Tabelle fällt im Vergleich zu den übrigen heraus. Nennen Sie hierfür mögliche Gründe im Sachzusammenhang.

# 2 Grundbegriffe der Datenerhebung

Die Abbildung zeigt die „Verkehrsdichte" (Anzahl der Kraftfahrzeuge je Stunde) im Verlaufe eines Tages auf drei Autobahnspuren. Fassen Sie die dargestellten Informationen in eigene Worte.

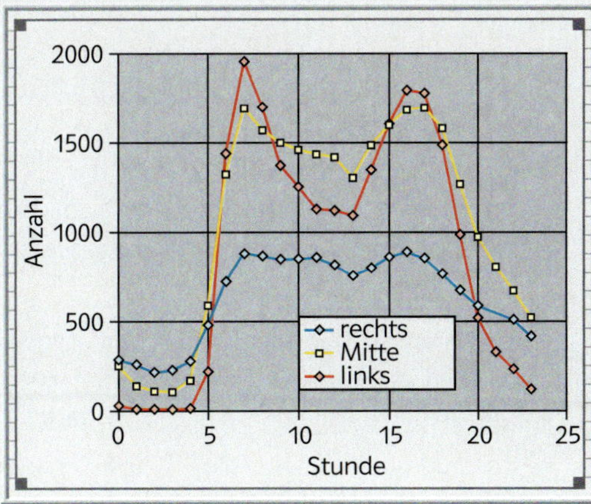


| Std. | rechts | Mitte | links |
|---|---|---|---|
| 0 | 287 | 253 | 30 |
| 1 | 261 | 141 | 10 |
| 2 | 217 | 111 | 11 |
| 3 | 229 | 107 | 9 |
| 4 | 279 | 171 | 12 |
| 5 | 480 | 590 | 220 |
| 6 | 725 | 1325 | 1440 |
| 7 | 887 | 1694 | 1956 |
| 8 | 868 | 1571 | 1700 |
| 9 | 850 | 1501 | 1373 |
| 10 | 852 | 1461 | 1255 |
| 11 | 860 | 1436 | 1130 |
| 12 | 818 | 1420 | 1122 |
| 13 | 757 | 1305 | 1094 |
| 14 | 801 | 1487 | 1349 |
| 15 | 862 | 1600 | 1606 |
| 16 | 891 | 1686 | 1795 |
| 17 | 856 | 1697 | 1778 |
| 18 | 768 | 1582 | 1487 |
| 19 | 675 | 1270 | 987 |
| 20 | 588 | 975 | 520 |
| 21 | 550 | 808 | 330 |
| 22 | 511 | 673 | 235 |
| 23 | 418 | 523 | 122 |
| | 15290 | 25387 | 21571 |

Bevor man die Realität durch Wahrscheinlichkeitsmodelle beschreibt, muss man sie durch Messen, Zählen und Visualisieren „erfassen". Das geschieht in der so genannten **Beschreibenden Statistik**.

Befragungen von Personen, Verkehrszählungen, Beobachtungen zur Lebensdauer von Produkten sind Beispiele **statistischer Erhebungen**. Bei einer solchen Erhebung wird an **Merkmalsträgern** (z.B. Personen oder Autos) ein bestimmtes **Merkmal** (z.B. Körpergröße oder gefahrene Geschwindigkeit) untersucht. Alle Merkmalsträger zusammen nennt man **Grundgesamtheit**. Ausgewählte Merkmalsträger bilden eine **Stichprobe**. Die Anzahl n der Merkmalsträger in der Stichprobe heißt **Stichprobenumfang**.

Eine Stichprobe heißt **repräsentativ**, wenn sie die Grundgesamtheit ausgewogen widerspiegelt. Würde man nur Jungwähler unter 22 Jahren befragen, wäre das sicher keine für alle Wähler repräsentative Stichprobe.

Bei einer statistischen Erhebung werden die Daten in einer **Urliste** wie in Fig. 1 festgehalten. Die einzelnen Beobachtungswerte der Urliste heißen **Stichprobenwerte**; sie werden mit $x_1, x_2, \dots, x_n$ bezeichnet. Sie können mehrfach vorkommen. Davon zu unterscheiden sind die **Merkmalsausprägungen**; sie werden mit $a_1, a_2, \dots, a_k$ bezeichnet. Diese sind alle voneinander verschieden.

Merkmal

2 Stichprobenwerte zur selben Merkmalsausprägung

| Nr. | Uhrzeit T | Geschwindigkeit v (in $\frac{km}{h}$) |
|---|---|---|
| 0001 | 09:45:13 | 44 |
| 0002 | 09:46:04 | 52 ← |
| ... | | |
| 0123 | 11:09:21 | 33 |
| 0124 | 11:09:47 | 62 |
| 0125 | 11:10:04 | 52 ← |
| 0126 | 11:10:21 | 41 |
| ... | | |
| 2583 | 23:58:47 | 83 |
| 2584 | 23:59:13 | 53 |

Fig. 1

In der Urliste von Fig. 1 sind die Merkmalsträger Autos, bei denen die Merkmale Zeit (T) und Geschwindigkeit (v) gemessen wurden. Der Stichprobenumfang ist n = 2584. Merkmalsausprägungen sind hier die ganzzahligen Geschwindigkeiten. Natürlich müssen bei 2584 Stichprobenwerten etliche mehrfach auftreten. Beispielsweise gilt
$v_{0002} = v_{0125} = 52\,\frac{km}{h}$.

Vergleicht man bei einer statistischen Erhebung Merkmalsausprägungen verschiedener Merkmale, stellt man Unterschiede fest.

| Merkmal | Merkmalsausprägungen |
|---|---|
| Geschlecht | männlich; weiblich |
| Schulische Leistung | sehr gut; …; ungenügend |
| Geschwisterzahl | 0; 1; 2; 3; … |

Beim Merkmal „Geschlecht" dienen die Worte männlich, weiblich nur der Kennzeichnung; zwischen den Ausprägungen besteht keinerlei Rang- oder Reihenfolge. Kennzeichnet man männlich etwa durch 1 und weiblich durch 2, soll damit keinerlei Rangfolge zum Ausdruck kommen. Man könnte auch männlich durch 2 und weiblich durch 1 kennzeichnen.

Streng genommen ist es nicht zulässig, mit Noten wie mit Zahlen zu rechnen. Wenn man dennoch etwa vom Klassenarbeitsdurchschnitt 3,2 spricht, so schreibt man den Noten einen Informationsgehalt zu, den sie in Wahrheit gar nicht haben.

Bei dem Merkmal „Schulische Leistung" dagegen stellt jede Ausprägung eine Bewertung dar, infolgedessen stehen die Ausprägungen in einer Rangfolge. Gibt man die Noten wie üblich in Ziffern an, dienen diese ebenfalls der Kennzeichnung, sie bringen aber auch eine Rangfolge zum Ausdruck. Die Ziffern 1 bis 6 können den schulischen Leistungen nicht mehr willkürlich zugeordnet werden; die Zuordnung muss so vorgenommen werden, dass sich die Rangfolge der schulischen Leistungen und die natürliche Reihenfolge der Ziffern entsprechen. Statt der Ziffern hätte man ebenso gut die Buchstaben a; b; …; f verwenden können. Dies zeigt, dass Noten nichts über die „Abstände" schulischer Leistungen aussagen. Sie beinhalten z. B. nicht, dass der Leistungsunterschied zwischen einer „sehr guten" und einer „befriedigenden" Leistung ebenso groß ist wie derjenige zwischen einer „ausreichenden" und einer „ungenügenden" Leistung.
Entsprechend kann man von einer mit „ausreichend" bewerteten Leistung nicht sagen, sie sei doppelt so schlecht wie eine mit „gut" bewertete.

Bei dem Merkmal „Geschwisterzahl" besteht wie bei dem Merkmal „Schulische Leistung" zwischen den Ausprägungen eine Rangfolge. Darüber hinaus ist es jetzt aber auch sinnvoll, Unterschiede in der Geschwisterzahl zu vergleichen oder zu sagen, dass eine Person doppelt so viele Geschwister hat wie eine andere.

Um Unterschiede bei Merkmalsausprägungen hervorzuheben, spricht man von **Skalen**, und zwar von einer

| | |
|---|---|
| **Nominalskala**, | wenn die Merkmalsausprägungen Namen oder Bezeichnungen sind, die ausschließlich der Kennzeichnung dienen, |
| **Ordinalskala**, | wenn die Merkmalsausprägungen zusätzlich eine Rangfolge zum Ausdruck bringen, |
| **metrischen Skala**, | wenn überdies auch noch Differenzen und Verhältnisse von Merkmalsausprägungen sinnvoll sind. |

Grundsätzlich kann man bei jedem Merkmal die Ausprägungen durch Zahlen beschreiben. Es ist aber zweckmäßig, diejenigen Merkmale, deren Ausprägungen durch einen Zähl- oder Messvorgang ermittelt und daher mit Notwendigkeit durch Zahlen beschrieben werden, zu unterscheiden von solchen Merkmalen, bei denen diese Notwendigkeit nicht besteht.
Merkmale mit metrischer Skala heißen **quantitative** Merkmale.
Merkmale mit Nominal- oder Ordinalskala heißen **qualitative** Merkmale.

Quantitative Merkmale heißen **diskret**, wenn die Ausprägungen nur isolierte Zahlwerte, **stetig**, wenn sie alle Zahlwerte eines Intervalls annehmen können. Die Kinderzahl einer Familie und die Einwohnerzahl eines Ortes sind diskrete, die Körpergröße einer Person und der Fettgehalt von Milch stetige Merkmale.

**Merkmal**

- **qualitatives Merkmal** (z. B. Geschlecht; Kleidergröße)
  - **Nominalskala** (z. B. Geschlecht)
  - **Ordinalskala** (z. B. Kleidergröße)
- **quantitatives Merkmal** (z. B. Kinderzahl; Körpergröße)
  - **metrische Skala** (z. B. Kinderzahl; Körpergröße)
    - **diskret** (z. B. Kinderzahl)
    - **stetig** (z. B. Körpergröße)

**Beispiel 1** Grundbegriffe
Durch eine statistische Erhebung in Form eines Fragebogens soll festgestellt werden, wie die Arbeitnehmer einer Stadt zu ihrer Arbeitsstätte gelangen. Erläutern Sie in diesem Zusammenhang die Begriffe Grundgesamtheit, Merkmal, Merkmalsausprägung und Stichprobenwert.
▪ Lösung: Grundgesamtheit: Alle Personen der Stadt, die einer Beschäftigung außerhalb ihrer Wohnung nachgehen.
Merkmal: Art der Beförderung von der Wohnung zur Arbeitsstätte
Merkmalsausprägungen: Zu Fuß, Fahrrad, PKW, Bus, Straßenbahn, U-Bahn, anderes Verkehrsmittel
Stichprobenwerte: Auf dem Fragebogen angekreuztes Verkehrsmittel

Beachten Sie:
Ohne die zuletzt genannte Ausprägung wäre die Liste evtl. unvollständig, z. B., wenn jemand mit einem Motorrad zur Arbeitsstätte fährt.

**Beispiel 2** Skalen
Um welche Art von Skala handelt es sich?

| Merkmal | Merkmalsausprägungen |
|---|---|
| a) Blutgruppe einer Person | A; B; 0; AB |
| b) Entfernung zwischen Wohnort und Arbeitsplatz in km | 0; 1; 2; … |
| c) Medaillen | Gold, Silber, Bronze |
| d) Alkoholgehalt im Blut in Promille | 0,0; 0,1; 0,2; … |
| e) Geburtsmonat | Januar; …; Dezember |

▪ Lösung: a) Es handelt sich nur um eine Bezeichnung von Blutgruppen; Nominalskala.
b) Neben einer Rangfolge sind auch Verhältnisse sinnvoll; metrische Skala.
c) Außer einer Bezeichnung liegt auch eine Rangfolge vor; Ordinalskala.
d) Metrische Skala
e) Ordinalskala

## Aufgaben

**1** Geben Sie mögliche Merkmalsausprägungen an bei einer Befragung nach:
a) Staatsangehörigkeit,
b) Schulbildung,
c) Anzahl leiblicher Kinder,
d) Körpergewicht,
e) Körpergröße,
f) Religionszugehörigkeit,
g) Familienstand,
h) Geburtsjahr.

**2** Durch eine Umfrage soll das Sparverhalten einer Bevölkerung ermittelt werden. Geben Sie mögliche Merkmalsausprägungen an.

**3** Wie sind die folgenden Merkmale skaliert?
a) Schuhgröße
b) Familienstand
c) Körpergröße
d) Güteklasse

**4** Ein Bienenzüchter untersucht, ob seine Bienen von der Milbenkrankheit befallen sind. Welche Merkmalsausprägungen legt er zugrunde?

**5** Geben Sie zu dem Merkmal mögliche Ausprägungen an.
a) Soziale Stellung von Erwachsenen
b) Täglicher Zigarettenverbrauch
c) Buchstabe der deutschen Sprache
d) Wassergehalt von Kartoffeln

**6** Merkmalsträger seien Wohnhäuser. Geben Sie verschiedene Merkmale an, die man an diesen Merkmalsträgern untersuchen kann.

**7** Eine Jugendzeitschrift möchte eine Umfrage über das Lieblingsgetränk von Kindern im Alter von 10 bis 13 Jahren durchführen. Erläutern Sie in diesem Zusammenhang die Begriffe Grundgesamtheit, Stichprobe, Stichprobenumfang, Merkmal, Merkmalsausprägung, Stichprobenwert.

**8** Sie wollen als Mitglied einer Bürgerinitiative Daten über die Verkehrsbelastung der Durchfahrtsstraße Ihres Wohnortes sammeln. Wie würden Sie eine statistische Erhebung durchführen?

**9** Geben Sie an, ob das Merkmal qualitativ oder quantitativ ist.
a) Größe eines Bauplatzes
b) Vogelart
c) Staatsangehörigkeit
d) Dicke eines Leitungsdrahtes
e) Geschwindigkeit
f) Gang bei einem PKW
g) Lebensdauer einer Glühbirne
h) Haarfarbe einer Person

**10** Prüfen Sie, ob das Merkmal diskret oder stetig ist.
a) Pulsschlag je Minute
b) Benzinverbrauch je 100 km
c) Spezifisches Gewicht
d) Zigarettenverbrauch je Tag
e) Gebühr für eine Briefsendung
f) Lautstärke
g) Taschengeld pro Monat
h) Kurs einer Aktie

**11** In der Ambulanz einer Klinik erhalten die Patienten bei der Ankunft Nummern, nach welchen sie später im Warteraum aufgerufen werden. Bilden diese Nummern eine Nominal-, eine Ordinal- oder eine metrische Skala?

## Zeit zu überprüfen

Friedrich Mohs (1773–1839), deutscher Mineraloge

**12** Die Härteskala von Mohs teilt die Härte von Mineralien in 10 Härtestufen ein. So hat z. B. Talk die Härtestufe 1 und Diamant die Härtestufe 10. Um welche Art von Skala handelt es sich?

**13** Fig. 1 zeigt die Ergebnisse einer Umfrage unter 18 773 Führerscheinbesitzern.
a) Erläutern Sie an diesem Beispiel die Begriffe Grundgesamtheit, Stichprobe, Stichprobenumfang, Merkmal, Merkmalsausprägung, Stichprobenwert.
b) Die Summe der Prozentangaben in den einzelnen Zeilen ist kleiner als 100 %. Wie viel Prozent fehlen jeweils?
c) Welche Bedeutung haben diese fehlenden Angaben und warum werden sie mit steigendem Einkommen kleiner?

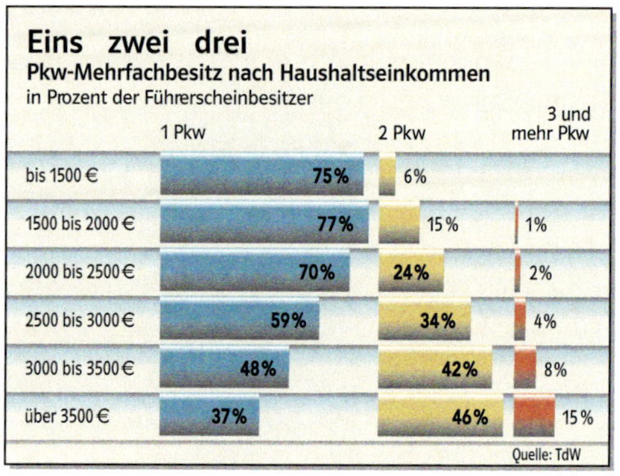

Fig. 1

# 3 Häufigkeiten und ihre Darstellung

**1** In zwei Städten wurden auf einem Wochenmarkt an verschiedenen Ständen die Preise für 1 kg Erdbeeren ermittelt. Man erhielt die folgenden Daten.

Stadt A:

| Preis in € | 3,80 | 4,00 | 4,20 | 4,50 |
|---|---|---|---|---|
| Anzahl | 16 | 5 | 3 | 1 |

Stadt B:

| Preis in € | 3,80 | 4,00 | 4,20 | 4,50 |
|---|---|---|---|---|
| Anzahl | 13 | 5 | 1 | 1 |

Vergleichen Sie.

Sollen die Stichprobenwerte einer Urliste übersichtlicher dargestellt werden, ermittelt man die absoluten Häufigkeiten der verschiedenen Ausprägungen in der Urliste.
Will man die Häufigkeiten einer Merkmalsausprägung in verschiedenen Urlisten vergleichen, berechnet man jeweils den Anteil der Ausprägung an der Gesamtheit aller Stichprobenwerte der Urliste.

Tritt die Merkmalsausprägung $a_i$ in einer Urliste mit n Stichprobenwerten $H_i$-mal auf, nennt man $H_i$ die **absolute Häufigkeit** und $\frac{H_i}{n}$ die **relative Häufigkeit** von $a_i$ in dieser Urliste.
Die absolute Häufigkeit wird auch mit $H(a_i)$, die relative Häufigkeit mit $h(a_i)$ oder kurz $h_i$ bezeichnet: $h_i = \frac{H_i}{n}$.

Eine Tabelle, die jeder Merkmalsausprägung ihre absolute bzw. relative Häufigkeit zuordnet, heißt **Häufigkeitstabelle** oder **Häufigkeitsverteilung**.

Einen unmittelbaren Eindruck von den Besonderheiten einer Häufigkeitsverteilung erhält man durch bildliche Darstellungen.

Bei qualitativen Merkmalen, die in der Regel nur wenige Ausprägungen haben, wird zur Veranschaulichung einer Häufigkeitsverteilung meist ein
**Säulendiagramm**, ein
**Balkendiagramm** oder ein
**Kreisdiagramm**
gewählt.

Beim Säulen- und beim Balkendiagramm (Fig. 1 und Fig. 2) entsprechen die Längen der Säulen bzw. Balken den jeweiligen Häufigkeiten.
Die Breiten der Säulen bzw. Balken sind beliebig; statt Säulendiagramm spricht man daher auch von einem **Stabdiagramm**.
Bei einem Balkendiagramm ist oft eine einfachere Beschriftung als bei einem Säulendiagramm möglich.

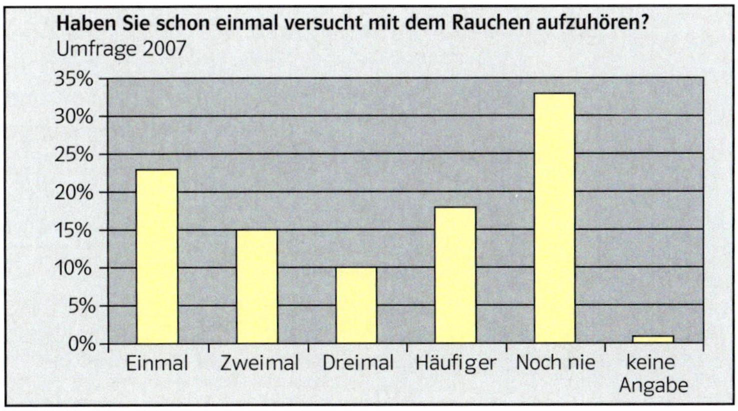

Fig. 1

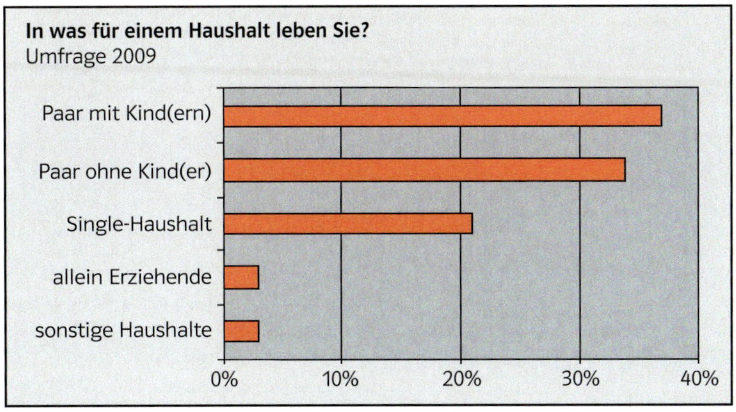

Fig. 2

**Mobilfunkanschlüsse in Deutschland**

| Jahr | Anzahl (in Mio.) |
|---|---|
| 1996 | 5,6 |
| 1997 | 8,3 |
| 1998 | 13,9 |
| 1999 | 23,5 |
| 2000 | 48,1 |
| 2001 | 56,1 |
| 2002 | 59,2 |
| 2003 | 64,8 |
| 2004 | 71,4 |
| 2005 | 79,2 |
| 2006 | 85,7 |
| 2007 | 97,4 |
| 2008 | 100,0 |

**Aufteilung der Inhaltsstoffe in der Schokolade**

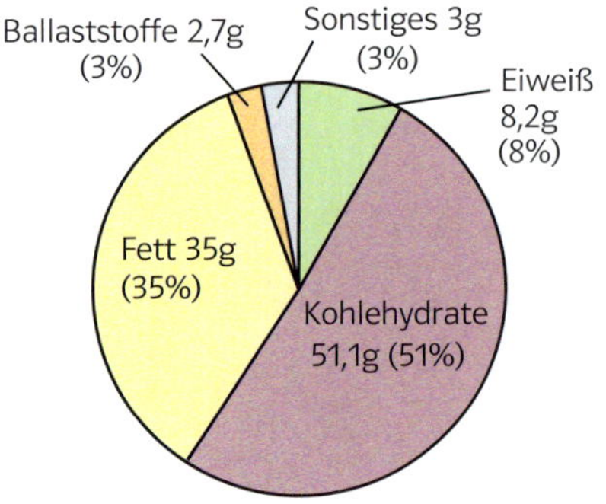


Fig. 1

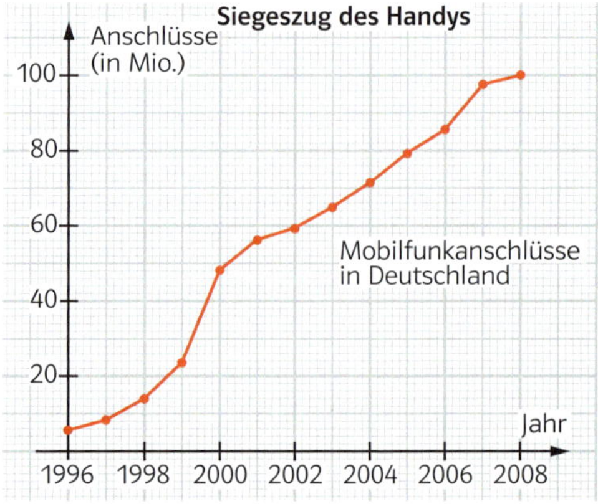


Fig. 2

Bei einem Kreisdiagramm entsprechen die Flächeninhalte der Kreissegmente den jeweiligen Häufigkeiten (Fig. 1). Ein Kreisdiagramm wird bevorzugt angewendet bei der Veranschaulichung von relativen Häufigkeiten.

Anders als bei qualitativen Merkmalen kann man bei quantitativen Merkmalen als Achse eine Zahlengerade verwenden, sodass mit den Merkmalsausprägungen auch deren Größenverhältnisse zum Ausdruck kommen. Häufige Darstellungen sind das **Punktdiagramm** bzw. das **Liniendiagramm** (Fig. 2), bei dem noch zusätzlich die Punkte geradlinig verbunden werden.

Eine Häufigkeitsverteilung wird unübersichtlich, wenn ein Merkmal sehr viele Ausprägungen hat. In solchen Fällen führt man eine **Klasseneinteilung** durch. Das gegebene Intervall wird dabei in mehrere Teilintervalle **(Klassen)** zerlegt (Fig. 3).
Hierdurch wird eine Urliste überschaubarer, man sollte deshalb die Anzahl der Klassen nicht zu groß wählen. Da jedoch durch die Klassierung ein Teil der in der Urliste enthaltenen Information verloren geht, sollte man andererseits die Anzahl der Klassen auch nicht zu klein wählen. In der Regel sind etwa fünf bis fünfzehn Klassen zweckmäßig.

Im Allgemeinen werden halboffene Intervalle als Klassen gewählt. Für $20 \leq v < 30$ z. B. sagt man 20 bis unter 30 und schreibt 20 b. u. 30.

**Häufigkeitsverteilung der Geschwindigkeiten bei Messungen im Ortsbereich**

| Klasse: $v\left(\text{in } \frac{km}{h}\right)$ | abs. H. $H_i$ | rel. H. $h_i$ | Summenhäufigkeit |
|---|---|---|---|
| 20 b. u. 30 | 409 | 15,83 % | 15,83 % |
| 30 b. u. 40 | 707 | 27,36 % | 43,19 % |
| 40 b. u. 50 | 785 | 30,38 % | 73,57 % |
| 50 b. u. 60 | 499 | 19,31 % | 92,88 % |
| 60 b. u. 70 | 155 | 6,00 % | 98,88 % |
| 70 b. u. 80 | 29 | 1,12 % | 100,00 % |

Fig. 3

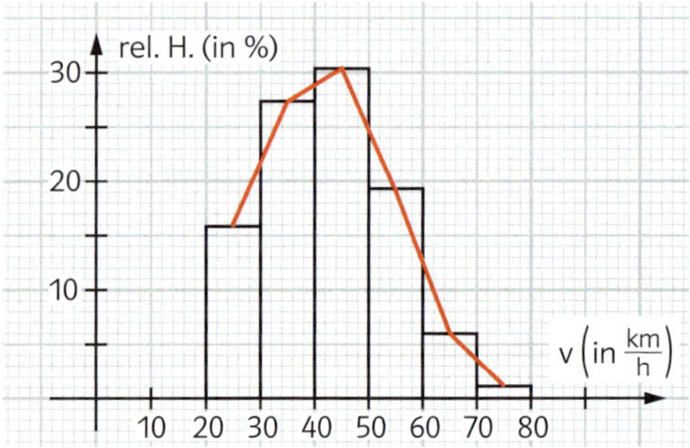


Fig. 4

Als grafische Darstellung von klassierten Häufigkeitsverteilungen verwendet man ein **Histogramm**. Bei diesem werden auf der Zahlengeraden die Klassengrenzen markiert und über jeder Klasse Rechtecke gezeichnet, deren Flächeninhalte proportional zu den Häufigkeiten der Klassen sind. Dies wird dadurch erreicht, dass als Höhe eines Rechtecks der Quotient aus der Häufigkeit und der Klassenbreite gewählt wird (vgl. Beispiel 2, Seite 19).
Nur wenn alle Klassen gleich breit sind, können als Höhen der Rechtecke die Häufigkeiten der Klassen oder das gleiche Vielfache davon verwendet werden. Fig. 4 zeigt ein solches Histogramm der Verteilung aus Fig. 3. Verbindet man im Histogramm die Mitten benachbarter oberer Rechtecksseiten geradlinig, so entsteht das **Häufigkeitspolygon** (Fig. 4).

Die Summenhäufigkeiten einer Häufigkeitsverteilung lassen sich durch das **Summenpolygon (Summenkurve)** veranschaulichen. Hierzu werden die Summenhäufigkeiten an den oberen Klassengrenzen angetragen und die sich ergebenden Punkte geradlinig verbunden.
Fig. 1 zeigt das Summenpolygon der Verteilung der Geschwindigkeiten im Ortsbereich aus Fig. 3 von Seite 18.
Bei diskreten Merkmalen ohne Klassierung ergibt sich eine Treppenkurve (vgl. Aufgabe 4, Seite 20).

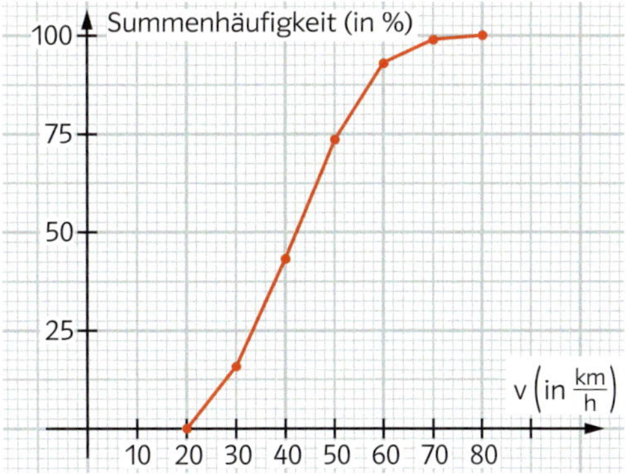

Fig. 1

| Jahr | Export | Import |
|---|---|---|
| | (in Mrd. €) | |
| 2000 | 597 | 538 |
| 2001 | 637 | 543 |
| 2002 | 651 | 519 |
| 2003 | 662 | 532 |
| 2004 | 732 | 575 |
| 2005 | 786 | 626 |
| 2006 | 893 | 734 |
| 2007 | 969 | 770 |
| 2008 | 993 | 815 |
| 2009 | 803 | 667 |

Fig. 2

**Beispiel 1** Liniendiagramme
Die Tabelle in Fig. 2 enthält nach Angaben des Statistischen Bundesamtes die Daten für den Ex- und Import der Bundesrepublik Deutschland ab dem Jahr 2000.
a) Stellen Sie den Export, den Import und den sich daraus ergebenden Außenhandelsüberschuss als Liniendiagramme in einer gemeinsamen Grafik dar.
b) Beschreiben Sie den Verlauf des Außenhandelsüberschusses.
Lösung: a) Aus den Differenzen aus Export und Import ergibt sich für jedes Jahr der Außenhandelsüberschuss. Fig. 3 zeigt die Liniendiagramme.
b) Von 2000 bis 2007 zeigt der Überschuss eine steigende Tendenz, für die Jahre 2008 und 2009 aber einen deutlichen Rückgang.

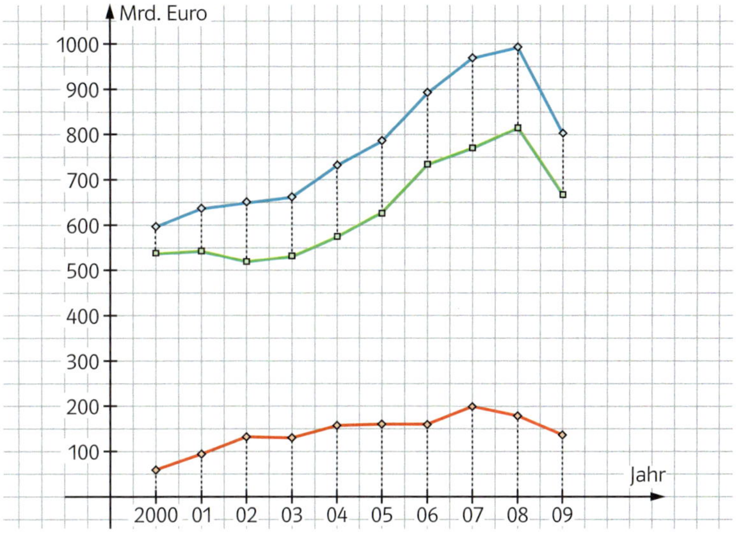

Fig. 3

**Beispiel 2** Histogramm mit verschieden breiten Klassen
Die Tabelle in Fig. 4 enthält die Monatsverdienste (in €) der Mitarbeiter einer Firma, eingeteilt in Klassen.
Erstellen Sie für diese Häufigkeitsverteilung ein Histogramm.

| $k_i$ | $H_i$ |
|---|---|
| 400 b. u. 800 | 30 |
| 800 b. u. 1000 | 30 |
| 1000 b. u. 1200 | 40 |
| 1200 b. u. 1500 | 15 |
| 1500 b. u. 2000 | 10 |

Fig. 4

Lösung: Über jeder Klasse werden Rechtecke gezeichnet. Für die Rechtecke gilt:
$$\text{Rechteckshöhe} = \frac{\text{Klassenhäufigkeit } H_i}{\text{Klassenbreite } b_i}.$$
Wendet man diese Vorschrift an, ergibt sich die folgende Tabelle.
Dabei bedeutet 400 b. u. 800: $400 \leqq x < 800$

| $k_i$ | $H_i$ | $b_i$ | $\frac{H_i}{b_i}$ |
|---|---|---|---|
| 400 b. u. 800 | 30 | 400 | 0,075 |
| 800 b. u. 1000 | 30 | 200 | 0,15 |
| 1000 b. u. 1200 | 40 | 200 | 0,2 |
| 1200 b. u. 1500 | 15 | 300 | 0,05 |
| 1500 b. u. 2000 | 10 | 500 | 0,02 |

Fig. 5 zeigt das zugehörige Histogramm.

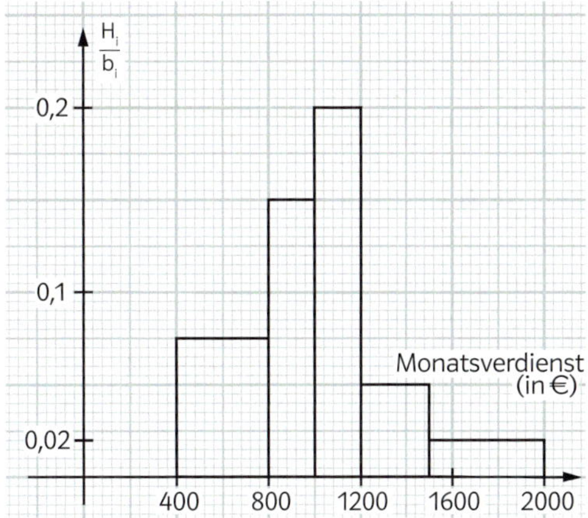

Fig. 5

## Aufgaben

| | | | | |
|---|---|---|---|---|
| 1,7 | 2,7 | 3,5 | 2,0 | 2,7 |
| 2,4 | 3,3 | 2,9 | 3,2 | 3,0 |
| 2,5 | 2,7 | 3,2 | 2,6 | 2,2 |
| 1,8 | 3,1 | 3,2 | 1,6 | 2,2 |
| 2,3 | 3,3 | 2,2 | 3,1 | 1,0 |
| 3,0 | 1,8 | 2,7 | 3,0 | 1,9 |
| 3,1 | 3,3 | 1,8 | 3,3 | 3,2 |
| 3,6 | 1,8 | 2,4 | 3,6 | 3,3 |
| 3,3 | 2,7 | 3,3 | 3,0 | 3,2 |
| 3,1 | 2,2 | 2,3 | 1,8 | 3,2 |
| 2,2 | 1,5 | 3,0 | 2,6 | 3,1 |
| 1,9 | 2,7 | | | |

Fig. 1

**1** In einer Stichprobe aus 57 Abiturienten eines Jahrgangs wurde das Merkmal „Abiturnote" erhoben. Es ergab sich die Urliste von Fig. 1.

a) Ermitteln Sie die relativen Häufigkeiten, die zu den Merkmalsklassen sehr gut ($1,0 \leqq x \leqq 1,5$), gut ($1,6 \leqq x \leqq 2,5$), befriedigend ($2,6 \leqq x \leqq 3,5$) und ausreichend ($3,6 \leqq x \leqq 4,0$) gehören. Legen Sie hierzu eine Strichliste an.

b) Stellen Sie die Verteilung der relativen Häufigkeiten in einem Säulendiagramm und einem Kreisdiagramm dar.

**2** Das Balkendiagramm (Fig. 2) zeigt, wie sich die 5518 von der Kölner Kripo im Jahr 1998 registrierten Wohnungseinbrüche auf die Tageszeiten verteilen.

a) Kommentieren Sie das Diagramm (auch im Vergleich zu der Abbildung „Verkehrsdichte" auf Seite 13). Welche Informationen entsprechen (widersprechen) Ihren Erwartungen?

b) Welche absoluten Häufigkeiten gehören vermutlich zu den einzelnen Säulen des Diagramms?

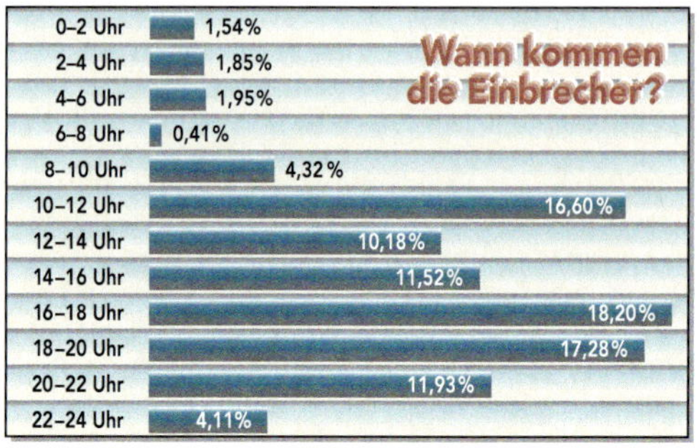


Fig. 2

c) Wie könnte man sich erklären, dass die Summe der angegebenen relativen Häufigkeiten von 100% verschieden ist?

**3** Die folgende Tabelle enthält die Ergebnisse der Kommunalwahlen einer Stadt.

| | wahlberechtigt | gültige Stimmen | ungültige Stimmen | SPD | CDU | Grüne | FDP | PDS |
|---|---|---|---|---|---|---|---|---|
| 1994 | 668111 | 520702 | 6862 | 221520 | 176408 | 84392 | 18462 | 0 |
| 1999 | 711252 | 324174 | 1447 | 98295 | 146694 | 51073 | 13197 | 6948 |

a) Erläutern Sie an diesem Beispiel die Begriffe Grundgesamtheit, Merkmal, Merkmalsausprägung, Stichprobenwert.

b) Berechnen Sie die Wahlbeteiligung in Prozent.

c) Welche Parteien haben 1999 im Vergleich zu 1994 relativ (absolut) an Stimmen gewonnen? (Der relative Anteil einer Partei wird bezogen auf die Anzahl gültiger Stimmen.)

d) Stellen Sie die Wahlergebnisse durch ein Säulendiagramm (Kreisdiagramm) dar.

### Zeit zu überprüfen

**4** Eine Klausur mit vierzig Teilnehmern brachte für zwei Teilnehmer die Note 1, acht Teilnehmer eine 2, fünfzehn Teilnehmer eine 3, zehn Teilnehmer eine 4, vier Teilnehmer eine 5, einen Teilnehmer eine 6. Zeichnen Sie das zugehörige Summenpolygon.

**5** Bei einer Umfrage im Jahre 2007 in Deutschland wurden Personen nach dem frei verfügbaren Einkommen befragt (Fig. 3).

a) Stellen Sie die Häufigkeitsverteilung durch ein Histogramm dar. Zeichnen Sie das Häufigkeitspolygon ein.

b) Erstellen Sie ein Summenpolygon.

| frei verfügbar in € | absolute Häufigkeit |
|---|---|
| über 0 bis 50 | 220 |
| über 50 bis 250 | 620 |
| über 250 bis 500 | 380 |
| über 500 bis 750 | 260 |
| über 750 bis 1000 | 180 |
| über 1000 bis 1250 | 100 |
| über 1250 bis 2000 | 180 |

Fig. 3

# 4 Diagramme mit GTR, CAS und Tabellenkalkulation

In das Diagramm wurden Mittagstemperaturen eingetragen. Lesen Sie die Werte ab und veranschaulichen Sie diese auf verschiedene Weisen auf Ihrem Rechner.

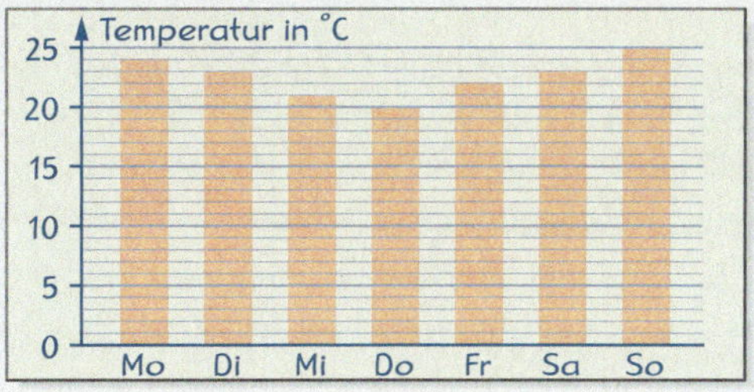


Digitale Hilfsmittel wie GTR, CAS oder Tabellenkalkulation bieten eine Vielzahl von Möglichkeiten, Häufigkeitsverteilungen grafisch zu veranschaulichen.

| Jahr | Umsatz (in Mrd. Euro) |
|---|---|
| 2003 | 6,0 |
| 2004 | 7,9 |
| 2005 | 9,3 |
| 2006 | 10,6 |
| 2007 | 11,4 |
| 2008 | 13,6 |
| 2009 | 15,5 |

Fig. 1

**Beispiel 1** Punktdiagramm, Liniendiagramm und Histogramm mit dem GTR
Der Online-Handel wird immer beliebter (vgl. Fig. 1). Erstellen Sie auf dem GTR ein Punktdiagramm, ein Liniendiagramm und ein Histogramm.
▪ Lösung: Nach Eingabe der Daten und Festlegung der WINDOW-Werte kann man unter *TYPE* die Diagrammart wählen. Fig. 2 zeigt ein Punkt-, Fig. 3 ein Liniendiagramm, Fig. 4 ein Histogramm.

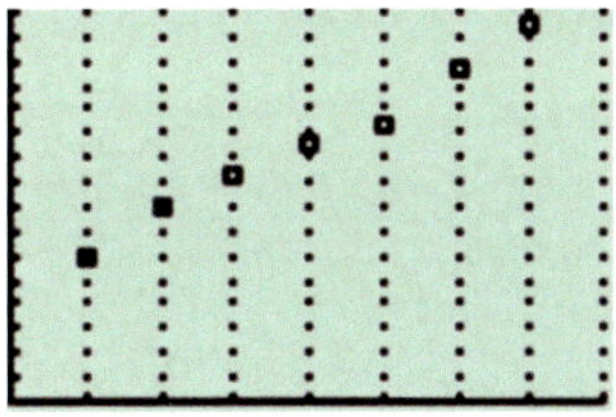

Fig. 2

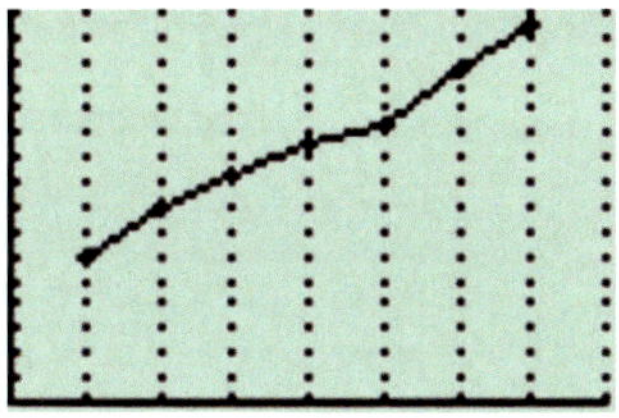

Fig. 3

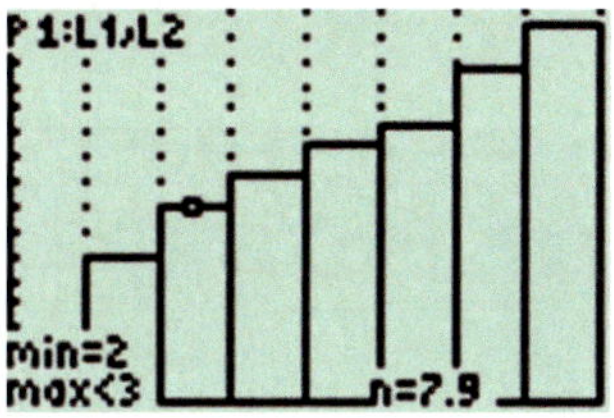


Fig. 4

**Beispiel 2** Liniendiagramm mit CAS
Nach einer ARD-ZDF-Studie ergeben sich für Erwachsene ab 14 Jahre folgende Daten für die durchschnittliche Nutzungsdauer von Fernsehen, Radio und Internet in Minuten pro Tag.

| Jahr | 2000 | 2001 | 2002 | 2003 | 2004 | 2005 | 2006 | 2007 | 2008 | 2009 |
|---|---|---|---|---|---|---|---|---|---|---|
| Fernsehen | 203 | 209 | 214 | 221 | 230 | 231 | 235 | 225 | 225 | 228 |
| Hörfunk | 205 | 204 | 199 | 195 | 196 | 193 | 186 | 185 | 186 | 182 |
| Internet | 17 | 26 | 35 | 45 | 43 | 46 | 48 | 54 | 58 | 70 |

Stellen Sie mit einem CAS-Rechner (z. B. TI-Nspire) die drei Nutzungsdauern in einem gemeinsamen Koordinatensystem in Form von Liniendiagrammen dar.
▪ Lösung: Fig. 5 zeigt die Darstellung der Daten in der Applikation *Lists & Spreadsheet*. Über das on-Menü wählt man nun die Applikation *Data & Statistics* aus, in der man die Listen für die x- und die y-Achse auswählt (Fig. 6). Um alle drei Liniendiagramme gleichzeitig darzustellen, muss man im Menü *Plot-Eigenschaften* weitere *„Y-Variablen hinzufügen“* (Fig. 7).

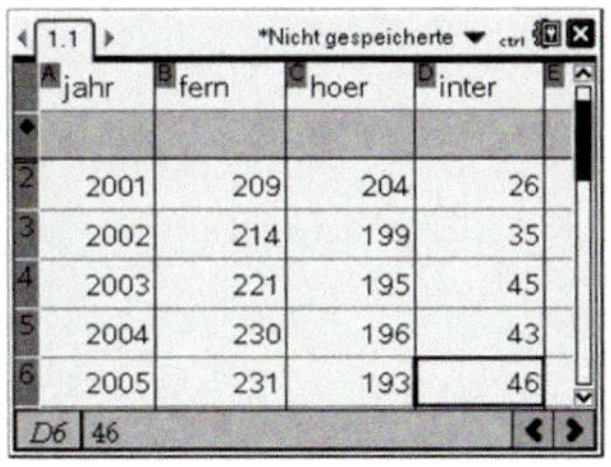


Fig. 5

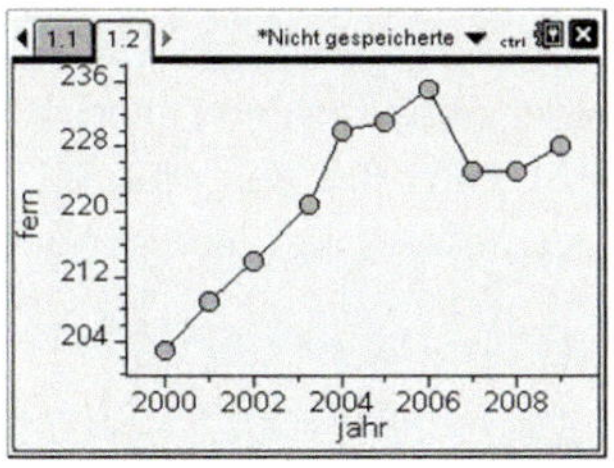


Fig. 6

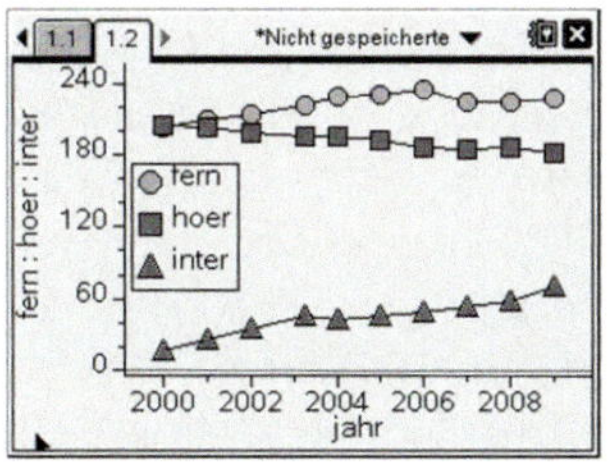


Fig. 7

| Jahr | Zahl der Asylbewerber |
|---|---|
| 1999 | 95113 |
| 2000 | 78564 |
| 2001 | 88287 |
| 2002 | 71127 |
| 2003 | 50563 |
| 2004 | 35607 |
| 2005 | 28914 |
| 2006 | 21029 |
| 2007 | 19164 |
| 2008 | 22085 |
| 2009 | 27649 |

Fig. 1

**Beispiel 3** Säulendiagramm und Liniendiagramm mit Excel

Erstellen Sie mit einem Tabellenkalkulationsprogramm (z. B. Excel) ein Säulen- und ein Liniendiagramm für die Verteilung der Asylbewerber von 1999 bis 2009 (Fig. 1).

▪ Lösung: In die Zellen A1 und B1 werden die Spaltenüberschriften eingetragen. Die Jahreszahlen 1999 bis 2009 werden in die Zellen A2 bis A12, die zugehörigen Anzahlen in die Zellen B2 bis B12 geschrieben. Nachdem man diese Zellen markiert hat, erfolgt die Umsetzung dieser Daten mit dem Diagramm-Assistenten.

Fig. 2 zeigt ein Säulendiagramm, Fig. 3 ein Liniendiagramm.

| | A | B | C |
|---|---|---|---|
| 1 | Jahr | Anzahl | |
| 2 | 1999 | 95113 | |
| 3 | 2000 | 78564 | |
| 4 | 2001 | 88287 | |
| 5 | 2002 | 71127 | |
| 6 | 2003 | 50563 | |
| 7 | 2004 | 35607 | |
| 8 | 2005 | 28914 | |
| 9 | 2006 | 21029 | |
| 10 | 2007 | 19164 | |
| 11 | 2008 | 22085 | |
| 12 | 2009 | 27649 | |

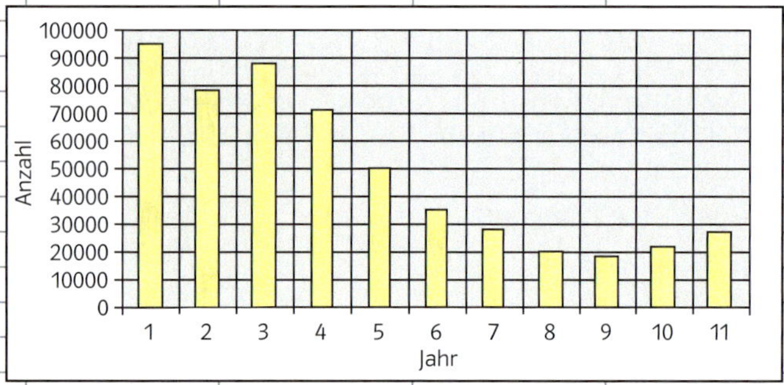


Fig. 2

| | A | B | C |
|---|---|---|---|
| 1 | Jahr | Anzahl | |
| 2 | 1999 | 95113 | |
| 3 | 2000 | 78564 | |
| 4 | 2001 | 88287 | |
| 5 | 2002 | 71127 | |
| 6 | 2003 | 50563 | |
| 7 | 2004 | 35607 | |
| 8 | 2005 | 28914 | |
| 9 | 2006 | 21029 | |
| 10 | 2007 | 19164 | |
| 11 | 2008 | 22085 | |
| 12 | 2009 | 27649 | |

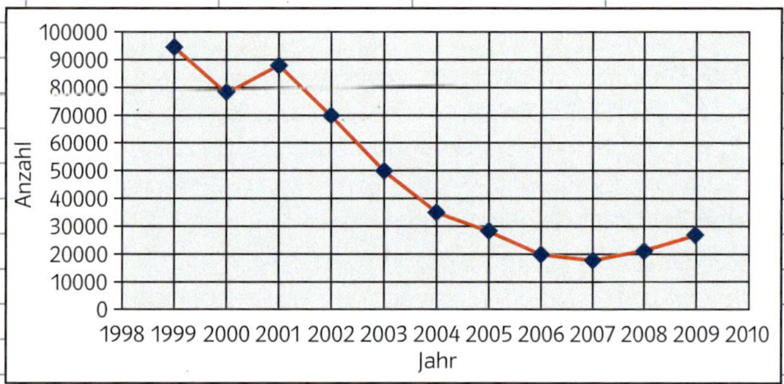


Fig. 3

| | | | |
|---|---|---|---|
| −3,4 | −4,8 | −12,6 | −11,5 |
| −6,7 | −2,1 | −1 | −5,7 |
| −9,7 | −9,7 | −15,4 | −5,7 |
| −10,4 | −4 | −6,7 | −11,5 |
| −7,7 | −4,8 | −1,1 | 3,3 |
| 1,2 | 0,4 | −0,4 | 6,4 |
| 7,7 | 3,3 | 2,5 | 0,4 |
| −3,6 | 6,4 | −2,9 | 9,2 |
| −3,6 | −1,9 | 1,6 | −3,6 |
| 5 | 14,7 | | |

Fig. 4

**Beispiel 4** Häufigkeiten und Säulendiagramm mit Excel

Bei einem Experiment wurden 38 Schülerinnen und Schüler gebeten, nach einem Startsignal den Zeitpunkt zu benennen an dem ihrem Gefühl nach eine Minute verstrichen war. Vom Versuchspartner wurde die Zeit x (in Sekunden) gestoppt, um die man sich „verschätzt" hatte. Die Werte in Fig. 4 zeigen die Ergebnisse.

a) Ermitteln Sie mithilfe von Excel die absoluten und die relativen Häufigkeiten, mit denen die Zeitabweichungen in den Klassen $-20 < x \leqq -16$, $-16 < x \leqq -12$, ..., $16 < x \leqq 20$ liegen.

b) Erstellen Sie ein Säulendiagramm.

▪ Lösung: a) Die Versuchsergebnisse stehen in den Zellen B2 bis B39, die rechten Klassengrenzen $-16$; $-12$; ...; $20$ im Bereich C2 bis C11. Ein gleich großer Bereich (E2 bis E11) wird für die Verteilung der aboluten Häufigkeiten markiert und mit der Formel {=HÄUFIGKEIT(B2:B39;C2:C11)} belegt (Fig. 1, Seite 23).

In Zelle E12 steht der Befehl =SUMME(E2:E11), der die Zahl der Versuchsteilnehmer liefert. Zelle F2 enthält eine relative Häufigkeit, die mit der Formel =E2/E$12 berechnet wird und sich in den Bereich F2 bis F12 kopieren lässt.

b) Zur Erstellung eines Diagramms wird der Bereich der Klassenmitten und Häufigkeiten D2 bis E11 markiert. Dann wählt man „Einfügen, Diagramm“ und lässt sich von Excels Diagramm-Assistenten führen.

In Fig. 1 sind die Zeilen 13 bis 37 ausgeblendet.

| | A | B | C | D | E | F | G |
|---|---|---|---|---|---|---|---|
| 1 | | | rechte Grenze | Klassenmitte | abs. H. | rel. H. | |
| 2 | 1 | −3,4 | −16 | −18 | 0 | 0,0% | |
| 3 | 2 | −4,8 | −12 | −14 | 2 | 5,3% | |
| 4 | 3 | −12,6 | −8 | −10 | 5 | 13,2% | |
| 5 | 4 | −11,5 | −4 | −6 | 8 | 21,1% | |
| 6 | 5 | −6,7 | 0 | −2 | 10 | 26,3% | |
| 7 | 6 | −2,1 | 4 | 2 | 7 | 18,4% | |
| 8 | 7 | −1,0 | 8 | 6 | 4 | 10,5% | |
| 9 | 8 | −5,7 | 12 | 10 | 1 | 2,6% | |
| 10 | 9 | −9,7 | 16 | 14 | 1 | 2,6% | |
| 11 | 10 | −9,7 | 20 | 18 | 0 | 0,0% | |
| 12 | 11 | −15,4 | | Summe –> | 38 | 100,0% | |
| 38 | 39 | 5,0 | | | | | |
| 39 | 40 | 14,7 | | | | | |

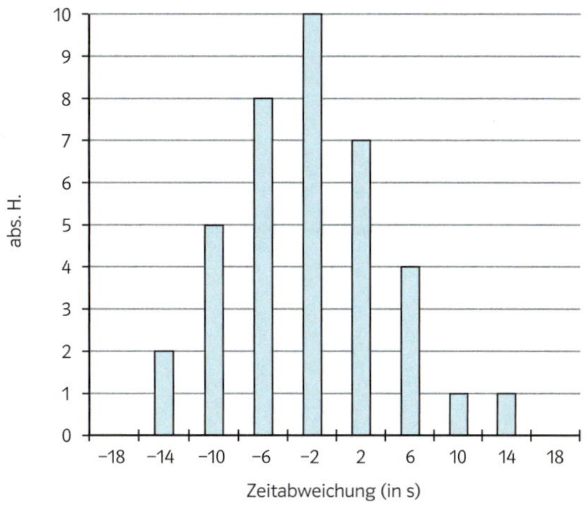


Fig. 1

## Aufgaben

**1** Seit 1992 wird der so genannte „Faire Handel“ in Deutschland von der Organisation Transfair durchgeführt. Die Tabelle in Fig. 2 zeigt die Entwicklung des Umsatzes.

a) Erstellen Sie für diese Daten auf dem GTR bzw. CAS-Rechner ein Punktdiagramm, ein Liniendiagramm und ein Histogramm.

b) Um wie viel Prozent ist im Jahr 2009 der Umsatz gegenüber dem Vorjahr gestiegen?

c) Wie viele Jahre infolge ist der Umsatz gestiegen?

**Transfair-Umsatz in Deutschland**

| Jahr | Umsatz (in Mio. Euro) |
|---|---|
| 1992 | 5 |
| 1993 | 25 |
| 1994 | 40 |
| 1995 | 44 |
| 1996 | 50 |
| 1997 | 60 |
| 1998 | 65 |
| 1999 | 58 |
| 2000 | 51 |
| 2001 | 52 |
| 2002 | 51 |
| 2003 | 50 |
| 2004 | 55 |
| 2005 | 72 |
| 2006 | 110 |
| 2007 | 142 |
| 2008 | 213 |
| 2009 | 267 |

Fig. 2

**2** Die folgende Tabelle zeigt die Anzahl der neu diagnostizierten HIV-Infektionen in Deutschland.

| Jahr | 1996 | 1997 | 1998 | 1999 | 2000 | 2001 | 2002 | 2003 | 2004 | 2005 | 2006 |
|---|---|---|---|---|---|---|---|---|---|---|---|
| HIV-Infektionen | 1871 | 2070 | 1925 | 1746 | 1688 | 1444 | 1722 | 1976 | 2210 | 2490 | 2611 |

Erstellen Sie auf dem GTR bzw. CAS-Rechner ein Punktdiagramm, ein Liniendiagramm und ein Histogramm.

**3** Die Fernsehsender der ARD und das ZDF erzielten in den Jahren 2005 bis 2008 im Werbefernsehen die folgenden Umsätze (Nettobeträge).

| Jahr | ARD-TV (in Mio. Euro) | ZDF (in Mio. Euro) |
|---|---|---|
| 2005 | 158,1 | 101,9 |
| 2006 | 176,8 | 125,3 |
| 2007 | 168,4 | 116,7 |
| 2008 | 171,3 | 123,0 |

a) Erstellen Sie mit einem Tabellenkalkulationsprogramm ein gemeinsames Säulendiagramm.

b) Beschreiben Sie die Entwicklung der Umsätze im Werbefernsehen.

**4** In einer Tageszeitung wurde ein Bericht über die Gesamtkriminalität in der Region durch die Grafik aus Fig. 1 illustriert.
a) Erstellen Sie ein solches Diagramm.
b) Bei dem Programm Excel kann man die Skalierung der Rubrikenachse (Y) ändern. Führen Sie solche Veränderungen durch und beschreiben Sie die Wirkung.
c) Schreiben Sie einen Leserbrief an die Zeitung.

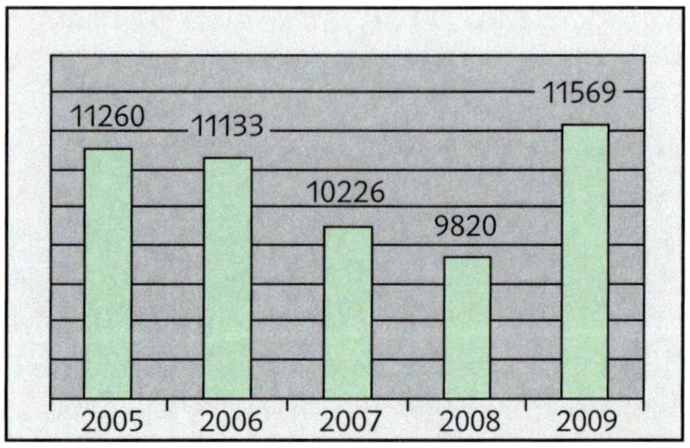

Fig. 1

**5** Das Statistische Bundesamt der Bundesrepublik Deutschland hat für das Jahr 2007 für Unfälle mit Personenschaden unter Alkoholeinfluss Zahlen veröffentlicht. Dabei bezieht sich Fig. 2 auf die Verteilung der Unfälle auf die Wochentage, Fig. 3 auf die Verteilung während des Tages.
Erstellen Sie für jede Verteilung mit Ihrem Rechner verschiedene Diagramme.

| Wochentag | |
|---|---|
| Montag | 2058 |
| Dienstag | 1893 |
| Mittwoch | 1921 |
| Donnerstag | 2273 |
| Freitag | 2998 |
| Samstag | 4935 |
| Sonntag | 4707 |
| insgesamt | 20785 |

Fig. 2

| Uhrzeit | |
|---|---|
| 0 Uhr – 1.59 Uhr | 2563 |
| 2 Uhr – 3.59 Uhr | 2248 |
| 4 Uhr – 5.59 Uhr | 1927 |
| 6 Uhr – 7.59 Uhr | 1118 |
| 8 Uhr – 9.59 Uhr | 537 |
| 10 Uhr – 11.59 Uhr | 551 |
| 12 Uhr – 13.59 Uhr | 779 |
| 14 Uhr – 15.59 Uhr | 1192 |
| 16 Uhr – 17.59 Uhr | 1829 |
| 18 Uhr – 19.59 Uhr | 2649 |
| 20 Uhr – 21.59 Uhr | 2564 |
| 22 Uhr – 23.59 Uhr | 2828 |
| insgesamt | 20785 |

Fig. 3

**6** Bei einer Umfrage unter Schülerinnen und Schülern der Jahrgangstufen 9 und 10 wurde folgende Frage gestellt:
„Hast du schon mal eine Zigarette probiert?"

| | |
|---|---|
| mal probiert | 79 % |
| täglich | 35 % |
| mehr als 10 Zigaretten täglich | 12 % |

Veranschaulichen Sie diese Daten.

### Zeit zu überprüfen

**7** Fig. 4 zeigt die Daten für die Erzeugung von Windstrom in Deutschland. Veranschaulichen Sie diese Daten mit Ihrem Rechner.

**Windstrom in Deutschland**

| Jahr | Erzeugung (in Mrd. kWh) |
|---|---|
| 1996 | 2,0 |
| 1997 | 3,0 |
| 1998 | 4,7 |
| 1999 | 6,0 |
| 2000 | 8,6 |
| 2001 | 10,7 |
| 2002 | 17,0 |
| 2003 | 19,2 |
| 2004 | 26,0 |
| 2005 | 26,5 |
| 2006 | 30,6 |
| 2007 | 39,5 |
| 2008 | 40,4 |
| 2009 | 38,0 |

Fig. 4

**8** Die Umsatzentwicklung im Videomarkt (Verkauf und Verleih) in den Jahren 2003 bis 2009 zeigt den folgenden Verlauf (in Mio. Euro).

| Jahr | 2003 | 2004 | 2005 | 2006 | 2007 | 2008 | 2009 |
|---|---|---|---|---|---|---|---|
| VHS | 290 | 151 | 50 | 13 | 4 | 1 | 1 |
| DVD | 1265 | 1596 | 1637 | 1578 | 1586 | 1501 | 1500 |
| HD-DVD | – | – | – | – | 15 | 53 | 134 |

Veranschaulichen Sie diese Daten mit Ihrem Rechner.

**9** Durch das Rauchverbot in Gaststätten beklagen die Gastwirte einen Umsatzrückgang. 2008 ergab eine Umfrage unter 1400 Betrieben das Ergebnis von Fig. 5. Erstellen Sie dazu mit einem Tabellenkalkulationsprogramm ein 3-dimensionales Histogramm und versuchen Sie, es aussagekräftig zu gestalten.

| Umsatzverluste | Anteil der Befragten mit Umsatzverlusten |
|---|---|
| bis 5 % | 10,2 % |
| 5 % bis 10 % | 23,1 % |
| 10 % bis 20 % | 25,7 % |
| 20 % bis 30 % | 19,9 % |
| 30 % bis 50 % | 19,2 % |
| über 50 % | 1,9 % |

Fig. 5

# 5 Arithmetisches Mittel

In einer Streichholzschachtel sollen sich gemäß Packungsaufdruck 38 Hölzchen befinden. Bei einer Stichprobe erhielt man die angegebenen Häufigkeiten.

| Zahl der Hölzer | absolute Häufigkeit |
|---|---|
| 36 | 1 |
| 37 | 4 |
| 38 | 5 |
| 39 | 6 |
| 40 | 6 |
| 41 | 5 |
| 42 | 3 |

Häufig ist man daran interessiert, eine Häufigkeitsverteilung durch wenige Angaben zu charakterisieren. Zahlen, die hierfür verwendet werden, heißen **statistische Maßzahlen (Parameter, Kenngrößen)**.

Die folgende Stichprobe z.B. enthält die Umsätze pro Tag (in Tsd. Euro) einer Bäckereifiliale:
5,8 6,0 8,1 5,9 5,7 6,1 5,7 5,9 5,8 6,1 5,6 5,8 6,0 6,1 5,9.
Für die Geschäftsleitung ist der **durchschnittliche** Umsatz eine wichtige Größe. Dieser ergibt sich, wenn man alle Stichprobenwerte addiert und die Summe durch die Anzahl der Werte dividiert:
$\overline{x} = \frac{1}{15}(5{,}8 + 6{,}0 + 8{,}1 + 5{,}9 + 5{,}7 + 6{,}1 + 5{,}7 + 5{,}9 + 5{,}8 + 6{,}1 + 5{,}6 + 5{,}8 + 6{,}0 + 6{,}1 + 5{,}9) \approx 6{,}03$.
Im Durchschnitt erwirtschaftet die Filiale also pro Tag einen Umsatz von rund 6030 €.

Ein solcher **Durchschnittswert** oder kürzer **Durchschnitt** heißt auch **arithmetisches Mittel**.
Um diesen „mittleren" Wert gruppieren sich die Stichprobenwerte. Daher spricht man von einem so genannten **Lagemaß** der Urliste bzw. Häufigkeitsverteilung.

Das **arithmetische Mittel (Mittelwert)** der Stichprobenwerte $x_1, \ldots, x_n$ ist die Zahl

$\overline{x} = \frac{1}{n}(x_1 + \ldots + x_n)$, kurz: $\overline{x} = \frac{1}{n}\sum_{i=1}^{n} x_i$.

Kommen die Merkmalsausprägungen $a_1, \ldots, a_k$ mit den absoluten Häufigkeiten $H_1, \ldots, H_k$ vor, so kann man einfacher rechnen:

$\overline{x} = \frac{1}{n}(a_1 \cdot H_1 + \ldots + a_k \cdot H_k)$, kurz: $\overline{x} = \frac{1}{n}\sum_{i=1}^{k} a_i \cdot H_i$.

Sind $h_1, \ldots, h_k$ die relativen Häufigkeiten von $a_1, \ldots, a_k$, so gilt:

$\overline{x} = a_1 \cdot h_1 + \ldots + a_k \cdot h_k$, kurz: $\overline{x} = \sum_{i=1}^{k} a_i \cdot h_i$.

Es ist z.B. $\sum_{i=1}^{3} x_i = x_1 + x_2 + x_3$.

Das arithmetische Mittel kann natürlich auch berechnet werden, wenn die Entwicklung einer Größe im Zeitablauf zu bestimmten Zeitpunkten oder für bestimmte Zeitintervalle erfasst wurden (vgl. Beispiel 2, Seite 26).
Liegt eine Klasseneinteilung vor, kann der Mittelwert nicht mehr exakt berechnet werden.
Man erhält einen Näherungswert für $\overline{x}$, wenn man anstelle von $a_i$ die Klassenmitten und von $H_i$ die Klassenhäufigkeiten verwendet.
Sind n Stichprobenwerte in r Klassen mit den Klassenmitten $m_1, \ldots, m_r$ und den Häufigkeiten $H_1, \ldots, H_r$ eingeteilt, so verwendet man als arithmetisches Mittel den Näherungswert
$\overline{x} = \frac{1}{n}(m_1 \cdot H_1 + \ldots + m_r \cdot H_r)$, kurz: $\overline{x} = \frac{1}{n}\sum_{i=1}^{r} m_i \cdot H_i$.

**Beispiel 1** Berechnung eines arithmetischen Mittels

Auf 16 Parzellen wurde der Ertrag (in kg) der neuen Weizensorte „Sahara" ermittelt.

49 50 49 51 52 49 48 49 50 48 51 49 48 51 52 49

Berechnen Sie auf verschiedene Arten den durchschnittlichen Ertrag.

Lösung: Berechnung mit den Stichprobenwerten:

$\overline{x} = \frac{1}{16}(49 + 50 + 49 + 51 + 52 + 49 + 48 + 49 + 50 + 48 + 51 + 49 + 48 + 51 + 52 + 49) \approx 49{,}7$

Berechnung mit den absoluten Häufigkeiten:

$\overline{x} = \frac{1}{16}(48 \cdot 3 + 49 \cdot 6 + 50 \cdot 2 + 51 \cdot 3 + 52 \cdot 2) \approx 49{,}7$

Berechnung mit den relativen Häufigkeiten:

$\overline{x} = 48 \cdot \frac{3}{16} + 49 \cdot \frac{6}{16} + 50 \cdot \frac{2}{16} + 51 \cdot \frac{3}{16} + 52 \cdot \frac{2}{16} \approx 49{,}7$

Zahl der Übernachtungen eines Hotels in einer Woche

| Wochentag | Anzahl |
|---|---|
| Montag | 78 |
| Dienstag | 45 |
| Mittwoch | 60 |
| Donnerstag | 48 |
| Freitag | 63 |
| Samstag | 41 |
| Sonntag | 43 |

Fig. 1

**Beispiel 2** Berechnung eines arithmetischen Mittels; Interpretation

In Fig. 1 sind die Übernachtungszahlen eines Hotels für eine Woche angegeben.

a) Berechnen Sie die durchschnittliche Zahl von Übernachtungen.

b) Interpretieren Sie den errechneten Wert an einem Säulendiagramm.

Lösung:

a) $\overline{x} = \frac{1}{7} \cdot (78 + 45 + 60 + 48 + 63 + 41 + 43) = 54$

b) In Fig. 2 ist der Mittelwert 54 eingezeichnet. Berechnet man den Unterschied zwischen den einzelnen Werten und dem Mittelwert, so ist die Summe der drei Differenzen, die über dem Mittelwert liegen, gleich der Summe der vier Differenzen, die unter dem Mittelwert liegen:

$24 + 6 + 9 = 9 + 6 + 13 + 11$.

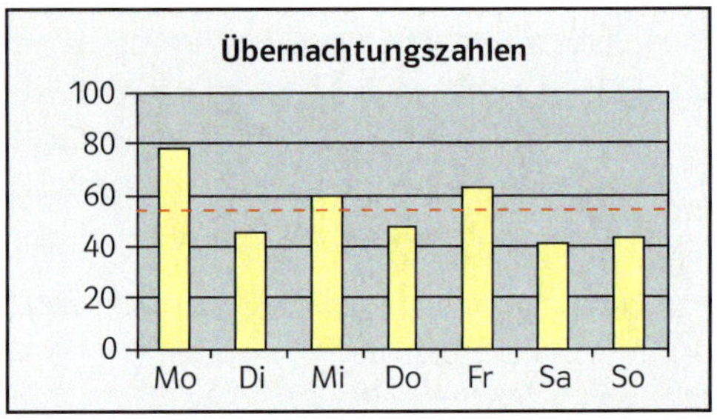


Fig. 2

**Beispiel 3** Berechnung des arithmetischen Mittels mit Excel

Berechnen Sie mit Excel das arithmetische Mittel

a) für die Urliste

501; 499; 504; 507; 497; 506; 507; 503; 505; 501; 499; 503; 498; 497; 502; 501

b) für die Häufigkeitsverteilung aus Fig. 3.

| $a_i$ | $h_i$ |
|---|---|
| 1,5 | 0,10 |
| 2,0 | 0,18 |
| 2,5 | 0,20 |
| 3,0 | 0,25 |
| 3,5 | 0,17 |
| 4,0 | 0,10 |

Fig. 3

Lösung:

a) Die Daten der Urliste stehen im Bereich A3 bis A18. In Fig. 4 sind die Zeilen 5 bis 15 ausgeblendet. Zelle A19 enthält das arithmetische Mittel, das mit der Formel =MITTELWERT(A3:A18) berechnet wurde.

| | A |
|---|---|
| 1 | Arithmetisches Mittel |
| 2 | $x_i$ |
| 3 | 501 |
| 4 | 499 |
| 16 | 497 |
| 17 | 502 |
| 18 | 501 |
| 19 | 501,875 |

Fig. 4

Man erhält: $\overline{x} \approx 501{,}9$.

b) Das arithmetische Mittel erhält man, indem man mit =PRODUKT( ) die Produkte bildet und in C9 mit =SUMME(C3:C8) addiert oder aber direkt in C9 die Vektorformel {=SUMME(A3:A8*B3:B8)} verwendet.

| | A | B | C |
|---|---|---|---|
| 1 | Arithmetisches Mittel | | |
| 2 | $a_i$ | $h_i$ | $a_i \cdot h_i$ |
| 3 | 1,5 | 0,10 | 0,150 |
| 4 | 2,0 | 0,18 | 0,360 |
| 5 | 2,5 | 0,20 | 0,500 |
| 6 | 3,0 | 0,25 | 0,750 |
| 7 | 3,5 | 0,17 | 0,595 |
| 8 | 4,0 | 0,10 | 0,400 |
| 9 | | | 2,755 |

Fig. 5

Man erhält: $\overline{x} \approx 2{,}8$.

## Aufgaben

**1** Die Tabelle gibt zu verschiedenen Uhrzeiten die Temperatur (in °C) und die Luftfeuchtigkeit (in %) am 23. Mai 2007 in Dortmund an.

| Uhrzeit | 0 | 2 | 4 | 6 | 8 | 10 | 12 | 14 | 16 | 18 | 20 | 22 |
|---|---|---|---|---|---|---|---|---|---|---|---|---|
| Temperatur | 17 | 15 | 14 | 13 | 16 | 20 | 24 | 26 | 24 | 24 | 22 | 20 |
| Luftfeuchtigkeit | 66 | 76 | 77 | 83 | 76 | 66 | 58 | 50 | 44 | 43 | 46 | 55 |

Bestimmen Sie die mittlere Temperatur und die mittlere Luftfeuchtigkeit.

**2** Berechnen Sie das arithmetische Mittel.

a) Neuzulassungen von PKWs in den ersten Monaten des Jahres 2010.

| Monat | Januar | Februar | März | April | Mai |
|---|---|---|---|---|---|
| Anzahl | 181190 | 194850 | 294380 | 259500 | 249710 |

b) Arbeitslose unter 25 Jahren in den ersten Monaten des Jahres 2010.

| Monat | Januar | Februar | März | April | Mai |
|---|---|---|---|---|---|
| Anzahl | 361413 | 382968 | 372665 | 334882 | 306842 |

**3** Die Tabelle in Fig. 1 enthält eine Klasseneinteilung und die Klassenhäufigkeiten der Bruttomonatsverdienste (in Euro) eines Industrieunternehmens.
Berechnen Sie das arithmetische Mittel für die Bruttomonatsverdienste.

| Klasse | Anzahl der Mitarbeiter |
|---|---|
| 500 bis unter 800 | 7 |
| 800 bis unter 1100 | 25 |
| 1100 bis unter 1400 | 34 |
| 1400 bis unter 1700 | 42 |
| 1700 bis unter 2000 | 39 |
| 2000 bis unter 2300 | 33 |
| 2300 bis unter 2600 | 25 |
| 2600 bis unter 2900 | 18 |
| 2900 bis unter 3200 | 10 |
| 3200 bis unter 3500 | 6 |

Fig. 1

**4** Der Stichprobe

8 14 12 15 9 11 10

soll ein Wert so zugefügt werden, dass die Stichprobe den Mittelwert 11,5 hat.
Ermitteln Sie diesen Wert.

### Zeit zu überprüfen

**5** Der Kraftstoffverbrauch eines VW Golf in Liter je 100 km wurde wiederholt gemessen. Man erhielt die folgenden Werte.

8,5 7,2 7,6 8,2 8,5 8,3 8,1 7,9 7,5 7,4 8,1 8,6 9,0 8,7 7,4
7,0 7,9 8,2 8,4 8,3 8,1 7,9 7,6 8,4 8,3 8,2 8,4 7,6 7,6 7,9
8,4 8,3 8,2 9,1 7,2 7,3 8,3 8,5 7,4 8,5 8,3 8,6 8,8 7,9 7,6

a) Berechnen Sie das arithmetische Mittel des Kraftstoffverbrauchs.

b) Bilden Sie Klassen und berechnen Sie erneut das arithmetische Mittel.

**6** Die Tabelle enthält die Körpergröße (in cm) von zehn Männern und fünf Frauen.

| Männer | 181 | 178 | 162 | 180 | 175 | 172 | 174 | 180 | 172 | 161 |
|---|---|---|---|---|---|---|---|---|---|---|
| Frauen | 165 | 171 | 168 | 170 | 164 | | | | | |

a) Berechnen Sie zunächst die Mittelwerte der Körpergröße getrennt für beide Stichproben und danach den Mittelwert für die Gesamtstichprobe. Welcher Zusammenhang besteht also zwischen den einzelnen Mittelwerten und dem Mittelwert der Gesamtstichprobe?

b) Die Stichprobenwerte $x_1, x_2, \ldots, x_n$ haben das arithmetische Mittel $\overline{x}$, die Stichprobenwerte $y_1, y_2, \ldots, y_m$ haben das arithmetische Mittel $\overline{y}$. Wie ergibt sich hieraus das arithmetische Mittel aller Stichprobenwerte $x_1, x_2, \ldots, x_n, y_1, y_2, \ldots, y_m$?

# 6 Modalwert und Median; Vergleich der Lagemaße

| Land | Stromverbrauch | Land | Stromverbrauch |
|---|---|---|---|
| USA | 3906,4 | Kanada | 549,5 |
| China | 3016,6 | Deutschland | 544,5 |
| Japan | 963,9 | Frankreich | 460,9 |
| Russland | 857,6 | Brasilien | 420,0 |
| Indien | 600,6 | Südkorea | 402,0 |

Die Tabelle zeigt für das Jahr 2008 die zehn Länder mit dem größten Stromverbrauch (in Terawattstunden; 1 TWh = 1 Mrd. kWh). Durch welchen Wert könnte man die „Mitte" der Daten beschreiben?

Eine Stichprobe kann mehr als einen Modalwert haben. So können z. B. bei einer Untersuchung von Personen die Blutgruppen B und AB gleich oft auftreten.

Bei der Häufigkeitsverteilung in Fig. 1 liegt eine Nominalskala vor. Bei solchen Skalen kann man kein arithmetisches Mittel berechnen. Als Lagemaß kann man hier nur den Wert angeben, der in der Stichprobe am häufigsten vorkommt. Er heißt **Modalwert** oder auch **Modus** und wird mit $x_{Mod}$ bezeichnet. Er ist für jede Merkmalsart erklärt, für Nominalskalen aber das einzige anwendbare Lagemaß.
Für die Verteilung in Fig. 1 gilt
$x_{Mod}$ = Mittlerer Abschluss.

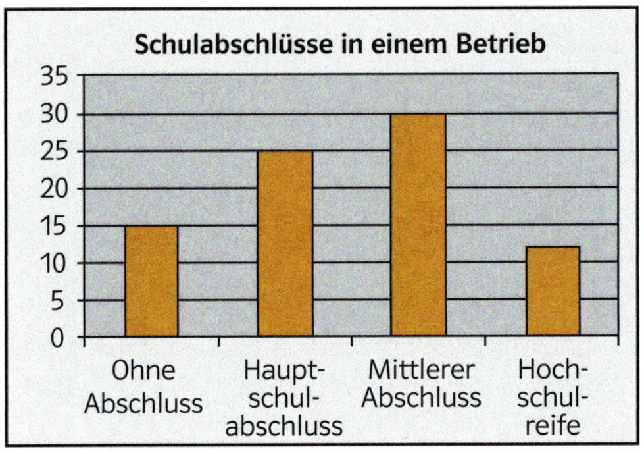

Fig. 1

Bei klassierten Daten kann man den Modalwert nicht exakt bestimmen, sondern nur die zugehörige Klasse. Diese kann man aus dem Histogramm ablesen.

Das arithmetische Mittel ist bei metrischen Skalen das am häufigsten verwendete Lagemaß. Aber nicht immer ist die Angabe des arithmetischen Mittels sinnvoll. Die Befragung von 11 Personen nach dem monatlichen Einkommen hatte das folgende Ergebnis.
1370 980 1210 1560 850 5510 2380 2170 1830 760 1790
Das arithmetische Mittel ist $\overline{x} \approx 1855{,}5$.
Vergleicht man die Daten mit diesem Mittelwert, stellt man fest, dass acht Werte unterhalb und nur drei Werte oberhalb von $\overline{x}$ liegen.
Bei einem solchen Sachverhalt ist folgendes Vorgehen sinnvoller: Man ordnet die Stichprobenwerte der Größe nach und sucht den Wert, der die Daten in etwa zwei gleich große Gruppen zerlegt.
760 850 980 1210 1370 1560 1790 1830 2170 2380 5510
Der Stichprobenwert 1560 liegt in der Mitte. Er wird **Median** oder **Zentralwert** genannt und mit $x_{Med}$ bezeichnet.

Zur Bestimmung eines **Medians** werden die Stichprobenwerte der Urliste zunächst ihrer Rangfolge nach geordnet. Der Median ist der Stichprobenwert, der bei dieser Anordnung mindestens die Hälfte der Werte vor sich und mindestens die Hälfte der Werte nach sich hat.

Da zur Bestimmung des Medians nur eine Rangfolge hergestellt werden muss, genügt eine Ordinalskala. Ist die Anzahl n der Stichprobenwerte ungerade, liegt der Median in der Mitte. Bei metrisch skalierten Merkmalen und geradem n wählt man häufig das arithmetische Mittel der beiden in der Mitte stehenden Werte als Median (vgl. Beispiel 1, Seite 29).
Bei klassiert vorliegenden Daten lässt sich der Median nicht exakt ermitteln. Man kann nur diejenige Klasse bestimmen, in welcher der Median liegt (vgl. Aufgabe 8, Seite 31).

**Zusammenfassende Kennzeichnung der Lagemaße**

| Lagemaß | Bezeichnung | Skala | Definition | Eigenschaft |
|---|---|---|---|---|
| Mittelwert | $\overline{x}$ | metrisch | $\overline{x} = \frac{x_1 + x_2 + \ldots + x_n}{n}$ | empfindlich gegen Extremwerte |
| Modalwert | $x_{Mod}$ | jede | häufigste Ausprägung | unempfindlich gegen Extremwerte |
| Median | $x_{Med}$ | ordinal/metrisch | Wert in der Mitte | unempfindlich gegen Extremwerte |

**Beispiel 1** Vergleich zwischen arithmetischem Mittel und Median

Ein Institut für Warentest hat die Preise von Vollfettmargarine getestet. Dazu wurden bei unterschiedlichen Ketten folgende Preise (in € pro 500 g) ermittelt:

0,59 3,14 0,54 0,54 0,55 1,29 0,55 0,59 0,55 0,59.

a) Berechnen Sie das arithmetische Mittel und den Median.

b) Vergleichen Sie die ermittelten Werte. Welcher der beiden Werte beschreibt in diesem Fall die Häufigkeitsverteilung besser?

Lösung: a) Arithmetisches Mittel:

$\overline{x} = \frac{1}{10}(2 \cdot 0{,}54 + 3 \cdot 0{,}55 + 3 \cdot 0{,}59 + 1{,}29 + 3{,}14) = 0{,}893 \approx 0{,}89$

Median:

Geordnete Stichprobe: 0,54 0,54 0,55 0,55 **0,55** **0,59** 0,59 0,59 1,29 3,14

Anzahl der Stichprobenwerte: $n = 10$, also gerade.

In der Mitte stehen die Werte 0,55 und 0,59. Da eine metrische Skala vorliegt, bildet man den Mittelwert: $x_{Med} = 0{,}57$.

b) In diesem Fall beschreibt der Median die Häufigkeitsverteilung wesentlich besser als das arithmetische Mittel. Das rührt von den extremen Stichprobenwerten 1,29 und vor allem 3,14 her, die außerhalb der Größenordnung der übrigen Werte liegen.

Extreme Werte wie 1,29 und 3,14 in Beispiel 1 heißen **Ausreißer**.
Sind in einer Urliste Ausreißer vorhanden, so ist bei der Verwendung des arithmetischen Mittels als Lagemaß Vorsicht geboten; im Allgemeinen beschreibt dann der Median die Lage der Stichprobenwerte besser.

**Beispiel 2** Berechnung eines arithmetischen Mittels und eines Medians aus einer Tabelle mit relativen Häufigkeiten

Gegeben ist die folgende Häufigkeitsverteilung für das Alter von Personen.

| Alter (in Jahren) | 17 | 18 | 19 | 20 | 21 | 22 | 23 |
|---|---|---|---|---|---|---|---|
| Relative Häufigkeit | 0,06 | 0,17 | 0,28 | 0,20 | 0,13 | 0,09 | 0,07 |

Berechnen Sie das arithmetische Mittel und den Median.

Lösung: Arithmetisches Mittel:

$\overline{x} = 17 \cdot 0{,}06 + 18 \cdot 0{,}17 + 19 \cdot 0{,}28 + 20 \cdot 0{,}20 + 21 \cdot 0{,}13 + 22 \cdot 0{,}09 + 23 \cdot 0{,}07 = 19{,}72$

Median:

Für die relativen Summenhäufigkeiten ergibt sich:

| Alter (in Jahren) | 17 | 18 | 19 | 20 | 21 | 22 | 23 |
|---|---|---|---|---|---|---|---|
| Rel. Summenhäufigkeit | 0,06 | 0,23 | 0,51 | 0,71 | 0,84 | 0,93 | 1 |

Bei dem Merkmalswert 19 springt die relative Summenhäufigkeit erstmals über 0,5.
Also ergibt sich für den Median: $x_{Med} = 19$.

**Beispiel 3** Berechnung von $\overline{x}$ und $x_{Med}$ mit dem GTR

Berechnen Sie mit dem GTR das arithmetische Mittel und den Median

a) für die Urliste

21; 24; 23; 18; 19; 21; 23; 19; 20; 19; 20; 24; 18; 19; 20

b) für die Häufigkeitsverteilung

| $a_i$ | 0,3 | 0,4 | 0,5 | 0,6 | 0,7 | 0,8 |
|---|---|---|---|---|---|---|
| $H_i$ | 3 | 6 | 7 | 9 | 8 | 4 |

Mit dem Befehl *SortA(* aus dem [STAT]-Edit-Menü kann man eine Liste in aufsteigender Reihenfolge sortieren. Mit *Sort D(* in absteigender Reihenfolge.

■ Lösung: a) Zunächst werden die Werte der Urliste als Liste L1 eingegeben.
Danach wird *1-Var Stats* (Statistik mit einer Variablen) gewählt.
Die gesuchten Werte sind: $\overline{x} \approx 20{,}53$; $x_{Med} = 20$.

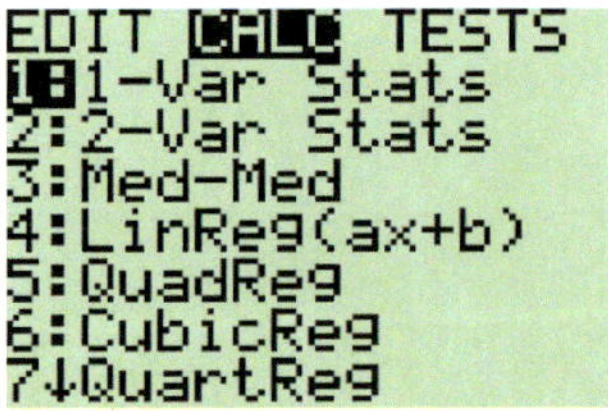


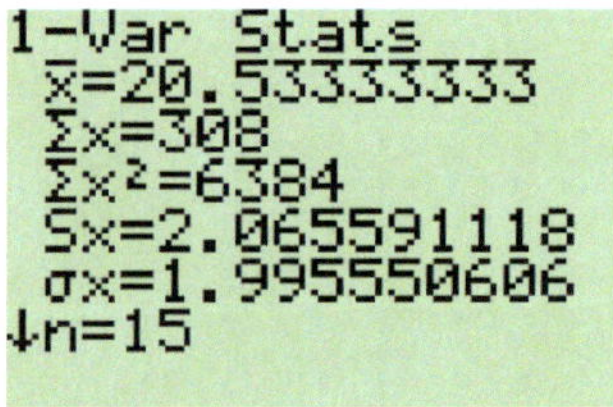


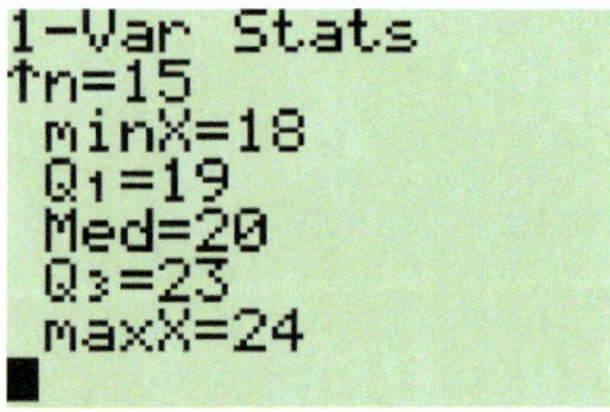


b) Die Werte der Häufigkeitsverteilung werden als zwei Listen L1 und L2 eingegeben. Nach Wahl von *1-Vars Stats* muss man noch L1, L2 zufügen. Man erhält: $\overline{x} \approx 0{,}57$; $x_{Med} = 0{,}6$.

**Beispiel 4** Berechnung von $\overline{x}$ und $x_{Med}$ mit dem CAS-Rechner
In einem Betrieb wurde von 25 Mitarbeitern die Betriebszugehörigkeit (in Jahren) ermittelt.

| Betriebszugehörigkeit | 1 | 2 | 3 | 6 | 7 | 10 | 11 | 12 |
|---|---|---|---|---|---|---|---|---|
| Anzahl | 3 | 1 | 3 | 4 | 8 | 3 | 2 | 1 |

Bestimmen Sie mit einem CAS-Rechner das arithmetische Mittel und den Median.
■ Lösung: Zunächst werden die beiden Listen mit Namen in die Applikation *Lists & Spreadsheet* eingegeben. Danach wählt man im Menü *Statistik „Statistik mit einer Variablen"* aus. Ins Menüfeld wird als X1-Liste die Betriebszugehörigkeit (in Jahren) und für die Häufigkeitsverteilung die Anzahl eingetragen.
Die gesuchten Werte sind $\overline{x} \approx 6{,}32$; $x_{Med} = 7$.

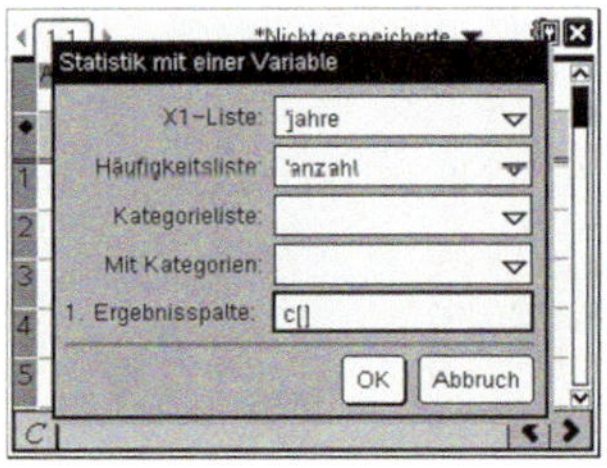


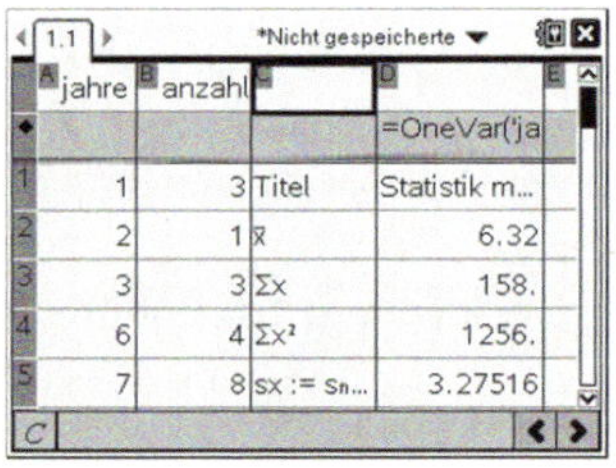


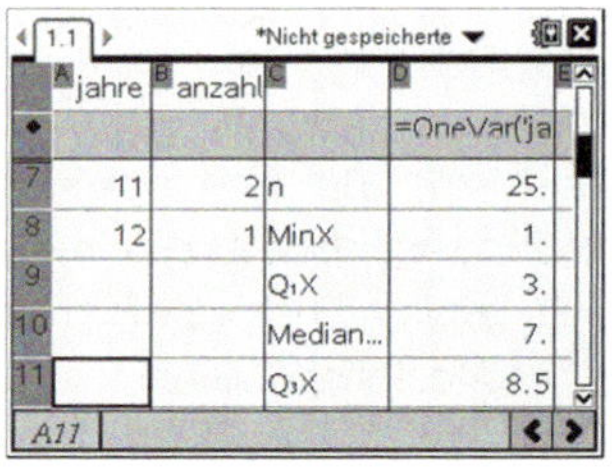


## Aufgaben

**1** Eine Klausur, bei der man maximal 40 Punkte erreichen konnte, hatte das folgende Ergebnis.
12 5 17 39 21 35 15 17 29 35 37 22 12 19 28 31 10 22 31 12
Ermitteln Sie den Median.

**2** In einer Papierfabrik soll für eine bestimmte Papiersorte das mittlere Gewicht für die Blattgröße DIN A4 ermittelt werden. Eine genaue Wägung von zehn Blättern hatte das folgende Ergebnis.
Gewicht (in Gramm): 8,25 8,08 8,16 7,96 8,10 8,27 8,14 7,92 8,04 8,15
Berechnen Sie das arithmetische Mittel und den Median.

**3** In einem Betrieb arbeitet eine Gruppe von zehn Personen auf der Basis von 400 €.
Diese Gruppe erhält einen Vorgesetzten mit einem Lohn von 1500 €.
Erläutern Sie, wie sich dies auf den Median und das arithmetische Mittel des monatlichen Einkommens aller Beschäftigten auswirkt.

**4** In einem landwirtschaftlichen Betrieb wurde die tägliche Milchleistung von Kühen untersucht mit folgendem Ergebnis (M: Milchmenge; F: Fettgehalt).

| Tier Nr. | 1 | 2 | 3 | 4 | 5 | 6 | 7 | 8 | 9 | 10 |
|---|---|---|---|---|---|---|---|---|---|---|
| M (in Liter) | 21,5 | 19,5 | 26,3 | 23,0 | 23,8 | 22,0 | 26,6 | 28,0 | 25,1 | 20,7 |
| F (in %) | 4,4 | 4,6 | 3,9 | 4,1 | 4,0 | 4,2 | 4,1 | 3,6 | 4,5 | 4,2 |

Berechnen Sie für die Milchmenge sowie für den Fettgehalt der Milch jeweils das arithmetische Mittel und den Median. Überprüfen Sie Ihre Ergebnisse mit dem GTR bzw. CAS-Rechner.

**5** Unter Jugendlichen eines Jahrgangs wurde ein Gedächtnistest durchgeführt. Dazu wurde jeder Testperson eine Liste von 15 Wörtern dreimal vorgelesen und danach festgestellt, wie viele davon die Testperson im Gedächtnis behielt (vgl. Fig. 1). Bestimmen Sie das arithmetische Mittel und den Median.

| Anzahl der Wörter | relative Häufigkeit |
|---|---|
| 1 | 0 |
| 2 | 0,006 |
| 3 | 0,02 |
| 4 | 0,02 |
| 5 | 0,03 |
| 6 | 0,04 |
| 7 | 0,06 |
| 8 | 0,12 |
| 9 | 0,15 |
| 10 | 0,17 |
| 11 | 0,19 |
| 12 | 0,14 |
| 13 | 0,03 |
| 14 | 0,02 |
| 15 | 0,004 |

Fig. 1

**6** Eine Schülerzeitung hat 50 Schüler der 11. Klasse gefragt, wie viele Stunden sie täglich am Computer verbringen.

| Zeit (in Stunden) | 0 | 1 | 2 | 3 | 4 |
|---|---|---|---|---|---|
| Anzahl | 8 | 22 | 11 | 4 | 5 |

Bestimmen Sie den Mittelwert, den Median und den Modalwert.

**Zeit zu überprüfen**

**7** Begründen Sie, welches Lagemaß in den folgenden Situationen sinnvoll ist; berechnen Sie danach dieses Lagemaß.

a) Bei einer Blutspendeaktion hatten die Spender folgende Blutgruppen:
A, A, 0, AB, B, A, A, 0, 0, 0, A, 0, A, 0, 0, B, AB,
A, 0, A, A, 0, 0, A, B, 0, B, B, A, A, A, 0, A, A.

In verschiedenen Volksgruppen kommen die Blutgruppen unterschiedlich häufig vor. Bei den Pueblo-Indianern in Nordamerika kommt die Blutgruppe AB nicht vor.

b) Ein Lehrer benotet die mündlichen Leistungen seiner Schülerinnen und Schüler mit +, falls diese überdurchschnittlich sind, mit x, wenn sie durchschnittlich sind und mit −, wenn sie nicht zufriedenstellend sind.
\+ x − − + x x − x x + + x x x x − + x +

c) Bei der Endmontage eines Produktes ergaben sich folgende Bearbeitungszeiten (in min):
1,3 1,5 1,4 1,7 1,5 1,7 1,8 1,5 3,2 1,6 1,5 1,3 1,6 1,4 1,5 1,4.

d) Ein bestimmter digitaler Fotoapparat wird zu folgenden Preisen (in Euro) angeboten:
831 848 852 849 854 857 852 871 846 848 839 850 854 842 851 849.

**8** In einer Klinik wurde die Größe (in cm) von Neugeborenen festgestellt.

| Größe | 47 | 48 | 49 | 50 | 51 | 52 | 53 | 54 | 55 | 56 | 57 |
|---|---|---|---|---|---|---|---|---|---|---|---|
| Anzahl | 1 | 2 | 5 | 15 | 17 | 12 | 12 | 4 | 3 | 1 | 3 |

a) Berechnen Sie mit dem GTR bzw. CAS-Rechner das arithmetische Mittel und den Median für diese Verteilung.

b) Nehmen Sie für die Daten eine Klassierung vor (Klassenbreite 2 cm). Ermitteln Sie einen Näherungswert für das arithmetische Mittel und die Klasse, in welcher der Median liegt. Welcher Wert ergibt sich für den Median, wenn man die Klassenmitten verwendet?

**9** Jan hat wiederholt 10 Reißzwecken derselben Sorte geworfen und jeweils gezählt, wie viele Reißzwecken mit der Spitze nach oben lagen. Er erhielt die folgenden Ergebnisse.
6; 5; 4; 5; 7; 8; 6; 7; 6; 7; 9; 5; 9; 7; 7; 3; 8; 7; 2; 3; 7; 5; 6; 8; 4; 4; 5; 6; 9; 7; 4; 3; 7; 6
Ermitteln Sie mit Excel das arithmetische Mittel und den Median.

# 7 Durchschnittliche Wachstumsraten; geometrisches Mittel

Zuwachssparen ist eine Geldanlage, bei welcher der Sparer von jährlich steigenden Zinssätzen profitiert. Der durchschnittliche Zinssatz wird als Rendite bezeichnet.
Wie ergibt sich für die angegebenen Zinssätze die Jahresrendite von 2,75 %?

Vor drei Jahren kostete eine Ware 40 €. In den beiden folgenden Jahren stieg der Preis um 10 % bzw. um 20 %, im dritten Jahr fiel er wieder um 10 %. Gesucht ist die **durchschnittliche** Zuwachsrate während der drei Jahre, d.h., gesucht ist diejenige jährliche **konstante** Zuwachsrate, die nach drei Jahren zum gleichen Endpreis geführt hätte.
Die Bestimmung einer solchen konstanten Rate erfolgt nicht direkt über die Wachtumsraten, sondern über den Umweg eines **durchschnittlichen Wachstumsfaktors**.

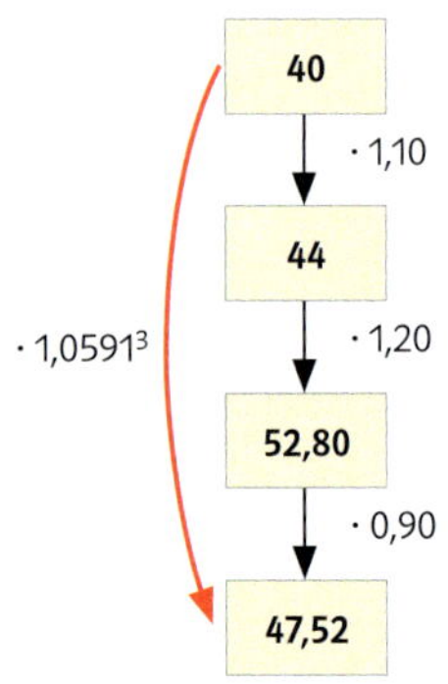

Fig. 1

Bestimmung der Preise in den einzelnen Jahren:
Mit dem Wachstumsfaktor $q_1 = 1 + \frac{p_1}{100} = 1 + \frac{10}{100} = 1{,}10$ ergibt sich: $40 \cdot 1{,}10 = 44$;
mit $q_2 = 1 + \frac{p_2}{100} = 1 + \frac{20}{100} = 1{,}20$ erhält man: $44 \cdot 1{,}20 = 52{,}80$;
mit $q_3 = 1 + \frac{p_3}{100} = 1 + \frac{-10}{100} = 0{,}90$ folgt: $52{,}80 \cdot 0{,}90 = 47{,}52$.
Also gilt: $40 \cdot q_1 \cdot q_2 \cdot q_3 = 40 \cdot 1{,}10 \cdot 1{,}20 \cdot 0{,}90 = 47{,}52$ (vgl. Fig. 1).
Mit dem konstanten Wachstumsfaktor q müsste gelten: $40 \cdot q \cdot q \cdot q = 47{,}52$.
Ein Vergleich ergibt: $1{,}10 \cdot 1{,}20 \cdot 0{,}90 = q \cdot q \cdot q = q^3$.
Hieraus folgt: $q = \sqrt[3]{1{,}10 \cdot 1{,}20 \cdot 0{,}90} \approx 1{,}0591$.
Aus diesem konstanten Wachstumsfaktor kann man nun die gesuchte konstante Wachstumsrate ermitteln. Mit $q \approx 1{,}0591$ ergibt sich wegen $q = 1 + \frac{p}{100}$ eine durchschnittliche Wachstumsrate von rund 5,91 Prozent.

Sollen allgemein n aufeinander folgende Vervielfachungen $x_1, x_2, \ldots, x_n$ einer Größe durch eine durchschnittliche Vervielfachung ersetzt werden, bestimmt man diese mit dem **geometrischen Mittel** $\overline{x}_{geom}$.
Dabei gilt: $\overline{x}_{geom} = \sqrt[n]{x_1 \cdot x_2 \cdot \ldots \cdot x_n}$.

| Jahr | Anzahl |
|---|---|
| 2004 | 1356 |
| 2005 | 1489 |
| 2006 | 1501 |
| 2007 | 1410 |
| 2008 | 1370 |

Fig. 2

Sind nicht Wachstumsraten, sondern absolute Werte einer Entwicklung gegeben, vereinfacht sich die Berechnung einer durchschnittlichen Wachstumsrate.
Die Tabelle in Fig. 2 zeigt die Entwicklung der Betriebsangehörigen einer Firma. Die einzelnen Wachstumsfaktoren ergeben sich als Quotienten aufeinander folgender Werte. So ist z.B. $q_1 = \frac{1489}{1356} \approx 1{,}0981$. Das Produkt der Wachstumsfaktoren ist dann $\frac{1489}{1356} \cdot \frac{1501}{1489} \cdot \frac{1410}{1501} \cdot \frac{1370}{1410}$.
Dieser Term vereinfacht sich zu $\frac{1370}{1356}$, d.h., das **Produkt der Wachstumsfaktoren** kann durch den **Quotienten aus Endwert und Anfangswert** ersetzt werden.
Es gilt: $\overline{q}_{geom} = \sqrt[4]{\frac{1370}{1356}} \approx 1{,}0026$; d.h., die durchschnittliche Wachstumsrate ist rund 0,26 %.

**Beispiel 1** Wachstumsrate

Fig. 1 zeigt die Wachstumsraten für den Umsatz eines Betriebes. Berechnen Sie die durchschnittliche Wachstumsrate.

Lösung: Bestimmung der Wachstumsfaktoren:

| Januar | Februar | März | April | Mai |
|---|---|---|---|---|
| 1,009 | 0,995 | 1,01 | 1,013 | 1,015 |

Geometrisches Mittel:

$\overline{q}_{geom} = \sqrt[5]{1{,}009 \cdot 0{,}995 \cdot 1{,}01 \cdot 1{,}013 \cdot 1{,}015} \approx 1{,}0084$

Die durchschnittliche Wachstumsrate beträgt also rund 0,84 %.

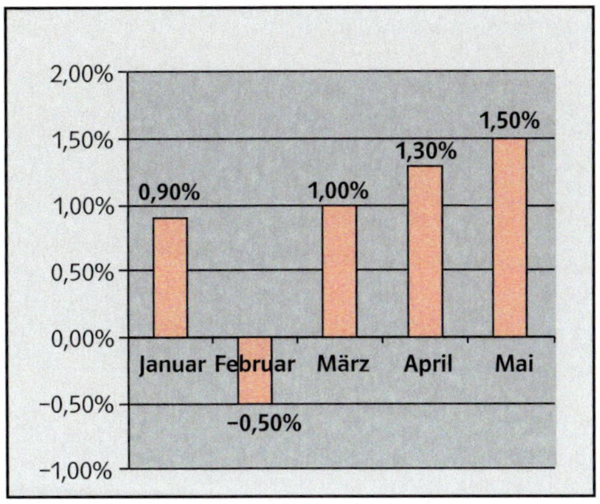


Fig. 1

**Beispiel 2** Sonderfall

Die Tabelle in Fig. 2 zeigt die Preisentwicklung von Heizöl für private Haushalte inkl. MwSt. seit dem Jahr 2000. Berechnen Sie die durchschnittliche Wachstumsrate.

Lösung: Das Produkt der Wachstumsfaktoren ist $\frac{77}{41}$;

geometrisches Mittel: $\overline{q}_{geom} = \sqrt[8]{\frac{77}{41}} \approx 1{,}0820$.

Das Heizöl ist also jährlich durchschnittlich um rund 8,20 % teurer geworden.

| Jahr | Preis (in €/100 Liter) |
|---|---|
| 2000 | 41 |
| 2001 | 37 |
| 2002 | 35 |
| 2003 | 36 |
| 2004 | 40 |
| 2005 | 54 |
| 2006 | 56 |
| 2007 | 58 |
| 2008 | 77 |

Fig. 2

## Aufgaben

**1** Durch eine Werbekampagne konnte eine Firma in den Monaten August, September, Oktober, November, Dezember und Januar eine Umsatzsteigerung um 6 %, 8 %, 12 %, 13 %, 11 % bzw. 10 % erzielen. Um wie viel Prozent konnte die Firma ihren Umsatz in diesem Zeitraum im Durchschnitt steigern?

**2** Die Tabelle zeigt die jährlichen Inflationsraten und die jährlichen Veränderungen des realen Bruttoinlandsproduktes (BIP) in Deutschland. Berechnen Sie die durchschnittliche Inflationsrate und die durchschnittliche Veränderung des realen BIP.

| Jahr | 2000 | 2001 | 2002 | 2003 | 2004 | 2005 | 2006 | 2007 | 2008 | 2009 |
|---|---|---|---|---|---|---|---|---|---|---|
| Inflation (in %) | 1,4 | 1,9 | 1,5 | 1,0 | 1,7 | 1,5 | 1,6 | 2,3 | 2,6 | 0,4 |
| BIP (in %) | 3,2 | 1,2 | 0,0 | −0,2 | 1,2 | 0,8 | 3,0 | 2,5 | 1,3 | −5,0 |

**3** Die Tabelle zeigt die Staatsverschuldung Deutschlands (in Mrd. Euro).
Zeichnen Sie ein Säulendiagramm für die jährlichen Verschuldungsraten und berechnen Sie die durchschnittliche Verschuldungsrate.

| Jahr | 2000 | 2001 | 2002 | 2003 | 2004 | 2005 | 2006 | 2007 | 2008 | 2009 |
|---|---|---|---|---|---|---|---|---|---|---|
| Schulden | 1210 | 1224 | 1277 | 1358 | 1429 | 1489 | 1545 | 1553 | 1580 | 1720 |

**4** Die Bevölkerung von Sachsen-Anhalt schrumpft stärker als jedes andere Bundesland.
Die Tabelle zeigt die Bevölkerungsentwicklung seit dem Jahr 1997 (Angaben in Mio.).

| Jahr | 1997 | 1998 | 1999 | 2000 | 2001 | 2002 | 2003 | 2004 | 2005 | 2006 | 2007 |
|---|---|---|---|---|---|---|---|---|---|---|---|
| Bevölkerung | 2,70 | 2,67 | 2,65 | 2,62 | 2,58 | 2,55 | 2,52 | 2,49 | 2,47 | 2,44 | 2,41 |

a) Um wie viel Prozent schrumpfte die Bevölkerung im Durchschnitt pro Jahr?

b) Mit welcher Bevölkerungszahl muss man für Sachsen-Anhalt im Jahr 2025 rechnen, wenn diese Entwicklung anhält?

# 8 Mittlere absolute und mittlere quadratische Abweichung

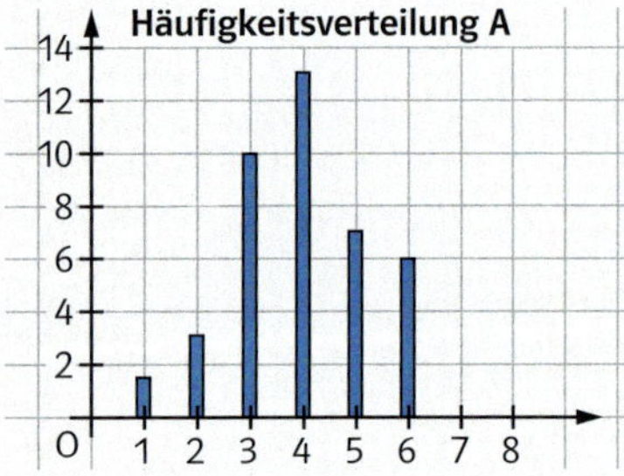


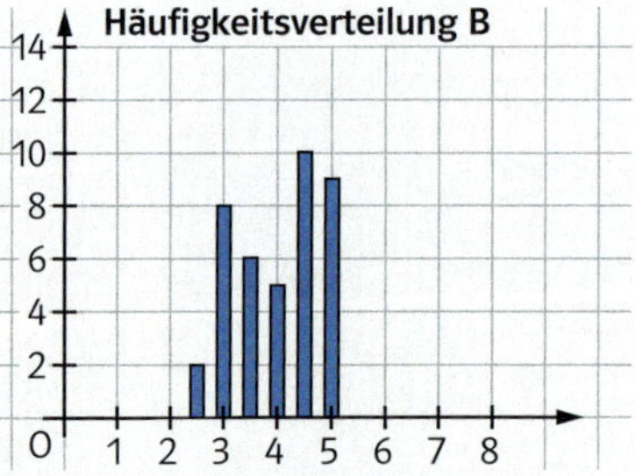


Die beiden Häufigkeitsverteilungen haben das gleiche arithmetische Mittel. Trotzdem gibt es Unterschiede.
Beschreiben Sie diese. Wie könnte man sie messen?

| Anlage I | Anlage II |
|---|---|
| 5,1 | 5,2 |
| 4,8 | 4,7 |
| 5,0 | 5,4 |
| 5,2 | 4,9 |
| 4,9 | 5,0 |
| 4,7 | 5,4 |
| 5,0 | 5,0 |
| 5,1 | 4,5 |
| 4,8 | 4,6 |
| 5,0 | 5,4 |
| 5,1 | 4,5 |
| 4,9 | 5,3 |
| 5,0 | 4,6 |
| 5,1 | 4,7 |
| 5,0 | 5,4 |
| 4,9 | 4,5 |
| 5,0 | 5,4 |
| 4,9 | 4,9 |
| 5,1 | 4,5 |
| 4,7 | 5,4 |
| 5,0 | 5,2 |
| 4,9 | 5,0 |
| 5,0 | 5,3 |
| 5,1 | 4,5 |
| 5,2 | 5,3 |

Fig. 1

Nach der Montage zweier Abfüllanlagen für hochwertiges Pulver fand eine erste Überprüfung statt. Fig. 1 enthält die Ergebnisse bei einer Solleinstellung auf 5 Gramm.
In Fig. 2 sind die zugehörigen Stabdiagramme gezeichnet. Diese zeigen, dass (bei fast gleichen Mittelwerten) die Ergebnisse von Anlage II stärker „streuen“ als die von Anlage I. Diese „Streuung“ kann auf verschiedene Weisen „gemessen“ werden.

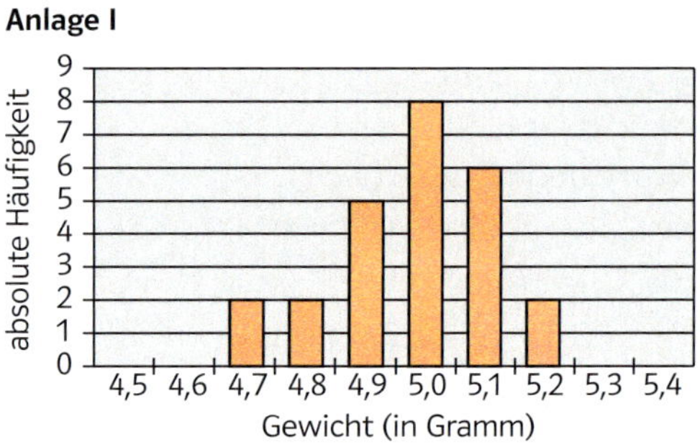


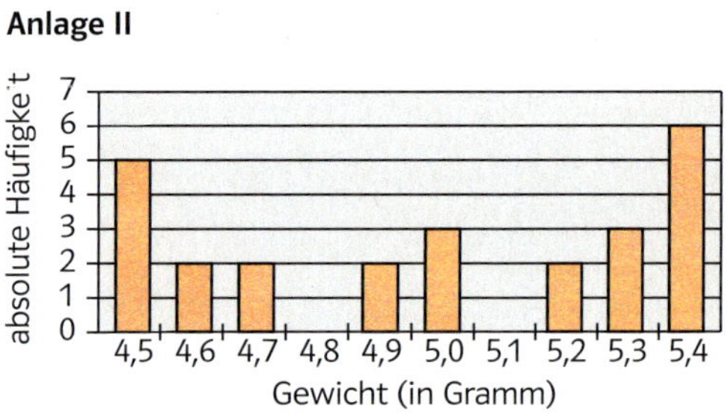


Fig. 2

Als **Spannweite** einer Urliste bezeichnet man die Differenz R aus dem größten Stichprobenwert $x_{max}$ und dem kleinsten Stichprobenwert $x_{min}$: $R = x_{max} - x_{min}$.
Bei Anlage I ist sie mit $5{,}2 - 4{,}7 = 0{,}5$ kleiner als bei Anlage II: $5{,}4 - 4{,}5 = 0{,}9$.

Auch die **mittlere absolute Abweichung** d von $\bar{x}$ ist als Streumaß geeignet.
Bei Anlage I ergibt sich mit

$$d_1 = \frac{1}{25}(|5{,}1 - 4{,}980| + |4{,}8 - 4{,}980| + |5{,}0 - 4{,}980| + \ldots + |5{,}2 - 4{,}980|) \approx 0{,}106$$

wiederum ein kleinerer Wert als bei Anlage II mit

$$d_2 = \frac{1}{25}(|5{,}2 - 4{,}984| + |4{,}7 - 4{,}984| + |5{,}4 - 4{,}984| + \ldots + |5{,}3 - 4{,}984|) \approx 0{,}314.$$

Anlage I:
$\bar{x} = 4{,}980$
Anlage II:
$\bar{x} = 4{,}984$

Würde man auf die Betragstriche verzichten und nur den Mittelwert aus den Abweichungen berechnen, so ergäbe sich stets der Wert 0. Man erhielte kein brauchbares „Streuungsmaß“.

In der Praxis verwendet man statt der Beträge meist die Quadrate der einzelnen Differenzen. Außerdem dividiert man die Summe nicht durch die Anzahl n der Stichprobenwerte, sondern durch n − 1. Die Gründe hierfür können erst in der Stochastik erläutert werden.
Das zugehörige Streuungsmaß nennt man die **mittlere quadratische Abweichung** oder **(empirische) Varianz** der Stichprobe; sie wird mit $s^2$ bezeichnet. Die Wurzel aus der Varianz heißt **(empirische) Standardabweichung**; sie wird mit s bezeichnet.

Anlage I: $s^2 = \frac{1}{24}[(5{,}1 - 4{,}980)^2 + (4{,}8 - 4{,}980)^2 + \ldots + (5{,}2 - 4{,}980)^2] \approx 0{,}0183$; $s \approx 0{,}135$

Anlage II: $s^2 \approx 0{,}1281$; $s \approx 0{,}358$

Man sagt: Bei Anlage I streuen die Stichprobenwerte weniger um den Mittelwert als bei Anlage II.

Sind $x_1, \dots, x_n$ Stichprobenwerte mit dem arithmetischen Mittel $\overline{x}$, so heißt die Zahl

$s^2 = \frac{1}{n-1}[(x_1 - \overline{x})^2 + \dots + (x_n - \overline{x})^2]$;  kurz: $s^2 = \frac{1}{n-1}\sum_{i=1}^{n}(x_i - \overline{x})^2$

**Varianz** (oder **Streuung**) der Stichprobenwerte.

Die Quadratwurzel aus der Varianz wird mit s bezeichnet und **Standardabweichung** genannt.

Kommen die Merkmalsausprägungen $a_1, \dots, a_k$ mit den absoluten Häufigkeiten $H_1, \dots, H_k$ vor, so kann man einfacher rechnen:

$s^2 = \frac{1}{n-1}[(a_1 - \overline{x})^2 \cdot H_1 + \dots + (a_k - \overline{x})^2 \cdot H_k]$;  kurz: $s^2 = \frac{1}{n-1}\sum_{i=1}^{k}(a_i - \overline{x})^2 \cdot H_i$.

Ist nur eine Häufigkeitstabelle mit **relativen** Häufigkeiten gegeben, ist $s^2$ nicht berechenbar.

Bei klassierten Daten erhält man einen Näherungswert für $s^2$, wenn man an Stelle der $a_i$ die Klassenmitten und von $H_i$ die Klassenhäufigkeiten verwendet. Es gelten die entsprechenden Überlegungen wie bei der Berechnung des arithmetischen Mittels (vgl. Seite 25).

Haben Stichprobenwerte $x_i$ z.B. die Dimension cm, so hat $s^2$ die Dimension $cm^2$. Für Veranschaulichungen u.a. ist es vorteilhaft, wenn ein Streuungsmaß dieselbe Dimension hat wie die Stichprobenwerte. Aus diesem Grunde wird neben der Varianz auch die Standardabweichung als Streuungsmaß verwendet.

Der Name Standardabweichung kommt daher, dass bei vielen Erhebungen ein Merkmal wie z.B. die Körperlänge von Schulanfängern oder der Intelligenzquotient einer Vielzahl von unabhängigen Einflüssen unterliegt. Nach einer groben Faustregel weichen bei **großen** Stichproben „standardmäßig" ca. 68 % aller Daten um höchstens eine Standardabweichung vom arithmetischen Mittel ab.

**Ca. 68 % aller Daten liegen bei einer großen Stichprobe im Intervall $[\overline{x} - s; \overline{x} + s]$.**

**Beispiel 1** Berechnung einer Standardabweichung ohne und mit GTR

Eine Firma betreibt mehrere Filialen. Um sich einen Überblick über den täglichen Umsatz pro Filiale zu verschaffen, hat die Firmenleitung zufällig 20 Filialen ausgewählt und an einem „typischen" Tag jeweils die Umsätze notiert. Sie erhielt das folgende Ergebnis.

| | | | | | | | | | |
|---|---|---|---|---|---|---|---|---|---|
| 13,4 | 13,2 | 13,2 | 13,4 | 13,3 | 13,4 | 13,3 | 13,4 | 13,6 | 13,4 |
| 13,2 | 13,4 | 13,6 | 13,2 | 13,3 | 13,5 | 13,3 | 13,2 | 13,5 | 13,6 |

Berechnen Sie ohne GTR die Standardabweichung. Überprüfen Sie Ihr Ergebnis mit dem GTR.

Lösung: Berechnung ohne GTR in Tabellenform:

| $a_i$ | $H_i$ | $a_i \cdot H_i$ | $a_i - \overline{x}$ | $(a_i - \overline{x})^2$ | $(a_i - \overline{x})^2 \cdot H_i$ |
|---|---|---|---|---|---|
| 13,2 | 5 | 66,0 | −0,17 | 0,0289 | 0,1445 |
| 13,3 | 4 | 53,2 | −0,07 | 0,0049 | 0,0196 |
| 13,4 | 6 | 80,4 | 0,03 | 0,0009 | 0,0054 |
| 13,5 | 2 | 27,0 | 0,13 | 0,0169 | 0,0338 |
| 13,6 | 3 | 40,8 | 0,23 | 0,0529 | 0,1587 |
| | 20 | 267,4 | | | 0,3620 |

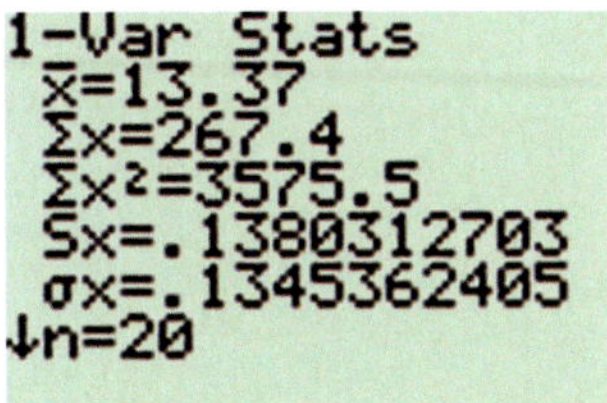

Fig. 1

$\overline{x} = \frac{267{,}4}{20} = 13{,}37$;

$s^2 = \frac{1}{19} \cdot 0{,}3620 \approx 0{,}019$; $s = \sqrt{\frac{0{,}3620}{19}} \approx 0{,}138$

Der GTR bestätigt die Rechnung (Fig. 1).

**Beispiel 2** Berechnung einer Standardabweichung mit CAS

In einem Betrieb wurde die für eine bestimmte Tätigkeit benötigte Zeit (in Minuten) festgestellt. Man erhielt die folgenden Werte.

| | | | | | | | | | | | | | | | |
|---|---|---|---|---|---|---|---|---|---|---|---|---|---|---|---|
| 3,9 | 4,3 | 4,0 | 3,6 | 3,5 | 3,7 | 3,7 | 3,8 | 3,7 | 3,9 | 3,8 | 3,7 | 3,6 | 3,9 | 3,7 | 4,0 |
| 3,8 | 3,8 | 3,9 | 3,5 | 3,7 | 3,9 | 4,0 | 3,9 | 4,3 | 3,4 | 3,6 | 3,9 | 3,8 | 3,9 | 3,7 | 3,8 |

Berechnen Sie mit einem CAS-Rechner die Standardabweichung.

▪ Lösung: Die Standardabweichung kann man mit der Urliste (*zeitliste*) im Calculator (Fig. 1) oder in *Lists & Spreadsheet* (Fig. 2) berechnen. Eine weitere Möglichkeit bietet die Eingabe einer Häufigkeitsverteilung (Fig. 3).

Die gesuchte Standardabweichung ist $s \approx 0{,}199$.

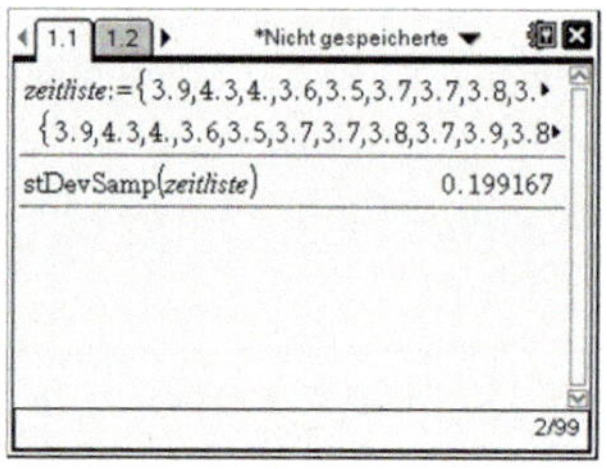


Fig. 1

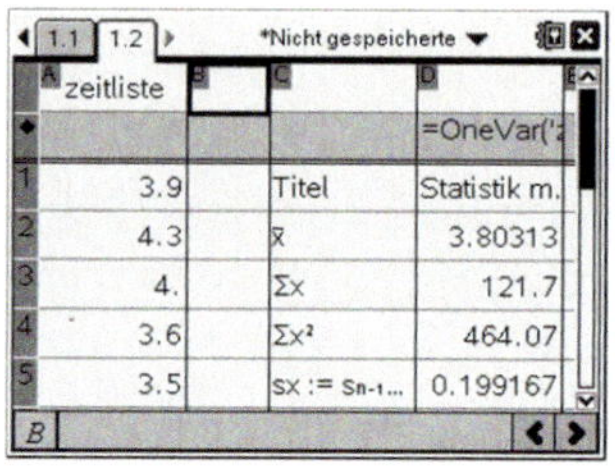


Fig. 2

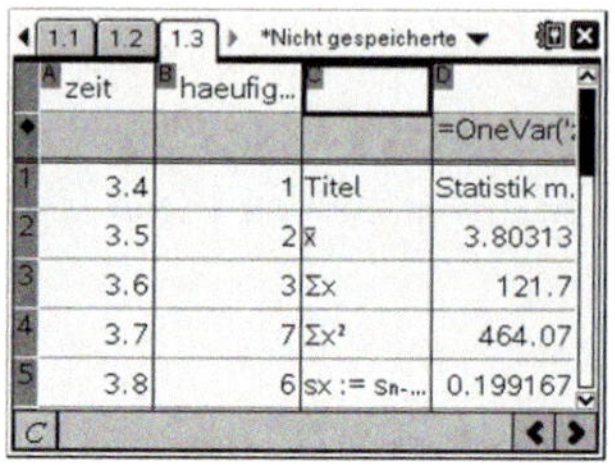


Fig. 3

Hinweise zu Excel:
Die Befehle =VARIANZ() und =STABW() berechnen die Varianz bzw. die Standardabweichung mit dem Nenner n − 1, die Befehle =VARIANZEN() und =STABWN() mit dem Nenner n.

**Beispiel 3** Berechnungen mit Excel

a) Frau Tribler wiegt sich jeden Morgen auf ihrer Präzisionswaage. Ihre Ergebnisse sind in Fig. 4 in den Spalten A und B enthalten.

Berechnen Sie die Varianz und die Standardabweichung.

b) Eine Gruppe von Jugendlichen hat 45 Banken befragt. Die jungen Leute interessiert, wie hoch der Zinssatz a auf einem normalen Sparkonto ist. Die Ergebnisse stehen in Fig. 5 in den Spalten A ($a_i$ in Prozent) und B.

Berechnen Sie die Varianz und Standardabweichung.

▪ Lösung: a) Es ist eine Urliste gegeben.

In diesem Fall berechnet Excel (Fig. 4) mit dem Befehl =VARIANZ(B3:B9) die Varianz und mit =STABW(B3:B9) die Standardabweichung.

Man erhält $s^2 \approx 0{,}056$ und $s \approx 0{,}236$.

b) Es ist eine Häufigkeitsverteilung gegeben.

In diesem Fall muss man eigene Berechnungen durchführen (Fig. 5). Man kann die Zwischenergebnisse im Bereich D3 bis D9 zellenweise oder mit der Vektorformel {=(A3:A9−$C$10)^2*B3:B9} berechnen. Zelle D10 enthält den Befehl =SUMME(D3:D9)/44; Zelle D11 den Befehl =WURZEL(D10).

Man erhält $s^2 \approx 0{,}072$ und $s \approx 0{,}268$.

| | A | B |
|---|---|---|
| 1 | Varianz, Standardabweichung | |
| 2 | | $x_i$ |
| 3 | Mo | 68,04 |
| 4 | Di | 67,81 |
| 5 | Mi | 67,69 |
| 6 | Do | 68,16 |
| 7 | Fr | 68,41 |
| 8 | Sa | 67,92 |
| 9 | So | 67,98 |
| 10 | | $s^2 = 0{,}0557$ |
| 11 | | $s = 0{,}23604$ |

Fig. 4

| | A | B | C | D |
|---|---|---|---|---|
| 1 | Varianz, Standardabweichung | | | |
| 2 | $a_i$ | $H_i$ | $a_i \cdot H_i$ | $(a_i - \bar{x})^2 \cdot H_i$ |
| 3 | 2,60 | 2 | 5,2 | 0,51342 |
| 4 | 2,80 | 8 | 22,4 | 0,75236 |
| 5 | 3,00 | 14 | 42 | 0,15929 |
| 6 | 3,20 | 10 | 32 | 0,08711 |
| 7 | 3,40 | 8 | 27,2 | 0,68836 |
| 8 | 3,60 | 2 | 7,2 | 0,48675 |
| 9 | 3,80 | 1 | 3,8 | 0,48071 |
| 10 | | $n = 45$ | $\bar{x} = 3{,}10667$ | $s^2 = 0{,}072$ |
| 11 | | | | $s = 0{,}26833$ |

Fig. 5

## Aufgaben

**1** Berechnen Sie in tabellarischer Form das arithmetische Mittel, die Varianz und die Standardabweichung. Überprüfen Sie Ihre Ergebnisse mit dem GTR bzw. CAS-Rechner.

a) 5 4 5 6 5 6 4 5 6 8

b) 2,6 2,9 2,5 2,6 3,0 2,7 2,8 2,7

c) 64 61 67 74 65 77 72 58 60 64 64 66 70 63 65

**2** Um einen Anhaltspunkt über die durchschnittliche jährliche Fahrleistung von PKWs zu erhalten, werden aus einer vorgegebenen Population 50 Autobesitzer zufällig ausgewählt und nach der im vergangenen Jahr zurückgelegten Fahrstrecke (in 1000 km) befragt.

15 12 16 25 5 30 8 10 15 20 7 10 20 30 15 15 18 30 45 5 2
16 24 25 10 14 20 15 12 8 25 10 15 28 12 10 20 32 42 13 18 25
12 15 20 25 21 14 5 2

Berechnen Sie das arithmetische Mittel, die Varianz und die Standardabweichung.

### Zeit zu überprüfen

**3** Für die Teile einer Klausuraufgabe erhielten 20 Schüler die folgenden Punktzahlen.

| Schüler | 1 | 2 | 3 | 4 | 5 | 6 | 7 | 8 | 9 | 10 | 11 | 12 | 13 | 14 | 15 | 16 | 17 | 18 | 19 | 20 |
|---|---|---|---|---|---|---|---|---|---|---|---|---|---|---|---|---|---|---|---|---|
| Teil a: | 8 | 6 | 8 | 7 | 7 | 7 | 7 | 8 | 3 | 8 | 6 | 5 | 8 | 5 | 5 | 6 | 8 | 8 | 8 | 6 |
| Teil b: | 5 | 2 | 5 | 8 | 4 | 5 | 1 | 7 | 0 | 3 | 8 | 2 | 7 | 2 | 2 | 4 | 3 | 5 | 7 | 7 |
| Teil c: | 6 | 7 | 4 | 4 | 5 | 3 | 4 | 7 | 0 | 5 | 5 | 6 | 2 | 3 | 2 | 4 | 3 | 4 | 10 | 4 |

Berechnen Sie zeilenweise die Spannweite, die mittlere absolute Abweichung, die Varianz und die Standardabweichung der in den drei Aufgabenteilen erreichten Punktzahlen.
Bei welchem Aufgabenteil ist die Varianz besonders hoch? (Man nennt solche Aufgaben „trennscharf".)

**4** Mit einer elektronischen Waage wurde wiederholt das Gewicht eines Briefes (in g) gemessen. Man erhielt die Urliste aus Fig. 1.

a) Berechnen Sie Mittelwert und Standardabweichung.

b) Die Angabe einer Messgenauigkeit (0,1%) bedeutet: Die Standardabweichung der Messwerte beträgt höchstens 0,1% des „wahren Wertes". Darf die Waage das „Gütesiegel" 0,1% tragen?

**Briefgewichte**

| | | |
|---|---|---|
| 22,94 | 22,90 | 22,92 |
| 22,76 | 22,80 | 22,85 |
| 22,84 | 22,86 | 22,83 |
| 22,87 | 22,88 | 22,86 |
| 22,88 | 22,85 | 22,96 |
| 22,93 | 22,95 | 22,61 |
| 22,70 | 22,69 | |

Fig. 1

**5** a) Berechnen Sie aus den Angaben von Fig. 2 und Fig. 3 die Mittelwerte und die Standardabweichungen der Altersverteilungen in der Jahrgangsstufe 5 bzw. 13.

b) Wie viel Prozent der Schülerinnen und Schüler liegen in den verschiedenen Stufen mit ihrem Alter näherungsweise zwischen $\overline{x} - s$ und $\overline{x} + s$?

c) Wie erklären Sie inhaltlich die unterschiedlichen Standardabweichungen in den Stufen?

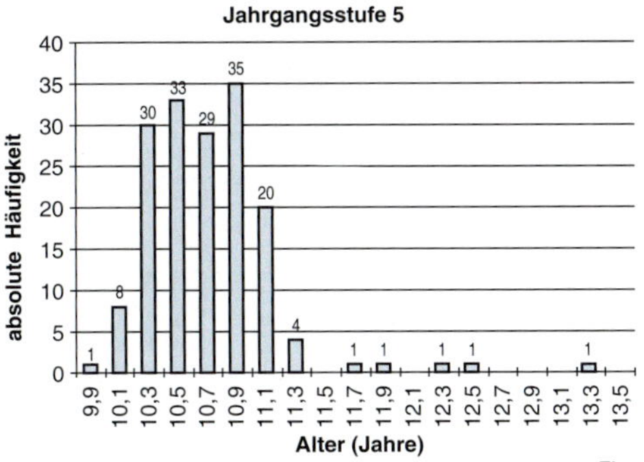


Fig. 2

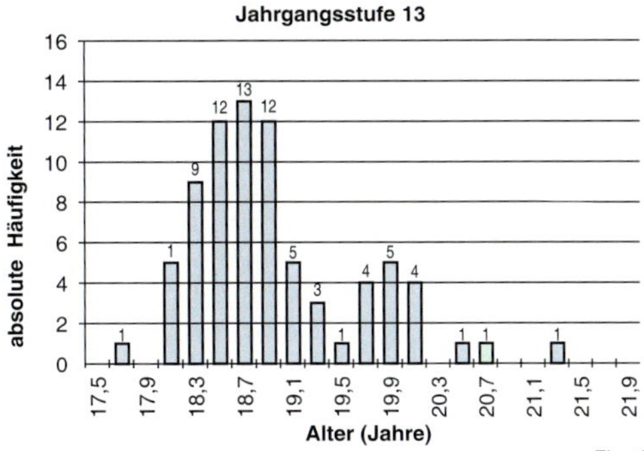


Fig. 3

# 9 Quartile und Boxplot; Vergleich der Streuungsmaße

**Rangliste von Handy-Ausgaben (in €) pro Monat**

6 6 6 7 8 8 9 9 10 **11** 12 12 12 15 16 25 25 28 30

↑

Mitte der Rangliste

$x_{Med} = 11$

Die Rangliste enthält die Handy-Ausgaben (in €) pro Monat einer Gruppe von Jugendlichen. Der Median ist $x_{Med} = 11$.
Übertragen Sie die Idee zur Bestimmung des Medians auf die beiden Hälften und interpretieren Sie die sich ergebenden Werte.

Quartile kommt von lat. quartus: der Vierte.

Der Median, der auch als „50%-Marke" bezeichnet wird, teilt die Stichprobenwerte in zwei gleich große Gruppen. Eine Verallgemeinerung dieses Gedankengangs führt zu einem weiteren Streuungsmaß. Hierfür werden zunächst so genannte **Quartile** eingeführt.
Das erste Quartil $\mathbf{Q_1}$ entspricht der 25%-Marke, das zweite Quartil $\mathbf{Q_2}$ dem Median und das dritte Quartil $\mathbf{Q_3}$ der 75%-Marke. Die Quartile $Q_1$ und $Q_3$, das Minimum $x_{min}$, das Maximum $x_{max}$ sowie der Median teilen also einen Datensatz in vier Teile, wobei jeder dieser Teile in etwa ein Viertel der Stichprobenwerte enthält.
Die Zahl $Q_3 - Q_1$ beschreibt die Länge des Bereiches, der etwa 50% aller Werte enthält. Er wird **Quartilsabstand $\mathbf{Q_A}$**, auch **Interquartilsabstand** genannt, und ist ein sehr anschauliches Streuungsmaß: $Q_A = Q_3 - Q_1$. Die fünf Kennzahlen $x_{min}$, $Q_1$, $x_{Med}$, $Q_3$ und $x_{max}$ lassen sich durch einen Boxplot (**Schachteldiagramm**) grafisch veranschaulichen (Fig. 1).

Die Begrenzungen der Box sind die Quartile $Q_1$ und $Q_3$. In die Box wird als senkrechter Strich der Median und häufig zusätzlich das arithmetische Mittel (als Kreuz, Punkt oder Stern) eingezeichnet. Links und rechts der Box werden waagerechte Linien (so genannte Antennen) gezeichnet mit den Enden $x_{min}$ bzw. $x_{max}$.
Ein modifizierter Boxplot (Fig. 2) entsteht, wenn man die Antennen auf das maximal 1,5-fache von $Q_A$ beschränkt und die außerhalb liegenden Werte als Ausreißer markiert.

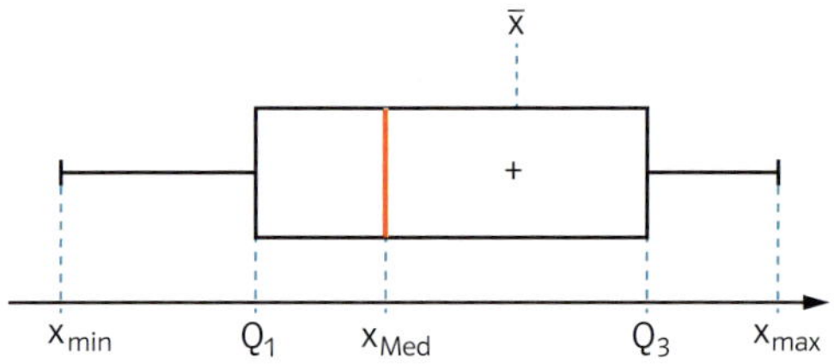


Fig. 1

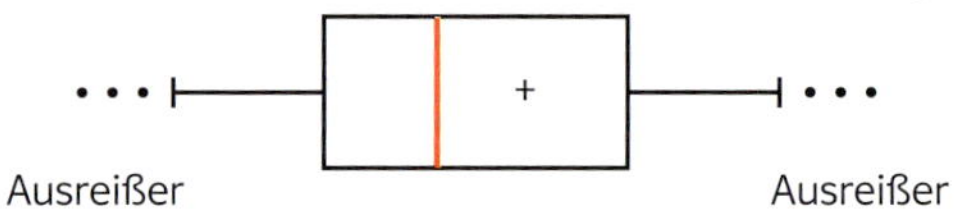


Fig. 2

Der Boxplot geht auf den amerikanischen Statistiker John W. Tukey (1915–2000) zurück.

Die **Fünf-Punkte-Zusammenfassung** mit den Werten $x_{min}$, $Q_1$, $x_{Med}$, $Q_3$ und $x_{max}$ ergibt eine prägnante Charakterisierung einer Verteilung. Hinzu kommt, dass diese fünf Kennzahlen sich durch einen **Boxplot** grafisch veranschaulichen lassen.

**Zusammenfassende Kennzeichnung der Streuungsmaße**

| Streuungsmaß | Bez. | Skala | Definition | Eigenschaft |
|---|---|---|---|---|
| Spannweite | R | metrisch | $R = x_{max} - x_{min}$ | empfindlich gegen Extremwerte |
| Mittlere absolute Abweichung | d | metrisch | $d = \frac{1}{n} \sum_{i=1}^{n} \lvert x_i - \bar{x} \rvert$ | empfindlich gegen Extremwerte |
| Mittlere quadratische Abweichung | $s^2$ | metrisch | $s^2 = \frac{1}{n-1} \sum_{i=1}^{n} (x_i - \bar{x})^2$ | sehr empfindlich gegen Extremwerte |
| Quartilsabstand | $Q_A$ | metrisch | $Q_A = Q_3 - Q_1$ | unempfindlich gegen Extremwerte |

**Beispiel 1** Boxplot ohne GTR

In einem Betrieb wurde das Jahresgehalt (in Tsd. €) von Mitarbeitern ermittelt. Man erhielt das folgende Ergebnis.

23 19 25 38 10 17 45 20 22 24 20 15 30 25 26 35 32 23

Zeichnen Sie einen Boxplot.

■ Lösung: 1. Schritt: Ordnen der Daten; Bestimmung des Medians und der Quartile

10 15 17 19 20 20 22 23 23 24 25 25 26 30 32 35 38 45

$Q_1 = 20$ $\quad$ $x_{Med} = 23{,}5$ $\quad$ $Q_3 = 30$

2. Schritt: Zeichnen des Boxplots

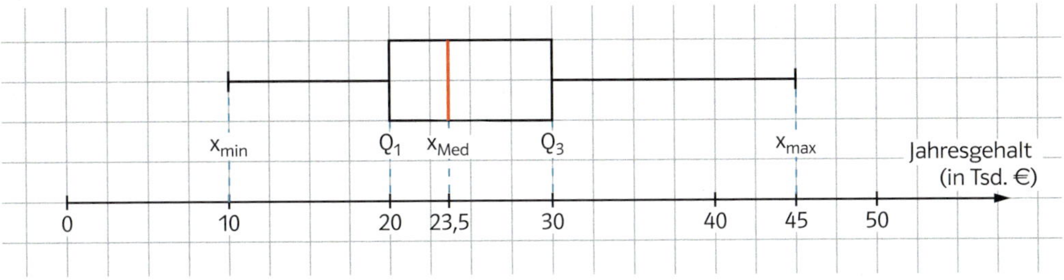


**Beispiel 2** Boxplots mit GTR; Interpretation

Personen aus der Altersgruppe I: „14 Jahre bis unter 30 Jahre“ bzw. aus der Altersgruppe II: „55 Jahre und älter“ wurden nach den durchschnittlichen Handy-Ausgaben pro Monat befragt. Fig. 1 enthält die Ergebnisse der Befragung. Erstellen Sie auf dem GTR zwei Boxplots und vergleichen Sie damit die Verteilungen.

■ Lösung: Die Verteilungen gibt man als Liste L1 bzw. L2 ein. Die Fünf-Punkte-Zusammenfassung erhält man im Statistik-Menü *„Statistik mit einer Variablen“*. Zur Erstellung der Boxplots wählt man das [STAT PLOT]-Menü. Mit [TRACE] kann man auf den Plots die Kennzahlen verfolgen.

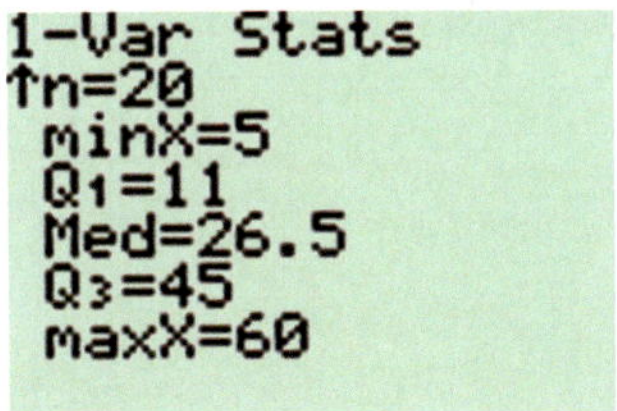


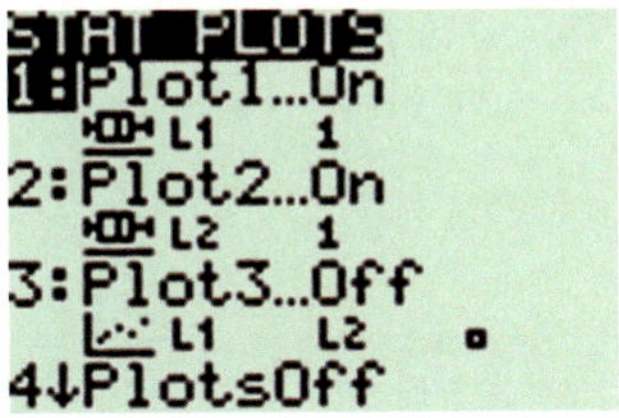


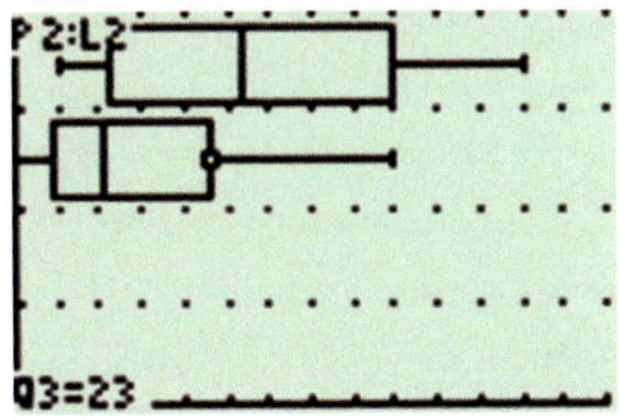


Interpretation:

Die Gruppe I telefoniert deutlich mehr als Gruppe II; der Median und das Maximum sind größer als in Gruppe II. Der Quartilsabstand in Gruppe I ist 34, in Gruppe II ist er 18,5. Die Streuung in Gruppe I ist also deutlich höher. In der Gruppe I streuen in der zentralen Hälfte die Werte mehr als in der Gruppe II. In der zentralen Hälfte verteilen sich die Werte in der Gruppe I gleichmäßiger als in der Gruppe II.

| Gruppe I | Gruppe II |
|---|---|
| 15 | 21 |
| 7 | 5 |
| 35 | 15 |
| 52 | 45 |
| 5 | 4 |
| 10 | 2 |
| 9 | 0 |
| 40 | 8 |
| 58 | 4 |
| 24 | 2 |
| 20 | 25 |
| 7 | 11 |
| 50 | 5 |
| 12 | 18 |
| 29 | 14 |
| 37 | 10 |
| 60 | 6 |
| 43 | 30 |
| 47 | 42 |
| 13 | 29 |

Fig. 1

## Aufgaben

**1** Ermitteln Sie die Fünf-Punkte-Zusammenfassung und den Quartilsabstand. Zeichnen Sie einen Boxplot; überprüfen Sie Ihre Ergebnisse mit dem Rechner.

a) 5 8 8 12 14 15 15 17 19 19 19

b) 2 4 5 7 8 8 10 12 13 13 17 18 18 20

c) 0 0 0 5 5 5 7 7 7 9 9 9 15

d) 19 22 9 8 12 23 15 23 17 19 9 19 20 7 14 24 24 12 17

| | | | | |
|---|---|---|---|---|
| 1,7 | 2,7 | 3,5 | 2,0 | 2,7 |
| 2,4 | 3,3 | 2,9 | 3,2 | 3,0 |
| 2,5 | 2,7 | 3,2 | 2,6 | 2,2 |
| 1,8 | 3,1 | 3,2 | 1,6 | 2,2 |
| 2,3 | 3,3 | 2,2 | 3,1 | 1,0 |
| 3,0 | 1,8 | 2,7 | 3,0 | 1,9 |
| 3,1 | 3,3 | 1,8 | 3,3 | 3,2 |
| 3,6 | 1,8 | 2,4 | 3,6 | 3,3 |
| 3,3 | 2,7 | 3,3 | 3,0 | 3,2 |
| 3,1 | 2,2 | 2,3 | 1,8 | 3,2 |
| 2,2 | 1,5 | 3,0 | 2,6 | 3,1 |
| 1,9 | 2,7 | | | |

Fig. 1

**2** In Fig. 1 sind die Abiturnoten von 57 Abiturienten eines Jahrgangs zusammengestellt (vgl. Seite 20). Ermitteln Sie mit Ihrem Rechner die Werte der Fünf-Punkte-Zusammenstellung, erstellen Sie einen Boxplot und interpretieren Sie diesen.

**3** Die Tabelle enthält die Mehrwertsteuersätze (Normalsätze) der Euro-Länder (Stand: 2010).
a) Ermitteln Sie mit Ihrem Rechner das arithmetische Mittel, die Standardabweichung, die Werte der Fünf-Punkte-Zusammenfassung sowie den Quartilsabstand $Q_A$.
b) Erstellen Sie auf Ihrem Rechner einen Boxplot für die angegebenen Werte und interpretieren Sie den Boxplot.

**Mehrwertsteuersätze (in %)**

| | | | |
|---|---|---|---|
| Belgien | 21,0 | Malta | 18,0 |
| Deutschland | 19,0 | Niederlande | 19,0 |
| Finnland | 22,0 | Österreich | 20,0 |
| Frankreich | 19,6 | Portugal | 20,0 |
| Griechenland | 19,0 | Spanien | 16,0 |
| Irland | 21,0 | Slowakei | 19,0 |
| Italien | 20,0 | Slowenien | 20,0 |
| Luxemburg | 15,0 | Zypern | 15,0 |

**4** Nach einer Medienuntersuchung ergibt sich die folgende Tabelle:

| Anzahl der PCs im Haushalt | 0 | 1 | 2 | 3 | 4 | 5 |
|---|---|---|---|---|---|---|
| Anzahl der Haushalte | 1087 | 1348 | 347 | 110 | 24 | 15 |

Geben Sie die Werte der Fünf-Punkte-Zusammenfassung an.

## Zeit zu überprüfen

**Gewicht von Hühnereiern (in Gramm)**

| | | | | |
|---|---|---|---|---|
| 64 | 61 | 67 | 74 | 65 |
| 77 | 72 | 58 | 60 | 64 |
| 64 | 66 | 70 | 63 | 65 |
| 75 | 72 | 70 | 71 | 75 |
| 77 | 73 | 75 | 70 | 74 |
| 71 | 73 | 70 | 68 | 69 |
| 73 | 74 | 72 | 70 | 69 |
| 70 | 60 | 61 | 50 | 52 |

Fig. 2

**5** Gegeben ist die Urliste (Fig. 2) für das Gewicht von Hühnereiern (in Gramm).
Zeichnen Sie in einer gemeinsamen Figur ein Stabdiagramm und darunter einen Boxplot.

**6** Zwei Abfüllanlagen für Zucker mit einer Solleinstellung auf 500 Gramm wurden überprüft, indem man das Gewicht von jeweils 14 Packungen genau nachgewogen hat.
Anlage I: 508 507 510 508 512 513 507 505 510 505 508 506 506 504
Anlage II: 501 506 502 503 507 507 501 503 507 506 503 505 507 506
Vergleichen Sie die Qualität der Abfüllanlagen.

**7** In einer Firma wurden die Krankheitstage der Mitarbeiter gezählt, und zwar getrennt nach Frauen und Männer.

| Krankheitstage | 0 | 1 | 2 | 3 | 4 | 5 | 6 | 7 | 8 | 9 | 10 | 11 | 12 | 13 | 14 | 15 |
|---|---|---|---|---|---|---|---|---|---|---|---|---|---|---|---|---|
| Frauen | 4 | 2 | 2 | 3 | 2 | 4 | 5 | 2 | 4 | 5 | 3 | 4 | 2 | 4 | 2 | 1 |
| Männer | 7 | 1 | 1 | 2 | 2 | 3 | 4 | 3 | 3 | 4 | 3 | 3 | 1 | 1 | 2 | 1 |

a) Erstellen Sie auf Ihrem Rechner Boxplots für Frauen und Männer getrennt. Interpretieren Sie diese im Sachzusammenhang.
b) Erstellen Sie auf Ihrem Rechner ein Stabdiagramm und einen Boxplot für die Summe der Krankheitstage von Frauen und Männern. Welche Aussage kann man mithilfe des Boxplots besser machen als mit dem Stabdiagramm?

**8** In einem Geschäft werden fünf Zahnpastasorten zu Preisen von 2,70 €, 2,90 €, 3,10 €, 3,50 € und 3,60 € angeboten. Wie ändert sich das arithmetische Mittel, der Median und der Modalwert, wenn der Preis der teuersten Sorte um 20 % steigt?

**9** Bei Boxplots liegt innerhalb der Box immer die Hälfte aller Stichprobenwerte. Was bedeutet es also, wenn für zwei Urlisten die eine Box kleiner ist als die andere?
Erläutern Sie den angesprochenen Sachverhalt an selbstgewählten Urlisten.

# 10 Lineare Regression

Ein Pharmahersteller bringt ein Medikament auf den Markt, das sich sehr erfolgreich entwickelt (Umsatz in Mio. €), bis Langzeituntersuchungen zeigen, dass das Medikament krebsfördernd ist.
Fassen Sie die Informationen, die Sie der Grafik entnehmen können, in eigene Worte.
Nach welcher Zeit hätte der Umsatz theoretisch die 100-Mio.-Grenze erreichen können, wenn sich das Medikament so weiter verkauft hätte, wie dies in den ersten drei Monaten der Fall war?

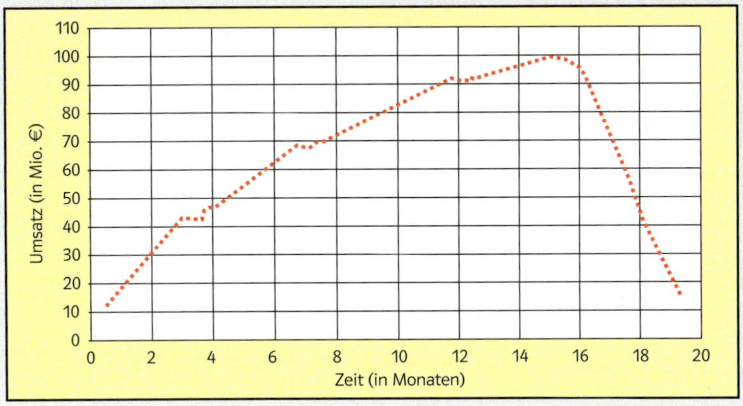


Bisher wurde an einem Merkmalsträger nur ein einziges Merkmal untersucht. Nun gibt es aber häufig Situationen, bei denen zwei Merkmale betrachtet werden.

Dies ist z.B. dann der Fall, wenn man bei der Herstellung eines Produktes die **Menge x** und die zugehörigen **Kosten K** betrachtet. Außerdem ist es für jede Firma wichtig, welcher Zusammenhang zwischen diesen beiden Merkmalen besteht, d.h., welche Kosten bei der Produktion bestimmter Mengen entstehen.
Die Zuordnung $x \mapsto K(x)$ nennt man **Kostenfunktion**.
Dabei werden Mengen x in Mengeneinheiten und Kosten K in Geldeinheiten angegeben.

Statt Mengeneinheit schreibt man kurz ME und statt Geldeinheit entsprechend GE.

In der Praxis ist es ein großes Problem, den tatsächlichen Zusammenhang zwischen den Mengen und den zugehörigen Kosten mathematisch zu beschreiben. Häufig muss man sich mit Näherungen begnügen. Im Folgenden wird eine solche Möglichkeit dargestellt.
Die Grundidee dabei ist folgende: Während eines laufenden Produktionprozesses ermittelt man immer wieder für bestimmte Mengen x die zugehörigen Kosten K und versucht dann, mit mathematischen Mitteln **aus diesen Daten eine Kostenfunktion zu bestimmen**.

Bei der Herstellung eines Getränkes erhielt ein Produzent die folgenden Werte.

| x (in Liter) | 0 | 200 | 400 | 600 | 800 | 1000 |
|---|---|---|---|---|---|---|
| K (in €) | 185 | 580 | 790 | 950 | 1200 | 1590 |

Fig. 1 zeigt das zugehörige Streudiagramm. Bei größer werdenden Produktionsmengen entstehen höhere Kosten. Diesen offensichtlichen Sachverhalt kann man in einer ersten Näherung dadurch verdeutlichen, dass man in das Streudiagramm nach Augenmaß eine „möglichst gut passende" Gerade zeichnet. Diese Gerade bringt zum Ausdruck, dass näherungsweise die Zunahme der x-Werte um eine Einheit immer die gleiche Zunahme der K-Werte zur Folge hat. Deshalb spricht man in einem solchen Fall von einem linearen Zusammenhang zwischen der Menge x und den Kosten K.

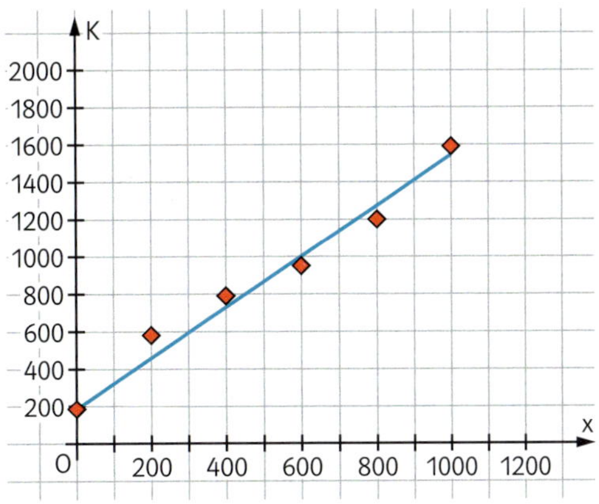

Fig. 1

Siehe auch Fundus, Seite 289

Dieser lineare Zusammenhang kann durch die so genannte **Geradengleichung** $K = m \cdot x + c$ beschrieben werden. Die Konstanten m und c nennt man **Parameter**; m heißt **Steigung** der Geraden und c heißt **y-Achsenabschnitt** (Fig. 1).

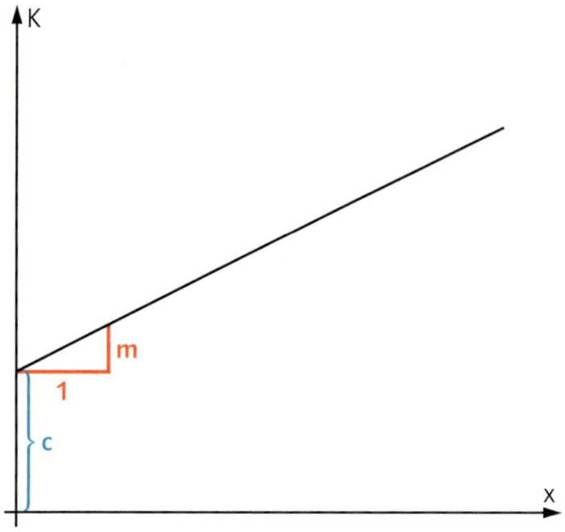

Fig. 1

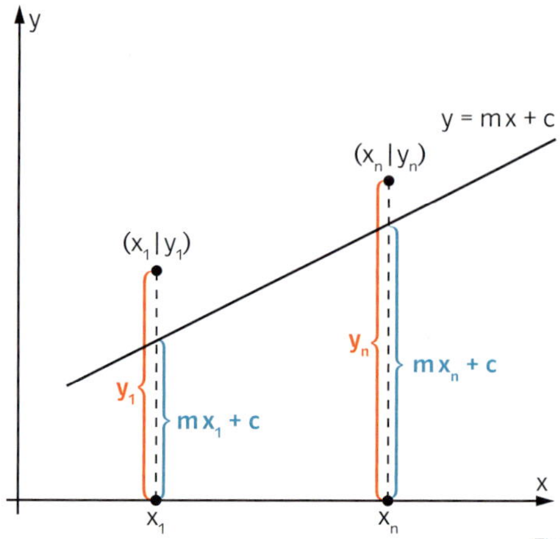

Fig. 2

Allgemein gefasst steht man also vor folgendem Problem:
Gegeben sind n Punkte mit den Koordinaten $(x_1 | y_1), (x_2 | y_2), \ldots, (x_n | y_n)$.
Gesucht ist eine Gerade (**Regressionsgerade, Ausgleichsgerade, Trendgerade**) mit der Gleichung $y = mx + c$, die sich den Punkten „möglichst gut anpasst".
Um ein Maß für das „möglichst gute Anpassen" zu finden, betrachtet man alle Abweichungen in y-Richtung (Fig. 2) und stellt folgende **Minimalitätsbedingung** auf:
Es sind m und c so zu bestimmen, dass die Summe aller quadratischen Abweichungen

$$(y_1 - (mx_1 + c))^2 + (y_2 - (mx_2 + c))^2 + \ldots + (y_n - (mx_n + c))^2 = d(m, c) \qquad (1)$$

minimal wird (**Methode der kleinsten Quadrate**).

Der Term d(m, c) hängt von m und c ab. Um eine Abhängigkeit von nur noch einem Parameter zu erhalten, verwendet man die naheliegende Annahme, dass die gesuchte Gerade durch den Schwerpunkt $S(\overline{x} | \overline{y})$ der „Punktwolke" verläuft, wobei $\overline{x}$ und $\overline{y}$ die arithmetischen Mittel der $x_i$ bzw. der $y_i$ sind. Die Koordinaten von S müssen also die Geradengleichung erfüllen.
Dies bedeutet, es gilt $\overline{y} = m\overline{x} + c$ und damit ist

$$c = \overline{y} - m\overline{x}. \qquad (2)$$

Eingesetzt in (1) ergibt:

$$(y_1 - (mx_1 + \overline{y} - m\overline{x}))^2 + (y_2 - (mx_2 + \overline{y} - m\overline{x}))^2 + \ldots + (y_n - (mx_n + \overline{y} - m\overline{x}))^2 = d(m).$$

Dieser Term hängt nur noch von m ab und soll minimal werden. Man kann zeigen, dass diese Minimalitätsforderung erfüllt ist, wenn gilt:

$$m = \frac{(x_1 - \overline{x}) \cdot (y_1 - \overline{y}) + \ldots + (x_n - \overline{x}) \cdot (y_n - \overline{y})}{(x_1 - \overline{x})^2 + \ldots + (x_n - \overline{x})^2}. \qquad (3)$$

Damit sind die Parameter m und c mit den Formeln (2) und (3) zu berechnen.

**Zur Namensgebung „Regression":**
Ende des 19. Jahrhunderts machte der Engländer FRANCIS GALTON (1822–1911) folgende Beobachtung: Kinder besonders großer Eltern sind tendenziell kleiner und umgekehrt sind Kinder kleiner Eltern tendenziell größer. Es besteht also eine Tendenz zum Mittelwert. Für diesen Sachverhalt verwendete er zunächst das Wort „reversion" und später „regression".

Für die Daten der Kostenfunktion bei der Getränkeherstellung ist $\overline{x} = 500$ und $\overline{y} = 882{,}5$.
Mit Formel (3) ergibt sich $m \approx 1{,}2921$ und mit (2) dann $c \approx 236{,}45$.
Damit ist $K(x) \approx 1{,}29 \cdot x + 236{,}45$ die zugehörige Kostenfunktion im untersuchten Bereich. Für jeden mehr produzierten Liter Getränk sind höhere Kosten von rund 1,29 € zu erwarten.

Die Methode, eine Geradengleichung der Form $y = m \cdot x + c$ nach der Methode der kleinsten Quadrate zu bestimmen, heißt **lineare Regression**.

**Beispiel 1** Regression mit GTR

Ein Handelsunternehmen möchte eine neue Kaffeesorte auf den Markt bringen. Zur Festlegung des Preises pro Packung wurde zunächst eine Woche lang in 12 Filialen der Kaffee zu unterschiedlichen Preisen verkauft. Die Tabelle zeigt das Ergebnis der Testphase.

| Preis x einer Packung (in Euro) | 12 | 14 | 16 | 11 | 15 | 13 | 12 | 15 | 13 | 15 | 12 | 16 |
|---|---|---|---|---|---|---|---|---|---|---|---|---|
| Anzahl y verkaufter Packungen | 10 | 8 | 3 | 12 | 4 | 9 | 12 | 2 | 6 | 2 | 8 | 2 |

Ermitteln Sie mithilfe der linearen Regression eine Geradengleichung für diese Daten.
Zeichnen Sie auf dem GTR ein Punktdiagramm und tragen Sie die ermittelte Gerade in das Punktdiagramm ein.
Interpretieren Sie Ihre Lösung im Sachzusammenhang.

■ Lösung: Zunächst werden die Daten als Listen L1 und L2 eingegeben und in [STAT] [CALC] die lineare Regression gewählt.
Damit in das Diagramm die Regressionsgerade eingezeichnet wird, muss nach L1 und L2 die Variable gewählt werden, in die der Term gespeichert werden soll.

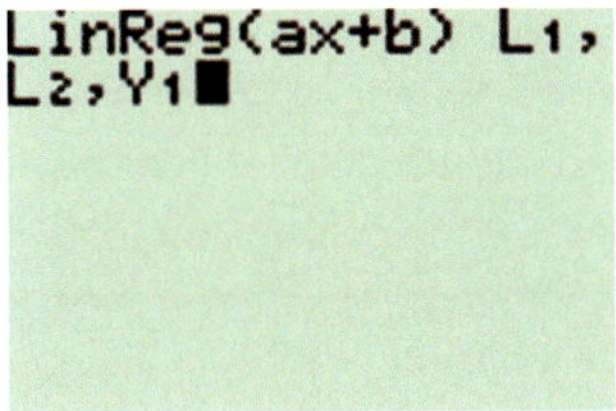

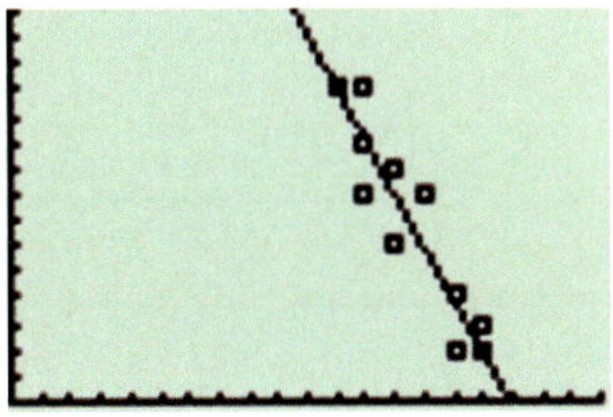

Ergebnis und Interpretation:
Für die Zuordnung *Preis x (in Euro)* ↦ *Absatz y (in Stückzahl)* gilt: $y \approx -2{,}05x + 34{,}53$.
Erhöht man also den Preis einer Packung um einen Euro, werden im Durchschnitt rund zwei Packungen weniger verkauft.

**Beispiel 2** Regression mit CAS-Rechner

Aus einer Tageszeitung wurden für größere Wohnungen die geforderten Nettomieten ermittelt. Die Tabelle in Fig. 1 zeigt das Ergebnis.
Erstellen Sie auf dem CAS-Rechner ein Punktdiagramm und eine Trendgerade für die Zuordnung *Wohnfläche x* ↦ *Nettomiete y*.
Interpretieren Sie das Ergebnis.

■ Lösung: Die Daten werden in *Lists & Spreadsheet* eingegeben und mit Namen versehen. Im Menü *„Statistische Berechnung"* wählt man Lineare Regression $mx + b$ aus und gibt die Namen der X- und Y-Liste ein. Die Gleichung der Regressionsgeraden wird unter dem Funktionsnamen f1 gespeichert. In der Applikation *Data & Statistics* kann man sowohl das Punktdiagramm, als auch die Regressionsgerade mit Gleichung veranschaulichen. Dazu müssen die Variablennamen der x- und der y-Achse zugeordnet werden.

| Wohnfläche (in $m^2$) | Nettomiete (in €) |
|---|---|
| 105 | 740 |
| 120 | 850 |
| 110 | 800 |
| 145 | 1270 |
| 105 | 910 |
| 130 | 1120 |
| 134 | 1110 |
| 125 | 1060 |
| 115 | 750 |
| 150 | 1300 |
| 112 | 830 |
| 155 | 1250 |

Fig. 1

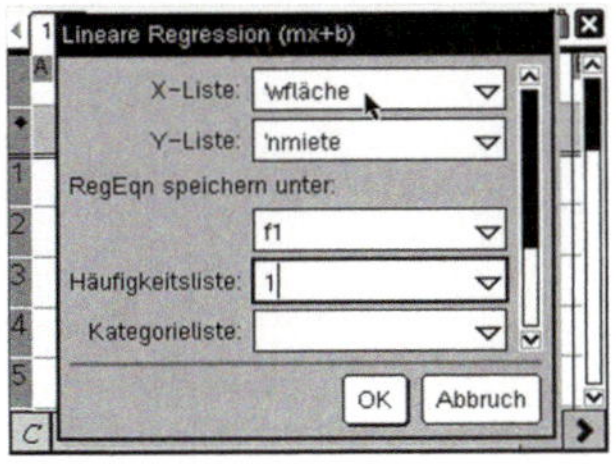


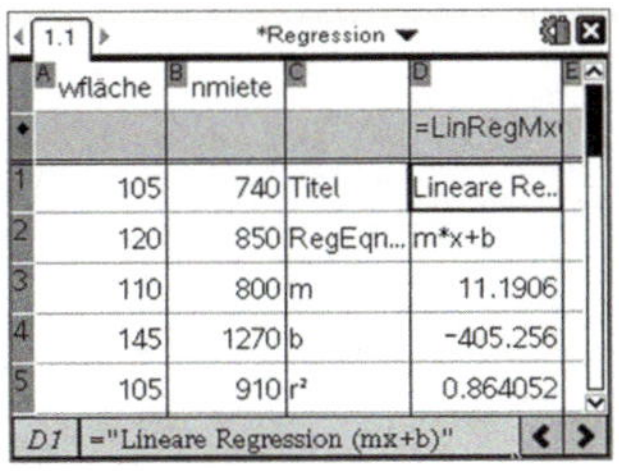


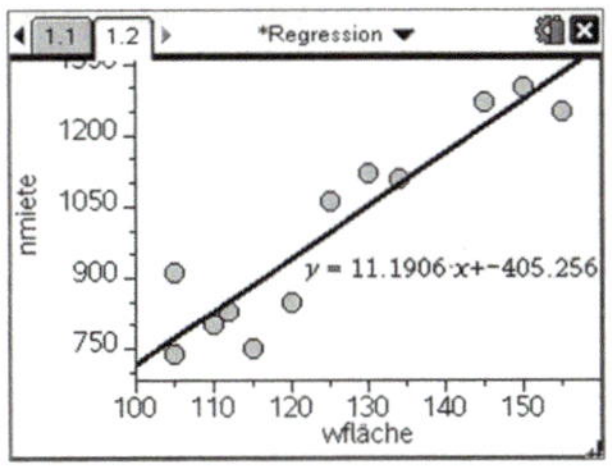


Ergebnis und Interpretation:
Die Trendgerade hat näherungsweise die Gleichung $y \approx 11{,}19 \cdot x - 405{,}26$.
Pro Quadratmeter Wohnfläche steigt also die Nettomiete durchschnittlich um rund 11 €.
Dies gilt nur in dem betrachteten Intervall von $105\,m^2$ bis $155\,m^2$.

**Beispiel 3** Regressionsgerade mit Excel

Überlegen Sie, wovon die Arbeitslosenquote abhängig ist.

Die Bundesagentur für Arbeit gibt jeden Monat die Arbeitslosenquoten in Deutschland bekannt. Dabei wird der „Trend" ermittelt, indem man mit den Arbeitslosenquoten der zurückliegenden Monate vergleicht.

In Spalte A und B in Fig. 1 sind die Arbeitslosenquoten in Prozent über die Monate Dezember (1) bis Mai (6) eines Jahres angegeben.

a) Zeichnen Sie ein Punktdiagramm und geben Sie die Regressionsgerade an.

b) Mit welcher Arbeitslosenquote ist im Juli zu rechnen, wenn der „Trend anhält"?

Lösung: a) Man markiert die Urliste (Fig. 1) im Bereich A1 bis B6, wählt „Einfügen", „Diagramm", „X-Y-Punktdiagramm" und lässt sich vom Diagramm-Assistenten bei der Erstellung führen. Das Diagramm wird anschließend geöffnet, die Punktwolke wird markiert. Mit der rechten Maustaste öffnet man ein Menü, in dem man „Trendlinie zeichnen" anklickt und die Option „Formel einblenden" wählt, wodurch die Gleichung der Geraden erscheint.

b) Verlängert man die Gerade, so kann man den „Trend" ablesen: Im Juli ist mit einer Arbeitslosenquote von gut 7,3 %, im August sogar nur von 7,2 % zu rechnen. Vorausgesetzt wird dabei, dass der „Aufschwung" nicht nachlässt.

| | A | B |
|---|---|---|
| 1 | 1 | 8 |
| 2 | 2 | 7,9 |
| 3 | 3 | 7,8 |
| 4 | 4 | 7,6 |
| 5 | 5 | 7,5 |
| 6 | 6 | 7,5 |

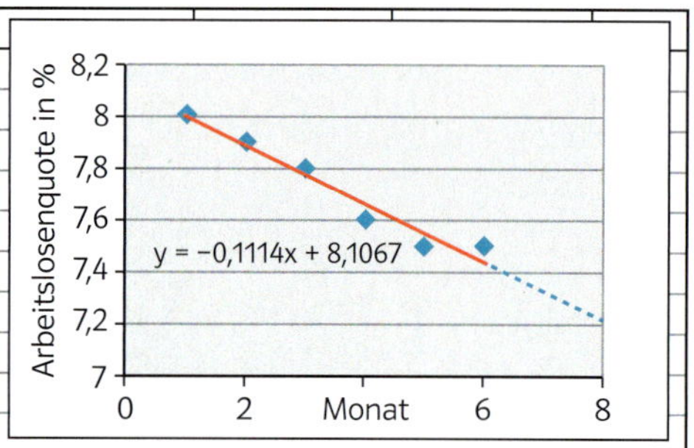


Fig. 1

## Aufgaben

**1** Gegeben sind die folgenden Punkte. Ermitteln Sie rechnerisch die Gleichung der Regressionsgeraden. Zeichnen Sie die Punkte einschließlich der Regressionsgeraden in ein Koordinatensystem.

a) $P_1(1|2)$; $P_2(5|3)$; $P_3(9|7)$

b) $P_1(0|6)$; $P_2(2|3)$; $P_3(4|2)$; $P_4(6|-1)$

**2** Gegeben sind die folgenden Wertepaare. Ermitteln Sie grafisch und mit dem Rechner die Gleichung der Regressionsgeraden. Vergleichen Sie.

a) $(3|5)$, $(4|7)$, $(5|12)$, $(6|13)$, $(7|15)$

b) $(1|3)$, $(2|3)$, $(5|2)$, $(6|1)$, $(7|0)$, $(8|-1)$

c) $(-2|1)$, $(-1|2)$, $(1|2)$, $(2|3)$, $(3|4)$, $(5|5)$

d) $(0|11)$, $(1|7)$, $(2|2)$, $(3|-1)$, $(4|-4)$, $(6|-9)$

**3** Die Tabelle zeigt die Umsatzentwicklung der Bio-Lebensmittel in Deutschland.

| Jahr | 2000 | 2001 | 2002 | 2003 | 2004 | 2005 | 2006 | 2007 | 2008 | 2009 |
|---|---|---|---|---|---|---|---|---|---|---|
| Umsatz (in Mrd. €) | 2,1 | 2,7 | 3,0 | 3,1 | 3,5 | 3,9 | 4,6 | 5,3 | 5,8 | 5,8 |

a) Ermitteln Sie mit Ihrem Rechner die Gleichung der Trendgeraden für die Zuordnung *Jahr* ↦ *Umsatz*.

b) Um wie viel wächst der Umsatz im Durchschnitt pro Jahr?

c) Mit welchem Umsatz von Bio-Lebensmittel ist im Jahr 20012 zu rechnen, wenn der Trend anhält?

**4** Ein Textilhersteller ermittelt die Kosten bei der Produktion von Sporthemden.

| Stückzahl x (in Tsd. Stück) | 0 | 10 | 15 | 20 | 30 | 50 |
|---|---|---|---|---|---|---|
| Kosten (in Tsd. €) | 10 | 25 | 50 | 45 | 80 | 130 |

a) Bestimmen Sie mit Ihrem Rechner die Gleichung der Trendgeraden für die Zuordnung *Stückzahl* ↦ *Kosten*.

b) Interpretieren Sie diese Gerade im Sachzusammenhang.

**5** Für 11 Filialen wurde jeweils die Verkaufsfläche und der Umsatz ermittelt.

| Fläche (in m²) | 42 | 53 | 79 | 90 | 102 | 110 | 123 | 140 | 155 | 162 | 183 |
|---|---|---|---|---|---|---|---|---|---|---|---|
| Umsatz (in Tsd. €) | 150 | 165 | 270 | 251 | 308 | 267 | 310 | 347 | 359 | 405 | 421 |

Führen Sie eine lineare Regression durch. Wie hoch ist der Jahresumsatz pro m² im Schnitt?

**Zeit zu überprüfen**

**6** Die Tabelle enthält den durchschnittlichen Preis je Liter Normalbenzin (in ct.) in den zurückliegenden 20 Jahren.

| Jahr | 1990 | 1991 | 1992 | 1993 | 1994 | 1995 | 1996 | 1997 | 1998 | 1999 |
|---|---|---|---|---|---|---|---|---|---|---|
| Preis (in ct.) | 58,2 | 65,2 | 68,7 | 68,9 | 77,3 | 76,8 | 80,1 | 82,7 | 78,7 | 84,1 |

| Jahr | 2000 | 2001 | 2002 | 2003 | 2004 | 2005 | 2006 | 2007 | 2008 | 2009 |
|---|---|---|---|---|---|---|---|---|---|---|
| Preis (in ct.) | 99,3 | 100,2 | 102,8 | 107,4 | 111,9 | 120,0 | 126,7 | 132,7 | 139,7 | 127,5 |

a) Führen Sie eine lineare Regression für die angegebenen Daten durch.
b) Welcher Benzinpreis ist im Jahre 2012 zu erwarten?

**7** Die Tabelle enthält die Körpergröße (in cm) und das Körpergewicht (in kg) von 20 erwachsenen männlichen Personen.

| Größe (in cm) | 182 | 179 | 163 | 175 | 180 | 172 | 177 | 193 | 180 | 172 |
|---|---|---|---|---|---|---|---|---|---|---|
| Gewicht (in kg) | 89 | 57 | 55 | 67 | 81 | 65 | 79 | 80 | 66 | 62 |

| Größe (in cm) | 175 | 179 | 185 | 178 | 180 | 170 | 162 | 171 | 165 | 169 |
|---|---|---|---|---|---|---|---|---|---|---|
| Gewicht (in kg) | 51 | 76 | 85 | 81 | 76 | 74 | 61 | 72 | 62 | 71 |

a) Führen Sie eine lineare Regression für die angegebenen Daten durch.
b) Mit welcher Gewichtszunahme pro Zentimeter Körpergröße ist bei Männern zu rechnen?

**8** Fig. 1 zeigt die Schuhgrößen y von 10 Mädchen in Abhängigkeit von ihrem Alter x (in Jahren).
a) Übertragen Sie das Diagramm in Ihr Heft. Legen Sie nach Augenmaß eine Regressionsgerade durch die Punkte und geben Sie die zugehörige Gleichung an.
b) Ermitteln Sie die Regressionsgerade mit Excel und vergleichen Sie.
c) Überlegen Sie sich Fragen, die man mit der gefundenen Gleichung behandeln kann und beantworten Sie diese.

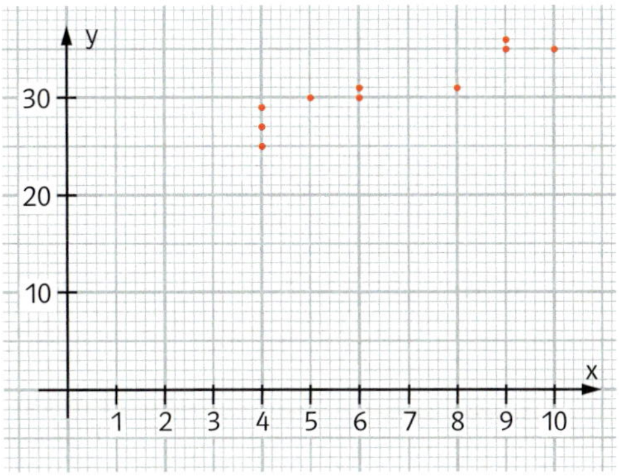

Fig. 1

**9** In einem Getränkehandel wurde der Verkauf an Mineralwasser pro Tag in Abhängigkeit von der Tageshöchsttemperatur über eine längere Zeitspanne untersucht.

| Temperatur in °C | 0° | 5° | 10° | 15° | 20° | 25° | 30° | 35° |
|---|---|---|---|---|---|---|---|---|
| Anzahl der Flaschen | 200 | 240 | 280 | 400 | 550 | 650 | 800 | 1100 |

a) Führen Sie eine lineare Regression mit Excel für diese Daten durch und schätzen Sie damit den Absatz bei 22° näherungsweise ab.
b) Um wie viel steigt der Absatz bei Zunahme um 1°?

# 11 Korrelation, Bestimmtheitsmaß

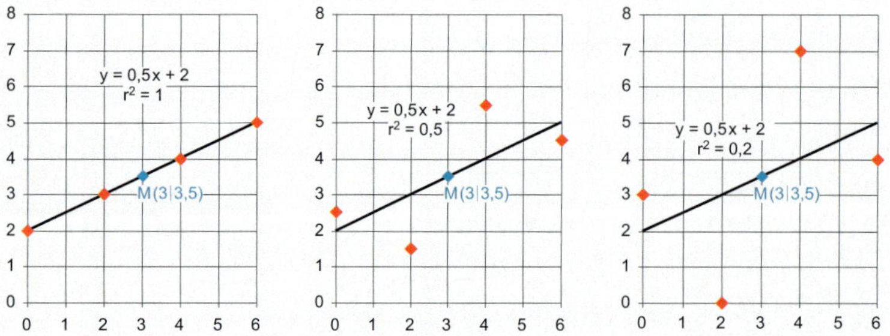


Programme wie Excel und grafikfähige Rechner können neben Regressionsgeraden auch ein so genanntes „Bestimmtheitsmaß $r^2$" berechnen. Die Grafiken zeigen „Punktwolken" mit gleichen Regressionsgeraden und den von Excel berechneten Werten für $r^2$.
Mit welcher Eigenschaft der Punktwolke bringen Sie $r^2$ in Zusammenhang?

Die Regressionsgerade beschreibt, welche lineare Beziehung am besten zu einer gegebenen Punktwolke passt. Damit hat man aber noch keine Information darüber, ob sich die Punktwolke eng oder weniger eng an die Gerade anpasst. Im Folgenden wird ein Maß für die Güte der Anpassung durch die Regressionsgerade gesucht.

Eine Tendenz wie „Je größer die Stichprobenwerte des ersten Merkmals, desto größer die Stichprobenwerte des zweiten Merkmals" lässt sich zahlenmäßig dadurch erfassen, dass man die Abweichungen der Stichprobenwerte von den jeweiligen Mittelwerten $\bar{x}$ und $\bar{y}$ betrachtet (Fig. 1). Die Parallelen zu den Achsen durch den Punkt $(\bar{x} \mid \bar{y})$ teilen die Ebene in vier Gebiete I, II, III und IV ein. Für die Gebiete I und III gilt:
$(x_i - \bar{x}) \cdot (y_i - \bar{y}) > 0$;
für die Gebiete II und IV gilt:
$(x_i - \bar{x}) \cdot (y_i - \bar{y}) < 0$.

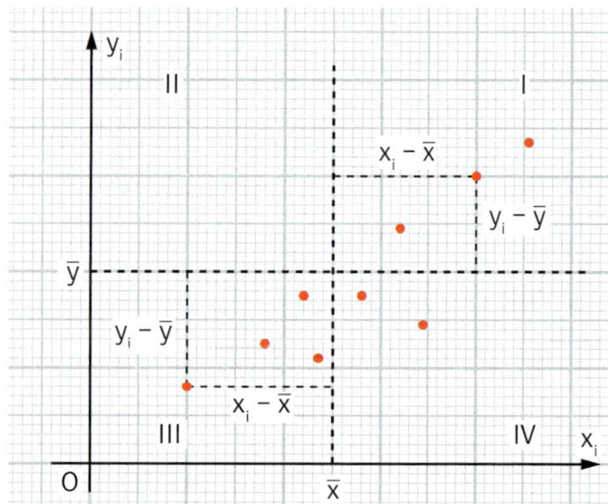


Fig. 1

Sind beide Stichprobenwerte weit über- bzw. weit unterdurchschnittlich, so ergibt sich ein hohes positives Abweichungsprodukt. Um also die angegebene Tendenz durch eine Zahl zu erfassen, bildet man den Mittelwert aller Produkte, wobei wie bei der Varianz durch n − 1 statt durch n dividiert wird:

$$c_{xy} = \frac{1}{n-1} \cdot [(x_1 - \bar{x}) \cdot (y_1 - \bar{y}) + \ldots + (x_n - \bar{x}) \cdot (y_n - \bar{y})]; \quad \text{kurz: } c_{xy} = \frac{1}{n-1} \sum_{i=1}^{n} (x_i - \bar{x}) \cdot (y_i - \bar{y}).$$

Die Zahl $c_{xy}$ heißt **(empirische) Kovarianz** der beiden Merkmale. Je nachdem, ob die positiven oder die negativen Produkte überwiegen, wird die Kovarianz positiv oder negativ.

Die Kovarianz als Maß für die Güte der Anpassung hat einen großen Nachteil. Sie ist abhängig vom Maßstab, mit denen die Stichprobenwerte gemessen wurden. Verdoppelt man den Maßstab der x-Werte, so verdoppeln sich auch die Abweichungen $(x_i - \bar{x})$. Entsprechendes gilt für die Abweichungen $(y_i - \bar{y})$.
Um diesen Effekt zu beseitigen, dividiert man die Kovarianz durch das Produkt der Standardabweichungen $s_x$ und $s_y$ der beiden Merkmale.

Die Zahl r mit $r = \frac{c_{xy}}{s_x \cdot s_y}$ heißt **Korrelationskoeffizient**; es gilt: $-1 \leqq r \leqq 1$.

Die Zahl $r^2$ mit $r^2 = \frac{c_{xy}^2}{s_x^2 \cdot s_y^2}$ heißt **Bestimmtheitsmaß**; es gilt: $0 \leqq r^2 \leqq 1$.

Der Korrelationskoeffizient ist positiv, wenn die Regressionsgerade steigt, und negativ, wenn sie fällt.
Er liegt umso näher bei 1 oder −1, je weniger die Punktwolke um die Regressionsgerade streut (Fig. 1, Fig. 2).
Im Fall $r = 1$ oder $r = -1$ hängen die Merkmale streng linear voneinander ab.

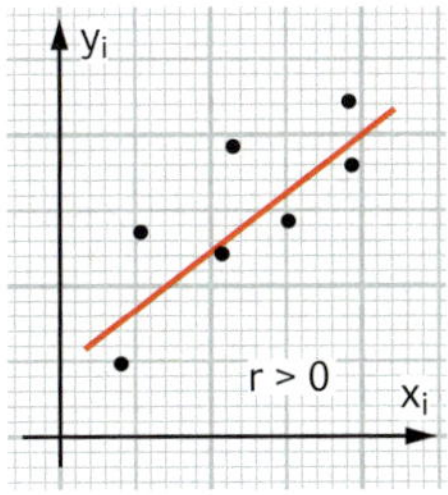

Fig. 1

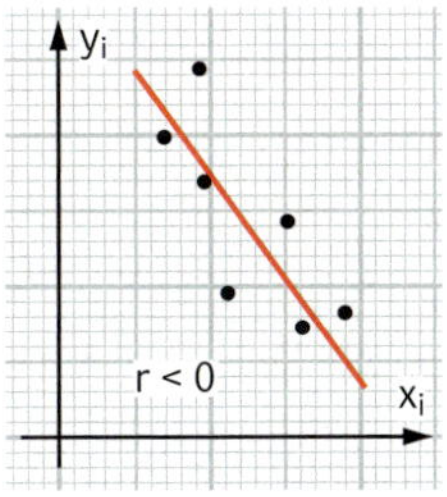

Fig. 2

Bei $0{,}8 \leqq |r|$ spricht man von **hoher**, bei $0{,}3 \leqq |r| < 0{,}8$ von **schwacher** Korrelation zwischen den Merkmalen. Bei noch kleineren Werten von $|r|$ nennt man die Merkmale „praktisch unkorreliert".

Bei der Interpretation einer gefundenen Korrelation ist große Vorsicht geboten. In jedem Fall sollte man überprüfen, ob zwischen den Merkmalen ein sinnvoller Zusammenhang bestehen kann. Die Frage nach einer Kausalität zwischen zwei Merkmalen kann nicht mithilfe statistischer Verfahren beantwortet werden (vgl. Aufgabe 8, Seite 49).

Korrelation bedeutet nicht Verursachung!

**Beispiel 1** Berechnung des Bestimmtheitsmaßes
Gegeben ist folgende Urliste für zwei Merkmale: (8; 1); (5; 4); (4; 4,5); (2; 6); (6; 3).
Berechnen Sie ohne Rechner den Korrelationskoeffizienten r und das Bestimmtheitsmaß $r^2$.

Lösung:

| $x_i$ | $y_i$ | $x_i - \bar{x}$ | $y_i - \bar{y}$ | $(x_i - \bar{x})^2$ | $(y_i - \bar{y})^2$ | $(x_i - \bar{x}) \cdot (y_i - \bar{y})$ |
|---|---|---|---|---|---|---|
| 8 | 1 | 3 | −2,7 | 9 | 7,29 | −8,1 |
| 5 | 4 | 0 | 0,3 | 0 | 0,09 | 0 |
| 4 | 4,5 | −1 | 0,8 | 1 | 0,64 | −0,8 |
| 2 | 6 | −3 | 2,3 | 9 | 5,29 | −6,9 |
| 6 | 3 | 1 | −0,7 | 1 | 0,49 | −0,7 |
| $\bar{x} = 5$ | $\bar{y} = 3{,}7$ | | | $s_x^2 = \frac{1}{4} \cdot 20 = 5$ | $s_y^2 = \frac{1}{4} \cdot 13{,}8 = 3{,}45$ | $c_{xy} = \frac{1}{4} \cdot (-16{,}5) = -4{,}125$ |

Es ist $r = \frac{c_{xy}}{s_x \cdot s_y} = \frac{-4{,}125}{\sqrt{5} \cdot \sqrt{3{,}45}} \approx -0{,}993$ und $r^2 \approx 0{,}986$.

**Beispiel 2** Berechnungen mit GTR
In einer Stichprobe (Fig. 3) wurden die Körpergröße (in cm) und die Schuhgröße von Personen erhoben. Erstellen Sie auf dem GTR ein Punktdiagramm. Ermitteln Sie eine Gleichung der Regressionsgeraden und den Korrelationskoeffizienten; fügen Sie die Regressionsgerade in das Punktdiagramm ein.

Lösung: Bei der Ausführung einer Regression werden die Werte für r und $r^2$ nur angezeigt, wenn vorher im CATALOG-Menü *DiagnosticOn* eingestellt worden ist. Die Gleichung der Regressionsgeraden lautet: $y \approx 0{,}28x - 7{,}89$.
Mit $r \approx 0{,}93$ liegt eine hohe Korrelation zwischen Körpergröße und Schuhgröße vor, die man sicherlich orthopädisch begründen kann.

| Körpergröße $x_i$ | Schuhgröße $y_i$ |
|---|---|
| 183 | 43 |
| 191 | 46 |
| 198 | 48 |
| 177 | 43 |
| 162 | 38 |
| 200 | 47 |
| 172 | 38 |
| 173 | 42 |
| 176 | 43 |
| 172 | 41 |
| 168 | 38 |
| 174 | 39 |
| 176 | 40 |
| 163 | 38 |
| 170 | 39 |

Fig. 3

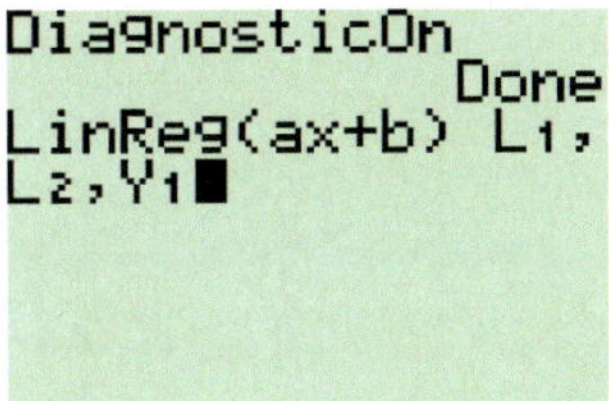


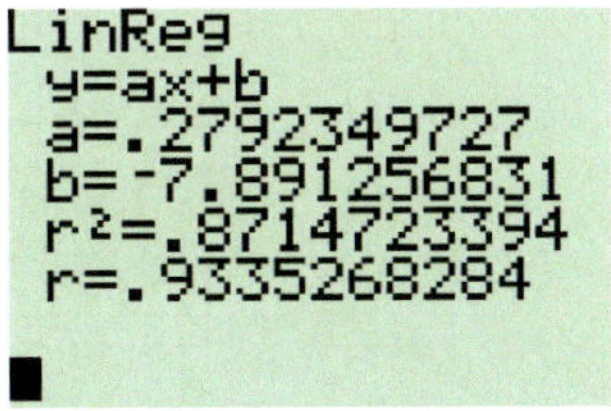


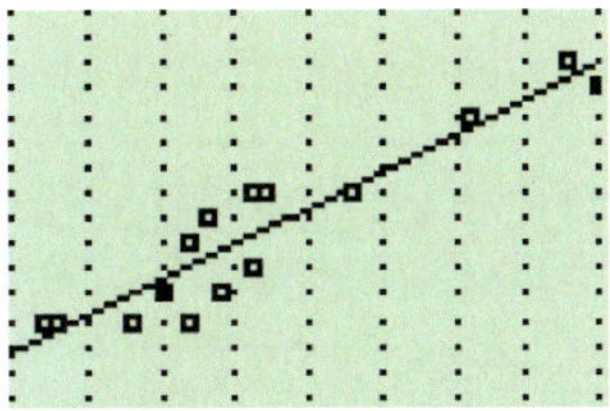

| | A | B | C | D | E | F |
|---|---|---|---|---|---|---|
| 1 | $x_i$(cm) | $y_i$(Gr.) | | | | |
| 2 | 183 | 43 | | | | |
| 3 | 191 | 46 | | | | |
| 4 | 198 | 48 | | | | |
| 5 | 177 | 43 | | | | |
| 6 | 162 | 38 | | | | |
| 7 | 200 | 47 | | | | |
| 8 | 172 | 38 | | | | |
| 9 | 173 | 42 | | | | |
| 10 | 176 | 43 | | | | |
| 11 | 172 | 41 | | | | |
| 12 | 168 | 38 | | | | |
| 13 | 174 | 39 | | | | |
| 14 | 176 | 40 | | | | |
| 15 | 163 | 38 | | | | |
| 16 | 170 | 39 | | | | |

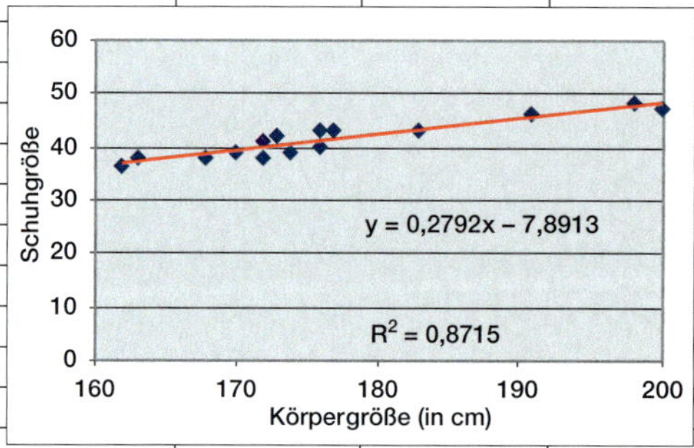


Fig. 1

**Beispiel 3** Berechnungen mit Excel
Zeichnen Sie ein Punktdiagramm und die Regressionsgerade zu der Stichprobe aus Körpergröße und Schuhgröße (Fig. 3, S. 47) mit Excel.

■ Lösung: Man markiert die Urliste (Fig. 1) im Bereich A2 bis B16, wählt „Einfügen", „Diagramm", „X-Y-Punktdiagramm" und lässt sich vom Diagramm-Assistenten bei der Erstellung führen. Das Diagramm wird anschließend geöffnet, die Punktwolke wird markiert. Mit der rechten Maustaste öffnet man ein Menü, in dem man „Trendlinie zeichnen" anklickt und die Option „Formel einblenden" wählt. Die Regressionsgerade wird mit der Gleichung und dem Bestimmtheitsmaß in das Punktdiagramm eingetragen.

## Aufgaben

**1** Berechnen Sie für die „Punktwolke" ohne Rechner mithilfe einer Tabelle den Korrelationskoeffizienten r und das Bestimmtheitsmaß $r^2$. Überprüfen Sie Ihre Ergebnisse mit dem Rechner.

a) $P_1(1\,|\,1{,}5)$; $P_2(2\,|\,3)$; $P_3(3\,|\,2{,}5)$; $P_4(4\,|\,4)$
b) $P_1(7\,|\,5)$; $P_2(9\,|\,3)$; $P_3(11\,|\,3)$; $P_4(13\,|\,1)$
c) $P_1(0\,|\,6)$; $P_2(2\,|\,4)$; $P_3(4\,|\,1)$; $P_4(6\,|\,0)$
d) $P_1(0\,|\,4)$; $P_2(2\,|\,7)$; $P_3(4\,|\,0)$; $P_4(6\,|\,3)$

**2** Gegeben sind die Punkte $P_1(0\,|\,4)$, $P_2(2\,|\,7)$, $P_3(4\,|\,0)$, $P_4(6\,|\,3)$ mit der Trendgeraden $y = -0{,}5x + 5$.

a) Zeichnen Sie die Punkte und die Trendgerade in ein Koordinatensystem.
b) Berechnen Sie den Korrelationskoeffizienten r und das Bestimmtheitsmaß $r^2$.
c) Kann es sinnvoll sein, einen linearen Zusammenhang zwischen x und y zu unterstellen?

### Zeit zu überprüfen

**3** Berechnen Sie für die „Punktwolke" mit dem Rechner den Korrelationskoeffizienten r und das Bestimmtheitsmaß $r^2$.

a) $P_1(0\,|\,8)$; $P_2(1\,|\,5)$; $P_3(2\,|\,6)$; $P_4(2\,|\,2)$; $P_5(4\,|\,2)$; $P_6(5\,|\,-2)$; $P_7(6\,|\,2)$
b) $P_1(5\,|\,21)$; $P_2(7\,|\,30)$; $P_3(9\,|\,41)$; $P_4(13\,|\,60)$; $P_5(17\,|\,85)$; $P_6(19\,|\,90)$; $P_7(23\,|\,115)$; $P_8(30\,|\,150)$
c) $P_1(0\,|\,11)$; $P_2(2\,|\,-1)$; $P_3(4\,|\,7)$; $P_4(6\,|\,-5)$

**4** a) Ordnen Sie die Diagramme Fig. 2 bis Fig. 5 gefühlsmäßig nach steigendem Korrelationskoeffizienten r.
b) Kontrollieren Sie Ihre Schätzung mit dem Rechner.

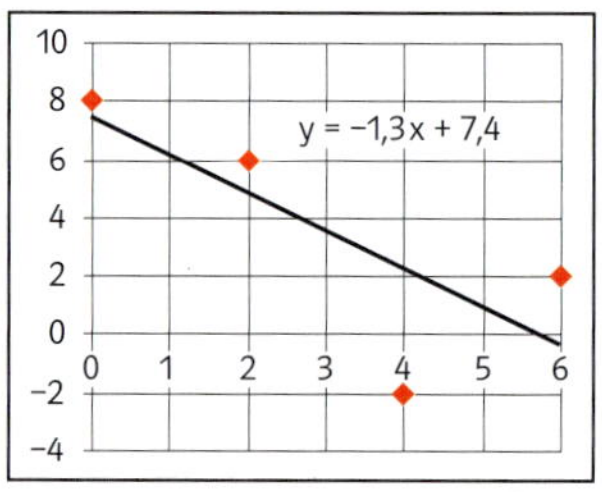


Fig. 2

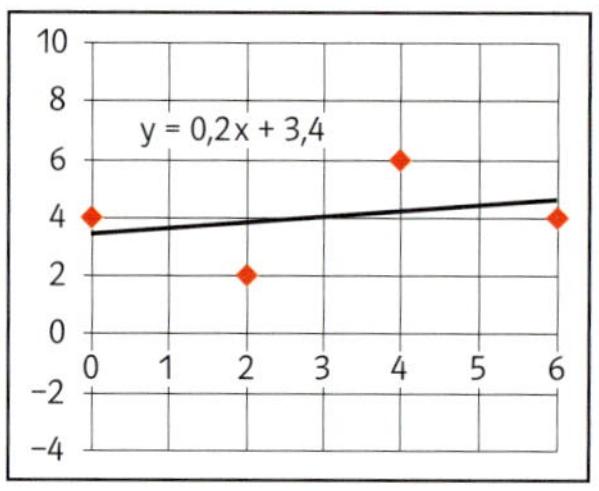


Fig. 3

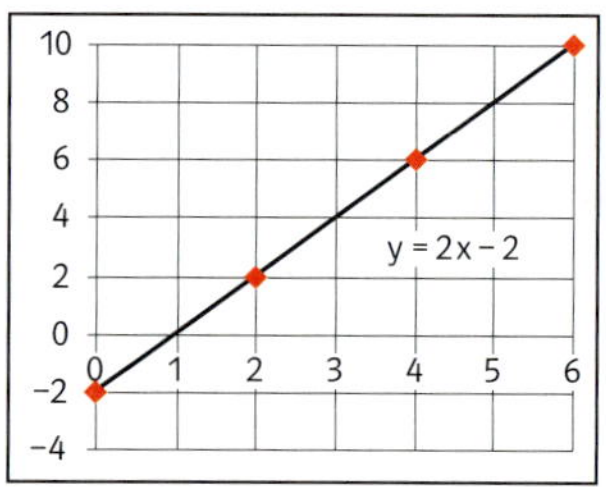


Fig. 4

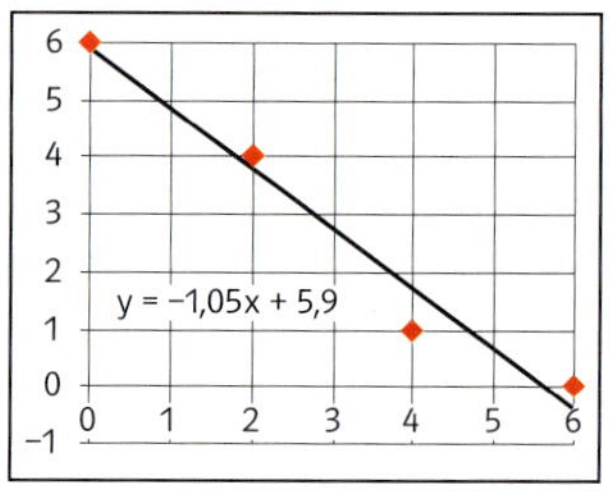


Fig. 5

**5** a) Dagobert Duck übt sich im „Geldbeutel-Weitwurf". Seine Ergebnisse waren heute: (3 kg; 8 m), (5 kg; 7 m), (7 kg; 3 m). Berechnen Sie Kovarianz und Korrelation zwischen Gewicht und Wurfweite.
b) Die gleichen Stichprobenwerte werden in anderen Einheiten gemessen: (3 kg; 800 cm), (5 kg; 700 cm), (7 kg; 300 cm) bzw. (3000 g; 800 cm), (5000 g; 700 cm), (7000 g; 300 cm). Berechnen Sie erneut Kovarianz und Korrelation.
c) Kommentieren Sie Ihre Erkenntnisse zum unterschiedlichen Verhalten von Kovarianz und Korrelation beim Wechsel der Maßskalen.

Vergleich Kovarianz – Korrelation

**6** In einer Tageszeitung fanden sich im Anzeigenteil folgende Angebote für gebrauchte VW-Golf („Fahrleistung" in tausend Kilometer, Preis in tausend Euro):
(58; 8,8), (32; 8,5), (70; 8,5), (50; 9,0), (54; 9,0), (84; 9,0), (63; 9,5), (97; 7,6), (69; 8,0), (29,5; 10,0), (40; 9,8), (54; 7,9), (53; 7,8), (60; 8,3), (44,5; 8,3), (120; 2,3), (126; 3,8), (160; 6,0), (166; 2,5), (130; 4,9), (120; 2,7), (103; 4,9), (120; 2,7), (103; 6,0), (87; 6,5), (79; 3,0), (85; 7,0), (230; 1,9), (110; 7,0).
a) Bestimmen Sie die Gleichung der Regressionsgeraden und den Korrelationskoeffizienten.
b) Welche inhaltliche Bedeutung könnte man den Schnittpunkten der Regressionsgeraden mit den Koordinatenachsen zuschreiben?
c) Ein Gebrauchtwagen ist 100 000 km gelaufen. Welchen Preis erwarten Sie?
In welchem Intervall wird der Preis mit einer Wahrscheinlichkeit von ca. 68 % liegen?

Gegebenenfalls sollten Sie eine eigene Untersuchung durchführen (PKW-Baujahr, Preis; Preis und Fläche angebotener Wohnungen usw.).

**7** 1955 publizierte R. Doll eine Arbeit über Zigarettenkonsum und Lungenkrebs in 11 Ländern.
Zeichnen Sie ein Punktdiagramm und berechnen Sie die Korrelation zwischen dem Merkmal „Zigarettenverbrauch pro Kopf 1930" (linke Spalte) und „Todesfälle an Lungenkrebs 1950 je Million Einwohner" (rechte Spalte).

| Land | $x_i$ | $y_i$ |
|---|---|---|
| Island | 230 | 60 |
| Norwegen | 250 | 90 |
| Schweden | 300 | 110 |
| Dänemark | 380 | 170 |
| Australien | 480 | 180 |
| Holland | 490 | 240 |

| Land | $x_i$ | $y_i$ |
|---|---|---|
| Kanada | 500 | 150 |
| Schweiz | 510 | 250 |
| Finnland | 1100 | 350 |
| England | 1100 | 460 |
| USA | 1300 | 200 |

**8** Für jedes der Jahre 1930 bis 1936 wurden in Oldenburg die Anzahl der Storchenpaare und die Einwohnerzahl ermittelt. Stellen Sie die Daten grafisch mit Regressionsgerade dar und berechnen Sie die Korrelation.

| Jahr | 1930 | 1931 | 1932 | 1933 | 1934 | 1935 | 1936 |
|---|---|---|---|---|---|---|---|
| Storchenpaare | 132 | 142 | 166 | 188 | 240 | 250 | 252 |
| Einwohner | 55 400 | 55 400 | 65 000 | 67 700 | 69 800 | 72 300 | 76 000 |

Also doch?

**9** Mitunter wird eine hohe Korrelation als Indiz gedeutet für eine kausale Beziehung zwischen zwei Merkmalen in dem Sinne, dass hohe Merkmalswerte von X auch hohe (niedrige) Werte von Y „verursachen". Vermuten Sie zwischen folgenden Merkmalen positive bzw. negative Korrelation? Liegt Ihres Wissens ein kausaler Zusammenhang vor?
Finden Sie weitere Beispiele.

Kausalität

| | | Korrelation: pos./neg. | Kausalität: j/n |
|---|---|---|---|
| Autos in einer Stadt | verkaufte Benzinmenge | | |
| Ausbildungsdauer | Jahreseinkommen | | |
| Berufstätigkeit der Eltern | Fernsehkonsum der Kinder | | |
| Duschgelkonsum | Ausgaben für Kleidung | | |
| Alkoholkonsum | Tabakkonsum | | |
| Freizeit | Einkommen | | |
| Bierkonsum | mittlere Tagestemperatur | | |
| Alter des Ehemannes | Alter der Ehefrau | | |
| Anzahl der Störche je $km^2$ | Bevölkerungszahl je $km^2$ | | |

# 12 Der Begriff der Funktion

„Oh, du hast ebenfalls 69 € bezahlt. Dann bist du wohl auch von Osnabrück hierher gefahren.“ Kommentieren Sie.

Bei der mathematischen Beschreibung (Modellierung) einer Situation erhält man oft Zuordnungen zwischen Größen. Dabei wird häufig einem Wert der einen Größe **genau ein** Wert der anderen Größe zugeordnet. So kann zum Beispiel bei einer Radtour der verstrichenen Zeit t der zurückgelegte Weg s eindeutig zugeordnet werden. Dagegen ist die Zuordnung *Höhe der Sonne über dem Horizont* ↦ *Tageszeit* nicht eindeutig, weil einem Sonnenstand unterschiedliche Tageszeiten zugeordnet werden können.
Eindeutige Zuordnungen treten oft auf und lassen sich zudem besonders gut bearbeiten.

> Eine Zuordnung, die jedem Element einer Definitionsmenge **genau ein** Element der Wertemenge zuordnet, nennt man **Funktion**.

Die Bezeichnung $x_0$ steht für einen festen, aber nicht konkreten x-Wert.

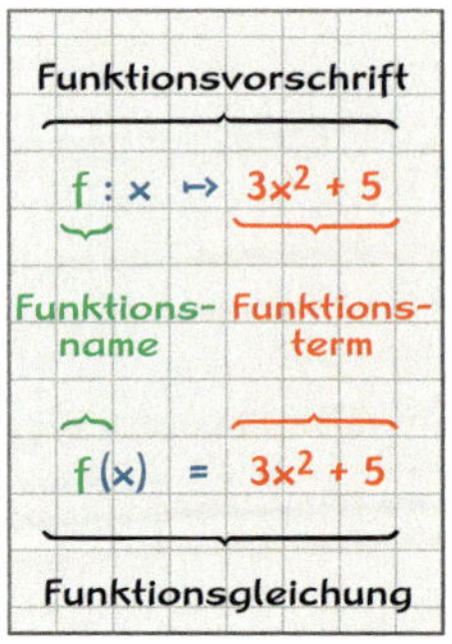


Bei Funktionen sind folgende Sprech- und Schreibweisen üblich:

**f; g; h ...** sind Bezeichnungen für Funktionen.

**$D_f$** ist die Menge aller x-Werte, denen durch die Funktion f ein Funktionswert zugeordnet wird. Sie heißt **Definitionsmenge** bzw. **Definitionsbereich** der Funktion f.

**$f(x_0)$** („f von $x_0$“) ist der **Funktionswert von f an der Stelle $x_0$**, also derjenige Wert, der der Zahl $x_0$ durch die Funktion f zugeordnet wird.

**$W_f$** ist die Menge aller Funktionswerte. Sie heißt **Wertemenge** von f.

**$f: x \mapsto 3x^2 + 5$** ist die **Funktionsvorschrift**, welche ausdrückt, dass jedem Wert für x die Summe aus 5 und dem Dreifachen seines Quadrates zugeordnet wird. Man nennt $3x^2 + 5$ den **Funktionsterm**.

**$f(x) = 3x^2 + 5$** ist die **Funktionsgleichung**, mit deren Hilfe man zu jedem Wert für x denjenigen Funktionswert berechnen kann, der zu diesem x gehört. Beispielsweise erhält man an der Stelle $x = -4$: $f(-4) = 3 \cdot (-4)^2 + 5 = 53$.

Der **Graph von f** ist die Menge aller Punkte $P(x \mid y)$, deren Koordinaten die Gleichung $y = f(x)$, hier also $y = 3x^2 + 5$, erfüllen. Da die Zuordnung $x \mapsto y$ eindeutig ist, haben die Graphen von Funktionen mit allen Parallelen zur y-Achse höchstens einen Schnittpunkt. Statt Graph spricht man auch von **Kurve**.

**Beispiel 1** Funktion am Graph erkennen
Welche Darstellung ist Graph einer Funktion?

a)
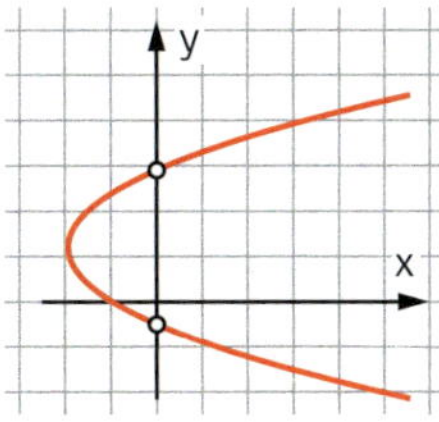


b)
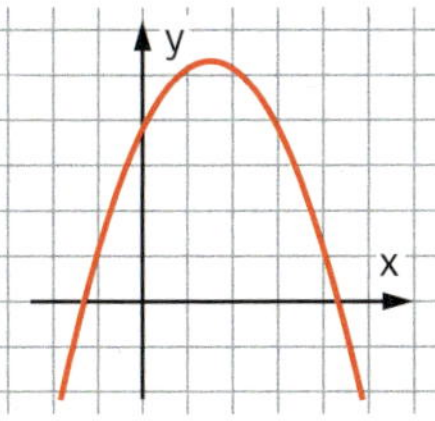


c)
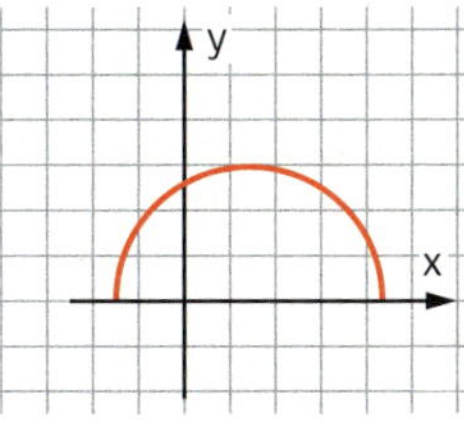


d)
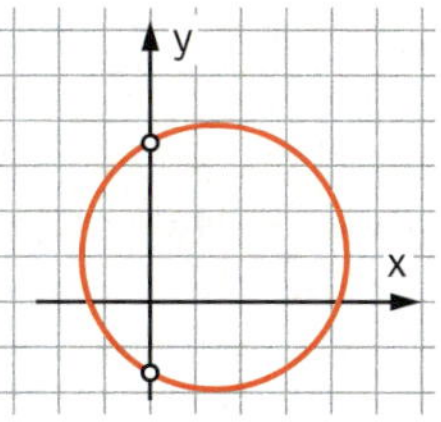


■ Lösung: a) und d) sind nicht Graphen einer Funktion, da es zum x-Wert 0 zwei zugeordnete Werte gibt.
b) und c) sind jeweils Graphen einer Funktion, da es zu jedem x-Wert genau einen y-Wert gibt.

**Beispiel 2** Bezeichnungen; einfache Rechnungen
Gegeben ist die Funktion f mit $f(x) = 0{,}6 \cdot x$.
a) Geben Sie die Definitions- und Wertemenge an.
b) Berechnen Sie $f(0)$; $f(2)$; $f(100)$; $f(-5)$.
c) Berechnen Sie die Stelle x, für die gilt $f(x) = 12$.
■ Lösung: a) Es ist $D_f = \mathbb{R}$ und $W_f = \mathbb{R}$.
b) $f(0) = 0{,}6 \cdot 0 = 0$; $f(2) = 0{,}6 \cdot 2 = 1{,}2$; $f(100) = 0{,}6 \cdot 100 = 60$; $f(-5) = 0{,}6 \cdot (-5) = -3$
c) $f(x) = 12$ bedeutet: $0{,}6 \cdot x = 12$.
Teilt man diese Gleichung durch 0,6, so erhält man: $x = 20$.
Damit ist $f(20) = 12$.

**Beispiel 3** Graph und Wertetabelle mit GTR
Gegeben ist die Funktion f mit $f(x) = -0{,}5x + 4$ für $0 \leq x \leq 8$.
Erstellen Sie auf dem GTR für die Funktion f einen Graphen und eine Wertetabelle.
■ Lösung: Zunächst wird der Term einschließlich der Definitionsmenge eingegeben (Fig. 1).
In der Fenster-Einstellung kann man die Bereiche für x und y sowie die Anzahl der angezeigten Teilstriche wählen (Fig. 2).
Die Anzeige von Gitterpunkten lässt sich mit *GridOn* aktivieren (Fig. 3).
Mit [TRACE] kann man sich auf dem Graphen einzelne Punkte anzeigen lassen (Fig. 4).
Für die Wertetabelle lassen sich Startwert und Differenz zwischen zwei x-Werten einstellen (Fig. 5 und 6).

Fig. 1

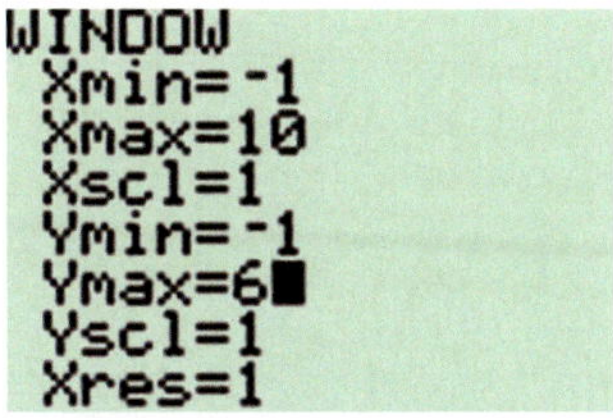

Fig. 2

Fig. 3

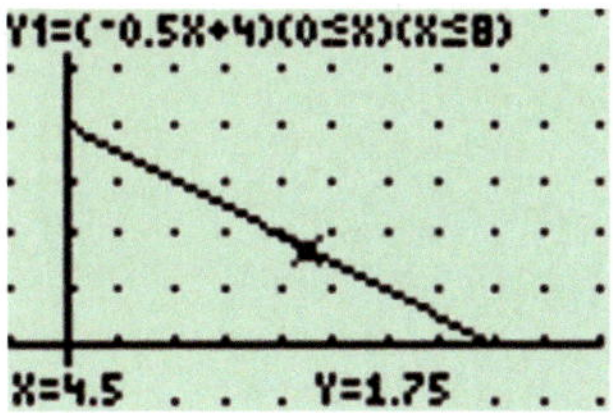

Fig. 4

Fig. 5

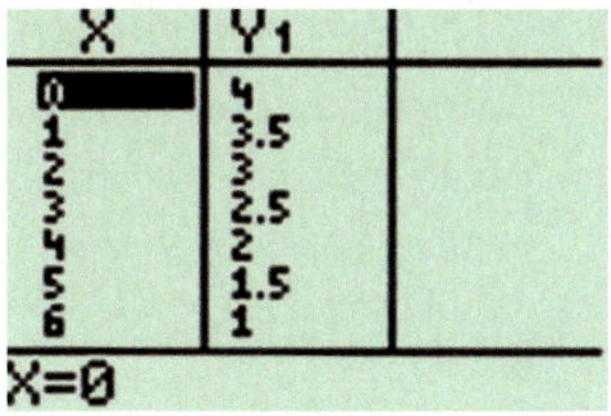

Fig. 6

**Beispiel 4** Graph und Wertetabelle mit CAS-Rechner
Gegeben ist die Funktion f mit $f(x) = 0{,}9x + 1{,}5$ für $0 \leqq x \leqq 10$.
Erstellen Sie auf dem CAS-Rechner den Graphen und eine Wertetabelle der Funktion.

■ Lösung: Um einen Graphen zu erstellen, öffnet man die Anwendung Graphs und gibt in der Eingabezeile den Term der Funktion ein. Die Einschränkung auf das angegebene Intervall geschieht durch Eingabe der Bedingung, getrennt vom Term durch | . Diesen findet man bei den Sonderzeichen mit (ctrl)(⌸) (Fig. 1).
Die Fenstereinstellungen lassen sich mit (menu)(4)(1) verändern. Es öffnet sich das Dialogfenster, in dem man das x-Intervall und das y-Intervall festlegen kann (Fig. 2).
Die Wertetabelle kann man im gleichen Fenster über (menu)(2)(9) einblenden lassen (Fig. 4).
Möchte man sie auf einer Extraseite haben, öffnet man eine Seite mit der Anwendung *Lists & Spreadsheets* und dort zu (menu)(5) um zur Wertetabelle zu gelangen (Fig. 5).
Über (menu)(5)(5) lassen sich Tabellenanfang und Schrittweite festlegen (Fig. 6), mit (ctrl)(menu) kann man weitere Formateinstellungen wie Spaltenbreite, Ausdruck und Funktionswahl ändern.

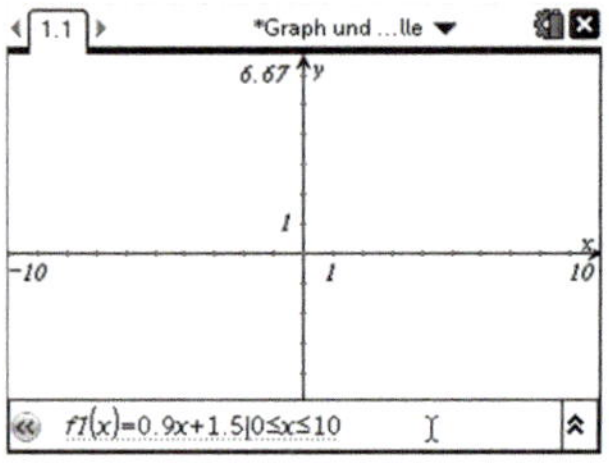

Fig. 1

Fig. 2

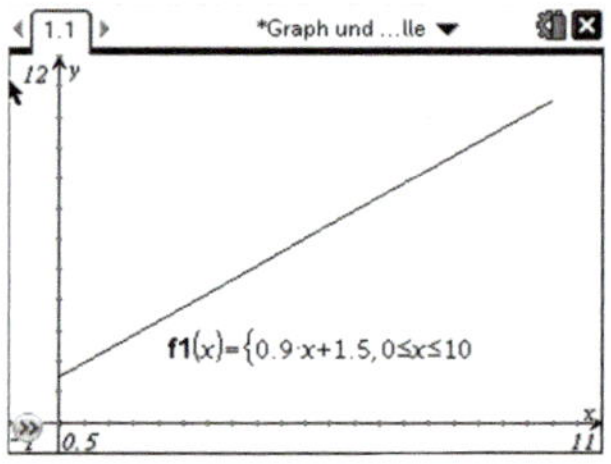

Fig. 3

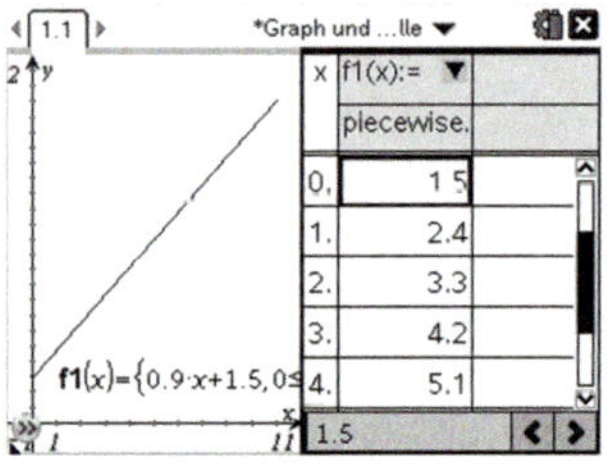

Fig. 4

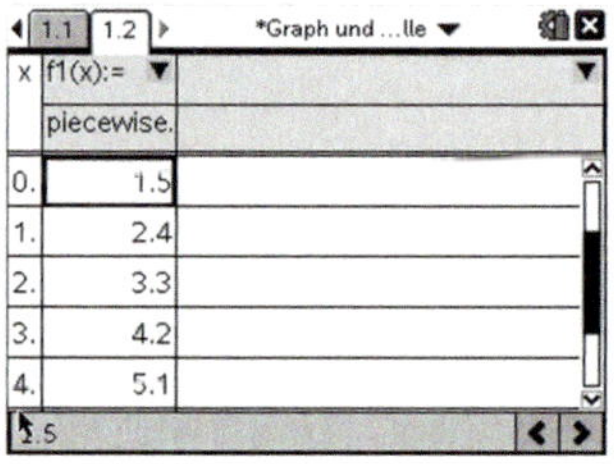

Fig. 5

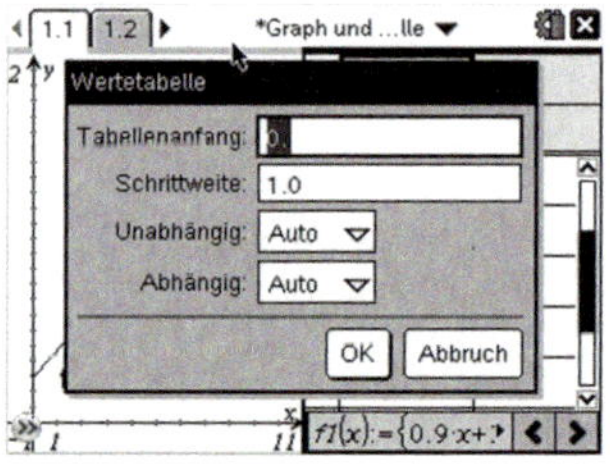

Fig. 6

## Aufgaben

**1** Welche Darstellung ist Graph einer Funktion? Begründen Sie.

a)

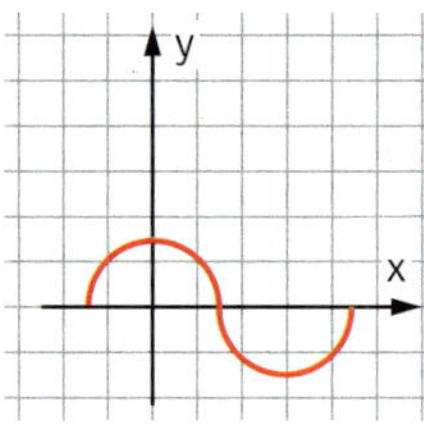


b)

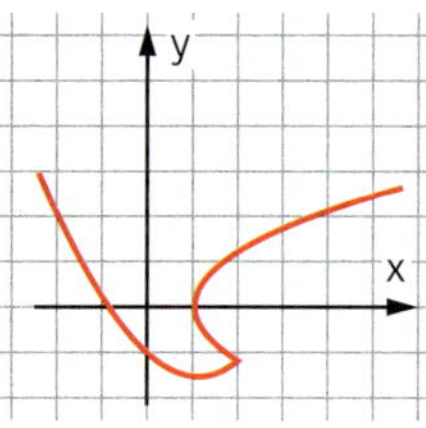


c)

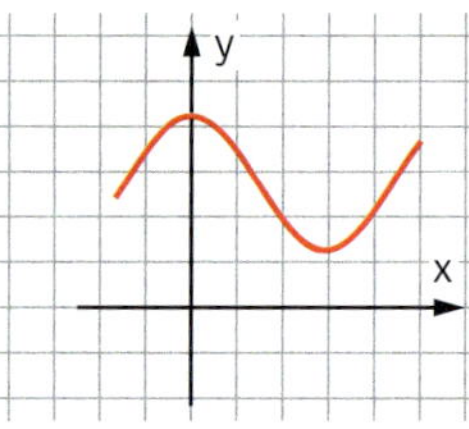


d)

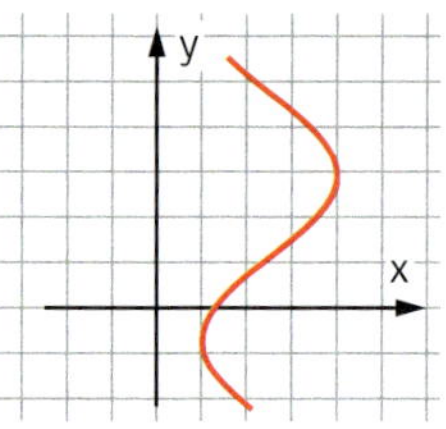


**2** Welche Aussage ist falsch? Begründen Sie.
a) Eine Parallele zur x-Achse kann nicht Graph einer Funktion sein.
b) Eine Parallele zur y-Achse kann nicht Graph einer Funktion sein.
c) Jede Parallele zur x-Achse hat mit dem Graphen einer beliebigen Funktion höchstens einen Punkt gemeinsam.
d) Jede Parallele zur y-Achse hat mit dem Graphen einer beliebigen Funktion höchstens einen Punkt gemeinsam.

**3** Drücken Sie die Aussage mit mathematischen Symbolen aus.
a) Durch die Funktion f wird der Zahl 3 die Zahl 10 zugeordnet.
b) Die Funktion g nimmt an der Stelle 5 den Funktionswert 12 an.
c) Die Zahl 3 ist der Funktionswert an der Stelle 0.
d) Die Funktionen f und g nehmen für $x = 2$ denselben Funktionswert an.
e) Die Funktion f ordnet der Zahl 14 einen größeren Funktionswert zu als der Zahl 5.
f) Alle Funktionswerte der Funktion g sind positiv.

**4** Beschreiben Sie mit Worten.
a) $f(2) = 0$  b) $f(1) = f(10{,}5)$  c) $f(3{,}7) = 3{,}7$  d) $g(0) = 0$

## Zeit zu überprüfen

**5** Eine Teesorte kostet in der Herstellung 5,85 € je kg. Dann heißt die Funktion K mit $K(x) = 5{,}85 \cdot x$ Kostenfunktion. Zeichnen Sie den Graphen dieser Funktion.
a) Berechnen Sie die Kosten für 6 kg Tee und tragen Sie die zugehörigen Werte in den Graphen ein. Formulieren Sie das Ergebnis mithilfe von K.
b) Wie viel Kilogramm Tee kosten in der Herstellung 50 €?

**6** Fig. 1 zeigt den Graphen einer Funktion f.
a) Lesen Sie aus dem Graphen von f näherungsweise ab: $f(0)$, $f(2)$, $f(-2{,}5)$, $f(1)$.
b) Geben Sie alle x-Werte an, für die gilt $f(x) = -1$.
c) Wie viele Stellen x kann man finden mit $f(x) = 2$?
d) Es gibt Funktionswerte $f(x)$, zu denen es fünf x-Werte gibt, sodass $f(x) = a$ ist. Geben Sie ein solches a an.
e) Geben Sie den größten und den kleinsten Funktionswert im Intervall $[-4; 5]$ an. An welcher Stelle wird er angenommen?

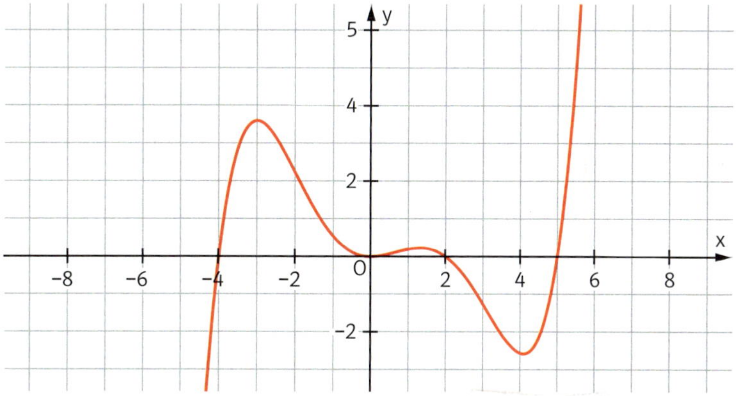

Fig. 1

**7** Gegeben ist die Funktion f durch einen Term. Erstellen Sie auf dem GTR bzw. CAS-Rechner den Graphen von f und eine Wertetabelle. Variieren Sie die Fenstereinstellungen und die Einstellungen für die Wertetabelle.
a) $f(x) = 3x - 8$  b) $f(x) = -\frac{1}{2}x + 3$  c) $f(x) = 4x + \frac{1}{2}$
d) $f(x) = x^2 - x + 2$  e) $f(x) = x^3 + 75$  f) $f(x) = \frac{1}{x}$

**8** Gegeben sind die Funktionen f und g jeweils durch einen Term. Erstellen Sie auf dem GTR bzw. CAS-Rechner Graphen von f und g in einem gemeinsamen Koordinatensystem. Wählen Sie unterschiedliche Grafikstile.
a) $f(x) = \frac{1}{4}x - 2$; $g(x) = -2x + 1$  b) $f(x) = x$; $g(x) = 3 - x$
c) $f(x) = x^2$; $g(x) = 1$  d) $f(x) = x^3$; $g(x) = x^2$

**9** Jeder natürlichen Zahl wird die Anzahl ihrer Teiler zugeordnet.
a) Handelt es sich um eine Funktion f?
b) Bestimmen Sie $f(6)$; $f(12)$; $f(32)$; $f(49)$; $f(60)$.
c) Nennen Sie Zahlen mit der Eigenschaft $f(n) = 2$; $f(n) = 1$; $f(n) = 3$; $f(n) = 4$.

Nicht vergessen!
Jede Zahl hat 1 und sich selbst als Teiler.

# 13 Funktionen und Modelle in den Wirtschaftswissenschaften

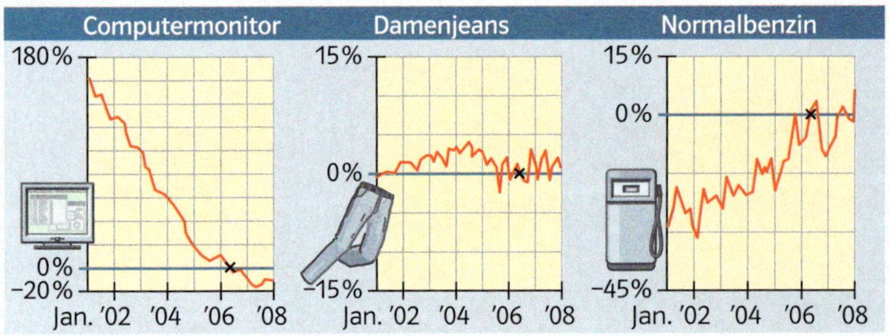


Mit welchen Funktionstypen könnte man die Preisentwicklung (bezogen auf das Jahr 2006), die in den Graphen gezeigt wird, modellieren, wenn nur der Trend beschrieben werden soll?

In den Wirtschaftswissenschaften arbeitet man mit **mathematischen Modellen**. Dabei spielen Funktionen eine große Rolle. Dies sind z. B. **Preis-Absatz-Funktionen**, **Ertrags-** bzw. **Produktionsfunktionen** und **Kostenfunktionen**. In diesem Zusammenhang werden auch **wirtschaftliche Modelle** erläutert.

In den Wirtschaftswissenschaften spricht man von einem **Markt**, wenn für ein bestimmtes Gut **Angebot** und **Nachfrage** zusammentreffen. Je nachdem wie viele Anbieter und Nachfrager am Markt teilnehmen, gibt es verschiedene **Marktformen**.
Wird ein bestimmtes Gut nur von einem Anbieter angeboten, spricht man von dem Modell eines **Monopols**, genauer **Angebotsmonopols** (Fig. 1).
Treffen viele Anbieter auf viele Nachfrager, nennt man dieses Modell ein **Polypol**. Da keiner der Teilnehmer groß genug ist, um den Preis zu beeinflussen, spricht man auch von dem Modell der **„vollständigen Konkurrenz"** (Fig. 2).

Treffen viele Anbieter auf einen Nachfrager, spricht man von einem **Nachfragemonopol**. So hat z. B. die Bundeswehr ein Nachfragemonopol für Panzer.

Treffen wenige Anbieter auf viele Nachfrager, spricht man von einem **Angebotsoligopol**.

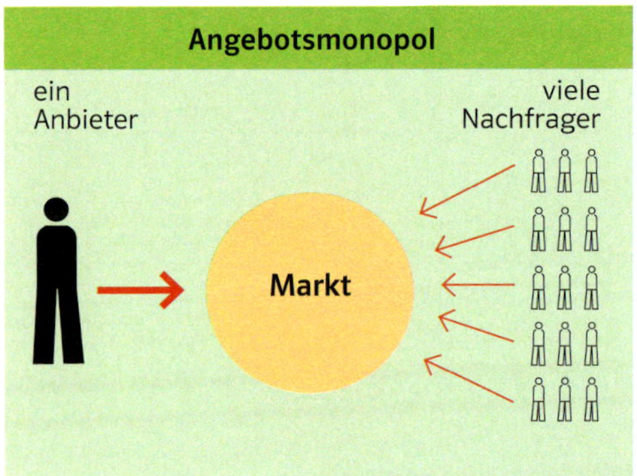

Fig. 1

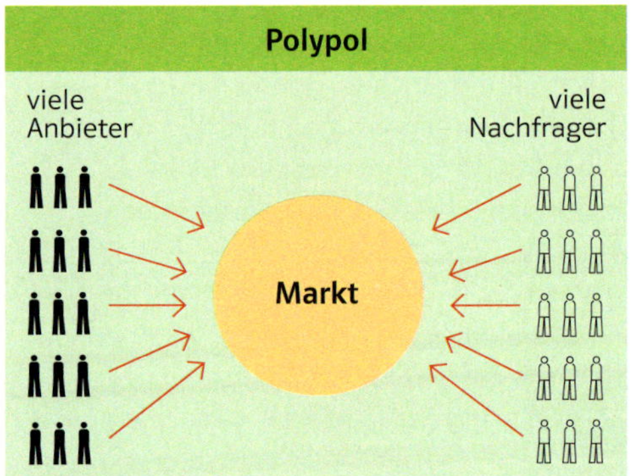

Fig. 2

Ein Problemkreis in den Wirtschaftswissenschaften ist die so genannte **Preistheorie**.
Um den Zusammenhang zwischen einem erzielbaren **Preis** p (in $\frac{GE}{ME}$) und einer **nachgefragten** (abgesetzten) **Menge** x (in ME) für ein Gut durch eine Funktion zu beschreiben, gibt es zwei Möglichkeiten, je nachdem ob man den Preis oder die Menge als unabhängige Variable verwendet. In der Regel wird die Menge x als unabhängige Variable gewählt und der Zusammenhang in der Form p(x) als **Preis-Absatz-Funktion** angegeben.
Je nach Marktform wählt man unterschiedliche Ausprägungen der Preis-Absatz-Funktion. Erhöht ein **Monopolist** den Preis für ein Gut, wird die Nachfrage sinken; bei sinkendem Preis wird die Nachfrage steigen. Man geht also in diesem Modell von einer streng monoton fallenden Preis-Absatz-Funktion aus. Zur Vereinfachung wählt man oft sogar einen linearen Zusammenhang: $p(x) = mx + c$ mit $m < 0$ und $c > 0$ (Fig. 3). Bei **vollständiger Konkurrenz** hat ein einzelner Anbieter keinen Einfluss auf den Preis, der Preis ist konstant: $p(x) = p_0$ (Fig. 3).

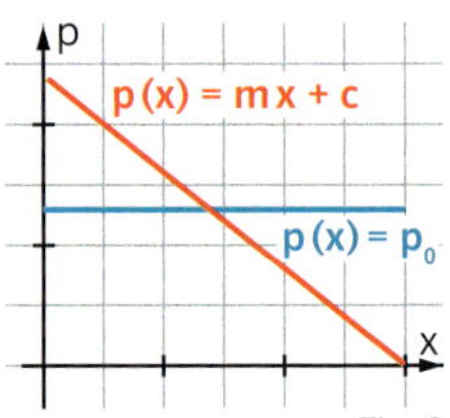

Fig. 3

Weitere Funktionen in den Wirtschaftswissenschaften beschreiben z.B. in der Landwirtschaft den Zusammenhang zwischen den Erträgen bei der Aussaat einer Getreidesorte und den zugehörigen Kosten oder bei der industriellen Produktion eines Gutes den Zusammenhang zwischen den produzierten Mengen und dem Gewinn.

Ein landwirtschaftlicher Betrieb hat bisher ohne zusätzliche Düngung Weizen angebaut. Um den Einsatz von Kunstdünger zu testen, wurden auf 12 gleichartigen Parzellen verschiedene Mengen von Stickstoff ausgebracht und die Zusatzerträge im Vergleich zu den bisherigen Ernten gemessen (Tabelle in Fig. 1). Ein Kilogramm Kunstdünger kostet 0,70 €. Ordnet man dem Ertragszuwachs die Kosten zu, ergibt sich die Tabelle in Fig. 2.
Fig. 3 zeigt das Punktdiagramm der Funktion, die der Düngermenge x (in $\frac{kg}{ha}$) den Ertragszuwachs y (in $\frac{dt}{ha}$) zuordnet; außerdem ist nach Augenmaß der Graph der zugehörigen Funktion eingezeichnet.
Fig. 4 zeigt das Punktdiagramm der Funktion, die dem Ertragszuwachs y (in $\frac{dt}{ha}$) die Kosten z (in €) zuordnet sowie den Graphen.
Funktionen mit Graphen wie in Fig. 3 nennt man **Ertrags-** oder **Produktionsfunktionen**;
Fig. 4 zeigt den Graphen der **Kostenfunktion**.

| Düngermenge (in $\frac{kg}{ha}$) | Ertragszuwachs (in $\frac{dt}{ha}$) |
|---|---|
| 50 | 10 |
| 80 | 20 |
| 100 | 25 |
| 130 | 39 |
| 150 | 50 |
| 170 | 59 |
| 190 | 60 |
| 200 | 67 |
| 210 | 66 |
| 250 | 60 |
| 260 | 57 |
| 300 | 40 |

Fig. 1

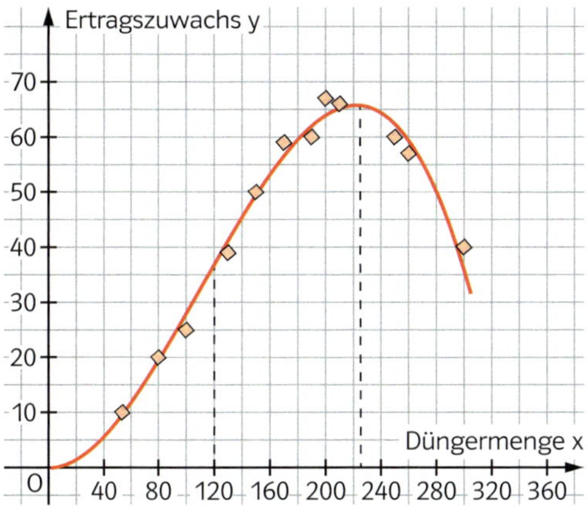

Fig. 3

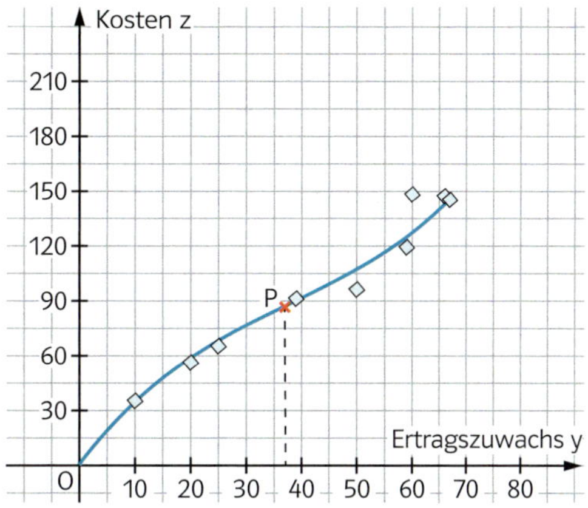

Fig. 4

| Ertragszuwachs (in $\frac{dt}{ha}$) | Kosten (in €) |
|---|---|
| 10 | 35 |
| 20 | 56 |
| 25 | 70 |
| 39 | 91 |
| 50 | 105 |
| 59 | 119 |
| 60 | 133 |
| 67 | 140 |
| 66 | 147 |

Fig. 2

Die Folgen des Düngereinsatzes (vgl. Fig. 3) lassen sich wie folgt beschreiben:
Zunächst bewirken konstante Zuwächse der Düngermenge immer größer werdende Ertragszuwächse; man sagt, der Ertragszuwachs steigt „überproportional" oder „progressiv". Ab einer Düngerzugabe von rund 120 $\frac{kg}{ha}$ bis zu rund 224 $\frac{kg}{ha}$ steigt der Ertrag immer noch, aber „unterproportional" oder „degressiv". Bei einer weiteren Düngung fällt der Ertrag stetig.
Diese Beobachtung wird als „Gesetz vom abnehmenden Bodenertrag" (kurz „ Ertragsgesetz") bezeichnet und die Funktion als **„ertragsgesetzliche"** Produktionsfunktion.

Bemerkung:
In der Landwirtschaft werden Erträge in Dezitonnen pro Hektar ($\frac{dt}{ha}$) gemessen; dabei sind
1 dt = 100 kg und
1 ha = 100 a = 10 000 $m^2$.

Das „Ertragsgesetz" wurde schon im 18. Jahrhundert von dem französischen Staatsmann und Ökonom TURGOT (1727–1781) formuliert.

Für die Kostenfunktion (vgl. Fig. 4) ist es sinnvoll, die Definitionsmenge auf den maximalen Ertragszuwachs von rund 67 $\frac{dt}{ha}$ zu begrenzen. Im Unterschied zur Produktionsfunktion steigen die Kosten zunächst degressiv, ab einer bestimmten Stelle dann progressiv. Der zugehörige Punkt P auf dem Graphen heißt **Kostenkehre**. Kostenfunktionen mit dieser Eigenschaft nennt man **ertragsgesetzliche Kostenfunktion**. Für ertragsgesetzliche Produktions- bzw. Kostenfunktionen typisch ist der S-förmige Verlauf der Graphen.

Kann man einen in der Realität vorkommenden Sachverhalt durch eine Funktion beschreiben, nennt man diese Funktion ein **mathematisches Modell** für die Realität.
Man sagt dann, dass der Sachverhalt durch die Funktion **modelliert** werden kann.

Da in der Regel mit zunehmender Produktionsmenge die Kosten steigen, haben Graphen von Kostenfunktionen eine steigende Tendenz. Der tatsächliche Verlauf aber hängt vom vorliegenden Produktionsprozess ab, sodass sich im konkreten Fall unterschiedliche Graphen ergeben (Fig. 1 bis 4). Kosten setzen sich zusammen aus **fixen** Kosten und **variablen** Kosten. Dabei versteht man unter Fixkosten die Kosten, die auch dann entstehen, wenn ein Gut nicht produziert wird (Wartung der Maschinen, Mieten, Zinsen, etc.). Variable Kosten sind von der produzierten Menge x abhängig (Kosten für Material, Löhne, Vertrieb, etc.).

**Linearer Verlauf**

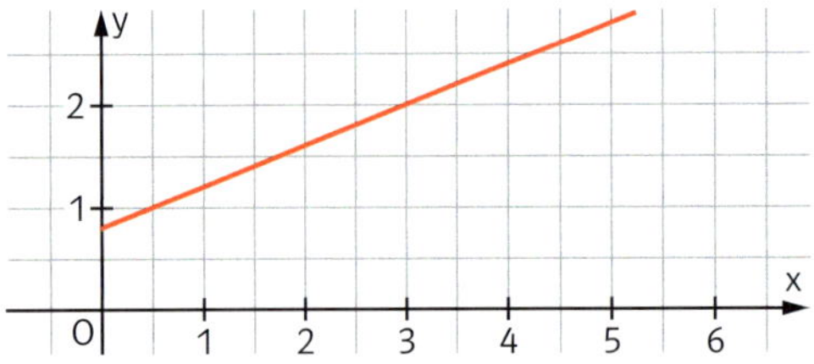


Fig. 1

Die Zusatzkosten für die Produktion einer weiteren Einheit sind immer gleich.

**Progressiver Verlauf**

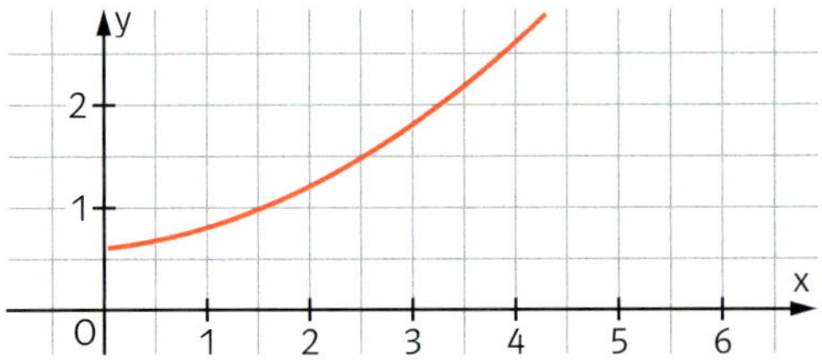


Fig. 2

Die Zusatzkosten für die Produktion einer weiteren Einheit werden immer größer.

**Degressiver Verlauf**

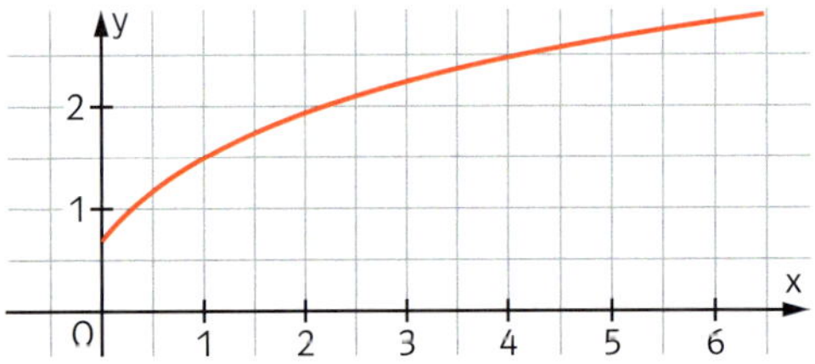


Fig. 3

Die Zusatzkosten für die Produktion einer weiteren Einheit werden immer geringer.

**S-förmiger Verlauf**

Fig. 4

Die Zusatzkosten für eine weitere Einheit werden zunächst kleiner, dann aber größer.

| Stunden x | Gesamtgewicht y |
|---|---|
| 0 | 0 |
| 1 | 9 |
| 2 | 19 |
| 3 | 25 |
| 4 | 29 |
| 5 | 33 |
| 6 | 36 |

Fig. 5

| Gesamtgewicht y | Gesamtkosten z |
|---|---|
| 0 | 30 |
| 9 | 50 |
| 19 | 70 |
| 25 | 90 |
| 29 | 110 |
| 33 | 130 |
| 36 | 150 |

Fig. 6

**Beispiel** Von einer Produktionsfunktion zur Kostenfunktion

Ein Binnenfischer notiert an einem Tag nach jeder Stunde das Gesamtgewicht y (in kg) der gefangenen Fische. Die Tabelle in Fig. 5 zeigt das Ergebnis.

Der Fischer hat pro Tag fixe Kosten von 30 € und variable Kosten von 20 € pro Stunde.

Zeichnen Sie jeweils ein Punktdiagramm für die Produktionsfunktion und die Gesamtkostenfunktion. Skizzieren Sie in den Diagrammen näherungsweise die zugehörigen Graphen.

Lösung: Die Daten für die Produktionsfunktion sind in Fig. 5 gegeben. Für die Gesamtkosten z (in €) ergeben sich in Abhängigkeit vom Gesamtgewicht y die Werte aus Fig. 6.

Die Fig. 7 und 8 zeigen die Punktdiagramme und die Graphen.

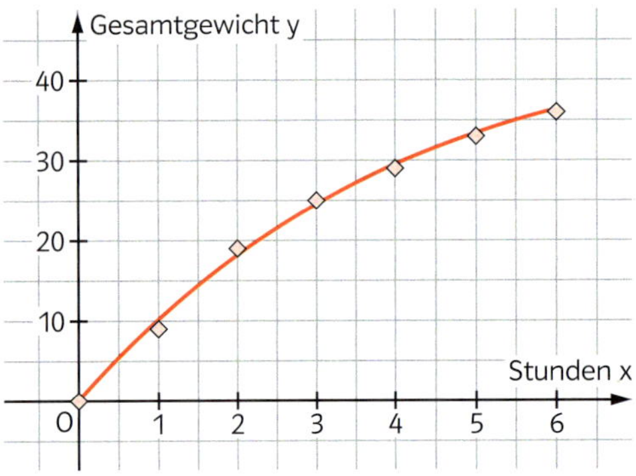


Fig. 7

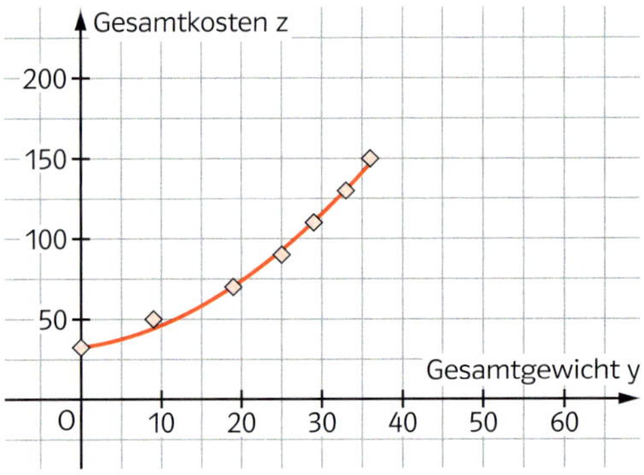


Fig. 8

## Aufgaben

**1** Gegeben ist die Preis-Absatz-Funktion p. Ermitteln Sie einen ökonomisch sinnvollen Definitionsbereich und zeichnen Sie den Graphen in diesem Bereich.

a) $p(x) = -3x + 5$  b) $p(x) = -\frac{1}{2}x + 2{,}5$  c) $p(x) = -0{,}3x + 3$

**2** Ein Monopolist fand für ein von ihm produziertes Gerät die folgenden Wertepaare für den Absatz x (in ME) und den Preis p (in $\frac{GE}{ME}$).

| x | 3 | 5 | 11 | 18 | 22 | 26 |
|---|---|---|---|---|---|---|
| p | 41 | 35 | 26 | 17 | 10 | 2 |

Zeichnen Sie ein Punktdiagramm. Ermitteln Sie mithilfe linearer Regression die Funktion, mit der die Abhängigkeit des Preises vom Absatz modelliert werden kann. Tragen Sie den Graphen in das Punktdiagramm ein. Bei welcher Absatzmenge ist ein Preis von $20\,\frac{GE}{ME}$ zu erzielen?

**3** Ein Modell für eine Preis-Absatz-Funktion kann wie folgt beschrieben werden:
Bei einem Preis von $8\,\frac{GE}{ME}$ besteht keine Nachfrage; bei einem sehr geringen Preis sind höchstens 15 ME absetzbar. Ermitteln Sie die zugehörige Funktion.

**4** Erläutern Sie den Begriff Preis-Absatz-Funktion in den verschiedenen betriebswirtschaftlichen Modellen. Skizzieren Sie mögliche Graphen.

**5** In einem Betrieb wurden stichprobenweise die Gesamtkosten K (in GE) für die Produktion unterschiedlicher Mengen x (in ME) eines Gutes ermittelt.

| x | 0 | 10 | 20 | 30 | 40 | 50 | 60 |
|---|---|---|---|---|---|---|---|
| K | 40 | 73 | 91 | 102 | 112 | 130 | 160 |

a) Zeichnen Sie ein Punktdiagramm. Ermitteln Sie mithilfe eines Rechners eine lineare Kostenfunktion für diese Werte und tragen Sie den Graphen in das Punktdiagramm ein.
b) Zeichnen Sie den Graphen einer Kostenfunktion ein, der sich besser an die Punkte anpasst. Interpretieren Sie diese Kostenfunktion.

### Zeit zu überprüfen

**6** Durch die Zugabe von Kraftfutter x (in kg) erhöht sich die tägliche Milchleistung y (in kg) von Kühen. Um die optimale Menge von Kraftfutter herauszufinden, erhielt ein Landwirt bei unterschiedlichen Zugaben die folgenden Werte.

| x | 0 | 2 | 5 | 6 | 8 | 10 |
|---|---|---|---|---|---|---|
| y | 20 | 23 | 28 | 30 | 31 | 25 |

Erstellen Sie ein Punktdiagramm und zeichnen Sie nach Augenmaß den Graphen der Produktionsfunktion. Welche tägliche Menge an Kraftfutter sollte der Landwirt seinen Kühen zugeben?

**7** In einem Betrieb kann die Anzahl hergestellter Teile durch die Anzahl der Beschäftigten variiert werden. Die Tabelle in Fig. 1 zeigt den Zusammenhang. Dem Betrieb entstehen fixe Kosten von 400 €; die Kosten pro Beschäftigten sind 100 €.
Skizzieren Sie die Graphen der Produktionsfunktion und der Gesamtkostenfunktion. Ermitteln Sie näherungsweise die Koordinaten der Kostenkehre.

| Anzahl x der Beschäftigten | Stückzahl y |
|---|---|
| 0 | 0 |
| 1 | 120 |
| 2 | 380 |
| 3 | 1270 |
| 4 | 2750 |
| 5 | 3980 |

Fig. 1

**8** Für eine lineare Preis-Absatz-Funktion p werden die folgenden Wertepaare ermittelt:
A(2 | 5) und B(6 | 1). Bestimmen Sie rechnerisch den Term der Funktion p.

# Wiederholen - Vertiefen - Vernetzen

## Statistische Datenanalyse

**1** Michael und Mario haben im Berufsverkehr die Anzahl der PKWs gezählt.
Um wie viel Prozent würde der PKW-Verkehr abnehmen, wenn alle Autos vier Personen befördern würden?

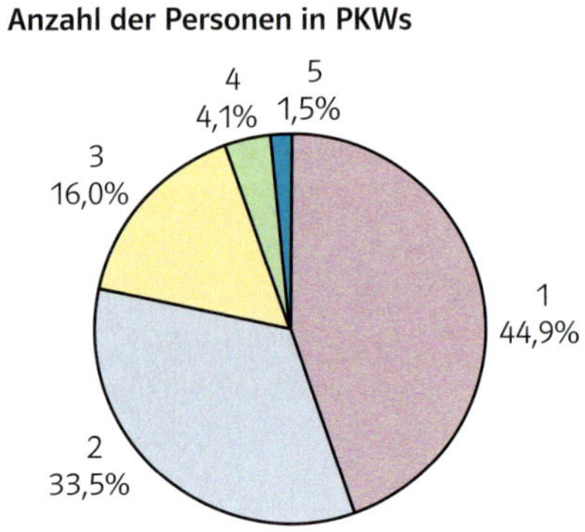


Fig. 1

**2** Frau Kolmetz fährt mit ihrem PKW die ersten 100 km mit der Geschwindigkeit $80\,\frac{km}{h}$, die zweiten 100 km mit $120\,\frac{km}{h}$. Frau Kaiser fährt die erste Stunde mit genau $80\,\frac{km}{h}$, eine Stunde mit $120\,\frac{km}{h}$. Mit welcher konstanten Geschwindigkeit hätten die beiden Damen fahren müssen, ohne ihre jeweiligen Gesamtfahrzeiten zu ändern?

**3** Wolfgang führt beim Tanken Protokoll.
a) Bestimmen Sie die fehlenden Werte in der letzten Spalte der Tabelle. Berechnen Sie den mittleren Verbrauch, indem Sie den Mittelwert der fünf Werte in der letzten Spalte ermitteln.
b) Frank meint, man solle den mittleren Verbrauch auf 100 km in einem Schritt aus Kilometerstand am Anfang und am Ende berechnen. Welchen Wert erhält Frank?
c) Nehmen Sie zu dem Ergebnis Stellung.

| km-Stand | Liter | Liter/100 km |
|---|---|---|
| 38 996 | | |
| 39 461 | 34,01 | 7,31 |
| 39 908 | 50,96 | 11,40 |
| 40 451 | 42,91 | |
| 40 881 | 45,40 | |
| 41 305 | 36,73 | |

**4** Legeleistung von Hühnern (in Eier/Woche)

| | | | | | | | | | | | | | | | | | | |
|---|---|---|---|---|---|---|---|---|---|---|---|---|---|---|---|---|---|---|
| 3 | 5 | 2 | 7 | 6 | 3 | 2 | 5 | 1 | 4 | 7 | 6 | 5 | 3 | 7 | 2 | 4 | 2 | 6 | 5 |
| 7 | 3 | 5 | 7 | 5 | 4 | 1 | 6 | 4 | 7 | 6 | 0 | 2 | 5 | 7 | 3 | 4 | 6 | 5 | 7 |
| 2 | 6 | 1 | 3 | 7 | 5 | 6 | 4 | 7 | 6 | 5 | 3 | 2 | 6 | 4 | 7 | 5 | 3 | 6 | 3 |
| 4 | 7 | 3 | 6 | 2 | 6 | 7 | 6 | 3 | 6 | 3 | 5 | 3 | 6 | 6 | 4 | 7 | 2 | 5 | 4 |
| 1 | 5 | 6 | 4 | 0 | 6 | 7 | 3 | 6 | 5 | 5 | 7 | 3 | 4 | 2 | 7 | 5 | 6 | 3 | 7 |

a) Bestimmen Sie die Anzahl n der Daten und die Anzahl k der Merkmalsausprägungen. Um welche Merkmalsart handelt es sich? Legen Sie eine Häufigkeitstabelle an.
b) Veranschaulichen Sie die Häufigkeitsverteilung durch ein Stabdiagramm und die Summenhäufigkeiten durch eine Treppenkurve.
c) Berechnen Sie den Modalwert, den Median und das arithmetische Mittel.
d) Berechnen Sie die Varianz und die Standardabweichung.
e) Ermitteln Sie die mittlere absolute Abweichung und die Spannweite.

**5** Am 1. Januar 2011 war der Beitritt von Estland als 17. Mitglied der Euro-Zone. Die Grafik zeigt die Veränderungen des Bruttoinlandsproduktes. Ermitteln Sie die durchschnittliche Wachstumsrate.

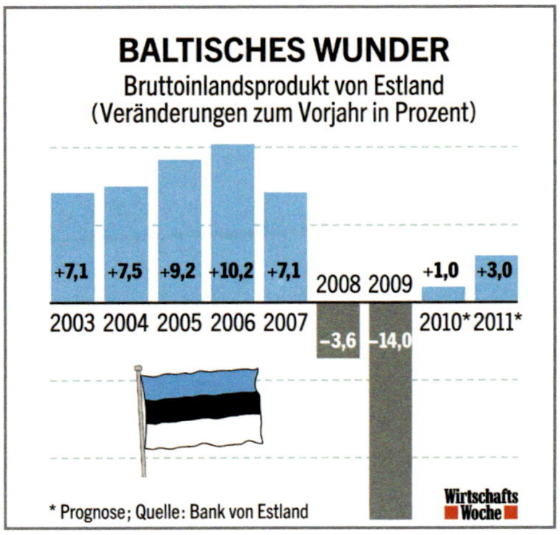

# Wiederholen - Vertiefen - Vernetzen

## Modellieren mit Funktionen

**6 Umsatz der Lebensmitteldiscounter**

In den vergangenen Jahren haben Lebensmitteldiscounter ihren Anteil am gesamten Umsatz des Einzelhandels kräftig erhöht. Die Tabelle in Fig. 1 zeigt die Entwicklung.

a) Modellieren Sie das Wachstum mithilfe einer linearen Funktion.

b) Welchen Anteil der Discounter am Umsatz des Einzelhandels erwarten Sie im Jahr 2012?

| Jahr | Anteil (in %) |
|---|---|
| 2000 | 32,1 |
| 2001 | 33,7 |
| 2002 | 36,8 |
| 2003 | 38,4 |
| 2004 | 39,7 |
| 2005 | 40,9 |
| 2006 | 42,5 |
| 2007 | 43,2 |

Fig. 1

**7 Zusammenhang zwischen Verkaufsfläche und Umsatz**

Zur weiteren Planung ihrer Unternehmensstrategie untersucht ein Handelsunternehmen in ihren bisherigen sieben Filialen den Zusammenhang zwischen Verkaufsfläche und Umsatz.
Die Tabelle zeigt das Ergebnis.

| Verkaufsfläche (in 100 $m^2$) | 6,95 | 5,60 | 8,30 | 9,15 | 12,75 | 11,28 | 7,50 |
|---|---|---|---|---|---|---|---|
| Umsatz (in Mio. € pro Jahr) | 3,61 | 3,20 | 4,21 | 4,42 | 6,02 | 5,15 | 4,22 |

a) Modellieren Sie die Daten.

b) Welchen Jahresumsatz kann man nach dieser Untersuchung bei einer Verkaufsfläche von 1500 $m^2$ erwarten?

c) Welche Verkaufsfläche ist mindestens notwendig, um einen Umsatz von 10 Mio. € zu erzielen?

**8 Flächenverbrauch in Deutschland**

Die Tabelle in Fig. 2 zeigt, wie sich in den Jahren 2000 bis 2008 der Flächenverbrauch für Siedlung und Verkehr in Deutschland entwickelt hat.

a) Berechnen Sie für jedes Jahr, um wie viel Hektar pro Tag der Flächenverbrauch zugenommen hat; zeichnen Sie hierfür ein Stabdiagramm.
Schätzen Sie, bevor Sie rechnen; wählen Sie als Einheit die Größe eines Fußballfeldes.

b) Ermitteln Sie den durchschnittlichen Flächenverbrauch und die durchschnittliche Wachstumsrate.

c) Die Bundesregierung hat als Ziel angegeben, den täglichen Flächenverbrauch bis zum Jahr 2020 auf 30 Hektar pro Tag zu senken. Ist dies ohne weitere Anstrengungen möglich, wenn man die bisherige Entwicklung betrachtet?

| Jahr | Siedlungs- und Verkehrsfläche (in $km^2$) |
|---|---|
| 2000 | 43 939 |
| 2001 | 44 381 |
| 2002 | 44 780 |
| 2003 | 45 141 |
| 2004 | 45 621 |
| 2005 | 46 050 |
| 2006 | 46 438 |
| 2007 | 46 789 |
| 2008 | 47 137 |

Fig. 2

**9 Von einer Produktionsfunktion zur Kostenfunktion**

Ein Möbelhersteller hat den Zusammenhang zwischen der Anzahl der produzierten Stühle und der hierfür benötigten Arbeitskräfte ermittelt.

| Anzahl der Arbeitskräfte | 0 | 1 | 2 | 3 | 4 | 5 | 6 |
|---|---|---|---|---|---|---|---|
| Anzahl der produzierten Stühle | 0 | 36 | 66 | 90 | 109 | 123 | 131 |

a) Zeichnen Sie ein Punktdiagramm; skizzieren Sie den Graphen der Produktionsfunktion.

b) Der Hersteller hat fixe Kosten von 50 € und Lohnkosten von 60 € pro Arbeitskraft. Zeichnen Sie wiederum ein Punktdiagramm; skizzieren Sie den Graphen der Kostenfunktion.

**10 Von einer Ertragsfunktion zur ertragsgesetzlichen Kostenfunktion**

In der Landwirtschaft hängt der Ertrag u.a. davon ab, wie intensiv der Boden bewirtschaftet wird. Der Verwalter eines Gutes hat den Zusammenhang zwischen dem Weizenertrag und der Zahl der Beschäftigten ermittelt.

| Anzahl der Beschäftigten | 0 | 1 | 2 | 3 | 4 | 5 | 6 | 7 | 8 |
|---|---|---|---|---|---|---|---|---|---|
| Weizenertrag (in t) | 0 | 4 | 15 | 30 | 50 | 70 | 84 | 93 | 96 |

Die fixen Kosten sind 500 €; für jeden Beschäftigten fallen 200 € an. Skizzieren Sie näherungsweise die Ertragsfunktion und die ertragsgesetzliche Kostenfunktion.

## Aufgaben zur Bearbeitung mit Excel

### 11 Fehlstunden und Zeugnisdurchschnitte

In einer Klasse 5 wurden die Fehlstunden F und Zeugnisdurchschnittsnoten N erhoben.

| | F | N | | F | N | | F | N | | F | N | | F | N | | F | N |
|---|---|---|---|---|---|---|---|---|---|---|---|---|---|---|---|---|---|
| Nadja | 19 | 2,43 | Nadine | 0 | 2,50 | Simone | 18 | 3,25 | Gülsah | 15 | 2,71 | Leonard | 22 | 3,29 | Onur | 0 | 3,29 |
| Songül | 2 | 2,57 | Elif | 6 | 2,57 | Stephanie | 19 | 2,88 | Markus | 48 | 2,38 | Stefan | 0 | 2,88 | Tina | 12 | 2,88 |
| Dirk | 4 | 2,00 | Janina | 17 | 2,38 | Cigdem | 5 | 2,43 | Michael | 14 | 2,75 | Dominique | 32 | 2,25 | Esther | 6 | 2,50 |
| Ataelahi | 6 | 3,00 | Tim | 0 | 3,25 | Sezen | 9 | 3,00 | Sabine | 0 | 2,50 | Sascha | 0 | 2,63 | Sebastian | 20 | 1,88 |
| Florian | 2 | 2,13 | Paul | 0 | 2,25 | Patrick | 2 | 3,38 | Marius | 0 | 2,88 | Melek | 16 | 3,57 | Nino | 9 | 2,38 |

Alle Urlisten zu den Aufgaben auf dieser Seite finden Sie als Excel-Tabellen unter www.klett.de, wenn Sie als Suchbegriff 733601-0601 eingeben.

a) Werten Sie die Urliste nach dem Merkmal Fehlstunden aus. Erstellen Sie dazu eine Tabelle der absoluten (relativen) Häufigkeiten für die Klasseneinteilung $0 \leqq F \leqq 10$; $11 \leqq F \leqq 20$; …; $41 \leqq F \leqq 50$. Zeichnen Sie ein Säulendiagramm (Kreisdiagramm).

b) Werten Sie die Urliste nach dem Merkmal Zeugnisnote aus. Erstellen Sie eine Tabelle der absoluten (relativen) Häufigkeiten für die Klasseneinteilung $1 \leqq N \leqq 1{,}50$; $1{,}50 < N \leqq 2{,}50$; …; $3{,}50 < N \leqq 5{,}50$. Zeichnen Sie ein Säulendiagramm (Kreisdiagramm).

### 12 Landwirtschaftliche Betriebe

Das Statistische Landesamt hat die Zahlen von Fig. 1 hinsichtlich der landwirtschaftlichen Betriebe in Baden-Württemberg veröffentlicht.

a) Bestimmen Sie die Regressionsgerade, die die Abhängigkeit der Anzahl der Betriebe von der Jahreszahl angibt. Wie hoch ist das zugehörige Bestimmtheitsmaß?
Wagen Sie mit dieser Regressionsgeraden eine Prognose über die Anzahl der Betriebe für das Jahr 2012.

b) Gibt es einen Zusammenhang zwischen der Jahreszahl und der bewirtschafteten Fläche? Wie hoch ist in diesem Fall das Bestimmtheitsmaß?

c) Bestimmen Sie die Regressionsgerade für die Abhängigkeit der bewirtschafteten Fläche und der Anzahl der Betriebe.
Berechnen Sie die zugehörige Korrelation und das Bestimmtheitsmaß.

d) Zeigen Sie, dass das Bestimmtheitsmaß hinsichtlich der Arbeitskräfte in der Landwirtschaft in Abhängigkeit von der Jahreszahl sehr klein ist. Was schließen Sie daraus?

e) Weisen Sie nach, dass zwischen der Anzahl der Betriebe und der Zahl der Arbeitskräfte die Korrelation unter 0,3 liegt.
Was bedeutet dies?

| | A | B | C | D |
|---|---|---|---|---|
| 1 | | Betriebe | bewirtschaftete | Arbeitskräfte |
| 2 | Jahr | in 1000 | Fläche in 1000 ha | in 1000 |
| 3 | 1993 | 101,6 | 1468,60 | 248,7 |
| 4 | 1995 | 94,2 | 1478,40 | 222,9 |
| 5 | 1997 | 87,3 | 1447,10 | 205,5 |
| 6 | 1999 | 74,7 | 1466,50 | 245,2 |
| 7 | 2001 | 70,6 | 1447,30 | 229,8 |
| 8 | 2003 | 64,5 | 1445,70 | 226,9 |
| 9 | 2005 | 59,3 | 1446,60 | 208,3 |
| 10 | 2007 | 56,9 | 1436,70 | 226,9 |

Fig. 1

### 13 Springen gute Sprinter weiter?

Bei den Bundesjugendspielen werden Daten erhoben in den Disziplinen Sprint, Weitsprung und Ballwurf (200 g). Ermitteln Sie die Gleichungen der Regressionsgeraden und die Korrelationskoeffizienten für die Daten aus der Urliste Bundesjugendspiele (Daten siehe Randspalte).

### 14 Kartoffeln

In einer Stichprobe wurden die Längen (in cm) und die Gewichte (in g) von Kartoffeln gemessen. Zeichnen Sie ein Streudiagramm und ermitteln Sie die Gleichung der Regressionsgeraden (Daten siehe Randspalte).

# Wiederholen – Vertiefen – Vernetzen

## Lineare Regression in den Naturwissenschaften

### 15 Längenausdehnung bei Federn bzw. Gummibändern

Mirjam, Iman und Roxana sollen bei einem „Schülerexperiment" mehrere Schokoladentafeln an Federn oder Gummibändern aufhängen und die Länge y der Feder (in cm) ablesen.

| Anzahl der Tafeln | x | 1 | 2 | 3 | 4 | 5 |
|---|---|---|---|---|---|---|
| Mirjam | $y_1$ | 12,7 | 13,6 | 14,8 | 16,3 | 17,9 |
| Iman | $y_2$ | 11,4 | 11,9 | 12,7 | 13,7 | 14,6 |
| Roxana | $y_3$ | 6,4 | 10,1 | 17,6 | 21,9 | 22,4 |

a) Zeichnen Sie die (x; y)-Datenpaare in ein Koordinatensystem, ermitteln und zeichnen Sie jeweils die Regressionsgerade.

b) Wie lang waren vermutlich die Federn bzw. Gummibänder, als noch keine Tafel angehängt war (x = 0)?

c) Welche Länge erwarten Sie bei einer Belastung durch acht Tafeln?

d) Welche inhaltliche Bedeutung besitzt der Regressionskoeffizient?

e) Bei dem Experiment wurden tatsächlich zwei Federn und ein Gummiband verwendet. Wer benutzte vermutlich das Gummiband? Begründen Sie Ihre Antwort.

### 16 Federkonstante

In einem Experiment wurde eine Feder belastet und die Verlängerung gemessen.

| Gewichtskraft F (in N) | 0,50 | 1,00 | 1,50 | 2,00 | 2,50 |
|---|---|---|---|---|---|
| Verlängerung x (in m) | 0,03 | 0,05 | 0,08 | 0,10 | 0,13 |

Nach dem Hooke'schen Gesetz gilt: $F = k \cdot x$. Bestimmen Sie die Federkonstante k.

### 17 Widerstand

An einen Konstantandraht wurden verschiedene Spannungen gelegt und jeweils die Stromstärke gemessen.

| Spannung U (in Volt) | 2,1 | 4,3 | 6,5 | 8,5 | 10,2 |
|---|---|---|---|---|---|
| Stromstärke I (in Ampere) | 0,24 | 0,47 | 0,71 | 0,91 | 1,10 |

Nach dem Ohm'schen Gesetz gilt: $U = R \cdot I$. Bestimmen Sie den Widerstand R.

### 18 Schwingungsdauer

Die Tabelle enthält die Schwingungsdauer T (in Sekunden) von Fadenpendeln der Länge L (in Meter).

| L (in m) | 0,25 | 0,50 | 1,00 | 1,50 | 2,00 | 2,50 |
|---|---|---|---|---|---|---|
| T (in s) | 1,1 | 1,5 | 2,1 | 2,5 | 2,8 | 3,2 |

a) Führen Sie für die angegebenen Daten eine Regression durch.

b) Wie lang müsste ein Pendel mit der Schwingungsdauer 30 Sekunden sein?

### 19 Durchmesser und Gewicht von Holzkugeln

Meko hat bei Holzkugeln den Durchmesser x (in cm) und das Gewicht y (in g) gemessen:
(2; 2), (2,3; 4), (3; 9), (3,9; 22), (4,9; 44).

a) Bestimmen Sie die Gleichung der Regressionsgeraden, den Korrelationskoeffizienten und das Bestimmtheitsmaß.

b) Zeichnen Sie ein Punktdiagramm mitsamt der Regressionsgeraden.

c) Warum ist ein lineares Modell zur Beschreibung des Zusammenhanges zwischen Durchmesser und Gewicht nicht sinnvoll?

## Mogeln mit Statistik

Die Lust am Manipulieren hat bereits FRANCIS BACON (1509–1579) erkannt: „The human understanding, once it has adopted opinions, … draws everything else to support and agree with them."

Ein Bild sagt oft mehr als tausend Worte. Nach diesem Sprichwort werden uns täglich in Zeitungen und im Internet statistische Informationen in Form von Diagrammen und Piktogrammen präsentiert. Diese sollen uns Botschaften übermitteln. Viele Grafiken sind einwandfrei, mitunter wird aber auch gemogelt, um beim Leser einen gewünschten Eindruck hervorzurufen.

**Unangemessene Skalierungen**

Durch die Wahl von Skalierungen, insbesondere durch das Ein- und Ausblenden des Koordinatenursprungs, kann man mit Diagrammen sehr verschiedene Eindrücke erzeugen.
Während Fig. 1 eine gewaltige Zunahme der Mitglieder in einem Verein signalisiert – die Mitgliederzahlen scheinen um mehr als das Vierfache gestiegen zu sein – macht Fig. 2 deutlich, dass die Zunahme unbedeutend ist. Berechnet man sie, so kommt man nur auf den Wert
$\frac{18}{6575} \approx 0{,}0027 = 0{,}27\,\%$ innerhalb von sieben Jahren.

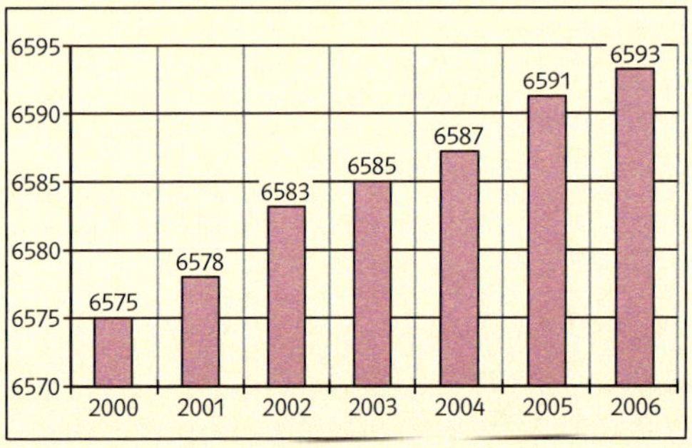


Fig. 1

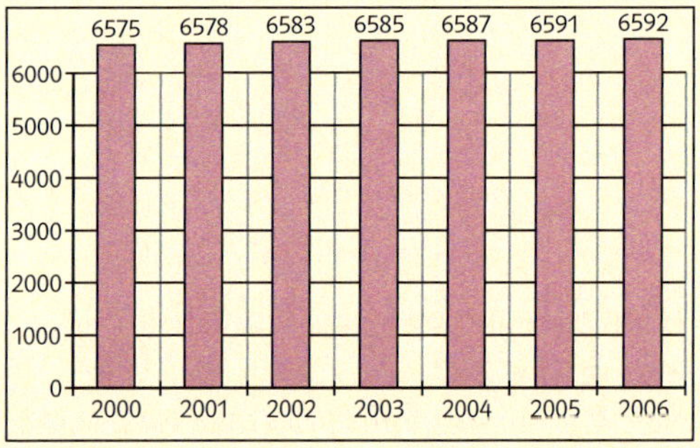


Fig. 2

Ein weiteres Beispiel ist die Entwicklung der Weltbevölkerung (in Millionen Einwohner) mit den Darstellungen von Fig. 3 und Fig. 4.

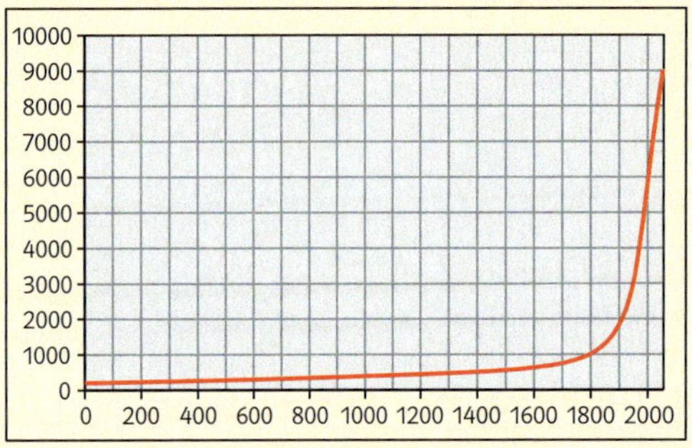


Fig. 3

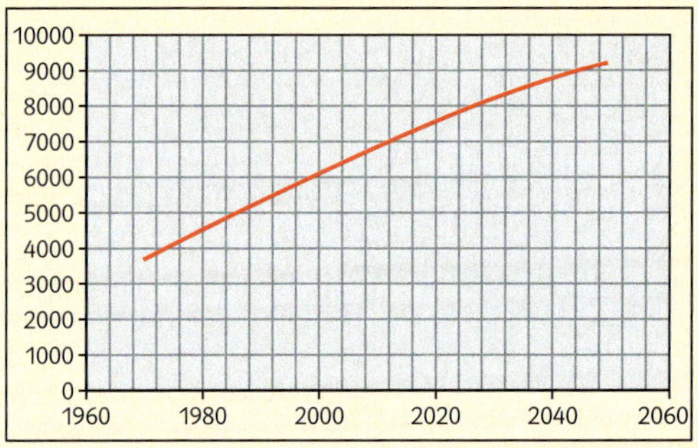


Fig. 4

Schlechte räumliche Darstellungen können einen falschen Eindruck vermitteln:

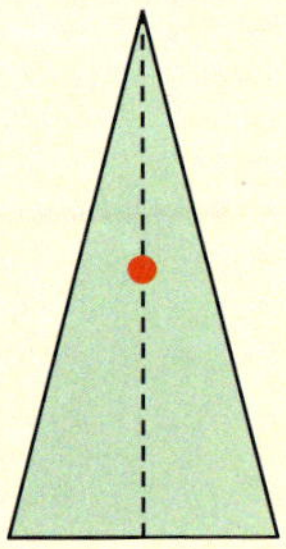

Ist der Punkt die Mitte der Strecke oder nicht?

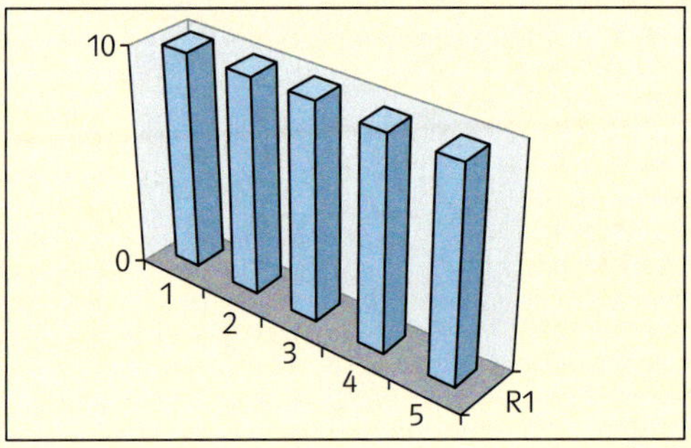


Fig. 5

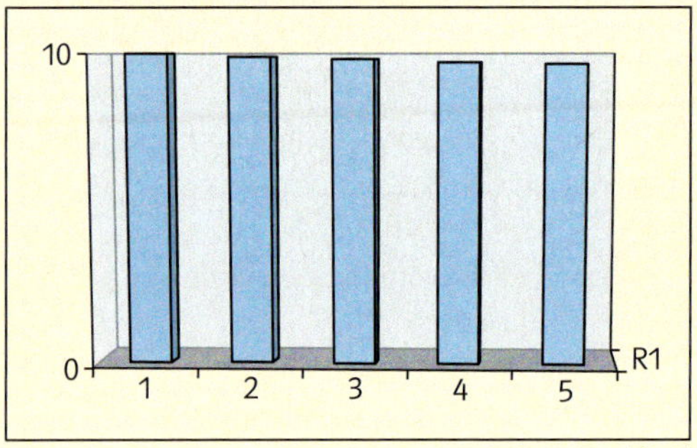


Fig. 6

Ein eklatantes Beispiel ist das folgende zur Müllvermeidung. Die Darstellung in Fig. 1 stammt aus einer Zeitschrift und erweckt den Eindruck, dass die Müllvermeidung in der Bevölkerung stark voranschreitet. Durch Fig. 2 kommt das wahre Ausmaß jedoch exakter zum Vorschein:

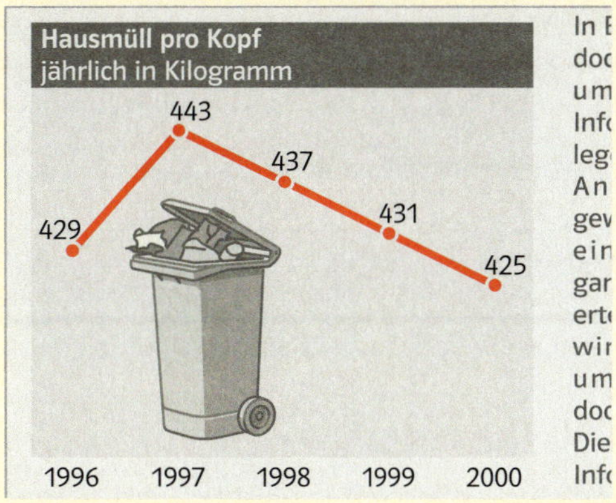


Fig. 1

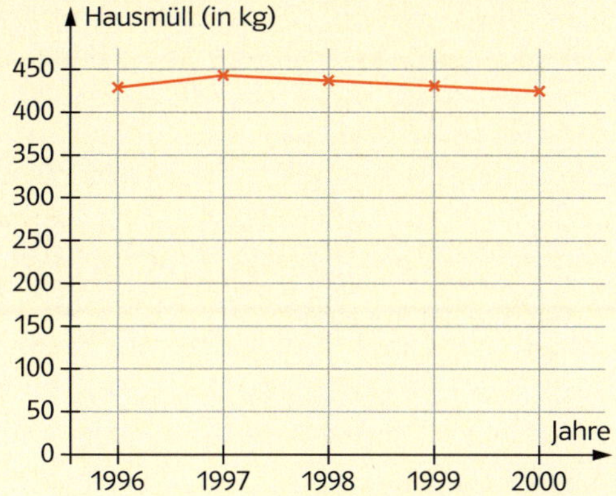


Fig. 2

Fig. 3 zeigt, wodurch der optische Eindruck, dass ernorm viel Müll eingespart wird, zustande kommt:
Die x-Achse wird nach oben verlegt. Dadurch erscheinen die wahren Müllmengen nicht mehr. Es liegt also keine Proportionalität mehr vor, wenn die Einsparung von 14 kg Müll pro Einwohner 58 % des Abstands von der x-Achse ausmachen, die in der Realität tatsächlich nur 3 % betragen. Dadurch entsteht ein falscher Eindruck, den man auch als „Lügenfaktor“ bezeichnen kann.

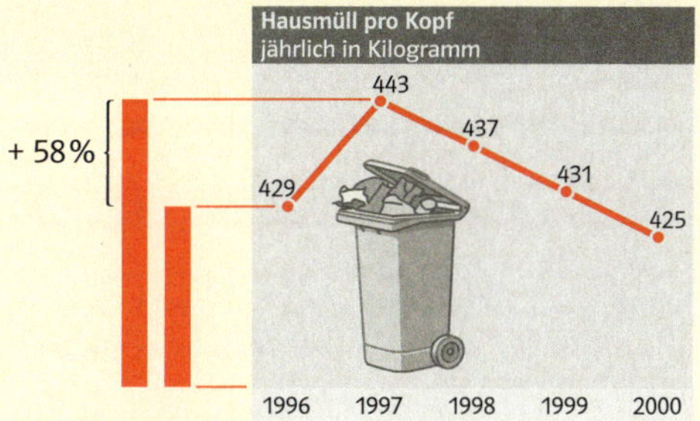


Wertzunahme: 3 %
Längenzunahme: 58 %
Lügenfaktor: $\left(\frac{58}{3}\right) = 19{,}3$

Fig. 3

Untersuchen Sie die folgenden Grafiken im Hinblick auf Täuschungen oder Irreführung.

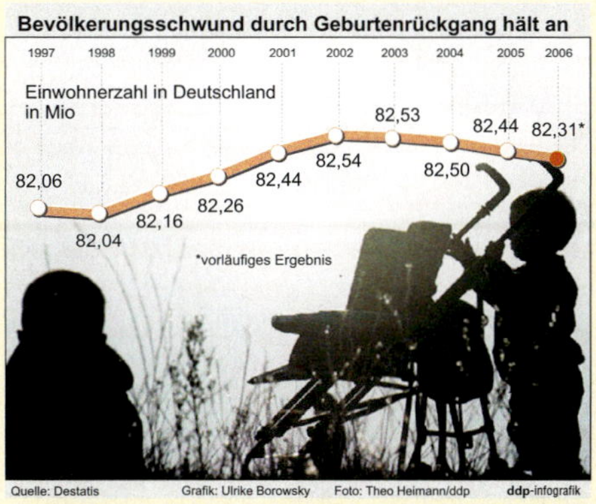

Mehr zum Thema findet man im Internet und in der Literatur:
http://www.bissantz.de/pub/Luegen_mit_Statistiken.pdf
W. Krämer: So lügt man mit Statistik, Campus-Verlag, Frankfurt am Main.

# Rückblick

**Statistische Erhebung**
**Stichprobenwerte** einer Urliste: $x_1; x_2; \ldots; x_n$
**Merkmalsausprägungen** in der Urliste: $a_1; a_2; \ldots; a_k$
**absolute** Häufigkeit: $H(a_i) = H_i$
**relative** Häufigkeit: $h(a_i) = h_i$

**Skalen**
**Nominalskala:** dient ausschließlich einer Kennzeichnung
**Ordinalskala:** bringt eine Rangfolge zum Ausdruck
**metrische Skala:** auch Differenzen und Verhältnisse sind sinnvoll

**Arithmetisches Mittel (Mittelwert) einer Stichprobe**

$$\bar{x} = \frac{1}{n}(x_1 + \ldots + x_n)$$
$$= \frac{1}{n}(a_1 \cdot H_1 + a_2 \cdot H_2 + \ldots + a_k \cdot H_k)$$
$$= a_1 \cdot h_1 + a_2 \cdot h_2 + \ldots + a_k \cdot h_k$$

**Varianz (Streuung) und Standardabweichung einer Stichprobe**

**Varianz:** $s^2 = \frac{1}{n-1}[(x_1 - \bar{x})^2 + \ldots + (x_n - \bar{x})^2]$
$= \frac{1}{n-1}[(a_1 - \bar{x})^2 \cdot H_1 + (a_2 - \bar{x})^2 \cdot H_2 + \ldots + (a_k - \bar{x})^2 \cdot H_k]$

s bezeichnet die **Standardabweichung**.

**Quartile**
Die Quartile $Q_1$ **(unteres Quartll)**, $x_{Med}$ **(Median)** und $Q_3$ **(oberes Quartil)** teilen eine Rangliste in vier Abschnitte ein. In jedem Abschnitt befinden sich mindestens 25 % aller Werte der Rangliste.
Quartille können in einem **Boxplot** veranschaulicht werden.

**Durchschnittliche Wachstumsrate**
Eine durchschnittliche Wachstumsrate wird über den Umweg eines durchschnittlichen Wachstumsfaktors berechnet. Dieser ergibt sich als geometrisches Mittel:

$\bar{x}_{geom} = \sqrt[n]{x_1 \cdot x_2 \cdot \ldots \cdot x_n}$; wobei die $x_i$ Wachstumsfaktoren sind.

Sonderfall:
Sind absolute Werte gegeben, vereinfacht sich die Berechnung des geometrischen Mittels:
$\bar{x}_{geom} = \sqrt[n]{\frac{\text{Endwert}}{\text{Anfangswert}}}$.

**Lineare Regression**
Gegeben sind die Wertepaare zweier Merkmale:
$(x_1|y_1); (x_2|y_2); \ldots; (x_n|y_n)$. Die Gerade $y = ax + b$, für welche die Summe der quadratischen Abweichungen
$(y_1 - ax_1 - b)^2 + (y_2 - ax_2 - b)^2 + \ldots + (y_n - ax_n - b)^2$ am kleinsten ist, heißt **Ausgleichs-** oder **Regressionsgerade**. Die Parameter a und b erhält man mit dem GTR nach Eingabe der Daten als Listen.

**Beispiel**
Urliste: $x_1 = 23$; $x_2 = 25$; …; $x_{20} = 24$
Häufigkeitsverteilung:

| $a_i$ | 22 | 23 | 24 | 25 | 26 |
|---|---|---|---|---|---|
| $H_i$ | 3 | 5 | 7 | 4 | 1 |
| $h_i$ | 0,15 | 0,25 | 0,35 | 0,20 | 0,05 |

Säulendiagramm:

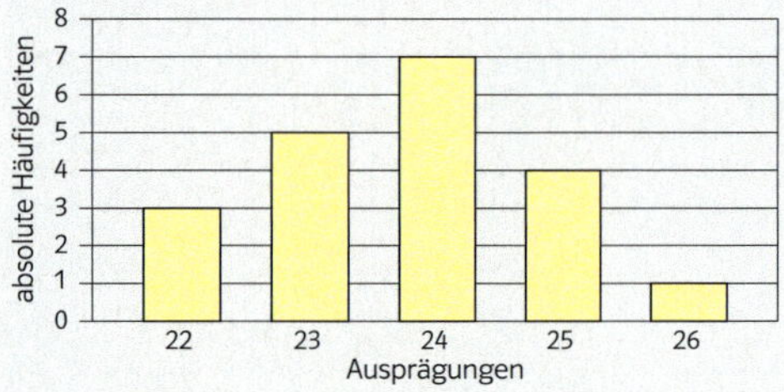


Mittelwert und Standardabweichung:
$x = \frac{1}{20}(22 \cdot 3 + 23 \cdot 5 + \ldots + 26 \cdot 1) = 23{,}75$;
$s^2 = \frac{1}{19}[(22 - 23{,}75)^2 \cdot 3 + \ldots + (26 - 23{,}75)^2 \cdot 1] = 1{,}25$
$s \approx 1{,}12$

Quartile:
$Q_1 = 23$; $x_{Med} = 24$;
$Q_3 = 24{,}5$

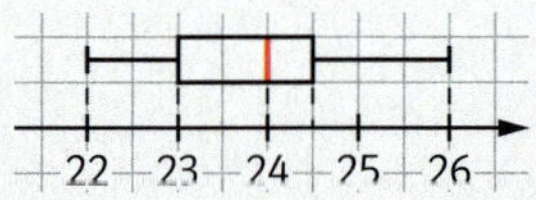


**Beispiel**

| Jahr | Gewinn (in €) | Faktor | Rate (in %) |
|---|---|---|---|
| 2007 | 130 000 | – | – |
| 2008 | 143 000 | 1,10 | +10 |
| 2009 | 135 850 | 0,95 | –5 |
| 2010 | 163 020 | 1,20 | +20 |

$\bar{x}_{geom} = \sqrt[3]{1{,}10 \cdot 0{,}95 \cdot 1{,}20} \approx 1{,}0784$
durchschnittliche Wachstumsrate: ≈ 7,84 %
Berechnung als Sonderfall:
$\bar{x}_{geom} = \sqrt[3]{\frac{163\,020}{130\,000}} \approx 1{,}0784$
durchschnittliche Wachstumsrate: 7,84 %

**Beispiel** Daten für eine lineare Regression:

| x | 1,0 | 1,5 | 2,0 | 2,5 | 3,0 | 3,5 | 4,0 |
|---|---|---|---|---|---|---|---|
| y | 1,5 | 2,1 | 6,5 | 8,4 | 10,8 | 13,9 | 14,9 |

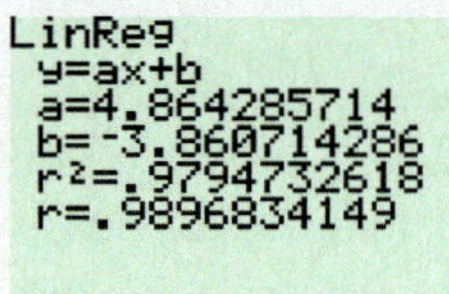


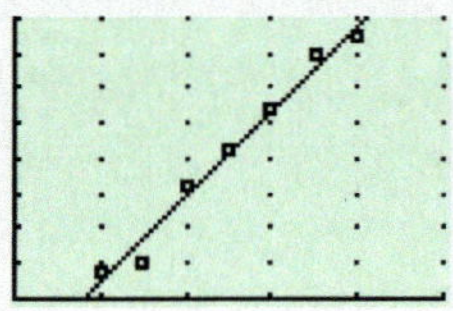

# Rückblick

**Korrelation**

Die Zahl $c_{xy} = \frac{1}{n-1} \cdot [(x_1 - \bar{x}) \cdot (y_1 - \bar{y}) + \ldots + (x_n - \bar{x}) \cdot (y_n - \bar{y})]$ heißt **(empirische) Kovarianz**.

Der **Korrelationskoeffizient r** misst, wie gut die Regressionsgerade den Zusammenhang zwischen den Merkmalen beschreibt. Es gilt: $r = \frac{c_{xy}}{s_x \cdot s_y}$.

Je näher der Korrelationskoeffizient bei ±1 liegt, desto besser eignet sich die Regressionsgerade für Vorhersagen.

**Begriff der Funktion**

Eine Vorschrift, die jeder reellen Zahl aus einer Menge D genau eine reelle Zahl zuordnet, nennt man **Funktion**.

**Betriebswirtschaftliche Modelle für Marktformen**

**Monopol:**
Ein Anbieter trifft auf viele Nachfrager.

**Beispiel** Wasserwerk – Haushalte

**Polypol** oder **vollständige Konkurrenz:**
Viele Anbieter treffen auf viele Nachfrager.

**Beispiel** Bäckereien – Kunden

**Betriebswirtschaftliche Funktionen**

**Preis-Absatz-Funktion (PAF)**

Im Monopol: $p(x) = ax + b$; $a < 0$; $b > 0$
Preis in Abhängigkeit von der angebotenen Menge.
Im Polypol: $p(x) = p_0$
Konstanter Preis, unabhängig von der angebotenen Menge.

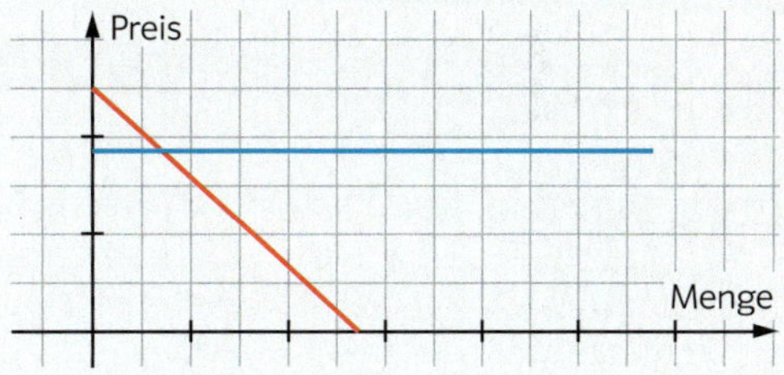


**Ertrags- oder Produktionsfunktion**

Die Funktion, die jedem Input (z.B. Dünger oder Arbeit) den sich daraus ergebenden Output (z.B. Ertrag) zuordnet, heißt **Ertrags-** oder **Produktionsfunktion**.
Typisch für „ertragsgesetzliche" Produktionsfunktionen ist ein S-förmiger Verlauf: Der Ertrag steigt, zunächst progressiv, dann degressiv, erreicht ein Maximum und fällt danach ab, trotz weiterem Einsatz von z.B. Dünger oder Arbeit.
Dieser Sachverhalt wird als **„Gesetz vom abnehmenden Bodenertrag"** bezeichnet.

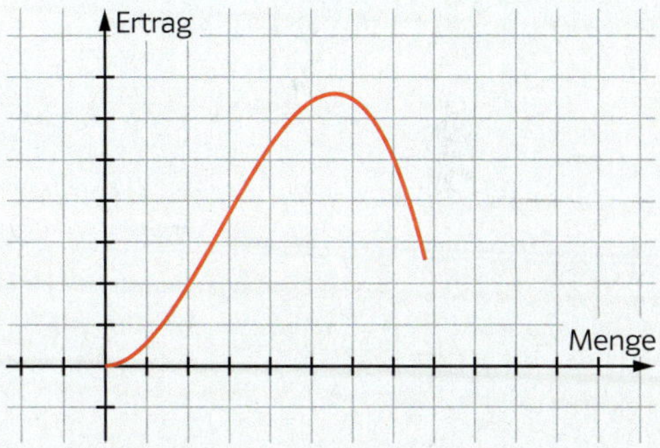


**Kostenfunktion**

Die Funktion, die jeder Produktionsmenge die Gesamtkosten zuordnet, heißt **Kostenfunktion**.
Häufig sind es so genannte „ertragsgesetzliche" Kostenfunktionen.
Bei diesen Funktionen steigen die Kosten zunächst degressiv, dann progressiv. Der zugehörige Punkt P auf dem Graphen heißt **Kostenkehre**.
Auch dieser Graph hat einen S-förmigen Verlauf.

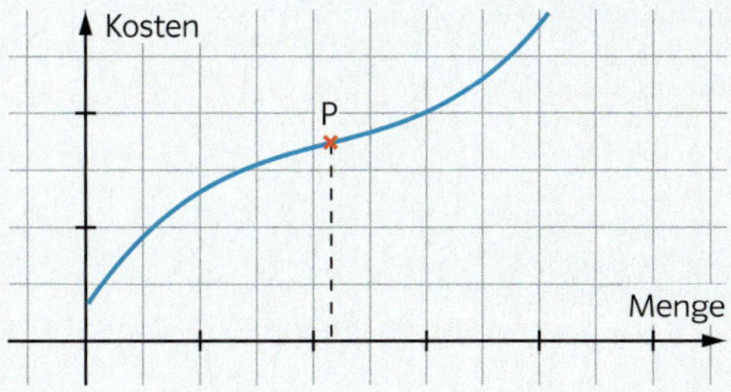

## Training

**1** Berechnen Sie in tabellarischer Form das arithmetische Mittel und die Standardabweichung.
a) 2 3 4 3 2 1 4 3 1 4 b) 0,8 1,1 0,8 0,9 1,0 0,9 0,9 1,1 0,9

**2** Gegeben ist die Urliste: 101; 98; 101; 101; 102; 101; 100; 99; 100; 102; 100; 99.
Berechnen Sie die Spannweite, den Modalwert, das arithmetische Mittel, die mittlere absolute Abweichung, die Varianz und die Standardabweichung.

**3** In einem Diktat wurden folgende Anzahlen von Fehlern gezählt:
2; 4; 1; 8; 0; 2; 1; 0; 2; 8; 1; 3; 2; 3; 2; 4; 1; 0; 1; 4; 3; 6; 3; 2; 7; 9; 4; 10; 1; 4; 3; 6; 4; 0; 1.
a) Bestimmen Sie den Mittelwert und die Standardabweichung.
b) Ermitteln Sie die Verteilung der relativen Häufigkeiten.
c) Zeichnen Sie ein Stabdiagramm.

**4** Fig. 1 zeigt die Anzahl der Personen, die in einer Stadt im Monat November zwischen 85 und 90 Jahre alt geworden sind.
a) Berechnen Sie die zugehörigen relativen Häufigkeiten.
b) Berechnen Sie Mittelwert, Varianz und Standardabweichung.
c) Erstellen Sie auf dem Rechner bzw. mit Excel ein Punktdiagramm und ein Liniendiagramm.

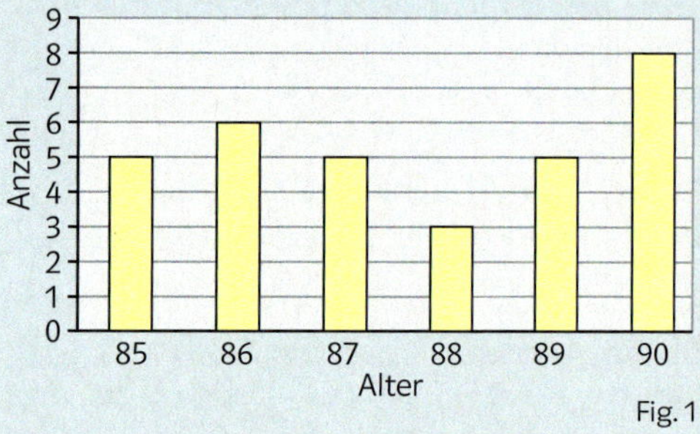

Fig. 1

**5** In zwei Klassen A und B wurde ein Test im Fach Mathematik geschrieben. Die Noten sind in der Tabelle von Fig. 2 angegeben.
Bewerten Sie unter Zuhilfenahme von Mittelwert und Standardabweichung die Ergebnisse beider Klassen.

| | Klasse A | | | | | |
|---|---|---|---|---|---|---|
| Note | 1 | 2 | 3 | 4 | 5 | 6 |
| Anzahl | 2 | 3 | 8 | 11 | 3 | 1 |
| | Klasse B | | | | | |
| Note | 1 | 2 | 3 | 4 | 5 | 6 |
| Anzahl | 11 | 2 | 1 | 3 | 3 | 8 |

Fig. 2

**6** Ein Laufband für eine Transportstraße soll bei Auslieferung an die Firma Trapo eine Geschwindigkeit von $4{,}75\,\frac{\text{cm}}{\text{s}}$ haben. Dieser Wert wird von der Abnehmerfirma an zehn aufeinanderfolgenden Tagen überprüft. Dabei wurden folgende Geschwindigkeiten in $\frac{\text{cm}}{\text{s}}$ gemessen:
4,750; 4,755; 4,742; 4,747; 4,751; 4,753; 4,749; 4,748; 4,749; 4,753.
Das Laufband wird von der Firma Trapo ohne Reklamation übernommen, wenn der Mittelwert der Stichprobe höchstens um $0{,}005\,\frac{\text{cm}}{\text{s}}$ vom Sollwert $4{,}75\,\frac{\text{cm}}{\text{s}}$ abweicht und die Standardabweichung kleiner als $0{,}005\,\frac{\text{cm}}{\text{s}}$ ist. Reklamiert die Firma oder nicht?

**7** Bei einer Umfrage unter Kinobesuchern wurde das Alter der Personen festgestellt:
20; 30; 25; 26; 30; 25; 20; 18; 21; 17; 20; 19; 22; 17; 21; 25; 30; 19; 40; 17; 24; 23; 22; 28
Ermitteln Sie die zugehörigen Kennzahlen.

**8** Übertragen Sie die Tabelle ins Heft und ergänzen Sie diese. Zeichnen Sie einen Boxplot.

| | $x_{min}$ | $Q_1$ | $x_{Med}$ | $Q_3$ | $x_{max}$ | $Q_A$ | Spannweite |
|---|---|---|---|---|---|---|---|
| a) | 1 | 3 | 4 | | 15 | 3 | |
| b) | 2 | 7 | 11 | 17 | | | 18 |
| c) | 495 | | 502 | 503 | | 4 | 12 |

## Training

**9** Die Tabelle zeigt die Entwicklung des Verbrauchs von Getränkedosen in Deutschland.

| Jahr | 2004 | 2005 | 2006 | 2007 | 2008 | 2009 | 2010 |
|---|---|---|---|---|---|---|---|
| Verbrauch (in Mrd.) | 0,25 | 0,30 | 0,31 | 0,45 | 0,60 | 0,64 | 0,90 |

Berechnen Sie die durchschnittliche Wachstumsrate.

**10** Die Grafik in Fig. 1 zeigt die Entwicklung der Computerkriminalität in Deutschland (Anzahl der gemeldeten Straftaten). Berechnen Sie auf verschiedene Arten die durchschnittliche Wachstumsrate.

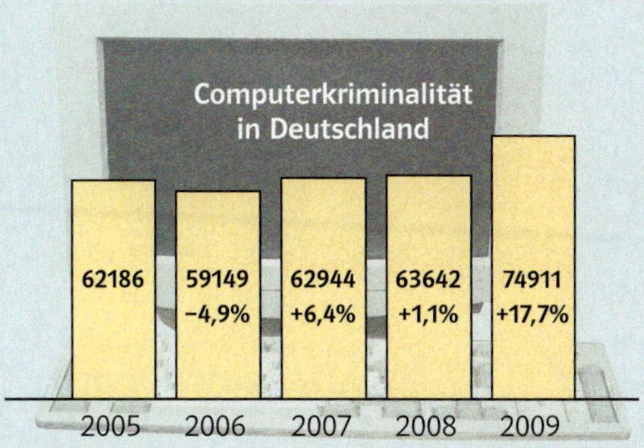

Fig. 1

**11** Gegeben sind die Wachstumsraten 10 % und 90 %. Berechnen Sie die durchschnittliche Wachstumsrate. Vergleichen Sie diesen Wert mit dem arithmetischen Mittel aus beiden Raten.

| Fruchtlänge (in cm) | Gewicht (in g) |
|---|---|
| 5,4 | 39 |
| 5,3 | 27 |
| 3,9 | 22 |
| 3,1 | 12 |
| 4,0 | 18 |
| 4,1 | 18 |
| 3,6 | 9 |
| 4,7 | 30 |
| 3,6 | 17 |
| 4,0 | 18 |

Fig. 2

**12** Von 10 Erdbeeren einer bestimmten Sorte wurde die Fruchtlänge (in cm) und das Gewicht (in g) gemessen. Fig. 2 zeigt das Ergebnis.
a) Erstellen Sie auf dem Rechner ein Punktdiagramm. Ermitteln Sie die Gleichung der Regressionsgeraden. Zeichnen Sie die Gerade in das Diagramm ein. Interpretieren Sie das Ergebnis.
b) Um wie viel nimmt das Gewicht dieser Erdbeersorte durchschnittlich pro Zentimeter zu?

**13** Pit hat einen Laib Brot in Scheiben schneiden lassen und bei jeder Scheibe die Breite x (in cm) und die Höhe y (in cm) gemessen:
(8,5; 5,2), (13,7; 8,3), (15; 9,4), (16; 9,5), (16,9; 9,6), (15,1; 9,4), (13,9; 8,8), (12; 7,3).
Bestimmen Sie die Gleichung der Regressionsgeraden und den Korrelationskoeffizienten r.

**14** Ulla hat bei einer statistischen Untersuchung eine geringe Regression, aber eine hohe Korrelation zwischen den Merkmalen x und y festgestellt, Doris bei einer anderen Untersuchung eine hohe Regression und eine geringe Korrelation.
a) Wie könnten die zugehörigen Punktdiagramme prinzipiell aussehen?
b) In welchem der beiden Fälle ist das lineare Modell besser zur Prognose geeignet?

**15** Ein Discounter möchte ein neues Multi-Vitamin-Getränk in sein Angebot aufnehmen. Vor Einführung wurde während einer Testphase in zehn Filialen das Getränk zu unterschiedlichen Preisen verkauft. Die Tabelle zeigt das Ergebnis.

| Nr. der Filiale | 1 | 2 | 3 | 4 | 5 | 6 | 7 | 8 | 9 | 10 |
|---|---|---|---|---|---|---|---|---|---|---|
| Preis einer Flasche (in €) | 1,49 | 1,39 | 0,99 | 1,09 | 1,50 | 1,79 | 1,15 | 1,55 | 1,69 | 1,59 |
| Anzahl verkaufter Flaschen | 70 | 80 | 125 | 110 | 76 | 45 | 112 | 80 | 75 | 65 |

Ermitteln Sie durch lineare Regression eine Preis-Absatz-Funktion.

**16** Für eine Kostenfunktion gelten die folgenden Werte:

| x | 0 | 1 | 3 | 5 | 9 | 12 |
|---|---|---|---|---|---|---|
| K | 9 | 16 | 18 | 24 | 49 | 101 |

Zeichnen Sie ein Punktdiagramm und skizzieren Sie nach Augenmaß einen Graphen der Kostenfunktion; ermitteln Sie näherungsweise die Koordinaten der Kostenkehre.

# Ganzrationale Funktionen ersten und zweiten Grades

## Marktformen

**Monopol**

- **Angebotsmonopol**: Ein Anbieter und viele Nachfrager
- **Nachfragemonopol**: Viele Anbieter und ein Nachfrager

**Polypol**: Viele Anbieter und viele Nachfrager

**Aus dem Lexikon:**
**Funktion** [lat.] **1.** die Position eines Menschen oder der Arbeitsbeitrag eines technischen Aggregats innerhalb einer Organisation **2.** Betätigungsweise eines Gewebes; Aufgabe eines Organs im Gesamtorganismus **3.** eine Zuordnungsvorschrift.

An der Alterspyramide von 1889 kann man für jede Bevölkerungszahl genau ein dazugehöriges Alter bestimmen. Bei den Alterspyramiden von 1989 und 2000 gelingt dies nicht.

### Das kennen Sie schon

- Marktformen in den Wirtschaftswissenschaften
- Funktionsbegriff
- Begriff der Kostenfunktion

| Geschwindigkeit in km/h | Bremsweg in m |
|---|---|
| 25 | 2,5 |
| 50 | 10,0 |
| 75 | 22,5 |
| 100 | ? |

(Geschwindigkeit: 25 · 2 → 50; 25 · 3 → 75. Bremsweg: 2,5 · 4 → 10,0; 2,5 · 9 → 22,5)

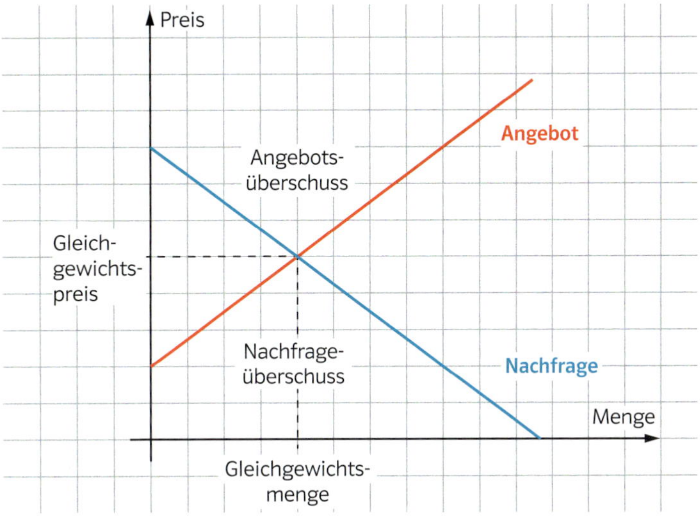


Modell eines einfachen Marktes nach Alfred Marshall (1842–1924)

Arithmetik/Algebra

Funktionen

Geometrie

Stochastik

Argumentieren/Kommunizieren

Problemlösen

Modellieren

Werkzeuge

## In diesem Kapitel

- wird der allgemeine Funktionsbegriff wiederholt und vertieft.
- werden lineare und quadratische Funktionen eingeführt.
- wird das Modell von Angebot und Nachfrage erklärt.
- wird untersucht, wie man in den Marktformen Polypol und Monopol den maximalen Gewinn ermitteln kann.

# 1 Einführung in die Markt- und Preistheorie

Sie gehen während der Hauptsaison über einen Wochenmarkt, um eine Schale Erdbeeren zu kaufen. Wie gehen Sie vor? Schildern Sie Ihre Eindrücke.

Ein Teilgebiet in den Wirtschaftswissenschaften ist die so genannte **Markt- und Preistheorie**. In dieser Theorie wird vereinfachend angenommen, dass bei der Produktion eines Gutes die **Gewinnmaximierung** die zentrale Zielsetzung eines jeden Unternehmens ist.
Daher geht es in diesem Kapitel überwiegend darum, in den beiden Marktformen **Polypol** und **Monopol** (vgl. Seite 54) mithilfe von **Modellen** zu beschreiben, wie man für ein Gut den Preis und die zugehörige Produktmenge (auch Ausbringungsmenge oder Output) ermitteln kann, bei denen der Gewinn maximal ist.

**$G(x) = E(x) - K(x)$**

Der **Gewinn** bei der Herstellung eines Gutes ergibt sich als Differenz von **Erlös (Umsatz)** und **Kosten**. Jede dieser drei Größen ist von der Ausbringungsmenge abhängig. Diese Abhängigkeiten kann man mit Funktionen beschreiben. Deshalb wird zu Beginn der Funktionsbegriff wiederholt und vertieft.

Bei den Kosten für ein Gut unterstellt man meistens, dass mit zunehmender Ausbringungsmenge x die Kosten K steigen. Der genaue Verlauf dieser Abhängigkeit ist nur selten bekannt. In einem ersten Schritt nimmt man an, dass die Kosten **linear** steigen. Der Graph ist dann eine **Gerade** (Fig. 1).

Die weitere Modellierung hängt von der Marktform ab.

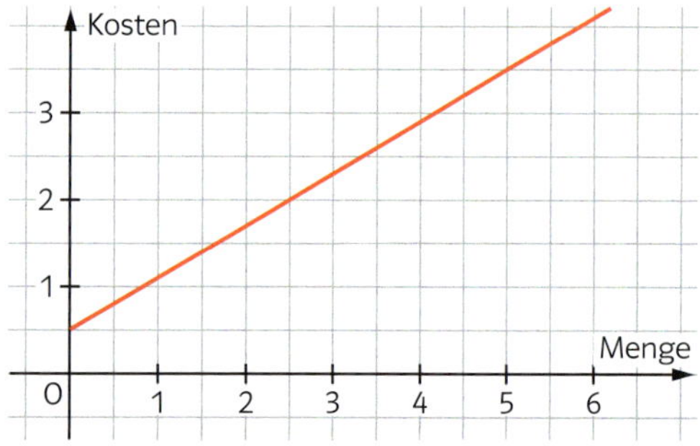

Fig. 1

Im **Polypol** gibt es viele Anbieter und viele Nachfrager. Für das betrachtete Gut entwickelt sich in kürzester Zeit ein **konstanter** Preis p. Der Erlös ist das Produkt aus Menge x und Preis p: $E(x) = p \cdot x$. Also ist auch die Erlösfunktion **linear**.
Wegen $G(x) = E(x) - K(x)$ ist G ebenfalls linear. Bei der Untersuchung auf maximalen Gewinn muss also im Falle eines Polypols eine lineare Funktion untersucht werden.

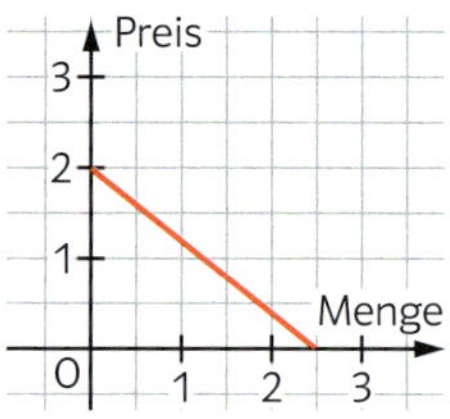

Fig. 2

Völlig anders ist die Situation im Falle eines **Monopols**. Hier gibt es für ein Gut nur einen Anbieter und viele Nachfrager. Ein Monopolist kann also in gewissen Grenzen den Preis oder die Absatzmenge beeinflussen. Dabei kann man annehmen, dass bei sinkendem Preis der Absatz steigt. Da man auch hier den genauen Verlauf meistens nicht kennt, nimmt man im Modell eine **lineare Preis-Absatz-Funktion** an: $p(x) = mx + c$ (Fig. 2).

Auch im Falle eines Monopols ergibt sich der Erlös als Produkt von Preis und Menge. Da aber in diesem Fall der Preis schon von der Menge abhängt, ergibt sich für den Erlös eine **quadratische** Funktion:
$E(x) = p \cdot x = (mx + c) \cdot x = mx^2 + cx$.
Durch die Differenzbildung $G(x) = E(x) - K(x)$ ist auch G quadratisch. Die Graphen von E und G sind **Parabeln** (Fig. 1).

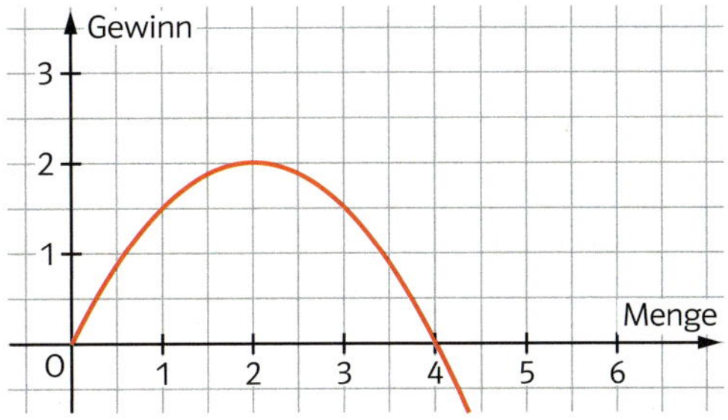

Fig. 1

Bei der Untersuchung auf maximalen Gewinn muss also in einem Polypol eine **lineare** und in einem Monopol eine **quadratische** Funktion untersucht werden. Daher werden diese beiden Funktionenklassen in diesem Kapitel ausführlich behandelt.

**Überblick über wichtige Teile des Kapitels:**

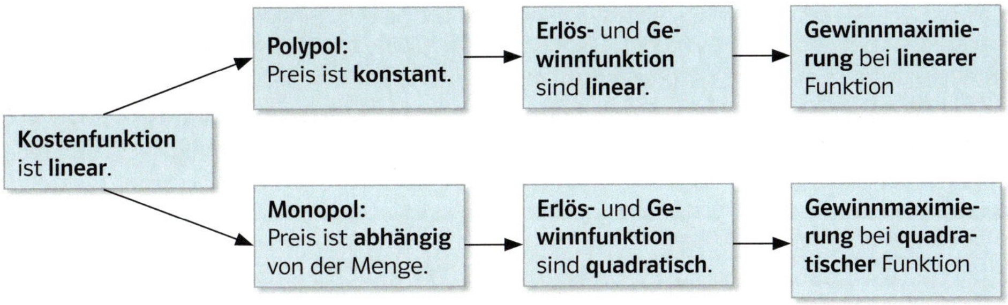


Durch die Festlegung auf lineare Funktionen bei der Kosten- und der Preis-Absatz-Funktion erhält man sehr einfache Modelle. Um eine bessere Beschreibung der Realität zu gewinnen, werden in den folgenden Kapiteln für die benötigten Funktionen immer kompliziertere Darstellungen verwendet. Damit müssen weitere Funktionsklassen und mathematische Methoden, z. B. zur Bestimmung von Extremwerten behandelt werden.

## Aufgaben

**1** a) Was versteht man unter einem Markt?
b) Beschreiben Sie die Marktformen Polypol und Monopol. Geben Sie jeweils Beispiele an, welche die Voraussetzungen möglichst gut erfüllen.

**2** Bei der Herstellung eines Gutes steigen die Kosten mit der Produktionsmenge. Skizzieren Sie mögliche Graphen von Kostenfunktionen.

**3** Ein Unternehmer produziert unter vollständiger Konkurrenz mit der Kostenfunktion $K(x) = 2{,}5x + 40$ und dem Verkaufspreis 15. Zeigen Sie, dass der Gewinn sich durch eine lineare Funktion beschreiben lässt. Skizzieren Sie den Graphen dieser Funktion.

**4** Ein Monopolist produziert mit der Kostenfunktion $K(x) = \frac{1}{4}x + 10$ und der Preis-Absatz-Funktion $p(x) = -\frac{1}{2}x + 5$. Zeigen Sie, dass der Gewinn durch eine quadratische Funktion beschrieben werden kann und skizzieren Sie den Graphen dieser Funktion mithilfe eines Rechners.

# 2 Beschreibung von Abhängigkeiten durch Funktionen

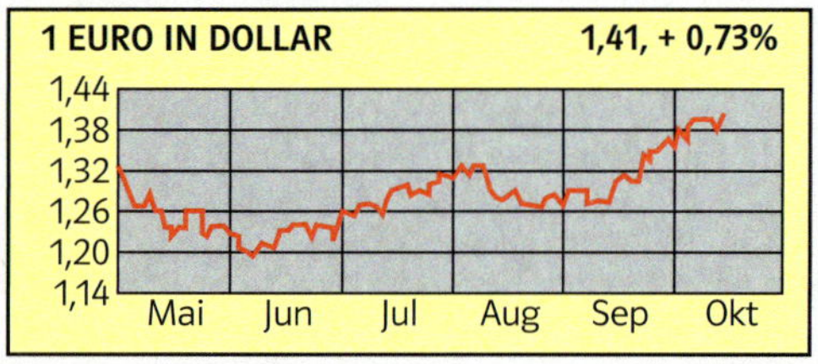


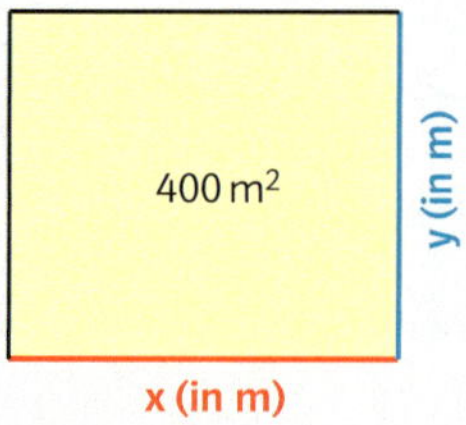


Die Grafik zeigt die Entwicklung des Euro gegenüber dem US-Dollar. Bei einem rechteckigen Grundstück mit einer Fläche von 400 $m^2$ kann man der Seite x die Seite y zuordnen. Geben Sie diese Zuordnung an und zeichnen Sie einen Graphen. Welche Unterschiede sehen Sie, wenn Sie beide Situationen vergleichen?

Wie in anderen Wissenschaften untersucht man auch in den Wirtschaftswissenschaften sehr häufig die Abhängigkeit zwischen Größen. So ist z. B. der Erlös eines Gutes abhängig von der produzierten Menge und für den Produzenten ist es wichtig zu wissen, bei welcher Menge der Erlös am größten ist.

Abhängigkeiten kann man durch eine **Tabelle** (Fig. 1) oder durch eine **Grafik** (Fig. 2 und Fig. 3) veranschaulichen. In Fig. 3 ist die Zuordnung *Temperatur* ↦ *Höhe* **nicht eindeutig**. So kann man z. B. für die Temperatur 0 °C verschiedene Höhen angeben. Eine Zuordnung, die jedem x-Wert aus der Definitionsmenge D **genau einen** y-Wert zuordnet, heißt **Funktion** (vgl. Seite 50). Eine Funktion lässt sich rechnerisch besonders gut untersuchen, wenn man für sie eine Rechenvorschrift in Form eines **Termes** angeben kann.

*Umsatz in der Saison 2007/2008*

| Fußballclub | Umsatz (in Mio. €) |
|---|---|
| 1. Real Madrid | 365,8 |
| 2. Manchester United | 324,8 |
| 3. FC Barcelona | 308,8 |
| 4. FC Bayern München | 295,3 |
| 5. Chelsea London | 268,9 |
| 6. Arsenal London | 264,4 |
| 7. FC Liverpool | 210,9 |

Fig. 1

*Staatsverschuldung (in Mrd. €)*

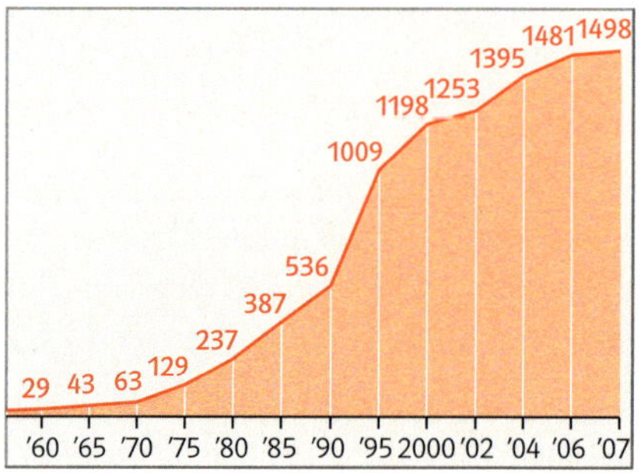


Fig. 2

*Temperatur in der Atmosphäre*

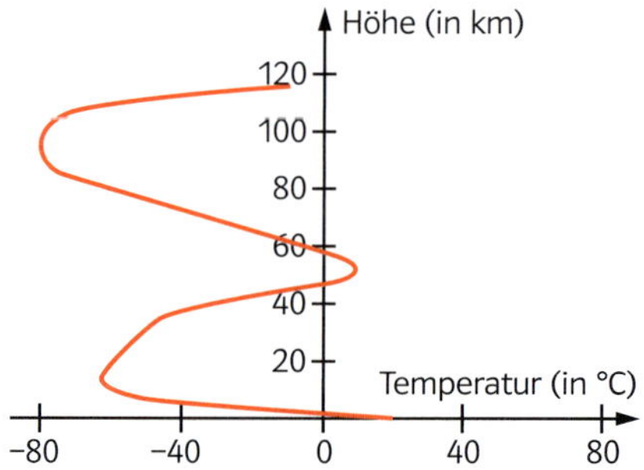


Fig. 3

Wird durch die **Funktion** f jedem Wert $x \in D$ der Wert y zugeordnet, so schreibt man:
$f: x \mapsto y$; $f: x \mapsto f(x)$ oder auch $f: y = f(x)$.
Die Gleichung $y = f(x)$ heißt **Funktionsgleichung**, $f(x)$ ist der **Funktionswert** oder auch der **Funktionsterm**.

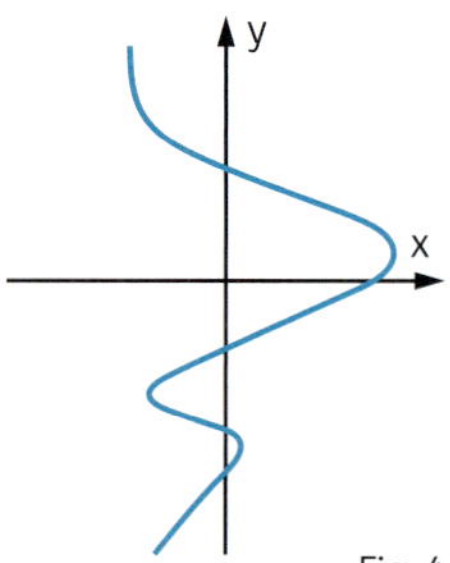


Fig. 4

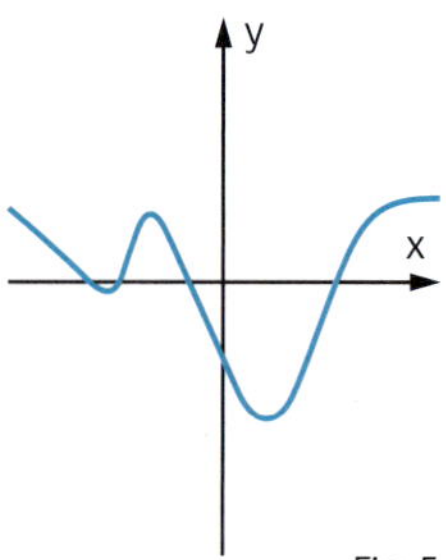


Fig. 5

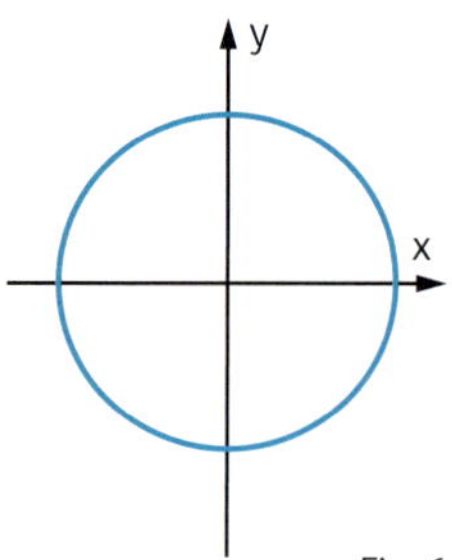


Fig. 6

**Beispiel 1** Funktionsbegriff
Welcher Graph gehört zu einer Funktion?
Lösung: In Fig. 5 gibt es zu jedem x-Wert genau einen y-Wert; der Graph gehört zu einer Funktion.
Bei dem Graphen von Fig. 4 gibt es zum x-Wert 0 vier y-Werte; bei dem von Fig. 6 gibt es zwei y-Werte. Beide Graphen gehören nicht zu einer Funktion.

**Beispiel 2** Funktionen durch Terme beschreiben

Eine Klasse plant, bei einem Schulfest Grillwürste mit Brötchen zu verkaufen und möchte sich vorher einen Überblick über den möglichen Gewinn verschaffen. Der Einkaufspreis für eine Grillwurst mit Brötchen beträgt 1,10 €, der geplante Verkaufspreis 2,50 €. Es entstehen feste Kosten (z. B. Leihgebühr für Grill und Geschirr) in Höhe von 40 €.

a) Ermitteln Sie Terme für die Funktionen, welche die Kosten, die Einnahmen und den Gewinn jeweils in Abhängigkeit von der Anzahl verkaufter Wurstbrötchen beschreiben.

b) Zeichnen Sie Graphen der ermittelten Funktionen in ein gemeinsames Koordinatensystem.

c) Ab welcher Anzahl verkaufter Wurstbrötchen macht die Klasse einen Gewinn?

d) Welcher Term beschreibt den Gewinn pro Stück? Zeichnen Sie den Graphen.

Lösung: a) Es sei x Variable für die Anzahl verkaufter Wurstbrötchen.

Kosten (in €): $K(x) = 1{,}10x + 40$

Einnahmen (in €): $E(x) = 2{,}50x$

Gewinn (in €): $G(x) = E(x) - K(x) = 2{,}50x - (1{,}10x + 40) = 1{,}40x - 40$

b) Fig. 1

c) Aus $1{,}40x - 40 = 0$ folgt $x = \frac{40}{1{,}40} \approx 28{,}6$.

Ab 29 verkaufte Wurstbrötchen macht die Klasse Gewinn.

d) Teilt man den Gewinn durch x, erhält man den Gewinn pro Stück (in €):

$g(x) = \frac{G(x)}{x} = 1{,}40 - \frac{40}{x}$.

Fig. 2 zeigt den zugehörigen Graphen.

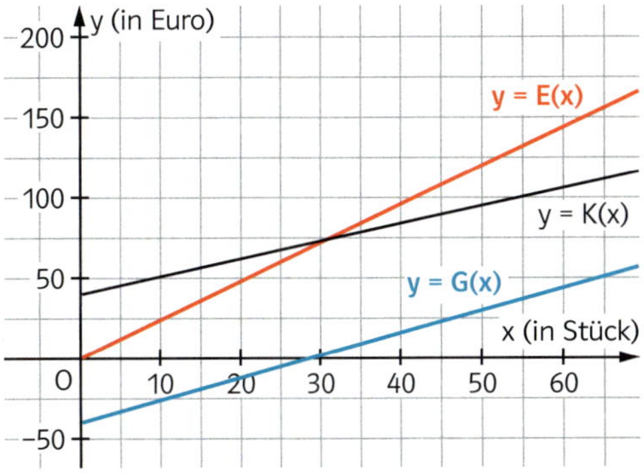


Fig. 1

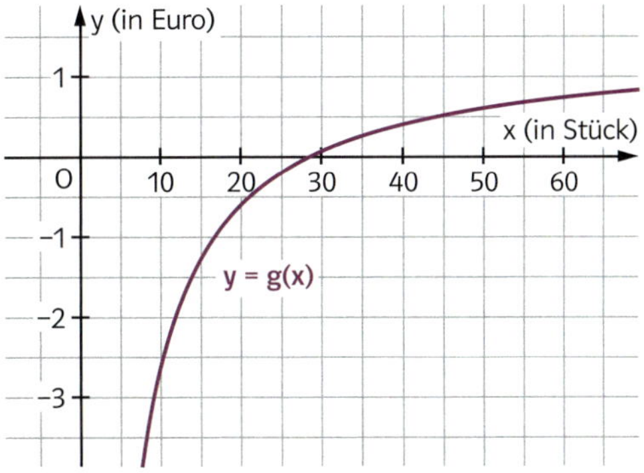


Fig. 2

## Aufgaben

**1** Eine Firma produziert ein Bauteil. Für 12 Stück erzielt sie einen Erlös von 6 €.
Zeichnen Sie anhand dieser Angabe eine Grafik, aus der man für verschiedene Stückzahlen den Erlös ablesen kann.

**2** An einem beruflichen Gymnasium sind L Lehrer und S Schüler. Auf einen Lehrer kommen 15 Schüler. Welche Gleichungen beschreiben die Situation richtig?

$L = 15 \cdot S$ $S : L = 15$ $S = 15 \cdot L$ $L : S = 15$

**3** Welchen Zusammenhang könnte die Formel beschreiben? Welche Größen werden durch die einzelnen Variablen angegeben?
Erstellen Sie bei a) und b) eine beschriftete Skizze.

a) bei einem Dreieck $h_a = \frac{2 \cdot A}{a}$

b) bei einem Kreis $r = \sqrt{\frac{A}{\pi}}$

c) für Zahlen $m = \frac{a + b + c + d}{4}$

d) bei der Bank $p = \frac{100 \cdot Z}{K}$

**4** Bei einer Pyramide mit quadratischer Grundfläche, der Seitenlänge a und der Höhe h (Fig. 1) kann das Volumen mit der Formel $V = \frac{1}{3} \cdot a^2 \cdot h$ berechnet werden.
Es sei $V = 150\,000\,m^3$.
a) Stellen Sie für die Höhe h eine Formel auf. Bestimmen Sie h für a = 5 m bzw. 60 m.
b) Stellen Sie für die Seitenlänge a eine Formel auf. Bestimmen Sie a für h = 8 m bzw. 45 m auf zwei Stellen hinter dem Komma.

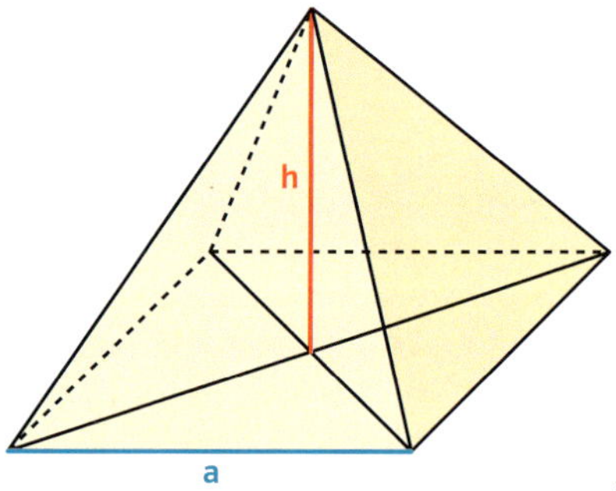

Fig. 1

**Zeit zu überprüfen**

**5** Eine Jugend-Basketballmannschaft plant, bei einem Kinderfest Schnitzelbrötchen zu verkaufen. Der Einkaufspreis für ein Brötchen liegt bei 0,15 € und für ein Schnitzel anteilig bei 1,05 €. Es entstehen feste Kosten (z. B. Leihgebühr für eine Warmhalteplatte und Strom) in Höhe von 60 €. Der geplante Verkaufspreis beträgt 2 €.
a) Kalkulieren Sie den Gewinn in Abhängigkeit von der Anzahl der verkauften Schnitzelbrötchen sowie den Gewinn pro Stück.
b) Erstellen Sie eine Wertetabelle. Wie viel Schnitzelbrötchen müssen verkauft werden, damit alle Kosten gedeckt sind?

**6** Ein Sparguthaben von 5000 € liegt 10 Jahre auf der Bank, ohne dass jemals Geld abgehoben wird. Es wird mit 6 % pro Jahr verzinst.
a) Wie groß ist der Wachstumsfaktor, mit dem das Guthaben anwächst?
b) Wie hoch ist das Guthaben nach x Jahren?

**7** Ein Rechteck mit dem Umfang 20 cm hat die Länge x cm. Geben Sie für die folgende Größe jeweils einen Term in Abhängigkeit von x an.
a) Breite des Rechtecks (in cm)
b) Flächeninhalt des Rechtecks (in $cm^2$)
c) Länge der Diagonalen (in cm)
d) Flächeninhalt (in $cm^2$) des dem Rechteck umbeschriebenen Kreises

**8** Die Gerade durch $P(2\,|\,1)$ und $Q(0\,|\,c)$ mit $c > 1$ bildet mit den Koordinatenachsen ein Dreieck. Bestimmen Sie den Term $A(c)$ für den Flächeninhalt dieses Dreiecks.

**9** Verschiedene zylinderförmige Glasgefäße sollen geeicht werden.
a) Bestimmen Sie einen Zusammenhang zwischen der Höhe h, in der die 1-Liter-Markierung angebracht werden muss und dem Innenradius r des Gefäßes.
b) In welcher Höhe befindet sich die Markierung, wenn der Radius 5 cm beträgt?

**10** Tina ist Triathletin und trainiert zurzeit besonders das Laufen und Fahrrad fahren. Für ihre tägliche Zeitplanung kalkuliert sie den Zeitaufwand (Z in Minuten) pro Trainingseinheit. Sie verwendet dafür die Überschlagsformel $Z = 6 \cdot l + 2 \cdot f + 20$, wobei l die gelaufenen und f die mit dem Fahrrad gefahrenen Kilometer jeweils in km beschreiben.
a) Erläutern Sie die Zusammensetzung der Formel.
b) An einem Tag läuft sie 15 km und fährt 20 km. Wie groß ist ihr Zeitaufwand?
c) An drei Tagen ist sie 150 min; 120 min bzw. 260 min unterwegs. Dabei ist sie jeweils ca. 8 km gelaufen. Berechnen Sie mit einer Formel, wie weit sie jeweils Fahrrad gefahren ist.

# 3 Kostenfunktionen; Lineare Funktionen

**Energiebilanz verschiedener Verkehrsmittel pro Reisendem:**

| | |
|---|---|
| **Flugzeug:** | 0,41 kWh pro Kilometer + 95,2 kWh pro Start (bei mittlerer Auslastung) |
| **Auto:** | 0,80 kWh pro Kilometer (bei einem Insassen) |
| **Bahn:** | 0,09 kWh pro Kilometer (bei mittlerer Auslastung) |

Vergleichen Sie den Energieverbrauch für eine Reise von Hannover nach Berlin (Entfernung ca. 295 km) für jedes der drei Verkehrsmittel. Ab welcher Strecke hat das Flugzeug eine günstigere Energiebilanz als das Auto?

Stellt ein Unternehmen ein Gut her, kostet die Herstellung Geld: Man spricht von den **Kosten** des Gutes. Die in der Zeiteinheit produzierte Menge x dieses Gutes heißt **Produktionsmenge** oder auch **Ausbringungsmenge**.

> Eine Funktion, die jeder Produktionsmenge x die Kosten K(x) zuordnet, heißt **Kostenfunktion** K: $x \mapsto K(x)$ mit $x \in [0; x_{max}]$; $x_{max}$ ist die **Kapazitätsgrenze**. Kosten setzen sich zusammen aus **fixen** Kosten $K_f$ und **variablen** Kosten $K_v(x)$: $K(x) = K_f + K_v(x)$.

Dabei versteht man unter **Fixkosten** die Kosten, die dem Unternehmen auch dann entstehen, wenn das Gut nicht produziert wird (z. B. Ausgaben für die Wartung von Maschinen, Mieten, Lagerhaltung usw.).
$K_f$ ist also von x unabhängig. Offensichtlich gilt: $K_f = K(0)$.
**Variable Kosten** sind von der produzierten Menge x abhängig (Ausgaben für Löhne, Material usw.).
Es gilt also: $K_v(x) = K(x) - K(0)$.
In der Realität sind Kostenfunktionen schwierig zu bestimmen. Man muss sich deshalb oft mit **Modellen** begnügen. Im einfachsten Fall nimmt man an, dass die Zunahme der Produktionsmenge um eine Einheit **immer die gleiche Zunahme der Kosten** zur Folge hat.

In Fig. 1 ist der Graph einer Kostenfunktion mit Fixkosten von 20 € gezeichnet. Wegen K(0) = 20 ergibt sich der Punkt A(0 | 20) auf der y-Achse. Der Wert c = 20 wird als **y-Achsenabschnitt** bezeichnet.
Die variablen Kosten steigen **linear**, d. h., bei Zunahme um 1 Produktionseinheit steigen die Kosten immer gleich um 5 €. Insgesamt ergibt sich eine **Gerade**.
Die Zahl m = 5 heißt **Steigung** der Geraden. Die Funktionsgleichung dieser linearen Kostenfunktion ist: $y = 5x + 20$.

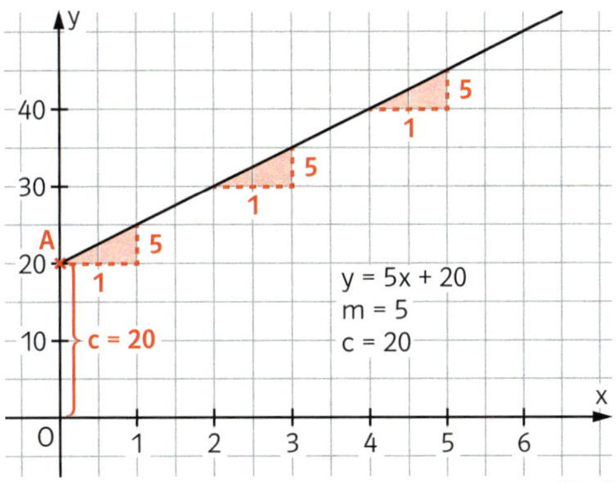

Fig. 1

> Eine Funktion $f: x \mapsto mx + c$ heißt **lineare Funktion**.
> Der Graph einer linearen Funktion ist eine **Gerade** mit der **Steigung m** und dem **y-Achsenabschnitt c**. Die Gleichung der Geraden ist $y = mx + c$.

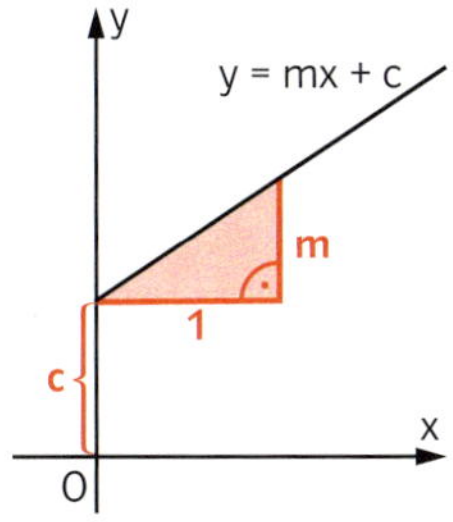


$y = mx + c$ heißt auch **Hauptform** der Geradengleichung.

Fig. 1 zeigt allgemein den Sachverhalt, wenn der Zuwachs für x beliebig ist.
Für die Punkte P und Q mit $x_P \neq x_Q$ gilt im „Steigungsdreieck" PQR:

Siehe auch Fundus, Seite 288

$$\tan(\alpha) = \frac{\text{Gegenkathete}}{\text{Ankathete}} = \frac{y_Q - y_P}{x_Q - x_P}$$
$$= \frac{m x_Q + c - (m x_P + c)}{x_Q - x_P}$$
$$= \frac{m(x_Q - x_P)}{x_Q - x_P} = m.$$

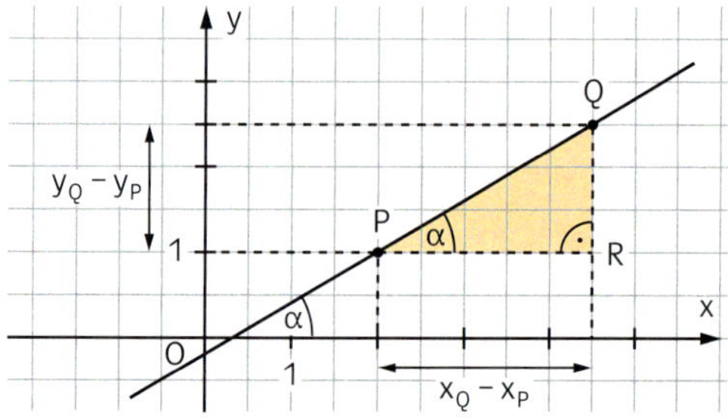

Fig. 1

Mithilfe der Beziehung $\tan(\alpha) = m$ kann man also aus der Steigung m den **Steigungswinkel** α berechnen.

Ist die Funktion f mit $f(x) = 0{,}8x + 2$ gegeben, so kann man überprüfen, ob die Punkte $P(-3\,|\,0{,}4)$ und $Q(5\,|\,6)$ auf der zugehörigen Geraden liegen oder nicht (Fig. 2).
Man berechnet dazu den Funktionswert $f(-3) = 0{,}8 \cdot (-3) + 2 = -0{,}4$. Da dieser nicht mit dem y-Wert von P übereinstimmt, liegt P nicht auf der Geraden. Hingegen liegt Q auf der Geraden, da $f(5) = 0{,}8 \cdot 5 + 2 = 6$ ist.

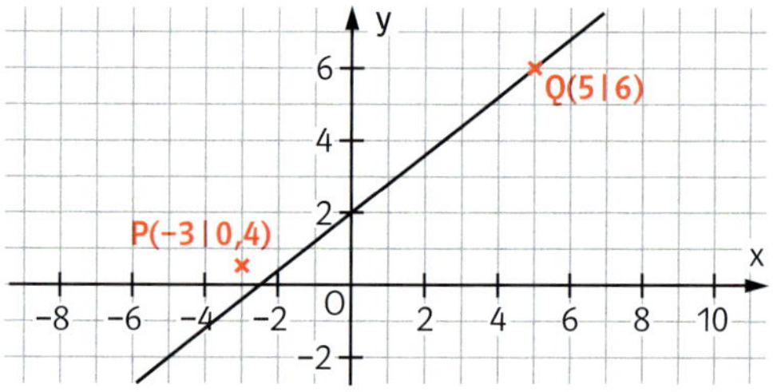

Fig. 2

Dieses Überprüfen, ob ein Punkt P auf dem Graphen einer gegebenen Funktion liegt, heißt **Punktprobe**.

Gegeben ist die Gerade g durch die Funktion f mit $f(x) = mx + c$.
(1) Sind $P(x_p\,|\,y_P)$ und $Q(x_Q\,|\,y_Q)$ zwei Punkte mit $x_P \neq x_Q$ auf g, so ist $\frac{y_Q - y_P}{x_Q - x_P} = m$ und es gilt: **$\tan(\alpha) = m$**. Dabei ist α der Steigungswinkel von g.
(2) Ein Punkt $R(a\,|\,b)$ **liegt genau dann auf g**, wenn gilt: $f(a) = m \cdot a + c = b$.

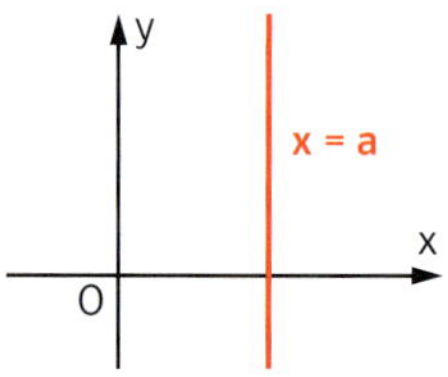

Fig. 3

Aus $y = mx + c$ folgt $mx - y + c = 0$. Die Gleichung hat die Form $Ax + By + C = 0$; diese Form heißt **allgemeine Form** der Geradengleichung. Durch eine solche Form sind auch Geraden mit der Gleichung $x - a = 0$ bzw. $x = a$ erfasst. Diese Geraden sind parallel zur y-Achse; es handelt sich also nicht um Graphen von Funktionen (Fig. 3).

**Beispiel 1** Aufstellen und Zeichnen einer linearen Kostenfunktion
Die Kosten einer Klassenfahrt setzen sich aus den Bahnkosten von 80 € pro Person und den Übernachtungskosten von 35 € pro Person und Nacht zusammen.
a) Erstellen Sie eine Tabelle mit den Kosten pro Person für 0 bis 5 Tage.
b) Bestimmen Sie die Funktionsgleichung der Kostenfunktion und zeichnen Sie den Graphen.

Lösung: a) Wertetabelle:

| Tage | 0 | 1 | 2 | 3 | 4 | 5 |
|---|---|---|---|---|---|---|
| Kosten (in €) | 80 | 115 | 150 | 185 | 220 | 255 |

b) Interpretiert man die Bahnkosten von 80 € als fixe Kosten, ergibt sich die Kostenfunktion $K(x) = 35 \cdot x + 80$.
Fig. 4 zeigt den zugehörigen Graphen.
Dieser Graph geht durch die Punkte $A(0\,|\,80)$ und $B(1\,|\,115)$; er hat die Steigung $m = 35$.

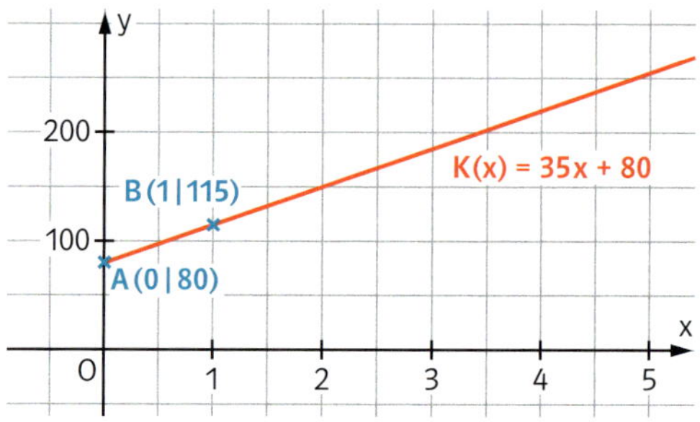

Fig. 4

**Beispiel 2** Zeichnen von Graphen

Zeichnen Sie die Graphen der linearen Funktion.

a) $f(x) = 1{,}25x + 1$ b) $y = -x + 0{,}5$ c) $y = -0{,}5x - 1{,}5$

■ Lösung:

a) $m = 1{,}25;\; c = 1$ b) $m = -1;\; c = 0{,}5$ c) $m = -0{,}5;\; c = -1{,}5$

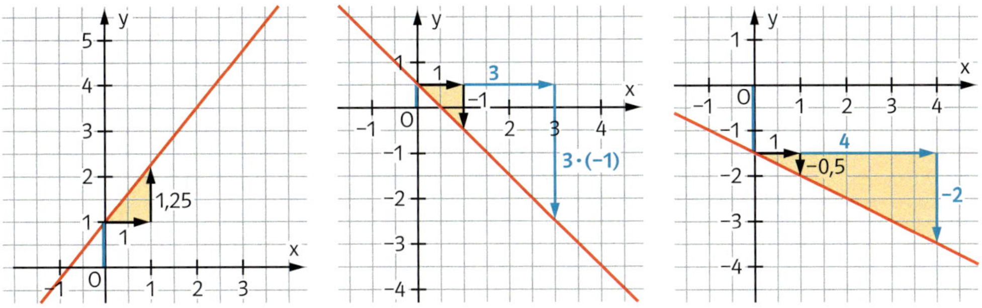


Bei kleinen Steigungen ist es zweckmäßig, nicht 1 nach rechts zu gehen, sondern z. B. 3, dann muss man aber auch 3·m in y-Richtung gehen!

**Beispiel 3** Geradengleichung und Punktprobe

Eine Gerade g verläuft durch die Punkte $P(-2\,|\,3)$ und $Q(2\,|\,1)$.

a) Ermitteln Sie eine Gleichung von g.

b) Liegt $R(4\,|\,0{,}5)$ auf g?

■ Lösung: a) Aus den Koordinaten von P und Q ergibt sich die Steigung $m = \frac{1-3}{2-(-2)} = -\frac{1}{2}$.

Damit gilt: $y = -\frac{1}{2}x + c$.

Punktprobe für $Q(2\,|\,1)$: Aus $1 = -\frac{1}{2} \cdot 2 + c$ folgt $c = 2$. Somit: $y = -\frac{1}{2}x + 2$.

b) Punktprobe für $R(4\,|\,0{,}5)$: $0{,}5 = -\frac{1}{2} \cdot 4 + 2$.

Wegen des Widerspruchs $0{,}5 = 0$ liegt der Punkt R nicht auf der Geraden g.

**Beispiel 4** Sonderfälle

Geben Sie eine Gleichung für die Gerade an, die durch den Punkt $S(1\,|\,4)$ geht und

a) parallel zur x-Achse ist, b) parallel zur y-Achse ist.

■ Lösung: a) Für die x-Achse als Gerade ist $m = 0$. Damit $y - 4 = 0 \cdot (x - 1)$, also $y = 4$.

b) Für die Parallele zur y-Achse durch $S(1\,|\,4)$ gilt: $x = 1$ (Fig. 1).

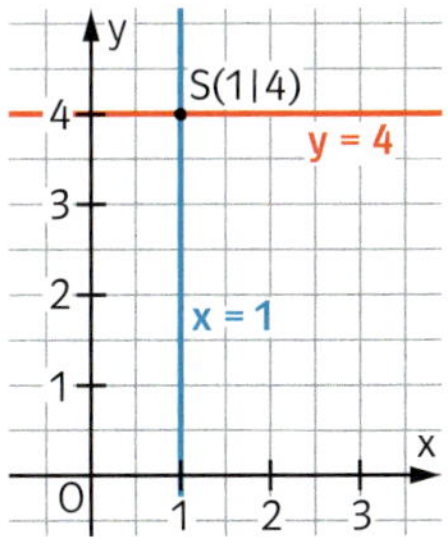


Fig. 1

## Aufgaben

**1** a) Ermitteln Sie die Gleichungen der Geraden g, h, i, j, k und l in Fig. 2.

b) Ermitteln Sie die Gleichung der zu g parallelen Geraden durch $A(0\,|\,4)$.

c) Ermitteln Sie die Gleichung der zu i parallelen Geraden durch $B(-1\,|\,2)$.

d) Wie lautet die Gleichung der zu l parallelen Geraden durch $C(1\,|\,4)$?

e) Geben Sie die Gleichung der zu k parallelen Geraden durch $D(2\,|\,3)$ an.

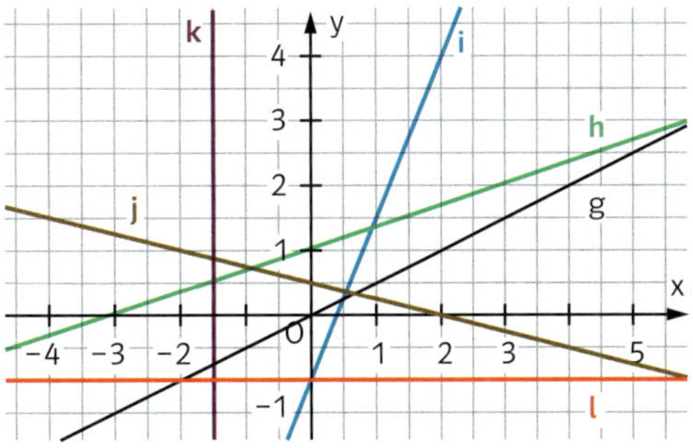


Fig. 2

**2** Berechnen Sie die Steigung der Geraden durch die beiden Punkte A und B. Fertigen Sie dazu eine Zeichnung an und kontrollieren Sie Ihr Ergebnis.

a) $A(6\,|\,3);\; B(8\,|\,6)$ b) $A(3\,|\,-3);\; B(-2\,|\,-2)$

c) $A(-1\,|\,3);\; B(0\,|\,-2)$ d) $A(0\,|\,-1);\; B(1\,|\,-1)$

**3** Eine Gerade g hat die Steigung m und geht durch den Punkt P. Geben Sie die Gleichung von g an und zeichnen Sie g.

a) $m = 0{,}3$; $P(2\,|\,1)$ b) $m = 0{,}5$; $P(-2\,|\,1)$ c) $m = -2$; $P\left(-1\,\middle|\,\frac{1}{2}\right)$ d) $m = -\frac{1}{2}$; $P(0\,|\,3)$

**4** Die Gerade g geht durch die Punkte A und B. Zeichnen Sie g und ermitteln Sie eine Gleichung für g. Bestimmen Sie den Steigungswinkel und den Schnittpunkt mit der y-Achse.

a) $A(1\,|\,2)$; $B(5\,|\,4)$ b) $A(-2\,|\,3)$; $B(3\,|\,-2)$ c) $A(-1{,}5\,|\,3)$; $B(4\,|\,4{,}5)$ d) $A(-4\,|\,-3)$; $B(1\,|\,3)$

**Zeit zu überprüfen**

**5** Untersuchen Sie rechnerisch.

a) Liegt $P(10\,|\,12)$ auf der Geraden durch den Ursprung $O(0\,|\,0)$ und $Q(0{,}25\,|\,0{,}2)$?

b) Hat die Gerade durch $A(-2\,|\,-3)$ und $B(2\,|\,-3)$ die Gleichung $y = -3$?

c) Ist $-x + 4y - 6 = 0$ die Parallele zu $y = -0{,}25x$ durch den Punkt $P(-6\,|\,0)$?

d) Wie heißt die Gleichung der Geraden durch $A(2\,|\,3)$ und $B(2\,|\,2)$?

**6** Florian und Sebastian haben denselben Internetprovider. Florian zahlt bei 1040 Minuten Nutzungszeit einen Betrag von 23,56 €. Sebastian bei 580 Minuten Nutzungszeit 17,12 €.

a) Wie hoch sind die Nutzungskosten pro Minute? Wie hoch ist die Grundgebühr?

b) Wann würde sich ein Wechsel zu einer Flatrate mit einer Gebühr von 39,99 € lohnen?

**7** Bei einer Produktion von Transistoren entstehen feste Kosten in einer Größenordnung von 20 000 €. Die Produktion eines Chips kostet 0,20 €.

a) Wie berechnet man die Kosten in Abhängigkeit von der produzierten Stückzahl?

b) Berechnen Sie die Kosten für die Herstellung von 400 000 Chips.

c) Bei welcher Produktionsmenge betragen die Kosten 35 000 €?

**8** Jemand hat ein Kapital von 200 € angelegt mit einem Jahreszinssatz x.

a) Geben Sie die Funktion f an, die x den Zins in Euro zuordnet.

b) Bei welchem Jahreszinssatz würde sich das Kapital am Jahresende auf 300 € erhöhen, bei welchem Zinssatz verdoppeln?

**9** Ein Kapital von 5000 € wird mit 4 % angelegt.

a) Die Zuordnung *x (in Tagen)* ↦ *Zins (in €)* ist eine lineare Funktion f für $0 \leqq x \leqq 360$. Wie lautet sie?

b) Die Zuordnung *x (in Tagen)* ↦ *Kapital (in €)* ist eine lineare Funktion g für $0 \leqq x \leqq 360$. Wie lautet sie?

**10** Für einen Test wurde das Gewicht G in kg von Männern in Abhängigkeit von ihrer Größe x in cm bestimmt. Es ergab sich folgender Zusammenhang: $G = 0{,}88 \cdot x - 78$ für $x \geqq 160$.

a) Welches Gewicht hat demnach ein Mann der Größe 1,78 m?

b) Mit welcher Gewichtszunahme pro Zentimeter Körpergröße ist bei Männern zu rechnen?

**11** Der ortsansässige Sportverein hat 1523 Kinder und Jugendliche und 472 Erwachsene als Mitglieder. Die Vereinsbeiträge betragen momentan 5 € pro Monat für Kinder und Jugendliche sowie 7 € pro Monat für Erwachsene. Wegen eines Hallenneubaus müssen die Einnahmen aus den Vereinsbeiträgen um insgesamt 50 000 € im nächsten Jahr erhöht werden.

a) Bestimmen Sie drei Vorschläge für neue Beiträge für Kinder/Jugendliche bzw. Erwachsene.

b) Stellen Sie den Zusammenhang zwischen den Gebühren für Erwachsene und den Gebühren für Kinder und Jugendliche grafisch dar.

# 4 Erlös- und Gewinnfunktionen; Schnittpunkte

Frau Maier möchte ihre selbstgemachte Aprikosen-Marmelade auf dem Wochenmarkt verkaufen. Aus Erfahrung weiß sie, dass sie je 200-ml-Glas einen Preis von höchstens 3,50 € verlangen kann.

**Ausgaben**
Für 1 Liter Marmelade:
Zutaten: 12,00 €
Strom und Wasser: 0,05 €
200-ml-Glas mit Deckel: 0,34 €
Aufkleber: 0,01 €
Standgebühren: 10,50 €

Wenn ein Anbieter ein Produkt auf den Markt verkaufen will, gibt es zunächst drei betriebswirtschaftliche Größen, die für ihn relevant sind: **Kosten**, **Erlös** und **Gewinn**.
Der Erlös ergibt sich als Produkt aus dem Marktpreis und der verkauften Stückzahl.
Der Gewinn berechnet sich, indem man die Kosten vom Verkaufserlös subtrahiert.

Eine Funktion, die jeder Produktionsmenge x den Erlös E(x) zuordnet, heißt **Erlösfunktion** $E: x \mapsto E(x)$ mit $x \in [0; x_{max}]$.
Eine Funktion, die jeder Produktionsmenge x den Gewinn G(x) zuordnet, heißt **Gewinnfunktion** $G: x \mapsto G(x)$ mit $x \in [0; x_{max}]$.
Der **Gewinn** ist die Differenz von Erlös und Kosten: $G(x) = E(x) - K(x)$.

Für jedes Unternehmen ist es wichtig zu wissen, ab welcher produzierten Stückzahl eines Gutes Gewinne erzielt werden können. Einfache **Modellrechnungen** hierfür ergeben sich, wenn man die Marktform eines **Polypols** betrachtet. Denn in einem Polypol hat der einzelne Anbieter keinen Einfluss auf den Preis pro Stück, d.h., der **Preis ist konstant** und nicht abhängig von der Stückzahl, die er anbietet. Setzt man außerdem noch eine **lineare Kostenfunktion** voraus, läuft die Rechnung auf die Bestimmung des Schnittpunktes zweier Geraden hinaus.

In einer Pizzeria fallen für die Herstellung einer Pizza Fixkosten in Höhe von 50 € an. Die variablen Kosten belaufen sich auf 0,70 € pro Stück. Der Preis für eine Pizza beträgt im Schnitt 7 €. Ab welcher Stückzahl verkaufter Pizzen wird ein Gewinn erzielt?

Es sei x die Anzahl verkaufter Pizzen.
Kostenfunktion:
K mit $K(x) = 50 + 0{,}7 \cdot x;\ x \in [0; 40]$;
Erlösfunktion: E mit $E(x) = 7 \cdot x$.
Ein Gewinn wird erzielt ab der Stückzahl, bei der **Kosten** und **Erlös** gleich sind.

$$50 + 0{,}7x = 7x$$
$$50 = 6{,}3x$$
$$x = \frac{50}{6{,}3} \approx 7{,}9$$

Die so genannte **Gewinnschwelle $x_S$** liegt bei rund 7,9 Stück, d.h. in der Praxis bei acht verkauften Pizzen (Fig. 1).
Betrachtet man die Gewinnfuktion G mit $G(x) = 6{,}3x - 50$, ergibt sich die Gewinnschwelle aus der Bedingung $6{,}3x - 50 = 0$ ebenfalls zu $x_S \approx 7{,}9$.

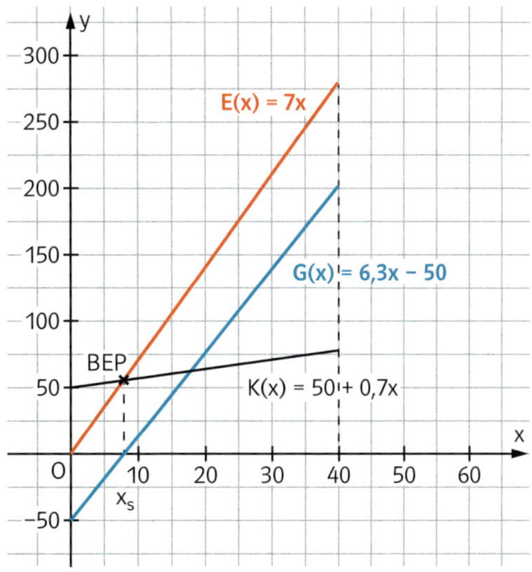

Fig. 1

Marktform:
Polypol, d.h., der Preis ist konstant;
Kosten:
Lineare Kostenfunktion

Der Punkt, in dem der Erlös und die Kosten gleich groß sind, wird auch **Break-Even-Point** (BEP) genannt.

Die geschilderte Situation zeigt, dass in diesem Fall (**lineare** Kosten- und **lineare** Erlösfunktion) die Gewinnschwelle als x-Wert des Schnittpunktes zweier Geraden berechnet werden kann. Eine andere Möglichkeit besteht darin, die Gewinnfunktion G zu betrachten und den x-Wert des Schnittpunktes der zugehörigen Geraden mit der x-Achse zu berechnen.
Graphen linearer Funktionen sind Geraden. Diese schneiden in der Regel die Koordinatenachsen. Sind zwei Geraden nicht parallel oder identisch, haben sie einen Schnittpunkt.
Von dem Schnittpunkt eines Graphen mit der x-Achse zu unterscheiden ist die **Nullstelle** der zugehörigen Funktion. Für eine Nullstelle $x_0$ gilt die Bedingung $f(x_0) = 0$.
Insgesamt ergibt sich die folgende Zusammenfassung.

Gegeben sind die linearen Funktionen f und g mit den Termen f(x) und g(x).
Bestimmung des **Schnittpunktes des Graphen von f mit der x-Achse**: $N(x_0 \mid 0)$.
Die **Nullstelle** $x_0$ ergibt sich aus der Gleichung $f(x) = 0$.
Bestimmung des **Schnittpunktes des Graphen von f mit der y-Achse**: $A(0 \mid c)$. Es ist $f(0) = c$.
Bestimmung des **Schnittpunktes der Graphen von f und g**: $S(x_S \mid y_S)$.
Man löst die Gleichung $f(x) = g(x)$ nach x auf und setzt den sich ergebenden Wert $x_S$ in f(x) oder g(x) ein, um $y_S$ zu erhalten.

**Beispiel 1** Gewinnschwelle ermitteln
Ein Unternehmen hat bei der Herstellung eines Produktes Kosten, die sich durch die Funktion K mit $K(x) = 0{,}25x + 500$ mit $x \in [0; 3000]$, x in kg, beschreiben lassen. Der Erlös pro kg liegt bei 0,50 €. Ab welcher Absatzmenge macht die Firma Gewinn?

Die Firma macht
**Verlust** für $x < x_S$, da $K(x) > E(x)$ bzw. $G(x) < 0$;
**„Patt"** für $x = x_S$, da $K(x) = E(x)$ bzw. $G(x) = 0$;
**Gewinn** für $x > x_S$, da $K(x) < E(x)$ bzw. $G(x) > 0$.

Lösung: Erlösfunktion ist die Fuktion E mit $E(x) = 0{,}5x$; $x \in [0; 3000]$.
Das Unternehmen macht ab der Absatzmenge Gewinn, an der Kosten und Erlös gleich sind (Fig. 1).

$$0{,}25x + 500 = 0{,}5x$$
$$500 = 0{,}25x$$
$$x = 2000$$

Das Unternehmen macht Gewinn ab der Gewinnschwelle 2000 kg.
Berechnet man die Gewinnschwelle mit der Gewinnfunktion G, muss man die Nullstelle dieser Funktion berechnen (Fig. 1). Mit $G(x) = E(x) - K(x) = 0{,}25x - 500$ und der Bedingung $G(x) = 0$ ergibt sich $0{,}25x - 500 = 0$.
Hieraus folgt die Gewinnschwelle 2000 kg.

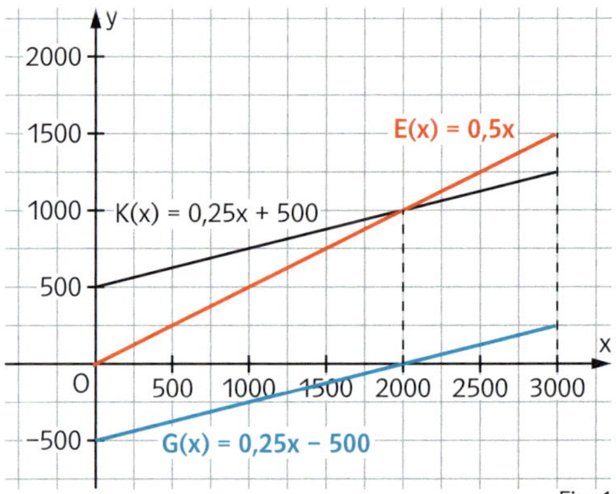

Fig. 1

**Beispiel 2** Bestimmung des Schnittpunktes zweier Geraden ohne und mit GTR
Bestimmen Sie den Schnittpunkt der Geraden g: $2x + y = 4$ und h: $y = 4x + 1$.
Überprüfen Sie die Rechnung mit dem GTR.

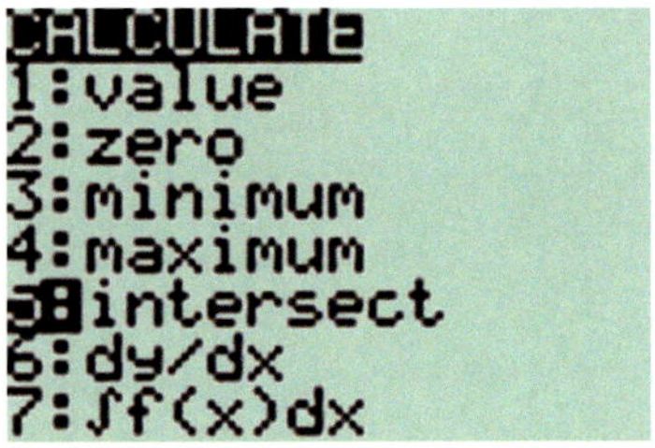

Fig. 2

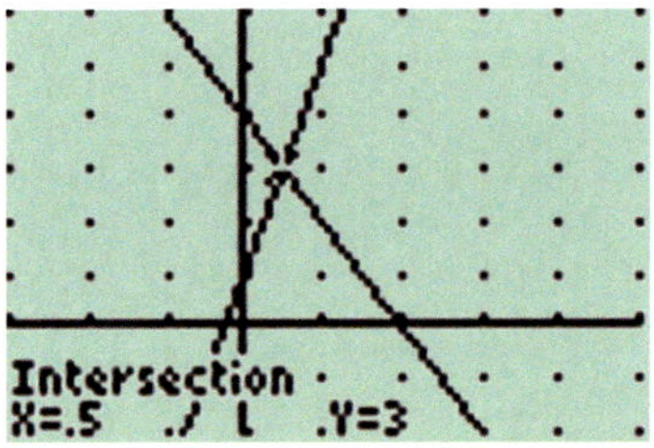

Fig. 3

Lösung: $y = -2x + 4$; $y = 4x + 1$
Gleichsetzen führt auf $-2x + 4 = 4x + 1$; hieraus folgt $x = 0{,}5$ und durch Einsetzen $y = 3$.
Der Schnittpunkt von g und h ist $S(0{,}5 \mid 3)$.
Mit dem GTR bestimmt man den Schnittpunkt mit dem Befehl *intersect* aus dem CALC-Menü (Fig. 2 und Fig. 3).

## Aufgaben

**1** Ermitteln Sie die Schnittpunkte der Geraden g mit den Koordinatenachsen.
a) g: $y = 2x + 3y$ b) g: $x - 2y = 4$ c) g: $3y - 4x = 7$ d) g: $10x - y = -4$

**2** Gegeben sind die Geraden g und h. Ermitteln Sie den Schnittpunkt von g und h. Überprüfen Sie die Rechnung mit Ihrem Rechner.
a) g: $2x - y = 3$, h: $x + y = 3$
b) g: $3x - 4y = 27$, h: $x - y = 8$
c) g: $4x - 5y - 8 = 0$, h: $5x + 4y + 31 = 0$
d) g: $y = 5x + 8$, h: $8x - 2y + 13 = 0$

**3** Ein Waldkindergarten mit 80 Kindern wächst kontinuierlich um jährlich 12 Kinder. Der Stadtkindergarten mit 240 Kindern verliert jährlich 15 Kinder. Wann hat der Waldkindergarten voraussichtlich mehr Kinder als der Kindergarten in der Stadt?

### Zeit zu überprüfen

**4** Ein Autoverleih A verlangt 0,45 € pro Kilometer und eine Tagespauschale von 75 €. Autoverleih B will 50 ct pro Kilometer bei einer Tagespauschale von 50 €.
a) Herr Lehmann will ca. 250 km an einem Tag fahren. Soll er Autoverleih A oder B wählen?
b) Ab welcher Kilometerzahl ist A günstiger als B, wenn das Auto nur einen Tag geliehen wird?

**5** Bei der Fertigung eines Bauteils sind Fixkosten in Höhe von 12 000 € angefallen. Die variablen Kosten belaufen sich auf 45 €. Ein Bauteil wird zu einem Preis von 105 € verkauft.
a) Stellen Sie die Funktionen für die Gesamtkosten und für den Erlös auf.
b) Erstellen Sie auf Ihrem Rechner Graphen der Kosten- und der Erlösfunktion.
c) Bei welcher Stückzahl macht die Firma einen Gewinn?
Geben Sie den Verlustbereich, die Gewinnschwelle und den Gewinnbereich an.

Was ist bei Aufgabe 5 in der Realität zu berücksichtigen?

**6** Eine Stuhlfabrik arbeitet mit Fixkosten von 25 000 € und variablen Kosten von 32,80 € je Stuhl; der Verkaufspreis beträgt 68,70 €.
Berechnen Sie die beim Erreichen der Gewinnschwelle für die Stühle zu zahlende MwSt. von 19 % des Verkaufspreises.

**7** In Herberge A sind für Wasser 2,05 € und das Abwasser 2,84 € pro verbrauchten Kubikmeter zu bezahlen. Als Grundpreis verlangt der Leiter 12 €. In Herberge B sind nur 1,86 € für Wasser, dafür aber 3,68 € für das Abwasser zu bezahlen. Ein Grundpreis wird nicht verlangt.
a) Stellen Sie für die Herbergen A und B je eine lineare Funktion auf, mit der der Preis für x Kubikmeter direkt berechnet werden kann.
b) Bei welchem Wasserverbrauch ist Herberge A günstiger als Herberge B?
c) Wie viel Kubikmeter Wasser erhält man in Herberge A für 100 €?

**8** Ein Elektrizitätswerk bietet Verbrauchern zwei Tarife an:
a) Stellen Sie die Kosten für jeden Tarif in Abhängigkeit von der Anzahl der kWh auf, wenn noch 19 % MwSt. hinzukommen.
b) Bis zu welchem Verbrauch ist welcher Tarif der günstigere?
Lösen Sie die Gleichung auch mit dem Rechner.

**Tarif 1:**
Grundpreis pro Jahr: 64,00 Euro
Preis je kWh: 16,05 ct

**Tarif 2:**
Grundpreis pro Jahr: 48,00 Euro
Preis je kWh: 17,25 ct

# 5 Gewinnmaximum im Polypol mit linearer Kostenfunktion

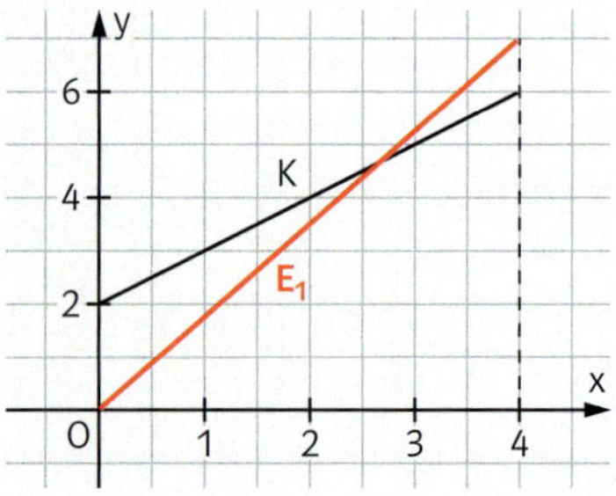


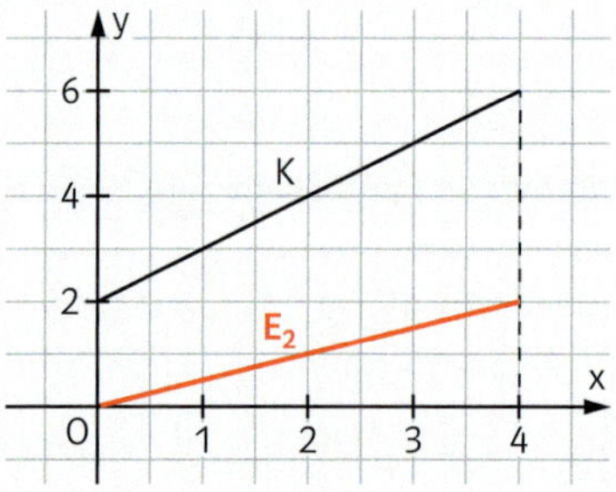


Ein polypolistischer Anbieter kann die Kosten für sein Gut durch die lineare Funktion K mit $K(x) = x + 2$ und $0 \leqq x \leqq 4$ beschreiben. Untersuchen Sie für verschiedene Erlösfunktionen die Lage des Maximums für den Gewinn.

Für ein Unternehmen ist neben der Kenntnis der Gewinnschwelle natürlich wichtig zu wissen, bei welcher Ausbringungsmenge der Gewinn am größten ist. Kann das Gut für einen **konstanten Preis** (Marktpreis in der Marktform Polypol) abgesetzt werden und ist die **Kostenfunktion linear**, kann eine einfache Modellrechnung durchgeführt werden.

Sind die Erlöse im ganzen Intervall kleiner als die Kosten, kann man den maximalen **Verlust** berechnen.

Für die lineare Kostenfunktion K mit
$K(x) = m \cdot x + c;\ x \in [0;\ x_{max}]$
und dem Marktpreis p ergeben sich die Erlösfunktion E mit $E(x) = p \cdot x$
und die Gewinnfunktion G mit
$G(x) = E(x) - K(x) = p \cdot x - m \cdot x - c$
$= (p - m) \cdot x - c;\ x \in [0;\ x_{max}]$.
Auch die Gewinnfunktion G ist linear. Der größte Funktionswert $G_{max}$ wird an der Stelle $x_{max}$ angenommen (Fig. 1).

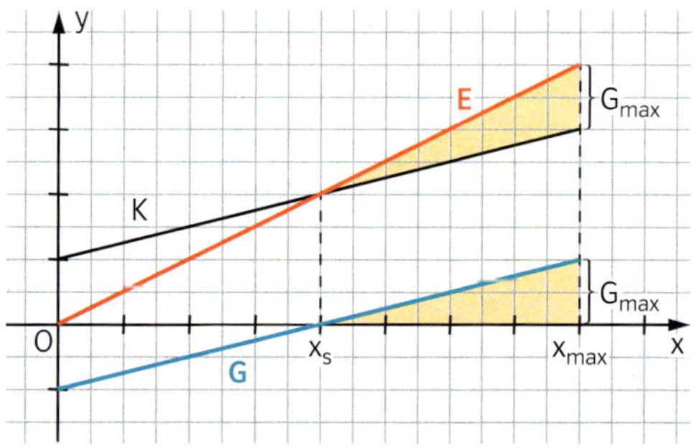

Fig. 1

Wird ein Gut in der **Marktform Polypol** mit einer **linearen Kostenfunktion** produziert und liegt die Gewinnschwelle $x_S$ im Intervall $[0;\ x_{max}]$, so ist der Gewinn an der Kapazitätsgrenze $x_{max}$ maximal.

**Beispiel** Gewinnmaximum im Polypol mit linearer Kostenfunktion
Eine Firma produziert ein Gut mit der Kostenfunktion $K(x) = 3{,}5x + 50;\ x \in [0;\ 50]$.
Der Marktpreis des Gutes beträgt $8\,\frac{GE}{ME}$.
a) Zeichnen Sie Graphen der Kosten-, Erlös- und Gewinnfunktion in ein gemeinsames Koordinatensystem.
b) Berechnen Sie die Gewinnschwelle und den maximalen Gewinn.

Lösung: a) $K(x) = 3{,}5x + 50$;
$E(x) = 8x;\ G(x) = 4{,}5x - 50;\ x \in [0;\ 50]$;
Zeichnung: Fig. 2.
b) Aus $4{,}5x - 50 = 0$ folgt $x = \frac{50}{4{,}5} \approx 11{,}1$.
Die Gewinnschwelle ist $x_s \approx 11{,}1$;
sie liegt im Intervall $[0;\ 50]$.
Der Gewinn ist an der Kapazitätsgrenze $x_{max} = 50$ maximal.
Wegen $G_{max} = G(50) = 4{,}5 \cdot 50 - 50 = 175$
beträgt der maximale Gewinn 175 GE (Fig. 2).

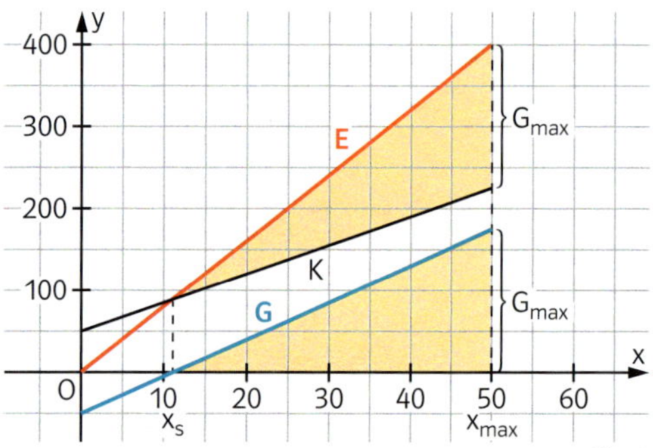

Fig. 2

## Aufgaben

**1** Ein Unternehmen in polypolistischer Konkurrenz produziert mit der Kostenfunktion K (in GE) und der Kapazitätsgrenze $x_{max}$ (in ME). Der Marktpreis des Produktes ist p (in $\frac{GE}{ME}$). Berechnen Sie die Gewinnschwelle und den maximalen Gewinn.

a) $K(x) = 1{,}3x + 5$; $x_{max} = 15$; $p = 2$ b) $K(x) = 120x + 2500$; $x_{max} = 50$; $p = 250$

**2** Gegeben sind die Kostenfunktion K und die Erlösfunktion E mit der Kapazitätsgrenze $x_{max}$. Untersuchen Sie, ob der Erlös in Teilen des Intervalls $[0; x_{max}]$ größer ist als die Kosten. Berechnen Sie das Maximum des Gewinns bzw. des Verlustes.

a) $K(x) = 1{,}2x + 6$; $E(x) = 0{,}8x$; $x_{max} = 15$ b) $K(x) = 40x + 500$; $E(x) = 60x$; $x_{max} = 50$

**3** Fig. 1 zeigt die Graphen der Kosten- und der Erlösfunktion für die Herstellung eines Gutes. Dabei ist x in der Einheit 100 Stück, die Kosten und der Erlös sind in der Einheit 50 € angegeben.

a) Wie hoch sind die Fixkosten in Euro?
b) Welche Kosten ergeben sich aus der Zeichnung für 2000 Stück?
c) Wie hoch ist der Erlös pro Stück?
d) Ab welcher Stückzahl wird ein Gewinn erzielt?
e) Wie hoch ist der maximale Gewinn?

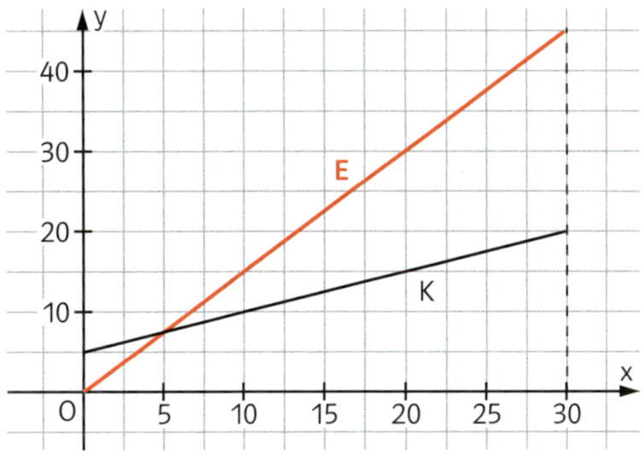

Fig. 1

### Zeit zu überprüfen

**4** Die Produktion eines Bauteils verursacht 150 € fixe Kosten und 20 € variable Kosten pro Stück. Die Kapazitätsgrenze liegt bei 200 Stück. Der Preis für ein Bauteil beträgt 40 €.

a) Ermitteln Sie die Funktionen für die Gesamtkosten und für den Erlös.
b) Zeichnen Sie Graphen der Kosten- und der Erlösfunktion.
c) Ab welcher Stückzahl wird ein Gewinn erzielt und wie hoch ist der maximale Gewinn?

**5** Eine Firma erzeugt Lasergeräte und hat eine tägliche Kapazität von 200 Stück. Die Tabelle enthält Daten (pro Tag), welche die Firma bekannt gegeben hat.

| x (in ME) | E(x) (in GE) | K(x) (in GE) |
|---|---|---|
| 0 | 0 | 120 |
| 10 | 24 | 132 |
| 20 | 48 | 144 |

a) Ermitteln Sie die Erlös- und die Kostenfunktion.
b) Zeichnen Sie Graphen der Erlös- und der Kostenfunktion.
c) Berechnen Sie die Gewinnschwelle und das Maximum des Gewinns.
d) Durch Rationalisierung werden die Fixkosten um 25 % gesenkt.
Wie groß sind jetzt die Gewinnschwelle und das Gewinnmaximum?

**6** Bei Autoreifen nimmt die Profiltiefe im Laufe der Zeit gleichmäßig ab. Deshalb überprüft sie ein Autofahrer von Zeit zu Zeit. Nach 20 000 km betrug sie noch 4 mm; nach 32 000 km waren es nur noch 3 mm.

a) Wie viel km kann der Autofahrer mit diesen Reifen noch fahren, wenn mindestens 1 mm Profiltiefe vorgeschrieben ist?
b) Um wie viel mm nimmt die Profiltiefe alle 10 000 km ab?
c) Welche Profiltiefe hatten die Reifen beim Kauf?

# 6 Preis-Absatz-Funktion; Bestimmung linearer Funktionen

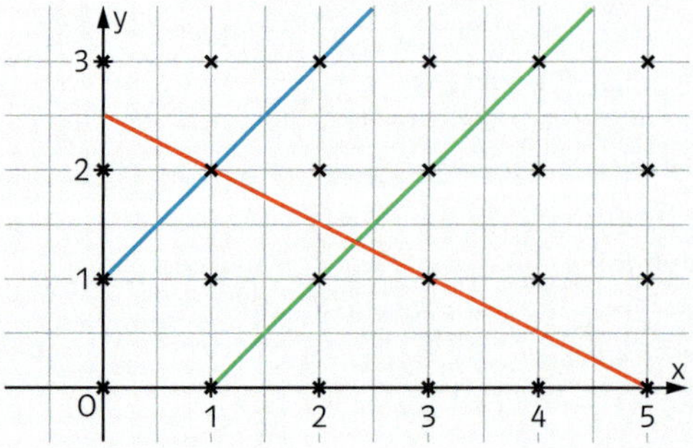


In das Achsenkreuz kann man Geraden einzeichnen, die durch keinen, einen oder mehrere markierte Punkte gehen.
Ermitteln Sie Gleichungen für die unterschiedlichen Fälle.

Die Festlegung des Preises für ein hergestelltes Gut ist für jeden Unternehmer von zentraler Bedeutung. Im Modell der **vollständigen Konkurrenz (Polypol)** hat ein einzelner Unternehmer wenig Einfluss auf den Markt; er ist „**Preisnehmer**" und nimmt den Preis als durch den Markt gegeben an. Ein **Monopolist** dagegen ist ein „**Preismacher**", der innerhalb gewisser Grenzen den Preis für ein Gut festlegen kann. Ist der Zusammenhang zwischen Preis und Absatzmenge nicht aus Erfahrung bekannt, kann dieser empirisch ermittelt werden.

| Preis pro Riegel (in €) | nachgefragte Stückzahl |
|---|---|
| 0,50 | 160 |
| 0,70 | 134 |
| 0,90 | 99 |
| 1,10 | 63 |
| 1,30 | 35 |

Fig. 1

Ein Lebensmittelkonzern verkauft einen neuen Schokoriegel eine Woche lang in verschiedenen Filialen zu unterschiedlichen Preisen. Die Tabelle in Fig. 1 zeigt das Ergebnis.
Die Werte der Tabelle entsprechen der Erfahrung, dass mit steigendem Preis die nachgefragte (abgesetzte) Stückzahl sinkt. Um später den Zusammenhang zwischen Preis und Stückzahl gemeinsam mit Kosten- und Erlösfunktionen im gleichen Koordinatensystem veranschaulichen zu können, ist es in den Wirtschaftswissenschaften üblich, Mengen bzw. Stückzahlen als unabhängige und Preise als abhängige Variable zu wählen.

Wird dem Preis p die Menge x (p) zugeordnet, schreibt man $x: p \mapsto x(p)$.

Eine **Preis-Absatz-Funktion** beschreibt den Zusammenhang zwischen dem Preis eines Gutes (in $\frac{GE}{ME}$) und der nachgefragten (abgesetzten) Menge des Gutes (in ME).
In der Regel wird der Menge x der Preis p(x) zugeordnet.
Für diese Funktion schreibt man dann $p: x \mapsto p(x)$ mit $x \in [0; x_{max}]$.

Bei den vorliegenden Daten könnte man zur Ermittlung von p(x) auch das Verfahren der **linearen Regression** anwenden (vgl. Seite 41).

Um eine Funktion $p: x \mapsto p(x)$ zu finden, wählt man im mathematischen Modell zur Vereinfachung oft **lineare** Funktionen. Hier wird eine Methode erläutert, wie man die Gleichung einer Geraden ermitteln kann, wenn nur zwei Punkte gegeben sind.

Wählt man z. B. die 1. und die 5. Filiale aus, ergibt sich mit dem Ansatz $p(x) = mx + c$ die Steigung $m = \frac{0,5 - 1,3}{160 - 35} = -\frac{0,8}{125} = -0,0064$.
Punktprobe mit den Werten der 5. Filiale ergibt $1,3 = -0,0064 \cdot 35 + c$, also $c = 1,524$. Insgesamt erhält man (Fig. 2): $p(x) = -0,0064x + 1,524$.
Bei dem **Höchstpreis** von rund 1,52 € ist die Nachfrage praktisch null. Die Nullstelle $x_0 \approx 238$ gibt die **Sättigungsmenge** an. Selbst wenn der Preis auf null gesenkt wird, werden nicht mehr als 238 Riegel abgesetzt.

Statt von **Höchstpreis** spricht man auch von **Prohibitivpreis**.

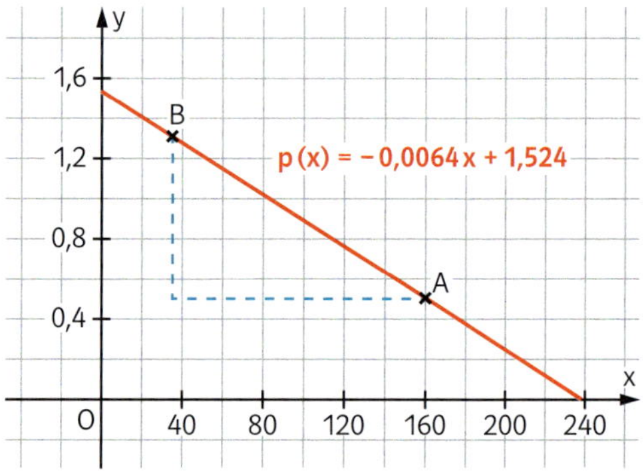


Fig. 2

Neben der Bestimmung einer Preis-Absatz-Funktion steht man auch in anderen Situationen häufig vor der Aufgabe, eine Gleichung einer Geraden zu bestimmen, wobei die Gerade durch unterschiedliche Vorgaben festgelegt sein kann.

Sind von einer Geraden g ein **Punkt** $P(x_P \mid y_P)$ und die **Steigung** m bekannt (Fig. 1), so gilt für jeden Punkt $A(x \mid y)$ von g:

Siehe auch Fundus, Seite 289

$\frac{y - y_P}{x - x_P} = m$ **(Punkt-Steigungs-Form).**

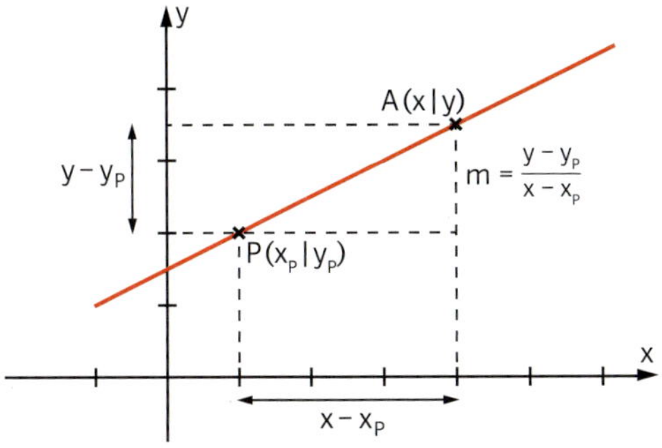


Fig. 1

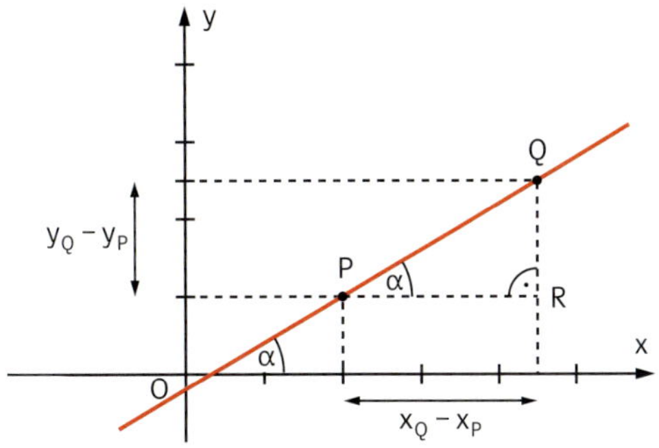


Fig. 2

Erinnerung:
Es gilt:
$\tan(\alpha) = m$

Sind von einer Geraden g **zwei Punkte** $P(x_P \mid y_P)$ und $Q(x_Q \mid y_Q)$ bekannt mit $x_P \neq x_Q$ (Fig. 2), so hat g die Steigung $m = \frac{y_Q - y_P}{x_Q - x_P}$. Mit der Punkt-Steigungs-Form ergibt sich

$\frac{y - y_P}{x - x_P} = \frac{y_Q - y_P}{x_Q - x_P}$ **(Zwei-Punkte-Form).**

Aus beiden Formen ergibt sich durch Auflösen nach y die **Hauptform** der Geradengleichung.
Sind zwei Punkte gegeben, kann man auch die Punktprobe verwenden.

Sind die Punkte $P(x_P \mid y_P)$ und $Q(x_Q \mid y_Q)$ gegeben und ist die **Hauptform** $y = mx + c$ der Geraden durch diese Punkte gesucht, berechnet man zuerst die **Steigung** $m = \frac{y_Q - y_P}{x_Q - x_P}$ und dann **c durch eine Punktprobe**.

**Beispiel 1** Preis-Absatz-Funktion mit Punktprobe
Ein Monopolist kennt aus früheren Marktbeobachtungen die in der Tabelle angegebenen Werte für ein von ihm produziertes Gut.

| Absatz (in ME) | 8 | 15 |
| --- | --- | --- |
| Preis (in $\frac{GE}{ME}$) | 68 | 40 |

a) Ermitteln Sie eine Gleichung der linearen Preis-Absatz-Funktion.
b) Bestimmen Sie den Höchstpreis und die Sättigungsmenge.

Lösung: a) Ansatz für die lineare Preis-Absatz-Funktion: $p(x) = mx + c$.
Aus den angegebenen Werten ergibt sich: $m = \frac{40 - 68}{15 - 8} = \frac{-28}{7} = -4$; also $p(x) = -4x + c$.
Punktprobe: Es ist $68 = -4 \cdot 8 + c$; also $c = 100$.
Damit ist $p(x) = -4x + 100$ eine Gleichung der linearen Preis-Absatz-Funktion.
b) Für $x = 0$ ergibt sich $y = 100$. Der Höchstpreis ist also $100\,\frac{GE}{ME}$.
Aus der Gleichung $-4x + 100 = 0$ folgt $x_0 = 25$. Die Sättigungsmenge ist 25 ME.

**Beispiel 2** Gleichung einer Geraden mit Punkt-Steigungs-Form
Bestimmen Sie eine Gleichung der Geraden g mit der Steigung $m = 1{,}5$ durch $P(2 \mid -1)$.

Lösung: Punkt-Steigungs-Form: $\frac{y - (-1)}{x - 2} = 1{,}5$.
Auflösen nach y ergibt g: $y = 1{,}5x - 4$.

## Aufgaben

Zur Erinnerung:
$y = mx + c$
ist die Hauptform einer Geradengleichung.

**1** Bestimmen Sie c so, dass die Gerade mit der Gleichung $y = 0{,}5x + c$ durch $R(4\,|\,3)$ geht.

**2** Ermitteln Sie die Hauptform der Geraden, die durch P geht und die Steigung m hat.

a) $P(4\,|\,2)$; $m = 2$ b) $P\left(-4\,\middle|\,\frac{1}{2}\right)$; $m = -3$ c) $P\left(\frac{3}{4}\,\middle|\,\frac{4}{5}\right)$; $m = -\frac{1}{3}$

d) $P(2\,|\,1)$; $m = 0{,}3$ e) $P(-2\,|\,1)$; $m = 0{,}5$ f) $P\left(-1\,\middle|\,\frac{1}{2}\right)$; $m = -2$

Sind zwei Punkte einer Geraden gegeben, gibt es eine weitere Möglichkeit für die Bestimmung der Hauptform:
Man führt zweimal die Punktprobe durch und löst dann das sich ergebende lineare Gleichungssystem.

**3** Bestimmen Sie die Hauptform der Geraden, die durch P und Q geht.

a) $P(1\,|\,2)$, $Q(5\,|\,4)$ b) $P(-2\,|\,3)$, $Q(3\,|\,-2)$ c) $P(-1{,}5\,|\,3)$, $Q(4\,|\,4{,}5)$

d) $P(-4\,|\,-3)$, $Q(1\,|\,3)$ e) $P(3{,}5\,|\,4{,}5)$, $Q(-4\,|\,-0{,}5)$ f) $P(-1\,|\,\sqrt{5})$, $Q(7\,|\,\sqrt{5})$

**4** Untersuchen Sie rechnerisch, ob die Punkte A, B, C auf einer Geraden liegen.

a) $A(-1{,}5\,|\,0{,}5)$, $B(2\,|\,2)$, $C(3{,}5\,|\,2{,}5)$ b) $A(-10\,|\,1)$, $B(-2\,|\,-1)$, $C(2\,|\,-2)$

c) $A(0\,|\,11)$, $B(11\,|\,0)$, $C(5{,}4\,|\,5{,}6)$ d) $A(1\,|\,1)$, $B(7{,}5\,|\,6)$, $C(2{,}5\,|\,3)$

**5** Gegeben ist das Dreieck ABC mit $A(-1\,|\,-1)$, $B(4\,|\,0)$, $C(2\,|\,3)$.
Bestimmen Sie jeweils eine Gleichung der Geraden, auf denen die Dreiecksseiten liegen.

**6** Zeichnen Sie den Graphen der linearen Funktion und geben Sie die Funktion an, für die gilt:

a) $f(0) = -0{,}5$; $f(3) = 2$, b) $f(0) = 2{,}5$; $f(4) = -1$, c) $f(0) = 3{,}2$; $f(5{,}4) = 0$.

**7** Gegeben ist die Gerade durch $P(-2\,|\,2{,}5)$ und $Q(1\,|\,1)$. Bestimmen Sie die Koordinaten des Punktes der Geraden, welcher

a) die Abszisse 2 hat, b) die Ordinate 2 hat,

c) auf der x-Achse liegt, d) auf der y-Achse liegt.

**Zeit zu überprüfen**

**8** Für eine Preis-Absatz-Funktion p mit $p(x) = mx + c$ gilt: Der Höchstpreis ist $12\,\frac{GE}{ME}$; die Sättigungsmenge ist 8 ME. Ermitteln Sie $p(x)$.

**9** Ein Monopolist hat für ein Gut bei einem Stückpreis von 50 € einen monatlichen Absatz von 250 Stück. Bei einer Preiserhöhung um 5 € pro Stück geht der Absatz um 30 Stück zurück.
Ermitteln Sie die Gleichung einer linearen Preis-Absatz-Funktion.

**10** Ein Monopolist hat einen wöchentlichen Absatz von 8500 Stück zu 20 € das Stück.
Bei einer Preissenkung um 0,50 € pro Stück steigt der Absatz um 80 Stück.
Ermitteln Sie die Gleichung einer linearen Preis-Absatz-Funktion.

**11** Wie lautet die Gleichung einer Geraden, die

a) zur x-Achse parallel ist und durch $A(3\,|\,-2)$ geht?

b) zur y-Achse parallel ist und durch $B(0\,|\,17)$ verläuft?

c) den Steigungswinkel 45° hat und durch $C(-1\,|\,2)$ geht?

**12** Zeichnen Sie die Geraden g und h in ein gemeinsames Koordinatensystem. Berechnen Sie die Steigungen und dann den Schnittwinkel von g und h.

a) g: $2x - y = 3$
h: $x + y = 3$

b) g: $3x - 4y = 27$
h: $x - y = 8$

c) g: $4x - 5y - 8 = 0$
h: $5x + 4y + 31 = 0$

# 7 Das Modell von Angebot und Nachfrage

**Golf V**, silber, 75 PS, 4-Türer, EZ 08/05, TÜV 2012, 32 200 km, Winter-/ Sommerreifen auf Alu, € 8500,– Tel: [redacted]

**20-jähr. Student** sucht dringend WG-Zimmer in Aachen, Tel: [redacted]

**Lagerist** mit Führersch. Kl. 3 sucht feste Arbeit. Tel: [redacted]

**Osnabrück, 2-Zi.-Whg.**, 58 m$^2$, exkl. DG-Whg., Boden Granit schwarz, Wände weiß, EBK, KM € 660,– + TG + NK, Tel: [redacted]

**Modernes Labor** im Raum Bonn sucht versierten Zahntechniker. Mail: [redacted]

Auf einem Markt haben Anbieter und Nachfrager gegensätzliche Zielsetzungen. Beschreiben Sie diese.

Eine Preis-Absatz-Funktion beschreibt für einen **Monopolisten** den Zusammenhang zwischen Preis und Absatzmenge. Im Folgenden wird ein Modell dafür beschrieben, wie sich bei **vollständiger Konkurrenz (Polypol)** der Preis für ein bestimmtes Gut entwickelt.

Werden alle Faktoren bis auf den Preis als konstant betrachtet, spricht man von einer **ceteris paribus-Bedingung**.

Die **Nachfrage** nach einem Gut wird von vielen Faktoren beeinflusst. Die entscheidende Rolle aber spielt der Preis. Die Erfahrung zeigt, dass die nachgefragte Menge eines Gutes unter sonst unveränderten Bedingungen fällt, wenn der Preis ansteigt **(Gesetz der Nachfrage)**. Meistens wird der Preis auf der y-Achse und die Menge auf der x-Achse abgetragen. Der entstehende Graph heißt **Nachfragekurve**, die zugehörige Funktion **Nachfragefunktion** $p_N$. Vereinfachend wählt man hierfür häufig **lineare Funktionen** (Fig. 1).

ceteris paribus (lat.): unter sonst gleichen Bedingungen

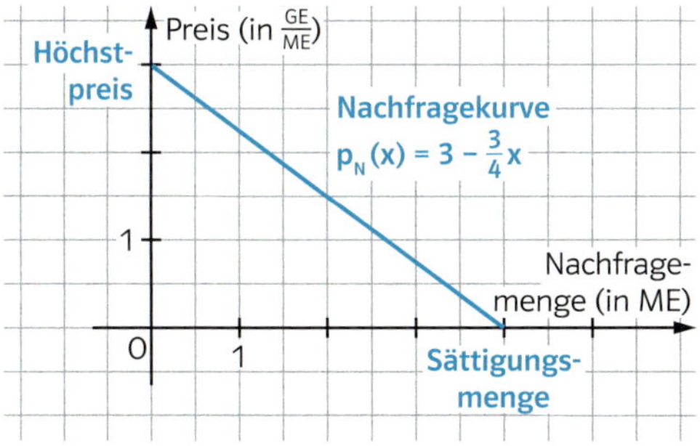

Fig. 1

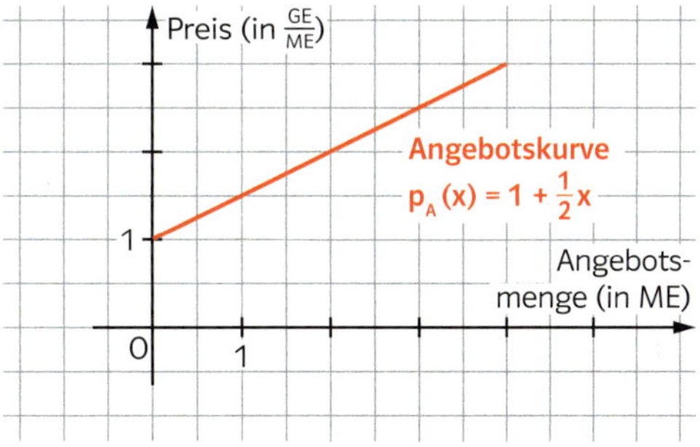

Fig. 2

Der **Nachfragefunktion** im Polypol entspricht die **Preis-Absatz-Funktion** im Monopol.

Auch beim **Angebot** spielt der Preis die entscheidende Rolle. Die Erfahrung zeigt hier, dass die angebotene Menge eines Gutes unter sonst unveränderten Bedingungen bei steigendem Preis zunimmt **(Gesetz des Angebots)**. Die **Angebotsfunktion** $p_A$ beschreibt die Abhängigkeit des Preises von der angebotenen Menge. Der Graph heißt **Angebotskurve** (Fig. 2).

Angebot und Nachfrage bestimmen zusammen im Modell der **vollständigen Konkurrenz** den Preis. Denn auf dem Markt bildet sich genau der Preis als **Marktpreis** heraus, bei dem nachgefragte und angebotene Menge gleich sind.
Der Schnittpunkt von Angebots- und Nachfragekurve heißt **Marktgleichgewicht** (MGW). Der zugehörige Preis ist der **Gleichgewichtspreis** (auch Marktpreis genannt) und die Menge die **Gleichgewichtsmenge** (Fig. 3).

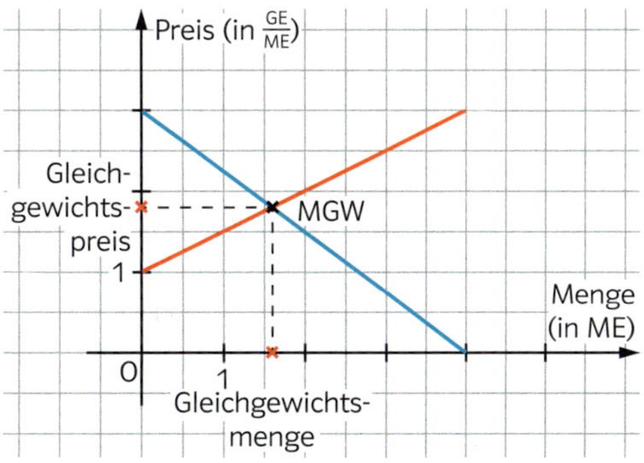

Fig. 3

Das in Fig. 3 dargestellte Kreuz nennt man auch *Marshall-Kreuz* nach dem englischen Ökonom ALFRED MARSHALL (1842–1924), der nach Vorarbeit anderer diese Darstellung populär machte.

Stimmt der Preis für ein Gut nicht mit dem Gleichgewichtspreis überein, führt das Verhalten der Anbieter und Nachfrager dazu, dass sich auf dem Markt ein Gleichgewicht einstellt.
Liegt der Preis z. B. über dem Gleichgewichtspreis (Fig. 1), ist die angebotene Menge $x_A$ größer als die nachgefragte Menge $x_N$. Der **Angebotsüberschuss** ist $A_Ü = x_A - x_N$.
Die Preise **fallen** so lange, bis Marktgleichgewicht herrscht.
Liegt der Preis unter dem Gleichgewichtspreis (Fig. 2), ist die nachgefragte Menge $x_N$ größer als die angebotene Menge $x_A$. Der **Nachfrageüberschuss** ist $N_Ü = x_N - x_A$.
Die Preise **steigen** bis zum Gleichgewichtspreis.

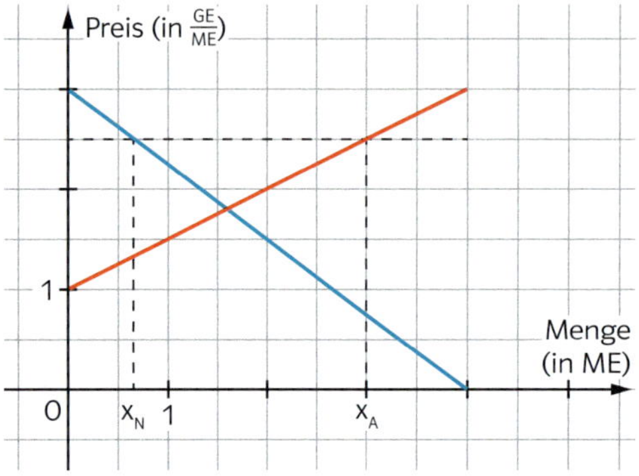

Fig. 1

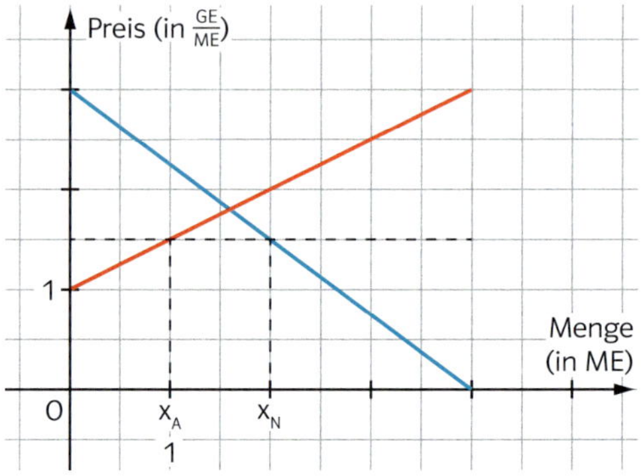

Fig. 2

**Modell für Angebot und Nachfrage bei vollständiger Konkurrenz (Polypol):**
Der Preis für ein Gut passt sich so an, dass zwischen Angebots- und Nachfragemenge ein Gleichgewicht herrscht. Der Schnittpunkt von Angebots- und Nachfragekurve heißt **Marktgleichgewicht** (MGW). Für diesen Punkt sind die angebotene und die nachgefragte Menge gleich. Man spricht dann von **Gleichgewichtsmenge** und **Gleichgewichtspreis (Marktpreis)**.

Wenn in der Wirtschaft über die Zunahme bzw. Abnahme der Nachfrage gesprochen wird, denkt man meistens an eine **Verlagerung der Nachfragekurve**.

Ändert sich der Preis eines Gutes, ändert sich auch die nachgefragte Menge. Anschaulich bedeutet dies eine **Bewegung auf der Nachfragekurve**. Hiervon zu unterscheiden ist eine **Verlagerung der Nachfragekurve**. So tritt z. B. eine Verschiebung nach rechts ein, wenn zu jedem Preis für ein Gut die nachgefragte Menge in gleicher Weise zunimmt. Dann steigt der Gleichgewichtspreis und die umgesetzte Menge (Fig. 3). Ursache für eine höhere Nachfrage könnte z.B. höheres Einkommen oder eine neue Mode sein. Entsprechende Überlegungen gelten auch für Verlagerungen der Angebotskurve.

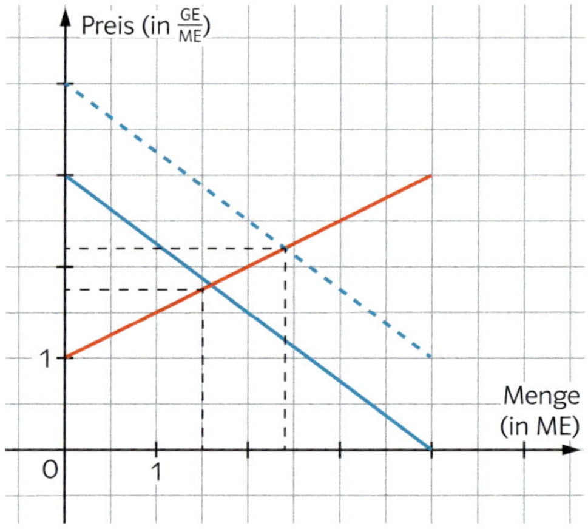

Fig. 3

**Beispiel** Marktgleichgewicht; Angebotsüberschuss berechnen
Am Markt wird der Angebotspreis eines Gutes in Abhängigkeit von der Menge durch die Funktion $p_A(x) = 0{,}5x + 1{,}5$ modelliert, der Nachfragepreis durch die Funktion $p_N(x) = -0{,}4x + 6$; x in ME und $p_A(x)$ sowie $p_N(x)$ in $\frac{GE}{ME}$. Dies gilt für $x \in [0; 9]$.
a) Bestimmen Sie das Marktgleichgewicht.
b) Der Staat legt für das Gut einen Mindestpreis von $5\,\frac{GE}{ME}$ fest.
Welche Menge muss die staatliche Stelle dann nachfragen?

■ Lösung: a) Aus $p_A(x) = p_N(x)$ folgt $-0{,}4x + 6 = 0{,}5x + 1{,}5$ und hieraus $x = 5$.
Bei x = 5 ME sind Angebot und Nachfrage gleich (Fig. 1).
Wegen $p_N(5) = 4$ beträgt der Gleichgewichtspreis $4\frac{GE}{ME}$.
b) Der Mindestpreis liegt über dem Gleichgewichtspreis (Fig. 2). Daher entsteht ein Überangebot. Damit nicht der niedrigere Gleichgewichtspreis von $4\frac{GE}{ME}$ erreicht wird, muss der Überschuss vom Staat aufgekauft werden. Um diese Mengen zu bestimmen, sind aus $p_N(x) = 5$ und $p_A(x) = 5$ die Mengen $x_N$ und $x_A$ zu berechnen:
$-0{,}4x + 6 = 5$; also $x_N = 2{,}5$;
$0{,}5x + 1{,}5 = 5$; also $x_A = 7$.
Wegen $A_Ü = x_A - x_N = 7 - 2{,}5 = 4{,}5$
muss ein Überschuss von 4,5 ME vom Staat abgeschöpft werden.

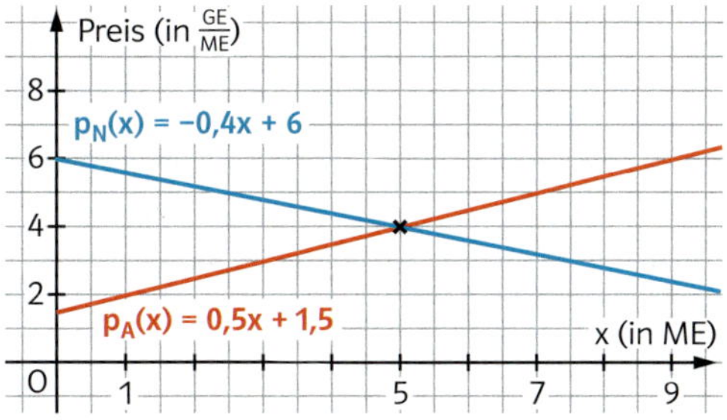

Fig. 1

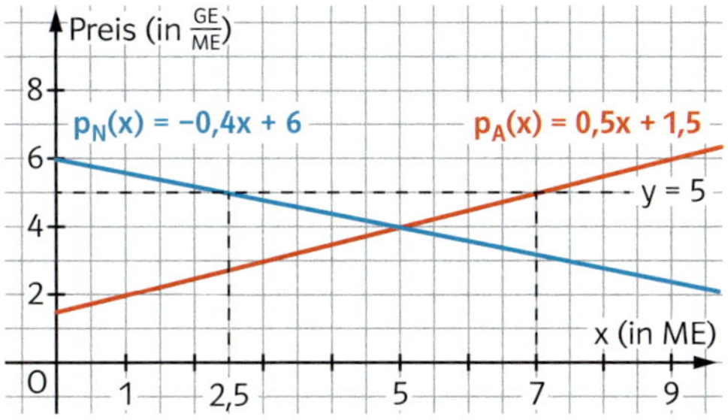

Fig. 2

## Aufgaben

**1** Auf einem Markt können für ein Gut das Angebot durch die Funktion $p_A$ und die Nachfrage durch die Funktion $p_N$ modelliert werden.
Zeichnen Sie die Angebots- und die Nachfragekurve in ein gemeinsames Koordinatensystem.
Bestimmen Sie zeichnerisch und rechnerisch das Marktgleichgewicht.

a) $p_A(x) = 2 + \frac{1}{3}x$
$p_N(x) = 5 - \frac{5}{3}x$

b) $p_A(x) = 40 + \frac{2}{3}x$
$p_N(x) = 160 - 0{,}8x$

c) $p_A(x) = 1500 + 2x$
$p_N(x) = 4000 - 8x$

**2** Ein Marktforschungsunternehmen hat für ein Gut die Angebotsfunktion $p_A(x) = \frac{1}{2} + \frac{1}{3}x$ und die Nachfragefunktion $p_N(x) = 3 - \frac{1}{2}x$ mit x in ME sowie $p_A(x)$ und $p_N(x)$ in $\frac{GE}{ME}$ für $x \in [0; x_{max}]$ ermittelt.
a) Bestimmen Sie den maximal ökonomisch sinnvollen Definitionsbereich, den Höchstpreis, die Sättigungsmenge und das Marktgleichgewicht.
b) Berechnen Sie den Angebotsüberschuss bei einem Preis von $2{,}5\frac{GE}{ME}$ und den Nachfrageüberschuss für einen Preis von $1\frac{GE}{ME}$.

**3** Die Tabelle enthält für T-Shirts die Nachfrage und das Angebot für ausgewählte Preise.
Nachfrage und Angebot sollen durch lineare Funktionen modelliert werden.

| Preis (in € pro Stück) | nachgefragte Menge (in Tsd. Stück) | angebotene Menge (in Tsd. Stück) |
|---|---|---|
| 20 | 18 | 12 |
| 35 | 14 | 15 |

a) Zeichnen Sie die Kurven für Nachfrage und Angebot in ein gemeinsames Koordinatensystem.
b) Ermitteln Sie rechnerisch die Nachfrage- und die Angebotsfunktion.
c) Berechnen Sie den Gleichgewichtspreis und die Gleichgewichtsmenge.
d) Bestimmen Sie den Angebotsüberschuss bei einem Preis von 40 € pro Stück.
e) Durch verändertes Käuferverhalten reduziert sich für die angegebenen Preise das Angebot um jeweils 20 %. Ermitteln Sie das neue Marktgleichgewicht.

**4** Angebot und Nachfrage für ein Gut können modelliert werden durch die Angebotsfunktion $p_A(x) = \frac{1}{26}x + 25$ und die Nachfragefunktion $p_N(x) = -\frac{1}{30}x + 450$. Durch Einkommensveränderungen verschiebt sich die Nachfragekurve parallel zur ursprünglichen, wobei sich bei einem Preis von $350\,\frac{GE}{ME}$ die Nachfrage auf 5000 ME erhöht.
Berechnen Sie das jeweilige Marktgleichgewicht.

**Zeit zu überprüfen**

**5** Das Verhalten auf dem Markt für eine Ware wird durch die Angebotsfunktion $p_A(x) = 0{,}6x + 4$ und die Nachfragefunktion $p_N(x) = -0{,}4x + 9$, x in ME, p in $\frac{GE}{ME}$, jeweils für $x \in [2; 10]$ modelliert.
a) Wie viele ME werden von den Anbietern bei einem Preis von $8\,\frac{GE}{ME}$ angeboten?
b) Wie viele ME werden bei einem Preis von $8\,\frac{GE}{ME}$ nachgefragt?
c) Bei welcher Menge herrscht Marktgleichgewicht?
d) Es erfolgt aufgrund einer Krise eine Verknappung des Angebots auf $p_A(x) = 0{,}7x + 4{,}5$.
Wie verändert sich dabei das Marktgleichgewicht?

**6** Für ein bestimmtes Gut ergaben sich die Angebotsfunktion $p_A(x) = 10 + 0{,}25x$ und die Nachfragefunktion $p_N(x) = 50 - \frac{5}{8}x$.
a) Bestimmen Sie den ökonomisch sinnvollen Definitionsbereich, den Höchstpreis und die Sättigungsmenge.
b) Welche Menge wird bei einem Preis von $15\,\frac{GE}{ME}$ angeboten? Welche Menge wird bei diesem Preis nachgefragt?
c) Ermitteln Sie zeichnerisch und rechnerisch das Marktgleichgewicht.
d) Berechnen Sie den Angebots- und den Nachfrageüberschuss für $p_1 = 15\,\frac{GE}{ME}$ bzw. $p_2 = 30\,\frac{GE}{ME}$.

**7** Für das Angebot und die Nachfrage für ein Gut wurden die Daten der Tabelle ermittelt.

| Nr. | Preis (in € pro Stück) | Nachfragemenge (in Stück) | Angebotsmenge (in Stück) |
|---|---|---|---|
| 1 | 12,5 | 20 | 90 |
| 2 | 10 | 40 | 60 |
| 3 | 7 | 50 | 45 |
| 4 | 5 | 70 | 20 |

a) Tragen Sie die angegebenen Daten für die Nachfrage und das Angebot in ein gemeinsames Koordinatensystem ein. Zeichnen Sie lineare Nachfrage- und Angebotskurven, welche die Daten gut annähern. Ermitteln Sie grafisch das Marktgleichgewicht.
b) Bestimmen Sie $p_N(x)$ und $p_A(x)$ mithilfe linearer Regression. Berechnen Sie hiermit dann den Gleichgewichtspreis und die Gleichgewichtsmenge.
c) Bestimmen Sie das Marktgleichgewicht, indem Sie $p_N(x)$ und $p_A(x)$ rechnerisch mithilfe der Daten Nr. 2 und Nr. 4 ermitteln.

**8** Gegeben sind die Nachfragefunktion $p_N(x) = -ax + b$ und die Angebotsfunktion $p_A(x) = cx + d$ mit a, b, c, d > 0 und b > d.
Bestimmen Sie das Marktgleichgewicht.

**9** a) Ein Produkt wird durch eine neue Technologie hergestellt. Führt dies zu einer Bewegung auf der Angebotskurve oder zu einer Verschiebung der Angebotskurve?
b) Führt ein neuer Modetrend für eine Ware zu einer Bewegung auf der Nachfragekurve oder zu einer Veränderung der Nachfragekurve?

# 8 Konsumentenrente und Produzentenrente

Anton, Bert und Carl sind auf einer Wanderung; keiner von ihnen hat etwas zum Trinken dabei. Bei zunehmender Hitze wird das Verlangen nach Wasser immer größer. Anton wäre bereit, 5 € für eine Flasche Wasser zu zahlen, Bert würde 4 € ausgeben und Carl 3 €. Auf einer Hütte gibt es eine Flasche Wasser für 2 €. Welchen Nutzen (in €) hat jeder der Wanderer dadurch erzielt, dass er nur 2 € zahlen musste?

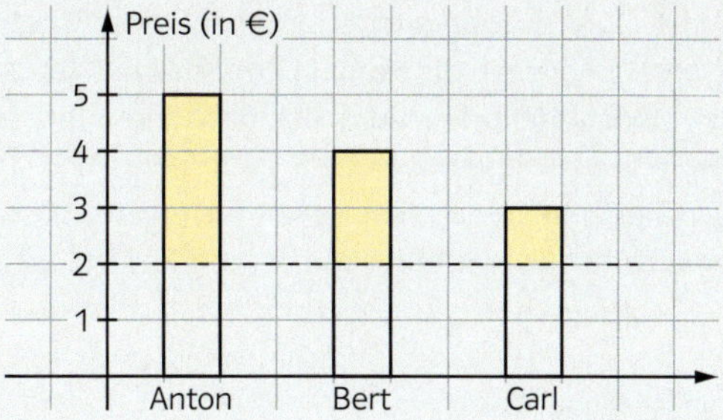

Im Angebot-Nachfrage-Modell entwickelt sich der Preis für ein Gut zu einem Gleichgewichtspreis, dem so genannten **Marktpreis**. Die Nachfrager, die bereit gewesen wären, einen höheren Preis als den Marktpreis zu zahlen, sparen etwas und die Anbieter, die das Gut auch für einen niedrigeren Preis angeboten hätten, erhalten einen zusätzlichen Gewinn. Beide Gruppen ziehen also aus der Situation einen Nutzen, den man berechnen kann.

Hätte z. B. ein Käufer für ein Gut mit dem Marktpreis 2,20 € auch 5 € bezahlt (Fig. 1), hat er einen Nutzen von 5 € − 2,20 € = 2,80 €. Wäre er nur bereit, 4 € zu zahlen, ergibt sich noch ein Nutzen von 1,80 €. Der Nutzen oder auch Gewinn für einen einzelnen Konsumenten ergibt sich also aus dem Unterschied zwischen dem Wert, den ein Gut für diesen Käufer hat und dem Preis, den er dafür bezahlt. Diesen Nutzen nennt man die **individuelle Konsumentenrente** eines einzelnen Käufers.

Der Wert, den ein Gut für einen Käufer hat bzw. der maximale Preis, zu dem er bereit wäre, das Gut zu kaufen, heißt auch **Zahlungsbereitschaft**.

Bei sehr vielen Käufern kann man die treppenförmige Nachfragekurve aus Fig. 1 durch die glatte Nachfragekurve aus Fig. 2 modellieren. Die **Konsumentenrente aller Käufer** zusammen ergibt sich als Flächeninhalt des blau gefärbten Dreiecks.

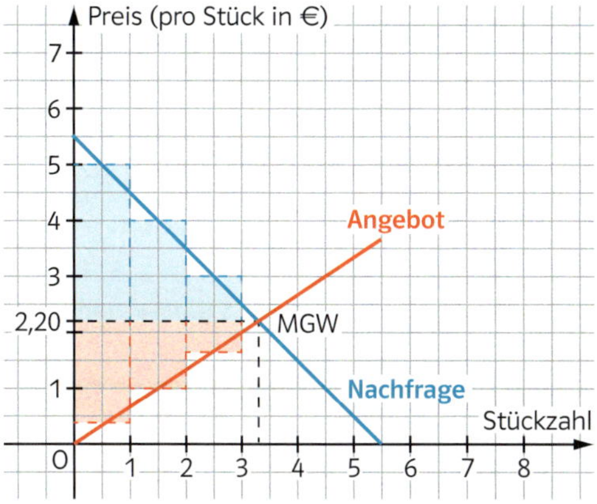


Fig. 1

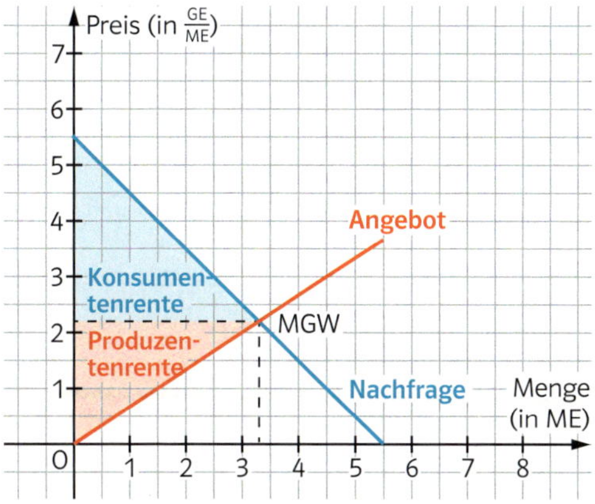


Fig. 2

Bei seinen Untersuchungen verwendete ALFRED MARSHALL (siehe Seite 87) die Worte „consumer surplus“ und „producer surplus“. In deutschen wirtschaftswissenschaftlichen Veröffentlichungen ist für „surplus“ (Überschuss, Mehrertrag, Mehrwert) das Wort „Rente“ üblich.

Die **Produzentenrente** ist analog zur Konsumentenrente der Nutzen bzw. Gewinn aller Produzenten, wenn diese am Markt ein Gut verkaufen. Der Gewinn für den **einzelnen Produzenten** ergibt sich dabei aus dem Unterschied zwischen dem Geld, das der Verkäufer für den Verkauf eines Gutes erhält und den Kosten, die der Verkäufer hatte, um das Gut zu produzieren und zu verkaufen (Fig. 1). Die **Produzentenrente aller Verkäufer** zusammen ergibt sich als Flächeninhalt des rot gefärbten Dreiecks (Fig. 2).
Die Summe aus Konsumenten- und Produzentenrente wird als **Gesamtrente** des Marktes bezeichnet. Sie ist ein Maß für den Gesamtnutzen (auch wirtschaftliche Wohlfahrt genannt) der Gesellschaft aus der Produktion und dem Konsum des Gutes.

Wie man Konsumenten- und Produzentenrente berechnet, wenn Konsumenten- und Produzentenkurve keine Geraden sind, erfahren Sie im nächsten Band.

Alle Käufer, die bereit wären, für ein Produkt einen höheren Preis als den Marktpreis zu zahlen, haben Geld gespart. Den auf diese Weise von allen Käufern gesparten Geldbetrag bezeichnet man als **Konsumentenrente** K. Er berechnet sich als Inhalt des Dreiecks zwischen Nachfragekurve und der horizontalen Geraden durch das Marktgleichgewicht.

Alle Produzenten, die bereit waren, ihr Produkt zu einem niedrigeren Preis als den Marktpreis zu verkaufen, haben einen Gewinn erzielt. Den auf diese Weise von allen Produzenten erzielten Betrag bezeichnet man als **Produzentenrente** P. Er berechnet sich als Inhalt des Dreiecks zwischen Angebotskurve und der horizontalen Geraden durch das Marktgleichgewicht.

**Beispiel** Konsumentenrente und Produzentenrente berechnen

Für das Produkt PRO wurde die Angebotsfunktion $p_A(x) = 2x + 2$ und die Nachfragefunktion $p_N(x) = 18 - 3x$, x in ME, p(x) in $\frac{GE}{ME}$ ermittelt.

Berechnen Sie die Konsumenten- und die Produzentenrente.

Erinnerung:
Der Flächeninhalt eines Dreiecks mit der Grundseite g und der Höhe h ist $A = \frac{1}{2} \cdot g \cdot h$.

■ Lösung: Marktgleichgewicht:
Die Bedingung $p_A(x) = p_N(x)$ ergibt
$2x + 2 = 18 - 3x$ mit der Lösung $x = 3{,}2$.
Da $p_A(3{,}2) = 2 \cdot 3{,}2 + 2 = 8{,}4$ ist, beträgt der Marktpreis $8{,}4\,\frac{GE}{ME}$ und die zugehörige Menge 3,2 ME (Fig. 1).

Konsumentenrente:
$K = \frac{1}{2} \cdot 3{,}2 \cdot (18 - 8{,}4) = 15{,}36$

Die Konsumentenrente beträgt 15,36 GE.

Produzentenrente:
$P = \frac{1}{2} \cdot 3{,}2 \cdot (8{,}4 - 2) = 10{,}24$

Die Produzentenrente beträgt 10,24 GE.

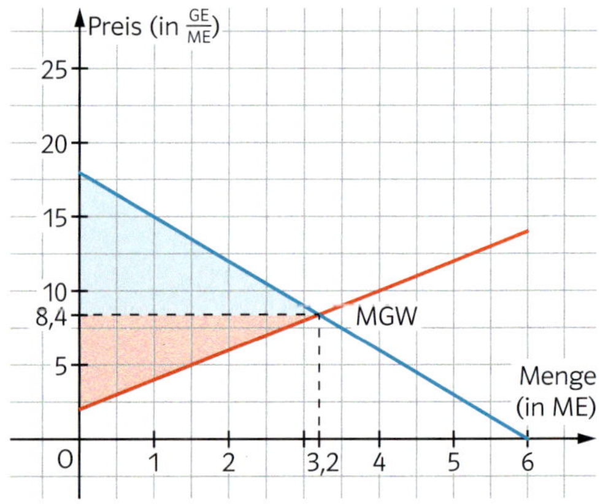

Fig. 1

## Aufgaben

**1** Ein Anbieter von USB-Sticks hat für seine Firma die Nachfragefunktion $p_N$ mit $p_N(x) = 40 - 0{,}125x$ ermittelt bei einer Angebotsfunktion $p_A$ mit $p_A(x) = 0{,}05x + 15$.

a) Bestimmen Sie den ökonomisch sinnvollen Definitionsbereich und zeichnen Sie die Angebots- und die Nachfragekurve.

b) Ermitteln Sie zeichnerisch und rechnerisch die Gleichgewichtsmenge und den Marktpreis.

c) Berechnen Sie den Angebotsüberschuss bei einem Preis von $28\,\frac{GE}{ME}$.

d) Berechnen Sie die Konsumenten- und die Produzentenrente.

**2** Für eine Sorte von Nudeln hat ein Geschäft die Nachfragefunktion $p_N(x) = 0{,}8 - 0{,}09x$ und die Angebotsfunktion $p_A(x) = 0{,}2 + 0{,}03x$ ermittelt.
Dabei sind x in ME, p(x) in $\frac{GE}{ME}$ gemessen.

a) Zeichnen Sie die Graphen und berechnen Sie, wie weit Angebot und Nachfrage bei 7 ME auseinander liegen.

b) Wie hoch ist der Angebotsüberschuss bei einem Preis von $0{,}5\,\frac{GE}{ME}$?

c) Bei welcher Menge herrscht Marktgleichgewicht? Wie hoch ist dann der Preis?

d) Wie viel Geld ersparen sich alle Kunden bei diesem Marktpreis?

e) Wie hoch ist die Produzentenrente?

## Zeit zu überprüfen

**3** Berechnen Sie die Konsumenten- und die Produzentenrente.

a) $p_A(x) = 20 + 5x$
$p_N(x) = 50 - 10x$

b) $p_A(x) = 0{,}1x$
$p_N(x) = 60 - 0{,}2x$

c) $p_A(x) = 0{,}1 + \frac{1}{15}x$
$p_N(x) = 0{,}4 - \frac{2}{15}x$

**4** a) Fig. 1 zeigt die Zahlungsbereitschaft von fünf Personen, die einen Neuwagen kaufen möchten. Welche Konsumentenrente ergibt sich bei einem Preis von 32 000 €, welche bei einem Preis von 17 000 €?

b) In einem Neubau müssen die Elektroarbeiten für fünf gleichartige Wohnungen vergeben werden. Vereinfachend wird angenommen, dass fünf Betriebe interessiert sind und jeder Betrieb nur für eine Wohnung die Arbeiten durchführen kann. Fig. 2 zeigt die Beträge, für welche die Betriebe bereit wären, einen Auftrag zu übernehmen. Wie hoch ist die Produzentenrente, wenn in der Ausschreibung ein Preis von 8000 € steht?

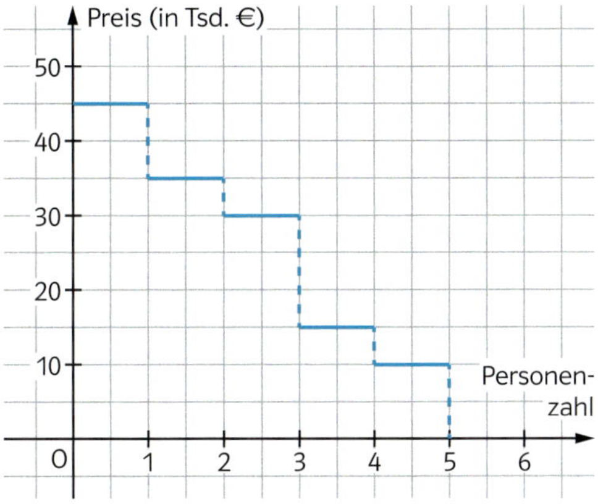

Fig. 1

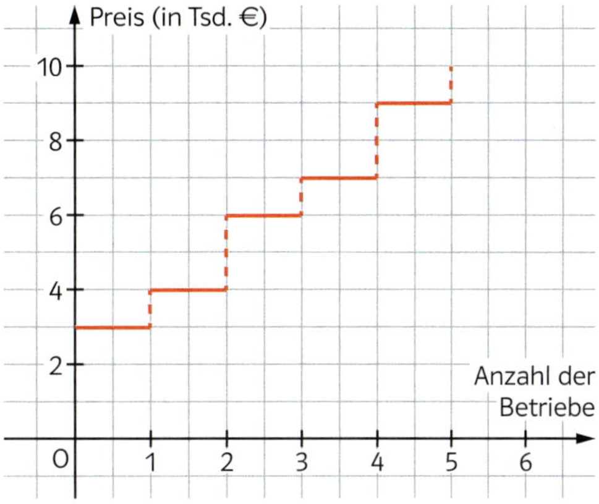

Fig. 2

**5** Für ein Produkt wurden die Angebotsfunktion $p_A(x) = 0{,}4x + 1$ und die Nachfragefunktion $p_N(x) = -0{,}8x + 10$, x in ME, p(x) in $\frac{GE}{ME}$, ermittelt.

a) Geben Sie den ökonomisch sinnvollen Bereich an.

b) Bestimmen Sie grafisch und rechnerisch die Marktgleichgewichtsmenge und den zugehörigen Marktpreis.

c) Der Produzent hält sein Angebot knapp und verlangt zunächst 5 GE, bis keine Nachfrage mehr vorhanden ist. Wie hoch ist die zugehörige Konsumentenrente?
Die Firma setzt dann den Preis auf den Marktpreis. Wie hoch ist die noch verbleibende Konsumentenrente?
Welchen Betrag hat also der Produzent von der Konsumentenrente „abgeschöpft"?

**6** Gegeben sind die Nachfragefunktion $p_N(x) = -ax + b$ und die Angebotsfunktion $p_A(x) = cx + d$ mit $a, b, c, d > 0$ und $b > d$.
Ermitteln Sie die Konsumenten- und die Produzentenrente.

**7** a) Die Angebots- und die Nachfragefunktion seien in der Form $x_A(p)$ bzw. $x_N(p)$, also mit dem Preis als unabhängige Variable, gegeben. Beschreiben Sie mithilfe einer Grafik, wie in diesem Fall die Konsumenten- und die Produzentenrente ermittelt werden muss.

b) Gegeben sind die Angebotsfunktion $x_A(p) = 2p$ und die Nachfragefunktion $x_N(p) = 20 - p$. Ermitteln Sie zeichnerisch und rechnerisch das Marktgleichgewicht. Berechnen Sie die Konsumenten- und die Produzentenrente.

# 9 Erlösfunktion im Monopol; Definition quadratischer Funktionen

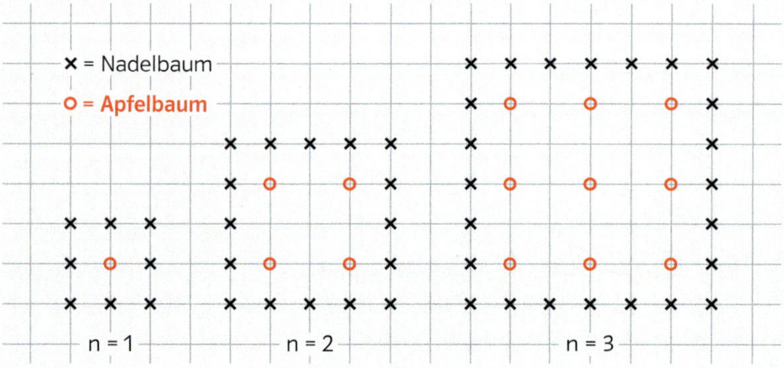


Zum Schutz vor Wind wurden um quadratisch angeordnete Apfelbäume Nadelbäume gepflanzt. Welche Formel beschreibt für dieses Muster jeweils die Anzahl der Apfel- bzw. Nadelbäume in Abhängigkeit von n?
Welcher Gesamtbetrag ergibt sich für die Muster, wenn ein Apfelbaum 15 € und ein Nadelbaum 12 € kosten?

Der Erlös eines Gutes ist definiert als Produkt von Menge und Preis. In den verschiedenen Marktmodellen wird der Preis unterschiedlich modelliert: Er wird als konstant angesehen im Polypol bzw. von der Menge abhängig im Monopol. Daher gibt es unterschiedliche Erlösfunktionen.

**Vollständige Konkurrenz (Polypol):**
Der Preis p ist der konstante Marktpreis.
Damit ergibt sich:
$E(x) = x \cdot p$.
Dies ist die Gleichung einer **linearen** Erlösfunktion (Fig. 1).

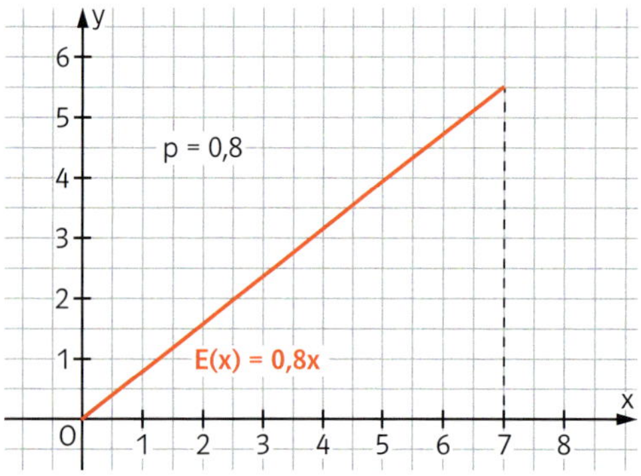


Fig. 1

**Monopol:**
Preis-Absatz-Funktion: $p(x) = a - bx$.
Damit ergibt sich:
$E(x) = x \cdot p(x) = x \cdot (a - bx) = ax - bx^2$.
Dies ist die Gleichung einer **quadratischen** Erlösfunktion (Fig. 2).

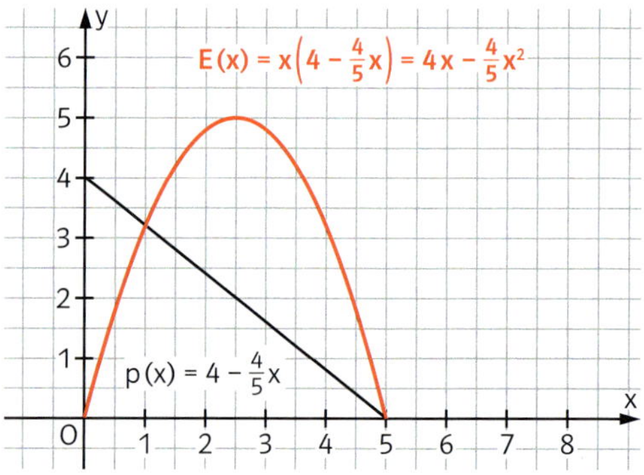


Fig. 2

Mit fünf Punkten kann man die Normalparabel schnell skizzieren.

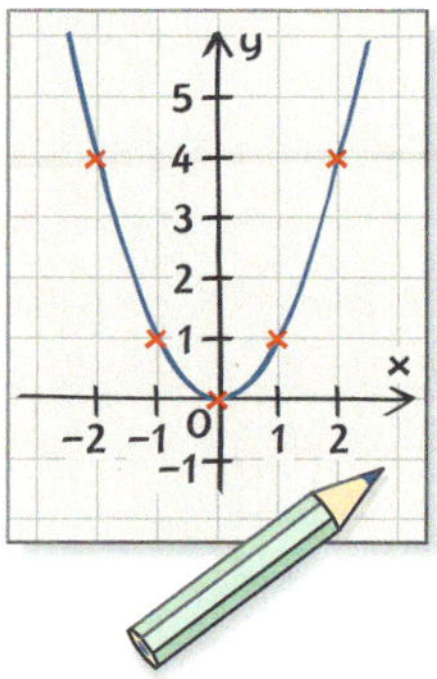


Im Marktmodell des Monopols mit linearer Preis-Absatz-Funktion treten also **quadratische** Erlösfunktionen auf. Daher werden die Eigenschaften **quadratischer Funktionen** und ihrer Graphen in den folgenden Lerneinheiten ausführlich untersucht.

Eine Funktion der Form $x \mapsto ax^2 + bx + c$ mit $a \neq 0$ heißt **quadratische Funktion** oder **ganzrationale Funktion zweiten Grades**, ihr Graph heißt **Parabel**.
Für $a > 0$ ist die Parabel nach oben geöffnet, ihr tiefster Punkt heißt **Scheitel S**.
Für $a < 0$ ist die Parabel nach unten geöffnet, der Scheitel ist dann ihr höchster Punkt.
Der Graph von $f(x) = x^2$ heißt **Normalparabel**.

Bemerkung: Man nennt $y = ax^2 + bx + c$ die **Hauptform** der Parabelgleichung.

**Beispiel** Wertetabelle und Graph einer quadratischen Funktion mit GTR
Gegeben ist die Funktion f mit $f(x) = 3x^2 - 6x + 1$.
a) Erstellen Sie mit dem GTR eine Wertetabelle und den Graphen der Funktion f.
b) Bestimmen Sie die Koordinaten des Scheitels.
c) Geben Sie die Wertemenge $W_f$ an.
Lösung: a) Fig. 1 zeigt die Wertetabelle und Fig. 2 die Parabel.
b) Mit [CALC] *3: minimum* wird der Scheitel S bestimmt, da S der tiefste Punkt der nach oben geöffneten Parabel ist.
Man erhält: S(1 | −2).
c) Wegen a = 3 > 0 ist die Parabel nach oben geöffnet; es gilt: $W_f = \{y \mid -2 \leqq y < +\infty\}$.

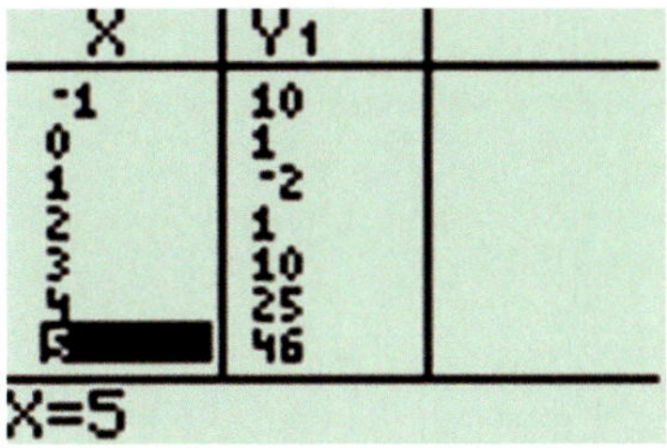

Fig. 1

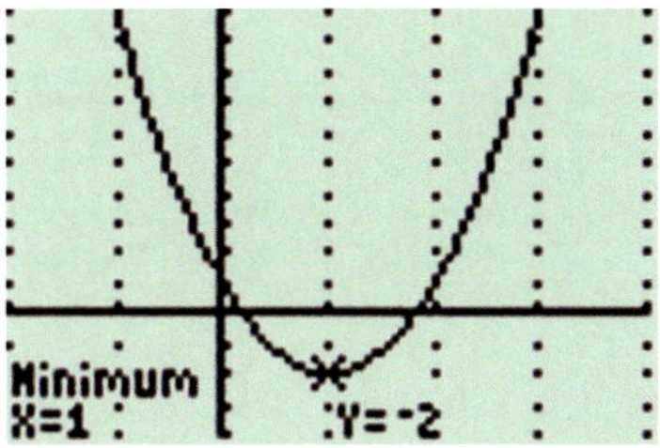

Fig. 2

## Aufgaben

**1** Gegeben ist die Preis-Absatz-Funktion eines Monopolisten. Zeichnen Sie den Graphen. Erstellen Sie eine Wertetabelle für die zugehörige Erlösfunktion und zeichnen Sie den Graphen in das vorhandene Koordinatensystem.
a) $p(x) = 5 - \frac{5}{4}x$  b) $p(x) = 3 - \frac{3}{7}x$  c) $p(x) = 7 - \frac{7}{2}x$

**2** Zeichnen Sie mithilfe einer Wertetabelle die Parabel in Ihr Heft.
a) $f(x) = x^2 - 2$  b) $f(x) = x^2 + 2x$  c) $f(x) = 4x^2 - 3x - 1$

**3** Geben Sie die Scheitelkoordinaten der Parabel an und bestimmen Sie, ob die Parabel nach oben oder nach unten geöffnet ist. Ermitteln Sie damit die Wertemenge der Funktion f.
a) $f(x) = 2x^2 - 4x$  b) $f(x) = -x^2 + x - 3$  c) $f(x) = -\frac{1}{3}x^2 - 4x + \frac{5}{2}$

### Zeit zu überprüfen

**4** a) Auf einem vollkommenen Markt erzielt ein Gut einen Marktpreis von $20\,\frac{GE}{ME}$. Welcher Erlös ergibt sich für 5 ME?
b) Welcher Erlös ergibt sich für 5 ME auf einem Monopolmarkt mit der Preis-Absatz-Funktion $p(x) = 30 - \frac{1}{5}x$?

**5** Gegeben ist die Preis-Absatz-Funktion p mit $p(x) = 50 - 4x$.
a) Bestimmen Sie den Höchstpreis und die Sättigungsmenge.
b) Geben Sie die Erlösfunktion an und bestimmen Sie mit Ihrem Rechner die Absatzmenge, bei welcher der Erlös maximal ist.

**6** Bestimmen Sie, welchen größten bzw. kleinsten Wert die Funktion annehmen kann. An welcher Stelle wird das Maximum bzw. das Minimum angenommen?
a) $x \mapsto 3x^2 - 4$  b) $x \mapsto -4x^2 - 2x$  c) $x \mapsto \frac{1}{3}x^2 - 2x$  d) $x \mapsto -\frac{1}{10}x^2 - \frac{3}{4}x$

**7** Aus einem Quadrat der Seitenlänge x (in cm) mit $x \geqq 2$ werden an den Ecken Quadrate der Seitenlänge 1 cm herausgeschnitten. Es bleibt eine Fläche mit dem Inhalt A (in $cm^2$) übrig. Bestimmen Sie für die Funktion $x \mapsto A$ den Funktionsterm und zeichnen Sie den zugehörigen Graphen.

Fig. 3

# 10 Gewinnfunktion im Monopol; Nullstellen quadratischer Funktionen

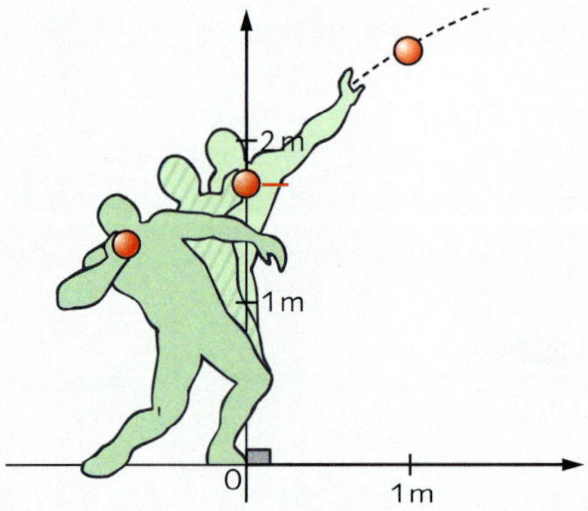


Beim Kugelstoßen ist die Flugbahn der Kugel angenähert eine Parabel. Bei einem Kontrollversuch wurde von Physikern eines Sportinstituts die Gleichung der zugehörigen Parabel ermittelt:
$y = -0{,}05x^2 + x + 1{,}8$.
Welcher Wert dieser Parabel ist von Interesse und wie groß ist dieser näherungsweise?

Die Frage nach dem Gewinn bei der Produktion und dem Verkauf eines Gutes ist für jedes Unternehmen von großem Interesse. Dabei ist der Gewinn definiert als Differenz von Erlös und Kosten:
$G(x) = E(x) - K(x)$.
Je nach Marktmodell ergeben sich unterschiedliche Gewinnfunktionen.
Für ein Monopol mit der linearen Preis-Absatz-Funktion p mit $p(x) = a - bx$ erhält man:
$G(x) = x \cdot (a - bx) - K(x)$.
Im Folgenden werden solche Gewinnfunktionen untersucht, wobei die Kostenfunktion als eine lineare oder quadratische Funktion angenommen wird.

Die gefärbte Fläche heißt **Gewinnlinse**.
Erinnerung:
Der Punkt, in dem der Erlös und die Kosten gleich groß sind, wird auch **Break-Even-Point (BEP)** genannt.

In Fig. 1 sind Graphen gezeichnet für die Erlösfunktion $E(x) = x \cdot (400 - 50x)$, die Kostenfunktion $K(x) = 500 + 30x$ und die sich ergebende Gewinnfunktion $G(x) = E(x) - K(x) = 370x - 50x^2 - 500$.
Der Graph der Gewinnfunktion ist eine Parabel, die die x-Achse zweimal schneidet.
Der kleinere Wert $x_S$ heißt **Gewinnschwelle (Nutzenschwelle)**, der größere Wert $x_G$ **Gewinngrenze (Nutzengrenze)**.
Allgemein nennt man eine Zahl $x_0$, welche die Bedingung $f(x_0) = 0$ erfüllt, **Nullstelle**.

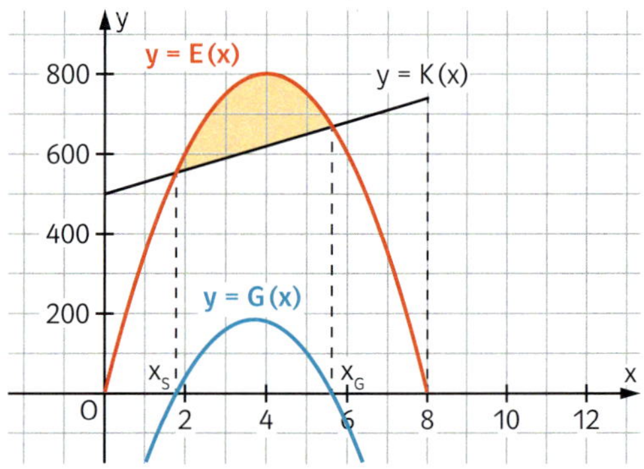

Fig. 1

Im Folgenden sollen die Nullstellen quadratischer Funktionen berechnet werden, d.h., die Gleichung $ax^2 + bx + c = 0$ ist zu lösen.

Zeichnet man mit dem Rechner die Graphen von f mit $f(x) = 2x^2 + 2x - 12$, g mit $g(x) = 3x^2 - 6x + 3$, h mit $h(x) = 1{,}5x^2 + 6x + 7{,}5$, so kann man die Ergebnisse sogar ablesen:

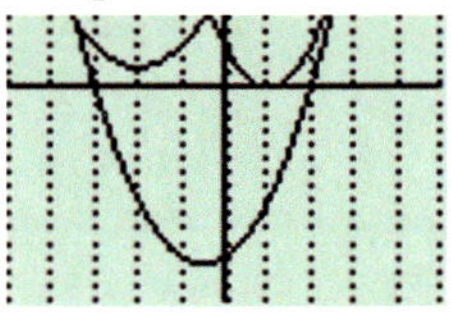

Es werden drei Beispiele vorgestellt:

$2x^2 + 2x - 12 = 0 \quad |:2$
$x^2 + x - 6 = 0$
$x^2 + 2x \cdot \frac{1}{2} + \left(\frac{1}{2}\right)^2 - \left(\frac{1}{2}\right)^2 - 6 = 0$
$\left(x + \frac{1}{2}\right)^2 - \frac{1}{4} - 6 = 0$
$\left(x + \frac{1}{2}\right)^2 = \frac{25}{4}$
Es gibt zwei Lösungen:
$x + \frac{1}{2} = \pm\frac{5}{2}$
$x_1 = -\frac{1}{2} + \frac{5}{2}$; $x_2 = -\frac{1}{2} - \frac{5}{2}$.
Nullstellen sind 2 und −3.

$3x^2 - 6x + 3 = 0 \quad |:3$
$x^2 - 2x + 1 = 0$
$x^2 - 2x \cdot 1 + 1^2 - 1^2 + 1 = 0$
$(x - 1)^2 = 0$
Ist das Quadrat einer Zahl 0, so ist die Zahl selbst 0:
$x - 1 = 0$
$x = 1$ ist also einzige Nullstelle.

$1{,}5x^2 + 6x + 7{,}5 = 0 \quad |:1{,}5$
$x^2 + 4x + 5 = 0$
$x^2 + 2x \cdot 2 + 2^2 - 2^2 + 5 = 0$
$(x + 2)^2 + 1 = 0$
$(x + 2)^2 = -1$
Es gibt keine reelle Zahl a, deren Quadrat −1 ist; also gibt es keine Nullstelle.

Und so geht man vor, um allgemein die Gleichung $ax^2 + bx + c = 0$ zu lösen:

Man dividiert zunächst durch a: $x^2 + \frac{b}{a}x + \frac{c}{a} = 0$.

Setzt man $p = \frac{b}{a}$ und $q = \frac{c}{a}$, so entsteht die Gleichung $x^2 + px + q = 0$.

Man ergänzt „quadratisch": $x^2 + 2x \cdot \frac{p}{2} + \left(\frac{p}{2}\right)^2 - \left(\frac{p}{2}\right)^2 + q = 0$ und erhält $\left(x + \frac{p}{2}\right)^2 = \left(\frac{p}{2}\right)^2 - q$.

Der Term $D = \left(\frac{p}{2}\right)^2 - q$ entscheidet über die Anzahl der Lösungen, denn für $D < 0$ gibt es keine Lösung, da das Quadrat einer Zahl nicht negativ sein kann.

Siehe auch Fundus, Seite 285

D heißt **Diskriminante der quadratischen Gleichung**.

Mit $p = \frac{b}{a}$ und $q = \frac{c}{a}$ ist $D = \left(\frac{p}{2}\right)^2 - q = \left(\frac{b}{2a}\right)^2 - \frac{c}{a} = \frac{b^2}{4a^2} - \frac{c}{a} = \frac{b^2 - 4ac}{4a^2}$.

Die Anzahl der Lösungen hängt bei der Gleichung $ax^2 + bx + c = 0$ von $D = b^2 - 4ac$ ab, da der Nenner $4a^2 > 0$ ist.

| Die quadratische Gleichung | $x^2 + px + q = 0$ | $ax^2 + bx + c = 0$ |
|---|---|---|
| hat nur Lösungen für $D \geqq 0$: | $D = \left(\frac{p}{2}\right)^2 - q \geqq 0$ | $D = b^2 - 4ac \geqq 0$ |
| zwei Lösungen für $D > 0$: | $x_{1/2} = -\frac{p}{2} \pm \sqrt{\left(\frac{p}{2}\right)^2 - q}$ | $x_{1/2} = \frac{-b \pm \sqrt{b^2 - 4ac}}{2a}$ |
| eine Lösung für $D = 0$: | $x_1 = -\frac{p}{2}$ | $x_1 = -\frac{b}{2a}$ |

**Mitternachtsformel:**
Diese Formel sollte man im Schlaf beherrschen!

Die Formel zum Lösen einer quadratischen Gleichung sollte man nur verwenden, wenn in der Gleichung $x^2$, x und die Konstante auftreten. Sonst ist die Lösung einfacher zu finden.

Es tritt x nicht auf:

$x^2 - 5 = 0 \quad | +5$

$x^2 = 5$

$x_1 = -\sqrt{5};\ x_2 = \sqrt{5}$

Es tritt keine Konstante auf:

$2x^2 - 5x = 0$; x wird ausgeklammert:

$x(2x - 5) = 0$; Nullprodukt:

$x_1 = 0;\ 2x_2 - 5 = 0$ also $x_1 = 0;\ x_2 = 2{,}5$

Natürlich lassen sich diese Gleichungen auch mit der Formel lösen!

Die quadratische Gleichung $4x^2 + 12x - 40 = 0$ hat die Lösungen $x_1 = 2$ und $x_2 = -5$.
Die Produktgleichung $4 \cdot (x - 2) \cdot (x + 5) = 0$ hat ebenfalls diese Lösungen (Satz vom Nullprodukt).
Der Term $4 \cdot (x - 2) \cdot (x + 5)$ heißt **Linearfaktorzerlegung** von $4x^2 + 12x - 40$, die Terme $x - 2$ und $x + 5$ heißen **Linearfaktoren**.

Gibt es zwei Nullstellen $x_1$ und $x_2$, so kann man die Funktion $f(x) = ax^2 + bx + c$ in der **Produktform** $f(x) = a(x - x_1)(x - x_2)$ darstellen.
Für $x_1 = x_2$ ergibt sich der Spezialfall $f(x) = a(x - x_1)^2$.

**Beispiel 1** Lösung einer quadratischen Gleichung

Ermitteln Sie die Nullstellen der quadratischen Funktion f mit $f(x) = 0{,}1x^2 - 1{,}5x + 5{,}6$.

Lösung:

Quadratische Ergänzung:

$0{,}1x^2 - 1{,}5x + 5{,}6 = 0 \quad | :0{,}1$

$x^2 - 15x + 56 = 0$

$(x - 7{,}5)^2 - 7{,}5^2 + 56 = 0$

$(x - 7{,}5)^2 = 0{,}25$

$x - 7{,}5 = 0{,}5;\ x - 7{,}5 = -0{,}5$

$x_1 = 8;\ x_2 = 7$

Lösung mit (p, q)-Formel:

$0{,}1x^2 - 1{,}5x + 5{,}6 = 0 \quad | :0{,}1$

$x^2 - 15x + 56 = 0$

$p = -15;\ q = 56$

$x_{1/2} = 7{,}5 \pm \sqrt{7{,}5^2 - 56}$

$x_{1/2} = 7{,}5 \pm 0{,}5$

$x_1 = 8;\ x_2 = 7$

Lösung mit (a, b, c)-Formel:

$a = 0{,}1;\ b = -1{,}5;\ c = 5{,}6$

$x_{1/2} = \frac{1{,}5 \pm \sqrt{1{,}5^2 - 4 \cdot 0{,}1 \cdot 5{,}6}}{2 \cdot 0{,}1}$

$x_{1/2} = \frac{1{,}5 \pm \sqrt{2{,}25 - 2{,}24}}{2 \cdot 0{,}1}$

$x_{1/2} = \frac{1{,}5 \pm 0{,}1}{0{,}2}$

$x_1 = 8;\ x_2 = 7$

**Beispiel 2** Gewinnschwelle und Gewinngrenze; Break-Even-Point

Ein Monopolist produziert ein Gut mit der Preis-Absatz-Funktion $p(x) = 150 - 10x$, $x \in [0; 15]$, x in ME, p(x) in $\frac{GE}{ME}$ und der Kostenfunktion $K(x) = 200 + 30x$; $x \in [0; 15]$, x in ME, K(x) in GE.

a) Zeichnen Sie die Graphen der Preis-Absatz-Funktion, der Kosten-, der Erlös- und der Gewinnfunktion in ein gemeinsames Koordinatensystem.
Markieren Sie die Gewinnlinse und den Break-Even-Point.

b) Berechnen Sie die Gewinnschwelle, die Gewinngrenze und die Koordinaten des Break-Even-Points.

c) Zwischen welchen Grenzen muss der Monopolist den Preis für das Gut festsetzen, um einen Gewinn zu erzielen?

Lösung: a) Zeichnung siehe Fig. 1.

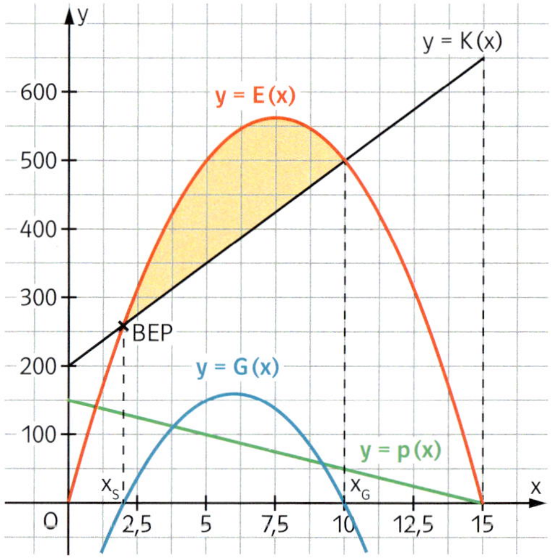

Fig. 1

b) Erlösfunktion:

$E(x) = x(150 - 10x)$
$= 150x - 10x^2$

Gewinnfunktion:

$G(x) = E(x) - K(x)$
$= 150x - 10x^2 - (200 + 30x)$
$= -10x^2 + 120x - 200$

Die Bedingung $G(x) = 0$ ergibt die Gleichung
$-10x^2 + 120x - 200 = 0$ bzw.
$x^2 - 12x + 20 = 0$
mit den Lösungen:
$x_{1/2} = 6 \pm \sqrt{36 - 20} = 6 \pm 4$;
$x_1 = 2$; $x_2 = 10$.

Die Gewinnschwelle ist $x_S = 2$ ME,
die Gewinngrenze ist $x_G = 10$ ME.
Wegen $K(2) = 260$ hat der Break-Even-Point die Koordinaten BEP(2 | 260).

c) Es ist $p(2) = 130$ und $p(10) = 50$.
Der Monopolist erzielt einen Gewinn, wenn er den Preis für das Gut zwischen $130\,\frac{GE}{ME}$ und $50\,\frac{GE}{ME}$ festsetzt.

**Beispiel 3** Anzahl von Nullstellen

Wie viele Nullstellen besitzt die Funktion f?

a) $f(x) = x^2 - 5x - 7$ b) $f(x) = \frac{1}{2}x^2 - \frac{3}{2}x + \frac{9}{8}$ c) $f(x) = -3x^2 + \frac{4}{3}x - \frac{1}{3}$

Lösung: Man berechnet die Diskriminante $D = b^2 - 4ac$ der zugehörigen quadratischen Gleichung.

a) $D = (-5)^2 - 4 \cdot 1 \cdot (-7) = 25 + 28 = 53 > 0$, also hat f zwei Nullstellen.

b) $D = \left(-\frac{3}{2}\right)^2 - 4 \cdot \frac{1}{2} \cdot \frac{9}{8} = \frac{9}{4} - \frac{9}{4} = 0$, also hat f genau eine Nullstelle.

c) $D = \left(\frac{4}{3}\right)^2 - 4 \cdot (-3) \cdot \left(-\frac{1}{3}\right) = \frac{16}{9} - 4 = -\frac{20}{9} < 0$, also hat f keine Nullstelle.

**Beispiel 4** Anzahl der Nullstellen in Abhängigkeit vom Parameter

Gegeben ist für jedes $t \in \mathbb{R}$ die Funktion $f_t$ mit $f_t(x) = 3x^2 + 4x + 2t$. Für welche t hat der zugehörige Graph zwei oder genau einen oder keinen Punkt mit der x-Achse gemeinsam?

Lösung: Diskriminante: $D = 4^2 - 4 \cdot 3 \cdot 2t = 16 - 24t$

Siehe auch Fundus, Seite 284

zwei gemeinsame Punkte: $D > 0 \Leftrightarrow 16 - 24t > 0 \Leftrightarrow t < \frac{2}{3}$

ein gemeinsamer Punkt: $D = 0 \Leftrightarrow 16 - 24t = 0 \Leftrightarrow t = \frac{2}{3}$

kein gemeinsamer Punkt: $D < 0 \Leftrightarrow 16 - 24t < 0 \Leftrightarrow t > \frac{2}{3}$

## Aufgaben

**1** Bestimmen Sie die Nullstellen der Funktion mit dem Rechner.

a) $f(x) = x^2 - 4x - 21$ b) $f(x) = 2x^2 - 7x - 4$ c) $f(x) = 3x^2 - 10x + 6$

d) $f(x) = 25x^2 - 40x + 16$ e) $f(x) = \frac{2}{3}x^2 + x + \frac{1}{3}$ f) $f(x) = 0{,}2x^2 + x + 1{,}5$

**2** Bestimmen Sie die exakten Werte der Nullstellen von f und stellen Sie den Funktionsterm von f in der Produktform dar.

a) $f(x) = x^2 + 6x + 5$ b) $f(x) = 2x^2 - 5x - 42$ c) $f(x) = 3x^2 - 4x - 4$

d) $f(x) = -x^2 + x + 6$ e) $f(x) = -15x^2 + x + 2$ f) $f(x) = \frac{1}{5}x^2 - \frac{2}{5}x + \frac{1}{5}$

g) $f(x) = \frac{3}{20}x^2 - \frac{1}{2}x + \frac{3}{10}$ h) $f(x) = \frac{1}{2}x^2 + x - 1$ i) $f(x) = -\frac{1}{3}x^2 + 2x - \frac{7}{3}$

**3** Untersuchen Sie anhand der Diskriminante, wie viele Nullstellen die Funktion f hat.

a) $f(x) = \frac{1}{2}x^2 + 6x + 15$ b) $f(x) = -2x^2 - 5x - 4$ c) $f(x) = -\frac{1}{5}x^2 + 6x - 45$

**Zeit zu überprüfen**

**4** Lösen Sie die Gleichung möglichst geschickt.

a) $x^2 + 4x = 0$ b) $2x^2 - 10x = 0$ c) $7x^2 = 8x$ d) $x^2 - 16 = 0$

e) $0{,}5x^2 + 5 = 0$ f) $\frac{1}{2}x^2 = 0$ g) $(x + 1) - (x^2 + 1) = 0$ h) $(x + 1) - (x^2 - 1) = 0$

**5** Bringen Sie die Gleichung zunächst in die Hauptform und lösen Sie diese.

a) $(8x + 3)^2 = (3x + 8)^2$ b) $(x + 6)^2 + 2x = 12(x^2 + 3)$ c) $2(x - 1)(x + 3) = (x - 2)(x + 6)$

**6** Gegeben ist eine Gewinnfunktion G (x in ME, G(x) in GE). Bestimmen Sie die Gewinnschwelle und die Gewinngrenze.

a) $G(x) = -x^2 + 10x - 16$ b) $G(x) = -\frac{1}{2}x^2 + \frac{19}{2}x - \frac{217}{8}$ c) $G(x) = -0{,}1x^2 + 6x - 50$

---

**7** Bei der Herstellung eines Gutes arbeitet ein Monopolist mit der Preis-Absatz-Funktion p und der Kostenfunktion K. Zeichnen Sie die Graphen der Preis-Absatz-Funktion, der Kosten-, der Erlös- und der Gewinnfunktion in ein gemeinsames Koordinatensystem.
Berechnen Sie die Gewinnschwelle und die Gewinngrenze sowie die zugehörigen Preise.

a) $p(x) = 100 - 10x$, $K(x) = 150 + 5x$ b) $p(x) = 15 - 2x$, $K(x) = 2x + 10$ c) $p(x) = 35 - 5x$, $K(x) = x^2 + x + 10$

**8** Untersuchen Sie, für welche Werte des Parameters die zugehörige Parabel zwei oder genau einen oder keinen Punkt mit der x-Achse gemeinsam hat.

a) $f_t(x) = x^2 - x + t$ b) $f_a(x) = ax^2 + 6x - 4$ c) $f_t(x) = \frac{1}{2}x^2 + \frac{t}{2}x - t^2$

d) $f_t(x) = 5t^2x^2 + 4tx - 1$ e) $f_t(x) = \frac{1}{t^2}x^2 + 2x - t$ f) $f_c(x) = (c - 1)x^2 + 2cx + c + 1$

**9** In einer mathematischen Runde behauptet Rosi: „Der Wert von b im Funktionsterm $f(x) = ax^2 + bx + c$ hat auf die Anzahl der Nullstellen der Funktion f meistens einen größeren Einfluss als der Wert von c."
Erörtern Sie, ob diese Behauptung zutrifft und begründen Sie Ihre Meinung.

**10** Gegeben ist für $a \neq 0$ die Funktion f mit $f(x) = ax^2 + bx + c$.

a) Begründen Sie: Ist $a > 0$ und $c < 0$ (oder umgekehrt), so hat der Graph von f zwei Punkte mit der x-Achse gemeinsam, wobei ein Punkt links und der andere rechts von der y-Achse liegt.

b) Geben Sie Beispiele für solche quadratische Funktionen an.

# 11 Gewinnmaximum im Monopol; Scheitelform der Parabelgleichung

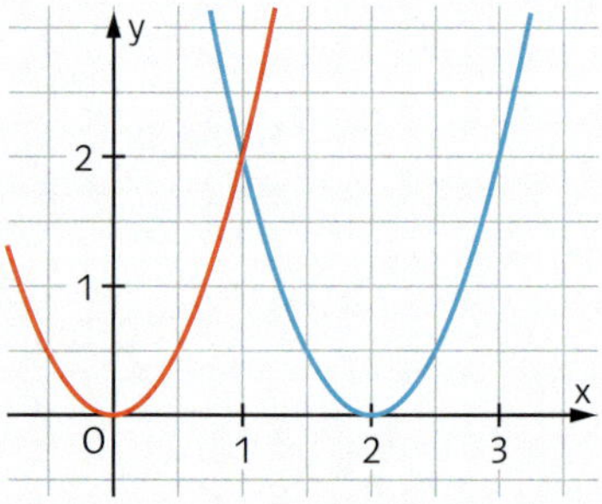


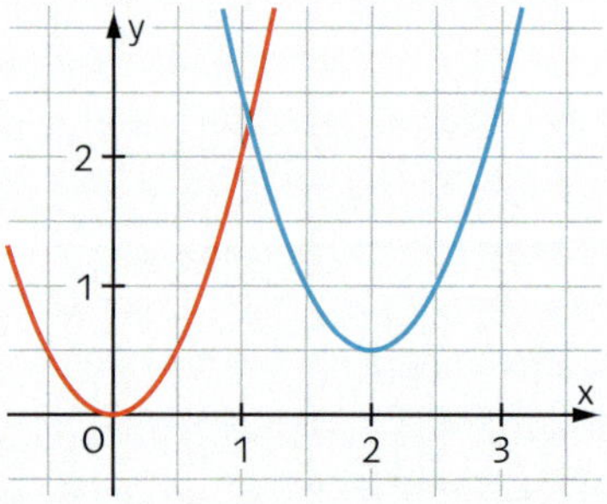


Wie kann man sich jeweils den blauen Graphen aus dem roten entstanden denken? Geben Sie Terme an.

Bei linearer Preis-Absatz-Funktion und linearer Kostenfunktion ergibt sich im Falle eines Monopols eine quadratische Gewinnfunktion, deren Graph eine nach unten geöffnete Parabel ist. Bisher wurden die Gewinnschwelle und die Gewinngrenze berechnet. Ein Monopolist ist natürlich besonders daran interessiert, bei welchem **Preis für das Gut sein Gewinn maximal** wird. Im Folgenden geht es darum, wie man diesen Preis rechnerisch ermitteln kann.

Antoine Augustin Cournot (1801–1877), französischer Ökonom.

Betrachtet man den Graphen einer Gewinnfunktion (Fig. 1), erkennt man, dass die gewinnmaximale Produktionsmenge $x_C$ und der zugehörige maximale Gewinn $G(x_C)$ die Koordinaten des Scheitels S der Parabel sind. Der gesuchte Preis ergibt sich dann als Funktionswert der Preis-Absatz-Funktion p an der Stelle $x_C$. Der Punkt $C(x_C \mid p(x_C))$ heißt **Cournot´scher Punkt**. Auch bei anderen so genannten **Extremwertproblemen** ist die Kenntnis der Lage des Scheitels einer Parabel wichtig.

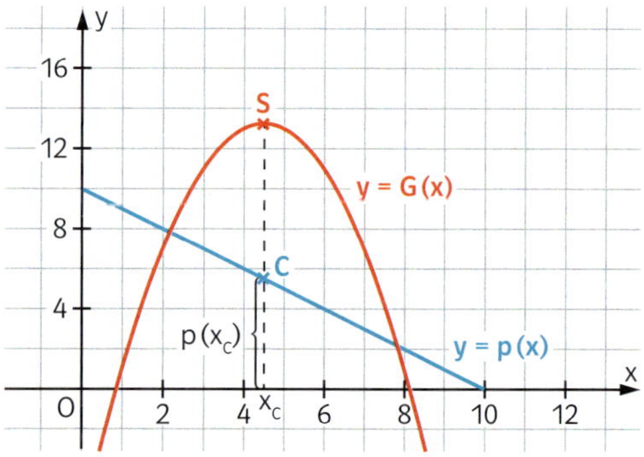


Fig. 1

Der Scheitel $S(x_S \mid y_S)$ einer Parabel und der Cournot´sche Punkt $C(x_C \mid p(x_C))$ haben die gleiche x-Koordinate.

Es gibt eine Form der Parabelgleichung, der man die Koordinaten des Scheitels direkt entnehmen kann. Diese so genannte Scheitelform erhält man durch Überlegungen, wie sich der Term der Normalparabel bei Stauchungen und Streckungen bzw. Verschiebungen verändert. Die folgenden Vergleiche zeigen, wie man sich die verschiedenen Graphen aus der Normalparabel entstanden denken kann (Fig. 2 sowie die Fig. 1 und die Fig. 2 von Seite 101).

1. Parabeln, die enger oder weiter sind als die Normalparabel und eventuell an der x-Achse gespiegelt wurden:

Normalparabel $x \mapsto x^2$ | Parabel von $x \mapsto 1{,}5x^2$ | Parabel von $x \mapsto -0{,}5x^2$

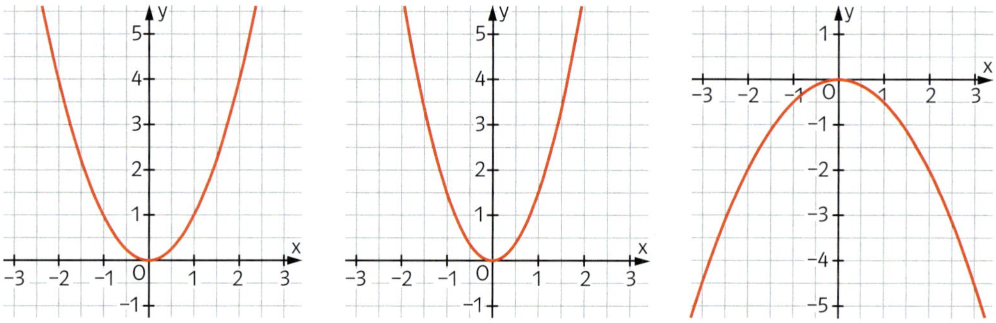


Fig. 2

2. Parabeln, die entlang der x-Achse verschoben wurden:

Parabel von $x \mapsto (x+2)^2$ Parabel von $x \mapsto 1{,}5\,(x+2)^2$ Parabel von $x \mapsto -0{,}5\,(x+2)^2$

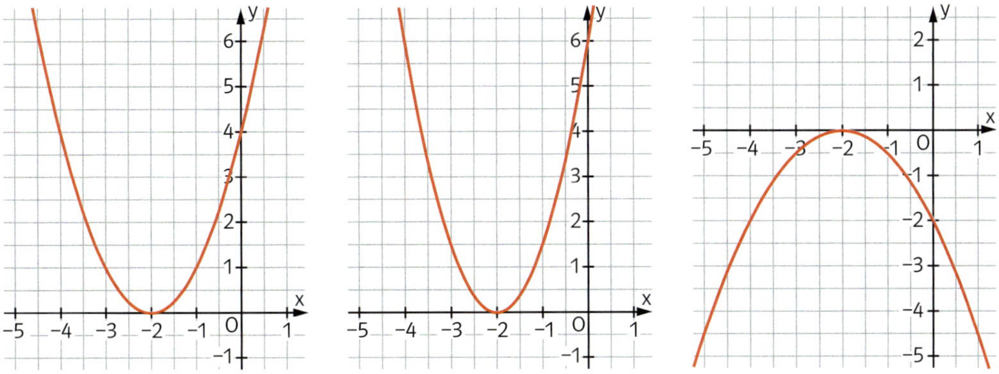

Fig. 1

3. Parabeln, die entlang der y-Achse verschoben wurden:

Parabel von $x \mapsto (x+2)^2 - 1$ Parabel von $x \mapsto 1{,}5\,(x+2)^2 + 1$ Parabel von $x \mapsto -0{,}5\,(x+2)^2 - 1$

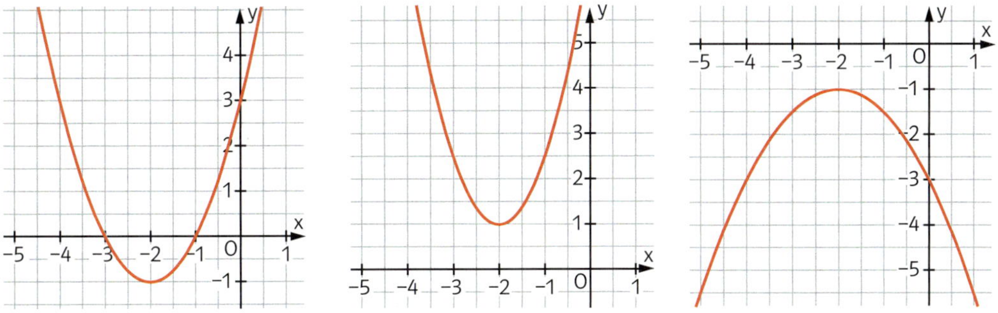

Fig. 2

Der Graph der Funktion f mit $f(x) = a \cdot (x - x_S)^2 + y_S$ ($a \neq 0$) ist eine in horizontaler Richtung um $x_S$ und in vertikaler Richtung um $y_S$ verschobene Parabel. Eine solche Parabel ist enger bzw. weiter als die Normalparabel, falls für den **Streckfaktor a** gilt: $|a| > 1$ bzw. $|a| < 1$.
Da man die Koordinaten des Scheitels direkt als $S(x_S \mid y_S)$ ablesen kann, heißt diese Darstellung der quadratischen Funktion **Scheitelform**.

Die Scheitelform ist nach der Hauptform und der Nullstellenform eine dritte Variante, den Term einer quadratischen Funktion darzustellen.

Der Scheitel einer Parabel hat eine besondere Eigenschaft, die bei praktischen Problemen Bedeutung hat. Ist die Parabel nach unten geöffnet, ist der Scheitelpunkt der „höchste Punkt" der Parabel; man nennt ihn den **Hochpunkt** der Parabel (Fig. 3); die zugehörige quadratische Funktion hat an dieser Stelle ihren größten Funktionswert, ihr **Maximum**. Bei nach oben geöffneten Parabeln spricht man entsprechend beim „tiefsten Punkt" vom **Tiefpunkt**; die Funktion hat an dieser Stelle ihr **Minimum**. Minimum oder Maximum nennt man auch allgemeiner **Extremum**.

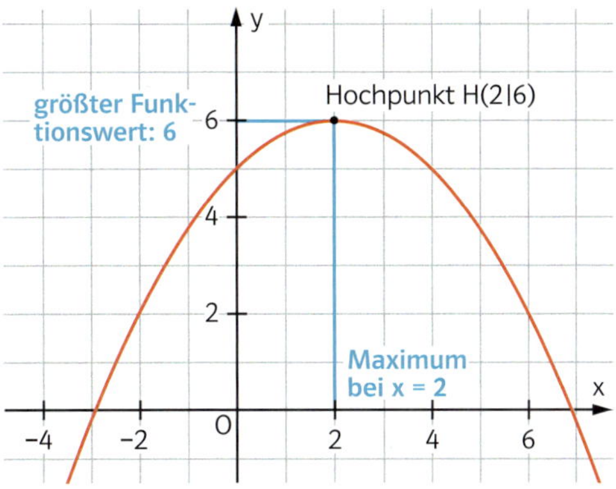


Fig. 3

Die Flugkurve des Körperschwerpunktes eines Hochspringers wird angenähert beschrieben durch eine nach unten geöffnete Parabel.

**Scheitelbestimmung mit quadratischer Ergänzung:**

$$f(x) = a x^2 + b x + c = a\left(x^2 + \frac{b}{a}x + \frac{c}{a}\right)$$
$$= a(x^2 + p x + q)$$
$$= a[(x^2 + p x) + q];\; p = \frac{b}{a};\; q = \frac{c}{a}$$
$$= a\left[\left(x^2 + 2\cdot\frac{p}{2}\cdot x + \left(\frac{p}{2}\right)^2\right) - \left(\frac{p}{2}\right)^2 + q\right]$$
$$= a\left[\left(x + \frac{p}{2}\right)^2 - \frac{p^2}{4} + q\right]$$
$$= a\left(x + \frac{p}{2}\right)^2 + a\left(q - \frac{p^2}{4}\right)$$

Damit ergibt sich der Scheitel $S\left(-\frac{p}{2}\middle|a\left(q - \frac{p^2}{4}\right)\right)$

und mit $p = \frac{b}{a}$ und $q = \frac{c}{a}$ dann $S\left(-\frac{b}{2a}\middle|c - \frac{b^2}{4ac}\right)$.

**Scheitelbestimmung mit Nullstellen:**

Bei einer Parabel ist der Mittelwert zweier Nullstellen der x-Wert des Scheitels.

Der Scheitel einer Parabel lässt sich mithilfe von Nullstellen finden. Dazu verschiebt man die gegebene Parabel mit der Gleichung $f(x) = a x^2 + b x + c$ vertikal, bis sie durch den Ursprung geht ($c = 0$). Die verschobene Parabel hat die Gleichung $g(x) = a x^2 + b x = a x \cdot \left(x + \frac{b}{a}\right)$; sie weist immer die Nullstelle $x_1 = 0$ sowie die weitere Nullstelle $x_2 = -\frac{b}{a}$ auf.

Den x-Wert des Scheitels erhält man durch Mittelwertbildung gemäß $x_S = \frac{x_1 + x_2}{2} = \frac{x_2}{2} = -\frac{b}{2a}$, den y-Wert durch $y_S = f(x_S)$.

**Beispiel 1** Scheitelform

Bestimmen Sie mithilfe quadratischer Ergänzung die Scheitelform der quadratischen Funktion f mit $f(x) = 4x^2 + 8x - 1$.

Lösung: $f(x) = 4\left(x^2 + 2x - \frac{1}{4}\right) = 4\left[(x^2 + 2x + 1^2) - 1^2 - \frac{1}{4}\right]$
$= 4\left[(x + 1)^2 - \frac{5}{4}\right] = 4(x + 1)^2 - 5;\; S(-1|-5)$

**Beispiel 2** Scheitelbestimmung mit Nullstellen

Bestimmen Sie den Scheitel der Parabel zur Funktion f mit $f(x) = x^2 - 3x + 1$.

Lösung: Die um 1 nach unten verschobene Parabel hat den Term $g(x) = x^2 - 3x = x \cdot (x - 3)$. Die Scheitel zu f und g liegen beim selben x-Wert (gestrichelte Linie, Fig. 1). Die Nullstellen von g kann man der ausgeklammerten Darstellung direkt entnehmen; sie sind $x_1 = 0$ sowie $x_2 = 3$. Somit gilt für den gesuchten Scheitel:
$x_S = \frac{3}{2};\; y_S = f\left(\frac{3}{2}\right) = -\frac{5}{4}$, also $S\left(\frac{3}{2}\middle|-\frac{5}{4}\right)$.

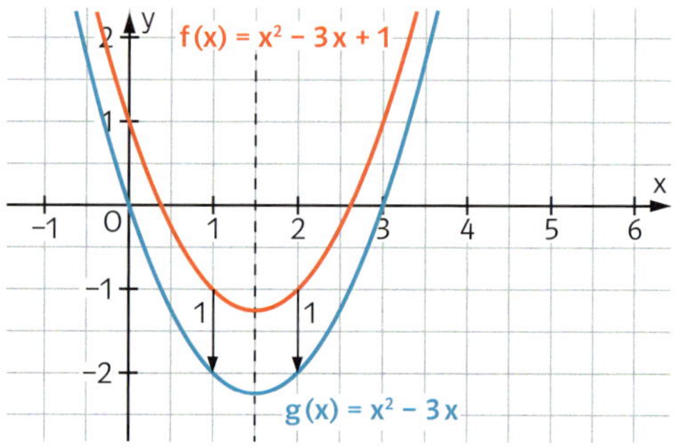


Fig. 1

**Beispiel 3** Extremwert berechnen mit GTR

Von welcher Art ist das Extremum der Funktion f mit $f(x) = 2x^2 - 2x - 0{,}25$? Für welchen x-Wert wird es angenommen und wie groß ist es?

Lösung: Nach Erstellung des Graphen wird der Scheitel S mit dem Befehl [CALC] *3:minimum* bestimmt, da S der tiefste Punkt der nach oben geöffneten Parabel ist. Man erhält: $S(0{,}5|-0{,}75)$.

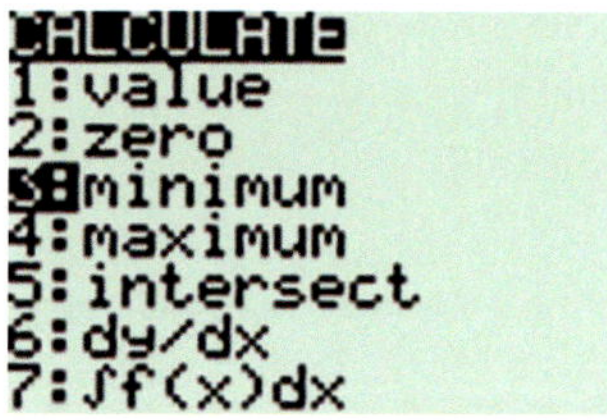


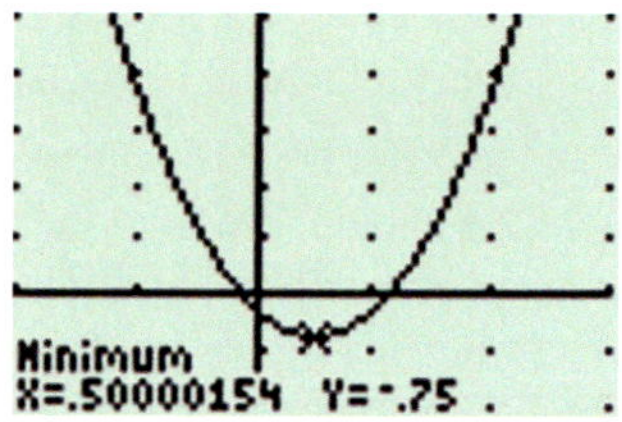

**Beispiel 4** Bestimmen eines Funktionsterms

Eine Parabel hat den Scheitel S(−3 | 4) und geht durch den Punkt P(−1 | 5). Bestimmen Sie einen Term der zugehörigen quadratischen Funktion f.

Lösung: Man setzt die Scheitelkoordinaten in die Scheitelform ein: $f(x) = a(x+3)^2 + 4$.
Den Streckfaktor a erhält man aus der Punktprobe mit P: $f(-1) = a(-1+3)^2 + 4 = 4a + 4 = 5$, also $a = \frac{1}{4}$. Der vollständige Funktionsterm lautet dann: $f(x) = \frac{1}{4}(x+3)^2 + 4$.

Sollte die Normalform gefragt sein, muss die Klammer noch ausmultipliziert werden.

**Beispiel 5** Erlös- und Gewinnmaximum, Cournot'scher Punkt

Ein Monopolist stellt ein Bauteil her. Er arbeitet mit der Kostenfunktion $K(x) = x + 7$, $x \in [0; 10]$, x in ME, K(x) in GE, und der Preis-Absatz-Funktion $p(x) = 10 - x$, $x \in [0; 10]$, x in ME, p(x) in $\frac{GE}{ME}$.

a) Ermitteln Sie die Erlös- und die Gewinnfunktion.

b) Zeichnen Sie die Graphen der Kosten-, der Erlös-, der Gewinn- und der Preis-Absatz-Funktion in ein gemeinsames Koordinatensystem.

c) Bei welcher Ausbringungsmenge ist der Erlös maximal? Wie groß ist er?

d) Bestimmen Sie das Produktionsintervall, in dem Gewinn erzielt wird. Tragen Sie den Break-Even-Point in die Zeichnung ein.

e) Bestimmen Sie das Maximum der Gewinnfunktion. Wie hoch liegt der Preis für die gewinnmaximale Ausbringungsmenge? Tragen Sie den Cournot'schen Punkt in die Zeichnung ein.

Lösung: a) Erlösfunktion: $E(x) = x \cdot (10 - x) = 10x - x^2$
Gewinnfunktion: $G(x) = E(x) - K(x) = 10x - x^2 - (x + 7) = -x^2 + 9x - 7$

b) Graphen: Siehe Fig. 1.

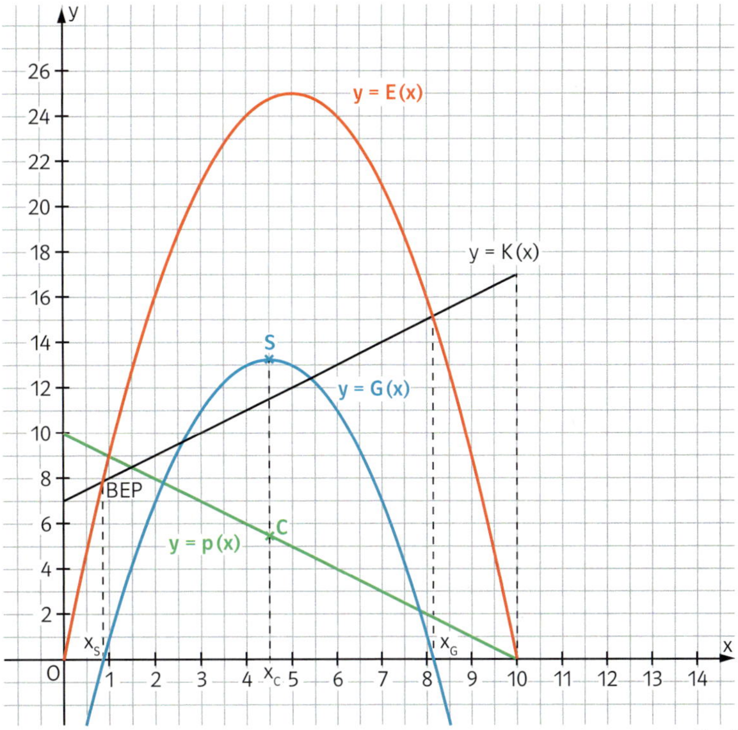

Fig. 1

c) Der Graph der Erlösfunktion ist eine besondere Parabel. Diese geht durch den Ursprung und durch den Punkt N(10 | 0).
Aufgrund der Symmetrie der Parabel ist damit 5 die Stelle, an der der Erlös maximal ist.
Weiterhin ist E(5) = 25.
Der maximale Erlös ist also 25 GE bei der Ausbringungsmenge 5 ME.

d) Aus G(x) = 0 folgt $-x^2 + 9x - 7 = 0$ bzw. $x^2 - 9x + 7 = 0$ mit den Lösungen
$x_{1,2} = \frac{9 \pm \sqrt{81 - 4 \cdot 1 \cdot 7}}{2} = \frac{9 \pm \sqrt{53}}{2}$,
$x_1 = 4{,}5 + \frac{1}{2}\sqrt{53} \approx 8{,}14$;
$x_2 = 4{,}5 - \frac{1}{2}\sqrt{53} \approx 0{,}86$.
Damit liegt die Gewinnschwelle $x_S$ bei rund 0,86 ME und die Gewinngrenze $x_G$ bei rund 8,14 ME.
Wegen $K(0{,}86) = 0{,}86 + 7 = 7{,}86$ hat der Break-Even-Point näherungsweise die Koordinaten BEP(0,86 | 7,86) (Fig. 1).

e) Der Graph der Gewinnfunktion ist eine nach unten geöffnete Parabel.
Es sind die Koordinaten des Scheitels zu bestimmen.
Die um 7 nach oben verschobene Parabel hat den Term $g(x) = -x^2 + 9x$.
Die Nullstellen von g sind $x_1 = 0$ und $x_2 = 9$. Somit gilt für den gesuchten Scheitel S:
$x_C = 4{,}5$ sowie $y_C = G(4{,}5) = 13{,}25$, also S(4,5 | 13,25).
Für die Ausbringungsmenge 4,5 ME wird ein maximaler Gewinn von 13,25 GE erzielt.
Wegen p(4,5) = 5,5 liegt der Preis für die gewinnmaximale Ausbringungsmenge von 4,5 ME bei $5{,}5\frac{GE}{ME}$. Der Cournot'sche Punkt C hat also die Koordinaten C(4,5 | 5,5) (Fig. 1).

## Aufgaben

Wenn man Wasser in einem Glas rotieren lässt, bildet der Querschnitt der Wasseroberfläche eine Parabel. Diese Parabel bildet sich deutlicher aus, wenn man das Glas mit einer Vorrichtung schnell rotieren lässt.

Auch ein regelmäßiges Gebiss hat die Form einer Parabel.

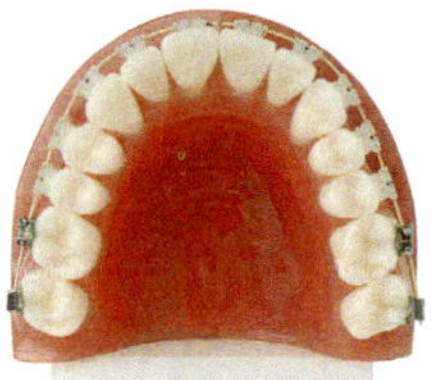

**1** Ergänzen Sie so, dass sich der neue Term als binomischer Term schreiben lässt.

a) $x^2 - 4x + \square$ b) $x^2 + 3x + \square$ c) $x^2 - 3{,}5x + \square$ d) $x^2 + 0{,}8x + \square$

e) $x^2 + \frac{1}{2}x + \square$ f) $x^2 + \frac{2}{3}x + \square$ g) $x^2 - 10{,}02x + \square$ h) $x^2 + \frac{3}{4}x + \square$

**2** Wie entsteht der Graph der Funktion f aus der Normalparabel mit der Gleichung $y = x^2$? Geben Sie auch den Scheitel und die Öffnungsrichtung an.

a) $f(x) = 4(x+1)^2$ b) $f(x) = 4(x-1)^2$ c) $f(x) = 4(x-1)^2 + 1$

d) $f(x) = 0{,}5\left(x - \frac{1}{3}\right)^2 + 0{,}1$ e) $f(x) = 0{,}125x^2 - 6$ f) $f(x) = 5 - (x+2)^2$

**3** Bestimmen Sie den Scheitel der zu f gehörigen Parabel und die Öffnungsrichtung.

a) $f(x) = x^2 + 4x$ b) $f(x) = x^2 + 4x + 4$ c) $f(x) = x^2 - 10x + 31$

d) $f(x) = 2x^2 + 12x + 3$ e) $f(x) = 4x^2 + 8x - 1$ f) $f(x) = -0{,}2x^2 + 2x - 6{,}5$

g) $f(x) = -x^2 - \frac{2}{3}x$ h) $f(x) = -0{,}5x^2 + 5x - 20{,}5$ i) $f(x) = x^2 - 2\sqrt{2} \cdot x + 2$

**4** Der Punkt P liegt auf dem Graphen der Funktion f mit $f(x) = 0{,}5x^2 - 2x + 3$.

a) $P(0 \mid \square)$ b) $P(2 \mid \square)$ c) $P(10 \mid \square)$ d) $P(-8 \mid \square)$

**5** Erstellen Sie den Graphen der Funktion f mit Ihrem Rechner in einem geeigneten Bereich, lesen Sie den Scheitel ab und bestätigen Sie Ihre Aussagen durch Rechnung.

a) $f(x) = 0{,}25x^2 - x + 2$ b) $f(x) = 0{,}5x^2 - 9x + 30{,}5$ c) $f(x) = \frac{1}{3}x^2 + 3x + 3{,}25$

**6** An welcher Stelle hat die Funktion f ihren Extremwert? Wie groß ist er?

a) $f(x) = x^2 - x + 1$ b) $f(x) = -2x^2 + 4x$ c) $f(x) = 0{,}75 - 3x - x^2$

### Zeit zu überprüfen

**7** Beschreiben Sie, wie der Graph von f aus der Normalparabel entsteht.

a) $f(x) = \frac{1}{2}(x+3)^2 - 4$ b) $f(x) = -3(x-2)^2 + 1$

c) $f(x) = -x^2 - x + \frac{3}{4}$ d) $f(x) = \frac{1}{3}x \cdot (6 - x)$

e) $f(x) = -4x \cdot (x+2)$ f) $f(x) = -\frac{1}{5}x^2 + 2x - \frac{9}{5}$

**8** Ermitteln Sie den Scheitel der Parabel.

a) $f(x) = \frac{1}{2}x^2 - 5x - 1$ b) $f(x) = 0{,}4x^2 + 2{,}4x - 0{,}6$ c) $f(x) = -0{,}5x^2 + x + 8$

**9** Ermitteln Sie die Funktionsgleichung.

Während es sich bei a) und b) um Parabeln mit dem Vorfaktor 1 handelt, ist dieser bei c) noch zu bestimmen.

a)

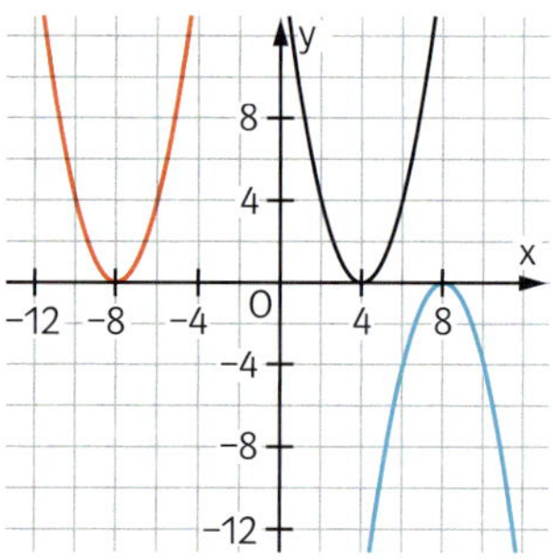


b)

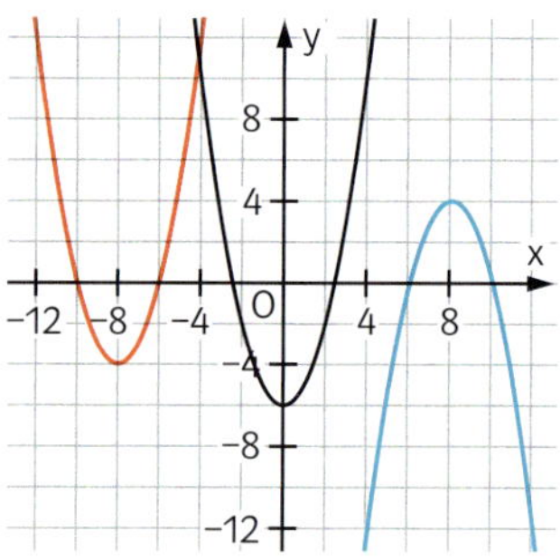


c)

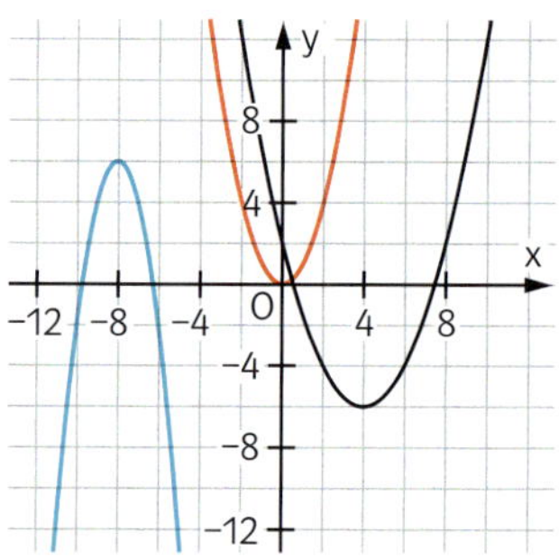

**10** Bei welcher Einsetzung von x haben die Terme den maximalen bzw. minimalen Wert?

a) $x^2 + 6x + 3$ b) $x(4 - x)$ c) $x(x + 8) + 6(x + 5)$ d) $(x - 7)(x - 5)$

**11** Gegeben sind die Preis-Absatz-Funktion $p(x) = -\frac{1}{80}x + \frac{5}{8}$ und die Kostenfunktion $K(x) = \frac{1}{4}x + 2{,}5$; x in ME; p(x) in $\frac{GE}{ME}$ und K(x) in GE mit $x \in [0; 30]$.

a) Bestimmen Sie den Höchstpreis und die Sättigungsmenge.
b) Geben Sie die Erlösfunktion E an.
c) Welcher Erlös wird bei einem Absatz von 18 ME erzielt? Wie hoch sind dabei die Kosten?
d) Wie hoch ist der Gewinn bei einem Absatz von 15 ME?
e) Bestimmen Sie das Maximum der Erlösfunktion.
f) Geben Sie die Gewinnschwelle und die Gewinngrenze an.

**12** Ein Hersteller ist Monopolist eines Präzisionsmessgerätes. Seine Produktionskosten kann er mit der Kostenfunktion $K(x) = 6x + 120$; $x \in [0; 100]$ ermitteln. Bei einem Angebot von x Stück kann ein Stückpreis von $p(x) = -0{,}2x + 20$ erzielt werden mit $x \in [0; 100]$.

a) Geben Sie die Erlösfunktion E an und ermitteln Sie die Stückzahl, für die der Erlös maximal wird. Geben Sie den maximalen Erlös an.
b) Zeichnen Sie die Graphen von K, p, E und der Gewinnfunktion G.
c) Ermitteln Sie die Gewinnschwelle und die Gewinngrenze.
d) Ermitteln Sie die gewinnmaximale Ausbringungsmenge und den maximalen Gewinn.

**13** Ein Produzent eines elektronischen Bauteils ist Monopolist. Er hält sich in seiner Preisvorstellung an die Preis-Absatz-Funktion $p(x) = -3x + 60$ mit $x \in [0; 20]$.
Für die Produktionskosten gilt $K(x) = 20 + 24x$.

a) Geben Sie die Erlösfunktion des Anbieters an und ermitteln Sie die zum maximalen Erlös gehörige Ausbringungsmenge x.
b) Geben Sie die Gewinnfunktion an, berechnen Sie den Gewinnbereich.
c) Bei welcher Produktion ist der Gewinn maximal?
d) Berechnen Sie den gewinnmaximalen Preis des Bauteils.
e) Zeichnen Sie die Graphen der in a) bis d) aufgeführten Funktionen und bestätigen Sie an der Zeichnung Ihre Ergebnisse.

**14** Gegeben ist die Gesamterlösfunktion $E(x) = -0{,}01x^2 + x$ eines Monopolisten.

a) Bestimmen Sie die zugehörige Preis-Absatz-Funktion p(x).
b) Zeichnen Sie die Graphen von E und p.
c) Ermitteln Sie den ökonomisch sinnvollen Definitionsbereich.
d) Die Kostenfunktion lautet $K(x) = 0{,}3x + 6$. Geben Sie die Gewinnfunktion an und ermitteln Sie den Gewinnbereich rechnerisch.
e) Bestimmen Sie exakt das Gewinnmaximum und die zugehörige Ausbringungsmenge.
f) Bestimmen Sie den Cournot'schen Punkt.

**15** Eine Zeitschrift mit dem Verkaufspreis 3,50 € wirft pro verkauftem Exemplar einen Gewinn von 5 % ab. Wöchentlich werden 240 000 Exemplare verkauft. Eine Marktuntersuchung hat ergeben, dass pro 2 ct Preissenkung jeweils 1500 Exemplare mehr abgesetzt werden können.

a) Berechnen Sie jeweils den Gewinn bei einer Preissenkung um 2 ct, 4 ct, $x \cdot 2$ ct.
b) Bei welcher Preissenkung wird der Gewinn maximal und wie groß ist er dann?

**16** Fritz behauptet: „An der Scheitelform einer quadratischen Funktion kann man leichter als an der Hauptform erkennen, wie viele Nullstellen die Funktion hat."
Erörtern Sie, ob Fritz Recht hat, und begründen Sie Ihre Meinung.

# 12 Aufstellen von Funktionstermen

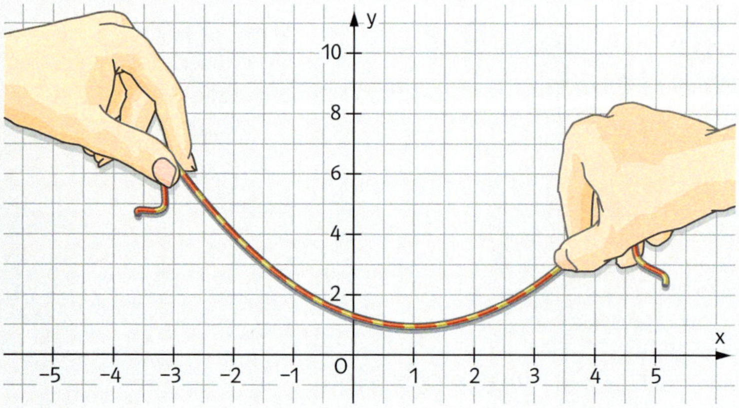


Kann man den Verlauf des Fadens näherungsweise durch eine Parabel beschreiben?

Häufig ist der Term einer quadratischen Funktion nicht von vornherein bekannt, sondern muss aus gegebenen Funktionswerten oder aus Eigenschaften der zugehörigen Parabel bestimmt werden. Hierzu kann man den GTR bzw. einen CAS-Rechner oder für die rechnerische Durchfürung die verschiedenen Darstellungsformen verwenden.

Nur wenn Nullstellen existieren, kann es die Produktform geben.

Mithilfe von Parametern lassen sich Funktionstypen darstellen. Bei quadratischen Funktionen sind drei Darstellungsformen gebräuchlich:

| | | |
|---|---|---|
| **Hauptform:** | $f(x) = ax^2 + bx + c$ | Parameter: a, b, c |
| **Produktform:** | $f(x) = a(x - x_1)(x - x_2)$ | Parameter: a, $x_1$, $x_2$ |
| **Scheitelform:** | $f(x) = a(x - x_S)^2 + y_S$ | Parameter: a, $x_S$, $y_S$ |

Allen Formen ist derselbe Streckfaktor a gemeinsam.

Verwendet man die Produkt- bzw. die Scheitelform, spricht man von einem **angepassten** Ansatz.

Bei der Bearbeitung mit einem Rechner bietet sich die **quadratische Regression** an. Sind Nullstellen oder ist der Scheitel bekannt, verwendet man die Produkt- bzw. Scheitelform.

**Beispiel 1** Funktionsterm mit Hauptform

Eine Parabel geht durch die Punkte A(0 | 3), B(1 | 0) und C(2 | −1). Ermitteln Sie einen Term der zugehörigen quadratischen Funktion und zeichnen Sie den Graphen.

▪ Lösung: Ansatz: $f(x) = ax^2 + bx + c$

A(0 | 3) liegt auf dem Graphen: $f(0) = 3$: $a \cdot 0^2 + b \cdot 0 + c = 3$; also $c = 3$ (1)

B(1 | 0) liegt auf dem Graphen: $f(1) = 0$: $a \cdot 1^2 + b \cdot 1 + c = 0$; also $a + b + c = 0$ (2)

C(2 | −1) liegt auf dem Graphen: $f(2) = -1$: $a \cdot 2^2 + b \cdot 2 + c = -1$; also $4a + 2b + c = -1$ (3)

Die Gleichungen (1), (2) und (3) bilden ein lineares Gleichungssystem mit den drei Unbekannten a, b und c.

Siehe auch Fundus, Seite 291

Setzt man $c = 3$ in (2) ein, ergibt sich $a + b + 3 = 0$ bzw. $b = -3 - a$.

Dies setzt man zusammen mit $c = 3$ in (3) ein: $4a + 2(-3 - a) + 3 = -1$.

Hieraus ergibt sich $2a - 3 = -1$ bzw. $a = 1$.

Mit $b = -3 - a$ folgt $b = -4$.

Funktionsterm: $f(x) = x^2 - 4x + 3$; Graph: Fig. 1.

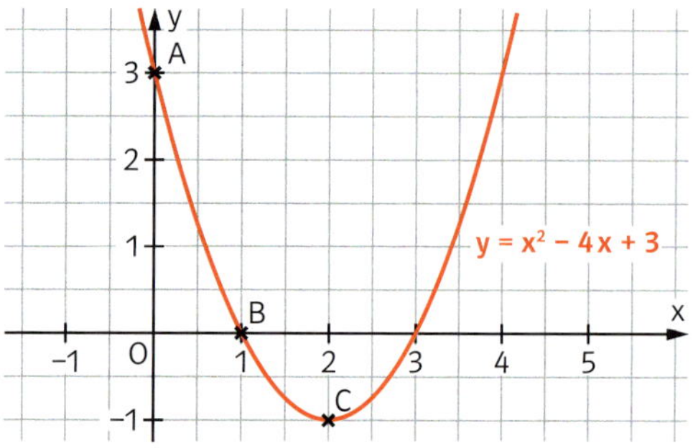


Fig. 1

**Beispiel 2** Funktionsterm mit angepasstem Ansatz bestimmen

Bestimmen Sie den Funktionsterm einer quadratischen Funktion mit den Nullstellen $x_1 = -\frac{1}{4}$ und $x_2 = 4$, wenn außerdem $f(0) = 3$ gilt.

■ Lösung: Ansatz mit der Produktform: $f(x) = a\left(x + \frac{1}{4}\right)(x - 4)$

Verwenden der Information $f(0) = 3$: $f(0) = a \cdot \frac{1}{4} \cdot (-4) = 3 \Leftrightarrow a = -3$

Also lautet der gesuchte Funktionsterm: $f(x) = -3\left(x + \frac{1}{4}\right)(x - 4) = -3x^2 + \frac{45}{4}x + 3$.

**Beispiel 3** Quadratische Regression mit GTR

Gegeben sind die drei Punkte $P(-4\,|\,-8)$, $Q(1\,|\,4{,}5)$ und $R(3\,|\,2{,}5)$ einer Parabel. Bestimmen Sie einen Term der zugehörigen quadratischen Funktion.

■ Lösung: Nach der Eingabe der Koordinaten liefert die quadratische Regression den Term:

$f(x) = -\frac{1}{2}x^2 + x + 4$.

Das Bestimmtheitsmaß ist 1, also beschreibt der Funktionsterm exakt die Parabel durch P, Q und R.

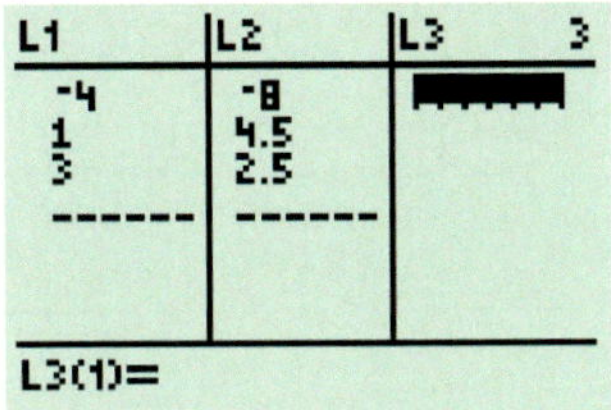

L1: x-Werte, L2: y-Werte

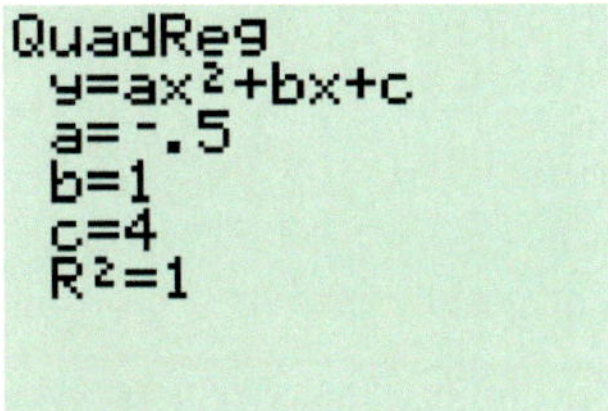

Befehlszeile:
QuadReg L1,L2,Y1

Zum Bestimmtheitsmaß: siehe Seite 46.

**Beispiel 4** Quadratische Regression mit CAS

Die Fixkosten in einem Betrieb für die Produktion einer Ware belaufen sich auf 6 GE, bei 1 ME fallen 7 GE an, bei 5 ME sind es 15 GE. Die Kostenfunktion kann durch eine quadratische Funktion beschrieben werden. Erstellen Sie auf dem CAS-Rechner ein Punktediagramm und eine Parabel. Geben Sie einen Term dieser Kostenfunktion an.

■ Lösung: Zunächst werden die Wertepaare $(0\,|\,6)$, $(1\,|\,7)$ und $(5\,|\,15)$ in *Lists & Spreadsheet* in zwei Spalten eingegeben und mit den Namen Menge bzw. Kosten versehen. Im Menü *„Statistische Berechnung"* wählt man quadratische Regression aus und wählt die Namen der *X-* und *Y-Liste* aus. Die Gleichung der Regressionsgeraden wird unter dem Funktionsnamen *f1* gespeichert und ist dort jederzeit abrufbar. In der Applikation *Data & Statistics* kann man im Menü *„Plot-Typ"* das Punktediagramm wählen. Die Variablen der x- und der y-Achse werden wie oben gewählt. Um die Parabel mit Gleichung zu veranschaulichen wählt man das Menü *„Analysieren"* und dort „Quadratische Regression anzeigen".

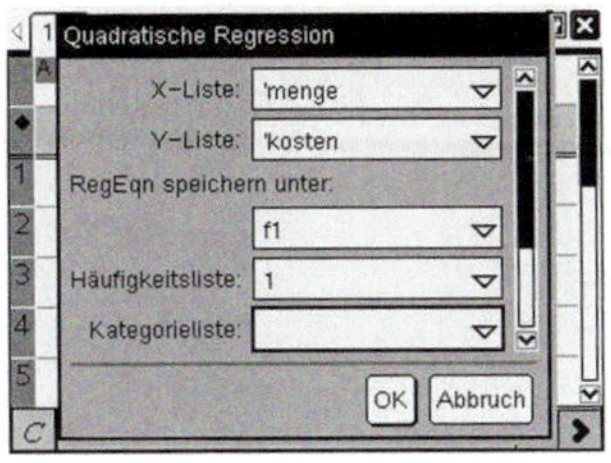


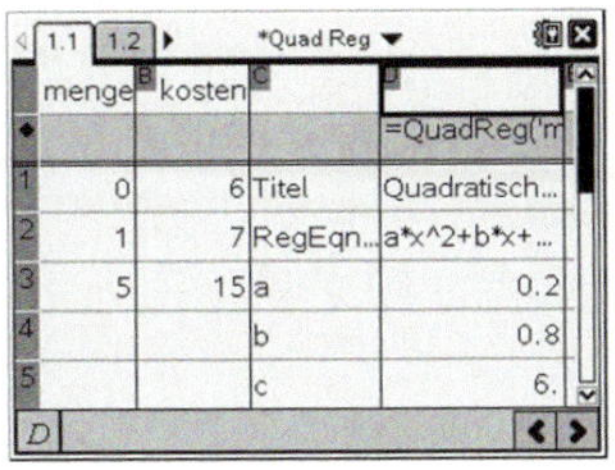


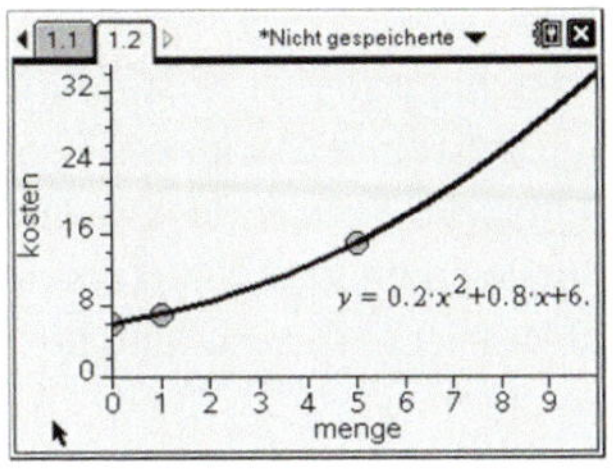


Ergebnis: Die Kostenfunktion hat den Term $f(x) = 0{,}2x^2 + 0{,}8x + 6$.

## Aufgaben

**1** Der Graph einer quadratischen Funktion verläuft durch die Punkte A, B und C. Bestimmen Sie rechnerisch einen Funktionsterm; überprüfen Sie Ihr Ergebnis mit dem Rechner.

a) $A(0\,|\,4)$; $B(2\,|\,-8)$; $C(-4\,|\,-20)$
b) $A(0\,|\,2)$; $B(-1\,|\,7)$; $C(2\,|\,10)$
c) $A(0\,|\,5)$; $B(-3\,|\,0{,}5)$; $C(2\,|\,3)$
d) $A(0\,|\,-1)$; $B(-3\,|\,-5)$; $C(3\,|\,1)$

**2** Der Graph einer Funktion f mit $f(x) = ax^2 + bx + c$
a) geht durch $A(0|3)$, $B(3|0)$, $C(6|3)$,
b) geht durch $A(-2|-7)$, $B(1|5)$, $C(4|-19)$,
c) hat den Scheitel $S(-3|0)$ und geht durch $P(0|1)$,
d) hat den Scheitel auf der y-Achse und geht durch $A(2|-3)$ und $B(-4|0)$,
e) berührt die x-Achse in $P(2|0)$ und geht durch $A(0|1)$.
Geben Sie einen Funktionsterm an.

**3** Der Graph einer quadratischen Funktion geht durch die folgenden Punkte. Bestimmen Sie mit einem passenden Ansatz einen Funktionsterm und kontrollieren Sie Ihr Ergebnis nachträglich mit dem Rechner.
a) Scheitel $S(-6|3)$, Punkt $P\left(-4\middle|\frac{5}{3}\right)$
b) Achsenschnittpunkte $N_1(-2|0)$, $N_2(6|0)$, $Y(0|-1{,}2)$
c) Punkt $A(-3|1)$, Punkt $B(3|-5)$, Symmetrieachse des Graphen: $x = -1$

### Zeit zu überprüfen

**4** In Fig. 1 ist eine verschobene Normalparabel abgebildet.
a) Welcher Maßstab wurde für Fig. 1 verwendet?
b) Bestimmen Sie den Funktionsterm, wenn der Ursprung des Koordinatensystems im Punkt A bzw. in B oder in C liegt.
c) Wo liegt der Ursprung, wenn der Term $f(x) = x^2 - 8x + 14$ lautet?

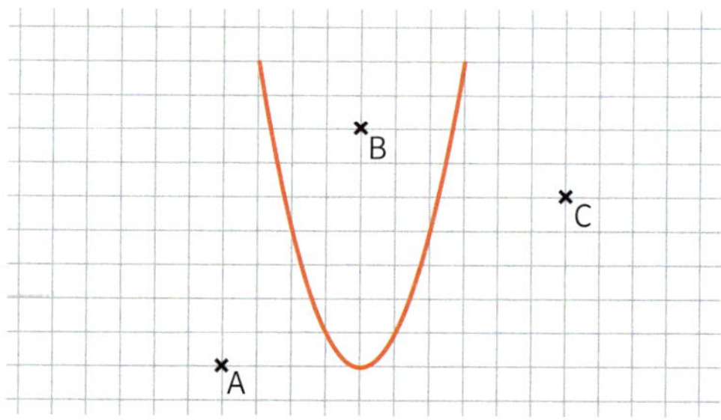

Fig. 1

**5** Bei der Produktion eines Gutes wurde zur Bestimmung der Kostenfunktion festgestellt, dass bei 5 ME Kosten von 525 GE anfallen, bei 10 ME sind es 560 GE und bei 20 ME sind es 660 GE. Die Kostenfunktion kann durch eine quadratische Funktion modelliert werden. Bestimmen Sie rechnerisch diese Kostenfunktion. Überprüfen Sie das Ergebnis mit dem Rechner.

**6** Ein Monopolist produziert mit der Preis-Absatz-Funktion $p(x) = 200 - 1{,}5x$.
Für die quadratische Kostenfunktion wurden für ausgewählte Mengen die zugehörigen Kosten ermittelt.

| Menge (in ME) | 5 | 15 | 25 |
|---|---|---|---|
| Kosten (in GE) | 535 | 2135 | 3375 |

a) Ermitteln Sie mit dem Rechner die Kostenfunktion.
b) In welchem Intervall produziert der Monopolist mit positivem Gewinn?
c) Bei welcher Ausbringungsmenge ist der Gewinn maximal?

**7** Für eine Schar von Parabeln gilt: Die zum Parameter t gehörende Parabel ist nach unten geöffnet, hat eine Nullstelle bei 0 und den Scheitelpunkt $S_t(t|5)$.
Bestimmen Sie einen Funktionsterm und zeichnen Sie einige der Parabeln.

**8** Eine quadratische Funktionenschar hat die Nullstellen $x_1 = -a$ und $x_2 = 3a$. Der Scheitel der zugehörigen Parabel hat den Ordinatenwert 2.
a) Stellen Sie einen Funktionsterm auf, der diese Funktionenschar beschreibt.
b) Wie könnte der Aufgabentext abgeändert werden, damit die Funktionenschar weiterhin dieselben Nullstellen aufweist, aber nach oben geöffnet ist? Geben Sie dafür ein Beispiel an.
c) Geben Sie jeweils den Funktionsterm an, wenn die Parabel an der y-Achse gespiegelt wird.

# 13 Weitere Anwendungen quadratischer Funktionen

Rita und Tim sollen den Rasen mähen. Dieser ist ca. 9 m breit und 12 m lang. Beide möchten sich die Arbeit fair teilen. Rita fängt an und mäht von außen nach innen. Nachdem sie mit dem ca. 50 cm breiten Rasenmäher eine Runde gegangen ist, fragt sie sich, wie viele Runden sie mähen muss.

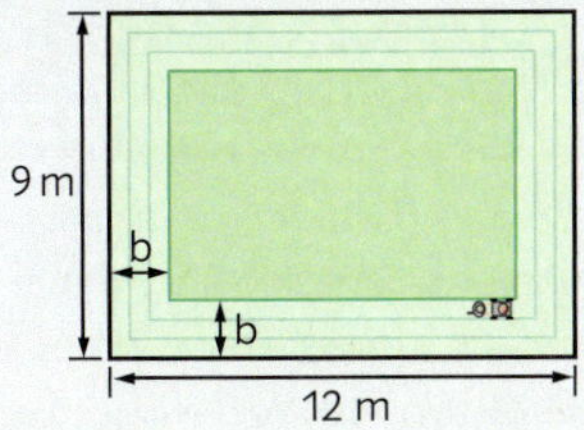

Probleme aus dem „wirklichen Leben" lassen sich vielfach mit Methoden der Mathematik lösen, vorausgesetzt, sie können in die Sprache der Mathematik übersetzt werden. Für ein zielgerichtetes Vorgehen hat sich ein Vier-Stufen-Kreislauf bewährt, der eine sinnvolle Abfolge von Arbeitsschritten sicherstellt.

Die Idee zu diesem Vier-Stufen-Plan entwickelte der Mathematiker GEORGE POLYA (Ungarn, USA, 1887–1985).

**1 Verstehen der Aufgabe**

1. *Was ist gegeben und wesentlich?*
2. *Was ist unbekannt?*

**2 Ausdenken eines Plans**

1. *Führen Sie für die gesuchten Größen Variablen ein.*
2. *Stellen Sie aus den Textinformationen Terme und daraus eine Gleichung auf.*

**3 Durchführen des Plans**

*Mit einer geeigneten Lösungsmethode die Gleichung lösen.*

**4 Rückschau**

1. *Formulieren Sie einen Antwortsatz.*
2. *Zurück zur Aufgabe: Ist das Ergebnis sinnvoll?*

**Beispiel** Vier-Stufen-Kreislauf

Boris möchte mit einer Tennisballwurfmaschine Grundlinienschläge üben. Er stellt die Maschine auf eine „T-Linie" im Feld und stellt sie so ein, dass die Flugbahn des Tennisballes über dem Netz den höchsten Punkt von 1,20 m hat. Der Ball „schießt" dabei in einer Höhe von 1 m aus der Maschine. Landen die Bälle innerhalb des Feldes?

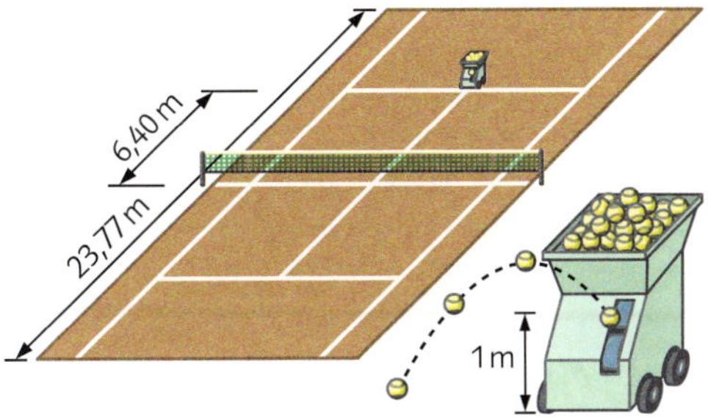


Fig. 1

Lösung: I Verstehen der Aufgabe

1. Der Ball startet in einem Punkt (0 | 1) und hat seinen höchsten Punkt bei (6,4 | 1,2).
2. Gesucht ist die Nullstelle der Funktion, deren Graph die Flugbahn beschreibt.

II Ausdenken eines Plans

1. Sei x die Entfernung des Balles zur Ballwurfmaschine und y die Höhe des Balles.
2. Da es sich bei Flugbahnen annähernd um den Graphen einer quadratischen Funktion handelt, muss man die entsprechende Funktionsgleichung der Form $y = ax^2 + bx + c$ aufstellen. Gegeben sind zwei Flugpunkte des Balles: (0 | 1) und (6,4 | 1,2). Die notwendige dritte Angabe ist in der Information des höchsten Punktes (Scheitel) enthalten: Nach weiteren 6,4 m hat der Ball wieder die Anfangshöhe von 1 m, also liegt der Punkt (12,8 | 1) auf dem Graphen. Nun kann man die Funktionsgleichung und die Nullstellen bestimmen.

III Durchführen des Plans

Die drei Punkte aus II können für eine quadratische Regression mit dem GTR verwendet werden. Diese liefert: $f(x) = -0{,}0048828125\,x^2 + 0{,}0625\,x + 1$. Die Nullstellen der Funktion f können mithilfe von CALC *2:zero* ermittelt werden: $x_1 = 22{,}077$; $x_2 = -9{,}277$.

IV Rückschau

1. Der Ball landet etwa 22,08 m von der Maschine entfernt. Das liegt außerhalb des Platzes, weil zwischen Maschine und vorderer Grundlinie nur noch 18,285 m liegen (23,77 : 2 + 6,4).
   Die negative Lösung ist unrealistisch, da es keine negative Länge gibt.
2. Die Lösung ist realistisch, wie auch die Einsetzproben aller Punkte zeigen.

## Aufgaben

**1** In Nugget City bekommen Goldsucher ein 600 m langes Seil, mit dem sie ihr Landstück abstecken müssen. Dieses Landstück soll rechteckig sein, damit man es auf Landkarten besser einzeichnen kann. Zusätzlich liegt eine Seite des Landstückes am schnurgerade verlaufenden Golden River, damit man das Gold direkt auswaschen kann. Die Seite am Flussufer braucht mit dem Seil nicht abgesteckt zu werden.

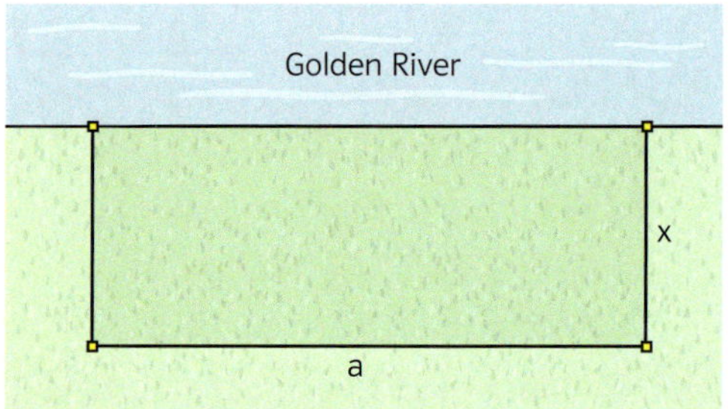


Jeder Goldsucher will natürlich fette Beute machen und deshalb ein möglichst großes Landstück abstecken.

a) Bestimmen Sie einen Term, mit dem der Flächeninhalt des Landstücks in Abhängigkeit von der gewählten Breite x berechnet werden kann.

b) Welche Abmessungen hat das „optimale" Landstück? Wie groß ist sein Flächeninhalt in Hektar?

c) Wenn man nicht auf Rechtecke eingeschränkt wäre, gäbe es eine andere optimale Form für das Landstück. Wie sähe dann das größtmögliche Landstück aus, welchen Flächeninhalt hätte es?

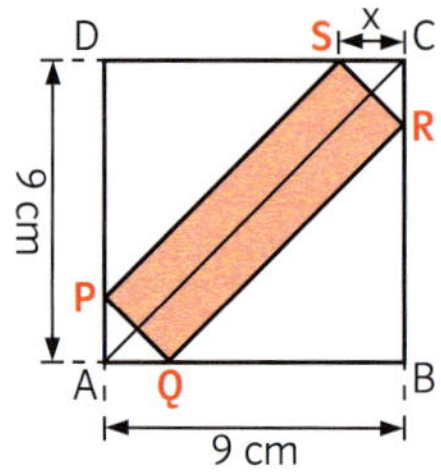


Zu Aufgabe 2

**2** Die Ecken des Rechtecks SPQR liegen auf den Seiten des Quadrats ABCD.

a) Zeichnen Sie einige Rechtecke und berechnen Sie ihren Flächeninhalt. Bei welchem Rechteck ist der Flächeninhalt am größten? Geben Sie das Maximum an.

b) Lösen Sie a) für den Fall, dass als Variable die Länge der Strecke RS gewählt wird.

**3** Berechnen Sie für x = 1 (2) cm den Flächeninhalt des Dreiecks ARS. Für welche Lage von R und S wird der Flächeninhalt des Dreiecks maximal?

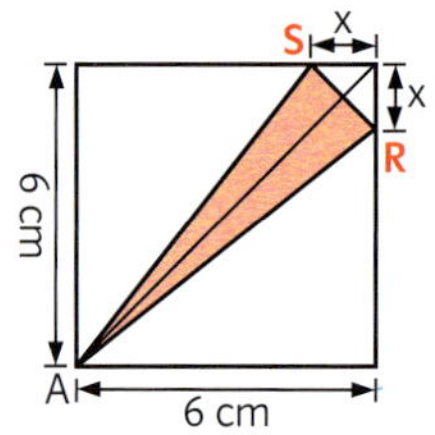


Zu Aufgabe 3

**4** Herr Koch baut einen Sandkasten. Den Rand will er mit Platten belegen. Für jeden $m^2$ Sandfläche rechnet er mit Kosten von 20 €. 1 $m^2$ Platten kostet 17,50 €.
Um eine möglichst große Sandfläche zu bekommen, steuern seine Kinder aus der Sparbüchse für jeden Meter Umfang der Sandfläche 5 € bei.
Bei welchen Abmessungen muss Herr Koch am wenigsten drauflegen?

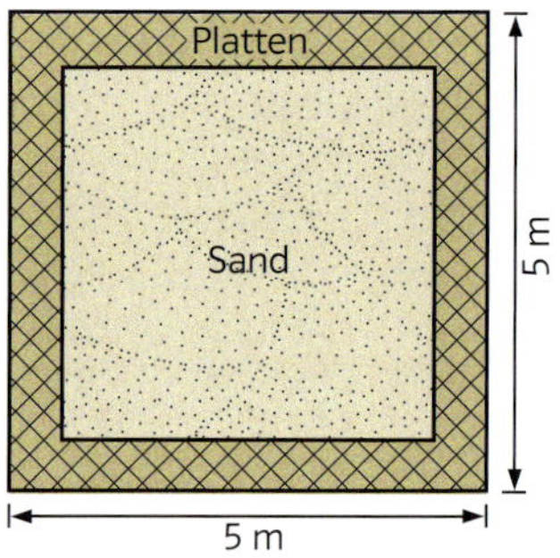

**5** Aus einem Stück Stoff von der Form eines Dreiecks soll ein rechteckiges Stück herausgeschnitten werden, wie es Fig. 1 zeigt.
a) Geben Sie zu den Rechtecken die Inhalte an. Gibt es ein größtes Rechteck?
b) Welche Breite hat ein solches Rechteck, dessen eine Seite x ist? Geben Sie seinen Flächeninhalt in Abhängigkeit von x an.
c) Gibt es Möglichkeiten, x so zu bestimmen, dass der Inhalt maximal ist?

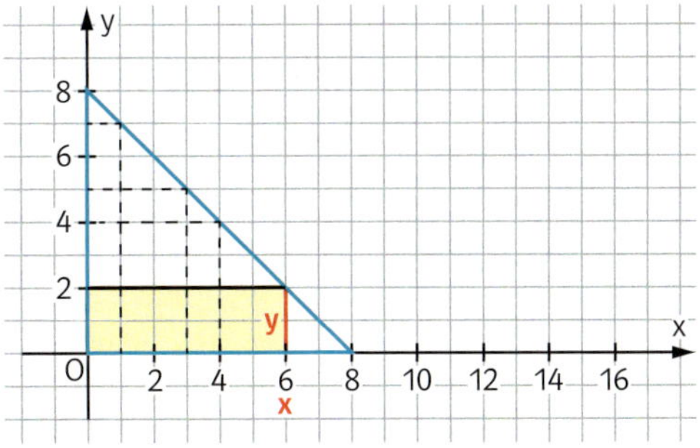

Fig. 1

Denken Sie auch an den Rechner.

**6** Bei welchen zwei aufeinanderfolgenden natürlichen oder ganzen Zahlen ist das Produkt um 55 größer als ihre Summe?

**7** Vom Rechteck (Fig. 2) wurden vier gleich große gleichschenklige Dreiecke abgeschnitten. Wie muss man schneiden, wenn sich die Gesamtfläche des Rechtecks um ein Viertel verkleinern soll?

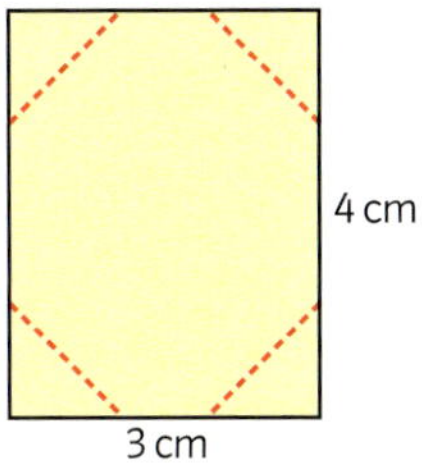

Fig. 2

**8** a) Ein Rechteck hat den Flächeninhalt $209\,cm^2$. Eine Seite ist um 8 cm länger als die andere. Berechnen Sie die Seitenlängen.
b) Bei einem Rechteck ist $U = 56\,cm$ und $A = 195\,cm^2$. Berechnen Sie die Seitenlängen.

**9** Ein Tisch vom Format $2\,m \times 2\,m$ soll entsprechend der Skizze mit einer Einlegearbeit verziert werden. Aus Kostengründen soll dieser Flächeninhalt möglichst klein werden. Wie groß ist er mindestens?

**10** Aus einer Spanplatte von der Form eines halben Meterquadrates soll ein möglichst großes rechteckiges Stück herausgesägt werden. Wie soll man sägen?

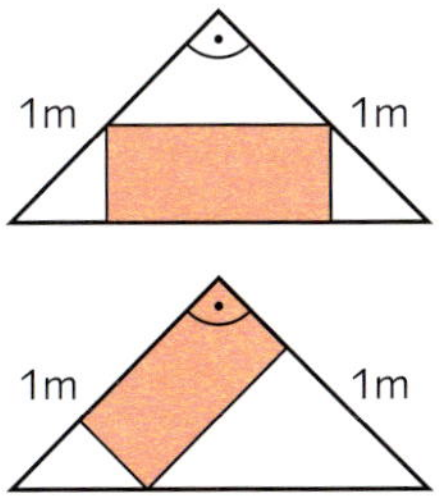

zu Aufgabe 10

**11** Der Bogen einer Brücke hat die Form einer Parabel.
a) Bestimmen Sie für das eingezeichnete Koordinatensystem die entsprechende quadratische Funktion.
b) Welche Höhe H hat der Parabelbogen der Brücke?

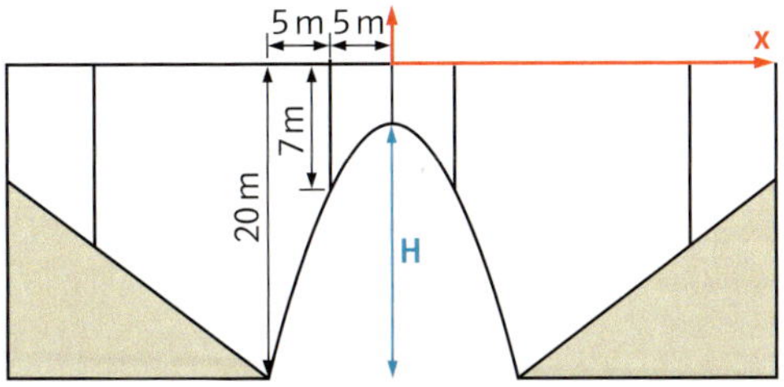


**12** Von Schiffen aus wird die Meerestiefe mithilfe des Echolots gemessen. Vom Sender S wird Schall ausgesendet und am Meeresboden reflektiert. Berechnen Sie die Wassertiefe, wenn die Schalllaufzeit 0,2 s beträgt und Sender S und Empfänger E am Schiffsboden 25 m entfernt sind. Die Schallgeschwindigkeit im Wasser beträgt $1500\,\frac{m}{s}$.

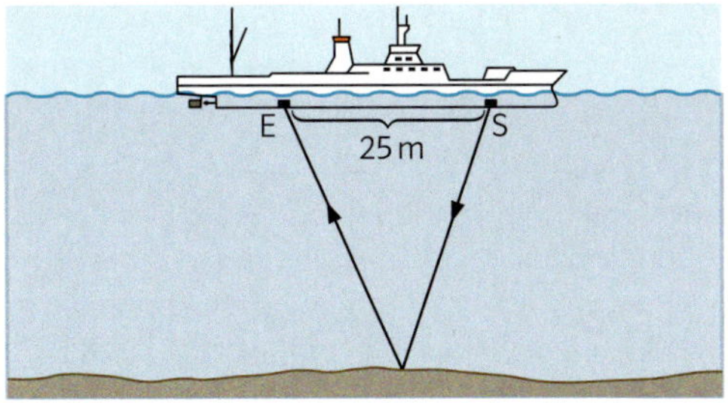


**13** Ein Flugzeug fliegt von Hamburg nach München (625 km) und zurück. Während beider Flüge bläst der Wind mit $60\,\frac{km}{h}$ aus NNW (also genau in der Richtung von Hamburg nach München), sodass der Rückflug 27 min länger dauert als der Hinflug. Berechnen Sie (auf ganze $\frac{km}{h}$ gerundet) die Eigengeschwindigkeit des Flugzeugs.

**14** Bei Fallschirmspringern unterscheidet man je nach Ausbildungsgrad „Anfänger", „Fortgeschrittene" und „Experten". In der „Personalverordnung für Luftfahrtverkehr" ist gesetzlich geregelt, bei welcher Höhe der Fallschirmspringer seinen Fallschirm öffnen muss (Tabelle). Die verlorene Höhe während des freien Falls lässt sich in den ersten vier Sekunden annähernd mit dem Term $-5t^2$ beschreiben, wobei t die Freifallzeit in Sekunden ist. Anschließend hat der Springer einen gleich bleibenden Höhenverlust von ca. 34 m pro Sekunde.

a) Ein Fortgeschrittener und eine Expertin springen gleichzeitig aus 2000 m Höhe ab. Die Expertin sagt zum Fortgeschrittenen: „Ich habe eine doppelt so lange Freifallzeit wie du." Hat sie Recht?

b) Aus welcher Höhe müsste ein Anfänger, Fortgeschrittener bzw. Experte abspringen, wenn die Freiflugzeit 10 Sekunden lang sein soll. Wäre der Flug erlaubt?

c) Welche Endgeschwindigkeit haben die Fallschirmspringer nach den ersten vier Sekunden? Geben Sie diese in $\frac{km}{h}$ an.

d) Warum verläuft der Höhenverlust nach etwa vier Sekunden linear?

| Ausbildungsgrad | Mindesthöhe zum Öffnen des Schirms | empfohlene Abspringhöhe |
|---|---|---|
| Anfänger | 1200 m | ca. 1500 m |
| Fortgeschrittene | 1200 m | ca. 2000 m |
| Experten | 700 m | ca. 4000 m |

**15** Noel springt im Freibad vom Sprungbrett. Seine Flugbahn entspricht ungefähr einer Parabel mit dem Funktionsterm $h(x) = -5x^2 + 2x + 3$ (x und h in m). Dabei ist h die Höhe über dem Wasser und x die horizontale Entfernung vom Absprungpunkt.

a) Von welcher Höhe ist Noel abgesprungen?

b) Was ist Noels größte Höhe während des Fluges?

c) An welcher Stelle taucht Noel ins Wasser ein? Wie weit ist der Eintauchpunkt vom Absprungpunkt entfernt?

d) Wie müssen Sie den Funktionsterm abändern, wenn Noel kräftig vom Brett abspringt bzw. wenn er mit großer Geschwindigkeit über das Ende des Sprungbretts rennt?

**16** Judith und Simon schauen eine Tierfilmsendung an, in der Riesenkängurus vorgestellt werden. Dabei erfahren sie, dass die Kängurus bis zu $90\,\frac{km}{h}$ schnell laufen sowie bis zu drei Meter hoch und zehn Meter weit springen können. „Dann können sie ja auch über unser Wohnmobil springen, das etwa zwei Meter breit und zweieinhalb Meter hoch ist", behauptet Simon. Judith bezweifelt dies.

a) Erstellen Sie eine Skizze, die die Situation darstellt. Gehen Sie davon aus, dass die Sprungbahn des Kängurus parabelförmig ist.

b) Hat Judith Recht? Begründen Sie Ihre Meinung mit einer Rechnung.

# Wiederholen – Vertiefen – Vernetzen

## Funktionenlehre

**1** Ermitteln Sie zu den Graphen den zugehörigen Funktionsterm.

a)

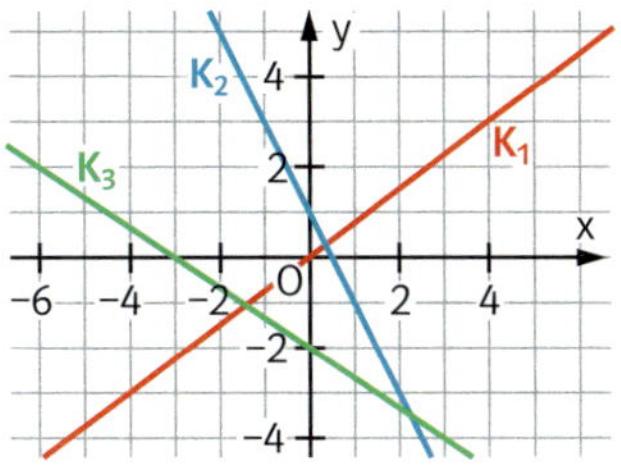


b)

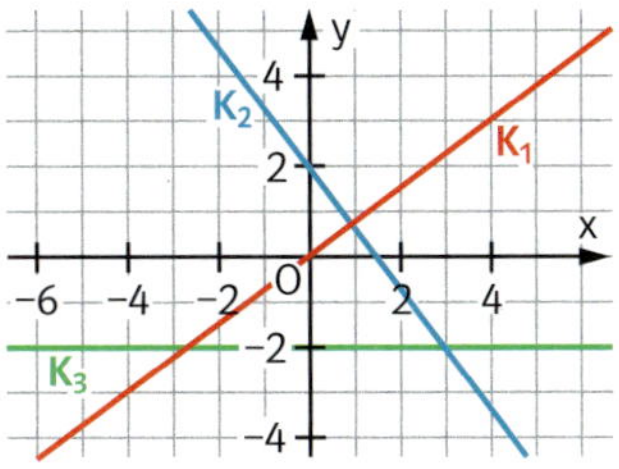


c)

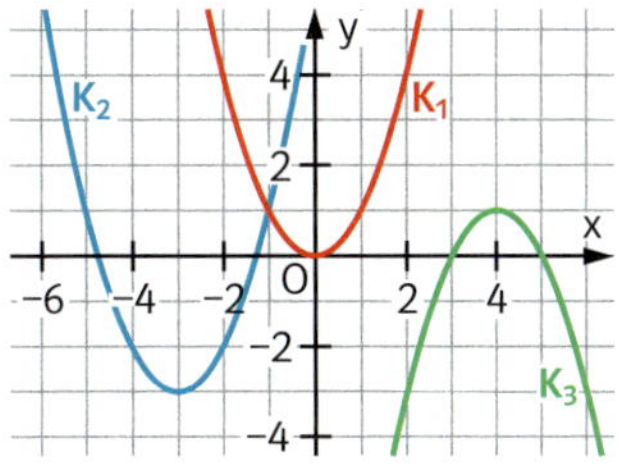


**2 Orthogonale Geraden**

Schneiden sich zwei Geraden, so sind im Sonderfall alle vier Winkel gleich groß; die Geraden sind **orthogonal** (Fig. 1).

Dreht man eine gegebene Ursprungsgerade g um 90° um O, erhält man die zu g orthogonale Gerade h. Ist $P_1(a\,|\,b)$ ein Punkt auf g, dann liegt $P_2(-b\,|\,a)$ auf h. Die Steigung von g ist $m_1 = \frac{b}{a}$, die Steigung von h ist $m_2 = \frac{a-0}{-b-0} = -\frac{a}{b}$.

Somit gilt $m_1 \cdot m_2 = -1$.

Umgekehrt kann man aus $m_1 \cdot m_2 = -1$ auf Orthogonalität schließen.

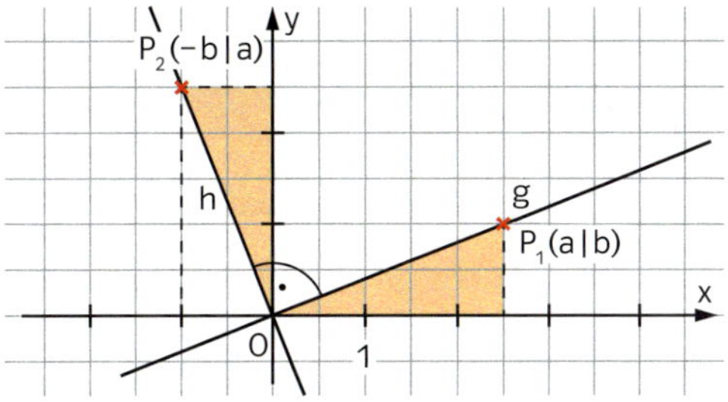


Fig. 1

a) Zeigen Sie: Die Geraden $g\colon y = -\frac{2}{5}x + 2$ und $h\colon 5x - 2y + 8 = 0$ sind orthogonal.

b) Gegeben sind die Geraden $g\colon y = \frac{1}{3}x - 1$ und $h\colon 6x + 2y - 4 = 0$. Die Gerade k verläuft durch die Punkte $P(-2\,|\,1)$ und $Q(4\,|\,3)$. Untersuchen Sie die gegenseitige Lage von g, h und k.

**3** Bestimmen Sie jeweils eine Gleichung der Geraden g, die

a) durch die Punkte $A(1\,|\,3)$ und $B(2\,|\,-4)$ geht,

b) durch den Punkt $A(-1\,|\,-7)$ geht und die Steigung $m = -3$ hat,

c) senkrecht ist zu einer Geraden h mit der Steigung $m = 0{,}5$ und durch den Ursprung geht,

d) parallel ist zu einer Geraden h mit der Steigung $m = -0{,}6$ und durch $A(-9\,|\,-2)$ geht,

e) senkrecht zur y-Achse ist und durch den Punkt $A(1\,|\,-7)$ geht,

f) senkrecht zur x-Achse ist und durch den Punkt $A(1\,|\,-7)$ geht,

g) parallel zur x-Achse ist und durch den Punkt $A(-4\,|\,9)$ geht,

Auch das sind Geraden: Ihre Gleichungen sind $y = m \cdot x + \frac{1}{2}m^2$ mit $m = -5; -4{,}5; -4; \ldots; 4; 4{,}5; 5$

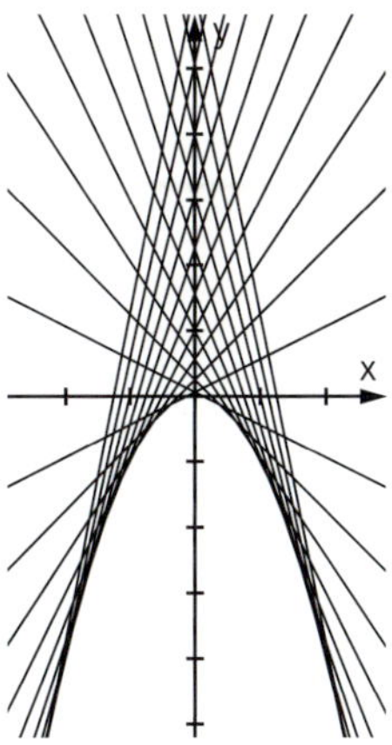


**4** a) Zeigen Sie, dass die vier Punkte $P(1\,|\,1)$, $Q(3\,|\,-2)$, $R\,|\,(0\,|\,-4)$, $S(-2\,|\,-1)$ ein Rechteck bilden. Zeichnen Sie die Punkte auch in ein Koordinatensystem ein.

b) Berechnen Sie den Schnittpunkt und den Schnittwinkel der Diagonalen.

**5** Eine Gerade geht durch die Punkte $P(1\,|\,1)$ und $Q(3\,|\,-2)$.

a) Fertigen Sie eine Zeichnung an und bestimmen Sie die Gleichung der Geraden PQ.

b) Welchen Abstand hat die Gerade vom Ursprung O?

**6** Bestimmen Sie den Scheitel der Parabel, die durch f gegeben ist.

a) $f(x) = x^2 - 2x$ b) $f(x) = 2x^2 + 3x - 2$ c) $f(x) = 0{,}25x^2 - 8x - 1$

**7** Geben Sie die Nullstellen der folgenden Funktionen an.

a) $f(x) = -x^2 + 9$ b) $g(t) = t^2 - 99t - 100$ c) $f(x) = 2x^2 + 6x$

### Aufgaben aus den Wirtschaftswissenschaften

**8** Ein Sparkonto enthält zu Jahresbeginn 2500 €. Es wird zwei Jahre mit dem gleichen Zinssatz verzinst, sodass das Kapital nach Ablauf der zwei Jahre auf 2714,41 € angewachsen ist.
Wie hoch ist der Zinssatz?

**9** Ein Buchhändler kaufte zum Jahreswechsel für 315 € Kalender der selben Sorte ein. Zu Beginn des neuen Jahres fällt der Preis um 1,50 € pro Kalender, wodurch er 24 Kalender mehr erhalten hätte. Zu welchem Stückpreis kaufte der Händler die Kalender im alten Jahr ein?

**10** Mareike und Tatjana planen für die Sommerferien eine Irland-Reise und kalkulieren:
Hin- und Rückflüge kann man für zwei Personen zusammen ab 232 € buchen, ein Mietwagen kostet pro Tag 22,50 €. Wenn beide mit dem Auto anreisen, zahlen sie für alle Fährüberfahrten insgesamt 700 € zzgl. 210 € für das Benzin zur Fähre und zurück. Für ein Doppelzimmer in einer Bed & Breakfast-Pension müssen 35 € eingeplant werden.
a) Welches Angebot ist günstiger, wenn sie 21 bzw. 35 Tage in Irland verbringen wollen?
b) Ab dem wievielten Tag Irland-Aufenthalt rentiert sich die Fähre?

**11** Gegeben sind im Intervall [0; 15] die Kostenfunktion K mit $K(x) = \frac{1}{4}x^2 - \frac{1}{2}x + 5$ und die Erlösfunktion E mit $E(x) = 3x$.
a) Zeichnen Sie die zu K und E gehörigen Graphen und geben Sie die Fixkosten an.
b) Ermitteln Sie die Gewinnzone.
c) Bei welcher Ausbringungsmenge ist der Gewinn maximal und wie hoch ist dieser dann?

**12** Ein Freizeitpark hat bei einem Eintrittspreis von 28 € im Durchschnitt täglich 1500 Besucher. Ein Marktforschungsinstitut hat Folgendes ermittelt: Würde man den Eintrittspreis um 0,50 €; 1,00 €; 1,50 €; 2,00 € usw. senken, so ginge die tägliche Besucherzahl um 40; 80; 120; 160 usw. nach oben.
a) Zeigen Sie, dass sich die Einnahmen E (in €) in Abhängigkeit der Preissenkung x (in €) wie folgt darstellen lässt: $E(x) = (28 - x) \cdot (1500 + 80x)$. Deuten Sie die beiden Faktoren in diesem Funktionsterm.
b) Zur Saisoneröffnung ist ein Eintrittspreis von 20 € geplant. Wie hoch sind dann die täglichen Einnahmen?
c) Der Kassenautomat nimmt nur ganzzahlige Eurobeträge an. Wie muss der Eintrittspreis gewählt werden, um möglichst hohe Einnahmen zu erwirtschaften? Wie groß sind die maximalen Einnahmen?

**13** Ein Fernsehgeräte-Hersteller hat ein neues Gerät entwickelt; die Entwicklungskosten betrugen 8 000 000 €. Die Produktionskosten pro Gerät belaufen sich zusätzlich auf 500 €. Der Verkaufspreis V (in €) wird durch die Anzahl x der Geräte bestimmt, die pro Monat verkauft werden sollen. Eine Marktuntersuchung hat ergeben, dass sich für Stückzahlen zwischen 100 und 900 der Verkaufspreis durch den Term $V(x) = 3300 - 2x$ beschreiben lässt.
a) Bestimmen Sie einen Term, der die monatlichen Herstellungskosten H in Abhängigkeit der Anzahl x der produzierten Fernsehgeräte beschreibt. Dabei sollen pro Monat 5 % der Entwicklungskosten berücksichtigt werden.
b) Ermitteln Sie einen Term der Funktion, die den Gewinn der Firma beschreibt, wenn sie x Fernsehgeräte im Monat verkauft.
c) Bei welchen Stückzahlen macht die Firma Gewinn?
d) Wie hoch ist der größtmögliche Gewinn? Wie viele Fernsehgeräte müssen dafür pro Monat produziert werden?

### Weitere Anwendungen

**14** Die Bauart einer Treppe wird wesentlich durch die Stufenhöhe s und die Auftrittsbreite a bestimmt.
a) Berechnen Sie für die angegebenen Treppen den Steigungswinkel.
b) Wie lang muss ein Treppenhaus in einer Schule bei einer Stockwerkshöhe von 2,88 m sein, wenn vor und hinter der Treppe noch jeweils 1,5 m Platz sein soll?

**Empfohlene Maße für Treppen**

| | s | a |
|---|---|---|
| In Schulen | 16 cm | 30 cm |
| In Einfamilienhäusern | 18,5 cm | 28 cm |
| Keller- und Speichertreppen | 21 cm | 25 cm |

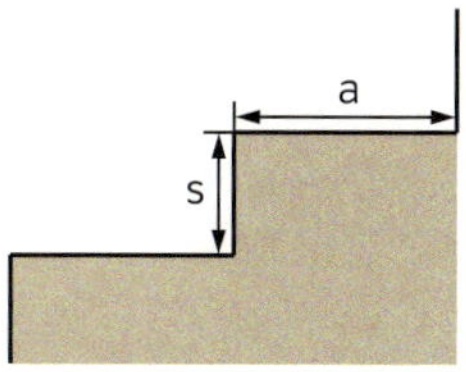


**15** Zwei zylinderförmige Gefäße werden mit Wasser gefüllt (Fig. 1). Jedes Gefäß hat einen Grundflächeninhalt von 1 dm² und ist 85 cm hoch. Der jeweilige Wasserzufluss ist konstant.
a) Geben Sie für jedes Gefäß die Höhe des Wasserspiegels als Funktion der Zeit an.
b) Zeichnen Sie die Graphen der beiden Funktionen von a) in ein Koordinatensystem ein.
c) Erreicht der Wasserspiegel des zweiten Gefäßes die Höhe des Wasserspiegels vom ersten Gefäß, bevor das Wasser überläuft?

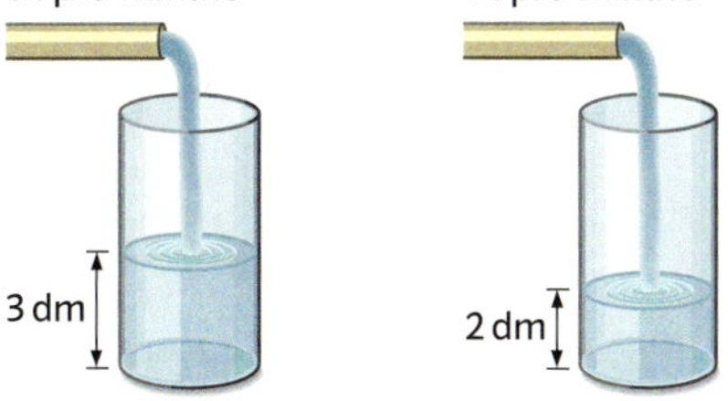

Fig. 1

**16** Auf einer Wiese soll ein Rechteck eingezäunt und wie angegeben durch einen Zaun unterteilt werden. Insgesamt stehen 20 m Maschendraht zu Verfügung.
a) Drücken Sie die Zaunlänge und den Flächeninhalt durch a und b aus.
b) Wann wird die eingezäunte Fläche am größten?

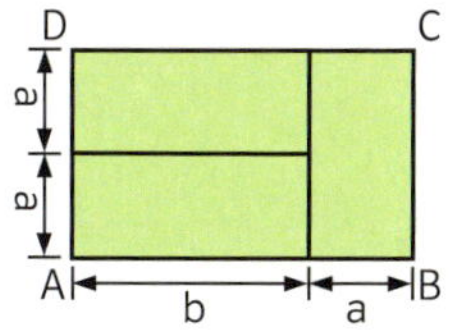


**17** 1927 flog Charles Lindbergh (1902–1974) als erster Mensch allein über den Atlantik von New York nach Paris. Bei seinen Vorbereitungen überlegte er sich, bei welcher Fluggeschwindigkeit er am wenigsten Treibstoff verbrauchen würde. Er ging davon aus, dass sich die Strecke s (in Meilen), die er mit einem Liter Treibstoff bei einer Fluggeschwindigkeit v (in Meilen pro Stunde) fliegen konnte, mit folgendem Funktionsterm bestimmen lässt:
$s(v) = -0{,}0013\,v^2 + 0{,}25\,v - 10$.
a) Bei welcher Fluggeschwindigkeit konnte Lindbergh mit dem Treibstoff am weitesten fliegen?
b) Mit welchem Gesamtverbrauch musste er auf der etwa 3600-Meilen-Strecke mindestens rechnen?
c) Lindbergh brauchte eine Gesamtflugzeit von ca. 33,5 Stunden. Welche Gründe konnten dafür gesprochen haben, dass er schneller als die in a) berechnete Geschwindigkeit flog?

## Abschnittsweise lineare Funktionen

Grafische Darstellung

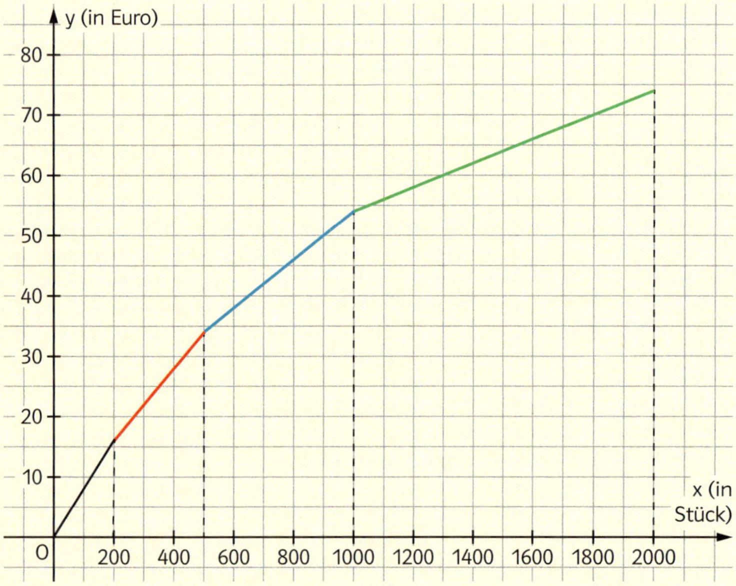


Gestaffelte Kosten bei Kopien

| | |
|---|---|
| 0,08 € pro Stück bei | $0 < x < 200$ |
| 0,06 € pro Stück bei | $200 \leqq x < 500$ |
| 0,04 € pro Stück bei | $500 \leqq x < 1000$ |
| 0,02 € pro Stück bei | $1000 \leqq x < 2000$ |

Kostenfunktion:

$$K(x) = \begin{cases} 0{,}06x & \text{für } 0 < x < 200 \\ 16 + 0{,}06(x - 200) & \text{für } 200 \leqq x < 500 \\ 34 + 0{,}04(x - 500) & \text{für } 500 \leqq x < 1000 \\ 54 + 0{,}02(x - 1000) & \text{für } 1000 \leqq x < 2000 \end{cases}$$

In vielen Situationen treten Funktionen auf, die zwar nicht für alle $x \in \mathbb{R}$ linear sind, wohl aber in Teilintervallen ihrer Definitionsmenge. In diesem Fall spricht man von einer **abschnittsweise linearen Funktion**.

**1** Ein ICE fährt von Köln nach Düsseldorf (42 km) und von Düsseldorf nach Duisburg (23 km) nach dem Fahrplan: Köln ab 10.10 Uhr; Düsseldorf an 10.31 Uhr; Düsseldorf ab 10.33 Uhr; Duisburg an 10.44 Uhr.
Zeichnen Sie einen grafischen Fahrplan. Mit welchen Durchschnittsgeschwindigkeiten befährt der Zug die Strecken?

**2** In einer Stadt werden die Kosten für Erdgas nach verschiedenen Tarifen berechnet. Jeder Tarif setzt sich aus der Grundgebühr und dem zum Verbrauch proportionalen Anteil zusammen (siehe Tabelle). Dabei ist zu berücksichtigen, dass jeweils der für den Kunden günstigste Tarif zugrunde gelegt wird.

| Tarif | K | I | II |
|---|---|---|---|
| bis ... kWh | 1500 | 5000 | 15 000 |
| Grundgebühr in €/Jahr | 7,51 | 50,71 | 155,21 |
| Arbeitspreis in ct/kWh | 8,11 | 5,23 | 3,14 |

a) Geben Sie mithilfe von Termen die Funktion p an, die dem Jahresverbrauch x in kWh den Rechnungsbetrag p(x) in Euro zuordnet.
Erstellen Sie auf dem Rechner den Graphen dieser Funktion.
b) Wie hoch ist der Rechnungsbetrag bei einem Jahresverbrauch von 9000 kWh?
Wie viel müsste der Verbraucher mehr bezahlen, wenn nur nach Tarif K abgerechnet würde?

**3** Ein Tanklaster mit 5000 Liter Fassungsvermögen wird gleichmäßig mit Wasser gefüllt. Nach vier Minuten sind 1800 Liter im Tank, eine halbe Stunde später 4380 Liter. Von diesem Zeitpunkt an wird nur noch mit der halben Menge pro Minute weiter gefüllt.
a) Wie viel Liter Wasser werden pro Minute gefüllt? Wie viel Liter enthielt der Tank am Anfang? Wie lange dauert es insgesamt, bis der Tank mit 4950 Liter gefüllt ist?
b) Beschreiben Sie die Funktion f, die der Zeit t den Inhalt f(t) des Tanks zuordnet, durch geeignete Terme.
c) Zeichnen Sie Graphen der Funktion f.

# Exkursion

## Funktionenscharen

Oft ist es wichtig, nicht nur ein Objekt, sondern eine ganze Schar ähnlicher Objekte gleichzeitig zu untersuchen.

Ein Vogel …

… und die ganze Vogelschar.

In Fig. 1 und Fig. 2 sind Parabeln dargestellt, die zu einer Funktionenschar gehören.

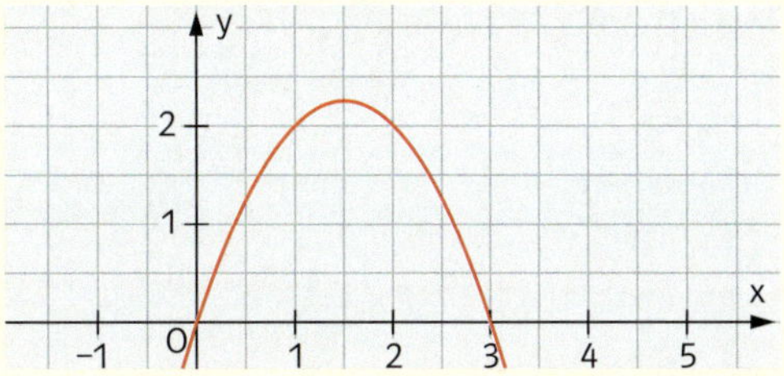


Eine Funktion …

Fig. 1

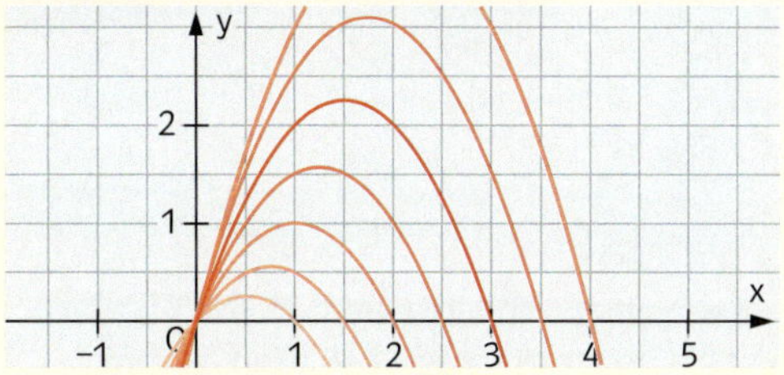


… und eine Funktionenschar.

Fig. 2

Enthält ein Funktionsterm außer der Variablen x noch einen Parameter t, so gehört zu jedem t eine Funktion $f_t$, die jedem x den Funktionswert $f_t(x)$ zuordnet. Die Funktionen $f_t$ bilden eine **Funktionenschar**.

**1** Gegeben ist die Funktionenschar $f_t$ mit $t > 0$. Skizzieren Sie die Graphen der Schar für t = 1; 2; 3; 4. Beschreiben Sie Gemeinsamkeiten und Unterschiede der Graphen. Was bewirkt eine Erhöhung des Parameters?

a) $f_t(x) = tx + 1$
b) $f_t(x) = -tx + t$
c) $f_t(x) = \frac{4}{t}x - t + 1$
d) $f_t(x) = x^2 + tx$
e) $f_t(x) = tx^2 - 1$
f) $f_t(x) = -\frac{4}{t}x^2 + 2x$

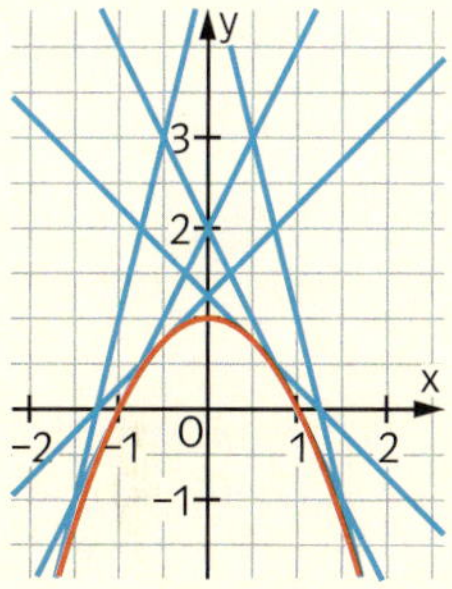


$f_t(x) = -2tx + t^2 + 1$
$g(x) = -x^2 + t$

**2** Gegeben ist für jede reelle Zahl t eine quadratische Funktion $f_t$ mit $f_t(x) = x^2 - 3tx + 2t^2$.

a) Skizzieren Sie mit dem Rechner für verschiedene Werte von t Graphen der Funktionen.
b) Berechnen Sie die Nullstellen von $f_t$ in Abhängigkeit von t. Vergleichen Sie das Ergebnis mit den gezeichneten Graphen.
c) Für welche reellen Zahlen t liegt der Punkt P(4 | 6) auf dem Graphen der Funktion $f_t$?
d) Zeigen Sie, dass der Scheitel beim Abszissenwert $\frac{3}{2}t$ liegt, und ermitteln Sie den Ordinatenwert des Scheitels.
e) Für welchen Wert von t liegt der Scheitel am höchsten?

**3** Bei einer Zentralheizung wird die Temperatur im Heizkessel in Abhängigkeit von der Außentemperatur gesteuert. Der Zusammenhang zwischen der Außentemperatur x (in °C) und der Temperatur im Heizkessel wird durch eine Heizkurve beschrieben. Diese Heizkurve kann durch einen Regler in ihrer Steilheit s verändert werden. Für die Temperatur $H_s$ (in °C) im Heizkessel gilt:
$H_s(x) = s \cdot (-0{,}001x^2 - 0{,}09x + 2{,}2) + 25$ mit $0 \leqq s \leqq 20$ und $-30 \leqq x \leqq 20$.

a) Skizzieren Sie mithilfe des Rechners für s = 9, 14 und 18 die Heizkurven in ein gemeinsames Koordinatensystem.
b) Die Werkseinstellung ist s = 14. Wie hoch ist dann die Kesseltemperatur bei einer Außentemperatur von 0 °C bzw. −15 °C? Was können Sie tun, wenn es Ihnen im Zimmer zu kalt ist?
c) Bei welcher Außentemperatur beträgt in der Werkseinstellung die Kesseltemperatur 80 °C?

Wovon hängt bei der Beheizung eines Hauses die Wahl des Parameters s ab?

# Rückblick

**Begriff der Funktion**

Eine Vorschrift f, die jeder reellen Zahl x aus der Menge D genau eine reelle Zahl y zuordnet, nennt man **Funktion**.
Man schreibt: $f: x \mapsto f(x)$ oder $f: y = f(x)$.
Die Gleichung $y = f(x)$ heißt **Funktionsgleichung**;
$f(x)$ ist der **Funktionsterm**.
Tritt im Funktionsterm ein Parameter auf, spricht man von einer **Funktionenschar**.
Trägt man zugeordnete Paare $(x \mid f(x))$ in einem Koordinatensystem als Punkte ein, erhält man den **Graphen** von f.
Eine Zahl $x_0$, für die $f(x_0) = 0$ ist, heißt **Nullstelle** der Funktion f.
Der Punkt $N(x_0 \mid 0)$ ist der Schnittpunkt des Graphen mit der x-Achse.
Punktprobe: $P(a \mid b)$ liegt auf dem Graphen von f, wenn $f(a) = b$ ist.

f mit $f(x) = x^2 + 3$ ist eine Funktion.
Funktionswert an der Stelle 2:
$f(2) = 2^2 + 3 = 7$.

$P(1 \mid 5)$ liegt nicht auf dem Graphen von f, da $f(1) = 4 \neq 5$ ist.

**Lineare Funktionen**

Eine Funktion f mit $f(x) = mx + c$ heißt **lineare Funktion**. Der Graph ist eine **Gerade** g. Die Zahl m heißt **Steigung**, c heißt **y-Achsenabschnitt**.
Sind $P(x_P \mid y_P)$ und $Q(x_Q \mid y_Q)$ zwei Punkte mit $x_P \neq x_Q$ auf g, so ist $\frac{y_Q - y_P}{x_Q - x_P} = m$ und es gilt: $\tan(\alpha) = m$. Dabei ist α der **Steigungswinkel** von g, d.h., der Winkel, unter dem die Gerade g die x-Achse schneidet.
Für die Steigungen $m_1$ und $m_2$ orthogonaler Geraden gilt: $\mathbf{m_1 \cdot m_2 = -1}$.

$f(x) = 0{,}4 \cdot x + 2$ ist eine lineare Funktion.
y-Achsenabschnitt: 2; Steigung: 0,4

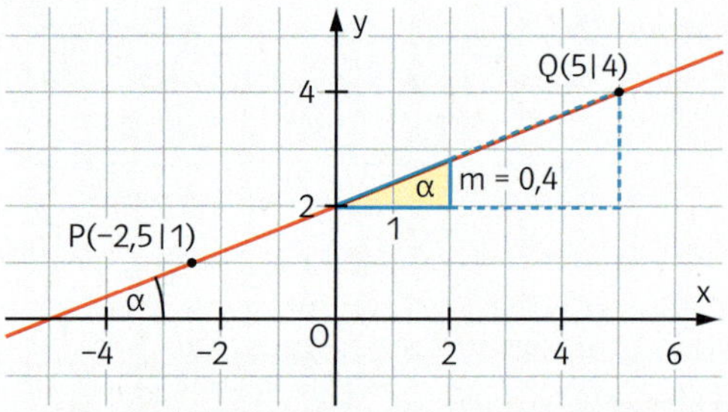


**Geradengleichungen**

| | |
|---|---|
| $y = mx + c$ | **Hauptform** |
| $\frac{y - y_P}{x - x_P} = m$ | **Punkt-Steigungs-Form** |
| $\frac{y - y_P}{x - x_P} = \frac{y_Q - y_P}{x_Q - x_P}$ | **Zwei-Punkte-Form** |

Parallele zur x-Achse: $y = c$; Parallele zur y-Achse: $x = a$.

$m = \frac{4-1}{5-(-2{,}5)} = \frac{3}{7{,}5} = 0{,}4$

$\tan(\alpha) = 0{,}4$ also $\alpha \approx 21{,}8°$
Gleichung: $y - 4 = 0{,}4 \cdot (x - 5)$; $y = 0{,}4x + 2$

**Schnittpunkt zweier Geraden**

Wenn zwei verschiedene Geraden nicht parallel sind, schneiden sie sich in einem Punkt. Der Schnittpunkt wird durch Gleichsetzen der beiden Funktionsterme berechnet. Den y-Wert erhält man durch Einsetzen.

g: $y = 2x - 4$ und h: $y = -x - 1$
$2x - 4 = -x - 1$
$x = 1$; $S(1 \mid -2)$

**Quadratische Funktionen**

Die Funktion f mit $f(x) = ax^2 + bx + c$ heißt **Hauptform** der **quadratischen Funktion**.
**Produktform:** $f(x) = a(x - x_1)(x - x_2)$, wobei $x_1$ und $x_2$ Nullstellen sind.
**Scheitelform:** $f(x) = a(x - x_S)^2 + y_S$, wobei $x_S$ und $y_S$ die Koordinaten des Scheitels sind.
Die Nullstellen erhält man aus der quadratischen Gleichung:
$ax^2 + bx + c = 0$ oder mit $p = \frac{b}{a}$; $q = \frac{c}{a}$ aus $x^2 + px + q = 0$.
Sie hat nur Lösungen für $D = b^2 - 4ac \geqq 0$ bzw. $D = \left(\frac{p}{2}\right)^2 - q \geqq 0$.
Sie hat zwei Lösungen für $D > 0$:

$$x_{1/2} = \frac{-b \pm \sqrt{b^2 - 4ac}}{2a}, \quad \text{bzw.} \quad x_{1/2} = -\frac{p}{2} \pm \sqrt{\left(\frac{p}{2}\right)^2 - q}$$

eine Lösung für $D = 0$:

$$x_1 = -\frac{b}{2a} \quad \text{bzw.} \quad x_1 = -\frac{p}{2}$$

$f(x) = x^2 - 10x + 24$
$f(x) = (x - 5)^2 - 25 + 24 = (x - 5)^2 - 1$

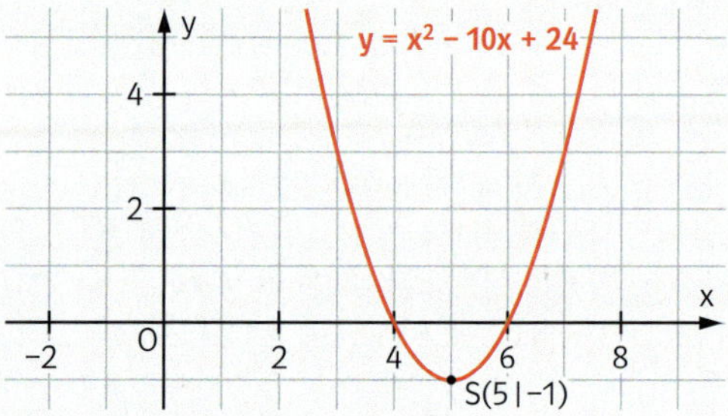


Nullstellen: $x^2 - 10x + 24 = 0$
$D = 5^2 - 24 = 1 > 0$, also 2 Lösungen:
$x_1 = 5 - 1 = 4$; $x_2 = 5 + 1 = 6$

# Rückblick

## Funktionen in den Wirtschaftswissenschaften

Die **Kostenfunktion** K: $x \mapsto K(x)$ mit $D = [0; x_{max}]$ gibt die Gesamtkosten für die Herstellung von x ME eines Produktes an.
Es gilt: $K(x) = K_f + K_v(x)$ mit den **Fixkosten** $K_f$ und den **variablen Kosten** $K_v(x)$. Es ist $K(0) = K_f$.

Die **Umsatzfunktion** oder **Erlösfunktion** E: $x \mapsto E(x)$ gibt den Erlös beim Verkauf von x ME an.

Die **Gewinnfunktion** ist die Funktion G mit $G(x) = E(x) - K(x)$.
Die Nullstellen der Gewinnfunktion nennt man **Gewinnschwelle** $x_S$ bzw. **Gewinngrenze** $x_G$. **Gewinnzone** ist das Intervall $[x_S; x_G]$.
Der Punkt $P(x_S \mid K(x_S))$ heißt **Break-Even-Point** (BEP; Fig. 1).

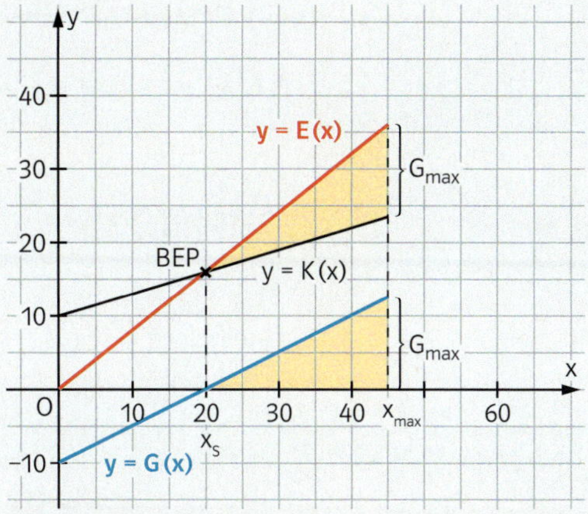


Fig. 1

$K(x) = 0{,}3x + 10;$
$E(x) = 0{,}8x;$
$G(x) = 0{,}5x - 10$

**Erlös- und Gewinnfunktion im Polypol** (Fig. 2)
In der Marktform Polypol (vollständige Konkurrenz) heißt der Schnittpunkt von Angebots- und Nachfragekurve **Marktgleichgewicht** (MGW); der zugehörige Preis **Gleichgewichts-** bzw. **Marktpreis** p.
Die **Erlösfunktion** ist dann linear: $E(x) = p \cdot x$.
Ist K linear, so ist die **Gewinnfunktion** G ebenfalls linear.
Das Gewinnmaximum $G_{max}$ liegt an der Kapazitätsgrenze $x_{max}$ (Fig. 1).

**Konsumentenrente**
Der Geldbetrag, der daraus resultiert, dass entsprechend der Nachfragekurve einige Nachfrager bereit wären, das Gut auch für einen höheren Preis als den Marktpreis nachzufragen, wird **Konsumentenrente** genannt (blaue Fläche in Fig. 2).

**Produzentenrente**
Der Geldbetrag, der daraus resultiert, dass entsprechend der Angebotskurve einige Anbieter bereit wären, das Gut auch für einen geringeren Preis als den Marktpreis anzubieten, wird **Produzentenrente** genannt (rote Fläche in Fig. 2).

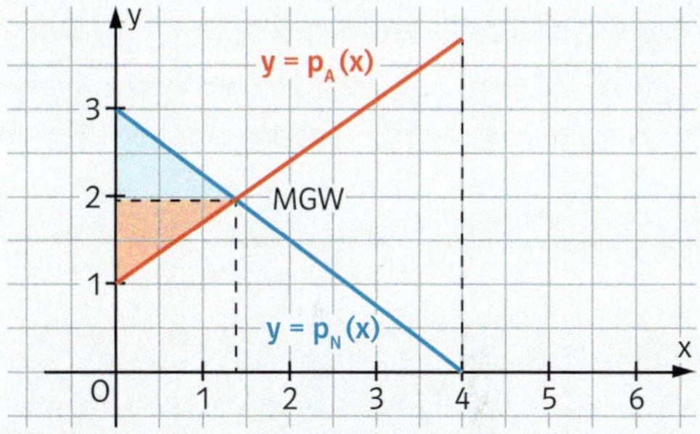


$p_N(x) = -0{,}75x + 3;\ p_A(x) = 0{,}7x + 1$

Fig. 2

**Erlös- und Gewinnfunktion im Monopol** (Fig. 3)
In der Marktform Monopol gibt die **Preis-Absatz-Funktion** $y = p(x)$ an, welcher Preis bei einem Angebot von x ME erzielt werden kann.
Sie ist in der Regel eine lineare Funktion mit negativer Steigung.
**Sättigungsmenge** ist die Menge, bei der selbst zum „Nulltarif" keine Ware mehr absetzbar ist.
Bei dem **Höchstpreis (Prohibitivpreis)** p(0) wird keine Ware mehr abgesetzt, da niemand mehr bereit ist, diesen Preis zu bezahlen.
Die **Erlösfunktion** ist eine quadratische Funktion: $E(x) = p(x) \cdot x$.
Ist K linear oder quadratisch, so ist die **Gewinnfunktion** G ebenfalls quadratisch. Das Gewinnmaximum $G_{max}$ liegt an der Stelle $x_C$, dem x-Wert des Scheitels der Parabel (Fig. 3).
Der Punkt $C(x_C \mid p(x_C))$ wird **Cournot´scher Punkt** genannt.
Er gibt die Absatzmenge $x_C$ und den Stückpreis an, bei welcher der Gewinn des Unternehmens ein **Maximum** annimmt.

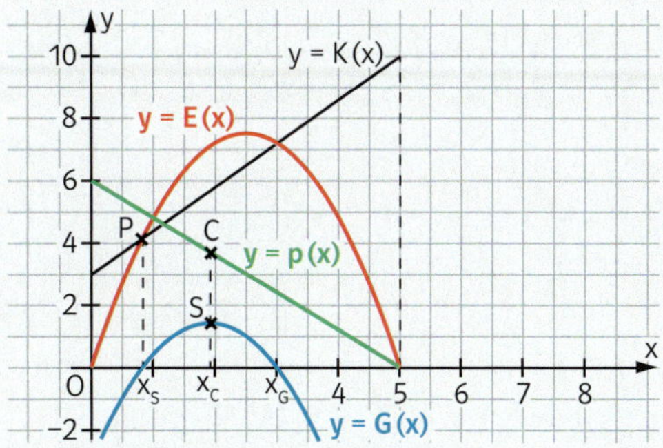


Fig. 3

$p(x) = -1{,}2x + 6;$
$K(x) = 1{,}4x + 3$
$E(x) = -1{,}2x^2 + 6x;$
$G(x) = -1{,}2x^2 + 4{,}6x - 3$

## Training

**1** Stellen Sie die Gleichung der Geraden g auf.
a) P(1 | 2) und Q(3 | −1) liegen auf g.
b) g geht durch P(0 | 1) und Q(2 | 7).
c) g hat die Steigung 0,4 und den y-Achsenabschnitt 2,5.
d) g hat die Steigung $\frac{1}{2}$ und geht durch P(2 | 3).

**2** Geht die Gerade g mit der Gleichung $y = \frac{1}{2}x - \frac{7}{4}$ durch den Punkt P?
a) $P\left(-\frac{1}{2} \middle| -2\right)$ b) P(50 | 103,5) c) P(64 | 30,15) d) $P\left(\frac{7}{4} \middle| -\frac{7}{8}\right)$

**3** Liegt der Punkt P auf dem Graphen der Funktion f mit $f(x) = 0{,}5x^2 - 3x + 4$?
a) P(0 | 1,5) b) P(2 | 0) c) P(10 | 24) d) P(−8 | 61)

Erinnerung:
Für zwei orthogonale Geraden g und h mit den Steigungen $m_1$ und $m_2$ gilt: $m_1 \cdot m_2 = -1$.

**4** Geben Sie die Gleichungen der Senkrechten zu der Geraden g im Punkt P an. P soll auf g liegen. Zeichnen und rechnen Sie.
a) g: y = −2x + 3; P(0 | □) b) g: y = −0,5x + 1; P(−2 | □) c) g: y = 0,45x − 1,2; $P\left(\frac{8}{3} \middle| \square\right)$

**5** Drücken Sie in mathematischer Kurzschrift aus:
a) Die Zahl 7 ist der Funktionswert an der Stelle 4.
b) Die Funktion g nimmt an der Stelle 3 den Wert 10 an.
c) Die Funktionen f und g nehmen an der Stelle −3 den gleichen Funktionswert an.

**6** Gegeben sind die Geraden g: y = 2x − 1,5 und h: 2x + 5y = 9.
a) Zeichnen Sie g und h in ein gemeinsames Koordinatensystem.
b) Entscheiden Sie rechnerisch, ob die Geraden g und h orthogonal sind.
c) Bestimmen Sie die Schnittpunkte von g und h mit der x-Achse.

**7** a) Bestimmen Sie anhand von Fig. 1 Gleichungen der Geraden g und h.
b) Liegt der Punkt P(5 | 3,2) auf g?
c) Berechnen Sie die Koordinaten des Schnittpunktes S von g und h.
d) Berechnen Sie den Steigungswinkel von g bzw. von h und bestimmen Sie daraus den Schnittwinkel der Geraden g und h.
e) Welchen Schnittwinkel bildet die Gerade g mit der Geraden k: y = −x?

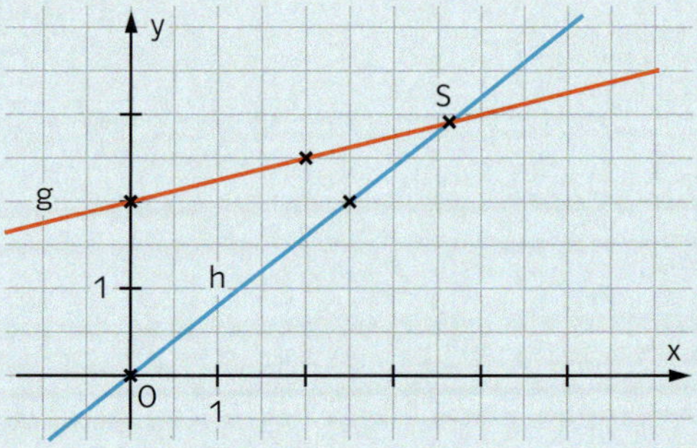

Fig. 1

**8** Zwei PKWs fahren mit konstanten Geschwindigkeiten auf einer Autobahn in dieselbe Fahrtrichtung. Das vordere Auto fährt mit einer Geschwindigkeit von $120\,\frac{km}{h}$ und passiert den Autobahn-Kilometer 180 in dem Moment, in dem das hintere Auto, das $180\,\frac{km}{h}$ fährt, den Autobahn-Kilometer 170 passiert. Wann und wo überholt der zweite Wagen den ersten? Lösen Sie diese Aufgabe zeichnerisch und rechnerisch.

**9** Bestimmen Sie den Scheitel der zu f gehörigen Parabel und die Öffnungsrichtung.
a) $f(x) = x^2 + 6x$ b) $f(x) = x^2 + 6x + 9$ c) $f(x) = -x^2 + 8x - 31$

**10** Berechnen Sie die Nullstellen der Funktion f auf möglichst geschickte Weise.
a) $f(x) = 3x^2 - 12x$ b) $f(x) = x^2 - 16$ c) $f(x) = 0{,}5x^2 + 5$ d) $f(x) = \frac{1}{2}x^2$

# Training

**11** Eine zur y-Achse symmetrische Parabel geht durch die Punkte P und Q. Stellen Sie ihre Funktionsgleichung auf.
a) $P(1|4)$, $Q(-2|1)$ b) $P(3|-2)$, $Q(-2|3)$ c) $P(100|100)$, $Q(10|1)$

**12** Bestimmen Sie den Term einer quadratischen Funktion, deren Graph durch die Punkte A, B und C geht.
a) $A(-2|-7)$, $B(2|1)$, $C(7|-4)$ b) $A(-4|1)$, $B\left(-1\middle|-\frac{1}{8}\right)$, $C(6|6)$

**13** Die Parabel von $x \mapsto ax^2 + bx + c$ hat den Scheitel S und geht durch den Punkt P. Bestimmen Sie a, b und c.
a) $S(8|-5)$, $P(-2|15)$ b) $S(-0{,}5|1{,}5)$, $P(1|-7{,}5)$ c) $S(16|-80)$, $P(-44|-8)$

**14** Für welche Werte des Parameters ist die Gerade Sekante bzw. Tangente bzw. Passante der Parabel?
a) $f(x) = ax^2 + 2$
$g(x) = -4x + 6$
b) $f(x) = \frac{1}{4}x^2 + bx$
$g(x) = -x - 9$
c) $f(x) = tx^2 + 2$
$g(x) = -tx + 1$

**15** Ein Monopolist verkauft sein Produkt XP gemäß der Preis-Absatz-Funktion p mit $p(x) = 2{,}5 - 0{,}25x$; $0 \leq x \leq 10$. Die Fixkosten bei XP betragen 1,75 GE. Die variablen Kosten steigen linear und betragen bei x = 2 ME genau 1 ME.
a) Ermitteln Sie die zugehörige Kostenfunktion und zeichnen Sie ihren Graphen.
b) Geben Sie die Erlösfunktion an, zeichnen Sie ihren Graphen und geben Sie die Gewinnzone an. Bestimmen Sie die Ausbringungsmenge für das Erlösmaximum.
c) Ermitteln Sie das Gewinnmaximum und die zugehörige Ausbringungsmenge. Geben Sie die Koordinaten des Cournot´schen Punktes an.

**16** Die Erlösfunktion eines Monopolisten ist $E(x) = 20x - 2x^2$ mit $0 \leq x \leq 8$. Die Kostenfunktion ist festgelegt durch $K(x) = 14 + 4x$.
a) Geben Sie die Gewinnfunktion und das Gewinnmaximum mit der Ausbringungsmenge an.
b) Die Fixkosten werden auf 7,5 GE gesenkt. Geben Sie die neue Gewinnzone an.

**17** Gegeben sind die Kostenfunktion K mit $K(x) = 0{,}14x^2 + 5$ in [0; 12], x in ME, K(x) in GE, und die Erlösfunktion E mit $E(x) = 2x$.
a) Zeichnen Sie die zugehörigen Graphen in ein Koordinatensystem.
b) Ermitteln Sie mit dem Rechner die Gewinnschwelle und die Gewinngrenze.
c) Zeichnen Sie den Graphen der Gewinnfunktion und bestimmen Sie die Produktionsmenge x, ab der keine Gewinnzunahme mehr erfolgt.

**18** Von einer Kostenfunktion K ist bekannt: Die Fixkosten betragen 10 GE, bei der Produktionsmenge 10 ME fallen 16 GE Kosten an, bei 20 ME 30 GE. Die Erlösfunktion ist E mit $E(x) = 2x$.
a) Zeigen Sie, dass $K(x) = 0{,}04x^2 + 0{,}2x + 10$ die Bedingungen erfüllt.
b) Bestimmen Sie die Gewinnzone.

**19** Für welches t hat die Funktion $f_t$ keine, eine bzw. zwei Nullstellen?
a) $f_t(x) = x^2 - 6x + t$ b) $f_t(x) = x^2 + 2x - t$ c) $f_t(x) = tx^2 + 2x + 1$

**20** Die Parabeln in Fig. 1 gehören zu einer quadratischen Funktionenschar. Bestimmen Sie einen Funktionsterm mit Parameter t, sodass sich diese Parabeln als Graphen für die Werte t = 1 bis t = 5 ergeben. Erläutern Sie Ihr Vorgehen.

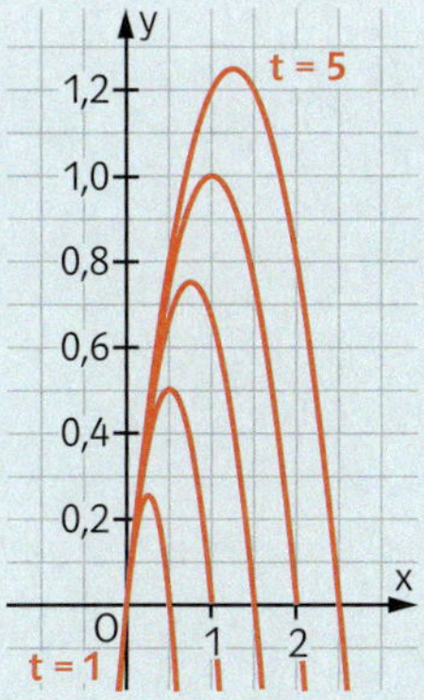

Fig. 1

# Ganzrationale Funktionen höheren Grades

Nicht so sehr die geraden Linien, sondern Bögen sind gestaltende Elemente in Natur und Technik. Aber auch bei Modellierung in den Wirtschaftswissenschaften spielen Kurven eine große Rolle.

Anteil der Jugendlichen, die täglich oder mehrmals pro Woche das Internet nutzen

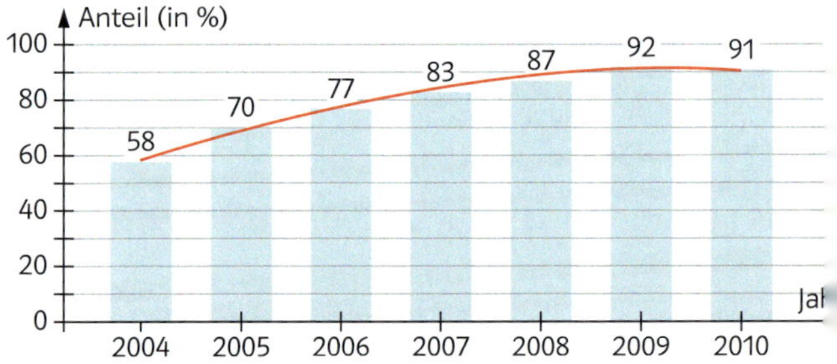


Anteil der Jugendlichen, die täglich oder mehrmals pro Woche das Internet nutzen

### Das kennen Sie schon

- Lineare und quadratische Funktionen
- Quadratische Gleichungen
- Aufstellen von Funktionstermen
- Lineare und quadratische Funktionen in der Wirtschaft

## Welcher Term passt zu welchem Bild?

$x^2 - x$

$4x - 5$

$x^3 - 10$

$x^4$

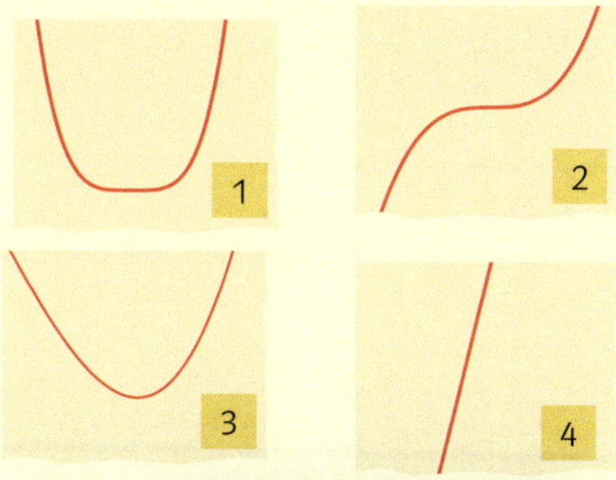

Arithmetik/ Algebra

Argumentieren/ Kommunizieren

Funktionen

Problemlösen

Geometrie

Modellieren

Stochastik

Werkzeuge

### In diesem Kapitel

- werden ganzrationale Funktionen mit beliebigem Grad eingeführt und untersucht.
- werden Nullstellen mit verschiedenen Verfahren berechnet.
- werden lineare Gleichungssysteme aufgestellt und gelöst.
- werden ganzrationale Funktionen zum Modellieren wirtschaftlicher Fragestellungen verwendet.

# 1 Einführung: Funktionsklassen

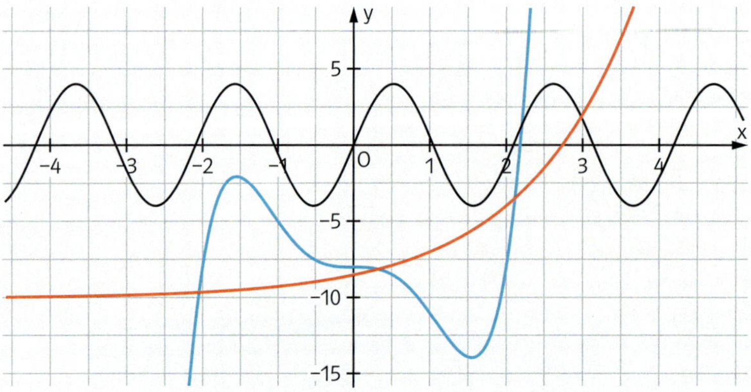


Bestimmen Sie mit einem Rechner, welcher Funktionsterm zu welchem Graphen gehört.
$y = 1{,}5 \cdot 2^x - 10$
$y = x^5 - 4x^3 - 8$
$y = 4 \cdot \sin(3x)$
Nennen Sie Eigenschaften der abgebildeten Graphen.

In einem wichtigen Modell der Wirtschaftswissenschaften geht man davon aus, dass bei der Produktion eines Gutes die Gesamtkosten in Abhängigkeit von der Produktionsmenge zunächst degressiv und ab einer gewissen Menge dann progressiv ansteigen. Man spricht dann von einer ertragsgesetzlichen Kostenfunktion (vgl. Seite 55). Der Graph in Fig. 1 verdeutlicht die Situation. Die Frage ist, wie Funktionsterme solcher Funktionen aussehen können und wie man einen solchen Funktionsterm gewinnen kann.
Es wird sich zeigen, dass Potenzen des Typs $a \cdot x^n$ mit $a \in \mathbb{R}$ und $n \in \mathbb{N}$ hierbei eine fundamentale Rolle spielen. Denn durch Addition von Potenzen dieses Typs erhält man Terme, die unter gewissen Bedingungen Funktionsterme ertragsgesetzlicher Kostenfunktionen sind. So hat, z. B. die Funktion mit dem Graphen in Fig. 1 den Term $f(x) = x^3 - 10x^2 + 50x + 50$.
Die Gesamtheit aller Funktionen ein und desselben Typs nennt man eine **Funktionsklasse**.
Die Funktionsklasse, bei der Potenzfunktionen die Bausteine sind, heißen **ganzrationale Funktionen** mit der allgemeinen Termdarstellung:
$f(x) = a_n x^n + a_{n-1} x^{n-1} + \ldots + a_2 x^2 + a_1 x + a_0$.
Der höchste Exponent n in dieser Darstellung heißt **Grad**. Daher spricht man auch genauer von **ganzrationalen Funktionen n-ten Grades**. Fig. 2 zeigt Graphen ganzrationaler Funktionen dritten, vierten und fünften Grades.
In diesem Kapitel werden also ausgehend von Potenzfunktionen ganzrationale Funktionen mit beliebigem Grad untersucht.
Eine ganz andere Funktionsklasse sind z. B. Exponentialfunktionen mit Termen der Form $f(x) = b \cdot a^x$ mit $b \in \mathbb{R}$ und $a > 0$. Diese Funktionsklasse wird in einem späteren Kapitel besprochen.

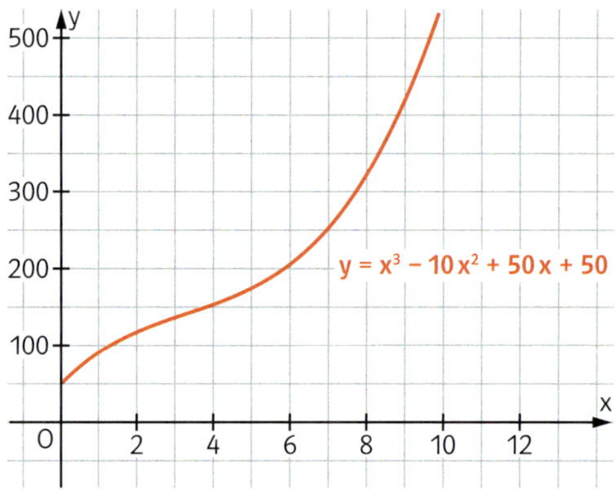


Fig. 1

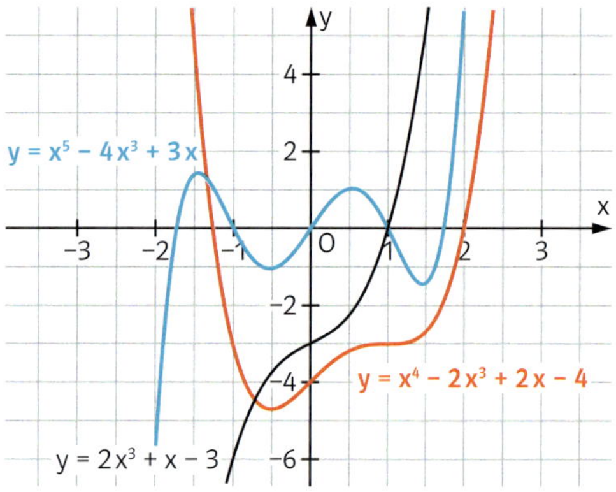


Fig. 2

Funktionen derselben Funktionsklasse haben häufig sehr ähnliche Eigenschaften. Als solche interessieren z. B. Aussagen über die Anzahl der Nullstellen der Funktionen oder mögliche Symmetrien der Graphen.
So hat in Fig. 1 die Funktion f den Grad 3 und 3 Nullstellen; die Funktion g hat den Grad 4, aber nur 2 Nullstellen. Die Frage ist, ob es dennoch einen Zusammenhang zwischen dem Grad der Funktion und der Anzahl der Nullstellen gibt.
In Fig. 2 ist der Graph der Funktion f punktsymmetrisch zum Ursprung, der Graph der Funktion g achsensymmetrisch zur y-Achse. Auch hier stellt sich die Frage, ob diese Symmetrien etwas zu tun haben mit den Hochzahlen in den Termen. Untersuchungen über Eigenschaften ganzrationaler Funktionen sind ein Schwerpunkt dieses Kapitels.

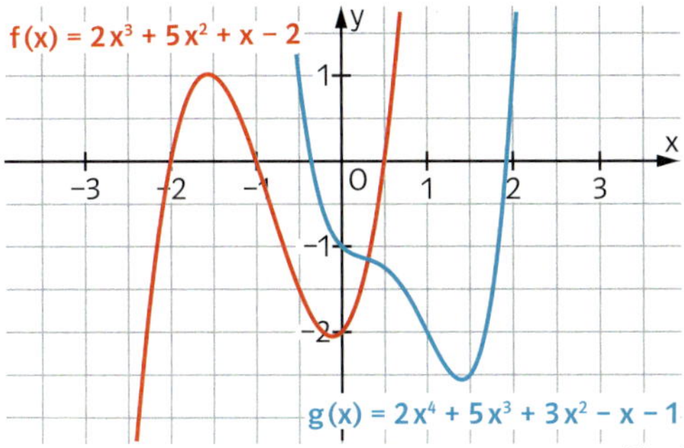

Fig. 1

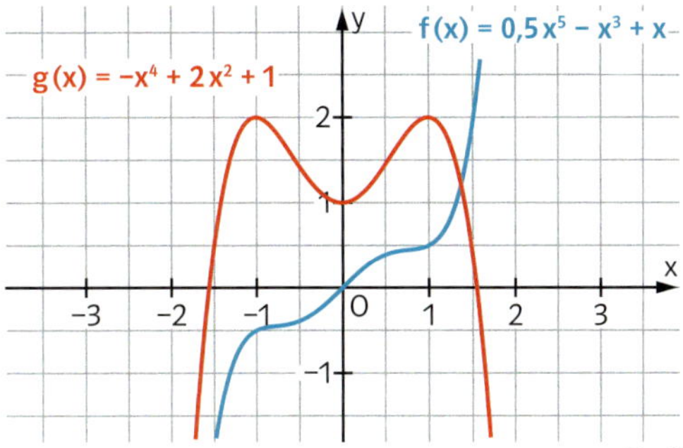

Fig. 2

Auch wenn man bei der Produktion eines Gutes von einer ertragsgesetzlichen Kostenfunktion ausgehen kann, ergibt sich das Problem, wie man einen zugehörigen Term erhalten kann. Denn in der Praxis ist es meistens nur möglich, Kosten für gewisse Produktionsmengen direkt zu ermitteln, nicht aber einen Term. Ein weiterer Schwerpunkt dieses Kapitels ist, mathematische Verfahren darzustellen, mit deren Hilfe man aus Daten wie in Fig. 3 einen Funktionsterm gewinnen kann (vgl. Fig. 4).

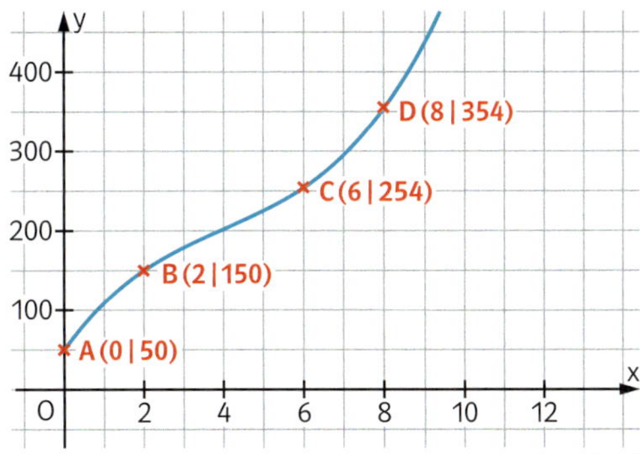

Fig. 4

| x (in ME) | y (in GE) |
| --- | --- |
| 0 | 50 |
| 2 | 150 |
| 6 | 254 |
| 8 | 354 |

Fig. 3

In den Wirtschaftswissenschaften spielen ganzrationale Funktionen n-ten Grades eine wichtige Rolle. In diesem Kapitel wird diese Funktionsklasse definiert und es werden Eigenschaften der Funktionen dieser Klasse untersucht. Außerdem werden Verfahren vorgestellt, wie man einen Term für eine Funktion gewinnen kann, deren Graph durch vorgegebene Punkte geht.

## Aufgaben

**1** Die Funktion $K_a$ mit $K_a(x) = 2x^3 - 6x^2 + a \cdot x + 2$ gehört für jedes $a \in \mathbb{R}$ zur Funktionsklasse der ganzrationalen Funktionen dritten Grades. Zeichnen Sie mit dem Rechner Graphen für verschiedene Werte von a. Ermitteln Sie Werte für a, für die sich ertragsgesetzliche Kostenfunktionen ergeben.

**2** Welche Funktion hat einen zum Ursprung bzw. zur y-Achse symmetrischen Graphen?
a) $f(x) = 2x^4 + x^2 - 1$ b) $f(x) = x^5 - 3x^3 + x^2 + 4$ c) $f(x) = x^5 + 7x^3 - x$

# 2 Potenzfunktionen

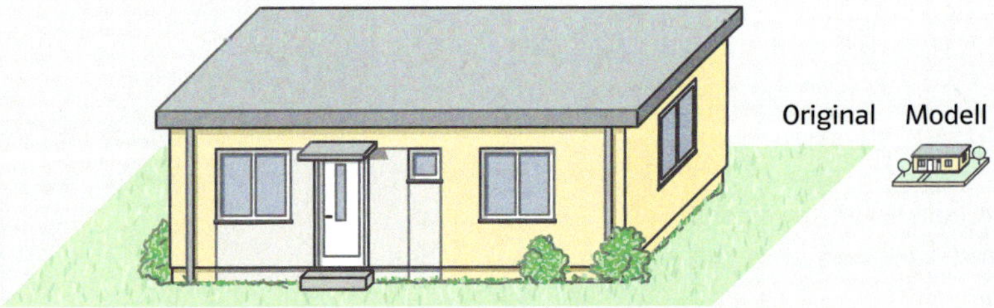


Das Modell eines Bungalows hat im Maßstab 1:10 eine Breite von 160 cm, eine Tiefe von 100 cm und eine Höhe von 30 cm.
a) Wie groß sind die Maße des Bungalows im Original?
b) Welchen Flächeninhalt hat das Dach und wie groß ist der Rauminhalt im Modell und im Original?

Bei linearen Funktionen tritt die Variable x im Funktionsterm nur mit der 1. Potenz auf, bei quadratischen Funktionen in der 2. Potenz. Eine weitere Klasse von Funktionen erhält man, wenn der Term höhere Potenzen von x enthält.
Ordnet man z.B. bei einem Würfel der Kantenlänge x (in cm) das Volumen V (in $cm^3$) zu, erhält man die Funktion $x \mapsto V$ mit der Funktionsgleichung $V(x) = x^3$.
Dem 2-, 3- bzw. n-fachen der ersten Größe wird jeweils das 8-, 27- bzw. $n^3$-fache der zweiten Größe zugeordnet.
Eine Funktion mit der Funktionsgleichung $f(x) = 2x^3$ heißt **Potenzfunktion dritten Grades**.

Funktionen mit Funktionsgleichungen der Form $f(x) = a \cdot x^n$ ($n \in \mathbb{N}^*$ und $a \neq 0$) nennt man **Potenzfunktionen**. Dabei heißt der Exponent n der **Grad** der Potenzfunktion.

Potenzfunktionen und ihre Graphen weisen besondere Eigenschaften auf. Einige dieser Eigenschaften werden hier für Funktionen mit a = 1 zusammengestellt.

Je höher der Grad der Potenzfunktion ist, umso „flacher" ist der Graph im Intervall [−1; 1].
Graph von f mit $f(x) = x^{20}$.

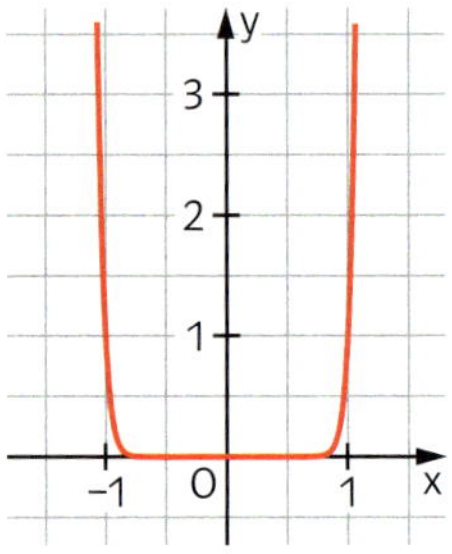


**Gerade** Hochzahlen

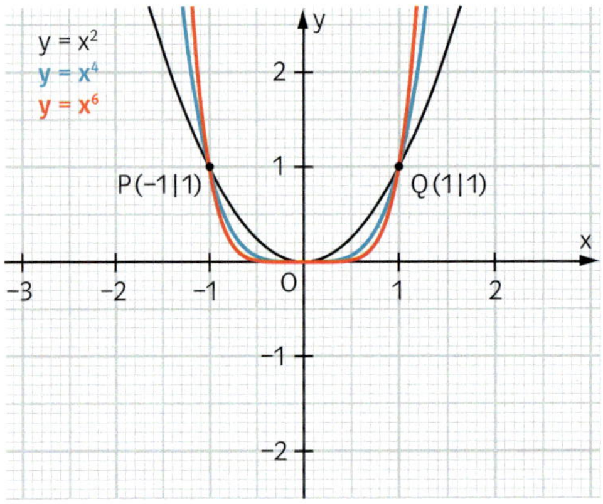


Fig. 1

1. Die Graphen verlaufen oberhalb der x-Achse; sie gehen durch die Punkte P(−1|1) und Q(1|1).
2. Die Graphen sind achsensymmetrisch zur y-Achse.
3. Der kleinste Funktionswert ist 0.
   Der „tiefste" Punkt S(0|0) heißt **Scheitel**.

**Ungerade** Hochzahlen

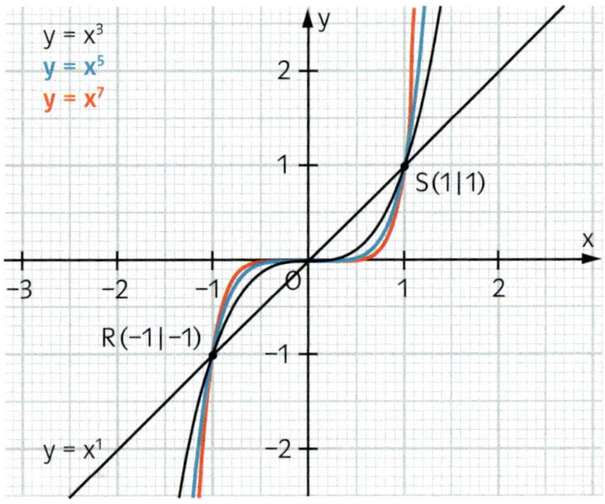


Fig. 2

1. Die Graphen verlaufen von „links unten" nach „rechts oben"; sie gehen durch die Punkte R(−1|−1) und S(1|1).
2. Die Graphen sind punktsymmetrisch zum Ursprung.
3. Es gibt keinen kleinsten oder größten Wert.

**Beispiel 1** Potenzfunktionen zeichnen

Wie muss man die y-Achse skalieren, wenn man die Graphen der Funktionen f und g mit $f(x) = 0{,}6x^3$ und $g(x) = -3x^4$ im Intervall $-3 \leqq x \leqq 3$ zeichnen möchte?
Kontrollieren Sie Ihr Ergebnis mit dem Rechner.

Lösung: Für die Funktion f gilt:
$f(-3) = 0{,}6 \cdot (-3)^3 = -16{,}2$;
$f(3) = 0{,}6 \cdot 3^3 = 16{,}2$.
Für die Funktion g gilt:
$g(-3) = -3 \cdot (-3)^4 = -243$;
$g(3) = -3 \cdot 3^4 = -243$.
Damit muss die y-Achse bei f von ca. −17 bis 17 und bei g von −243 bis 0 eingeteilt werden.

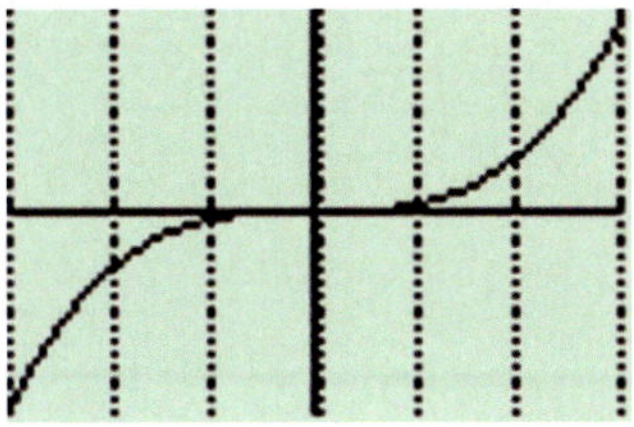

Fig. 1

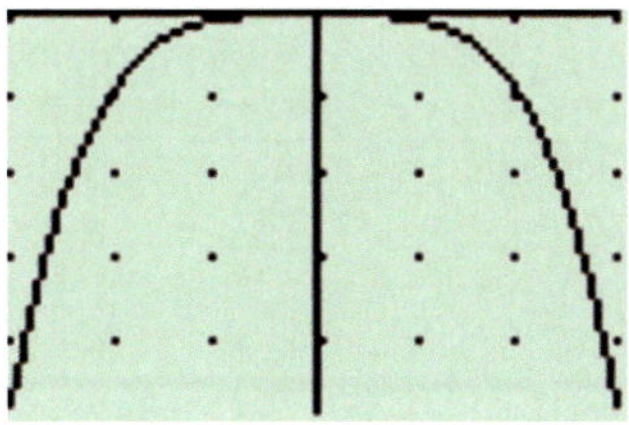

Fig. 2

Fig. 1 und Fig. 2 zeigt die zugehörigen Graphen.

**Beispiel 2** Aufstellen einer Funktionsgleichung

Der Graph einer Potenzfunktion geht durch die beiden Punkte P(1 | 3) und Q(−2 | 48). Bestimmen Sie die zugehörige Funktionsgleichung.

Lösung: Ansatz: $f(x) = a \cdot x^n$
Setzt man die Koordinaten von P ein, ergibt sich: $3 = a \cdot 1^n$.
Wegen $1^n = 1$ für jedes n ist a = 3.
Einsetzen von a = 3 und der Koordinaten von Q ergibt: $48 = 3 \cdot (-2)^n$.
Es gilt $16 = (-2)^n$, also n = 4.
Die gesuchte Funktionsgleichung lautet $f(x) = 3 \cdot x^4$.

## Aufgaben

**1** Die Punkte P, Q, R und S liegen auf dem Graphen der Potenzfunktion f mit $f(x) = 2x^5$.
Bestimmen Sie jeweils die fehlende Koordinate.

a) P(2 | y) b) Q(−1 | y) c) S(x | −64) d) R(x | 0,00002)

**2** Gegeben ist die Funktionsgleichung einer Potenzfunktion. Skizzieren Sie den Graphen der Funktion mithilfe einer Wertetabelle.

a) $f(x) = 0{,}25x^3$ b) $f(x) = -x^4$ c) $f(x) = 0{,}5x^5$ d) $f(x) = -x^3$

**3** Ordnen Sie den Funktionsgleichungen die Graphen zu. Begründen Sie.

a) $f(x) = 0{,}01x^4$ b) $g(x) = 0{,}5x^3$ c) $h(x) = x^{11}$ d) $j(x) = x^{10}$

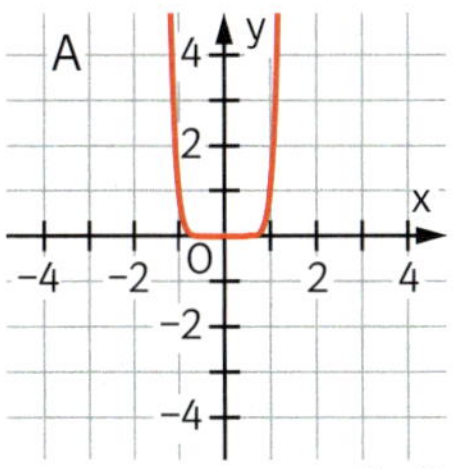


Fig. 3

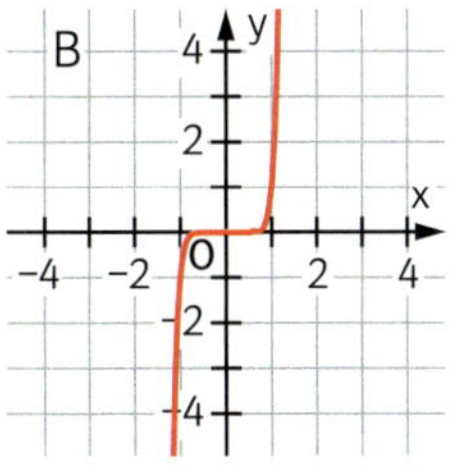


Fig. 4

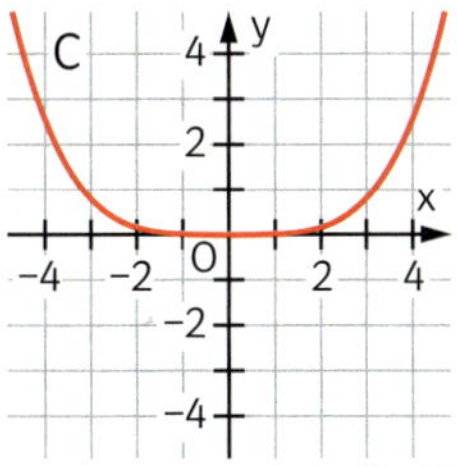


Fig. 5

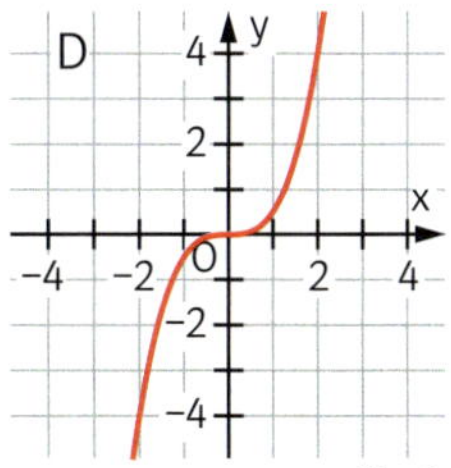


Fig. 6

**4** Zeichnen Sie Graphen der Potenzfunktionen f und g mit $f(x) = x^4$ und mit $g(x) = x^8$.
Vergleichen Sie die beiden Graphen und benennen Sie Gemeinsamkeiten und Unterschiede.

**5** Skizzieren Sie die Graphen der Potenzfunktionen f, g, h und j. Vergleichen Sie die Graphen und begründen Sie Gemeinsamkeiten bzw. Unterschiede mithilfe der Funktionsgleichung.
A) $f(x) = 0{,}1x^2$ B) $g(x) = 0{,}1x^3$ C) $h(x) = 0{,}1x^4$ D) $j(x) = 0{,}1x^5$

**6** Wie ändert sich der Funktionswert, wenn man den x-Wert verdoppelt?
a) $f(x) = 4x^4$ b) $f(x) = 5x^2$ c) $f(x) = 1{,}5x^3$ d) $f(x) = \frac{3}{2}x^5$

**7** Bestimmen Sie die Funktionsgleichung der Potenzfunktion mit $f(x) = a \cdot x^n$ aus den gegebenen Punkten.
a) $P(1|0{,}5)$ und $Q(-2|32)$ b) $P(1|0{,}25)$ und $Q(2|32)$ c) $P(1|-2)$ und $Q(-3|-162)$
d) $P(1|0{,}4)$ und $Q(4|25{,}6)$ e) $P(1|3)$ und $R(-3|-729)$ f) $P(1|-7)$ und $R(-4|-1792)$
g) Wie kann man ohne Rechnung erkennen, ob in den Aufgabenteilen a), c), e) und f) eine Potenzfunktion mit geradem oder ungeradem Exponenten vorliegt?

**8** Der Graph einer Potenzfunktion geht durch die beiden Punkte A und B. Bestimmen Sie die zugehörige Funktionsgleichung und skizzieren Sie anschließend den Graphen.
a) $A(1|1;\ B(2|8)$ b) $A(1|0{,}5);\ B(2|4)$ c) $A(1|-2);\ B(2|-32)$

**Zeit zu überprüfen**

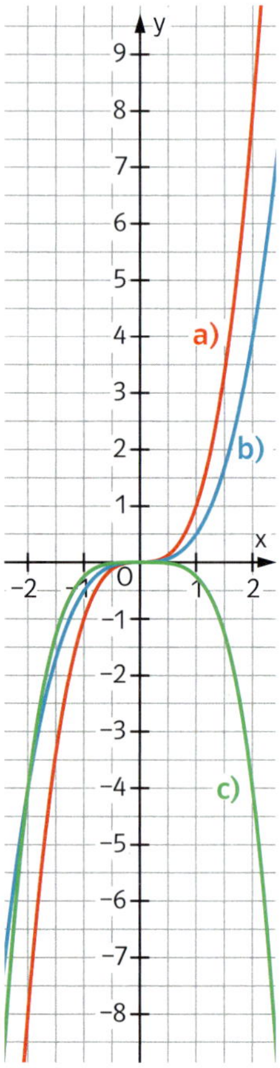

Fig. 1

**9** In Fig. 1 sind Graphen von verschiedenen Potenzfunktionen gezeichnet. Geben Sie jeweils ihre Funktionsgleichung an. Lesen Sie hierfür die Punkte bei $x = 1$ und $x = 2$ ab.

**10** Bestimmen Sie die Funktionsgleichung der Potenzfunktion aus den gegebenen Punkten.
a) $P(1|0{,}3)$ und $Q(-2|-9{,}6)$ b) $P(1|-2)$ und $Q(3|-162)$

**11** Geben Sie eine Funktionsgleichung einer Potenzfunktion an, die zu der Aussage passt.
a) Der zugehörige Graph ist symmetrisch zur y-Achse.
b) Der zugehörige Graph geht durch den Punkt $P(1|3)$.
c) Die zugehörigen Funktionswerte sind alle positiv oder null.
d) Verdoppelt man den x-Wert, so verachtfacht sich der zugehörige y-Wert.

**12** Die Funktionen f, g und h haben die Funktionsgleichungen
$f(x) = 4x^3$; $g(x) = x^5$ und $h(x) = 0{,}1x^4$.
Bestimmen Sie die x-Werte, für die gilt:
a) Die Funktionswerte von g und h sind gleich groß.
b) Die Funktionswerte von h sind kleiner als die von f.
c) Die Funktionswerte von f sind größer als die von g.

**13** Ein Holzwürfel der Kantenlänge 1,5 cm wiegt etwa 3 g. Wie viel wiegt ein Würfel aus dem gleichen Holz mit der Kantenlänge 3 cm bzw. mit der Kantenlänge 1,5 m?

**14** Eine Studie zum Schwerlastverkehr hat ergeben, dass das Gewicht eines LKW mit der vierten Potenz in das Maß der Straßenschädigung eingeht.
a) Wie erhöht sich die Schädigung der Straße, wenn man das Gewicht eines LKW verdoppelt?
b) Früher war in Deutschland bei einem LKW eine Achslast von 100 000 N (N: Newton) erlaubt. Heute beträgt der zulässige Wert 115 000 N.
Um wie viel Prozent stiegen die Schädigungen durch die vorgenommene Erhöhung der Achslast?
c) Welche Erhöhung der Achslast darf man höchstens vornehmen, wenn man die Schädigung auf das Doppelte des ursprünglichen Wertes begrenzen will?

# 3 Ganzrationale Funktionen

In den Grafiken sehen Sie zu allen Funktionen den passenden Graphen. Ordnen Sie ohne den Einsatz eines Rechners zu.

$f(x) = \frac{1}{5}x^4 + \frac{3}{10}x^3 - \frac{9}{5}x^2 - \frac{17}{10}x + 3$

$g(x) = -0{,}25x^3 - 0{,}5x^2 + 1{,}25x + 1{,}5$

$h(x) = -x^2 + 2x + 3$

$i(x) = -\frac{1}{4}(x+3)(x+1)(x-2)$

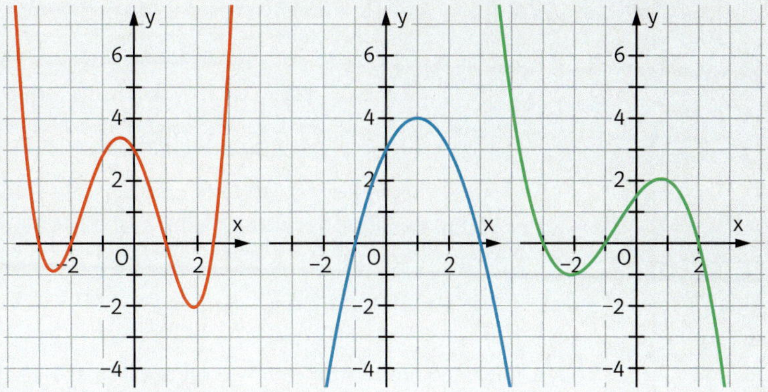


Bisher wurde der Verlauf der Kosten K in Abhängigkeit von der produzierten Menge x mithilfe linearer (Fig. 1) oder auch quadratischer (Fig. 2) Funktionen beschrieben. Realistischer aber ist ein S-förmiger Verlauf (Fig. 3). Bei diesem Modell steigen die Kosten zunächst degressiv (rechtsgekrümmt), nach der sog. Kostenkehre dann progressiv (linksgekrümmt). Eine Kostenfunktion mit einem Graphen wie in Fig. 3 nennt man ertragsgesetzliche **Kostenfunktion** (vgl. Seite 55). Ertragsgesetzliche Kostenfunktionen kann man mithilfe von Potenzfunktionen erzeugen. So hat, z. B. die Funktion K mit $K(x) = 0{,}6x^3 - 6{,}6x^2 + 27x + 20$ den in Fig. 3 gezeichneten S-förmigen Verlauf. Die Funktion K gehört zu der wichtigen Funktionsklasse ganzrationaler Funktionen.

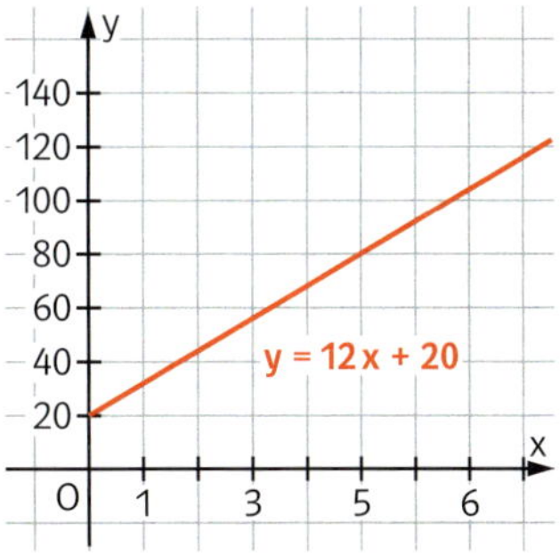


Fig. 1

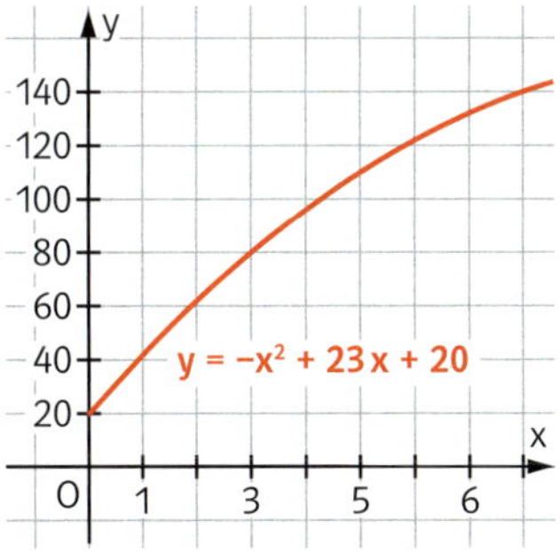


Fig. 2

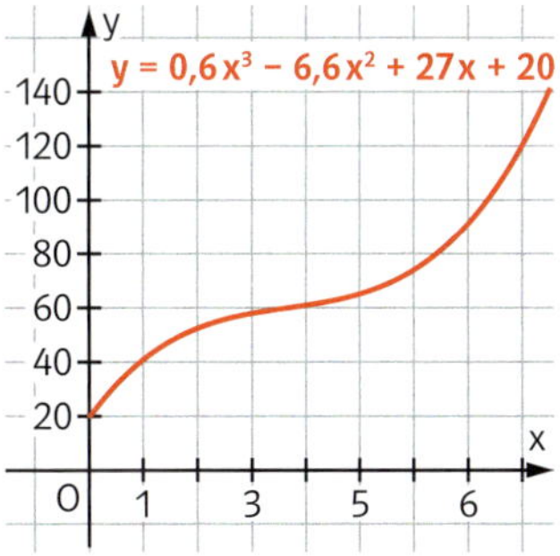


Fig. 3

Eine Funktion f, deren Funktionsgleichung man in der Form

$f(x) = a_n x^n + a_{n-1}x^{n-1} + \ldots + a_1 x + a_0$

schreiben kann, heißt **ganzrationale Funktion**. Dabei sind $a_0, a_1, \ldots, a_n$ reelle Zahlen ($a_n \neq 0$); n ist eine natürliche Zahl. Der Exponent n in dieser Darstellung heißt **Grad** der ganzrationalen Funktion.

Ganzrationale Funktionen haben die Definitionsmenge $D = \mathbb{R}$.
Konstante Funktionen $x \mapsto a_0$ mit $a_0 \neq 0$ haben wegen $a_0 = a_0 x^0$ den Grad 0.
Der Nullfunktion $x \mapsto 0$ wird kein Grad zugeordnet.

Um sich ein Bild vom Verlauf des Graphen einer ganzrationalen Funktion zu machen, untersucht man, wie sich die Funktion für betragsmäßig sehr große Werte von x und für Werte von x nahe bei Null verhält.

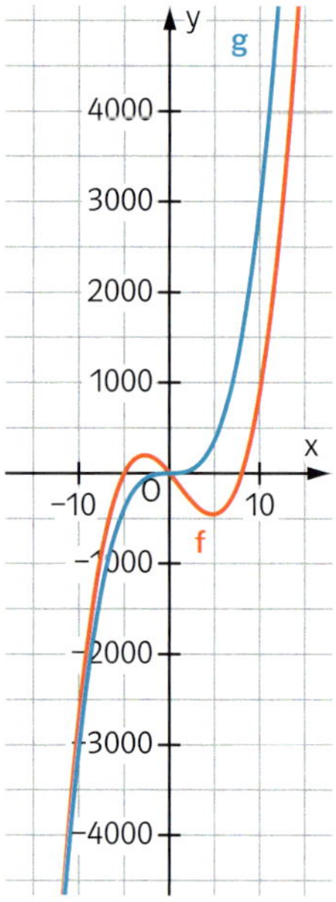

Fig. 1

### Verhalten des Graphen für $x \to \pm\infty$

Die folgende Wertetabelle zeigt zu den Funktionen f mit $f(x) = 3x^3 - 9x^2 - 120x$ und g mit $g(x) = 3x^3$ Funktionswerte zu großen x-Werten.

| x | 1 | 10 | 100 | 1000 | 10 000 | 100 000 |
|---|---|---|---|---|---|---|
| f(x) | −126 | 900 | $\approx 2{,}9 \cdot 10^6$ | $\approx 2{,}99 \cdot 10^9$ | $\approx 3 \cdot 10^{12}$ | $\approx 3 \cdot 10^{15}$ |
| g(x) | 3 | 3000 | $3 \cdot 10^6$ | $3 \cdot 10^9$ | $3 \cdot 10^{12}$ | $3 \cdot 10^{15}$ |

Für größer werdende x-Werte scheinen die Funktionswerte f(x) und g(x) immer besser übereinzustimmen. Diese Vermutung kann man bestätigen, wenn man den Funktionsterm von f zu einem Produkt umformt.

$f(x) = 3x^3 - 9x^2 - 120x = 3x^3 \cdot \left(1 - \frac{3}{x} - \frac{40}{x^2}\right)$ für $x \neq 0$.

Der zweite Faktor $1 - \frac{3}{x} - \frac{40}{x^2}$ nähert sich sowohl für sehr große Werte von x (z. B. $x = 10^5$) als auch für sehr kleine Werte von x (z. B. $x = -10^5$) der Zahl 1.
Das Verhalten von f(x) wird also in beiden Fällen durch das Verhalten von $g(x) = 3x^3$ bestimmt.

Für größer werdende x-Werte wird der Wert von g(x) beliebig groß. Also gilt dies für f(x) ebenfalls (Fig. 1). Man schreibt:
„Für $x \to \infty$ gilt: $f(x) \to \infty$" und sagt: „Für x gegen unendlich strebt f(x) gegen unendlich".

∞ ist das mathematische Zeichen für „unendlich".

Für kleiner werdende x-Werte wird der Wert von g(x) immer kleiner. Damit strebt für x gegen minus unendlich f(x) gegen minus unendlich (Fig. 1). Man schreibt:
„Für $x \to -\infty$ gilt: $f(x) \to -\infty$".

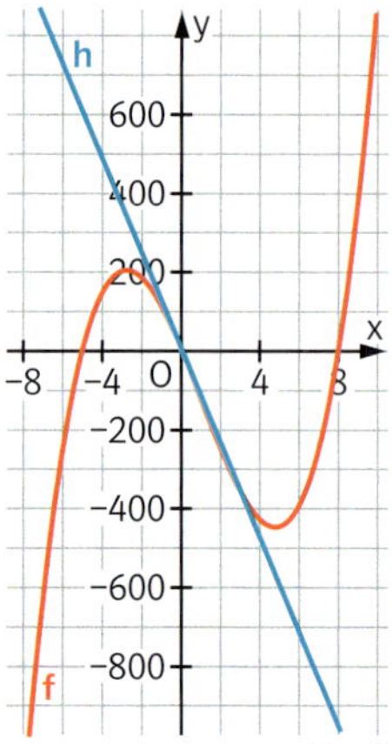

Fig. 2

### Verhalten des Graphen für x nahe 0

Die folgende Wertetabelle zeigt zu f mit $f(x) = 3x^3 - 9x^2 - 120x + 5$ und h mit $h(x) = -120x + 5$ Funktionswerte zu x-Werten, die sich der Zahl 0 immer mehr nähern.

| x | 1 | 0,5 | 0,3 | 0,2 | 0,1 | 0,01 |
|---|---|---|---|---|---|---|
| f(x) | −121 | −56,875 | −31,729 | −19,336 | −7,087 | ≈ 3,799 |
| h(x) | −115 | −55 | −31 | −19 | −7 | 3,8 |

Für x-Werte nahe 0 scheinen sich die Werte von f(x) und g(x) immer mehr anzunähern. Dies lässt sich wie folgt bestätigen:
Wenn man Zahlen zwischen −1 und 1 potenziert, nähern sich die Ergebnisse immer weiter dem Wert 0. Dies erfolgt umso schneller, je näher die Zahl bei Null liegt. Somit haben die Summanden mit den höheren Potenzen von x keinen Einfluss auf das Verhalten des Graphen für x nahe 0. Dieses wird allein vom Term $-120x + 5$ bestimmt (Fig. 2).

**Verhalten für $x \to \pm\infty$**
Für $x \to \pm\infty$ wird das Verhalten einer ganzrationalen Funktion vom Summanden mit der höchsten Potenz von x bestimmt.
Der Graph verhält sich wie derjenige Graph mit der Gleichung $y = a_n x^n$, wobei n der Grad von f ist.

**Verhalten für x nahe 0**
Für x nahe 0 wird das Verhalten einer ganzrationalen Funktion von den Summanden mit den niedrigsten Potenzen von x bestimmt.
Der Graph verhält sich wie derjenige Graph mit der Gleichung $y = a_k x^k + a_0$, wobei k die niedrigste Potenz von x ist.

Ertragsgesetzliche Kostenfunktionen haben einen S-förmigen Verlauf (vgl. Seite 55).
Später wird mithilfe der Differenzialrechnung gezeigt, dass eine ganzrationale Funktion K mit
$K(x) = ax^3 + bx^2 + cx + d$
eine ertragsgesetzliche Kostenfunktion beschreibt, wenn die folgenden Bedingungen zwischen den Koeffizienten a, b, c und d erfüllt sind:
$\mathbf{a > 0;\ b < 0;\ c > 0;\ d \geqq 0;\ b^2 < 3ac}$.

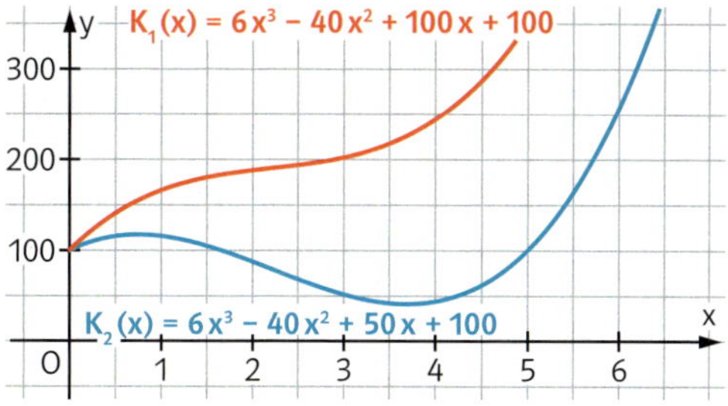

Fig. 1

In Fig. 1 sind für beide Funktionen die ersten vier Bedingungen erfüllt. Für $K_1$ gilt wegen $b^2 = 1600$ und $3ac = 1800$ auch die fünfte Bedingung; diese ist wegen $b^2 = 1600$ und $3ac = 900$ für $K_2$ nicht erfüllt.

**Beispiel 1** Eigenschaften des Graphen einer ganzrationalen Funktion untersuchen
Gegeben ist die Funktion f mit $f(x) = 2x^5 + x^2 - 5x + 2$.
a) Formulieren Sie möglichst viele Aussagen über den Graphen von f.
b) Fertigen Sie eine Skizze an. Tragen Sie dazu auch die Graphen der verwendeten Vergleichsfunktionen ein.
Lösung: a) Für $x \to \pm\infty$ verhält sich der Graph so, wie der Graph der Funktion g mit $g(x) = 2x^5$.
Damit strebt der Graph für $x \to +\infty$ gegen unendlich und für $x \to -\infty$ gegen minus unendlich.
Für x nahe Null verhält sich der Graph ähnlich wie der Graph von h mit $h(x) = -5x + 2$.
b) Siehe Fig. 2.

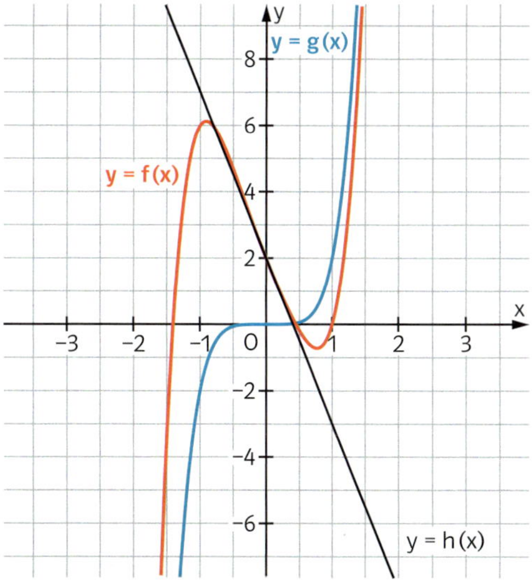

Fig. 2

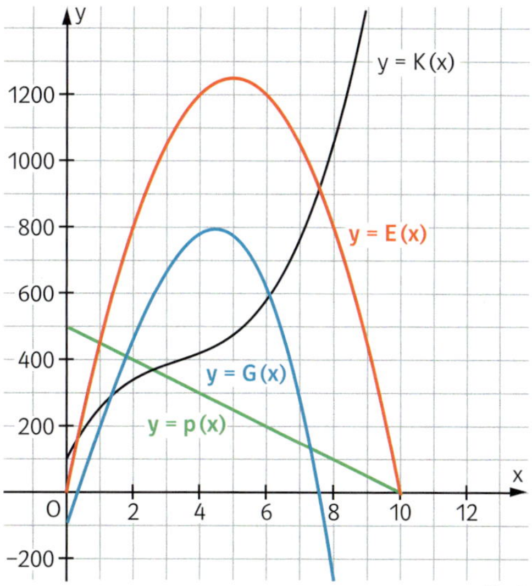

Fig. 3

**Beispiel 2** Preis-Absatz-Funktion, Kosten-, Erlös- und Gewinnfunktion im Monopol
Gegeben sind die Preis-Absatz-Funktion $p(x) = -50x + 500$ und die Kostenfunktion
$K(x) = 5x^3 - 50x^2 + 200x + 100$; x in ME; p(x) in $\frac{GE}{ME}$ und K(x) in GE mit $x \in [0; 10]$.
a) Weisen Sie nach, dass es sich um eine ertragsgesetzliche Kostenfunktion handelt.
b) Ermitteln Sie die Erlösfunktion und die Gewinnfunktion.
c) Zeichnen Sie mithilfe eines Rechners die Graphen der Preis-Absatz-Funktion sowie der Kosten-, der Erlös- und der Gewinnfunktion in ein gemeinsames Koordinatensystem.
Lösung: a) Mit $a = 5;\ b = -50;\ c = 200;\ d = 100$ und $(-50)^2 = 2500 < 3 \cdot 5 \cdot 200 = 3000$ sind die Bedingungen für eine ertragsgesetzliche Kostenfunktion erfüllt.
b) $E(x) = p(x) \cdot x = (-50x + 500) \cdot x = -50x^2 + 500x$
$G(x) = E(x) - K(x) = -50x^2 + 500x - (5x^3 - 50x^2 + 200x + 100) = -5x^3 + 300x - 100$
c) Siehe Fig. 3.

## Aufgaben

**1** Geben Sie eine Funktion g mit $g(x) = a_n x^n$ an, die das Verhalten des Graphen von f für $x \to \pm\infty$ bestimmt.

a) $f(x) = 3x^5 - 2x^3 + 10$
b) $f(x) = \frac{1}{4}x^4 + 7x^3 - 5x + 1$
c) $f(x) = -x^7 + 23x^4 + 100x$
d) $f(x) = -x^2 + x^4 + 1$
e) $f(x) = -x(x + 3)^2$
f) $f(x) = \frac{1}{2}x^3 - x^5 - x + 4$

**2** Geben Sie eine Funktion h mit $h(x) = a_k x^k + a_0$ an, die das Verhalten von f für Werte von x nahe Null bestimmt.

a) $f(x) = -2x^3 + 4x - 1$
b) $f(x) = -12x^7 + x - 3$
c) $f(x) = 2 - 0{,}0001x^5 - x^2$
d) $f(x) = (2x^2 + 1)(4 - x) - 3x^3$

**3** Untersuchen Sie das Verhalten der Funktionswerte von f für $x \to \pm\infty$ und x nahe Null.

a) $f(x) = -2x^2 + 4x$
b) $f(x) = -3x^5 + 3x^2 - x^3$
c) $f(x) = 0{,}5x^2 - 0{,}5x^4$
d) $f(x) = 5 - 7x^2 + 2x^3$

**4** Variieren Sie den Funktionsterm der Funktion f mit $f(x) = 6x^2 + x^3$, sodass

a) für $x \to \infty$ $f(x) \to -\infty$ gilt.
b) für $x \to \pm\infty$ $f(x) \to \infty$ gilt.
c) für $x \to \pm\infty$ $f(x) \to -\infty$ gilt.
d) sich der Graph bei x nahe Null dem Graphen der Funktion $h(x) = 2x + 2$ annähert.
e) sich der Graph bei x nahe Null dem Graphen der Funktion $h(x) = -x^2 + 1$ annähert.

**5** Die Gesamtkosten für die Produktion eines Gutes können beschrieben werden durch die Funktion K mit $K(x) = 0{,}1x^3 - x^2 + 5x + 10$. Der Verkaufspreis für das Gut pro ME beträgt 6 GE.

a) Weisen Sie nach, dass es sich um eine ertragsgesetzliche Kostenfunktion handelt.
b) Geben Sie die Erlösfunktion und die Gewinnfunktion an.
c) Zeichnen Sie mithilfe eines Rechners die Graphen der Kosten-, der Erlös- und der Gewinnfunktion in ein gemeinsames Koordinatensystem.

**6** Gegeben ist die Funktion f mit $f(x) = 0{,}2x^3 - 2x^2 + 4x + 2$.
Variieren Sie den Term, sodass eine ertragsgesetzliche Kostenfunktion entsteht. Betrachten Sie dabei unterschiedliche Koeffizienten. Überprüfen Sie Ihre Ergebnisse mit dem Rechner.

**7** Ordnen Sie dem Graphen den passenden Term zu und begründen Sie Ihre Entscheidung. Skizzieren Sie den Graphen und ergänzen Sie die fehlenden Skalen.

a)

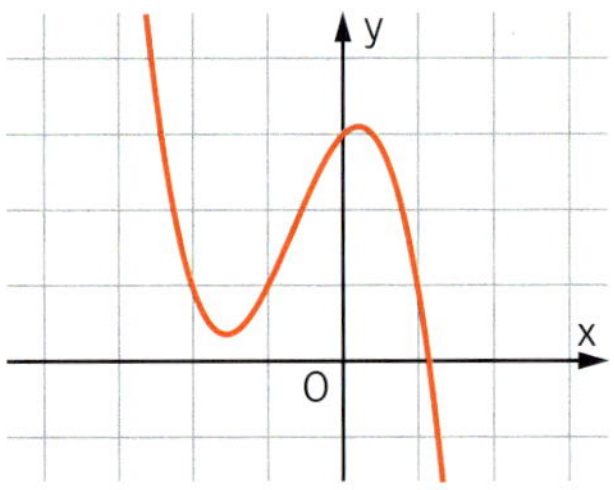


b)

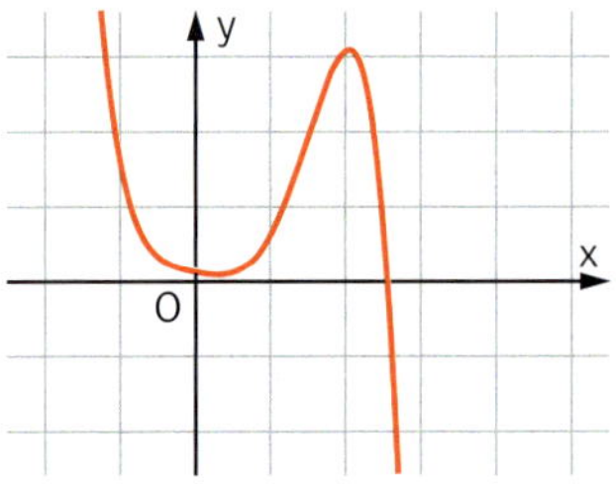


c)

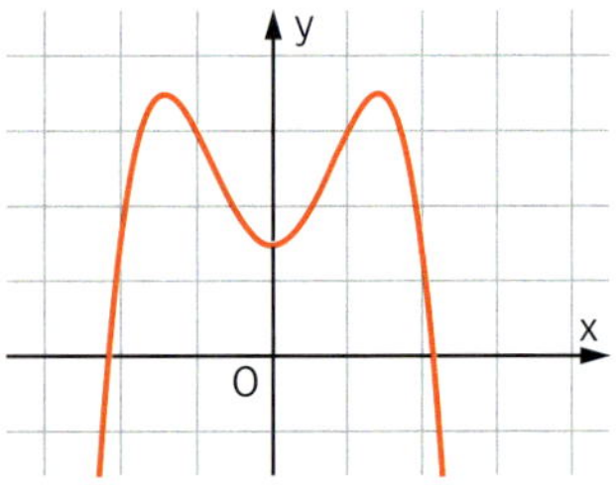


$f_1(x) = -x^3 - 2x^2 + x + 3$
$f_2(x) = x^4 - 6x^2 + 3$
$f_3(x) = -x^4 + 4x^2 + 3$
$f_4(x) = 3 - 2x + x^2 + x^4 - 0{,}2x^5$
$f_5(x) = 0{,}2x^5 - x^4 + x^2 + 2x + 3$
$f_6(x) = 3 - 10x^4 + x^6 + 12x^2$

**8** Für die Funktion f gilt $f(x) \to -\infty$ für $x \to \pm\infty$. Wie verhalten sich die Funktionswerte der Funktion g für $x \to \pm\infty$?

a) $g(x) = f(x) + 100$
b) $g(x) = 25 - f(x)$
c) $g(x) = f(x) : 2$
d) $g(x) = 50 \cdot f(x)$

## Zeit zu überprüfen

**9** Gegeben ist die Funktion f. Untersuchen Sie das Verhalten der Funktionswerte von f für $x \to \pm\infty$ und x nahe Null.

a) $f(x) = 3x^3 - 4x^5 - x^2$ b) $f(x) = 1 - 2x + x^6 + x^3$ c) $f(x) = 3x - 0{,}01x^7 + x^6 + 2$

**10** Ordnen Sie den Funktionsgleichungen die Graphen zu. Es sind zwei Funktionsgleichungen zu viel angegeben. Skizzieren Sie von diesen Funktionen die Graphen.

$f_1(x) = -2x^3 + 2x + 10$ $f_2(x) = x^4 - x^2 + 10$ $f_3(x) = -2x^3 - 3x^2 + 10$

$f_4(x) = -2x^3 - 5x + 10$ $f_5(x) = x^4 + x^2 + 10$ $f_6(x) = x^4 - 10x + 10$

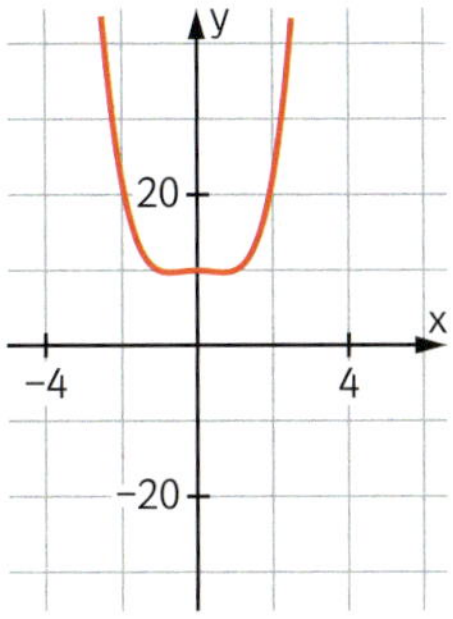

Fig. 1

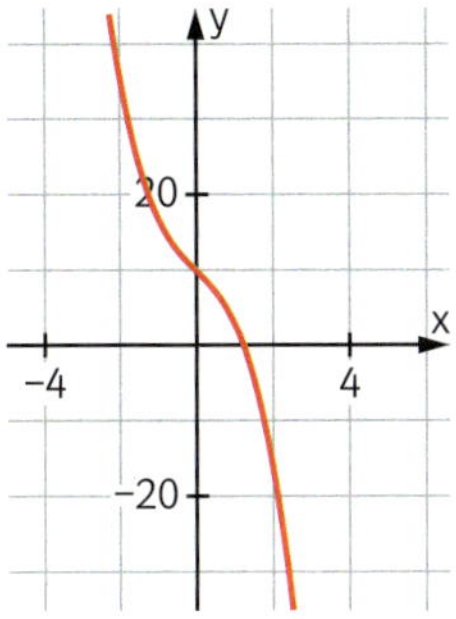

Fig. 2

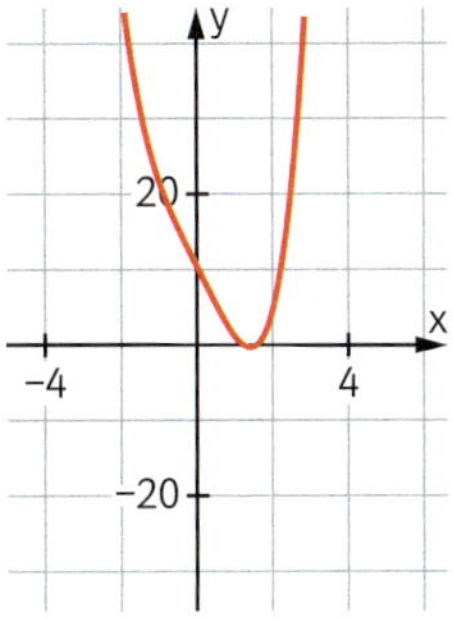

Fig. 3

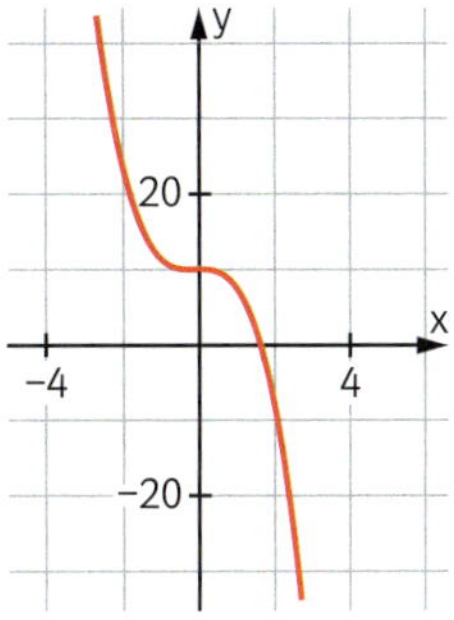

Fig. 4

---

**11** Untersuchen Sie das Verhalten der Funktionswerte von f für $x \to \pm\infty$. Überprüfen Sie das Ergebnis mit dem Rechner.

a) $f(x) = -x(x^2 + 5x)$ b) $f(x) = (-20x^5 - 30x) \cdot 10x$ c) $f(x) = (x - 5) \cdot (12 - x) : 25$

**12** Von einer Funktion f ist bekannt: Für $x \to \infty$ gilt $f(x) \to \infty$, für $x \to -\infty$ gilt $f(x) \to -\infty$. Außerdem ist $f(2) = 2$ und für x nahe Null ist die Funktion f der Funktion h mit $h(x) = 2x + 1$ in ihrem Verlauf ähnlich. Zeichnen Sie zwei mögliche Graphen.

**13** Heidi behauptet: „Bei Limonaden ist die Verpackung teurer als der Inhalt.“ Sie macht dazu folgende Annahmen:
Die Dose ist ein Zylinder, dessen Höhe doppelt so groß ist wie sein Durchmesser. Für den Hersteller kostet 1 Liter Limo 15 Cent. Die Kosten für $1\,dm^2$ Blech betragen 3 Cent.

a) Überprüfen Sie die Behauptung für einen Dosenradius von 2,5 cm. Wie viel Limonade passt in eine solche Dose?
b) Untersuchen Sie die Behauptung auch für Dosen mit einem handelsüblichen Fassungsvermögen von 0,33 l.
c) Ab welchem Dosenradius ist der Inhalt teurer als die Dose? Wie viel Liter Limonade gehen in eine solche Dose?

**14** Zum Zeitpunkt $t = 0$ startet eine Seilbahn an der Talstation auf 600 m über dem Meeresspiegel. Die Bergstation ist nach 5 Minuten und 20 Sekunden erreicht.
Die Funktion h mit $h(t) = -8t^3 + 60t^2 + 50t + 600$ gibt an, in welcher Höhe sich die Gondel zum Zeitpunkt t befindet (t in Minuten, h in Meter über dem Meeresspiegel).

a) In welcher Höhe befindet sich die Bergstation?
b) Wann durchbricht sie die 2000-m-Grenze ungefähr?
c) Geben Sie eine sinnvolle Definitionsmenge für die Funktion h an.

**15** Welche Aussage kann man über den Wertebereich ganzrationaler Funktionen treffen?

# 4 Symmetrie

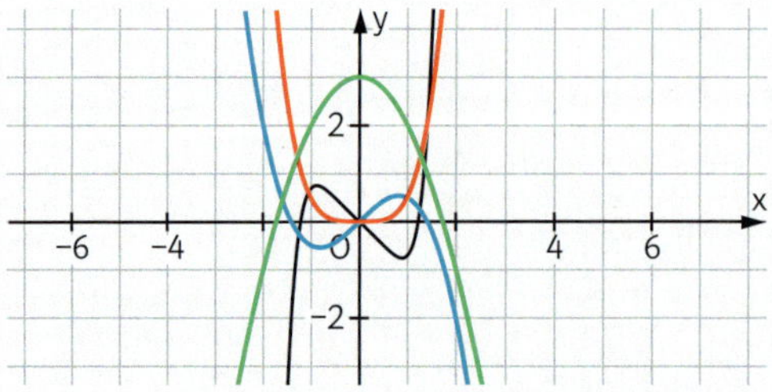


Gegeben sind die Graphen der nebenstehenden Abbildung und die Funktionsgleichungen $f(x) = -0{,}5x^3 + x$, $g(x) = 0{,}5x^4$, $h(x) = -x^2 + 3$ und $k(x) = 0{,}3x^7 - x$.
Hans behauptet: „Ich brauche zum Zeichnen der Graphen nur die Funktionswerte für x = 0 bis x = 5." Hat er Recht?

Die Graphen ganzrationaler Funktionen können neben dem Verhalten für $x \to \pm\infty$ und für x nahe Null noch weitere Eigenschaften besitzen, die das Zeichnen von Graphen erleichtern. Wertetabelle und Graph lassen sich einfacher entwickeln, wenn man bereits anhand des Funktionsterms eine Symmetrie erkennen kann. Fig. 1 zeigt „Prüfbedingungen" für die Achsensymmetrie zur y-Achse und für die Punktsymmetrie zum Ursprung.

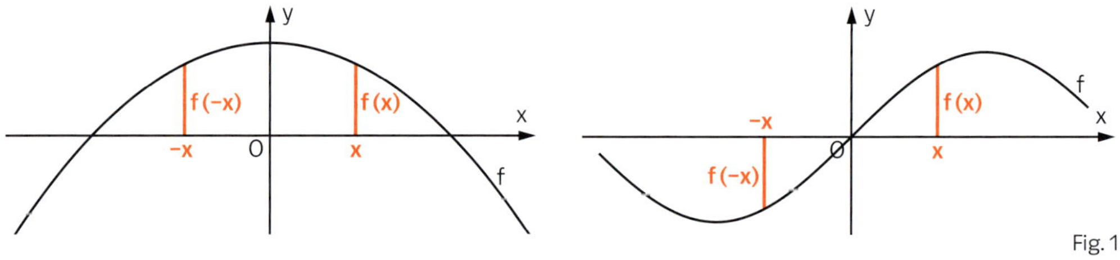


Fig. 1

Der Graph einer Funktion f mit der Definitionsmenge $D_f$ ist genau dann

**achsensymmetrisch zur y-Achse,** wenn für alle $x \in D_f$ gilt:
**$f(-x) = f(x)$.**

**punktsymmetrisch zum Ursprung O(0 | 0),** wenn für alle $x \in D_f$ gilt:
**$f(-x) = -f(x)$.**

Bei ganzrationalen Funktionen erkennt man die Symmetrie leicht anhand der auftretenden Potenzen von x. Treten in dem Funktionsterm von f nur Potenzen mit geraden Exponenten auf, so ergibt sich immer $f(-x) = f(x)$, wie man an der Funktion f mit $f(x) = 4x^6 - 3x^2 + 0{,}4$ erkennen kann:
$f(-x) = 4(-x)^6 - 3(-x)^2 + 0{,}4 = 4x^6 - 3x^2 + 0{,}4 = f(x)$.
Der zugehörige Graph verläuft achsensymmetrisch zur y-Achse.
Treten dagegen im Funktionsterm nur Potenzen mit ungeraden Exponenten auf, so ergibt sich für alle x immer $f(-x) = -f(x)$, wie man an der Funktion f mit $f(x) = -7x^5 + 2x^3 - 4x$ erkennen kann:
$f(-x) = -7(-x)^5 + 2(-x)^3 - 4(-x) = 7x^5 - 2x^3 + 4x = -(-7x^5 + 2x^3 - 4x) = -f(x)$.
Der zugehörige Graph verläuft punktsymmetrisch zum Ursprung O(0 | 0).
Allgemein bezeichnet man eine beliebige Funktion als **gerade Funktion**, wenn ihr Graph achsensymmetrisch zur y-Achse verläuft und als **ungerade Funktion**, wenn ihr Graph zum Ursprung symmetrisch ist.

Das absolute Glied $a_0$ gilt als Summand mit gerader Potenz, denn:
$a_0 = a_0 \cdot x^0 = a_0 \cdot 1$.

Der Graph einer ganzrationalen Funktion f verläuft genau dann

**achsensymmetrisch zur y-Achse,** wenn der Funktionsterm f(x) nur **Potenzen mit geraden Exponenten** enthält.

**punktsymmetrisch zum Ursprung O(0 | 0),** wenn der Funktionsterm f(x) nur **Potenzen mit ungeraden Exponenten** enthält.

**Beispiel 1** Symmetrieuntersuchung bei ganzrationalen Funktionen

Überprüfen Sie, ob der Graph der ganzrationalen Funktion f symmetrisch zur y-Achse oder symmetrisch zum Ursprung O(0 | 0) verläuft.

a) $f(x) = 4x^2 - \sqrt{5} \cdot x^8 + 9$  b) $f(x) = 6 + 3x + 0{,}4x^3$

Lösung: a) Der Funktionsterm enthält Potenzen von x mit den Exponenten 2, 8 und 0, wenn man berücksichtigt, dass $9 = 9 \cdot x^0$ ist.
Also treten nur gerade Exponenten auf und der Graph von f verläuft achsensymmetrisch zur y-Achse.
b) Der Funktionsterm enthält Potenzen von x mit den Exponenten 3, 1 und 0, wenn man berücksichtigt, dass $6 = 6 \cdot x^0$ ist.
Also treten sowohl gerade als auch ungerade Exponenten auf und der Graph von f verläuft weder achsensymmetrisch zur y-Achse noch punktsymmetrisch zum Ursprung O(0 | 0).

**Symmetrie bei ganzrationalen Funktionen?**
Exponenten betrachten

**Beispiel 2** Untersuchen auf Symmetrie

Prüfen Sie, ob die Funktion f mit $f(x) = \frac{x}{x^2+1}$ gerade oder ungerade ist. Welche Symmetrie weist der Graph von f auf?

Lösung: Es ist $f(-x) = \frac{-x}{(-x)^2+1} = \frac{-x}{x^2+1} = -\frac{x}{x^2+1} = -f(x)$. Also ist f eine ungerade Funktion, und der Graph von f verläuft punktsymmetrisch zum Ursprung O(0 | 0).

**Gerade oder ungerade Funktion?**
f(−x) bilden, umformen und mit f(x) vergleichen.

## Aufgaben

**1** Welche Funktion hat einen zur y-Achse bzw. zum Ursprung symmetrischen Graphen? Begründen Sie.

a) $f(x) = x$  b) $f(x) = x^2$  c) $f(x) = x^3$
d) $f(x) = -x^4 - 5x^2 + 3$  e) $f(x) = x^5 - 3x^3 - 1$  f) $f(x) = x^5 + 3x^3 + x^2 - 4x$
g) $f(x) = -2x^6 + 3x^2$  h) $f(x) = 2 - 3x^4$  i) $f(x) = 2 - 3x^3$

**2** Hat die ganzrationale Funktion f einen zur y-Achse bzw. zum Ursprung symmetrischen Graphen? Begründen Sie.

a) $f(x) = x^4$  b) $f(x) = 2x + 3$  c) $f(x) = 7 - x^4 + 2x^6$
d) $f(x) = 4x^3 + 1$  e) $f(x) = \frac{1}{6}x^6 - x^2 - \sqrt{2} + 1$  f) $f(x) = x^3(x+1)(x-1)$

**3** Prüfen Sie, ob die ganzrationale Funktion f gerade oder ungerade ist. Welche Aussage ergibt sich über das Symmetrieverhalten des Funktionsgraphen?

a) $f(x) = x \cdot (x^2 - 5)$  b) $f(x) = (x-2)^2 + 1$  c) $f(x) = x(x-1)(x+1)$
d) $f(x) = (x-1)(x-2)$  e) $f(x) = \frac{1}{3}x^3(6 - x^2)$  f) $f(x) = (2-x)^2(2+x)^2$
g) $f(x) = (x-1)^3 + 3x^2 + 1$  h) $f(x) = (1 - 3x^2)^2$  i) $f(x) = (x - x^2)^2$

**4** Untersuchen Sie, ob die Funktion f einen symmetrischen Graphen hat. Kontrollieren Sie mithilfe eines Rechners.

a) $f(x) = \frac{1}{x}\ (x \neq 0)$  b) $f(x) = \frac{1}{x^2}\ (x \neq 0)$  c) $f(x) = \frac{1}{x+1}\ (x \neq -1)$
d) $f(x) = \frac{1}{x^2+1}$  e) $f(x) = \frac{x}{x^2+1}$  f) $f(x) = \frac{5}{x^4+x^2}\ (x \neq 0)$

**5** Gegeben ist für $t \in \mathbb{R}$ die Funktionenschar $f_t$ durch $f_t(x) = (1-t^2)x^3 + tx^2 - (1+t)x$.

a) Für welchen Wert von t ist die Funktion $f_t$ ungerade?
b) Für welchen Wert von t ist die Funktion $f_t$ gerade?
c) Welche der Scharfunktionen haben einen achsensymmetrischen Graphen?
d) Welche der Scharfunktionen haben einen punktsymmetrischen Graphen?

**6** In Fig. 1 ist eine Skizze des Graphen der Funktion f mit $f(x) = -0{,}5x^4 + 3x^2 - 2$ dargestellt. Dabei sind die durchgezogenen Abschnitte Ergebnisse der Untersuchung des Verhaltens des Graphen für $x \to \pm\infty$ und für x nahe Null sowie der Untersuchung auf Symmetrie. Die gestrichelten Abschnitte wurden anschließend hinzugefügt.
a) Erläutern Sie ausführlich, wie die Skizze aus Fig. 1 entstanden sein könnte.
b) Erstellen Sie eine entsprechende Skizze der Graphen für
f mit $f(x) = 0{,}2x^4 - 2x^2 + 1$,
g mit $g(x) = 2x^3 - x + 1$,
h mit $h(x) = 3x^5 - 2x^3$.

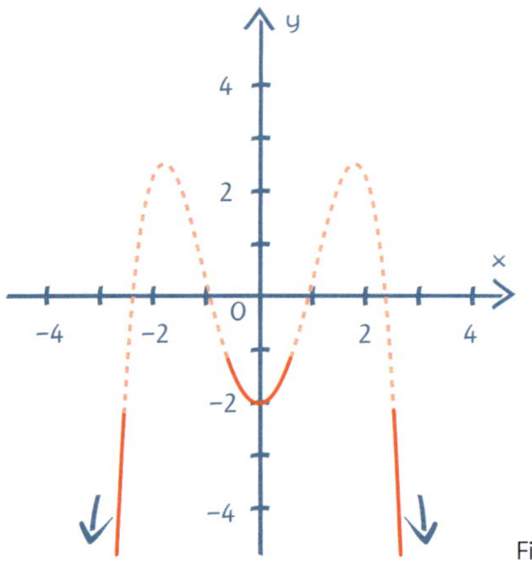

Fig. 1

**7** Skizzieren Sie den Graphen von f und erläutern Sie Ihr Vorgehen. Kontrollieren Sie mithilfe eines Rechners.
a) $f(x) = 2x^4 + x^2 - 1$ b) $f(x) = 3x^3 + 2x$ c) $f(x) = -x^2 + 3x^4 + 5$
d) $f(x) = x^3 - 2x^2 + 3x$ e) $f(x) = 0{,}05x^4 - 2x^2 + 3$ f) $f(x) = x^3 + 2x - x$

## Zeit zu überprüfen

**8** Untersuchen Sie, ob die Funktion gerade oder ungerade ist.
a) $f(x) = 5x^5 - 2x^3 + 5x - 2$ b) $f(x) = -3x^4 - 2x^2 + 6x$ c) $f(x) = 2x^6 - 7x^4 + x^2 + 3$
d) $f(x) = 2x^7 + 4x^3 + 126x$ e) $f(x) = \frac{3}{x^4}\ (x \neq 0)$ f) $f(x) = \frac{2}{x^2 + 4}$

**9** Erstellen Sie eine Skizze des Graphen der Funktion f. Untersuchen Sie dazu das Verhalten für $x \to \pm\infty$, das Verhalten für x nahe Null und prüfen Sie, ob der Graph symmetrisch ist.
a) $f(x) = x^3 - x^2$ b) $f(x) = -x^4 + 2x^2$
c) $f(x) = x + 4x^3$ d) $f(x) = 1 + x^2 - 0{,}001x^4$

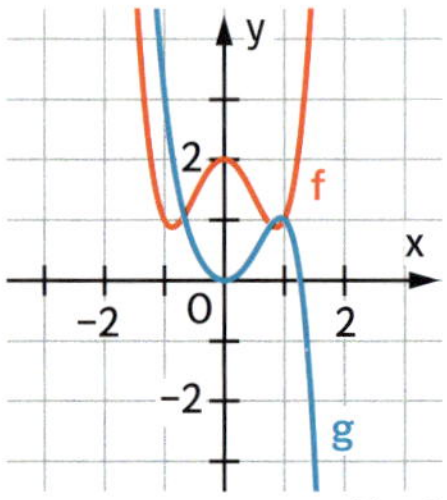

Fig. 2

**10** Geben Sie anhand der Graphen in Fig. 2 an, welche Aussagen zutreffen
a) für die Funktion f, b) für die Funktion g.
1) Der Graph ist symmetrisch zur y-Achse.
2) Im Funktionsterm kommen Potenzen mit geraden und ungeraden Exponenten vor.
3) Im Funktionsterm ist die Zahl vor der höchsten Potenz negativ.
4) Der Grad der Funktion ist ungerade.
5) Der Grad der Funktion ist mindestens 3.

Im rechten Screen stehen die Angaben zum Darstellungsfenster WINDOW. Xmin=-.5; Xmax=.5 und Xscl=.25 bedeutet, dass die x-Achse von −0,5 bis 0,5 mit der Skalierung 0,25 angezeigt wird. Analoges Bild für y.

**11** Zu welcher der angegebenen Funktionen könnte der Graph gehören? Begründen Sie.
$f_1(x) = 0{,}1x^3 - x^2 + 1$ $f_2(x) = 0{,}1x^3 + x^2 + 1$
$f_3(x) = 0{,}1x^3 - x^2 + x + 1$ $f_4(x) = (x + 1)(1 - x)$
$f_5(x) = 0{,}001x^4 - x^2 + 1$ $f_6(x) = 5x^3 - x^2 + 1$

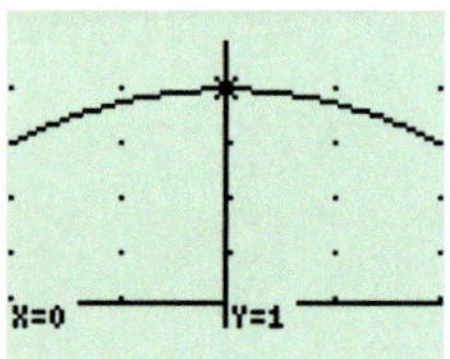


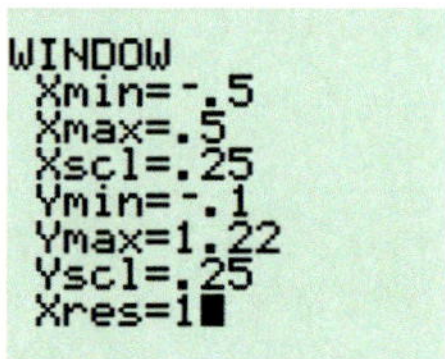


**12** Für welche Werte von t ist der Graph der Funktion f symmetrisch zum Ursprung oder zur y-Achse?
a) $f(x) = x^3 + 2tx^2 + tx$ b) $f(x) = (x - t)(x + 1)$ c) $f(x) = x^t - x$ d) $f(x) = (x + t)^2 - 4x$

# 5 Nullstellen – mit dem Rechner

Die Einheitenstriche bei dem GTR-Graphen in nebenstehender Figur haben auf beiden Achsen jeweils den Abstand 1.
Jemand behauptet, dass $f(x) = 3x^2$ die Gleichung der Funktion sei.
In Wahrheit hat die Funktion die Gleichung $f(x) = -\frac{1}{10}x^4 + 3x^2$.
Wie ist ein solcher Irrtum möglich?

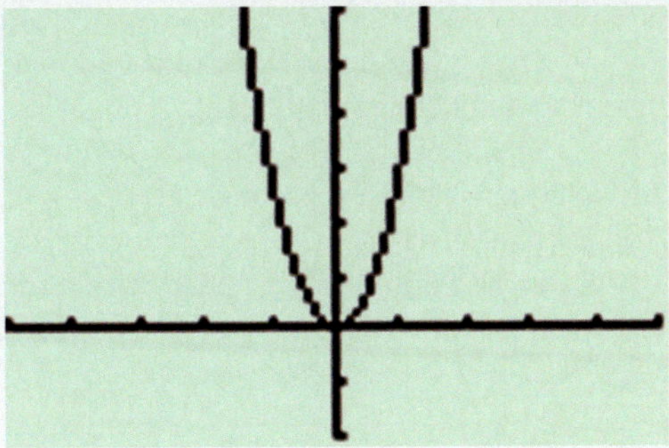

Neben der Kenntnis über das Verhalten einer ganzrationalen Funktion für $x \to \pm\infty$ und der Symmetrie ist es häufig wichtig, die Lage der **Nullstellen** (vgl. Seite 80) zu kennen. Ist z. B. für eine Gewinnfunktion G das Intervall zu bestimmen, für das der Gewinn positiv ist, sind die Nullstellen von G zu bestimmen (Fig. 1). Hierzu bieten sowohl der GTR als auch der CAS-Rechner verschiedene Möglichkeiten, die an den folgenden Beispielen erläutert werden.

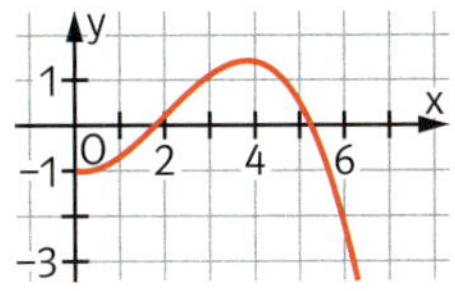

Fig. 1

**Beispiel 1** Berechnung von Nullstellen mit dem GTR
Ein Anlagenbauer rechnet bei einem Verkauf von x Anlagen mit einem Gewinn (in Euro) von $G(x) = -1{,}4x^3 + 130x^2 - 10\,000$. Ermitteln Sie die Gewinnzone.

■ Lösung: 1. Möglichkeit: Man verwendet den Befehl *zero*.
Nachdem man den Graphen von f in einem geeigneten Intervall dargestellt hat, bestimmt man die Nullstellen mit dem Befehl *zero*. Hierzu gibt man noch eine untere und eine obere Grenze für den Bereich ein, in dem man die Nullstelle ermitteln will. Für die weiteren Nullstellen wiederholt man das Verfahren mit neuen Intervallgrenzen.
Ergebnisse (auf zwei Stellen gerundet): $x_1 \approx 9{,}24$; $x_2 \approx 92{,}01$.
Der Anlagenbauer erzielt einen positiven Gewinn bei Stückzahlen von 10 bis 92.

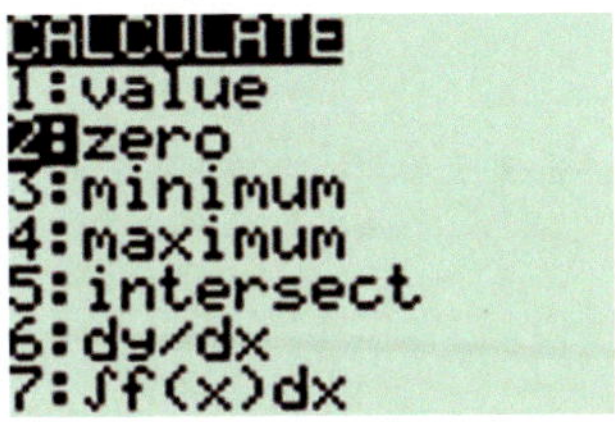

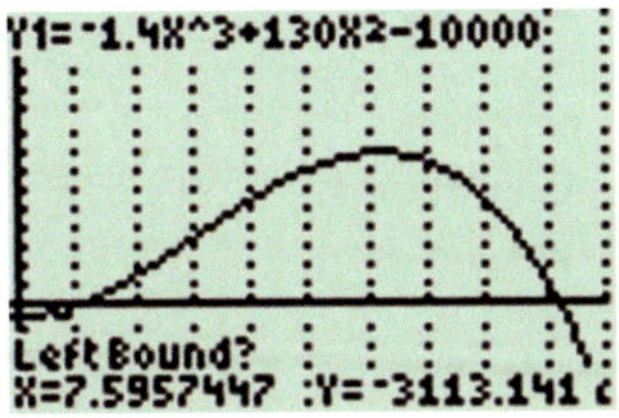

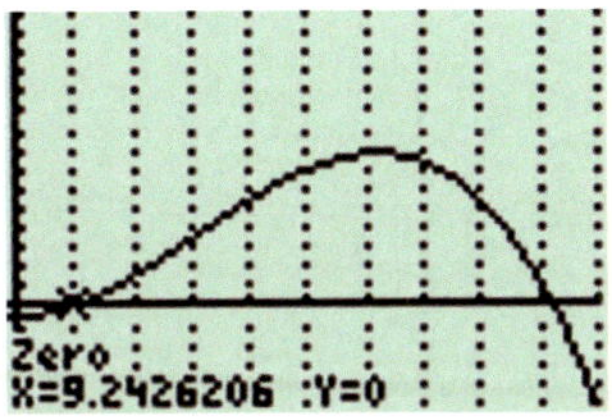


2. Möglichkeit: Man verwendet den Befehl *solver*.
Man erstellt den Graphen von f in einem geeigneten Intervall und liest die Lage der Nullstellen näherungsweise ab. Mit dem Befehl *solver* erhält man nach Eingabe eines der abgelesenen Werte als Startwert einen Näherungswert für diese Nullstelle. Die anderen Nullstellen erhält man auf entsprechende Weise mit veränderten Startwerten.
Ergebnisse (auf zwei Stellen gerundet): $x_1 \approx 9{,}24$; $x_2 \approx 92{,}01$.

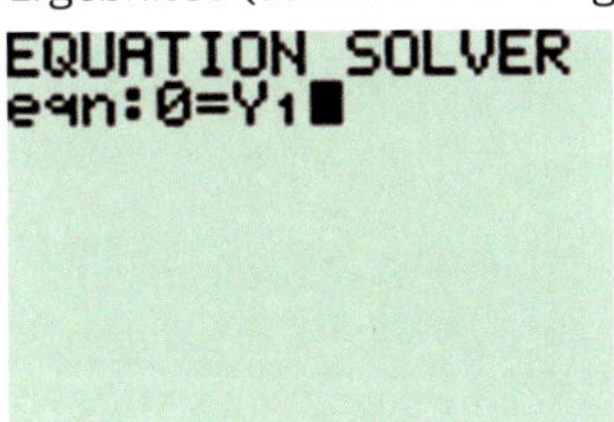

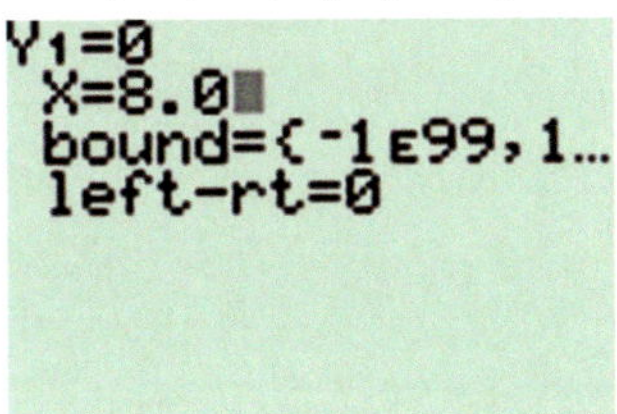

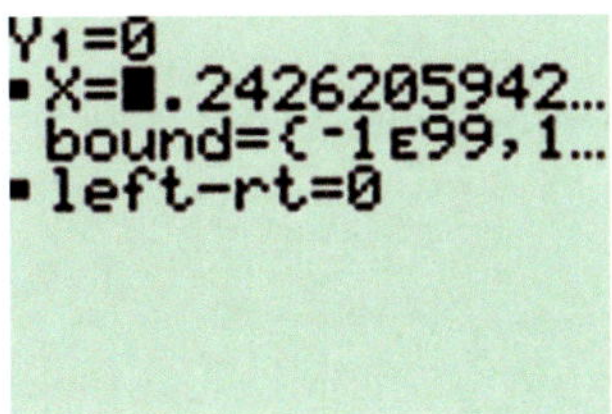

**Beispiel 2** Berechnung von Nullstellen mit CAS

Ermitteln Sie mit dem CAS-Rechner die Nullstellen der Funktion f mit $f(x) = x^3 - x^2 - 5x + 5$.

Lösung: 1. Möglichkeit: Algebraische Lösung

Man definiert in der Applikation Calculator die Funktion f und arbeitet entweder mit dem *solve*-Befehl oder mit dem *zeros*-Befehl.

Man erhält als Lösungen $x_1 \approx -\sqrt{5}$, $x_2 \approx 1$, $x_3 \approx \sqrt{5}$ (Fig. 1).

2. Möglichkeit: Grafische Lösung

Man zeichnet in der Applikation Graphs den Graphen. Im Menü 6 *Graph analysieren* wählt man 1: *Null*. Um die Nullstelle zu erhalten, klickt man zur Bereichseingrenzung auf einen Startwert links, anschließend auf einen Wert rechts von der Nullstelle. Die Nullstelle wird (gerundet) angezeigt. Für die weiteren Nullstellen wird ebenso verfahren (Fig. 2).

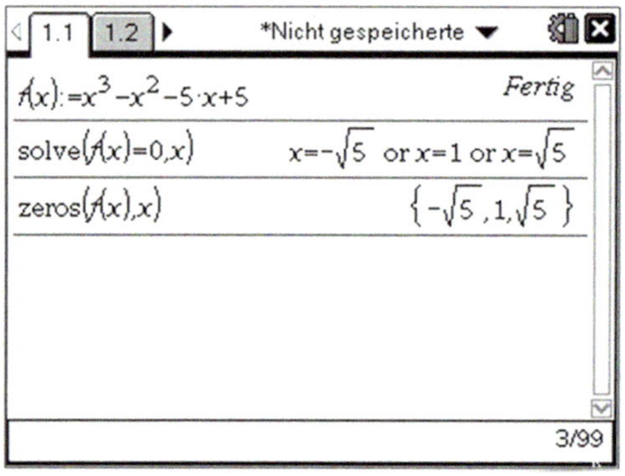


Fig. 1

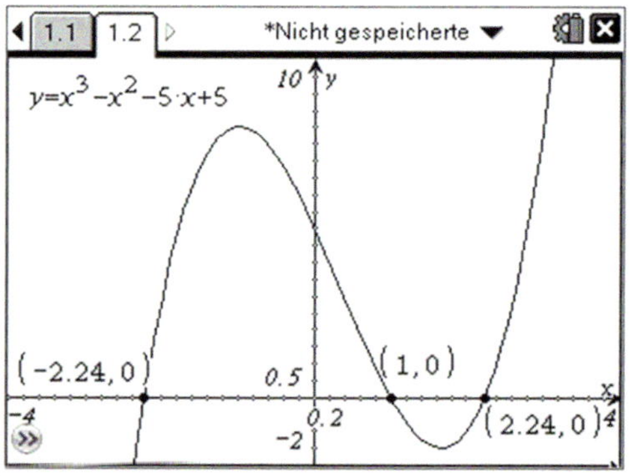


Fig. 2

## Aufgaben

**1** Ermitteln Sie die Nullstellen der Funktion mit dem Rechner.

a) $f(x) = -\frac{2}{7}x^3 - x^2 + 5x + 9$ b) $f(x) = x^3 - 3x^2 - 14x + 20$ c) $f(x) = x^4 - 2x - 1$

d) $f(x) = \frac{1}{2}x^5 - 3x^3 + x^2 + 3$ e) $f(x) = 2 - x^6 + 3x^4 - x^2$ f) $f(x) = x^5 - 73x^4 + 2$

**2** Lösen Sie näherungsweise die Gleichung.

a) $x^3 - x^2 - 7 = 0$ b) $x^4 - 2x^3 = 5$ c) $x^4 + 8x^3 - 7x + 1 = 0$

d) $-x^5 + 7x^3 - 5x = -1$ e) $7x^4 - x - x^6 = 2$ f) $x^5 - 3x^2 - 1 = 0$

Die Bestimmung von Schnittpunkten zweier Graphen kann man auf die Bestimmung von Nullstellen der Differenzfunktion zurückführen.

**3** Bestimmen Sie die Schnittpunkte der Graphen von f und g.

a) $f(x) = x^3 - 3x^2 - x + 3$; $g(x) = -x^3 + 3x^2 - 2x$

b) $f(x) = x^3 - 4x^2 + x - 1$; $g(x) = x^2 - 3x - 1$

c) $f(x) = 3x^4 - 2x^3 + 4x - 1$; $g(x) = 2x^4 - 3x^3 + x^2 + 3x + 1$

d) $f(x) = 3x^5 - 2x^3 + 10$; $g(x) = x^2 - 3x - 20$

**4** a) Zeigen Sie, dass der Graph der Funktion f mit $f(x) = -x^3 + 6x^2 - x - 20$ die x-Achse im Punkt $S(x_0 \mid 0)$ schneidet, wobei $x_0$ eine ganze Zahl ist.

b) Die Gerade g geht durch S und hat die Steigung −1. Berechnen Sie alle Schnittpunkte von g mit dem Graphen von f.

**5** a) Skizzieren Sie den Graphen von g mit $g(x) = x^2(x^2 - 4)$ und ermitteln Sie alle Nullstellen.

b) Geben Sie durch Änderung des Funktionsterms je ein Beispiel für eine Funktion 4. Grades an, die genau eine, genau zwei bzw. genau vier Nullstellen hat, und skizzieren Sie jeweils ihren Graphen.

# 6 Nullstellen – mit Algebra

Man kann die Funktion f mit
$f(x) = x^3 + x^2 - 5x + 3$
auch in der Form
$f(x) = (x + 3)(x - 1)^2$
schreiben. Zeigen Sie, dass beide Terme äquivalent sind. Welche Informationen über den Graphen enthalten die Darstellungsformen jeweils?

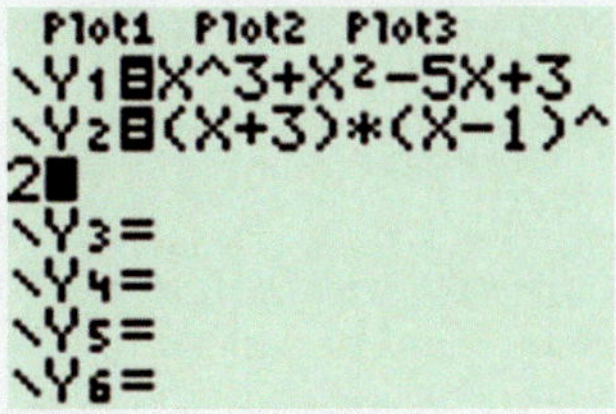


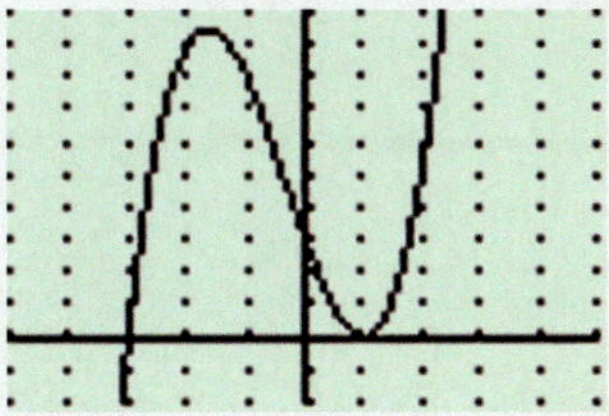

Für lineare und quadratische Funktionen lassen sich mit bekannten Verfahren alle Nullstellen exakt bestimmen. Für ganzrationale Funktionen, deren Grad größer als 4 ist, gibt es keine allgemeine Lösungsformel zur Nullstellenbestimmung, für die Grade 3 und 4 sind die Formeln sehr kompliziert. In speziellen Fällen sind die folgenden Verfahren nützlich zur Bestimmung der Nullstellen ganzrationaler Funktionen.

**Nullstellenbestimmung durch Ablesen**

Wenn die Funktionsgleichung wie bei $f(x) = -0{,}5 \cdot (x - 3) \cdot (x - 1)^2 \cdot (x + 2)$ als Produkt dargestellt werden kann, kann man die Nullstellen direkt ablesen. Die Faktoren $(x - 3)$, $(x - 1)$ und $(x + 2)$ heißen **Linearfaktoren**.

Der Begriff **Linearfaktor** leitet sich von linearen Funktionen ab – auch hier hat die Variable x den Exponenten 1: $f(x) = m \cdot x^1 + n$.

| | |
|---|---|
| Die Nullstellen der Funktion f mit | $f(x) = -0{,}5 \cdot (x - 3) \cdot (x - 1)^2 \cdot (x + 2)$ |
| sind die Lösungen der Gleichung | $-0{,}5 \cdot (x - 3) \cdot (x - 1)^2 \cdot (x + 2) = 0$. |
| Das Produkt ist null, wenn einer der Faktoren null ist. | $(x - 3) = 0$ oder $(x - 1)^2 = 0$ oder $(x + 2) = 0$. |
| Die Lösungen sind | $x_1 = 3$; $x_2 = 1$ und $x_3 = -2$. |
| Die Funktion f hat die Nullstellen 3, 1 und −2. | |

**Nullstellenberechnung durch Ausklammern der Variablen**

Wenn die Funktionsgleichung nur Summanden mit Variablen enthält, kann man die Variable ausklammern und den entstehenden Term auf Nullstellen untersuchen.

| | |
|---|---|
| Die Nullstellen der Funktion f mit | $f(x) = x^3 - 2x^2$ |
| sind die Lösungen der Gleichung | $x^3 - 2x^2 = 0$. |
| Ausklammern von $x^2$ ergibt | $x^2(x - 2) = 0$. |
| Daraus ergeben sich die Gleichungen | $x^2 = 0$ und $x - 2 = 0$. |
| Lösungen sind | $x_1 = 0$ und $x_2 = 2$. |
| Die Funktion f hat die Nullstellen 0 und 2. | |

**Nullstellenberechnung durch Ersetzen der Variablen (Substitution)**

Wenn in der Funktionsgleichung nur die Potenzen $x^2$ und $x^4$ vorkommen, kann man $x^2$ und $x^4$ durch z und $z^2$ ersetzen. Man erhält dann zur Nullstellenberechnung eine quadratische Gleichung, die man mit der pq-Formel lösen kann. Analog kann man z. B. auch $x^3$ und $x^6$ durch z und $z^2$ ersetzen.

| | |
|---|---|
| Die Nullstellen der Funktion f mit | $f(x) = x^4 - 7x^2 + 12$ |
| sind die Lösungen der Gleichung | $x^4 - 7x^2 + 12 = 0$. |
| Man ersetzt $x^2$ durch z (**Substitution:** $z = x^2$) und erhält die quadratische Gleichung | $z^2 - 7z + 12 = 0$. |
| Die pq-Formel liefert die Lösungen | $z_1 = 4$ und $z_2 = 3$. |
| Rücksubsituieren ($z_1 = x^2$ bzw. $z_2 = x^2$) liefert | $x^2 = 4$ und $x^2 = 3$. |
| Lösungen der Gleichung $f(x) = 0$ sind also | $x_1 = -2$; $x_2 = 2$ und $x_3 = \sqrt{3}$ bzw. $x_4 = -\sqrt{3}$. |
| Die Nullstellen von f sind $-2$; $2$; $\sqrt{3}$; $-\sqrt{3}$. | |

Eine Gleichung der Form $ax^4 + bx^2 + c = 0$ heißt auch **biquadratische Gleichung**.

Beachten Sie: Aus $z = x^2$ folgt $z^2 = (x^2)^2 = x^4$.

### Nullstellenberechnung durch Polynomdivision

Wenn man eine Nullstelle $x_N$ der Funktion f kennt, kann man den Funktionsterm in einer Produktform darstellen, die den Teilterm $(x - x_N)$ enthält, z. B. $f(x) = (x - x_N) \cdot g(x)$, wobei g(x) den zweiten Faktor darstellt. Um g(x) zu erhalten, kann man f(x) durch $(x - x_N)$ dividieren – dieses Verfahren nennt man **Polynomdivision**. Man geht dabei ähnlich wie bei der schriftlichen Division von Zahlen vor.

Die Nullstellen der Funktion f mit $f(x) = 2x^3 - 6x^2 + 2x + 2$
erhält man durch Lösen der Gleichung $2x^3 - 6x^2 + 2x + 2 = 0$.

Wenn die Koeffizienten einer ganzrationalen Funktion ganze Zahlen sind, dann muss eine ganzzahlige Nullstelle ein Teiler des absoluten Gliedes sein (vgl. Aufgabe 21 auf Seite 143).

Durch Ausprobieren von ganzen Zahlen als Teiler des absoluten Gliedes (s. Bemerkung am Rand) erhält man eine Nullstelle $x_N = 1$, denn $f(1) = 0$.
Man erhält die Produktdarstellung $f(x) = (x - x_N) \cdot g(x) = (x - 1) \cdot g(x)$.
Um die übrigen Nullstellen zu bestimmen, ermittelt man g(x) mittels Polynomdivision.

$$
\begin{array}{l}
(2x^3 - 6x^2 + 2x + 2) : (x - 1) = 2x^2 - 4x - 2 \\
\underline{-(2x^3 - 2x^2)} \\
\quad -4x^2 + 2x + 2 \\
\quad \underline{-(-4x^2 + 4x)} \\
\qquad -2x + 2 \\
\qquad \underline{-(-2x + 2)} \\
\qquad\qquad 0
\end{array}
$$

Divisionsschritte
1. $2x^3 \;:x = 2x^2$
2. $-4x^2 \;:x = -4x$
3. $-2x \;:x = -2$

Die Gleichung $(x - 1) \cdot g(x) = (x - 1) \cdot (2x^2 - 4x - 2) = 0$ ist auch erfüllt, wenn gilt: $2x^2 - 4x - 2 = 0$. Durch die Polynomdivision erhält man die Funktion g mit einem kleineren Grad als f und die weiteren Nullstellen lassen sich leichter bestimmen.
Mit der pq-Formel erhält man für $2x^2 - 4x - 2 = 0$ die Lösungen $x_1 = 1 + \sqrt{2}$ und $x_2 = 1 - \sqrt{2}$. Die Funktion f hat die Nullstellen $x_1 = 1 + \sqrt{2}$, $x_2 = 1 - \sqrt{2}$ und $x_3 = 1$.

Um alle Nullstellen einer ganzrationalen Funktion f zu bestimmen, ist die Gleichung $f(x) = 0$ zu lösen. Dabei sind neben dem **Ablesen** der Nullstellen aus der Produktdarstellung folgende Verfahren nützlich: **Ausklammern**, **Substitution** und **Polynomdivision**.

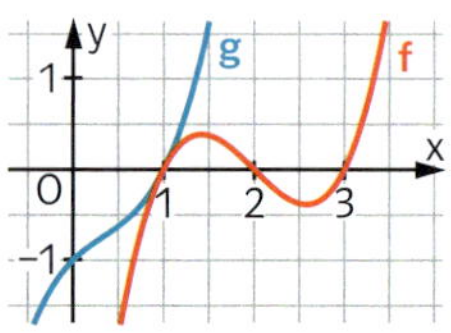

Fig. 1

Eine ganzrationale Funktion 3. Grades lässt sich höchstens in drei Linearfaktoren zerlegen. Die Funktion f mit $f(x) = x^3 - 6x^2 + 11x - 6 = (x - 1) \cdot (x - 3) \cdot (x - 2)$ hat die drei Nullstellen $x_1 = 1$, $x_2 = 3$ und $x_3 = 2$.
Bei der Funktion g mit $g(x) = x^3 - x^2 + x - 1 = (x - 1) \cdot (x^2 + 1)$ kann man nur den Linearfaktor $(x - 1)$ abspalten. Sie hat nur die eine Nullstelle $x = 1$.
Insgesamt folgt, dass eine Funktion 3. Grades höchstens drei Nullstellen besitzt (Fig. 1).

Eine ganzrationale Funktion vom Grad n ($n \in \mathbb{N}^*$) hat **höchstens n** Nullstellen.
Bei einer Funktionsgleichung wie $f(x) = 5 \cdot (x - 1) \cdot (x - 3) \cdot (x + 2)$ spricht man von einer **Linearfaktorzerlegung**.

Will man f(x) mit Linearfaktoren schreiben, muss man folgendes beachten:
Für $f(x) = 2x^3 - 26x - 24$ gilt: $f(x) = (x + 1) \cdot (2x^2 - 2x - 24)$.
Aus $x + 1 = 0$ ergibt sich $x_1 = -1$.
Mit einer Lösungsformel erhält man aus $2x^2 - 2x - 24 = 0$ dann weiter $x_2 = 4$; $x_3 = -3$.
Da bei dieser Rechnung durch 2 dividiert wurde, muss man bei der Linearfaktorzerlegung den Faktor 2 wieder hinzufügen: $f(x) = 2 \cdot (x + 1) \cdot (x - 4) \cdot (x + 3)$.

**Beispiel 1** Nullstellenberechnung durch Ausklammern und Substituieren
Bestimmen Sie die Nullstellen der Funktion f mit $f(x) = x^5 - 4x^3 - 5x$.
Überprüfen Sie das Ergebnis mit dem Rechner.
Lösung: Zu lösen ist die Gleichung $x^5 - 4x^3 - 5x = 0$.
Ausklammern von x ergibt $x(x^4 - 4x^2 - 5) = 0$. Eine Nullstelle ist daher $x_1 = 0$.
Bei $x^4 - 4x^2 - 5 = 0$ wird $x^2$ durch z ersetzt.
Die Gleichung $z^2 - 4z - 5 = 0$ hat die zwei Lösungen $z_1 = 5$ und $z_2 = -1$.
Rückgängigmachen der Substitution ($z = x^2$) liefert $x^2 = 5$ und $x^2 = -1$.
$x^2 = 5$ liefert die Nullstellen $x_2 = -\sqrt{5}$ und $x_3 = \sqrt{5}$.
Dagegen hat $x^2 = -1$ keine Lösung, da $x^2$ stets größer oder gleich Null ist.
Die Funktion f hat die Nullstellen $-\sqrt{5}$; 0 und $\sqrt{5}$.
Bei der Überprüfung ist zu beachten, dass der Rechner nur Näherungswerte liefert (Fig. 1).

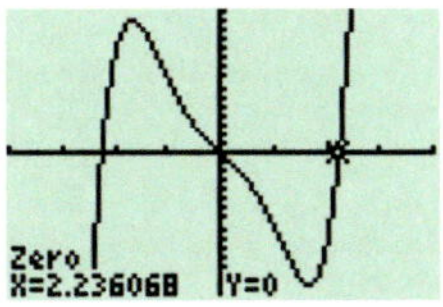

Fig. 1

**Beispiel 2** Nullstellenberechnung durch Polynomdivision
Bestimmen Sie alle Nullstellen der ganzrationalen Funktion f mit $f(x) = 4x^3 - 13x + 9$.
Lösung: Die ganzzahligen Teiler des absoluten Gliedes 9 sind 1, 3 und 9. Dies sind Kandidaten für mögliche Nullstellen. Durch Ausprobieren erhält man $x_1 = 1$ als Nullstelle, denn $f(1) = 0$.
Polynomdivision des Funktionsterms $4x^3 - 13x + 9$ durch den Linearfaktor $(x - 1)$:
Da im Funktionsterm kein $x^2$ vorkommt, muss man diesen als „$0 \cdot x^2$" ergänzen, um die Division durchführen zu können. (Der Wert des Funktionsterms ändert sich dadurch nicht.)

Nullstelle „raten" und den Funktionsterm durch (x − Nullstelle) dividieren.

$$\begin{array}{l}(4x^3 + 0 \cdot x^2 - 13x + 9) : (x - 1) = 4x^2 + 4x - 9 \\ \underline{-(4x^3 - 4x^2)} \\ \qquad 4x^2 - 13x \\ \quad \underline{-(4x^2 - 4x)} \\ \qquad\qquad -9x + 9 \\ \qquad\quad \underline{-(-9x + 9)} \\ \qquad\qquad\qquad 0 \end{array}$$

Also ist $f(x) = 4x^3 - 13x + 9 = (x - 1) \cdot (4x^2 + 4x - 9)$. Die weiteren Nullstellen von f erhält man aus der Gleichung $4x^2 + 4x - 9 = 0$. Mit der pq-Formel ergibt sich
$x_{1/2} = -\frac{1}{2} \pm \sqrt{\frac{10}{4}}$, also $x_1 = -\frac{1}{2} + \frac{\sqrt{10}}{2} \approx 1{,}08$ und $x_2 = -\frac{1}{2} - \frac{\sqrt{10}}{2} \approx -2{,}08$.
Die Funktion f hat somit drei Nullstellen: 1, $-\frac{1}{2} + \frac{\sqrt{10}}{2}$ und $-\frac{1}{2} - \frac{\sqrt{10}}{2}$.

**Beispiel 3** Aufstellen einer Funktion
Geben Sie die Gleichungen von zwei Funktionen an, welche die Nullstellen −1 und 3 haben.
Lösung: Man verwendet die Darstellung der Funktionsgleichung in der Linearfaktorzerlegung.
$f(x) = (x + 1) \cdot (x - 3)$ oder $g(x) = (x + 1) \cdot (x - 3)^2$.
Fig. 2 zeigt die Graphen.

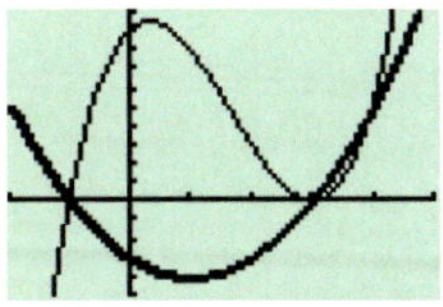
Fig. 2

## Aufgaben

Rechnen Sie die Aufgaben ohne Hilfsmittel. Überprüfen Sie mit dem Rechner.

**1** Prüfen Sie, ob $x_1$ eine Nullstelle der Funktion f ist.
a) $f(x) = 3x^3 - 6x^2 + 9$; $x_1 = -1$
b) $f(x) = x^2 \cdot (x^2 - 6) + 8$; $x_1 = 2$
c) $f(x) = 2x^3 - 4x^2 + x + 34$; $x_1 = -2$
d) $f(x) = -0{,}5x^5 - 1{,}5x^3 + 2x - 1{,}7$; $x_1 = -\frac{2}{3}$
e) $f(x) = (x^2 - 7) \cdot (x + 3) + 4$; $x_1 = -2$
f) $f(x) = x^4 - 3x^3 + 8$; $x_1 = 2$

**2** Lösen Sie die Gleichung.
a) $(x - 2)(x + 5) = 0$
b) $x^3 + 2x = 0$
c) $2x^3 - 18x = 0$
d) $(x + 3)(x - 7)^2 = 0$
e) $(x + 1)^2(x - 3)^2 = 0$
f) $(x^2 + x)(x - 10) = 0$
g) $(x^3 - x)(9 - x^2) = 0$
h) $(x^2 - 6x + 9)(x^2 - 4) = 0$
i) $(x^3 - 4x^2 + 4x)(2x - 3) = 0$

$1;\ -4;\ -2;\ -1;$
$3^{\frac{2}{3}};\ 1;\ -1;\ -4;\ -3;\ 3;$
$\sqrt{6};\ 1;\ 2;\ 4;\ 4;\ -\sqrt{6}$

**3** Lösen Sie die Gleichung mithilfe einer Substitution.

a) $x^4 - 20x^2 + 64 = 0$ b) $2x^4 - 8x^2 - 90 = 0$ c) $3x^4 + 9x^2 - 162 = 0$
d) $x^4 + \frac{4}{9}x^2 - \frac{13}{9} = 0$ e) $x^4 + 16 = 17x^2$ f) $x^6 - 10x^3 + 9 = 0$

**4** Lösen Sie die Gleichung.

a) $x^5 - 20x^3 + 64x = 0$ b) $x^5 - 17x^3 + 16x = 0$ c) $x^6 + 3x^4 - 54x^2 = 0$
d) $2x^5 - \frac{13}{3}x^3 + 2x = 0$ e) $\left(x - \frac{2}{3}\right)\left(x^4 - \frac{13}{6}x^2 + 1\right) = 0$ f) $(x^3 - 8)\left(x^4 - \frac{14}{3}x^2 + 5\right) = 0$

**5** Ermitteln Sie die Nullstellen der Funktion.

a) $f(x) = x^3 - 2x^2 - 8x$ b) $f(u) = u^2 - \frac{1}{3}u^3$
c) $f(x) = 4x^4 + 4x^3 - 3x^2$ d) $h(t) = t^5 + 0{,}16t^3 - t^4$

Der Norweger Niels Henrik Abel (1802–1829) konnte im Alter von 22 Jahren nachweisen, dass für die allgemeine Gleichung 5. Grades keine Lösungsformel existiert. Als 24-Jähriger gelang ihm dieser Nachweis für alle Gleichungen höheren als 5. Grades.

Abel war ein schüchterner junger Mann, der in sehr beschränkten materiellen Verhältnissen lebte. Er starb im Alter von 26 Jahren an Tuberkulose.

**6** Führen Sie jeweils die Polynomdivision aus.

a) $(x^3 + 2x^2 - 17x + 6) : (x - 3)$ b) $(2x^3 + 2x^2 - 21x + 12) : (x + 4)$
c) $(2x^3 - 7x^2 - x + 2) : (2x - 1)$ d) $(x^4 + 2x^3 - 4x^2 - 9x - 2) : (x + 2)$

**7** Bestätigen Sie, dass die Funktion f die angegebene Nullstelle hat. Berechnen Sie die weiteren Nullstellen von f.

a) $f(x) = x^3 + 10x^2 + 7x - 18;\ x_1 = 1$ b) $f(x) = x^3 + 5x^2 - 22x - 56;\ x_1 = 4$
c) $f(t) = t^3 - 3t^2 - 6t + 18;\ t_1 = 3$ d) $f(x) = 2x^3 + 4{,}8x^2 + 1{,}5x - 0{,}2;\ x_1 = -2$
e) $f(t) = 7t^2 - 22t + 3t^3 - 8;\ t_1 = -\frac{1}{3}$ f) $f(x) = 4 + 3x^2 - 12x + 5x^3;\ x_1 = 0{,}4$

**8** Ermitteln Sie eine Nullstelle und berechnen Sie danach alle weiteren Nullstellen mithilfe der Polynomdivision.

a) $f(x) = x^3 - 6x^2 + 11x - 6$ b) $f(x) = x^3 + x^2 - 4x - 4$
c) $f(x) = 4x^3 - 13x + 6$ d) $f(x) = 4x^3 - 8x^2 - 11x - 3$
e) $f(x) = 4x^3 - 3x - 1$ f) $f(x) = 25x^3 + 15x^2 - 9x + 1$

**9** Schreiben Sie f(x) in der Form einer Linearfaktorzerlegung.

a) $f(x) = 2x^3 + 6x^2 - 26x - 30$ b) $f(x) = 3x^3 - 3x^2 - 15x - 9$

**10** Bestimmen Sie alle x-Werte, für welche die folgende Funktion den gegebenen Funktionswert a annimmt.

a) $f(x) = 0{,}5x^2 - 4x + 11;\ a = 5$ b) $f(x) = 2x^3 - 4x^2 + 5x;\ a = 3$
c) $f(x) = -3x^3 + 4x^2 + 1;\ a = -7$ d) $f(x) = 5 - 2x^2 + 3x - x^3;\ a = -1165$

**11** Die Graphen der Funktionen f und g schneiden sich im Punkt P. Bestimmen Sie alle weiteren Schnittpunkte der beiden Graphen.

a) $f(x) = x^3 - x^2 - 2x + 3;\ g(x) = -x^3 + 2x^2 + x + 1;\quad P(2\,|\,3)$
b) $f(x) = 2x^3 + 6x^2 - 2x + 1;\ g(x) = x^2 - x - 5;\quad P(-3\,|\,7)$

**12** Berechnen Sie die Nullstellen der Funktion f und zerlegen Sie den Term f(x) in Linearfaktoren. Untersuchen Sie das Verhalten von f für $x \to \pm\infty$. Skizzieren Sie mithilfe dieser Ergebnisse den Verlauf des Graphen von f.

a) $f(x) = x^3 - x^2 - 2x$ b) $f(x) = -x^3 + 2x^2 + x - 2$
c) $f(x) = -x^4 + 5x^2 - 4$ d) $f(x) = \frac{1}{12}x^4 - \frac{1}{6}x^3 - x^2$

**13** Geben Sie eine Gleichung einer Funktion an, welche

a) die Nullstellen 2 und −4 hat, b) die Nullstellen 1; 2; 3; 4 und 5 hat,
c) drei negative Nullstellen hat, d) keine Nullstelle hat.

**14** Ordnen Sie den Funktionsgleichungen $f(x) = \frac{1}{3}(x^2 - 4)(2x + 3)$, $g(x) = (x - 1)(x + 2)^2$, $h(x) = -x^3 - x^2 + x$ und $i(x) = x^3 - 0{,}5x^2 - 3x + 3$ die Graphen zu.
Begründen Sie Ihre Auswahl.

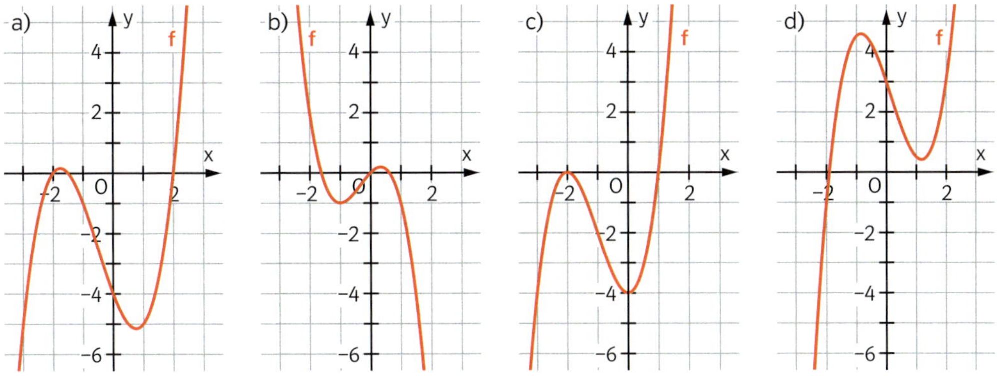


**Zeit zu überprüfen**

**15** Berechnen Sie die Nullstellen der Funktion f.

a) $f(x) = (2x - 1)(x + 2)(x + 3)$
b) $f(x) = x^3 - 4x^2 + 2x$
c) $f(x) = -x^5 + 6x^3 - 9x$
d) $f(x) = x^4 - 5x^2 + 4$

**16** Die Funktion f hat die Nullstelle $x_1$. Bestimmen Sie alle weiteren Nullstellen rechnerisch.

a) $f(x) = x^3 - 3x^2 + x + 1;\ x_1 = 1$
b) $f(x) = x^4 - 3x^3 - 5x^2 - x;\ x_1 = -1$

**17** Geben Sie zwei ganzrationale Funktionen dritten Grades an, die nur die angegebenen Nullstellen besitzen.

a) 0, 2 und 5
b) 4 und −1
c) −3 und 1
d) 3

**18** a) Zeigen Sie mit Polynomdivision, dass der Graph von f mit $f(x) = x^3 - 2x^2 - 3x + 10$ die x-Achse nur im Punkt $S(-2\,|\,0)$ schneidet.
b) Die Gerade g geht durch $S(-2\,|\,0)$ und hat die Steigung 2. Berechnen Sie rechnerisch alle Schnittpunkte von g mit dem Graphen von f aus a).

**19** Gegeben ist die Funktionenschar $f_t$ mit $f_t(x) = 2x^3 - tx^2 + 8x;\ t \in \mathbb{R}$.

a) Berechnen Sie die Nullstellen der Funktionen $f_2$, $f_{10}$ und $f_{-10}$.
b) Für welche $t \in \mathbb{R}$ hat $f_t$ drei verschiedene Nullstellen?
c) Bestimmen Sie $t \in \mathbb{R}$ so, dass $f_t$ die Nullstelle 2 hat.
d) Bestimmen Sie $t \in \mathbb{R}$ so, dass $f_t$ nur die Nullstelle 0 hat.

**20** Die Funktion f mit $f(x) = ax^3 + bx^2 + cx + d$ mit ganzzahligen Koeffizienten a, b, c und d hat die angegebenen Nullstellen. Bestimmen Sie a, b, c und d.

a) $0;\ -4;\ \frac{4}{5}$
b) $-\frac{1}{3};\ 3;\ \frac{10}{3}$
c) $0;\ -\sqrt{2};\ \sqrt{2}$
d) $0;\ -\frac{1}{\sqrt{5}};\ \frac{1}{\sqrt{5}}$

**21** Gegeben ist die Funktion f mit $f(x) = (x - a) \cdot (x - b) \cdot (x - c)$, wobei a, b und c ganzzahlig sind.

a) Lesen Sie die Nullstellen von f ab.
b) Formen Sie die Funktionsgleichung in eine Darstellungsform ohne Klammern um.
c) Begründen Sie folgende Aussage: „Kandidaten für Nullstellen von f sind Teiler des absoluten Gliedes der Funktionsgleichung."

# 7 Bestimmung ganzrationaler Funktionen – Gauss-Verfahren

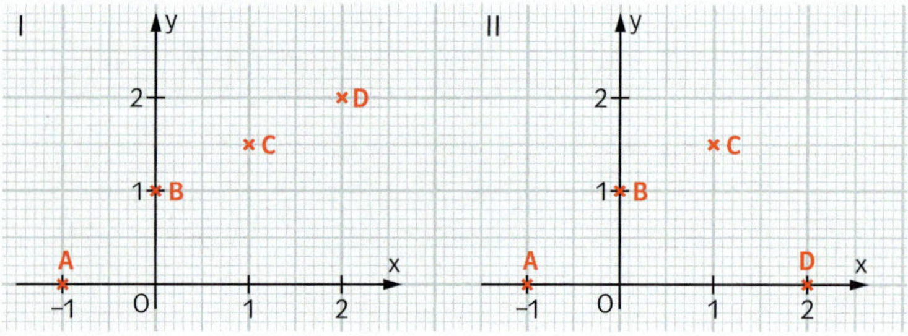


Lässt sich in beiden Fällen I und II durch die Punkte A, B, C und D der Graph einer ganzrationalen Funktion dritten Grades zeichnen? Gibt es mehrere Möglichkeiten?
Begründen Sie.

Ist eine Funktion f gegeben, kann man die Koordinaten von Punkten des Graphen ermitteln. Sind umgekehrt Punkte vorgegeben, kann man versuchen, eine ganzrationale Funktion zu bestimmen, deren Graph durch diese Punkte geht. Vor diesem Problem steht z. B. der Hersteller eines Gutes, der die Gesamtkosten bei bestimmten Produktionszahlen kennt und hieraus die Kostenfunktion ermitteln möchte (vgl. Beispiel 1, Seite 146).

Der Graph einer ganzrationalen Funktion dritten Grades soll durch die Punkte A(−5 | 7), B(0 | 2), C(1 | 7) und D(2 | 0) gehen. Um die Funktion zu ermitteln, deren Graph diese Bedingungen erfüllt, macht man den Ansatz $f(x) = ax^3 + bx^2 + cx + d$ und gibt die Bedingungen an:

| | | |
|---|---|---|
| A(−5 \| 7) liegt auf dem Graphen: | $f(-5) = 7$: | $a \cdot (-5)^3 + b \cdot (-5)^2 + c \cdot (-5) + d = 7,$ |
| B(0 \| 2) liegt auf dem Graphen: | $f(0) = 2$: | $a \cdot 0^3 + b \cdot 0^2 + c \cdot 0 + d = 2,$ |
| C(1 \| 7) liegt auf dem Graphen: | $f(1) = 7$: | $a \cdot 1^3 + b \cdot 1^2 + c \cdot 1 + d = 7,$ |
| D(2 \| 0) liegt auf dem Graphen: | $f(2) = 0$: | $a \cdot 2^3 + b \cdot 2^2 + c \cdot 2 + d = 0.$ |

Siehe auch Fundus, Seite 291

Es folgt d = 2. Setzt man dies in die übrigen Gleichungen ein und vereinfacht, ergibt sich ein **lineares Gleichungssystem (LGS)** mit den drei Unbekannten a, b und c.

$$-25a + 5b - c = 1$$
$$a + b + c = 5$$
$$4a + 2b + c = -1$$

Um dieses LGS zu lösen, ist es sinnvoll, systematisch vorzugehen. Bei dem Gauss-Verfahren wendet man das Additionsverfahren mehrfach an. Ziel ist es, das LGS in **Stufenform** zu bringen, es also so umzuformen, dass in der letzten Gleichung nur noch eine Unbekannte, in der vorletzten Zeile noch zwei Unbekannte usw. vorkommen.

Hat das LGS vier Gleichungen mit vier Unbekannten, bringt man es durch entsprechende Rechnungen auf Stufenform.

1. Schritt: LGS notieren und Gleichungen „nummerieren“.

| | |
|---|---|
| I | $-25a + 5b - c = 1$ |
| II | $a + b + c = 5$ |
| III | $4a + 2b + c = -1$ |

2. Schritt: Damit a in den Gleichungen II und III „wegfällt“, ersetzt man II durch 4 · II − III und III durch I + 25 · II.

| | |
|---|---|
| I | $-25a + 5b - c = 1$ |
| IIa | $2b + 3c = 21$ |
| IIIa | $30b + 24c = 126$ |

3. Schritt: Damit b in der Gleichung IIIa „wegfällt“, ersetzt man IIIa durch die Differenz von 15 · IIa und IIIa.

| | |
|---|---|
| I | $-25a + 5b - c = 1$ |
| IIa | $2b + 3c = 21$ |
| IIIb | $21c = 189$ |

4. Schritt: Man bestimmt die Lösung aus der Stufenform. $c = 9;\ b = -3;\ a = -1$
Damit ergibt sich die Funktion f mit $f(x) = -x^3 - 3x^2 + 9x + 2$.

**Gauss-Verfahren** zum Lösen linearer Gleichungssysteme:
1. Man bringt das lineare Gleichungssystem durch Äquivalenzumformungen auf **Stufenform**.
2. Man löst die Gleichungen der Stufenform schrittweise nach den Variablen auf.

Um Schreibarbeit zu sparen kann man ein lineares Gleichungssystem in Kurzform angeben. Man notiert in jeder Zeile nur noch die Koeffizienten und die Zahl auf der rechten Seite. Dieses Zahlenschema bezeichnet man als **Matrix**.

LGS

I $-25a + 5b - c = 1$

II $a + b + c = 5$

III $4a + 2b + c = -1$

Kurzschreibweise in Matrixform

$$\left(\begin{array}{ccc|c} -25 & 5 & -1 & 1 \\ 1 & 1 & 1 & 5 \\ 4 & 2 & 1 & -1 \end{array}\right)$$

Lineare Gleichungssysteme kann man mit dem GTR oder mit dem CAS-Rechner lösen.
Beim GTR wird das LGS in Matrixform eingegeben und mit dem *rref*-Befehl gelöst.

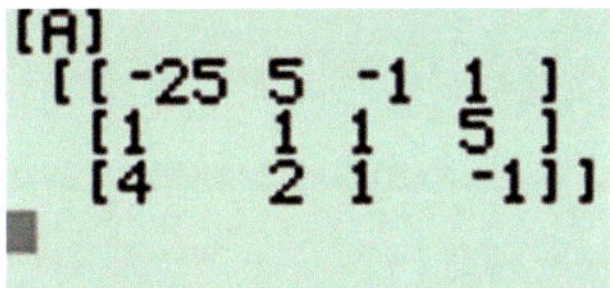


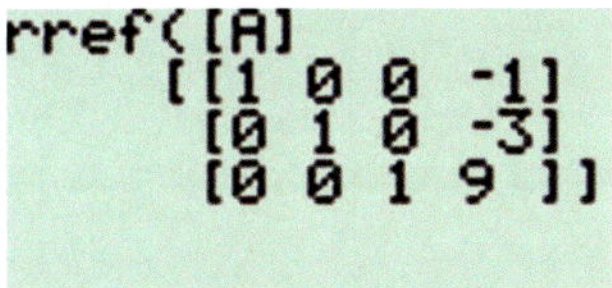


Ablesung:

$a + 0 \cdot b + 0 \cdot c = -1$

$0 \cdot a + b + 0 \cdot c = -3$

$0 \cdot a + 0 \cdot b + c = 9$

$a = -1;\ b = -3;\ c = 9$

Mit dem *rref*-Befehl erhält man die sogenannte **Diagonalform**, aus der man die Lösung direkt ablesen kann.

Bei einem CAS-Rechner kann man das LGS direkt eingeben und den *solve*-Befehl verwenden. Alternativ ist aber auch die Lösung mit dem *rref*-Befehl möglich.

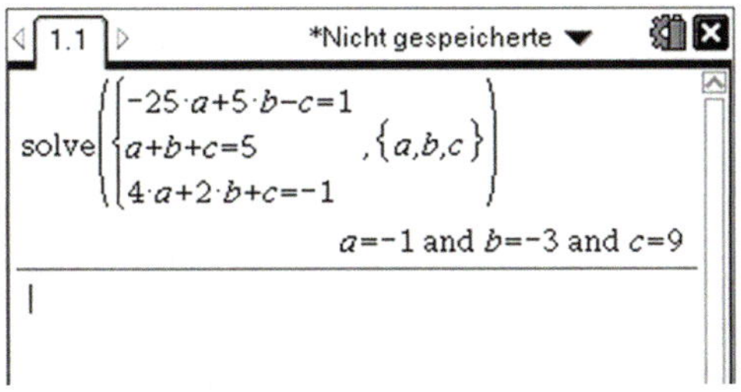


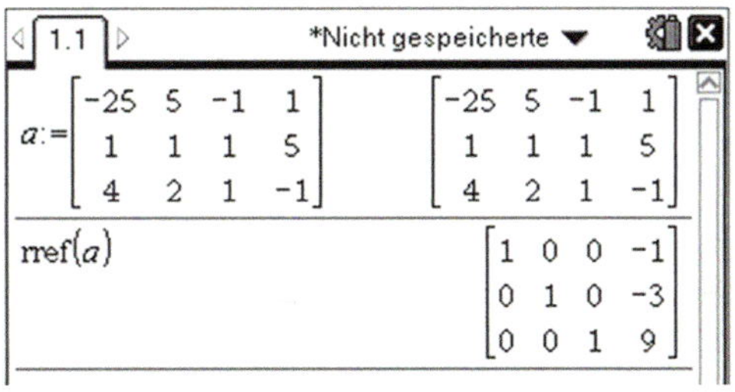


Eine weitere Möglichkeit mit dem Rechner eine ganzrationale Funktion zu bestimmen, deren Graph durch vorgegebene Punkte verläuft, ergibt sich durch das Verfahren der **Regression** (vgl. Seite 41 und Seite 147). Bei vier vorgegebenen Punkten verwendet man den Befehl *CubicReg*, bei fünf vorgegebenen Punkten den Befehl *QuartReg*.

Kubische Regression mit GTR
Nach Eingabe der Koordinaten liefert *CubicReg* den Term: $f(x) = -x^3 - 3x^2 + 9x + 2$

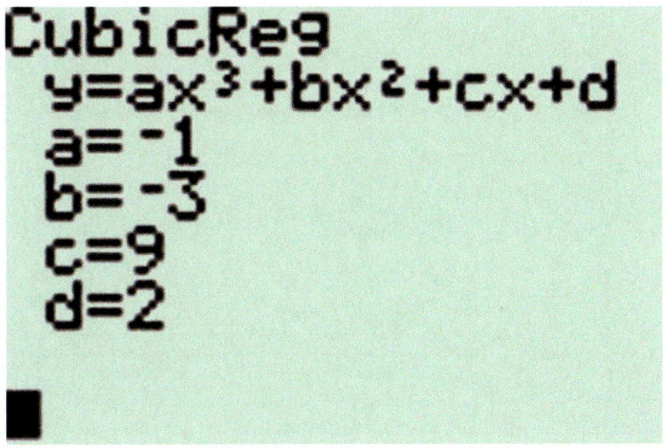


Kubische Regression mit CAS

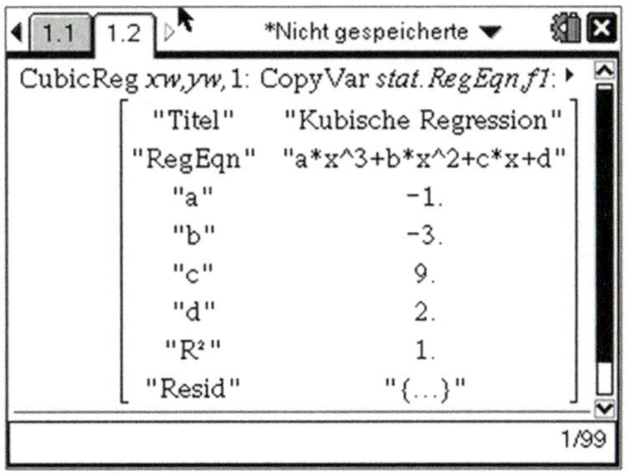

**Beispiel 1** GAUSS-Verfahren

Eine Firma hat bei der Herstellung einer Ware Gesamtkosten, die durch eine ganzrationale Funktion vom Grad 3 modelliert werden können. Für vier Stückzahlen x wurden die Gesamtkosten K(x) ermittelt.

| x (in ME) | 0 | 2 | 4 | 6 |
|---|---|---|---|---|
| K(x) (in GE) | 1 | 3 | 4 | 5 |

Bestimmen Sie die Kostenfunktion K mit dem GAUSS-Verfahren.
Zeichnen Sie ein Punktdiagramm mit dem Graphen der ermittelten Kostenfunktion.
Überprüfen Sie das Ergebnis mit dem Rechner.

▪ Lösung: Ansatz: $K(x) = ax^3 + bx^2 + cx + d$

| | | |
|---|---|---|
| $K(0) = 1$: | $a \cdot 0^3 + b \cdot 0^2 + c \cdot 0 + d = 1;$ | $d = 1$ |
| $K(2) = 3$: | $a \cdot 2^3 + b \cdot 2^2 + c \cdot 2 + d = 3;$ | $8a + 4b + 2c + d = 3$ |
| $K(4) = 4$: | $a \cdot 4^3 + b \cdot 4^2 + c \cdot 4 + d = 4;$ | $64a + 16b + 4c + d = 4$ |
| $K(6) = 5$: | $a \cdot 6^3 + b \cdot 6^2 + c \cdot 6 + d = 5;$ | $216a + 36b + 6c + d = 5$ |

Aus der ersten Gleichung folgt d = 1. Ersetzt man in den übrigen Gleichungen d durch 1 und vereinfacht die Gleichungen, ergibt sich das zu lösende LGS.

Lösung in ausführlicher Schreibweise:

I $\quad 8a + 4b + 2c = 2$
II $\quad 64a + 16b + 4c = 3$
III $\quad 216a + 36b + 6c = 4$

I $\quad 8a + 4b + 2c = 2$
IIa $\quad 16b + 12c = 13 \qquad$ *IIa = 8 · I − II*
IIIa $\quad 72b + 48c - 50 \qquad$ *IIIa = 27 · I  III*

I $\quad 8a + 4b + 2c = 2$
IIa $\quad 16b + 12c = 13$
IIIb $\quad 6c = 8{,}5 \qquad$ *IIIb = 4,5 · IIa − IIIa*

Lösung in Matrixschreibweise:

$$\left(\begin{array}{ccc|c} 8 & 4 & 2 & 2 \\ 64 & 16 & 4 & 3 \\ 216 & 36 & 6 & 4 \end{array}\right)$$

$$\left(\begin{array}{ccc|c} 8 & 4 & 2 & 2 \\ 0 & 16 & 12 & 13 \\ 0 & 72 & 48 & 50 \end{array}\right)$$

$$\left(\begin{array}{ccc|c} 8 & 4 & 2 & 2 \\ 0 & 16 & 12 & 13 \\ 0 & 0 & 6 & 8{,}5 \end{array}\right)$$

Der letzten Gleichung kann man entnehmen, dass $c = \frac{8{,}5}{6} = \frac{17}{12}$ ist.
Mit $c = \frac{17}{12}$ und der Gleichung IIa erhält man $b = -\frac{1}{4}$.
Mit $b = -\frac{1}{4}$, $c = \frac{17}{12}$ und Gleichung I ergibt sich $a = \frac{1}{48}$.
Die Gesamtkosten können also modelliert werden durch eine Funktion K mit
$K(x) = \frac{1}{48}x^3 - \frac{1}{4}x^2 + \frac{17}{12}x + 1$.

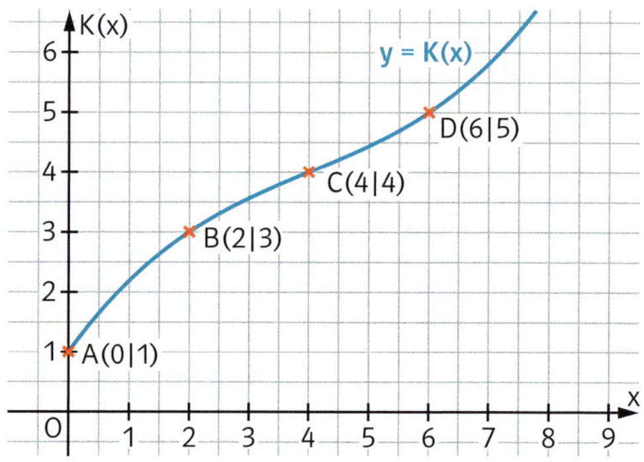


Überprüfung mit GTR:

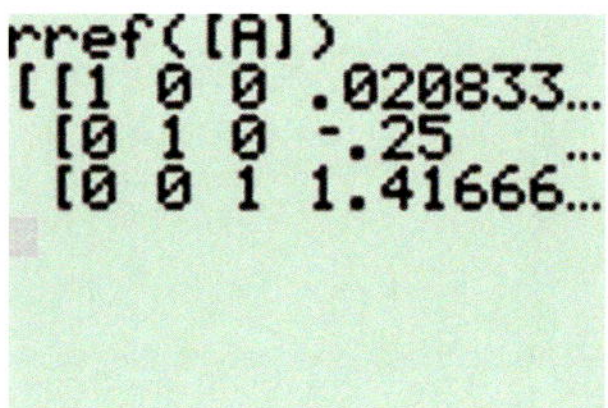


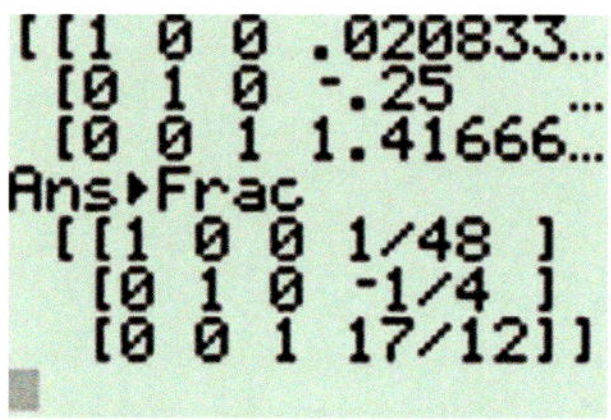


Überprüfung mit CAS:

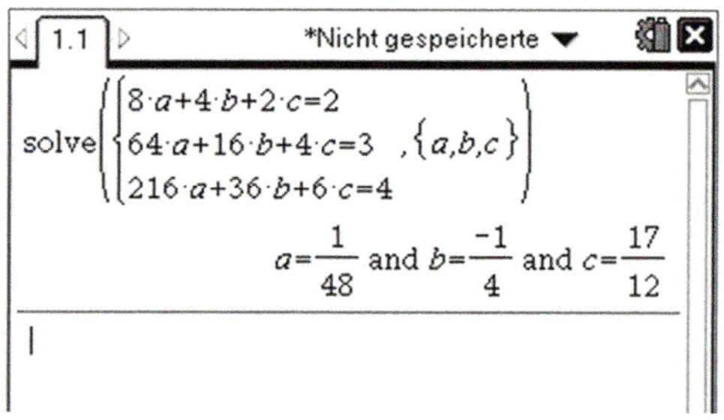

**Beispiel 2** Regression

Gegeben sind die Punkte A(−1 | 9), B(0 | 3), C(1 | 6), D(2 | 3) und E(3 | 12). Ermitteln Sie mit Regression eine ganzrationale Funktion f vom Grad 4, deren Graph durch diese Punkte geht.

▪ Lösung mit GTR: Man arbeitet mit dem *STAT*-Menü und gibt zunächst die Koordinaten der gegebenen Punkte als Listen ein.

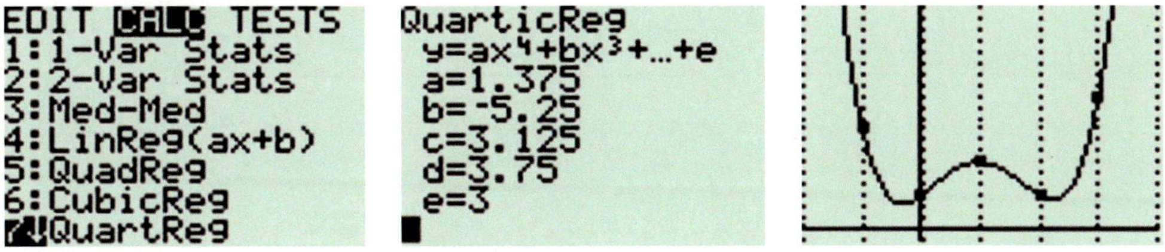


Ergebnis: $f(x) = 1{,}375\,x^4 - 5{,}25\,x^3 + 3{,}125\,x^2 + 3{,}75\,x + 3$

▪ Lösung mit CAS: Nach Eingabe der Koordinaten in Lists & Spreadsheet kann man direkt in der Tabellenkalkulation oder im Calculator im Menü *Statische Berechnungen* mit *„Regression 4. Ordnung"* die ganzrationale Funktion f vom Grad 4 erhalten.

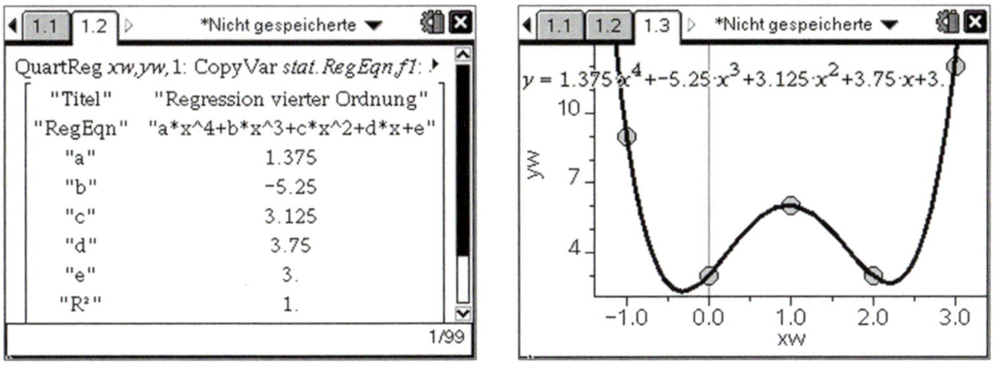


## Aufgaben

**1** Lösen Sie das lineare Gleichungssystem ohne Rechner.

a) $\begin{aligned} x_1 + x_2 \quad &= 3 \\ x_1 + x_2 - x_3 &= 0 \\ x_2 + x_3 &= 4 \end{aligned}$

b) $\begin{aligned} x_1 + x_2 - x_3 &= 0 \\ x_1 \quad + x_3 &= 2 \\ x_1 - 2x_2 + x_3 &= 2 \end{aligned}$

c) $\begin{aligned} 5x_1 - x_2 - x_3 &= -3 \\ x_1 + 3x_2 + x_3 &= 5 \\ x_1 - 3x_2 + x_3 &= -1 \end{aligned}$

d) $\begin{aligned} 2x_1 - 4x_2 + 5x_3 &= 3 \\ 3x_1 + 3x_2 + 7x_3 &= 13 \\ 4x_1 - 2x_2 - 3x_3 &= -1 \end{aligned}$

e) $\begin{aligned} -x_1 + 7x_2 - x_3 &= 5 \\ 4x_1 - x_2 + x_3 &= 1 \\ 5x_1 - 3x_2 + x_3 &= -1 \end{aligned}$

f) $\begin{aligned} 0{,}6x_2 + 1{,}8x_3 &= 3 \\ 0{,}3x_1 + 1{,}2x_2 \quad &= 0 \\ 0{,}5x_1 \quad + x_3 &= 1 \end{aligned}$

**2** Bestimmen Sie mit dem GAUSS-Verfahren den Term einer ganzrationalen Funktion dritten Grades, deren Graph durch die Punkte A, B, C und D geht.
Überprüfen Sie das Ergebnis mit dem Rechner.

a) A(−1 | 0), B(0 | 1), C(1 | 4), D(2 | 15)
b) A(0 | −1), B(2 | 3), C(3 | 15), D(4 | 50)
c) A(0 | 1), B(1 | 0), C(−1 | 4), D(2 | −5)
d) A(0 | −1), B(1 | 1), C(−1 | 7), D(2 | 17)

**3** Bestimmen Sie mit dem Rechner den Term einer ganzrationalen Funktion dritten Grades, deren Graph durch die Punkte A, B, C und D geht.

a) A(1 | 2), B(2 | 6), C(3 | 6), D(4 | −4)
b) A(−4 | 29), B(−2 | 59), C(2 | −1), D(4 | 149)
c) A(−3 | −31), B(−2 | −1), C(1 | 5), D(3 | 59)
d) A(−5 | 102), B(5 | 2), C(10 | −198), D(15 | −898)
e) A(−3 | −31), B(−1 | 5), C(2 | −1), D(5 | 65)
f) A(−1 | −1), B(1 | 7), C(2 | 38), D(4 | 274)

**4** Lösen Sie mit dem Rechner das lineare Gleichungssystem.

a)
$$\begin{aligned} -x_1 + 2x_2 - 2x_3 + x_4 &= -3 \\ 2x_2 + x_3 + x_4 &= 2 \\ 2x_1 - 2x_2 + 5x_3 - 5x_4 &= 7 \\ x_1 + 2x_3 + 2x_4 &= 4 \end{aligned}$$

b)
$$\begin{aligned} 2x_1 - 2x_2 - 2x_3 + 2x_4 &- 3 \\ x_1 + x_2 + x_3 &= 0 \\ 2x_1 - 2x_2 + x_3 - 3x_4 &= 1 \\ x_1 + 2x_2 + 2x_4 &= 0 \end{aligned}$$

## Zeit zu überprüfen

**5** Bestimmen Sie mit dem GAUSS-Verfahren eine ganzrationale Funktion dritten Grades, deren Graph durch die Punkte A(2 | 6), B(0 | 4), C(3 | 5,5) und D(−2 | 8) geht.
Überprüfen Sie das Ergebnis mit dem Rechner.

**6** Bestimmen Sie eine ganzrationale Funktion vierten Grades mit den folgenden Eigenschaften: Der Graph ist symmetrisch zur y-Achse, schneidet die y-Achse bei y = −1 und geht durch die Punkte A(1 | −3) und B(2 | 15).

---

**7** Der Graph einer ganzrationalen Funktion 4. Grades geht durch die Punkte A(−2 | −1), B(0 | 2), C(1 | −1), D(2 | −1) und E(3 | 2). Bestimmen Sie den Term der Funktion und zeichnen Sie den Graphen.

**8** In Fig. 1 ist der Graph einer ganzrationalen Funktion dargestellt. Bestimmen Sie den Funktionsterm, indem Sie hinreichend viele Punkte mit ganzzahligen Koordinaten des Graphen ablesen, ein Gleichungssystem für die Koeffizienten des Funktionsterms aufstellen und dieses mit dem Rechner lösen.

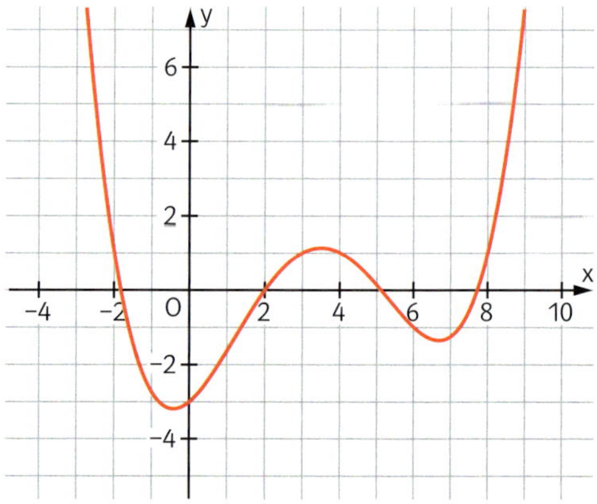

Fig. 1

**9** Bei der Fabrikation eines Gerätes betragen die Fixkosten 18 GE. Die Kosten bei der Produktion von 2 ME belaufen sich auf 30 GE, bei 4 ME auf 42 GE und bei 6 ME auf 102 GE. Das Gerät kann zum festen Marktpreis von 15 $\frac{GE}{ME}$ verkauft werden.

a) Modellieren Sie die Kosten durch eine ganzrationale Funktion dritten Grades.
b) Welche Kosten ergeben sich bei der Produktion von 5 ME?
c) Ab welcher Stückzahl ist der Gewinn positiv?

**10** Eine Firma ermittelt für die Gesamtkosten K(x) bei der Produktion von x Geräten die angegebenen Werte.

| x (in ME) | 100 | 200 | 300 | 400 | 500 |
|---|---|---|---|---|---|
| K(x) (in GE) | 180 | 495 | 1450 | 3470 | 6970 |

Die Kosten sollen mit einer ganzrationalen Funktion dritten Grades modelliert werden.
Führen Sie eine Regression durch.
Zeichnen Sie ein Punktdiagramm mit dem Graphen der ermittelten Kostenfunktion.

**11** Ein Monopolist hat für die Produktion ausgewählter Stückzahlen x seiner Ware die Gesamtkosten K(x) ermittelt.

| x | 32 | 47 | 157 | 207 |
|---|---|---|---|---|
| K(x) | 1498 | 1595 | 2554 | 3834 |

Die Tabelle zeigt das Ergebnis. Die Preis-Absatz-Funktion ist p(x) = 300 − 0,9x.

a) Ermitteln Sie eine mögliche Kostenfunktion durch Regression.
b) Bestimmen Sie die Gewinnschwelle und die Gewinngrenze.

# 8 Transformationen – Verschieben und Strecken von Graphen

Ein sportlicher Graph!
Wie wirkt sich diese „Übung“ auf den Funktionsterm aus?

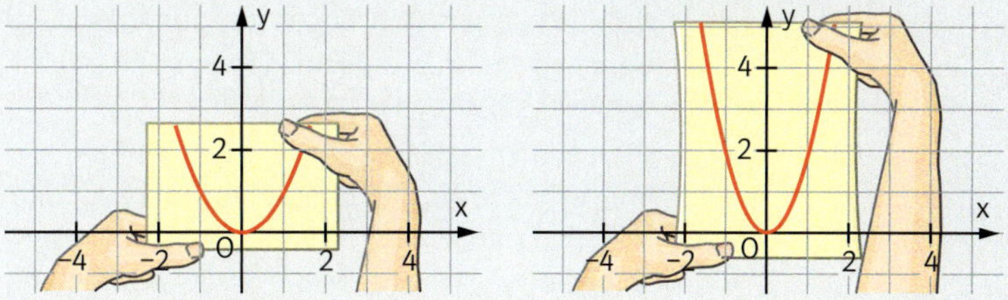

### Verschieben eines Graphen

Bei der Parabel mit der Gleichung $y = (x - 2)^2 + 3$ befindet sich der Scheitel im Punkt S(2 | 3). Die Parabel ist im Vergleich zur Normalparabel $y = x^2$ um **2** Einheiten **nach rechts** und um **3** Einheiten **nach oben** verschoben (Fig. 1). Dieses Verschieben lässt sich verallgemeinern. Ist etwa der Graph der Funktion f mit $f(x) = x^3 + 2x^2$ gegeben, so erhält man daraus den Graphen der Funktion g mit $g(x) = f(x + 1) - 3 = (x + 1)^3 + 2(x + 1)^2 - 3$, indem man den Graphen von f um **eine Einheit nach links** und um **drei Einheiten nach unten** verschiebt (Fig. 2).

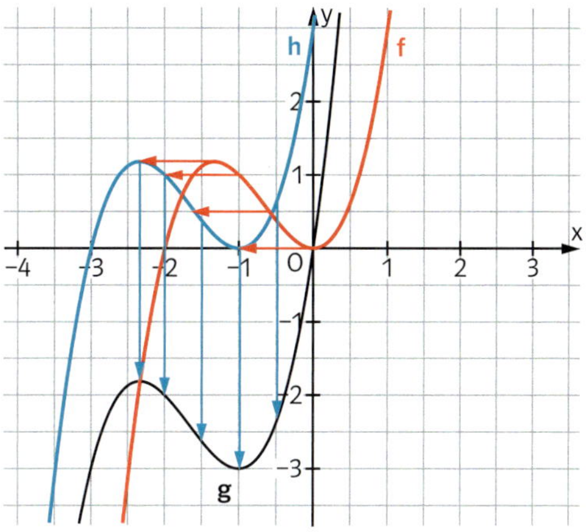

Fig. 2

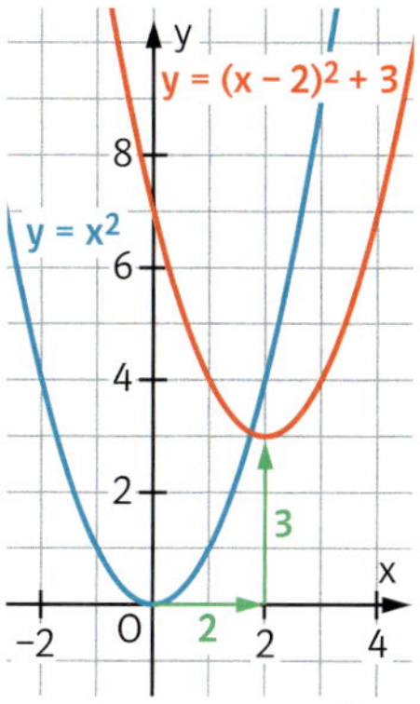

Fig. 1

### Strecken eines Graphen in y-Richtung

Gegeben ist die Funktion f mit
$f(x) = 0{,}5x^3 - 2x$.
Um die Funktionswerte der Funktion g mit
$g(x) = 3 \cdot f(x) = 1{,}5x^3 - 6x$
zu erhalten, muss man die Funktionswerte von f mit 3 multiplizieren.

| x | −3 | −2 | −1 | 0 | 1 | 2 | 3 |
|---|---|---|---|---|---|---|---|
| f(x) | −7,5 | 0 | 1,5 | 0 | −1,5 | 0 | 7,5 |
| | ·3 | ·3 | ·3 | ·3 | ·3 | ·3 | ·3 |
| g(x) | −22,5 | 0 | 4,5 | 0 | −4,5 | 0 | 22,5 |

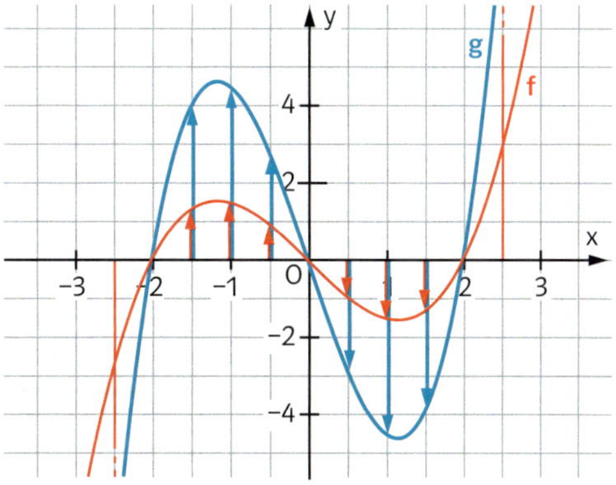

Fig. 3

Die blauen Pfeile in Fig. 3 sind dreimal so lang wie die roten Pfeile.
Man sagt: Der Graph von g ist gegenüber dem Graphen von f von der x-Achse aus in y-Richtung mit dem Faktor 3 gestreckt (Fig. 3).

Insgesamt ergibt sich der folgende Sachverhalt:

Den Graphen der Funktion g mit $g(x) = f(x - c) + d$ erhält man, indem man den Graphen von f um c in Richtung der x-Achse und um d in Richtung der y-Achse verschiebt.
Den Graphen der Funktion h mit $h(x) = k \cdot f(x)$; $k > 0$, erhält man, indem man den Graphen von f von der x-Achse aus in y-Richtung mit dem Faktor k streckt.

**Verschiedene Fälle**
$c > 0$: Verschiebung nach rechts
$c < 0$: Verschiebung nach links
$0 < k < 1$: Stauchung

Wenn man negative Streckfaktoren k zulässt, muss man den Graphen der Funktion zuerst an der x-Achse spiegeln, bevor man ihn streckt. Gegeben sind z. B. die Funktionen f und g mit $f(x) = x^3 - 3{,}5x^2 + 3x + 0{,}5$ und $g(x) = -1{,}5 \cdot f(x)$.
Man erhält in Fig. 1 den Graphen von g, indem man den roten Graphen von f an der x-Achse spiegelt (blau) und das Spiegelbild in y-Richtung mit dem Faktor 1,5 streckt.

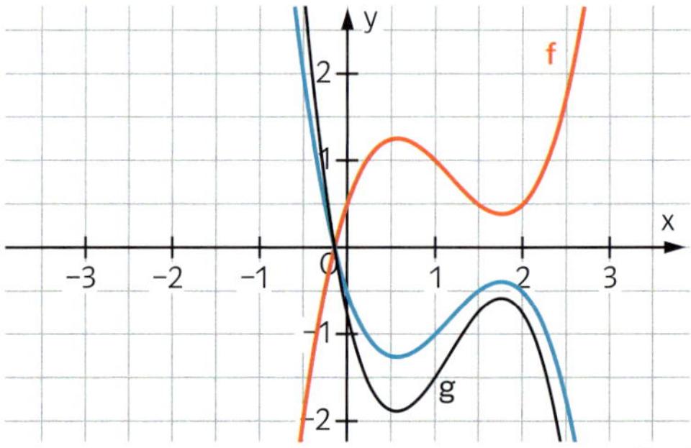

Fig. 1

**Beispiel 1** Streckung bzw. Verschiebung angeben, Graphen zeichnen
Gegeben ist die Funktion f mit $f(x) = x^4 - 2x^2$.
Geben Sie an, wie man die Graphen der Funktionen g mit $g(x) = (x + 2)^4 - 2(x + 2)^2 - 1$ und h mit $h(x) = -3 \cdot ((x - 1)^4 - 2(x - 1)^2)$ aus dem Graphen der Funktion f erhält.
■ Lösung: Graph von g: Der Graph von f wird um 2 Einheiten nach links und um eine Einheit nach unten verschoben (Fig. 2).
Graph von h: Der Graph von f wird um eine Einheit nach rechts verschoben, an der x-Achse gespiegelt und mit dem Faktor 3 gestreckt (Fig. 2).

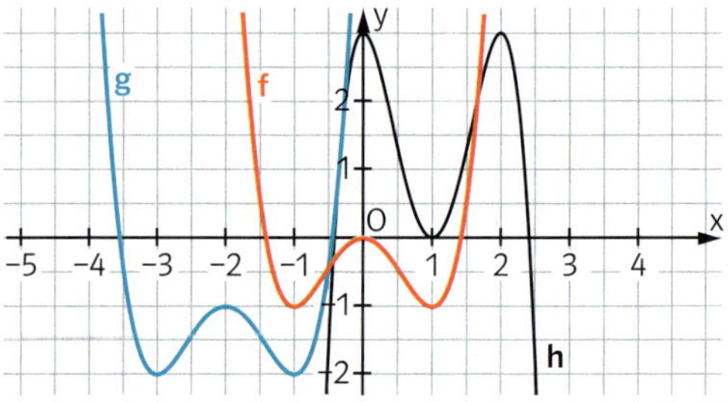

Fig. 2

**Beispiel 2** Funktionsterme angeben
Gegeben ist die Funktion f mit $f(x) = -x^3 + 2x$.
a) Man erhält in Fig. 3 den Graphen von g, wenn man den Graphen von f verschiebt. Beschreiben Sie die Verschiebung und geben Sie einen Funktionsterm für g an.
b) Man erhält in Fig. 3 den Graphen von h, wenn man den Graphen von f in y-Richtung streckt. Beschreiben Sie die Streckung und geben Sie einen Funktionsterm für h an.
■ Lösung: a) Dem Punkt (0 | 0) des Graphen von f entspricht der Punkt (−2 | −3) des Graphen von g.

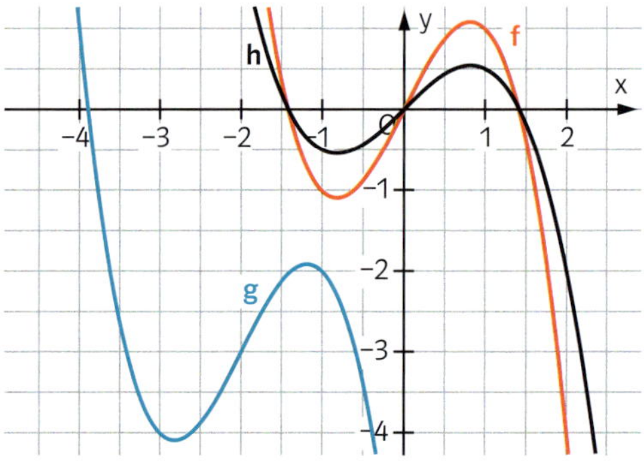

Fig. 3

Man erhält den Graphen von g, indem man den Graphen von f um 2 Einheiten nach links und um 3 Einheiten nach unten verschiebt: $g(x) = f(x + 2) - 3 = -(x + 2)^3 + 2(x + 2) - 3$.
b) Es gilt $f(1) = 1$ und $h(1) = 0{,}5$.
Man erhält den Graphen von h, indem man den Graphen von f mit dem Faktor 0,5 in y-Richtung streckt: $h(x) = 0{,}5 \cdot f(x) = -0{,}5x^3 + x$.

## Aufgaben

**1** Beschreiben Sie, wie man den Graphen der Funktion g aus dem Graphen der Funktion f erhält.

a) $f(x) = x + 5$
$g(x) = 2 \cdot (x + 5)$

b) $f(x) = 2x^2$
$g(x) = 3x^2$

c) $f(x) = 2x^3 - 4x$
$g(x) = \frac{1}{3}x^3 - \frac{2}{3}x$

d) $f(x) = 8x^3 - 3$
$g(x) = -4x^3 + 1{,}5$

**2** Der Graph soll um a Einheiten in x-Richtung und um b Einheiten in y-Richtung verschoben werden. Geben Sie den zum verschobenen Graphen gehörenden Term an.

a) $f(x) = 3x + 4;\ a = 2;\ b = -5$
b) $f(x) = -1{,}5x - 6;\ a = -3;\ b = 2$
c) $f(x) = x^2;\ a = 1;\ b = 2$
d) $f(x) = x^3;\ a = 2;\ b = 1$
e) $f(x) = x^4;\ a = \sqrt{2};\ b = -3$
f) $f(x) = 3x^3 + 4x^2;\ a = -1;\ b = 3$

Die Lösungen kann man mit dem Rechner überprüfen.

**3** Gegeben ist die Funktion f mit $f(x) = 2x^3 - 3x$. Man erhält den Graphen einer Funktion g, indem man den Graphen von f in y-Richtung verschiebt. Es gilt: $g(2) = 7$.
Geben Sie einen Funktionsterm für g an.

**4** Gegeben ist die Funktion f mit $f(x) = x^4 - 2x^2$. Geben Sie einen Term für die Funktion g an und zeichnen Sie beide Graphen in ein gemeinsames Koordinatensystem.

a) Man erhält den Graphen von g, indem man den Graphen von f mit dem Faktor 2 in y-Richtung streckt und um eine Einheit nach unten verschiebt.

b) Man erhält den Graphen von g, indem man den Graphen von f an der x-Achse spiegelt und um eine Einheit nach rechts verschiebt.

### Zeit zu überprüfen

**5** Gegeben ist die Funktion f mit $f(x) = x^4 - 2x^3 + 2$.

a) Wie muss man den Graphen von f verschieben, um den Graphen der Funktion h mit $h(x) = x^4 - 2x^3 + 5$ zu erhalten? Wie muss man den Graphen von f verschieben, um den Graphen der Funktion k mit $k(x) = (x-2)^4 - 2(x-2)^3 + 2$ zu erhalten?

b) Wie muss man den Graphen von f strecken, um den Graphen der Funktion g mit $g(x) = \frac{1}{2}x^4 - x^3 + 1$ zu erhalten?

**6** Gegeben ist die Funktion f mit $f(x) = x^3 + 2x^2$. Geben Sie einen Term für die Funktion g an. Beschreiben Sie, wie man den Graphen von g aus dem Graphen von f erhalten kann.

a) $g(x) = f(x+1)$
b) $g(x) = f(x-2) + 1$
c) $g(x) = 2 \cdot f(x)$
d) $g(x) = -f(x) + 2$

**7** Gegeben ist f mit $f(x) = x^3 - 2x^2$. Der Graph von g geht aus dem Graphen von f durch Verschiebung hervor. Zeichnen Sie die Graphen von f und g mit dem Rechner und bestimmen Sie für die Funktion g eine Darstellung der Form $g(x) = (x-a)^3 - 2(x-a)^2 + b$.

a) $g(x) = x^3 - 8x^2 + 20x - 13$
b) $g(x) = x^3 + x^2 - x + 3$
c) $g(x) = x^3 + 4x^2 + 4x - 2$
d) $g(x) = x^3 - 5x^2 + 7x - 2$
e) $g(x) = x^3 - 3x^2 + 3x - 1$
f) $g(x) = x^3 + 4x^2 + 4x$

**8** Gegeben sind die Wertetabellen der Funktionen f, g und h. Es ist $f(x) = x^3 - 3x^2$.
Den Graphen der Funktion g erhält man, wenn man den Graphen von f in y-Richtung staucht.
Den Graphen von h erhält man, indem man den Graphen von f verschiebt.

| x | −4 | −3 | −2 | −1 | 0 | 1 | 2 | 3 | 4 |
|---|---|---|---|---|---|---|---|---|---|
| f(x) | −112 | −54 | −20 | −4 | 0 | −2 | −4 | 0 | 16 |
| g(x) | −22,4 | −10,8 | −4 | −0,8 | 0 | −0,4 | −0,8 | 0 | 3,2 |
| h(x) | −57 | −23 | −7 | −3 | −5 | −7 | −3 | 13 | 47 |

a) Ermitteln Sie den Streckfaktor für den Graphen von g.
Geben Sie eine Funktionsgleichung für g an.

b) Ermitteln Sie mithilfe der Wertetabellen, wie man den Graphen von f verschieben muss, um den Graphen von h zu erhalten. Geben Sie eine Funktionsgleichung für h an.

c) Zeichnen Sie die drei Graphen in ein gemeinsames Koordinatensystem.

# Wiederholen – Vertiefen – Vernetzen

## Eigenschaften ganzrationaler Funktionen

**1** Ist die Aussage wahr oder falsch? Nennen Sie gegebenenfalls ein Gegenbeispiel.

a) Wenn eine ganzrationale Funktion, deren Term nur x-Potenzen mit geraden Hochzahlen enthält, eine Nullstelle hat, dann hat sie eine weitere Nullstelle.

b) Der Graph einer ganzrationalen Funktion, deren Term nur x-Potenzen mit ungeraden Hochzahlen enthält, geht durch den Ursprung.

c) Eine ganzrationale Funktion 3. Grades hat genau drei Nullstellen.

d) Es gibt keine ganzrationale Funktion 3. Grades ohne Nullstellen.

**2** Gegeben sind folgende Eigenschaften für eine ganzrationale Funktion f.

1) Der Graph von f ist symmetrisch zur y-Achse.

2) Für $x \to \pm\infty$ gilt $f(x) \to -\infty$.

3) Der Grad von f ist kleiner als 3.

4) f hat genau drei Nullstellen.

5) f besitzt keine Nullstellen.

a) Geben Sie eine ganzrationale Funktion f an, welche die Eigenschaften (1) und (3) erfüllt, nicht jedoch die Eigenschaften (2) und (5).

b) Geben Sie eine ganzrationale Funktion f an, welche die Eigenschaften (2) und (4) besitzt.

c) Geben Sie eine ganzrationale Funktion f an, welche die Eigenschaften (4), nicht jedoch die Eigenschaft (2) besitzt.

d) Begründen Sie, dass es keine ganzrationale Funktion f mit den Eigenschaften (3) und (4) geben kann.

**3** Gegeben ist die Funktion f mit $f(x) = -2x^4 + 6x^2 - 3$.

a) Untersuchen Sie f auf Symmetrie.

b) Bestimmen Sie die Schnittpunkte des Graphen von f mit den Koordinatenachsen.

c) Untersuchen Sie das Verhalten von f für $x \to \pm\infty$.

d) Skizzieren Sie mithilfe von a), b) und c) den Graphen von f.

**4** Gegeben ist die Funktion f mit $f(x) = \frac{1}{8}x^4 - x^2 - \frac{9}{8}$.

a) Weist der Graph von f eine Symmetrie auf?

b) Bestimmen Sie die Schnittpunkte des Graphen mit den Koordinatenachsen.

c) Fertigen Sie mithilfe der Ergebnisse aus a) und b) eine Skizze des Graphen an und überprüfen Sie diese mit dem Rechner.

d) Wie muss der Graph von f verschoben werden, damit er genau drei gemeinsame Punkte mit der x-Achse hat? Geben Sie die Koordinaten dieser Punkte an.

## Nullstellen und Graphen

**5** Gegeben ist die Funktion f. Erstellen Sie eine Wertetabelle und zeichnen Sie den Graphen. Ermitteln Sie mit dem Rechner die Nullstellen.

a) $f(x) = x^3 - 2x + 2$ b) $f(x) = \frac{1}{2}x^5 - 2x^4 - x^3 + 1$ c) $f(x) = 0{,}5x^4 - 2x^2 + x$

**6** Berechnen Sie die Nullstellen der ganzrationalen Funktion f. Erstellen Sie anschließend ohne Wertetabelle eine Skizze des Graphen.

a) $f(x) = \frac{1}{2}x^2 - 2x - 2$ b) $f(x) = \frac{1}{3}x^3 - 3x$ c) $f(x) = \frac{1}{4}x^4 - \frac{1}{2}x^2 - 2$

d) $f(x) = (x^2 - 1)(x + 2)^2$ e) $f(x) = (x - 5)(x^2 - x + 1)$ f) $f(x) = x^3 + x^2 - x - 1$

g) $f(x) = 2x^4 - 5x^2 + 3x$ h) $f(x) = x^4 + 2x^3 - 2x^2 - 8x - 8$

# Wiederholen – Vertiefen – Vernetzen

## Symmetrie von Graphen

**7** a) Geben Sie die Funktionsgleichung einer Funktion f an, deren Graph symmetrisch zum Ursprung ist.
b) Für die Funktion g gilt: $g(x) = f(x-1) + 2$. Welche Symmetrie weist der Graph von g auf, wenn f symmetrisch zum Ursprung ist?
c) Gegeben ist die Funktion h mit $h(x) = x^4 + 8x^3 + 21x^2 + 20x + 5$.
Zeigen Sie, dass der Graph von h symmetrisch zur Geraden $x = -2$ ist. Zeigen Sie hierfür, dass der um zwei nach rechts verschobene Graph symmetrisch zur y-Achse ist.

## Funktionenscharen

**8** Gegeben ist die Funktionenschar $f_t$ mit $f_t(x) = \frac{1}{8}x^4 - \frac{3}{2}tx^2 + \frac{5}{2}t^2$; $t \in \mathbb{R}$.
a) Untersuchen Sie den Graphen von $f_t$ auf Symmetrie.
b) Berechnen Sie die Nullstellen von $f_t$ in Abhängigkeit von t.

**9** Für jedes $t \in \mathbb{R}$ ist eine Funktion $f_t$ gegeben durch $f_t(x) = \frac{3}{8}x^3 - \frac{3}{2}tx$.
a) Skizzieren Sie Graphen für verschiedene Werte des Parameters t.
b) Welcher Funktionsgraph geht durch den Punkt $P(-2 \mid 3)$?
c) Welche der Scharfunktionen haben nur eine Nullstelle?

**10** Gegeben ist die Funktionenschar $f_a$ mit dem Parameter a ($a > 0$). Zeichnen Sie mithilfe eines Rechners Graphen für $a = 1$ und für $a = 2$. Untersuchen Sie jeweils die Graphen von $f_a$ auf Schnittpunkte mit den Koordinatenachsen und auf Symmetrie.
a) $f_a(x) = x^3 - ax$ b) $f_a(x) = x^2 - ax - 1$ c) $f_a(x) = a^2x^4 - 6x^2$

**11** Gegeben ist für jede reelle Zahl t eine ganzrationale Funktion $f_t$ mit $f_t(x) = x^3 - 2tx^2 + t^2x$.
a) Geben Sie für $t = -2, -1, 0, 1, 2$ den jeweiligen Funktionsterm an. Skizzieren Sie die Graphen der Funktionen.
b) Für welche reellen Zahlen t liegt der Punkt $P(4 \mid 9)$ auf dem Graphen der Funktion $f_t$?
c) Berechnen Sie die Nullstellen von $f_t$ in Abhängigkeit von t. Vergleichen Sie das Ergebnis mit Ihren Funktionsgraphen.
d) Zeigen Sie anhand der Prüfungsbedingung: Die Graphen von $f_t$ und $f_{-t}$ liegen punktsymmetrisch zueinander. Geben Sie den Symmetriepunkt an.

**12** Bestimmen Sie den Wert des Parameters u, für den der Graph die x-Achse berührt.
a) $f_u(x) = x^2 - 2x + u$ b) $f_u(x) = x^3 - 3x + u$ c) $f_u(x) = x^3 - 3ux + 2$

**13** In Fig. 1 sind A und B die Aufhängepunkte eines Kabels an zwei vertikalen Masten. In Bezug auf das eingezeichnete Koordinatensystem kann man die Lage des Kabels angenähert durch den Graphen einer Funktion $f_a$ mit $f_a(x) = \frac{1}{25a}x^2 - \frac{200+a}{25a}x + 8$ und einen geeigneten Parameter a mit $0 < a < 200$ beschreiben.
a) Berechnen Sie die Länge der Strecke $\overline{OB}$.
b) Der Punkt C des Kabels hat dieselbe Höhe wie B. Wie lang ist $\overline{OC}$?
Welche Strecke muss man demnach messen, um den Parameter a zu bestimmen?

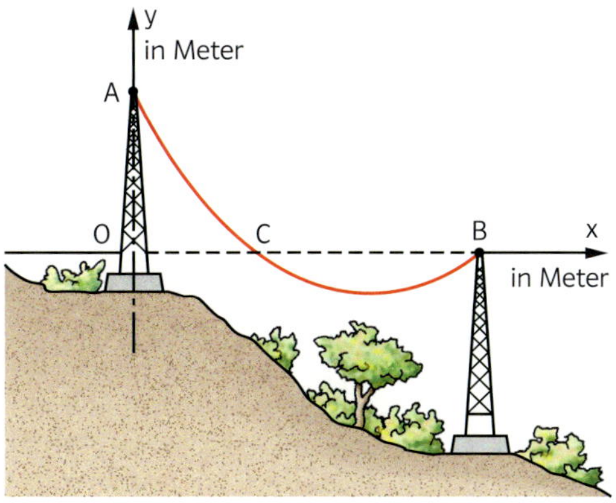

Fig. 1

### Funktionen in den Wirtschaftswissenschaften

**14** Die Firma Surprise KG stellt einen Scherzartikel her. Rolf erzählt nach einem Betriebspraktikum: „Die Kosten für die Herstellung von x dieser Scherzartikel beträgt K(x) Euro. Dabei ist $K(x) = 0{,}02(x-10)^3 + 20$."

a) Erstellen Sie eine Wertetabelle mit x-Werten zwischen 0 und 22 und skizzieren Sie den Graphen für die Gesamtkosten in Abhängigkeit von der Stückzahl.

b) Der Artikel wird für 2 € pro Stück verkauft. Wie groß sind die Einnahmen, wenn x Stück verkauft werden? Zeichnen Sie in das vorhandene Koordinatensystem den Graphen für die Gesamteinnahmen ein. Lesen Sie ab: Bei welchen Stückzahlen wird ein Gewinn erzielt? Bei welcher Stückzahl ist der Gewinn am größten?

**15** Die Gesamtkosten bei der Produktion eines Gerätes können durch eine ganzrationale Funktion 3. Grades modelliert werden.

| x (in ME) | 0 | 1 | 3 | 5 |
|---|---|---|---|---|
| K(x) (in GE) | 10 | 22 | 34 | 110 |

Die Tabelle zeigt für einige Werte die Abhängigkeit der Kosten von der Produktionsmenge.

a) Ermitteln Sie die Gesamtkostenfunktion K.

b) Die Erlösfunktion E ist linear. Der Gewinn beim Verkauf von 2 ME beträgt 14 GE. Berechnen Sie den Verkaufspreis für ein Gerät in GE pro ME.

c) Zeichnen Sie Graphen von K und E für $0 \leq x \leq 6$ in ein gemeinsames Koordinatensystem.

d) Ermitteln Sie die Nutzenschwelle und die Nutzengrenze.

### Intervallhalbierungsverfahren

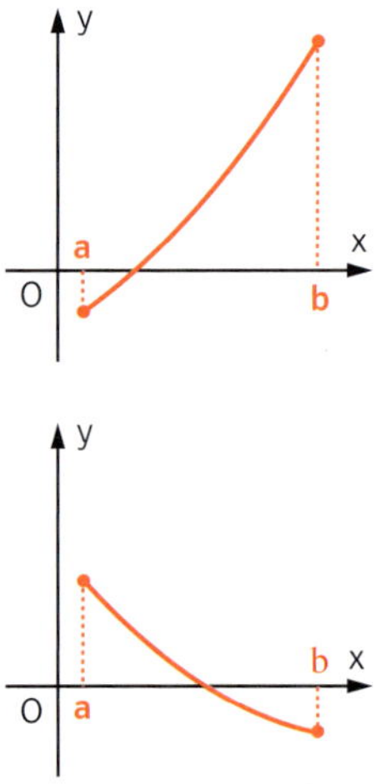

Fig. 1

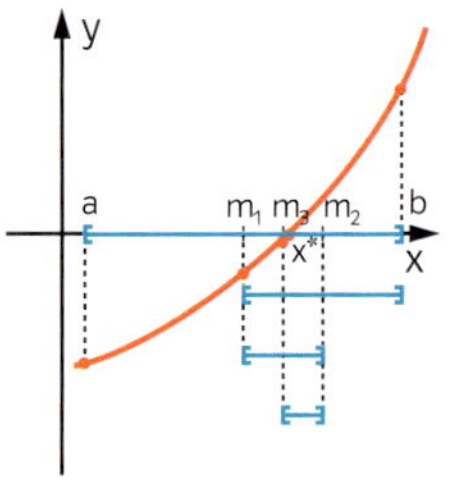

Fig. 2

**16** Im Allgemeinen sind Gleichungen höheren Grades nicht exakt lösbar. Für Anwendungen ist dies oft auch nicht nötig, denn es genügen meistens Näherungswerte mit vorgegebener Genauigkeit. Auch GTR, CAS-Rechner oder Tabellenkalkulationen „lösen" Gleichungen mithilfe von **Algorithmen**, bei denen ein schon gefundener Näherungswert schrittweise auf eine gewünschte Genauigkeit verbessert wird. Bei dem so genannten **Intervallhalbierungsverfahren** interpretiert man die Lösung einer Gleichung als Nullstelle einer Funktion. Man ermittelt zunächst ein Intervall [a; b], in dem die Funktion f genau eine Nullstelle x* hat und die Funktionswerte f(a) und f(b) verschiedene Vorzeichen haben (Fig. 1). Dann bestimmt man die Mitte des Intervalls $m = \frac{a+b}{2}$.
Hat f(m) ein anderes Vorzeichen als f(b), liegt x* im Teilintervall [m; b], andernfalls liegt x* in [a; m]. Dieses Vorgehen wird oft wiederholt. Da die Intervalle ineinander liegen, spricht man von einer **Intervallschachtelung** (Fig. 2). Der gesuchte Wert x* liegt in jedem der Intervalle, die Werte a und b sind Näherungen für x*.
Das Verfahren liefert mit jedem Schritt eine bessere Näherung für x*, aber man gelangt nur langsam zu einer guten Näherung. Eine Näherung auf sechs Dezimalstellen liegt z. B. vor, wenn a und b höchstens $10^{-6}$ auseinanderliegen. Da das Intervall [a; b] bei jedem Schritt halbiert wird, muss dafür gelten: $\left(\frac{1}{2}\right)^n < 10^{-6}$, mit n als Schrittzahl.

| Schritt | a | b | m | f(m) |
|---|---|---|---|---|
| 0 | 1,000 000 | 2,000 000 | 1,500 000 | 0,125 000 |
| 1 | 1,000 000 | 1,500 000 | 1,250 000 | −0,609 375 |
| 2 | 1,250 000 | 1,500 000 | 1,375 000 | −0,291 016 |
| 3 | 1,375 000 | 1,500 000 | 1,437 500 | −0,095 947 |
| 4 | 1,437 500 | 1,500 000 | 1,468 750 | 0,011 200 |
| 5 | 1,437 500 | 1,468 750 | 1,453 125 | −0,043 194 |

Die Funktion f mit $f(x) = x^3 - x^2 - 1$ hat im Intervall [1; 2] eine Nullstelle, da f(1) und f(2) verschiedene Vorzeichen haben. Die Tabelle zeigt die ersten fünf Schritte.
Notieren Sie mithilfe eines GTR, eines CAS-Rechners oder eines Tabellenkalkulationsprogrammes die ersten zehn Schritte des Intervallhalbierungsverfahrens, um Näherungswerte für die einzige Lösung der angegebenen Gleichung zu ermitteln.

a) $x^3 + 0{,}5x + 2 = 0$ b) $x^3 + 0{,}5x - 2 = 0$ c) $-x^3 + x - 3 = 0$

# Wiederholen – Vertiefen – Vernetzen

## Doppelte Nullstellen

**17** Gegeben sind die Funktionen f mit $f(x) = x^3 - 2{,}5x^2 - 2x + 6$ und g mit $g(x) = x^3 + 4x^2 - 3x - 18$.

a) Beide Funktionen haben eine Nullstelle bei $x = 2$. Führen Sie eine Polynomdivision durch und bestimmen Sie so die weiteren Nullstellen von f bzw. g. Geben Sie damit eine Zerlegung der Funktionsterme in Faktoren an.

b) Skizzieren Sie mithilfe der Nullstellen und sonstiger Eigenschaften, welche sich an der Funktionsgleichung ablesen lassen, einen Graphen von f bzw. g. Kontrollieren Sie das Ergebnis mit dem Rechner.

c) Die Stelle $x = 2$ heißt doppelte Nullstelle der Funktion f, die Stelle $x = -3$ heißt doppelte Nullstelle der Funktion g.
Wie erkennt man am Graphen, dass es sich um eine doppelte Nullstelle handelt?

d) In Fig. 1 sind die Graphen einer ganzrationalen Funktion vierten Grades und eine ganzrationale Funktion dritten Grades abgebildet. Bestimmen Sie aufgrund der Nullstellen die zugehörigen Funktionsgleichungen und kontrollieren Sie das Ergebnis mit dem Rechner.

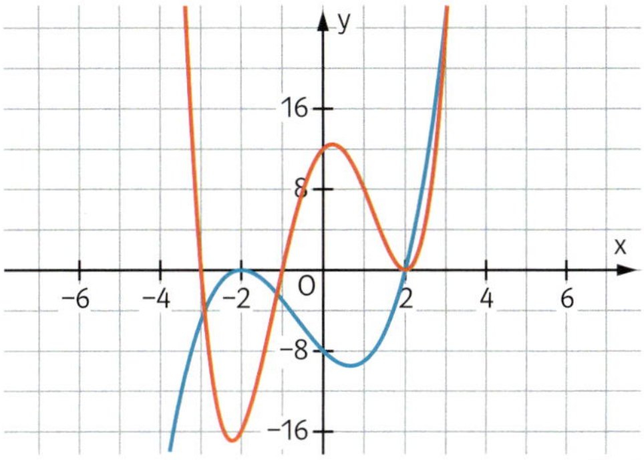


Fig. 1

## Vielfachheit von Nullstellen

**18** Ist $x_1$ eine Nullstelle der ganzrationalen Funktion f und hat f die Produktdarstellung $f(x) = (x - x_1)^n \cdot g(x)$ mit einer ganzrationalen Funktion g und ist $g(x_1) \neq 0$, so nennt man $x_1$ eine **Nullstelle der Vielfachheit n** ($n \in \mathbb{N}^*$). Man kann zeigen, dass die Potenzfunktion p mit $p(x) = g(x_1) \cdot (x - x_1)^n$ eine Näherung von f ist für $x \approx x_1$.

| | | |
|---|---|---|
| $f_1(x) = (x - 0{,}5)(x - 2)$ | $f_2(x) = (x + 1)(x - 2)^2$ | $f_3(x) = (2x - 1)(x - 2)^3$ |
| einfache Nullstelle bei $x = 2$ | doppelte Nullstelle bei $x = 2$ | dreifache Nullstelle bei $x = 2$ |
| $p_1(x) = 1{,}5(x - 2)$ | $p_2(x) = 3(x - 2)^2$ | $p_3(x) = 3(x - 2)^3$ |

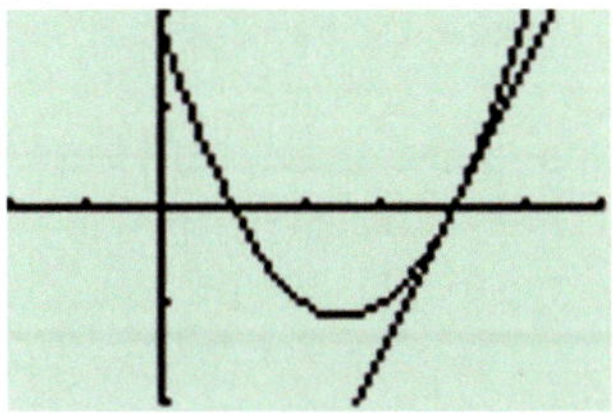

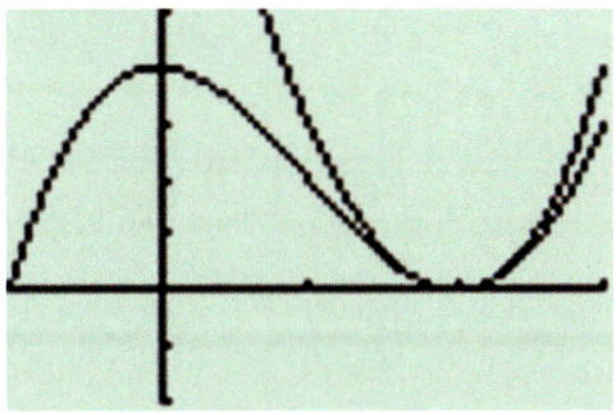

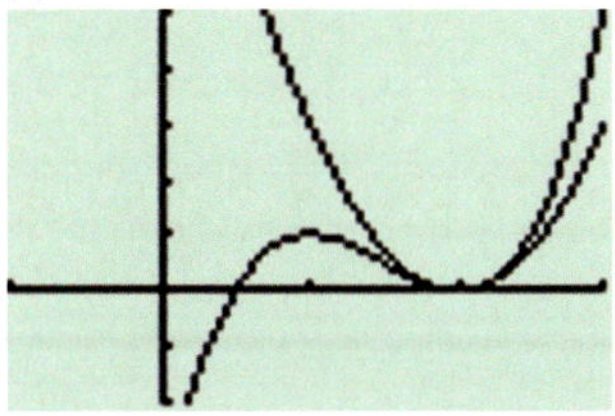

Geben Sie die Nullstellen der Funktion mit ihren Vielfachheiten an. Ermitteln Sie die Näherungsfunktion an den Nullstellen und skizzieren Sie damit den Graphen der Funktion.

a) $f(x) = x(x + 2)^2$ b) $f(x) = (x - 1)^2(x^2 + 1)$ c) $f(x) = (x + 3)^3(x - 3)$

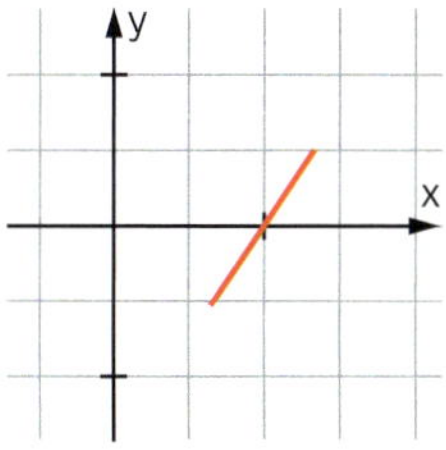


einfache Nullstelle

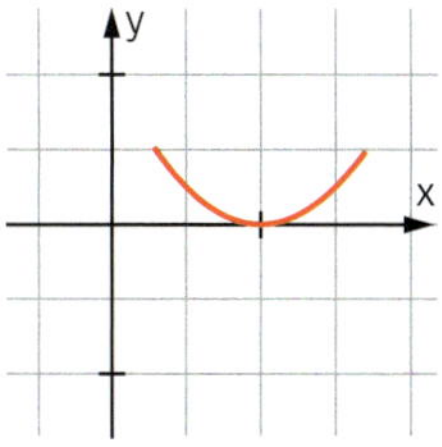


doppelte Nullstelle

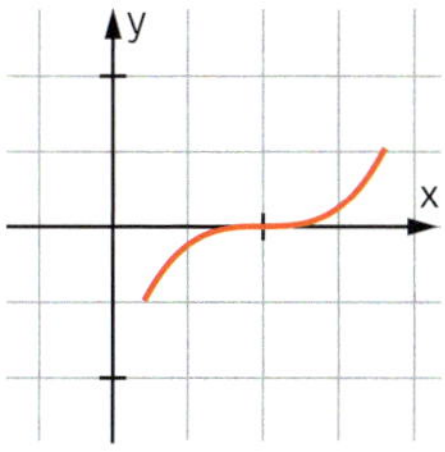


dreifache Nullstelle

**19** Geben Sie eine ganzrationale Funktion niedrigen Grades mit den angegebenen Eigenschaften an. Skizzieren Sie deren Graphen.

a) f hat nur die beiden einfachen Nullstellen 3 und 5.

b) f hat die einfache Nullstelle 2, die doppelte Nullstelle 4 und bei $x = 5$ den Wert 3.

c) f hat die dreifache Nullstelle −1 und bei $x = 4$ den Wert −5.

**20** Gegeben ist die Funktionenschar $f_t$ mit $f_t(x) = x(x + 2)(x + t)$ für $t \in \mathbb{R}$.
Interpretieren Sie den Einfluss des Parameters t auf den Verlauf des Graphen von $f_t$.

## Funktionen mit Excel

### 1 Bestimmung von Funktionswerten

Bestimmen Sie die Funktionswerte von K mit $K(x) = 0{,}5x^3 - 5x^2 + 18{,}5x + 51$ an der Stelle 1,5 (8,875).

**Vorgehensweise:** Man gibt den x-Wert 1,5 z. B. in A2 ein, geht in die Zelle B2 und gibt dort ein, wie ihr Inhalt zu berechnen ist:

**= 0,5*A2^3-5*A2^2+18,5*A2+51**

Das Ergebnis wird dann angezeigt. Damit ist $K(1{,}5) = 69{,}1875$; $K(8{,}875) \approx 170{,}882$.

| | A | B | C |
|---|---|---|---|
| 1 | x | K(x) | |
| 2 | 1,5 | 69,1875 | |
| 3 | 8,875 | 170,8818359 | |
| 4 | | | |
| 5 | | | |

Fig. 1

### 2 Graph einer Funktion

Zeichnen Sie die Kostenfunktion K mit $K(x) = 0{,}5x^3 - 5x^2 + 18{,}5x + 51$ in einem Gültigkeitsbereich $0 \leqq x \leqq 12$.

**Vorgehensweise:** Man erstellt zunächst eine Wertetabelle. Dies geschieht dadurch, dass der Funktionswert in Spalte B2 wie folgt zu berechnen ist: **= 0,5*A2^3-5*A2^2+18,5*A2+51.** Über „unten ausfüllen" erhält man die Wertetafel. Diese kennzeichnet man und erstellt ein Punktdiagramm, bei dem die Punkte durch gekrümmte Kurvenstücke verbunden werden (Fig. 2). Der Graph kann auch ohne Punkte gezeichnet werden.

| | A | B |
|---|---|---|
| 1 | x | K(x) |
| 2 | 0 | 51 |
| 3 | 1 | 65 |
| 4 | 2 | 72 |
| 5 | 3 | 75 |
| 6 | 4 | 77 |
| 7 | 5 | 81 |
| 8 | 6 | 90 |
| 9 | 7 | 107 |
| 10 | 8 | 135 |
| 11 | 9 | 177 |
| 12 | 10 | 236 |
| 13 | 11 | 315 |

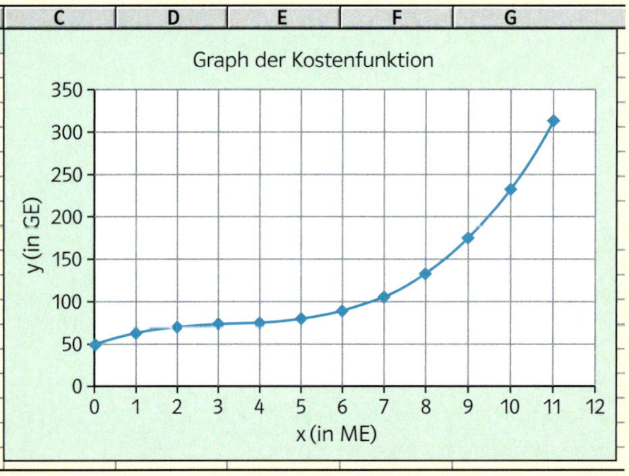


Fig. 2

### 3 Graphen mehrerer Funktionen

Zeichnen Sie neben der Kostenfunktion K mit $K(x) = 0{,}5x^3 - 5x^2 + 18{,}5x + 51$ auch die Erlösfunktion $E(x) = 25x$, wobei die Punkte nicht sichtbar werden sollen.

**Vorgehensweise:** Man erstellt zu der Erlösfunktion ebenfalls eine Wertetabelle (Fig. 3). Nun kennzeichnet man die drei Spalten mit den Werten für x, K(x) und E(x) und zeichnet ein Punktdiagramm (ohne die Punkte zu kennzeichnen) mit gekrümmten Kurvenstücken. Nach entsprechender Ausgestaltung erhält man beispielsweise Fig. 3.

| | A | B | C |
|---|---|---|---|
| 1 | x | K(x) | E(x) |
| 2 | 0 | 51 | 0 |
| 3 | 1 | 65 | 25 |
| 4 | 2 | 72 | 50 |
| 5 | 3 | 75 | 75 |
| 6 | 4 | 77 | 100 |
| 7 | 5 | 81 | 125 |
| 8 | 6 | 90 | 150 |
| 9 | 7 | 107 | 175 |
| 10 | 8 | 135 | 200 |
| 11 | 9 | 177 | 225 |
| 12 | 10 | 236 | 250 |
| 13 | 11 | 315 | 275 |

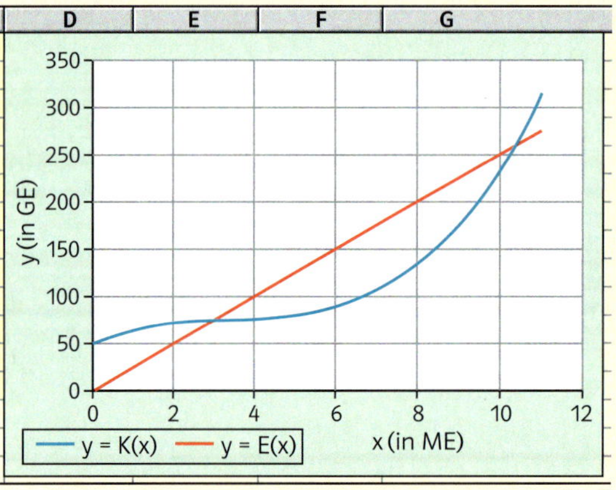


Fig. 3

### 4 Schnittpunkte von Graphen

Schnittpunkte zweier Graphen kann man am einfachsten aus der Zeichnung ablesen:
Die Schnittpunkte der beiden Graphen $K(x) = 0{,}5x^3 - 5x^2 + 18{,}5x + 51$ und $E(x) = 25x$ liegen bei $x_0 \approx 3$ und $x_1 \approx 10{,}3$.
Die Kontrolle geschieht wie in Fig. 4.

| | A | B | C | D |
|---|---|---|---|---|
| 1 | x | K(x) | E(x) | |
| 2 | 3 | 75 | 75 | |
| 3 | 10,3 | 257,4635 | 257,5 | |
| 4 | 10,301 | 257,53815 | 257,525 | |
| 5 | | | | |
| 6 | | | | |
| 7 | | | | |

Fig. 4

**5 Kostenfunktion bestimmen**

Von einer Kostenfunktion sind die Daten der Tabelle bekannt:

| x (in ME) | 0 | 3 | 7 | 11 |
|---|---|---|---|---|
| y (in GE) | 51 | 75 | 107 | 315 |

Die Kostenfunktion soll eine Polynomfunktion vom Grad 3 sein.

**Vorgehensweise:** Man kennzeichnet die beiden Datenreihen und wählt dann Punktdiagramm mit Kennzeichnung der Punkte und Verbindung durch krumme Kurvenstücke. Klickt man auf einen Punkt, so kann man mit dem Menü „Diagramm_Trendlinie hinzufügen …" den zugehörigen Funktionsterm bestimmen. Dazu hat man den Typ „Polynomisch", „Reihenfolge 3" anzuwählen. Klickt man im Optionenmenü noch „Gleichung im Diagramm darstellen" an, so erhält man zusätzlich den Graphen angezeigt (Fig. 1).

| | A | B |
|---|---|---|
| 1 | x | K(x) |
| 2 | 0 | 51 |
| 3 | 3 | 75 |
| 4 | 7 | 107 |
| 5 | 11 | 315 |

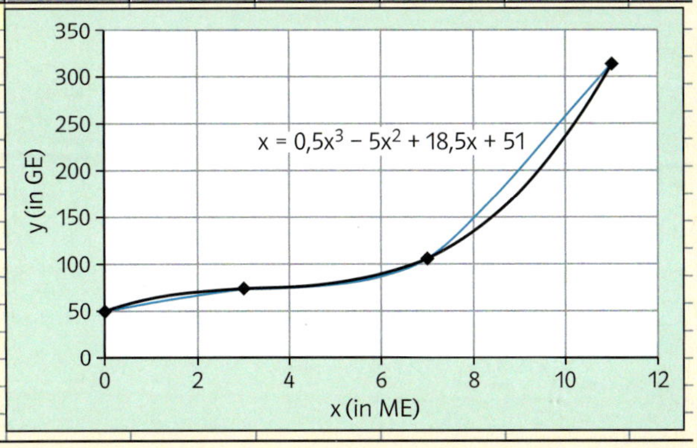


Fig. 1

**6 Graph einer Gewinnfunktion**

Gegeben sind die Kostenfunktion K und die Erlösfunktion E mit $K(x) = 0{,}5x^3 - 5x^2 + 18{,}5x + 51$; $E(x) = 25x$. Zeichnen Sie den Graphen der Gewinnfunktion $G(x) = E(x) - K(x)$.

**Vorgehensweise:** Man bildet zunächst in Spalte D die Differenzen aus $E(x) - K(x)$. Das Vorgehen ist im weiteren Verlauf dasselbe wie in Punkt 3. Das Ergebnis zeigt Fig. 2. Man kann sich zudem die Gleichung der Gewinnfunktion anzeigen lassen. Man geht dabei vor wie in Punkt 5; $G(x) = -0{,}5x^3 + 5x^2 + 6{,}5x + 51$.

| | A | B | C | D |
|---|---|---|---|---|
| 1 | x | K(x) | E(x) | G(x) |
| 2 | 0 | 51 | 0 | −51 |
| 3 | 1 | 65 | 25 | −40 |
| 4 | 2 | 72 | 50 | −22 |
| 5 | 3 | 75 | 75 | 0 |
| 6 | 4 | 77 | 100 | 23 |
| 7 | 5 | 81 | 125 | 44 |
| 8 | 6 | 90 | 150 | 60 |
| 9 | 7 | 107 | 175 | 68 |
| 10 | 8 | 135 | 200 | 65 |
| 11 | 9 | 177 | 225 | 48 |
| 12 | 10 | 236 | 250 | 14 |
| 13 | 11 | 315 | 275 | −40 |

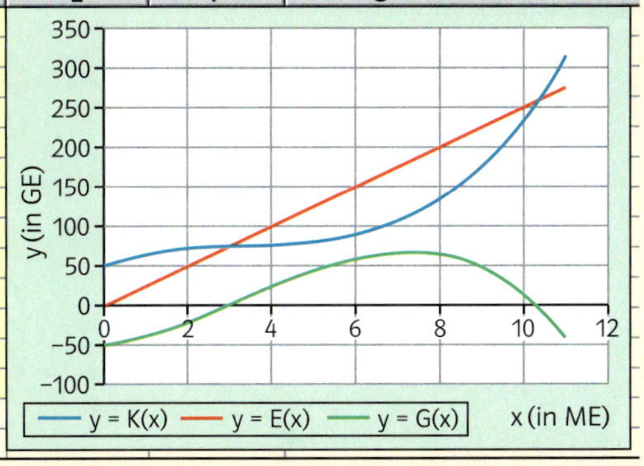


Fig. 2

**7 Preis-Absatz-Funktion**

Gegeben ist die Preis-Absatz-Funktion p eines Monopolisten mit $p(x) = -3x + 50$ und die Kostenfunktion $K(x) = 0{,}5x^3 - 5x^2 + 18{,}5x + 51$. Zeichnen Sie die Graphen von Preis-Absatz-, Erlös-, Kosten- und Gewinnfunktion. Geben Sie die Gewinnzone an.

**Vorgehensweise:** Man erstellt Wertetafeln der vier Funktionen und zeichnet ein Punktdiagramm (Fig. 3). Die Gewinnzone liegt im Bereich zwischen 1,5 und 9,5 ME (Fig. 3).

| | A | B | C | D | E |
|---|---|---|---|---|---|
| 1 | x | K(x) | p(x) | E(x) | G(x) |
| 2 | 0 | 51 | 50 | 0 | −51 |
| 3 | 1 | 65 | 47 | 47 | −18 |
| 4 | 2 | 72 | 44 | 88 | 16 |
| 5 | 3 | 75 | 41 | 123 | 48 |
| 6 | 4 | 77 | 38 | 152 | 75 |
| 7 | 5 | 81 | 35 | 175 | 94 |
| 8 | 6 | 90 | 32 | 192 | 102 |
| 9 | 7 | 107 | 29 | 203 | 96 |
| 10 | 8 | 135 | 26 | 208 | 73 |
| 11 | 9 | 177 | 23 | 207 | 30 |
| 12 | 10 | 236 | 20 | 200 | −36 |
| 13 | 11 | 315 | 17 | 187 | −128 |

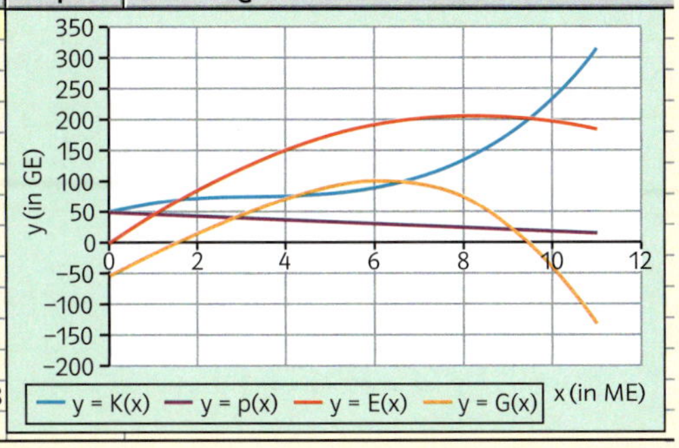


Fig. 3

**Versuchen Sie es selbst:**

Eine Kostenfunktion ist eine Polynomfunktion vom Grad 3 mit den Daten der Tabelle.

| x (in ME) | 0 | 1 | 3 | 8 |
|---|---|---|---|---|
| y (in GE) | 10 | 20 | 30 | 100 |

Die Erlösfunktion ist linear; der Preis je ME beträgt 10 GE. Zeichnen Sie die Graphen der Kosten-, Erlös- und Gewinnfunktion und lesen Sie die wichtigsten Daten ab.

**Ganzrationale Funktionen**

Eine Funktion f mit $f(x) = a_n x^n + a_{n-1} x^{n-1} + \ldots + a_2 x^2 + a_1 x + a_0$ ($n \in \mathbb{N}$; $a_n, \ldots, a_0 \in \mathbb{R}$) nennt man eine **ganzrationale Funktion**. Ist $a_n \neq 0$, so hat f den **Grad n**.

$f(x) = x^5 - 2x^3 - 8x$
f hat den Grad 5 mit den Koeffizienten $a_5 = 1$, $a_3 = -2$, $a_1 = -8$ und $a_4 = a_2 = a_0 = 0$.

**Symmetrie**

Der Graph einer Funktion f mit f(x) verläuft genau dann

- symmetrisch zur y-Achse, wenn die Funktionswerte f(x) und f(−x) für alle $x \in D_f$ übereinstimmen: $f(-x) = f(x)$. Bei ganzrationalen Funktionen kommen im Funktionsterm nur gerade Exponenten vor.
- punktsymmetrisch zum Ursprung, wenn für alle $x \in D_f$ die Bedingung $f(-x) = -f(x)$ erfüllt ist. Bei ganzrationalen Funktionen kommen im Funktionsterm nur ungerade Exponenten vor.

f(x) enthält nur Potenzen mit ungeraden Exponenten. Der Graph von f verläuft punktsymmetrisch zum Ursprung.

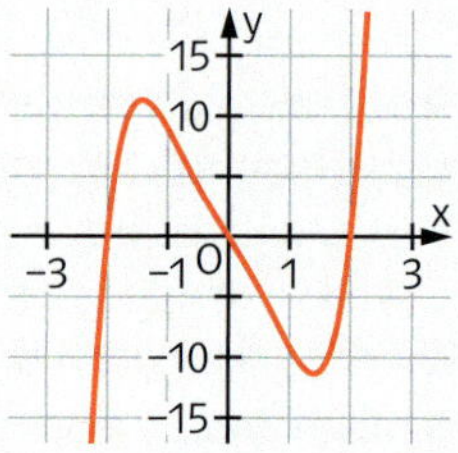


**Verhalten für $x \to \pm\infty$**

- Für $x \to \pm\infty$ wird das Verhalten einer ganzrationalen Funktion vom Summanden mit der höchsten Potenz von x bestimmt.
- Der Graph verhält sich für $x \to \pm\infty$ wie derjenige Graph mit der Gleichung $y = a_n x^n$, wobei n der Grad von f ist.

**Verhalten für x nahe 0**

- Für x nahe Null wird das Verhalten einer ganzrationalen Funktion von den Summanden mit den niedrigsten Potenzen von x bestimmt.
- Der Graph verhält sich wie derjenige Graph mit der Gleichung $y = a_k x^k + a_0$, wobei k die niedrigste Potenz von x ist.

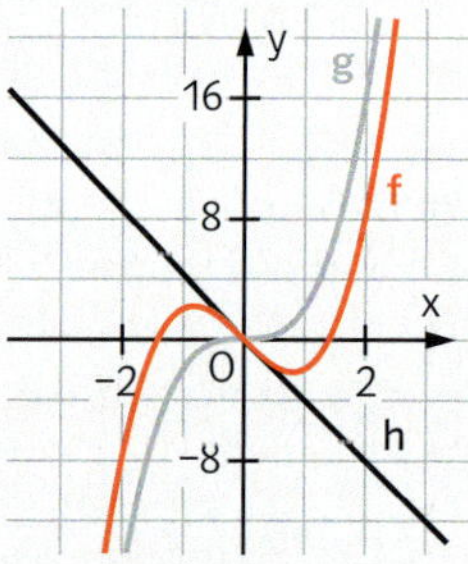


$f(x) = 2x^3 - 4x$
f ungerade;
$x \to \pm\infty$ wie $g(x) = 2x^3$
x nahe 0 wie
$h(x) = -4x$

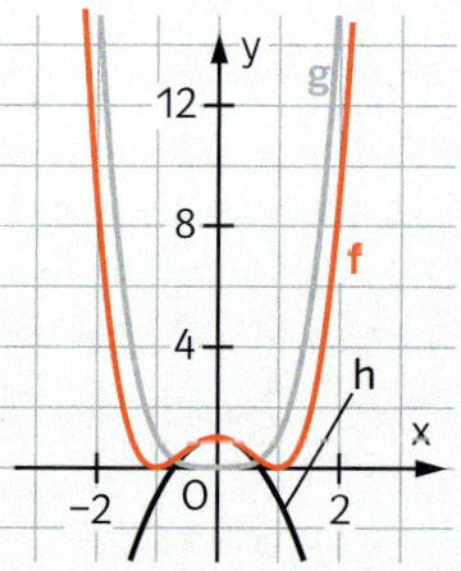


$f(x) = x^4 - 2x^2 + 1$
f gerade;
$x \to \pm\infty$ wie $g(x) = x^4$
x nahe 0 wie
$h(x) = -2x^2 + 1$

**Nullstellen**

Eine Zahl $x_0$ mit $f(x_0) = 0$ heißt **Nullstelle** der Funktion f.
Der Punkt $N(x_0 \mid 0)$ ist der Schnittpunkt des Graphen von f mit der x-Achse.
Eine ganzrationale Funktion n-ten Grades ($n \in \mathbb{N}^*$) kann höchstens n Nullstellen haben. Man erhält sie durch

1. **Ablesen**, wenn die Funktionsgleichung als Linearfaktorzerlegung vorliegt.
2. **Ausklammern**, wenn der Funktionsterm kein absolutes Glied enthält.
3. **Substitution**, wenn nur die Potenzen $x^2$ und $x^4$ bzw. $x^3$ und $x^6$ usw. vorkommen und durch z und $z^2$ ersetzt werden können.
4. **Polynomdivision**, wenn man bereits eine Nullstelle kennt.

**Beispiele zur Bestimmung von Nullstellen**

1. **Ablesen**
$f(x) = 3 \cdot (x - 3)(x + 3)(x - 1)^2 = 0$, wenn $x_1 = 3$, $x_2 = -3$ oder $x_3 = 1$
2. **Ausklammern**
$f(x) = x^3 + 3x^2 + 2x = x(x^2 + 3x + 2) = 0$, wenn $x_1 = 0$ oder $x^2 + 3x + 2 = 0$, also $x_2 = -2$ oder $x_3 = -1$
3. **Substitution**
$f(x) = x^4 - 2x^2 - 8 = 0$; Substitution: $z = x^2$, also $z^2 - 2z - 8 = 0$, wenn $z = 4$ oder $z = -2$;
Rücksubstitution: $x^2 = 4$ mit $x_1 = 2$ oder $x_2 = -2$ oder $x^2 = -2$, was nicht lösbar ist.
4. **Polynomdivision**
f mit $f(x) = 4x^3 - 13x + 9$ hat die Nullstelle $x_1 = 1$.
$(4x^3 + 0 \cdot x^2 - 13x + 9) : (x - 1) = 4x^2 + 4x - 9$
$4x^2 + 4x - 9 = 0$, wenn $x_2 \approx 1{,}08$ oder $x_3 \approx -2{,}08$

# Rückblick

**Vielfachheit einer Nullstelle**
Ist $f(x) = (x - x_0)^n \cdot g(x)$ eine **Produktdarstellung** mit $g(x_0) \neq 0$, so heißt $x_0$ **Nullstelle von f der Vielfachheit n** ($n \in \mathbb{N}^*$).

$f(x) = (x + 3)(x - 1)^2(x - 5)$
−3; 5 sind einfache, 1 ist doppelte Nullstelle.

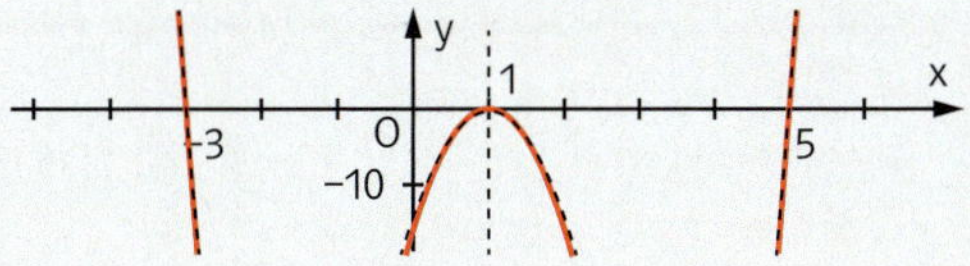


**Bestimmung einer ganzrationalen Funktion bei vorgegebenen Punkten**
1. Funktionsgleichung mit allgemeinen Parametern notieren.
2. Aufstellen eines linearen Gleichungssystems mithilfe der vorgegebenen Punkte.
3. Lösen des linearen Gleichungssystems.
4. Funktionsgleichung notieren.

Gegeben sind die Punkte
$A(-1|-3)$; $B(0|2)$; $C(2|-6)$; $D(3|5)$.
Gesucht ist eine ganzrationale Funktion dritten Grades, deren Graph durch diese Punkte geht.
Ansatz: $f(x) = ax^3 + bx^2 + cx + d$
Wegen $f(0) = 2$ ist $d = 2$.
$f(-1) = -3$: $-a + b - c = -5$
$f(2) = -6$: $8a + 4b + 2c = -8$
$f(3) = 5$: $27a + 9b + 3c = 3$

**Gauss-Verfahren zum Lösen linearer Gleichungssysteme**
1. Man bringt das lineare Gleichungssystem durch Äquivalenzumformungen auf Stufenform.
2. Man löst die Gleichungen der Stufenform schrittweise nach den Variablen auf.

Stufenform:
$$\begin{aligned} -a + b - c &= -5 \\ 12b - 6c &= -48 \\ 6c &= -12 \end{aligned}$$
Daraus folgt: $c = -2$; $b = -5$; $a = 2$
$f(x) = 2x^3 - 5x^2 - 2x + 2$

**Transformationen – Verschieben und Strecken von Graphen**
Den Graphen der Funktion g mit $g(x) = f(x - c) + d$ erhält man, indem man den Graphen von f um c nach rechts und um d nach oben verschiebt (für $c < 0$ bzw. $d < 0$ verschiebt man nach links bzw. nach unten).
Den Graphen der Funktion h mit $h(x) = k \cdot f(x)$; $k > 0$, erhält man, indem man den Graphen von f von der x-Achse aus in y-Richtung mit dem Faktor k streckt. Wenn $k < 0$ ist, muss man den Graphen an der x-Achse spiegeln, bevor man ihn streckt.

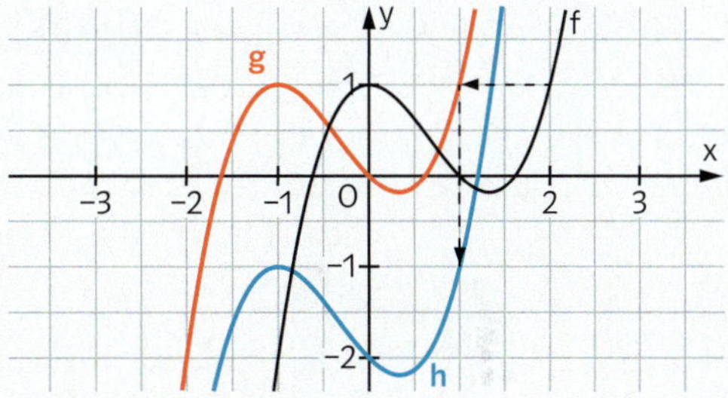


$f(x) = x^3 - 2x^2 + 1$
$g(x) = (x + 1)^3 - 2(x + 1)^2 + 1$
$h(x) = (x + 1)^3 - 2(x + 1)^2 + 1 - 2$

**Funktionen in den Wirtschaftswissenschaften**
**Gesamtkostenfunktion** K mit $K(x) = ax^3 + bx^2 + cx + d$
**Erlösfunktion** E

Vollständige Konkurrenz: konstanter Marktpreis: p
Erlösfunktion E mit $E(x) = p \cdot x$; lineare Funktion

Monopol: Preis-Absatz-Funktion p mit $p(x) = mx + c$; $m < 0$, $c > 0$
Erlösfunktion E mit $E(x) = p(x) \cdot x$; quadratische Funktion

**Gewinnfunktion** G mit $G(x) = E(x) - K(x)$
Ist K eine ganzrationale Funktion 3. Grades, so ist die Gewinnfunktion sowohl bei vollständiger Konkurrenz als auch im Falle eines Monopols ebenfalls eine ganzrationale Funktion 3. Grades.

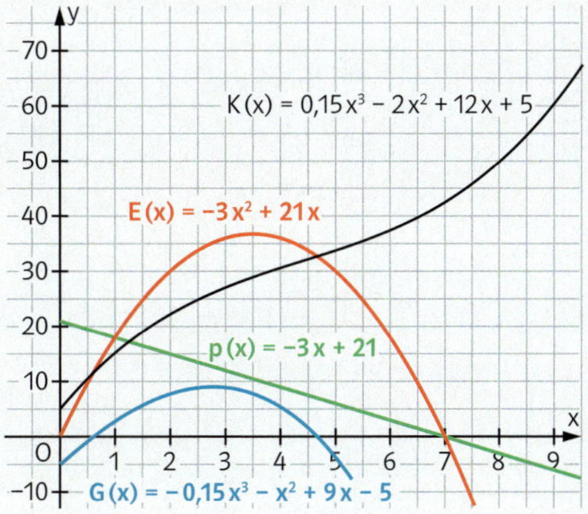

# Training

**1** Beschreiben und begründen Sie den Verlauf des Graphen der Funktion in kurzen Sätzen. Skizzieren Sie den Graphen.
a) $f(x) = x^3 - 6x + 1$  b) $f(x) = -2x^3 + 3x^2 + 5$  c) $f(x) = -0{,}5x^4 + 3x^3 - 6x$

**2** Untersuchen Sie den Graphen der Funktion auf Symmetrie.
a) $f(x) = x^3 - 6x^2 + 1$  b) $f(x) = x^4 + 4x^2 + 3$  c) $f(x) = 4x^3 + x^6$

**3** Lösen Sie die Gleichung exakt.
a) $x^3 - 6x^2 + 3x = 0$  b) $0 = -4 - x^4 + 4x^2$  c) $0 = x^7 + x^4 - 4x$

**4** Führen Sie eine Polynomdivision durch.
a) $(x^3 - 2x^2 + x + 4) : (x + 1)$  b) $(2x^4 - 6x^3 + x^2 - 4x + 4) : (x - 3)$

**5** Bestimmen Sie rechnerisch die Nullstellen der Funktion.
a) $f(x) = 0{,}5x^3 - x^2 - 4x$  b) $f(x) = \frac{1}{4}x^4 - \frac{3}{2}x^2 + 2$  c) $f(x) = x^3 - 6x^2 + 8x$

**6** Zeigen Sie, dass $x_1$ eine Nullstelle der Funktion f ist.
Bestimmen Sie anschließend rechnerisch alle weiteren Nullstellen der Funktion f.
a) $f(x) = x^3 - x^2 - 3x - 1;\ x_1 = -1$  b) $f(x) = x^4 - 6x^3 + 11x^2 - 6x;\ x_1 = 3$

**7** Ermitteln Sie die Nullstellen der Funktion mithilfe des Rechners auf verschiedene Arten.
a) $f(x) = x^3 - 18x^2 + 8x + 1$  b) $f(x) = -x^5 + 200x^3 + 150x^2 - 10$

**8** Begründen Sie anhand der Produktform möglichst viele Eigenschaften der Funktion. Skizzieren Sie damit den Graphen und überprüfen Sie Ihre Skizze mithilfe des Rechners.
a) $f(x) = (x - 2)^3(x + 1)^2$  b) $f(x) = (1 + x)^2(4 - 2x)$  c) $f(x) = x(x^2 + 2)(x^2 - 4)$

**9** Geben Sie eine ganzrationale Funktion dritten Grades mit den angegebenen Stellen als Nullstellen an.
a) 1; 2; 3  b) −4; 3; 5  c) −3; 3

**10** Es ist f eine Funktion vom Grad 3 mit den einfachen Nullstellen −2, 2 und 5. Der Graph der Funktion f geht durch den Punkt $P(6\,|\,64)$. Ermitteln Sie einen möglichen Term von f.

**11** Bestimmen Sie eine ganzrationale Funktion vom Grad 4, deren Graph zur y-Achse symmetrisch ist, die x-Achse bei $x = 2$ schneidet und durch die Punkte $A(1\,|-3)$ und $B(3\,|-9)$ geht.

**12** Gegeben ist die Funktion f mit $f(x) = \frac{1}{6}x^4 - \frac{4}{3}x^2 - \frac{3}{2}$.
a) Untersuchen Sie f auf Symmetrie.
b) Bestimmen Sie die Schnittpunkte des Graphen von f mit den Koordinatenachsen.
c) Untersuchen Sie das Verhalten von f für $x \to \pm\infty$.
d) Skizzieren Sie mithilfe von a), b) und c) den Graphen von f.

**13** Gegeben sind die Funktionen f und g durch $f(x) = x^4 - x^2 + 1$ und $g(x) = x^3 - 4x$.
a) Berechnen Sie die Nullstellen von f und g.
b) Skizzieren Sie die Graphen in ein gemeinsames Koordinatensystem.
c) Berechnen Sie die Schnittpunkte der beiden Graphen.
d) Verschieben Sie Graph g so, dass er Graph f nicht schneidet. (Geben Sie den Term an.)

# Training

**14** Lösen Sie das lineare Gleichungssystem rechnerisch mit dem GAUSS-Verfahren. Überprüfen Sie Ihr Ergebnis mit dem Rechner.

a) $\begin{aligned} 2a + 3b + 4c &= 7 \\ 4a + 8b + 11c &= 31 \\ a + 2b + 3c &= 8 \end{aligned}$

b) $\begin{aligned} 7a + 4b + c &= 1 \\ a - b + c &= 4 \\ 2a - 3b + 4c &= -5 \end{aligned}$

c) $\begin{aligned} -8a + 3b - c &= 8 \\ 2a - b - c &= 10 \\ a + 5c &= 4 \end{aligned}$

**15** Lösen Sie das lineare Gleichungssystem mit dem Rechner.

a) $\begin{aligned} -a + 2b - 2c + d &= -3 \\ 2b + c + d &= 2 \\ 2a - 2b + 5c - 5d &= 7 \\ a + 2c + 2d &= 4 \end{aligned}$

b) $\begin{aligned} 2a - 2b - 2c + 2d &= 3 \\ a + b + c &= 0 \\ 2a - 2b + c - 3d &= 1 \\ a + 2b + 2d &= 0 \end{aligned}$

**16** Der Graph der ganzrationalen Funktion 3. Grades geht durch die Punkte A, B, C und D. Bestimmen Sie mit dem Rechner auf zwei Arten einen Term der Funktion.

a) A(−1 | −10); B(0 | 10); C(1 | 12); D(2 | 2)
b) A(−2 | −6); B(−1 | 0); C(1 | 6); D(2 | 18)
c) A(−1 | −3); B(1 | 7); C(2 | 33); D(3 | 105)
d) A(−1 | −230); B(1 | 54); C(2 | 172); D(3 | 674)

**17** Gegeben sind die Funktionen f und ihr Graph (schwarz). Die farbig gezeichneten Graphen sind aus dem von f entstanden. Geben Sie die zugehörigen Terme an. Überprüfen Sie Ihre Ergebnisse mit dem Rechner.

a) $f(x) = x^2$

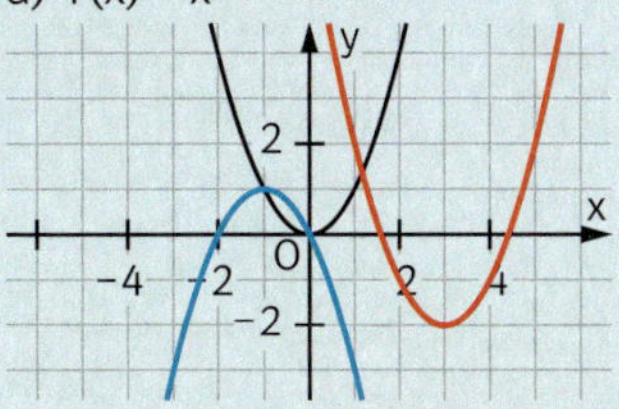


b) $f(x) = x^3$

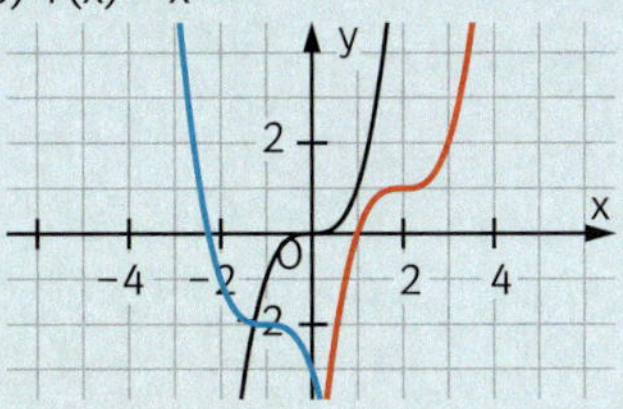


c) $f(x) = x^2$

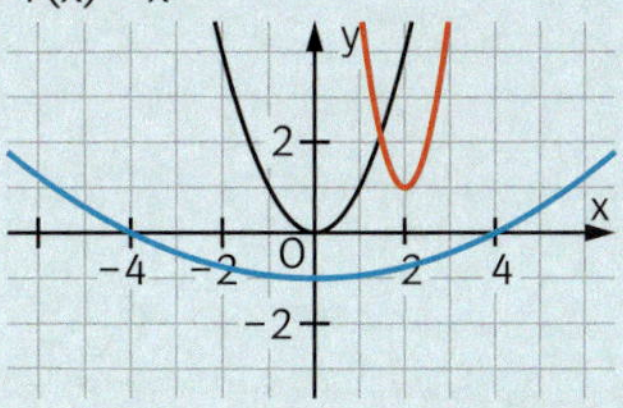


**18** Bei der Produktion von x ME eines Gutes entstehen Kosten, die man durch die Funktion K mit $K(x) = 0{,}09x^3 - 2x^2 + 20x + 50$, K(x) in GE, modellieren kann.
Das Unternehmen erzielt für das Gut auf dem Markt einen Preis von $20\,\frac{\text{GE}}{\text{ME}}$.

a) Zeichnen Sie Graphen der Kosten-, der Erlös- und der Gewinnfunktion in ein gemeinsames Koordinatensystem.
b) Berechnen Sie die Gewinngrenze und die Gewinnschwelle. Wie hoch sind dort die Einnahmen?
c) Lesen Sie aus der Zeichnung näherungsweise den maximalen Gewinn ab.

**19** In einer Firma kann die Abhängigkeit der Gesamtkosten K (in GE) für ein Produkt von der produzierten Menge (in ME) durch eine ganzrationale Funktion 3. Grades modelliert werden. Die Fixkosten liegen bei 2 ME. Bei der Produktion einer ME entstehen Kosten von 3 GE, bei 2 ME entstehen Kosten von 3,5 ME und bei 3 ME belaufen sich die Kosten auf 4 GE. Der Absatz des Produktes kann durch die Preis-Absatz-Funktion p mit $p(x) = 30 - 3x$; p(x) in $\frac{\text{GE}}{\text{ME}}$; beschrieben werden.

a) Ermitteln Sie rechnerisch mit dem GAUSS-Verfahren einen Term für die Kostenfunktion. Überprüfen Sie auf zwei Arten Ihr Ergebnis mit dem Rechner.
b) Zeichnen Sie Graphen der Kosten-, der Erlös- und der Gewinnfunktion in ein gemeinsames Koordinatensystem.
c) Bestimmen Sie die Gewinnschwelle und die Gewinngrenze.
d) Ermitteln Sie aus der Zeichnung näherungsweise die Produktionsmenge, ab der kein größerer Gewinn mehr erzielt werden kann.
e) Geben Sie näherungsweise die Koordinaten des Cournot'schen Punktes an.

# Gebrochenrationale Funktionen

Die Betrachtung der Kosten pro Stück bei einer Produktion bzw. der Kosten pro Teilnehmer bei einer Reiseveranstaltung führen zu einer neuen Funktionsklasse, den gebrochenrationalen Funktionen.

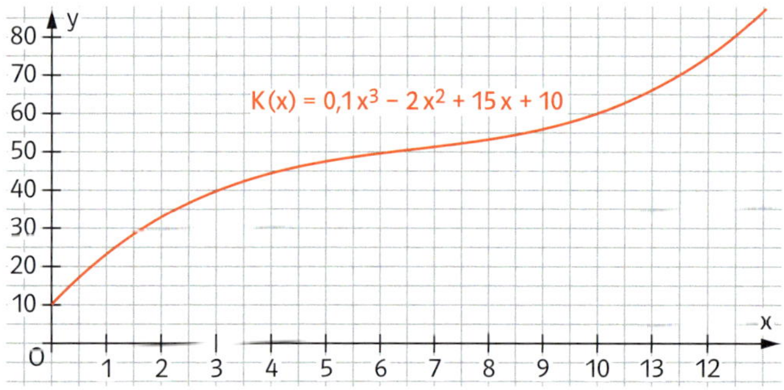


Eine so genannte ertragsgesetzliche Kostenfunktion

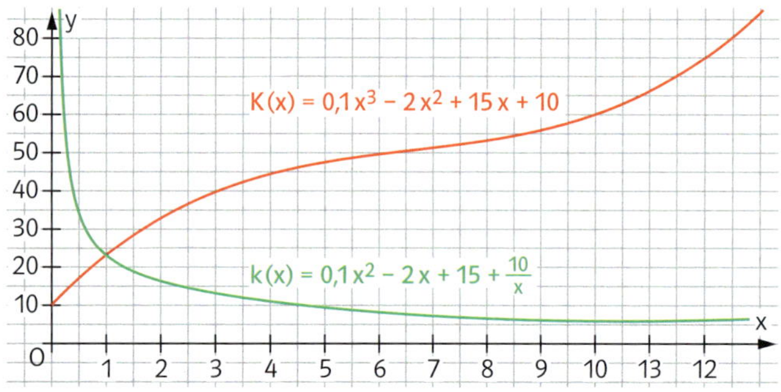


Kostenfunktion und zugehörige Stückkostenfunktion

## Das kennen Sie schon

- Ganzrationale Funktionen
- Nullstellen ganzrationaler Funktionen
- Kosten- und Gewinnfunktionen
- Angebots- und Nachfragefunktionen
- Marktgleichgewicht

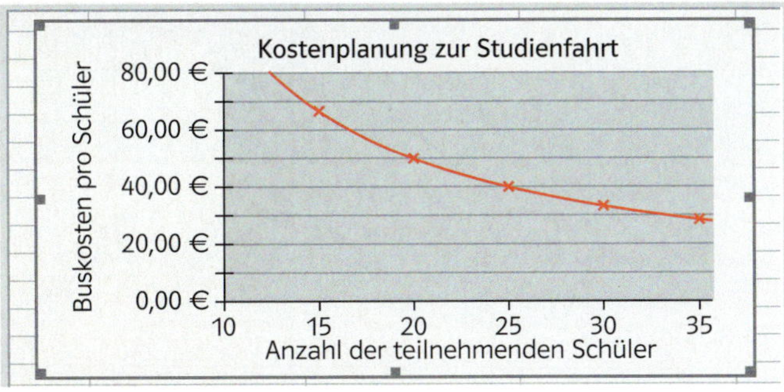


Kostenplanung für die Teilnehmer

Arithmetik/ Algebra

Funktionen

Geometrie

Stochastik

Argumentieren/ Kommunizieren

Problemlösen

Modellieren

Werkzeuge

## In diesem Kapitel

- werden Kosten und Gewinn pro Stück betrachtet.
- werden Potenzfunktionen für negative Hochzahlen untersucht.
- werden gebrochenrationale Funktionen eingeführt.
- werden Fragen nach Wirtschaftlichkeit und Umsatzrentabilität untersucht.

# 1 Einführung

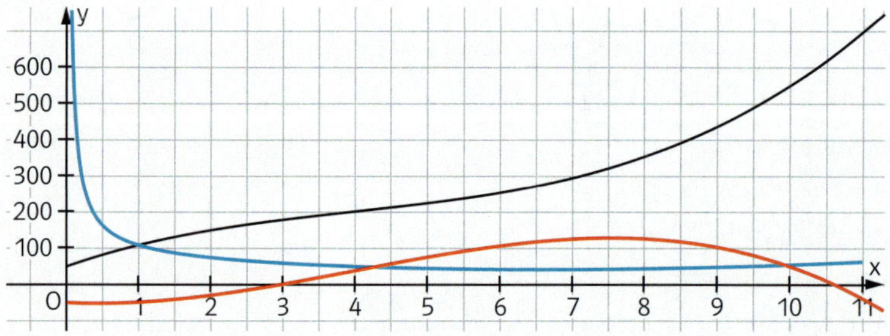


Fig. 1

Sie kennen Kosten- und Gewinnfunktionen einschließlich wesentlicher Eigenschaften der zugehörigen Graphen. Für ein Unternehmen sind aber auch die Kosten bzw. der Gewinn pro Stück von Interesse. Fig. 1 zeigt Graphen einer Kostenfunktion, einer Gewinnfunktion und einer Funktion für die Kosten pro Stück. Welcher Graph gehört zu welcher Funktion? Begründen Sie Ihre Entscheidung.

In Kapitel III wurde die Funktionsklasse der ganzrationalen Funktionen eingeführt. Die Funktionen dieser Klasse spielen in den Wirtschaftswissenschaften eine wichtige Rolle in der Kosten- und Preistheorie. Untersucht wurden die wichtigsten Eigenschaften dieser Funktionen bzw. der zugehörigen Graphen und wie man diese zur Modellierung wirtschaftswissenschaftlicher Fragestellungen verwenden kann.

Ganzrationale Funktionen haben allgemein den Funktionsterm
$f(x) = a_n x^n + a_{n-1} x^{n-1} + \ldots + a_1 x + a_0$
mit der Definitionsmenge $D = \mathbb{R}$.
Der höchste Exponent n heißt Grad.
Fig. 2 zeigt typische Graphen solcher Funktionen. Charakteristisch für ganzrationale Funktionen ist das Verhalten für betragsmäßig große Werte von x: Für $|x| \to \infty$ gilt $|f(x)| \to \infty$.
Einen Schnittpunkt mit der y-Achse gibt es immer; Schnittpunkte mit der x-Achse gibt es höchstens n.

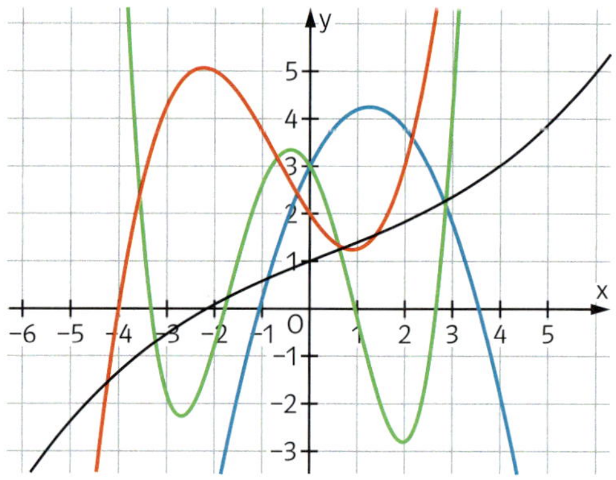


Fig. 2

Neben den Gesamtkosten und dem Gewinn bei der Produktion eines Gutes interessieren auch die Kosten bzw. der Gewinn pro Stück. Betrachtet man die Kosten je Stück, müssen die Gesamtkosten K(x) durch die Ausbringungsmenge x geteilt werden. Es entsteht die Stückkostenfunktion k mit $k(x) = \frac{K(x)}{x}$. Funktionen dieses Typs wurden bisher nicht behandelt; sie gehören nicht zur Funktionsklasse der ganzrationalen Funktionen, sondern zu einer neuen Funktionsklasse, die der so genannten **gebrochenrationalen Funktionen**.

Bei Fragen nach der **Wirtschaftlichkeit** einer Produktion wird das Verhältnis aus dem Erlös und den Kosten betrachtet. Werden in einem Polypol die Kosten durch die Funktion K mit $K(x) = 0{,}15x^3 - 0{,}4x^2 + 1{,}8x + 20$ und der Erlös durch die Funktion E mit $E(x) = 15x$ beschrieben, ergibt sich für die Wirtschaftlichkeit die Funktion W mit $W(x) = \frac{E(x)}{K(x)} = \frac{15x}{0{,}15x^3 - 0{,}4x^2 + 1{,}8x + 20}$.
Auch dies ist eine gebrochenrationale Funktion; Fig. 3 zeigt den Graphen.
Ist $W(x) < 1$, sind die Kosten höher als der Erlös. Die Produktion ist erst wirtschaftlich, wenn $W(x) > 1$ ist.

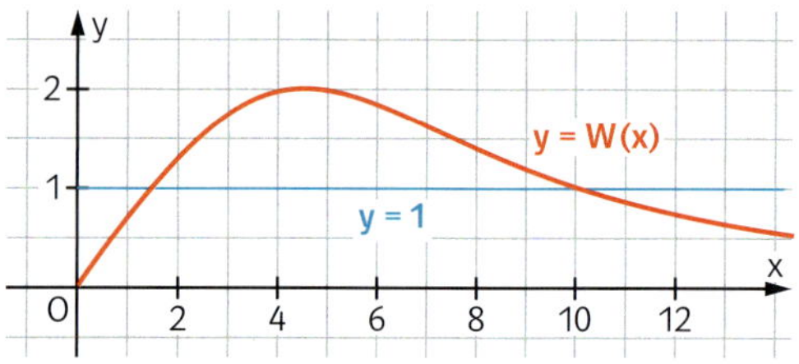


Fig. 3

Allgemein entsteht der Term einer gebrochenrationalen Funktion, wenn man die Terme zweier ganzrationaler Funktionen dividiert:
$f(x) = \frac{a_n x^n + a_{n-1}x^{n-1} + \ldots + a_1 x + a_0}{b_m x^m + b_{m-1}x^{m-1} + \ldots + b_1 x + b_0}$.
Bei dieser neuen Funktionsklasse steht die Variable x im Nenner. Da damit der Nenner null werden kann, ist das Spektrum möglicher Graphen sehr viel umfangreicher als bei ganzrationalen Funktionen. Hinzu kommt das unterschiedliche Verhalten gebrochenrationaler Funktionen für $|x| \to \infty$. Dies hängt vom jeweiligen Grad des Zählers und des Nenners ab. Fig. 1 bis 3 zeigen Graphen gebrochenrationaler Funktionen. Für die Funktion g mit $g(x) = \frac{x}{x-1}$ wird der Nenner null für x = 1. Damit ist $D = \mathbb{R} \setminus \{1\}$ die Definitionsmenge und der Graph zerfällt in zwei Teile (Fig. 1).
Dies ist aber bei der Funktion h mit $h(x) = \frac{4x}{x^2+1}$ nicht der Fall, denn der Nenner wird für keine reelle Zahl null (Fig. 2).
Bei der Funktion k mit $k(x) = \frac{x^2-1}{x-2}$ überwiegt für $|x| \to \infty$ der Zähler, bei der Funktion h der Nenner, während bei der Funktion g Zähler und Nenner den gleichen Grad haben.

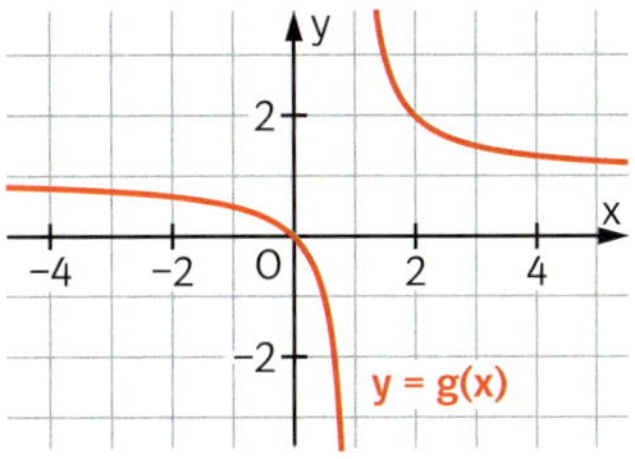

Fig. 1

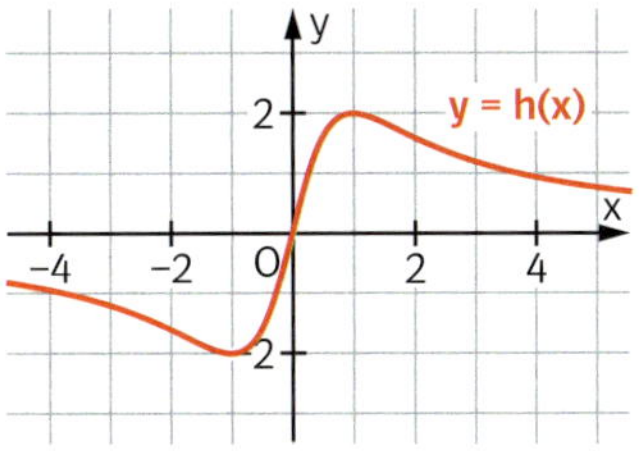

Fig. 2

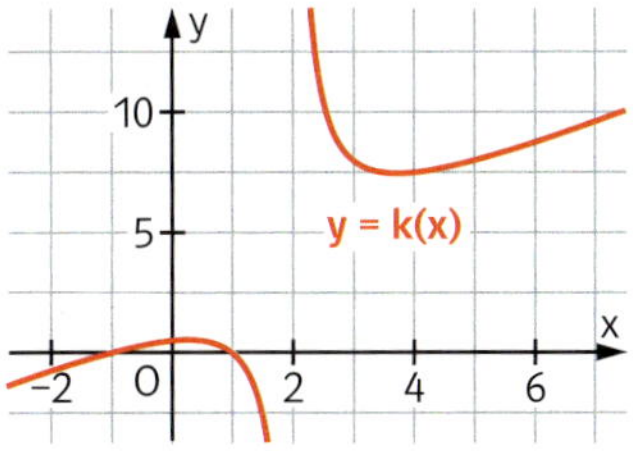

Fig. 3

Erweitert man die bisherigen Überlegungen durch Fragestellungen, die sich z.B. auf die **Kosten pro Stück** oder auf die **Wirtschaftlichkeit** einer Produktion beziehen, erhält man Funktionen, die bisher nicht untersucht wurden. Verallgemeinerungen führen zu der Funktionsklasse der **gebrochenrationalen Funktionen**. In diesem Kapitel werden diese neu gewonnenen Funktionen genauer untersucht.

## Aufgaben

**1** Die Funktion f mit $f(x) = \frac{x}{x+1}$ hat die Definitionsmenge $D = \mathbb{R} \setminus \{-1\}$. Geben Sie eine gebrochenrationale Funktion an mit der Definitionsmenge D.
a) $D = \mathbb{R} \setminus \{3\}$ b) $D = \mathbb{R} \setminus \{-2\}$ c) $D = \mathbb{R} \setminus \{1; -1\}$ d) $D = \mathbb{R}$

**2** Fig. 4 bis 6 zeigen Graphen gebrochenrationaler Funktionen. Ermitteln Sie mithilfe des Rechners Funktionen mit ähnlichen Graphen.

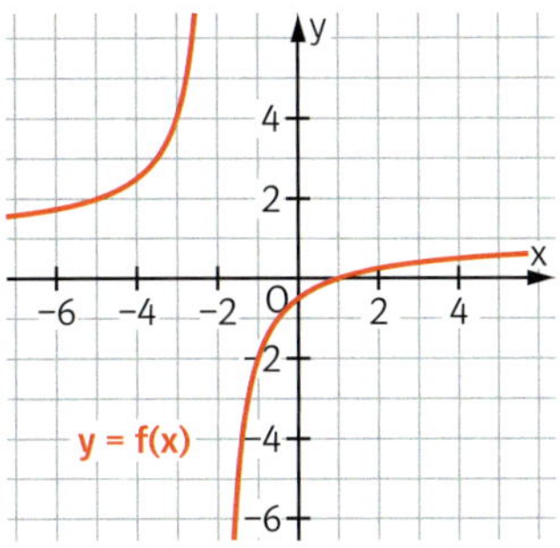

Fig. 4

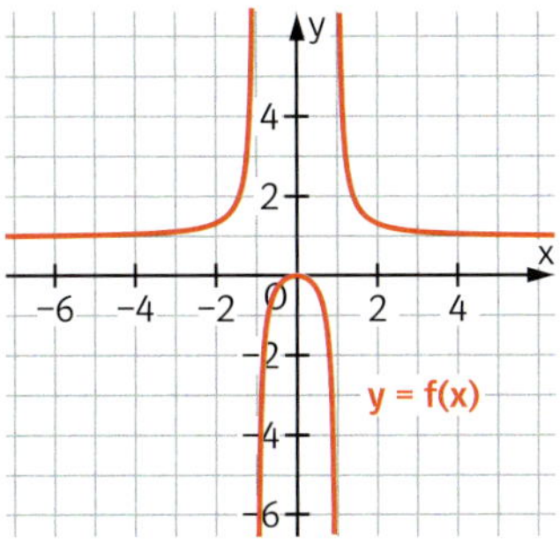

Fig. 5

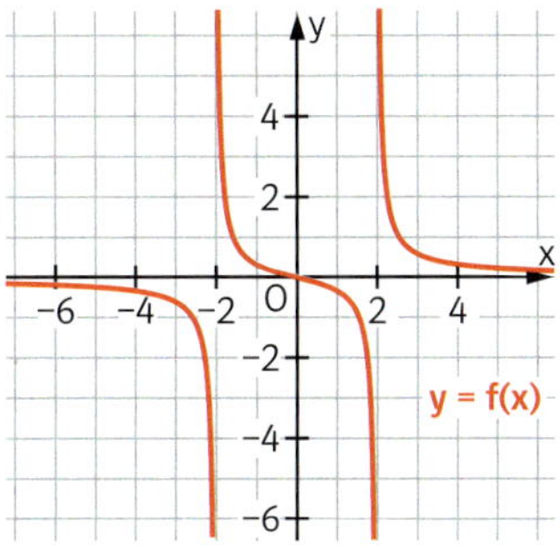

Fig. 6

# 2 Allgemeine Potenzfunktionen

Bei einem Schulfest sollen Freundschaftsbändchen hergestellt und verkauft werden. Da die Handarbeit zu langsam ist, möchten sich die Schüler eine Maschine ausleihen. Die Leihgebühr beträgt 50 €. Für die Herstellung werden bunte Fäden eingekauft. Die Materialkosten pro Band betragen 50 Cent. Man rechnet mit einem Verkauf von rund 500 Bändchen.

a) Wie hoch sind die gesamten Herstellungskosten für 500 Bändchen?

b) Da die genaue Verkaufszahl ungewiss ist, sollen verschiedene Szenarien für die Herstellungskosten modelliert werden. Welcher Funktionstyp ist angemessen? Nennen Sie auch eine Funktion, welche die Herstellungskosten pro Band beschreibt.

Im Bereich wirtschaftlicher Fragestellungen werden häufig neben den Gesamtkosten auch die Stückkosten, also die Kosten pro Stück, betrachtet. Da für die Stückkosten durch die Anzahl x der produzierten Stücke dividiert werden muss, erhält man Funktionen, bei denen im Term die Variable x im Nenner steht. Eine einfache Funktion dieses Typs ist z. B. die Funktionen f mit $f(x) = \frac{a}{x} = a \cdot x^{-1}$. Im Folgenden wird daher der Begriff Potenzfunktion (vgl. Seite 126) auf solche mit negativen Hochzahlen erweitert.

Funktionen mit $k = -1, -2, -3 \ldots$ werden auch **Potenzfunktionen mit negativen Hochzahlen** genannt. Der Graph für $k = -1$ heißt Hyperbel.

Funktionen $x \mapsto y$ mit Funktionsgleichungen der Form $y = a \cdot x^k$ ($k \in \mathbb{Z} \setminus \{0\}$ und $a \neq 0$) nennt man **allgemeine Potenzfunktionen**.

Wie Potenzfunktionen, so haben auch allgemeine Potenzfunktionen und ihre Graphen besondere Eigenschaften. Einige davon werden hier für a = 1 zusammengestellt.

ungerade Hochzahl ⇒ Punktsymmetrie

gerade Hochzahl ⇒ Achsensymmetrie

**Gerade** Hochzahlen

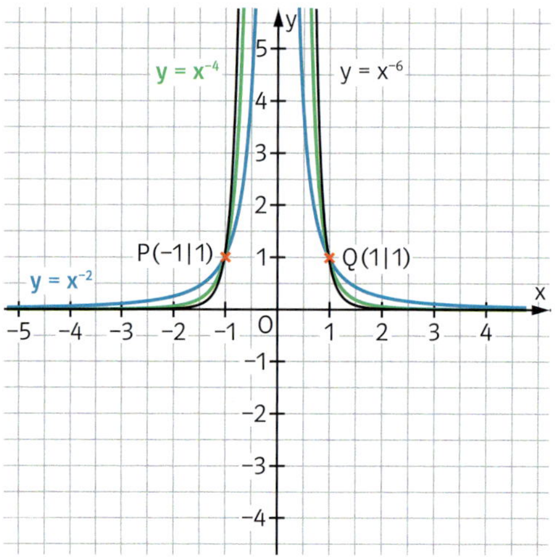


Fig. 1

1. Der Definitionsbereich ist $D = \mathbb{R} \setminus \{0\}$.
2. Alle Graphen gehen durch die Punkte P(−1 | 1) und Q(1 | 1).
3. Für sehr große und sehr kleine x nähern sich die Graphen der x-Achse an.
4. Alle Graphen sind achsensymmetrisch zur y-Achse.

**Ungerade** Hochzahlen

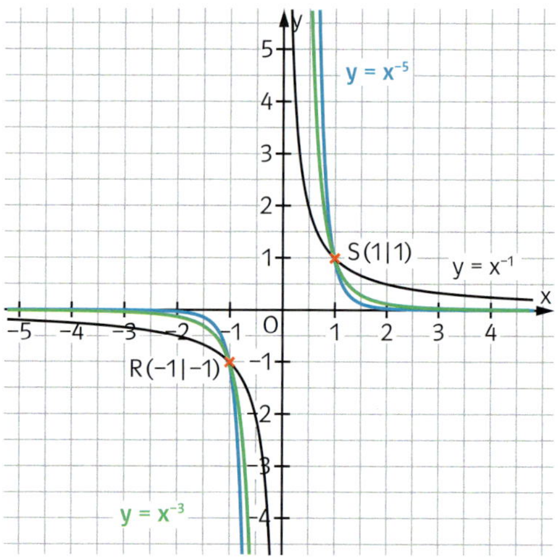


Fig. 2

1. Der Definitionsbereich ist $D = \mathbb{R} \setminus \{0\}$.
2. Alle Graphen gehen durch die Punkte R(−1 | −1) und S(1 | 1).
3. Für sehr große und sehr kleine x nähern sich die Graphen der x-Achse an.
4. Alle Graphen sind punktsymmetrisch zum Ursprung.

Man sagt auch:
Die Funktion f hat an der Stelle 0 eine **Definitionslücke**.

Dieser Aspekt wird in der Lerneinheit 3, Seite 169, genauer betrachtet.

Werden als Exponenten sogar alle rationalen Zahlen zugelassen, ist es sinnvoll, den Definitionsbereich einzugrenzen: $D = \mathbb{R}^+$.
So ist z.B. $x^{1,5} = x \cdot \sqrt{x}$, dieser Ausdruck ist nur definiert für $x \geqq 0$. Im Allgemeinen ist also $x^r$ für r, r nicht ganzzahlig, nur definiert, wenn x nicht negativ ist.
Mit diesem eingeschränkten Definitionsbereich kann man dann auch irrationale Zahlen als Exponenten zulassen.

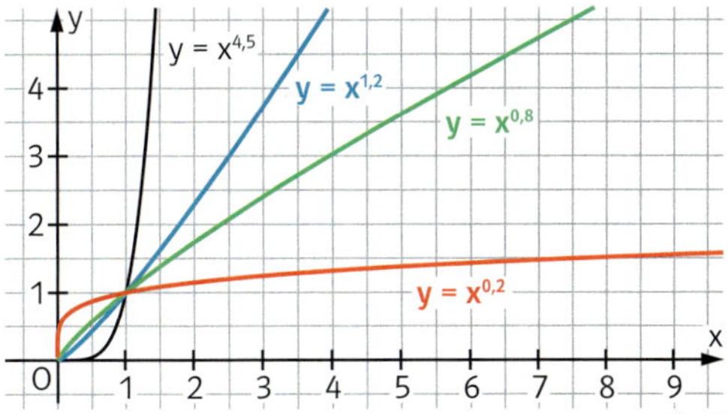

Fig. 1

**Beispiel 1** x-Wert bestimmen
Gegeben ist die Funktion f mit $f(x) = \frac{2}{x^3}$. Bestimmen Sie für $y = -\frac{1}{4}$ den zugehörigen x-Wert.
Lösung: $-\frac{1}{4} = \frac{2}{x^3}$, also ist $-\frac{1}{4}x^3 = 2$ bzw. $x^3 = -8$ und damit $x = -2$.

**Beispiel 2** Graphen beschreiben
Bestimmen Sie für f den Wertebereich und beschreiben Sie den Verlauf des Graphen.
a) $f(x) = 5 \cdot x^{-8}$  b) $f(x) = 3,5 \cdot x^{0,7}$
Lösung: a) Für x = 0 ist f nicht definiert, also ist $D = \mathbb{R} \setminus \{0\}$ und $W = \mathbb{R}^+$. Da $k = -8 < 0$ ist, nähert sich der Graph in der Umgebung der Stelle 0 sehr schnell der y-Achse. Wegen des geraden Exponenten ist der Graph achsensymmetrisch zur y-Achse.
b) Da der Exponent 0,7 nicht zur Zahlenmenge $\mathbb{Z}$ gehört, muss der Definitionsbereich eingeschränkt werden: $D = \mathbb{R}_0^+$. Die Wertemenge ist $W = \mathbb{R}_0^+$. Wegen $0,7 < 1$ ähnelt der Graph dem einer Wurzelfunktion (mit Streckfaktor 3,5). Es gibt also keinen größten Funktionswert; der kleinste Funktionswert ist $f(0) = 0$.

Graph der Wurzelfunktion f mit $f(x) = \sqrt{x}$:

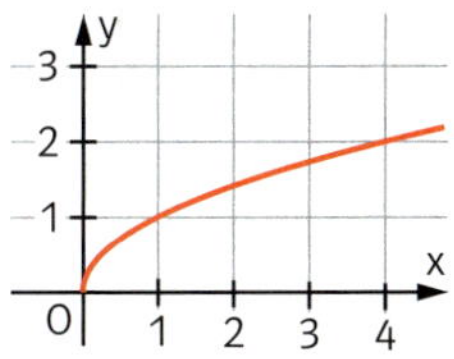


**Beispiel 3** Aufstellen einer Funktionsgleichung und Zeichnen eines Graphen
Der Graph einer allgemeinen Potenzfunktion geht durch die beiden Punkte P(2 | 0,5) und Q(4 | 0,125). Bestimmen Sie die zugehörige Funktionsgleichung und zeichnen Sie den Graphen.
Lösung: Ansatz: $y = a \cdot x^k$
Setzt man die Koordinaten der Punkte P und Q ein, ergeben sich die beiden Gleichungen
(1) $0,5 = a \cdot 2^k$ und (2) $0,125 = a \cdot 4^k$.
Division dieser Gleichungen ergibt $\frac{0,5}{0,125} = \frac{a \cdot 2^k}{a \cdot 4^k}$ bzw. $4 = \left(\frac{1}{2}\right)^k$.
Also ist $k = -2$, denn es gilt: $\left(\frac{1}{2}\right)^{-2} = \frac{1}{\left(\frac{1}{2}\right)^2} = \frac{1}{\frac{1}{4}} = 4$.
Mit $k = -2$ folgt aus Gleichung (2):
$0,125 = a \cdot 4^{-2}$ bzw. $0,125 = a \cdot \frac{1}{16}$.
Also gilt: $a = 0,125 \cdot 16 = 2$.
Die gesuchte Funktionsgleichung lautet:
$y = 2 \cdot x^{-2}$ bzw. $y = \frac{2}{x^2}$.
Fig. 2 zeigt den zugehörigen Graphen.

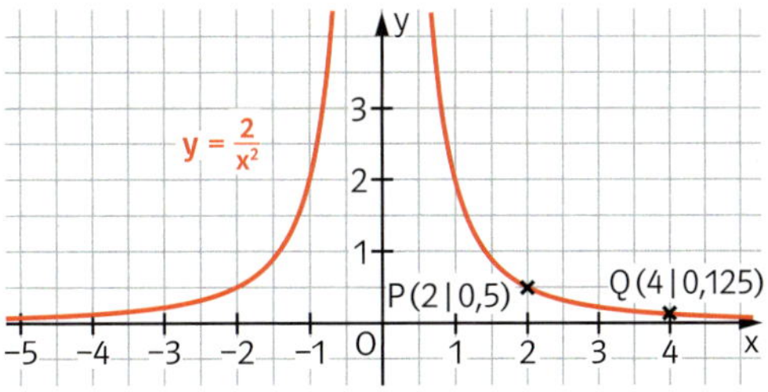

Fig. 2

## Aufgaben

**1** Berechnen Sie für den gegebenen Funktionswert die zugehörigen x-Werte.
a) $f(x) = 0,2 \cdot x^3$; $y = 1,6$  b) $f(x) = 20 \cdot x^{-2}$; $y = \frac{5}{16}$  c) $f(x) = -2 \cdot x^{-3}$; $y = 0,002$
d) $f(x) = 4 \cdot x^{\frac{1}{3}}$; $y = 12$  e) $f(x) = 10 \cdot x^5$; $y = 75,9375$  f) $f(x) = \frac{1}{4} \cdot x^{-4}$; $y = 0,25$

**2** Die Punkte P, Q, R und S liegen auf dem Graphen der allgemeinen Potenzfunktion f mit $f(x) = 2x^{-3}$. Bestimmen Sie jeweils die fehlende Koordinate.

a) $P(2\,|\,y)$ b) $Q(-1\,|\,y)$ c) $R(x\,|\,-0{,}016)$ d) $S(x\,|\,0{,}002)$

Beachten Sie: Potenzfunktionen mit negativen Hochzahlen sind für x = 0 nicht definiert. Beim Skizzieren eines Graphen dürfen also die beiden Äste nicht verbunden werden.

**3** Beschreiben Sie den Verlauf des Graphen und skizzieren Sie den Graphen.

a) $f(x) = \frac{2}{x^3}$ b) $f(x) = 1{,}2 \cdot x^{-6}$ c) $f(x) = -0{,}4 \cdot x^{-5}$ d) $f(x) = 150 \cdot x^{3{,}2}$

**4** Ordnen Sie den Funktionsgleichungen die Graphen zu. Begründen Sie.

a) $f(x) = 0{,}5 \cdot x^{-3}$ b) $g(x) = -2 \cdot x^{-2}$ c) $h(x) = \frac{1}{2} \cdot x^{-4}$ d) $j(x) = -\frac{3}{x^5}$

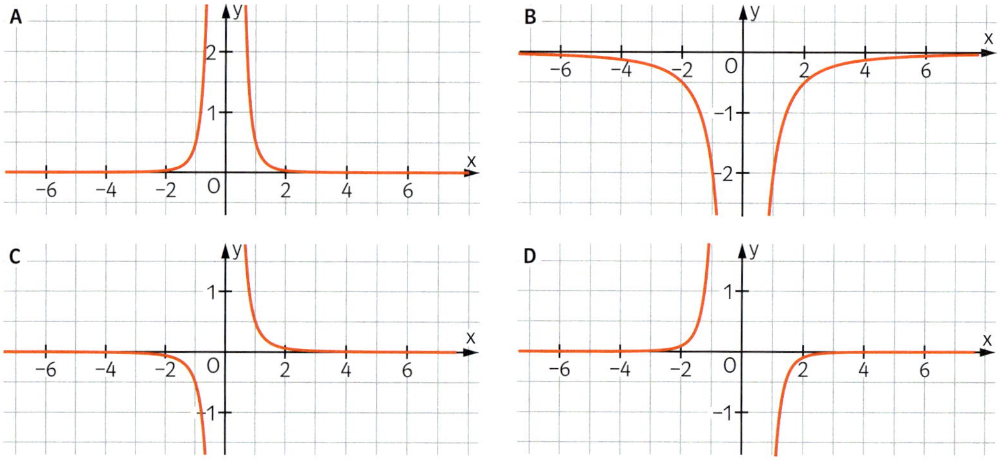


### Zeit zu überprüfen

**5** Skizzieren Sie die Graphen von f und g jeweils in ein geeignetes Koordinatensystem.

a) $f(x) = \frac{1}{x^4}$ und $g(x) = \frac{1}{x^8}$ b) $f(x) = \frac{1}{x^7}$ und $g(x) = -\frac{1}{x}$

c) $f(x) = -\frac{1}{x^6}$ und $g(x) = \frac{-1}{x^3}$ d) $f(x) = 2 \cdot \frac{1}{x^2}$ und $g(x) = 0{,}1 \cdot \frac{1}{x^3}$

**6** Bestimmen Sie a und k so, dass der Graph der allgemeinen Potenzfunktion f mit $f(x) = a \cdot x^k$ durch die Punkte P und Q geht.

a) $P(9\,|\,0{,}3)$; $Q(36\,|\,0{,}6)$ b) $P\left(4\,\middle|\,\frac{1}{2}\right)$; $Q\left(10\,\middle|\,\frac{1}{5}\right)$

c) $P(27\,|\,12)$; $Q(125\,|\,20)$ d) $P(33{,}75\,|\,2{,}25)$; $Q(156{,}25\,|\,6{,}25)$

**7** Gegeben sind die Funktionsgleichungen der Funktionen f und g. Für welche Werte von x sind die Funktionswerte gleich groß?

a) $f(x) = \frac{2}{x^3}$; $g(x) = -\frac{3}{x^2}$ b) $f(x) = \frac{4}{x^2}$; $g(x) = \frac{3}{x^4}$

**8** Eine quadratische Pyramide hat das Volumen $V = 1000\,\text{cm}^3$.

a) Bestimmen Sie die Höhe, wenn die Seitenlänge der Grundseite 5 cm beträgt.

b) Bestimmen Sie die Seitenlänge der Grundseite, wenn die Höhe 30 cm beträgt.

c) Geben Sie eine Funktion an, mit der man die Seitenlänge der Grundseite in Abhängigkeit von der Höhe bestimmen kann.

d) Um welchen Faktor ändert sich die Seitenlänge, wenn man die Höhe verdoppelt bzw. halbiert? Beschreiben Sie das Änderungsverhalten, wenn man die k-fache Höhe einsetzt.

# 3 Grenzverhalten bei Potenzfunktionen mit negativen Hochzahlen

Für die Renovierung einer Kirche werden Bausteine zu je 100 € verkauft. Das Projekt kann erst realisiert werden, wenn eine entsprechende Anzahl von Bausteinen verkauft wurden. Bei Kosten von 1 Mio. € müssen 20 % der Baukosten mit Bausteinen finanziert werden. Wie viel Bausteine müssen verkauft werden?

Bisher wurde der Graph einer allgemeinen Potenzfunktion eher qualitativ betrachtet. Im Folgenden wird anhand einer praktischen Situation das „Grenzverhalten" dieser Funktionsklasse näher untersucht.

Ein Busunternehmer bietet für eine Klassenfahrt den Preis von 1800 € für einen Bus mit maximal 60 Sitzplätzen an. Da die genaue Teilnehmerzahl noch nicht feststeht, werden die Fahrpreise für unterschiedliche Teilnehmerzahlen berechnet.

Die Tabelle verdeutlicht den bekannten Sachverhalt einer umgekehrten Proportionalität: Je mehr Schüler sich an der Klassenfahrt beteiligen, desto günstiger wird der Preis pro Teilnehmer!

| Teilnehmerzahl | 10 | 20 | 30 | 40 | 50 | 60 |
|---|---|---|---|---|---|---|
| Preis pro Teilnehmer (in €) | 180 | 90 | 60 | 45 | 36 | 30 |

Der Preis pro Teilnehmer kann durch die Funktion f mit $f(x) = \frac{1800}{x}$ mit $x > 0$ beschrieben werden. Fig. 1 zeigt den Graphen für die ganze Definitionsmenge $D = \mathbb{R} \setminus \{0\}$.

Für beliebig groß werdende x-Werte kommen die Funktionswerte f(x) der 0 beliebig nahe. Man nennt die Zahl 0 dann **Grenzwert der Funktion f** für $x \to +\infty$. Hierfür schreibt man:
Für $x \to +\infty$ gilt: $f(x) \to 0$
oder kürzer: $\lim\limits_{x \to +\infty} f(x) = 0$
(lies: Limes von f(x) für x gegen plus unendlich ist null).
Aus Symmetriegründen gilt: $\lim\limits_{x \to -\infty} f(x) = 0$.

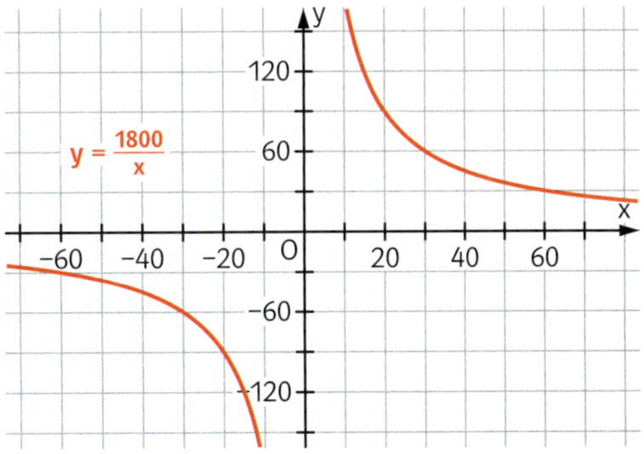

Fig. 1

Anschaulich bedeutet dies:
Der Graph von f kommt sowohl für $x \to +\infty$ auch für $x \to -\infty$ der x-Achse beliebig nahe. Man nennt die x-Achse dann **waagerechte Asymptote**. Entsprechend ist die y-Achse eine **senkrechte Asymptote**. Denn bei Annäherung an die Stelle 0 von rechts werden die y-Werte beliebig groß, bei Annäherung von links beliebig klein. Ein Grenzwert für die y-Werte existiert nicht. Man schreibt:
Für $x \to 0$ und $x > 0$ gilt: $f(x) \to +\infty$; für $x \to 0$ und $x < 0$ gilt: $f(x) \to -\infty$.
Der Graph von f nähert sich in beiden Fällen der Geraden mit der Gleichung x = 0 beliebig genau an (Fig. 1). Diese Aussagen gelten auch für Potenzfunktionen mit negativen Hochzahlen wie k = −3; −5; … (Fig. 2).

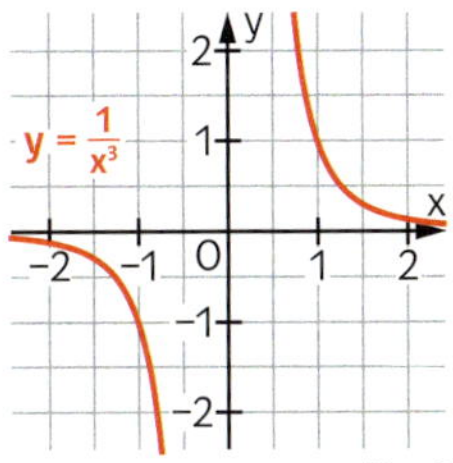

Fig. 2

Bei Potenzfunktionen mit geraden negativen Hochzahlen gilt für $x > 0$ und für $x < 0$: $f(x) \to +\infty$ für $x \to 0$. Auch in diesen Fällen ist die y-Achse senkrechte Asymptote. Die Annäherung an die x-Achse erfolgt allerdings in beiden Fällen „von oben" (Fig. 3).

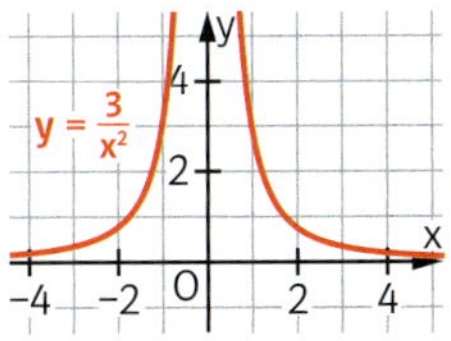

Fig. 3

Die Funktion f mit $f(x) = \frac{a}{x^k}$ mit k = 1; 2; 3; … hat an der Stelle 0 eine Definitionslücke, die als **Polstelle** (oder auch als **Pol**) bezeichnet wird. Die Gerade x = 0 ist eine **senkrechte Asymptote**, die Gerade y = 0 ist **waagerechte Asymptote** des Graphen von f.

Wird der Graph der Funktion f mit $f(x) = \frac{1}{x}$ (Fig. 1) in x-Richtung um 2 Längeneinheiten nach rechts verschoben, entsteht die Funktion g mit $g(x) = \frac{1}{x-2}$ und einem Pol an der Stelle 2 (Fig. 2).
Wird der Graph der Funktion g um eine Längeneinheit in die positive y-Richtung verschoben, erhält man die Funktion h mit $h(x) = \frac{1}{x-2} + 1$.
Dabei bleibt der Pol bei 2, als waagerechte Asymptote erhält man dann aber statt der x-Achse die Gerade mit der Gleichung y = 1 (Fig. 3).
Entsprechende Überlegungen gelten für Potenzfunktionen mit beliebigen negativen Hochzahlen.

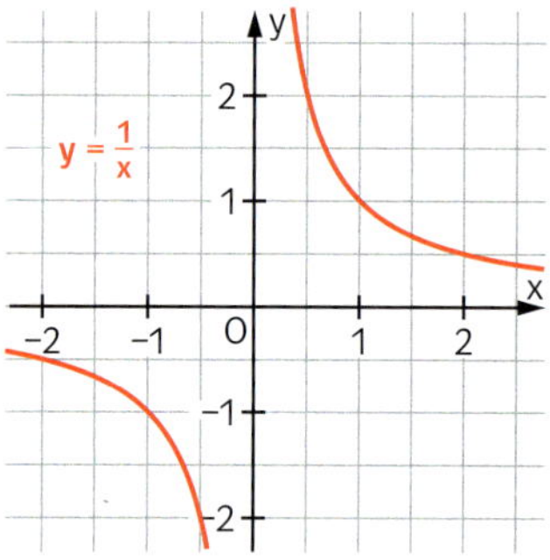

Fig. 1

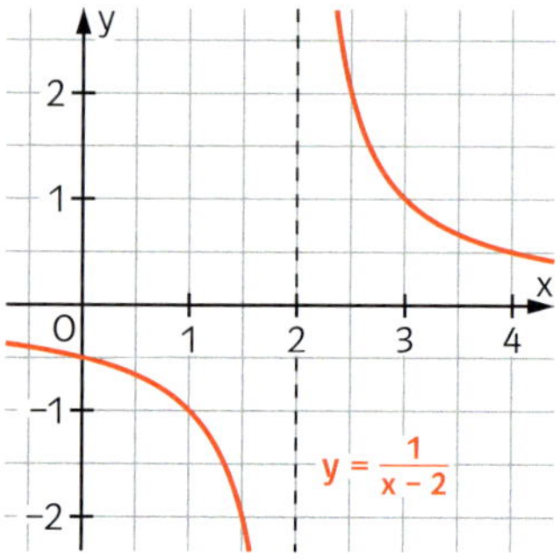

Fig. 2

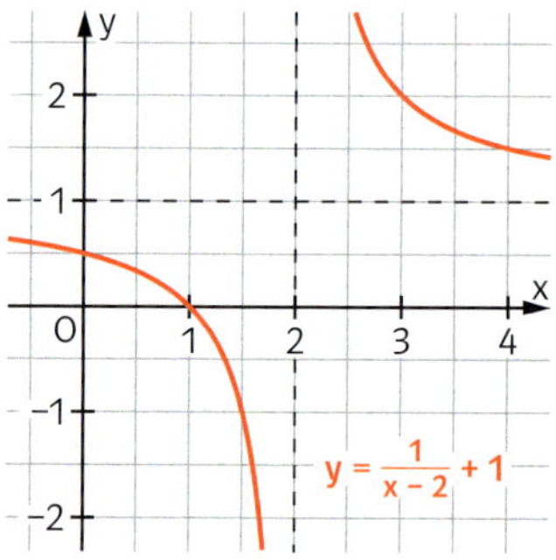

Fig. 3

Bei der Funktion f mit $f(x) = \frac{a}{(x - x_0)^k} + y_0$ mit k = 1; 2; 3; … liegt der Pol bei $x = x_0$.
Die Gerade mit $x = x_0$ ist **senkrechte**, die Gerade mit $y = y_0$ ist **waagerechte** Asymptote.

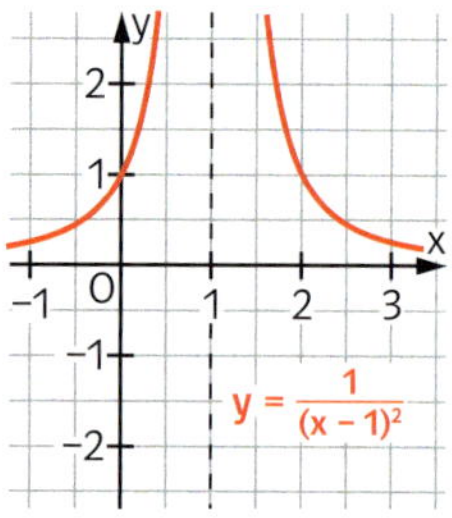

Pol ohne VZW Fig. 4

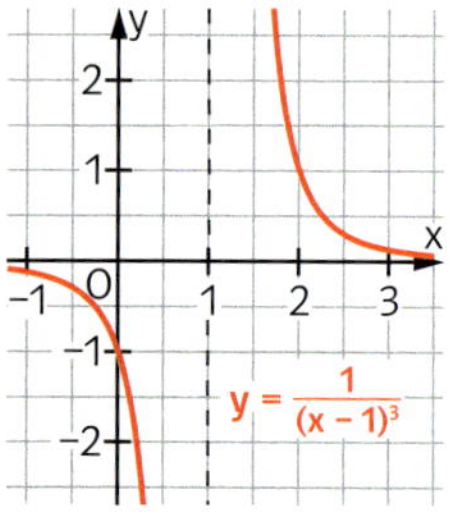

Pol mit VZW Fig. 5

Das Verhalten der Funktionswerte in der Nähe eines Pols kann verschieden sein. Da der Graph der Funktion g mit $g(x) = \frac{1}{(x-2)^k}$ mit dem Pol $x_0 = 2$ durch Verschieben aus dem Graphen der Funktion f mit $f(x) = \frac{1}{x^k}$ hervorgeht, ist die Gerade x = 2 Asymptote.

Je nachdem ob k gerade oder ungerade ist, nähert sich der Graph von g der Asymptote gleichsinnig oder in entgegengesetzter Richtung. Man spricht von einer **Polstelle ohne bzw. mit Vorzeichenwechsel** (VZW) (Fig. 4 und Fig. 5).

**Beispiel** Polstelle, Asymptoten, Nullstellen

Gegeben ist die Funktion f mit $f(x) = \frac{2}{x-2} + 3$. Ermitteln Sie die Definitionsmenge und das Verhalten an der Polstelle; geben Sie die Asymptoten an. Ermitteln Sie die Schnittpunkte mit der x-Achse und skizzieren Sie den Graphen.

Lösung: Es ist $x - 2 = 0$ für $x_0 = 2$.
Die Definitionsmenge ist $D = \mathbb{R} \setminus \{2\}$.
Die Stelle $x_0 = 2$ ist Polstelle.
Für $x \to 2$ ergeben sich für $x < 2$ negative, für $x > 2$ positive Funktionswerte:
$x_0 = 2$ ist ein Pol mit VZW.
Senkrechte Asymptote: x = 2;
waagerechte Asymptote: y = 3.
Aus $\frac{2}{x-2} + 3 = 0$ folgt $2 + 3x - 6 = 0$ mit der Lösung $x_1 = \frac{4}{3}$. Der Punkt $N\left(\frac{4}{3} \middle| 0\right)$ ist der einzige Schnittpunkt mit der x-Achse.
Fig. 6 zeigt den Graphen der Funktion f.

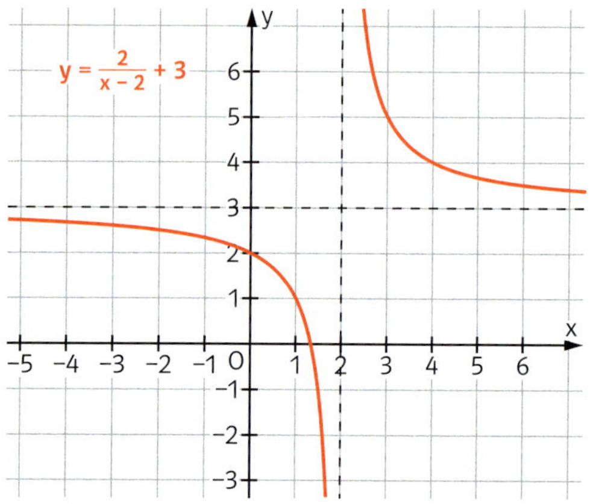

Fig. 6

## Aufgaben

**1** Untersuchen Sie das Verhalten in der Nähe der Definitionslücke und für $x \to \pm\infty$.
Geben Sie die senkrechte und waagerechte Asymptote an. Ermitteln Sie die Schnittpunkte mit den Koordinatenachsen und skizzieren Sie den Graphen.

a) $f(x) = \frac{1}{x-2}$  b) $f(x) = \frac{1}{x+2}$  c) $f(x) = \frac{1}{x} + 2$

d) $f(x) = -\frac{1}{x^2} + 2$  e) $f(x) = \frac{1}{x^2} - 2$  f) $f(x) = \frac{1}{(x-2)^2}$

**2** Geben Sie eine passende Funktionsvorschrift an.
a) Die Funktion hat bei $x = 1$ einen Pol ohne Vorzeichenwechsel; der Graph hat die Gerade mit der Gleichung $y = -1$ als Asymptote.
b) Der Graph der Funktion verläuft im zweiten und vierten Feld und nähert sich beiden Koordinatenachsen an.
c) Die Funktion hat bei $x = -2$ einen Pol ohne Vorzeichenwechsel; der Graph verläuft durch den Ursprung und nähert sich der Geraden mit der Gleichung $y = 1$ an.

Die vier Felder (Quadranten) eines Koordinatensystems:

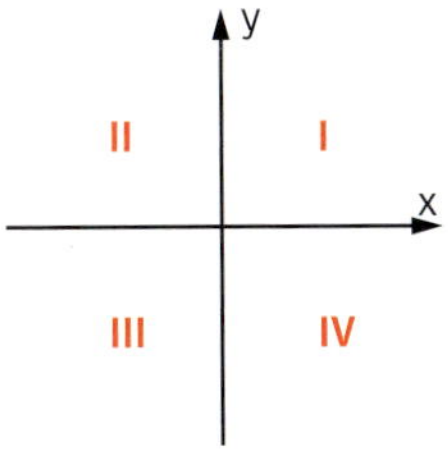


### Zeit zu überprüfen

**3** Die Graphen sind durch Verschiebung oder auch Spiegelung aus dem Graphen der Funktion f mit $f(x) = \frac{1}{x}$ entstanden. Geben Sie eine geeignete Funktionsvorschrift an.

a)
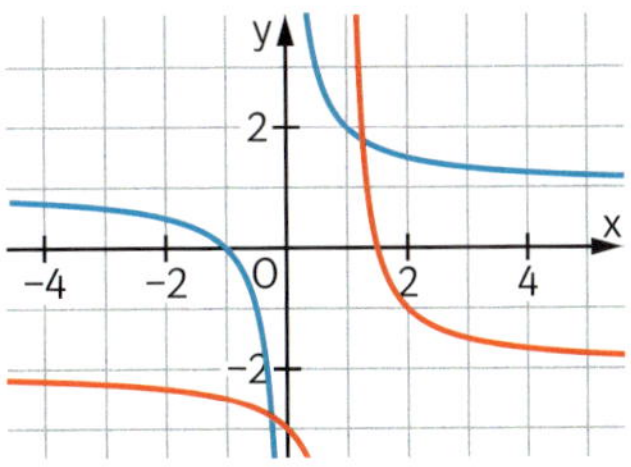


b)
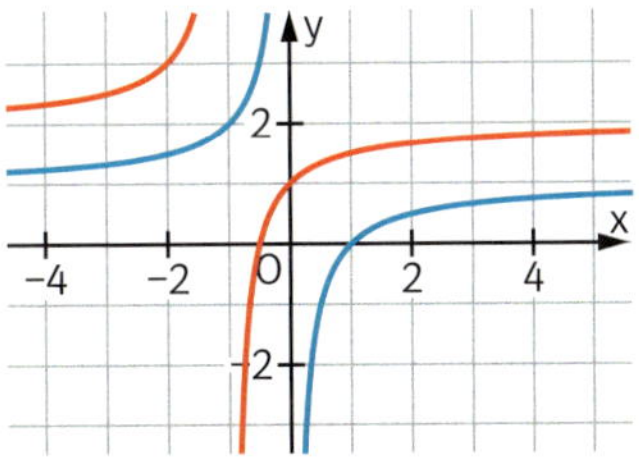


c)
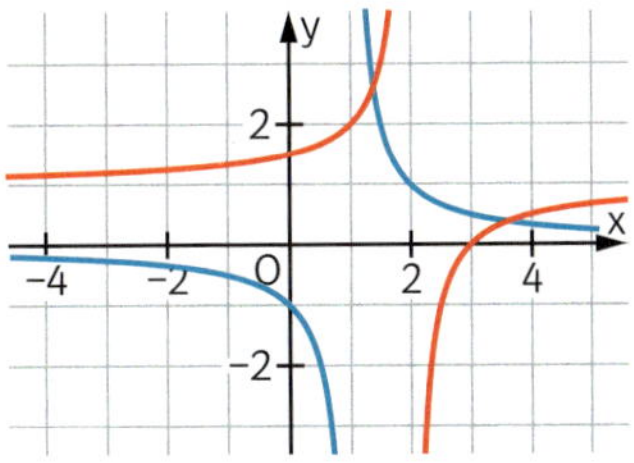


**4** Zeichnen Sie den Graphen einer passenden Funktion und geben Sie die Funktionsvorschrift an.
a) Die Funktion hat einen Pol ohne Vorzeichenwechsel und die Gerade mit der Gleichung $y = 2$ ist waagerechte Asymptote.
b) Die Funktion hat an der Stelle $x = 0$ einen Pol mit Vorzeichenwechsel und die Gerade mit der Gleichung $y = -1$ ist waagerechte Asymptote.
c) Die x-Achse ist Asymptote und der Pol bei $x = 1$ hat keinen Vorzeichenwechsel; der Graph liegt unterhalb der x-Achse.

**5** Der Graph der Funktion f mit $f(x) = \frac{a}{x-b} + 1$ soll durch die Punkte P und Q verlaufen. Ermitteln Sie die Funktionsvorschrift.

a) $P(2\,|\,-1)$; $Q(-1\,|\,2)$  b) $P\left(1\,\middle|\,\frac{2}{3}\right)$; $Q(-1\,|\,0)$  c) $P(-2\,|\,0)$; $Q(0\,|\,-2)$

**6** Für die Herstellung von Speiseeis benötigt man Zutaten im Wert von 0,20 € je Eiskugel. Die Kosten für den Kühlwagen samt Personal betragen 150 € am Tag. Geben Sie für die Stückkostenfunktion k mit $k(x) = \frac{a}{x} + b$ die Werte a und b an.
An einem heißen Tag werden 10 000 Eiskugeln verkauft. Wie hoch ist dann der Aufwand je Stück? Kann der Aufwand je Stück beliebig klein werden?

**7** Entnehmen Sie den Graphen der Fig. 1 jeweils die Polstelle, die waagerechte Asymptote und einen geeigneten Punkt. Bestimmen Sie damit eine geeignete Funktionsvorschrift.

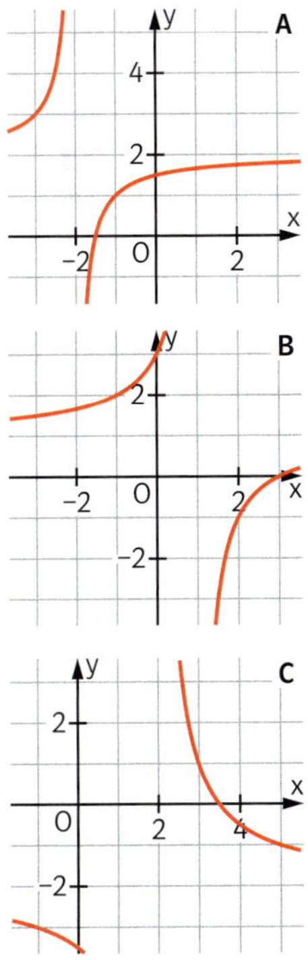

Fig. 1

# 4 Gebrochenrationale Funktionen – Verhalten für $x \to \pm\infty$

Die SMV möchte Schul-T-Shirts verkaufen. Ein T-Shirt kostet beim Großhändler 5 €. Für den Druck muss eine Schablone angefertigt werden, die 250 € kostet. Der Druck kostet pro T-Shirt 1,50 €. Ein T-Shirt wird für 15 € verkauft.
Betrachtet wird das Verhältnis Erlös zu Kosten. Geben Sie eine Funktion für dieses Verhältnis an. Wann lohnt sich die Produktion?

Auch konstante Funktionen wie f mit $f(x) = 3 = 3x^0$ gehören zu den ganzrationalen Funktionen.

Bisher wurden Potenzfunktionen wie f mit $f(x) = \frac{1}{x^2}$ oder g mit $g(x) = \frac{4}{x-2} + 3$ untersucht.
Der Term der Funktion g kann umgeformt werden: $g(x) = \frac{4}{x-2} + 3 = \frac{4 + 3(x-2)}{x-2} = \frac{3x-2}{x-2}$.
Funktionen, die als Quotient zweier ganzrationaler Funktionen aufgefasst werden können, nennt man **gebrochenrationale Funktionen**.
Im Folgenden werden zunächst nur solche Funktionen betrachtet, deren Terme vollständig gekürzt sind. Später werden auch Funktionen wie h mit $h(x) = \frac{x(x+1)}{(x+1)(x-1)}$, bei denen Zähler und Nenner an der gleichen Stelle 0 werden, untersucht (vgl. Seite 181).

Die Funktion f mit $f(x) = \frac{2-x}{(x-1)^2}$ hat an der Stelle 1 eine **Polstelle ohne Vorzeichenwechsel**.

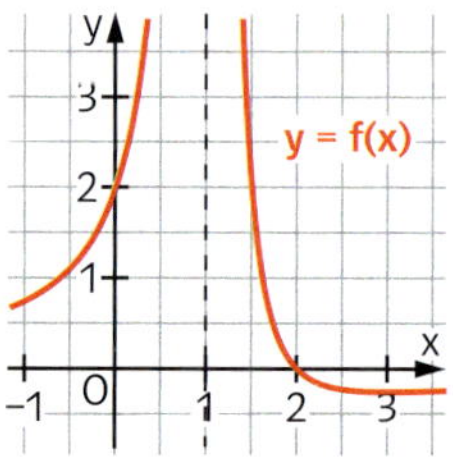

Fig. 2

Fig. 1 zeigt den Graphen der gebrochenrationalen Funktion f mit $f(x) = \frac{x^2-1}{x-2}$.
Diese Funktion ist für alle $x \in \mathbb{R} \setminus \{2\}$ definiert; an der Stelle $x_0 = 2$ ist eine Definitionslücke.
Für $x \to 2$ und $x < 2$ gilt $f(x) \to -\infty$, für $x \to 2$ und $x > 2$ gilt $f(x) \to \infty$. Die Stelle $x_0 = 2$ ist also eine **Polstelle mit Vorzeichenwechsel**;
die Gerade mit der Gleichung $x = 2$ ist senkrechte Asymptote. Allgemein gilt:

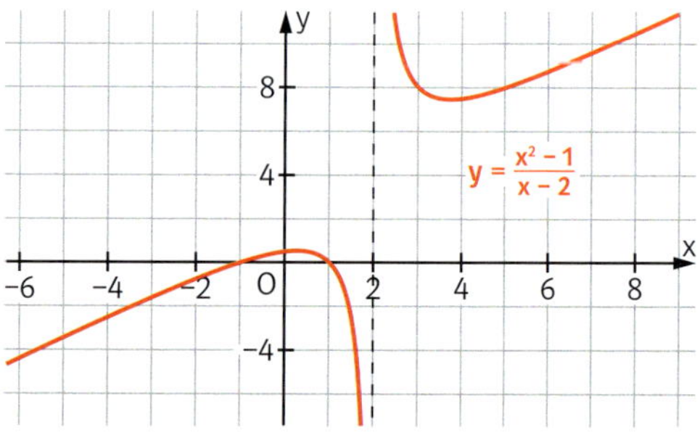

Fig. 1

Besitzt die gebrochenrationale Funktion f mit vollständig gekürztem Funktionsterm $f(x) = \frac{g(x)}{h(x)}$ eine Stelle $x_0$ mit $h(x_0) = 0$, so ist $x_0$ eine **Polstelle** von f und die Gerade mit der Gleichung $x = x_0$ eine **senkrechte Asymptote** des Graphen von f.

Gebrochenrationale Funktionen treten in den Wirtschaftswissenschaften z. B. dann auf, wenn bei der Produktion eines Gutes die Gesamtkosten pro Stück interessieren.
Fig. 3 zeigt Graphen verschiedener Stückkostenfunktionen:

$k_1(x) = \frac{-0{,}3x^2 + 10x + 16}{x} = -0{,}3x + 10 + \frac{16}{x}$,

$k_2(x) = \frac{8x + 16}{x} = 8 + \frac{16}{x}$,

$k_3(x) = \frac{0{,}5x^2 + 4x + 6}{x} = 0{,}5x + 4 + \frac{6}{x}$.

Während eine ganzrationale Funktion für $x \to \pm\infty$ stets gegen $+\infty$ oder $-\infty$ strebt, ist dies bei gebrochenrationalen Funktionen nicht unbedingt der Fall. Das Verhalten hängt vielmehr vom Grad z des Zählers und vom Grad n des Nenners ab.

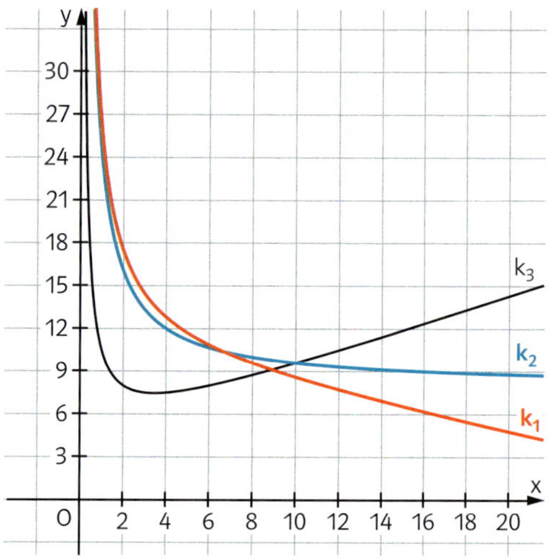

Fig. 3

1. Fall: $z < n$, z. B. $f(x) = \frac{3x}{x^2+1}$.

Kürzen des Funktionsterms mit der höchsten Potenz von x, d. h. $x^2$, ergibt:

$f(x) = \frac{3x}{x^2+1} = \frac{\frac{3}{x}}{1+\frac{1}{x^2}}$ für $x \neq 0$. Es gilt $\lim\limits_{x \to \pm\infty} f(x) = 0$.

Die x-Achse mit der Gleichung $y = 0$ ist **waagerechte Asymptote** (Fig. 1).

2. Fall: $z = n$, z. B. $f(x) = \frac{3x}{x-2}$.

Kürzen des Funktionsterms mit der höchsten Potenz von x, d. h. $x^1$, ergibt:

$f(x) = \frac{3x}{x-2} = \frac{3}{1-\frac{2}{x}}$ für $x \neq 0$. Es gilt: $\lim\limits_{x \to \pm\infty} f(x) = 3$.

Die Gerade mit der Gleichung $y = 3$ ist **waagerechte Asymptote** (Fig. 2).

3. Fall: $z > n$, z. B. $f(x) = \frac{x^2}{2x-2}$.

Kürzen des Funktionsterms mit der höchsten Potenz von x im Nenner, d. h. $x^1$, ergibt:

$f(x) = \frac{x^2}{2x-2} = \frac{x}{2-\frac{2}{x}}$ für $x \neq 0$. Ein Grenzwert für $x \to \pm\infty$ existiert nicht. Es gilt:

$f(x) \to +\infty$ für $x \to +\infty$ oder $f(x) \to -\infty$ für $x \to -\infty$ (Fig. 3).

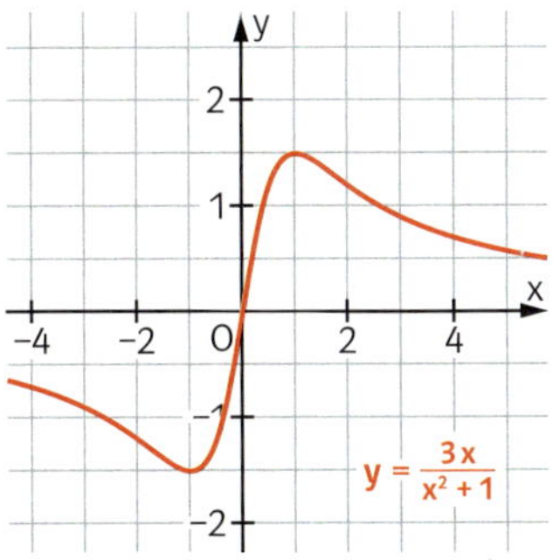

Fig. 1

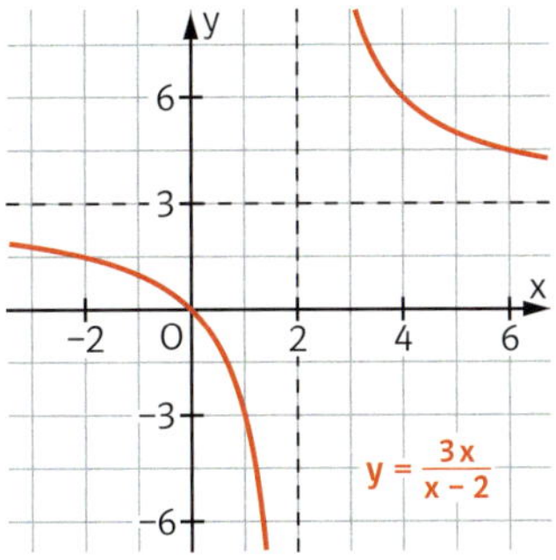

Fig. 2

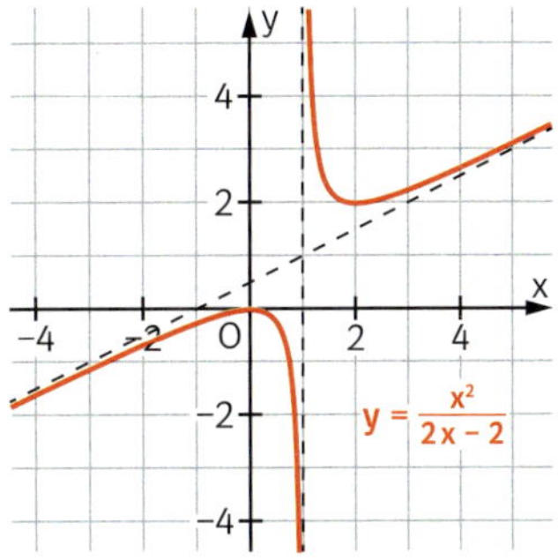

Fig. 3

Beachten Sie:
Die Funktion f mt
$f(x) = \frac{3x}{x^2+1}$ ist ein Beispiel für eine gebrochenrationale Funktion **ohne** Polstelle (Fig. 1), denn die Gleichung $x^2 + 1 = 0$ hat keine Lösung.

> Das Verhalten einer gebrochenrationalen Funktion für $x \to \pm\infty$ wird durch den Grad z des Zählers und den Grad n des Nenners bestimmt.
> Wenn $z < n$, ist die x-Achse waagerechte Asymptote.
> Wenn $z = n$, ist die Gerade mit der Gleichung $y = c$ waagerechte Asymptote.
> Wenn $z > n$, strebt der Graph gegen $+\infty$ oder gegen $-\infty$.

Die Konstante c für $z = n$ ist gleich dem Quotienten der Koeffizienten der jeweils höchsten Potenzen von x im Zähler und im Nenner. Für $z > n$ kann man für $x \to \pm\infty$ eine **schiefe Asymptote** oder **Näherungskurve** durch Polynomdivision ermitteln (vgl. Fig. 3 und Seite 182).

**Beispiel** Verhalten für $x \to +\infty$ bzw. $x \to -\infty$

Untersuchen Sie das Verhalten der Funktionswerte von f für $x \to +\infty$ bzw. $x \to -\infty$ und geben Sie gegebenenfalls die waagerechte Asymptote an.

a) $f(x) = \frac{8x^2 - 3x + 12}{2x^2}$ b) $f(x) = \frac{3x^2 - x}{3x^3 - x + 1}$ c) $f(x) = \frac{8x^4 - 5x}{2 + x^2}$

Lösung: a) Der Zählergrad ist gleich dem Nennergrad; $\lim\limits_{x \to \pm\infty} f(x) = \frac{8}{2} = 4$;
$y = 4$ ist waagerechte Asymptote.

b) Der Zählergrad ist kleiner als der Nennergrad; $\lim\limits_{x \to \pm\infty} f(x) = 0$; $y = 0$ ist waagerechte Asymptote.

c) Der Zählergrad ist größer als der Nennergrad; $f(x) \to \infty$ für $x \to \pm\infty$;
keine waagerechte Asymptote.

## Aufgaben

**1** Untersuchen Sie f auf Definitionslücken und das Verhalten von f bei Annäherung an die Definitionslücken. Geben Sie gegebenenfalls eine Gleichung für die senkrechten Asymptoten an.

a) $f(x) = \frac{3}{x+2}$ b) $f(x) = \frac{2x+1}{2x-1}$ c) $f(x) = \frac{2}{x^2-3x}$ d) $f(x) = \frac{x-1}{x^2+2}$

**2** Bestimmen Sie das Verhalten der gebrochenrationalen Funktion f für $x \to +\infty$ bzw. $x \to -\infty$ und geben Sie gegebenenfalls die waagerechte Asymptote an.

a) $f(x) = \frac{x^2-5x}{3x^2+x}$ b) $f(x) = \frac{2x^2+1}{1+3x^3}$ c) $f(x) = \frac{28x^3-x}{7x^3+x^2}$ d) $f(x) = \frac{x^2+0{,}2x^4}{1+x^3}$

**3** Gegeben ist die Funktion f. Ermitteln Sie die Definitionsmenge und die Polstellen. Geben Sie die gemeinsamen Punkte des Graphen von f mit den Achsen sowie die Asymptoten an.

a) $f(x) = \frac{-2}{x-4}$ b) $f(x) = -\frac{4}{x-2}$ c) $f(x) = \frac{1}{(x-2)^2}$ d) $f(x) = \frac{x}{x-3}$

e) $f(x) = \frac{x+2}{x}$ f) $f(x) = \frac{x+2}{x+4}$ g) $f(x) = \frac{x+1}{x}$ h) $f(x) = \frac{x-1}{(x-4)^2}$

**4** Welcher Graph gehört zu welcher Funktion? Begründen Sie Ihre Entscheidung.

$f_1(x) = \frac{1}{1-x}$; $f_2(x) = \frac{1}{1+x^2}$; $f_3(x) = \frac{x-1}{x}$; $f_4(x) = \frac{x}{1+x}$; $f_5(x) = \frac{x}{x-1}$; $f_6(x) = \frac{1}{x^2-4}$

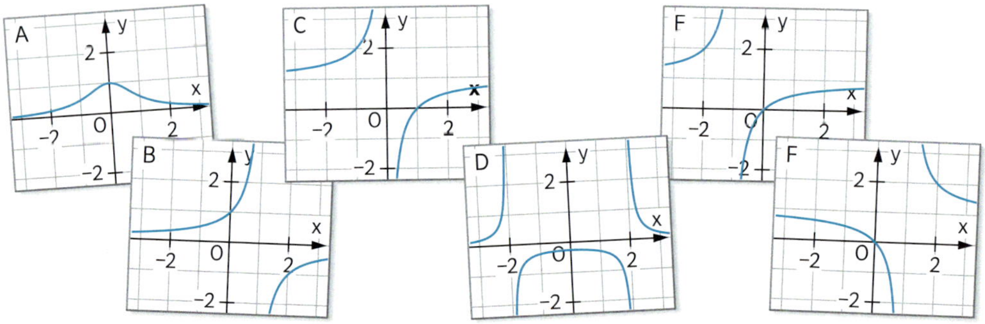


Fig. 1

### Zeit zu überprüfen

**5** Geben Sie die senkrechten und die waagerechten Asymptoten sowie das Verhalten von f für $x \to +\infty$ bzw. $x \to -\infty$ an. Skizzieren Sie den Graphen von f mithilfe der Asymptoten.

a) $f(x) = \frac{2x}{4x-4}$ b) $f(x) = 4 + \frac{2}{x^2}$ c) $f(x) = \frac{2}{x^2+1}$ d) $f(x) = \frac{4}{x^2-1}$

**6** Geben Sie eine gebrochenrationale Funktion an, deren Graph an den Stellen −2 und +2 jeweils eine senkrechte Asymptote hat.

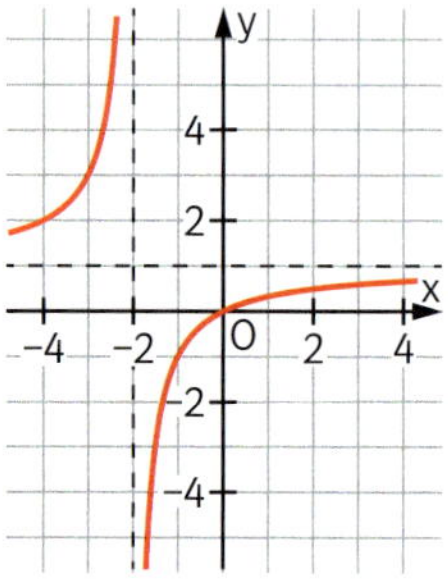

Fig. 2

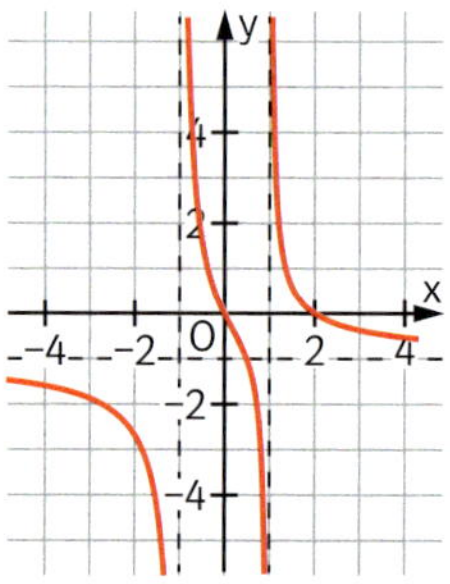

Fig. 3

**7** Die Fig. 2 und Fig. 3 zeigen den Graphen einer gebrochenrationalen Funktion f sowie alle Asymptoten. Geben Sie einen möglichen Funktionsterm von f an.

**8** Geben Sie zwei gebrochenrationale Funktionen an mit

a) keiner Polstelle, b) Polstelle 3 mit VZW,

c) Nullstelle 1 und ohne Polstelle, d) Nullstellen 1 und −1, Polstellen 2 und −2 ohne VZW.

**9** Für eine Weihnachtsaktion stellt die Arbeitsgemeinschaft „Siebdruck" einer Schule Kalender her. Die einmaligen Kosten für die Erstellung der Vorlagen usw. belaufen sich auf 400 €. Dazu kommen die Kosten von 3,50 € pro Kalender. Geben Sie Funktionen f bzw. g an, welche die Gesamtkosten bzw. die durchschnittlichen Kosten pro Kalender beschreiben.

# 5 Stückkostenminimum und Stückgewinnmaximum

Ein Getränkemarkt bietet für ein Fest Kühlschränke und Sitzgarnituren zum Verleih. Die Leihgebühr richtet sich nach der Anzahl der verkauften Getränkekästen (vgl. Tabelle). Geben Sie eine ganzrationale Funktion dritten Grades an, mit der die Kosten bestimmt werden können. Bestimmen Sie auch die Funktion für die Kosten pro Kasten.
Ein Konkurrent verlangt pro Kasten Apfelsaft 8,10 € und eine Leihgebühr von 300 €. Wo würden Sie einkaufen?

| Anzahl verkaufter Kästen | Preise für Apfelsaft und Leihgebühr |
|---|---|
| 0 | 500 € |
| 50 | 750 € |
| 100 | 1050 € |
| 150 | 1250 € |

Die bei der Produktion eines Gutes entstehenden Gesamtkosten werden häufig durch ganzrationale Funktionen modelliert. Die zugehörige Funktion für die Kosten pro Stück, die so genannte Stückkostenfunktion, ist dann eine gebrochenrationale Funktion. Besonders wichtig für einen Produzenten ist in diesem Zusammenhang die Frage, bei welcher Produktionszahl die Stückkosten minimal bzw. der Gewinn pro Stück maximal sind. Im Folgenden wird in einer konkreten Situation untersucht, wie man diese Stückzahlen mit einem GTR bzw. mit einem CAS-Rechner ermitteln kann.

Bei der Produktion einer Ware können die Gesamtkosten durch die Funktion K mit $K(x) = x^3 - 11x^2 + 45x + 50$ modelliert werden. Die Kapazitätsgrenze liegt bei 12 ME. Die Ware kann zum festen Marktpreis $p = 60\,\frac{GE}{ME}$ abgesetzt werden.
Fig. 1 zeigt den Graphen der Gesamtkostenfunktion K. Aus der Funktion K ergibt sich die Stückkostenfunktion k mit
$k(x) = \frac{K(x)}{x} = x^2 - 11x + 45 + \frac{50}{x}$.
Fig. 2 zeigt den Graphen von k. Die Funktion K ist ganzrational, die Funktion k ist gebrochenrational. Die Stelle 0 ist eine Polstelle; für $x \to +\infty$ strebt $k(x) \to \infty$.
Die Funktion k hat im Punkt $B_0(x_0 \mid y_0)$ ein Minimum. In den Wirtschaftswissenschaften sind für diese $x_0$ und $y_0$ besondere Namen üblich. Die Ausbringungsmenge $x_0$ nennt man **Betriebsoptimum**, da die gesamten Durchschnittskosten für diesen Wert minimal sind.

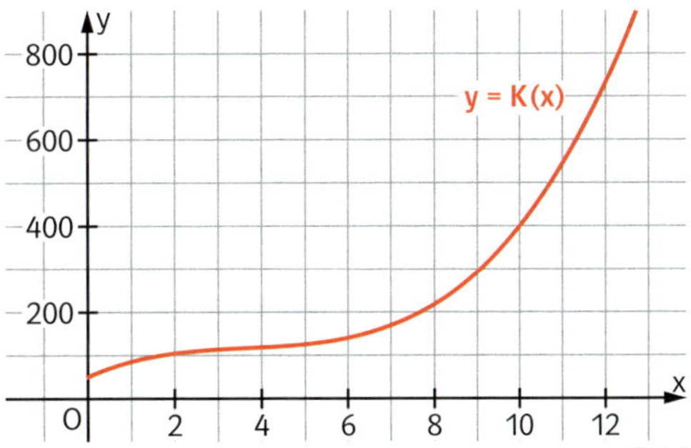

Fig. 1

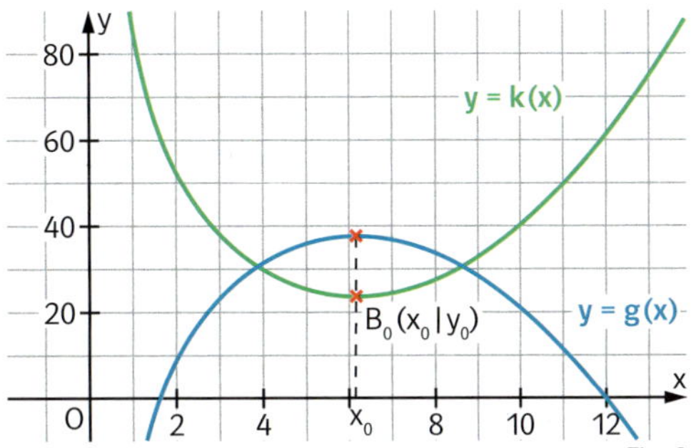

Fig. 2

Vergleicht man die minimalen Stückkosten $y_0$ mit dem Preis, für den das Gut pro Stück verkauft werden soll, so darf der Preis langfristig nicht unter den Wert $y_0$ fallen, damit die Kosten gedeckt sind. Deshalb nennt man $y_0$ auch **langfristige Preisuntergrenze**. Sowohl $x_0$ als auch $y_0$ kann man mit einem Rechner näherungsweise bestimmen (siehe Beispiel 1, Seite 176).
Für die angegebene Stückkostenfunktion k ergibt sich $x_0 \approx 6{,}16$ und $y_0 = k(x_0) \approx 23{,}30$.

Im vorliegenden Fall eines Polypols ist der Erlös E das Produkt aus Preis p und Menge x:
$E(x) = 60 \cdot x$.
Der Gewinn ergibt sich aus der Differenz von Erlös und Kosten: $G(x) = E(x) - K(x)$.
Damit ergibt sich für den Gewinn pro Stück, also den Stückgewinn, die Funktion g mit
$g(x) = \frac{G(x)}{x} = \frac{E(x) - K(x)}{x} = \frac{E(x)}{x} - \frac{K(x)}{x} = 60 - k(x)$.

Der Graph der Funktion g (vgl. Fig. 2 auf Seite 175) ergibt sich also aus dem der Funktion k durch Spiegelung an der x-Achse und anschließender Verschiebung um 60 Einheiten in Richtung positiver y-Werte. Damit hat die Funktion g an der gleichen Stelle ihr Maximum, an der die Funktion k ihr Minimum hat.

Dies gilt allgemein, denn im Falle eines Polypols gilt $E(x) = p \cdot x$.

Für den Stückgewinn ergibt sich damit: $g(x) = \frac{E(x)}{x} - \frac{K(x)}{x} = p - k(x)$.

Da der Preis p nur additiv eingeht, haben k und g die gleichen Extremstellen.

Die Ausbringungsmenge $x_0$, für welche die **Stückkosten minimal** sind, nennt man **Betriebsoptimum**, die zugehörigen Stückkosten $k(x_0)$ **langfristige Preisuntergrenze**.
Für einen **polypolistischen** Anbieter ist der **Stückgewinn maximal im Betriebsoptimum**.

**Bemerkungen:**

a) Kostenfunktionen werden häufig durch ganzrationale Funktionen modelliert. Damit ein Stückkostenminimum existiert, muss es sich um eine Funktion mindestens zweiten Grades handeln.
Bei linearen Funktionen befindet sich das Betriebsoptimum immer an der Kapazitätsgrenze. Dies trifft auch auf quadratische Funktionen zu, die vor dem $x^2$ einen negativen Koeffizienten haben. In Fig. 1 ist
$K(x) = -0{,}08x^2 + 2x + 5$ und
$k(x) = -0{,}08x + 2 + \frac{5}{x}$.
Das Betriebsoptimum liegt an der Kapazitätsgrenze 5,5 ME.

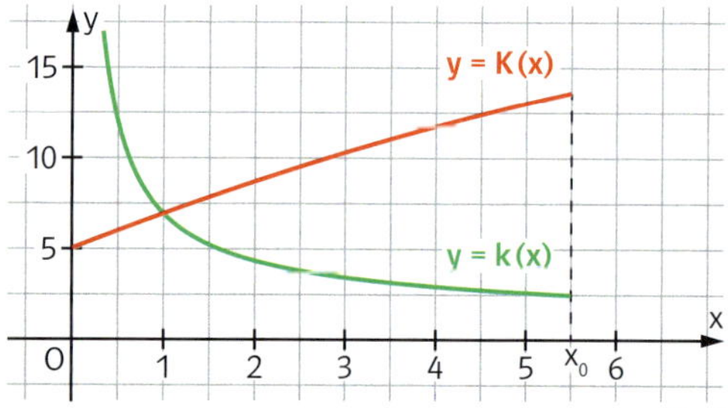

Fig. 1

b) Im Falle eines Monopols befindet sich in der Regel das Stückgewinnmaximum nicht beim Betriebsoptimum (siehe Beispiel 2).

**Beispiel 1** Betriebsoptimum und maximaler Stückgewinn im Polypol mit GTR

Die Gesamtkosten eines Unternehmens können durch die Funktion K mit
$K(x) = 0{,}4x^3 - 2x^2 + 4x + 20$ modelliert werden. Die Kapazitätsgrenze liegt bei 8 ME.
Der Marktpreis pro Mengeneinheit beträgt 12 GE.
Ermitteln Sie das Betriebsoptimum, die langfristige Preisuntergrenze sowie den maximalen Stückgewinn mit dem GTR.

■ Lösung: Aus $K(x) = 0{,}4x^3 - 2x^2 + 4x + 20$ folgt die Stückkostenfunktion k mit
$k(x) = 0{,}4x^2 - 2x + 4 + \frac{20}{x}$ und im Polypol die Stückgewinnfunktion g mit
$g(x) = p - k(x) = 12 - \left(0{,}4x^2 - 2x + 4 + \frac{20}{x}\right) = -0{,}4x^2 + 2x + 8 - \frac{20}{x}$.

Zur Bestimmung des Betriebsoptimums und der langfristigen Preisuntergrenze mit dem GTR stellt man die Funktion k grafisch dar und ermittelt die Koordinaten des Minimums.

Funktion eingeben

Fig. 2

Fenster einstellen

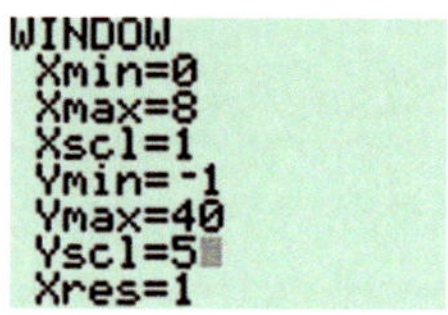

Fig. 3

Befehl auswählen

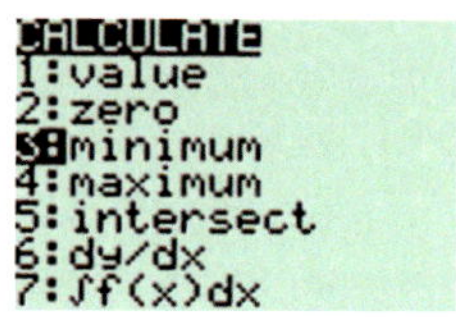

Fig. 4

Minimum ermitteln

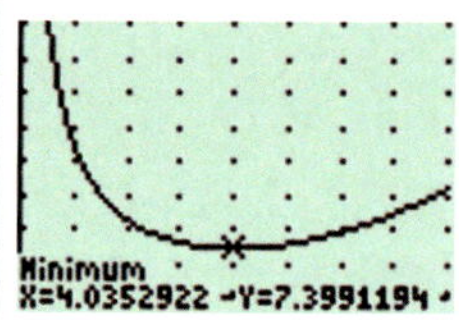

Fig. 5

Das Betriebsoptimum liegt bei $x_0 \approx 4{,}04$ ME; die langfristige Preisuntergrenze ist $k(x_0) \approx 7{,}40$ GE.
Wegen $g(4{,}04) \approx 4{,}60$ beträgt der maximale Stückgewinn rund 4,60 GE.

**Beispiel 2** Betriebsoptimum und maximaler Stückgewinn im Monopol mit CAS-Rechner
Ein Monopolist kann seine Herstellungskosten durch die Funktion $K(x) = 0{,}5x^2 + 3x + 50$ und die Nachfrage durch die Preis-Absatz-Funktion $p_N(x) = -2x + 27$ für $x \in [0; 30]$ beschreiben. Ermitteln Sie die Stückkostenfunktion k und die Stückgewinnfunktion g.
Skizzieren Sie die Graphen von k und g. Bestätigen Sie mit dem CAS-Rechner, dass sich das Stückgewinnmaximum nicht im Betriebsoptimum befindet.

▪ Lösung: Mit $k(x) = \frac{K(x)}{x} = 0{,}5x + 3 + \frac{50}{x}$
und $E(x) = p_N(x) \cdot x$
ergibt sich
$g(x) = \frac{E(x)}{x} - \frac{K(x)}{x}$
$= p_N(x) - k(x)$;
im vorliegenden Fall gilt damit
$g(x) = -2x + 27 - \left(0{,}5x + 3 + \frac{50}{x}\right)$
$= -2{,}5x + 24 - \frac{50}{x}$
(CAS-Lösung rechts).

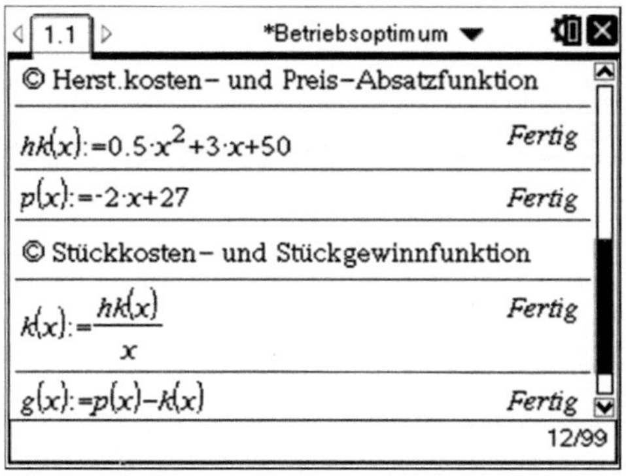


Um das Minimum der Stückkostenfunktion und das Maximum der Stückgewinnfunktion mit dem CAS-Rechner zu ermitteln, stellt man die Funktionen im passenden Fenster grafisch dar und wählt im Menü Minimum bzw. Maximum aus. Dazu können die Funktionen direkt in *Graphs* eingegeben werden oder zuerst im *Calculator* definiert und berechnet werden (siehe oben).

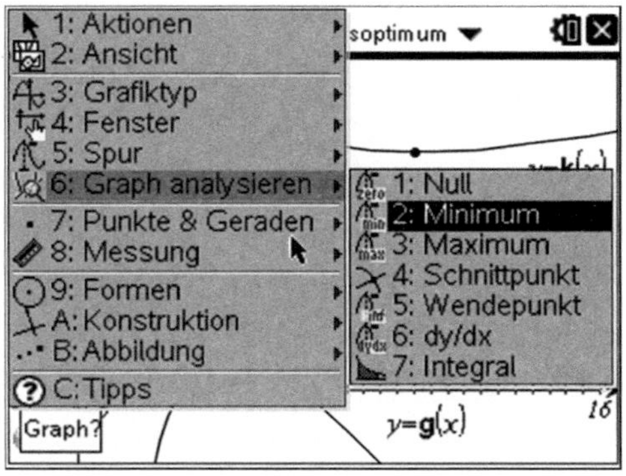


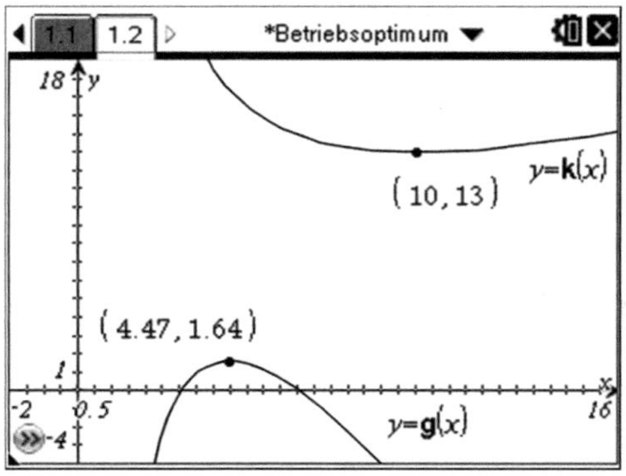


Das Betriebsoptimum liegt bei $x_0 = 10$; das Maximum des Stückgewinns liegt bei $x_1 \approx 4{,}47$.
Das Stückgewinnmaximum wird also nicht im Betriebsoptimum angenommen.

## Aufgaben

**1** Gegeben ist die Kostenfunktion K. Notieren Sie die Stückkostenfunktion k und skizzieren Sie den Graphen von k. Bestimmen Sie mit dem Rechner das Betriebsoptimum und die langfristige Preisuntergrenze.

a) $K(x) = 2x + 100$; $D = [0; 80]$
b) $K(x) = 0{,}04x^2 + 2x + 64$; $D = [0; 60]$
c) $K(x) = x^3 - 8x^2 + 24x + 20$; $D = [0; 10]$
d) $K(x) = 0{,}5x^3 - 0{,}3x^2 + 5x + 30$; $D = [0; 10]$

**2** Bestimmen Sie unter den Bedingungen eines Polypols das Betriebsoptimum. Ermitteln Sie den Preis p, bei dem der Stückgewinn von 2 GE im Betriebsoptimum liegt. Überprüfen Sie mit dem ermittelten p das Stückgewinnmaximum.

a) $K(x) = 0{,}04x^2 + 8x + 25$
b) $K(x) = 0{,}1x^2 + 4x + 40$
c) $K(x) = 0{,}3x^2 - 3x + 30$

**3** Gegeben sind die Kostenfunktion K und der feste Marktpreis p eines polypolistischen Anbieters. Bestimmen Sie die Stückkostenfunktion k und die Stückgewinnfunktion g.
Zeichnen Sie Graphen von k und g in ein gemeinsames Koordinatensystem.
Bestimmen Sie mit dem Rechner das Betriebsoptimum, die langfristige Preisuntergrenze und den maximalen Gewinn pro Stück.

a) $K(x) = x^3 - 7x^2 + 20x + 50$; $D = [0; 10]$; $p = 60$
b) $K(x) = 4x + 50$; $D = [0; 10]$; $p = 20$
c) $K(x) = 0{,}02x^2 + 2{,}5x + 8$; $D = [0; 40]$; $p = 10$
d) $K(x) = -0{,}09x^2 + 2x + 1$; $D = [0; 8]$; $p = 5$

**4** Der Preis für ein Produkt eines Monopolisten wird durch die Preis-Absatz-Funktion $p_N(x) = -0{,}8x + 7{,}8$ bestimmt. Die Herstellungskosten sind linear. Es entstehen Herstellungskosten von 3 € je Stück und Fixkosten von 5 €. Ermitteln Sie die Kosten- und die Gewinnfunktion. Zeigen Sie, dass der maximale Stückgewinn bei $x = 2{,}5$ liegt, während die Gewinnfunktion ihr Maximum für eine andere Ausbringungsmenge annimmt.

## Zeit zu überprüfen

**5** Bestimmen Sie mit dem Rechner bei Polypolbedingungen für die Kostenfunktion K das Betriebsoptimum und die langfristige Preisuntergrenze. Bis zu welchem Preis $p_0$ kann man noch auf dem Markt bestehen, wenn man keine Verluste machen möchte?
Bestimmen Sie den Preis $p_1$, bei dem Sie einen maximalen Stückgewinn von 5 € erzielen.

a) $K(x) = \frac{1}{2}x^2 + 5x + 200$; $D = [0; 30]$
b) $K(x) = 0{,}2x^3 - 2{,}6x^2 + 13{,}2x + 8$; $D = [0; 10]$

**6** Die Produktion eines T-Shirts verursacht Kosten, die sich mit einer linearen Funktion beschreiben lassen. Die Fixkosten betragen 150 €, die variablen Kosten für ein T-Shirt 5 €.
Bestimmen Sie die Stückkostenfunktion.
Eine Produktion lohnt sich erst, wenn die Stückkosten unter 7,50 € liegen. Wie viele T-Shirts müssen mindestens hergestellt werden?

---

**7** Die Herstellung eines Produktes verursacht Kosten von 1500 GE je ME. Die Fixkosten betragen 1600 GE. Der Preis unter Monopolbedingungen wird mit $p_N(x) = 1600 - x$ angegeben.
Geben Sie die Funktionen für die Kosten, den Erlös und den Gewinn an.
Bei welchen Produktionsmengen wird Gewinn erzielt?
Bestimmen Sie den Gewinn pro Stück.

**8** Die Preis-Absatz-Funktion eines Monopolisten ist $p_N(x) = -1{,}5x + 15$.
Die Kosten können durch die Funktion K mit $K(x) = 0{,}5x + 20$ beschrieben werden.
Bestimmen Sie die Erlösfunktion und die Gewinnfunktion sowie die Funktion für den Stückgewinn. Für welche ganzzahligen Ausbringungsmengen erzielt man einen Gewinn?
Bestimmen Sie in diesem Intervall den jeweiligen Stückgewinn in Form einer Tabelle.

**9** Bei vollständiger Konkurrenz beträgt der Verkaufspreis eines Produktes 8 €. Die variablen Herstellungskosten betragen je Stück 4 €; es entstehen Fixkosten von 40 €.
Ab welcher Menge lohnt sich die Produktion?
Bestimmen Sie die Gewinnfunktion und die Stückgewinnfunktion.
Zeichnen Sie den Graphen der Stückgewinnfunktion.

**10** Ein Betrieb stellt eine Ware mit zwei unterschiedlichen Produktionsverfahren A bzw. B her, die durch zwei verschiedene Kostenfunktionen beschrieben werden können.
Untersuchen Sie, ab welcher Stückzahl der Betrieb sein Verfahren umstellen sollte.
$K_A(x) = x^3 - 8x^2 + 30x + 50$; $K_B(x) = 2{,}5x^2 - 5x + 90$

# 6 Wirtschaftlichkeit und Umsatzrentabilität

Ein Betrieb kann die laufenden Kosten für sein Produkt durch die Funktion K mit $K(x) = 2x^3 - 12x^2 + 24x + 20$ modellieren. Zur Festlegung eines günstigen Preises muss die Wirtschaftlichkeit untersucht werden. Prüfen Sie das Verhältnis von Erlös zu Kosten für die Angaben in der Tabelle.

| | p = 14 | p = 16 | p = 18 |
|---|---|---|---|
| x = 2 | | | |
| x = 3 | | | |
| x = 4 | | | |
| x = 5 | | | |

Bei der Produktion eines Gutes ergibt sich der Gewinn aus der **Differenz** von Erlös und Kosten. Um ein Maß für die Effizienz einer Produktion zu erhalten, bildet man das Verhältnis aus dem Ertrag und dem Aufwand. Dieses **Verhältnis** heißt **Wirtschaftlichkeit**. Dabei wird der Ertrag häufig als der in Geld gemessene Wert aller verkauften Güter (d.h. der Erlös) und der Geldwert aller Aufwendungen (d.h. der Kosten) gemessen.

Unter der **Wirtschaftlichkeit** einer Produktion versteht man den Quotienten aus dem in Geld bewerteten Ertrag (Erlös) und dem in Geld bewerteten Aufwand (Kosten):
$W(x) = \frac{\text{Ertrag}}{\text{Aufwand}} = \frac{E(x)}{K(x)}$.
Werden Erlös und Kosten mit ganzrationalen Funktionen modelliert, ist die Funktion für die Wirtschaftlichkeit eine gebrochenrationale Funktion.

Wirtschaftlichkeit ist ein allgemeines Maß für die Effizienz bzw. für den rationalen Umgang mit knappen Ressourcen.

Wirtschaftlichkeit ist gegeben, wenn der Quotient größer oder gleich 1 ist. Bei dem Wert 1 ist die Produktion kostendeckend.
Aus der Gleichung $\frac{E(x)}{K(x)} = 1$ folgt $E(x) = K(x)$;
d.h., die Produktion ist kostendeckend an der Gewinnschwelle und der Gewinngrenze.
Bezieht man den Gewinn auf den Umsatz, erhält man die **Umsatzrentabilität**.

Die **Umsatzrentabilität** beschreibt das Verhältnis zwischen Gewinn und Umsatz; sie wird meistens in Prozent angegeben:
Umsatzrentabilität = $\frac{\text{Gewinn}}{\text{Umsatz}} \cdot 100$.
Die Funktion $R(x) = \frac{\text{Gewinn}}{\text{Umsatz}} = \frac{G(x)}{U(x)}$ ist eine gebrochenrationale Funktion.

Später wird allgemein gezeigt, dass bei vollständiger Konkurrenz die Wirtschaftlichkeit und die Umsatzrentabilität für die gleiche Ausbringungsmenge maximal sind, und zwar im Betriebsoptimum.

**Beispiel** Wirtschaftlichkeit und Umsatzrentabilität
Ein Betrieb arbeitet bei der Herstellung eines Produktes mit der Kostenfunktion K mit $K(x) = 0{,}15x^3 - 0{,}4x^2 + 1{,}8x + 20$ und der Erlösfunktion E mit $E(x) = 15x$; die Kapazitätsgrenze liegt bei 12 ME.
a) Bestimmen Sie die Funktionen für die Wirtschaftlichkeit und die Umsatzrentabilität.
b) Ermitteln Sie mit dem Rechner die Ausbringungsmengen, für welche der Betrieb wirtschaftlich arbeitet.
c) Bestimmen Sie die maximale Wirtschaftlichkeit und die maximale Umsatzrentabilität.

Lösung: a) Mit $K(x) = 0{,}15x^3 - 0{,}4x^2 + 1{,}8x + 20$ und $E(x) = 15x$ ergibt sich

$$W(x) = \frac{E(x)}{K(x)} = \frac{15x}{0{,}15x^3 - 0{,}4x^2 + 1{,}8x + 20} \text{ und}$$

$$R(x) = \frac{G(x)}{E(x)} = \frac{E(x) - K(x)}{E(x)} = \frac{15x - (0{,}15x^3 - 0{,}4x^2 + 1{,}8x + 20)}{15x} = \frac{-0{,}15x^3 + 0{,}4x^2 + 13{,}2x - 20}{15x}.$$

b) Der Betrieb arbeitet wirtschaftlich, wenn $W(x) = 1$ ist. Mit dem Rechner kann man die gesuchten Werte als Schnittpunkte zweier Graphen ermitteln (Fig. 1).
Man erhält $x_0 \approx 1{,}49$ und $x_1 \approx 10{,}08$.
Die gesuchten Ausbringungsmengen sind also rund 1,5 ME und 10,1 ME.
c) Mit dem Rechner erhält man für eine Ausbringungsmenge von 4,55 ME die maximale Wirtschaftlichkeit 2 (Fig. 2) und die maximale Umsatzrentabilität 0,5 (Fig. 3).

Die Ausbringungsmenge 4,55 ME ist auch das Betriebsoptimum.

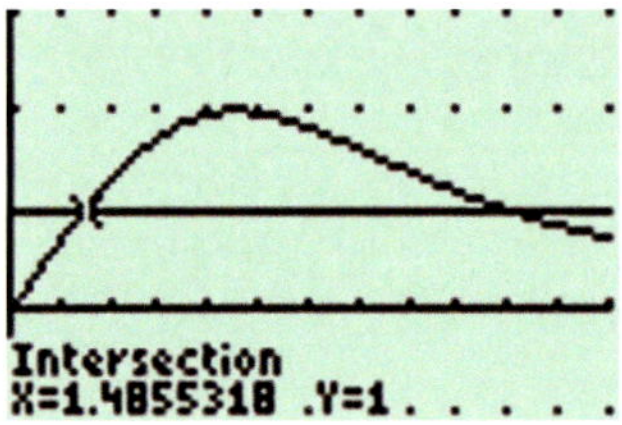

Fig. 1

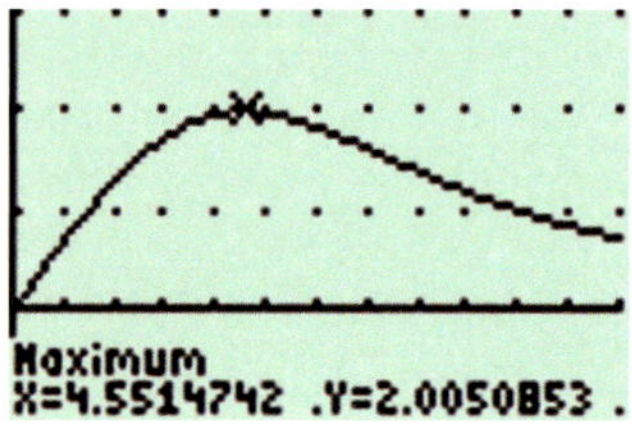

Fig. 2

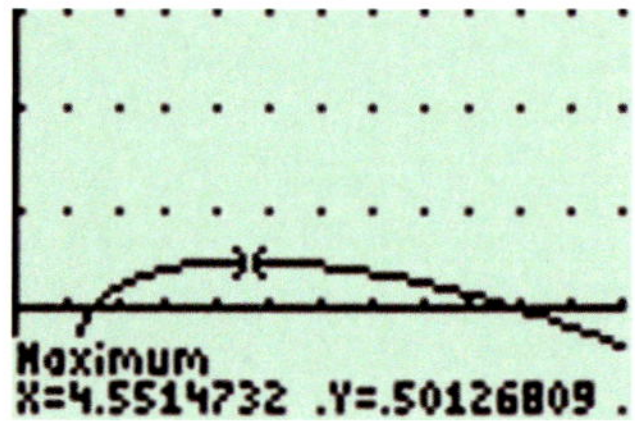

Fig. 3

## Aufgaben

**1** Gegeben sind die Kostenfunktion K mit x in ME und der Marktpreis p in GE für ein Produkt bei vollständiger Konkurrenz. Bestimmen Sie die Funktionen W und R für Wirtschaftlichkeit und Umsatzrentabilität. Zeichnen Sie die Graphen von W und R und ermitteln Sie mit dem Rechner das Intervall, in dem das Unternehmen wirtschaftlich arbeitet. Bestimmen Sie das Betriebsoptimum sowie die maximale Wirtschaftlichkeit und die maximale Umsatzrentabilität.
a) $K(x) = 0{,}04x^2 + 2x + 64$; $D = [0; 150]$; $p = 8$
b) $K(x) = x^3 - 8x^2 + 24x + 20$; $D = [0; 10]$; $p = 20$
c) $K(x) = x^3 - 80x^2 + 2200x + 10\,000$; $D = [0; 70]$; $p = 1150$

**2** Für einen Monopolisten entstehen bei der Produktion von x ME eines Gutes Kosten, die durch die Funktion K mit $K(x) = x^3 - 6x^2 + 16x + 29$ und der Kapazitätsgrenze 8 ME beschrieben werden können. Der Höchstpreis liegt bei 64 GE, die Sättigungsmenge ist 8 ME.
a) Bestimmen Sie die lineare Preis-Absatz-Funktion, die Erlös- und die Gewinnfunktion.
b) Für welche Absatzmenge ergibt sich der größte Stückgewinn?
c) Bestimmen Sie die maximale Wirtschaftlichkeit und die maximale Umsatzrentabilität.

**3** Beim Weihnachtsmarkt soll für das Schullandheim Geld verdient werden. Dazu werden Sterne gebastelt. Das Material pro Stern kostet 0,10 €. Die Standgebühr beträgt 30 €. Ein Stern wird für 1,00 € verkauft.
Geben Sie die Funktion für die Wirtschaftlichkeit an und bestimmen Sie damit die Anzahl der Sterne, die verkauft werden müssen, um Gewinn zu erzielen.

**4** Auf dem Weihnachtsmarkt sind Sie der einzige Verkäufer eines Spezialgebäcks. Sie wissen, dass Ihr Gebäck sehr beliebt ist. Aus den Erfahrungen der Vorjahre haben Sie die Preis-Absatz-Funktion $p_N$ mit $p_N(x) = -0{,}1x + 6$ ermittelt. Für das Gebäck benötigen Sie je Tüte Zutaten für 1,50 € und Verpackungskosten von 0,20 €. Die Standgebühr beträgt 30 €.
a) Stellen Sie die Wirtschaftlichkeit beim Verkauf von 10, 20, 30, 40, 50 und 60 Tüten in Form einer Tabelle dar.
b) Bei welcher Verkaufszahl ist der Verkauf unwirtschaftlich? Wo liegt die optimale Wirtschaftlichkeit? Vergleichen Sie diese Stelle mit der Stelle des Stückgewinnmaximums.

# Wiederholen – Vertiefen – Vernetzen

**1** Untersuchen Sie das Verhalten von f bei Annäherung an die Definitionslücke einschließlich Vorzeichenwechsel und für $x \to \pm\infty$. Geben Sie die senkrechten und waagerechten Asymptoten an. Erstellen Sie mit dem Rechner den Graphen und überprüfen Sie damit Ihr Ergebnis.

a) $f(x) = \frac{4}{x} + 2$
b) $f(x) = \frac{2}{3x} - 1$
c) $f(x) = 8 \cdot (x + 2)^{-1}$
d) $f(x) = 3^{-2} \cdot x^{-1} + 3$
e) $f(x) = \frac{2}{(x-3)^2} + 4$
f) $f(x) = 2(x-1)^{-2} - \frac{1}{2}$

**2** Der GTR zeigt die Graphen gebrochenrationaler Funktionen nicht immer korrekt an. Geben Sie eine Funktion an, deren Graph den dargestellten Verlauf haben könnte.

a)
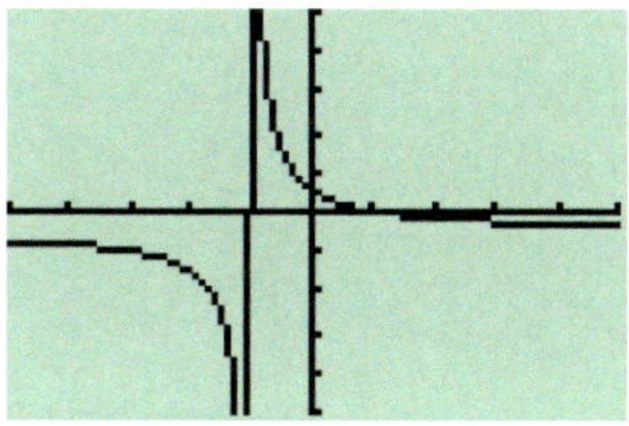
Xscl = 2; Yscl = 2

b)
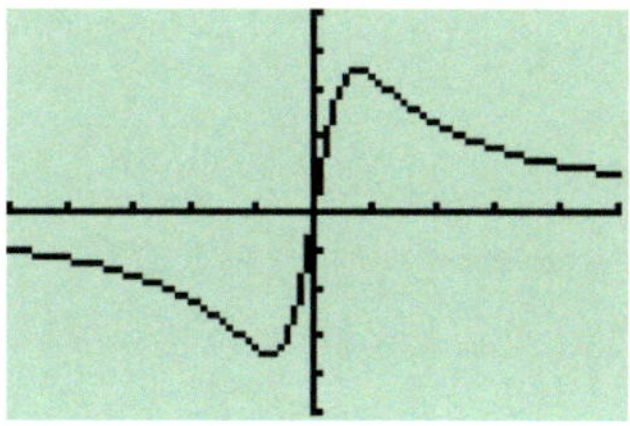
Xscl = 2; Yscl = 2

c)
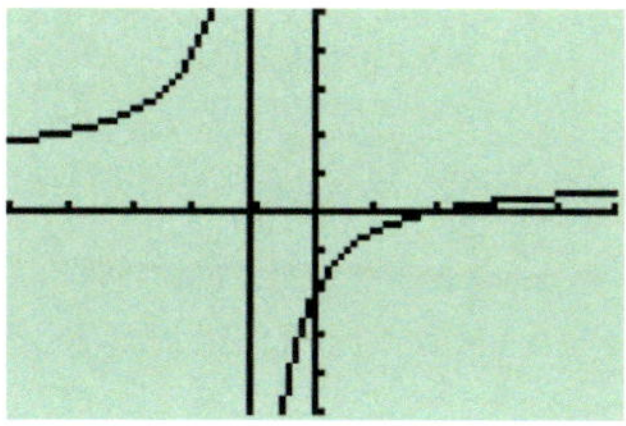
Xscl = 1; Yscl = 1

**3** Gegeben ist die Funktion f. Ermitteln Sie die Definitionsmenge und die Polstellen. Geben Sie die gemeinsamen Punkte des Graphen mit den Achsen sowie alle Asymptoten an. Zeichnen Sie den Graphen von f.

a) $f(x) = \frac{2x}{x+4}$
b) $f(x) = \frac{x-2}{x}$
c) $f(x) = \frac{x^2-x}{x-4}$
d) $f(x) = \frac{x-1}{x^2-4}$
e) $f(x) = \frac{x}{x^2+4}$
f) $f(x) = \frac{x^2}{x^2-1}$
g) $f(x) = \frac{x^3}{x-2}$
h) $f(x) = \frac{x^2}{2(x-3)}$
i) $f(x) = \frac{x+2}{2-x}$

Eine Asymptote wird nie vom Graphen der zugehörigen Funktion geschnitten! Stimmt dies? Untersuchen Sie die Funktion f mit $f(x) = \frac{x^2}{(x-2)^2}$.

### Hebbare Definitionslücken

**4** Die Funktion f mit $f(x) = \frac{2x^2 - 2x}{x-1} = \frac{2x(x-1)}{x-1}$ hat die Definitionsmenge $D_f = \mathbb{R} \setminus \{1\}$.
Für $x_0 = 1$ sind Zähler- und Nennerpolynom null. Da $\frac{2x^2-2x}{x-1} = 2x$ ist für alle $x \in D_f$ gilt:
$f(x) \to 2$ für $x \to 1$, kurz $\lim\limits_{x \to 1} f(x) = 2$.
Der Punkt P(1|2) gehört nicht zum Graphen von f. Der Graph von f ist eine Ursprungsgerade mit „Loch" (Fig. 1).

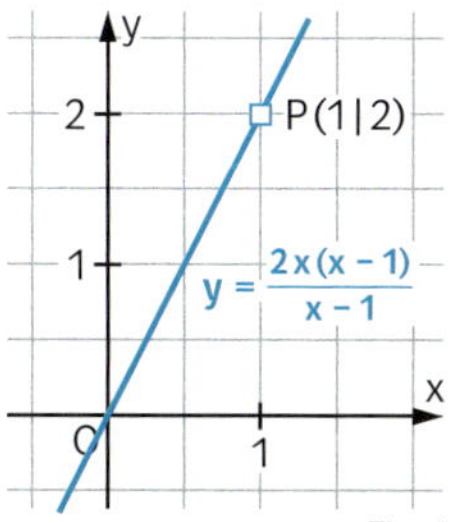

Fig. 1

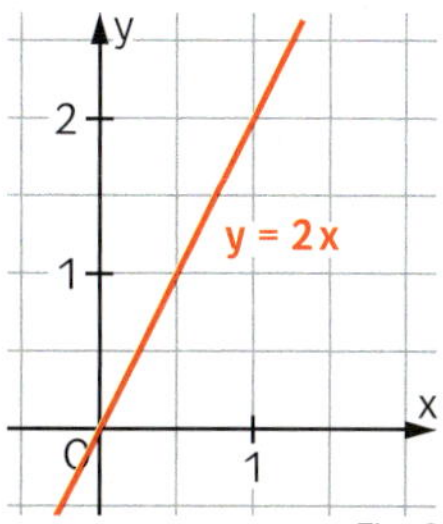

Fig. 2

Man kann eine neue Funktion g definieren, indem man den Funktionsterm f(x) mit dem Linearfaktor $x - 1$ kürzt und damit die Definitionsmenge ändert: $g(x) = 2x$.
Die Funktionswerte von g stimmen für $x \neq 1$ mit denen von f überein. Bei dem Graphen von g fehlt das „Loch" (Fig. 2).
Allgemein heißt die Definitionslücke $x_0$ einer gebrochenrationalen Funktion f **hebbare** Definitionslücke, wenn der Grenzwert $\lim\limits_{x \to x_0} f(x) = y_0$ existiert.

Untersuchen Sie f auf hebbare Definitionslücken. Notieren Sie im Falle einer hebbaren Definitionslücke die Funktionsgleichung einer Funktion g, deren Graph bis auf einzelne Punkte mit dem Graphen von f übereinstimmt.

a) $f(x) = \frac{3x^2+3x}{x+1}$
b) $f(x) = \frac{x^2-9}{x-3}$
c) $f(x) = \frac{x^2+x}{x^2-x-2}$
d) $f(x) = \frac{x^2-2x-15}{x-5}$
e) $f(x) = \frac{x^2-2x-3}{x^2-1}$
f) $f(x) = \frac{x^4-1}{x^3-x}$

Hilfsmittel bei der Zerlegung in Linearfaktoren:

1. Ausklammern:
$f(x) = \frac{x^2-2x}{2x+4} = \frac{x(x-2)}{2(x+2)}$
2. Binomische Formeln „rückwärts":
$f(x) = \frac{1}{x^2-9} = \frac{1}{(x+3)(x-3)}$
3. Lösen einer quadratischen Gleichung:
$f(x) = \frac{x}{x^2-x-6}$
Aus $x^2 - x - 6 = 0$ folgt $x_1 = -2$; $x_2 = 3$.
Somit gilt:
$f(x) = \frac{x}{(x+2)(x-3)}$.

### Schiefe Asymptoten

**5** Bei der Funktion f mit $f(x) = \frac{x^2 + 1{,}5x}{2x - 1}$ mit $D_f = \mathbb{R} \setminus \{0{,}5\}$ ist der Grad z des Zählers um 1 größer als der Grad n des Nenners. Für $x \to +\infty$ gilt $f(x) \to +\infty$. Genauere Auskunft über das Verhalten der Funktionswerte von f für $x \to \pm\infty$ erhält man, wenn man das Zählerpolynom durch das Nennerpolynom dividiert. Polynomdivision ergibt:

$$(x^2 + 1{,}5x) : (2x - 1) = \tfrac{1}{2}x + 1 + \frac{1}{2x - 1}$$
$$\underline{-(x^2 - 0{,}5x)}$$
$$2x$$
$$\underline{-(2x - 1)}$$
$$1$$

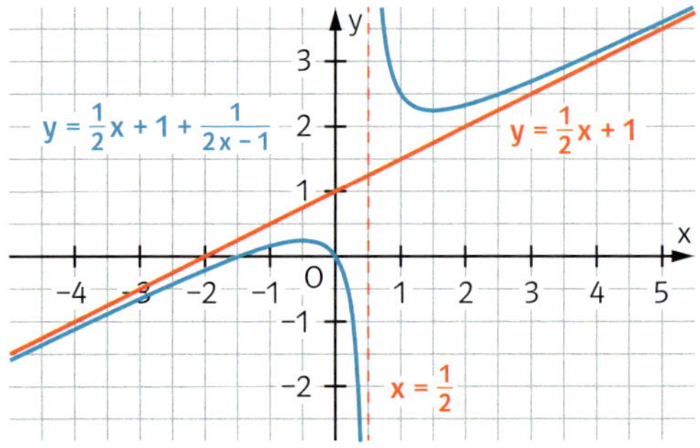

Fig. 1

Für $x \to \pm\infty$ unterscheiden sich die Funktionswerte von f beliebig wenig von denen der Funktion g mit $g(x) = \frac{1}{2}x + 1$. Der Graph von g ist eine **schiefe Asymptote** (Fig. 1).

Geben Sie die Gleichungen aller Asymptoten an.

a) $f(x) = \frac{x^2 - x}{x + 1}$ b) $f(x) = \frac{x^3 + 4}{2x^2}$ c) $f(x) = \frac{x^2}{x - 1}$ d) $f(x) = \frac{2x^2 - 3x + 2}{x + 1}$

**6** Geben Sie eine gebrochenrationale Funktion an, deren Graph die Geraden g und h als Asymptoten hat.

a) g: $y = x$; h: $x = 0$ b) g: $y = -x$; h: $x = 0$ c) g: $y = 0{,}5x$; h: $x = 2$ d) g: $y = 2x + 1$; h: $x = 1$

### Näherungskurven

**7** Die Funktion f mit $f(x) = \frac{x^3 + x + 1}{x}$ ist identisch mit $f(x) = x^2 + 1 + \frac{1}{x}$; $D_f = \mathbb{R} \setminus \{0\}$. Der Anteil $x^2 + 1$ ist nicht linear.

Die Funktion g mit $g(x) = x^2 + 1$ heißt ganzrationale **Näherungsfunktion**, der Graph mit der Gleichung $y = x^2 + 1$ **Näherungsparabel** (Fig. 2).

Allgemein spricht man auch von einer **Näherungskurve** für $x \to \pm\infty$.

Geben Sie für $x \to \pm\infty$ eine ganzrationale Näherungsfunktion an.

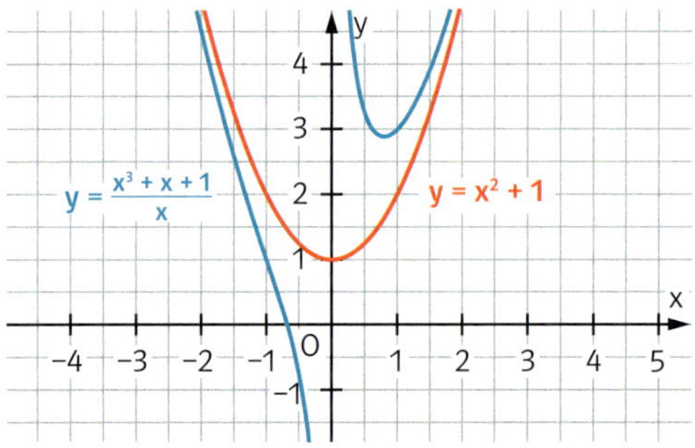

Fig. 2

a) $f(x) = \frac{x^3 - 8}{x}$ b) $f(x) = \frac{2x^4 - 32}{x^2}$ c) $f(x) = \frac{x^3 - x^2 + x}{x - 1}$ d) $f(x) = \frac{x^3 + 2x^2}{x + 4}$

**8** Ordnen Sie jedem der drei Graphen mindestens eine der gegebenen Funktionen zu. Begründen Sie Ihre Zuordnungen.

a) $f(x) = \frac{x(x^2 - x + 1)}{4(x - 1)}$ b) $f(x) = \frac{x - 1}{(x - 1)(x + 2)}$ c) $f(x) = \frac{x}{x + 2}$

d) $f(x) = \frac{(x - 1)(x - 2)}{x - 3}$ e) $f(x) = \frac{x^2 + 1}{4} + \frac{1}{4(x - 1)}$

1)
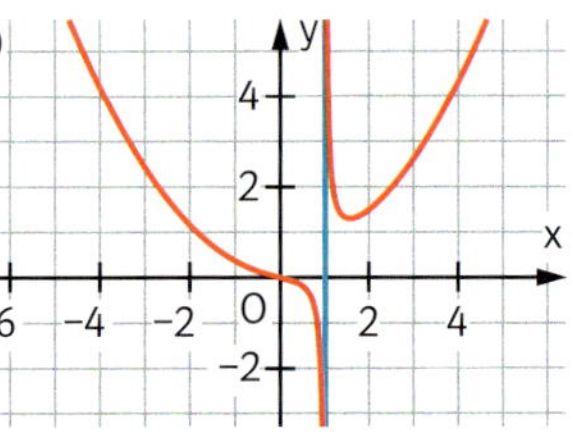

2)
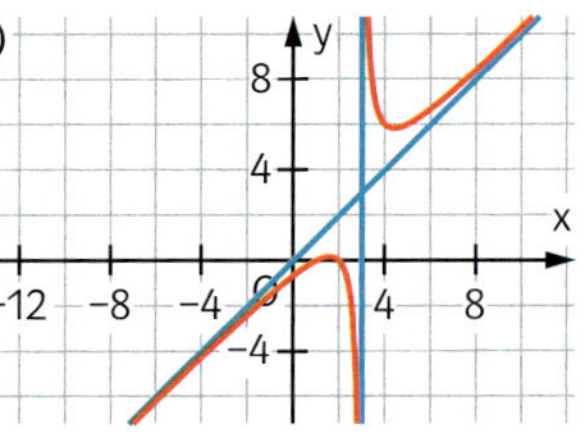

3)
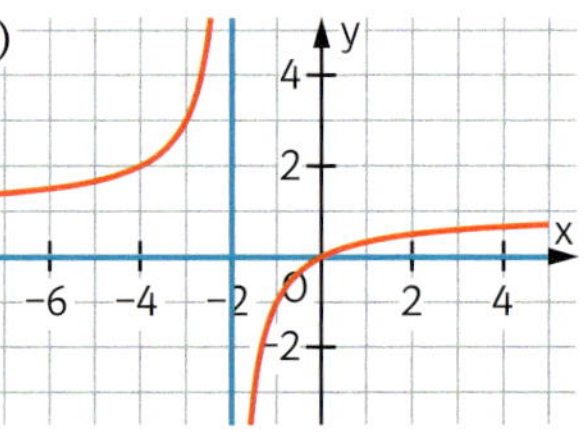

# Wiederholen – Vertiefen – Vernetzen

### Stückkosten; Stückgewinn; Wirtschaftlichkeit; Umsatzrentabilität

**9** Die Kosten für die Herstellung eines Produktes werden je nach Herstellungsverfahren durch die Funktion K in Abhängigkeit von der Ausbringungsmenge x beschrieben. Die Kapazitätsgrenze ist $x_{max} = 10$. Bestimmen Sie die Funktion k für die Herstellungskosten pro Stück. Zeichnen Sie Graphen von K und k; bestimmen Sie mit dem Rechner das Betriebsoptimum und die langfristige Preisuntergrenze.

a) $K(x) = 3x + 10$
b) $K(x) = -\frac{1}{12}x^2 + 2x + 2$
c) $K(x) = \frac{1}{10}x^2 + 4{,}9$
d) $K(x) = 2x^3 - 20x^2 + 74x + 144$

**10** Der Gewinn für einen Artikel wird durch die Herstellungskosten K(x) und den Erlös E(x) bestimmt; jeweils in GE. Für welche Ausbringungsmenge (in ME) wird der größte Stückgewinn erzielt? Stimmt diese Ausbringungsmenge mit dem Betriebsoptimum überein?
Für welche Ausbringungsmenge ist der Gewinn am größten?

a) $K(x) = 0{,}04x^3 - 0{,}6x^2 + 3x + 2{,}56$
$E(x) = -0{,}16x^2 + 2{,}8x$; $D = [0; 12]$
b) $K(x) = 0{,}1x^3 - 1{,}2x^2 + 4{,}9x + 9{,}8$
$E(x) = 4{,}9x$; $D = [0; 12]$
c) Monopol: Höchstpreis: 48 GE;
Sättigungsmenge 6 ME;
$K(x) = x^3 - 6x^2 + 15x + 32$
d) Polypol: Verkaufspreis: 20 GE
$K(x) = 1{,}25x^3 - 7{,}5x^2 + 20x + 40$
$D = [0; 6]$

**11** Bestimmen Sie die Funktionen für die Wirtschaftlichkeit W und für die Umsatzrentabilität R für ein Produkt, dessen Herstellungskosten durch die Funktion K und dessen Erlös durch die Funktion E berechnet wird. Zeichnen Sie mithilfe des Rechners den Graphen von W; markieren Sie die Gewinnschwelle, die Gewinngrenze und den Break-Even-Point. Bestimmen Sie mit dem Rechner das Betriebsoptimum. Prüfen Sie, ob das Betriebsoptimum die Stelle ist, an der die Wirtschaftlichkeit W ihr Maximum annimmt.

a) $K(x) = x^3 - 9x^2 + 28x + 25$
$E(x) = -4{,}5x^2 + 49{,}5x$; $D = [0; 12]$
b) $K(x) = x^3 - 9x^2 + 28x + 25$
$E(x) = 45x$; $D = [0; 12]$
c) $K(x) = x^3 - 12x^2 + 60x + 98$
$E(x) = -10x^2 + 109x$; $D = [0; 10]$
d) $K(x) = x^3 - 12x^2 + 60x + 98$
$E(x) = 44{,}6x$; $D = [0; 10]$

### Gebrochenrationale Funktionen als Angebots- und Nachfragefunktionen

**12** Bestimmen Sie die Sättigungsmenge und den Höchstpreis für die Nachfragefunktion $p_N$.

a) $p_N(x) = \frac{14 - 2x}{x + 1}$
b) $p_N(x) = \frac{15 - x}{x + 3}$
c) $p_N(x) = \frac{24 - 2x}{x + 4}$

**13** Auf dem Markt gelten für ein bestimmtes Wirtschaftsgut die Angebotsfunktion $p_A$ und die Nachfragefunktion $p_N$. Bestimmen Sie den maximal ökonomisch sinnvollen Bereich, den Höchstpreis und die Sättigungsmenge. Ermitteln Sie grafisch und rechnerisch das Marktgleichgewicht. Geben Sie den Marktpreis an.

a) $p_A(x) = \frac{9}{8 - x}$
$p_N(x) = \frac{34 - 2x}{x + 3}$
b) $p_A(x) = \frac{2}{5 - x}$
$p_N(x) = \frac{10 - 2x}{x + 1}$
c) $p_A(x) = \frac{60}{14 - x}$
$p_N(x) = \frac{34 - x}{x + 1}$

**14** Auf dem Markt werden das Angebot und die Nachfrage durch die Funktionen $p_A$ und $p_N$ beschrieben. Bestimmen Sie das Marktgleichgewicht; berechnen Sie den Angebots- und den Nachfrageüberschuss für $p_1 = 2$ und $p_2 = 4$.

a) $p_A(x) = \frac{7}{6 - x}$
$p_N(x) = \frac{35 - 2x}{x + 3}$
b) $p_A(x) = \frac{5}{5 - x}$
$p_N(x) = \frac{16 - 2x}{x + 1}$
c) $p_A(x) = \frac{45}{32 - 4x}$
$p_N(x) = \frac{12 - x}{x + 1}$

## Isoquanten, Isokosten und Minimalkostenkombination

Vilfredo Pareto (1848 – 1923); Soziologe, Ökonom und Mathematiker italienisch-französischer Herkunft; er gilt als Begründer der modernen mit mathematischen Methoden arbeitenden Ökonomie.

Bei den bisherigen Untersuchungen zur Produktion eines Gutes ging man davon aus, dass der Ertrag nur vom Einsatz eines einzigen so genannten Produktionsfaktors abhängt. Häufig sind aber bei der Herstellung eines Gutes mehrere Faktoren nötig. So sind z. B. in der Landwirtschaft die Faktoren Arbeit und Düngemitteleinsatz wichtig.

Im Folgenden geht es also darum, an einem Beispiel aufzuzeigen, wie man zur Herstellung einer vorgegebenen Menge zwei verschiedene Produktionsfaktoren kombinieren und die kostengünstigste Kombination finden kann. Wichtigste Voraussetzung hierfür ist, dass die Produktionsmengen (Faktormengen) untereinander ausgetauscht werden können.

**Indifferenzkurven der Wünsche**

Pareto war einer der ersten, der Kombinationen von Gütermengen in Bezug auf den Nutzen untersuchte. Er erläutert seine Theorie am fiktiven Beispiel eines Mannes, für den verschiedene Kombinationen von Brot und Wein den gleichen Nutzen haben.

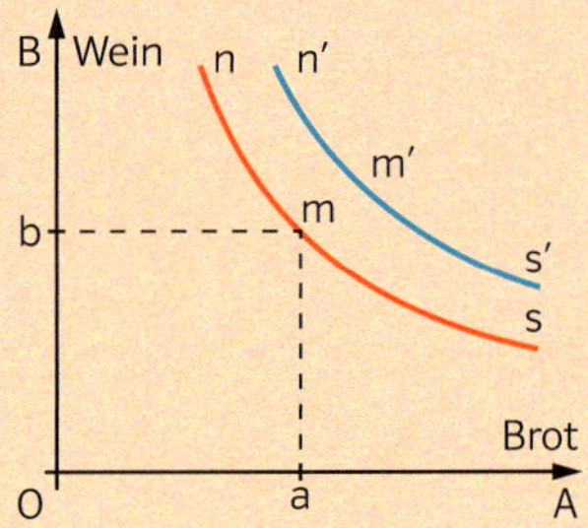


Ein Produkt kann durch zwei verschiedene Maschinen $M_1$ und $M_2$ hergestellt werden. Die Produktion einer Stunde mit $M_1$ kostet 60 €; mit $M_2$ kostet sie 40 €. Bei einem Einsatz von 2 Stunden $M_1$ und 9 Stunden $M_2$ wird eine Menge von 200 ME produziert. Dieselbe Menge erhält man, wenn man 4 Stunden mit $M_1$ und 5 Stunden mit $M_2$ arbeitet. Ebenso kann mit 7 Stunden $M_1$ und 4 Stunden $M_2$ diese Menge hergestellt werden.

iso (griech.): gleich
quantitas (lat.): Menge

In Fig. 1 sind die Paare (2 | 9), (4 | 5) und (7 | 4) für die Produktion von P = 200 ME als Punkte A, B und C eingetragen. Punktproben zeigen, dass sie auf dem Graphen der Funktion $I_{200}$ mit $y = \frac{6}{x-1} + 3$ liegen.

Da alle Kombinationen von Faktormengen die gleiche Menge von 200 ME erzeugen, nennt man den Graphen von $I_{200}$ **Isoquante** (roter Graph in Fig. 1).

Für die Produktion von 200 ME steht ein Kapital von K = 480 € zur Verfügung.

Die Frage ist, wie viele Stunden die beiden Maschinen bei dem Kapital von 480 € eingesetzt werden müssen. Beschreibt x die Anzahl der Stunden von $M_1$ und y die Anzahl der Stunden von $M_2$, ergibt sich die Bedingung $60x + 40y = 480$. Hieraus folgt die so genannte **Isokostenfunktion** $I_{480}$ mit $y = -1{,}5x + 12$ (blauer Graph in Fig. 1).

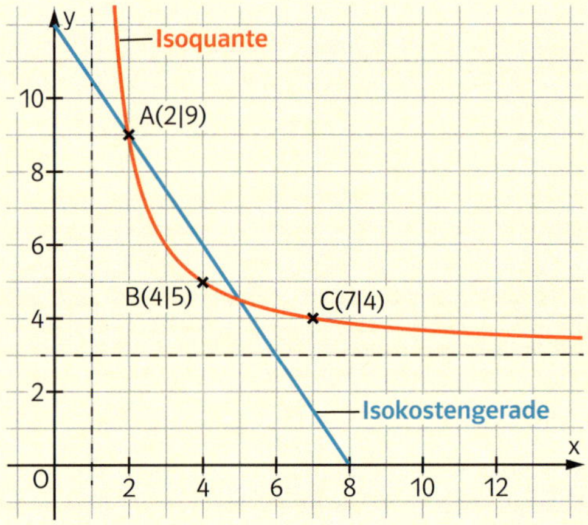

Fig. 1

Der Graph einer Isokostenfunktion heißt auch **Budgetgerade**.

Die gesuchten Kombinationen erhält man als Schnittpunkte der Graphen von $I_Q$ und $I_K$:

$\frac{6}{x-1} + 3 = -1{,}5x + 12$.

Diese Gleichung lässt sich vereinfachen zu $x^2 - 7x + 10 = 0$ mit den Lösungen $x_1 = 2$; $x_2 = 5$.
Entweder arbeitet $M_1$ 2 Stunden und $M_2$ dann 9 Stunden oder aber $M_1$ arbeitet 5 Stunden und $M_2$ dann nur 4,5 Stunden. In beiden Fällen ergeben sich Kosten von 480 €.

Für den Unternehmer ergibt sich die Frage, ob für die gleiche Produktion von 200 ME die Kosten gesenkt werden können. Fig. 1 zeigt, dass es kostengünstiger wäre, wenn man den Punkt P ermitteln würde, in dem eine Parallele zur Isokostengerade die Isoquante berührt.

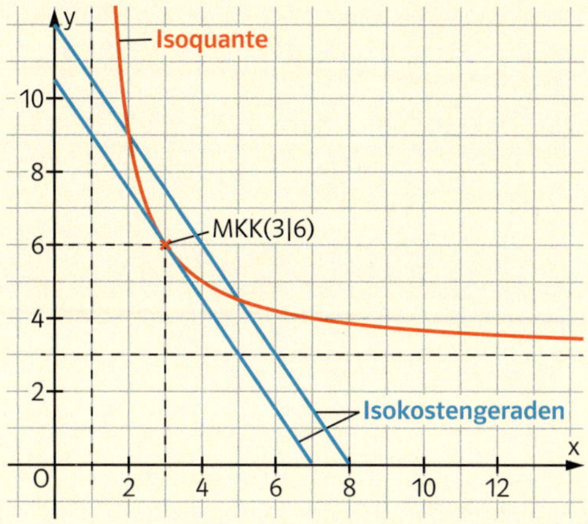


Fig. 1

Rechnerische Bestimmung dieser Parallelen:
Alle Parallelen zur ermittelten Budgetgeraden bilden eine Schar von Geraden mit der Gleichung $y = -1{,}5x + c$.
Gleichsetzen mit der Isoquante ergibt die Gleichung $\frac{6}{x-1} + 3 = -1{,}5x + c$, die sich in
$0 = 1{,}5x^2 - (c - 1{,}5)x + c + 3$ (*)
umformen lässt. Diese quadratische Gleichung hat die Diskriminante
$D = (c - 1{,}5)^2 - 4 \cdot 1{,}5 \cdot (c + 3) = c^2 - 3c + 2{,}25 - 6c - 18 = c^2 - 9c - 15{,}75$.
Es existiert nur ein Schnittpunkt (Berührpunkt), wenn $D = 0$ ist.
Die Gleichung $c^2 - 9c - 15{,}75 = 0$ hat die Lösungen $c_1 = -1{,}5$; $c_2 = 10{,}5$.
Die erste Lösung entfällt, da sie einen Berührpunkt im negativen Bereich ergibt.
Für $x > 1$ ist die Isokostenkurve $y = -1{,}5x + 10{,}5$ Tangente an die Isoquante; aus der Gleichung (*) mit $c = 10{,}5$ ergibt sich die x-Koordinate 3 des Berührpunktes; der zugehörige y-Wert ist 6. Der Berührpunkt von Isoquante und Isokostengerade heißt **Minimalkostenkombination** MKK. Somit ist die Produktion am kostengünstigsten, wenn Maschine $M_1$ 3 Stunden und Maschine $M_2$ 6 Stunden arbeitet. Wegen $3 \cdot 60 + 6 \cdot 40 = 420$ betragen die **Minimalkosten** dann 420 €.

Diese Methode zur Bestimmung des Berührpunktes einer Tangente an den Graphen einer Funktion nennt man **Diskriminantenmethode**.

**Mögliche Strategie zur Lösung eines Minimalkostenproblems:**

Um für die Produktion einer festen Menge P die kostengünstigste Kombination zweier Produktionsfaktoren zu bestimmen, ermittelt man mit der Diskriminantenmethode zunächst die Minimalkostenkombination MKK $(x_0 | y_0)$.
Die minimalen Kosten ergeben sich dann aus $p_x \cdot x_0 + p_y \cdot y_0$.

$I_P$: $y = \frac{a}{x-b} + c$
$I_K$: $y = -\frac{p_x}{p_y} \cdot x + \frac{K}{p_x}$
$I_c$: $y = -\frac{p_x}{p_y} \cdot x + c$
$p_x$: Kosten für Faktor x
$p_y$: Kosten für Faktor y
K: Kapital bzw. Budget

Später wird mit der Differenzialrechnung eine andere Methode zur Lösung eines Minimalkostenproblems dargestellt.

## Aufgabe

Für die Entladung eines Schiffes mit Sand können Kräne oder Loren eingesetzt werden. Ein Kran kostet pro Stunde 60 €, eine Lore 40 €. Die Entladung ein und desselben Schiffes kann in der gleichen Zeit durch sechs Kran- und zwei Lorenstunden, durch drei Kran- und drei Lorenstunden oder durch zwei Kran- und vier Lorenstunden erfolgen.

a) Fassen Sie die Paare (6; 2), (3; 3) und (2; 4) als Punkte auf und tragen Sie diese in ein Koordinatensystem ein. Weisen Sie nach, dass sie auf der Isoquante $I_P$: $y = \frac{6}{x} + 1$ liegen.

b) Geben Sie an, wie viele Kran- und wie viele Lorenstunden anzusetzen sind, um das Schiff am kostengünstigsten zu entleeren.

# Rückblick

**Potenzfunktionen**

Funktionen der Form f: $x \mapsto a \cdot x^k$ mit $a \neq 0$ und $k \in \mathbb{Z} \setminus \{0\}$ nennt man **allgemeine Potenzfunktionen**.

Ist $k \in \mathbb{Q}$, so ist es sinnvoll, den Definitionsbereich einzugrenzen: $D = \mathbb{R}^+$.

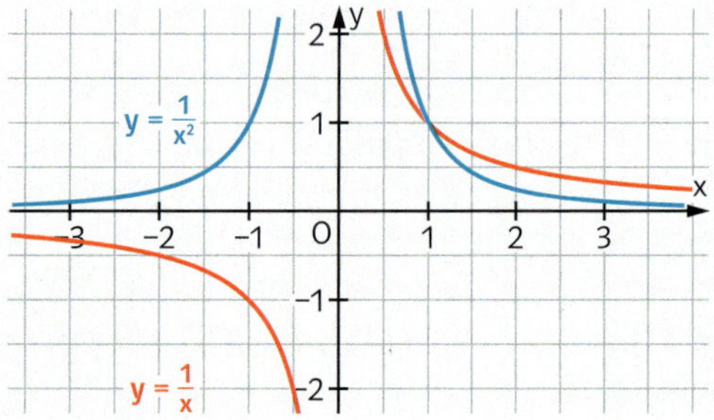


**Gebrochenrationale Funktionen**

Funktionen, die als Quotient zweier ganzrationaler Funktionen aufgefasst werden können, heißen **gebrochenrationale Funktionen**:

$f(x) = \frac{a_n x^n + a_{n-1} x^{n-1} + \ldots + a_1 x + a_0}{b_m x^m + b_{m-1} x^{m-1} + \ldots + b_1 x + b_0}$.

Mit $f(x) = \frac{p(x)}{q(x)}$ gilt für die **Definitionsmenge**: $D = \mathbb{R} \setminus \{x \mid q(x) = 0\}$.

Ist $q(x_0) = 0$, so ist $x_0$ eine **Definitionslücke**.

$f(x) = \frac{x}{x^2 - 4}$; es ist $q(x) = x^2 - 4$.

Aus $x^2 - 4 = 0$ folgt $x = -2$; $x = +2$;
somit: $D_f = \mathbb{R} \setminus \{-2; +2\}$.

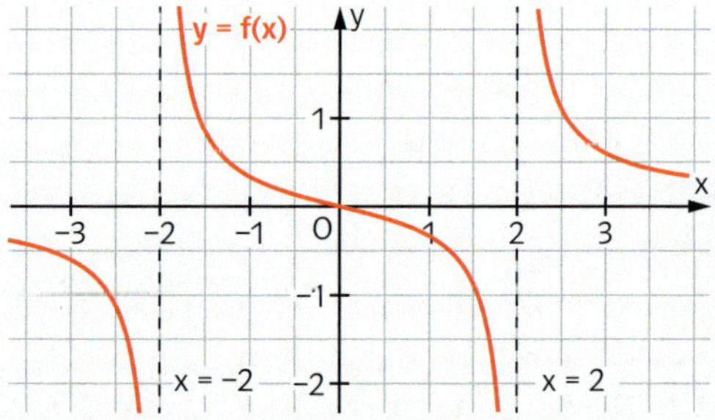


**Verhalten in der Umgebung einer Definitionslücke**

Die Definitionslücke $x_0$ einer gebrochenrationalen Funktion f heißt **hebbare Definitionslücke**, wenn $\lim\limits_{x \to x_0} f(x) = y_0$ existiert,

**Polstelle**, wenn $|f(x)| \to +\infty$ für $x \to x_0$.

Die Gerade mit der Gleichung $x = x_0$ heißt **senkrechte Asymptote** des Graphen von f.

Man unterscheidet zwischen **Polstellen mit und ohne Vorzeichenwechsel**.

Gilt z. B. $f(x) \to -\infty$ für $x \to x_0$ und $x < x_0$ sowie $f(x) \to +\infty$ für $x \to x_0$ und $x > x_0$, so ist die Stelle $x_0$ eine Polstelle mit Vorzeichenwechsel.

$f(x) = \frac{x - 1}{x^2 - 3x + 2} = \frac{x - 1}{(x - 1)(x - 2)}$; $D_f = \mathbb{R} \setminus \{1; 2\}$

$\lim\limits_{x \to 1} f(x) = -1$; $|f(x)| \to +\infty$ für $x \to 2$;

$x_0 = 1$ ist hebbare Definitionslücke;

$x_1 = 2$ ist Polstelle mit Vorzeichenwechsel;

Gleichung der senkrechten Asymptote: $x = 2$

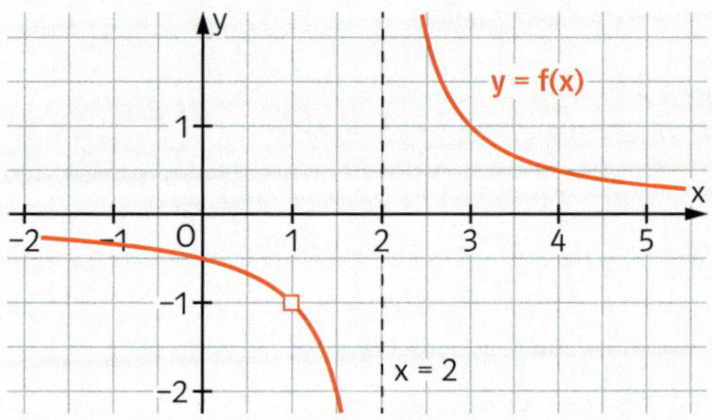


**Verhalten für $x \to \pm\infty$**

Der Graph einer gebrochenrationalen Funktion f ($a_n$; $b_m \neq 0$) hat für $|x| \to \infty$ im Falle

- $n < m$ die x-Achse als **waagerechte Asymptote**,
- $n = m$ die Gerade g: $y = \frac{a_n}{b_m}$ als waagerechte Asymptote,
- $n = m + 1$ eine **schiefe Asymptote** (Term durch Polynomdivision),
- $n > m + 1$ eine **Näherungskurve** (Term durch Polynomdivision).

| Funktion | Asymptote für $x \to \pm\infty$ | Näherungskurve $x \to \pm\infty$ |
|---|---|---|
| $g(x) = \frac{3x}{4x - 2}$ | $y = \frac{3}{4}$ | |
| $h(x) = \frac{x^2}{x - 1}$ | $y = x + 1$ | |
| $k(x) = \frac{x^3}{x - 2}$ | | $y = x^2 + 2x + 4$ |

## Funktionen in den Wirtschaftswissenschaften

### Stückkosten

Die **Kostenfunktion K** bestimmt die Gesamtkosten, die bei der Produktion von x Stück entstehen; die Kapazitätsgrenze ist $x_{kap}$.

Die **Stückkostenfunktion** k mit $k(x) = \frac{K(x)}{x}$ gibt die Kosten pro Stück an.

Die Ausbringungsmenge $x_0$, für die die Stückkosten minimal sind, nennt man **Betriebsoptimum**.
Das zugehörige Stückkostenminimum $k(x_0)$ heißt **langfristige Preisuntergrenze**.

$K(x) = 2x^2 + 15x + 50$

$k(x) = 2x + 15 + \frac{50}{x}$

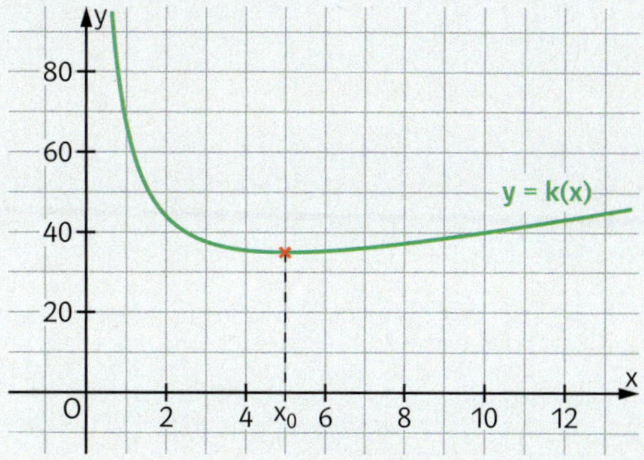


### Stückgewinn

Die Gewinnfunktion G mit $G(x) = E(x) - K(x)$ beschreibt den Gewinn eines Unternehmens für $D = [0; x_{kap}]$.

Die **Stückgewinnfunktion** g mit $g(x) = \frac{G(x)}{x}$ gibt den Gewinn pro Stück an.

Für einen polypolistischen Anbieter ist der Stückgewinn maximal im Betriebsoptimum.
Im Monopol liegt das Stückgewinnmaximum an einer anderen Stelle.

Polypol mit Marktpreis p = 40

$E(x) = 40x$

$G(x) = E(x) - K(x) = -2x^2 + 25x - 50$

$g(x) = -2x + 25 - \frac{50}{x}$

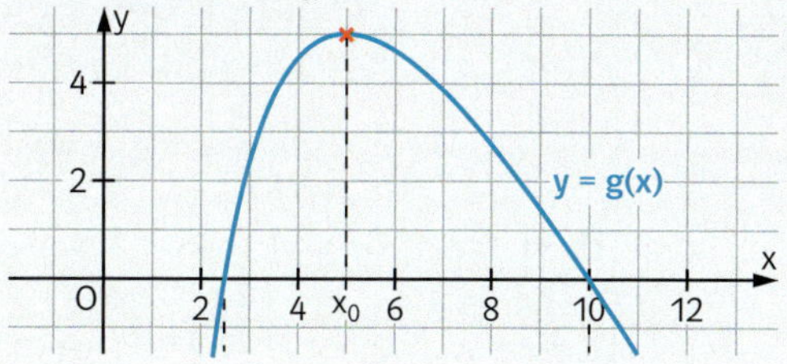


### Wirtschaftlichkeit

Unter der Wirtschaftlichkeit versteht man den Quotienten aus dem Ertrag und dem Aufwand bzw. den Kosten, beides in Geld bewertet:
$W(x) = \frac{E(x)}{K(x)}$.

Ein Betrieb arbeitet wirtschaftlich, wenn **W(x) > 1** ist.

$W(x) = \frac{40x}{2x^2 + 15x + 50}$

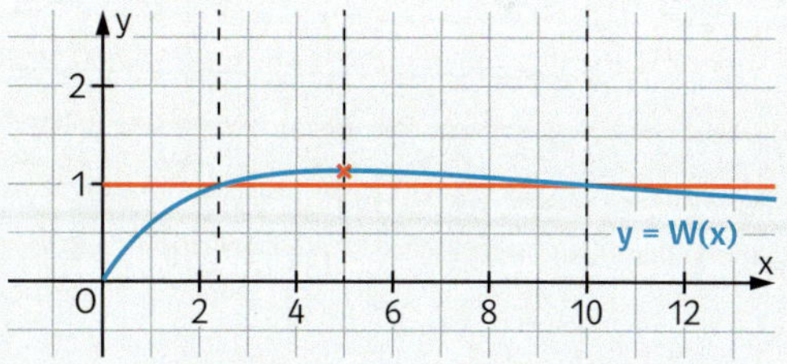


### Umsatzrentabilität

Die Umsatzrentabilität beschreibt das Verhältnis zwischen Gewinn und Umsatz; sie wird in Prozent angegeben:

$\text{Umsatzrentabilität} = \frac{\text{Gewinn}}{\text{Umsatz}} \cdot 100.$

Die Funktion $R(x) = \frac{G(x)}{U(x)}$ ist eine gebrochenrationale Funktion.

$R(x) = \frac{-2x^2 + 25x - 50}{40x}$

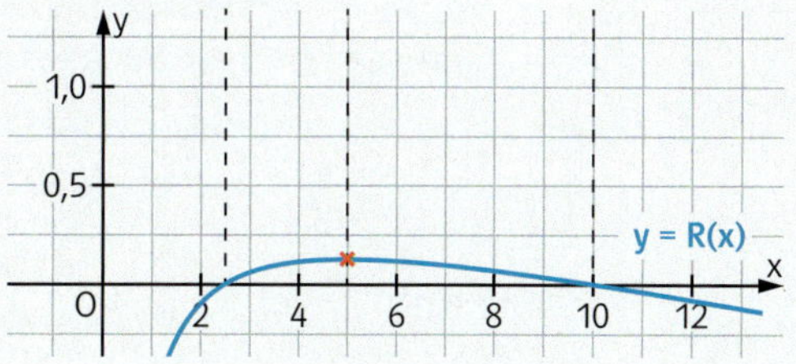

# Training

Gegeben ist die Funktion f mit $f(x) = \frac{x^2 - 1}{x^2}$.
Welcher der beiden Graphen gehört zu f? Begründen Sie Ihre Antwort.

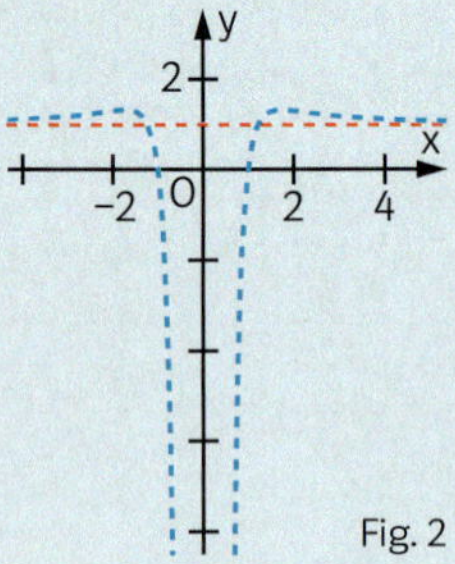


Fig. 2

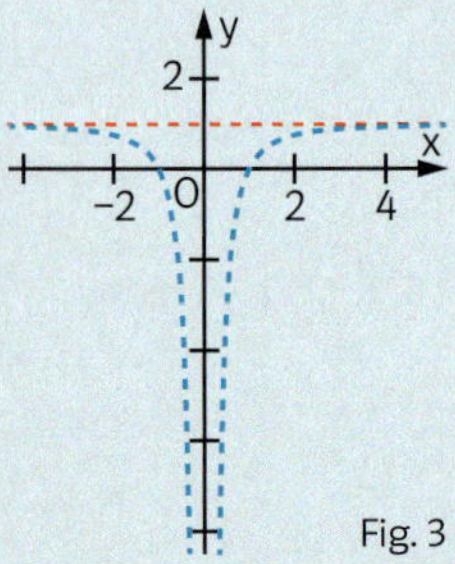


Fig. 3

**1** Entscheiden Sie rechnerisch, ob die Funktion f mit $f(x) = \frac{x-1}{x} - 1$ eine Nullstelle besitzt.

**2** Gegeben sind die Funktionen f mit $f(x) = \frac{2}{x+1}$ und g mit $g(x) = -\frac{2x}{x-1}$.
Geben Sie jeweils die maximale Definitionsmenge und alle Asymptoten an.

**3** Gegeben ist die Funktion f. Ermitteln Sie die Definitionsmenge und die Polstellen. Geben Sie die gemeinsamen Punkte des Graphen von f mit der x-Achse sowie die Asymptoten an. Skizzieren Sie den Graphen von f.

a) $f(x) = \frac{1}{x+2} + 2$ b) $f(x) = \frac{x}{(x-1)^2} - 4$ c) $f(x) = \frac{x^3}{(x+3)^3} - 1$

**4** Fig. 1 zeigt die Graphen $K_1$ und $K_2$ der beiden Funktionen mit $f_1(x) = \frac{1}{x-3} + a$ und $f_2(x) = -\frac{1}{(x-b)^2} + c$ sowie alle Asymptoten.
Ordnen Sie den Funktionen $f_1$ und $f_2$ den jeweils passenden Graphen zu und bestimmen Sie die Werte für a, b und c.

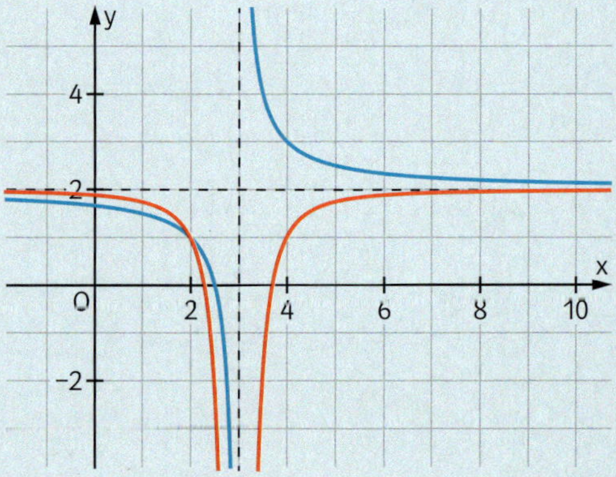


Fig. 1

**5** Gegeben ist die Funktion f mit $f(x) = \frac{2 - x^2}{x^2 - 9}$.
Untersuchen Sie die Funktion auf Symmetrie, Polstellen, Nullstellen und Asymptoten.
Skizzieren Sie den Graphen von f.

**6** Untersuchen Sie die Funktion f mit dem Rechner.

a) $f(x) = \frac{x^2 - 4}{x^2 + 2}$ b) $f(x) = \frac{3x^3 - 3x}{(x-2)^2}$ c) $f(x) = \frac{(1-x)^2}{2-x}$

**7** Gegeben ist die Funktion f mit $f(x) = \frac{ax^2 + 2}{(x+b)(x-c)}$. Bestimmen Sie in Fig. 4 bis 7 die Werte für a, b und c so, dass der dargestellte Graph zu f gehört.

a)
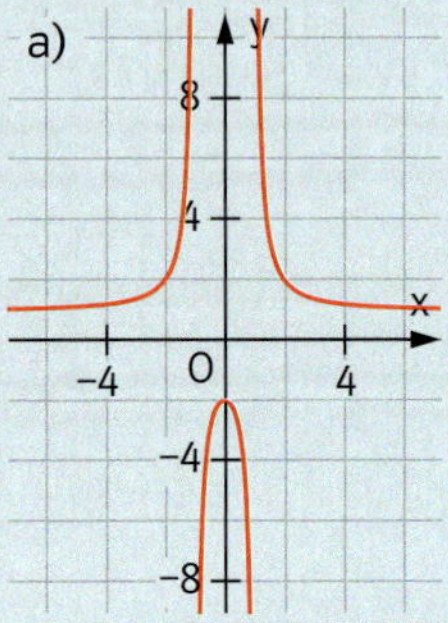


Fig. 4

b)
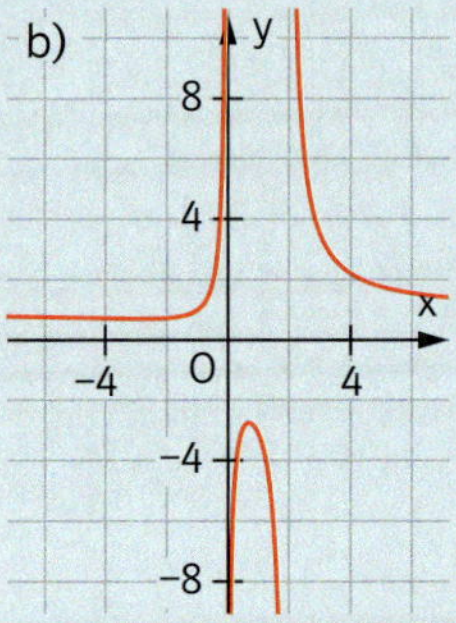


Fig. 5

c)
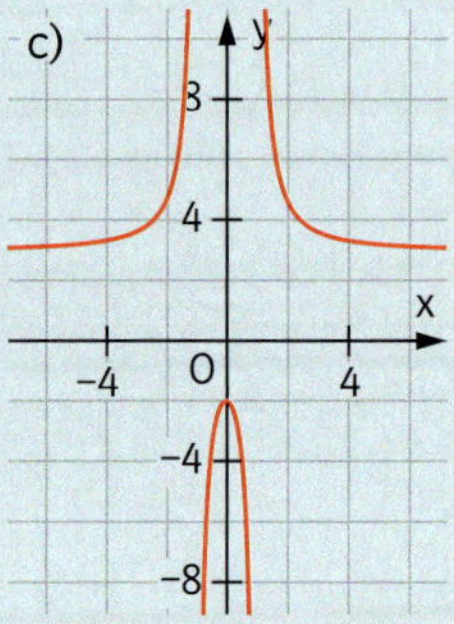


Fig. 6

d)
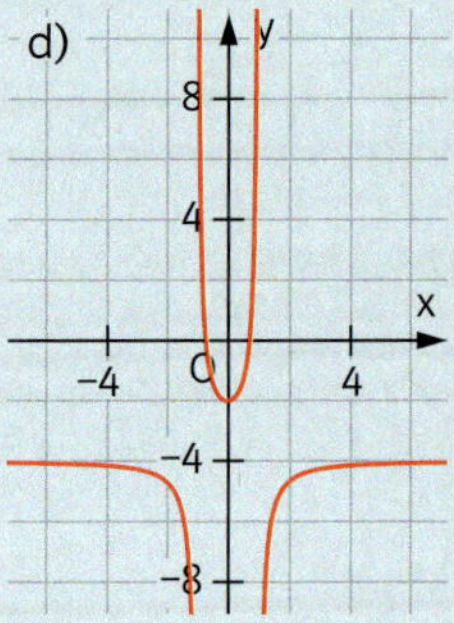


Fig. 7

**8** Geben Sie eine gebrochenrationale Funktion an, deren Graph die x-Achse im Punkt N(2|0) schneidet und die Asymptoten mit den Gleichungen x = 1 und y = 2 besitzt.

**9** Der Graph einer gebrochenrationalen Funktion f hat Asymptoten mit den Gleichungen x = −1 und y = 0.

a) Skizzieren Sie drei mögliche Graphen.

b) Als weitere Bedingung kommt hinzu, dass der Graph durch den Ursprung verläuft. Skizzieren Sie erneut drei mögliche Graphen.

# Training

**10** Geben Sie eine gebrochenrationale Funktion f mit den folgenden Eigenschaften an.
a) $\lim_{x \to +\infty} f(x) = 1$ und $\lim_{x \to -\infty} f(x) = 1$; Polstelle ist $x_0 = 2$; Nullstellen sind $x_1 = 1$ und $x_2 = -1$.
b) f besitzt die einzige Nullstelle 1 und hat die Geraden g: $x = -3$ und h: $y = 2$ als Asymptoten.
c) f besitzt keine Polstelle; ihre Wertemenge ist [0; 2].

**11** Für jedes $t \neq 0$ ist eine Funktion $f_t$ gegeben durch $f_t(x) = \frac{4}{1 + tx^2}$. Ihr Graph sei $K_t$.
Untersuchen Sie $K_t$ auf Symmetrie, Schnittpunkte mit der x-Achse sowie auf Asymptoten.
Zeichnen Sie $K_t$ für $t = -1; 1; 2$.

Zu Aufgabe 11:
Je nach Parameterwert kann der zugehörige Graph sehr verschieden aussehen.
$f_{-\frac{1}{2}}(x) = \frac{4}{1 - \frac{1}{2}x^2}$

$f_{\frac{1}{2}}(x) = \frac{4}{1 + \frac{1}{2}x^2}$

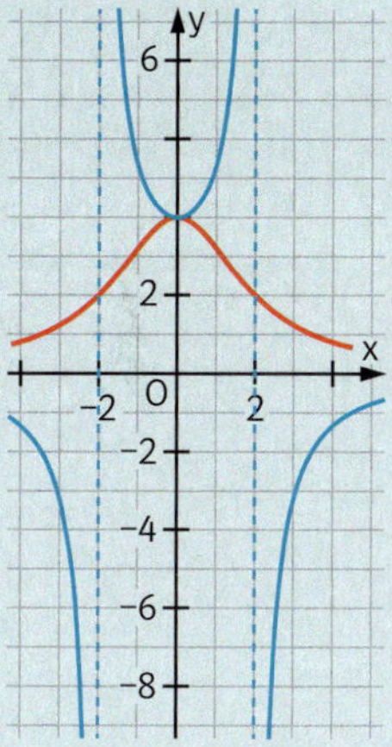


**12** Zeichnen Sie den Graphen einer passenden gebrochenrationalen Funktion und geben Sie die Funktionsvorschrift an.
a) Die Funktion hat bei $x = 1$ eine Nullstelle und bei $x = -1$ eine hebbare Definitionslücke.
b) Die Funktion hat bei $x = 2$ eine hebbare Definitionslücke, bei $x = 0$ einen Pol und bei $x = -2$ eine Nullstelle.
c) Die Funktion hat bei $x = 1$ einen Pol ohne Vorzeichenwechsel, eine hebbare Definitionslücke bei $x = -1$ und Nullstellen bei $x = 2$ und bei $x = -2$.

**13** Gegeben ist die Kostenfunktion K mit $K(x) = x^3 - 10x^2 + 50x + 196$; die Kapazitätgrenze ist $x_{max} = 12$. Bestimmen Sie mit dem Rechner das Betriebsoptimum und die langfristige Preisuntergrenze.

**14** In einem Marktmodell wurde festgestellt:
Das Marktgleichgewicht befindet sich bei MGW. Der Höchstpreis des Produktes ist $p_0$; die Sättigungsmenge $x_0$. Die Preis-Nachfrage-Funktion ist vom Typ $p_N$ mit $p_N(x) = \frac{a - bx}{x - c}$.
Die Angebotsfunktion ist linear mit dem Mindestpreis $p_{min}$.
Bestimmen Sie die Angebots- und die Nachfragefunktion.

| | | |
|---|---|---|
| a) MGW(3 \| 4) | b) MGW(2 \| 4) | c) MGW(5 \| 4) |
| $p_0 = 8$; $x_0 = 9$; $p_{min} = 2$ | $p_0 = 15$; $x_0 = 10$; $p_{min} = 1$ | $p_0 = 10$; $x_0 = 10$; $p_{min} = 1$ |

**15** Bei der Produktion von x ME eines Gutes können die entstehenden Kosten durch die Funktion K mit $K(x) = 0{,}4x^3 - x^2 + 4x + 10$ modelliert werden. Der Unternehmer erzielt auf dem Markt einen Preis von $14\,\frac{GE}{ME}$.
a) Ermitteln Sie die Funktionen für den Erlös, den Gewinn, die Stückkosten sowie den Stückgewinn.
b) Bestimmen Sie die Gewinnschwelle, die Gewinngrenze sowie das Maximum für den Gewinn.
c) Berechnen Sie das Betriebsoptimum und die langfristige Preisuntergrenze.
d) Skizzieren Sie die Graphen der Kosten-, der Erlös- und der Gewinnfunktion in ein gemeinsames Koordinatensystem sowie die Graphen der Stückkosten- und der Stückgewinnfunktion in ein weiteres Koordinatensystem mit der gleichen Einteilung der x-Achse.
e) Ermitteln Sie die Funktionen für die Wirtschaftlichkeit W und für die Umsatzrentabilität R. Skizzieren Sie die Graphen von W und R in einem weiteren Koordinatensystem mit der gleichen Einteilung der x-Achse wie in den Skizzen zu d).
f) Verdeutlichen Sie die ermittelten Zusammenhänge an den untereinander liegenden Skizzen.

**16** Bei der Produktion von x ME eines Gutes entstehen Kosten, die durch die Funktion K mit $K(x) = 0{,}4x^3 - x^2 + 4x + 10$ beschrieben werden können (vgl. Aufgabe 15).
Ein Monopolist arbeitet mit der Preis-Absatz-Funktion p mit $p(x) = 60 - 10x$.
Führen Sie die entsprechenden Überlegungen wie in Aufgabe 15 durch. Beschreiben Sie die sich ergebenden Unterschiede je nach Vorgabe für ein Polypol bzw. Monopol.

# Exponentialfunktionen und Wachstum

Wachstum ist das zeitliche Verhalten einer Messgröße.
Zunächst wird zu einem bestimmten Zeitpunkt $t_1$ der Wert dieser Größe bestimmt. Zu einem späteren Zeitpunkt $t_2$ wird der Wert dieser Größe wieder bestimmt.
Ist dieser zweite Wert $W(t_2)$ größer als der erste $W(t_1)$, dann spricht man von positivem Wachstum. Dieser Fall entspricht dem allgemeinen Sprachgebrauch.
Ist $W(t_2)$ kleiner als $W(t_1)$, spricht man von negativem Wachstum.
Im Falle $W(t_2) = W(t_1)$ spricht man von Nullwachstum.

(Quelle: www.wikipedia.de (Seite „Wachstum"))

Der Suppenkaspar (aus Heinrich Hoffmann: „Der Struwwelpeter", 1858)

## Das kennen Sie schon

- Lineare Wachstumsvorgänge
- Eigenschaften ganzrationaler und gebrochenrationaler Funktionen
- Zinsrechnung
- Beschreibung wirtschaftlicher Zusammenhänge durch Funktionen

Der Burj Khalifa ist mit 828 m Höhe das höchste Gebäude der Welt.
Es wurde am 4. Januar 2010 eingeweiht.

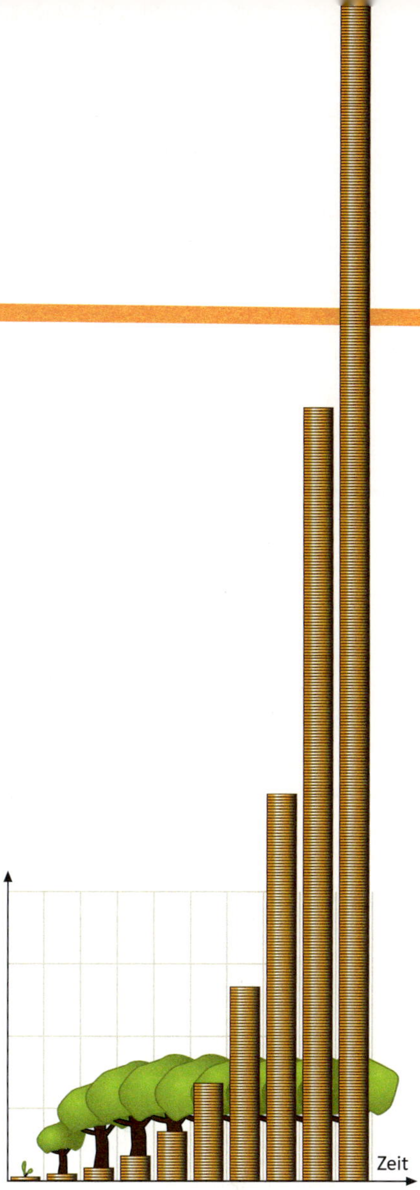


**„Wachstum" einer Geldanlage durch Zinseszins** Der Vergleich des Geldvermögenswachstums mit einem natürlichen Wachstumsablauf (z. B. dem eines Baumes) zeigt die Widernatürlichkeit aller exponentiellen Entwicklungsabläufe. *(INWO)*

Arithmetik/ Algebra

Argumentieren/ Kommunizieren

Funktionen

Problemlösen

Geometrie

Modellieren

Stochastik

Werkzeuge

## In diesem Kapitel

- wird exponentielles Wachstum untersucht.
- werden Exponentialfunktionen definiert.
- wird die Zinseszinsrechnung genauer untersucht.
- wird die Euler'sche Zahl e eingeführt.
- werden weitere Wachstumsvorgänge mithilfe von Exponentialfunktionen beschrieben.

# 1 Einführung

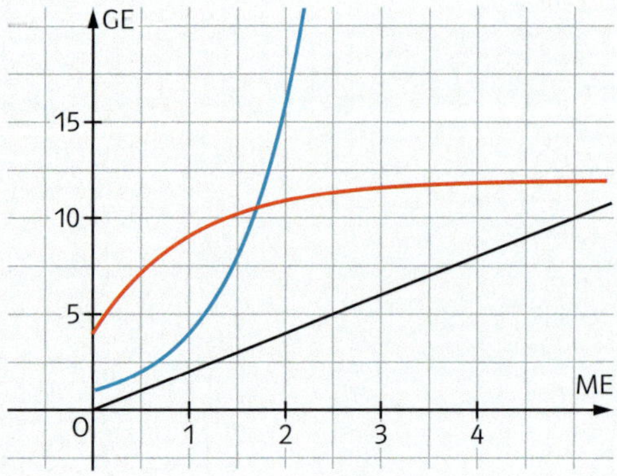


In der Abbildung sind drei Graphen dargestellt. Nehmen Sie an, dass jeweils die Gesamtkosten eines Produktes in Abhängigkeit von der produzierten Menge dargestellt werden. Beschreiben Sie den Verlauf jedes Graphen in Worten und geben Sie ein Beispiel für ein Produkt an, für das sich die Kosten so verhalten könnten.

Nach der bekannten „Reiskornlegende" durfte der Erfinder des Schachspiels an den indischen Herrscher Shihram einen Wunsch richten. Er wünschte sich, dass auf das erste Feld ein Reiskorn gelegt wird, auf das zweite doppelt so viele Reiskörner wie auf das erste, auf das dritte doppelt so viele wie auf das zweite usw. bis alle 64 Felder des Schachbrettes belegt sind. In der Wertetabelle wird dargestellt, wie viele Reiskörner dann auf den ersten zehn Feldern liegen müssten.

| Feldnummer | 0 | 1 | 2 | 3 | 4 | 5 | 6 | 7 | 8 | 9 |
|---|---|---|---|---|---|---|---|---|---|---|
| Anzahl Körner | 1 | 2 | 4 | 8 | 16 | 32 | 64 | 128 | 256 | 512 |

$1{,}84 \cdot 10^{19}$
In Worten:
18 Trillionen
400 Billiarden

Würde man diesen Prozess fortsetzen, müssten auf dem 64. Feld dann $2^{64} \approx 1{,}84 \cdot 10^{19}$ Reiskörner liegen. Durch die Zuordnungsvorschrift $f(x) = 2^x$ wird ein so genanntes **exponentielles Wachstum** beschrieben. In diesem Kapitel wird es darum gehen, derartige Wachstumsprozesse mathematisch zu beschreiben.

Ein exponentielles Wachstum kann allgemein durch eine **Exponentialfunktion** f mit $f(x) = a^x$ dargestellt werden. Im Gegensatz zu den bisher behandelten Funktionsklassen steht bei diesen Funktionen die Variable im Exponenten. Mithilfe ihrer Umkehrfunktion – der **Logarithmusfunktion** – kann aus der Kenntnis einer Potenz und ihrer Basis der Exponent gewonnen werden. In Fig. 1 sind die Graphen der Funktion $f(x) = 2^x$ und ihrer Umkehrfunktion $g(x) = \log_2(x)$ dargestellt.

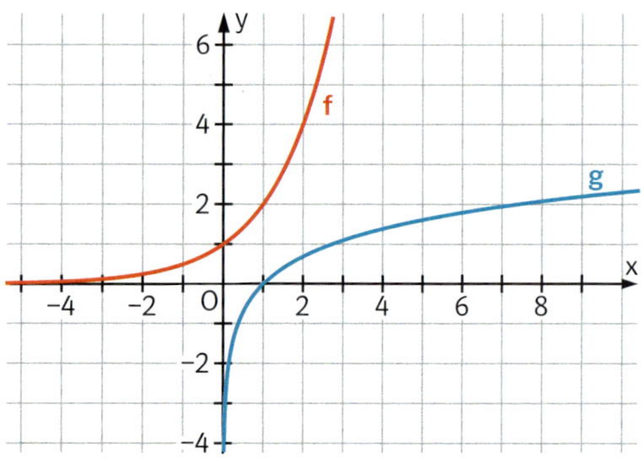


Fig. 1

Die Exponenten dürfen beliebige reelle Zahlen sein. Die Basis darf eine beliebige positive Zahl ungleich eins sein. Oft wird die Euler'sche Zahl $e = 2{,}718\ldots$ verwendet; diese Zahl hat unendlich viele Nachkommastellen, die sich nicht periodisch wiederholen. Es wird in diesem Kapitel gezeigt, dass der Term jeder Exponentialfunktion so umgeformt werden kann, dass ihre Basis die Euler'sche Zahl e ist.
Exponentialfunktionen spielen in der Natur, aber auch in der Wirtschaft und vor allem in der Finanzmathematik eine bedeutende Rolle, denn sie beschreiben Prozesse mit konstantem prozentualem Wachstum, bei denen sich eine Größe in Abhängigkeit von dem bereits vorhandenen Wert prozentual verändert.

Häufig geht es bei Wachstumsprozessen nicht wie bei der „Reislegende" um ein hundertprozentiges Wachstum, sondern um geringere Prozentsätze. Ein typisches Beispiel dafür ist die Zinseszinsrechnung, bei der ein Kapital mit der Zeit immer stärker anwächst. Wenn sich der Preis für ein Produkt jährlich beispielsweise um 2 % erhöht, spricht man auch von einem exponentiellen Wachstum. Dieses Wachstum kann durch die Funktion f mit $f(x) = P(0) \cdot 1{,}02^x$ beschrieben werden, wobei P(0) den Preis zu Beginn des Beobachtungszeitraumes und x die Anzahl der Jahre darstellt. Sinkt dagegen der Preis für ein Produkt um 2 %, spricht man von einem negativem exponentiellen Wachstum und erhält entsprechend die Funktion $f(x) = P(0) \cdot 0{,}98^x$.

Unbegrenztes Wachstum kommt in der Realität nicht vor. Alle Wachstumsvorgänge in der Natur und in der Wirtschaft haben durch äußere Rahmenbedingungen eine Obergrenze.
Durch die Berücksichtigung weiterer Randbedingungen wie beispielsweise der Sättigung eines Marktes mit einem bestimmten Produkt werden in diesem Kapitel ebenfalls Modelle aufgezeigt, bei denen nur abschnittsweise ein exponentielles Wachstum vorliegt.
Beispiele hierfür sind das so genannte **beschränkte** und das **logistische Wachstum**.

In diesem Kapitel wird die Funktionsklasse der **Exponentialfunktionen** definiert und auf ihre Eigenschaften untersucht. Exponentialfunktionen spielen eine wichtige Rolle in der Natur, der Wirtschaft und der Finanzmathematik.

## Aufgaben

**1** Ein Auto verliert pro Jahr 30 % seines aktuellen Wertes. Erstellen Sie eine Tabelle für den jeweiligen Wert eines Wagens, der neu 20 000 € kostet. Berechnen Sie dabei den Wert bis zum zehnten Jahr und zeichnen Sie die berechneten Werte in ein Koordinatensystem.

**2** a) Gegeben ist die Funktion $f_b$ mit der Gleichung $f_b(x) = b \cdot 2^x$. Zeichnen Sie mit Ihrem Rechner Graphen für verschiedene Werte von b und beschreiben Sie den Verlauf der Graphen.
b) Gegeben ist die Funktion $f_c$ mit der Gleichung $f_c(x) = c \cdot (1 - 0{,}5^x)$. Zeichnen Sie mit Ihrem Rechner für verschiedene Werte von c Graphen und beschreiben Sie ihren Verlauf.

**3** Gegeben sind die Funktionen f und g mit $f(x) = x^2$ und $g(x) = 2^x$.
a) Zeichnen Sie mithilfe des Rechners Graphen der Funktionen f und g.
b) Wie oft schneiden sich die Graphen? Bestimmen Sie die Koordinaten der Schnittpunkte.
c) Beschreiben Sie den gegenseitigen Verlauf der Graphen.

**4** Angenommen, Sie legen am 1. Januar nächsten Jahres ein Kapital in Höhe von 1000 € zu einem festen Zinssatz von 3 % an. Über welches Kapital können Sie dann nach 50 Jahren verfügen? Schätzen Sie zunächst.

**5** Vier Münzen werden auf einen Tisch geworfen. Für jede Münze mit oben liegender Zahl wird eine Münze dazugelegt. Mit allen auf dem Tisch liegenden Münzen wird erneut „gewürfelt". Wieder wird für jede Münze mit oben liegender Zahl eine Münze hinzugenommen usw.
a) Tragen Sie die erwartete Anzahl der auf dem Tisch liegenden Münzen für 10 Spielrunden in eine Tabelle ein.
b) Wie viele Münzen werden für 20 Spielrunden ungefähr benötigt?
c) Wie viele Runden kann man mit 1000 Münzen ungefähr durchführen?
d) Übertragen Sie das Experiment auf eine reale Anwendung.

# 2 Lineares und exponentielles Wachstum

*Krebsrisiko*

**Ärzte fordern teure Zigaretten**

Weltweit wird vor einer Lungenkrebsepidemie durch Tabakkonsum gewarnt. Lungenkrebs sei zur häufigsten Krebsart geworden, betont die deutsche Krebsgesellschaft. Sie plädiert für eine drastische Erhöhung der Zigarettenpreise.

| Jahr | Vorschlag 1 | Vorschlag 2 |
|---|---|---|
| 0 | 5,00 € | 5,00 € |
| 1 | 5,50 € | 5,50 € |
| 2 | 6,00 € | 6,10 € |
| 3 | 6,50 € | 6,70 € |
| 4 | 7,00 € | 7,40 € |
| 5 | 7,50 € | 8,20 € |

Eine Schachtel Zigaretten kostet derzeit 5 €. Auf einem Kongress für Krebsärzte wurden die beiden angegebenen Vorschläge für die zukünftige Preisentwicklung in den nächsten fünf Jahren gemacht.
Untersuchen Sie die prozentuale Zunahme des Preises für jedes Jahr und für jeden Vorschlag. Beschreiben Sie die Zunahme des Preises durch eine Funktion.

Wachstumsvorgänge kann man durch Funktionen beschreiben. Dabei wird meistens die Veränderung einer Größe im zeitlichen Verlauf betrachtet. Die Größe Zeit wird dann oft mit t oder auch n, statt mit x bezeichnet. Den Funktionswert f(0) bezeichnet man als **Anfangswert**. Es treten häufig zwei Formen des Wachstums auf.

Erhöht sich z. B. die Anzahl der Firmen in einem neu angelegten Gewerbegebiet ausgehend von drei Firmen jährlich um eine konstante Zahl von 6, so spricht man von einem **linearen Wachstum**. Nach fünf Jahren hätte das Gewerbegebiet dann 33 Firmen. Verdoppelt sich die Zahl der Firmen allerdings jedes Jahr, dann kommen im ersten Jahr drei Firmen, im zweiten Jahr sechs Firmen hinzu, usw. Die Veränderung ist also relativ zum jeweiligen Bestand, man spricht von einem **exponentiellen Wachstum**.

Die Tabellen beschreiben die Funktionen nur für natürliche Zahlen x. In vielen Kontexten ist es sinnvoll, nicht nur ganzzahlige Werte für x zuzulassen. Die zugehörigen Graphen werden dann durchgezeichnet.

Lineares Wachstum mit f(0) = 3, m = 6

| x | 0 | 1 | 2 | 3 | 4 | 5 |
|---|---|---|---|---|---|---|
| y | 3 | 9 | 15 | 21 | 27 | 33 |

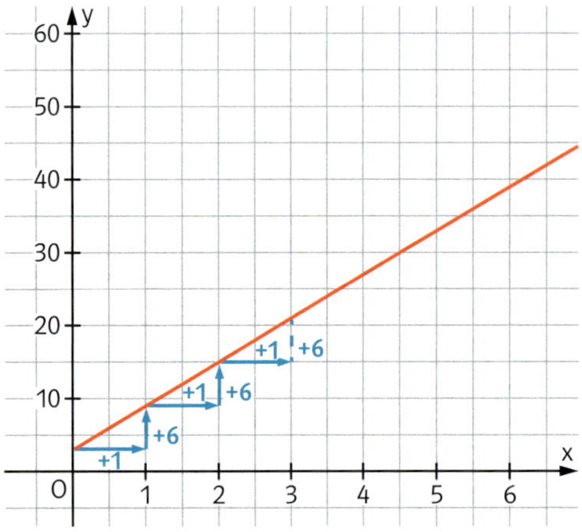


Fig. 1

Exponentielles Wachstum mit f(0) = 3, a =2

| x | 0 | 1 | 2 | 3 | 4 | 5 |
|---|---|---|---|---|---|---|
| y | 3 | 6 | 12 | 24 | 48 | 96 |

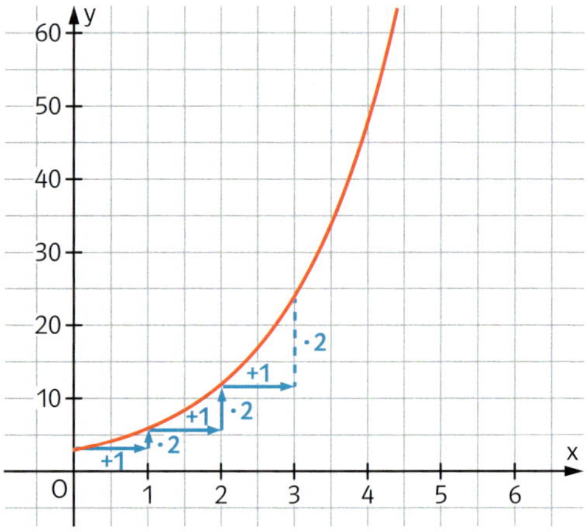


Fig. 2

Bei einer Abnahme von Werten spricht man auch von **negativem Wachstum**.

**Lineares Wachstum:**
Nimmt die Größe x um 1 zu, so verändert sich die Größe y immer um einen festen **Wachstumssummanden m**.
Es liegt also eine konstante **absolute** Veränderung vor.

**Exponentielles Wachstum:**
Nimmt die Größe x um 1 zu, so verändert sich die Größe y immer um einen festen **Wachstumsfaktor a**.
Es liegt also eine konstante **relative** Veränderung vor.

Exponentielles Wachstum wird häufig durch eine prozentuale Angabe beschrieben:
Nimmt eine Größe G um p% zu, so wächst sie auf $G + G \cdot \frac{p}{100} = G \cdot \left(1 + \frac{p}{100}\right)$.
Der Wachstumsfaktor hat also den Wert $a = 1 + \frac{p}{100}$.

Nimmt eine Größe G um p% ab, so verringert sie sich. Der Wachstumsfaktor ist $a = 1 - \frac{p}{100}$.

**Beispiel 1** Wachstumsformen

Beschreiben Sie die Form des Wachstums. Zeichnen Sie den Graphen der zugehörigen Funktion.

a) Bei 20 °C ist die Quecksilbersäule eines Thermometers 15 mm hoch. Sie „steigt" bei einer Temperaturerhöhung um 1 °C jeweils um 5 mm.
b) Eine 1,2 m lange Alge vergrößert täglich ihre Länge um 30 %.
c) Ein Motor enthält 4000 cm³ Öl. Er verbraucht 200 cm³ Öl auf 1000 km.
d) Ein 35 000 € teurer Pkw verliert jährlich 25 % seines Zeitwertes.

Lösung:

a) Lineares Wachstum mit:
Wachstumssummand: 5 mm (je °C)
Anfangswert: 15 mm

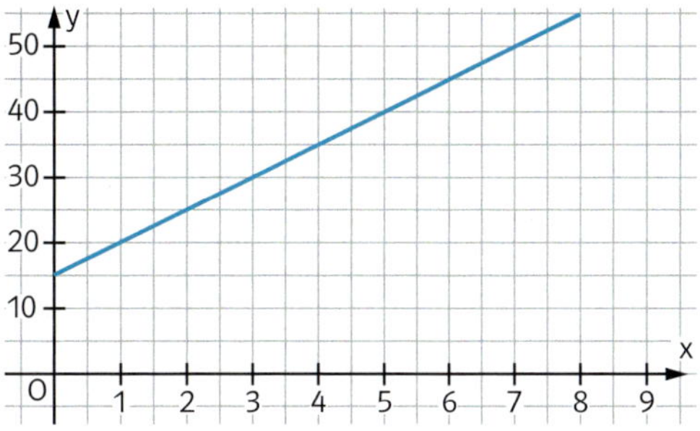

Fig. 1

b) Exponentielles Wachstum mit:
Wachstumsfaktor: $1 + \frac{30}{100} = 1{,}3$
Anfangswert: 1,2 m

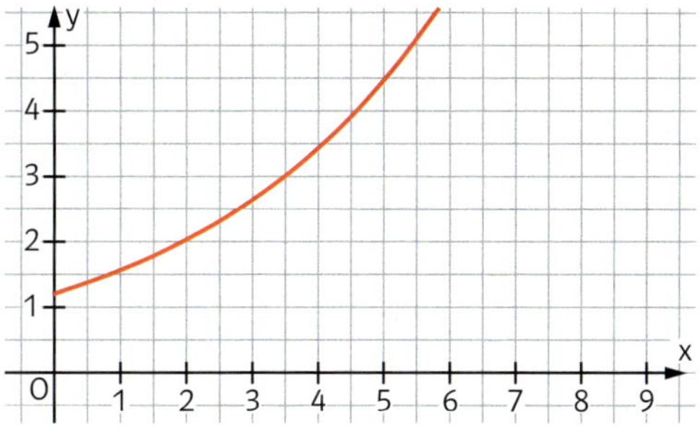

Fig. 2

c) Lineares Wachstum (Abnahme) mit:
Wachstumssummand: −200 cm³ auf 1000 km
Anfangswert: 4000 cm³

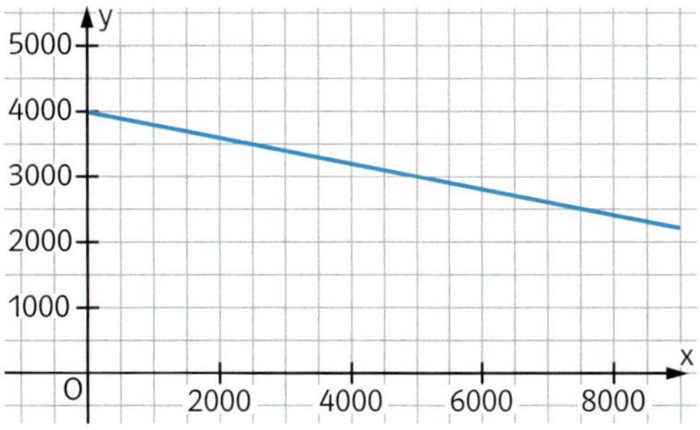

Fig. 3

d) Exponentielles Wachstum (Abnahme) mit:
Wachstumsfaktor: $1 - \frac{25}{100} = 0{,}75$
Anfangswert: 35 000 €

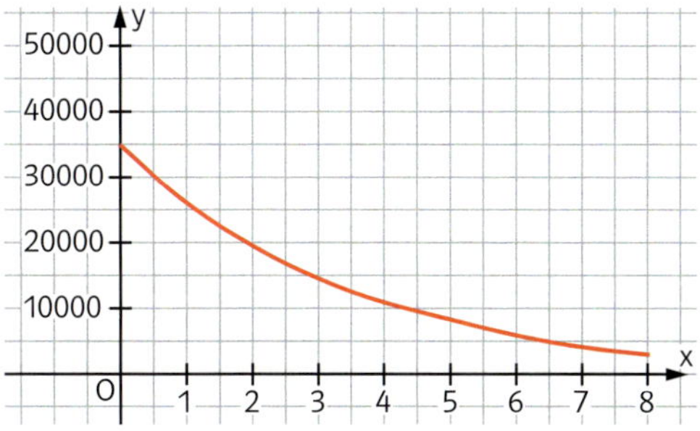

Fig. 4

**Beispiel 2** Untersuchung auf Form des Wachstums

Prüfen Sie, ob die Tabellen zu einem linearen oder einem exponentiellen Wachstum gehören können.

a)

| | | | | |
|---|---|---|---|---|
| x | 0 | 1 | 2 | 3 |
| y | 2 | 7 | 12 | 17 |

b)

| | | | | |
|---|---|---|---|---|
| x | 0 | 1 | 2 | 3 |
| y | 3 | 9 | 27 | 81 |

c)

| | | | | |
|---|---|---|---|---|
| x | 0 | 1 | 2 | 3 |
| y | 1 | 2 | 5 | 10 |

Lösung:

a) Lineares Wachstum:
Wachstumssummand: 5,
denn: $2 \xrightarrow{+5} 7 \xrightarrow{+5} 12 \xrightarrow{+5} 17$

b) Exponentielles Wachstum:
Wachstumsfaktor: 3,
denn: $3 \xrightarrow{\cdot 3} 9 \xrightarrow{\cdot 3} 27 \xrightarrow{\cdot 3} 81$

c) Kein lineares Wachstum,
da $1 \xrightarrow{+1} 2 \xrightarrow{+3} 5$
Kein exponentielles Wachstum, da $1 \xrightarrow{\cdot 2} 2 \xrightarrow{\cdot 2{,}5} 5$

Erkennungszeichen für lineares Wachstum:
Die Differenz aufeinander folgender Werte ist konstant.

Erkennungszeichen für exponentielles Wachstum:
Der Quotient aufeinander folgender Werte ist konstant.

## Aufgaben

**1** Beschreiben Sie die Form des Wachstums. Stellen Sie für die zugehörige Funktion eine Wertetabelle auf. Zeichnen Sie den Graphen.

a) Ein Schüler bekommt monatlich 20 € Taschengeld. Jedes Jahr soll es um 5 € erhöht werden.

b) Eine Aushilfe verdient in einem Supermarkt 10 € in der Stunde. Jedes Jahr soll der Stundenlohn um 5 % steigen.

c) Eine 12 cm hohe Kerze wird angezündet. Jede Minute brennt sie um 2 mm herunter.

d) Ein Computer kostet 1000 €. Jedes Jahr verliert er die Hälfte seines Werts.

e) Eine Hefekultur mit 5 g Hefe verdreifacht stündlich ihre Masse.

f) Ein Öltank enthält noch 800 l Öl. In den Tank werden je Minute 200 l Öl gepumpt.

**2** Ergänzen Sie im Heft die fehlenden Werte so, dass ein exponentielles Wachstum vorliegt.

a)

| x | 0 | 1 | 2 | 3 | 4 | 5 |
|---|---|---|---|---|---|---|
| y | 20 | 15 | | | | |

b)

| x | 0 | 1 | 2 | 3 | 4 | 5 |
|---|---|---|---|---|---|---|
| y | | | 2,5 | 3,5 | | |

**3** In der folgenden Tabelle ist die ungefähre Entwicklung der Weltbevölkerung in den Jahren 1920 bis 2010 in Milliarden Menschen angegeben.

| Jahr | 1920 | 1930 | 1940 | 1950 | 1960 | 1970 | 1980 | 1990 | 2000 | 2010 |
|---|---|---|---|---|---|---|---|---|---|---|
| Bevölkerung | 1,86 | 2,07 | 2,30 | 2,52 | 2,99 | 3,62 | 4,49 | 5,29 | 6,07 | 6,90 |

a) Geben Sie für jedes Jahrzehnt den Wachstumsfaktor und die prozentuale Zunahme der Bevölkerung an.

b) Stellen Sie die Daten grafisch dar und entwickeln Sie ein lineares und ein exponentielles Modell.

c) Nach einer UN-Prognose wächst die Weltbevölkerung bis 2050 auf 9,1 Milliarden Menschen an. Beurteilen Sie die Qualität der beiden Modelle aus b) und erstellen Sie eine Prognose für das Jahr 2050.

**Räucherlachs – Risiko aus der Kühltheke?**
Bereits vor Ablauf des Mindesthaltbarkeitsdatums ist verpackter Räucherlachs manchmal verkeimt.

**4** In einer Packung Lachs befinden sich zum Zeitpunkt der Verpackung 4000 Bakterien. Genau 24 Stunden später werden 12 000 Bakterien gemessen.

a) Bestimmen Sie die stündliche Wachstumsrate unter Annahme eines exponentiellen Wachstums.

b) Wie viele Bakterien befinden sich bei Ablauf des Mindesthaltbarkeitsdatums nach einer Woche in der Lachspackung?

c) Durch Senkung der Kühltemperatur kann die Wachstumsrate der Bakterien um 60 % vermindert werden. Wie viele Bakterien befinden sich dann bei Ablauf des Mindesthaltbarkeitsdatums in der Packung?

**5** Bei Abschluss eines Staffelmietvertrages wird die Anfangsmiete auf 450 € festgelegt. Bei den zukünftigen jährlichen Mietsteigerungen kann der Mieter zwischen zwei Varianten wählen:

I: Die Miete erhöht sich nach Ablauf jeden Jahres um 15 €.

II: Die Miete erhöht sich jährlich um 3 %.

a) Stellen Sie die Mietpreisentwicklung für 25 Jahre bei beiden Varianten in einer Tabelle und grafisch dar.

b) Für welche Variante würden Sie sich entscheiden?

**6** Geben Sie die Zunahme bzw. die Abnahme in Prozent an, welche durch die folgenden Terme beschrieben werden.

a) $1{,}045^x$ b) $1{,}98^x$ c) $0{,}75^x$ d) $3{,}5^x$ e) $1{,}0^x$ f) $100 \cdot 1{,}005^x$

## Zeit zu überprüfen

**7** Prüfen Sie: Gehört die Tabelle zu einem linearen oder einem exponentiellen Wachstum?

a)

| x | 0 | 1 | 2 | 3 |
|---|---|---|---|---|
| y | 8 | 12 | 18 | 27 |

b)

| x | 0 | 1 | 2 | 3 |
|---|---|---|---|---|
| y | 11 | 9 | 7 | 5 |

c)

| x | 0 | 1 | 2 | 3 |
|---|---|---|---|---|
| y | 32 | 16 | 8 | 4 |

**8** Nach einer Prognose erhöht sich die Einwohnerzahl einer attraktiven Stadt mit 60 000 Einwohnern jährlich um 1000 Einwohner. Nach einer anderen Prognose erhöht sich die Einwohnerzahl jährlich um 2 %.

a) Legen Sie für beide Prognosen eine Tabelle für 10 Jahre an.

b) Erstellen Sie Formeln, mit der man die Einwohnerzahl nach x Jahren jeweils berechnen kann.

c) Zeichnen Sie für beide Prognosen Graphen. Lesen Sie anhand der Graphen ab, wann die Einwohnerzahl jeweils größer als 65 000 ist.

**9** Unterstellt man, dass die Staatsverschuldung in Deutschland exponentiell wächst, welche Verschuldung ergibt sich dann für das Jahr 2020 aus folgenden Daten:
2000: 1,2 Billionen Euro; 2010: 1,7 Billionen Euro?

**10** Nach dem Besuch eines Weinfestes hat Herr Rompel um Mitternacht einen Blutalkoholspiegel von 1,5 ‰. Jede Stunde wird der Alkoholgehalt im Blut um 0,15 ‰ abgebaut. Morgens um 7 Uhr will er mit dem Auto zur Arbeit fahren. Droht ihm bei einem Unfall Führerscheinentzug, weil mehr als 0,3 ‰ Alkohol im Blut nachgewiesen werden können?

**11** Papier mit einer Stärke von 0,2 mm wird auf eine Rolle gewickelt (Fig. 1).

a) Auf welchen Durchmesser wächst die Rolle mit x Lagen an?

b) Wie viele Lagen sind auf der Rolle, wenn der Durchmesser 1,80 m beträgt?

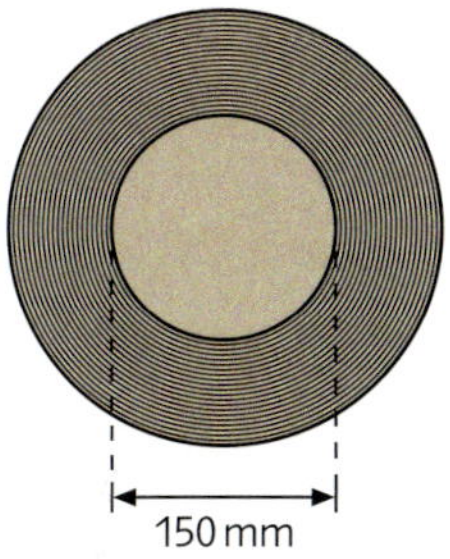


Fig. 1

**12** Die Papierformate nach DIN entstehen durch fortlaufendes Halbieren, z. B. ergibt ein Blatt DIN-A 4 beim Halbieren zwei Blätter DIN-A5.
Ein Blatt DIN-A 0 hat einen Flächeninhalt von 1 m². Berechnen Sie den Flächeninhalt eines DIN-A 3- (A4-, A5-)Bogens.

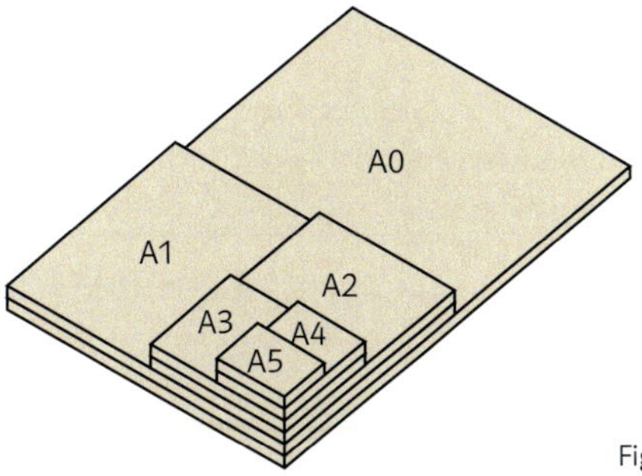


Fig. 2

**13** Ein Internetnutzer erhält folgende Werbe-E-Mail einer Elektronikfirma: „Leiten Sie die E-Mail an 10 Bekannte weiter. Als Nachweis senden Sie uns eine Kopie mit Ihrer Adresse. Sie erhalten dann als Dank ein neues Handy."
Begründen Sie, wieso dieses Angebot nicht ernst gemeint sein kann.

**14** Um ein Medikament gegen den EHEC-Erreger zu finden, wird in einem Pharmaunternehmen die Vermehrung einer Bakterienart in einem Protokoll festgehalten. Die Tabelle zeigt das Ergebnis.

| Zeit (in Minuten) | 10 | 20 | 30 | 40 |
|---|---|---|---|---|
| Anzahl Bakterien (in Mio.) | 286 | 372 | 483 | 628 |

a) Handelt es sich hier um ein exponentielles Wachstum?

b) Wie viele Bakterien sind nach einer Stunde vorhanden?

c) Um das Medikament zu testen, werden mindestens 5 Milliarden Bakterien benötigt. Werden diese nach zwei Stunden voraussichtlich vorhanden sein?

# 3 Exponentialfunktionen

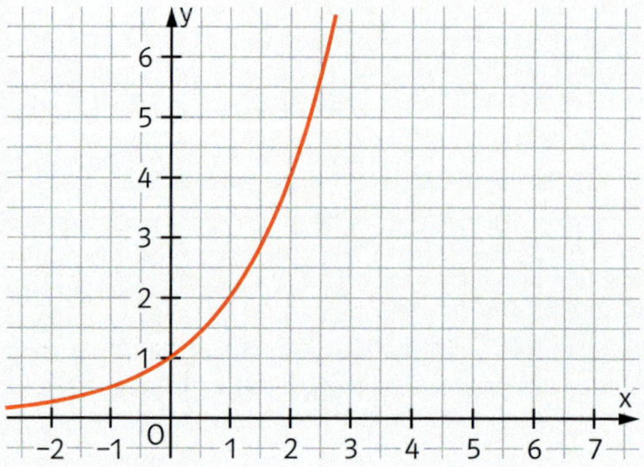


In einem Land mit starker Inflation verdoppelt sich der Preis für ein Gut jedes Jahr. Zu Beginn kostet das Gut eine Geldeinheit. Untersuchen Sie die Entwicklung des Preises in der Folgezeit. Sind auch Aussagen über die Zeit vor Beginn der Untersuchung möglich? Welchen Bezug hat die abgebildete Grafik zu diesem Sachzusammenhang?

Der Produktlebenszyklus wird in fünf Phasen eingeteilt:
- Einführungsphase
- Wachstumsphase,
- Reifephase, Sättigungsphase,
- Degenerationsphase

In den Wirtschaftswissenschaften beschreibt der so genannte **Produktlebenszyklus** (Fig. 1) den mengenmäßigen Umsatz eines Produktes in Abhängigkeit von der Zeit.
Der Hersteller eines technischen Produktes hat, z.B. zu Beginn der Wachstumsphase einen wöchentlichen Umsatz von 1 ME; während der Wachstumsphase geht er von einer Zunahme des Umsatzes um wöchentlich 10 % aus. Es handelt sich also um ein exponentielles Wachstum mit dem Wachstumsfaktor 1,1. Der Umsatz nach n Wochen ($n \in \mathbb{N}$) lässt sich dann durch die Funktion f mit $f(n) = 1{,}1^n$ berechnen.

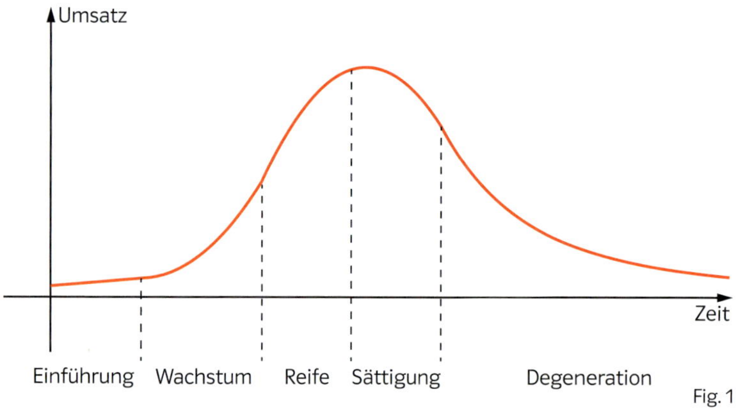

Fig. 1

Betrachtet man bei der Berechnung für die Zeitpunkte beliebige reelle Zahlen x, so erhält man die **Exponentialfunktion** f mit $f(x) = 1{,}1^x$.
Während der Degenerationsphase nimmt der Umsatz ab. Geht der Hersteller hier z.B. davon aus, dass der Umsatz ausgehend von 10 ME wöchentlich um 5 % abnimmt, erhält man ein negatives exponentielles Wachstum mit dem Wachstumsfaktor 0,95.
Die entsprechende Funktion f hat dann die Funktionsgleichung $f(x) = 10 \cdot 0{,}95^x$.
Dabei stellt der Faktor 10 den Anfangswert dar.

Die Basis a = 1 schließt man aus, da sich sonst die konstante Funktion f(x) = 1 ergeben würde.

Die Tabelle in Fig. 2 zeigt ein exponentielles Wachstum mit dem Wachstumsfaktor a und dem Anfangswert 1. Das Wachstum kann durch die Funktion f mit $f(x) = a^x$ beschrieben werden.
In der Tabelle von Fig. 3 ist der Wachstumsfaktor ebenfalls a. Der Anfangswert ist nicht 1, sondern b, d.h., es ist f(0) = b. Es ergibt sich eine Funktion f mit $f(x) = b \cdot a^x$.
Den Wert b = 0 schließt man aus.

+1 +1 +1 +1 …

| x | 0 | 1 | 2 | 3 | … | x |
|---|---|---|---|---|---|---|
| f(x) | 1 | a | $a^2$ | $a^3$ | … | $a^x$ |

·a ·a ·a ·a …

Fig. 2

+1 +1 +1 +1 …

| x | 0 | 1 | 2 | 3 | … | x |
|---|---|---|---|---|---|---|
| f(x) | b | $b \cdot a$ | $b \cdot a^2$ | $b \cdot a^3$ | … | $b \cdot a^x$ |

·a ·a ·a ·a …

Fig. 3

Eine Funktion f mit $f(x) = b \cdot a^x$ mit $a > 0$ ; $a \neq 1$ und $b \in \mathbb{R}^*$ heißt **Exponentialfunktion**.

**Eigenschaften der Exponentialfunktionen**
(vgl. auch Fig. 1 und Fig. 2)
(1) Alle Graphen von Exponentialfunktionen verlaufen oberhalb der x-Achse und gehen durch den Punkt P(0 | 1).
(2) Der Graph von $f(x) = a^x$ steigt für $a > 1$ und fällt für $0 < a < 1$.
(3) Die x-Achse ist Asymptote des Graphen von $f(x) = a^x$. Es ist $\lim\limits_{x \to -\infty} a^x = 0$ für $a > 1$ und $\lim\limits_{x \to \infty} a^x = 0$ für $0 < a < 1$.
(4) Die Graphen von $f(x) = a^x$ und $f(x) = \left(\frac{1}{a}\right)^x$ liegen zueinander symmetrisch bezüglich der y-Achse.
(5) Der Graph von $f(x) = a^x$ geht durch die Punkte P(0 | 1) und Q(1 | a).
Der Graph von $f(x) = b \cdot a^x$ geht durch die Punkte R(0 | b) und S(1 | a · b).
(6) Man kann den Graphen von $f(x) = b \cdot a^x$ aus dem Graphen von $f(x) = a^x$ erhalten durch Streckung in Richtung der y-Achse mit den Faktor b. Bei den Graphen in Fig. 2 ist a = 1,5; der Streckfaktor ist b = 2.

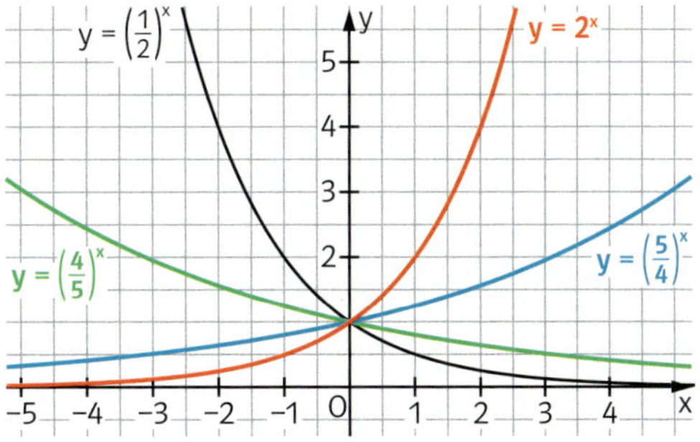

Fig. 1

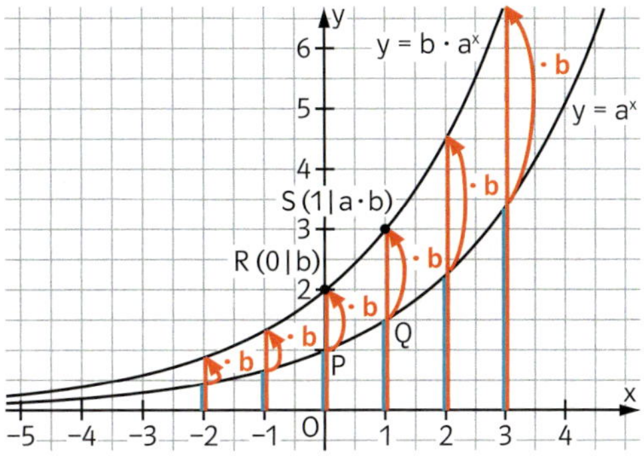

Fig. 2

**Beispiel 1** Graphen durch vorgegebene Punkte
a) Bestimmen Sie die Exponentialfunktion f mit $f(x) = a^x$, deren Graph durch den Punkt P(3 | 125) geht.
b) Bestimmen Sie die Funktion g mit $g(x) = b \cdot a^x$, deren Graph durch die Punkte P(−1 | 6) und $Q\left(2 \middle| \frac{3}{4}\right)$ geht.
c) Überprüfen Sie, ob die Punkte R(−2 | 12) bzw. S(−1 | 8) auf dem Graphen von g liegen.
d) Überprüfen Sie Ihre Ergebnisse mithilfe eines CAS-Rechners.

Lösung: a) Aus f(3) = 125, d.h. $a^3 = 125$ folgt a = 5, also $f(x) = 5^x$.
b) Aus g(−1) = 6 und $g(2) = \frac{3}{4}$ folgt (I) $b \cdot a^{-1} = 6$ und (II) $b \cdot a^2 = \frac{3}{4}$.
Aus (I) folgt b = 6a. Dies in (II) eingesetzt ergibt $6a \cdot a^2 = \frac{3}{4}$ oder $a^3 = \frac{1}{8}$.
Folglich ist $a = \frac{1}{2}$ und b = 3. Ergebnis: $g(x) = 3 \cdot \left(\frac{1}{2}\right)^x$.
c) Da $g(-2) = 3 \cdot \left(\frac{1}{2}\right)^{-2} = 12$ und $g(-1) = 3 \cdot \left(\frac{1}{2}\right)^{-1} = 6 \neq 8$ liegt der Punkt R auf dem Graphen von g, der Punkt S aber nicht.
d)

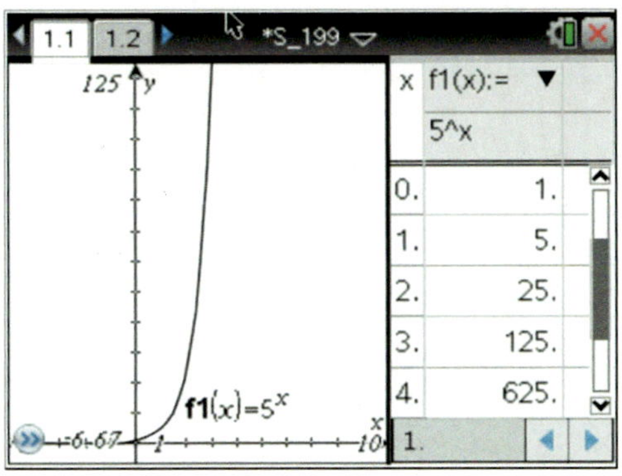

Fig. 3

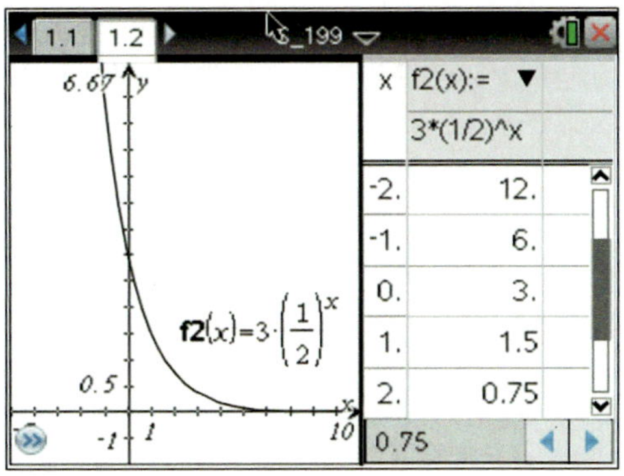

Fig. 4

**Beispiel 2** Vorausschau

Ein Betrag von 5000 € wird zu einem Zinssatz von 3 % angelegt.

a) Wie viel Geld hat man nach 20 Jahren?

b) Nach wie vielen Jahren hat sich das Kapital verdoppelt?

c) Welchen Betrag hätte man zu diesem Zinssatz 15 Jahre zuvor anlegen müssen, um die 5000 € auf dem Konto zu haben?

▪ Lösung: Die Kapitalentwicklung lässt sich durch die Funktionsgleichung $f(x) = 5000 \cdot 1{,}03^x$ beschreiben.

a) $f(20) = 5000 \cdot 1{,}03^{20} = 9030{,}56$. Man hat rund 9031 € nach 20 Jahren.

b) Mithilfe einer Wertetabelle erhält man $f(23) = 5000 \cdot 1{,}03^{23} = 9867{,}93$ und $f(24) = 5000 \cdot 1{,}03^{24} = 10\,163{,}97$.

Das Kapital verdoppelt sich also nach 24 Jahren.

c) $f(-15) = 5000 \cdot 1{,}03^{-15} = 3209{,}31$. Man hätte etwa 3209 € anlegen müssen.

**Beispiel 3** Strecken und Verschieben von Graphen

Der Graph der Funktion f mit $f(x) = 2 \cdot 1{,}5^x$ wird um 3 in Richtung der y-Achse gestreckt und um −2 in Richtung der x-Achse verschoben.

a) Geben Sie den zugehörigen Funktionsterm an.

b) Zeigen Sie, dass dieser Verschiebung in x-Richtung eine Streckung in y-Richtung entspricht. Geben Sie den Streckfaktor an.

▪ Lösung: a) Strecken mit dem Faktor 3 in Richtung der y-Achse: $3 \cdot 2 \cdot 1{,}5^x = 6 \cdot 1{,}5^x$;
Verschieben um −2 in Richtung der x-Achse: $6 \cdot 1{,}5^{x+2} = 6 \cdot 1{,}5^2 \cdot 1{,}5^x = 13{,}5 \cdot 1{,}5^x$.
Also ist $g(x) = 13{,}5 \cdot 1{,}5^x$.

b) Es gilt: $1{,}5^{x+2} = 1{,}5^2 \cdot 1{,}5^x$. Der Verschiebung in x-Richtung um 2 entspricht eine Streckung in y-Richtung mit dem Streckfaktor $1{,}5^2 = 2{,}25$.

## Aufgaben

**1** Zeichnen Sie den Graphen der Funktion.

a) $f(x) = 1{,}2^x$ b) $f(x) = 0{,}8^x$ c) $f(x) = 3 \cdot 1{,}2^x$ d) $f(x) = 3 \cdot 0{,}8^x$

**2** Bestimmen Sie die Gleichung der Exponentialfunktion $f(x) = a^x$, deren Graph durch den Punkt P geht.

a) $P(2\,|\,16)$ b) $P(-1\,|\,5)$ c) $P(0{,}5\,|\,5)$ d) $P\left(-4\,\middle|\,\frac{1}{16}\right)$
e) $P\left(\frac{1}{2}\,\middle|\,4\right)$ f) $P\left(-3\,\middle|\,\frac{1}{8}\right)$ g) $P(-2\,|\,25)$ h) $P(-3\,|\,1000)$

**3** Für welche Werte von a und b steigt bzw. fällt der Graph von $f(x) = b \cdot a^x$? Erstellen Sie eine Übersicht.

**4** Die Tabellen in Fig. 1 und Fig. 2 gehören zu Exponentialfunktionen der Form $f(x) = b \cdot a^x$. Bestimmen Sie jeweils a und b.

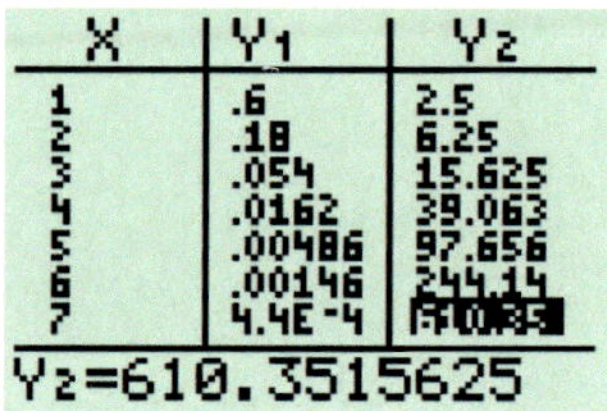

| X | Y1 | Y2 |
|---|---|---|
| 1 | .6 | 2.5 |
| 2 | .18 | 6.25 |
| 3 | .054 | 15.625 |
| 4 | .0162 | 39.063 |
| 5 | .00486 | 97.656 |
| 6 | .00146 | 244.14 |
| 7 | 4.4E-4 | [illegible] |

Y2=610.3515625

Fig. 1

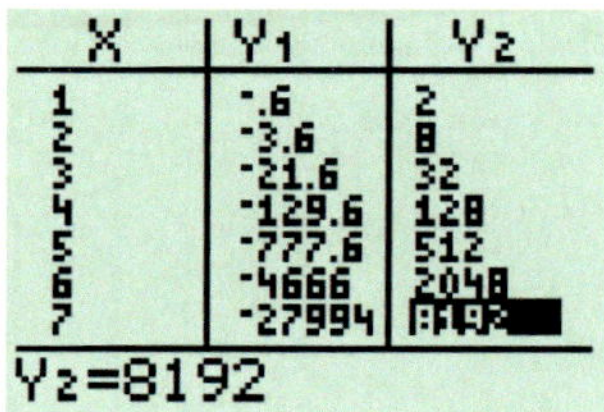

| X | Y1 | Y2 |
|---|---|---|
| 1 | -.6 | 2 |
| 2 | -3.6 | 8 |
| 3 | -21.6 | 32 |
| 4 | -129.6 | 128 |
| 5 | -777.6 | 512 |
| 6 | -4666 | 2048 |
| 7 | -27994 | [illegible] |

Y2=8192

Fig. 2

**5** Für welche Werte von a ist die Exponentialfunktion wachsend? Für welche Werte von a ist sie fallend?

a) $x \mapsto (a + 1)^x$ b) $x \mapsto (1 - a)^x$ c) $x \mapsto \left(\frac{a}{2}\right)^x$ d) $x \mapsto (3a)^x$

**6** Gegeben sind die Funktionen f und g mit $f(x) = a^x$ und $g(x) = m \cdot x$. Beschreiben Sie in Worten, wie sich der Funktionswert von f und g ändert, wenn man
a) x um 1 vergrößert, b) x um 1 verkleinert, c) x verdoppelt,
d) x halbiert, e) x mit 3 multipliziert, f) x durch 3 dividiert.

## Zeit zu überprüfen

**7** Zeichnen Sie die Graphen der Funktionen in dasselbe Koordinatensystem.
a) $x \mapsto 1{,}5^x$; $x \mapsto 3^x$; $x \mapsto \left(\frac{2}{3}\right)^x$; $x \mapsto \left(\frac{1}{3}\right)^x$
b) $x \mapsto 1{,}3^x$; $x \mapsto 2 \cdot 1{,}3^x$; $x \mapsto 1{,}3^{x+3}$; $x \mapsto -1{,}3^x$

**8** Die Graphen in Fig. 1 und Fig. 2 gehören zu Exponentialfunktionen der Form $f(x) = b \cdot a^x$. Bestimmen Sie jeweils a und b.

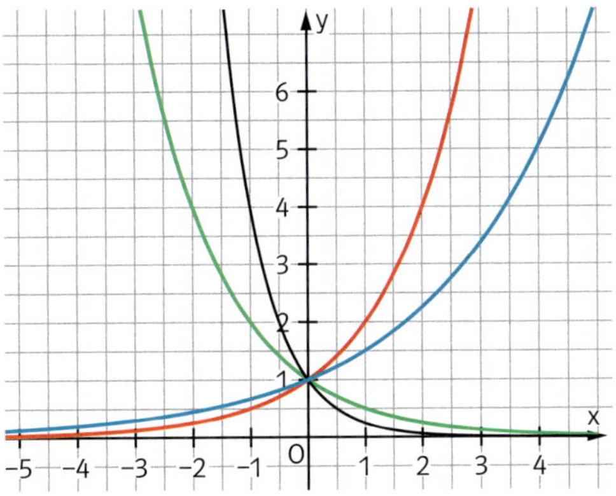

Fig. 1

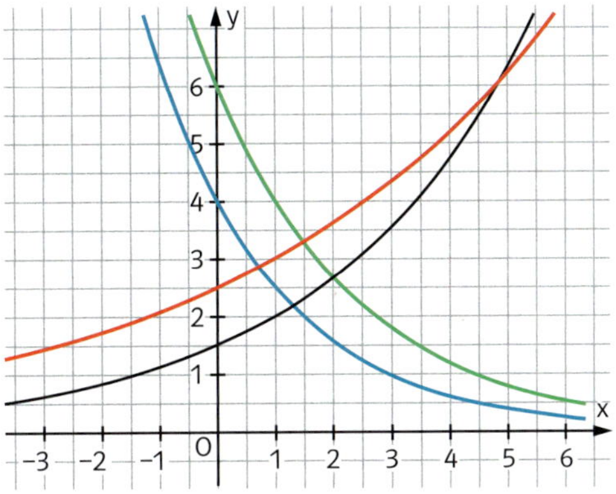

Fig. 2

**9** a) Zeichnen Sie die Graphen der Funktionen mit den Gleichungen $f(x) = 2^x$, $g(x) = 2^{x+1}$ und $h(x) = 2^{x-1}$ in dasselbe Koordinatensystem. Wie gehen die Graphen von g und h aus dem Graphen von f hervor?
b) Der Graph der Funktion f mit der Gleichung $f(x) = 3^x$ wird um 2 Einheiten nach rechts verschoben. Geben Sie die Gleichung der Funktion, deren Graph die neue Kurve ist, in der Form $g(x) = 3^{x+d}$ bzw. $g(x) = b \cdot 3^x$ an.
c) Der Graph der Funktion f mit der Gleichung $f(x) = 0{,}5^x$ wird um 4 Einheiten nach links verschoben. Geben Sie die Gleichung der Funktion, deren Graph die neue Kurve ist, in der Form $g(x) = 0{,}5^{x+d}$ bzw. $g(x) = b \cdot 0{,}5^x$ an.

**10** Zwischen 2002 und 2006 hat sich die Zahl der DSL-Anschlüsse näherungsweise exponentiell entwickelt. Im Jahr 2003 gab es 4,7 Millionen Anschlüsse, zwei Jahre später doppelt so viele.
a) Stellen Sie eine Funktionsgleichung auf.
b) Berechnen Sie die Zahl der Anschlüsse im Jahr 2002.

**11** Bestimmen Sie die Gleichung der Funktion f mit $f(x) = b \cdot a^x$, deren Graph durch die Punkte P und Q geht. Überprüfen Sie anschließend, ob der Punkt R auf dem Graphen liegt.
a) P(1 | 4); Q(3 | 64); R(−1 | 0,25) b) P(−1 | 2); Q(2 | 54); R(3 | 163)
c) P(−1 | 6); $Q\left(2 \,\middle|\, \frac{2}{9}\right)$; R(−2 | 18) d) P(1 | 0,6); Q(2 | 0,72); R(3 | 0,864)

**12** Ordnen Sie die angegebenen Funktionsgleichungen den Graphen auf dem Rand zu (Fig. 3).
a) $f(x) = 0{,}5^x$ b) $f(x) = 0{,}5^x + 2$ c) $f(x) = 0{,}5^{x-1}$ d) $f(x) = 0{,}5^{x-1} + 1$

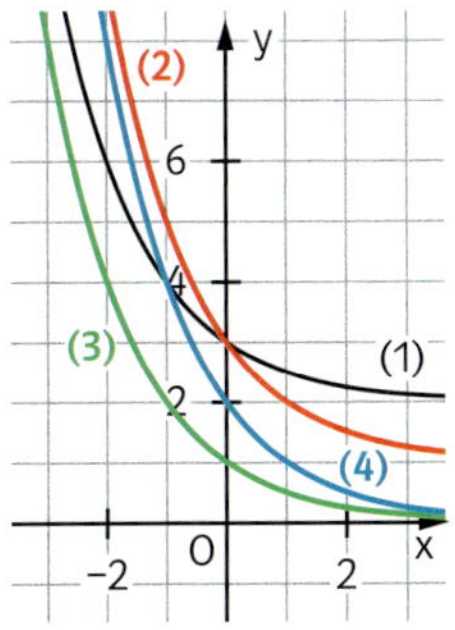

Fig. 3

**13** Entscheiden Sie, ob für die Funktion f mit $f(x) = c \cdot 3^x$, $c \in \mathbb{R}$ die folgenden Aussagen richtig, falsch oder nicht entscheidbar sind. Geben Sie jeweils eine Begründung an.

a) Ist $c > 0$, so gilt stets $f(x) > 0$.

b) Ist $g(x) = c \cdot b^x$ mit $b > 3$, so gilt stets $g(x) > f(x)$.

c) Für den Funktionswert $f(x + 2)$ gilt immer: $f(x + 2) = 3^2 \cdot f(x)$.

d) Für den Funktionswert $f(2x)$ gilt immer: $f(2x) = (f(x))^2$.

e) Zum an der y-Achse gespiegelten Graphen der Funktion f existiert ebenfalls eine Funktion. Dies ist die Funktion h mit $h(x) = c \cdot (-3)^x$.

**14** Beim radioaktiven Zerfall gibt die Halbwertszeit diejenige Zeitspanne an, nach welcher die Hälfte der ursprünglich vorhandenen Menge zerfallen und damit nicht mehr radioaktiv ist.
In einem Tank mit radioaktivem Abfall befinden sich 150 Kubikmeter Cäsium und 100 Kubikmeter Plutonium. Die Halbwertszeit von Cäsium beträgt z. B. 30,17 Jahre, diejenige von Plutonium beträgt 87,74 Jahre.

a) Wie viel Kubikmeter der beiden Elemente sind nach 100 Jahren noch vorhanden?

b) Nach welcher Zeit sind die Mengen an Cäsium und Plutonium gleich?

c) Stellen Sie den Zerfall von Plutonium in einer Tabelle dar und lesen Sie ab, nach wie vielen Jahren weniger als 10 Kubikmeter Plutonium vorhanden ist.

**15** Für einen Staat haben Statistiker die Zunahme der Bevölkerung in den Jahren 1990 bis 2000 statistisch erfasst und eine Modellfunktion aufgestellt, die das Bevölkerungswachstum ungefähr beschreibt: $B(1990 + t) = 59\,776\,000 \cdot 1{,}0175^t$.

a) Erläutern Sie die Funktionsgleichung.

b) Berechnen Sie die Bevölkerungsanzahl in den Jahren 1995 und 2000.

c) Um wie viel Prozent hat die Bevölkerungszahl in den 10 Jahren zugenommen?

d) Wie hoch war die Bevölkerungszahl 1980 und 2010, wenn man von einem unveränderten Bevölkerungswachstum ausgeht?

**16** Die Preisniveau-Entwicklung in Deutschland von 1955 bis 2005 wird durch die nebenstehende Tabelle (Fig. 1) dargestellt.
Dabei ist das Preisniveau für das Jahr 1955 auf 100 % gesetzt.

a) Berechnen Sie die jährlichen Wachstumsraten.

b) Ermitteln Sie die durchschnittliche jährliche Wachstumsrate.

c) Stellen Sie mit der durchschnittlichen jährlichen Wachstumsrate eine Funktion auf und vergleichen Sie die Funktionswerte mit den Werten in der Tabelle.

d) Machen Sie mithilfe Ihrer Funktion eine Aussage für das Preisniveau im Jahr 2020.

| Jahr | Preisniveau (in %) |
|---|---|
| 1955 | 100 |
| 1960 | 109,6 |
| 1965 | 125,52 |
| 1970 | 141,44 |
| 1975 | 190,39 |
| 1980 | 232,12 |
| 1985 | 280,48 |
| 1990 | 300,30 |
| 1995 | 356,69 |
| 2000 | 379,86 |
| 2005 | 411,39 |

Fig. 1

**17** Der Umsatz eines Produktes entwickelt sich nach Markteinführung gemäß folgender Tabelle. Sowohl in der Wachstumsphase als auch in der Degenerationsphase geht man von einem exponentiellen Wachstum aus. Geben Sie die Wachstums- und Degenerationsphase in Wochen an und ermitteln Sie jeweils den zugehörigen Wachstumsfaktor.

| Woche | 0 | 1 | 2 | 3 | 4 | 5 | 6 | 7 | 8 |
|---|---|---|---|---|---|---|---|---|---|
| Umsatz (in Mio.) | 0 | 5 | 6 | 7,2 | 8,64 | 8,9 | 9 | 8,55 | 8,1225 |

# 4 Exponentialgleichungen und Logarithmen

Ein Blatt Papier ist ungefähr 0,1 mm dick. Faltet man das Blatt einmal, so ist es doppelt so dick. Wie oft müsste man es theoretisch falten, damit die Dicke der Entfernung von der Erde zum Mond entspräche (≈ 384 000 km)? Schätzen Sie, bevor Sie rechnen.

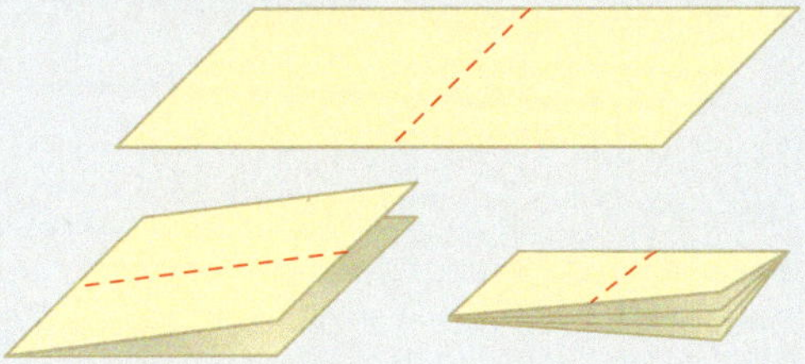

Bei exponentiellen Wachstumsprozessen wurden die gesuchten Zeiträume bisher nur mithilfe einer Wertetabelle oder eines Graphen näherungsweise bestimmt. Man kann die Zeiträume auch exakt berechnen.

Ein Auto verliert jedes Jahr an Wert. Der Neupreis eines Wagens liegt bei 22 000 €. Bei diesem Fahrzeugtyp geht man bei einer mittleren Fahrleistung von 18 % Wertminderung pro Jahr aus. Nach x Jahren kann man den Wert des Autos durch die Funktion $f(x) = 22\,000 \cdot 0{,}82^x$ beschreiben. Es soll untersucht werden, nach wie vielen Jahren sich der Preis für das Auto etwa halbiert hat. Hierfür muss ein x gefunden werden, das die Gleichung $22\,000 \cdot 0{,}82^x = 11\,000$ bzw. $0{,}82^x = 0{,}5$ erfüllt. Eine solche Gleichung der Form $a^x = b$ nennt man **Exponentialgleichung**. Mithilfe einer Wertetabelle (Fig. 1) bzw. eines Graphen (Fig. 2) lässt sich die Näherungslösung $x \approx 3{,}5$ ermitteln.

Potenzgleichung:
Gesucht ist die Basis

Exponentialgleichung:
Gesucht ist der Exponent

$a^u = b$ → $a = b^{\frac{1}{u}}$ ; $u = \log_a(b)$

| x | $0{,}82^x$ |
|---|---|
| 0 | 1 |
| 1 | 0,82 |
| 2 | 0,6724 |
| 3 | 0,5514 |
| 4 | 0,4521 |

Fig. 1

Fig. 2

Die Lösung einer Gleichung der Form $a^x = b$ kann man mit dem Taschenrechner und der Definition des **Logarithmus** jedoch genauer berechnen:
Die Zahl x, mit der man die Zahl a potenzieren muss, um das Ergebnis b zu erhalten, bezeichnet man als den **Logarithmus von b zur Basis a** oder kurz als $\log_a(b)$.
Die Zahl $\log_a(b)$ ist also die Lösung der Exponentialgleichung $a^x = b$.

Logarithmieren und Potenzieren heben sich gegenseitig auf.

Um die Gleichung $0{,}82^x = 0{,}5$ zu lösen, muss man $\log_{0{,}82}(0{,}5)$ berechnen. Bei einfachen Taschenrechnern muss man dazu den Logarithmus zur Basis 0,82 durch den Logarithmus zur Basis 10 ausdrücken (siehe Rechengesetze für Logarithmen, Seite 206):

$$\log_{0{,}82}(0{,}5) = \frac{\log_{10}(0{,}5)}{\log_{10}(0{,}82)} = \frac{\log(0{,}5)}{\log(0{,}82)} \approx 3{,}49.$$

Das Auto hat also nach etwa 3,5 Jahren nur noch den halben Wert.

Logarithmen zur Basis 10 werden auch **Zehnerlogarithmen** genannt. Sie werden mit log oder lg abgekürzt.

Die Lösung der **Exponentialgleichung** $a^x = b$ mit $a, b > 0$ bezeichnet man als **Logarithmus von b zur Basis a** und schreibt $x = \log_a(b)$.

Es gilt: $\log_a(b) = \frac{\log(b)}{\log(a)}$.

logos arithmos (griech.): Verhältniszahl

**Beispiel 1** Exakte Werte von Logarithmen

Bestimmen Sie den Logarithmus ohne Taschenrechner.

a) $\log_{11}(1)$ b) $\log_{0,8}(0{,}8^{11})$ c) $\log_{\frac{1}{5}}(125)$ d) $\log_8(2)$

Lösung: a) $\log_{11}(1) = 0$, da $11^0 = 1$ b) $\log_{0,8}(0{,}8^{11}) = 11$, da $0{,}8^{11} = 0{,}8^{11}$

c) $\log_{\frac{1}{5}}(125) = -3$, da $\left(\frac{1}{5}\right)^{-3} = \left(\frac{5}{1}\right)^3 = 125$ d) $\log_8(2) = \frac{1}{3}$, da $8^{\frac{1}{3}} = \sqrt[3]{8} = 2$

**Beispiel 2** Näherungswerte von Logarithmen

Grenzen Sie x durch einen Überschlag grob ein. Berechnen Sie dann mit dem Taschenrechner einen Näherungswert für x.

a) $2^x = 1500$ b) $0{,}5^x = 0{,}15$

Lösung: a) Wegen $2^{10} = 1024 < 1500$ und $2^{11} = 2048 > 1500$ muss gelten: $10 < x < 11$.

$x = \log_2(1500) = \frac{\log(1500)}{\log(2)} \approx 10{,}55$

b) Wegen $0{,}5^2 = 0{,}25 > 0{,}15$ und $0{,}5^3 = 0{,}125 < 0{,}15$ muss gelten: $2 < x < 3$.

$x = \log_{0,5}(0{,}15) = \frac{\log(0{,}15)}{\log(0{,}5)} \approx 2{,}74$

**Beispiel 3** Anwendung

In einer exponentiellen Wachstumsphase einer Grippeepidemie stellt das Gesundheitsamt durch empirische Daten fest, dass die Anzahl der Erkrankten um 60 % pro Tag zunimmt. Zu Beginn sind 10 Menschen erkrankt. Wann ist die Anzahl der Erkrankten größer als 100 000?

Lösung: Das Wachstum kann durch die Funktion f mit $f(x) = 10 \cdot 1{,}6^x$ beschrieben werden.

Ansatz für den gesuchten Zeitpunkt: $10 \cdot 1{,}6^x > 100\,000$ bzw. $1{,}6^x > 10\,000$.

Man erhält $x > \log_{1,6}(10\,000) = \frac{\log_{10}(10\,000)}{\log_{10}(1{,}6)} = \frac{\log(10\,000)}{\log(1{,}6)} \approx 19{,}6$.

Nach 20 Tagen ist die Anzahl der Grippeinfizierten also größer als 100 000.

## Aufgaben

**1** Schreiben Sie um in die Form $\log_a(b) = x$.

a) $2^9 = 512$ b) $10^5 = 100\,000$ c) $2^0 = 1$ d) $10^1 = 10$

e) $2^{-\frac{1}{2}} = \frac{1}{\sqrt{2}}$ f) $10^{-\frac{1}{4}} = \frac{1}{\sqrt[4]{10}}$ g) $3^{-2} = \frac{1}{3^2}$ h) $2^{-1} = \frac{1}{2}$

$\lg = \log = \log_{10}$

**2** Schreiben Sie als Gleichung mit Potenz. Beispiel: $\log_{\frac{1}{4}}(16) = -2$, also $\left(\frac{1}{4}\right)^{-2} = 16$.

a) $\log_4(64) = 3$ b) $\lg(0{,}1) = -1$ c) $\log_{13}(13) = 1$ d) $\log_{0,3}(1) = 0$

e) $\log_{\frac{1}{2}}\left(\frac{1}{4}\right) = 2$ f) $\log_{\frac{1}{4}}\left(\frac{1}{2}\right) = \frac{1}{2}$ g) $\log_{\frac{1}{8}}\left(\frac{1}{2}\right) = \frac{1}{3}$ h) $\log_{10\,000}(10) = 0{,}25$

i) $\log_{0,25}(16) = -2$ j) $\log_{\frac{25}{9}}\left(\frac{5}{3}\right) = 0{,}5$ k) $\log_{\sqrt{8}}(0{,}125) = -2$ l) $\log_p(q) = m$

**3** Bestimmen Sie den Logarithmus im Kopf.

a) $\log_2(16)$ b) $\log_3(27)$ c) $\log_{0,5}\left(\frac{1}{32}\right)$ d) $\lg(10\,000)$

e) $\log(10^{-12})$ f) $\log_{0,2}(0{,}008)$ g) $\log_5(0{,}2)$ h) $\log_3\left(\frac{1}{81}\right)$

i) $\log_8(2)$ j) $\log_{1024}(4)$ k) $\log_{81}\left(\frac{1}{3}\right)$ l) $\log_{125}\left(\frac{1}{5}\right)$

**4** Zeichnen Sie mithilfe des Rechners einen Graphen der Funktion $x \mapsto 10^x$ für $0 \leq x \leq 1$ mit 1 LE = 10 cm.

Bestimmen Sie mithilfe des Graphen Näherungswerte von $\log_{10}(5)$; $\log_{10}(2)$; $\log_{10}(0{,}8)$ und $\log_{10}(0{,}5)$.

**5** Was gehört zusammen? Bilden Sie aus den Kärtchen Paare bzw. Tripel.

| | | | | |
|---|---|---|---|---|
| $x = 0{,}5^3$ | $-x^2 = -\frac{1}{64}$ | $256^x = 2$ | $0{,}5^{-2} = x$ | $x = -0{,}125$ |
| $\log_{256}(2) = x$ | $x = 0$ | $256 = 2^x$ | $x = \log_{256}(1)$ | $x^5 = 1024$ |
| $x = 8$ | $x = 4$ | $x = 0{,}125$ | $256^x = 1$ | $\log_2(256) = x$ |

**6** Stellen Sie jeweils eine Funktionsgleichung auf und bestimmen Sie anschließend die Zeit.
a) Der Anschaffungswert einer Maschine liegt bei 20 000 € und kann jährlich um 20 % degressiv abgeschrieben werden. Nach wie vielen Jahren liegt der Restbuchwert der Maschine unter 5000 €?
b) Ein Steak ist von 1000 Salmonellen befallen. Jede Stunde wächst ihre Anzahl um 50 %. Wann hat sich ihre Anzahl verdoppelt?
c) In der Nordsee nimmt der Lichteinfall exponentiell alle 5 m Wassertiefe um 53 % ab. In welcher Tiefe ist die Lichtintensität auf 5 % des Tageslichtes gesunken?

Bei abnutzbaren Wirtschaftsgütern kann die Wertminderung steuerlich geltend gemacht werden. Man spricht von einer degressiven Abschreibung, wenn ein jährlich fester Prozentsatz vom Restbuchwert gewählt wird.

**7** Welche der Gleichungen sind lösbar? Begründen Sie Ihre Antwort.
a) $2^x = 3$ b) $2^x = \frac{1}{3}$ c) $2^x = -3$ d) $2^x = 0$

**Zeit zu überprüfen**

**8** Lösen Sie die Exponentialgleichungen durch Logarithmieren.
a) $12^x = 4$ b) $2{,}5^x = 5$ c) $3{,}7^{2x} = 5$ d) $1{,}3 \cdot 5^{-x} = 2{,}8$ e) $1{,}52^{2x} = 0{,}5$
f) $10^{x-1} = 6$ g) $6^{x-1} = 108$ h) $5^{1-2x} = 17$ i) $10^{5x+1} = 2$ j) $3 \cdot 8^{-x-2} = 25$

**9** Zu Jahresbeginn 2003 enthielt der deutsche Ableger der Online-Enzyklopädie Wikipedia 12 000 Artikel. In den Folgejahren hat sich die Anzahl jährlich etwa vervierfacht.
In welchem Jahr stieg danach die Anzahl der Artikel über eine Million?

**10** Um in einem Computer $2^n$ verschiedene Zeichen darzustellen, braucht man n Speicherzellen. Wie viele Speicherzellen braucht man, um die Dezimalziffern sowie die Buchstaben unseres Alphabets (einschließlich ä, ö, ü, ß) in Groß- und Kleinschrift darzustellen?

**11** Die größte bekannte Primzahl ist $2^{43\,112\,609} - 1$. Wie viele Stellen hat diese Zahl?

**12** Schreiben Sie für die folgende Primzahl eine Näherung mit Zehnerpotenzen. Wie viele Stellen hat diese Primzahl im Zehnersystem?
a) $7 \cdot 2^{54\,486} - 1$ b) $2^{86\,243} - 1$ c) $2^{132\,049} - 1$ d) $2^{216\,091} - 1$ e) $2^{759\,839} - 1$

Die größten bekannten Primzahlen sind fast alle von der Form $2^n - 1$. Große Primzahlen sind von Bedeutung für die Kryptografie, in der es um die Verschlüsselung von Informationen geht.

**13** a) Zeichnen Sie die Graphen von $f(x) = 2^x$ und $g(x) = \log_2(x)$ in ein gemeinsames Koordinatensystem.
b) Machen Sie eine Aussage über die Lage der beiden Graphen zueinander.
c) Durch welchen Punkt gehen alle Graphen der Funktionen $g(x) = \log_a(x)$ mit $a > 0$?

**14** Für die Größe der Speicherkapazität von Festplatten und USB-Sticks oder die Angabe von Datenmengen verwendet man Angaben wie 3 kB; 5 MB; 2,5 GB; 3,8 TB; 3,1 PB usw.
a) Erläutern Sie diese Abkürzungen. Geben Sie technische Beispiele dazu an.
b) Es ist 1 kB = 1024 Byte, und nicht, wie man vom Wort her vermuten könnte, 1000 Byte. Erläutern Sie, wieso man trotzdem von 1 kB spricht.

INFO

**Rechengesetze für Logarithmen**

Für das Rechnen mit Logarithmen gelten drei Gesetze ($a > 0$; $u, v > 0$ und $r \in \mathbb{Q}$):

| | |
|---|---|
| **1. Produktregel** | **Beispiele** |
| $\log_a(u \cdot v) = \log_a(u) + \log_a(v)$ | $\log_2(2 \cdot \sqrt{2}) = \log_2(2) + \log_2(\sqrt{2}) = 1 + 0{,}5 = 1{,}5$ |
| **2. Quotientenregel** | |
| $\log_a\left(\frac{u}{v}\right) = \log_a(u) - \log_a(v)$ | $\log_2(2 : \sqrt{2}) = \log_2(2) - \log_2(\sqrt{2}) = 1 - 0{,}5 = 0{,}5$ |
| **3. Potenzregel** | |
| $\log_a(u^r) = r \cdot \log_a(u)$ | $\log_2(16^{0,5}) = 0{,}5 \cdot \log_2(16) = 0{,}5 \cdot 4 = 2$ |

**Exponentialgleichungen durch Logarithmieren lösen**

Exponentialgleichungen lassen sich durch Anwendung des Zehner-Logarithmus lösen:

$a^x = b$

$\log_{10}(a^x) = \log_{10}(b)$ Auf beiden Seiten wurde der Logarithmus zur Basis 10 gebildet.

$x \cdot \log_{10}(a) = \log_{10}(b)$ Die Potenzregel für Logarithmen wurde angewendet.

$x = \frac{\log_{10}(b)}{\log_{10}(a)}$ Es wurde nach x aufgelöst.

Für die Lösung $\log_a(b)$ der Gleichung $a^x = b$ erhält man also $x = \mathbf{\log_a(b)} = \frac{\log(b)}{\log(a)}$.

Durch Logarithmieren lassen sich auch komplexere Gleichungen lösen:

$2^{3x} = 100$

$\log(2^{3x}) = \log(100)$ Auf beiden Seiten wurde der Logarithmus zur Basis 10 gebildet.

$3x \cdot \log(2) = 2$ Die Potenzregel für Logarithmen wurde angewendet.

$3x = \frac{2}{\log(2)}$ Der Term mit x wurde auf eine Seite der Gleichung gebracht.

$x = \frac{2}{\log(2) \cdot 3}$ Es wurde nach x aufgelöst.

$x \approx 2{,}215$ Es wurde mit dem TR ein Näherungswert bestimmt.

**15** a) Schreiben Sie als einen Logarithmus: $\log_{10}(u) + \log_{10}(2u)$.
b) Schreiben Sie $\log_{10}(\sqrt{u^3})$ als Vielfaches von $\log_{10}(u)$.

**16** a) Begründen Sie die Produktregel für das Rechnen mit Logarithmen. Setzen Sie dazu $x = \log_a(u)$ und $y = \log_a(v)$ und wenden Sie auf $u \cdot v$ den Logarithmus an.
b) Begründen Sie die Quotientenregel für das Rechnen mit Logarithmen. Gehen Sie wie bei der Begründung der Produktregel vor.
c) Begründen Sie die Potenzregel für das Rechnen mit Logarithmen. Setzen Sie dazu $x = \log_a(u)$, drücken Sie $u^r$ durch a aus und wenden Sie darauf den Logarithmus an.
d) Begründen Sie: $\log_a\left(\frac{1}{u}\right) = -\log_a(u)$. Benutzen Sie die Quotienten- und die Potenzregel.
d) Begründen Sie: $\log_a(\sqrt[n]{u}) = \frac{1}{n}\log_a(u)$.

**17** Wählen Sie eine positive Zahl. Berechnen Sie davon den Logarithmus, von dem Ergebnis wieder den Logarithmus, usw. Können Sie dies mit dem Zehnerlogarithmus oder mit dem Zweierlogarithmus öfter durchführen?

**18** Ein Unternehmen geht davon aus, dass sich der Absatz eines neuen Produktes durch die Funktion f mit der Gleichung $f_a(t) = (5 + t) \cdot 2^{-at} + 5$ mit $a, t \in \mathbb{R}$ darstellen lässt, wobei t die Zeit in Wochen angibt. Es ist bekannt, dass der Absatz nach 10 Wochen 35 GE beträgt.
Bestimmen Sie den Parameter a.

# 5 Zinseszinsrechnung

Angenommen, Carl Friedrich Gauss hätte 1810 anlässlich seiner ersten Veröffentlichung zu linearen Gleichungssystemen bei der Sparkasse in Göttingen 10 Mark angelegt.
a) Auf welchen Betrag wäre diese Einzahlung im Jahr 2010 angewachsen, wenn man einen durchschnittlichen Zinssatz von 5 % p.a. (per annum) annimmt?
b) Wann hätte Gauss 1 Mark anlegen müssen, um 1810 über 10 Mark zu verfügen?

Wird ein Geldbetrag zu einem festen Zinssatz mit **Zinseszinsen** verzinst, werden die jeweils schon erworbenen Zinsen mit verzinst. Das Kapital steigt also relativ zum aktuellen Kapital. Es handelt sich um ein exponentielles Wachstum.

Wird ein Kapital von 1000 € angelegt und zu 3 % p.a. mit Zinseszins verzinst, kann das Kapital K(n) nach n Jahren aus dem Kapital des Vorjahres K(n − 1) berechnet werden:
$K(1) = K(0) + K(0) \cdot 0{,}03 = K(0) \cdot 1{,}03 = 1000 \cdot 1{,}03 = 1030;$
$K(2) = K(1) + K(1) \cdot 0{,}03 = K(1) \cdot 1{,}03 = K(0) \cdot 1{,}03^2 = 1000 \cdot 1{,}03^2 = 1060{,}90.$
Die Ergebnisse für die ersten 5 Jahre sind in der Tabelle (Fig. 1) dargestellt. Das Kapital nach 5 Jahren kann auch direkt berechnet werden: $K(5) = 1000 \cdot 1{,}03^5 \approx 1159{,}27.$

| Jahr | Kapital (in €) |
|---|---|
| 0 | 1000,00 |
| 1 | 1030,00 |
| 2 | 1060,90 |
| 3 | 1092,73 |
| 4 | 1125,51 |
| 5 | 1159,27 |

Fig. 1

In der Finanzmathematik ist es üblich, p als Zinsfuß zu bezeichnen. Für den **Zinssatz** $p\,\% = \frac{p}{100}$ schreibt man i.

Wird ein **Anfangskapital** K(0) mit dem Zinssatz i = p % verzinst, so erhält man nach n Jahren das Endkapital K(n) und es gilt die **Zinseszinsformel**:

$$K(n) = K(0) \cdot \left(1 + \frac{p}{100}\right)^n = K(0) \cdot (1 + i)^n = K(0) \cdot q^n.$$

Dabei nennt man den Wachstumsfaktor q = 1 + p % = 1 + i auch **Aufzinsungsfaktor**.

Die Zinseszinsformel bietet die Möglichkeit, Zahlungen auf die Zukunft zu beziehen ("aufzinsen") oder spätere Zahlungen auf die Vergangenheit zu beziehen ("abzinsen") (Fig. 2). Zwei Zahlungen können nur verglichen oder addiert werden, wenn sie sich auf einen Zeitpunkt beziehen (**Äquivalenzprinzip**).

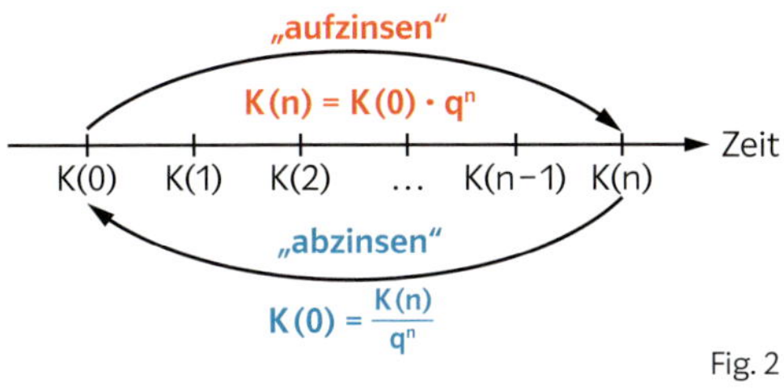


Fig. 2

Mit der Zinseszinsformel lässt sich das Guthaben am Ende eines Jahres bestimmen. In der Praxis kommt es aber vor, dass der Zinszuschlag nicht jährlich, sondern z. B. monatlich oder täglich erfolgt. Man spricht dann von unterjähriger Verzinsung. Gesucht ist der Zinssatz, der bei dieser Verzinsung das gleiche Endkapital liefert wie bei der jährlichen Verzinsung. In der Finanzmathematik schreibt man dann für den jährlichen Zinssatz $i_{eff}$ (**effektiver** Jahreszinssatz) und für den unterjährigen Zinssatz $i_{kon}$ (**konformer** unterjähriger Zinssatz). Teilt man das Jahr in m Teilperioden, so sollen also $K(n) = K(0) \cdot (1 + i_{eff})^n$ und $K(n) = K(0) \cdot (1 + i_{kon})^{m \cdot n}$ das gleiche Endkapital liefern. Setzt man die rechten Seiten gleich, ergibt sich:
$(1 + i_{kon})^{m \cdot n} = (1 + i_{eff})^n$ bzw. $(1 + i_{kon})^m = 1 + i_{eff}$.
Aus dieser Gleichung kann der gesuchte konforme Zinssatz $i_{kon}$ berechnet werden.

Je nachdem, welche der vier Größen Endkapital K(n), Anfangskapital K(0), Zinssatz i = p% oder Laufzeit n gesucht ist, gibt es vier Grundaufgaben der Zinseszinsrechnung.

**Beispiel 1** Grundaufgaben

| Formel | Grundaufgabe |
|---|---|
| a) Endkapital K(n) gesucht:<br>$\mathbf{K(n) = K(0) \cdot \left(1 + \frac{p}{100}\right)^n = K(0) \cdot q^n}$<br>mit $q = 1 + \frac{p}{100} = 1 + p\% = 1 + i$. | a) Auf welches Endkapital wächst ein Spargutbaben von 4000 € bei einer Verzinsung von 2,5% in 8 Jahren an?<br><br>Gegeben: $K(0) = 4000$; $i = 2{,}5\%$; $n = 8$<br>Gesucht: $K(8)$<br><br>Lösung:<br>$K(8) = 4000 \cdot 1{,}025^8 \approx 4873{,}61$<br>Das Endkapital beträgt rund 4873,61 €. |
| b) Anfangskapital K(0) gesucht:<br>$K(n) = K(0) \cdot q^n \quad \mid : q^n$<br>$\mathbf{K(0) = \frac{K(n)}{q^n}}$ | b) Welchen Betrag muss ein Sparer bei der Bank einzahlen, um nach Ablauf von 6 Jahren bei einem Zinssatz von 4% über 20 000 € zu verfügen?<br><br>Gegeben: $K(6) = 20\,000$; $i = 4\%$; $n = 6$<br>Gesucht: $K(0)$<br><br>Lösung:<br>$K(0) = \frac{20\,000}{1{,}04^6} \approx 15\,806{,}29$<br>Er muss rund 15 806,29 € einzahlen. |
| c) Zinssatz i = p% gesucht:<br>$K(n) = K(0) \cdot q^n \quad \mid : K(0)$<br>$q^n = \frac{K(n)}{K(0)} \quad \mid \sqrt[n]{\phantom{x}} \ (q > 0)$<br>$\mathbf{q = \sqrt[n]{\frac{K(n)}{K(0)}}}$<br>Wegen $q = 1 + i$ ist $i = q - 1$. | c) Ein Sparer möchte einen Betrag von 10 000 € so anlegen, dass sich dieser innerhalb von 5 Jahren um 50% erhöht. Welchen Zinssatz muss er dabei erhalten?<br><br>Gegeben: $K(0) = 10\,000$; $K(5) = 15\,000$; $n = 5$<br>Gesucht: p%<br><br>Lösung:<br>$q = \sqrt[5]{\frac{15\,000}{10\,000}} \approx 1{,}085$<br>Der Zinssatz muss rund 8,5% betragen. |
| d) Laufzeit n gesucht:<br>$K(n) = K(0) \cdot q^n \quad \mid : K(0)$<br>$q^n = \frac{K(n)}{K(0)} \quad \mid \log_q$<br>$\mathbf{n = \log_q\left(\frac{K(n)}{K(0)}\right) = \frac{\log\left(\frac{K(n)}{K(0)}\right)}{\log(q)}}$ | d) Wie lang dauert es, bis sich bei einem Zinssatz von 3% ein Kapital in Höhe von 500 € verdoppelt?<br><br>Gegeben: $K(0) = 500$; $K(n) = 1000$; $i = 3\%$<br>Gesucht: n<br><br>Lösung:<br>$n = \log_{1,03}\left(\frac{1000}{500}\right) = \frac{\log\left(\frac{1000}{500}\right)}{\log(1{,}03)} = \frac{\log(2)}{\log(1{,}03)} \approx 23{,}45$<br>Wenn die Zinsen erst am Jahresende gutgeschrieben werden, dauert es 24 Jahre. |

**Beispiel 2** Angebotsvergleich

Ein Geschäftsmann erhält am 1.1.2011 eine Rechnung in Höhe von 5000 €. Er hat drei Zahlungsmöglichkeiten zur Auswahl:

A: Barzahlung sofort.

B: Anzahlung von 3000 € und den Restbetrag in Höhe von 2200 € am 1.1.2013.

C: Drei gleichhohe Raten am 1.1.2012, 1.1.2013, 1.1.2014 in Höhe von 1740 €.

a) Welche Möglichkeit sollte der Geschäftsmann bei einem Zinssatz von 2 % wählen?

b) Wie hoch müssten die Raten aus Variante C sein, damit sie äquivalent zur Rechnungshöhe von 5000 € sind?

Bei den Angebotsvergleichen wird davon ausgegangen, dass der Soll- und Habenzinssatz identisch ist.

■ Lösung: a) Um die drei Zahlungsmöglichkeiten vergleichen zu können, müssen sie auf einen Zeitpunkt bezogen werden. Es wird der Zeitpunkt t = 0 gewählt.

$K_A(0) = 5000;$

$K_B(0) = 3000 + \frac{2200}{1{,}02^2} = 5114{,}57;$

$K_C(0) = \frac{1740}{1{,}02} + \frac{1740}{1{,}02^2} + \frac{1740}{1{,}02^3} = 5017{,}96$

Für den Geschäftsmann ist der Modus A am günstigsten.

b) Der Barwert der gesuchten Raten r aus C wird gleich dem Rechnungsbetrag gesetzt.

$$\frac{r}{1{,}02} + \frac{r}{1{,}02^2} + \frac{r}{1{,}02^3} = 5000 \qquad | \cdot 1{,}02^3$$

$$r \cdot 1{,}02^2 + r \cdot 1{,}02 + r = 5000 \cdot 1{,}02^3$$

$$r \cdot (1{,}02^2 + 1{,}02 + 1) = 5306{,}04$$

$$r = \frac{5306{,}04}{1{,}02^2 + 1{,}02 + 1} \approx 1733{,}77$$

Die Raten müssten 1733,77 € betragen.

**Beispiel 3** Unterjährige Verzinsung

Ein Kapital in Höhe von 500 € wird fünf Jahre mit einem Jahreszinssatz von 6 % verzinst.

a) Berechnen Sie das Endkapital nach einem Jahr und stellen Sie die Zuordnung *Zeit* ↦ *Kapital* in einem Graphen dar.

b) Berechnen Sie den konformen Tageszinssatz und geben Sie die zugehörige Formel für das Endkapital nach t Tagen an.

c) Skizzieren Sie in das Koordinatensystem von a) den zu b) gehörenden Graphen.

■ Lösung:

a) Es ist K(1) = 500 · 1,06 = 530,00.

Die Tabelle in Fig. 1 enthält die Werte für die fünf Jahre. Fig. 2 zeigt den Graphen der zugehörigen Treppenfunktion. Werden die Zinsen immer am Jahresende gutgeschrieben, steigt das Kapitel sprunghaft an.

b) Aus $(1 + i_{kon})^m = 1 + i_{eff}$ folgt mit m = 365 und $i_{eff} = 6\,\%$: $(1 + i_{kon})^{365} = 1{,}06$.

Daraus ergibt sich:

$i_{kon} = 1{,}06^{\frac{1}{365}} \approx 0{,}0001597 = 0{,}01597\,\%$.

Das Endkapital nach t Tagen lässt sich also mithilfe der Gleichung $K(t) = 500 \cdot 1{,}0001597^t$ berechnen.

c) Der Graph der Funktion aus b) ist ebenfalls stückweise konstant. Da aber die Einteilung eines Jahres in Tage sehr fein ist, kann der Graph als durchgehende Linie gezeichnet werden (Fig. 2).

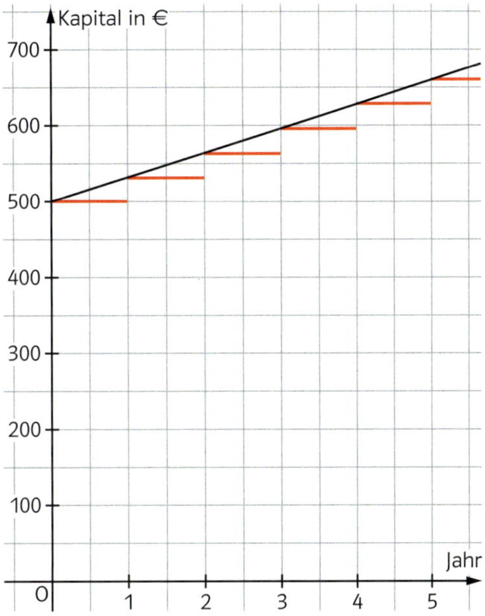

Fig. 2

| Jahr | Kapital (in €) |
|---|---|
| 0 | 500,00 |
| 1 | 530,00 |
| 2 | 561,80 |
| 3 | 595,51 |
| 4 | 631,24 |
| 5 | 669,11 |

Fig. 1

## Aufgaben

**1** Ein Betrag von 15 000 € wurde am 01.01.2002 mit 6 % festgelegt. Ab dem 01.01.2004 wurde das Kapital nur noch mit 5 % verzinst. Am 01.01.2008 sank der Zinssatz auf 3 %. Am 31.12.2014 soll der Betrag ausgezahlt werden.
a) Stellen Sie die Situation mithilfe einer Zeitachse dar (vgl. Fig. 2 auf Seite 207).
b) Wie hoch wird das Kapital einschließlich Zinsen bei der Auszahlung sein?

**2** Wie hoch ist der jährliche Zinssatz, der zur Verdopplung eines beliebigen Kapitals nach 10 Jahren führt?

**3** Beim Verkauf eines Grundstückes gehen folgende Angebote ein:
A: 20 000 € sofort, 20 000 € nach 2 Jahren, 30 000 € nach weiteren 3 Jahren.
B: 18 000 € sofort, 15 000 € nach 1 Jahr, 40 000 € nach 6 Jahren.
Welches Angebot ist für den Käufer bei einem identischen Soll- und Habenzinssatz von 5 % günstiger?

**4** Ein Kapital von 6500 € wurde eine bestimmte Anzahl von Jahren mit 6,75 % verzinst. Danach wurde das erreichte Guthaben doppelt so lange mit 4,5 % verzinst. Das Guthaben war dann auf 12 000 € angewachsen. Bestimmen Sie die Laufzeit.

**Zeit zu überprüfen**

**5** Ein Kreditinstitut wirbt mit einem Jahreszinssatz von 8 % für ein Darlehen von 100 000 €. Im Kleingedruckten findet sich der Hinweis, dass die Zinsen vierteljährlich (mit einem Viertel der Jahreszinsen) der Schuld hinzugefügt werden.
a) Wie hoch sind die Schulden nach einem Jahr, wenn nicht getilgt wird?
b) Wie hoch ist der effektive Zinssatz?
c) Wie hoch wäre der konforme Zinssatz?

---

**6** Herr und Frau Maier wollen in 10 Jahren ein gebrauchtes Wohnmobil kaufen, um nach Eintritt in den Ruhestand flexibel reisen zu können. Das Wohnmobil wird sie wahrscheinlich 55 000 € kosten.
a) Sie haben zurzeit 8000 € auf dem Sparbuch, das mit 4 % angelegt ist. Welcher Betrag wird ihnen in 10 Jahren zu ihrem Wohnmobil fehlen, wenn sie keine weiteren Einzahlungen auf das Sparbuch leisten?
b) Sie wollen jetzt so viel Geld anlegen, dass sie bei 4 % Jahreszinsen in 10 Jahren 55 000 € gespart haben. Welchen Betrag müssen sie jetzt einzahlen?
c) Frau Maier stöhnt: „Das können wir uns nicht leisten. So viel Geld haben wir nicht. Mehr als 22 000 € können wir nicht einzahlen". „Aber wie lange müssen wir dann warten, bis wir uns das Wohnmobil leisten können?", fragt sich Herr Maier.
d) Das Ergebnis enttäuscht Frau Maier. „So lange möchte ich nicht warten. Wer weiß, ob wir dann noch fit genug fürs Reisen sind! Länger als 15 Jahre möchte ich nicht warten." Herr Maier überlegt: „Dann müssen wir eben eine Bank finden, die uns einen höheren Zinssatz zahlt, sodass wir mit 22 000 € Anfangskapital nach 15 Jahren auf 55 000 € kommen". Wie hoch müsste der Zinssatz sein, damit das klappt?
e) Herr und Frau Maier gehen zur Bank und schildern die Situation: „Wir haben 22 000 € und brauchen in spätestens 15 Jahren 55 000 €." Die Dame von der Bank rechnet nach und meint dann: „Ich kann Ihnen höchstens 5,5 % Zinsen bieten." Wie viel Geld müssten Herr und Frau Maier dann jetzt anlegen, damit sie in 15 Jahren das Wohnmobil kaufen können?

**7** Bei einem Elektromarkt finden Sie folgendes Angebot für ein Laptop:
A: 500 €, sofort zu zahlen. B: 550 €, zahlbar in drei Jahren.
Sie gehen von einem identischen Soll- und Habenszinssatz in Höhe von 3 % aus. Welches Angebot wählen Sie unter finanzmathematischen Gesichtspunkten?

**8** Ein Unternehmer zahlte am 1.1.2008 einen Betrag von 250 000 € auf ein Sparkonto ein, welches mit 4 % verzinst wird. Am 1.1.2010 hebt er 10 000 € ab, am 31.12.2010 zahlt er 12 000 € ein. Welchen Betrag wird er am 1.1.2020 zur Verfügung haben, wenn sich der Zinssatz nicht ändert und keine weiteren Ein- und Auszahlungen erfolgen?

**9** Der Käufer eines Grundstücks hat die Wahl zwischen folgenden Zahlungsverpflichtungen:
A: Der Käufer verpflichtet sich, nach vier Jahren einen Betrag von 80 000 € und nach sechs Jahren einen Betrag von 60 000 € zu zahlen.
B: Der Käufer verpflichtet sich, 35 000 € sofort und 35 000 € jeweils nach drei Jahren, nach sechs Jahren und nach sieben Jahren zu zahlen.
a) Welche Zahlungsart ist für den Käufer günstiger, wenn eine Verzinsung von 4 % zugrunde gelegt wird?
b) Wie viel Euro beträgt der Vorteil bei Wahl der günstigeren Zahlungsart bezogen auf den Zeitpunkt $t = 0$?
c) Zeigen Sie, dass der Vergleich der beiden Zahlungsverpflichtungen zum Zeitpunkt $t = 5$ dasselbe Ergebnis ergibt. Wie viel Euro beträgt jetzt der Vorteil bei der Wahl der günstigeren Zahlungsart? Zeigen Sie, dass der Barwert dieses Betrages dem Vorteil in Euro entspricht, der unter b) errechnet wurde.

**10** In welcher Zeit verdreifacht sich ein Kapital bei einem Jahreszinssatz von 5 %?

**11** Zwei Kapitalien, die sich um 500 € unterscheiden, wachsen in 25 Jahren zu derselben Summe an. Das größere Kapital steht zu 3 %, das kleinere zu 4 % auf Zinseszinsen. Wie hoch sind die Kapitalien?

**12** In einem Werbeprospekt einer Bank steht: „Wer früh spart, braucht weniger Kapital und hat am Ende mehr als der, der spät mit dem Sparen anfängt."
Rechnen Sie mit Ihrem Rechner verschiedene Beispiele und nehmen Sie begründet Stellung zu dieser Aussage.

**13** Beim Verkauf seines Wagens gehen einem Verkäufer zwei Angebote ein:
Käufer A bietet ihm 2000 € sofort und 3000 € in zwei Jahren.
Käufer B bietet ihm 4000 € in zwei Jahren und 1500 € in vier Jahren.
a) Welches Angebot ist für den Verkäufer günstiger, wenn ein Zinssatz von 5 % zugrunde gelegt wird?
b) Bei welchem Zinssatz sind beide Zahlungen äquivalent?

Hinweis zu b): Substitutionsverfahren

**14** a) Auf welchen Betrag wächst ein Kapital in Höhe von 5000 € bei halbjähriger Verzinsung in sechs Jahren an, wenn der Jahreszins 4 % beträgt?
b) Auf welchen Betrag wächst ein Kapital in Höhe von 8000 € bei monatlicher Verzinsung in vier Jahren an, wenn der Jahreszinssatz 6 % beträgt?

**15** Eine Kauffrau benötigt in 2,5 Jahren ein Kapital in Höhe von 10 000 €. Die Bank bietet einen Zinssatz in Höhe von 0,2 % pro Monat. Welchen Betrag muss die Kauffrau heute anlagen, wenn
a) einfache Zinsen b) Zinseszinsen
berücksichtigt werden?

# 6 Renten- und Abschreibungsrechnung

Angenommen, Sie haben bei einer Lotterie gewonnen und können sich entweder 1 000 000 € sofort auszahlen lassen oder jedes Jahr bis an Ihr Lebensende 40 000 €.
Welche Variante wählen Sie? Machen Sie geeignete Annahmen und begründen Sie Ihre Wahl.

Renten können sowohl Ein- als auch Auszahlungen sein.

Mithilfe der Zinseszinsrechnung kann man mehrere Zahlungen zu einem Gesamtwert zusammenfassen, indem man die einzelnen Zahlungen auf einen Bezugszeitpunkt auf- bzw. abzinst und dann addiert. In der Praxis haben solche Zahlungen oft den gleichen Wert und werden in Jahresabständen gezahlt. Man bezeichnet sie als **Rente**.

Angenommen jemand schließt einen Vertrag ab, in dem er sich verpflichtet 20 Jahre lang immer am Jahresende eine **nachschüssige Rate** r in Höhe von 1000 € auf ein Konto einzuzahlen. Als Zinssatz p % wird 3 % p.a. vereinbart. Am Ende des ersten Jahres hat der Sparer dann einen Kontostand in Höhe von 1000 €. Für das zweite Jahr erhält er Zinsen für sein Guthaben.
Er zahlt am Ende des zweiten Jahres wieder 1000 € ein und sein Guthaben ist dann auf $1000 \cdot 1{,}03 + 1000 = 2030$ angewachsen. Der Kontostand am Ende des n-ten Jahres nennt man **Rentenendwert**. Er wird mit R(n) bezeichnet und kann mit der Rekursionsformel
$R(n) = R(n-1) \cdot q + r$ mit $q = 1 + \frac{p}{100} = 1 + i$ berechnet werden. Stellt man mithilfe eines Rechners die Kapitalentwicklung in einer Tabelle (Fig. 1) und einem Graphen (Fig. 2) dar, kann man erkennen, dass es sich um den Graphen einer Exponentialfunktion handelt, der in y-Richtung verschoben ist.

| | A jahr | B kapital |
|---|---|---|
| 1 | 0 | 0 |
| 2 | 1 | 1000 |
| 3 | 2 | 2030. |
| 4 | 3 | 3090.9 |
| 5 | 4 | 4183.63 |
| 6 | 5 | 5309.14 |
| 7 | 6 | 6468.41 |
| 8 | 7 | 7662.46 |
| 9 | 8 | 8892.34 |
| 10 | 9 | 10159.1 |
| 11 | 10 | 11463.9 |
| 12 | 11 | 12807.8 |
| 13 | 12 | 14192. |
| 14 | 13 | 15617.8 |
| 15 | 14 | 17086.3 |
| 16 | 15 | 18598.9 |
| 17 | 16 | 20156.9 |
| 18 | 17 | 21761.6 |
| 19 | 18 | 23414.4 |
| 20 | 19 | 25116.9 |
| 21 | 20 | 26870.4 |

Fig. 1

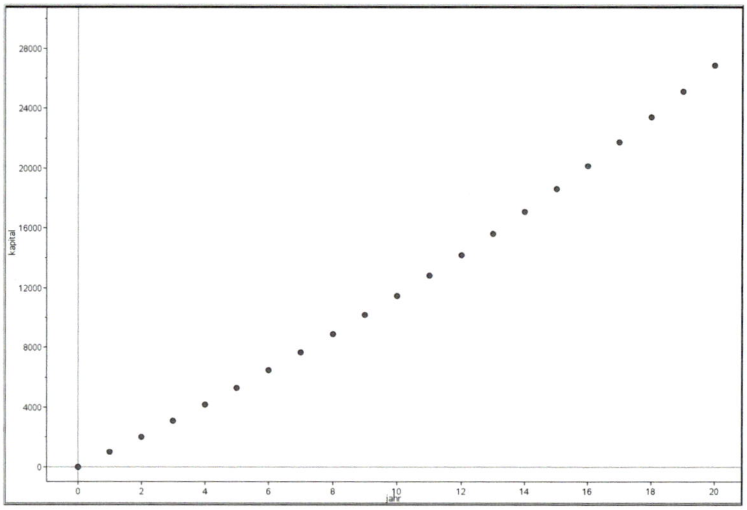


Fig. 2

Um die explizite Funktionsgleichung des Graphen zu bestimmen, geht man also von folgendem Ansatz aus: $R(n) = b \cdot a^n + c$.
Zur Bestimmung von a, b und c setzt man für n die Werte 0, 1 und 2 ein und erhält das folgende Gleichungssystem.

$$\begin{aligned} b \quad\;\; + c &= 0 \quad (1)\\ b \cdot a + c &= 1000 \quad (2)\\ b \cdot a^2 + c &= 2030 \quad (3) \end{aligned}$$

Aus Gleichung (1) folgt $c = -b$. Eingesetzt in (2) und (3) ergibt sich

$$b \cdot a \; - b = 1000 \quad (2')$$
$$b \cdot a^2 - b = 2030 \quad (3').$$

Man dividiert (3′) durch (2′) und erhält $\frac{b \cdot a^2 - b}{b \cdot a - b} = \frac{2030}{1000} \Leftrightarrow \frac{b \cdot (a^2 - 1)}{b \cdot (a - 1)} = 2{,}03$.

Für $b \neq 0$ und $a \neq 1$ erhält man $a = 1{,}03$.

Einsetzen in (2′) ergibt $b = \frac{1000}{1{,}03 - 1}$ und aus (1) erhält man dann $c = -\frac{1000}{1{,}03 - 1}$.

In diesem Fall lässt sich also das Kapital nach n Jahren nach der Formel

$R(n) = \frac{1000}{1{,}03 - 1} \cdot 1{,}03^n - \frac{1000}{1{,}03 - 1} = 1000 \cdot \frac{1{,}03^n - 1}{1{,}03 - 1}$ berechnen. Allgemein gilt:

> Der mit einem Faktor $q = 1 + \frac{p}{100} = 1 + i$ aufgezinste Gesamtwert einer aus n jährlichen nachschüssigen Rate der Höhe r bestehenden Rente beträgt am Ende des letzten Jahres $R(n) = r \cdot \frac{q^n - 1}{q - 1}$.

Bei einer vorschüssigen Rente erfolgen die Zahlungen im Gegensatz zur nachschüssigen Rente immer am Jahresanfang.

Bei einer **vorschüssigen Rente** kann die Formel analog hergeleitet werden (siehe Aufg. 3, S. 214).

Eine weitere finanzmathematische Anwendung der Exponentialfunktion, welche in der Praxis häufig vorkommt, ist die Abschreibungsrechnung.

Unter **Abschreibung** versteht man den Wertverlust eines Gutes innerhalb eines bestimmten Zeitraumes.

Wird der Wertverlust gleichmäßig auf die Nutzungsdauer verteilt, spricht man von **linearer Abschreibung**. Dadurch vermindert sich der Wert eines Gegenstandes jährlich um denselben Wert.
Bei der **degressiven Abschreibung** wird der jährliche Abschreibungsprozentsatz nicht auf den anfangs vorhandenen Wert, sondern auf den **Restbuchwert** des Vorjahres bezogen. Es handelt sich also um ein negatives exponentielles Wachstum.

Der Wertverlust kann bei linearer und degressiver Abschreibung steuerlich geltend gemacht werden.

> Der Restbuchwert B(k) eines Gegenstandes mit einem Anschaffungswert A und einer Nutzungsdauer n, der mit einem Abschreibungsprozentsatz p% degressiv abgeschrieben wird, beträgt nach k Jahren $B(k) = A \cdot \left(1 - \frac{p}{100}\right)^k$.

**Beispiel 1** Rentenrechnung

Einem Kapital in Höhe von 8000 € wird am Jahresende jeweils eine Rate in Höhe von 250 € hinzugefügt. Mit der Bank wurde ein Zinssatz von 4 % p.a. vereinbart. Die Laufzeit des Sparvertrages beträgt 20 Jahre. Wie hoch ist das Guthaben am Ende der Laufzeit?

■ Lösung: Der Rentenendwert aus den jährlichen Raten in Höhe von 250 € beträgt nach 20 Jahren $R(20) = \frac{250}{1{,}04 - 1} \cdot 1{,}04^{20} - \frac{250}{1{,}04 - 1} \approx 7444{,}52$. Das Startkapital in Höhe von 8000 € hat nach 20 Jahren den Wert $K(20) = 8000 \cdot 1{,}04^{20} \approx 17\,528{,}99$.
Beide Beträge beziehen sich nun auf den Zeitpunkt $t = 20$ und dürfen addiert werden.
Das Guthaben beträgt also 24 973,51 €.

**Beispiel 2** Rentenrechnung

Wie oft kann man von einem Kapital in Höhe von 10 000 € jährlich nachschüssig 1000 € entnehmen, wenn der Zinssatz 4 % beträgt?

■ Lösung: Zu lösen ist die Gleichung $10\,000 \cdot 1{,}04^n = 1000 \cdot \frac{1{,}04^n - 1}{1{,}04 - 1}$.
Aus $1{,}04^n = 2{,}5 \cdot (1{,}04^n - 1)$ ergibt sich $n \approx 13{,}02$.
Man kann also 13-mal eine Rente von 1000 € entnehmen.

**Beispiel 3** Abschreibungsrechnung

Eine Maschine hat einen Anschaffungswert von 80 000 €.

a) Sie wird mit 15 % degressiv abgeschrieben. Nach wie vielen Jahren ist ein Restbuchwert von 41 760,50 € erreicht?

b) Mit welchem Prozentsatz wäre abzuschreiben, wenn die Maschine in der gleichen Zeit bis auf einen Erinnerungswert von 1 € abgeschrieben werden sollte?

Lösung: a) Die Gleichung $41\,760{,}50 = 80\,000 \cdot 0{,}85^k$ ist nach k aufzulösen.

Man erhält $k = \frac{\log\left(\frac{41760{,}5}{80\,000}\right)}{\log(0{,}85)} \approx 4$.

Nach 4 Jahren ist der Restbuchwert erreicht.

b) Zu lösen ist die Gleichung $1 = 80\,000 \cdot \left(1 - \frac{p}{100}\right)^4$. Man erhält $p \approx 94{,}05$.

Die Maschine wäre mit etwa 94 % abzuschreiben.

## Aufgaben

**1** Jemand zahlt 10 Jahre lang am Ende eines jeden Jahres 2500 € auf ein Sparkonto. Die jährliche Verzinsung beträgt 5 %. Wie hoch ist das Sparguthaben am Ende des 10. Jahres?

**2** Jemand hat am Anfang eines Jahres auf seinem Sparkonto einen Betrag von 5200 €. Vom Ende des Jahres an zahlt er insgesamt 8-mal jeweils im Abstand von einem Jahr 850 € hinzu. Wie hoch ist das Sparguthaben am Ende des 8. Jahres, wenn die jährliche Verzinsung 6 % beträgt?

**3** Zeigen Sie, dass der Endwert bei einer vorschüssigen Rente nach der Formel $R_v(n) = r \cdot q \cdot \frac{q^n - 1}{q - 1}$ berechnet werden kann. Entwickeln Sie zunächst die Formel anhand eines konkreten Beispieles.

**4** Ein Kaufmann legt am Anfang eines jeden Geschäftsjahres von seinem Geschäftsgewinn 3000 € auf ein Sparkonto, das mit 4,5 % jährlich verzinst wird.

a) Stellen Sie die Kapitalentwicklung für die ersten 10 Jahre mithilfe eines Rechners in einer Tabelle dar.

b) Nach wie viel Jahren ist das Sparguthaben einschließlich der letzten Einzahlung auf 24 000 € angewachsen? Lesen Sie das Ergebnis zunächst aus der Tabelle ab und berechnen Sie es dann mithilfe der expliziten Darstellung für R (n).

**5** Ein LKW mit einer Nutzungsdauer von zehn Jahren wurde zum Neupreis von 80 000 € erworben.

a) Stellen Sie für die gesamte Nutzungsdauer den aktuellen Wert des Fahrzeuges und den Abschreibungsbetrag bei linearer Abschreibung in einer Tabelle dar.

b) Gehen Sie nun von einer degressiven Abschreibung mit einem Prozentsatz von 20 % aus und ergänzen Sie Ihre Tabelle aus a) um den Restbuchwert und den Abschreibungsbetrag bei degressiver Abschreibung.

c) Gehen Sie nun von einer Nutzungsdauer des LKW von nur drei Jahren aus und verdeutlichen Sie folgende Aussage: „Bei Wirtschaftgütern mit eher kurzer Nutzungsdauer bringt die degressive Abschreibung kaum Vorteile gegenüber der linearen Abschreibung."

**6** Die Anschaffungskosten eines Fahrzeuges betragen 78 600 €. Das Fahrzeug soll nach 10 Jahren auf einen Schrottwert von 8439,61 € degressiv abgeschrieben werden.

a) Berechnen Sie den Abschreibungsprozentsatz.

b) Überprüfen Sie, ob dieser steuerlich anerkannt wird.

### Zeit zu überprüfen

**7** Eine Maschine hat nach fünf Jahren einen Restbuchwert von 12 500 €. Der Abschreibungsprozentsatz beträgt 15 %.
a) Wie hoch war der ursprüngliche Anschaffungswert?
b) Wie viele Jahre müsste die Maschine abgeschrieben werden, damit der Restbuchwert 1 € betragen würde?

**8** Ein Vater will für das Studium seiner Tochter in sechs Jahren 10 000 € zur Verfügung haben. Das Sparkonto wird mit 5 % verzinst.
a) Welchen Betrag muss er am Ende eines jeden Jahres auf ein Sparkonto einzahlen?
b) Wie lange müsste er jährlich 1500 € einzahlen, wenn er einen Betrag in Höhe von 20 000 € benötigen würde?

---

**9** Für einen Autokauf nehmen Sie ein Darlehen in Höhe von 12 000 € auf, das Sie in fünf jährlich gleich hohen Beträgen jeweils am Jahresende zurückzahlen wollen. Die Bank verlangt einen Zinssatz von 6 %.
a) Zeigen Sie, dass die Annuität 2128,76 € beträgt.
b) Ergänzen Sie mithilfe eines Rechners den folgenden Tilgungsplan:

| Jahr | Restschuld | Zinsen | Tilgung | Annuität |
|---|---|---|---|---|
| 1 | 12 000 | … | … | 2128,76 |
| … | … | … | … | … |

c) Geben Sie eine explizite Formel für die Restschuld an.

Unter einer Annuität versteht man eine gleich hohe jährliche Rate, die aus Zinsen und Tilgung besteht.

**10** Eine Firma hat einen Kredit in Höhe von 1 000 000 € zum Zinssatz von 7,5 % bei einer Laufzeit von sechs Jahren aufgenommen, der annuitätisch getilgt werden soll.
a) Wie hoch ist die erste Tilgung?
b) Entwickeln Sie einen Tilgungsplan.

**11** Ein Anfangskapital wird zu 7 % auf Zinseszinsen angelegt. Wie viele Jahre lang kann man aus dem Guthaben jeweils am Ende des Jahres 10 % des Anfangskapitals entnehmen, bis das Kapital vollständig aufgezehrt ist?

**12** Sie haben mit Ihrem Mega-Los der Fernsehlotterie am 31.12.2010 eine monatliche Sofortrente von 5000 € gewonnen. Ihnen wird alternativ eine Auszahlung in Höhe von 1 200 000 € angeboten. Sie gehen davon aus, dass Sie noch 55 Jahre leben werden. Als Zinssatz wird 4 % zugrunde gelegt.
a) Da Sie sehr sparsam sind, wollen Sie das Geld nicht verbrauchen, sondern für Ihre Enkel anlegen. Welchen Betrag haben Ihre Enkel dann 2065
(I) bei der Auszahlung,
(II) bei der monatlichen Sofortrente (den Betrag in Höhe von $12 \cdot 5000\,€ = 60\,000\,€$ legen Sie immer am Ende des Jahres auf einem Sparbuch an) zur Verfügung?
b) Sie möchten nicht ganz so sparsam sein und von dem Gewinn monatlich 2000 € verbrauchen. Den Rest legen Sie wie in a) für Ihre Enkel an. Welchen Betrag haben Ihre Enkel dann
(I) bei der Auszahlung,
(II) bei der monatlichen Sofortrente in 55 Jahren zur Verfügung?
c) Sie haben sich für die einmalige Auszahlung in Höhe von 1 200 000 € entschieden. Dabei möchten Sie überhaupt nicht sparsam sein und Ihren Gewinn im Jahr 2065 vollständig verbraucht haben. Welchen Betrag können Sie dann jährlich am Anfang eines jeden Jahres entnehmen?
d) Wie lange müssten Sie noch leben, damit die monatliche Sofortrente und die einmalige Auszahlung genau gleich vorteilhaft sind?

# 7 Die Euler'sche Zahl e; die natürliche Exponentialfunktion

Welche der drei Banken macht das günstigste Angebot?

Eine Bank legt ein Angebot vor, nach dem sich ein angelegtes Kapital K innerhalb von 10 Jahren verdoppelt. Dies sind 100% Zinsen in 10 Jahren. Damit erhöht sich im Durchschnitt das Kapital K pro Jahr um $\frac{100\,\%}{10} = 10\%$. Würde diese durchschnittliche Kapitalerhöhung von 10% als Jahreszins dem Kapital K hinzugefügt, so erhielte man wegen

$$K(10) = K \cdot \left(1 + \frac{1}{10}\right)^{10} \approx 2{,}5937 \cdot K$$

einen erheblich höheren Betrag nach 10 Jahren.
Es wird folgender Fall betrachtet:
Bei einer Verzinsung von 100% in 10 Jahren ist die durchschnittliche Kapitalerhöhung pro Jahr $\frac{1}{10} = 10\,\%$, pro Halbjahr $\frac{1}{20} = 5\,\%$, pro Vierteljahr $\frac{1}{40} = 2{,}5\,\%$, pro Monat $\frac{1}{120} \approx 0{,}83\,\%$ usw.
Dieser Anteil wird als Zinssatz angenommen und der zugehörige Zins dem Kapital jährlich, halbjährlich, vierteljährlich, monatlich usw. zugeführt. Welches Kapital liegt jeweils nach 10 Jahren vor?

- Halbjährige Verzinsung (20 Zeiträume) mit $\frac{100}{20}\,\% = 5\%$:
$$K(20) = K \cdot \left(1 + \frac{1}{20}\right)^{20} \approx 2{,}6533 \cdot K$$
- Vierteljährige Verzinsung (40 Zeiträume) mit $\frac{100}{40}\,\% = 2{,}5\,\%$:
$$K(40) = K \cdot \left(1 + \frac{1}{40}\right)^{40} \approx 2{,}6851 \cdot K$$
- Monatliche Verzinsung (120 Zeiträume) mit $\frac{100}{120}\,\% = \frac{5}{6}\,\%$:
$$K120 = K \cdot \left(1 + \frac{1}{120}\right)^{120} \approx 2{,}7070 \cdot K$$

- Werden schließlich die 10 Jahre in m gleiche Zeiträume unterteilt und der Zinssatz $\frac{100}{m}\,\%$ nach jedem Zeitabschnitt dem Kapital zugefügt, so erhält man das Endkapital
$$K(m) = K \cdot \left(1 + \frac{1}{m}\right)^{m}.$$

Im Jahre 1690 untersuchte Jakob Bernoulli erstmals das Anwachsen bei „augenblicklicher Verzinsung".

Die Tabelle zeigt den Kontostand eines Anfangskapitals von K = 1 Euro nach 10 Jahren.

| Zuschlag | 10 J. | jährl. | halbj. | viertelj. | monatl. | tägl. | stündl. | pro Sekunde |
|---|---|---|---|---|---|---|---|---|
| m | 1 | 10 | 20 | 40 | 120 | 3600 | 86 400 | 311 040 000 |
| Kapital | 2,00 | 2,5937 | 2,6533 | 2,6851 | 2,7070 | 2,7179 | 2,7183 | 2,7183 |

Wie die Tabelle vermuten lässt, steigt bei fortgesetzter Erhöhung der Zahl der Verzinsungszeiträume das Endkapital laufend, jedoch nicht unbegrenzt. Im Grenzfall ($m \to \infty$) spricht man von stetiger Verzinsung. Dazu ist der Grenzwert $\lim\limits_{m \to \infty}\left(1 + \frac{1}{m}\right)^{m}$ zu untersuchen, da $\lim\limits_{m \to \infty} K \cdot \left(1 + \frac{1}{m}\right)^{m} = K \cdot \lim\limits_{m \to \infty}\left(1 + \frac{1}{m}\right)^{m}$ ist. Auf den Nachweis, dass er existiert, wird verzichtet.

Der Grenzwert $\lim\limits_{n \to \infty}\left(1 + \frac{1}{n}\right)^{n}$ existiert. Diese Zahl heißt **Euler'sche Zahl** und wird mit e bezeichnet. Es ist $e = 2{,}71828\ldots$

Einen Eindruck davon, wie schnell, oder besser, wie langsam sich der Ausdruck $\left(1 + \frac{1}{n}\right)^n$ der Euler'schen Zahl e nähert, vermittelt die EXCEL-Tabelle aus Fig. 1.
Die Exponentialfunktion mit der Euler'schen Zahl e als Basis spielt in der Mathematik eine wichtige Rolle. Sie erhält einen eigenen Namen:

Die Euler'sche Zahl e hat unendlich viele Dezimalstellen. Sie ist nicht periodisch, sondern wie die Zahl π eine irrationale Zahl.

Wie bekommen Sie mit Ihrem Rechner einen Näherungswert von e?

| n | (1+1/n)^n |
|---|---|
| 1 | 2,00000000 |
| 5 | 2,48832000 |
| 10 | 2,59374246 |
| 50 | 2,69158803 |
| 100 | 2,70481383 |
| 500 | 2,71556852 |
| 1000 | 2,71692393 |
| 5000 | 2,71801005 |
| 10 000 | 2,71814593 |
| 50 000 | 2,71825465 |

Fig. 1

Die Exponentialfunktion f mit $f(x) = e^x$ nennt man **natürliche Exponentialfunktion**.

Die natürliche Exponentialfunktion wird oft kurz als **e-Funktion** bezeichnet. Die meisten Taschenrechner haben eine Taste für $e^x$.
Den Graphen der natürlichen Exponentialfunktion zeigt Fig. 2. Er geht durch die Punkte P(0 | 1) und Q(1 | e). Die x-Achse ist Asymptote des Graphen.
Es gilt $\lim\limits_{x \to -\infty} e^x = 0$.

Logarithmen zur Basis e nennt man **natürliche Logarithmen**. Man bezeichnet sie kurz mit ln: $\log_e(a) = \ln(a)$.
Aus $e^{\ln(a)} = a$ folgt $a^x = (e^{\ln(a)})^x = e^{\ln(a) \cdot x}$ und damit gilt:

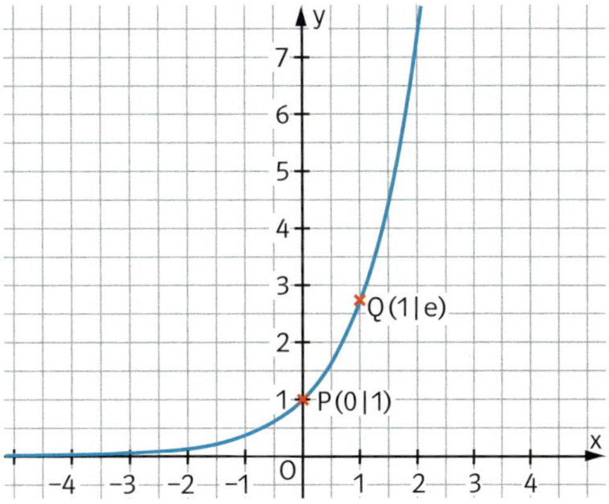

Fig. 2

Jede Exponentialfunktion f mit $f(x) = a^x$; $a > 0$; $a \neq 1$; $x \in \mathbb{R}$, ist mithilfe der natürlichen Exponentialfunktion darstellbar. Es gilt $f(x) = e^{x \cdot \ln(a)}$.

Bei den meisten Taschenrechnern kann man auf Tastendruck nicht nur Zehnerlogarithmen, sondern auch natürliche Logarithmen erhalten.

Häufig liegen Daten in einer Tabelle vor (vgl. Beispiel 2, Seite 218). Gesucht ist eine Funktion vom Typ $f(x) = b \cdot e^{c \cdot x}$, deren Funktionswerte gut mit den gegebenen übereinstimmen.
Folgende Strategien zur Bestimmung von b und c sind möglich:
1) Man wählt zwei Punktepaare aus, macht die Punktprobe und löst das sich ergebende Gleichungssystem ohne oder mit einem Rechner (vgl. Beispiel 2a)).
2) Man führt mit einem GTR, einem CAS-Rechner oder einer Tabellenkalkulation eine so genannte exponentielle Regression durch (vgl. Beispiel 2e)).

**Beispiel 1** Graphen von Exponentialfunktionen
Der Graph der Funktion f mit $f(x) = e^x$ wird mit 0,5 in Richtung der y-Achse gestreckt, um 1 in Richtung der x-Achse und um −2 in Richtung der y-Achse verschoben.
a) Geben Sie einen Funktionsterm der zu diesem Graphen gehörenden Funktion g an. Stellen Sie die Graphen von f und g auf dem GTR dar.
b) Bestimmen Sie die Koordinaten der Achsenschnittpunkte von g.
▪ Lösung: a) Der Funktionsterm wird schrittweise verändert:
$e^x \to 0{,}5 \cdot e^x \to 0{,}5 \cdot e^{x-1} \to 0{,}5 \cdot e^{x-1} - 2$.

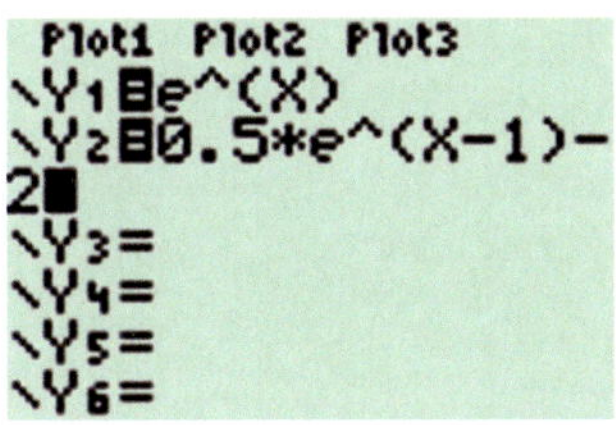

Fig. 3

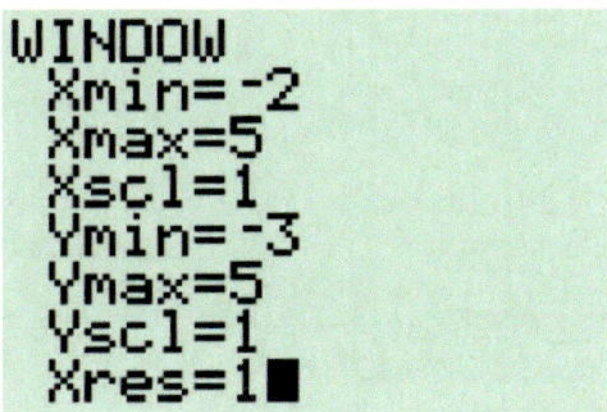

Fig. 4

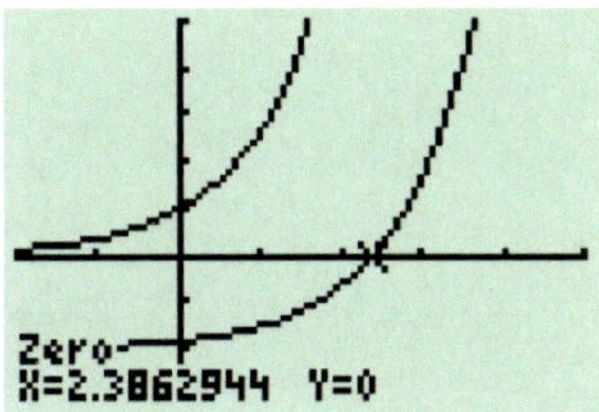

Fig. 5

b) Es ist $g(0) \approx -1{,}82$. Schnittpunkt mit der y-Achse: $S(0\,|\,-1{,}82)$.
Die Lösung der Gleichung $g(x) = 0$ ergibt sich mit dem GTR zu $x \approx 2{,}39$.
Dies ist die einzige Nullstelle von g, da g streng monoton wachsend ist.
Schnittpunkt mit der x-Achse: $N(2{,}39\,|\,0)$.

Daten aus: ARD-Online-studie, 1997, ARD/ZDF-Onlinestudien, 1998 – 2008

**Beispiel 2** Anwendung

In einer Studie wird seit 1997 jährlich die Internetentwicklung in Deutschland untersucht. Die Anzahl der Internetnutzer Ende der neunziger Jahre wird durch die folgende Tabelle dargestellt und lässt sich für diesen Zeitraum näherungsweise durch die Funktion f mit der Funktionsgleichung $f(x) = b \cdot e^{c \cdot x}$ beschreiben. Dabei ist x die seit 1997 vergangene Zeit in Jahren.

| Jahr | 1997 | 1998 | 1999 | 2000 |
|---|---|---|---|---|
| Internetnutzer (in Mio.) | 4,1 | 6,6 | 11,2 | 18,3 |

Fig. 1

a) Bestimmen Sie b und c aus den Werten für die Jahre 1997 und 2000.
b) Zeichnen Sie den Graphen von f.
c) Berechnen Sie die Funktionswerte für das Jahr 1998 und 1999 und vergleichen Sie diese mit den tatsächlichen Werten.
d) Berechnen Sie den Funktionswert für das Jahr 2010 und interpretieren Sie das Ergebnis.
e) Führen Sie mit dem CAS-System eine exponentielle Regression durch.

■ Lösung: a) Aus $f(0) = 4{,}1$ und $f(3) = 18{,}3$ erhält man das Gleichungssystem:

$b = 4{,}1$ (1)
$b \cdot e^{c \cdot 3} = 18{,}3$ (2)

Einsetzen von (1) in (2) und auflösen nach c ergibt: $c = \frac{\ln\left(\frac{18{,}3}{4{,}1}\right)}{3} \approx 0{,}498638$.

Die gesuchte Funktion hat die Gleichung $f(x) = 4{,}1 \cdot e^{0{,}498638\,x}$.

b) Siehe Fig. 2.

c) Die Werte $f(2) \approx 6{,}75$ und $f(3) \approx 11{,}11$ stellen gute Näherungen dar.

d) Es ist $f(13) \approx 2679{,}22$.
Würde die Anzahl der Internetnutzer weiterhin exponentiell mit derselben Wachstumsrate wachsen, wären im Jahr 2010 etwa 2,7 Milliarden Menschen in Deutschland online. Das Wachstum ist hier beschränkt durch die Anzahl der in Deutschland lebenden Menschen.

b)

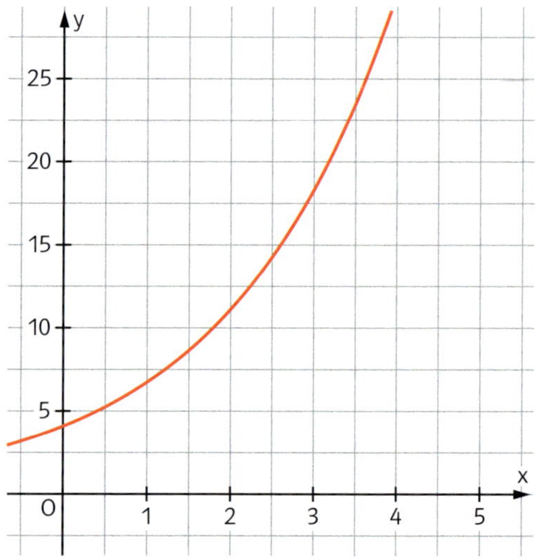


Fig. 2

e)

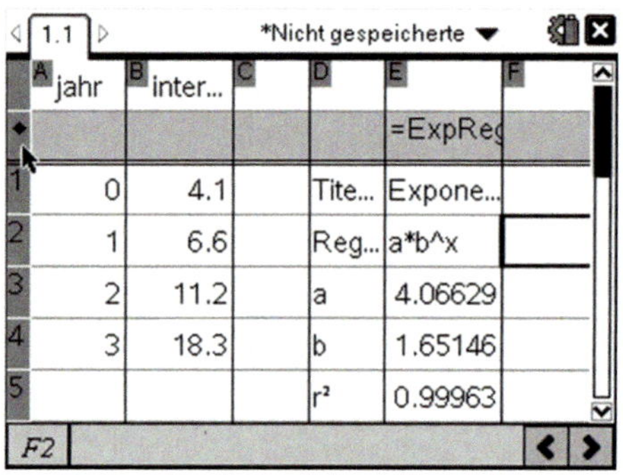


Fig. 3

Der TI-Nspire verwendet andere Bezeichnungen und das Ergebnis bezieht sich nicht auf die Basis e. Man muss daher die Funktion
$f(x) = 4{,}06629 \cdot 1{,}65146^x$
auf die Basis e umrechnen (Fig. 3).
Aus $\ln(1{,}65146) \approx 0{,}50166$ folgt
$f(x) = 4{,}06629 \cdot e^{0{,}50166\,x}$ (vgl. a)).
Der Wert des Bestimmtheitsmaßes $r^2$ nahe 1 zeigt, dass die Regressionskurve eine gute Approximation an die Daten darstellt.

**Beispiel 3** Lösen einer Exponentialgleichung durch Substitution
Lösen Sie die Exponentialgleichung $e^{2x} + 2e^x - 8 = 0$ durch Substitution.
▪ Lösung: Mit der Substitution $e^x = u$ ergibt sich aus $(e^x)^2 + 2e^x - 8 = 0$ die quadratische Gleichung $u^2 + 2u - 8 = 0$ mit den Lösungen $u_1 = 2$; $u_2 = -4$.
Die Rücksubstitution $e^x = 2$ ergibt $x = \ln(2)$; $e^x = -4$ ergibt keine weiteren Lösungen.

**Beispiel 4** Bestimmung von Schnittpunkten mit dem GTR
Gegeben sind die Funktionen f und g durch $f(x) = 3 - 0{,}1 \cdot e^{x+1}$ und $g(x) = 1{,}5x^2$.
Bestimmen Sie mithilfe des GTR die Koordinaten der Schnittpunkte der Graphen von f und g auf zwei Stellen nach dem Komma.
▪ Lösung: Man wählt einen geeigneten Ausschnitt (Fig. 1) und ermittelt mit dem [CALC]-Menü die Koordinaten der Schnittpunkte (Fig. 2):
$S_1(-1{,}40 \mid 2{,}93)$;
$S_2(1{,}19 \mid 2{,}11)$

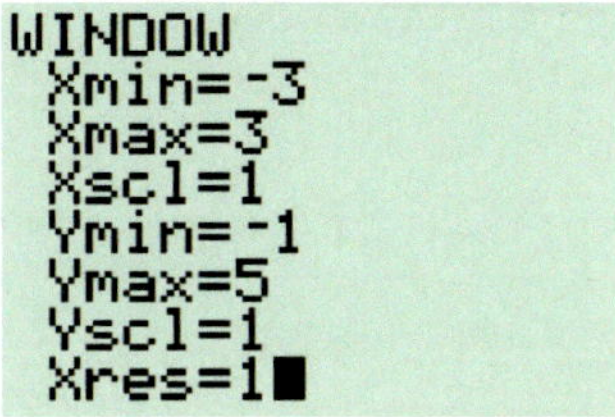

Fig. 1

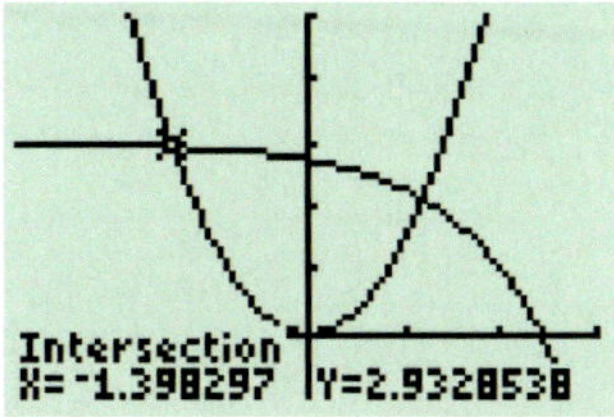

Fig. 2

## Aufgaben

**1** Lösen Sie die Gleichung durch Vergleich der Exponenten.
a) $e^x = 1$ b) $e^x = e$ c) $e^x = \frac{1}{e}$ d) $e^{2x+1} = \frac{1}{e}$

**Methoden** zur Lösung einer Exponentialgleichung:
1) Vergleich der Exponenten
2) Logarithmieren
3) Substitution

**2** Lösen Sie die Gleichung.
a) $5 \cdot e^x = 100$ b) $(x-3) \cdot e^x = 0$ c) $e^{2x+3} = 8$ d) $2x \cdot e^{-x} = 0$
e) $e^{x^2} = e^{2x+3}$ f) $x^2 \cdot e^x - 5x \cdot e^x = 0$ g) $e^3 = (x+2)^3$ h) $e^{2x} - 7e^x + 10 = 0$

**3** Ordnen Sie den drei Funktionsgleichungen die richtigen Graphen zu (Fig. 3).
Zeichnen Sie anschließend den fehlenden Graphen.
a) $f(x) = x \cdot e^x$
b) $g(x) = 2e^x$
c) $h(x) = x \cdot e^{-x} + 3$
d) $i(x)$ $(x-2) \cdot e^x$

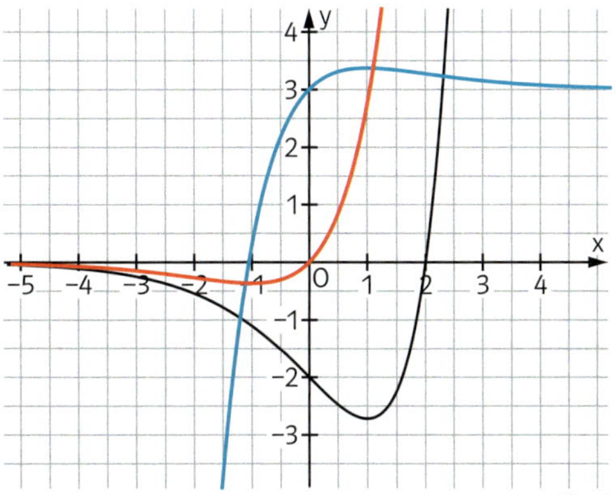
Fig. 3

**4** Skizzieren Sie die Graphen von f und g in ein gemeinsames Koordinatensystem.
Bestimmen Sie die Koordinaten der Schnittpunkte der beiden Graphen.
a) $f(x) = 2^x + 2^{-x} - 3$; $g(x) = e^x - 1$ b) $f(x) = \frac{1}{3}x + 2$; $g(x) = \frac{1}{2}e^{x^2} - 1$
c) $f(x) = e^{-x} + 1$; $g(x) = \frac{1}{5}x^3 - x^2 + \frac{13}{5}$ d) $f(x) = -x^2 + 4x + 4$; $g(x) = e^{-x} + 0{,}2 \cdot e^x$

**5** Bestimmen Sie die Schnittpunkte mit den Koordinatenachsen, zeichnen Sie den Graphen und geben Sie, sofern vorhanden, die Asymptoten an.
a) $f(x) = \frac{1}{2} \cdot e^{1-x} - 3$ b) $f(x) = e^{2 \cdot x} - 0{,}4 \cdot e^{-0{,}1 \cdot x} - 2$
c) $f(x) = e^{x^2} - 2 \cdot e^x$ d) $f(x) = \frac{1}{3} \cdot e^{-x} - 2$
e) $f(x) = 4 - e^{-x}$ f) $f(x) = x^2 \cdot (e^x - 5)$

Hinweis zu b) und c): Man darf die Gleichungen durcheinander dividieren.

**Zeit zu überprüfen**

**6** Bestimmen Sie die Funktionsgleichung des Graphen der Funktion der Form $f(x) = c \cdot e^{b \cdot x}$, der durch die Punkte P und Q verläuft.

a) P(0|2); Q(2|10)    b) P(1|5); Q(4|20)    c) P(−2|4); Q(3|8)

**7** Ein Unternehmen hat für ein Produkt folgende Nachfrage- und Angebotsfunktionen ermitteln können:

$p_N(x) = -\frac{1}{8}e^x + \frac{1}{2}e^{-x} + 5$ und $p_A(x) = \frac{1}{2}e^x + \frac{1}{2}e^{-x}$.

Dabei gibt x die nachgefragte bzw. angebotene Menge in Mengeneinheiten an, $p_N$ bzw. $p_A$ definieren den Nachfrage- bzw. Angebotspreis in Geldeinheiten.

a) Ermitteln Sie den Höchstpreis und die Sättigungsmenge.

b) Bestimmen Sie das Marktgleichgewicht.

---

**8** Jemand möchte sein Kapital in 12 Jahren verdoppeln.
Die Bank A bietet an: 1,51% Zins je Vierteljahr, Bank B 3,1% Zins je Halbjahr. Verdoppelt sich in beiden Fällen das Kapital nach 12 Jahren? Welche Verzinsung ist günstiger?

**9** In einem Waldstück wird der derzeitige Holzbestand auf 4000 fm (Festmeter) geschätzt. Der Holzzuwachs beträgt momentan 2% jährlich. Stellen Sie die zeitliche Entwicklung des Holzbestandes H in der Form $H(t) = b \cdot a^t$ (t in Jahren) bzw. in der Form $H(t) = b \cdot e^{k \cdot t}$ dar.

**10** Gegeben ist der Graph G der Funktion f mit $f(x) = e^x$. Durch die angegebene Abbildung entsteht aus G der Graph einer neuen Funktion h. Geben Sie h an.

a) Spiegelung an der x-Achse

b) Spiegelung an der y-Achse und Verschiebung um −2 in Richtung der y-Achse

c) Spiegelung an der x-Achse und Verschiebung um 2 in Richtung der x-Achse

d) Spiegelung an der y-Achse und Verschiebung um −1 in Richtung der x-Achse

**11** Erläutern Sie, wie der Graph der Funktion g aus dem Graphen der Funktion f mit $f(x) = e^x$ hervorgeht. Bestimmen Sie, sofern vorhanden, die Achsenschnittpunkte.

a) $g(x) = -e^x + 1$    b) $g(x) = e^{x-4} + 1$    c) $g(x) = 2e^{3x} - 4$    d) $g(x) = 0{,}5 \cdot e^{-2x+1} - 2$

**12** Der Graph der Funktion $x \mapsto e^{-x}$ soll so in x-Richtung verschoben (in y-Richtung gestreckt) werden, dass er den Graphen von $x \mapsto e^x$ an der Stelle x = 3 schneidet.

**13** Gegeben sind die Funktionen f und g mit $f(x) = e^x$ und $g(x) = e^{-x}$.

a) Begründen Sie, dass die Summenfunktion f + g einen zur y-Achse symmetrischen Graphen hat. Zeichnen Sie den Graphen.

b) Überlegen Sie, wie man mit f und g eine Funktion erzeugen kann, deren Graph punktsymmetrisch zum Ursprung ist. Zeichnen Sie den Graphen.

**14** a) Begründen Sie, dass der Graph von $x \mapsto 8x \cdot e^{-x^2}$ symmetrisch zum Ursprung ist.

b) Wie muss die ganzrationale Funktion p(x) gewählt werden, damit der Graph von $x \mapsto p(x) \cdot e^{-x^2}$ symmetrisch zum Ursprung bzw. symmetrisch zur y-Achse ist? Geben Sie jeweils zwei Beispiele an.

**15** Für jedes reelle k ist eine Funktion $f_k$ gegeben durch $f_k(x) = (x^2 - k) \cdot e^x$. Erläutern Sie, wie die Anzahl der Nullstellen von $f_k$ von k abhängt. Zeichnen Sie für jeden dieser Fälle einen Graphen.

**16** Gegeben ist für $a \in \mathbb{R}^*$ die Funktion $f_a$ durch $f_a(x) = \frac{1}{2}a + a \cdot e^{-x}$.
a) Zeichnen Sie den Graphen von $f_a$ für a = −4; −2; 2; 4 in ein gemeinsames Koordinatensystem. Beschreiben Sie das asymptotische Verhalten.
b) Erläutern Sie, wie der Graph von $f_a$ aus dem Graphen von $x \mapsto e^{-x}$ hervorgeht. Begründen Sie, dass die Graphen von $f_a$ keine Schnittpunkte mit der x-Achse haben.

**17** Gegeben ist für $t \in \mathbb{R}^*$ die Funktion $f_t$ durch $f_t(x) = \frac{1}{2}x + t \cdot e^{-x}$.
a) Ermitteln Sie mithilfe Ihres Rechners Werte von t, für die $f_t$ keine oder genau eine oder zwei Nullstellen hat. Zeichnen Sie die zugehörigen Graphen.
b) Geben Sie eine Gleichung der gemeinsamen Asymptote aller Graphen von $f_t$ an.
c) Der Graph von $f_t$ wird an der y-Achse gespiegelt. Geben Sie den zugehörigen Funktionsterm an.

**18** Die Höhe einer Kletterpflanze (in m) zur Zeit t (in Wochen seit Beobachtungsbeginn) wird näherungsweise durch die Funktion h mit $h(t) = 0{,}02 \cdot e^{k \cdot t}$ beschrieben.
a) Nach sechs Wochen ist die Pflanze 40 cm hoch. Bestimmen Sie k.
b) Wie hoch ist die Pflanze nach neun Wochen?
c) Wann ist die Pflanze drei Meter hoch?
d) Wann wächst sie in einer Woche um 150 cm?

**19** Der Umsatz für ein Produkt steigt wöchentlich um 5 %. Zu Beginn der Beobachtung betrug der Umsatz 20 000 €. Wie lautet die Gleichung der
a) Exponentialfunktion,
b) e-Funktion,
die dieses Wachstum beschreibt?

**20** Ein Unternehmen geht von einer Gesamtkostenfunktion K mit $K(x) = 60 \cdot e^{0{,}05x}$ aus. Die Kapazitätsgrenze liegt bei 40 ME. Die Preis-Absatz-Funktion ist gegeben durch $p(x) = 20 \cdot e^{-0{,}04x}$.
a) Bestimmen Sie die Funktionsgleichungen der fixen Kosten, der variablen Kosten und der Stückkosten.
b) Berechnen Sie die Gesamtkosten und die Stückkosten für eine Produktion von 10 ME.
c) Ermitteln Sie die Gewinnfunktion und untersuchen Sie, ob bei den Absatzmengen x = 4, x = 13 bzw. x = 22 ein Gewinn erzielt wird.
d) Bestimmen Sie mit dem Rechner die Gewinnzone.
e) Zeichnen Sie die Kosten- und die Erlösfunktion in ein gemeinsames Koordinatensystem und markieren Sie die Gewinnzone.

**21** Die folgende Tabelle zeigt die Umsatzzahlen eines Unternehmens seit 1996 in Millionen Euro.

| Jahr | 1996 | 1999 | 2002 | 2005 | 2008 | 2011 |
|---|---|---|---|---|---|---|
| Umsatz (in Mio.) | 589 | 1062 | 1101 | 1724 | 2300 | 2633 |

a) Führen Sie eine exponentielle Regression durch.
b) Verwenden Sie das Modell, um den Umsatz für das Jahr 2014 vorauszusagen.
c) Der Umsatz im Jahr 2006 betrug 1984 Millionen Euro. Welchen Umsatz erhalten Sie nach dem Modell aus a)?
d) Führen Sie unter Verwendung des tatsächlichen Umsatzes des Jahres 2006 eine erneute Regression durch.
e) Wie hoch ist nach dem neuen Modell der geschätzte Umsatz im Jahre 2014? Erklären Sie.

# 8 Beschränktes Wachstum

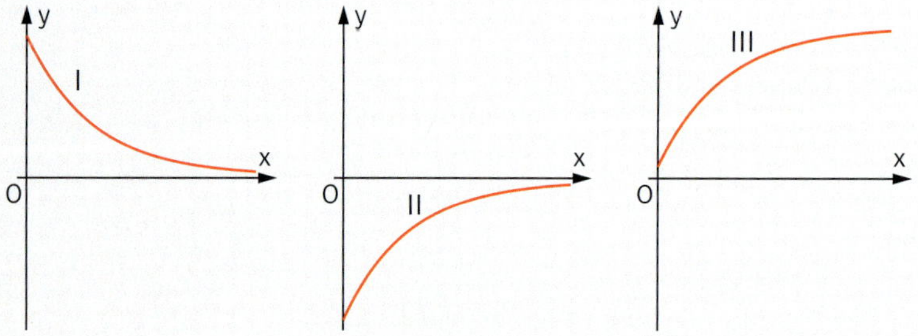


Welche geometrische Operationen überführen den Graphen von Bild I in den Graphen von Bild III?
Graph I gehört zu einer Funktion f mit $f(x) = c \cdot e^{k \cdot x}$. Was lässt sich über die Parameter c und k sagen?
Welche Gleichung hat die Funktion mit dem Graphen in Bild III?

Anders als bei naturwissenschaftlichen Experimenten, kann bei wirtschaftlichen Anwendungen das gewählte Modell nur durch empirische Daten begründet werden.

Bei Wachstumsprozessen wurde bisher davon ausgegangen, dass das Wachstum keine Obergrenze hat. In der Regel ist aber eine solche Obergrenze durch äußere Einflüsse gegeben. Gibt es z. B. 100 000 potenzielle Käufer für ein nur einmal benötigtes Gerät, stellt dieser Wert eine obere Schranke – die **Sättigungsgrenze** – dar. Werden durch Werbeaktionen jede Woche 30 % der noch möglichen Käufer erreicht, dann ist das Wachstum proportional zu der Anzahl an Kunden, die noch zu dieser Sättigungsgrenze von 100 000 fehlt. Wird die Anzahl der in Woche t verkauften Geräte mit B(t) bezeichnet und wird davon ausgegangen, dass zu Beginn der Werbemaßnahmen bereits 20 000 Geräte verkauft waren, werden in der nächsten Woche 30 % von 80 000 Kunden gewonnen usw. Man spricht von einem **beschränkten Wachstum**. Es ergibt sich die rekursive Darstellung $B(t+1) = B(t) + 0{,}3 \cdot (100\,000 - B(t))$ mit $B(0) = 20\,000$ (Fig. 1).
Der Graph steigt immer langsamer an und nähert sich der Sättigungsgrenze $S = 100\,000$ (Fig. 2).

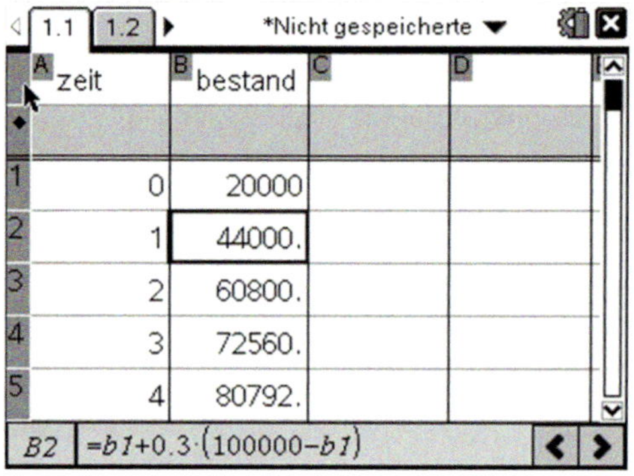


Fig. 1

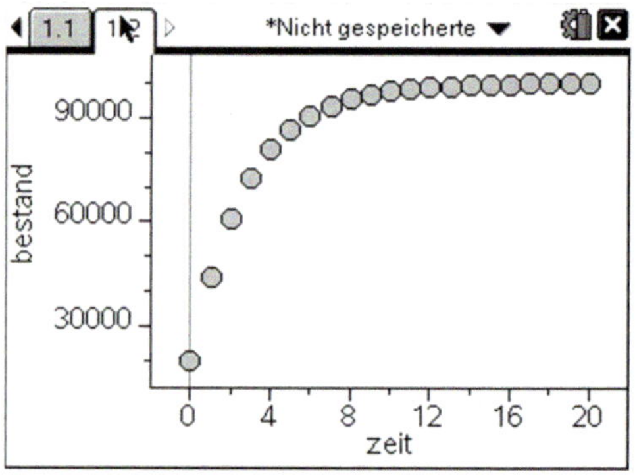


Fig. 2

Der Kundenbestand nimmt nicht exponentiell zu, sondern die Differenz zur Sättigungsgrenze nimmt exponentiell ab. Um eine explizite Darstellung zu erhalten, ist es vorteilhaft, zunächst von den noch nicht ausgeschöpften Ressourcen auszugehen. Der Bestand an noch nicht verkauften Geräten nimmt jede Woche um 30 % ab. Geht man von einem Bestand von 80 000 aus, lässt sich dies durch den Term $80\,000 \cdot 0{,}7^t$ beschreiben. Die Anzahl an verkauften Geräten wird dann durch die Gleichung $B(t) = 100\,000 - 80\,000 \cdot 0{,}7^t$ beschrieben.

**Beschränktes Wachstum mit der Sättigungsgrenze S**
Nimmt die Größe t um 1 zu, so verändert sich die Größe B(t) um $a(S - B(t))$ mit einer für alle Zeitschritte gleichen Zahl a $(0 < a < 1)$.
Die Differenz zwischen Sättigungsgrenze und Anfangsbestand wird mit b bezeichnet.
Rekursive Darstellung: $B(t+1) = B(t) + a \cdot (S - B(t))$ und $B(0) = S - b \; (b > 0)$.
Explizite Darstellung: $B(t) = S - b(1-a)^t = S - b \cdot e^{k \cdot t}$ mit $k = \ln(1-a)$.

**Beispiel 1** Beschränktes Wachstum

Eine Firma untersucht, wie schnell sich Schimmel auf nicht konservierten Toastscheiben der Größe 169 cm² ausbreitet. Zu Beginn des Versuches befindet sich Schimmel der Größe 2 cm², am nächsten Tag Schimmel der Größe 3,8 cm² auf dem Toast.

Angenommen, es handelt sich um

I: Lineares Wachstum, II: Exponentielles Wachstum, III: Beschränktes Wachstum.

a) Welche Fläche der Brotscheibe wäre nach 10 Tagen vom Schimmel befallen?

b) Welches Modell beschreibt die Wirklichkeit am besten?

Lösung: a) I: Lineares Wachstum:

Es kommen jeden Tag 1,8 cm² Schimmel hinzu. Also gilt:

$f_{linear}(10) = 2 + 10 \cdot 1{,}8 = 20.$

II: Exponentielles Wachstum:

Der Schimmel nimmt jeden Tag um 90 % der Menge des Vortages zu. Man erhält:

$f_{exponentiell}(10) = 2 \cdot 1{,}9^{10} \approx 1226{,}21.$

III: Beschränktes Wachstum:

Für den Faktor a gilt: $f(1) = f(0) + a(S - f(0))$. Einsetzen der bekannten Werte liefert:

$3{,}8 = 2 + a \cdot (169 - 2)$; damit hat a den Wert $\frac{1{,}8}{167}$. Es ergibt sich also:

$f_{beschränkt}(10) = 169 - 167 \cdot e^{\ln\left(1 - \frac{1{,}8}{167}\right) \cdot 10} \approx 19{,}15.$

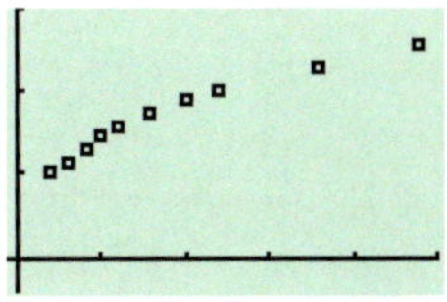

Fig. 1

b) Die Ausbreitung ist bei linearem Wachstum zu langsam. Exponentielles Wachstum kann ausgeschlossen werden, da das Wachstum des Schimmelpilzes durch die Brotscheibe beschränkt ist. Die Ausbreitung des Schimmels beim beschränkten Wachstum ist sehr langsam. Eigentlich ist die Ausbreitung zunächst exponentiell, geht aber dann in ein beschränktes Wachstum über, da das Wachstum durch die Größe der Brotscheibe nach oben beschränkt ist (siehe Exkursion: Logistisches Wachstum, Seite 228).

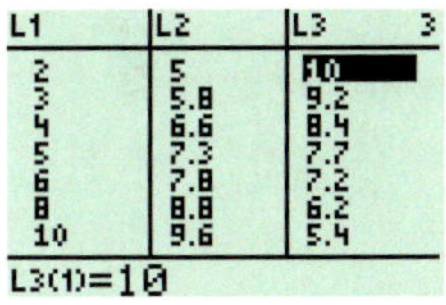


Fig. 2

**Beispiel 2** Regression für beschränktes Wachstum mit GTR

Die Gewichtszunahme bei Kleinkindern in Abhängigkeit vom Alter soll modelliert werden.

| Alter (in Monaten) | 2 | 3 | 4 | 5 | 6 | 8 | 10 | 12 | 18 | 24 |
|---|---|---|---|---|---|---|---|---|---|---|
| Gewicht (in kg) | 5,0 | 5,8 | 6,6 | 7,3 | 7,8 | 8,8 | 9,6 | 10,2 | 11,5 | 12,7 |

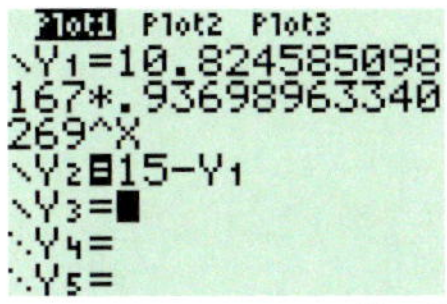


Fig. 3

Lösung: Der Datenverlauf (Fig. 1) legt nahe, mit beschränktem Wachstum zu modellieren. Als Grenze wird S = 15 geschätzt. Da der GTR keine Regression für beschränktes Wachstum anbietet, wird das Sättigungsmanko – die Differenzen der Gewichte zur Sättigungsgrenze – (Liste $L_3$ in Fig. 2) berechnet. Für die Werte in $L_1$ und $L_3$ wird eine exponentielle Regression durchgeführt, da das Sättigungsmanko exponentiell abnimmt.

Man erhält die Funktion $y_1$ mit $y_1 = 10{,}82 \cdot 0{,}937^x$.

Nun bestimmt man die Funktion $y_2$ mit $y_2(x) = S - y_1(x)$ und erhält die Regression für das beschränkte Wachstum (Fig. 3 und Fig. 4).

Die Modellfunktion $y_2$ hat also (gerundet) die Gleichung $y_2(x) = 15 - 10{,}82 \cdot 0{,}937^x$.

Damit kann man z. B. das Geburtsgewicht $y_2(0) \approx 4{,}2$ (kg) bestimmen.

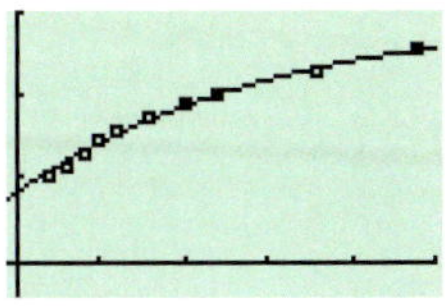

Fig. 4

## Aufgaben

**1** In einem landwirtschaftlich genutzten Gebiet mit einer Gesamtfläche von 700 ha beginnen einige Bauern auf einer Fläche von 80 ha damit, ihre Felder ökologisch zu bewirtschaften. Sie erwarten, dass sich in jedem der folgenden Jahre die Besitzer von 10 % der jeweils restlichen Anbaufläche ihrer Anbaumethode anschließen werden.

a) Bestimmen Sie für die nächsten fünf Jahre die jeweils ökologisch genutzte Ackerfläche.

b) Skizzieren Sie einen Graphen, wie sich unter der genannten Erwartung die ökologisch genutzte Ackerfläche in Abhängigkeit von der Zeit verändert.

**2** Eine Schule hat 1500 musikbegeisterte Schüler. Eine Klasse hat auf einer Medienmesse eine Software zur Verwaltung von Mediendateien entdeckt. Alle 25 Schüler der Klasse haben diese Software auf ihrem Handy installiert. Nach einer Woche haben sich 30 weitere Schüler die Software zugelegt.

a) Modellieren Sie die Zahl der neu gewonnenen Schüler mithilfe des beschränkten Wachstums.

b) Wie viele Schüler haben nach dem Modell die Software nach sechs Wochen installiert?

c) Wie lange dauert es jeweils, bis annähernd alle Schüler die Software haben?

## Zeit zu überprüfen

**3** Ordnen Sie die Graphen richtig zu.

a) $f(x) = 5 - e^{-x}$ b) $f(x) = 5 - e^{-4x}$ c) $f(x) = 5 - 2 \cdot e^{-x}$ d) $f(x) = 5 - 2 \cdot e^{-0,5 \cdot x}$

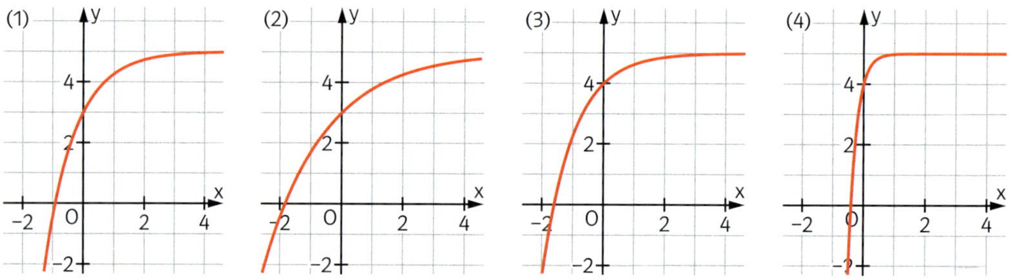


**4** Ein neu entwickelter Thermobecher wird von einer Verbraucherschutzorganisation getestet. Dazu wird in regelmäßigen Abständen die Temperatur des eingefüllten Kaffees gemessen. Bei dem Versuch beträgt die Außentemperatur 18 °C. Die Messwerte für die ersten 20 Minuten sind in folgender Wertetabelle zusammengefasst.

| Zeit (in min) | 0 | 5 | 10 | 15 | 20 |
|---|---|---|---|---|---|
| Temperatur (in °C) | 80 | 75 | 71 | 67 | 64 |

Es wird von einem beschränkten negativem Wachstum ausgegangen.

a) Geben Sie die rekursive und die explizite Darstellung für den Temperaturverlauf an.

b) Stellen Sie den Temperaturverlauf grafisch dar.

**5** a) Überprüfen Sie die angegebenen Zuwachsraten auf Korrektheit.

b) Beschreiben Sie den Absatz und den Umsatz mithilfe einer Näherungsfunktion.

c) Wie viele Navigationsgeräte wurden nach Ihrer Funktion aus b) im letzten bzw. im vorletzten Jahr verkauft? Suchen Sie aktuelle Zahlen und vergleichen Sie.

d) Wie erklären Sie sich, dass der Umsatz 2008 im Vergleich zum Vorjahr fast gleich geblieben ist, der Absatz aber um etwa 33 % gestiegen ist?

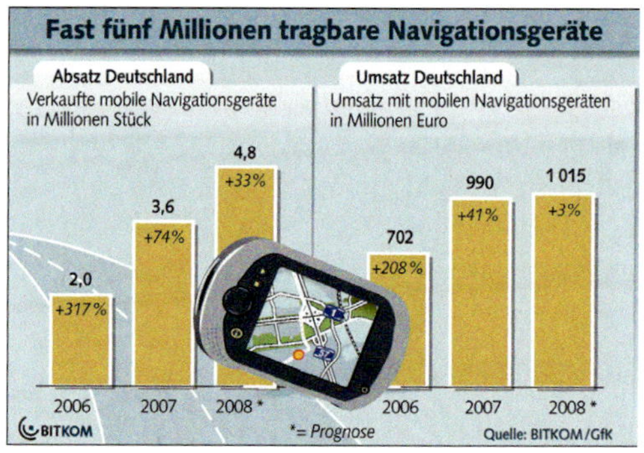


| Zeit t (in min) | Anzahl der genannten Tiere |
|---|---|
| 2 | 20 |
| 4 | 30 |
| 6 | 37,5 |
| 8 | 43,3 |
| 10 | 46,1 |
| 12 | 48,5 |
| 14 | 49,5 |
| 16 | 50,2 |

Fig. 1

Führen Sie diesen Test doch einmal selbst durch!

**6** Im Jahre 1950 führte Bousfield einen Test zur Assoziationsfähigkeit durch. Studenten sollten zum Begriff „Säugetier" einzelne Tierarten nennen. Nach jeweils zwei Minuten wurde die Anzahl aller bisher genannten Tierarten notiert (Fig. 1).

a) Führen Sie eine Regression anhand der Tabelle durch.

b) Nach welcher Zeit sind 20 %, 50 % bzw. 90 % der Sättigungsgrenze erreicht?

# Wiederholen – Vertiefen – Vernetzen

### Funktionenlehre

**1** Ergänzen Sie die Tabelle so, dass ein exponentielles Wachstum vorliegt.

a)

| x | 0 | 1 | 2 | 3 |
|---|---|---|---|---|
| y | | 0,5 | 0,25 | |

b)

| x | 0 | 1 | 2 | 3 |
|---|---|---|---|---|
| y | | | 30,25 | 166,375 |

**2** Bestimmen Sie die Funktion $f(x) = b \cdot a^x$, deren Graph durch die Punkte P und Q geht.

a) $P(2\,|\,10)$; $Q(3\,|\,20)$  b) $P(-1\,|\,2)$; $Q(5\,|\,1)$

**3** Lösen Sie die Gleichung.

a) $10^x = 12$  b) $9^{x-1} = 3^{1+x}$  c) $2x^2 \cdot e^x = 3x \cdot e^x$  d) $e^{2x} = e^{x^2-3}$

**4** Bestimmen Sie die Nullstellen der Funktion f.

a) $f(x) = 2^x - 10$  b) $f(x) = e^{x^2} - 10$  c) $f(x) = e^{2x} - e^{3x}$  d) $f(x) = (3^x - 9) \cdot x^3$

**5** Bestimmen Sie die Schnittpunkte der Graphen von f und g.

a) $f(x) = e^x$; $g(x) = e^{-x}$  b) $f(x) = 4^{x+1}$; $g(x) = 2^x$

**6** a) Die Graphen der Funktionen in Fig. 1 gehören zu den Funktionen f, g und h. Ordnen Sie die Graphen zu und bestimmen Sie Werte der Parameter.

$f(x) = e^{x+a} + b$
$g(x) = c \cdot e^x$
$h(x) = d + e \cdot e^{-x}$

b) Skizzieren Sie die Graphen der Funktionen i, j und k ohne Wertetabelle.

$i(x) = e^{x-1} + 3$
$j(x) = 0{,}5 \cdot e^x$
$k(x) = -2 + 3 \cdot e^{-x}$

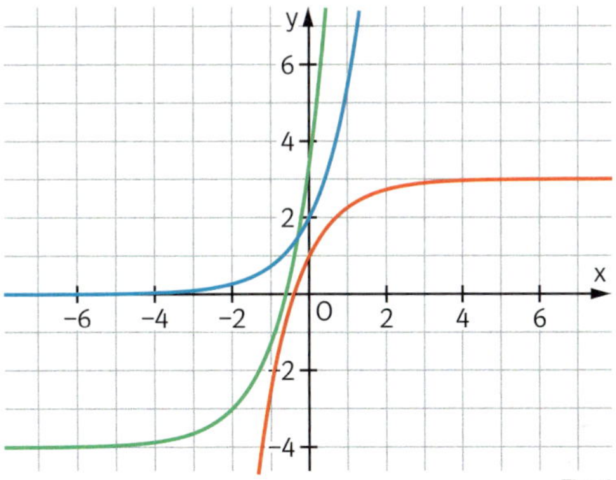

Fig. 1

**7** Gegeben sind die Funktion f mit $f(x) = 4 \cdot e^{-\frac{1}{2}x^2 - 1} - 1$ und die Funktion g mit $g(x) = x^2$.

a) Skizzieren Sie die Graphen von f und g in einem gemeinsamen Koordinatensystem.

b) Bestimmen Sie die Nullstellen von f.

c) Bestimmen Sie die Koordinaten der Schnittpunkte der beiden Graphen.

d) Verschieben Sie den Graphen von g so in y- bzw. x-Richtung, dass er den Graphen von f nicht schneidet. Geben Sie jeweils einen Term an.

### Funktionen in der Wirtschaft

**8** Eine Bank bietet für einen Sparvertrag einen festen Zinssatz in Höhe von 2,5 %. Da Sie 50 000 Euro für 20 Jahre anlegen wollen, können Sie einen Zinssatz in Höhe von 3 % aushandeln. Wie viel Euro macht diese Erhöhung um einen halben Prozentpunkt aus? Schätzen Sie zunächst.

**9** Nehmen Sie an, dass eine Preiserhöhung um 10 % die Tabaknachfrage um 7 % senkt. Dieser Zusammenhang gelte über viele Jahre.

a) Wie verändert sich die Nachfrage nach 5-maliger Preiserhöhung?

b) Ziel sei es, die Nachfrage auf unter 10 % der derzeitigen Nachfrage zu senken. Wie hoch müsste dafür der Preis sein?

**10** In einem Zeitungsartikel wird eine einfache Antwort auf die Frage: „Wie lange dauert die Verdoppelung des Geldes?" genannt: „Die Zahl 70 ist durch den Zinssatz zu teilen. Bei einem Zinssatz von beispielsweise 7% verdoppelt sich das Kapital in 10 Jahren. Beträgt der Zinssatz nur 5 Prozent, dauert es 14 Jahre."
a) Überprüfen Sie die angegebenen Beispiele.
b) Gilt die Regel auch für sehr kleine und sehr große Zinssätze?
c) Begründen Sie, woher die Zahl 70 in der Formel kommt.
d) Wie lange dauert es, bis sich eine Kapitalanlage bei einem Zinssatz von 3,5% vervierfacht?

**11** Von zwei Brüdern übernimmt der ältere die Verpflichtung, dem jüngeren 10 Jahre lang am Ende eines jeden Jahres 1500 € zu zahlen. Er möchte diese Verpflichtung durch zwei gleich hohe Ratenzahlungen ablösen, von denen die erste Zahlung am Anfang des 1. Jahres und die zweite Zahlung zu Beginn des 5. Jahres erfolgen soll. Wie hoch sind die beiden Zahlungen, wenn eine jährliche Verzinsung von 5% zugrunde gelegt wird?

**12** Ein Marktforschungsunternehmen hat für ein Produkt die Nachfragefunktion $p_N(x) = 100 \cdot e^{-0,1x}$ und die Angebotsfunktion $p_A(x) = 0,5x + 20$ ermittelt.
a) Bestimmen Sie den Höchstpreis.
b) Berechnen Sie das Marktgleichgewicht.
c) Berechnen Sie den Nachfrageüberschuss für einen Preis von $40\,\frac{GE}{ME}$.
d) Berechnen Sie den Angebotsüberschuss bei einem Preis von $40\,\frac{GE}{ME}$.

**13** Ein Unternehmen macht für ein neues technisches Gerät massiv Werbung. Die Werbung kostet das Unternehmen pro Tag 500 GE und einmalig 200 GE. Eine Unternehmensberatung hat festgestellt, dass die Absatzmenge des Produktes von der Laufzeit der Werbemaßnahme abhängt. Die Summe der bis zu dem Tag t abgesetzten Geräte kann durch die Funktion X mit $X(t) = 20\,000 - 20\,000 \cdot e^{-0,01 \cdot t}$ beschrieben werden. Das Gerät kann zu einem Marktpreis von $10\,\frac{GE}{ME}$ abgesetzt werden. Die für die Produktion des Gerätes entstehenden Kosten können vernachlässigt werden.
a) Wie viele Geräte werden trotz Werbemaßnahme insgesamt höchstens abgesetzt?
b) Bestimmen Sie die Funktion E, welche den Gesamterlös in Abhängigkeit von der Laufzeit der Werbung angibt.
c) Ermitteln Sie die Gleichung der Gewinnfunktion G, die den Gesamtgewinn für die bis zum Tag t verkauften Geräte angibt.
d) Wie hoch ist der Gewinn zum Zeitpunkt $t = 0$?
e) Wie hoch ist der tägliche Durchschnittsgewinn, wenn die Werbung 100 Tage läuft?
f) Bestimmen Sie mit dem Rechner, ab welcher Laufzeit der Gesamtgewinn erstmals negativ wird.
g) Zeichnen Sie mit dem Rechner die Graphen der Funktionen X, E und G und bestimmen Sie mit dem Rechner den Zeitpunkt, an dem der Gewinn seinen Höchststand erreicht.

### Weitere Anwendungen

**14** Die Vereinten Nationen haben berichtet, dass sich 65 Millionen Menschen bis zum Jahr 2006 mit HIV infiziert haben. Angenommen, die Zahl der Infizierten steigt jährlich um 2%.
a) Geben Sie eine Funktionsgleichung an, mit der die Anzahl der HIV-Infektionen ausgehend vom Jahr 2006 bestimmt werden kann.
b) Wie viele Menschen hatten sich ausgehend von der Funktionsgleichung aus a) 2002 mit HIV infiziert? Wie viele werden es 2014 sein?
c) Zeichnen Sie den Graphen aus a) für die Jahre 2006 bis 2014.

**15** Der deutsche Psychologe HERMANN EBBINGHAUS hat im 19. Jahrhundert das Vergessen von gelerntem Stoff untersucht. Er hat durch empirische Untersuchungen gezeigt, dass die Geschwindigkeit, mit der das erlernte Wissen wieder vergessen wird, am Anfang groß ist und dann immer geringer wird. Nach EBBINGHAUS lässt sich der Prozentsatz des Stoffes der nach der Zeit t noch abrufbar ist, durch die Funktion $f(t) = a + b \cdot e^{-c \cdot t}$ beschreiben. Dabei geht er davon aus, dass $f(0) = 100$ ist.

a) Skizzieren Sie Ihre individuelle Vergessenskurve beim Lernen von Vokabeln.

b) Interpretieren Sie die Bedeutung der Parameter a, b und c in der obigen Funktionsgleichung.

c) Nehmen Sie an, dass ein Schüler 10 % der von ihm gelernten Vokabeln nie vergisst, er aber nach vier Tagen nur noch 50 % der Vokabeln kennt. Stellen Sie für den Schüler die Vergessenskurve nach EBBINGHAUS auf.

d) Wann hat der Schüler aus c) ungefähr 80 % der erlernten Vokabeln vergessen?

HERMANN EBBINGHAUS (1850–1909) förderte besonders die experimentelle Gedächtnisforschung in vielen Selbstversuchen.

**16** Der Wortschatz der deutschen Alltagssprache wird auf ca. 70 000 Wörter geschätzt. In der Literatur ist angegeben, dass ein zweijähriges Kind im Schnitt über einen Wortschatz von 285 Wörtern verfügt. Mit gut einem Jahr kennt ein Kind etwa 15 Wörter.

a) Modellieren Sie die Wortschatzentwicklung eines Menschen im Verlauf seines Lebens.

b) Zeichnen Sie den Graphen der ermittelten Funktion.

c) Diskutieren Sie die Nachteile Ihres Modelles hinsichtlich seines Realitätsbezuges.

**17** Eine Tasse frisch gebrühten Kaffee wird bei Zimmertemperatur stehen gelassen. Welche der Funktionen f, g und h mit $f(x) = 21 \cdot 0{,}8^x$, $g(x) = 50 \cdot 0{,}8^x + 21$, $h(x) = 50 \cdot 0{,}3^x + 21$ könnte eine Modellierung der Abkühlung des Kaffees darstellen (x in Minuten; Funktionswerte in °C)? Begründen Sie Ihre Entscheidung.

**18** Der Wirkstoff einer Schmerztablette wird im menschlichen Körper näherungsweise exponentiell abgebaut. Nimmt der Patient eine Tablette, die 0,5 g des Wirkstoffs enthält, so befinden sich nach 10 Stunden noch ca. 0,09 g des Wirkstoffes im Körper.

a) Nach welcher Zeit ist die Hälfte des Wirkstoffes abgebaut?

b) Nach welcher Zeit sind 90 % des Wirkstoffes abgebaut?

c) Jemand nimmt um 9 Uhr eine Tablette und um 15 Uhr zwei weitere mit jeweils 0,5 g des Wirkstoffes. Wie viel g sind davon um 20 Uhr desselben Tages noch im Körper vorhanden?

**19** Zur Untersuchung der Bauchspeicheldrüse wird einem Patienten ein Farbstoff gespritzt und gemessen, wie schnell er ihn ausscheidet. Man weiß, dass bei gesunder Bauchspeicheldrüse pro Minute etwa 4 % der jeweils vorhandenen Flüssigkeit ausgeschieden wird.

a) Einem Patienten werden 0,3 g des Farbstoffes gespritzt, nach 20 Minuten sind 0,1 g ausgeschieden. Arbeitet die Bauchspeicheldrüse des Patienten normal?

b) Wie viel Prozent des vorhandenen Farbstoffes scheidet die untersuchte Bauchspeicheldrüse pro Minute aus? Vergleichen Sie mit einem gesunden Organ.

**20** Die Richterskala zur Bewertung der Stärke eines Erdbebens ist nicht linear, sondern logarithmisch zur Basis 10, d. h., die Stärke eines Bebens wächst exponentiell zur Basis 10. Ein Beben der Stärke 4 ist demnach 10-mal so stark wie eines der Stärke 3.

a) Die Kühlsysteme der Kernkraftwerke in Japan sind nur für Erdbeben der Stärke 8,25 ausgelegt. Das Beben am 11. März 2011 erreichte jedoch eine Stärke von 9 auf der Richterskala. Wie viel stärker ist ein Erdbeben der Stärke 9 im Vergleich zu einem Beben der Stärke 8,25?

b) In Rheinland-Pfalz ereignete sich im Februar 2011 ein Beben der Stärke 4,4. Welche Stärke hat ein Erdbeben, welches 20-mal so stark ist?

Der amerikanische Seismologe CHARLES RICHTER (1900–1985) führte 1935 die nach im benannte Skala ein.

## Logistisches Wachstum

Logistisch hat nichts mit logarithmisch zu tun.

Ein weiteres in der Natur und Wirtschaft häufig vorkommendes Wachstumsmodell ist das so genannte **logistische Wachstum**.
Ein Pharmaunternehmen untersucht die Ausbreitung einer ansteckenden Krankheit in einem Tierversuch. Dazu wird eine von 500 Mäusen mit dieser Krankheit infiziert. Die Maus wird weitere Mäuse anstecken, diese werden ihrerseits andere anstecken usw. Die Ausbreitung der Krankheit kann also im Anfangsstadium als exponentielles Wachstum beschrieben werden. Wenn sich der Bestand aber der Sättigungsgrenze nähert, handelt es sich um ein beschränktes Wachstum.
Es seien nach t Wochen B(t) Mäuse infiziert. Dann gibt es 500 − B(t) Mäuse, die noch nicht erkrankt sind. Um die Krankheit zu übertragen, müssen sich ein krankes und ein gesundes Tier begegnen. Insgesamt sind $B(t) \cdot [500 - B(t)]$ solcher Begegnungen möglich. Beispielsweise sollen innerhalb der nächsten Wochen 0,15 % dieser Begegnungen stattfinden und zu einer Ansteckung führen. Dann erhöht sich die Anzahl der Infizierten um $0{,}0015 \cdot B(t) \cdot (500 - B(t))$. Die Rekursionsgleichung lautet also $B(t+1) = B(t) + 0{,}0015 \cdot B(t) \cdot (500 - B(t))$ (Fig. 1 und Fig. 2).

Bei beliebig dicht aneinander liegenden Zeitpunkten (kontinuierlicher Definitionsbereich) lässt sich mit der Differenzialrechnung eine explizite Form ableiten.

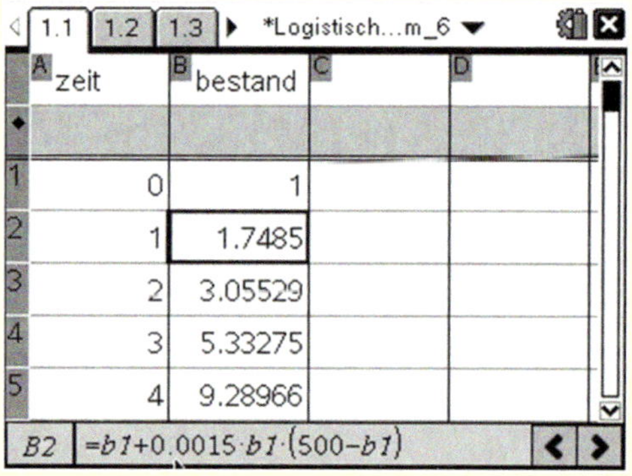

| | A zeit | B bestand | C | D |
|---|---|---|---|---|
| ◆ | | | | |
| 1 | 0 | 1 | | |
| 2 | 1 | 1.7485 | | |
| 3 | 2 | 3.05529 | | |
| 4 | 3 | 5.33275 | | |
| 5 | 4 | 9.28966 | | |



Fig. 1

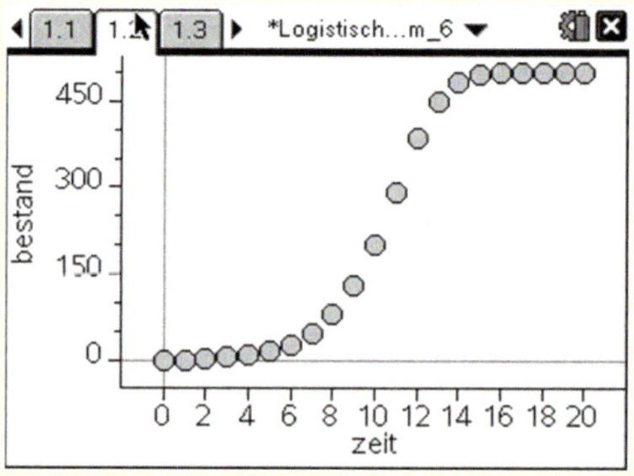


Fig. 2

Allgemein gilt:

**Logistisches Wachstum mit der Sättigungsgrenze S**
Nimmt die Größe t um 1 zu, so verändert sich die Größe B(t) um $a \cdot B(t) \cdot (S - B(t))$ mit einer für alle Zeitschritte gleichen Zahl a $(0 < a < 1)$.
Rekursive Darstellung: $B(t+1) = B(t) + a \cdot B(t) \cdot (S - B(t))$ und $B(0) > 0$.

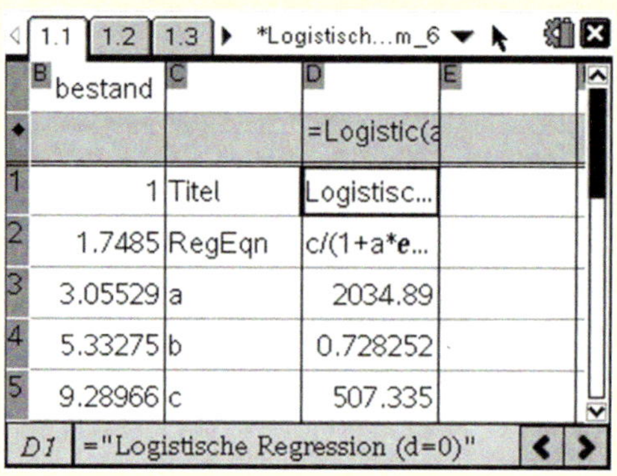

| | B bestand | C | D | E |
|---|---|---|---|---|
| ◆ | | | =Logistic(a | |
| 1 | 1 | Titel | Logistisc... | |
| 2 | 1.7485 | RegEqn | c/(1+a*e... | |
| 3 | 3.05529 | a | 2034.89 | |
| 4 | 5.33275 | b | 0.728252 | |
| 5 | 9.28966 | c | 507.335 | |



Fig. 3

Mithilfe eines Rechners kann eine **logistische Regression** durchgeführt werden.
Beim TI-Nspire werden die Daten in *Lists & Spreadsheet* eingegeben. Unter dem Menü *Statistik/Statistische Berechnung/ logistische Regression* werden nun die Konstanten a, b, und c für eine Funktion der Form $B(t) = \frac{c}{1 + a \cdot e^{-b \cdot t}}$ ermittelt. Für die Daten zu dem oben beschriebenen Tierversuch ergeben sich die Werte $a \approx 2034{,}89$, $b \approx 0{,}7283$ und $c \approx 507{,}335$ (Fig. 3).

**1** Ein Autohändler verkauft in den ersten Wochen nach Inkrafttreten der „Abwrackprämie" im Jahre 2009 die folgende Anzahl an Neufahrzeugen. In der Woche vor Inkrafttreten der „Abwrackprämie" hat er 28 Wagen verkauft.

| Woche | 0 | 1 | 2 | 3 |
|---|---|---|---|---|
| Anzahl verkaufter Fahrzeuge pro Woche | 28 | 42 | 62 | 90 |

a) Um die Anzahl der in den Folgewochen verkauften Fahrzeuge vorauszusagen, soll die Entwicklung der Verkaufszahlen durch eine Funktion der Form $f(t) = a \cdot e^{b \cdot t}$ dargestellt werden. Bestimmen Sie den Wert der Parameter a und b so, dass die gegebenen Verkaufszahlen durch diese Funktion beschrieben werden.

b) Wie würden sich die Verkaufszahlen der sechs Folgewochen entwickeln, wenn die Funktion f die Situation weiterhin modelliert?

c) Eine Unternehmensberatung hält die Funktion g mit $g(t) = \frac{100}{1 + 2{,}6 \cdot e^{-0{,}9 \cdot t}}$ für realistisch.
Geben Sie die Verkaufszahlen nach diesem Modell an. Von welchen wöchentlichen Verkaufszahlen geht man in der Zukunft aus? Ist das realistisch?

d) Der Händler kann maximal 80 Autos pro Woche vom Hersteller beziehen. Nehmen wir an, dass er keine Autos im Lager hat und danach 80 Autos wöchentlich bestellt. Wie lange kann er genügend Autos liefern, wenn wir von den durch die Funktion g modellierten Verkaufszahlen ausgehen?

**2** a) Untersuchen Sie mit einem Rechner, ob es zwischen der Zeit und der Größe eines Baumes einen logistischen Zusammenhang gibt. Benutzen Sie dazu die angegebenen Daten.

| Zeit (in Jahren) | 0 | 1 | 2 | 3 | 4 | 5 | 6 |
|---|---|---|---|---|---|---|---|
| Größe (in Meter) | 0,5 | 1,25 | 3,2 | 6,8 | 7,5 | 8,1 | 8,8 |

b) Wie hoch wird der Baum?

**3** Die Steuereinnahmen einer Gemeinde lassen sich durch die Funktion f mit der Gleichung
$f(t) = \frac{5}{1 + 2{,}5 \cdot e^{-0{,}6t}}$ beschreiben.
Dabei gibt f(t) die Steuereinnahmen in Millionen Euro t Jahre nach 2000 an.

a) Wie hoch waren die Steuereinnahmen 2000 bzw. 2005?

b) In welchem Jahr waren die Steuereinnahmen erstmals größer als 3 Millionen Euro?

c) Wie könnte eine entsprechende rekursive Darstellung aussehen?

**4** In einer Firma mit 250 Mitarbeitern verbreitet sich ein Gerücht. Die Anzahl der Personen, die nach t Tagen von dem Gerücht gehört haben, ist näherungsweise durch die Funktionsgleichung
$f(t) = \frac{249}{1 + 552 \cdot e^{-0{,}8t}}$ gegeben.

a) Wie viele Personen haben nach drei Tagen von dem Gerücht gehört?

b) Wie lange dauert es, bis 80 % der Mitarbeiter informiert sind?

c) Wie lange dauert es, bis fast alle Angestellten informiert sind?

d) Beurteilen Sie das Modell hinsichtlich seines Realitätsbezuges.

**5** Eine Firma produziert einen hochwertigen MP3-Player. Nach einer Marktanalyse können die wöchentlichen Umsatzzahlen in Mengeneinheiten modellhaft durch die Funktionsgleichung
$f(x) = \frac{100}{1 + 3 \cdot e^{-0{,}5x}}$ beschrieben werden.

a) Skizzieren Sie den Graphen der Funktion f.

b) Nach wie vielen Wochen werden mehr als 50 Mengeneinheiten verkauft?

c) Nennen Sie Gründe, die für den Verlauf des wöchentlichen Umsatzes sprechen könnten.

# Rückblick

**Wachstumsvorgänge**

Wachstum ist die Zunahme einer Messgröße, die meistens abhängig vom Zeitverlauf untersucht wird.
Nimmt die 1. Größe um 1 zu und wächst dabei die 2. Größe um einen festen Summanden, so spricht man von einem **linearen Wachstum**.
Nimmt die 1. Größe um 1 zu und wächst dabei die 2. Größe um einen festen Faktor a, dem **Wachstumsfaktor**, so spricht man von **exponentiellem Wachstum**.
Wenn eine Zunahme der 1. Größe um 1 eine Zunahme der 2. Größe um den Faktor a bewirkt, dann bewirkt eine Zunahme der 1. Größe um d eine Zunahme der 2. Größe um den Faktor $a^d$.
Man spricht von **negativem Wachstum**, wenn die Messgröße im Zeitverlauf abnimmt.

Lineares Wachstum

+1 +1 +1

| | | | | |
|---|---|---|---|---|
| x | 0 | 1 | 2 | 3 |
| y | 3 | 7 | 11 | 15 |

+4 +4 +4

Exponentielles Wachstum

+1 +1 +1

| | | | | |
|---|---|---|---|---|
| x | 0 | 1 | 2 | 3 |
| y | 4 | 6 | 9 | 13,5 |

·1,5 ·1,5 ·1,5

Exponentielles Wachstum wird häufig durch eine prozentuale Angabe p% beschrieben. Der Wachstumsfaktor a ist dann $1 + \frac{p}{100}$ bei positivem Wachstum bzw. $1 - \frac{p}{100}$ bei negativem Wachstum.

**Exponentialfunktionen**

Funktionen f mit $f(x) = a^x$; $a > 0$; $a \neq 1$; nennt man **Exponentialfunktionen**. Ihre Graphen verlaufen im 1. und 2. Quadranten und haben die x-Achse als Asymptote. Alle Graphen verlaufen durch den Punkt (0 | 1).
Ist der Wachstumsfaktor $a > 1$, so steigen die Funktionswerte an.
Ist der Wachstumsfaktor $0 < a < 1$, so fallen die Funktionswerte.
Die natürliche Exponentialfunktion hat die **Euler'sche Zahl e = 2,718...** als Basis.
Jede Exponentialfunktion lässt mithilfe der natürlichen Exponentialfunktion darstellen. Es gilt $f(x) = a^x = e^{\ln(a) \cdot x}$.
Häufig treten in Anwendungen Funktionen f mit der Gleichung $f(x) = c \cdot a^x$ auf. Der Faktor c entspricht dann dem Anfangswert zum Zeitpunkt 0.

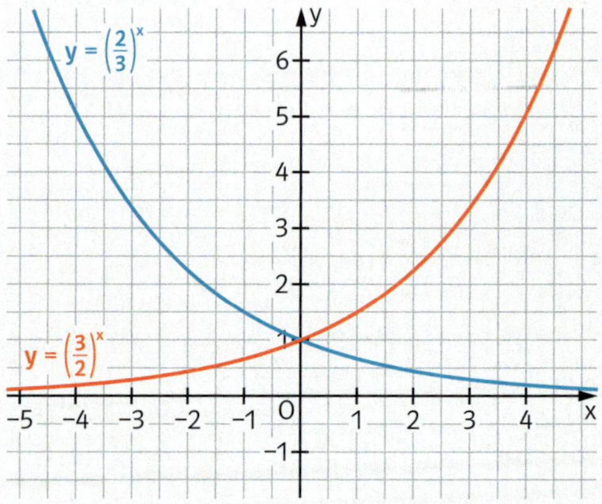


**Exponentialgleichungen**

Gleichungen, bei denen die gesuchte Größe im Exponenten steht, bezeichnet man als Exponentialgleichungen.
Die **Exponentialgleichung** $a^x = b$ hat die Lösung $x = \log_a(b)$.
Der **Logarithmus einer Zahl b zur Basis a** ist also der Exponent, mit dem a potenziert werden muss, um die Zahl b zu erhalten.
Der Logarithmus zur Basis a kann durch den Logarithmus zur Basis 10 (log) oder zur Basis e (ln) ausgedrückt werden.

$4^x = 64$
$x = \log_4(64) = 3$

$x = \log_4(64) = \frac{\log(64)}{\log(4)}$ oder $x = \frac{\ln(64)}{\ln(4)}$

**Methoden zur Lösung von Exponentialgleichungen**

1) Vergleich der Exponenten: $2^{3x-1} = 32$; $2^{3x-1} = 2^5$; $3x - 1 = 5$; $x = 2$

2) Logarithmieren: $1{,}2^x = 9$; $x \cdot \ln(1{,}2) = \ln(9)$; $x = \frac{\ln(9)}{\ln(1{,}2)}$

3) Substitution: $e^{2x} + 2e^x - 8 = 0$; $e^x = u$
$u^2 + 2u - 8 = 0$; $u_1 = 2$; $u_2 = -4$
$x_1 = \ln(2)$; $e^x = -4$ liefert keine weitere Lösung

# Rückblick

**Zinseszinsrechnung**

Wird ein **Anfangskapital** $K(0)$ mit einem **Aufzinsungsfaktor** $q = 1 + \frac{p}{100}$ verzinst, so erhält man nach n Jahren das Endkapital $K(n) = K(0) \cdot q^n$.
Nach dem Äquivalenzprinzip können Zahlungen nur verglichen und addiert werden, wenn sie sich auf denselben Zeitpunkt beziehen.

Ein Kapital in Höhe von 2000 € wächst bei einem Zinssatz von 4 % in 10 Jahren auf $2000 \cdot 1{,}04^{10} \approx 2960{,}49$ (Euro) an.

**Rentenrechnung**

Wird jedes Jahr am Jahresende eine **Rate** r eingezahlt, und das dadurch entstehende Guthaben mit dem Faktor $q = 1 + \frac{p}{100}$ aufgezinst, dann beträgt das Guthaben nach n Jahren $R(n) = r \cdot \frac{q^n - 1}{q - 1}$.

Wird jedes Jahr am Jahresende eine Rate in Höhe von 2000 € bei einem Zinssatz von 4 % angelegt, so ist das Guthaben am Ende des 10. Jahres auf
$R(10) = 2000 \cdot \frac{1{,}04^{10} - 1}{1{,}04 - 1} \approx 24\,012{,}21$ (Euro)
angewachsen.

**Abschreibungsrechnung**

Wird ein Wirtschaftsgut mit einem Anschaffungswert A und einer Nutzungsdauer von n Jahren mit dem Abschreibungsprozentsatz p % vom Restbuchwert abgeschrieben, dann beträgt der Restbuchwert nach k Jahren $B(k) = A \cdot \left(1 - \frac{p}{100}\right)^k$.
Man spricht von einer **degressiven Abschreibung**.

Ein Fahrzeug mit einem Anschaffungswert von 25 000 € wird mit 10 % degressiv abgeschrieben. Nach vier Jahren beträgt der Restbuchwert $B(4) = 25\,000 \cdot \left(1 - \frac{10}{100}\right)^4 \approx 16\,402{,}50$ (Euro).

**Beschränktes Wachstum**

In Anwendungen ist das Wachstum häufig durch eine Obergrenze S (**Sättigungsgrenze**) beschränkt. Die Differenz zur Obergrenze nimmt hier exponentiell ab und der Bestand zum Zeitpunkt t lässt sich durch die Funktion $B(t) = S - b(1 - a)^t = S - b \cdot e^{k \cdot t}$ mit $k = \ln(1 - a)$ beschreiben.
Dabei ist b die Differenz zwischen Sättigungsmenge und Anfangsbestand.
Die Wachstumsgeschwindigkeit verringert sich also umso stärker, je näher die Sättigungsgrenze erreicht wird.
Die Gerade $y = S$ ist eine Asymptote des Graphen von B.

Der Jahresumsatz eines Unternehmens hat auf lange Sicht eine Obergrenze von 100 ME. Der Jahresumsatz liegt zu Beginn bei 20 ME und nimmt jährlich um 30 % der Differenz zwischen dem aktuellen Jahresumsatz und der Obergrenze von 100 ME zu. Dann lässt sich der Verlauf des Jahresumsatzes durch folgende Kurve beschreiben.

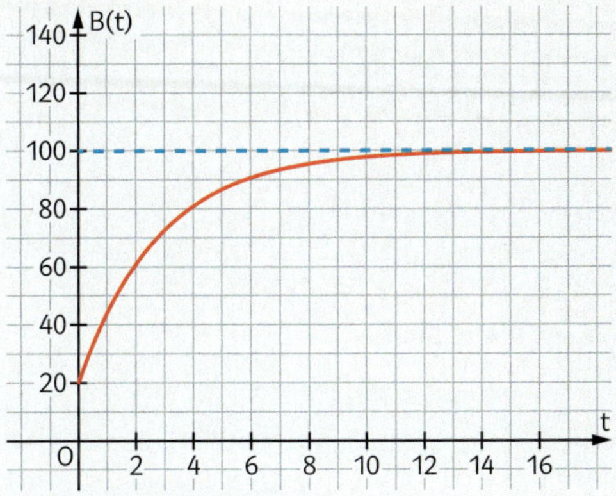


$B(t) = 100 - 80 \cdot 0{,}7^t$

**1** a) Zeichnen Sie die Graphen der Funktionen f und g mit $f(x) = 0{,}25^x$ und $g(x) = 4^x$.
b) Beschreiben Sie den Verlauf der Graphen.
c) Wie liegen die Graphen zueinander?

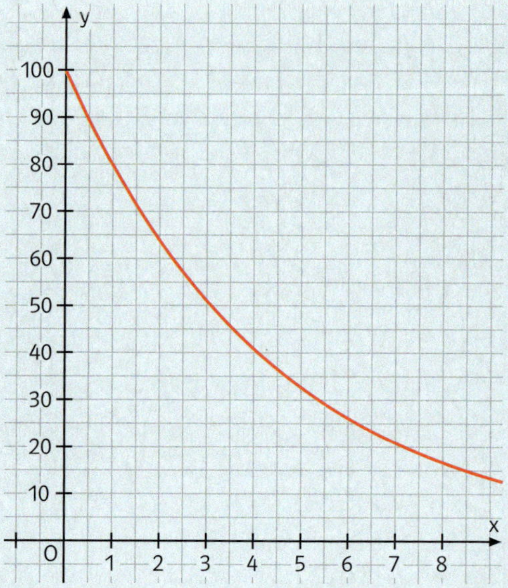

Fig. 1

**2** Fig. 1 zeigt den Graphen einer Funktion der Form $f(x) = b \cdot a^x$.
a) Bestimmen Sie a und b.
b) Interpretieren Sie den Graphen als Nachfragefunktion. Wie hoch ist dann der Höchstpreis? Bei welchem Preis können 3 ME verkauft werden?
c) Der Graph wird um 10 Einheiten in Richtung der x-Achse (der y-Achse) verschoben. Geben Sie jeweils einen Funktionsterm an.

| x | 1 | 2 | 3 | 4 |
|---|---|---|---|---|
| f(x) | | 6 | | |

**3** Die Wertetabelle soll zu einer Funktion der Form $f(x) = b \cdot a^x$ gehören.
Geben Sie drei mögliche Tabellen an.
Wie lautet jeweils die zugehörige Exponentialfunktion?

**4** Bestimmen Sie die Exponentialfunktion f mit $f(x) = b \cdot a^x$, deren Graph durch die Punkte P und Q geht.
a) $P(0|6)$; $Q(1|2)$   b) $P(2|1)$; $Q(5|27)$   c) $P(0|3)$; $Q(2|3e^4)$

**5** Lösen Sie die Gleichung; geben Sie die Lösungen auf drei Dezimalen gerundet an.
a) $e^{x-4} - 10 = 0$   b) $e^{2x} - 5e^x = 0$   c) $e^{2x} - 6 \cdot e^x + 5 = 0$

**6** Bestimmen Sie die Nullstellen der Funktion f.
a) $f(x) = e^{2x} - 1$   b) $f(x) = e^{3x-2} - e$   c) $f(x) = e^x \cdot (e^x - 1)$   d) $f(x) = e^x - 2 \cdot e^{-x}$

**7** Berechnen Sie die Schnittpunkte der Graphen von f und g.
a) $f(x) = e^{2x}$; $g(x) = e^{2x} - 2 \cdot e^x + 1$   b) $f(x) = e^{0{,}1x}$; $g(x) = 4 - 3 \cdot e^{-0{,}1x}$

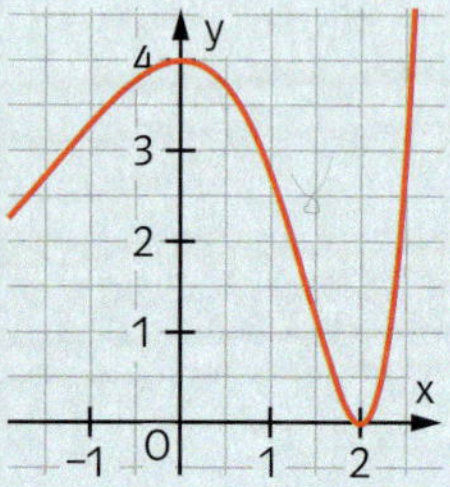

Fig. 2

**8** Fig. 2 oder Fig. 3 zeigt den Graphen der Funktion f mit $f(x) = (x-2)^2 \cdot e^x$.
Entscheiden Sie welche und begründen Sie Ihre Wahl.

**9** Für $t > 0$ ist eine Funktion $f_t$ gegeben durch $f_t(x) = 4t \cdot e^{x-(t-1)}$. Erläutern Sie, wie der Graph von $f_t$ aus dem Graph von $f_1$ hervorgeht. Zeichnen Sie Graphen von $f_1$ und $f_3$.

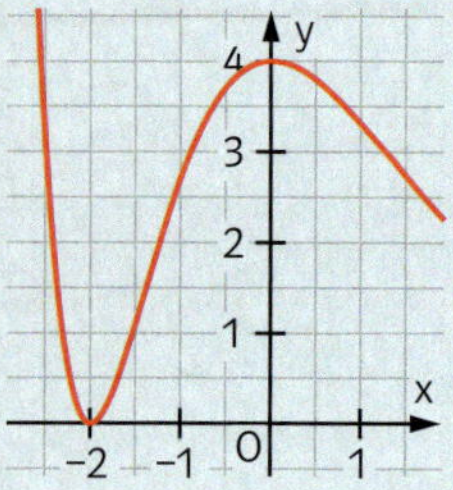

Fig. 3

**10** Lösen Sie die Gleichung durch eine geeignete Substitution.
a) $8^{x+2} - 8^{2x} = 240$   b) $6^{2+x} + 6^{2-x} = 78$   c) $e^{2x} - 2 \cdot e^x - 1 = 0$

**11** Schreiben Sie den Funktionsterm in der Form $f(x) = b \cdot e^{k \cdot x}$.
a) $f(x) = 2^{0{,}5x-3}$   b) $f(x) = \left(\frac{1}{e}\right)^{2x}$   c) $f(x) = e^{2x-5}$

**12** a) Berechnen Sie für $f(x) = 2 \cdot 1{,}5^x$ die Funktionswerte f(2) und f(3).
Um wie viel Prozent ist f(3) größer als f(2)?
b) Zeigen Sie: Bei dieser Zuordnungsvorschrift ist $f(x+1)$ stets um 50 % größer als f(x).

## Training

**13** Die Umsatzsteigerung einer Firma in 15 Jahren betrug 75 %. Ein Mitarbeiter meint: „Das entspricht pro Jahr $\frac{75}{15}$ %, also 5 %." Überprüfen Sie diese Aussage. Nehmen Sie dazu an, dass der Umsatz jährlich immer um denselben Prozentsatz zugenommen hat.

**14** Eine Fachhochschulabsolventin plant einen eigenen Online-Shop zu gründen.
a) Zur Finanzierung ihres Vorhabens benötigt sie ein Startkapital in Höhe von 10 000 €.
Sie holt bei drei verschiedenen Banken Angebote ein. Bei den Angeboten sind Zinseszinsen berücksichtigt.
(1) Bank I bietet bei einem Zinssatz von 6 % an, den Kredit nach fünf Jahren in einer Summe zurückzuzahlen. Welchen Betrag müsste die Gründerin dann in fünf Jahren zahlen?
(2) Bank II bietet an, den Kredit nach acht Jahren mit 16 000 € abzulösen. Mit welchem Zinssatz rechnet die Bank?
(3) Bank III verlangt bei einem Zinssatz von 5,5 % die Rückzahlung von 19 012 €.
Nach welcher Zeit ist die Rückzahlung zu leisten?
b) Als Freiberuflerin muss die Fachhochschulabsolventin ihre Altersvorsorge privat finanzieren. Der Online-Shop bringt genügend Gewinn ein, sodass sie jährlich einen Betrag bei der Rentenversicherung einzahlen kann. Die Rentenversicherung garantiert einen Zinssatz von 3 %.
(1) Nach wie vielen Jahren kann sie über einen Gesamtbetrag in Höhe von 300 000 € verfügen, wenn sie zu Beginn eines jeden Jahres 5000 € einzahlt?
(2) Welchen Betrag hat sie nach 40 Jahren zur Verfügung, wenn sie am Ende eines jeden Jahres 6000 € einzahlt?
(3) Sie rechnet damit, in 45 Jahren einen Betrag in Höhe von 500 000 € zu benötigen, um im Alter ihren Lebensstandard halten zu können. Welche Summe muss sie dafür am Ende eines jeden Jahres einzahlen?

**15** Die Funktion f mit der Gleichung $f(x) = 10\,000 - 10\,000 \cdot e^{-0{,}4x}$ gebe die Gesamtbesucherzahl eines neu erschienenen Films in Abhängigkeit von der Spielwoche an.
a) Wie hoch ist die Gesamtbesucherzahl nach drei Wochen?
b) Erläutern Sie anhand des Beispiels die Idee des beschränkten Wachstums.

**16** Eine Firma führt ein neues technisches Gerät am Markt ein. Man rechnet zu Beginn mit einer Nachfrage von 4000 Stück im Monat. Die Nachfrage wird in den Folgemonaten jedoch sinken und zwar jeweils um 3 % der Differenz aus der Absatzmenge des Vormonats und der langfristigen Nachfrage von 1600 Stück.
a) Geben Sie die rekursive Darstellung der nachgefragten Menge an und stellen Sie die Werte für das erste Jahr in einer Tabelle dar.
b) Gehen Sie von einem kontinuierlichen Definitionsbereich aus und stellen Sie die nachgefragte Menge in Abhängigkeit von der Zeit als reelle Funktion dar.
c) Nach wie vielen Jahren hat sich die Nachfrage halbiert?
d) Durch geeignete Maßnahmen soll der Absatzrückgang so weit gebremst werden, dass nach Ablauf von sechs Jahren noch immer 2000 Geräte im Monat verkauft werden können. Welcher Prozentsatz ist anzustreben?

**17** Ein Unternehmen hat folgende Kostenfunktion K für die Produktion seines Produktes ermittelt: $K(x) = 150 \cdot e^{0{,}01x} + 300$.
a) Ab welcher Mengeneinheit sind die Kosten größer als 800 GE?
b) Wie hoch sind die Stückkosten bei einer Produktion von 100 ME?
c) Angenommen, das Unternehmen kann das Produkt zu einem Preis von $15\,\frac{\text{GE}}{\text{ME}}$ verkaufen. Bestimmen Sie die Gewinnzone.

# Veränderungen – Einführung in die Differenzialrechnung

Der Graph gibt die Geschwindigkeit eines Autos während einer Fahrt an. Mithilfe des Graphen lässt sich bestimmen, wann das Auto beschleunigt oder abgebremst wurde.

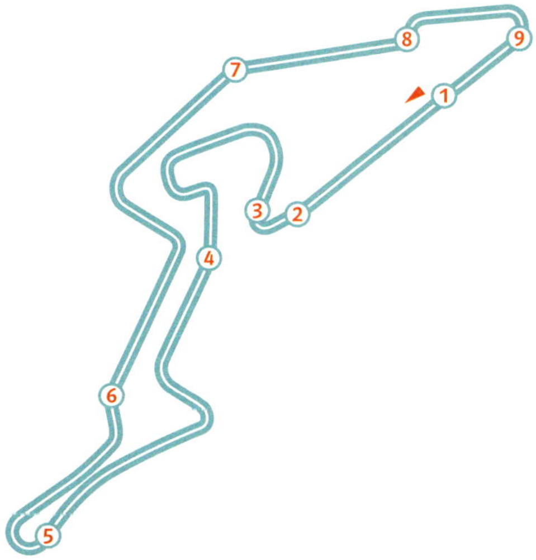


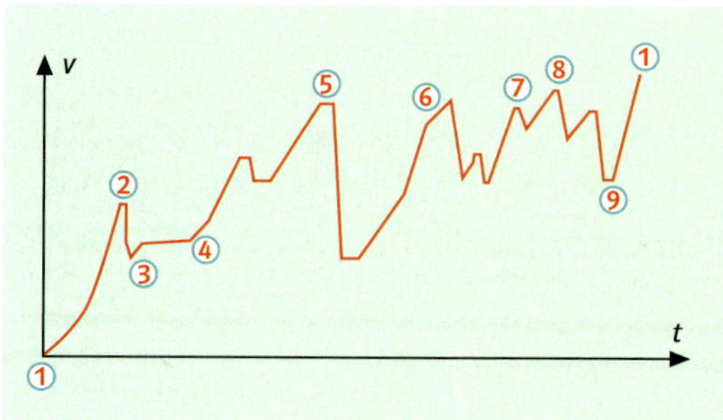


**Das kennen Sie schon**

- Ganzrationale, gebrochenrationale und Exponentialfunktionen
- Wichtige Eigenschaften dieser Funktionsklassen
- Bestimmung von Funktionen aus Daten

Häufig geht es in der Berichterstattung um Änderungen.

Erkennst Du klar, dass sich alle Dinge verändern, dann wirst Du nichts festhalten wollen.
Laotse

Umsatz: Zu welchem Zeitpunkt ist das größte Wachstum zu erwarten?

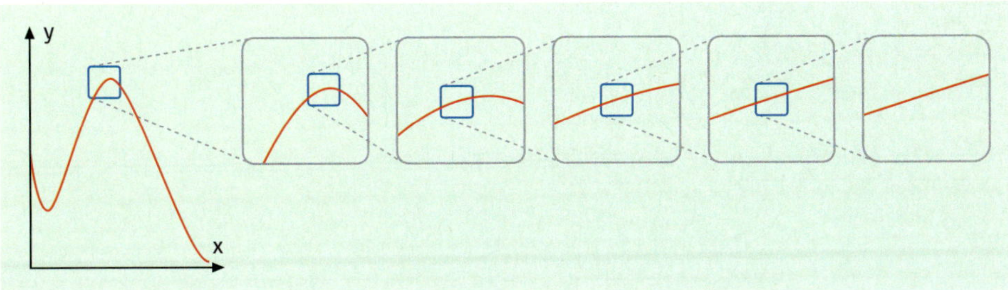


Arithmetik/ Algebra

Funktionen

Geometrie

Stochastik

Argumentieren/ Kommunizieren

Problemlösen

Modellieren

Werkzeuge

## In diesem Kapitel

- werden mittlere und lokale Änderungsraten bestimmt und interpretiert.
- wird der Begriff Ableitung definiert.
- werden Potenz-, Summen- und Faktorregel zum Ableiten hergeleitet und angewendet.

# 1 Einführung in das Schlüsselkonzept: Ableitung

**Bevölkerungsentwicklung in Deutschland**

| Jahr | Anzahl |
|---|---|
| 1960 | 73,1 Mio. |
| 1980 | 78,4 Mio. |
| 1990 | 79,8 Mio. |
| 2000 | 82,0 Mio. |
| 2002 | 82,4 Mio. |
| 2004 | 82,7 Mio. |
| 2006 | 82,2 Mio. |

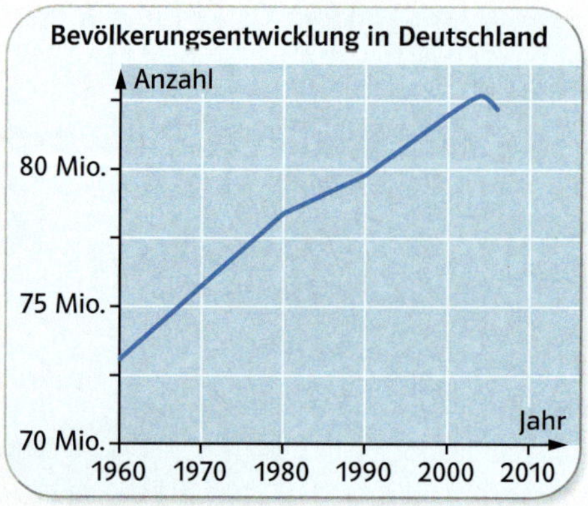


Tabelle und Diagramm zeigen die Bevölkerungszahlen in Deutschland für den Zeitraum nach 1960. Klaus behauptet: „Ab 2000 hat sich die Bevölkerungszahl nur noch unwesentlich verändert."
Kommentieren Sie.

Bei wirtschaftlichen Sachverhalten geht es oft um Größen, die von einer anderen Größe abhängen. So interessiert sich z. B. ein Getränkehersteller für die Absatzzahlen eines seiner Produkte im Laufe der Jahre. Er ist aber auch daran interessiert, wie sich diese Absatzzahlen über die Jahre hinweg verandert haben (Fig. 1).
Weiterhin sind für eine Firma die Kosten für die Produktion von 100 Stück eines ihrer Produkte wichtig. Sie möchte aber auch Informationen darüber haben, wie sich die Kosten ändern, wenn die Produktion von 100 auf 150 Stück erweitert wird.
Ein weiteres Beispiel in diesem Zusammenhang ist die Abhängigkeit der zurückgelegten Strecke eines Fahrzeuges von der zugehörigen Fahrzeit (Fig. 2).

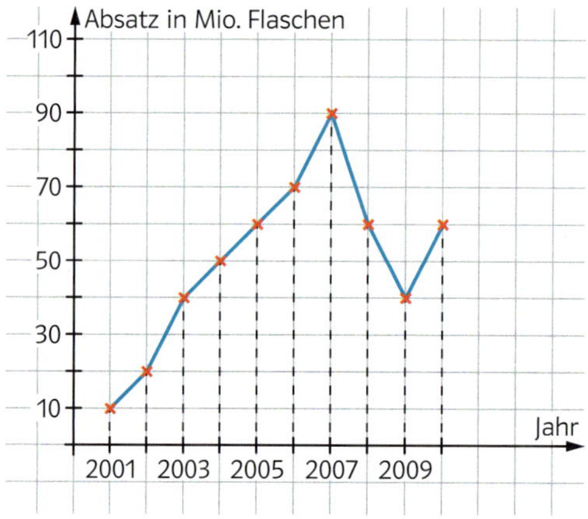

Fig. 1

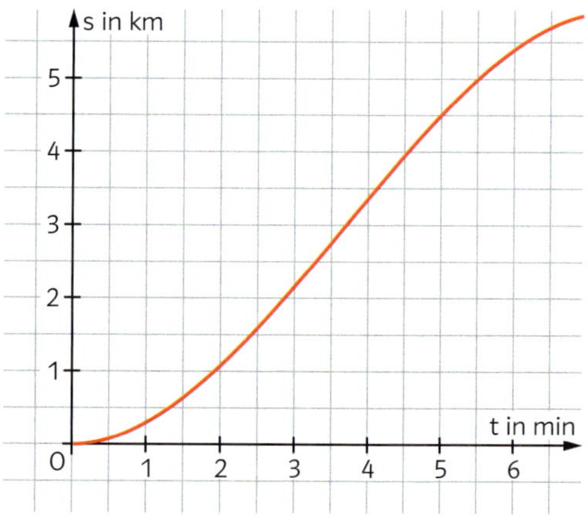

Fig. 2

Bei den angegebenen Beispielen gibt es wichtige Unterschiede. Die Verkaufszahlen in Fig. 1 sind immer für ganze Jahre, d.h. für diskrete Werte angegeben. Verbindungsstrecken zwischen den Punkten zeichnet man meistens ein, um die Entwicklung optisch noch deutlicher zum Ausdruck zu bringen. In Fig. 2 ist die zurückgelegte Strecke des Fahrzeugs kontinuierlich in Abhängigkeit von der verstrichenen Zeit eingetragen. Veränderungen im Getränkebeispiel werden meistens pro Jahr im Vergleich zum Vorjahr betrachtet. Die Änderungsraten werden dann in Prozent angegeben. Veränderungen im Fahrbeispiel für die zurückgelegte Strecken können in beliebig kleinen Intervallen betrachtet werden. Angaben von Änderungen bei Produktionskosten liegen zwischen diesen Extremen. Denn in diesem Zusammenhang kann man die Kosten im extremsten Fall nur für die kleinste Einheit, d.h. pro Stück angeben.

In diesem Kapitel geht es darum, für kontinuierlich sich verändernde Größen Konzepte zu entwickeln, um solche **Veränderungen mathematisch beschreiben zu können**.
In einem weiteren Schritt werden diese Konzepte auf Funktionen aus den Wirtschaftswissenschaften übertragen.
Die einzelnen Schritte, wie man zu einer Beschreibung von Änderungsverhalten gelangen kann, lassen sich am angegebenen Fahrbeispiel verdeutlichen (Fig. 1).
Beschreibt die Funktion s den Zusammenhang zwischen der Fahrzeit und der zurückgelegten Strecke, so bedeutet:

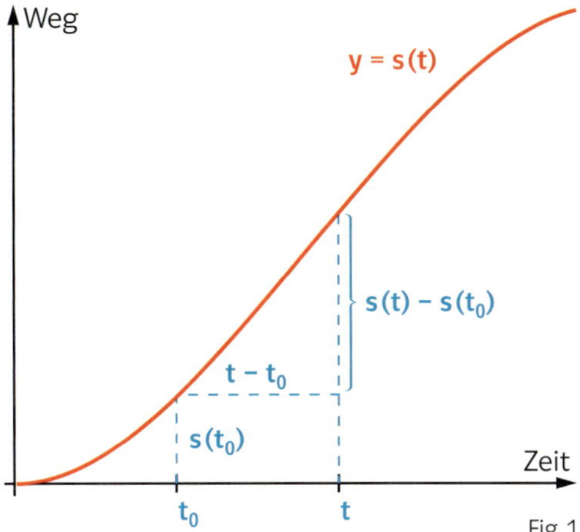

Fig. 1

$s(t_0)$: zurückgelegte Strecke zum Zeitpunkt $t_0$,
$s(t) - s(t_0)$: zurückgelegte Strecke in der Zeit von $t_0$ bis t,
$\frac{s(t) - s(t_0)}{t - t_0}$: zurückgelegte Strecke in der Zeit von $t_0$ bis t bezogen auf die Zeitspanne $t - t_0$; dies entspricht der Durchschnittsgeschwindigkeit im Intervall $[t_0; t]$.

Diese drei Schritte kann man allgemein beschreiben durch die Begriffe
**Bestand; absoluter Zuwachs; relativer Zuwachs**.
Statt von relativem Zuwachs spricht man auch von der **mittleren Änderungsrate**.

Da sich die Größen kontinuierlich verändern, kann man in einem letzten wichtigen Schritt die Zeitspanne $t - t_0$ immer kleiner werden lassen. Dies führt zu dem Begriff der **lokalen (momentanen) Änderungsrate** zum Zeitpunkt $t_0$. Der sich ergebende Wert ist dann als Momentangeschwindigkeit interpretierbar.
Überträgt man diese Schritte auf eine beliebige Funktion, die keinen konkreten Sachverhalt modelliert, spricht man bei der mittleren Änderungsrate vom **Differenzenquotienten** und bei der lokalen Änderungsrate von der **Ableitung**.

Bei Funktionen aus den Wirtschaftswissenschaften können meistens die Bezugsintervalle nicht beliebig klein gemacht werden. Dennoch leistet der Begriff Ableitung auch hier große Dienste, wenn man ihn angemessen auf die jeweiligen Situationen überträgt. Ist z.B. eine Kostenfunktion gegeben, kann man die Ableitung an einer Stelle interpretieren als den Wert, um den die Kosten steigen, wenn man die Produktion um eine Einheit erhöht. Auf diese Weise wird man zu dem Begriff **Grenzkosten** geführt. Entsprechende Überlegungen führen zum **Grenzerlös** und zum **Grenzgewinn**.

Wie dargelegt ergibt sich die Ableitung einer Funktion in mehreren Schritten. Für ein schnelleres Berechnen von Ableitungen gibt es eine Reihe von Rechenregeln, von denen die grundlegenden in diesem Kapitel behandelt werden.

**Überblick über die wichtigsten Teile des Kapitels**

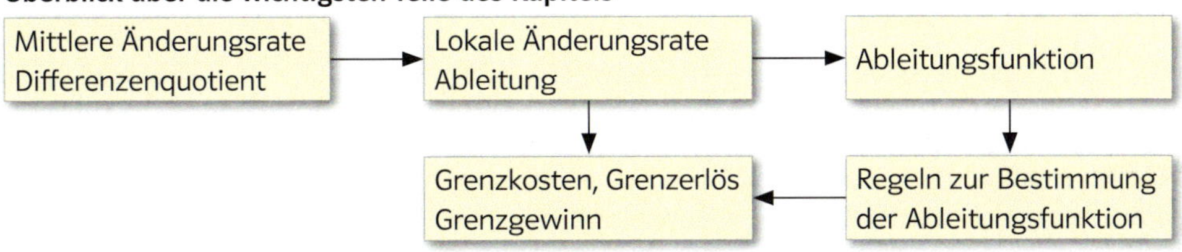

# 2 Mittlere Änderungsrate – Differenzenquotient

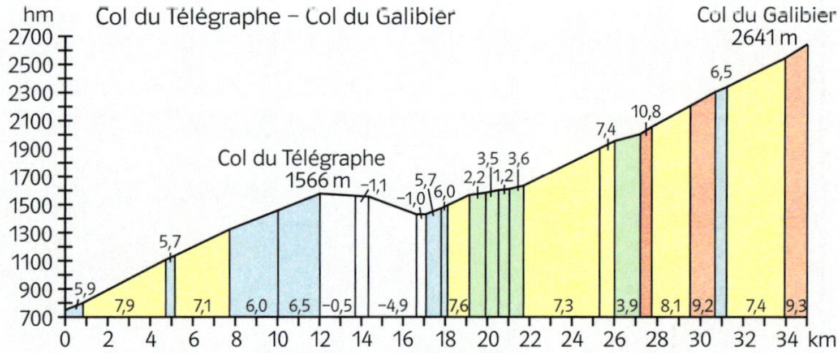


Der Col du Galibier befindet sich fast jedes Jahr im Programm der Tour de France und bildet meist den höchsten Punkt der Rundfahrt. Welche Höhendifferenz müssen die Radfahrer auf den letzten 35 km vor der Passhöhe insgesamt überwinden? Welche mittlere Steigung bedeutet dies in Prozent? Welche Bedeutung haben die Farben der einzelnen Abschnitte?

In dieser Lerneinheit werden Veränderungen von Funktionswerten untersucht. Zentrale Begriffe sind dabei **mittlere Änderungsrate** bzw. **Differenzenquotient**.

Fig. 1 zeigt die Fahrt einer Modelleisenbahn. Der zurückgelegte Weg wird in Abhängigkeit von der dafür benötigten Zeit dargestellt. Tabelle und Graph kann man entnehmen.
Die Lok hat in der Zeit von 2 Sekunden bis 4,5 Sekunden den Weg von Meter 2 bis Meter 3 der Strecke zurückgelegt.
Für die Durchschnittsgeschwindigkeit im Zeitintervall [2; 4,5] ergibt sich
$v = \frac{3-2}{4{,}5-2} = \frac{1}{2{,}5} = \frac{2}{5} = 0{,}4$.
Diesen Term nennt man Differenzenquotient, weil es sich um einen Quotienten zweier Differenzen handelt.
Die **mittlere Änderungsrate** des zurückgelegten Weges von 2 s bis 4,5 s beträgt also 0,4 $\frac{m}{s}$.
Mittlere Änderungsraten bei Funktionen lassen sich folgendermaßen berechnen:
Man dividiert die Differenz der Funktionswerte $f(x_0 + h)$ und $f(x_0)$ durch den Abstand h der beiden Stellen. Man erhält den **Differenzenquotienten**
$\frac{f(x_0+h) - f(x_0)}{(x_0+h) - x_0} = \frac{f(x_0+h) - f(x_0)}{h}$ der Funktion f.
Zeichnet man wie in Fig. 2 eine Gerade durch die beiden Punkte P und Q, dann entspricht die Steigung der Geraden dem Differenzenquotienten.

| Zeit (in s) | 1 | 2 | 3 | 4 | 5 | 6 |
|---|---|---|---|---|---|---|
| Weg (in m) | ≈ 1,3 | 2 | ≈ 2,7 | 3 | 3 | 4 |

Fig. 1

Erinnerung:
Die Steigung einer Geraden wurde bisher durch folgenden Differenzenquotienten berechnet:
$\frac{y_2 - y_1}{x_2 - x_1} = \frac{f(x_2) - f(x_1)}{x_2 - x_1}$.

Die Gerade durch die Punkte P und Q bezeichnet man als **Sekante**.

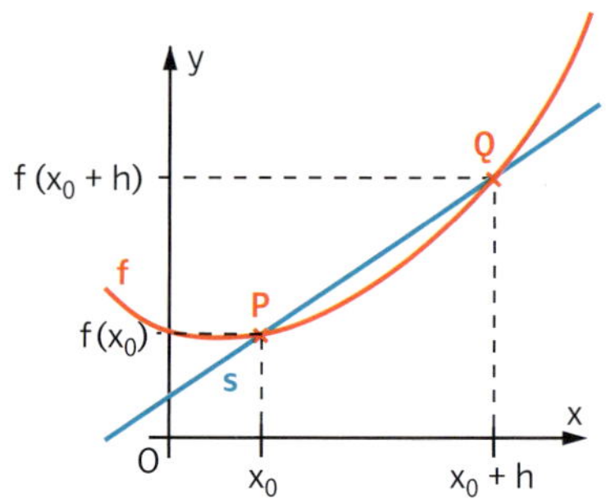

Fig. 2

Falls h < 0 gibt der Differenzenquotient die Änderungsrate auf $[x_0 + h; x_0]$ an.

Ist eine Funktion auf dem Intervall $[x_0; x_0 + h]$ definiert, dann heißt $\frac{f(x_0+h) - f(x_0)}{h}$ **Differenzenquotient** von f im Intervall $[x_0; x_0 + h]$. Bei Anwendungen wird der Differenzenquotient auch als **mittlere Änderungsrate** bezeichnet.

**Beispiel 1** Rechnerische Bestimmung eines Differenzenquotienten
Bestimmen Sie für die Funktion f mit $f(x) = x^2$ den Differenzenquotienten im Intervall [7; 9].

Lösung: $\frac{f(9) - f(7)}{9 - 7} = \frac{9^2 - 7^2}{2} = \frac{81 - 49}{2} = 16$

**Beispiel 2** Bestimmung eines mittleren Kostenwachstums
In einem Unternehmen können die Gesamtkosten für die Herstellung eines Produktes durch die Funktion K mit $K(x) = 0{,}1x^3 - 1{,}2x^2 + 5x + 80$ modelliert werden (x in ME, K(x) in GE).
Bestimmen Sie das mittlere Kostenwachstum im Intervall [5; 10].

Lösung: Mit $K(5) = 0{,}1 \cdot 5^3 - 1{,}2 \cdot 5^2 + 5 \cdot 5 + 80 = 87{,}5$ und
$K(10) = 0{,}1 \cdot 10^3 - 1{,}2 \cdot 10^2 + 5 \cdot 10 + 80 = 110$ ergibt sich
$\frac{K(10) - K(5)}{5} = \frac{110 - 87{,}5}{5} = 4{,}5$.
Die Kosten nehmen im Intervall [5; 10] im Mittel um 4,5 GE pro ME zu.

**Beispiel 3** Bestimmung eines Differenzenquotienten mithilfe eines Graphen
Bestimmen Sie geometrisch den Differenzenquotienten der Funktion f im Intervall [2; 7], deren Graph in Fig. 1 dargestellt ist.

Lösung: Man zeichnet eine Gerade g durch die beiden Punkte P(2 | f(2)) und Q(7 | f(7)). Die Steigung von g entspricht dem Differenzenquotienten im Intervall [2; 7].
Für das Intervall [2; 7] ist h = 5.
Damit ergibt sich der Differenzenquotient:
$\frac{f(7) - f(2)}{5} = \frac{6{,}5 - 4}{5} = 0{,}5$.

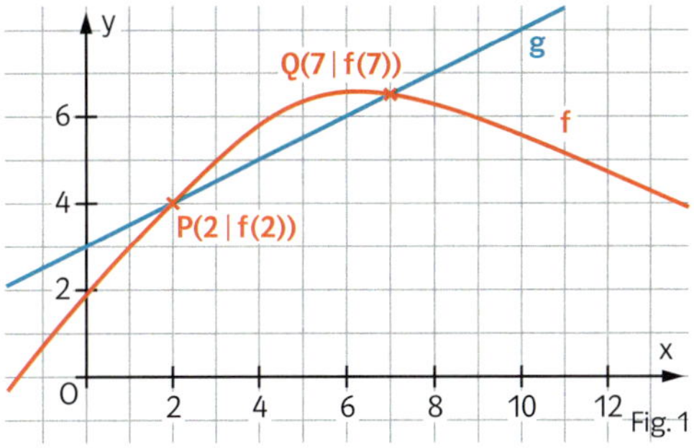

Fig. 1

Häufig ist die Bestimmung des Differenzenquotienten mithilfe des Graphen nur näherungsweise möglich.

## Aufgaben

**1** Gegeben sind die Funktionen $f(x) = 0{,}5x^2$ und $g(x) = 3x^3 + 1$. Bestimmen Sie den Differenzenquotienten im Intervall I.
a) I = [0; 2] b) I = [−1; 3] c) I = [−1; 1] d) I = [−2; −1]

**2** Gegeben ist die Funktion f mit $f(x) = \frac{1}{x} + 2$. Bestimmen Sie den Differenzenquotienten für
a) das Intervall [0,1; 1],
b) das Intervall [2; 12],
c) das Intervall [0,01; 0,02],
d) das Intervall [100; 1000].

**3** Gegeben sind die Funktion f mit $f(x) = 3x^2$ und das Intervall I = [0,5; 1,5].
a) Berechnen Sie die mittlere Änderungsrate m von f in I.
b) Bestimmen Sie eine Funktionsgleichung der Geraden g durch die Punkte P(0,5 | f(0,5)) und Q(1,5 | f(1,5)).
c) Zeichnen Sie die Graphen von f und g in dasselbe Koordinatensystem.

**4** Die Höhe einer Kressepflanze wurde über mehrere Tage bestimmt.

| Tage d | 1 | 2 | 3 | 4 | 5 | 6 | 7 | 8 | 9 |
|---|---|---|---|---|---|---|---|---|---|
| Höhe (in mm) | 0 | 0 | 0 | 0 | 1 | 2 | 4 | 6 | 7 |

Wie groß ist die mittlere Änderungsrate der Funktion *Tage* ↦ *Höhe* für
a) den gesamten Messzeitraum,
b) für die ersten drei Tage,
c) für die letzten drei Tage,
d) für die mittleren drei Tage?

**5** Ein Unternehmen stellt Maschinen her. Die Kosten werden durch die Funktion K mit $K(x) = x^3 - 15x^2 + 150x + 200$ für $x \in [0; 20]$ beschrieben (x in Stück, K(x) in Euro). Bestimmen Sie das mittlere Kostenwachstum für das angegebene Intervall I.

a) $I = [0; 5]$ b) $I = [0; 10]$ c) $I = [9; 18]$ d) $I = [5; 20]$

**6** Bestimmen Sie den Differenzenquotienten der Funktion f im Intervall I mithilfe des Graphen.

a) $I = [-1; 1]$ b) $I = [-1; 0]$ c) $I = [1; 3]$ d) $I = [0; 1{,}5]$

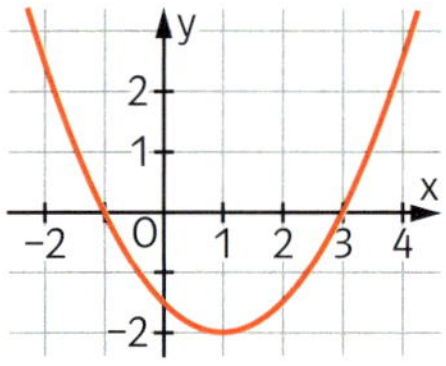


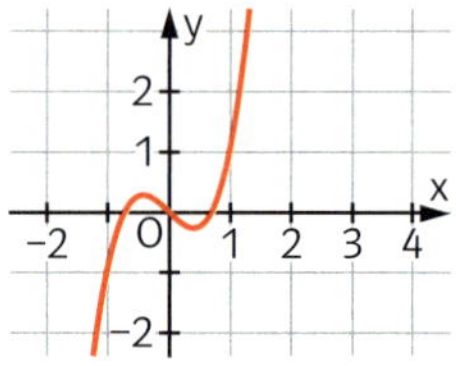


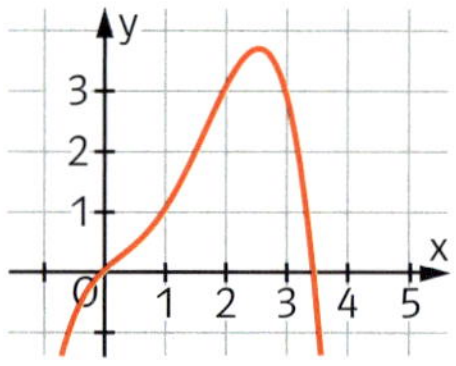


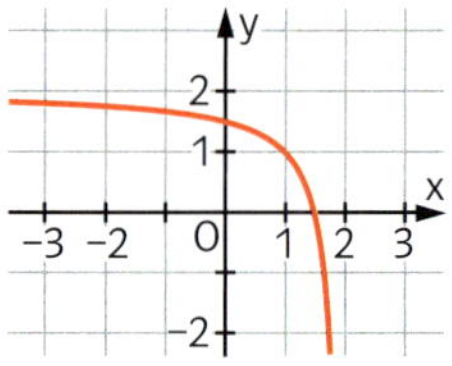


**Zeit zu überprüfen**

**7** Gegeben ist die Funktion $f(x) = x^2 - 3$. Bestimmen Sie den Differenzenquotienten für

a) das Intervall $[-100; -1]$,
b) das Intervall $[-10; -1]$,
c) das Intervall $[-1{,}1; -1]$,
d) das Intervall $[-1{,}01; -1]$.

**8** Bei einem Messfahrzeug wird während einer Fahrt die zurückgelegte Strecke aufgezeichnet. Fig. 1 zeigt den Graphen der Funktion *Zeit t* ↦ *Strecke s* (t in min, s in m).
Die mittlere Änderungsrate von s in einem Messintervall h ist die Durchschnittsgeschwindigkeit des Fahrzeuges in dem Intervall.
Bestimmen Sie näherungsweise die Durchschnittsgeschwindigkeiten für

a) $I = [0; 8]$,
b) $I = [10; 12]$.

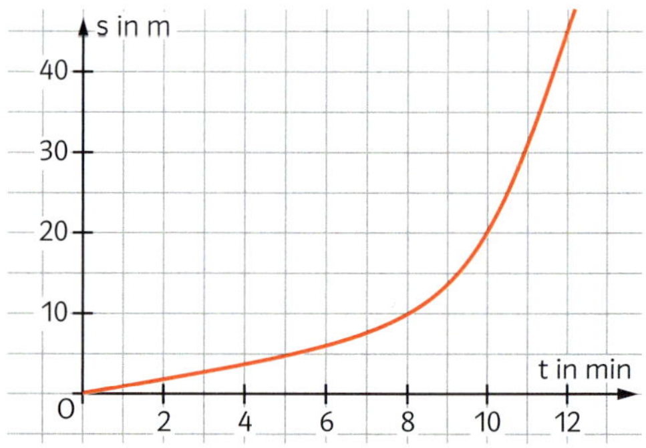


Fig. 1

**9** Bei einer Bakterienkultur verdoppelt sich jede Stunde die Anzahl der Bakterien. Zu Beginn der Messung waren etwa 12 000 Bakterien vorhanden. Das Wachstum der Bakterien wird durch die Funktion f mit $f(x) = 12\,000 \cdot 2^x$ ausgedrückt, dabei ist x die Zeit in Stunden.
Bestimmen Sie die mittlere Änderungsrate der Bakterienzahl für das angegebene Zeitintervall I.

a) $I = [3; 8]$ b) $I = [1; 5]$ c) $I = [10; 12]$ d) $I = [-1{,}01; -1]$

**10** Skizzieren Sie den Graphen einer Funktion f, die folgende Differenzenquotienten hat: Der Differenzenquotient von f im Intervall [0; 2] beträgt 0,5; der Differenzenquotient von f im Intervall [2; 5] beträgt 1 und der Differenzenquotient von f im Intervall [0; 6] beträgt 0.

**11** Für Wohnungen in sehr guter Lage verlangt eine Firma die angegebenen Kaufpreise. Berechnen Sie mit einer geeigneten linearen Näherungsfunktion den ungefähren Kaufpreis für eine $88\,m^2$ große Wohnung.

| Wohnfläche (in $m^2$) | 40 | 60 | 80 | 100 |
|---|---|---|---|---|
| Preis (in Tsd. €) | 240 | 330 | 420 | 500 |

**12** Die Funktion G mit $G(x) = -0{,}5x^3 + 4x^2 - 2x - 10$ beschreibt den Gewinn (in Tsd. €) in Abhängigkeit vom Verkaufspreis x (in €) eines Produktes. Berechnen Sie die mittlere Änderungsrate des Gewinns im Intervall [3; 5].

# 3 Lokale Änderungsrate

Sowohl mit dem GTR als auch mit dem CAS-Rechner kann man einen kleinen Ausschnitt eines Graphen näher betrachten.
Vergrößern Sie einen Ausschnitt immer weiter. Was fällt auf?

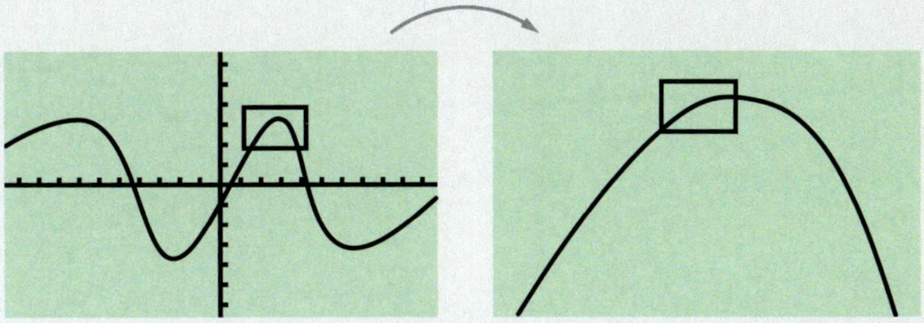

Bei einer Autofahrt kann gemessen werden, welche Strecke s das Auto zum Zeitpunkt t zurückgelegt hat. Mit der Funktion $t \mapsto s$ lässt sich die Durchschnittsgeschwindigkeit in einem Zeitintervall als mittlere Änderungsrate der zurückgelegten Strecke s(t) in dem Zeitintervall berechnen. Der Tachometer eines Autos zeigt die Geschwindigkeit hingegen zu jedem Zeitpunkt an.
Im Folgenden wird gezeigt, wie man bei gegebener Zeit-Weg-Funktion die Geschwindigkeit zu einem bestimmten Zeitpunkt rechnerisch bestimmen kann. Entscheidend dabei ist die Idee eines Grenzwertes.

Die mittlere Änderungsrate der Wegstrecke s entspricht der Durchschnittsgeschwindigkeit im betrachteten Intervall.

Für eine Kugel, die eine schiefe Ebene hinunterrollt, gilt für den nach der Zeit t zurückgelegten Weg $s(t) = 0{,}3 \cdot t^2$ (t in Sekunden, s in Meter). Um eine Aussage über die momentane Geschwindigkeit der Kugel zum Zeitpunkt $t = 1$ nach dem Start zu erhalten, werden die mittleren Geschwindigkeiten für immer kleinere Zeitintervalle betrachtet:
Fig. 1 zeigt jeweils die Kugel zu zwei verschiedenen Zeiten. Die erste Kugel zeigt die Position jeweils nach einer Sekunde, die zweite zeigt die Position kurze Zeit später.

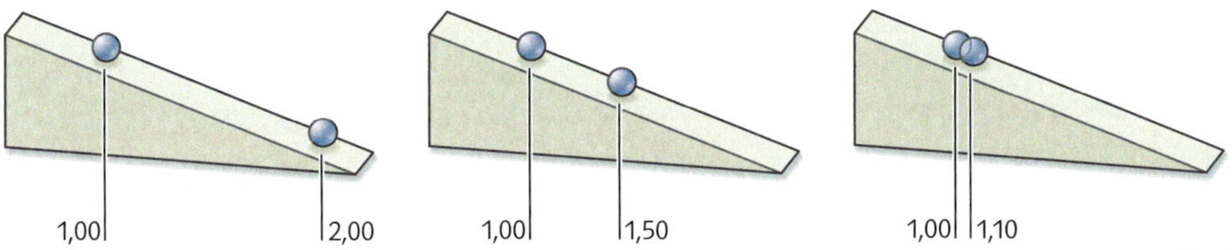


Fig. 1

Um die Durchschnittsgeschwindigkeit der Kugel (in $\frac{m}{s}$) zu bestimmen, werden die mittleren Änderungsraten von s(t) (in $\frac{m}{s}$) für die Messintervalle h (in s) berechnet:

h = 1: $\frac{0{,}3 \cdot (1+1)^2 - 0{,}3 \cdot 1^2}{1} = 0{,}9$

h = 0,5: $\frac{0{,}3 \cdot (1+0{,}5)^2 - 0{,}3 \cdot 1^2}{0{,}5} = 0{,}75$

h = 0,1: $\frac{0{,}3 \cdot (1+0{,}1)^2 - 0{,}3 \cdot 1^2}{0{,}1} = 0{,}63.$

Die errechneten mittleren Änderungsraten lassen sich am zugehörigen Graphen der Funktion s geometrisch interpretieren: Sie geben die Steigung der Geraden g durch die Punkte P(1 | s(1)) und Q(1 + h | s(1 + h)) an.

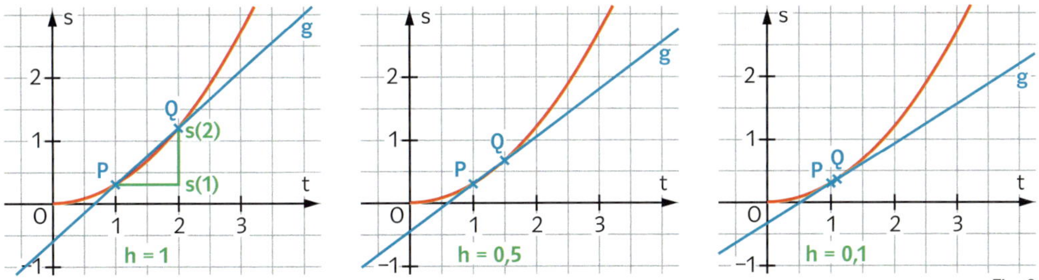


Fig. 2

Um die Geschwindigkeit zum Zeitpunkt t = 1 möglichst genau eingrenzen zu können, betrachtet man sowohl immer kleiner werdende Messintervalle kurz vor t = 1 als auch solche kurz nach diesem Zeitpunkt:

| h | $s(1+h) - s(1)$ | $\frac{s(1+h) - s(1)}{h}$ |
|---|---|---|
| −1 | 0,3 | 0,3 |
| −0,5 | −0,225 | 0,45 |
| −0,1 | −0,057 | 0,57 |
| −0,05 | −0,02925 | 0,585 |
| −0,01 | −0,00597 | 0,597 |
| ... | ... | ... |

| h | $s(1+h) - s(1)$ | $\frac{s(1+h) - s(1)}{h}$ |
|---|---|---|
| 1 | 0,9 | 0,9 |
| 0,5 | 0,375 | 0,75 |
| 0,1 | 0,063 | 0,63 |
| 0,05 | 0,03075 | 0,615 |
| 0,01 | 0,00603 | 0,603 |
| ... | ... | ... |

Der Entwicklung der jeweils letzten Spalte lässt sich entnehmen, dass sich der Differenzenquotient sowohl für positives als auch für negatives h dem festen Wert 0,6 nähert. Dieser Wert wird **Grenzwert** genannt. Hierfür schreibt man:

Für $h \to 0$ gilt: $\frac{s(1+h) - s(1)}{h} \to 0{,}6$ (lies: Für h gegen 0 geht $\frac{s(1+h) - s(1)}{h}$ gegen 0,6)

oder auch (vgl. Seite 169): $\lim\limits_{h \to 0} \frac{s(1+h) - s(h)}{h} = 0{,}6$.

Dieser Grenzwert wird auch **lokale (momentane) Änderungsrate** genannt. Im vorliegenden Fall gibt die lokale (momentane) Änderungsrate die Geschwindigkeit der rollenden Kugel zum Zeitpunkt t = 1 an. Man schreibt $v(1) = s'(1) = 0{,}6$ und liest „s Strich an der Stelle 1".

Betrachtet man für eine mittlere Änderungsrate immer kleinere Intervalllängen h, so schmiegt sich die Gerade g in der Nähe von $P(1 \mid s(1))$ immer besser an den Graphen von f an. Für $h \to 0$ nähert sich die Steigung der Geraden g dem Grenzwert der mittleren Änderungsrate 0,6 (vgl. Fig. 2 von Seite 241).

Der Punkt P wird **Berührpunkt** genannt.

Wenn der Differenzenquotient $\frac{f(x_0 + h) - f(x_0)}{h}$ für $h \to 0$ einen Grenzwert besitzt, dann heißt dieser **Ableitung von f an der Stelle $x_0$**. Man schreibt dafür **$f'(x_0)$** und liest „f Strich an der Stelle $x_0$".
Die Gerade durch den Punkt $P(x_0 \mid f(x_0))$ mit der Steigung $f'(x_0)$ nennt man **Tangente** des Graphen von f in $x_0$. Man sagt: „Der Graph von f hat an der Stelle $x_0$ die Steigung $f'(x_0)$."
Bei Anwendungen wird die Ableitung auch als **lokale Änderungsrate** bezeichnet.

Mithilfe einer Tangente lässt sich die Ableitung einer Funktion f an einer Stelle $x_0$ näherungsweise geometrisch bestimmen:
Man zeichnet nach Augenmaß eine Gerade so durch den Punkt $P(x_0 \mid f(x_0))$, dass sie sich möglichst gut an den Graphen von f anschmiegt. Anschließend bestimmt man die Steigung m dieser Geraden. Sie entspricht der Steigung des Graphen von f im Punkt P und damit der Ableitung von f an der Stelle $x_0$.
Es gilt also: $m = f'(x_0)$.

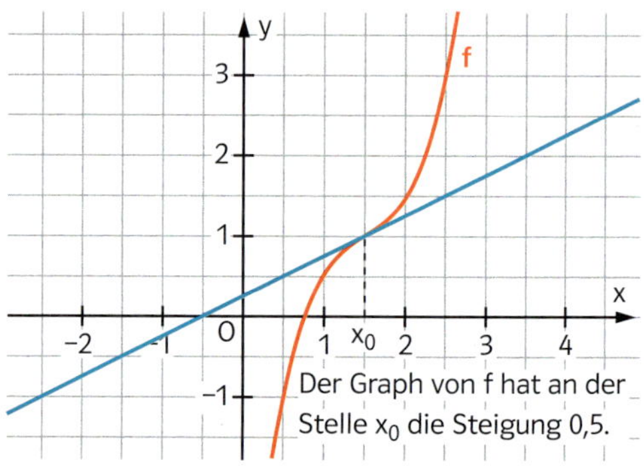


Fig. 1

Besitzt eine Funktion an einer Stelle $x_0$ eine Ableitung, so bezeichnet man die Funktion als **differenzierbar an der Stelle $x_0$**. Funktionen, die an jeder Stelle ihrer Definintionsmenge differenzierbar sind, werden **differenzierbar** genannt.

**Beispiel** Bestimmung der Ableitung

Bestimmen Sie näherungsweise die Ableitung der Funktion f mit $f(x) = \frac{1}{x}$ an der Stelle $x_0 = 1$

a) mithilfe des Differenzenquotienten für $h \to 0$,

b) geometrisch mithilfe der Steigung der Tangente im Punkt $P(1 \mid f(1))$,

c) mithilfe des Rechners.

Lösung: a) In der Tabelle werden Nährungswerte des Differenzenquotienten für $h \to 0$ bestimmt. Um den Wert der Ableitung möglichst genau eingrenzen zu können, berechnet man die Näherungswerte für negative und für positive Werte von h.

| h | f(1 + h) − f(1) | $\frac{f(1+h) - f(1)}{h}$ |
|---|---|---|
| −0,1 | 0,1 | −1,1 |
| −0,01 | 0,01 | −1,01 |
| −0,001 | 0,001 | −1,001 |
| −0,0001 | 0,0001 | −1,0001 |
| … | … | … |

| h | f(1 + h) − f(1) | $\frac{f(1+h) - f(1)}{h}$ |
|---|---|---|
| 0,1 | −0,09 | −0,9 |
| 0,01 | −0,0099 | −0,99 |
| 0,001 | −0,000 999 | −0,999 |
| 0,0001 | −0,000 099 99 | −0,9999 |
| … | … | … |

Die Ableitung von f an der Stelle $x_0 = 1$ liegt zwischen −0,999 und −1,001. Sie nähert sich also vermutlich dem Wert $f'(1) = -1$.

b) Die Steigung der nach Augenmaß eingezeichneten Tangente an den Graphen von f im Punkt $P(1 \mid 1)$ ist −1 (Fig. 1). Die Ableitung von f an der Stelle $x_0 = 1$ ist vermutlich $f'(1) = -1$.

c) Mithilfe des GTR erhält man für die Ableitung von f an der Stelle $x_0 = 1$ den Näherungswert $f'(1) = -1$ (Fig. 2). Der CAS-Rechner liefert $f'(1) = -1$ (Fig. 3).

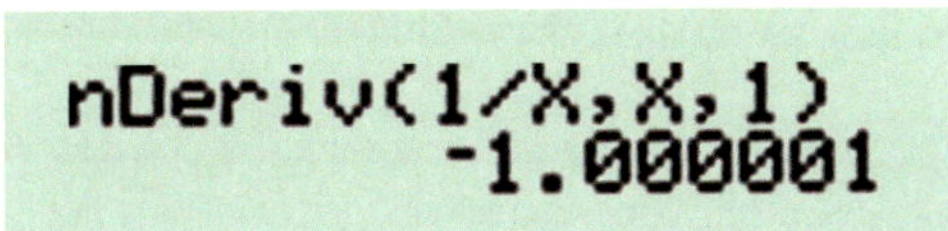


Fig. 2

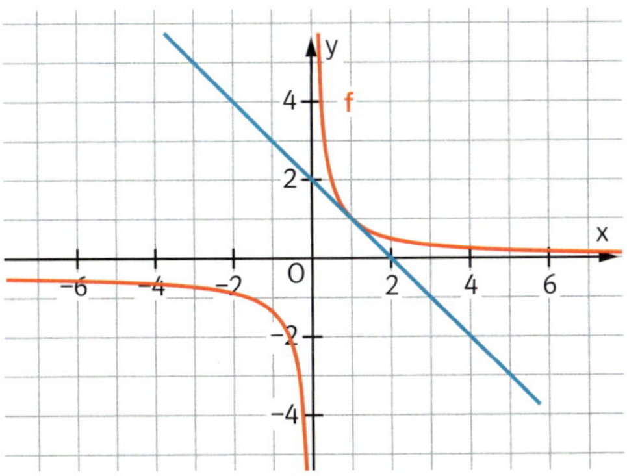


Fig. 1

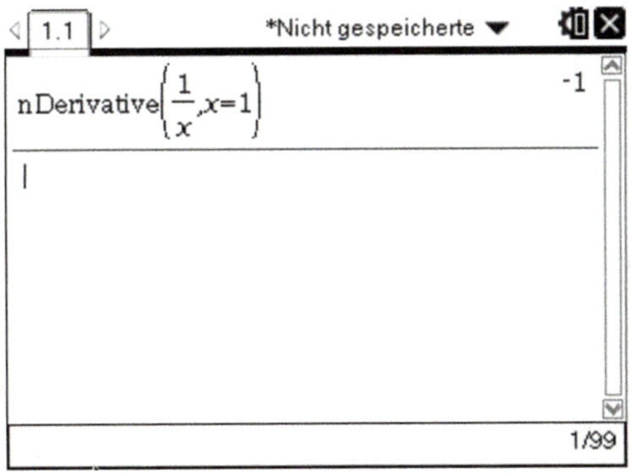


Fig. 3

## Aufgaben

**1** Bestimmen Sie näherungsweise die Ableitung der Funktion f an der Stelle $x_0 = 2$ mithilfe des Differenzenquotienten für $h \to 0$ wie in Teil a) des Beispiels.

a) $f(x) = x^2$ b) $f(x) = \frac{2}{x}$ c) $f(x) = 2x^2 - 3$ d) $f(x) = x^4$

e) $f(x) = x^3$ f) $f(x) = 4x - x^2$ g) $f(x) = \sqrt{x}$ h) $f(x) = 5$

**2** Bestimmen Sie mithilfe des Rechners wie in Teil c) des Beispiels die Ableitung der Funktion f an der Stelle $x_0$.

a) $f(x) = \frac{1}{2}x^2;\ x_0 = 3$ b) $f(x) = x^3 - 2x^2;\ x_0 = 1$

c) $f(x) = \frac{6}{x};\ x_0 = -2$ d) $f(x) = -x^3 + 4x^2;\ x_0 = 2$

e) $f(x) = \sqrt{x};\ x_0 = 3$ f) $f(x) = \frac{2}{(x-3)^2};\ x_0 = -4$

Tangenten können unterschiedlich liegen:

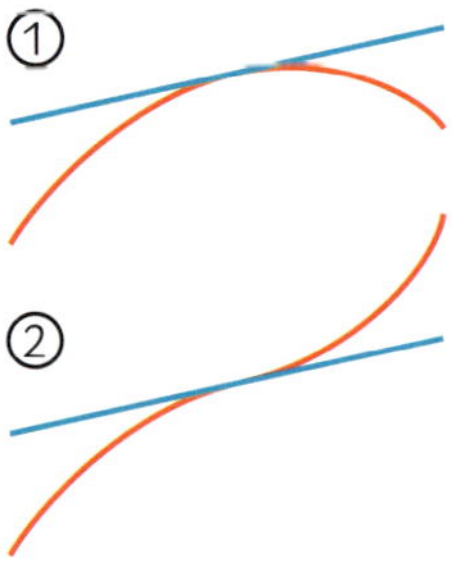


Fig. 1

**3** Bestimmen Sie näherungsweise die Ableitung von f an der Stelle $x_0$.

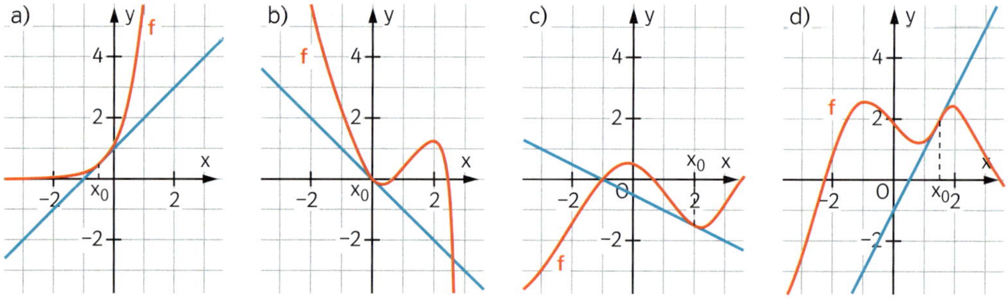


Fig. 2

**4** Gegeben ist die Funktion f.

1) $f(x) = x^2 + 1$ 2) $f(x) = x^3$ 3) $f(x) = 0{,}5 \cdot x^2$ 4) $f(x) = -x^3$

a) Schätzen Sie, eventuell an einer groben Skizze, einen Wert für die Ableitung der Funktion f an der Stelle $x_0 = -1$.

b) Bestimmen Sie näherungsweise die Ableitung der Funkion f an der Stelle $x_0 = -1$ mithilfe des Differenzenquotienten für $h \to 0$ ( für $h < 0$ und $h > 0$).

c) Überprüfen Sie Ihre Ergebnisse mit dem Rechner.

**Zeit zu überprüfen**

**5** Bestimmen Sie näherungsweise die Ableitung der Funktion f mit $f(x) = x^2 - 3x$ an der Stelle $x_0 = 3$ mithilfe des Differenzenquotienten für $h \to 0$.

**6** Ein Körper bewegt sich so, dass er in der Zeit t den Weg $s(t) = 4t^2$ (s in m; t in s) zurücklegt.

a) Bestimmen Sie näherungsweise die lokale Änderungsrate von s zu den Zeiten $t_0 = 1$ und $t_1 = 5$.

b) Welche Bedeutung hat die lokale Änderungsrate von s?

**7** Ein Fahrzeug wird abgebremst. Für den in der Zeit (t in Sekunden) zurückgelegten Weg s(t) (in m) gilt $s(t) = 20t - t^2$ für $t \in [0; 10]$.

a) Berechnen Sie den zurückgelegten Weg nach fünf Sekunden bzw. nach acht Sekunden.

b) Bestimmen Sie näherungsweise die lokale Änderungsrate s′(t) des Fahrzeugs nach sechs und nach zehn Sekunden.

Welche Bedeutung hat die lokale Änderungsrate?

c) Warum kann die angegebene Formel nicht für $t = 11\,s$ gelten?

**8** Fig. 3 gibt die Flughöhe an, die bei einem zweistündigen Flug eines Sportflugzeuges erreicht wurde.

a) Geben Sie näherungsweise die lokale Änderungsrate der Flughöhe in $\frac{\text{Meter}}{\text{Stunde}}$ zu den Zeiten 10:15 Uhr, 10:45 Uhr und 11:15 Uhr an.

b) Zu welchen Zeiten war die lokale Änderungsrate der Flughöhe am größten? Wann war sie am kleinsten?

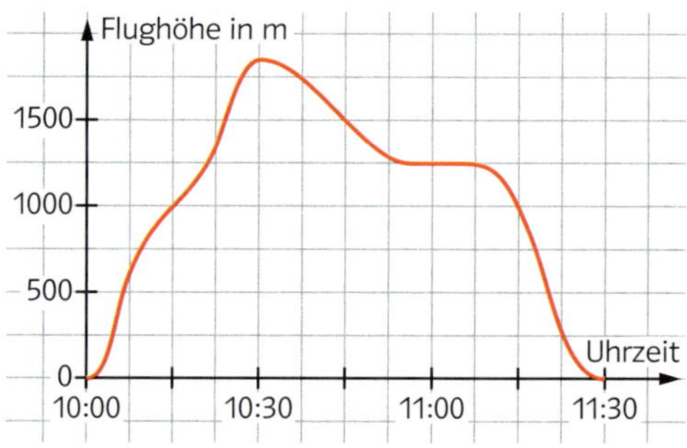


Fig. 3

**9** Begründen Sie (ohne zu rechnen), welches Vorzeichen die Ableitung der Funktion f mit $f(x) = -x^2 + 5$ an der Stelle $x_0 = 3$ hat.

# 4 Die Ableitung an einer Stelle; Tangentengleichung

Setzen Sie für h nacheinander ein:
$h = 0{,}1$; $h = 0{,}01$ und $h = 0{,}001$.
Kommentieren Sie.

Bisher wurde der Grenzwert des Differenzenquotienten einer Funktion f an der Stelle $x_0$ nur näherungsweise bestimmt. Im Folgenden wird gezeigt, wie sich dieser Grenzwert **mithilfe von Termumformungen exakt** bestimmen lässt.

Gegeben ist die Funktion f mit $f(x) = x^2$. Gesucht ist die Ableitung an der Stelle $x_0 = 3$.
1. Schritt:
Term für den Differenzenquotienten aufstellen:
$\frac{f(3+h) - f(3)}{h} = \frac{(3+h)^2 - 3^2}{h}$.

2. Schritt:
Differenzenquotient so umformen, dass h im Nenner wegfällt oder, dass der Nenner für $h \to 0$ gegen einen von null verschiedenen Wert strebt:
$\frac{(3+h)^2 - 3^2}{h} = \frac{9 + 6h + h^2 - 9}{h} = \frac{6h + h^2}{h} = \frac{(6+h) \cdot h}{h} = 6 + h$.

3. Schritt:
Umgeformten Term für $h \to 0$ untersuchen:
Für $h \to 0$ erhält man $6 + h \to 6$. Die Ableitung an der Stelle $x_0 = 3$ ist $f'(3) = 6$.

Die Ableitung $f'(x_0)$ einer Funktion f an der Stelle $x_0$ berechnet man so:
- Man stellt einen Term für den Differenzenquotienten auf.
- Der Differenzenquotient wird so umgeformt, dass erkennbar ist, gegen welchen festen Wert er für $h \to 0$ strebt.

Bei vielen Funktionen kann man so kürzen, dass h im Nenner wegfällt und dann der Grenzwert abgelesen werden kann.

Möchte man beim Graphen einer Funktion f die Gleichung der Tangente t im Punkt $P(x_0 \mid f(x_0))$ bestimmen, geht man so vor (Fig. 1):
- Man wählt für die Tangentengleichung den Ansatz $y = mx + n$.
- Man bestimmt $f'(x_0)$. Es gilt $m = f'(x_0)$.
- Man setzt die Koordinaten von P und $f'(x_0)$ in den Ansatz ein und erhält n.

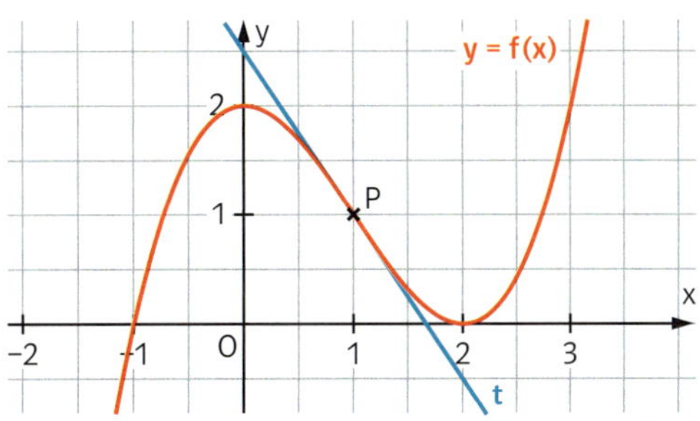

Fig. 1

**Beispiel 1** Ableitung berechnen – Tangentengleichung bestimmen

a) Berechnen Sie die Ableitung der Funktion f mit $f(x) = x^3$ an der Stelle $x_0 = 2$.

b) Bestimmen Sie die Gleichung der Tangente an den Graphen von f durch den Punkt $P(2\,|\,f(2))$.

Lösung: a) $\frac{f(2+h) - f(2)}{h} = \frac{(2+h)^3 - 8}{h}$

$= \frac{(4 + 4h + h^2)(2+h) - 8}{h} = \frac{8 + 8h + 2h^2 + 4h + 4h^2 + h^3 - 8}{h} = \frac{12h + 6h^2 + h^3}{h} = \frac{h(12 + 6h + h^2)}{h}$

$= 12 + 6h + h^2 \to 12$ für $h \to 0$.

Also gilt $f'(2) = 12$.

b) $P(2\,|\,f(2)) = P(2\,|\,8)$ liegt auf der Tangente, Steigung der Tangente: 12.

Ansatz: $y = 12x + n$

Einsetzen der Koordinaten von $P(2\,|\,8)$:

$8 = 12 \cdot 2 + n$. Man erhält $n = -16$.

Die Gleichung der Tangente lautet $y = 12x - 16$.

**Beispiel 2** Ableitung berechnen

Berechnen Sie die Ableitung der Funktion f mit $f(x) = \frac{1}{x}$ an der Stelle $x_0 = 3$.

Lösung: $\frac{f(3+h) - f(3)}{h} = \frac{\frac{1}{3+h} - \frac{1}{3}}{h} = \left(\frac{1}{3+h} - \frac{1}{3}\right) \cdot \frac{1}{h} = \left(\frac{3}{(3+h) \cdot 3} - \frac{3+h}{(3+h) \cdot 3}\right) \cdot \frac{1}{h}$

$= \frac{3 - (3+h)}{(3+h) \cdot 3} \cdot \frac{1}{h} = \frac{3 - 3 - h}{(3+h) \cdot 3} \cdot \frac{1}{h} = \frac{-h}{(3+h) \cdot 3} \cdot \frac{1}{h} = \frac{-1}{(3+h) \cdot 3} \to \frac{-1}{(3)^2}$ für $h \to 0$.

Man erhält die Ableitung $f'(3) = -\frac{1}{9}$.

**Beispiel 3** Tangentengleichung mit dem Rechner

Bestimmen Sie mithilfe des Rechners die Gleichung der Tangente an den Graphen der Funktion f mit $f(x) = 2x^3 - 1$ im Punkt $P(0{,}5\,|\,f(0{,}5))$.

Lösung mit dem GTR: Man zeichnet den Graphen von f und wählt im Menü DRAW den Befehl *5:Tangent(*. Dann gibt man die Stelle x = 0,5 ein (Fig. 1; Fig. 2; Fig. 3).

Lösung mit CAS: Die Gleichung der Tangente läßt sich im *Calculator* im Menü *Analysis* direkt berechnen (Fig. 4). Eine weitere Möglichkeit bietet die Anwendung *Graphs* (Fig. 5).

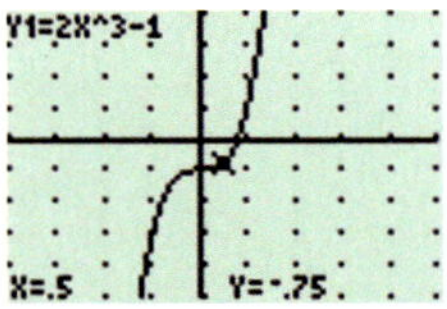

Fig. 1

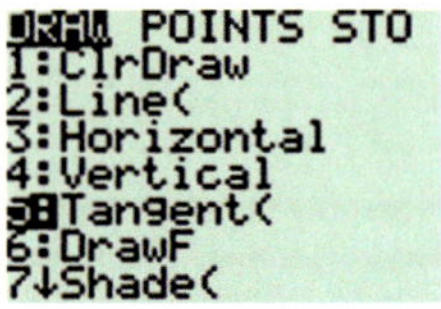

Fig. 2

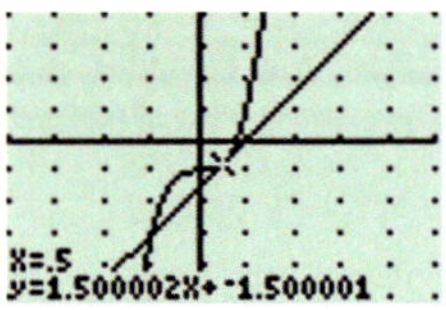

Fig. 3

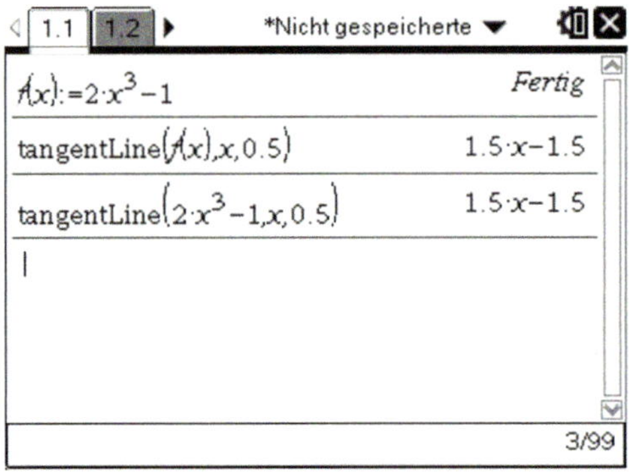

Fig. 4

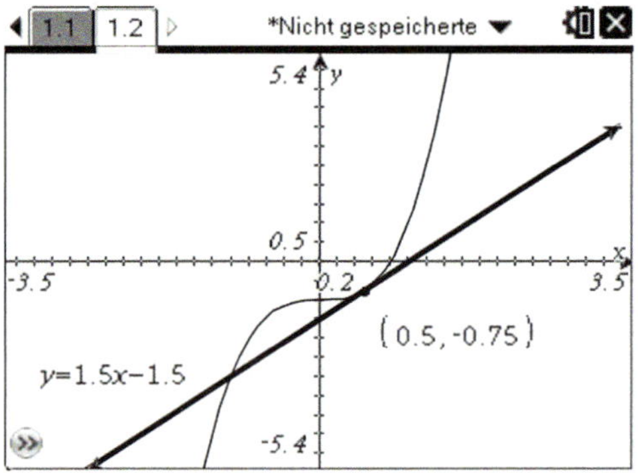

Fig. 5

**Beispiel 4** Differenzenquotient ohne Grenzwert

Zeigen Sie, dass f mit $f(x) = |x|$ bei $x_0 = 0$ nicht differenzierbar ist.

Lösung: Es ist $f(x) = x$ für $x \geqq 0$ und $f(x) = -x$ für $x < 0$.

Dann ist der Differenzenquotient an der Stelle $x_0 = 0$

für $h > 0$: $\frac{f(0+h) - f(0)}{h} = \frac{h - 0}{h} = 1$ und für $h < 0$: $\frac{f(0+h) - f(0)}{h} = \frac{-h - 0}{h} = -1$.

Also hat der Differenzenquotient für $h \to 0$ keinen Grenzwert und die Funktion f ist an der Stelle $x_0 = 0$ nicht differenzierbar (Fig. 6).

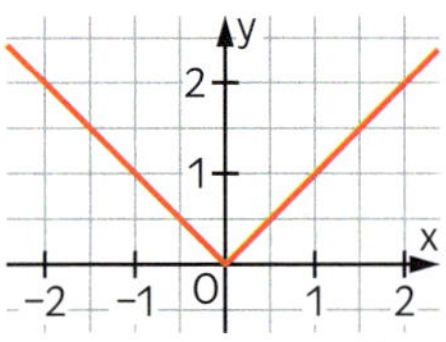

Fig. 6

## Aufgaben

**1** Berechnen Sie die Ableitung der Funktion f mit $f(x) = 2x$ an der Stelle $x_0 = 1, 2, 3$ bzw. 4. Welcher Zusammenhang wird deutlich?

Alle Ergebnisse lassen sich mit dem Rechner oder einem Funktionsplotter überprüfen.

**2** Berechnen Sie die Ableitung der Funktion f mit $f(x) = -3x^2$ an der Stelle $x_0 = 1, 2, 3$ bzw. 4. Welcher Zusammenhang wird deutlich?

**3** Berechnen Sie $f'(x_0)$ für $x_0 = -2, -1, 1$ bzw. 2 und tragen Sie die Ergebnisse in eine Tabelle ein wie in Fig. 1. Vergleichen Sie die Ergebnisse von a) und b) bzw. c) und d). Was fällt auf?

a) $f(x) = 2x^3$ b) $f(x) = x^3 + 1$ c) $f(x) = 0{,}5x^4$ d) $f(x) = x^4 - 2$

| | −2 | −1 | 1 | 2 |
|---|---|---|---|---|
| a) | | | | |
| b) | | | | |
| c) | | | | |
| d) | | | | |

Fig. 1

**4** P ist ein Punkt des Graphen von f. Bestimmen Sie die Gleichung der Tangente t im Punkt P. An welcher Stelle schneidet die Tangente die x-Achse. Überprüfen Sie Ihre Ergebnisse mit dem Rechner.

a) $f(x) = -x^2$; $P(2 \mid f(2))$ b) $f(x) = 2x^2 - x$; $P(-3 \mid f(-3))$

c) $f(x) = -x^2 + 3$; $P(4 \mid f(4))$ d) $f(x) = -5x + 3$; $P(0 \mid f(0))$

**5** Bestimmen Sie mit dem Rechner die Gleichung der Tangente t im Punkt $P(x_0 \mid f(x_0))$.

a) $f(x) = 0{,}1x^4$; $x_0 = 2$ b) $f(x) = x^4 - 2x^2$; $x_0 = 2$

c) $f(x) = \frac{1}{x} - 2$; $x_0 = -1$ d) $f(x) = \frac{1}{x} + x$; $x_0 = 3$

### Zeit zu überprüfen

**6** Berechnen Sie $f'(x_0)$.

a) $f(x) = 4x^2 + 2$; $x_0 = -3$ b) $f(x) = 0{,}5(x^2 - 1)$; $x_0 = 3$

**7** Bestimmen Sie die Gleichung der Tangente t an den Graphen von f im Punkt $P(x_0 \mid f(x_0))$.

a) $f(x) = \frac{1}{4}x^2$; $x_0 = 2$ b) $f(x) = \frac{1}{x} + 1$; $x_0 = 2$

c) $f(x) = 3 - 0{,}5x^2$; $x_0 = 5$ d) $f(x) = x^3 - 2$; $x_0 = 1$

**8** Eine Parallele zur Geraden mit der Gleichung $y = x$ berührt den Graphen von f mit $f(x) = x^2$. Bestimmen Sie die Koordinaten des Berührpunktes.

**9** a) Bestimmen Sie die Ableitung der Funktion f mit $f(x) = 3x + 2$ an den Stellen $x_0 = 4$ und $x_1 = 9$.

b) Bestimmen Sie die Ableitung der Funktion f mit $f(x) = 3x + 2$ an einer beliebigen Stelle $x_0$.

c) Bestimmen Sie die Ableitung einer linearen Funktion g mit $g(x) = mx + n$ an einer beliebigen Stelle $x_0$.

d) Welche Aussage lässt sich allgemein über die Ableitungsfunktion einer linearen Funktion machen?

**10** Gegeben ist die Funktion f mit $f(x) = 0{,}5x^3$.

a) Bestimmen Sie die Gleichung der Tangente t an den Graphen von f im Punkt $P(2 \mid f(2))$.

b) Zeichnen Sie den Graphen von f und die Tangente t in P.

c) Die Tangente schneidet den Graphen von f in einem weiteren Punkt S.
Bestimmen Sie die Koordinaten von S.

d) Überlegen Sie mithilfe des Graphen von f:
In welchem Punkt Q auf dem Graphen von f hat die Tangente keinen weiteren Schnittpunkt mit dem Graphen von f?

**11** Berechnen Sie die Ableitung der Funktion f an der Stelle $x_0$.

a) $f(x) = \frac{1}{x}$; $x_0 = 2$  b) $f(x) = \frac{1}{x}$; $x_0 = -1$  c) $f(x) = \frac{3}{x}$; $x_0 = 2$

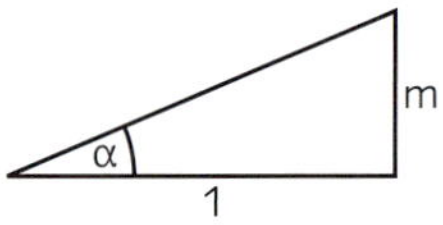


Für die Steigung gilt:
$m = \tan(\alpha)$.

**12** Gegeben ist die Funktion f mit
$f(x) = -\frac{1}{x}$.
Der Punkt P liegt auf dem Graphen von f (Fig. 1).
Bestimmen Sie den Winkel α, der von der Tangente im Punkt P und der x-Achse eingeschlossen wird.

a) $P(-1\,|\,f(-1))$
b) $P(2\,|\,f(2))$
c) $P(0{,}1\,|\,f(0{,}1))$

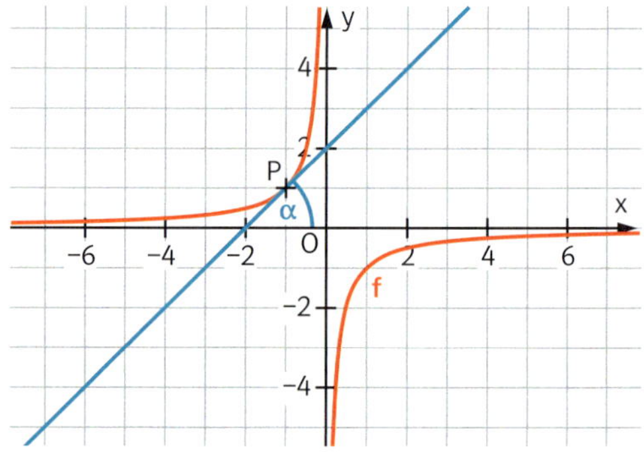


Fig. 1

$\frac{\sqrt{1+h}-\sqrt{1}}{h}$
$= \frac{(\sqrt{1+h}-\sqrt{1})(\sqrt{1+h}+\sqrt{1})}{h\cdot(\sqrt{1+h}+\sqrt{1})}$

**13 Ableitungen der Wurzelfunktion**

Gegeben ist die Funktion f mit $f(x) = \sqrt{x}$. Bestimmen Sie $f'(x_0)$ für $x_0 = 1$ und $x_0 = 4$

a) näherungsweise mithilfe des Graphen,
b) mit dem Differenzenquotienten für $h \to 0$.
Erweitern Sie hierzu zunächst den Zähler mit dem Term $(\sqrt{x_0 + h} + \sqrt{x_0})$. Wenden Sie anschließend die dritte binomische Formel an: $a^2 - b^2 = (a + b)(a - b)$.
c) mithilfe des Rechners.

**14** Berechnen Sie die Ableitung $f'(x_0)$.

a) $f(x) = \sqrt{x}$; $x_0 = 10$  b) $f(x) = 2\sqrt{x}$; $x_0 = 1$  c) $f(x) = -3\sqrt{x}$; $x_0 = 8$

**15 Graphen mit „Knick"**

Betrachten Sie den Graphen der Betragsfunktion $f(x) = |x - 1|$. Das bedeutet
$f(x) = x - 1$ für $x \geqq 1$,
$f(x) = -x + 1$ für $x < 1$.

a) Versuchen Sie, die Tangente an den Graphen von f durch den Punkt $P(1\,|\,0)$ zu zeichnen. Was fällt Ihnen auf?
b) Bestimmen Sie den Differenzenquotienten von f für $h > 0$ und $h \to 0$ sowie für $h < 0$ und $h \to 0$. Was fällt Ihnen auf? Ist f an der Stelle $x = 1$ differenzierbar?
c) Geben Sie die Gleichungen weiterer Funktionen an, deren Graphen einen „Knick" haben.

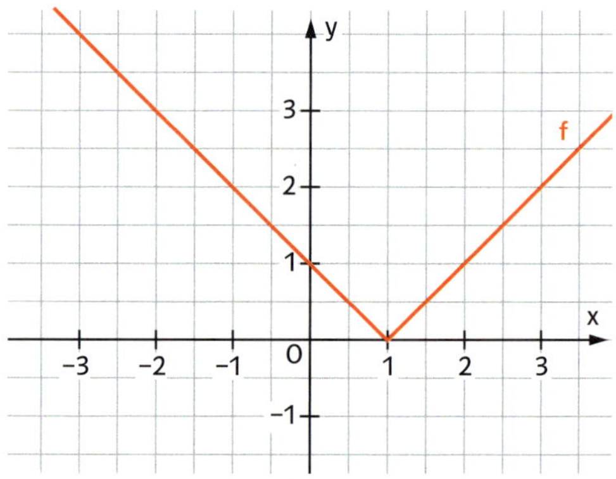


Fig. 2

Traue keinem Rechner!

Der Rechner liefert $f'(1) = 0$.

**16 Beschleunigung**

Beschleunigt ein Auto aus dem Stand mit der Beschleunigung a (in $\frac{m}{s^2}$), so gilt für den zurückgelegten Weg: $s(t) = \frac{1}{2}at^2$ (t in s; s in m).
Die lokale Änderungsrate $s'(t)$ ist die Geschwindigkeit $v(t)$ (in $\frac{m}{s}$) des Autos.

$3{,}6\frac{km}{h} = 1\frac{m}{s}$

a) Welche Geschwindigkeit hat das Auto bei einer Beschleunigung von $a = 3$ (in $\frac{m}{s^2}$) nach zwei Sekunden bzw. nach fünf Sekunden?
b) In welcher Zeit hat das Auto bei einer Beschleunigung von $a = 3$ (in $\frac{m}{s^2}$) von 0 auf $50\frac{km}{h}$ bzw. von 0 auf $100\frac{km}{h}$ beschleunigt?
c) Bearbeiten Sie Teilaufgabe a) für eine allgemeine Beschleunigung a.

# 5 Die Ableitungsfunktion

Der Graph gibt an, welche Strecke ein Fahrradfahrer bei einer Fahrradtour zurückgelegt hat. Wann ist der Fahrer schnell und wann ist er langsam gefahren? Begründen Sie.

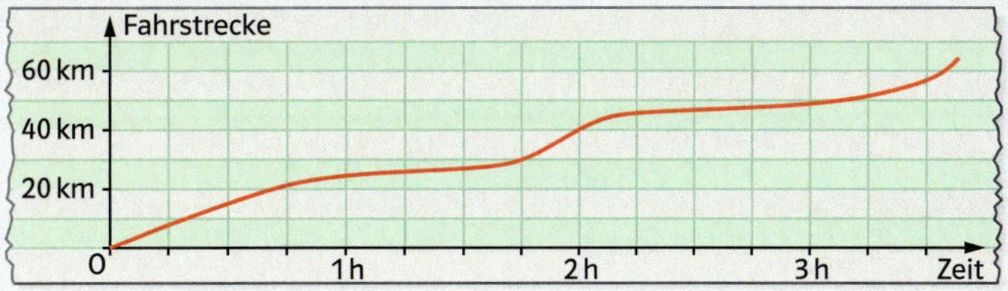


Bisher wurde die Ableitung einer Funktion f immer nur an einer Stelle bestimmt. Um bei einer Funktion f nicht für jede Stelle $x_0$ erneut die Ableitung mithilfe des Differenzenquotienten berechnen zu müssen, ist es zweckmäßig, die Ableitung $f'(x_0)$ für jede beliebige Stelle $x_0$ der Definitionsmenge zu ermitteln. Beispielsweise erhält man die Ableitung der Funktion f mit $f(x) = x^2$ an einer beliebigen Stelle $x_0$ auf dieselbe Weise, wie man sie an einer konkreten Stelle (z.B. $x_0 = 2$) berechnet.

Ableitung an der Stelle $x_0 = 2$

$$\frac{f(2+h)-f(2)}{h} = \frac{(2+h)^2-2^2}{h} = \frac{2^2+2\cdot 2h+h^2-2^2}{h} = \frac{4h+h^2}{h} = 4+h \to 4 \text{ für } h \to 0.$$

Ableitung an der Stelle $x_0 = 2$: $f'(2) = 4$.

Ableitung an einer allgemeinen Stelle $x_0$

$$\frac{f(x_0+h)-f(x_0)}{h} = \frac{(x_0+h)^2-x_0^2}{h} = \frac{x_0^2+2x_0h+h^2-x_0^2}{h} = \frac{2x_0h+h^2}{h} = 2x_0+h \to 2x_0 \text{ für } h \to 0.$$

Ableitung an der Stelle $x_0$: $f'(x_0) = 2x_0$.

Mit $f'(x_0) = 2x_0$ erhält man z.B. $f'(3) = 6$; $f'(8) = 16$ und $f'(-2) = -4$.

Die Ableitung $f'(x_0)$ gibt die Steigung des Graphen der Funktion f an der Stelle $x_0$ an. Ist eine Funktion f differenzierbar, so kann man jedem $x \in D_f$ die Ableitung $f'(x)$ von f zuordnen. Die Funktion, die jedem x die Ableitung $f'(x)$ zuordnet, heißt **Ableitungsfunktion von f** und wird mit **f'** bezeichnet. Das Ermitteln der Ableitungsfunktion f' nennt man „Ableiten" der Funktion f.

Ist eine Funktion f für alle $x \in D_f$ differenzierbar, so heißt die Funktion, die jeder Stelle x der Definitionsmenge die Ableitung $f'(x)$ an dieser Stelle zuordnet, die **Ableitungsfunktion** f' oder **Ableitung** von f.

Ist auch die Ableitungsfunktion f' einer Funktion f differenzierbar, so erhält man aus f' durch Ableiten f'' und spricht von der **zweiten Ableitung** „f zwei Strich".
Allgemein ist die **n-te Ableitung** $f^{(n)}$ von f die Ableitung von $f^{(n-1)}$, falls $f^{(n-1)}$ differenzierbar ist.
Etwa die Funktion f mit $f(x) = x^5$ hat die vierte Ableitung $f^{(4)}(x) = 120x$.

$f(x) = x^5$
$f'(x) = 5x^4$
$f''(x) = 20x^3$
$f'''(x) = 60x^2$
$f^{(4)}(x) = 120x$
$f^{(5)}(x) = 120$

**Beispiel 1** Ableitung bestimmen
Bestimmen Sie die Ableitung der Funktion f mit $f(x) = \frac{1}{x}$ (vgl. Seite 246, Beispiel 2).

Lösung: $$\frac{f(x_0+h)-f(x_0)}{h} = \frac{\frac{1}{x_0+h}-\frac{1}{x_0}}{h} = \left(\frac{1}{x_0+h}-\frac{1}{x_0}\right)\cdot\frac{1}{h} = \frac{x_0-(x_0+h)}{(x_0+h)\cdot x_0}\cdot\frac{1}{h} = \frac{-h}{(x_0+h)\cdot x_0}\cdot\frac{1}{h}$$

$$= -\frac{1}{(x_0+h)\cdot x_0} \to -\frac{1}{x_0^2} \text{ für } h \to 0$$

Ableitung an der Stelle $x_0$: $f'(x_0) = -\frac{1}{x_0^2}$.

Damit hat die Funktion f mit $f(x) = \frac{1}{x}$ die Ableitung $f'(x) = -\frac{1}{x^2}$.

**Beispiel 2** Funktionsgleichung einer Ableitungsfunktion bestimmen

Gegeben ist die Funktion f mit $f(x) = -x^2 + 3x$.

a) Bestimmen Sie die Funktionsgleichung der zugehörigen Ableitungsfunktion.

b) Berechnen Sie $f'(2)$ und $f'(-12)$.

c) Für welches $x \in \mathbb{R}$ ist $f'(x) = 10$?

▪ Lösung: a) $\frac{f(x_0+h)-f(x_0)}{h} = \frac{-(x_0+h)^2 + 3\cdot(x_0+h) - (-x_0^2 + 3\cdot x_0)}{h} = \frac{-x_0^2 - 2x_0h - h^2 + 3\cdot x_0 + 3\cdot h + x_0^2 - 3\cdot x_0}{h}$

$= \frac{-2x_0h - h^2 + 3\cdot h}{h} = \frac{(-2x_0 - h + 3)\cdot h}{h} = -2x_0 - h + 3 \rightarrow -2x_0 + 3$ für $h \rightarrow 0$

Ableitung an der Stelle $x_0$: $f'(x_0) = -2x_0 + 3$.

Da die Stelle $x_0$ beliebig gewählt ist, erhält man allgemein: $f'(x) = -2x + 3$.

b) $f'(2) = -2\cdot 2 + 3 = -1$ und $f'(-12) = -2\cdot(-12) + 3 = 27$

c) Aus $f'(x) = 10$ folgt $-2x + 3 = 10$. Durch Umformung erhält man $-2x = 7$ und damit $x = -3{,}5$.

**Beispiel 3** Graph der Ableitungsfunktion mit GTR

Gegeben ist die Funktion f mit $f(x) = \frac{1}{3}x^3 - 2x$.

Anmerkung:
Mit dem GTR kann man den Funktionsterm der Ableitung nicht erhalten!

a) Zeichnen Sie mit dem GTR die Graphen von f und f'.

b) Ermitteln Sie $f'(1)$.

▪ Lösung: a) Der GTR kann den Graphen von f' zeichnen (Fig. 1 und Fig. 2).

b) Mit TRACE können an verschiedenen Stellen $x_0$ Näherungswerte für $f'(x_0)$ abgelesen werden. Gibt man die Stelle 1 ein, erhält man $f'(1) \approx -1$ (Fig. 3).

Fig. 1

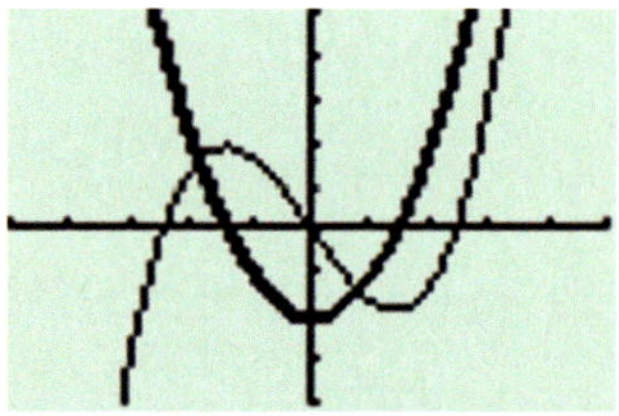
Fig. 2

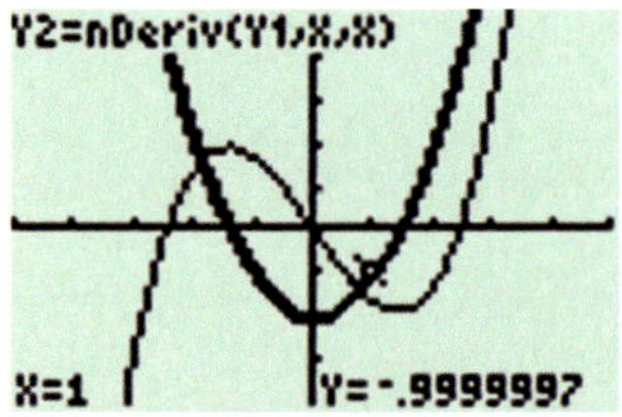

Fig. 3

**Beispiel 4** Ableitungsfunktion mit CAS

Gegeben ist die Funktion f mit $f(x) = 0{,}2x^3 - 2x^2 - 4$.

a) Bestimmen Sie mithilfe des CAS-Rechners die Funktion f'. Ermitteln Sie $f'(-2)$.

b) Zeichnen Sie mit dem CAS-Rechner die Graphen von f und f'.

▪ Lösung: a) Im *Calculator* definiert man die Funktion f(x) und bestimmt im Menü *Analysis* die Ableitungsfunktion und erhält $f'(x) = 0{,}6x^2 - 4x$. Durch Eingabe von $f'(-2)$ im *Calculator* kann man den Wert direkt berechnen; man erhält $f'(-2) = 10{,}4$ (Fig. 4).

b) In der *Graphs*-Anwendung kann man die Graphen von f und f' zeichnen.

In *Graphs* lässt sich $f'(-2)$ mit der Spurfunktion ablesen (Fig. 5).

Zu der Schreibweise $\frac{d}{dx}$ vgl. die Exkursion auf Seite 272.

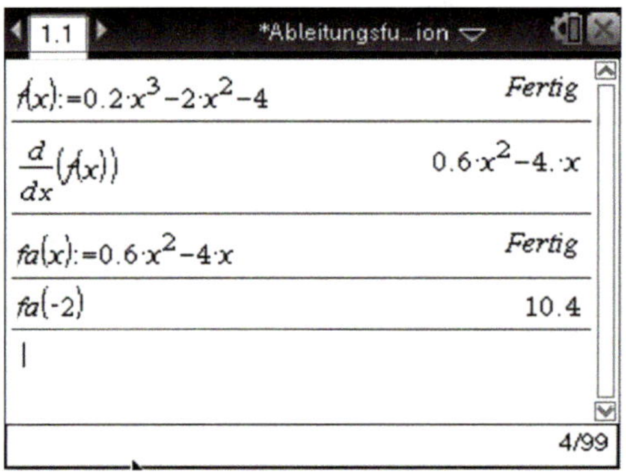

Fig. 4

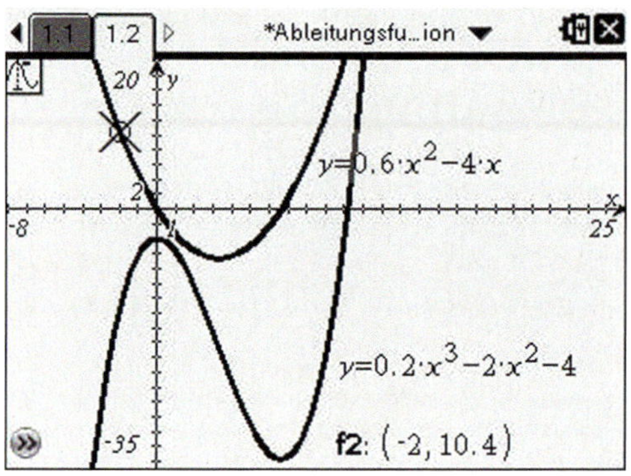

Fig. 5

## Aufgaben

**1** Gegeben ist die Funktion f mit $f(x) = 3x^2 - 2$.
a) Bestimmen Sie die Ableitungsfunktion f'.
b) In welchem Punkt P hat der Graph von f die Steigung 2?
c) Zeichnen Sie die Graphen von f und f' in ein gemeinsames Koordinatensystem.

**2** Bestimmen Sie die Ableitungsfunktion.
a) $f(x) = 4x + 1$ b) $f(x) = 4x^2$ c) $f(x) = -2x^2 + 5$
d) $f(x) = x^3$ e) $f(x) = 2x^3 + 1$ f) $f(x) = -5x^3 + 2x$

**3** Bestimmen Sie die Ableitungsfunktion f' und skizzieren Sie die Graphen von f und f' in ein gemeinsames Koordinatensystem. Überprüfen Sie Ihre Graphen mit dem Rechner.
a) $f(x) = 3x + 7$ b) $f(x) = x^2 - 2x$ c) $f(x) = -x^3 + 5$

**4** Gegeben ist die Funktion f mit $f(x) = \frac{1}{4}x^2 - 2$.
a) Bestimmen Sie den Punkt, in dem der Graph von f die Steigung 3 hat.
b) An welcher Stelle $x_0$ gilt $f'(x_0) = -8$?
c) Ermitteln Sie alle x, für welche die Ableitung von f größer als 1 ist.

### Zeit zu überprüfen

**5** Bestimmen Sie die Ableitungsfunktion von f und skizzieren Sie die Graphen von f und f' in ein gemeinsames Koordinatensystem. Erläutern Sie Ihr Vorgehen.
a) $f(x) = x^2 + x$ b) $f(x) = -x + 2x^2$ c) $f(x) = x^3 - 2$

**6** Bestimmen Sie die Punkte des Graphen von f mit $f(x) = 0{,}5x^2 - 2x$, in denen der Graph
a) die Steigung 3 hat,
b) die Steigung 0 hat,
c) eine Steigung hat, die mit der Steigung der Geraden $y = x - 2$ übereinstimmt.

**7** Bestimmen Sie die Ableitungsfunktion der Funktion f mit $f(x) = \frac{1}{x} + 1$.

**8** Ein Körper fällt ohne Luftreibung so, dass er in der Zeit t (in s) näherungsweise den Weg $s(t) = 5t^2$ (in m) zurücklegt.
a) Wie hoch ist der in Fig. 1 abgebildete Turm?
b) In welchen Höhen befinden sich die beiden oberen Fenster?
c) Mit welcher Geschwindigkeit trifft der Körper am Fuß des Turmes auf?
d) Nach welcher Zeit hat der Körper eine Geschwindigkeit von $20\,\frac{m}{s}$?

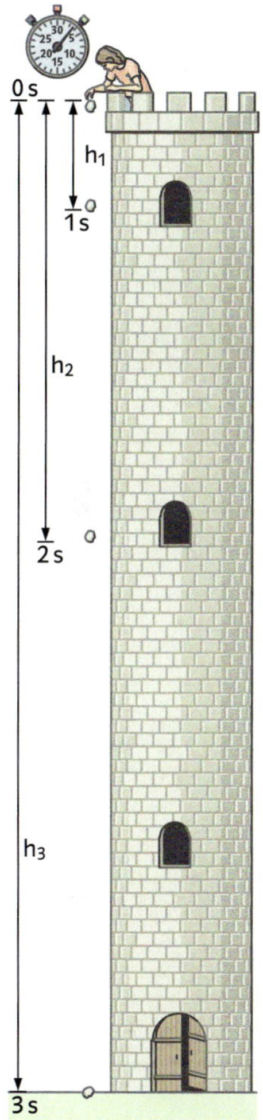

Fig. 1

**9** Bestimmen Sie die Funktionsgleichungen von f' und f''.
a) $f(x) = 8x^2$ b) $f(x) = -10x^2 - 5x$ c) $f(x) = 2x^3 + 4$

**10** Ergänzen Sie die folgenden Sätze sinnvoll.
a) Wenn die Funktionswerte einer Funktion f für größer werdende x zunehmen, dann ist die dazugehörige Ableitungsfunktion in diesem Intervall …
b) Je größer die Steigung des Graphen von f ist, desto …
c) Wenn eine Funktion f linear ist, dann ist die dazugehörige Ableitungsfunktion …
d) Wenn die Funktionswerte einer Funktion f konstant sind, dann ist die dazugehörige Ableitungsfunktion …

# 6 Die Graphen von Funktion und Ableitungsfunktion

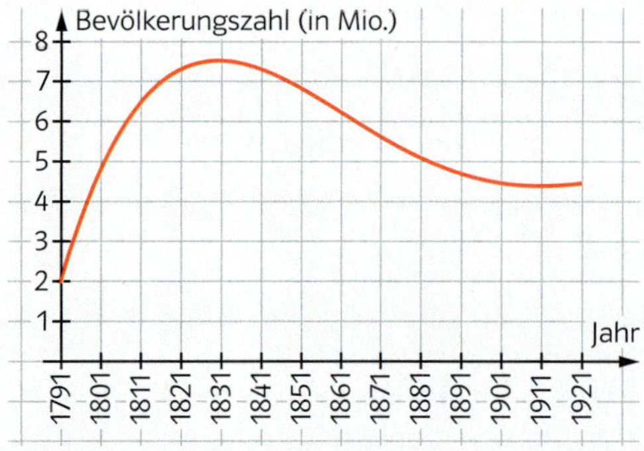


Der Graph zeigt näherungsweise die Bevölkerungsentwicklung in Irland in den Jahren von 1791 bis 1921.
Skizzieren Sie den Graphen der dazugehörigen Ableitungsfunktion. Welche Bedeutung hat die Ableitungsfunktion?

Informieren Sie sich im Internet über die Ursachen der Bevölkerungsentwicklung in Irland.

Ist der Term einer Funktion f gegeben, kann man f′ rechnerisch ermitteln. Liegt nur der Graph von f gezeichnet vor, kann man den Graphen von f′ zeichnerisch ermitteln.

Um eine Vorstellung vom Graphen der Ableitungsfunktion zu bekommen, zeichnet man an ausgewählten Punkten des Graphen von f Tangentenstücke und bestimmt deren Steigung. Die Steigungswerte überträgt man an der jeweiligen Stelle in ein Koordinatensystem und erhält so einzelne Punkte des Graphen von f′. Dieses Verfahren nennt man **grafisches Ableiten** oder **grafisches Differenzieren**.
Mit diesem Verfahren lassen sich quantitative Aussagen über f′ treffen, selbst wenn der Term f(x) der Ausgangsfunktion nicht bekannt ist. In Fig. 1 hat f an der Stelle 1 die größte Steigung und der Graph von f′ einen höchsten Punkt.

Ist der Term der Funktion f bekannt, so kann auch der Rechner zur punktweisen Bestimmung von f′ herangezogen werden.
Fig. 1 zeigt den Graphen der Funktion f mit $f(x) = -\frac{1}{2}x^3 + \frac{3}{2}x^2 + x - \frac{5}{2}$.
Beispielsweise liefert *nDeriv(Y1,X,1)* den Wert f′(1)=2,5.
Setzt man als drittes Argument bei *nDeriv* keine Zahl, sondern die Variable X ein, so berechnet der GTR für jede Stelle näherungsweise den Ableitungswert.

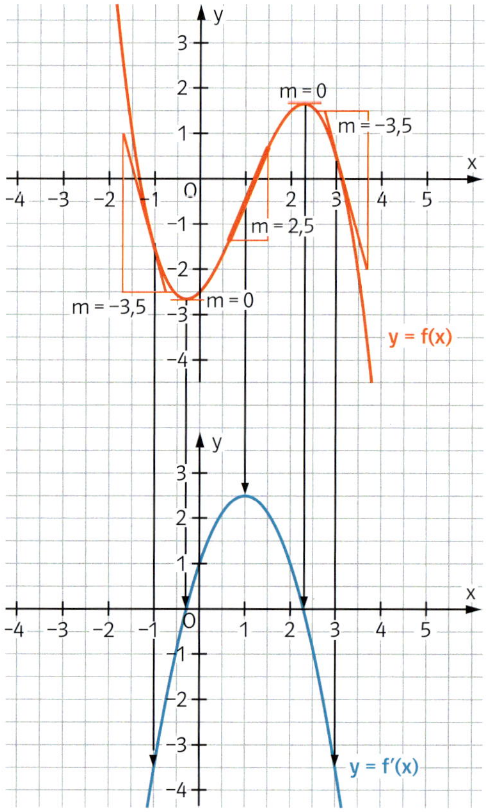


Fig. 1

Zusammenhang zwischen dem Graphen von f und dem von f′:
Ist die Steigung des Graphen von f **positiv**, verläuft der Graph von f′ **oberhalb** der x-Achse.
Ist die Steigung des Graphen von f **null**, **schneidet** der Graph von f′ die x-Achse.
Ist die Steigung des Graphen von f **negativ**, verläuft der Graph von f′ **unterhalb** der x-Achse.

**Beispiel** Grafisches Differenzieren
Fig. 1 zeigt den Graphen einer Funktion f mit unbekanntem Term f(x).
Skizzieren Sie den Graphen der zugehörigen Funktion f′.
Bestimmen Sie dazu an ausgewählten Stellen die Tangentensteigung.

Lösung: An den Stellen $x_1 \approx 0$ und $x_2 \approx 3{,}3$ hat der Graph von f eine waagerechte Tangente. An diesen Stellen ist $f'(x) = 0$;
der Graph von f′ schneidet hier die x-Achse (Fig. 2).
In den Intervallen mit negativer Steigung von f liegt der Graph von f′ unterhalb der x-Achse, in denen mit positiver Steigung oberhalb der x-Achse.
An der Stelle $x_3 \approx 1{,}6$ hat f die kleinste Steigung; an dieser Stelle hat der Graph von f′ einen tiefsten Punkt.

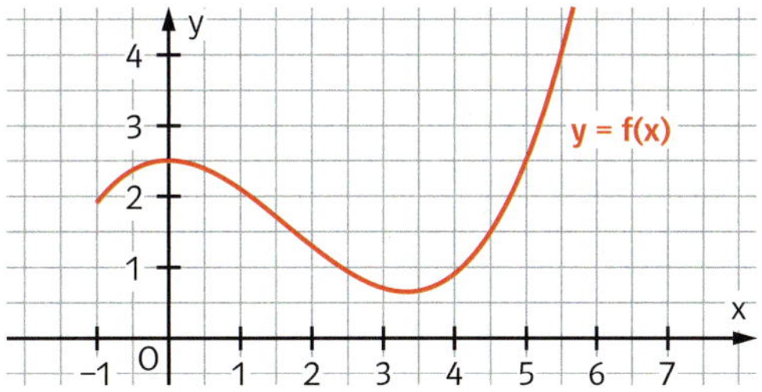

Fig. 1

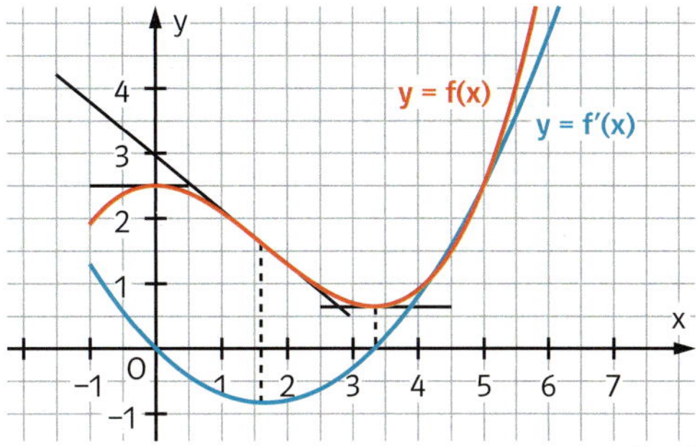

Fig. 2

## Aufgaben

**1** Ordnen Sie jedem Funktionsgraphen den Graphen der zugehörigen Ableitungsfunktion zu. Begründen Sie Ihre Entscheidung.

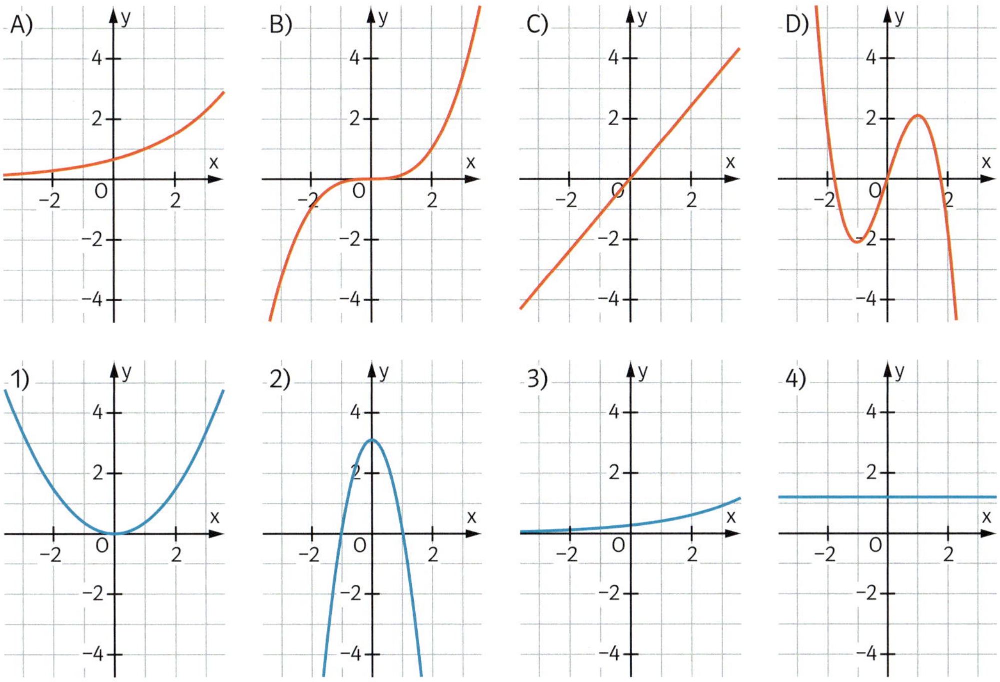

Fig. 3

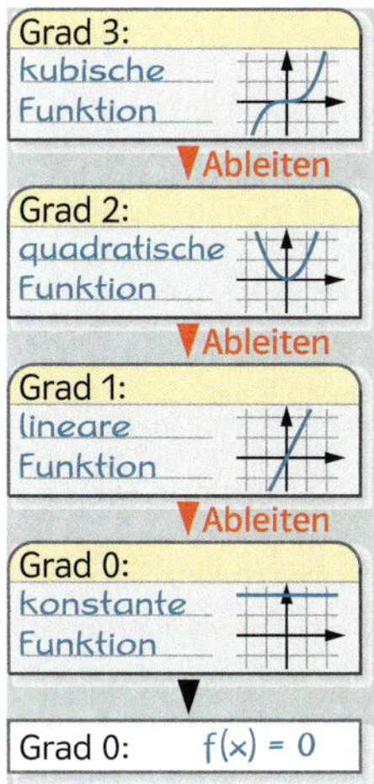


**2** Skizzieren Sie die Graphen einer beliebigen Funktion f. Ermitteln Sie grafisch an ausgewählten Stellen die Steigung. Skizzieren Sie hiermit im gegebenen Koordinatensystem den Graphen von f′.

**3** Geben Sie die x-Werte an, für die $f'(x)$ null, positiv bzw. negativ ist. Skizzieren Sie den Graphen von f' in Ihr Heft.

a)

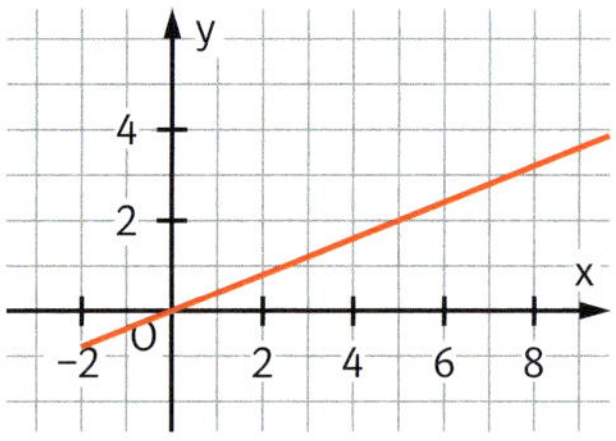

b)

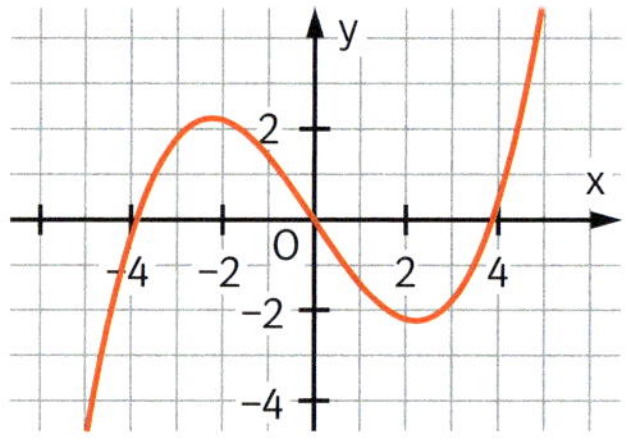

c)

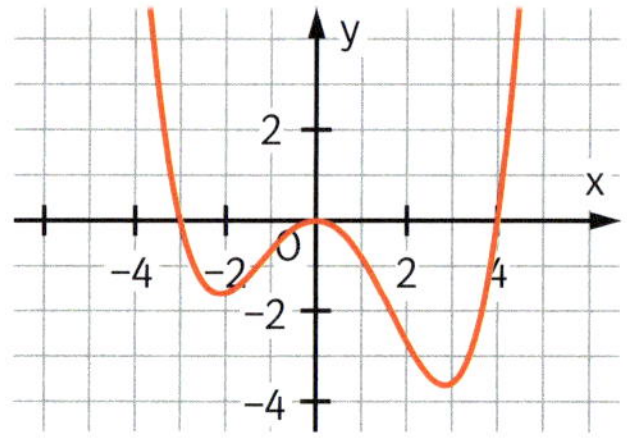

**4** Bestimmen Sie grafisch an ausgewählten Punkten die Steigung des Graphen von f und skizzieren Sie damit den Graphen von f' in Ihr Heft. Kontrollieren Sie Ihre Lösung mit dem Rechner.

a)

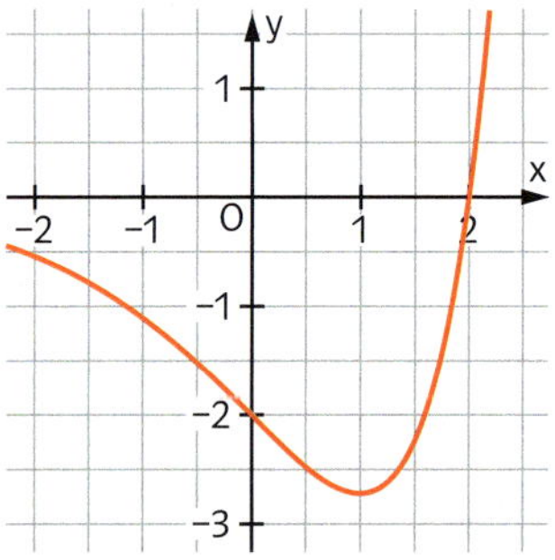

$f(x) = (x - 2) \cdot e^x$

b)

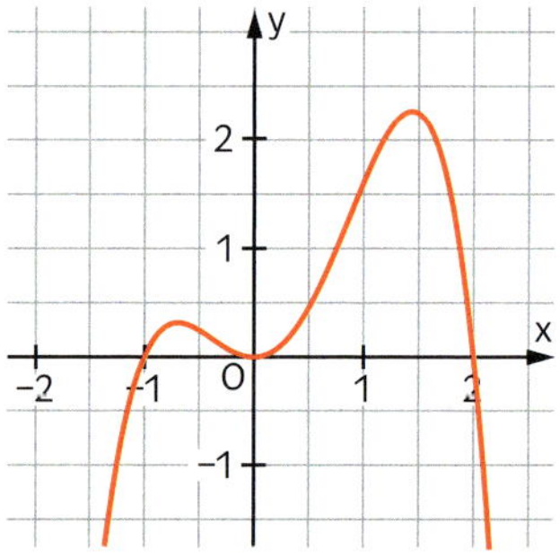

$f(x) = -0{,}8\,(x^4 - x^3 - 2x^2)$

c)

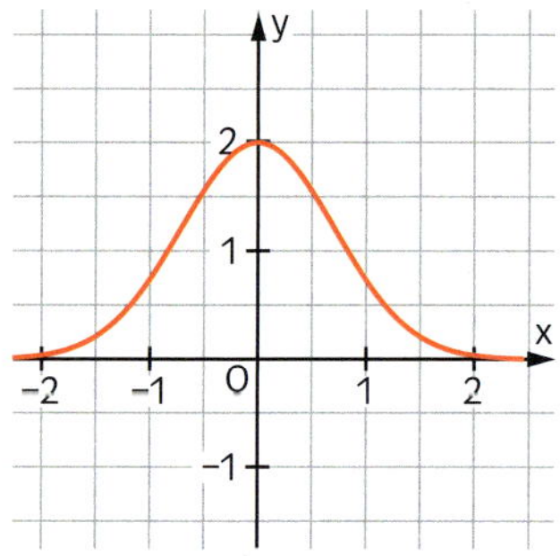

$f(x) = 2 \cdot e^{-x^2}$

## Zeit zu überprüfen

**5** Skizzieren Sie ohne Rechnung die Graphen von f und der Ableitungsfunktion f'.

a) $f(x) = x^2$

b) $f(x) = x^3 + 1$

c) $f(x) = \sqrt{x},\ x > 0$

**6** Fig. 1 zeigt den Graphen der Funktion f. Skizzieren Sie den Graphen von f'.

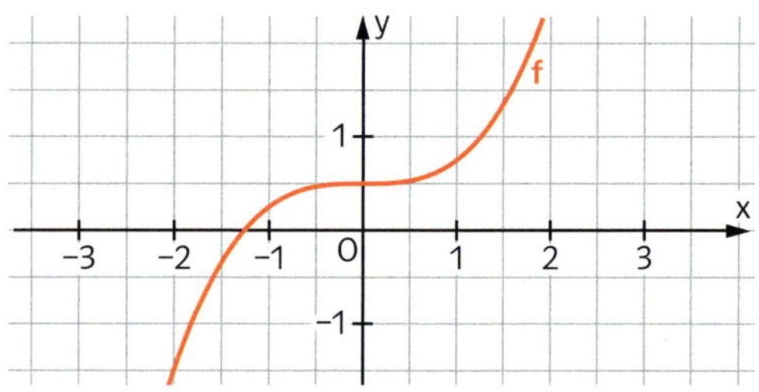


Fig. 1

**7** Gegeben ist die Funktion f mit $f(x) = 2x^3 - 8x^2 + 8x$. Skizzieren Sie die Graphen von f, f' und f'' in ein gemeinsames Koordinatensystem.

**8** Wie ändert sich der Graph der Ableitungsfunktion f', wenn der Graph der Funktion f

a) nach unten verschoben wird,

b) nach oben verschoben wird,

c) nach rechts verschoben wird,

d) nach links verschoben wird?

**9** Fig. 2 zeigt den Geschwindigkeitsverlauf bei einer Autofahrt. Die lokale Änderungsrate der Geschwindigkeit ist die Beschleunigung des Autos.
Skizzieren Sie den Graphen der Funktion *Zeit ↦ Beschleunigung*.

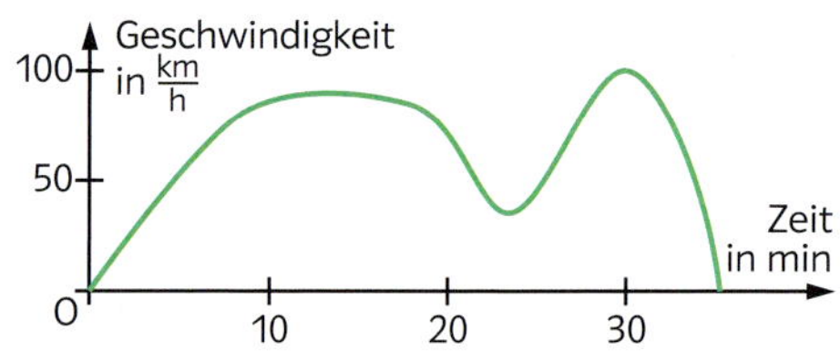


Fig. 2

# 7 Grenzkosten und Grenzerlös

Die Tabelle gibt die Gesamtkosten für die Produktion eines Gutes in Abhängigkeit von der Stückzahl an. Jedes produzierte Stück wird für 22 € verkauft.
Welche Stückzahl würden Sie anbieten?
Welches sind die zusätzlichen Kosten, die für die Produktion eines weiteren Stücks entstehen?

| Stückzahl | Kosten (in €) | Gewinn (in €) | Zusätzl. Kosten (in €) |
|---|---|---|---|
| 1 | 22 | 0 | 20 |
| 2 | 42 | 2 | |
| 3 | 61 | | |
| 4 | 81 | | |
| 5 | 103 | | |
| 6 | 128 | | |

Viele Entscheidungen in der Wirtschaft handeln davon, bestehende Pläne in kleinen Schritten zu verändern. Wichtig ist dabei zu wissen, wie sich kleine Veränderungen einer Größe auf eine andere Größe auswirken. Solche Fragestellungen kann man mathematisch modellieren, indem man das Konzept der Ableitung auf ökonomische Funktionen überträgt.

Ist eine Kostenfunktion K gegeben, gibt die mittlere Änderungsrate $\frac{K(x_0 + h) - K(x_0)}{h}$ das mittlere Kostenwachstum im Intervall $[x_0; x_0 + h]$ an. Bildet man den Grenzwert für $h \rightarrow 0$, so erhält man die lokale Änderungsrate bzw. Ableitung an der Stelle $x_0$. Diesen Wert kann man ökonomisch interpretieren als den Kostenzuwachs, wenn (ausgehend von $x_0$) eine zusätzliche Einheit des Gutes produziert wird. Man nennt ihn **Grenzkosten**.

Fig. 1 zeigt den Graphen der Kostenfunktion K mit $K(x) = 10 + 2x^2$ (x in ME; K(x) in GE) im Intervall [0; 4].
Ableitung an einer allgemeinen Stelle:

$$\frac{K(x_0 + h) - K(x_0)}{h} = \frac{10 + 2(x_0 + h)^2 - 10 - 2x_0^2}{h}$$
$$= \frac{10 + 2(x_0^2 + 2x_0 h + h^2) - 10 - 2x_0^2}{h}$$
$$= \frac{4x_0 h + 2h^2}{h}$$
$$= 4x_0 + 2h;$$

für $h \rightarrow 0$ strebt $4x_0 + 2h$ gegen $4x_0$.
Damit gilt $K'(x_0) = 4x_0$.
Mit $x_0 = 2$ ergibt sich $K'(2) = 8$.
Diesen Wert kann man so interpretieren: Wird die Produktion – ausgehend von 2 ME – um eine Einheit erhöht, entstehen Mehrkosten von ca. 8 GE (Fig. 1).

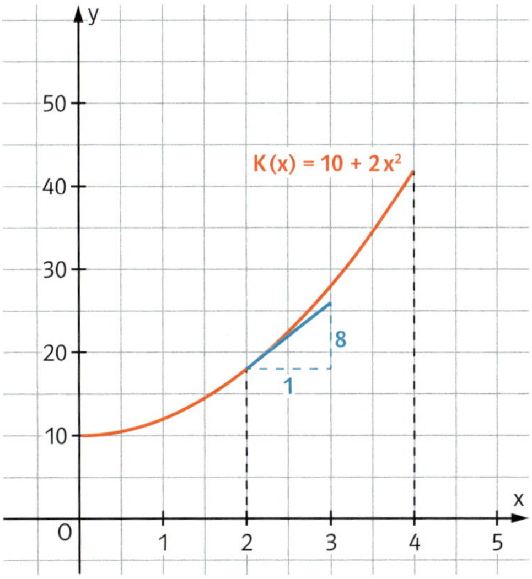

Fig. 1

Die Ableitung $K'(x_0)$ der Kostenfunktion K an der Stelle $x_0$ bezeichnet man als **Grenzkosten** an der Stelle $x_0$.
Man interpretiert $K'(x_0)$ als den Kostenzuwachs für die letzte bzw. folgende produzierte Einheit des Gutes, wenn die produzierte Menge um eine Einheit erhöht wird.
Die Ableitungsfunktion **K'** der Kostenfunktion nennt man **Grenzkostenfunktion**.

Entsprechende Überlegungen führen für den Erlös zur **Grenzerlösfunktion** und für den Gewinn zur **Grenzgewinnfunktion**.

**Beispiel 1** Grenzkosten mit GTR

Die Kosten für ein Produkt können durch die Funktion K mit $K(x) = x^3 - 8x^2 + 25x + 80$ modelliert werden (x in ME, K(x) in €).

a) Zeichnen Sie mit dem GTR die Graphen der Kosten- und der Grenzkostenfunktion.

b) Wie hoch sind die Kosten und die Grenzkosten, wenn das Unternehmen 5 ME produziert?

c) Bei welcher Mengeneinheit betragen die Grenzkosten 60 €?

▪ Lösung: a) Graphen der Kosten- und Grenzkostenfunktion (Fig. 1, Fig. 2).

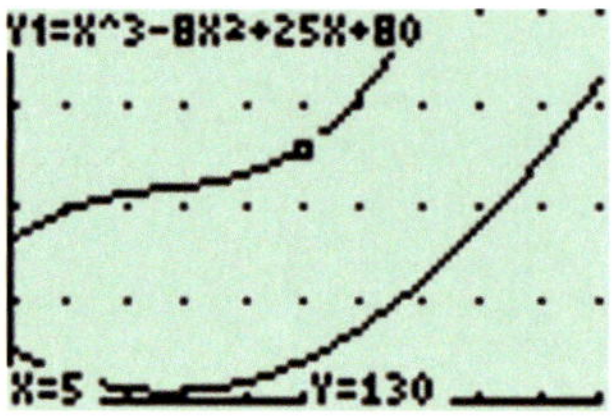

Fig. 1

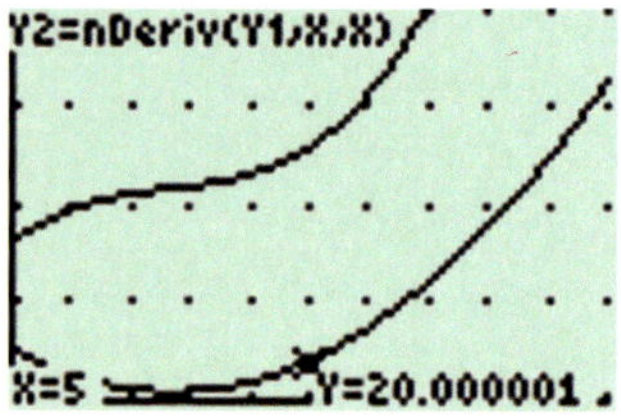

Fig. 2

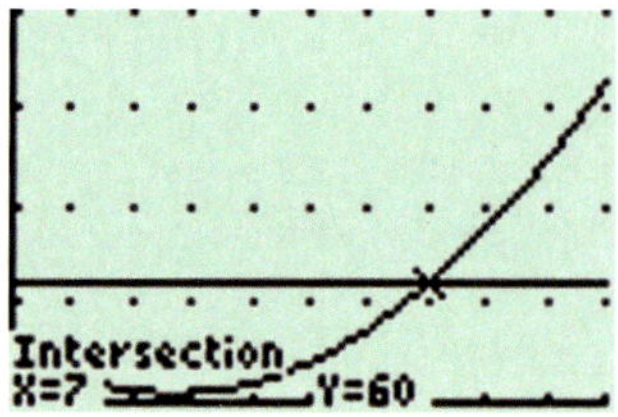

Fig. 3

b) Für die Produktion von 5 ME entstehen Kosten von 130 €. Die Grenzkosten betragen hier 20 € (Fig. 1, Fig. 2).

c) Man erhält die gesuchte Mengeneinheit mithilfe des Schnittpunktes des Graphen der Grenzkostenfunktion mit der Geraden mit der Gleichung $y = 60$.

Bei einer Menge von 7 ME betragen die Grenzkosten 60 € (Fig. 3).

**Beispiel 2** Grenzkosten- und Grenzerlösfunktion mit CAS

Die Kosten eines Gutes werden durch die Funktion K mit $K(x) = 0{,}02x^3 - 2x^2 + 70x + 300$ modelliert (x in ME, K(x) in €). Der Erlös je Einheit beträgt 58,60 €.

a) Bestimmen Sie die Grenzkostenfunktion mit dem CAS-Rechner.

b) Berechnen Sie K'(68) und interpretieren Sie diesen Wert.

c) Bestimmen Sie die Grenzerlösfunktion und interpretieren Sie das Ergebnis.

▪ Lösung: a) Man definiert die Kostenfunktion K im *Calculator*. Die Grenzkostenfunktion ist die Ableitung von K. Um sie zu ermitteln, wählt man im Menü *Analysis* den Befehl Ableitung. Die ermittelte Ableitungsfunktion speichert man z. B. unter g(x) (Fig. 4).

b) Man erhält $g(68) = K'(68) = 75{,}44$ (Fig. 5).

Die Grenzkosten bei 68 Einheiten betragen 75,44 €.

Interpretation: Wenn das Unternehmen 68 Einheiten des Gutes herstellt und weitet die Produktion um eine Einheit aus, so verursacht diese zusätzliche Einheit Kosten von 75,44 €.

c) Die Erlösfunktion ist $E(x) = 58{,}6x$.

Die Grenzerlösfunktion E' ist $E'(x) = 58{,}6$ (Fig. 5).

Dies bedeutet, dass der Grenzerlös unabhängig von der verkauften Menge immer 58,60 € beträgt. Dies ergibt sich ökonomisch natürlich sofort aus der Tatsache, dass das Unternehmen für jede Einheit 58,60 € erlöst.

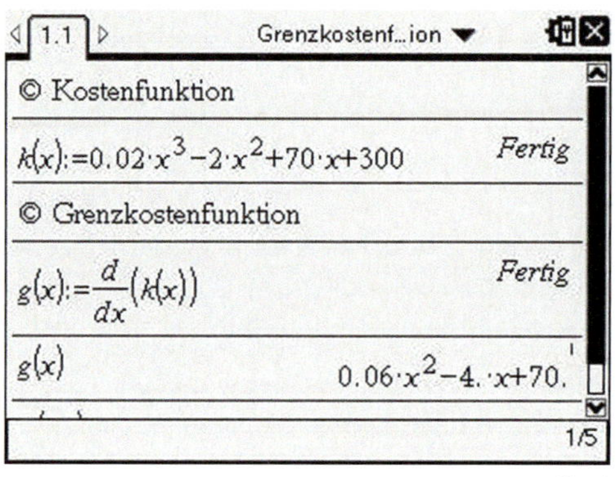

Fig. 4

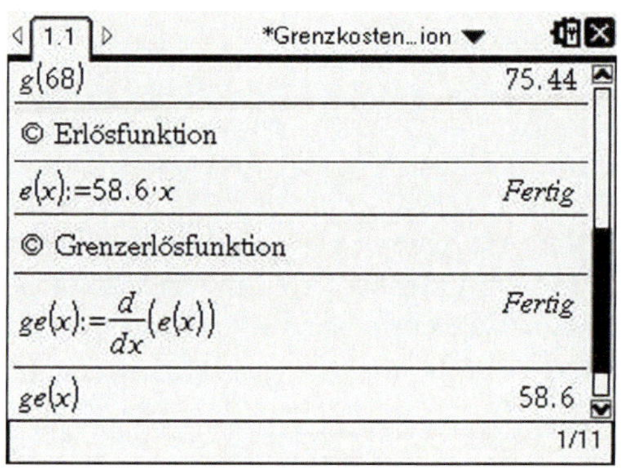

Fig. 5

## Aufgaben

**1** Gegeben ist die Kostenfunktion K mit $K(x) = 0{,}3x^2 + 100$ (x in ME, K(x) in €).
a) Bestimmen Sie die Grenzkostenfunktion K′ mithilfe des Differenzenquotienten.
b) Interpretieren Sie den Wert K′(10).
c) Für welche Menge betragen die Grenzkosten 9 €?

**2** Gegeben ist die Erlösfunktion E mit $E(x) = 6x^2$.
a) Bestimmen Sie die Grenzerlösfunktion E′ mithilfe des Differenzenquotienten.
b) Zeichnen Sie die Graphen der Erlös- und der Grenzerlösfunktion in ein gemeinsames Koordinatensystem.
c) Für welchen Wert beträgt der Grenzerlös 60 €? Wie hoch ist dann der Gesamterlös?

**3** Fig. 1 zeigt den Graphen einer Kostenfunktion (x in ME, K(x) in GE).
a) Ermitteln Sie die Grenzkosten für 5, 20, 50 und 60 ME. Ordnen Sie diese Mengeneinheiten nach der Höhe der zugehörigen Grenzkosten.
b) Skizzieren Sie den Graphen der Grenzkostenfunktion.

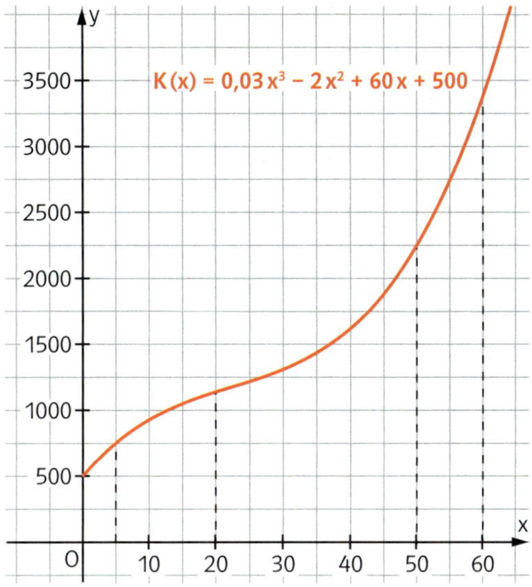

Fig. 1

### Zeit zu überprüfen

**4** Ein Unternehmen stellt Bauteile her mit der Kostenfunktion K mit $K(x) = 0{,}02x^3 - x^2 + 25x + 200$ (x in Stück; K(x) in €).
a) Zeichnen Sie mit dem Rechner die Graphen der Kosten- und der Grenzkostenfunktion.
b) Interpretieren Sie den Wert K′(50).
c) Wie hoch sind die Kosten und die Grenzkosten bei 40 Stück?
d) Bei welcher Stückzahl betragen die Grenzkosten 50 €?

**5** Ein Unternehmer hat bei der Produktion eines Gutes Fixkosten in Höhe von 5500 €. Die variablen Kosten werden durch die Funktion $K_v$ mit $K_v = 0{,}015x^3 - 0{,}8x^2 + 16x$ (x in ME, $K_v(x)$ in €) beschrieben.
a) Geben Sie den Funktionsterm der Kostenfunktion an.
b) Skizzieren Sie mithilfe des Rechners die Graphen der Kosten- und der Grenzkostenfunktion.
c) Durch höhere Rohstoffpreise erhöhen sich die Fixkosten auf 8300 €. Welche Auswirkungen hat dies auf die Grenzkostenfunktion? Begründen Sie Ihr Ergebnis.

**6** Eine Gemeinde nimmt Geld durch den Verkauf von Holz aus dem Gemeindewald ein. Ein Sachverständiger hat für die gefällte Holzmenge x die Gesamtkostenfunktion K mit
$K(x) = 0{,}1x^2 + 30x + 5000$ mit $x \in [0; 600]$ in $m^3$, K(x) in € ermittelt.
Der Verkaufspreis beträgt $90 \frac{€}{m^3}$.
a) Ermitteln Sie die Gewinnfunktion und mithilfe des Differenzenquotienten die Grenzgewinnfunktion.
b) Bei welcher verkauften Holzmenge ist der Gewinn maximal?
c) Zeichnen Sie Graphen der Kosten-, Gewinn- und Grenzgewinnfunktion.

# 8 Ableitungsregeln

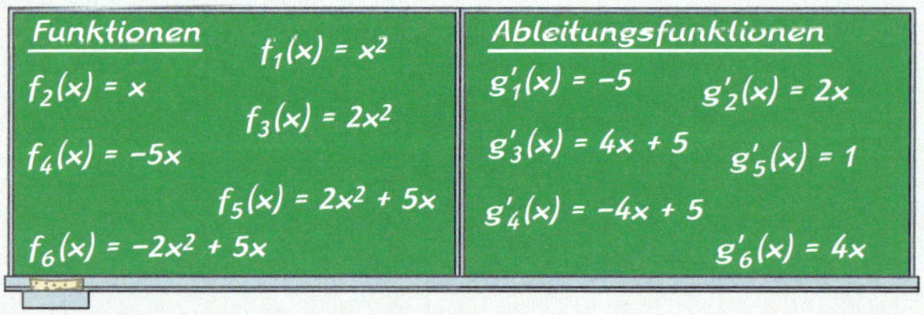


Welche Ableitungsfunktion gehört zu welcher Funktion? Begründen Sie Ihre Entscheidung.

Ist die Funktionsgleichung einer Funktion bekannt, so lässt sich die Ableitung über den Differenzenquotienten bestimmen. Dieses Vorgehen ist in der Regel sehr aufwändig. Da sich viele Funktionen aus einfachen Grundfunktionen (z. B. durch Addition oder Multiplikation) zusammensetzen lassen, kann man dies bei der Bestimmung der Ableitung ausnutzen.

Darüber hinaus zeigen sich beim Ableiten von Potenzenfunktionen Gesetzmäßigkeiten, deren Ausnutzung vereinfachtes Arbeiten ermöglicht.

In der Tabelle sind die Funktionsterme von verschiedenen Potenzfunktionen sowie deren Ableitungsfunktionen aufgeführt. Daraus lassen sich folgende Vermutungen ablesen:

| $f(x)$ | $x$ | $x^2$ | $x^3$ | $x^{-1}$ | $\sqrt{x}$ |
|---|---|---|---|---|---|
| $f'(x)$ | $1$ | $2x$ | $3x^2$ | $-x^{-2}$ | $\frac{1}{2\sqrt{x}}$ |

- Die Ableitung von $x^n$ ist $n x^{n-1}$ mit $n \in \mathbb{Q}$.
- Beim Ableiten verringert sich der Exponent um 1.
- Der Exponent des Funktionsterms wird zum Vorfaktor des Terms ihrer Ableitungsfunktion.

Dieser Sachverhalt wird **Potenzregel** genannt.

Summen werden summandenweise abgeleitet!

Ist die Funktion f mit $f(x) = 3x^2 - 2x^3$ als Summe der beiden Funktionen $g(x) = 3x^2$ und $k(x) = 2x^3$ gegeben, so gilt für die Ableitungsfunktion
$f'(x) = 3 \cdot 2x^1 - 2 \cdot 3x^2 = 3 \cdot 2x - 2 \cdot 3x^2 = 6x - 6x^2$.
Dahinter stecken die **Summenregel**
$f'(x) = (g(x) + k(x))' = g'(x) + k'(x)$
und die **Faktorregel**
$(r \cdot g(x))' = r \cdot g'(x)$ mit $r \in \mathbb{R}$.
Beide Regeln lassen sich allgemein mithilfe des Differenzenquotienten beweisen.

Ein konstanter Faktor bleibt beim Ableiten erhalten!

Herleitung der Summenregel

$$\frac{f(x_0 + h) - f(x_0)}{h} = \frac{[g(x_0 + h) + k(x_0 + h)] - [g(x_0) + k(x_0)]}{h}$$
$$= \frac{g(x_0 + h) - g(x_0)}{h} + \frac{k(x_0 + h) - k(x_0)}{h}$$

Für $h \to 0$ gilt: $\frac{g(x_0 + h) - g(x_0)}{h} \to g'(x_0)$

und $\frac{k(x_0 + h) - k(x_0)}{h} \to k'(x_0)$.

Hieraus folgt $f'(x_0) = g'(x_0) + k'(x_0)$.

Herleitung der Faktorregel

$$\frac{r \cdot g(x_0 + h) - r \cdot g(x_0)}{h} = r \cdot \frac{g(x_0 + h) - g(x_0)}{h}$$

Für $h \to 0$ gilt $\frac{g(x_0 + h) - g(x_0)}{h} \to g'(x_0)$,

also ist $(r \cdot g(x_0))' = r \cdot g'(x_0)$.

Herleitung der Potenzregel für $f(x) = x^n$ mit $n > 0$

Um die Ableitung von f zu bestimmen, stellt man zunächst den Differenzenquotienten von f an einer Stelle $x_0$ auf: $\frac{(x_0 + h)^n - x_0^n}{h}$.

Multipliziert man die n Faktoren $(x_0 + h)$ im Zähler aus, so erhält man wie auf dem Rand für $n = 4$ den Summanden $x_0^n$ sowie n-mal den Summanden $h x_0^{n-1}$. Alle weiteren Summanden enthalten mindestens den Faktor $h^2$. Fasst man diese zu $h^2 \cdot (\ldots)$ mit einem nicht weiter bestimmten Term $(\ldots)$ zusammen, so ergibt sich:

$(x_0 + h)^n = x_0^n + n \cdot h \cdot x_0^{n-1} + h^2 \cdot (\ldots)$.

Für $n = 4$ erhält man:
$(x_0 + h)^4 = x_0^4 + 4 h x_0^3 + 6 h^2 x_0^2 + 4 h^3 x_0 + h^4$

Damit gilt:

$$\frac{(x_0 + h)^n - x_0^n}{h} = \frac{x_0^n + n \cdot h \cdot x_0^{n-1} + h^2 \cdot (\ldots) - x_0^n}{h}$$

$$= \frac{n \cdot h \cdot x_0^{n-1} + h^2 \cdot (\ldots)}{h} \qquad \text{(Ausklammern von h im Zähler und kürzen)}$$

$$= n \cdot x_0^{n-1} + h \cdot (\ldots);$$

$n \cdot x_0^{n-1} + h \cdot (\ldots) \to n \cdot x_0^{n-1}$ für $h \to 0$.

Für die Ableitung der Funktion f mit $f(x) = \frac{1}{x} = x^{-1}$ gilt $f'(x) = -\frac{1}{x^2} = -x^{-2}$.

Die Ableitungsfunktion von f mit $f(x) = \sqrt{x} = x^{\frac{1}{2}}$ ist $f'(x) = \frac{1}{2\sqrt{x}} = \frac{1}{2} x^{-\frac{1}{2}}$.

Auch in diesen Fällen gilt also, dass man beim Ableiten die Hochzahl als Faktor vor die Potenz schreibt und dann die Hochzahl um eins erniedrigt. Man kann zeigen, dass diese Regel tatsächlich für beliebige Potenzen gilt.

**Potenzregel**

Für eine Funktion f mit $f(x) = x^r$, $r \in \mathbb{R}$, gilt: $f'(x) = r \cdot x^{r-1}$.

**Faktorregel**

Für die Funktion f mit $f(x) = r \cdot g(x)$, $r \in \mathbb{R}$, gilt: $f'(x) = r \cdot g'(x)$.

**Summenregel**

Für die Funktion f mit $f(x) = g(x) + k(x)$ gilt: $f'(x) = g'(x) + k'(x)$.

**Beispiel** Ableitungsregeln anwenden

Bestimmen Sie die Ableitungsfunktion von f.

a) $f(x) = x^5 + 3x^2$ b) $f(x) = \frac{1}{x^2} - \frac{3}{x^3}$ c) $f(x) = 5x^4 + 2\sqrt{x}$

Lösung: a) $f'(x) = 5x^4 + 6x$

b) Mit $f(x) = \frac{1}{x^2} - \frac{3}{x^3} = x^{-2} - 3x^{-3}$ ergibt sich $f'(x) = -2x^{-3} - (-9x^{-4}) = -\frac{2}{x^3} + \frac{9}{x^4}$.

c) Mit $f(x) = 5x^4 + 2\sqrt{x} = 5x^4 + 2x^{\frac{1}{2}}$ ergibt sich $f'(x) = 20x^3 + x^{-\frac{1}{2}} = 20x^3 + \frac{1}{\sqrt{x}}$.

| Gegeben: |
|---|
| $f(x) = \frac{1}{x^3}$ |

| Umformen: |
|---|
| $f(x) = x^{-3}$ |

| Ableiten: |
|---|
| $f'(x) = -3 \cdot x^{-4}$ |

| Umformen: |
|---|
| $f'(x) = \frac{-3}{x^4}$ |

## Aufgaben

**1** Bestimmen Sie die Funktionsgleichung von f'.

a) $f(x) = 5x^5$ b) $f(x) = 12x^{-3}$ c) $f(x) = 4\sqrt{x}$ d) $f(x) = -\frac{2}{3}x^3$

e) $f(x) = \frac{6}{x}$ f) $f(x) = -\frac{3}{5}x^{-10}$ g) $f(x) = -\frac{2}{5}\sqrt{x}$ h) $f(x) = -\frac{\sqrt{2}}{x^4}$

**2** Bestimmen Sie die Ableitungsfunktion der Funktion f.

a) $f(x) = x^4 + x^8$ b) $f(x) = x^{12} + x^{-3}$ c) $f(x) = \frac{1}{x} + x^4$ d) $f(x) = \sqrt{x} + \frac{1}{x^2}$

e) $f(x) = \frac{1}{x} + x$ f) $f(x) = \frac{2}{5}x^{-1} + 1$ g) $f(x) = \sqrt{x} + x$ h) $f(x) = \frac{2}{x^{-2}} + x^2$

**3** Bestimmen Sie die Gleichung der Tangente an den Graphen von f im Punkt $P(x_0 \mid f(x_0))$.

a) $f(x) = 3x^2 - x + 2;\ x_0 = 2$
b) $f(x) = 2x^4 + 4x^3 - 5x^2;\ x_0 = 0{,}5$
c) $f(x) = x^4 - 2x^2;\ x_0 = 2$
d) $f(x) = \frac{2}{x^2} - 2;\ x_0 = -1$

**4** Bestimmen Sie f′, f″ und f‴.

a) $f(x) = x^2 - \frac{1}{2}x$
b) $f(x) = x - \sqrt{x}$
c) $f(x) = \frac{1}{x} - x^2$
d) $f(x) = \frac{1}{10}x^5 + \frac{4}{9}x^3 - 12$
e) $f(x) = x^3 - x^{-2} - x^{-3}$
f) $f(x) = \frac{1}{x} + \frac{2}{x^2} + \frac{3}{x^3} + \frac{4}{x^4}$

**5** Bestimmen Sie die Funktionsgleichung von f′.

a) $f(x) = ax^2 + bx + c$
b) $f(x) = ax + c$
c) $f(x) = x^{c+1}$
d) $f(t) = t^2 + 3t$
e) $f(x) = x - t$
f) $f(t) = x - t$

Tipp:
Erst den Funktionsterm umwandeln, dann ableiten.

**6** Bestimmen Sie die Funktionsgleichung von f′.

a) $f(x) = x \cdot (5 - x)$
b) $f(x) = (x + x^2) \cdot x$
c) $f(x) = x^2 \cdot (x + 2) \cdot 5$
d) $f(x) = (x + 2)^2$
e) $f(x) = 2(x - 2)^2$
f) $f(x) = (x - 7) \cdot (x + 7)$

### Zeit zu überprüfen

**7** Bestimmen Sie die Ableitung der Funktion f.

a) $f(x) = 3x^5 - 2x^2 + 7$
b) $f(x) = \frac{2}{x} - \frac{4}{x^5}$
c) $f(x) = 2x^{-2} - \sqrt{x}$
d) $f(x) = 3x \cdot (x - 2)$
e) $f(x) = (2x - 1) \cdot x^2$
f) $f(x) = 3ax^4 - \frac{x}{b}$

**8** Bestimmen Sie die Gleichung der Tangente an den Graphen von f im Punkt $P(x_0 \mid f(x_0))$.

a) $f(x) = 0{,}5x^3 - x;\ x_0 = -1$
b) $f(x) = \frac{1}{x} - x^2;\ x_0 = 0{,}5$
c) $f(x) = \sqrt{x} + x;\ x_0 = 2$
d) $f(x) = 2x^{-2};\ x_0 = 3$
e) $f(x) = 2x^3 - 3^{-2};\ x_0 = 0{,}5$
f) $f(x) = \frac{1}{x} - x^{\frac{3}{2}};\ x_0 = 5$

---

**9** Skizzieren Sie die Graphen der Funktion f, der 1. Ableitung f′ und der 2. Ableitung f″ und kontrollieren Sie Ihr Ergebnis mit dem Rechner.

a) $f(x) = x^2 + 1$
b) $f(x) = x + x^2$
c) $f(x) = 2 + \frac{1}{x}$

$21a^2$ | $0$ | $4x^2$ | $8x + 21a^2$ | $8a$ | $8x$ | $8$ | $8rx + 21a^2$ | $8x^7$

**10** Die Funktionsterme der Ableitungsfunktionen zu folgenden Funktionsgleichungen befinden sich auf den Kärtchen auf dem Rand. Ordnen Sie zu.

- $f(x) = 4x^2 + 7a^3$
- $f(r) = 4rx^2 + 7a^3$
- $f(r) = 4x^2 + 7a^3$
- $f(a) = 4a^2 + 7x^3$
- $f(a) = 4x^2 + 7a^3$
- $f(x) = x^8 + 21a^2$
- $f(a) = x^8 + 8a$

**11** Gegeben ist die Funktion f mit $f(x) = 0{,}3x^4 - 6x^3 + 30x^2$.

a) Skizzieren Sie mithilfe des Rechners den Graphen von f sowie den Graphen der zugehörigen Ableitungsfunktion. Bestimmen Sie weiterhin mit dem Rechner die Stellen, an denen $f(x) = 0$ ist.

b) Zwischen den Stellen, an denen $f(x) = 0$ ist, beschreibt die Funktion f die Wassermenge in einem Pumpspeicherwerk. Dabei geben die Funktionswerte die Wassermenge in $m^3$, die x-Werte für $x \geqq 0$ die Zeit in Stunden an.
Wann wird in diesem Zeitraum die maximale Wassermenge erreicht, wie groß ist der maximale Wasserbestand?

c) Welche Bedeutung hat die Ableitung f′ der Funktion f?
Bestimmen Sie f′(0), f′(2), f′(5) und f′(9).

# 9 Grenzgewinn und Gewinnmaximum im Polypol

In der Abbildung sehen Sie den Graphen einer Gewinnfunktion G.
Für welche Mengen ist die Ableitung von G positiv und für welche ist sie negativ?
Interpretieren Sie diesen Sachverhalt unter ökonomischen Gesichtspunkten.

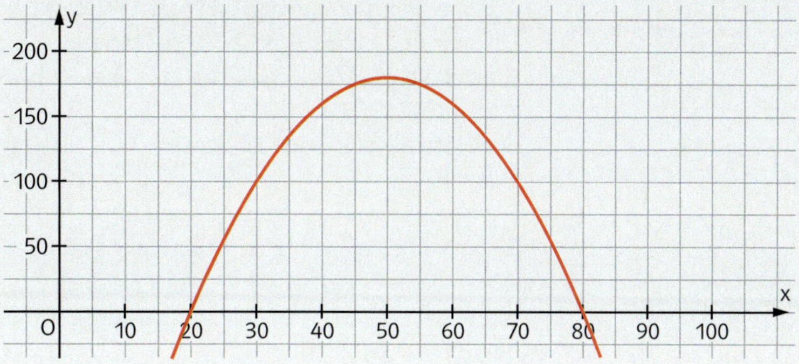


Ein wichtiges wirtschaftliches Ziel eines Unternehmens ist die Maximierung seines Gewinns. Die Frage, ob sich durch eine Ausweitung der Produktion der Gewinn erhöhen lässt, führt auf die lokale Änderungsrate der Gewinnfunktion, den **Grenzgewinn**.
Allgemein ist die Gewinnfunktion gegeben durch G mit $G(x) = E(x) - K(x)$, wobei E die Erlös- und K die Kostenfunktion ist. Nach der Summenregel gilt $G'(x) = E'(x) - K'(x)$.
Damit ist der Grenzgewinn die Differenz aus Grenzerlös und Grenzkosten.

Die Ableitung $\mathbf{G'(x_0)}$ der Gewinnfunktion G an der Stelle $x_0$ bezeichnet man als **Grenzgewinn** an der Stelle $x_0$.
$G'(x_0)$ kann interpretiert werden als der Gewinnzuwachs für die letzte bzw. folgende produzierte Einheit des Gutes, wenn die produzierte Menge um eine Einheit erhöht wird.
Die Ableitungsfunktion der Gewinnfunktion G heißt **Grenzgewinnfunktion G′**.

Ein Unternehmen in einem Polypol stellt Bauteile her. Die Produktionskosten lassen sich durch die Kostenfunktion K mit $K(x) = 0{,}01x^3 - x^2 + 50x + 500$ beschreiben (x in ME, K(x) in GE). Der Marktpreis für ein Bauteil ist p = 57 GE.
Mit der Erlösfunktion E mit $E(x) = 57x$ ergibt sich die Gewinnfunktion G mit
$G(x) = 57x - (0{,}01x^3 - x^2 + 50x + 500)$
$\quad = -0{,}01x^3 + x^2 + 7x - 500.$
Es ist $G'(x) = -0{,}03x^2 + 2x + 7$.
Fig. 1 zeigt die Graphen von G und G′. Am Graphen von G sieht man, dass das Unternehmen seinen Gewinn maximiert, wenn es 70 Bauteile anbietet.
Dies ergibt sich auch aus dem Graphen von G′. Denn für geringere Mengen als 70 Stück ist der Grenzgewinn positiv, d.h., das Unternehmen erhöht seinen Gewinn durch eine Ausweitung der Produktion. Dagegen ist für Stückzahlen über 70 Bauteile der Grenzgewinn negativ, d.h., das Unternehmen verringert seinen Gewinn, wenn es mehr produziert. Bei der Menge mit maximalem Gewinn ist der Grenzgewinn null.

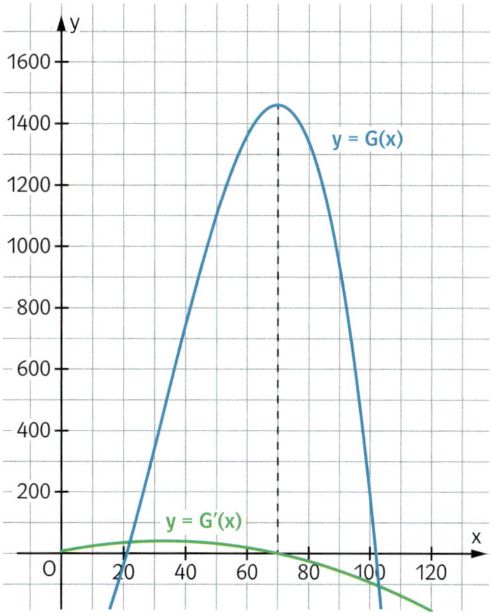

Fig. 1

Das Ergebnis, dass das Unternehmen bei einer Menge von 70 Bauteilen seinen Gewinn maximiert, erhält man auch, wenn man die Grenzkosten mit dem Grenzerlös vergleicht. Die Grenzkostenfunktion ist K' mit
$K'(x) = 0{,}03x^2 - 2x + 50$;
die Grenzerlösfunktion ist E' mit
$E'(x) = 57$.
Fig. 1 zeigt die Graphen von K' und E'.
Der maximale Gewinn bei 70 Bauteilen ist nun genau die Menge, bei der sich die Graphen schneiden, bei der also die Grenzkosten und der Grenzerlös übereinstimmen.

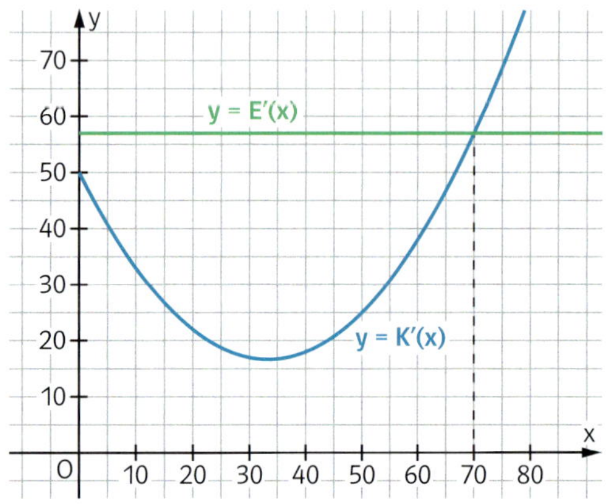

Fig. 1

Aus ökonomischer Sicht lässt sich dies wie folgt begründen:
Bei weniger als 70 Bauteilen sind die Grenzkosten geringer als der Grenzerlös.
Das Unternehmen kann durch den Verkauf weiterer Bauteile seinen Gewinn erhöhen.
Bei mehr als 70 Bauteilen liegen die Grenzkosten über dem Grenzerlös.
Dies bedeutet, dass weitere Bauteile höhere Kosten pro Bauteil verursachen, als Erlös für sie zu erzielen ist. Folglich bietet das Unternehmen genau die Menge an, bei der die Grenzkosten gleich dem Grenzerlös sind. Im Falle eines Polypols entspricht dem Grenzerlös der Marktpreis.

> Ein Unternehmen im Polypol erzielt einen **maximalen Gewinn** für die Menge, für welche die **Grenzkosten** und der **Marktpreis übereinstimmen**. Der Grenzgewinn ist für diese Menge null.

Diese Aussagen wurden hier ökonomisch entwickelt. Die mathematischen Begründungen erfolgen im Band für die Klassenstufen 12 und 13.

**Beispiel** Gewinnmaximale Menge und Grenzgewinn im Polypol
In einem Unternehmen werden die Kosten eines Produktes durch die Funktion K mit
$K(x) = x^3 - 8x^2 + 25x + 80$ modelliert (x in ME, K(x) in GE). Jede Einheit wird für 37 GE verkauft.
a) Bestimmen Sie die Grenzkosten- und die Grenzgewinnfunktion.
b) Ermitteln Sie die Menge, für welche das Unternehmen einen maximalen Gewinn erzielt.
Wie hoch ist dieser maximale Gewinn?
Lösung: a) Mit $K(x) = x^3 - 8x^2 + 25x + 80$ ergibt sich $K'(x) = 3x^2 - 16x + 25$.
Die Erlösfunktion ist E mit $E(x) = 37x$. Also gilt für die Gewinnfunktion:
$G(x) = E(x) - K(x) = 37x - (x^3 - 8x^2 + 25x + 80) = -x^3 + 8x^2 + 12x - 80$
und für die Grenzgewinnfunktion: $G'(x) = -3x^2 + 16x + 12$.

Man kann die gewinnmaximale Menge auch bestimmen, in dem man die Nullstelle der Grenzgewinnfunktion berechnet.

b) Man bestimmt die Stelle $x_0$, an der die Grenzkosten K'(x) mit dem Marktpreis übereinstimmt.
Die Gleichung $3x^2 - 16x + 25 = 37$ bzw. $3x^2 - 16x - 12 = 0$ hat die Lösungen:
$x_{1/2} = \frac{16 \pm \sqrt{16^2 + 4 \cdot 3 \cdot 12}}{6}$, also $x_1 = 6$; $x_2 = -\frac{2}{3}$.
Bei einer Menge von 6 ME maximiert das Unternehmen seinen Gewinn (Fig. 2).
Wegen G(6) = 64 beträgt der maximale Gewinn 64 GE. Weiterhin ist G'(6) = 0.

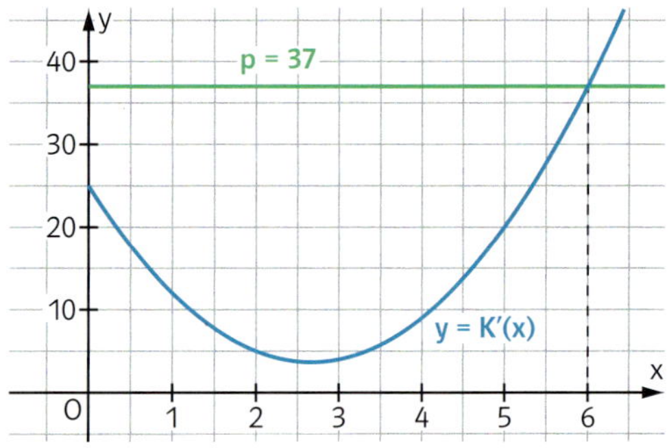

Fig. 2

## Aufgaben

**1** In einem Betrieb werden die Gesamtkosten für die Produktion eines Gutes durch die Funktion K mit $K(x) = 0{,}6x^2 + 35$ modelliert (x in ME, K(x) in €).
Die Erlösfunktion ist E mit $E(x) = 60x$.
a) Geben Sie die Gewinnfunktion an und bestimmen Sie die Grenzgewinnfunktion.
b) Zeichnen Sie die Graphen der Gewinnfunktion und der Grenzgewinnfunktion.
c) Wie hoch ist der Grenzgewinn bei einer Menge von 20 Einheiten?
Interpretieren Sie diesen Wert.

**2** Ein Unternehmen stellt Papierrollen her. Die Kosten werden durch die Funktion K mit $K(x) = 0{,}001x^3 - 0{,}01x^2 + 0{,}2x + 100$ beschrieben. Für die Erlösfunktion E gilt $E(x) = 6x$ (x in 100 Stück, K(x) und E(x) in 100 €).
a) Zeichnen Sie mithilfe des Rechners die Gewinn- und die Grenzgewinnfunktion.
b) Welche Menge muss das Unternehmen anbieten, um seinen Gewinn zu maximieren?
Wie hoch ist dieser dann?
c) Berechnen Sie die Grenzkosten und den Grenzerlös bei dieser Menge und interpretieren Sie das Ergebnis.

**3** Die Kosten eines Unternehmens für die Herstellung von Düngemittel können durch die Funktion K mit $K(x) = 0{,}01x^3 - 0{,}5x^2 + 30x + 150$ (x in Säcken zu 100 kg, K(x) in €) beschrieben werden.
Für einen Sack erzielt das Unternehmen am Markt einen Preis von 35,30 €.
a) Skizzieren Sie mithilfe des Rechners den Graphen der Kostenfunktion und den der Grenzkostenfunktion.
b) Für welche Menge sind die Grenzkosten gleich dem Grenzerlös?
Interpretieren Sie diesen Sachverhalt.
c) Skizzieren Sie mithilfe des Rechners den Graphen der Gewinnfunktion und den der Grenzgewinnfunktion.
Bestimmen Sie die Gewinnschwelle und die Gewinngrenze.
d) Ermitteln Sie den maximalen Gewinn. Bei welcher Menge wird dieser realisiert?
Vergleichen Sie das Ergebnis mit dem aus Teilaufgabe b).
e) Bestimmen Sie die Nullstelle der Grenzgewinnfunktion. Interpretieren Sie dieses Ergebnis und vergleichen Sie es ebenfalls mit dem aus Teilaufgabe b).

**Zeit zu überprüfen**

**4** In einem Unternehmen werden die Kosten für ein Produkt durch die Funktion K mit $K(x) = 0{,}2x^3 - 10x^2 + 200x + 320$ beschrieben (x in Einheiten, K(x) in €).
Für jede Einheit des Produktes erzielt das Unternehmen einen Erlös von 350 €.
a) Skizzieren Sie mithilfe des Rechners den Graphen der Kostenfunktion und den der Grenzkostenfunktion.
b) Geben Sie die Gewinnfunktion an.
c) Bestimmen Sie mithilfe des Rechners die Menge, bei der das Unternehmen seinen Gewinn maximiert. Wie hoch ist dieser dann?

**5** Ein Unternehmen hat bei der Produktion eines Gutes Kosten, die durch die Funktion K mit $K(x) = 0{,}4x^3 - 22x^2 + 520x + 850$ modelliert werden (x in Einheiten, K(x) in €).
Für eine Einheit des Gutes wird am Markt ein Preis von 658 € erzielt.
Berechnen Sie auf drei Arten die Menge, bei der das Unternehmen seinen Gewinn maximiert und geben Sie den maximalen Gewinn an.

# 10 Sinus- und Kosinusfunktion

Skizzieren Sie den Graphen der Zuordnung *Zeit ↦ Höhe des Ventils,* wenn sich das Fahrrad mit konstanter Geschwindigkeit vorwärts bewegt.

Sinus bzw. Kosinus eines Winkels $\alpha < 90°$ werden als Seitenverhältnis im rechtwinkligen Dreieck definiert. Um Sinus und Kosinus auch für Winkel $\alpha > 90°$ zu erklären, betrachtet man den **Einheitskreis** (Radius 1). Man stellt sich einen Zeiger $\overline{OP}$ vor, der sich wie in Fig. 1 dreht. Zu jeder Stellung des Zeigers gehören ein Winkel und ein rechtwinkliges Dreieck mit der Hypotenusenlänge 1.

Wegen der Lage der Punkte P′ und P″ auf dem Einheitskreis sind in Fig. 1 $\cos(\beta)$ (blaues Dreieck) sowie $\sin(\gamma)$ und $\cos(\gamma)$ (grünes Dreieck) negativ.

Da in Fig. 1 der Radius 1 ist, entspricht im roten Dreieck der Sinus zum Winkel α der Länge der Gegenkathete und der Kosinus der Länge der Ankathete:

$\sin(\alpha) = \frac{\text{Gegenkathete}}{\text{Hypotenuse}} = \frac{\text{Gegenkathete}}{1}$;

$\cos(\alpha) = \frac{\text{Ankathete}}{\text{Hypotenuse}} = \frac{\text{Ankathete}}{1}$.

Der Eckpunkt P des roten Dreiecks hat die Koordinaten $P(\cos(\alpha) | \sin(\alpha))$.

Für Winkel $\alpha \geqq 90°$ erklärt man Sinus und Kosinus ebenfalls über die Koordinaten solcher Eckpunkte (vgl. Fig. 1).

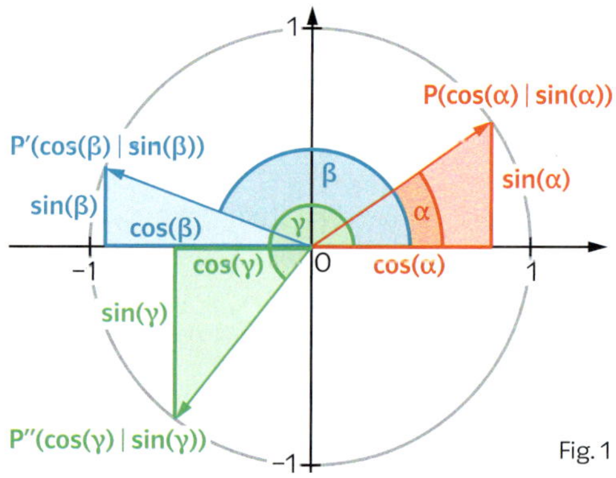


Fig. 1

Bewegt man den Zeiger entlang des Einheitskreises, so kann der Graph der Zuordnung *α ↦ sin(α)* veranschaulicht werden, indem man auf der x-Achse die Werte des Winkels α abträgt und auf der y-Achse die Länge der Gegenkatheten der zugehörigen Dreiecke.

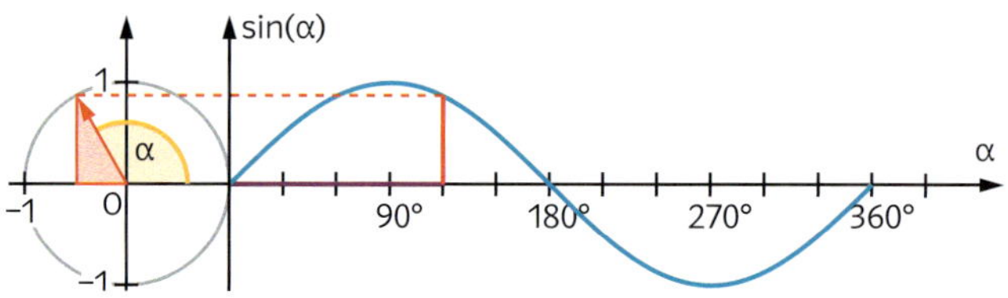


Fig. 2

Umrechnung vom Gradmaß ins Bogenmaß:

| Gradmaß | Bogenmaß |
|---|---|
| 360° | $2\pi$ |
| 1° | $\frac{2\pi}{360} = \frac{\pi}{180}$ |
| α | $\alpha \cdot \frac{\pi}{180°}$ |

Um die Zuordnung als Funktion zu beschreiben ist es sinnvoll, die Größe des Winkels nicht mehr in Grad anzugeben, sondern mithilfe der Länge x des Bogens, welchen der Zeiger auf dem Einheitskreis überstreicht. Man nennt diese Länge **Bogenmaß des Winkels α**. Die Zuordnung *x ↦ sin(x),* welche jedem Winkel x im Bogenmaß den Sinus dieses Winkels zuordnet, heißt **Sinusfunktion**.

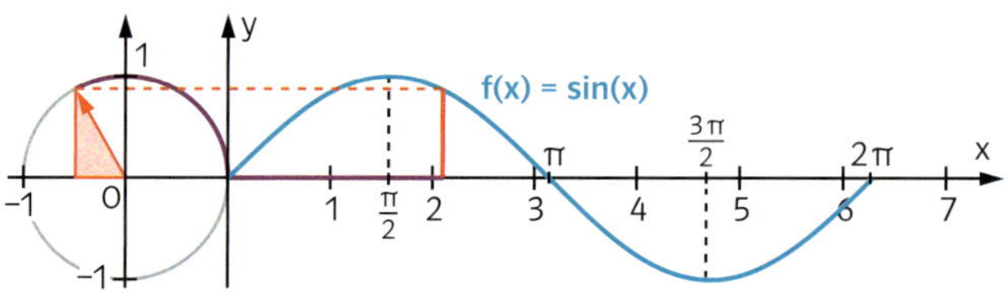


Fig. 3

Die Zuordnung $x \mapsto \cos(x)$, welche jedem Winkel x den Kosinus dieses Winkel zuordnet, heißt **Kosinusfunktion**. Um den Graphen der Kosinusfunktion in ähnlicher Weise wie bei der Sinusfunktion zu veranschaulichen, muss man die Ankathete erst um 90° im Uhrzeigersinn drehen, bevor man ihre Länge abtragen kann (vgl. Fig. 1).

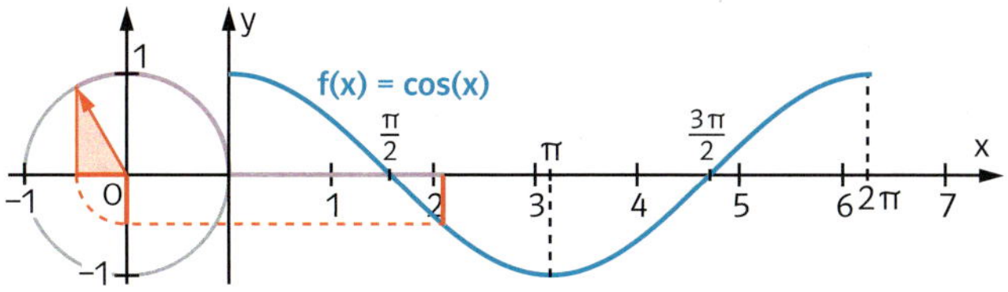


Fig. 1

Mithilfe des Einheitskreises kann man die Definition von Sinus und Kosinus auf Winkel größer als 90° erweitern. Zu jedem Winkel α im Gradmaß gehört das **Bogenmaß des Winkels α**. Dieses ist die Länge x des zugehörigen Bogens im Einheitskreis.

Es gilt: $x = \alpha \cdot \frac{\pi}{180°}$.

Die Zuordnung $x \mapsto \sin(x)$ heißt **Sinusfunktion**.

Die Zuordnung $x \mapsto \cos(x)$ heißt **Kosinusfunktion**.

Durchläuft der Zeiger den Kreis einmal, so entspricht dies dem Bogenmaß $2\pi$. Wenn der Zeiger den Einheitskreis eineinhalbmal durchläuft, so entspricht dies einem Bogenmaß von $3\pi$. Tatsächlich befindet sich der Zeiger aber an derselben Stelle wie nach einer halben Umdrehung, deshalb gilt: $\sin(3\pi) = \sin(\pi)$ und $\cos(3\pi) = \cos(\pi)$. Man sagt: Sinus- und Kosinusfunktion sind periodisch mit der **Periode $2\pi$**. Es gilt allgemein, wenn man auch negative Umläufe berücksichtigt: $\sin(x + 2\pi \cdot z) = \sin(x)$ bzw. $\cos(x + 2\pi \cdot z) = \cos(x)$ für alle ganzen Zahlen z.

**Beispiel** Gegebener Funktionswert

Für welche $x \in [0; 2\pi)$ gilt $\sin(x) = -\frac{1}{2}$? Geben Sie die Lösungen als Vielfache von π an. Lösen Sie

a) auf 4 Dezimalen genau mithilfe des GTR, b) mithilfe des Einheitskreises.

Lösung: a) Man bestimmt die Stellen, an denen sich die Graphen Y1 und Y2 mit Y1=SIN(X) und Y2=–1/2 schneiden (Fig. 2).

$x_1 = 3{,}6652 = 1{,}1667 \cdot \pi$; $x_2 = 5{,}7596 = 1{,}8333 \cdot \pi$

Im Rechenmodus liefert der GTR eine Lösung, die nicht im vorgegebenen Intervall liegt. Die gesuchten Lösungen kann man daraus durch Überlegungen am Graphen oder am Einheitskreis berechnen (Fig. 3).

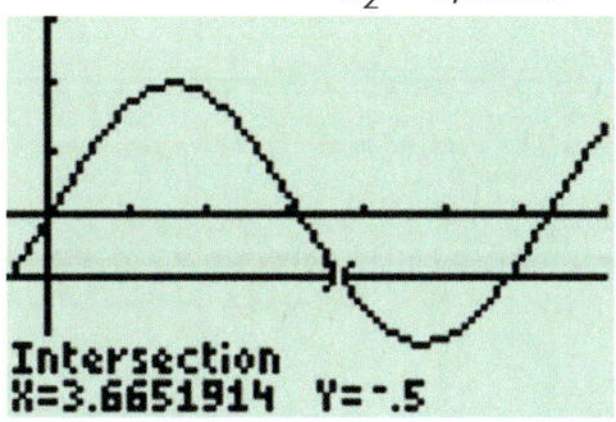


Fig. 2

Fig. 3

Einstellungen im MODE-Fenster:
DEGREE: Gradmaß
RADIAN: Bogenmaß

b) Es gilt: $\sin(30°) = \frac{1}{2}$.

Zu den gesuchten Dreiecken im Einheitskreis gehören daher die Winkel

$\alpha = 180° + 30° = 210°$ und

$\beta = 360° - 30° = 330°$ (Fig. 4).

bzw.

$x_1 = 210° \cdot \frac{\pi}{180°} = \frac{7\pi}{6}$ und

$x_2 = 330° \cdot \frac{\pi}{180°} = \frac{11\pi}{6}$.

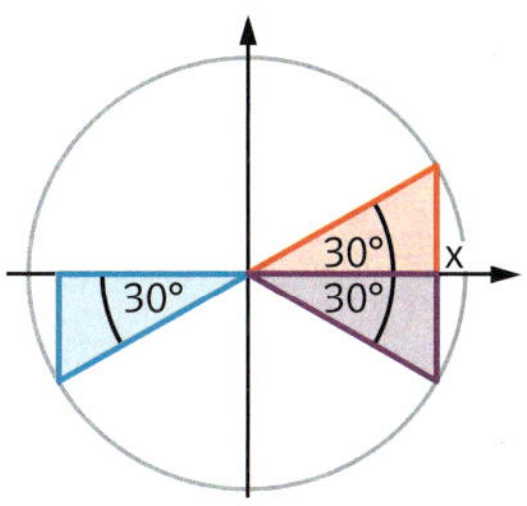


Fig. 4

## Aufgaben

**1** Welche Winkelmaße gehören zusammen?

30° | $\frac{\pi}{2}$ | $\frac{\pi}{4}$ | $\frac{9\pi}{4}$ | $\frac{3\pi}{4}$ | 45° | 90° | $-\frac{7\pi}{4}$

**2** Bestimmen Sie auf vier Dezimalen genau.

a) $\sin(2{,}3)$ b) $\cos(1{,}59)$ c) $\sin\left(\frac{7\pi}{6}\right)$ d) $\cos\left(-\frac{\pi}{4}\right)$ e) $\sin(323°)$ f) $\cos(60°)$

$\frac{\pi}{2} \approx 1{,}57$
$\pi \approx 3{,}14$
$\frac{3\pi}{2} \approx 4{,}71$
$2\pi \approx 6{,}28$

**3** Entscheiden Sie, ohne den Rechner zu benutzen, ob das Ergebnis positiv oder negativ ist.

a) $\sin(1)$ b) $\sin(2)$ c) $\sin(3)$ d) $\sin(4)$
e) $\cos(-2)$ f) $\cos(7)$ g) $\cos(11)$ h) $\sin(-3)$

**4** Bestimmen Sie auf vier Dezimalen genau alle $x \in [0; 2\pi)$, für die gilt:

a) $\sin(x) = 0{,}35$, b) $\cos(x) = -0{,}58$, c) $\sin(x) = -0{,}27$, d) $\cos(x) = 0{,}64$.

**5** Welche Terme ergeben denselben Wert? Begründen Sie ohne Rechner.

$\sin(30°)$ | $\sin\left(\frac{\pi}{4}\right)$ | $\cos\left(-\frac{\pi}{4}\right)$ | $\cos(3\pi)$ | $\cos(0)$ | $\cos\left(\frac{7\pi}{3}\right)$ | $\sin(90°)$ | $\cos\left(\frac{\pi}{4}\right)$

### Zeit zu überprüfen

**6** Setzen Sie ohne die Werte auszurechnen ein Größer-, Kleiner- oder Gleichheitszeichen.

a) $\sin\left(\frac{\pi}{4}\right) \square \cos\left(\frac{\pi}{4}\right)$ b) $\sin(40°) \square \sin\left(\frac{3\pi}{4}\right)$ c) $\cos(87°) \square \cos(1{,}6)$
d) $\sin(32°) \square \cos(132°)$ e) $\cos\left(\frac{5\pi}{6}\right) \square \cos\left(\frac{7\pi}{6}\right)$ f) $\cos\left(-\frac{\pi}{3}\right) \square \sin\left(\frac{\pi}{6}\right)$

**7** Bestimmen Sie die Lösungen der Gleichung für $0 \leq x \leq 2\pi$.

a) $\sin(x) = \frac{1}{2}$ b) $\cos(x) = \frac{1}{2}\sqrt{3}$ c) $\sin(x) = 1$ d) $\cos(x) = -0{,}6$

| x | cos(x) | sin(x) |
|---|---|---|
| 0 | 1 | 0 |
| $\frac{1}{6}\pi$ | $\frac{1}{2}\sqrt{3}$ | $\frac{1}{2}$ |
| $\frac{1}{4}\pi$ | $\frac{1}{2}\sqrt{2}$ | $\frac{1}{2}\sqrt{2}$ |
| $\frac{1}{3}\pi$ | $\frac{1}{2}$ | $\frac{1}{2}\sqrt{3}$ |
| $\frac{1}{2}\pi$ | 0 | 1 |

**8** Bestimmen Sie für den Graphen der Sinusfunktion bzw. der Kosinusfunktion auf dem Intervall $[-\pi; 3\pi]$ die Extrempunkte und die Schnittpunkte mit der x-Achse.

**9** In Fig. 1 ist mit den blauen Linien die Gleichung $\sin(x) = -\sin(-x)$ veranschaulicht.
a) Welche Gleichungen werden mit den grünen und mit den gelben Linien veranschaulicht?
b) Zeichnen Sie den Graphen der Kosinusfunktion im Intervall $[-\pi; 2\pi]$ in Ihr Heft und ermitteln Sie ähnliche Gleichungen.

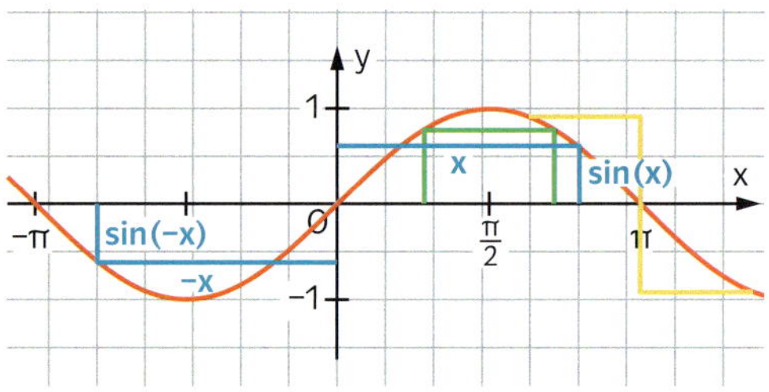

Fig. 1

**10** a) Bestimmen Sie denjenigen Wert $b \in [0; \pi)$, für den gilt: $\sin(a) = \cos(b)$.

1) $a = \frac{\pi}{2}$ 2) $a = \frac{3\pi}{4}$ 3) $a = 1{,}9043$ 4) $a = 2{,}5555$

b) Welcher Zusammenhang besteht zwischen a und b?

**11** Welche Aussagen treffen auf die Sinus-, welche auf die Kosinusfunktion zu?

1) Die Funktion hat ein Maximum bei $x = 0$.
2) Der Graph ist symmetrisch zu $x = \frac{\pi}{2}$.
3) Der Graph ist symmetrisch zu $P(\pi \mid 0)$.
4) Es gilt: $f\left(\frac{\pi}{2} - x\right) = f\left(\frac{\pi}{2} + x\right)$ für $x \in \mathbb{R}$.

# 11 Ableitung der Sinus- und Kosinusfunktion

In den Grafiken sollen jeweils die Graphen von f (rot) und f′ (blau) abgebildet sein. Überprüfen Sie, ob dies tatsächlich der Fall ist. Welche Stellen betrachten Sie besonders genau?

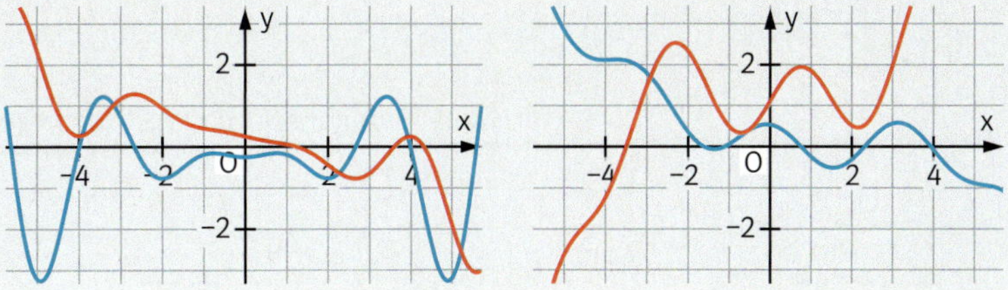

Zeichnet man an den Stellen $x = 0;\ \frac{\pi}{4};\ \frac{\pi}{2};\ \frac{3\pi}{4};\ \ldots$ am Graphen der Sinusfunktion Tangenten ein (Fig. 1) und bestimmt näherungsweise deren Steigung (Fig. 2), so erhält man einen Überblick über den Verlauf der Ableitungsfunktion. Trägt man die Werte als Punkte in ein Koordinatensystem ein (Fig. 3), so vermutet man, dass die Ableitung der Sinusfunktion gerade die Kosinusfunktion ist. Der Rechner bestätigt diese Vermutung (Fig. 4).
Ein analoges Vorgehen zeigt, dass die Ableitungsfunktion der Kosinusfunktion die Funktion g′ mit $g'(x) = -\sin(x)$ ist (Fig. 5).

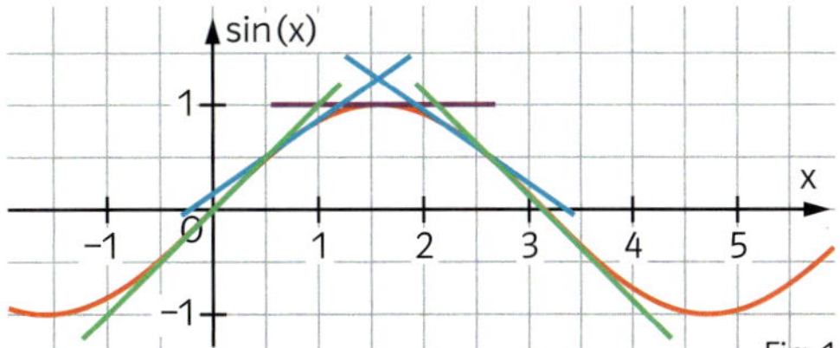


Fig. 1

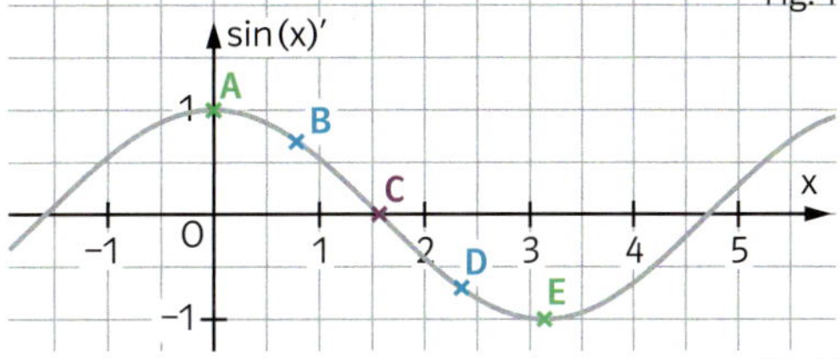


Fig. 3

| x | Tangentensteigung |
|---|---|
| 0 | 1 |
| $\frac{\pi}{4}$ | 0,7 |
| $\frac{\pi}{2}$ | 0 |
| $\frac{3\pi}{4}$ | −0,7 |
| … | … |

Fig. 2

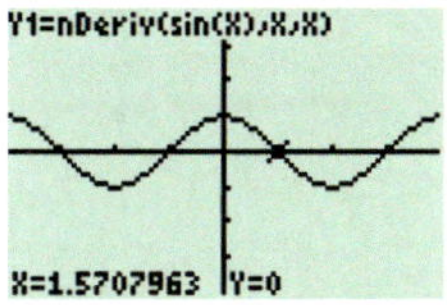


Fig. 4

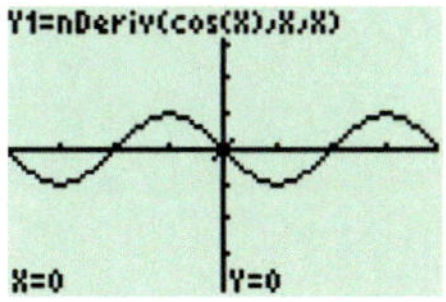


Fig. 5

Für die Sinusfunktion f mit $f(x) = \sin(x)$ gilt: $f'(x) = \cos(x)$.
Für die Kosinusfunktion g mit $g(x) = \cos(x)$ gilt: $g'(x) = -\sin(x)$.

**Beispiel** Tangentengleichung

Gegeben ist die Funktion f mit $f(x) = \sin(x)$.

a) Ermitteln Sie die Gleichung der Tangente in $P\left(\frac{\pi}{4}\middle|\frac{\sqrt{2}}{2}\right)$ an den Graphen von f.
Überprüfen Sie Ihr Ergebnis mit dem GTR.

b) Bestimmen Sie alle Stellen, an denen der Graph von f eine waagerechte Tangente hat.

Lösung: a) Ansatz für die Tangentengleichung: $y = m \cdot x + c$.
Ableitung: $f'(x) = \cos(x)$. Steigung der Tangente: $f'\left(\frac{\pi}{4}\right) = \frac{\sqrt{2}}{2}$.
$P\left(\frac{\pi}{4}\middle|\frac{\sqrt{2}}{2}\right)$ und $m = f'\left(\frac{\pi}{4}\right) = \frac{\sqrt{2}}{2}$ in den Ansatz einsetzen: $\frac{\sqrt{2}}{2} = \frac{\sqrt{2}}{2} \cdot \frac{\pi}{4} + c$.
Mit $c = \frac{\sqrt{2}}{2} - \frac{\sqrt{2}}{8} \cdot \pi$ erhält man $y = \frac{\sqrt{2}}{2} \cdot x + \frac{\sqrt{2}}{2} - \frac{\sqrt{2}}{8} \cdot \pi \approx 0{,}707 \cdot x + 0{,}152$.
Kontrolle mit dem GTR in Fig. 6.

b) Es muss $f'(x) = 0$ gelten, es ist $\cos(x) = 0$ für $x = \frac{\pi}{2} + z \cdot \pi;\ z \in \mathbb{Z}$.
Der Graph von f besitzt waagerechte Tangenten für $x = \frac{\pi}{2} + z \cdot \pi,\ z \in \mathbb{Z}$.

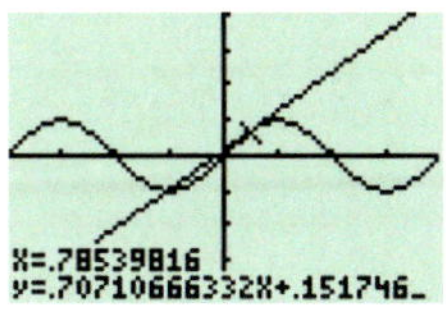


Fig. 6

## Aufgaben

**1** Bestimmen Sie die Ableitung.

a) $f(x) = 12 \cdot \sin(x)$  b) $f(x) = -2 \cdot \cos(x)$  c) $f(x) = \sqrt{5} \cdot \cos(x)$
d) $f(x) = \frac{1}{\pi} \cdot \sin(x)$  e) $f(x) = 5x^3 - \sin(x)$  f) $f(x) = 2\cos(x) - \sin(x)$

Kontrollieren Sie Ihre Ergebnisse mit dem Rechner.

Kontrollieren Sie in der Aufgabe 2 Ihre Ergebnisse mit dem Rechner.

**2** Bestimmen Sie die Steigung des Graphen der Funktion f an der Stelle $x = \pi$.

a) $f(x) = -9\sin(x)$  b) $f(x) = 5 + \cos(x)$  c) $f(x) = 5x - \cos(x)$

d) $f(x) = x^2 - \frac{1}{2}\cos(x)$  e) $f(x) = \frac{1}{x} + \frac{\sin(x)}{2}$  f) $f(x) = \frac{2}{x^2} + 2\sin(x)$

**3** Bestimmen Sie rechnerisch die Gleichung der Tangente an den Graphen von f im Punkt P.

a) $f(x) = \cos(x)$; $P\left(\frac{7}{4}\pi \,\middle|\, \square\right)$  b) $f(x) = 3\sin(x)$; $P\left(\frac{5\pi}{3} \,\middle|\, \square\right)$  c) $f(x) = x + 2\sin(x)$; $P\left(\frac{\pi}{4} \,\middle|\, \square\right)$

Lösen Sie a) und b) ohne Rechner, c) und d) mit Rechner.

**4** Bestimmen Sie für den Graphen von f die Hoch- und Tiefpunkte.

a) $f(x) = \sin(x)$; $x \in [0; 2\pi]$  b) $f(x) = \sin(x) + \cos(x)$; $x \in [0; 2\pi]$

c) $f(x) = 2\sin(x) - \cos(x)$; $x \in [0; 2\pi]$  d) $f(x) = 4\cos(x) + 2x$; $x \in [0; 2\pi]$

## Zeit zu überprüfen

**5** Bestimmen Sie die Ableitung.

a) $f(x) = 4\sin(x)$  b) $f(x) = -\frac{1}{3}\sin(x)$  c) $f(x) = 3x^2 - \sin(x)$

**6** Bestimmen Sie die Gleichung der Tangente an den Graphen der Sinusfunktion im Punkt P.

a) $P\left(\frac{\pi}{2} \,\middle|\, f\left(\frac{\pi}{2}\right)\right)$  b) $P\left(\frac{\pi}{4} \,\middle|\, f\left(\frac{\pi}{4}\right)\right)$  c) $P\left(\frac{2\pi}{3} \,\middle|\, f\left(\frac{2\pi}{3}\right)\right)$

Lösen Sie a) und b) mit Rechner, c) und d) ohne Rechner.

**7** Bestimmen Sie die Gleichung der Tangente an den Graphen der Kosinusfunktion im Punkt P.

a) $P\left(\frac{\pi}{4} \,\middle|\, \square\right)$  b) $P\left(-\frac{3\pi}{2} \,\middle|\, \square\right)$  c) $P(6{,}5 \mid \square)$  d) $P(-9 \mid \square)$

**8** In welchen Punkten hat der Graph der Sinusfunktion in $[0; 2\pi]$ eine Steigung wie

a) die 1. Winkelhalbierende,  b) die x-Achse,  c) die Gerade mit der Gleichung $y = \frac{1}{2}x$?

**9** Begründen Sie, dass die Tangenten an den Graphen der Sinusfunktion maximal die Steigung 1 besitzen. Welche minimale Steigung können die Tangenten haben?

**10** Gegeben sind die Funktionen f und g mit $f(x) = x + \sin(x)$ und $g(x) = x + \cos(x)$.

a) Bestimmen Sie Punkte, in denen die zugehörigen Graphen die Steigung 2 haben.

b) Zeigen Sie, dass beide Graphen keine Extrempunkte besitzen.

**11** In welchen Punkten $P(x_0 \mid f(x_0))$ und $Q(x_0 \mid g(x_0))$ mit $0 \leqq x \leqq 2\pi$ haben die Graphen von f und g parallele Tangenten? Runden Sie auf vier Dezimalen.

a) $f(x) = 2\sin(x)$; $g(x) = x^2$  b) $f(x) = \sin(x) + 2\cos(x)$; $g(x) = x^3$

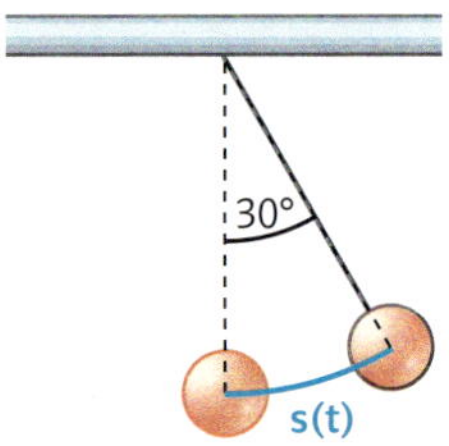

Fig. 1

**12** Ein Pendel führt eine Bewegung aus, die näherungsweise durch eine Zeit-Weg-Funktion s mit $s(t) = 10 \cdot \sin(t)$ (s in cm, t in s) angegeben werden kann (Fig. 1).

a) Nach welcher Zeitspanne ist es wieder in der Ausgangssituation (Nulllage)?

b) Zu welchen Zeitpunkten sind die Ausschläge maximal? Zeigen Sie, dass dort das Pendel die Momentangeschwindigkeit 0 hat.

c) Welche Geschwindigkeit hat der Körper beim Durchgang durch die Nulllage?

**13** In Fig. 2 sind die Graphen von drei verschiedenen Funktionen dargestellt. Welche dieser Funktionen haben die Sinusfunktion als Ableitungsfunktion?

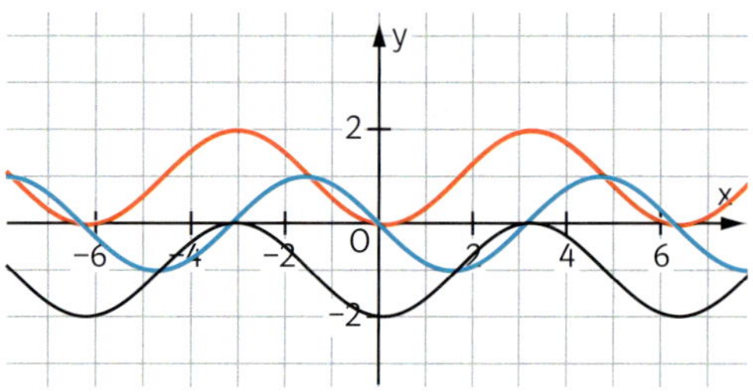

Fig. 2

# Wiederholen – Vertiefen – Vernetzen

**1** Der Graph in Fig. 1 gibt den Ort eines Körpers zur Zeit t an (t in Minuten, s in km). Ordnen Sie die gefragten Geschwindigkeiten der Größe nach.

A: Durchschnittsgeschwindigkeit zwischen $t = 1$ und $t = 3$

B: Durchschnittsgeschwindigkeit zwischen $t = 2$ und $t = 4$

C: Momentangeschwindigkeit bei $t = 1$

D: Momentangeschwindigkeit bei $t = 3$

E: Momentangeschwindigkeit bei $t = 5$

F: Momentangeschwindigkeit bei $t = 6$

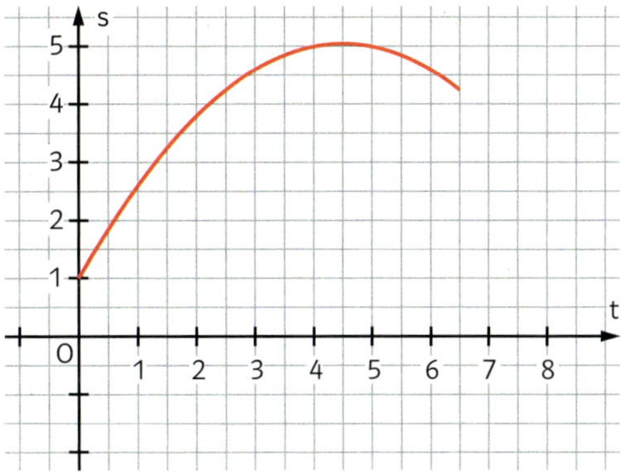

Fig. 1

**2** Bestimmen Sie die Funktionsgleichung von f'.

a) $f(x) = 2 \cdot x^3$ b) $f(x) = x^{-3}$ c) $f(x) = -2x + 3x^5$

d) $f(x) = \frac{1}{x^2}$ e) $f(x) = x^{-4} + x^5$ f) $f(x) = x + \sqrt{x}$

**3** Bestimmen Sie die Funktionsgleichung von f'.

Tipp: $\frac{a+b}{c} = \frac{a}{c} + \frac{b}{c}$

a) $f(x) = x \cdot x$ b) $f(x) = x^5 : x$ c) $f(x) = 2 \cdot (x + 1)$

d) $f(x) = (x + 1)^2$ e) $f(x) = \frac{1+x}{2}$ f) $f(x) = \frac{1+x}{x}$

g) $f(x) = a x^c$ h) $f(x) = x^{2+c} + c^2$ i) $f(x) = x^3 + cx$

**4** Bestimmen Sie ohne Rechner die Funktionsgleichung der Tangente durch den Punkt $P(x_0 \mid f(x_0))$.
Kontrollieren Sie das Ergebnis anschließend mit dem Rechner.

a) $f(x) = 0{,}1 \cdot x^3$; $x_0 = 3$ b) $f(x) = \frac{2}{x}$; $x_0 = 4$ c) $f(x) = 3x^2 - 2$; $x_0 = -1$

**5** In welchem Punkt $P(x_0 \mid f(x_0))$ ist die Tangente an den Graphen von f parallel zur Geraden g mit $y = 10 + x$?

a) $f(x) = 2\sqrt{x}$ b) $f(x) = -\frac{1}{x}$ c) $f(x) = -0{,}01x^3$

d) $f(x) = x^2 + a$ e) $f(x) = bx^2$ f) $f(x) = bx^3 + c$

**6** Gegeben sind die beiden Funktionen f und g mit $f(x) = -x^2 - 2x + 1$ und $g(x) = x^3 + 1$.

a) An welchen Stellen sind die Funktionswerte der beiden angegebenen Funktionen gleich groß?

b) An welchen Stellen sind die Ableitungen der beiden angegebenen Funktionen gleich groß?

**7** Betrachten Sie den Graphen von Fig. 2 und beantworten Sie folgende Fragen.

a) In welchen der markierten Punkte ist die Steigung positiv, in welchen ist sie negativ?

b) In welchem der Punkte hat der Graph die größte Steigung, in welchem Punkt hat er die kleinste Steigung?

c) Geben Sie näherungsweise die Intervalle an, in denen der Graph positive bzw. negative Steigung hat.

d) In welchen Punkten ist die Steigung 0?

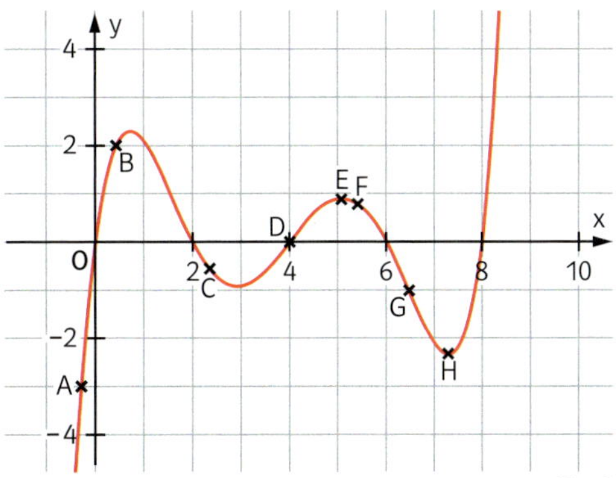

Fig. 2

**8** Betrachten Sie den Graphen von Fig. 1 und beantworten Sie die folgenden Fragen:

a) In welchen der markierten Punkte ist die Steigung −1?

b) Sind die Steigungen in D und E gleich? Wie groß ist die Steigung jeweils?

c) In zwei Punkten ist die Steigung −3. Nennen Sie diese.

d) Es gibt zwei Punkte mit der Steigung 0. Welche sind das?

e) Was zeichnet Punkte mit der Steigung 0 im Graphen von Fig. 1 und Fig. 2 (auf Seite 269) aus? Kann man dies verallgemeinern?

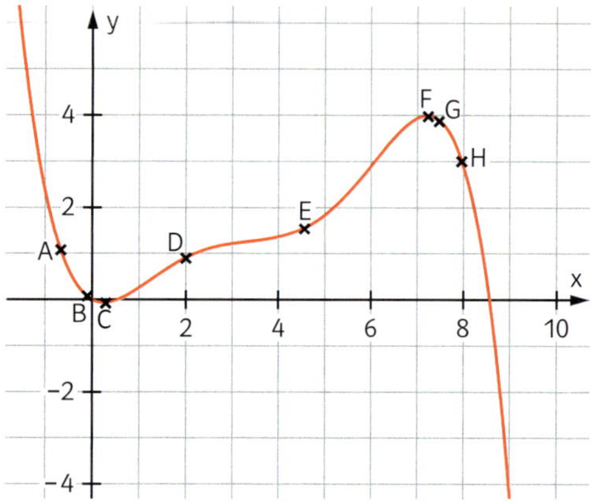

Fig. 1

**9** Skizzieren Sie den Graphen der Ableitungsfunktion zu dem gegebenen Graphen.

a)

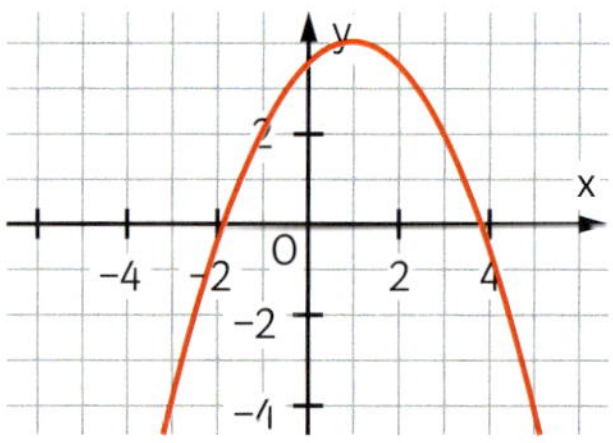
Fig. 2

b)

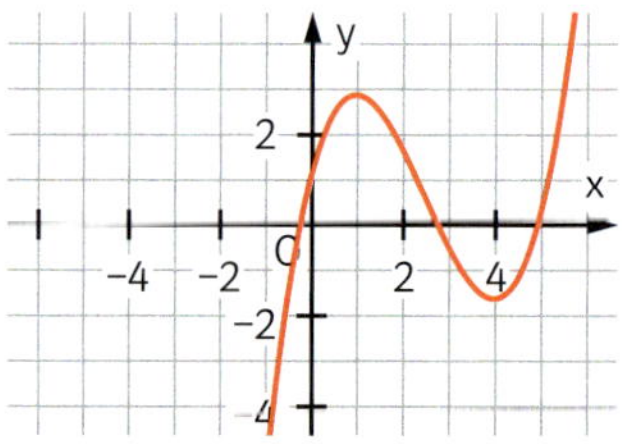
Fig. 3

c)

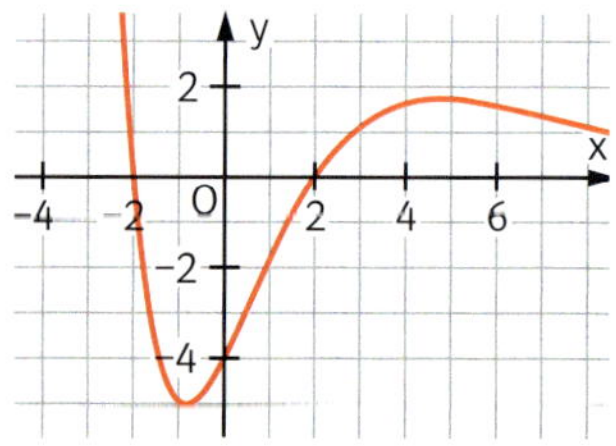
Fig. 4

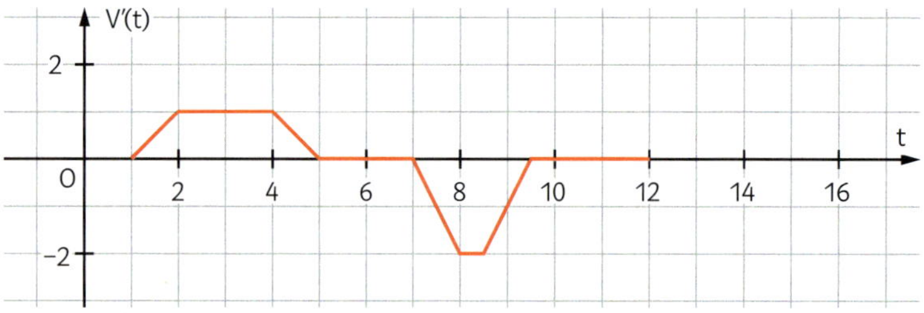

Fig. 5

**10** Ein Kind bläst einen Luftballon auf, betrachtet ihn kurz und lässt dann die Luft herausströmen. V(t) gibt das Volumen des Ballons zur Zeit t an. Fig. 5 zeigt den Graphen von V′(t) als Funktion von t.

a) Wann begann das Kind den Ballon aufzublasen und wann endete der Aufblasvorgang?

b) Wann wurde der Ballon geöffnet?

**11** Ein Unternehmen hat für die Produktion eines Gutes Fixkosten von 18 250 €. Die variablen Kosten werden durch die Funktion $K_V$ mit $K_V(x) = 0{,}015x^3 - 0{,}8x^2 + 16x$ (x in Einheiten, $K_V(x)$ in €) beschrieben. Für jede Einheit des Gutes erzielt das Unternehmen am Markt einen Erlös von 800 €.

a) Geben Sie einen Funktionsterm der Kostenfunktion K an und skizzieren Sie die Graphen von K und E in ein Koordinatensystem.

b) Bestimmen Sie die Gewinnschwelle und die Gewinngrenze. Geben Sie die Koordinaten des Break-Even-Points an.

c) Berechnen Sie den maximalen Gewinn und die zugehörige Menge.

**12** Eine Firma berechnet ihre Gesamtkosten K nach $K(x) = 0{,}8x^3 - 4{,}9x^2 + 10x + c$. Ihre Erlösfunktion ist linear. Die Gewinnschwelle liegt bei 2 ME mit Kosten in Höhe von 15 GE.

a) Berechnen Sie c und geben Sie die Erlösfunktion an.

b) Geben Sie die Gewinnfunktion und die Gewinnzone an.

c) Bestimmen Sie mit dem Rechner, um wie viel ME sich die Gewinnzone ausweitet, wenn der Preis je ME auf 8,25 GE erhöht wird. Welcher maximale Gewinnzuwachs ist dabei zu erwarten?

## Der Streit um die Ableitung

Der Ableitungsbegriff gehört zu den wohl größten geistigen Erkenntnissen in der Mathematik. Moderne Naturwissenschaft und Technik wären ohne die Erfindung der Ableitung kaum denkbar. Die Aufgabe, beliebig kleine Größen zu berechnen, war seit der Antike bekannt. Vollständig hergeleitet wurde die Ableitung im 17. Jahrhundert im Zusammenhang mit Extremwertaufgaben, Tangentenbestimmung und Flächenberechnung.

Nach Vorarbeiten von FERMAT, DESCARTES, BARROWS (NEWTONS Lehrer), GREGORY und anderen waren es der Engländer ISAAC NEWTON und der Deutsche GOTTFRIED WILHELM LEIBNIZ, die den Ableitungsbegriff systematisch entwickelten; NEWTON zwischen 1665 und 1666 und LEIBNIZ in den Jahren 1672 bis 1676. Beide veröffentlichten ihre Ergebnisse erst viel später: NEWTON 1671 (in „De Methodis Serierum et Fluxiorum") und 1704 („Opticks"), LEIBNIZ sogar erst 1684.
Auch wenn sich die Ergebnisse von NEWTON und LEIBNIZ äußerlich sehr unterschieden, waren sie inhaltlich doch gleichwertig.

FERMAT löste das Tangentenproblem bereits 1640. Da er keine Grenzwertbetrachtung durchführte, konnte er seine Ergebnisse allerdings nicht mathematisch begründen.

**ISAAC NEWTON** (1643–1727)
NEWTON war Professor in Cambridge und einer der größten Mathematiker und Physiker aller Zeiten.
Das von NEWTON verfasste Werk „Principia Mathematica", in dem er die Gravitation und die Bewegungsgesetze beschrieb, werden als eines der wichtigsten wissenschaftlichen Werke der Mathematik eingestuft. Es wurde 1686 in lateinischer Sprache veröffentlicht.

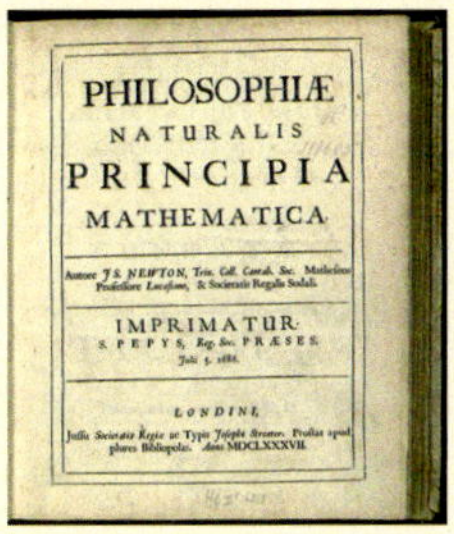


NEWTON fasste variable Größen (z. B. x und y) als zeitabhängig auf: x(t) und y(t); diese nannte er „Fluenten" (Fließende). Mit $\dot{x}(t)$ und $\dot{y}(t)$ bezeichnete er deren „Geschwindigkeiten", also deren Ableitungen nach der Zeit, die er „Fluxionen" nannte. Die Ableitung einer Größe y(x) erscheint bei NEWTON dann als Quotient $\frac{\dot{y}}{\dot{x}}$. Dies soll an einem Beispiel verdeutlicht werden:

Die Schreibweise $\dot{x}$ wird heute noch in der Physik bei zeitabhängigen Größen verwendet.

Ein Ball wird waagerecht von einer Höhe von einem Meter mit einer waagerechten Anfangsgeschwindigkeit von $8\,\frac{m}{s}$ geworfen. Die horizontale Entfernung vom Abwurfpunkt x (in m) zur Zeit t (in s) lässt sich mit $x = 8 \cdot t$ berechnen. Die Ableitung $\dot{x} = 8$ gibt die horizontale momentane Geschwindigkeit des Balls an. Für die Höhe y erhält man $y = 1 - 5t^2$ und damit die vertikale momentane Geschwindigkeit $\dot{y} = -10 \cdot t$.

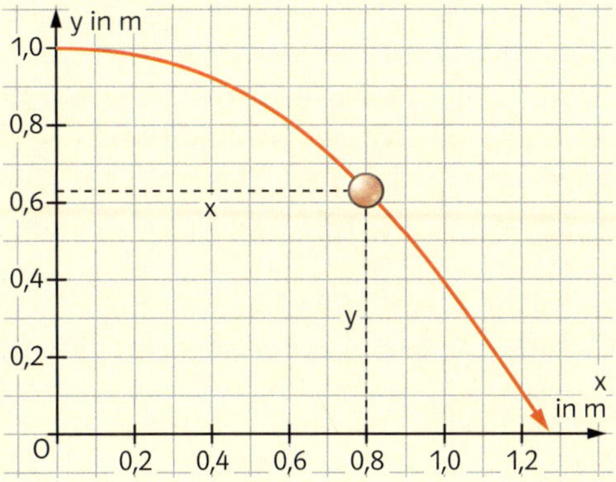

Fig. 1

Setzt man $t = \frac{x}{8}$ in $y = 1 - 5t^2$ ein, so erhält man die Funktion $y(x) = 1 - 5 \cdot \frac{x^2}{8^2}$.

Damit gilt nach NEWTON

$$y'(x) = \frac{\dot{y}}{\dot{x}} = \frac{-10 \cdot t}{8} = \frac{-10 \cdot \frac{x}{8}}{8} = \frac{-10 \cdot x}{8^2}.$$

Leitet man $y(x) = 1 - 5 \cdot \frac{x^2}{8^2}$ nach den in Lerneinheit 8 vorgestellten Regeln ab, so erhält man das gleiche Ergebnis.

„Beim Erwachen hatte ich schon so viele Einfälle, dass der Tag nicht ausreichte, um sie niederzuschreiben."
G. W. LEIBNIZ

**GOTTFRIED WILHELM LEIBNIZ** (1646–1716)

LEIBNIZ gilt als letzter Universalgelehrter. Er war Jurist, Diplomat, Politiker, Philosoph, Historiker, Theologe, Naturwissenschaftler und Mathematiker. In einem Manuskript von LEIBNIZ trat 1673 erstmals das Wort „functio" auf. Er gebrauchte dort „Funktion" im Sinne von „eine Funktion haben". So hat z.B. eine Tangente die Funktion eine Kurve in einem Punkt zu berühren.

LEIBNIZ ging bei der Lösung des Tangentenproblems ähnlich wie NEWTON vor, benutzte aber eine dem Problem besser angepasste Schreibweise.
Im Falle der quadratischen Funktion mit $y = x^2$ etwa bezeichnete er den Zuwachs von x mit dx und bestimmte damit den Zuwachs dy von y mit:
$dy = (x + dx)^2 - x^2 = x^2 + 2x \cdot dx + (dx)^2 - x^2 = 2x \cdot dx + (dx)^2$.
Indem er nun $(dx)^2$ vernachlässigte („weil es im Vergleich zu den restlichen Größen unendlich viel kleiner ist"), erhielt er $dy = 2x \cdot dx$ und damit $\frac{dy}{dx} = 2x$.
Für die unendlich kleinen Größendifferenzen dx und dy führte LEIBNIZ den Begriff „Differenziale" ein. Den „Quotienten" $\frac{dy}{dx}$ nannte LEIBNIZ entsprechend Differenzialquotient. Da dieser „Quotient" der Differenziale kein Quotient im üblichen Sinne ist, wird er „dy nach dx" gelesen und als Ganzes gesehen.

Der Teilbereich der Mathematik, der sich u.a. mit Ableitungen beschäftigt, wird inzwischen auch **Differenzialrechnung** genannt.

Betrachtet man die Ableitung, wie sie in Lerneinheit 3 eingeführt wird, so entspricht dem Differenzialquotient $\frac{dy}{dx}$ an der Stelle $x_0$ der Grenzwert von $\frac{f(x_0 + h) - f(x_0)}{h}$ für $h \to 0$, also der Ableitung von f an der Stelle $x_0$.
LEIBNIZ betrachtete den Differenzialquotienten nun geometrisch und beschrieb ihn mithilfe von „unendlich kleinen Dreiecken" (heute würde man von „Steigungsdreiecken" sprechen).

Die Ableitung ergibt sich dann über den Quotienten der Kathetenlängen dieser unendlich kleinen Dreiecke, also der Differenziale: $\frac{dy}{dx}$.
Auch wenn LEIBNIZ noch nicht mathematisch exakt begründen konnte, wie man durch unendlich kleine Größen dividieren soll, so konnte er doch mit dem von ihm entwickelten Ableitungsbegriff erfolgreich Probleme lösen, die zuvor nicht zugänglich waren. Hierzu nutzte er auch die von ihm gefundenen Ableitungsregeln (vgl. Lerneinheit 8).

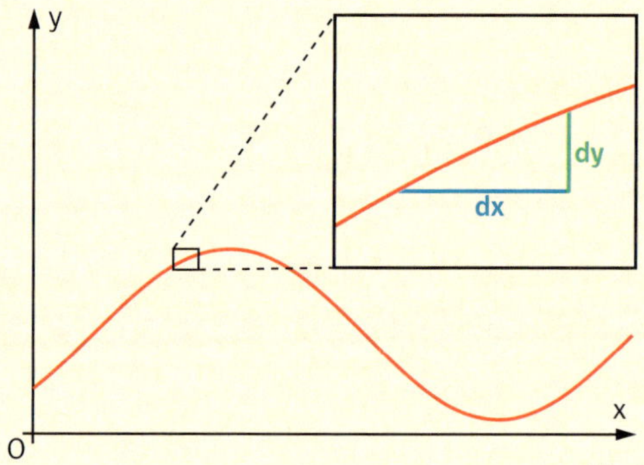

Fig. 1

Zunächst wurden weder die Ideen von NEWTON noch die von LEIBNIZ von der Wissenschaft akzeptiert. Besonders massiv wurden die logischen Schwierigkeiten bei den Ansätzen von NEWTON und LEIBNIZ von dem irischen Philosophen Bischof GEORGE BERKELEY (1685–1753) dazu benutzt, die Unterstützung der frühen Aufklärung durch die Mathematik und Naturwissenschaften zurückzudrängen. So heißt es bei BERKELEY in einer Schrift aus dem Jahre 1734:
„Und was sind diese Fluxionen? Die Geschwindigkeiten von verschwindenden Zunahmen? Sie sind weder endliche Größen noch unendlich kleine Größen noch gar nichts. Sollten wir sie nicht die Geister dahingeschiedener Größen nennen?"

Nach Bischof BERKELEY wurde später die Universitätsstadt von Kalifornien benannt.

Eine große Schwierigkeit lag darin, dass im 17. Jahrhundert der Grenzwertbegriff (vgl. Lerneinheit 3) noch nicht zur Verfügung stand. Eine exakte Definition der Ableitung konnte daher weder von NEWTON noch von LEIBNIZ gegeben werden, sondern nur jeweils eine mehr oder weniger anschauliche Beschreibung.
Da die damaligen Überlegungen zur Ableitung aber bereits zur Lösung von Extremwertproblemen oder zur Bestimmung von Tangenten sehr hilfreich waren, erkannte man schließlich doch die große Bedeutung der Ableitung. So kam es gegen Ende des 17. Jahrhunderts zu einem der wohl berühmtesten Prioritätenstreits in der Mathematik.

Der Konflikt schwelte zunächst für etwa ein Jahrzehnt, spitzte sich aber mit einer Antwort von LEIBNIZ auf NEWTONS Veröffentlichung zu, die von NEWTONS Anhängern als Beleidigung angesehen wurde. Verschärft durch nationalistische Untertöne wurden dem Deutschen LEIBNIZ 1710 aus dem britischen Umfeld NEWTONS heraus heftige Vorwürfe gemacht, er habe sich die Ideen von NEWTON aus zwei noch nicht veröffentlichten Schriften von ihm zunutze gemacht, ohne dies anzuerkennen. Tatsächlich hatte LEIBNIZ schon 1676 während seines Aufenthaltes in London Zugang zu Manuskripten von NEWTON, die dieser bei der Royal Society hinterlegt hatte.
LEIBNIZ wehrte sich gegen die Vorwürfe durch einen förmlichen Einspruch. Eine von der Royal Society (deren Präsident NEWTON übrigens selbst war) eingesetzte Untersuchungskommission entschied 1712 jedoch gegen LEIBNIZ, ohne diesen überhaupt anzuhören oder auch nur anzuschreiben. Damit war LEIBNIZ kurz vor seinem Lebensende wissenschaftlich zutiefst diskreditiert.

Die „Royal Society" wurde 1660 in London gegründet und widmete sich der Förderung der Mathematik und der Naturwissenschaften.
Von 1703 bis 1727 stand Sir ISAAC NEWTON der Royal Society als Präsident vor.

Auf dem Kontinent sah man zwar den Schuldspruch der Kommission der Royal Society als nicht stichhaltig an; eine endgültige historische Rehabilitierung von LEIBNIZ ergab sich aber erst 1949 durch das Bekanntwerden der mathematischen Manuskripte der Pariser Zeit (1671–1676) in allen Details. Hierdurch wurde deutlich, dass NEWTON und LEIBNIZ ihre Entdeckungen wohl unabhängig voneinander gemacht hatten.

Vermutlich wegen der einfacheren Darstellung hat sich der Formalismus von LEIBNIZ später, vor allem unter dem Einfluss des Schweizer Mathematikers LEONARD EULER (1707–1783), durchgesetzt.
EULER erklärte, dass die unendlich kleinen Größen null seien, dass ihr Quotient aber durchaus einen endlichen Wert haben könne. Ihm gelang es, die Idee der Ableitung sowie deren Anwendungen maßgeblich weiterzuentwickeln.

Eine genaue Definition der Ableitung konnte im 19. Jahrhundert mithilfe des inzwischen exakt gefassten Grenzwertbegriffs u.a. von dem Franzosen AUGUSTIN L. CAUCHY sowie dem deutschen Professor KARL WEIERSTRASS geliefert werden.

**LEONHARD EULER** (1707–1783)
LEONHARD EULER gehörte zu den produktivsten Mathematikern des 18. Jahrhunderts. Insgesamt gibt es 866 Publikationen von ihm. Er führte unter anderem die Schreibweise f(x) für Funktionen und die Bezeichnung π für die Kreiszahl ein.

**KARL WEIERSTRASS** (1815–1897)
Bevor KARL WEIERSTRASS als Professor in Berlin lehrte, arbeitete er 20 Jahre als Gymnasiallehrer in Münster.

**1** Erstellen Sie eine Präsentation über den Prioritätenstreit zur Ableitung. Erläutern Sie hierbei auch die mit der Ableitung verbundenen Schwierigkeiten sowie die Vor- und Nachteile der unterschiedlichen Ansätze.

# Rückblick

**Differenzenquotient**

Der Quotient $\frac{f(x_0 + h) - f(x_0)}{h}$ heißt **Differenzenquotient** einer Funktion f auf $[x_0; x_0 + h]$.
Er gibt an, wie sich die Funktionswerte im Intervall $[x_0; x_0 + h]$ im Durchschnitt verändern.

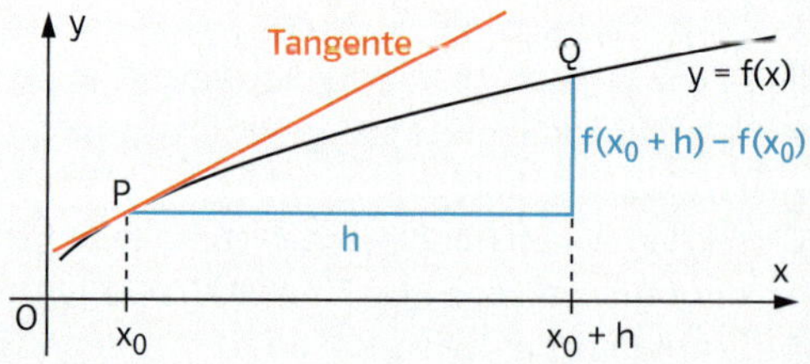

Fig. 1

**Ableitung**

Wenn der Differenzenquotient einer Funktion f für $h \to 0$ gegen einen Grenzwert strebt, so heißt dieser Wert **Ableitung** der Funktion f an der Stelle $x_0$. Man schreibt $f'(x_0)$.

$\frac{f(x_0 + h) - f(x_0)}{h} \to f'(x_0)$ für $h \to 0$.

Hierfür schreibt man auch: $f'(x_0) = \lim\limits_{h \to 0} \frac{f(x_0 + h) - f(x_0)}{h}$.

In Anwendungssituationen nennt man den Differenzenquotient **mittlere Änderungsrate** und die Ableitung **lokale** oder auch **momentane Änderungsrate**.

**Tangente**

Die Gerade durch den Punkt $P(x_0 \mid f(x_0))$ mit der Steigung $f'(x_0)$ nennt man **Tangente** des Graphen von f in $x_0$.

$f(x) = 0{,}25x^2 - 1$

Differenzenquotient im Intervall [−2; 4]:

$\frac{f(4) - f(-2)}{6} = \frac{3 - 0}{6} = \frac{1}{2}$

Ableitung an der Stelle $x_0 = 2$:

$\frac{f(2 + h) - f(2)}{h} = \frac{[0{,}25(2 + h)^2 - 1] - 0}{h}$

$= \frac{0{,}25(4 + 4h + h^2) - 1}{h} = \frac{1 + h + 0{,}25h^2 - 1}{h}$

$= \frac{h + 0{,}25h^2}{h} = 1 + 0{,}25h \to 1$ für $h \to 0$;

also $f'(2) = 1$.

**Rechnerische Bestimmung der Ableitung einer Funktion**

Man stellt den Differenzenquotienten im Intervall $[x_0; x_0 + h]$ auf.
Der Differenzenquotient wird so umgeformt, dass das h im Nenner wegfällt oder dass der Nenner für $h \to 0$ gegen einen von Null verschiedenen Wert strebt. Die Ableitung ergibt sich dann als Grenzwert des Differenzenquotienten für $h \to 0$.

f mit $f(x) = x^2$

$\frac{(x_0 + h)^2 - x_0^2}{h} = \frac{x_0^2 + 2x_0h + h^2 - x_0^2}{h}$

$= \frac{2x_0h + h^2}{h} = \frac{(2x_0 + h) \cdot h}{h}$

$= 2x_0 + h \to 2x_0$ für $h \to 0$.

Es gilt also: $f'(x) = 2x$.

**Ableitungsfunktion**

Ist eine Funktion f für alle $x \in D_f$ differenzierbar, so heißt die Funktion, die jeder Stelle x der Definitionsmenge die Ableitung $f'(x)$ an dieser Stelle zuordnet, die **Ableitungsfunktion f'** oder **Ableitung von f**.

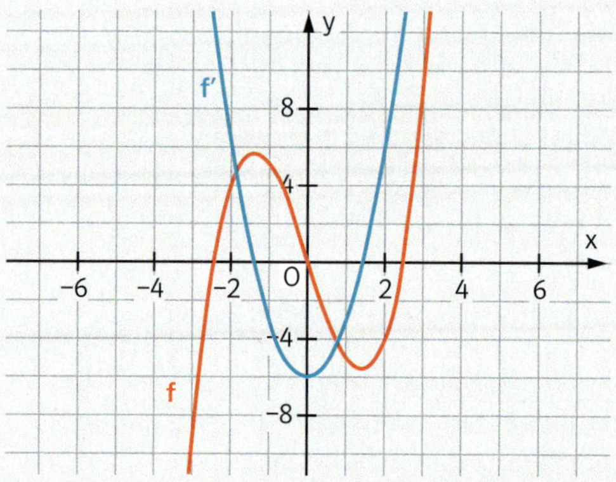

Fig. 2

**Ableitungsregeln**

| | | | |
|---|---|---|---|
| Potenzregel: | $f(x) = x^r$ und $r \in \mathbb{R}$ | $f'(x) = r \cdot x^{r-1}$ | $f(x) = x^4$; $f'(x) = 4x^3$ |
| Faktorregel: | $f(x) = c \cdot g(x)$ und $c \in \mathbb{R}$ | $f'(x) = c \cdot g'(x)$ | $f(x) = 7 \cdot x^4$; $f'(x) = 7 \cdot 4x^3 = 28x^3$ |
| Summenregel: | $f(x) = k(x) + h(x)$ | $f'(x) = k'(x) + h'(x)$ | $f(x) = 7 \cdot x^4 + x^2$; $f'(x) = 28x^3 + 2x$ |

# Rückblick

## Ableitungen ökonomischer Funktionen

**Grenzkosten**
Die Ableitungsfunktion K′ der Kostenfunktion K nennt man **Grenzkostenfunktion**.

Interpretation:
Für eine Menge $x_0$ kann man die Grenzkosten $K'(x_0)$ interpretieren als den Kostenzuwachs, der sich – ausgehend von $x_0$ – für eine zusätzlich angebotene Einheit ergibt.

$K(x) = 0{,}01x^3 - 1{,}5x^2 + 85x + 750$
$K'(x) = 0{,}03x^2 - 3x + 85$
$p = 100;\ E(x) = 100x;\ E'(x) = 100$

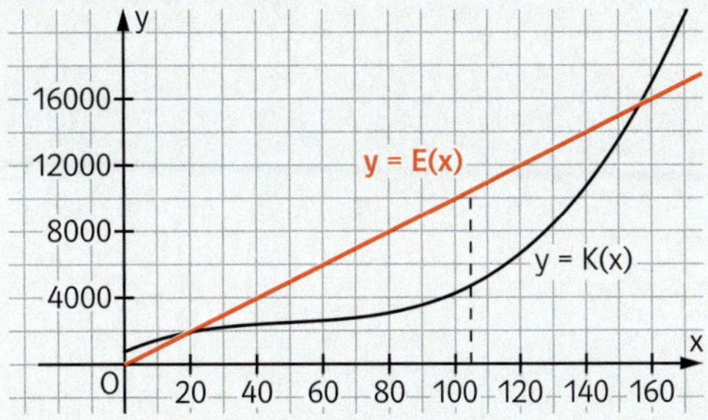


**Grenzerlös**
Die Ableitungsfunktion E′ der Erlösfunktion E nennt man **Grenzerlösfunktion**.

Interpretation:
Für eine Menge $x_0$ kann man den Grenzerlös $E'(x_0)$ interpretieren als den zusätzlichen Erlös, der sich – ausgehend von $x_0$ – für eine zusätzlich angebotene Einheit ergibt.

**Grenzgewinn**
Die Ableitungsfunktion G′ der Gewinnfunktion G nennt man **Grenzgewinnfunktion**.

Interpretation:
Für eine Menge $x_0$ kann man den Grenzgewinn $G'(x_0)$ interpretieren als den zusätzlichen Gewinn, der sich – ausgehend von $x_0$ – für eine zusätzlich angebotene Einheit ergibt.

$G(x) = -0{,}01x^3 + 1{,}5x^2 + 15x - 750$
$G'(x) = -0{,}03x^2 + 3x + 15$

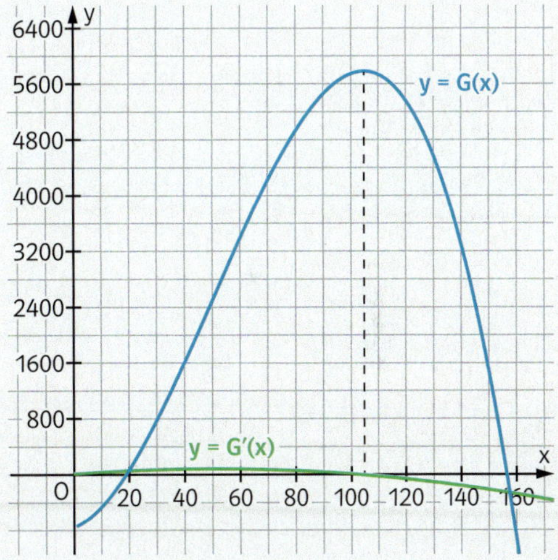


**Gewinnmaximum im Polypol**
Im Polypol mit dem Marktpreis p und der Erlösfunktion $E(x) = p \cdot x$ gilt für die Menge $x_0$ mit maximalem Erlös: $K'(x_0) = p$.

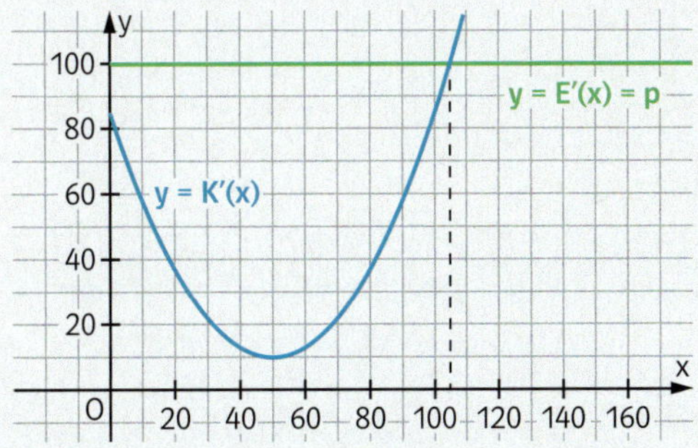


Die gewinnmaximale Menge ist ca. 104,8 ME.

# Training

**1** Die Grafik in Fig. 1 zeigt für ein Fahrzeug den Weg in Abhängigkeit von der Zeit zwischen den Innenstädten von Köln und Bonn über die A555 im Berufsverkehr. Ermitteln Sie näherungsweise die Durchschnittsgeschwindigkeit in den Intervallen [0; 6], [12; 18] und [20; 27].

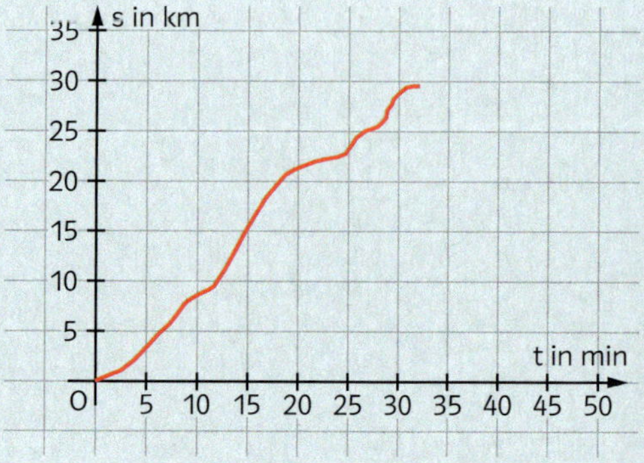

Fig. 1

**2** Bestimmen Sie die Funktionsgleichung von f′.

a) $f(x) = 7x^2$

b) $f(x) = 4x^2 - 5x$

c) $f(x) = \frac{1}{x} - 4x$

**3** Fig. 2 zeigt den Graphen einer Funktion f. Welche der folgenden Aussagen über die dazugehörige Ableitungsfunktion f sind richtig?

A) Der Graph der Ableitungsfunktion f′ schneidet an der Stelle $x = 2$ die x-Achse.

B) Der Graph von f′ geht durch den Koordinatenursprung.

C) Der Graph von f′ verläuft zwischen $x = 1$ und $x = 2$ unterhalb der x-Achse.

D) Der Funktionswert von f′ an der Stelle $x = -3$ ist positiv.

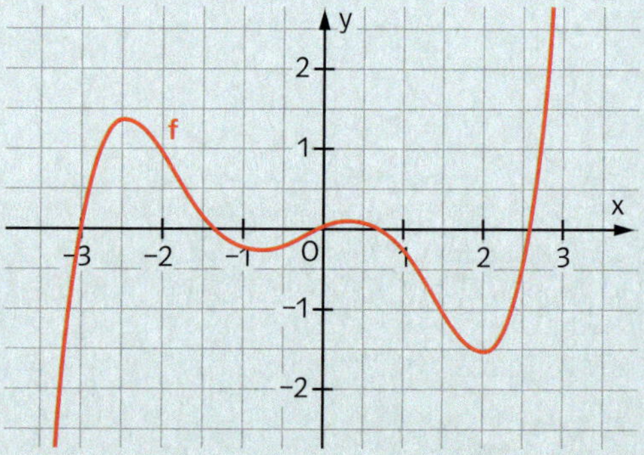

Fig. 2

**4** Skizzieren Sie den Graphen von f′ in ein Koordinatensystem.

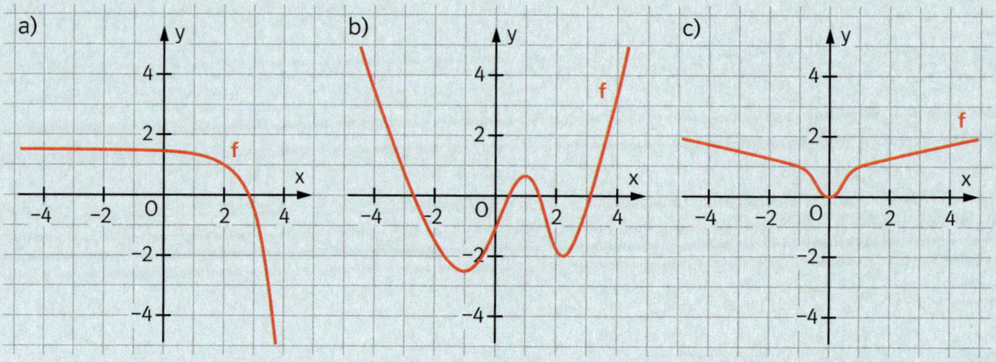


**5** Bestimmen Sie die Gleichung der Tangente t an den Graphen von f durch den Punkt P.

a) $f(x) = x^2 + 0{,}5x$; $P(-3\,|\,f(-3))$

b) $f(x) = x - x^3$; $P(1\,|\,f(1))$

**6** In der Medizin wird die Reaktionsstärke R auf ein Medikament in Abhängigkeit von der Dosis d durch die Funktion R mit $R(d) = -0{,}5d^3 + 2d^2$ beschrieben. Die Empfindlichkeit eines Körpers auf die Dosis d wird als die lokale Änderungsrate R′(d) festgelegt.

a) Skizzieren Sie die Graphen von R bzw. von R′.

b) Für welche Dosis ist die Reaktionsstärke am größten? Für welche Dosis ist die Empfindlichkeit am größten?

# Training

**7** Die Kosten für die Gewinnung von T Tonnen Gold aus einer Goldmine betragen $K = f(T)$ Euro. Was bedeutet die Aussage $f'(2000) = 100$?

**8** Gegeben ist die Funktion f mit $f(x) = \frac{1}{4}x^4 - 2{,}25x^2$.
a) Bestimmen Sie die Schnittpunkte mit der x-Achse.
b) Berechnen Sie die Steigungen des Graphen in den Schnittpunkten mit der x-Achse.
c) Erstellen Sie eine Zeichnung, in der Sie auch die Steigungen in den entsprechenden Punkten eintragen.

**9** Zeichnen Sie die Graphen von f mit $f(x) = 0{,}5x^3$, g mit $g(x) = 0{,}5x^3 + 2$ und h mit $h(x) = 0{,}5x^3 - 1$. Bilden Sie die Ableitungen und zeichnen Sie die Graphen der jeweiligen Ableitungsfunktion. Was stellen Sie fest? Begründen Sie.

**10** Gegeben ist die Funktion f mit $f(x) = x^3 - 9x$. Bestimmen Sie alle Punkte des Graphen, in denen die Tangenssteigung m ist.
a) $m = -6$ b) $m = 39$ c) $m = 0$

**11** Gegeben ist f mit $f(x) = \frac{1}{16}(-x^4 + 6x^2 + 27)$. Ermitteln Sie die Gleichung der Tangente an den Graphen von f im Punkt $P(-1\,|\,f(-1))$.

**12** Gegeben ist die Funktion f mit $f(x) = \sin(x)$. Bestimmen Sie die Gleichung der Tangente an den Graphen von f im Punkt $P(\pi\,|\,0)$.

**13** Der Graph in Fig. 1 zeigt ein Zeit-Weg-Diagramm einer Autofahrt durch eine geschlossene Ortschaft (vorgeschriebenes Tempo: $50\,\frac{km}{h}$).
a) Beschreiben Sie den Verlauf der Fahrt.
b) Nach drei Kilometern kommt der Fahrer an einer Radarfalle vorbei. Wird er geblitzt? Begründen Sie.

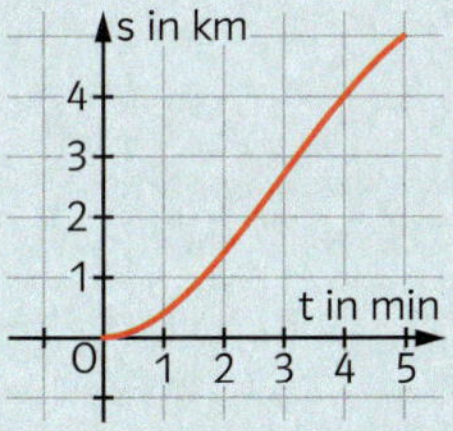

Fig. 1

**14** Gegeben sind die Kostenfunktion K mit $K(x) = 0{,}002x^3 - 0{,}3x^2 + 20x + 250$ und die Erlösfunktion E mit $E(x) = 22x$ (x in Einheiten des Gutes, K(x) in €).
a) Bestimmen Sie die Grenzkostenfunktion und zeichnen Sie den Graphen.
b) Berechnen Sie $K'(0)$, $K'(20)$ und $K'(100)$ und interpretieren Sie die Werte.
c) Für welche Menge betragen die Grenzkosten 10 €?
d) Geben Sie die Grenzerlösfunktion an und interpretieren Sie diese Funktion.
e) Bei welcher Menge sind die Grenzkosten gleich dem Grenzerlös?
Erläutern Sie die ökonomische Bedeutung dieser Menge.

**15** Die Gesamtkosten eines Herstellers von Beton sind durch die Kostenfunktion K mit $K(x) = 0{,}03x^3 - 3x^2 + 125x + 145$ gegeben (x in $m^3$, K(x) in €). Für jeden $m^3$ Beton erzielt das Unternehmen einen Erlös von 80 €.
a) Bestimmen Sie die Gewinnfunktion und zeichnen Sie den Graphen.
b) Bei welchen Mengen macht das Unternehmen Gewinn?
c) Bestimmen Sie mithilfe des Rechners die Menge, bei der das Unternehmen seinen Gewinn maximiert. Geben Sie den maximalen Gewinn an.
d) Aufgrund einer Veränderung der Marktsituation muss das Unternehmen den Preis für den $m^3$ Beton auf 70 € senken.
Wie verändern sich dadurch die Ergebnisse in den Teilaufgaben b) und c)?

# 1 Mengen

## Mengen

Die Zusammenfassung verschiedener, wohlunterscheidbarer Elemente zu einer Einheit nennt man eine **Menge**.

### Bezeichnungen

Bei der **aufzählenden** Darstellung von Mengen werden die Elemente jeweils durch ein Semikolon getrennt.

Mengen werden meistens mit großen Buchstaben wie A, B, C, … bezeichnet, die Elemente meistens mit kleinen Buchstaben wie a, b, c, x, y, … Sollen z. B. die Elemente a, b und c zur Menge A zusammengefasst werden, schreibt man $A = \{a; b; c\}$. Die Menge $B = \{1; 3; 5; 6\}$ umfasst die Zahlen 1, 3, 5 und 6. Durch $b \in A$ bzw. $2 \notin B$ wird ausgedrückt, dass b Element von A ist, 2 jedoch der Menge B nicht angehört. Die Menge, die kein Element enthält, heißt **leere Menge** und wird mit { } oder ∅ bezeichnet.

Mengen kann man sich mit so genannten VENN-Diagrammen veranschaulichen (siehe Fig. 1).

Sind alle Elemente einer Menge A auch Elemente einer anderen Menge B, so ist A eine **Teilmenge** von B: $A \subseteq B$.
Enthält B außer den Elementen von A noch weitere Elemente, so ist A eine **echte Teilmenge** von B: $A \subset B$.

### Mengenoperationen

Aus zwei gegebenen Mengen A und B können durch die **Mengenoperationen** ∩ (geschnitten), ∪ (vereinigt) und \ (ohne) weitere Mengen gebildet werden.

### Schnittmenge

Man kann für „und" auch das logische Zeichen ∧ verwenden: $A \cap B = \{x \mid x \in A \wedge x \in B\}$.

Die Schnittmenge $A \cap B$ umfasst alle Elemente, die Element von A und Element von B sind:
$A \cap B = \{x \mid x \in A \text{ und } x \in B\}$.

### Vereinigungsmenge

Schreibweise mit dem Zeichen ∨ für „oder": $A \cup B = \{x \mid x \in A \vee x \in B\}$

Die Vereinigungsmenge $A \cup B$ umfasst alle Elemente, die Element von A oder Element von B sind: $A \cup B = \{x \mid x \in A \text{ oder } x \in B\}$.

### Differenzmenge

$A \setminus B = \{x \mid x \in A \wedge x \notin B\}$

Die Differenzmenge $A \setminus B$ umfasst alle Elemente, die Element von A aber nicht Element von B sind:
$A \setminus B = \{x \mid x \in A \text{ und } x \notin B\}$.

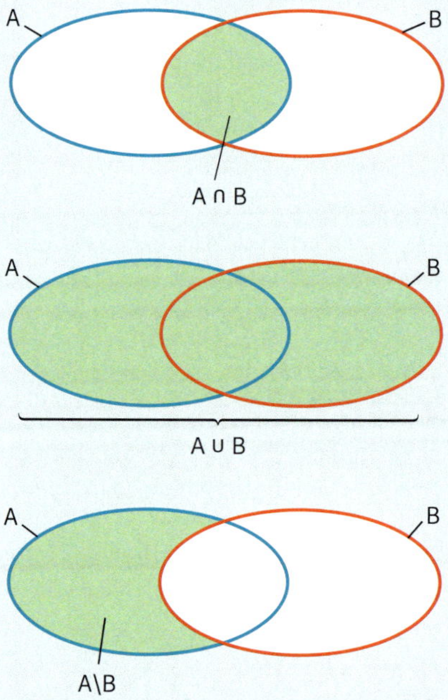

Fig. 1

## Zahlenmengen

### Natürliche Zahlen

$\mathbb{N} = \{0; 1; 2; 3; 4; \ldots\}$ bezeichnet die Menge der **natürlichen Zahlen**;
$\mathbb{N}^* = \mathbb{N} \setminus \{0\} = \{1; 2; 3; 4; \ldots\}$.

**Ganze Zahlen**
$\mathbb{Z} = \{\ldots; -3; -2; -1; 0; 1; 2; 3; \ldots\}$ bezeichnet die Menge der **ganzen Zahlen**; $\mathbb{N} \subset \mathbb{Z}$;
$\mathbb{Z}^*$ bezeichnet die Menge der ganzen Zahlen ohne die Null.

**Rationale Zahlen**
Zahlen wie $-35{,}7$; $-4\frac{1}{3}$; $-1$; $0$; $0{,}98$; $\frac{23}{7}$ sind Beispiele für rationale Zahlen.
$\mathbb{Q} = \left\{\frac{m}{n} \mid m \in \mathbb{Z} \text{ und } n \in \mathbb{Z}^*\right\}$ bezeichnet die Menge der **rationalen Zahlen.** Die rationalen Zahlen lassen sich als **abbrechende** oder als **periodische Dezimalzahlen** schreiben. Die Menge der natürlichen Zahlen und die Menge der ganzen Zahlen sind Teilmengen der Menge der rationalen Zahlen: $\mathbb{N} \subset \mathbb{Z} \subset \mathbb{Q}$. $\mathbb{Q}_+^* = \{q \in \mathbb{Q} \mid q > 0\}$ bezeichnet die Menge der positiven rationalen Zahlen.

**Reelle Zahlen**
Die Menge der **reellen Zahlen** enthält die rationalen Zahlen und die irrationalen Zahlen wie z. B. $\sqrt{2}$; $\frac{1}{2} \cdot \sqrt{3}$; $6^{\frac{1}{3}}$; die Kreiszahl $\pi = 3{,}14159\ldots$; die Euler'sche Zahl $e = 2{,}71828\ldots$ oder den Logarithmus von 2, d.h. $\log(2) = 0{,}30102\ldots$
Die irrationalen Zahlen lassen sich nicht als abbrechende oder periodische Dezimalzahlen schreiben.

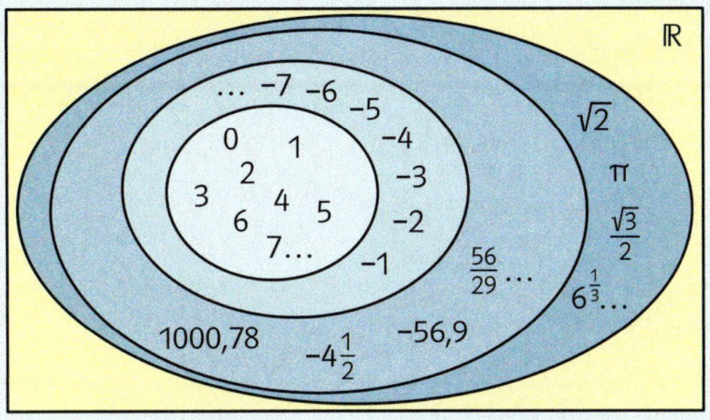


Es gilt: $\mathbb{N} \subset \mathbb{Z} \subset \mathbb{Q} \subset \mathbb{R}$.
$\mathbb{R}_+^* = \{r \in \mathbb{R} \mid r > 0\}$ bezeichnet die Menge der positiven reellen Zahlen; $\mathbb{R}_+ = \{r \in \mathbb{R} \mid r \geqq 0\}$.
$\mathbb{R}_-^* = \{r \in \mathbb{R} \mid r < 0\}$ bezeichnet die Menge der negativen reellen Zahlen; $\mathbb{R}_- = \{r \in \mathbb{R} \mid r \leqq 0\}$.

**Wichtige Zahlenmengen:**
$\mathbb{N}$: Natürliche Zahlen
$\mathbb{N}^*$: Natürliche Zahlen ohne Null; auch $\mathbb{N} \setminus \{0\}$
$\mathbb{Z}$: Ganze Zahlen
$\mathbb{Z}^*$: Ganze Zahlen ohne Null; auch $\mathbb{Z} \setminus \{0\}$
$\mathbb{Q}$: Rationale Zahlen
$\mathbb{R}$: Reelle Zahlen
$\mathbb{R}^*$: Reelle Zahlen ohne Null; auch $\mathbb{R} \setminus \{0\}$
$\mathbb{R}_+^*$: Positive reelle Zahlen
$\mathbb{R}_+$: Nicht negative reelle Zahlen; auch $\mathbb{R}_0^+$

## Intervalle

| | |
|---|---|
| Abgeschlossenes Intervall: | $[a; b] = \{x \mid a \leqq x \leqq b\}$ |
| Offenes Intervall: | $(a; b) = \{x \mid a < x < b\}$ |
| Rechtsseitig halboffenes Intervall: | $[a; b) = \{x \mid a \leqq x < b\}$ |
| Linksseitig halboffenes Intervall: | $(a; b] = \{x \mid a < x \leqq b\}$ |
| Unbeschränkte Intervalle: | $[a; \infty) = \{x \mid x \geqq a\}$; $(-\infty; a] = \{x \mid x \leqq a\}$ |

# Aufgaben

**1** Gegeben sind die Mengen $A = \{1; 3; 4; 6; 9\}$, $B = \{0; 1; 3; 5; 7; 9\}$ und $C = \{0; 2; 4; 5; 8; 9\}$.
Bilden Sie die folgenden Mengen: $A \cap B$, $A \cup B$, $A \cap C$, $B \cup C$, $A \setminus B$, $B \setminus A$.

**2** Gegeben sind die Mengen $A = \{x \mid -3 < x \leqq 8\}$; $B = \{x \mid 1 \leqq x \leqq 6\}$; $C = \{x \mid x > 4\}$ und $D = \{x \mid x \leqq 10\}$ mit $x \in \mathbb{R}$.
a) Notieren Sie die Mengen in der Intervallschreibweise mit eckigen und runden Klammern.
b) Geben Sie folgende Mengen als Intervalle an: $C \cap D$; $B \cup D$; $A \setminus C$; $B \setminus D$; $A \cup C$.

**3** Finden Sie eine möglichst einfache sprachliche Beschreibung für die folgenden Mengen.
$A = \{3; 6; 9; 12; 15\}$; $B = \{1; 4; 9; 16; 25; 36; 49\}$; $C = \{\ldots; -4; -2; 0; 2; 4; \ldots\}$

**4** Geben Sie die Menge in aufzählender Schreibweise an.
a) $A = \{x \mid x^2 < 25 \wedge x \in \mathbb{Z}\}$ b) $B = \{x \mid x = 2n - 1 \wedge n \in \mathbb{N}^*\}$ c) $C = \left\{x \mid \frac{36}{x} \geqq 2 \wedge x \in \mathbb{N}^*\right\}$

**5** Schreiben Sie die Menge als ein Intervall.
a) $[1; 4] \cap (3; 4)$ b) $(-\infty; -3] \cap [-7; \infty)$ c) $\mathbb{R}_-^* \setminus [-2; 2)$ d) $\mathbb{R} \setminus (2; \infty)$
e) $[-3; 3] \cup \mathbb{R}_+$ f) $(2; 5) \cup \{2; 5\}$ g) $[2; 5) \setminus \{2; 5\}$ h) $\mathbb{R}_-^* \cap (-1; 2]$
i) $(\mathbb{R} \setminus (-\infty; 4)) \cap (\mathbb{R} \setminus \{4\})$ j) $[-3; 4] \cup \mathbb{R}_+^*$

# 2 Rechnen

## Grundbegriffe

| Rechenart | Rechenzeichen | Name des Ergebnisses | Name der einzelnen Terme |
|---|---|---|---|
| Addition | $a + b$ | Summe | a, b: Summanden |
| Subtraktion | $a - b$ | Differenz | a: Minuend, b: Subtrahend |
| Multiplikation | $a \cdot b$ | Produkt | a, b: Faktoren |
| Division | $a : b = \frac{a}{b}$ | Quotient | a: Dividend, b: Divisor<br>a: Zähler, b: Nenner |
| Potenzieren | $a^n$ | Potenz | a: Basis (Grundzahl)<br>n: Exponent (Hochzahl) |
| Radizieren | $\sqrt{a}$ | Wurzel | a: Radikand |

## Rechnen mit Klammern

### Auflösen von Klammern

$a + (b + c) = a + b + c$
$a + (b - c) = a + b - c$
$a - (b + c) = a - b - c$
$a - (b - c) = a - b + c$

**Beispiele**

$23 + (-13 + 7) = 23 - 13 + 7 = 17$
$44 + (-13 - 17) = 44 - 13 - 17 = 14$
$56 - (-49 + 11) = 56 + 49 - 11 = 94$
$79 - (-45 - 23) = 79 + 45 + 23 = 147$

Eine **Plusklammer** löst man auf, indem man das Pluszeichen vor der Klammer und die Klammer weglässt.
Eine **Minusklammer** löst man auf, indem man bei den Termen in der Klammer die Pluszeichen zu Minuszeichen und die Minuszeichen zu Pluszeichen ändert und das Minuszeichen vor der Klammer sowie die Klammer weglässt.

### Ausmultiplizieren

Sind mehrere Klammern ineinander geschachtelt, so löst man die Klammern von innen nach außen auf.

$a \cdot (b + c) = a \cdot b + a \cdot c$ | $6 \cdot 17 = 6 \cdot (10 + 7) = 6 \cdot 10 + 6 \cdot 7 = 60 + 42 = 102$

$a \cdot (b - c) = a \cdot b - a \cdot c$ | $23 \cdot 9 = 23 \cdot (10 - 1) = 23 \cdot 10 - 23 \cdot 1 = 230 - 23 = 207$

$(a + b) \cdot (c + d) = a \cdot c + a \cdot d + b \cdot c + b \cdot d$ | $(10 + 7) \cdot (30 + 4) = 10 \cdot 30 + 10 \cdot 4 + 7 \cdot 30 + 7 \cdot 4 = 578$

### Ausklammern

$a \cdot b + a \cdot c = a \cdot (b + c)$ | $0{,}5 \cdot 6 + 0{,}5 \cdot 8 = 0{,}5 \cdot (6 + 8) = 7$

$a \cdot b - a \cdot c = a \cdot (b - c)$ | $9 \cdot 8 - 9 \cdot 28 = 9 \cdot (8 - 28) = 9 \cdot (-20) = -180$

### Binomische Formeln

Die binomischen Formeln werden sowohl „von links nach rechts" als auch „von rechts nach links" verwendet.

$(a + b)^2 = a^2 + 2ab + b^2$ | $(x + 2y)^2 = x^2 + 2 \cdot x \cdot 2y + (2y)^2 = x^2 + 4xy + 4y^2$

$(a - b)^2 = a^2 - 2ab + b^2$ | $(5 - 3c)^2 = 5^2 - 2 \cdot 5 \cdot 3c + (3c)^2 = 25 - 30c + 9c^2$

$(a + b) \cdot (a - b) = a^2 - b^2$ | $81 \cdot 79 = (80 + 1) \cdot (80 - 1) = 6400 - 1 = 6399$

### Zerlegung nach VIETA

Man beginnt am besten damit, das Absolutglied q in zwei Faktoren zu zerlegen. Diese müssen als Summe den Vorfaktor p ergeben.

$(x + a) \cdot (x + b) = x^2 + \underbrace{(a + b)}_{p} \cdot x + \underbrace{a \cdot b}_{q}$ | $(x + 3) \cdot (x + 4) = x^2 + 7 \cdot x + 12$

## Aufgaben

**1** Lösen Sie die Klammern auf und fassen Sie möglichst weit zusammen.

a) $4a - 2b - (3a + b)$
b) $2(x - 4y) - 3(6x - 3y)$
c) $-3(u + 4) + 2(u - 5) - (2 - 6u)$
d) $5a(2a - 3) - 4a^2$
e) $3u(4u - 5) - 8(2u^2 - 3) - u(3u - 4)$

**2** Multiplizieren Sie die Klammern aus und fassen Sie zusammen.

a) $-6a(2a - 3b) + 5a^2 - 8a(b - 3a)$
b) $4x(-2x + 7y) - 10(x^2 + 4x) - 7x(-3x + 4y - 7)$

**3** Lösen Sie die Klammern schrittweise auf und fassen Sie möglichst weit zusammen.

a) $3a(4 - 2(4a - 3b)) - 5(-a(b - 3a) - 2a)$
b) $3(-5(v - u) + 4u(4 - 2v)) - 4u(-3(u + 2v))$
c) $(2u - 3(u + 4v))(6u - v)$
d) $(-4x + 6y - 3)(2x - 3) + (x - 1)(4 - y)$

**4** Formen Sie mithilfe der binomischen Formeln um.

a) $(3a + 7b)^2$
b) $(9x - 5y)^2$
c) $(-2u + 5v)(-2u - 5v)$
d) $9x^2 - 12xy + 4y^2$
e) $144m^2 + 24m + 1$
f) $16u^2v^2 - 81w^2$
g) $(-x^2 - 2y)(-x^2 + 2y)$
h) $49r^2s^2 - 28rst + 4t^2$

**5** Ergänzen Sie die fehlenden Terme, sodass sich eine binomische Formel ergibt.

a) $(\blacktriangle + \blacksquare)^2 = 9x^2 + \bullet + 16y^2$
b) $(6a^2 - \blacktriangle)^2 = \blacksquare - 24a^2b + \bullet$
c) $(\blacktriangle + 5s)^2 = \frac{r^2}{4} + \blacksquare + \bullet$
d) $(\blacktriangle - \blacksquare)^2 = \bullet - xy^2 + \frac{y^4}{16}$
e) $\left(\frac{a}{3} + \blacktriangle\right)^2 = \blacksquare + \bullet + 81$
f) $(-4x - \blacktriangle)^2 = \blacksquare - 16x + \bullet$

**6** Faktorisieren Sie mithilfe der Zerlegung nach Vieta.

a) $a^2 + 9a + 14$
b) $x^2 - 6x + 5$
c) $u^2 - u - 12$
d) $x^2 + 6ax + 8a^2$
e) $2x^2 - 20x + 18$
f) $ax^2 + 4abx + 3ab^2$
g) $-y^2 + 5y - 6$
h) $a^2x^2 + 8ax + 12$

### Rechnen mit Brüchen

**Erweitern**

$\frac{a}{b} = \frac{a \cdot k}{b \cdot k}$ mit $k \neq 0$

**Beispiele**

$\frac{3}{4}$ erweitert mit 5 ergibt $\frac{3 \cdot 5}{4 \cdot 5} = \frac{15}{20}$.

**Kürzen**

$\frac{a}{b} = \frac{a:k}{b:k}$ mit $k \neq 0$

$\frac{24}{56}$ gekürzt mit 8 ergibt $\frac{24:8}{56:8} = \frac{3}{7}$.

**Addition und Subtraktion bei gleichen Nennern**

$\frac{a}{c} \pm \frac{b}{c} = \frac{a \pm b}{c}$

$\frac{4}{9} + \frac{11}{9} = \frac{4 + 11}{9} = \frac{15}{9}$; $\frac{4}{9} - \frac{11}{9} = \frac{4 - 11}{9} = -\frac{7}{9}$

**Addition und Subtraktion bei verschiedenen Nennern**

$\frac{a}{c} \pm \frac{b}{d} = \frac{a \cdot d}{c \cdot d} \pm \frac{b \cdot c}{d \cdot c} = \frac{a \cdot c \pm b \cdot c}{c \cdot d}$

$\frac{4}{9} + \frac{11}{4} = \frac{4 \cdot 4}{9 \cdot 4} + \frac{11 \cdot 9}{4 \cdot 9} = \frac{4 \cdot 4 + 11 \cdot 9}{9 \cdot 4} = \frac{115}{36}$

$\frac{4}{9} - \frac{11}{4} = \frac{4 \cdot 4}{9 \cdot 4} - \frac{11 \cdot 9}{4 \cdot 9} = \frac{4 \cdot 4 - 11 \cdot 9}{9 \cdot 4} = -\frac{83}{36}$

$c \cdot d$ ist der einfachste, aber nicht immer der kleinste Nenner.

**Multiplikation**

$\frac{a}{b} \cdot \frac{c}{d} = \frac{a \cdot c}{b \cdot d}$

$\frac{4}{3} \cdot \frac{9}{5} = \frac{4 \cdot 9}{3 \cdot 5} = \frac{4 \cdot 3}{1 \cdot 5} = \frac{12}{5}$

**Division**

$\frac{a}{b} : \frac{c}{d} = \frac{a}{b} \cdot \frac{d}{c} = \frac{a \cdot d}{b \cdot c}$

$\frac{-4}{3} : \frac{8}{5} = \frac{-4}{3} \cdot \frac{5}{8} = \frac{-4 \cdot 5}{3 \cdot 8} = \frac{-5}{3 \cdot 2} = -\frac{5}{6}$

## Aufgaben

**7** Berechnen Sie.

a) $\frac{49}{13} + \frac{17}{13}$ b) $\frac{5}{12} - \frac{7}{4}$ c) $\frac{12}{27} + \frac{3}{4}$ d) $\frac{34}{15} - \frac{20}{9}$

e) $\frac{5}{7} \cdot \frac{3}{8}$ f) $1\frac{2}{3} \cdot 5\frac{3}{8}$ g) $\frac{8}{23} : \frac{4}{3}$ h) $6\frac{3}{4} : \frac{15}{4}$

i) $\frac{69}{60} \cdot \left(-\frac{48}{23}\right)$ j) $6 : \left(-\frac{3}{10}\right)$ k) $\frac{2}{3} : \left(-\frac{4}{9}\right)$ l) $-\frac{35}{26} : \left(-\frac{25}{39}\right)$

Erinnerung:
Vor dem Multiplizieren zu kürzen vereinfacht die Rechnung!

**8** Vereinfachen Sie.

a) $\frac{45xy}{25x}$ b) $\frac{16a^2b}{24ab^2}$ c) $\frac{a^2 - 2ab + b^2}{a^2 - b^2}$ d) $\frac{3x + 12}{x^2 + 6x + 8}$

e) $\frac{42x}{34} \cdot \frac{17y}{63x^2}$ f) $\frac{40a^2}{65b} \cdot \frac{26b^2}{72ab}$ g) $\frac{6x}{x+y} \cdot \frac{2x + 2y}{4xy}$ h) $\frac{x^2 - 2x + 1}{2} \cdot \frac{x+1}{x^2 - 1}$

Beim Bestimmen eines Hauptnenners sollte man die binomischen Formeln mit in Betracht ziehen.

**9** a) $\frac{44x^2}{36y^2} : \frac{110x}{45y}$ b) $\frac{32b^2}{12a} : \frac{80ab}{25}$ c) $\frac{6x}{x-y} : \frac{15y}{2y - 2x}$ d) $\frac{6m^2}{4m + 10n} : \frac{18mn}{6m + 15n}$

e) $\frac{7}{12} + \frac{11}{20} - \frac{19}{30}$ f) $\frac{b}{a} + \frac{a}{b} - \frac{(a-b)^2}{ab}$ g) $\frac{4x - 6y}{2x + 2y} - \frac{x - 4y}{x + y}$ h) $\frac{4}{2 - 3x} + \frac{12x}{9x^2 - 4}$

### Rechnen mit Potenzen und Wurzeln

**Potenzen**

$a^n = a \cdot a \cdot a \cdot \ldots \cdot a$; n Faktoren
$a \in \mathbb{R}$ heißt **Basis** oder **Grundzahl**;
$n \in \mathbb{R}^*$ **Exponent** oder **Hochzahl**;
$a^0 = 1$; $a^{-n} = \frac{1}{a^n}$.

**Beispiele**

$3^4 = 3 \cdot 3 \cdot 3 \cdot 3 = 81$

$10^0 = 1$; $2^{-3} = \frac{1}{2^3} = \frac{1}{8}$

**Multiplizieren** von Potenzen mit **gleicher Grundzahl**:
$a^m \cdot a^n = a^{m+n}$

$2^3 \cdot 2^5 = 2^{3+5} = 2^8 = 256$

**Multiplizieren** von Potenzen mit **gleicher Hochzahl**:
$a^m \cdot b^m = (a \cdot b)^m$

$5^2 \cdot 3^2 = (5 \cdot 3)^2 = 15^2 = 225$

**Dividieren** von Potenzen mit **gleicher Grundzahl**:
$\frac{a^m}{a^n} = a^{m-n}$

$\frac{7^2}{7^4} = 7^{2-4} = 7^{-2} = \frac{1}{7^2} = \frac{1}{49}$

Wissenschaftliche Taschenrechner zeigen sehr große oder sehr kleine Zahlen automatisch in der Exponentialdarstellung an. Dabei wird die Zahl 10 (Basis der Potenz) meist durch den Buchstaben E oder durch ein Leerzeichen ersetzt.

**Dividieren** von Potenzen mit **gleicher Hochzahl**:
$\frac{a^m}{b^m} = \left(\frac{a}{b}\right)^m$

$\frac{6^2}{3^2} = \left(\frac{6}{3}\right)^2 = 2^2 = 4$

**Potenzieren von Potenzen**:
$(a^m)^n = a^{m \cdot n}$

$(5^4)^{-1} = 5^{4 \cdot (-1)} = 5^{-4} = \frac{1}{5^4} = \frac{1}{625}$

**Exponentialdarstellung von Zahlen**
Um unübersichtliche Darstellungen von Zahlen mit vielen Nullen zu vermeiden, verwendet man vor allem in den Naturwissenschaften die **Exponentialdarstellung**.

$5\,380\,000\,000 = 5{,}38 \cdot 10^9$
$0{,}000\,000\,92 = 9{,}2 \cdot 10^{-7}$

**Wurzeln**

$\sqrt{a}$ mit $a > 0$ ist diejenige positive Zahl b, für die gilt: $b^2 = a$.

$\sqrt[n]{a}$ mit $n \geqq 2$ und $a > 0$ ist diejenige Zahl b, für die gilt: $b^n = a$.

**Beispiele**

$\sqrt{36} = 6$, da $6^2 = 36$;

$\sqrt{\frac{1}{4}} = \frac{1}{2}$, da $\left(\frac{1}{2}\right)^2 = \frac{1}{4}$

**Schreibweisen bei Wurzeln**

$\sqrt[n]{a} = a^{\frac{1}{n}}$; $\sqrt[n]{a^m} = a^{\frac{m}{n}}$

**Rechnen mit Wurzeln**

**Multiplikation:** $\sqrt{a} \cdot \sqrt{b} = \sqrt{a \cdot b}$; $\sqrt[n]{a} \cdot \sqrt[n]{b} = \sqrt[n]{a \cdot b}$ — $\sqrt{4} \cdot \sqrt{2} = \sqrt{4 \cdot 2} = \sqrt{8}$

**Division:** $\frac{\sqrt{a}}{\sqrt{b}} = \sqrt{\frac{a}{b}}$; $\frac{\sqrt[n]{a}}{\sqrt[n]{b}} = \sqrt[n]{\frac{a}{b}}$ — $\frac{\sqrt{5}}{\sqrt{8}} = \sqrt{\frac{5}{8}}$

**Teilweises Wurzelziehen:**

$\sqrt{a^2 \cdot b} = |a| \cdot \sqrt{b}$ — $\sqrt{12} = \sqrt{2^2 \cdot 3} = 2 \cdot \sqrt{3}$ — $\sqrt{x^2} = |x|$

## Aufgaben

**10** Berechnen Sie.

a) $3^5 \cdot 3^2$ b) $\frac{10^4}{10^9}$ c) $3^5 \cdot 2^5$ d) $\frac{12^8}{4^8}$

e) $(6^3)^5$ f) $\left(-\frac{2}{3}\right)^3$ g) $(-3)^{-2}$ h) $-\left(\frac{3}{4}\right)^3$

**11** Setzen Sie eine passende Potenz ein.

a) $x^3 \cdot \square = x^7$ b) $x^{-2} \cdot \square = x$ c) $y^5 \cdot \square = \frac{1}{y}$ d) $3^6 \cdot \square = \frac{1}{9}$

**12** Richtig oder falsch? Begründen oder berichtigen Sie.

a) $\sqrt{5a} + \sqrt{8a} = \sqrt{13a}$ b) $\sqrt{2} + \sqrt{8} = 3\sqrt{2}$ c) $6\sqrt{a} + 6\sqrt{a} - \sqrt{4a} = 10\sqrt{a}$

d) $\frac{\sqrt{z}}{z} = z^{-\frac{1}{2}}$; $\frac{2z}{\sqrt{2z}} = 2z^{\frac{1}{2}}$ e) $(\sqrt{z})^4 = z^2$; $(-\sqrt{2x})^{-2} = \frac{1}{2x}$ f) $\frac{12\sqrt{b}}{\sqrt{12b}} - \frac{12\sqrt{a}}{\sqrt{12a}} + \frac{12\sqrt{c}}{\sqrt{12c}} = 0$

**13** Vereinfachen Sie.

a) $x^4 \cdot x^3 \cdot x^6$ b) $a^{n-1} \cdot a^{n+1}$ c) $u \cdot u^8 \cdot u^r \cdot u^{r-3}$ d) $x^{2(n-1)} \cdot x^{3-2n}$

e) $3^4 \cdot x^4$ f) $a^{2n} \cdot b^{2n}$ g) $(p-q)^r \cdot (p+q)^r$ h) $4^{2n} \cdot \left(\frac{x}{8}\right)^{2n}$

**14** a) $\frac{(x-4)^7}{(x-4)^4}$ b) $\frac{b^{n+1}}{b^{n-2}}$ c) $\frac{x^{4-2n}}{x^{5-6n}}$ d) $\frac{a^{r+s} \cdot b^{3s}}{a^{r-s} \cdot b}$

e) $\frac{(2x)^5}{6^5}$ f) $\frac{(a+a^2)^8}{(a+1)^8}$ g) $\frac{(3x+1)^a}{(1-9x^2)^a}$ h) $\left(\frac{6x^2}{5y}\right)^{3k} : \left(\frac{3x}{10y^2}\right)^{3k}$

i) $(3^x)^4$ j) $(t^{n-1})^{n+1}$ k) $(p^3)^{2q}$ l) $(x^{3r})^{3s}$

**15** Vereinfachen Sie.

a) $\sqrt{x} \cdot \sqrt{x^3}$ b) $\sqrt{\frac{y^5}{2}} \cdot \sqrt{\frac{y^3}{8}}$ c) $\sqrt{\frac{6a^7}{b^3}} : \sqrt{\frac{54a}{b}}$

d) $\sqrt{(a-2)^3} \cdot \sqrt{a-2}$ e) $\sqrt{a^9} \cdot \sqrt{ab^3} \cdot \sqrt{b^5}$ f) $\frac{\sqrt{12x} \cdot \sqrt{xy^5}}{\sqrt{3y^7}}$

**16** a) $\sqrt[5]{x^{15}}$ b) $\sqrt[n]{a^{3n}}$ c) $\left(\sqrt[2m]{y^{4m}}\right)^4$

d) $\sqrt{\sqrt[5]{c^{20}}}$ e) $\sqrt[8]{r \cdot \sqrt[3]{r^2} \cdot r^2 \cdot \sqrt[3]{r}}$ f) $\sqrt[3]{x \cdot \sqrt[4]{x^{-3} \cdot \sqrt{x}}}$

# 3 Gleichungen

## Begriffe der Gleichungslehre

### Term

Ein **Term** ist ein Rechenausdruck. Er kann aus Zahlen, Variablen oder Verbindungen von Zahlen und Variablen durch Rechenoperationen bestehen.
Werden für die Variablen Zahlen eingesetzt, kann jeweils der **Wert** des Terms berechnet werden.
Die Menge der Werte, die für die Variable eingesetzt werden dürfen, heißt **Definitionsmenge**.

**Beispiele**

$x$; $2x$; $-0{,}5x + 1$; $0{,}25$; $xy$; $x(x - 2)$

Wert von $7x - 5$ für $x = 3$:
$7 \cdot 3 - 5$, also 16.

### Gleichung

Werden zwei Terme gleichgesetzt, entsteht eine **Gleichung**. Diese ist über der Schnittmenge der beiden Definitionsmengen definiert.

$T_1$: $5x + 3$; $T_2$: $9 - 7x$
$5x + 3 = 9 - 7x$

### Lösung; Lösungsmenge

Gleichungen werden über einer Grundmenge G auf Lösbarkeit untersucht. Alle Elemente aus G, die beim Einsetzen die Gleichung erfüllen, heißen **Lösungen**.
Die Menge aller Lösungen bilden die **Lösungsmenge L** der Gleichung.

$$2 - x = -0{,}5x + 3;\quad G = \mathbb{Z}$$
$$\Leftrightarrow\quad -x + 0{,}5x = 3 - 2$$
$$\Leftrightarrow\quad -0{,}5x = 1$$
$$\Leftrightarrow\quad x = -2$$

also ist $-2$ Lösung der Gleichung:
$L = \{-2\}$.

### Lösbarkeit einer Gleichung

Eine Gleichung heißt
- **lösbar**, wenn mindestens ein Element der Grundmenge Lösung ist, aber nicht alle Elemente.
- **unlösbar**, wenn kein Element der Grundmenge Lösung ist.
- **allgemein gültig**, wenn jedes Element der Grundmenge Lösung ist.

$3x + 2 = -2 \Leftrightarrow x = -\frac{4}{3}$;
die Gleichung ist lösbar bei $G = \mathbb{Q}$: $L = \left\{-\frac{4}{3}\right\}$;

die Gleichung ist unlösbar bei $G = \mathbb{N}$: $L = \{\,\}$.

$\frac{2x + 4}{x + 2} \Leftrightarrow \frac{2(x + 2)}{x + 2} = 2$;
die Gleichung ist allgemein gültig bei $G = \mathbb{N}$.

### Äquivalenzumformungen

Die Äquivalenz zweier Gleichungen wird durch das logische Symbol $\Leftrightarrow$ verdeutlicht.

Eine Gleichung lösen heißt, sie in eine einfachere Gleichung zu überführen, an der man die Lösung direkt ablesen kann. Hierzu verwendet man **Äquivalenzumformungen**, diese verändern die Lösungsmenge nicht.

Beispiele für Äquivalenzumformungen:
Addition oder Subtraktion gleicher Terme auf beiden Seiten der Gleichung.
Multiplikation oder Division beider Seiten der Gleichung mit einem Term ungleich 0.

| | | |
|---|---|---|
| | $6x + 3 - x = 3(x - 2) + 13$ | \| ausmultiplizieren |
| $\Leftrightarrow$ | $6x + 3 - x = 3x - 6 + 13$ | \| zusammenfassen |
| $\Leftrightarrow$ | $5x + 3 = 3x + 7$ | \| $-3x$ |
| $\Leftrightarrow$ | $2x + 3 = 7$ | \| $-3$ |
| $\Leftrightarrow$ | $2x = 4$ | \| $:2$ |
| $\Leftrightarrow$ | $x = 2$ | |

Lösung: 2
Lösungsmenge: $L = \{2\}$

### Lineare Gleichungen

Eine Gleichung, in der die Lösungsvariable nur in der ersten Potenz auftritt, heißt **lineare Gleichung**.

**Beispiele**

$7x + 4 = \frac{1}{2}(9 - x) + 15$

### Lineare Gleichungen mit Formvariablen

Dies sind lineare Gleichungen, die außer der Lösungsvariablen x noch **Formvariablen** enthalten. Als Lösung erhält man einen Term, der die Formvariable mit enthält.
Diesen Term nennt man **Lösungsterm**.

$x - 3a = 7$

$x = 3a + 7$

$L = \{x \mid x = 3a + 7\}$

oder kurz: $L = \{3a + 7\}$.

## Aufgaben

**1** Lösen Sie nach x auf und bestimmen Sie die Lösungsmenge.

a) $(2x - 3) \cdot (-3x + 4) = (5 - x) \cdot (6x + 2)$

b) $(9 - 2x)^2 = 4 \cdot (6 - x) \cdot (-x + 3)$

c) $(2 + 3x)^2 - (4 - x)^2 = (6 + 2x) \cdot (-2 + 4x)$

d) $(3x - 4)^2 + 4 \cdot (1 - 2x)^2 = (5x + 2)^2 - 4$

**2** Bestimmen Sie die Lösungsmenge in Abhängigkeit der Formvariablen.

a) $3x \cdot (a - 2) + 12 = 2a \cdot (x + 1) - 2 \cdot (x - 2)$

b) $4x \cdot (b - 1) - 5 - b = 3b \cdot (x + 1) - 7 \cdot (x - 1)$

c) $a \cdot (x + 4a) = (a + 3b)^2 + b \cdot (2x - 9b)$

d) $x \cdot (a - 1) \cdot (b + 2) = (4a - b) \cdot x - 2x$

### Quadratische Gleichungen

Eine Gleichung wie $2x^2 - 5x + 8 = 0$ heißt **quadratische Gleichung**, da als höchste Potenz der Lösungsvariablen ein quadratischer Term in der Gleichung auftritt. Je nachdem, ob durch den Vorfaktor des quadratischen Terms dividiert wird oder nicht, unterscheidet man die **normierte** und die **allgemeine Form** der quadratischen Gleichung, für die es die folgenden Lösungsformeln gibt:

**Normierte Form: $x^2 + px + q = 0$**

Lösungsformel: $x_{1;2} = -\frac{p}{2} \pm \sqrt{\left(\frac{p}{2}\right)^2 - q}$

Diskriminante: $D = \left(\frac{p}{2}\right)^2 - q$

**Allgemeine Form: $ax^2 + bx + c = 0;\ a \neq 0$**

Lösungsformel: $x_{1;2} = \frac{-b \pm \sqrt{b^2 - 4ac}}{2a}$

Diskriminante: $D = b^2 - 4ac$

Kann man die gegebene quadratische Gleichung durch den Faktor vor dem quadratischen Term dividieren, ohne dass für p und q Brüche entstehen, ist die „pq-Formel“ geschickter, andernfalls die „abc-Formel“.

Die Anzahl der Lösungen hängt von der Diskriminante D ab:
Für $D < 0$ gibt es keine Lösung, für $D = 0$ gibt es eine (doppelte) Lösung $x_1 = x_2$, für $D > 0$ gibt es zwei verschiedene Lösungen.

**Beispiel**

Lösen Sie die quadratische Gleichung $2x^2 - 4x - 6 = 0$.

▪ Lösung:

$2x^2 - 4x - 6 = 0 \quad | :2$

$x^2 - 2x - 3 = 0$

also $p = -2;\ q = -3$

$x_{1;2} = -\frac{-2}{2} \pm \sqrt{\left(\frac{-2}{2}\right)^2 - (-3)}$

$x_{1;2} = 1 \pm \sqrt{1 + 3} = 1 \pm 2$

$L = \{-1; 3\}$

**Beispiel**

Lösen Sie die quadratische Gleichung $6x^2 + 5x - 11 = 0$.

▪ Lösung:

$6x^2 + 5x - 11 = 0$

also $a = 6;\ b = 5;\ c = -11$

$x_{1;2} = \frac{-5 \pm \sqrt{5^2 - 4 \cdot 6 \cdot (-11)}}{2 \cdot 6}$

$x_{1;2} = \frac{-5 \pm \sqrt{289}}{12} = \frac{-5 \pm 17}{12}$

$L = \left\{-\frac{11}{6}; 1\right\}$

### Sonderformen quadratischer Gleichungen

**1. Sonderform: $x^2 + px = 0$ bzw. $ax^2 + bx = 0$,** also $q = 0$ bzw. $c = 0$ (ohne Absolutterm)

Tipp:
Fehlt der Absolutterm: ausklammern!

**Beispiel**
Lösen Sie die quadratische Gleichung $x^2 - 5x = 0$.
Lösung:
$x^2 - 5x = 0$ | x ausklammern
$x(x - 5) = 0$; $L = \{0; 5\}$

**Satz vom Nullprodukt:**
Ein Produkt ist genau dann gleich null, wenn einer der Faktoren null ist.

**2. Sonderform: $x^2 + q = 0$ bzw. $ax^2 + c = 0$,** also $p = 0$ bzw. $b = 0$ (ohne linearen Term)

**Beispiel**
Lösen Sie die quadratische Gleichung $x^2 - 81 = 0$.
Lösung:
$x^2 - 81 = 0 \Leftrightarrow x^2 = 81$ | Wurzelziehen
$|x| = 9$; $L = \{-9; 9\}$

## Aufgaben

**3** Lösen Sie die Gleichung mithilfe einer Lösungsformel.
a) $x^2 + 6x + 5 = 0$
b) $x^2 + 8x - 9 = 0$
c) $3x^2 - 4x - 4 = 0$
d) $2x^2 - 5x - 42 = 0$
e) $y^2 + 6y + 7 = 0$
f) $y^2 - y - 20 = 0$

**4** a) $5z - 3 - 2z(3z - 4) = 4$
b) $\frac{1}{2}(x + 1)^2 = \frac{17}{8} - x$
c) $(x + 1)(2x + 3) = 4x^2 - 22$
d) $(y - 3)^2 = 2(y^2 - 9)$
e) $(2x - 3)^2 = (x - 1)(x - 4) + 9x$
f) $w^2 - 9 + (2w - 1)^2 = 25$
g) $t(3t - 7) - t + 4 = (t + 2)^2$
h) $(3x + 5)^2 - x(7x - 5) = 29x + 45$

**5** Wie verändern sich die Lösungen der Gleichung $ax^2 + bx + c = 0$, wenn
a) a halbiert und c verdoppelt wird,
b) b verdoppelt und a vervierfacht wird,
c) a, b und c halbiert werden?

**6** Lösen Sie die Gleichungen durch Ausklammern.
a) $x^2 + 4x = 0$
b) $2x^2 - 10x = 0$
c) $7x^2 = 8x$
d) $x^3 - \frac{1}{4}x = 0$
e) $x^3 + 8x^2 - 9x = 0$
f) $y^3 + 4y^2 - y = 0$

**7** Lösen Sie die Gleichungen möglichst geschickt.
a) $x^4 - 4x^2 = 0$
b) $(2x - 5)^2 = 5$
c) $y^2 + 6y + 9 = 1$
d) $2x(x - 2) + 4(x - 2) = 0$
e) $(x + 1) - (x^2 - 1) = 0$
f) $(x - 1) - (x^2 - 1) = 0$
g) $(x + 1) - (x^2 + 1) = 0$
h) $(9x^2 - 6x + 1)(1 - 2x) = (3x - 1)^2$
i) $(x + 2)^2(3x - 5) - (x - 2)(x + 2) = 0$
j) $x(3 + 2x)(5 - 4x)(8x - 3) = 0$

**8** Bei welchen Werten der Formvariablen t hat die Gleichung genau zwei (eine, keine) Lösungen? Geben Sie jeweils die Lösungen an.
a) $x^2 - x - t = 0$
b) $tx^2 + 6x + 1 = 0$
c) $x^2 + tx - 2t^2 = 0$
d) $3t^2x^2 + 4tx + 1 = 0$
e) $\frac{1}{4}tx^2 - (t - 1)x + t = 0$
f) $(t - 1)x^2 + 2tx + t + 1 = 0$

**9** Bestimmen Sie – falls dies möglich ist – die Formvariable k so, dass die Gleichung genau eine Lösung hat. Geben Sie jeweils diese Lösung an.
a) $x^2 + (k + 1)x + 1 = 0$
b) $x^2 + kx + k = 0$

### Bruchgleichungen

Eine Gleichung wie $\frac{1}{x-1} = \frac{x}{2}$, bei der die Lösungsvariable im Nenner eines Bruchterms auftritt, nennt man eine **Bruchgleichung**. Die so genannten Nullstellen $x_1, x_2, \ldots$ der Nenner müssen bei der **Definitionsmenge** ausgeschlossen werden: $\mathbf{D = \mathbb{R}\setminus\{x_1, x_2, \ldots\}}$.
Anschließend ermittelt man den Hauptnenner und multipliziert mit diesem durch. Die entstehende Gleichung enthält dann keine Brüche mehr.

**Beispiel**
Lösen Sie die Bruchgleichung $\frac{1}{x^2} + \frac{1}{2x} = 3$.
Lösung:

$\frac{1}{x^2} + \frac{1}{2x} = 3 \quad | \cdot 2x^2$; Hauptnenner: $2x^2$; Definitionsmenge: $D = \mathbb{R}^*$

$2 + x = 6x^2$

$6x^2 - x - 2 = 0$

$x_{1;2} = \frac{1 \pm \sqrt{1 - 4 \cdot 6 \cdot (-2)}}{2 \cdot 6} = \frac{1 \pm 7}{12}$

$x_1 = \frac{2}{3} \in D$; $x_2 = -\frac{1}{2} \in D$, also $L = \left\{\frac{2}{3}; -\frac{1}{2}\right\}$

### Bruchgleichungen mit Formvariablen

Das Vorgehen ist im Prinzip wie bei den Bruchgleichungen ohne Formvariablen. Allerdings kommen die Formvariablen bei den Einschränkungen der Definitionsmenge mit ins Spiel, und die Lösungen können meist nur in Abhängigkeit der Formvariablen angegeben werden.

**Beispiel**
Lösen Sie die Bruchgleichung $1 + \frac{2a}{x} = \frac{x}{x-a}$ nach x auf.
Geben Sie die Lösungsmenge in Abhängigkeit der Formvariablen a an.
Lösung: $1 + \frac{2a}{x} = \frac{x}{x-a} \quad | \cdot x(x-a)$

Definitionsmenge: $D = \mathbb{R} \setminus \{0; a\}$

$x(x-a) + 2a(x-a) = x^2$

$x^2 - ax + 2ax - 2a^2 = x^2$

$ax = 2a^2$

Fallunterscheidung:

I) $a = 0$: $0 = 0$ (w), also $L = D = \mathbb{R}^*$

II) $a \neq 0$: $ax = 2a^2 \quad | :a$

$x = 2a$, also $L = \{2a\}$

## Aufgaben

**10** Bestimmen Sie die Definitionsmenge und lösen Sie anschließend die Gleichung.

a) $\frac{9}{x-8} = x$ b) $\frac{5}{x-2} - 3 = \frac{2x-4}{5}$

c) $\frac{x+3}{x} - 5 = \frac{x}{x-2}$ d) $\frac{2x+1}{3} + \frac{10}{2x+1} = 4$

e) $2 \cdot \frac{x-2}{5} + \frac{5}{x-2} = 3$ f) $\frac{2x+1}{2} + \frac{10}{3-2x} = 2$

**11** a) $\frac{x+3}{x} + \frac{x}{x-2} = 5$ b) $\frac{7-x}{x} - \frac{x}{x+8} = 5$

c) $\frac{x+1}{x-1} - \frac{9}{5} = \frac{x-2}{x+2}$ d) $\frac{x+11}{2x+1} - \frac{x+3}{x+5} = 0$

**12** a) $\frac{x}{2x-3} - \frac{1}{2x} = \frac{3}{4x-6}$ b) $\frac{2x}{x-4} + \frac{3x}{x+4} = \frac{4(x^2-x+4)}{x^2-16}$

**13** In der folgenden Gleichung sei x die Lösungsvariable. Geben Sie die Lösungsmenge in Abhängigkeit von a und b (mit $a, b, x \neq 0$) an.

a) $\frac{x}{a} - \frac{a}{x} = \frac{3}{2}$ b) $x - \frac{1}{x} = a - \frac{1}{a}$ c) $\frac{ax+b}{ax} - 2 = \frac{2ax}{b}$

# 4 Geraden

## Steigung von Geraden

Um die Richtung einer Geraden angeben zu können, benötigt man ein Bezugssystem. In einem kartesischen Koordinatensystem wird die Richtung bezüglich der positiven x-Achse festgelegt.

Die Gerade g schließt bei P den **Steigungswinkel α** mit der Parallelen zur x-Achse ein ($0° \leqq \alpha < 180°$).

Im Steigungsdreieck PRQ gilt:

$\tan(\alpha) = \overline{RQ} : \overline{PR}$.

Die Zahl $\tan(\alpha)$ heißt **Steigung m** der Geraden.

Mit den Koordinaten der Punkte gilt:

$m = \tan(\alpha) = \frac{y_Q - y_P}{x_Q - x_P}$; $x_P \neq x_Q$.

Zur Erinnerung:
$\tan(\alpha) = \frac{\text{Gegenkathete}}{\text{Ankathete}}$

Beachten Sie:
Eine Gerade parallel zur x-Achse besitzt die Steigung $m = 0$.

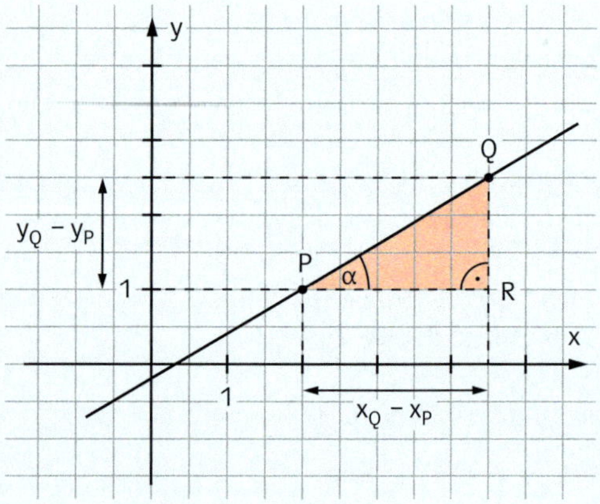

Fig. 1

**Beispiel** Steigung; Steigungswinkel

Gegeben sind die Punkte P(−2 | 3) und Q(2 | 1).

Bestimmen Sie die Steigung und den Steigungswinkel der Geraden g durch P und Q.

▪ Lösung: Steigung von g:

$m_{PQ} = \frac{1-3}{2-(-2)} = -\frac{1}{2}$;

für den Steigungswinkel α gilt: $\tan(\alpha) = -\frac{1}{2}$.

Hieraus ergibt sich $\alpha \approx 153{,}4°$.

Manche Taschenrechner geben hier $\alpha \approx -26{,}6°$ an. Dann muss 180° addiert werden.

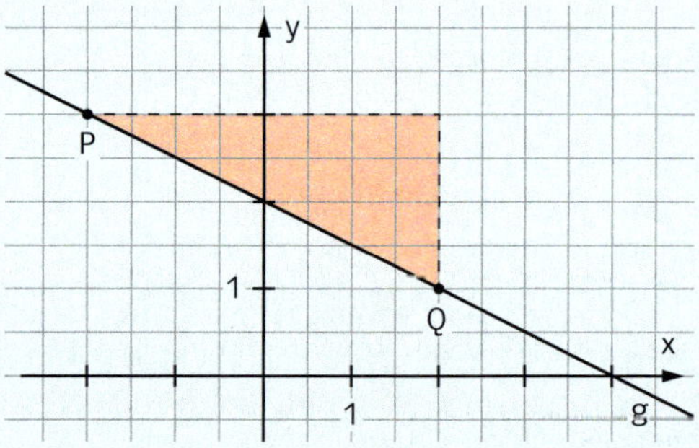

Fig. 2

## Orthogonale Geraden

Dreht man eine gegebene Ursprungsgerade g um 90° um O, erhält man die zu g **orthogonale** Gerade h. Ist $P_1(a \mid b)$ ein Punkt auf g, dann liegt $P_2(-b \mid a)$ auf h.

Die Steigung von g ist $m_1 = \frac{b}{a}$,

die Steigung von h ist $m_2 = \frac{a-0}{-b-0} = -\frac{a}{b}$.

Somit gilt $m_1 \cdot m_2 = -1$.

Umgekehrt kann man aus $m_1 \cdot m_2 = -1$ auf Orthogonalität schließen.

Da sich die Steigung einer Geraden bei Verschiebungen nicht ändert, gilt diese Überlegung für beliebige Geraden (sofern nicht eine der Geraden parallel zur y-Achse ist).

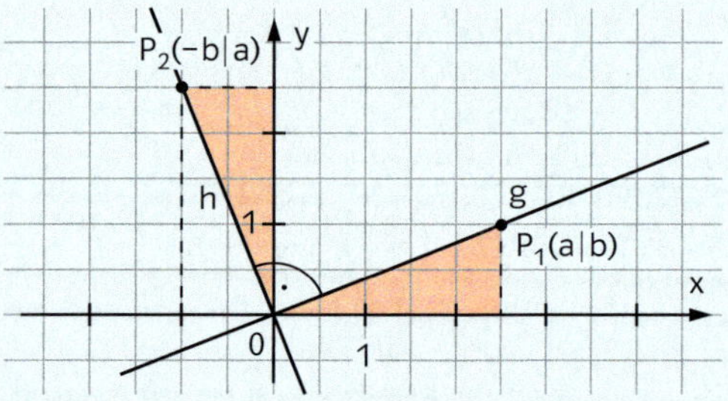

Fig. 3

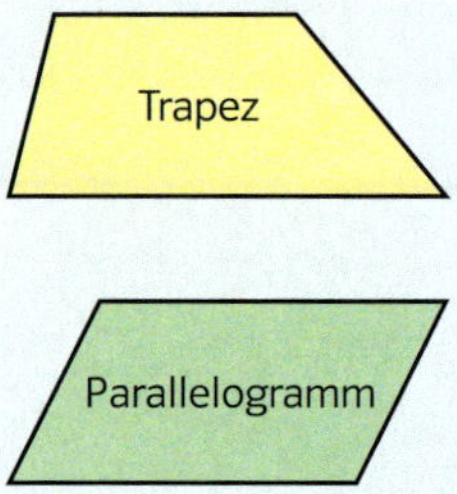

Fig. 4

**Beispiel** Untersuchung auf Parallelität und Orthogonalität

Gegeben ist das Viereck ABCD mit A(−1 | 3), B(1 | −1), C(3,5 | 1,5), D(2 | 4,5).

Untersuchen Sie, ob das Viereck orthogonale oder parallele Seiten hat. Um welche Art von Viereck handelt es sich?

▪ Lösung: Die Steigungen der Geraden durch die Eckpunkte sind:

$m_{AB} = -2$; $m_{BC} = 1$; $m_{CD} = -2$; $m_{AD} = 0{,}5$.

Damit sind $\overline{AB}$ und $\overline{CD}$ parallel.

Da $m_{AB} \cdot m_{AD} = -1$ ist, sind $\overline{AB}$ und $\overline{AD}$ orthogonal.

Wegen $m_{AB} \cdot m_{BC} = -2$ sind $\overline{AB}$ und $\overline{BC}$ nicht orthogonal.

Das Viereck ist ein Trapez.

## Hauptform der Geradengleichung

Geht eine Gerade g mit der Steigung m durch den Ursprung O(0|0), so gilt für die Koordinaten jedes von O verschiedenen Punktes P(x|y) auf g: $m = \frac{y-0}{x-0}$.
Hieraus folgt: $y = m \cdot x$.
Verläuft die Gerade durch einen beliebigen Punkt A(0|c) der y-Achse, kann man sich diese durch eine Verschiebung aus einer Ursprungsgeraden entstanden denken.
Man erhält: $y = m \cdot x + c$.
**(Hauptform der Geradengleichung)**

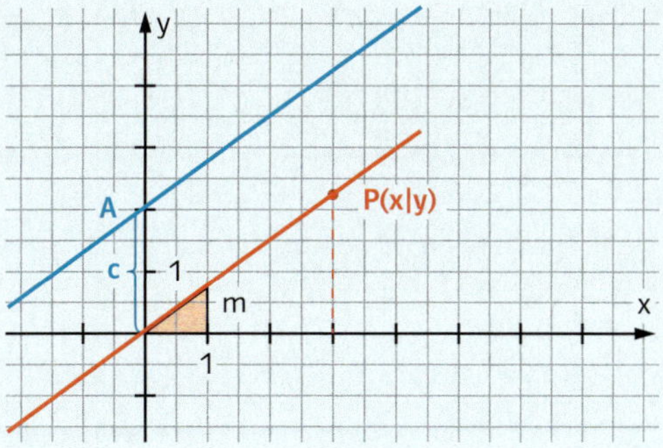


## Allgemeine Form der Geradengleichung

Aus $y = m \cdot x + c$ folgt $mx - y = -c$.
Diese Gleichung hat die Form $Ax + By = C$
**(Allgemeine Form der Geradengleichung)**.

Sonderfälle: (Geraden parallel zu den Koordinatenachsen)
a) Parallele zur x-Achse: $y = c$
b) Parallele zur y-Achse: $x = a$

Zusammenhang mit der Hauptform:
Für $B \neq 0$ kann die allgemeine Form nach y aufgelöst werden: $y = -\frac{A}{B}x + \frac{C}{B}$;
man erhält die Hauptform mit $m = -\frac{A}{B}$ und $c = \frac{C}{B}$.

## Punkt-Steigungs-Form

Von einer Geraden g sind **ein Punkt P($x_P$ | $y_P$)** und die **Steigung m** bekannt.
Dann kann die Formel für die Steigung mithilfe des Punktes P und eines weiteren allgemeinen Punktes Q(x|y) aufgestellt werden: $m = \frac{y - y_P}{x - x_P}$, was nach y aufgelöst den Ansatz $y = m \cdot (x - x_P) + y_P$ ergibt. Anschließendes Ausmultiplizieren ergibt die Hauptform.

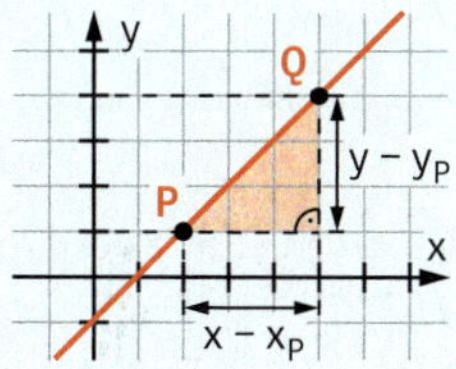


## Zwei-Punkte-Form

Von einer Geraden g sind zwei Punkte P($x_P$ | $y_P$) und Q($x_Q$ | $y_Q$) mit $x_P \neq x_Q$ bekannt.
Man erhält die Steigung durch

$m = \frac{y_Q - y_P}{x_Q - x_P}$, die in den Ansatz $y = m \cdot (x - x_P) + y_P$ eingesetzt wird.
Anschließendes Ausmultiplizieren liefert die Hauptform.

**Beispiel** Geradengleichungen
a) Schreiben Sie die Geradengleichung $-2x + y = 5$ in der Hauptform.
b) Bestimmen Sie die Hauptform der Geradengleichung für die Gerade g, die durch den Punkt P(2|−1) verläuft und die Steigung m = 1,5 besitzt.
c) Bestimmen Sie die Hauptform der Geradengleichung für die Gerade g, die durch die Punkte P(−2|3) und Q(4|−1) verläuft.
▪ Lösung: a) $y = 2x + 5$
b) $y = 1{,}5 \cdot (x - 2) - 1$ bzw. $y = 1{,}5x - 4$
c) Mit $m = \frac{-1-3}{4-(-2)} = -\frac{2}{3}$ ergibt sich $y = -\frac{2}{3} \cdot (x + 2) + 3$ bzw. $y = -\frac{2}{3} \cdot x + \frac{5}{3}$.

## Aufgaben

**1** Bestimmen Sie die Steigung und den Steigungswinkel der Geraden durch P und Q.

a) $P(-1|1)$, $Q(5|4)$ b) $P(-1|-5)$, $Q(5|4)$ c) $P(4|-2)$, $Q(6|10)$

d) $P(2{,}5|1{,}1)$, $Q(5|1{,}35)$ e) $P\left(\frac{1}{2}\middle|-\frac{1}{2}\right)$, $Q\left(2\middle|-\frac{3}{4}\right)$ f) $P(\sqrt{2}|\sqrt{2})$, $Q\left(2\sqrt{2}\middle|-\frac{1}{2}\sqrt{2}\right)$

**2** Berechnen Sie die Steigung einer Geraden, die zu der Geraden durch A und B orthogonal ist.

a) $A(5|2)$, $B(8|5)$ b) $A(0|-1)$, $B(-2|2)$ c) $A(-1{,}4|1)$, $B(-1|1{,}75)$

**3** Untersuchen Sie, ob es sich bei dem Viereck ABCD um ein Parallelogramm, ein Trapez oder um keines von beidem handelt.

a) $A(0|0)$, $B(2|-5)$, $C(7|-3)$, $D(5|2)$ b) $A(1|0)$, $B(8|-2)$, $C(7|1)$, $D(-1|3)$

c) $A(0|-4)$, $B(3|-3)$, $C(1|3)$, $D(-2|2)$ d) $A(2|0)$, $B(8|-1)$, $C(9|0)$, $D(6|0{,}5)$

**4** Bei Straßen wird die Steigung in Prozent angegeben. Die steilsten Teilstücke der San-Bernardino-Passstraße haben 15 % Steigung. Wie groß ist der Steigungswinkel?

**5** Ermitteln Sie die Hauptform der Geraden, die durch A geht und die Steigung m hat.

a) $A(0|3)$; $m = 0{,}4$ b) $A(1|1{,}5)$; $m = -2{,}5$ c) $A(-3|-1)$; $m = \sqrt{2}$

**6** Geben Sie die Steigung und den y-Achsenabschnitt der Geraden g an.

a) $g: y = 3x + 4$ b) $g: y = -0{,}5x - 2{,}4$ c) $g: y = 5$

d) $g: y = x$ e) $g: y = -x$ f) $g: y = \frac{1}{3}(-x + 9)$

**7** Ermitteln Sie, wenn möglich, die Hauptform; zeichnen Sie die Gerade.

a) $4x - 5y + 3 = 0$ b) $\frac{1}{2}x + \frac{2}{3}y + 2 = 0$ c) $-3 - 2x = 0$ d) $x = \frac{4}{5}y + \frac{8}{5}$

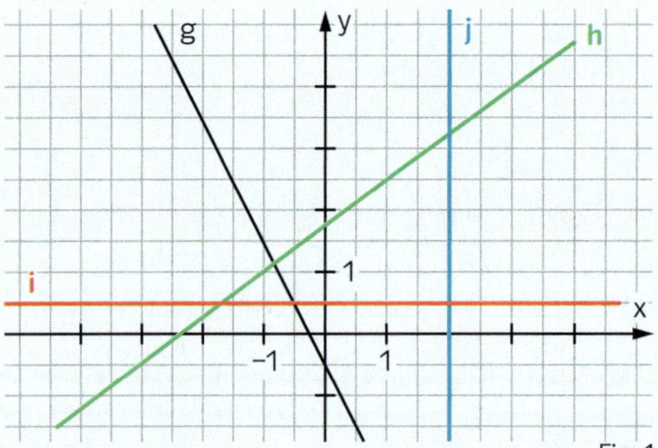


Fig. 1

**8** Geben Sie die Gleichungen der Geraden g, h, i und j in Fig. 1 an.

**9** Untersuchen Sie rechnerisch.

a) Liegt $P(10|12)$ auf der Geraden durch den Ursprung $O(0|0)$ und $Q(0{,}25|0{,}2)$?

b) Geht die Orthogonale zu der Geraden mit der Gleichung $y = 7x - 21$ durch $P(0|3)$ auch durch $Q(14|1)$?

c) Ist $-x + 4y - 6 = 0$ die Parallele zu $y = -0{,}25x$ durch den Punkt $P(-6|0)$?

**10** a) Bestimmen Sie c so, dass die Gerade $y = \frac{1}{3}x + c$ durch den Punkt $P(-5|-4)$ geht.

b) Bestimmen Sie m und c so, dass die Gerade $y = mx + c$ durch $P(7|-2)$ und $Q(2|4)$ geht.

**11** Ermitteln Sie die Hauptform der Geraden, die durch P geht und die Steigung m hat.

a) $P\left(0\middle|\frac{3}{2}\right)$; $m = -1$ b) $P(2{,}4|-1{,}2)$; $m = 0{,}9$ c) $P(4|0)$; $m = \sqrt{2}$

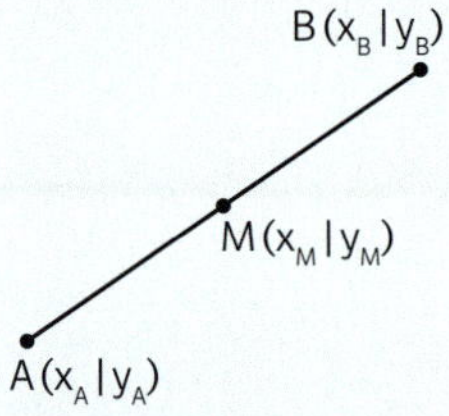


Für die Koordinaten des Mittelpunktes $M(x_M|y_M)$ einer Strecke AB gilt:
$x_M = \frac{1}{2}(x_A + x_B)$;
$y_M = \frac{1}{2}(y_A + y_B)$.

**12** Gegeben ist das Dreieck ABC mit $A(3|3)$, $B(-3|1)$ und $C(0|-2)$.
Bestimmen Sie eine Gleichung der Parallelen

a) zu BC durch A, b) zu CA durch B, c) zu AB durch C.

**13** Wie lautet eine Gleichung einer Geraden, die

a) den Steigungswinkel 45° hat und durch $P(2|-5)$ geht?

b) durch die Mitte von PQ mit $P(2|3)$ und $Q(4|1)$ geht und die Steigung 0,5 hat?

# 5 Lineare Gleichungssysteme mit zwei Variablen

## Von der linearen Gleichung zum linearen Gleichungssystem

Eine Gleichung, die sich auf die Form **$Ax + By = C$** (A und B nicht beide null) bringen lässt, heißt **lineare Gleichung mit zwei Variablen.**
Durch das Zusammenkoppeln von mehreren linearen Gleichungen entsteht ein **lineares Gleichungssystem** oder kurz **LGS**. Ein Zahlenpaar (x; y) heißt **Lösung eines LGS** mit zwei Variablen, falls das Paar **jede Gleichung** des Systems erfüllt.
Da die Lösungsmenge jeder einzelnen Gleichung durch die Punkte einer Geraden veranschaulicht werden kann, wird die Lösung eines LGS durch diejenigen Punkte repräsentiert, die sowohl auf der einen als auch auf der anderen Geraden liegen.

Für die Lösungsmenge eines linearen Gleichungssystems mit zwei Variablen ergeben sich anhand der Veranschaulichung folgende drei Möglichkeiten:

Die Geraden schneiden sich in einem Punkt; das Gleichungssystem hat **genau eine** Lösung.

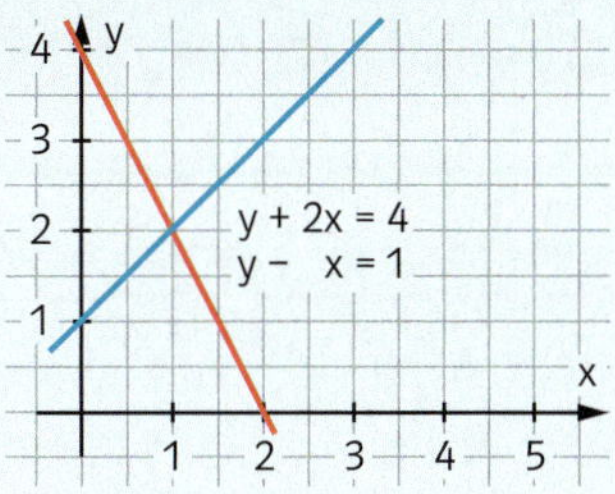


Die Geraden sind parallel und verschieden; das Gleichungssystem hat **keine** Lösung.

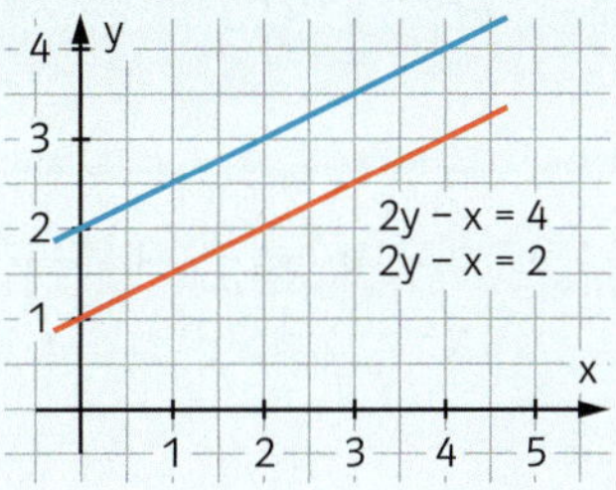


Die Geraden fallen zusammen; das Gleichungssystem hat **unendlich viele** Lösungen.

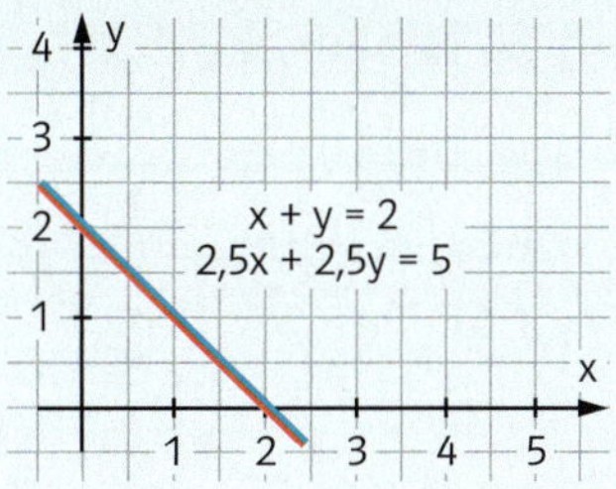


## Aufgaben

**1** Veranschaulichen Sie die Lösungsmenge der linearen Gleichung in einem Koordinatensystem. Geben Sie – falls möglich – die Steigung und den y-Achsenabschnitt der zugehörigen Geraden an.

a) $y = -x - 2$ b) $2y - x = 2$ c) $x - 3y = 4$ d) $3x = 2 - 4y$
e) $0 = 4x - 10y - 5$ f) $2x - 4 = 0$ g) $9 = -3y$ h) $5 = 2(x + y)$
i) $y - \frac{x-1}{4} = 0$ j) $3(x - y) = 5 - 3y$ k) $\frac{x}{2} - \frac{y}{4} - \frac{3}{8} = 0$ l) $-\frac{2-y}{3} = 2x$

**2** Prüfen Sie, ob das Zahlenpaar eine Lösung des linearen Gleichungssystems ist.

a) $x + y = 10$
$x - y = 9$; $\left(9\frac{1}{2}; \frac{1}{2}\right)$

b) $2x + y = -1$
$x + 2y = 5$; $(-2; 3)$

c) $4x - 3y = 10$
$6x + y = 0$; $\left(\frac{1}{2}; -3\right)$

d) $2x - 5y + 2{,}5 = 0$
$60x + 140y + 17 = 0$ $\left(-\frac{3}{4}; \frac{1}{5}\right)$

**3** Lösen Sie das LGS zeichnerisch. Überprüfen Sie Ihr Ergebnis durch Einsetzen.

a) $y = 2x - 3$
$y = -\frac{1}{2}x + 2$

b) $2x + 5y = -4$
$5x + 2y = 11$

c) $2x = 3y - 3$
$4x - 5y + 7 = 0$

**4** Entscheiden Sie zeichnerisch, wie viele Lösungen das System hat.

a) $2y - x = 1$
$y - 0{,}5x = -4$

b) $2y - 3x = -2$
$4y + x = 7$

c) $y - 2x = 1{,}5$
$2y - 4x = 3$

d) $x - 1 = 0$
$y - 1 = 0$

### Das Additionsverfahren

Ein lineares Gleichungssystem mit zwei Variablen kann rechnerisch nach dem **Additionsverfahren** gelöst werden:

1) Jede Gleichung wird so umgeformt, dass der x- oder y-Koeffizient der ersten Gleichung und der entsprechende Koeffizient in der zweiten Gleichung Gegenzahlen sind.
2) Die zweite Gleichung wird durch die Summe beider Gleichungen ersetzt. Dabei wird eine Variable **eliminiert**.
3) Aus der erhaltenen **Stufenform** wird die Lösungsmenge des Systems bestimmt.

**Beispiele**

a)

| | | |
|---|---|---|
| $5x - 2y = 24$ | (I) | Die Koeffizienten von x sollen Gegenzahlen werden. |
| $x + 3y = -2$ | (II) | |
| $5x - 2y = 24$ | (I) | 1. Schritt: Man schreibt (I) ab; durch Multiplikation von |
| $-5x - 15y = 10$ | (III) | (II) mit −5 erhält man Gleichung (III). |
| $5x - 2y = 24$ | (I) | 2. Schritt: Man ersetzt (III) durch die „Summe" der |
| $-17y = 34$ | (IV) | Gleichungen: (IV) = (I) + (III). |
| $y = -2$ | | 3. Schritt: Aus (IV) berechnet man den y-Wert und durch |
| $5x - 2 \cdot (-2) = 24$ | | Einsetzen in (I) auch den x-Wert. |

Lösung: (4; −2)

b)

| | | |
|---|---|---|
| $6x + 5y = -36$ | (I) | |
| $-7x + 3y = -11$ | (II) | |
| $42x + 35y = -252$ | (III) | $\mid$ (I) · 7 |
| $-42x + 18y = -66$ | (IV) | $\mid$ (II) · 6 |
| $6x + 5y = -36$ | (I) | |
| $53y = -318$ | (V) | $\mid$ (III) + (IV) |
| $y = -6$ | (VI) | $\mid$ (V) : 53 |
| $x = -1$ | | $\mid$ (VI) in (I) |

Lösung: (−1; −6)

c)

| | | |
|---|---|---|
| $4x - y = -23$ | (I) | |
| $3x + 4y = -3$ | (II) | |
| $16x - 4y = -92$ | (III) | $\mid$ (I) · 4 |
| $3x + 4y = -3$ | (II) | |
| $4x - y = -23$ | (I) | |
| $19x = -95$ | (IV) | $\mid$ (II) + (III) |
| $x = -5$ | (V) | $\mid$ (IV) : 19 |
| $y = 3$ | | $\mid$ (V) in (I) |

Lösung: (−5; 3)

**Bemerkung:**
In Beispiel c) wird anders als bei a) und b) nicht die Variable x, sondern y eliminiert. Je nach Art der Koeffizienten kann dies schneller zum Ziel führen.

## Aufgaben

**5** Bestimmen Sie die Lösung des linearen Gleichungssystems mit dem Additionsverfahren.

a) $4x - 4y = 28$; $-2x - 3y = -4$
b) $2x - 3y = 2$; $x - 4y = -4$
c) $5x - 6y = 8$; $2x + 3y = 5$
d) $3x + 2y = 0$; $7x + 10y = 4$

**6**
a) $4x + 7y = 21$; $3x - 4y = 25$
b) $2x - 6y = 3$; $3x - 4y = 11$
c) $7x + 3y = 69$; $5x - 2y = 12$
d) $-5x + 2y = 25$; $3x - 5y = 23$

**7** Bestimmen Sie zunächst die Gleichungen so, dass die Koeffizienten ganzzahlig werden, und lösen Sie dann das Gleichungssystem.

a) $\frac{1}{3}x - \frac{1}{5}y = -2$; $\frac{1}{2}x + \frac{1}{4}y = -\frac{1}{4}$
b) $\frac{2}{5}x + \frac{1}{2}y = 3$; $x - \frac{3}{2}y = 2$
c) $0{,}4x + 0{,}5y = -0{,}2$; $1{,}5x - 0{,}2y = 3{,}4$

### Das Einsetzungsverfahren

**Beispiel**

$$\begin{aligned} y &= -5x + 7 \\ \underline{2x + y} &\underline{= 4} \\ 2x + (-5x + 7) &= 4 \\ -3x &= -3 \\ x &= 1 \\ y &= -5 \cdot 1 + 7 = 2 \end{aligned}$$

■ Lösung: (1; 2)

Die erste Gleichung des LGS weist die besondere Form auf, dass sie nach y aufgelöst ist. Somit kann die rechte Seite der ersten Gleichung in die zweite Gleichung eingesetzt werden. Es ergibt sich dann eine Gleichung für die Variable x.
Durch Einsetzen des berechneten x-Wertes in die erste Gleichung erhält man den y-Wert.

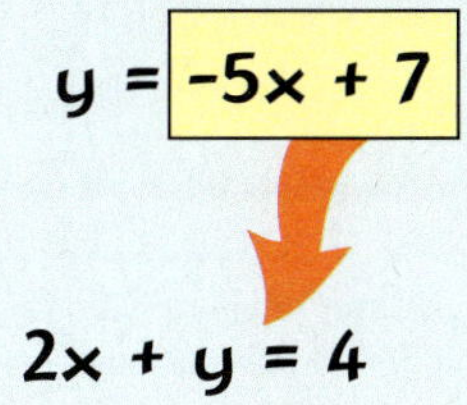


### Das Gleichsetzungsverfahren

**Beispiel**

$$\begin{aligned} y &= 3x + 4 \\ \underline{y} &\underline{= -2x - 1} \\ 3x + 4 &= -2x - 1 \\ 5x &= -5 \\ x &= -1 \\ y &= 3 \cdot (-1) + 4 = 1 \end{aligned}$$

■ Lösung: (−1; 1)

Sind beide Gleichungen nach y aufgelöst, können die rechten Seiten einander gleichgesetzt werden.
Man erhält somit eine Gleichung für die Variable x.
Wie beim Einsetzungsverfahren erhält man durch Einsetzen des berechneten x-Wertes in eine der beiden Gleichungen den y-Wert.

**Bemerkungen:**

- Das Einsetzungsverfahren ist dann vorteilhaft, wenn eine Gleichung des linearen Gleichungssystems bereits nach y aufgelöst ist.
- Alternativ könnte eine Gleichung auch nach x aufgelöst sein. Dann wären gewissermaßen die Rollen von x und y vertauscht, das heißt nach dem Einsetzen würde sich eine Gleichung für die Variable y ergeben.
- Das Gleichsetzungsverfahren ist günstig, wenn beide Gleichungen des linearen Gleichungssystems nach y aufgelöst sind.
- Das Gleichsetzungsverfahren wird auch verwendet, wenn der Schnittpunkt zweier Geraden rechnerisch bestimmt werden soll und beide Geraden in der Hauptform gegeben sind.

## Aufgaben

**8** Bestimmen Sie die Lösung des linearen Gleichungssystems mit dem Einsetzungsverfahren.

a) $y = 2x + 6$; $3x + y = 1$
b) $3x - y = 9$; $y = 2x - 6$
c) $4x - 2y = 12$; $y = 3x + 1$
d) $y = 2x + 5$; $-4x + 2y = 12$

**9** Bestimmen Sie die Lösung des linearen Gleichungssystems mit dem Gleichsetzungsverfahren.

a) $y = 2x + 10$; $y = -x + 1$
b) $y = -3x + 6$; $y = 2x + 4$
c) $y = 12$; $y = 3x - 3$
d) $y = 3x - 2$; $y = -5x + 2$

**10** Lösen Sie das lineare Gleichungssystem mit einem Verfahren Ihrer Wahl.

a) $3x - 4y = 9$; $-x - 2y = -8$
b) $y = 4x - 7$; $-8x + 2y = -14$
c) $y = -4x + 2$; $y = 2x - 0{,}5$
d) $x = 3y - 1$; $2x - y = 3$

**11** Die zu den drei Gleichungen gehörenden Geraden bilden ein Dreieck. Berechnen Sie die Koordinaten der Eckpunkte.

a) $13y + 2x = 32$; $5x + 4y = 80$; $5y = 8x - 14$
b) $15y = -3x + 15$; $y + 2x + 3{,}5 = 0$; $7y = -5x + 25$

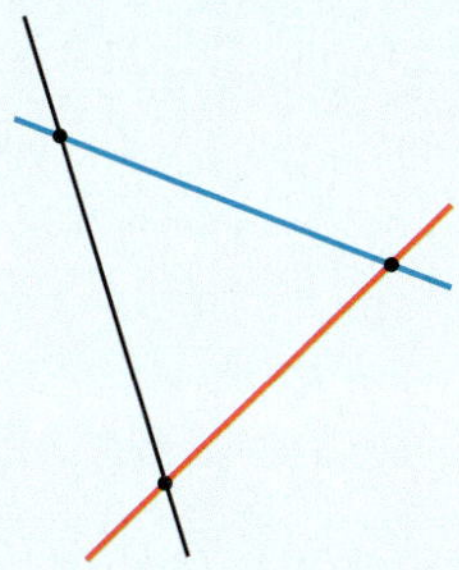

**Kapitel I, Zeit zu überprüfen, Seite 16**

## 12
Ordinalskala

## 13
a) Grundgesamtheit: Alle Personen mit Wohnsitz in der BRD, die einen Führerschein besitzen.
Stichprobe: Zufallsumfrage (auf der Straße/telefonisch) oder durch Recherche bei Finanzbehörden
Stichprobenumfang: 18 773
Merkmale: Haushaltseinkommen in Euro, Anzahl der PKW
Merkmalsausprägungen: Angaben zum Einkommen (z. B. auf 500 Euro gerundet)
Anzahl der PKW: 0, 1, 2, 3 oder mehr
Stichprobenwerte sind die von den 18 773 befragten Personen gemachten Angaben.
b) Es fehlen in den Einkommensklassen 19 %, 7 %, 4 %, 3 %, 2 %, 2 %.
c) Prozentangaben für Führerscheinbesitzer ohne PKW. Je höher der Verdienst, desto unwahrscheinlicher ist der Verzicht auf einen PKW.

**Kapitel I, Zeit zu überprüfen, Seite 20**

## 4

| Note | 1 | 2 | 3 | 4 | 5 | 6 |
|---|---|---|---|---|---|---|
| Anzahl | 2 | 8 | 15 | 10 | 4 | 1 |
| Anteil (in %) | 5 | 20 | 37,5 | 25 | 10 | 2,5 |

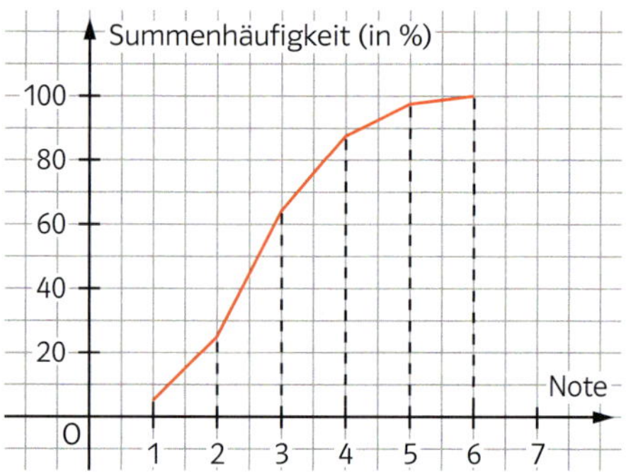


## 5
a)

| $k_i$ | $H_i$ | $b_i$ | $H_i/b_i$ | $h_i$ (%) | Summenhäufigkeit (%) |
|---|---|---|---|---|---|
| über 0 bis 50 | 220 | 50 | 4,40 | 11,34 % | 11,34 % |
| über 50 bis 250 | 620 | 200 | 3,10 | 31,96 % | 43,30 % |
| über 250 bis 500 | 380 | 250 | 1,52 | 19,59 % | 62,89 % |
| über 500 bis 750 | 260 | 250 | 1,04 | 13,40 % | 76,29 % |
| über 750 bis 1000 | 180 | 250 | 0,72 | 9,28 % | 85,57 % |
| über 1000 bis 1250 | 100 | 250 | 0,40 | 5,15 % | 90,72 % |
| über 1250 bis 2000 | 180 | 750 | 0,24 | 9,28 % | 100,00 % |

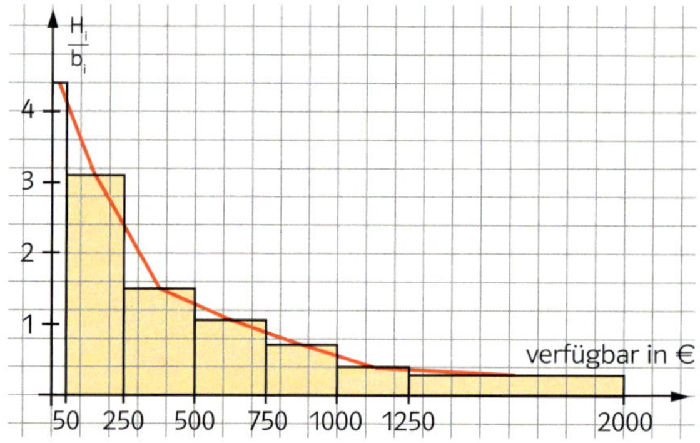


b)

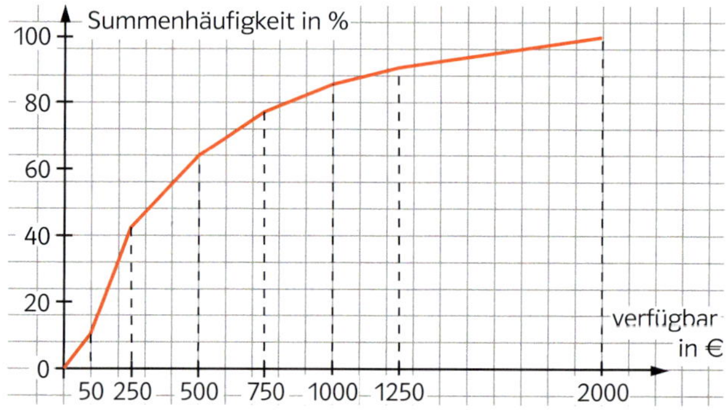


**Kapitel I, Zeit zu überprüfen, Seite 24**

## 7
GTR

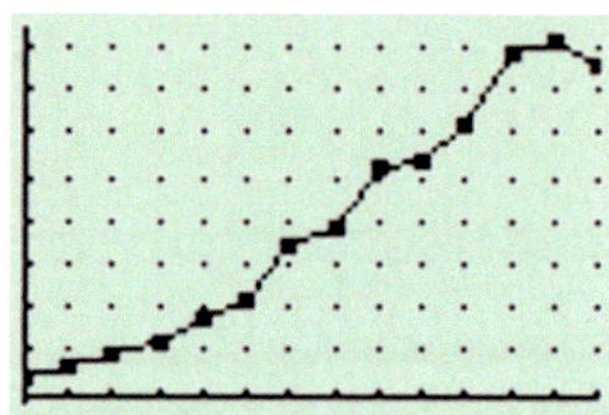

CAS

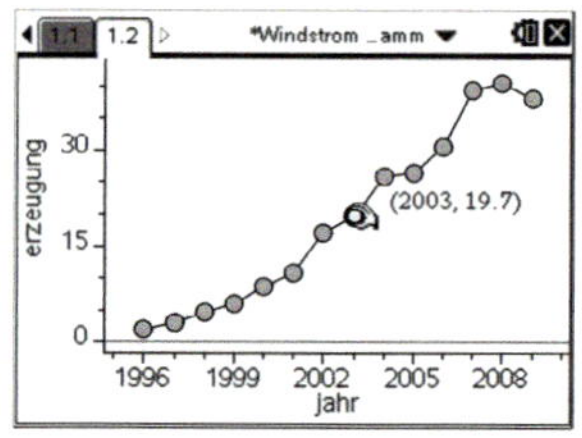


## 8
GTR; VHS und DVD

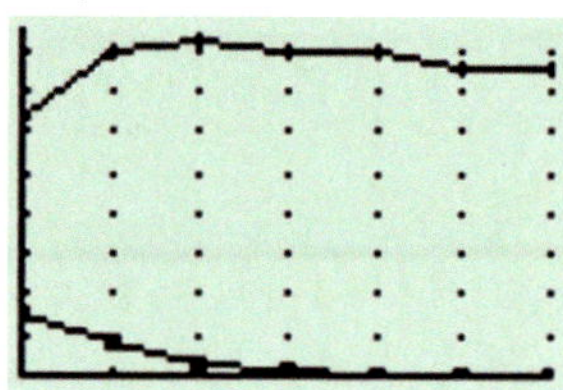

GTR; HD-DVD

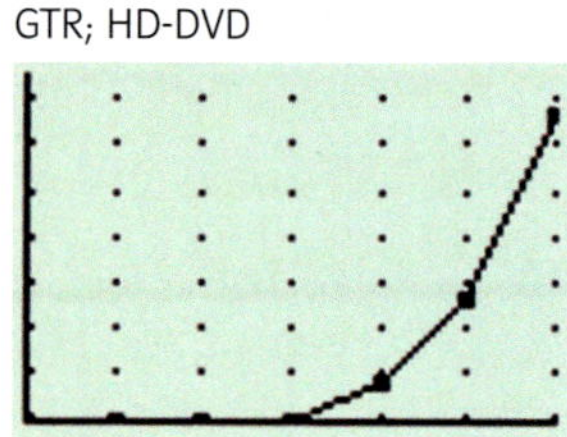

CAS; VHS und DVD

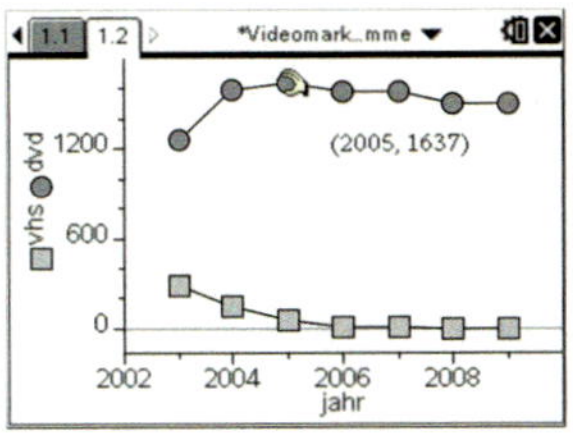


CAS; HD-DVD

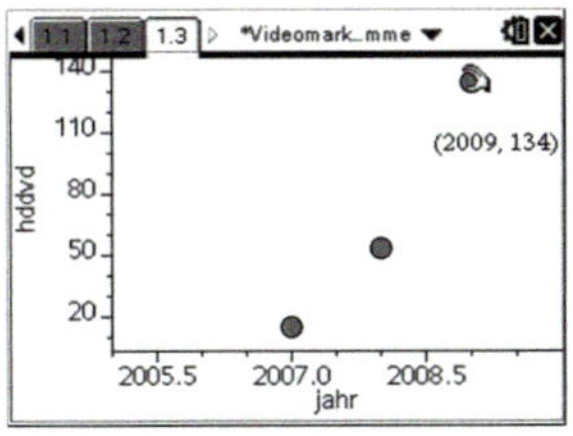


**Kapitel I, Zeit zu überprüfen, Seite 27**

## 5

a) $\bar{x} \approx 8{,}07$

b)

| Klasse | Klassenmitte | Klassenhäufigkeit |
|---|---|---|
| 7,0 b.u. 7,4 | 7,2 | 4 |
| 7,4 b.u. 7,8 | 7,6 | 9 |
| 7,8 b.u. 8,2 | 8,0 | 8 |
| 8,2 b.u. 8,6 | 8,4 | 18 |
| 8,6 b.u. 9,0 | 8,8 | 4 |
| 9,0 b.u. 9,4 | 9,2 | 2 |
| | | 45 |

$\bar{x} \approx \frac{1}{45}(7{,}2 \cdot 4 + 7{,}6 \cdot 9 + 8{,}0 \cdot 8 + 8{,}4 \cdot 18 + 8{,}8 \cdot 4 + 9{,}2 \cdot 2) \approx 8{,}13$

**Kapitel I, Zeit zu überprüfen, Seite 31**

## 7

a) Nominalskala; $x_{Mod} = A$

b) Ordinalskala; $x_{Med} = X$

c) Metrische Skala; $\bar{x} \approx 1{,}62$

Wegen des extremen Stichprobenwertes 3,2 beschreibt der Median die Verteilung besser; $x_{Med} = 1{,}5$.

d) Metrische Skala; $\bar{x} \approx 849{,}6$

**Kapitel I, Zeit zu überprüfen, Seite 37**

## 3

In Spalte L1: Spannweiten; L2: mittlere absolute Abweichung; L3: Varianzen; L4: Standardabweichungen; Varianz ist besonders hoch in Teil b).

| | L1 | L2 | L3 | L4 |
|---|---|---|---|---|
| a: | 5 | 1,16 | 2,01 | 1,42 |
| b: | 8 | 2,05 | 5,92 | 2,43 |
| c: | 10 | 1,58 | 4,67 | 2,16 |

## 4

a) $\bar{x} = 22{,}844$; $s \approx 0{,}092$

b) $\frac{s}{\bar{x}} \approx 0{,}40\,\%$. Die Waage hat das „Gütesiegel 0,1%" nicht verdient.

**Kapitel I, Zeit zu überprüfen, Seite 40**

## 5

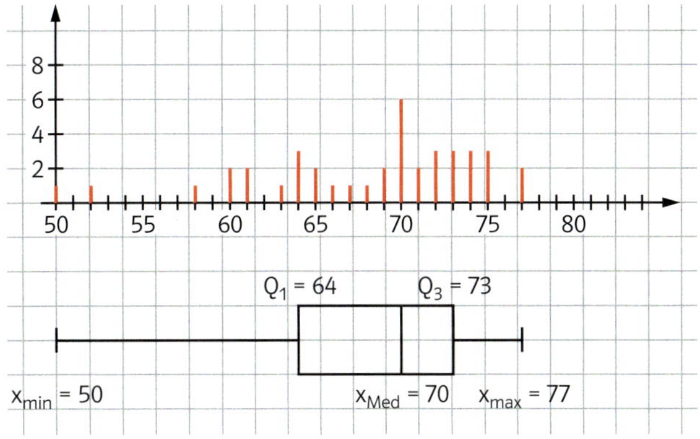


## 6

Anlage I: $\bar{x} \approx 507{,}79$; $s \approx 2{,}665$

Anlage II: $\bar{x} \approx 504{,}57$; $s \approx 2{,}311$

Die Anlage II arbeitet besser.

## 7

a) Frauen: $x_{min} = 0$; $Q_1 = 4$; $x_{Med} = 8$; $Q_3 = 11$; $x_{max} = 15$

Männer: $x_{min} = 0$; $Q_1 = 3$; $x_{Med} = 7$; $Q_3 = 10$; $x_{max} = 15$

Männer sind weniger häufig krank; die Streuung in der zentralen Hälfte ist aber für beide Gruppen gleich.

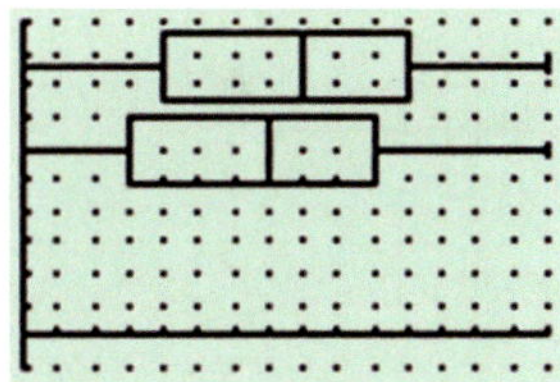

b) Stabdiagramm

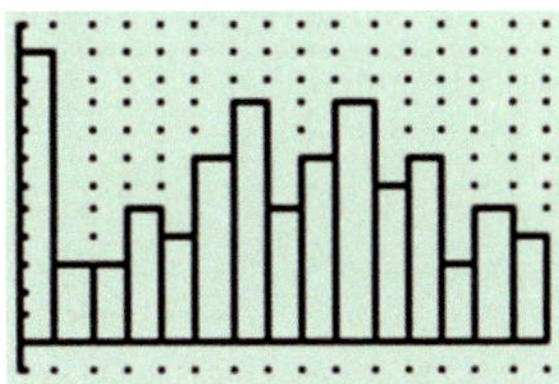

Boxplot

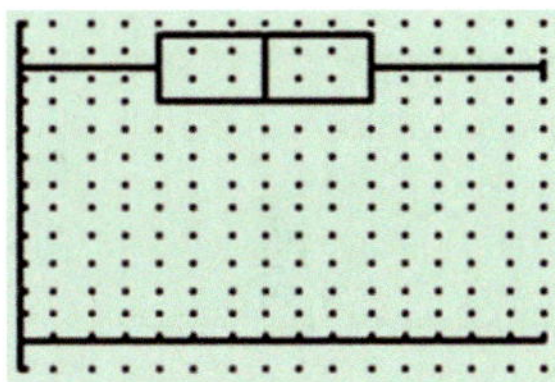

An einem Boxplot kann man direkt wichtige Kennzahlen ablesen.

**Kapitel I, Zeit zu überprüfen, Seite 45**

## 6

a) $y = 4{,}2805x - 8462{,}3$

b) Möglicher Preis in Euro im Jahr 2012:

$4{,}2805 \cdot 2012 - 8462{,}3 \approx 150{,}07$

## 7

a) $y = 0{,}85x - 77{,}87$

b) Pro Zentimeter Körpergröße ist mit einer Gewichtszunahme von durchschnittlich 0,85 kg zu rechnen.

**Kapitel I, Zeit zu überprüfen, Seite 48**

### 3

a) $r \approx -0{,}725$; $r^2 \approx 0{,}526$ b) $r \approx 0{,}9993$; $r^2 \approx 0{,}9985$

c) $r \approx -0{,}707$; $r^2 \approx 0{,}5$

### 4

a) Fig. 5; Fig. 2; Fig. 3; Fig. 4

b) Fig. 5: $r = -0{,}984$; Fig. 2: $r = -0{,}757$; Fig. 3: $r = 0{,}316$; Fig. 4: $r = 1{,}000$

**Kapitel I, Zeit zu überprüfen, Seite 53**

### 5

a) 6 kg Tee kosten 5,85 € · 6 = 35,10 €.
Es ist: $K(6) = 35{,}1$.

b) $50 = 5{,}85 \cdot x$; also $x = \frac{50}{5{,}85} \approx 8{,}547$.
Man erhält somit ca. 8,5 kg Tee für 50 €. $f(8{,}5) = 50$.

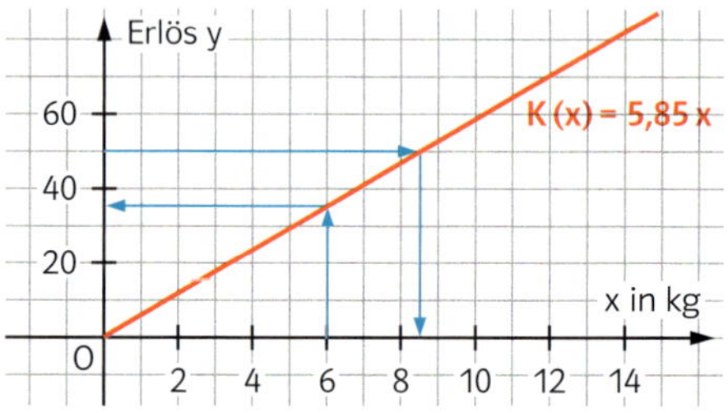


### 6

a) $f(0) = 0$; $f(2) = 0$; $f(-2{,}5) \approx 3{,}1$; $f(1) \approx 0{,}2$

b) $x_1 \approx -4{,}2$; $x_2 \approx 2{,}75$; $x_3 \approx 4{,}75$

c) Man kann 3 Stellen finden: $x_1 \approx -3{,}7$; $x_2 \approx -1{,}85$; $x_3 \approx 5{,}3$

d) $a = 0{,}1$

e) Größter Funktionswert ist etwa 3,6; er wird an der Stelle −3 angenommen: $f(-3) \approx 3{,}6$. Kleinster Funktionswert: $f(4{,}1) \approx -2{,}6$.

**Kapitel I, Zeit zu überprüfen, Seite 57**

### 6

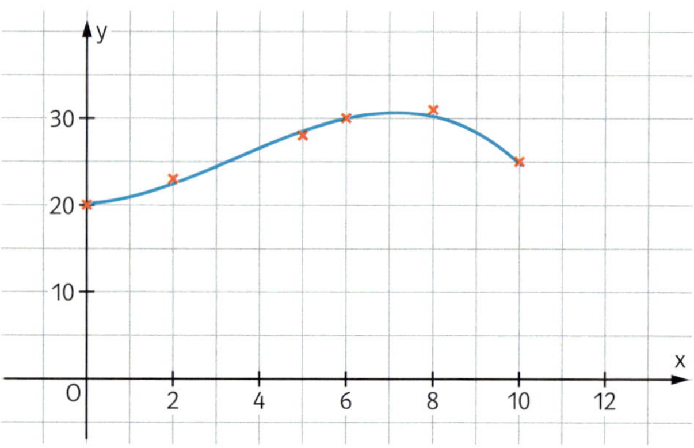


Der Landwirt sollte täglich ungefähr 7 kg Kraftfutter zugeben.

**Kapitel I, Training, Seite 66**

### 1

a) $\bar{x} = 2{,}7$; $s \approx 1{,}16$ b) $x \approx 0{,}93$; $s \approx 0{,}112$

### 2

$R = 4$; $x_{Mod} = 101$; $\bar{x} \approx 100{,}333$; $d \approx 1$; $s^2 \approx 1{,}515$; $s \approx 1{,}231$

### 3

a) $\bar{x} = 3{,}2$; $s \approx 2{,}677$

b)

| $a_i$ | 0 | 1 | 2 | 3 | 4 | 6 | 7 | 8 | 9 | 10 |
|---|---|---|---|---|---|---|---|---|---|---|
| $H_i$ | 4 | 7 | 6 | 5 | 6 | 2 | 1 | 2 | 1 | 1 |
| $h_i$ | $\frac{4}{35}$ | $\frac{7}{35}$ | $\frac{6}{35}$ | $\frac{5}{35}$ | $\frac{6}{35}$ | $\frac{2}{35}$ | $\frac{1}{35}$ | $\frac{2}{35}$ | $\frac{1}{35}$ | $\frac{1}{35}$ |

c)

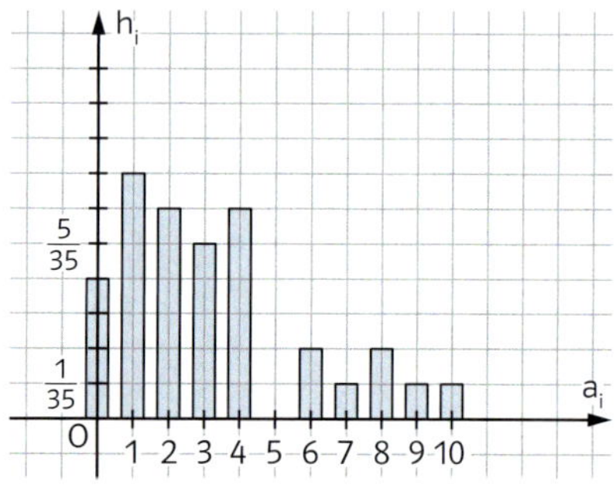


### 4

a)

| Alter | 85 | 86 | 87 | 88 | 89 | 90 |
|---|---|---|---|---|---|---|
| abs. Häufigkeit | 5 | 6 | 5 | 3 | 5 | 8 |
| rel. Häufigkeit | 0,156 | 0,188 | 0,156 | 0,094 | 0,156 | 0,250 |

b) $\bar{x} = 87{,}65625 \approx 87{,}66$; $s^2 \approx 3{,}4587$; $s \approx 1{,}86$

c) Punktdiagramm:

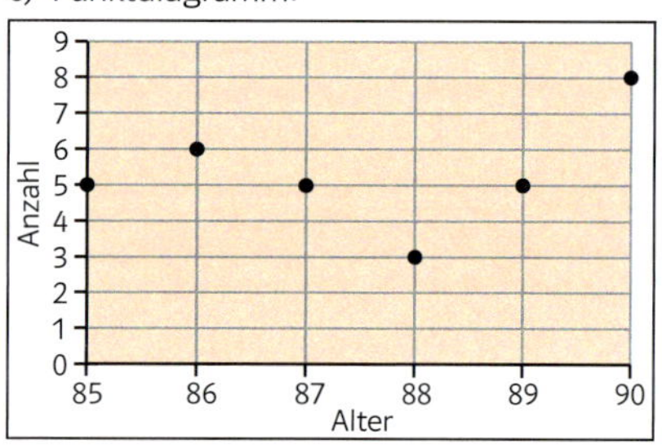

Liniendiagramm:

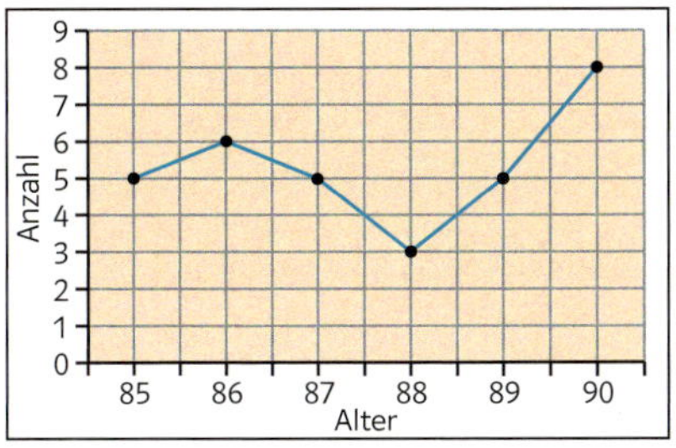


## 5

Mittelwert in Klasse A: $\bar{x} = 3{,}464285714 \approx 3{,}46$;
Mittelwert in Klasse B: $\bar{x} = 3{,}321428571 \approx 3{,}32$;
Streuung in Klasse A: $s \approx 1{,}1700631 \approx 1{,}17$;
Streuung in Klasse B: $s \approx 2{,}195173 \approx 2{,}20$.
Trotz der vielen schlechten Noten (11 Schüler sind schlechter als ausreichend) ist der Mittelwert in Klasse B besser als der in A. Die Streuung in Klasse B ist sehr hoch, da es zu viele gute Noten und gleichzeitig zu viele schlechte Noten gab. Warum dies so ist, müsste im Einzelfall untersucht werden.

## 6

Die Firma Trapo reklamiert nicht, da $\bar{x} = 4{,}7497\ \frac{cm}{s}$ und $s \approx 0{,}00368\ \frac{cm}{s}$ ist und damit die Abweichungen unter den Vorgaben liegen.

## 7

$x_{Med} = 22$; $Q_1 = 19{,}5$; $Q_3 = 25{,}5$; $\bar{x} \approx 23{,}3$; $d \approx 4{,}17$; $s^2 \approx 29{,}69$; $s \approx 5{,}45$

## 8

| | $x_{min}$ | $Q_1$ | $x_{Med}$ | $Q_3$ | $x_{max}$ | $Q_A$ | Spannweite |
|---|---|---|---|---|---|---|---|
| a) | 1 | 3 | 4 | 6 | 15 | 3 | 14 |
| b) | 2 | 7 | 11 | 17 | 20 | 10 | 18 |
| c) | 495 | 499 | 502 | 503 | 507 | 4 | 12 |

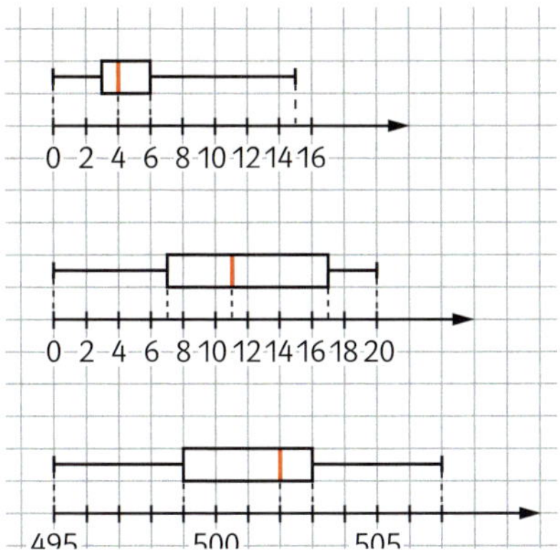

## 9

$\bar{q}_{geom} = \sqrt[6]{\frac{0{,}90}{0{,}25}} \approx 1{,}237988$;
die durchschnittliche Wachstumsrate ist rund 23,8 %.

## 10

$\bar{q}_{geom} = \sqrt[4]{\frac{74\,911}{62\,186}} \approx 1{,}04764$;

$\bar{q}_{geom} = \sqrt[4]{0{,}951 \cdot 1{,}064 \cdot 1{,}011 \cdot 1{,}177} \approx 1{,}04752$;

die durchschnittliche Wachstumsrate ist rund 4,8 %.

## 11

$\bar{q}_{geom} = \sqrt{1{,}10 \cdot 1{,}90} \approx 1{,}4457$;
durchnittliche Wachstumsrate: rund 44,6 %;
arithmetisches Mittel: 50 %

## 12

a) $y = 10{,}7x - 23{,}5$
Die Regressionsgerade schneidet die positive x-Achse. Das lineare Modell ist nur für hinreichend große Erdbeeren brauchbar.
b) Je Zentimeter Länge nimmt das Gewicht durchschnittlich um ca. 10,7 Gramm zu.

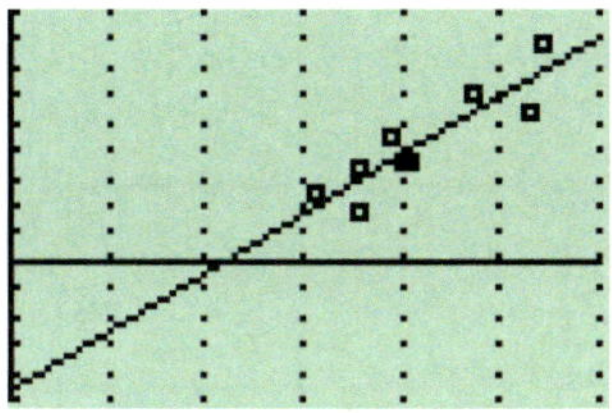

## 13

$y = 0{,}565x + 0{,}593$; $r \approx 0{,}979$

## 14

a) Ulla: Die Punkte streuen sehr wenig um eine Gerade mit kleiner Steigung.
Doris: Die Punkte streuen stark um eine Gerade mit großer Steigung.

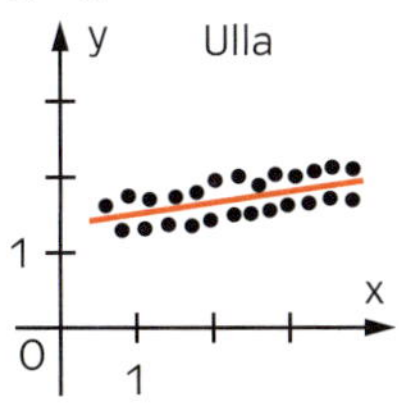


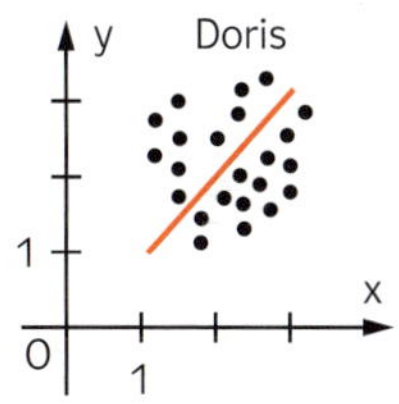


b) Bei Ulla eignet sich das lineare Modell für Prognosen besser.

## 15

$p(x) = -88{,}07x + 209{,}13$

## 16

Kostenkehre näherungsweise: K(3,5 | 20)

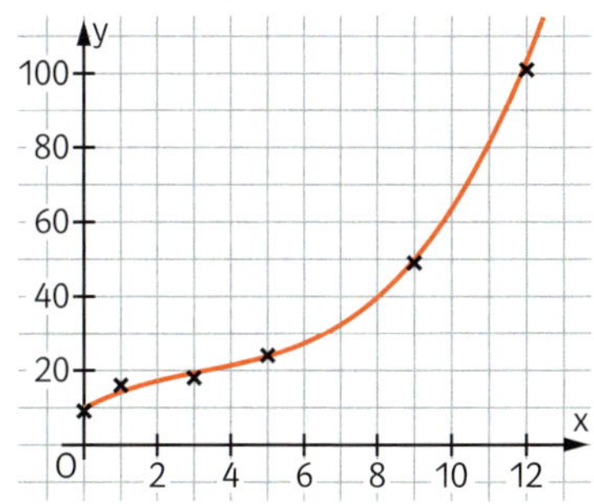

**Kapitel II, Zeit zu überprüfen, Seite 74**

**5**

a) Gewinn: $G(x) = 0{,}8x - 60$; Gewinn pro Stück: $g(x) = 0{,}8 - \frac{60}{x}$

b)

| x | 5 | 10 | 15 | 20 | 25 | 30 | 35 | 40 |
|---|---|---|---|---|---|---|---|---|
| y | −56 | −52 | −48 | −44 | −40 | −36 | −32 | −28 |

| x | 45 | 50 | 55 | 60 | 65 | 70 | 75 | 80 |
|---|---|---|---|---|---|---|---|---|
| y | −24 | −20 | −16 | −12 | −8 | −4 | 0 | 4 |

Ab 75 verkaufter Schnitzelbrötchen sind die Kosten gedeckt.

**6**

a) $q = 1{,}06$ b) $G(x) = 5000 \cdot 1{,}06^x$ $(0 \leq x \leq 10)$

**7**

a) $b(x) = 10 - x$ b) $A(x) = x \cdot (10 - x) = 10x - x^2$

c) $d(x) = \sqrt{2x^2 - 20x + 100}$ d) $A_{Kr} = \frac{\pi}{2} \cdot (x^2 - 10x + 50)$

**Kapitel II, Zeit zu überprüfen, Seite 78**

**5**

a) Gerade g durch O und Q: g: $y = \frac{4}{5}x$. P liegt nicht auf g.

b) Richtig

c) $-x + 4y - 6 = 0$ ergibt g: $y = \frac{1}{4}x + 1{,}5$. g ist nicht parallel zu $y = -0{,}25x$.

d) m existiert nicht; es liegt eine Parallele zur y-Achse vor: $x = 2$

**6**

a) Nutzungskosten pro Minute: 0,014 €; Grundgebühr: 9 €.

b) Ab 2214 Minuten lohnt sich der Wechsel zur Flatrate.

**Kapitel II, Zeit zu überprüfen, Seite 81**

**4**

Verleih A: $a(x) = 75 + 0{,}45 \cdot x$; x in km, a(x) in €.

Verleih B: $b(x) = 50 + 0{,}50 \cdot x$; x in km, b(x) in €.

a) $a(250) = 187{,}5$; $b(250) = 175$.

Herr Lehmann sollte B wählen; er spart 12,50 €.

b) $a(x) = b(x)$: $50 + 0{,}5x = 75 + 0{,}45x$; $0{,}05x = 25$; $x = 500$.

Ab 500 km ist A der günstigere Verleih.

**5**

a) $K(x) = 12\,000 + 45x$; x Anzahl der Bauteile, K(x) in €

$E(x) = 105x$; E(x) in €

b)

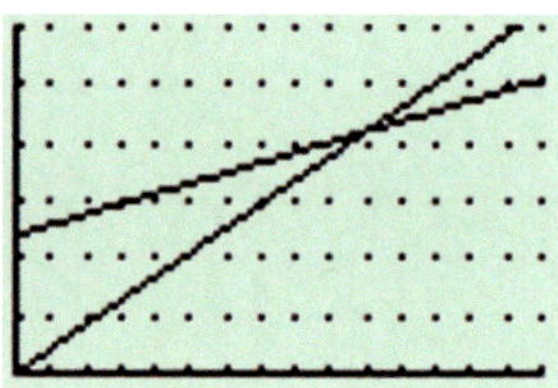

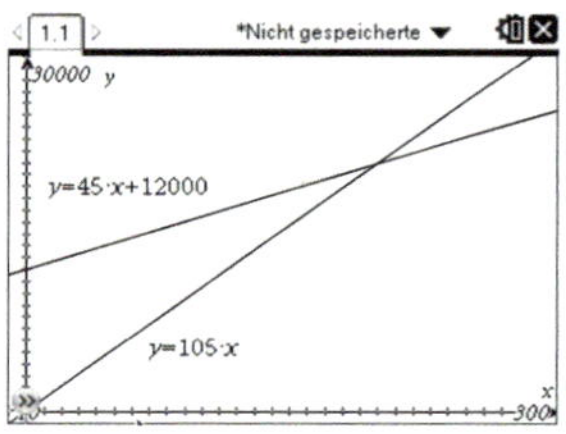


c) $K(x) = E(x)$: $105x = 12\,000 + 45x$

$x = 200$

Verlustbereich: $0 \leq x < 200$

Gewinnschwelle: $x_S = 200$

Gewinnbereich: $x > 200$

**Kapitel II, Zeit zu überprüfen, Seite 83**

**4**

a) $K(x) = 20x + 150$; $E(x) = 40x$; $0 \leq x \leq 200$

b)

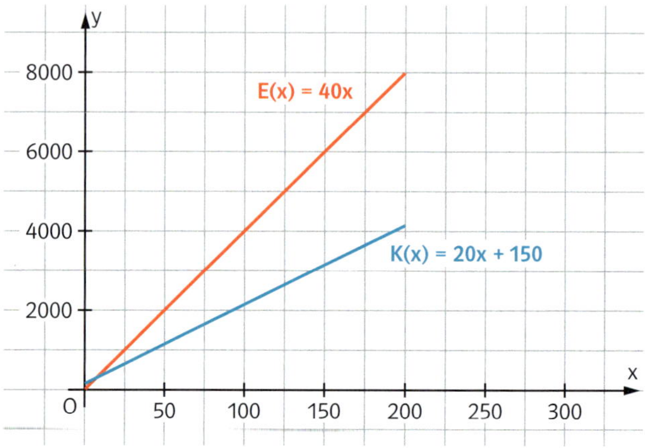


c) $G(x) = E(x) - K(x) = 20x - 150$;

aus $20x - 150 = 0$ folgt $x_S = 7{,}5$;

$G_{max} = G(200) = 20 \cdot 200 - 150 = 3850$.

**5**

a) $K(x) = m \cdot x + c$ mit $K(0) = c = 120$.

Damit ist $K(10) = m \cdot 10 + 120 = 132$, also $m \cdot 10 = 12$ und $m = 1{,}2$.

$K(x) = 1{,}2x + 120$; Kontrolle: $K(20) = 1{,}2 \cdot 20 + 120 = 144$.

Erlösfunktion $E(x) = 2{,}4x$.

b)

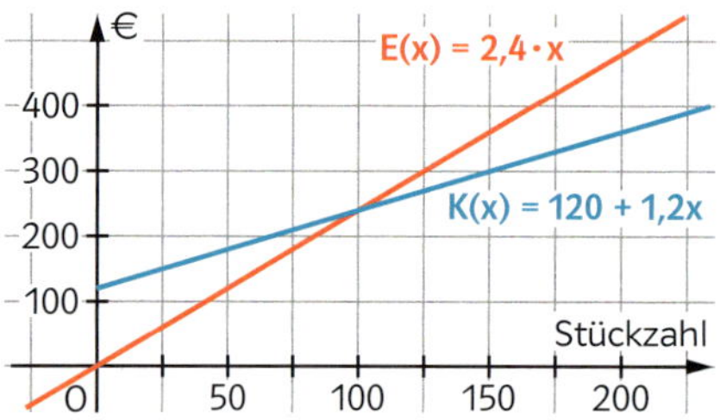


c) Aus $E(x) = K(x)$ berechnet man die Gewinnschwelle: $x_S = 100$.

$K(200) = 1{,}2 \cdot 200 + 120 = 360$; $E(200) = 480$.

Damit Gewinn bei 200 ME in GE: $480 - 360 = 120$.

d) Mit $K^*(x) = 1{,}2x + 90$ und $E(x) = 2{,}4x$ erhält man durch Gleichsetzen die neue Gewinnschwelle $x_S^* = 75$.

Das Maximum des Gewinns beträgt 150 GE.

**Kapitel II, Zeit zu überprüfen, Seite 86**

## 8

$p(x) = mx + c;$
$p(0) = 12: \; c = 12;$
$p(8) = 0: \; 0 = m \cdot 8 + 12; \; m = -1{,}5;$
$p(x) = -1{,}5x + 12$

## 9

$p(x) = mx + c;$
$p(250) = 50: \; 50 = m \cdot 250 + c \quad (1)$
$p(220) = 55: \; 55 = m \cdot 220 + c \quad (2)$
(2) − (1) ergibt $5 = -30m$ bzw. $m = -\frac{1}{6};$
aus (2) folgt dann $55 = -\frac{1}{6} \cdot 220 + c$ bzw. $c = \frac{275}{3}.$

**Kapitel II, Zeit zu überprüfen, Seite 90**

## 5

a) $8 = 0{,}60x + 4$ ergibt in ME: $x \approx 6{,}67.$
b) $8 = -0{,}40x + 9$ ergibt in ME: $x = 2{,}5.$
c) Bei $x = 5$ ME herrscht Marktgleichgewicht.
d) Aus $0{,}7x + 4{,}5 = -0{,}4x + 9$ erhält man für das neue Marktgleichgewicht in ME: $x \approx 4{,}1.$

## 6

a) Aus $50 - \frac{5}{8}x = 0$ folgt $x_0 = 80; \; x \in [0; 80].$
$p_N(0) = 50;$ Höchstpreis $50\frac{GE}{ME};$ Sättigungsmenge 80 ME
b) $p_A(x) = 15; \; 10 + 0{,}25x = 15; \; x = 20$
$p_N(x) = 15; \; 50 - \frac{5}{8}x = 15; \; x = 56$
c) Zeichnerische Lösung:

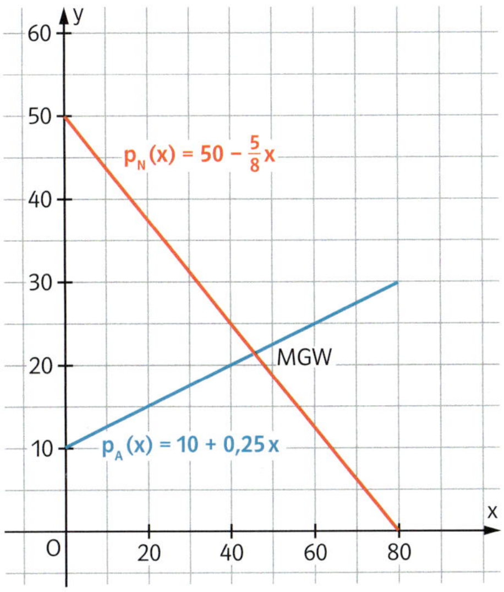


Näherungsweise hat das Marktgleichgewicht die Koordinaten MGW(46 | 21).
Rechnerische Lösung:
Aus $10 + 0{,}25x = 50 - \frac{5}{8}x$ folgt $x = \frac{320}{7} \approx 45{,}7;$
$p_A\left(\frac{320}{7}\right) = 10 + \frac{1}{4} \cdot \frac{320}{7} = \frac{150}{7} \approx 21{,}4;$
Gleichgewichtsmenge: $\frac{320}{7}$ ME;
Gleichgewichtspreis: $\frac{150}{7} \frac{GE}{ME}.$
d) $p_A(x) = 30: \; 10 + 0{,}25x = 30; \; x_A = 80$
$p_N(x) = 30: \; 50 - \frac{5}{8}x = 30; \; x_N = 32$
$A_Ü = x_A - x_N = 80 - 32 = 48$
$p_A(x) = 15: \; 10 + 0{,}25x = 15; \; x_A = 20$
$p_N(x) = 15: \; 50 - \frac{5}{8}x = 15; \; x_N = 56$
$N_Ü = x_N - x_A = 56 - 20 = 36$

**Kapitel II, Zeit zu überprüfen, Seite 93**

## 3

a) $p_A(x) = p_N(x)$ ergibt $20 + 5x = 50 - 10x; \; x = 2;$
$p_A(2) = 30;$ MGW(2 | 30):
Konsumentenrente: $K = \frac{1}{2} \cdot 2 \cdot (50 - 30) = 20;$
Produzentenrente: $P = \frac{1}{2} \cdot 2 \cdot (30 - 20) = 10$
b) MGW(200 | 20); $K = 4000; \; P = 2000$
c) MGW(1,5 | 0,2); $K = 0{,}15; \; P = 0{,}075$

**Kapitel II, Zeit zu überprüfen, Seite 95**

## 4

a) $E(x) = 20x; \; E(5) = 100$
b) $E(x) = x\left(30 - \frac{1}{5}x\right) = 30x - \frac{1}{5}x^2; \; E(5) = 145$

## 5

a) Höchstpreis: 50; Sättigungsmenge: 12,5
b) $E(x) = x(50 - 4x) = 50x - 4x^2$
Bei der Absatzmenge 6,25 wird der Erlös maximal.

**Kapitel II, Zeit zu überprüfen, Seite 99**

## 4

a) $x(x + 4) = 0; \; x_1 = 0; \; x_2 = -4$
b) $x(2x - 10) = 0; \; x_1 = 0; \; x_2 = 5$
c) $x_1 = 0; \; x_2 = \frac{8}{7}$
d) $x^2 = 16; \; x_1 = -4; \; x_2 = 4$
e) $0{,}5x^2 = -5;$ keine Lösung
f) $x_1 = 0$
g) $x^2 + 1 = x + 1; \; x_1 = 0; \; x_2 = 1$
h) $(x + 1) - (x + 1) \cdot (x - 1) = 0; \; (x + 1) \cdot (2 - x) = 0; \; x_1 = -1; \; x_2 = 2$

## 5

a) $55x^2 - 55 = 0; \; x^2 = 1; \; x_1 = -1; \; x_2 = 1$
b) $-11x^2 + 14x = 0; \; x(-11x + 14) = 0; \; x_1 = 0; \; x_2 = \frac{14}{11}$
c) $x^2 + 6 = 0; \; x^2 = -6;$ keine Lösung

## 6

a) $x_S = 2; \; x_G = 8$
b) $x_S = 3{,}5; \; x_G = 15{,}5$
c) $x_S = 10; \; x_G = 50$

**Kapitel II, Zeit zu überprüfen, Seite 104**

**7**

a) Streckung um Faktor $\frac{1}{2}$ in y-Richtung, Verschiebung um 3 LE nach links und um 4 LE nach unten
b) Streckung um Faktor 3 in y-Richtung und Spiegelung an der x-Achse, Verschiebung um 2 LE nach rechts und um 1 LE nach oben
c) Spiegelung an der x-Achse, Verschiebung um $\frac{1}{2}$ LE nach links und um 1 LE nach oben
d) Streckung um Faktor $\frac{1}{3}$ in y-Richtung und Spiegelung an der x-Achse, Verschiebung um 3 LE nach rechts und um 3 LE nach oben
e) Streckung um Faktor 4 in y-Richtung und Spiegelung an der x-Achse, Verschiebung um 1 LE nach links und um 4 LE nach oben
f) Streckung um Faktor $\frac{1}{5}$ in y-Richtung und Spiegelung an der x-Achse, Verschiebung um 5 LE nach rechts und um 3,2 LE nach oben

**8**

a) $S(5\mid-13{,}5)$ b) $S(-3\mid-4{,}2)$ c) $S(1\mid8{,}5)$

**Kapitel II, Zeit zu überprüfen, Seite 108**

**4**

a) 1 Kästchen entspricht 1 Längeneinheit.
b) A: $f(x) = (x-4)^2$; B: $f(x) = x^2 - 7$; C : $f(x) = (x+6)^2 - 5$
c) Der Ursprung liegt 2 Kästchen über Punkt A.

**5**

$y = 0{,}2x^2 + 4x + 500$

**Kapitel II, Training, Seite 120**

**1**

a) $m = \frac{-1-2}{3-1} = -\frac{3}{2}$; $y = -\frac{3}{2}x + \frac{7}{2}$ oder $y = -1{,}5x + 3{,}5$
b) $m = \frac{7-1}{2-0} = 3$; $y - 1 = 3\cdot(x-0)$ oder $y = 3x + 1$
c) $y = 0{,}4x + 2{,}5$
d) $y = \frac{1}{2}x + 2$

**2**

a) $\frac{1}{2}\cdot\left(-\frac{1}{2}\right) - \frac{7}{4} = -2$; also $P \in g$ b) $\frac{1}{2}\cdot 50 - \frac{7}{4} = 23{,}25$; also $P \notin g$
c) $\frac{1}{2}\cdot 64 - \frac{7}{4} = 30{,}25$; also $P \notin g$ d) $\frac{1}{2}\cdot\frac{7}{4} - \frac{7}{4} = -\frac{7}{8}$; also $P \in g$

**3**

a) $P \notin g$, da $f(0) = 4 \neq 1{,}5$ ist. b) $P \in g$, da $f(2) = 0$ ist.
c) $P \in g$, da $f(10) = 24$ ist. d) $P \notin g$, da $f(-8) = 60 \neq 61$ ist.

**4**

a) $P(0\mid3)$; Steigung der Normalen ist $m = 0{,}5$ (da $0{,}5\cdot(-2) = -1$ ist).
$y = 0{,}5x + 3$;
b) $P(-2\mid2)$; $y = 2x + 6$
c) $P\left(\frac{8}{3}\middle|0\right)$; $y = -\frac{20}{9}\cdot\left(x - \frac{8}{3}\right)$ oder $y = -\frac{20}{9}x + \frac{160}{27}$

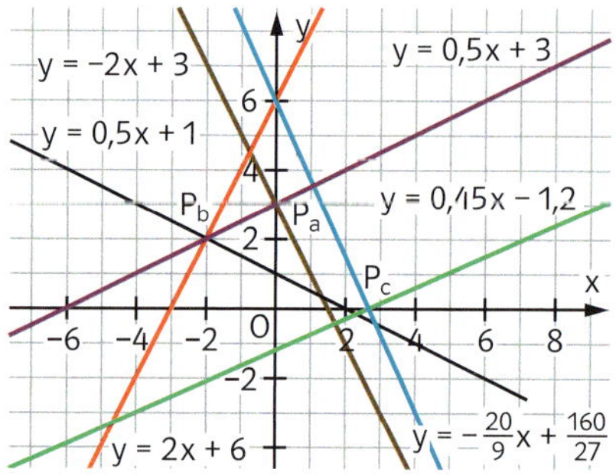


**5**

a) $f(4) = 7$ b) $g(3) = 10$ c) $f(-3) = g(-3)$

**6**

a) g: $y = 2x - 1{,}5$; h: $y = -\frac{2}{5}x + \frac{9}{5}$

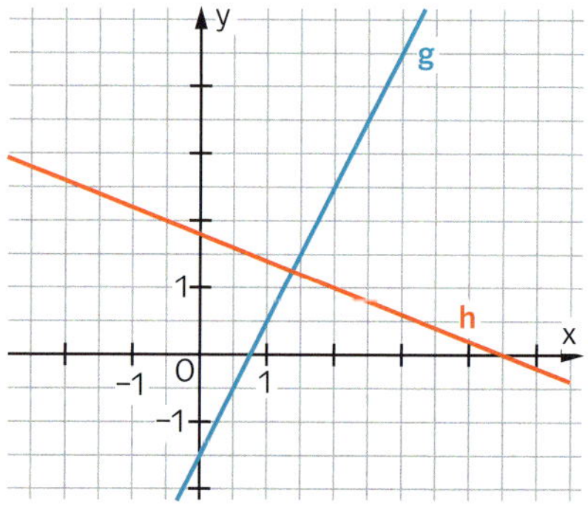


b) g und h sind nicht orthogonal, da $m_1 \cdot m_2 \neq -1$.
c) Schnittpunkt von g mit der x-Achse:
$0 = 2x - 1{,}5$; $x = 0{,}75$; $S_g(0{,}75\mid0)$
Schnittpunkt von h mit der x-Achse:
$2x + 5\cdot0 = 9$; $x = 4{,}5$; $S_h(4{,}5\mid0)$

**7**

a) g: $y = \frac{1}{4}x + 2$; h: $y = \frac{4}{5}x$
b) P liegt nicht auf g.
c) $\frac{1}{4}x + 2 = \frac{4}{5}x$; $x = \frac{40}{11}$; $S\left(\frac{40}{11}\middle|\frac{32}{11}\right)$
d) $\alpha_g \approx 14{,}0°$; $\alpha_h \approx 38{,}7°$; $\delta = \alpha_h - \alpha_g \approx 24{,}7°$
e) $m_k = -1$; $\alpha_k = 135°$; $\delta = (180° - 135°) + 14° = 59°$.

**8**

Rechnerische Lösung:
Ist x die Zeit in Minuten und y die zurückgelegte Strecke in Kilometer, so gilt
für das hintere Fahrzeug I: $y = 3x$ und
für das vordere Fahrzeug II: $y = 2x + 10$.
Dieses LGS hat die Lösung (10; 30). Das hintere Auto holt das andere Auto nach 30 km Fahrstrecke und 10 min Fahrzeit ein.
Zeichnerische Lösung:
Die Gerade g: $y = 3x$ beschreibt die Fahrt des hinteren Autos.
Die Gerade h: $y = 2x + 10$ beschreibt die Fahrt des vorderen Autos.
Das hintere Auto holt das andere Auto nach 30 km Fahrstrecke und 10 min Fahrzeit ein.

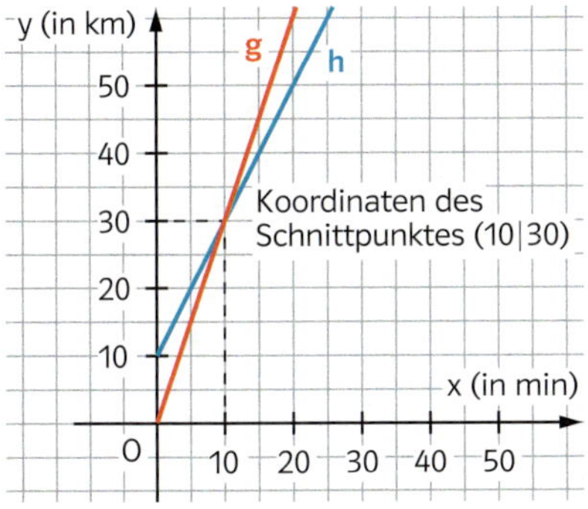


**9**

a) $f(x) = (x + 3)^2 - 9$; $S(-3|-9)$, nach oben offen

b) $f(x) = (x + 3)^2$; $S(-3|0)$, nach oben offen

c) $f(x) = -(x - 4)^2 - 15$; $S(4|-15)$, nach unten offen

**10**

a) $3x \cdot (x - 4) = 0$; $x_1 = 0$ und $x_2 = 4$

b) $(x - 4) \cdot (x + 4) = 0$; $x_1 = 4$ und $x_2 = -4$

c) $0{,}5x^2 = -5$ hat keine Lösung

d) $x_1 = 0$

**11**

a) Ansatz: $y = a \cdot x^2 + c$;

Punkt $P(1|4)$: $4 = a + c$

Punkt $Q(-2|1)$: $1 = 4a + c$

$-3 = 3a$; $a = -1$; $c = 5$; $y = -x^2 + 5$

b) $y = -x^2 + 7$

c) $y = 0{,}01x^2$

**12**

a) $f(x) = -\frac{1}{3}x^2 + 2x - \frac{5}{3}$

b) $f(x) = \frac{1}{8}x^2 + \frac{1}{4}x$

**13**

a) $f(x) = \frac{1}{5}x^2 - \frac{16}{5}x + \frac{39}{5}$

b) $f(x) = -4x^2 - 4x + 0{,}5$

c) $f(x) = \frac{1}{50}x^2 - \frac{16}{25}x - \frac{1872}{25}$

**14**

a) Sekante: $a > -1$; Tangente: $a = -1$; Passante: $a < -1$

Bemerkung: Für $a = 0$ beschreibt die Funktion f keine Parabel.

b) Sekante: $b > 2$ oder $b < -4$; Tangente: $b = 2$ oder $b = -4$;

Passante: $-4 < b < 2$

c) Sekante: $t > 4$ oder $t < 0$; Tangente: $t = 4$; Passante: $0 < t < 4$

Bemerkung: Für $t = 0$ beschreibt die Funktion f keine Parabel.

**15**

a) $K(x) = 0{,}5x + 1{,}75$; Graph in Fig. 1

b) $E(x) = (-0{,}25x + 2{,}5) \cdot x = -0{,}25x^2 + 2{,}5x$; Graph in Fig. 1.

Da $E(x) = K(x)$ für $x_1 = 1$; $x_2 = 7$ liegt die Gewinnzone in [1; 7].

Die Nullstellen von E sind $x_1 = 0$; $x_2 = 10$; also liegt das Erlösmaximum bei $x = 5$.

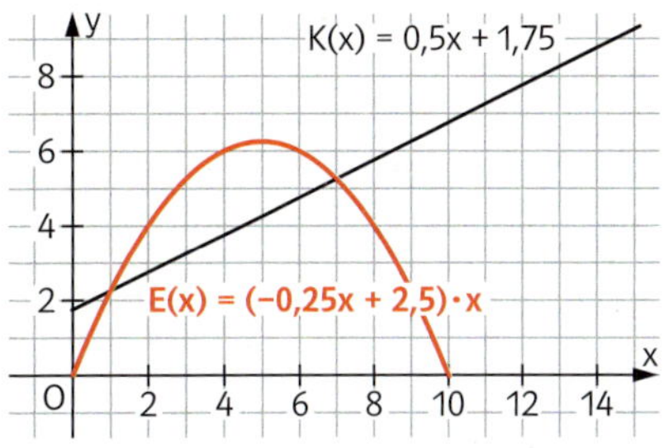


Fig. 1

c) $G(x) = -0{,}25x^2 + 2x - 1{,}75$; Scheitel $S(4|2{,}25)$;

für 4 ME wird ein maximaler Gewinn von 2,25 GE erzielt;

Cournot'scher Punkt: $C(4|1{,}5)$

**16**

a) $G(x) = E(x) - K(x) = -2x^2 + 16x - 14$

mit Maximum von 18 GE bei einer Ausbringungsmenge von 4 ME.

b) Neue Kostenfunktion ist $K^*(x) = 7{,}5 + 4x$.

Aus $E(x) = K^*(x)$ erhält man $x_1 = 0{,}5$ und $x_2 = 7{,}5$; neue Gewinnzone [0,5; 7,5].

**17**

a)

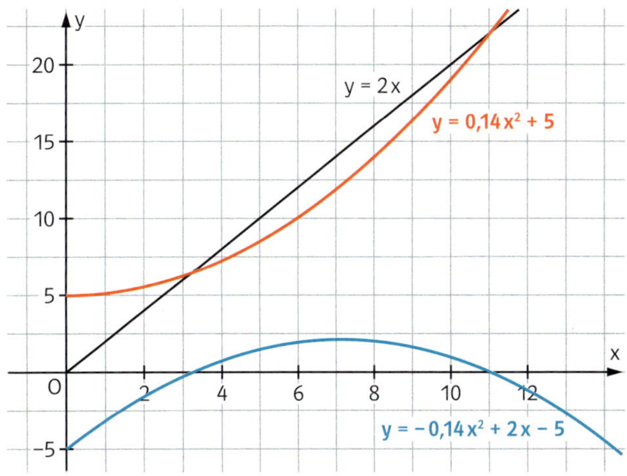


Fig. 2

b) $x_S \approx 3{,}2$; $x_G \approx 11{,}1$

c) $G(x) = -0{,}14x^2 + 2x - 5$; siehe Fig. 2;

Scheitel: $S(7{,}14|2{,}14)$; ab ungefähr 7 ME erfolgt keine Gewinnzunahme.

**18**

a) Da $K(0) = 10$, $K(10) = 16$ und $K(20) = 30$ ist, erfüllt $K(x)$ die Bedingungen.

b) $K(x) = E(x)$, also

$0{,}04x^2 + 0{,}2x + 10 = 2 \cdot x$, also

$0{,}04x^2 - 1{,}8x + 10 = 0$

mit $x_S \approx 6{,}492$ und $x_G \approx 38{,}508$.

Die Gewinnzone liegt zwischen 6,5 und 38,5 ME.

## 19

a) Diskriminante ist $D = 9 - t$:
für $9 - t < 0$, also $t > 9$ keine Lösung;
für $9 - t = 0$, also $t = 9$ eine Lösung;
für $9 - t > 0$, also $t < 9$ zwei Lösungen
b) Diskriminante ist $D = 1 + t$:
für $1 + t < 0$, also $t < -1$ keine Lösung;
für $1 + t = 0$, also $t = -1$ eine Lösung;
für $1 + t > 0$, also $t > -1$ zwei Lösungen
c) Diskriminante ist $D = 1 - t$:
für $1 - t < 0$, also $t > 1$ keine Lösung;
für $1 - t = 0$, also $t = 1$ eine Lösung;
für $1 - t > 0$, also $t < 1$ zwei Lösungen.
Im Falle $t = 0$ liegt keine quadratische Gleichung vor. Es gibt in diesem Fall genau eine Lösung.

## 20

Alle Parabeln gehen durch den Ursprung, also ist $x_1 = 0$ die erste Nullstelle. Die zweite Nullstelle liegt bei $x_2 = \frac{1}{2}t$. Alle Parabeln sind nach unten geöffnet; der Ordinatenwert des Scheitels ist proportional zu t und beträgt für $t = 4$: $y_S = 1{,}0$. Dies ergibt:
$f_t(x) = -\frac{4}{t}x\left(x - \frac{1}{2}t\right) = -\frac{4}{t}x^2 + 2x$.

**Kapitel III, Zeit zu überprüfen, Seite 128**

## 9

a) $y = x^3$ b) $y = \frac{1}{2}x^3$ c) $y = -\frac{1}{4}x^4$

## 10

a) $y = 0{,}3x^5$ b) $y = -2x^4$

**Kapitel III, Zeit zu überprüfen, Seite 133**

## 9

a) $f(x) = -4x^5 + 3x^3 - x^2$
Für $x \to +\infty$ verläuft der Graph wie $g(x) = -4x^5$, also gegen $-\infty$.
Für $x \to -\infty$ verläuft der Graph wie $g(x) = -4x^5$, also gegen $+\infty$.
Für x nahe 0 verläuft der Graph wie $h(x) = -x^2$, also eine nach unten geöffnete Normalparabel.
b) $f(x) = x^6 + x^3 - 2x + 1$
Für $x \to +\infty$ verläuft der Graph wie $g(x) = x^6$, also gegen $+\infty$.
Für $x \to -\infty$ verläuft der Graph wie $g(x) = x^6$, also gegen $+\infty$.
Für x nahe 0 verläuft der Graph wie $h(x) = -2x + 1$, also eine Gerade mit der Steigung $m = -2$ und dem y-Achsenabschnitt $c = 1$.
c) $f(x) = -0{,}01x^7 + x^6 + 3x + 2$
Für $x \to +\infty$ verläuft der Graph wie $g(x) = -0{,}01x^7$, also gegen $-\infty$.
Für $x \to -\infty$ verläuft der Graph wie $g(x) = -0{,}01x^7$, also gegen $+\infty$.
Für x nahe 0 verläuft der Graph wie $h(x) = 3x + 2$, also einer Geraden mit der Steigung $m = 3$ und dem y-Achsenabschnitt $c = 2$.

## 10

Fig. 1 gehört zu $f_2$; Fig. 2 gehört zu $f_4$; Fig. 3 gehört zu $f_6$;
Fig. 4 gehört zu $f_1$.

Graphen zu $f_3$:

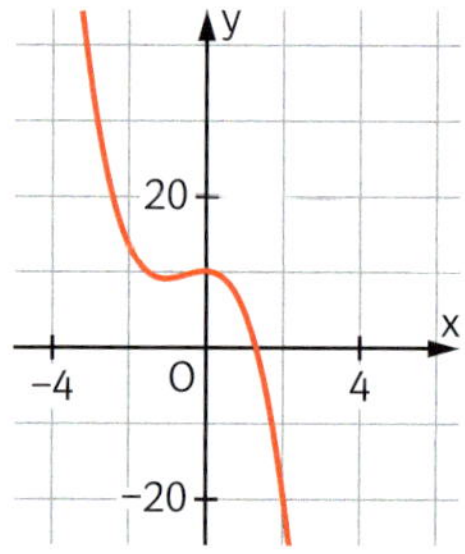


und $f_5$:

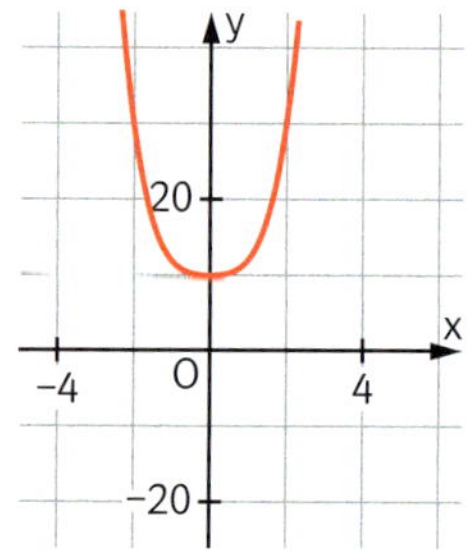


**Kapitel III, Zeit zu überprüfen, Seite 136**

## 8

a) keine Symmetrie b) keine Symmetrie
c) gerade Funktion (symmetrisch zur y-Achse)
d) ungerade Funktion (punktsymmetrisch zum Ursprung)
e) $f(x) = f(-x)$, daher gerade (symmetrisch zur y-Achse)
f) $f(x) = f(-x)$, daher gerade (symmetrisch zur y-Achse)

## 9

a)

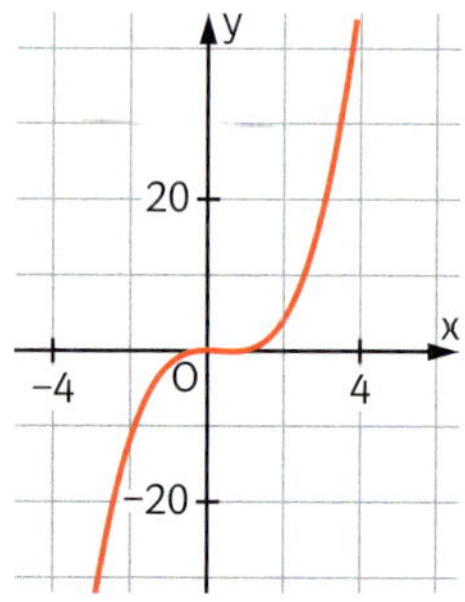


keine Symmetrie

b)

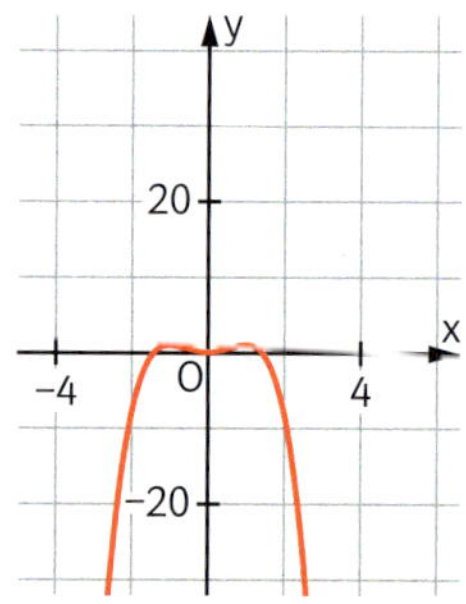


achsensymmetrisch zur y-Achse

c)

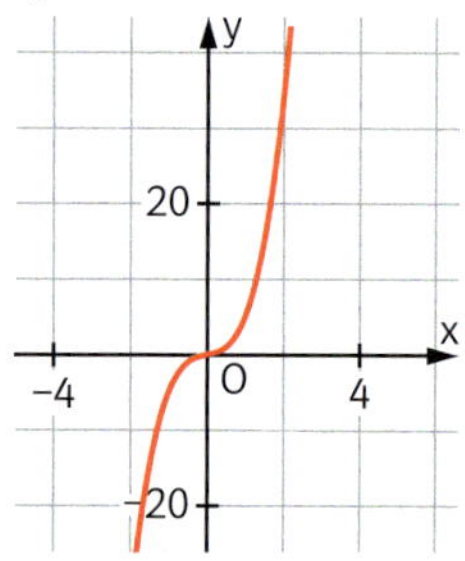


punktsymmetrisch zum Ursprung

d)

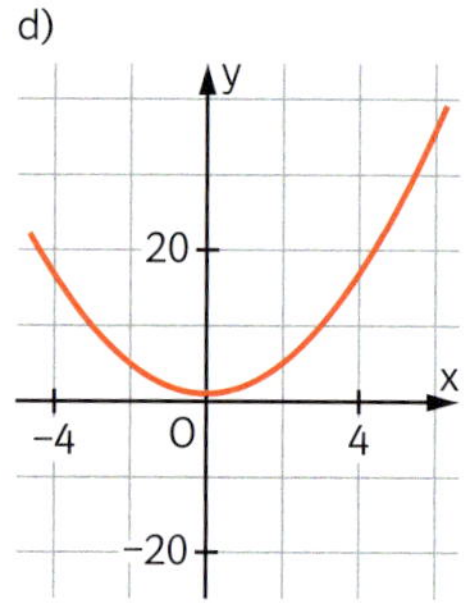


achsensymmetrisch zur y-Achse

**Kapitel III, Zeit zu überprüfen, Seite 143**

## 15

a) $\frac{1}{2}$; $-2$; $-3$ b) 0; $2 + \sqrt{2}$; $2 - \sqrt{2}$
c) $-x^5 + 6x^3 - 9x = 0$; $-x(x^4 - 6x^2 - 9) = 0$; $-x(x^2 - 3)^2 = 0$;
$x_1 = 0$; $x_2 = \sqrt{3}$; $x_3 = -\sqrt{3}$

d) $z = x^2$ führt auf $z^2 - 5z + 4 = 0$ mit $z_1 = 1$; $z_2 = 4$;
$x_1 = 1$; $x_2 = -1$; $x_3 = 2$; $x_4 = -2$

## 16

a) $(x^3 - 3x^2 + x - 1) : (x - 1) = x^2 - 2x - 1$;
$x_1 = 1$; $x_2 = 1 + \sqrt{2}$; $x_3 = 1 - \sqrt{2}$
b) $(x^4 - 3x^3 - 5x^2 - x) : (x + 1) = x^3 - 4x^2 - x$;
$x^3 - 4x^2 - x = x(x^2 - 4x - 1) = 0$;
$x_1 = -1$; $x_2 = 0$; $x_3 = 2 + \sqrt{5}$; $x_4 = 2 - \sqrt{5}$

## 17

a) Zum Beispiel: $f(x) = x(x - 2)(x - 5)$;
$g(x) = 2x(x - 2)(x - 5)$
b) Zum Beispiel: $f(x) = (x - 4)^2(x + 1)$;
$g(x) = (x - 4)(x + 1)^2$
c) Zum Beispiel: $f(x) = (x + 3)^2(x - 1)$;
$g(x) = (x + 3)(x - 1)^2$
d) Zum Beispiel: $f(x) = (x - 3)^3$; $g(x) = \frac{1}{2}(x - 3)^3$

**Kapitel III, Zeit zu überprüfen, Seite 148**

## 5

$y = -0{,}25x^3 + 0{,}75x^2 + 0{,}5x + 4$

## 6

$y = 2x^4 - 4x^2 - 1$

**Kapitel III, Zeit zu überprüfen, Seite 151**

## 5

a) Man muss den Graphen von f um + 3 Einheiten nach oben verschieben um den Graphen der Funktion h zu erhalten. Verschiebt man den Graphen von f um + 2 Einheiten nach rechts erhält man den Graph von k.
b) Der Streckfaktor ist $\frac{1}{2}$.

**6**

a) $g(x) = (x + 1)^3 + 2(x + 1)^2$.
Man verschiebt den Graphen von f um 1 nach links.
b) $g(x) = (x - 2)^3 + 2(x - 2)^2 + 1$.
Man verschiebt den Graphen von f um 2 nach rechts und um 1 nach oben.
c) $g(x) = 2(x^3 + 2x^2)$.
Man streckt den Graphen von f mit dem Faktor 2.
d) $g(x) = -x^3 - 2x^2 + 2$.
Man spiegelt den Graphen von f an der x-Achse und verschiebt den gespiegelten Graphen um 2 nach oben.

**Kapitel III, Training, Seite 160**

## 1

a) Für $x \to \pm\infty$ ist $f(x) \approx x^3$; für $x \approx 0$ ist $f(x) \approx -6x + 1$;
der Graph von f ist wachsend bis zu einem Hochpunkt, fallend bis zu einem Tiefpunkt und danach wieder wachsend wie etwa der Graph von $g(x) = x^3$.

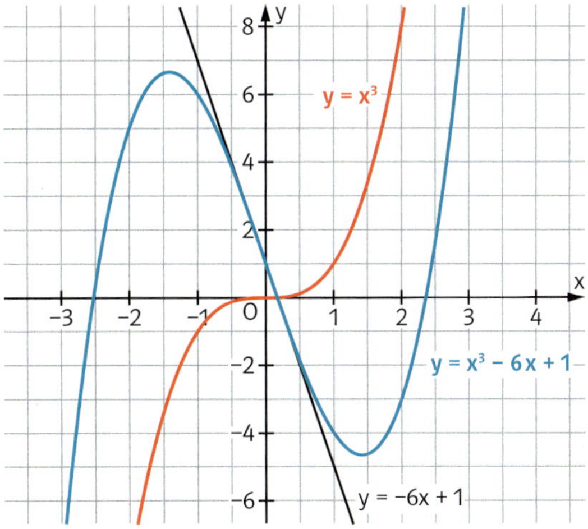


b) Für $x \to \pm\infty$ ist $f(x) \approx -2x^3$; für $x \approx 0$ ist $f(x) \approx 3x^2 + 5$;
der Graph von f ist fallend bis zu einem Tiefpunkt, steigend bis zu einem Hochpunkt und dann wieder fallend wie etwa der Graph von $g(x) = -2x^3$.

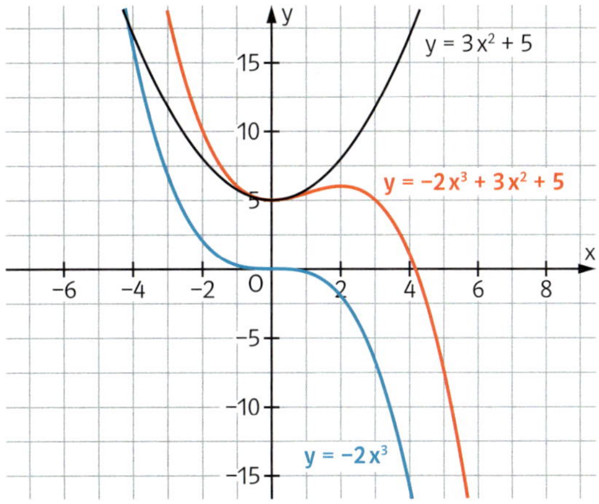


c) Für $x \to \pm\infty$ ist $f(x) \approx -0{,}5x^4$; für $x \approx 0$ ist $f(x) \approx -6x$;
der Graph von f ist wachsend bis zu einem Hochpunkt, fallend bis zu einem Tiefpunkt, dann wieder steigend und nach einem Hochpunkt wieder fallend.

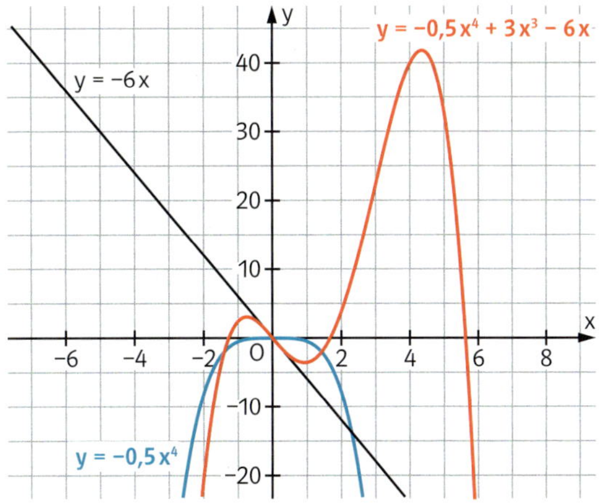

## 2

a) Der Funktionsterm enthält Potenzen mit den Exponenten 3, 2 und 0. Also ist der Graph von f weder achsensymmetrisch zur y-Achse noch punktsymmetrisch zum Ursprung.
b) Der Funktionsterm enthält Potenzen mit den Exponenten 4, 2 und 0. Also ist der Graph von f achsensymmetrisch zur y-Achse.
c) Der Funktionsterm enthält Potenzen mit den Exponenten 3 und 6. Also ist der Graph von f weder achsensymmetrisch zur y-Achse noch punktsymmetrisch zum Ursprung.

## 3

a) $x_1 = 0;\ x_2 = 3 + \sqrt{6};\ x_3 = 3 - \sqrt{6}$  b) $x_1 = +\sqrt{2};\ x_2 = -\sqrt{2}$
c) $x(x^6 + x^3 - 4) = 0;\ x_1 = 0;$
$x^6 + x^3 - 4 = 0;\ z = x^3;\ z^2 + z - 4 = 0;$
$z_1 = -\frac{1}{2} + \frac{1}{2}\sqrt{17};\ z_2 = -\frac{1}{2} - \frac{1}{2}\sqrt{17};$
$x_2 = \sqrt[3]{\frac{1}{2}(\sqrt{17} - 1)};\ x_3 = \sqrt[3]{-\frac{1}{2} - \frac{1}{2}\sqrt{17}} = -\sqrt[3]{\frac{1}{2}(\sqrt{17} + 1)}$

## 4

a) $x^2 - 3x + 4$  b) $2x^3 + x - 1 + \frac{1}{x - 3}$

## 5

a) 0; −2; 4  b) $-\sqrt{2};\ \sqrt{2};\ -2;\ 2$  c) 0; 2; 4

## 6

a) $f(-1) = 0;\ (x^3 - x^2 - 3x - 1) : (x + 1) = x^2 - 2x - 1;$
weitere Nullstellen: $1 - \sqrt{2};\ 1 + \sqrt{2}$
b) $f(3) = 0;$ weitere Nullstellen: 0; 1; 2

## 7

a) −0,102; 0,561; 17,541
b) 14,503; 0,226; −0,356; −0,622; −13,751

## 8

a) Ganzrationale Funktion vom Grad 5,
Verhalten „im Großen" wie $x^5$ und $f(0) = -8$;
Nullstellen: x = 2 dreifach,
x = −1 zweifach

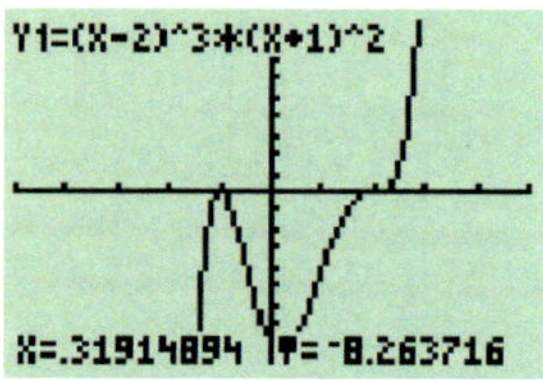


b) Ganzrationale Funktion 3. Grades mit den Nullstellen 2 und −1 (doppelt);
$g(0) = 4$; für $x \to \infty$ ist $g(x) \approx -2x^3$; punktsymmetrisch

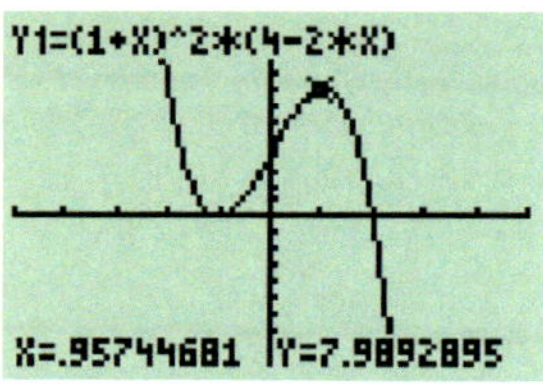


c) Funktion 5. Grades; drei einfache Nullstellen −2; 0; 2;
Symmetrie zum Ursprung;
$h(x) \approx x^5$ für $x \to \pm\infty$.

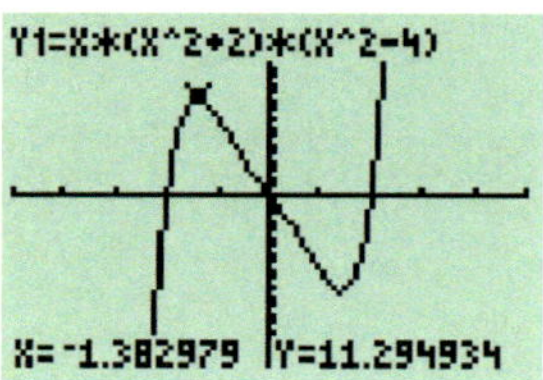


## 9

a) $f(x) = (x - 1)(x - 2)(x - 3)$  b) $f(x) = (x + 4)(x - 3)(x - 5)$
c) $f(x) = (x + 3)^2(x - 3)$

## 10

$f(x) = 2(x + 2)(x - 2)(x - 5)$

## 11

Ansatz $f(x) = ax^4 + bx^2 + c$ wegen der Symmetrie. Die Bedingungen $f(2) = 0$ und $f(1) = -3$ und $f(3) = -9$ ergeben ein LGS. Aus den Lösungen ergibt sich $f(x) = -0{,}35x^4 + 2{,}75x^2 - 5{,}4$.

## 12

a) Achsensymmetrie zur y-Achse
b) $N_1(-3\,|\,0);\ N_2(3\,|\,0);$
$S\left(0\,\middle|\,-\frac{3}{2}\right)$
c) Für $x \to \pm\infty$ ist $f(x) \approx \frac{1}{6}x^4$

d)
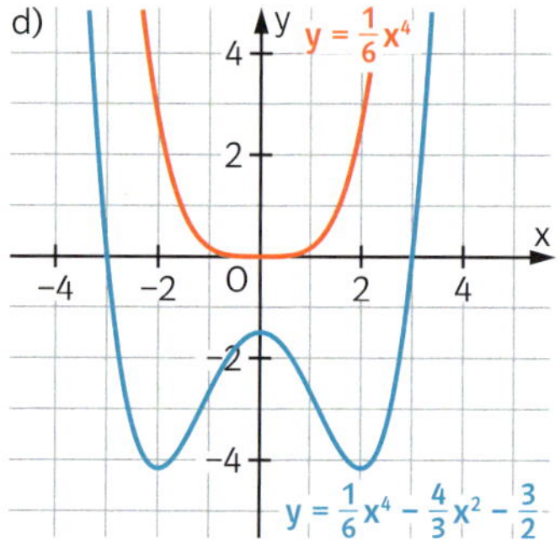


## 13

a) f hat keine Nullstellen;
g hat die drei Nullstellen −2; 0; 2
c) $S_1(-1{,}397\,|\,2{,}861);$
$S_2(-0{,}240\,|\,0{,}946)$
d) Z.B. schneidet der Graph zu $y = g(x) - 3$ nicht den Graph von f.

b)
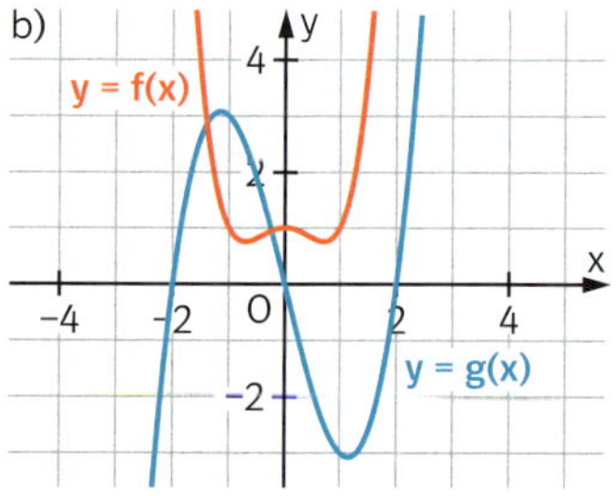


## 14

a) $a = -9;\ b = 7;\ c = 1$  b) $a = \frac{51}{8};\ b = -\frac{33}{4};\ c = -\frac{85}{8}$
c) $a = -\frac{103}{3};\ b = -\frac{259}{3};\ c = \frac{23}{3}$

## 15

a) $a = \frac{1}{2};\ b = \frac{1}{8};\ c = \frac{3}{2};\ d = \frac{1}{4}$  b) $a = \frac{2}{5};\ b = -\frac{9}{10};\ c = \frac{1}{2};\ d = \frac{7}{10}$

## 16

a) $y = x^3 - 9x^2 + 10x + 10$  b) $y = x^3 + x^2 + 2x + 2$
c) $y = 4x^3 - x^2 + x + 3$  d) $y = 50x^3 - 108x^2 + 92x + 20$

## 17

a) $g(x) = (x - 3)^2 - 2$ (rot)  $h(x) = -(x + 1)^2 + 1$ (blau)
b) $g(x) = (x - 2)^3 + 1$ (rot)  $h(x) = (-1 - x)^3 - 2$ (blau)
c) $g(x) = 4(x - 2)^2 + 1$ (rot)  $h(x) = \left(\frac{1}{4}x\right)^2 - 1$ (blau)

## 18

a) $K(x) = 0{,}09x^3 - 2x^2 + 20x + 50$; $E(x) = 20x$;
$G(x) = -0{,}09x^3 + 2x^2 - 50$

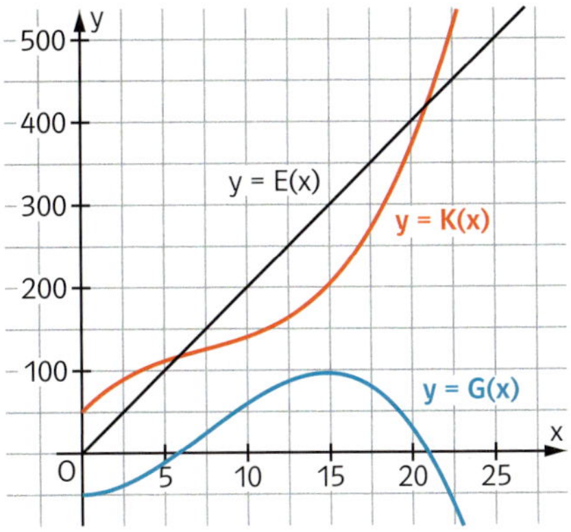


b) $x_S \approx 5{,}82$; $x_G \approx 20{,}96$; $E(5{,}82) \approx 116{,}4$; $E(20{,}96) \approx 419{,}2$

c) Maximaler Gewinn bei rund 15 ME

## 19

a) $K(x) = \frac{1}{12}x^3 - \frac{1}{2}x^2 + \frac{17}{12}x + 2$

b) $E(x) = (30 - 3x)x = 30x - 3x^2$; $G(x) = -\frac{1}{12}x^3 - 2{,}5x^2 + \frac{343}{12}x - 2$

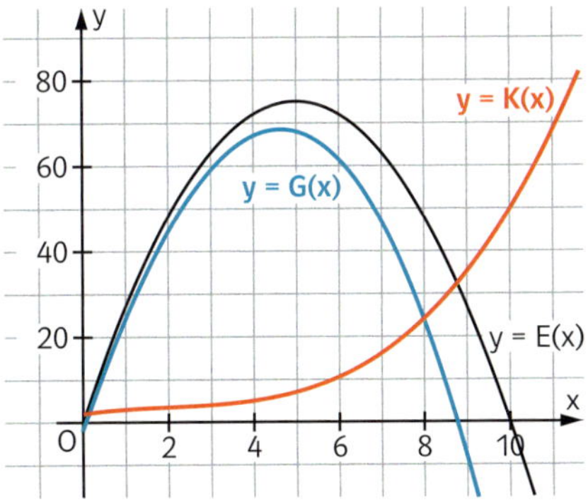


c) $x_S \approx 0{,}07$; $x_G \approx 8{,}78$

d) Maximaler Gewinn bei rund 4,6 ME

e) C(4,6 | 16,2)

### Kapitel IV, Zeit zu überprüfen, Seite 168

## 5

a)

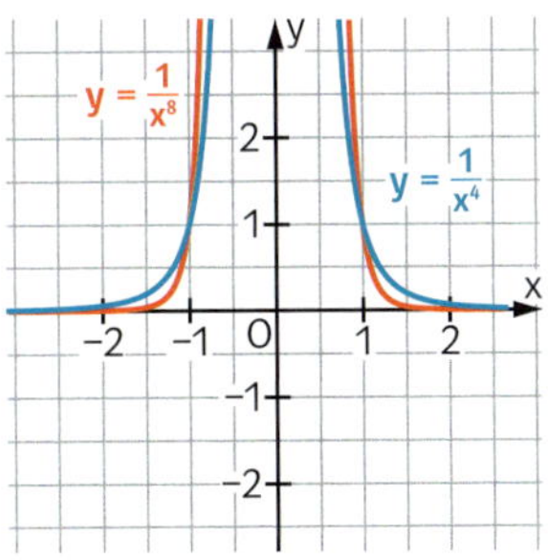


b)

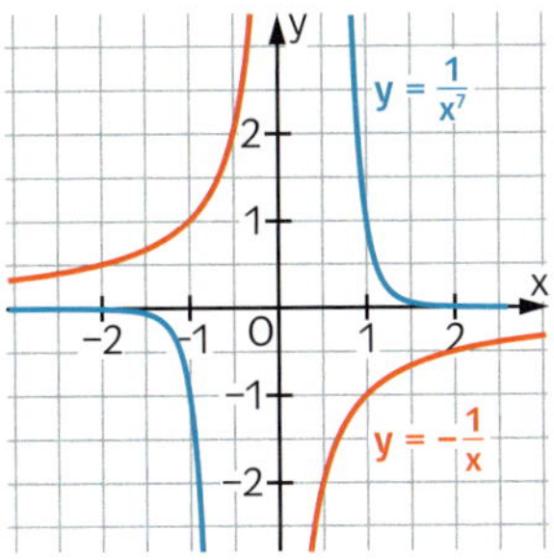


c)

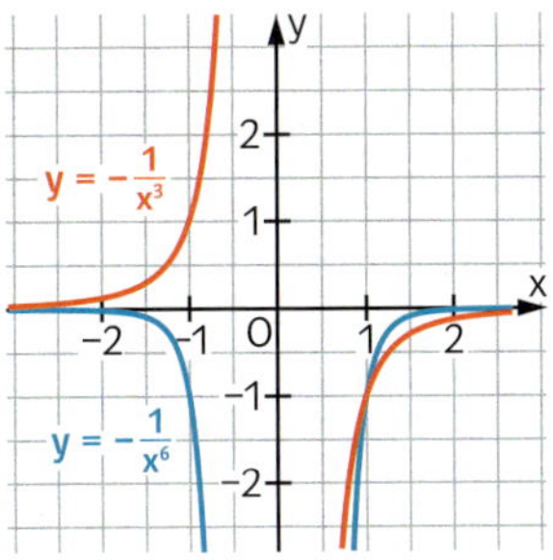


d)

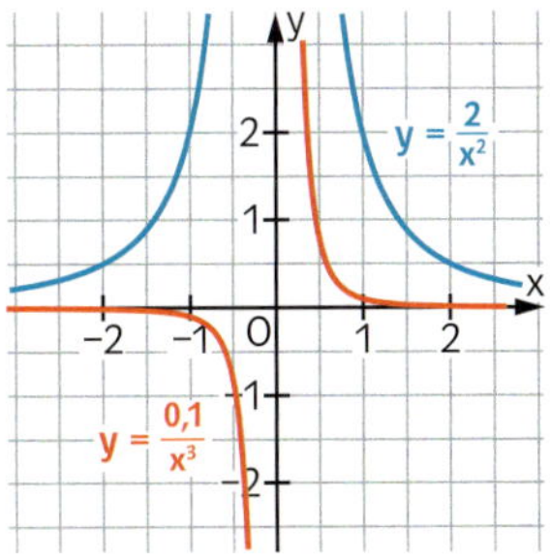


## 6

a) $k = \frac{1}{2}$; $a = \frac{1}{10}$

b) $k = -1$; $a = 2$

c) $k = \frac{1}{3}$; $a = 4$

d) $k = \frac{2}{3}$; $a \approx 0{,}215$

### Kapitel IV, Zeit zu überprüfen, Seite 171

## 3

a) $y = \frac{1}{x} + 1$; $y = \frac{1}{x-1} - 2$

b) $y = -\frac{1}{x} + 1$; $y = -\frac{1}{x+1} + 2$

c) $y = \frac{1}{x-1}$; $y = -\frac{1}{x-2} + 1$

## 4

a)

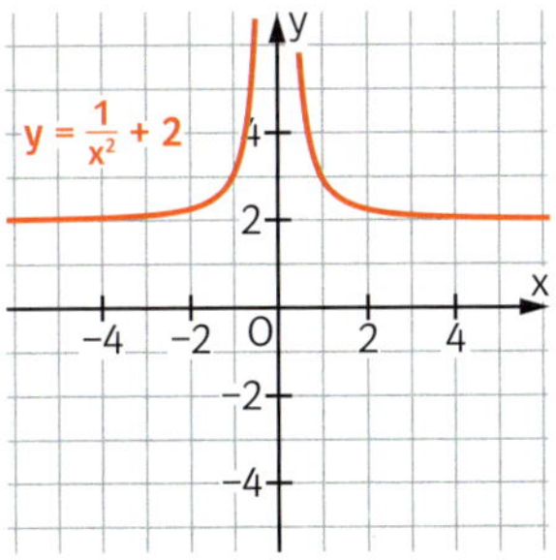


b)

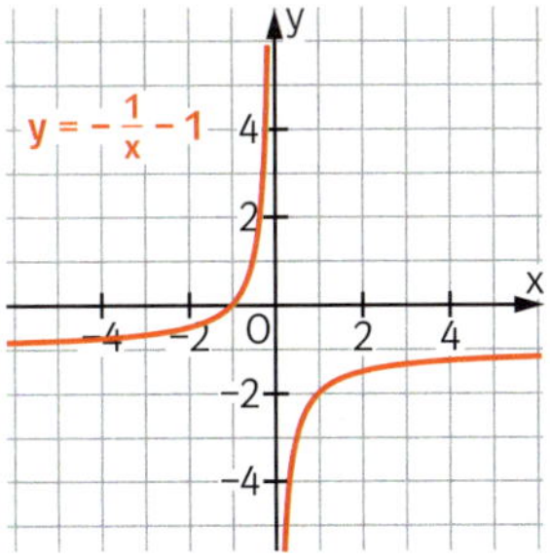


c)

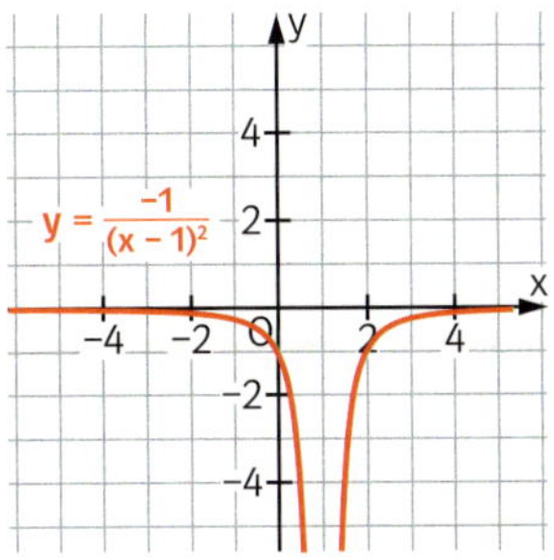

**Kapitel IV, Zeit zu überprüfen, Seite 174**

### 5

a)

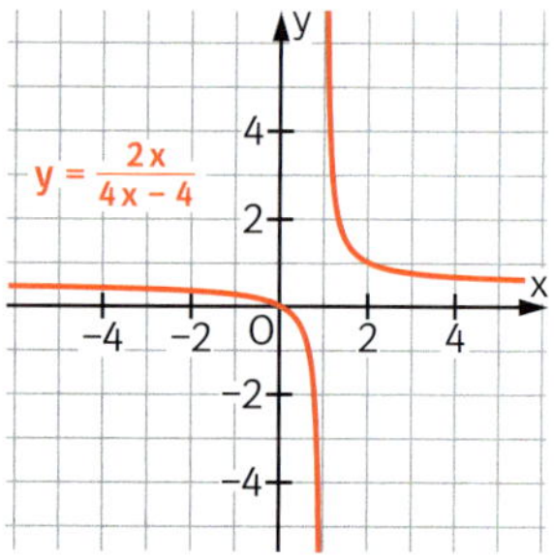


$x = 1$; $y = \frac{1}{2}$

Für $x \to \pm\infty$ gilt $f(x) \to \frac{1}{2}$.

b)

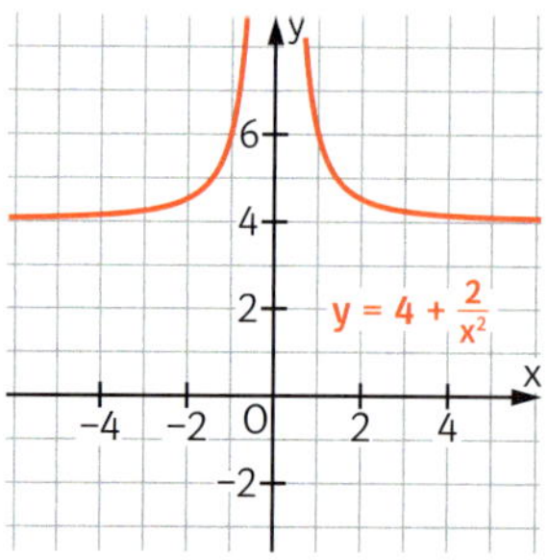


$x = 0$; $y = 4$

Für $x \to \pm\infty$ gilt $f(x) \to 4$.

c)

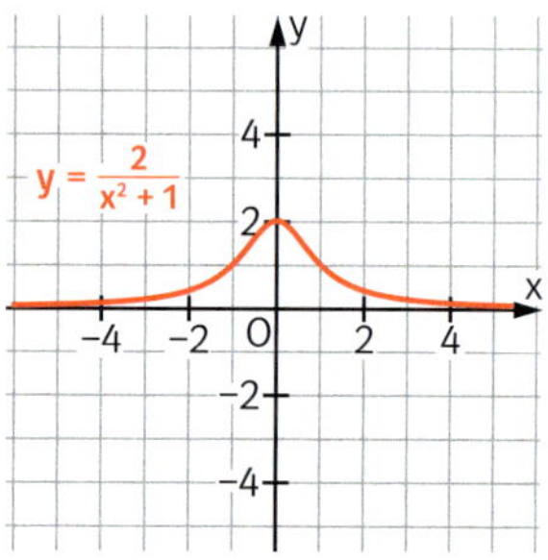


$y = 0$

Für $x \to \pm\infty$ gilt $f(x) \to 0$.

d)

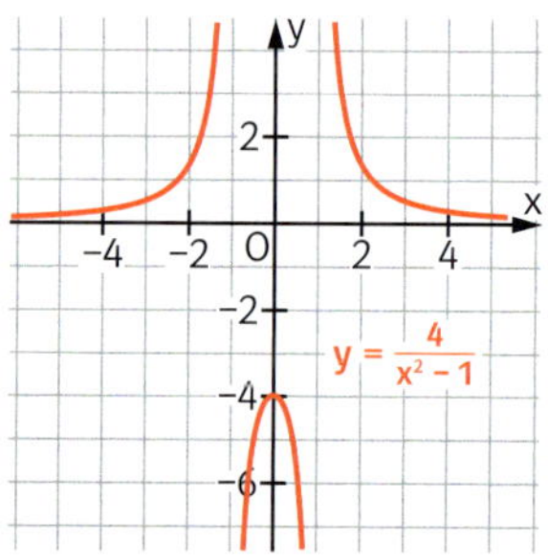


$x = 1$; $x = -1$; $y = 0$

Für $x \to \pm\infty$ gilt $f(x) \to 0$.

### 6

$y = \frac{1}{x^2 - 4}$

**Kapitel IV, Zeit zu überprüfen, Seite 178**

### 5

a) $x_0 = 20$; $k(x_0) = 25$

Damit sind 25 GE genau der Preis, mit dem man auf dem Markt langfristig noch bestehen kann. Möchte man einen Stückgewinn von 5 GE erzielen, muss der Preis auf 30 GE gesetzt werden.

b) $x_0 \approx 6{,}92$; $k(x_0) \approx 5{,}94$

Mit 5,94 GE besteht man langfristig noch auf dem Markt. Möchte man einen Stückgewinn von 5 GE erzielen, muss der Preis auf 10,94 GE gesetzt werden.

### 6

$K(x) = 150 + 5x$; $k(x) = \frac{150}{x} + 5$

Aus $\frac{150}{x} + 5 < 7{,}50$ folgt $x > 60$.

**Kapitel IV, Training, Seite 188**

### 1

$f(x) = \frac{x-1}{x} - 1 = \frac{x-1-x}{x} = \frac{-1}{x}$; also hat f keine Nullstellen.

### 2

Funktion f: $D = \mathbb{R}\setminus\{-1\}$; Asymptoten: $x = -1$; $y = 0$

Funktion g: $D = \mathbb{R}\setminus\{1\}$; Asymptoten: $x = 1$; $y = -2$

### 3

a) $D = \mathbb{R}\setminus\{-2\}$;
Polstelle mit Vorzeichenwechsel bei −2;
Asymptoten: $x = -2$; $y = 2$;
Nullstelle: $x_1 = -2{,}5$

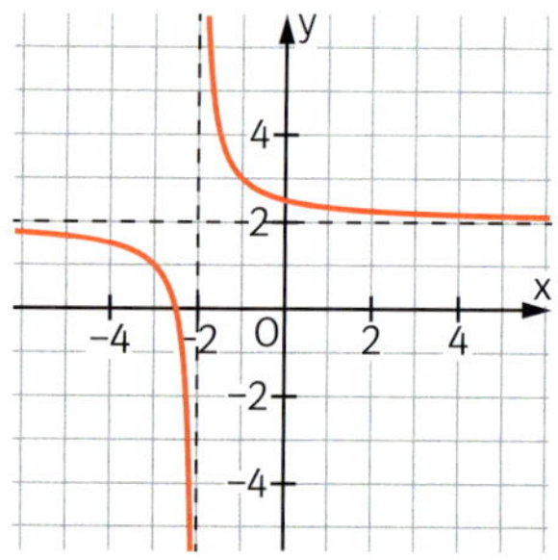

b) $D = \mathbb{R}\setminus\{1\}$;
Polstelle ohne Vorzeichenwechsel bei 1;
Asymptoten: $x = 1$; $y = -4$;
Nullstellen: $x_1 \approx 0{,}61$; $x_2 \approx 1{,}64$

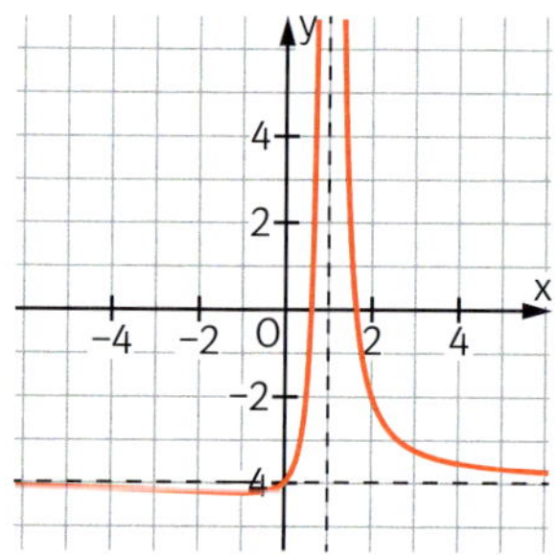

c) $D = \mathbb{R}\setminus\{-3\}$;
Polstelle mit Vorzeichenwechsel bei −3;
Asymptoten: $x = -3$; $y = 0$;
keine Nullstellen

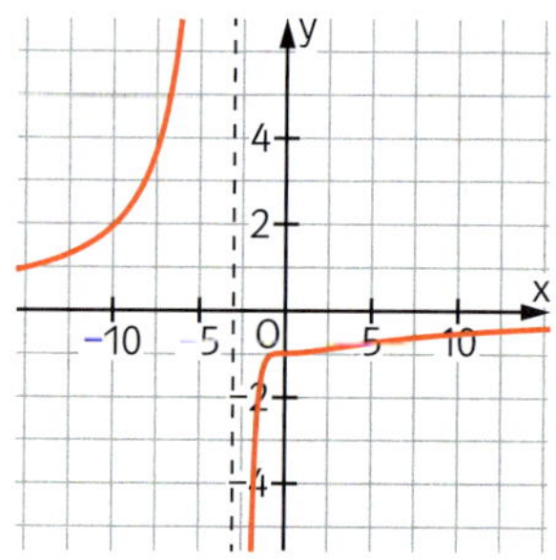

### 4

Blau gehört zu $f_1$, rot zu $f_2$; $a = 2$; $b = 3$; $c = 2$

### 5

Achsensymmetrie zur y-Achse;
Polstellen mit Vorzeichenwechsel bei −3 und +3;
Nullstellen bei $-\sqrt{2}$ und $+\sqrt{2}$;
Asymptoten: $x = -3$; $x = 3$; $y = -1$

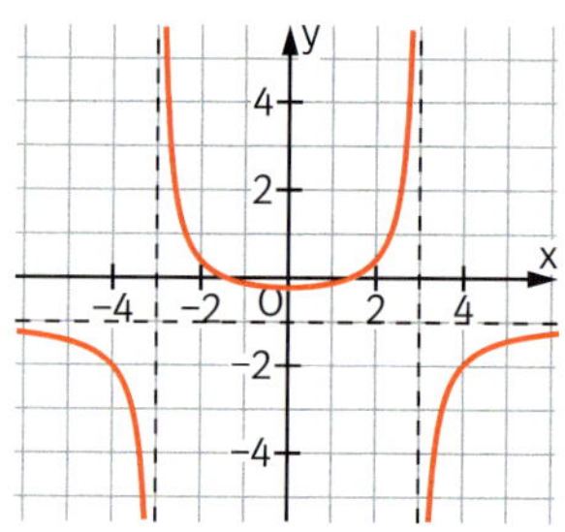

### 6

a) $D = \mathbb{R}$; Achsensymmetrie zur y-Achse; Asymptote: $y = 1$;
Nullstellen $x_1 = -2$; $x_2 = 2$; Schnittpunkt mit der y-Achse: $S(0\,|\,-2)$.

b) $D = \mathbb{R} \setminus \{2\}$; senkrechte Asymptote: $x = 2$; schiefe Asymptote: $y = 3x + 12$; Nullstellen bei $-1$; 0; 1

c) $D = \mathbb{R} \setminus \{2\}$; senkrechte Asymptote: $x = 2$; schiefe Asymptote: $y = -x$; doppelte Nullstelle bei $x_1 = 1$; Schnittpunkt mit der y-Achse: $S\left(0 \middle| \frac{1}{2}\right)$

**7**

a) $a = 1$; $b = 1$; $c = 1$ b) $a = 1$; $b = 0$; $c = 2$

c) $a = 3$; $b = 1$; $c = 1$ d) $a = -4$; $b = 1$; $c = 1$

**8**

$y = \frac{2x - 4}{x - 1}$

**9**

a)

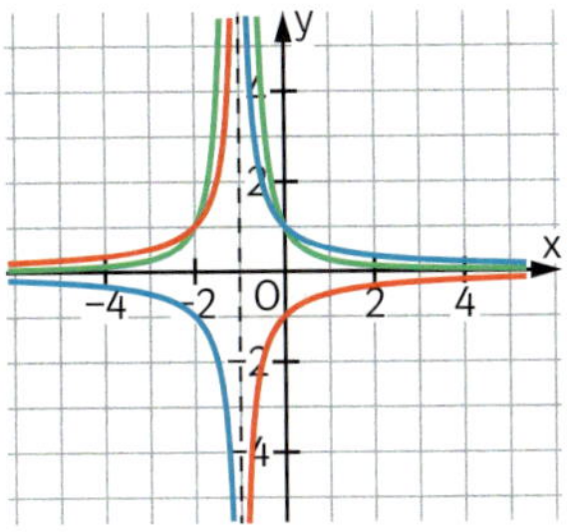


b)

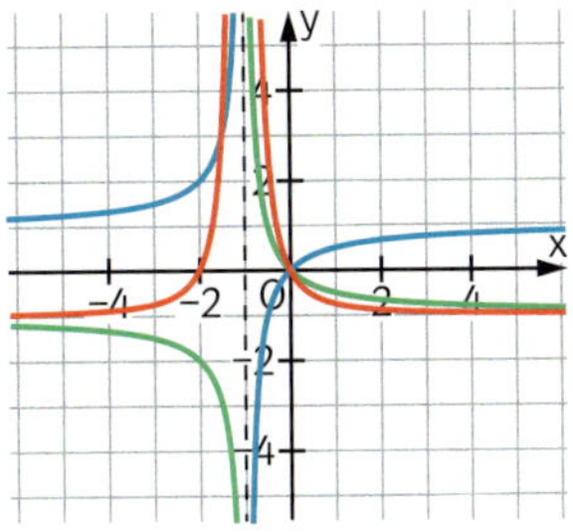


**10**

a) $y = \frac{x^2 - 1}{(x - 2)^2}$ b) $y = \frac{2x - 2}{x + 3}$ c) $y = \frac{2}{x^2 + 1}$

**11**

Alle Graphen sind achsensymmetrisch zur y-Achse; sie haben keinen Schnittpunkt mit der x-Achse und schneiden die y-Achse in $S(0 | 4)$; die x-Achse ist Asymptote; für $t < 0$ gilt es senkrechte Asymptoten bei $\pm\sqrt{-\frac{1}{t}}$.

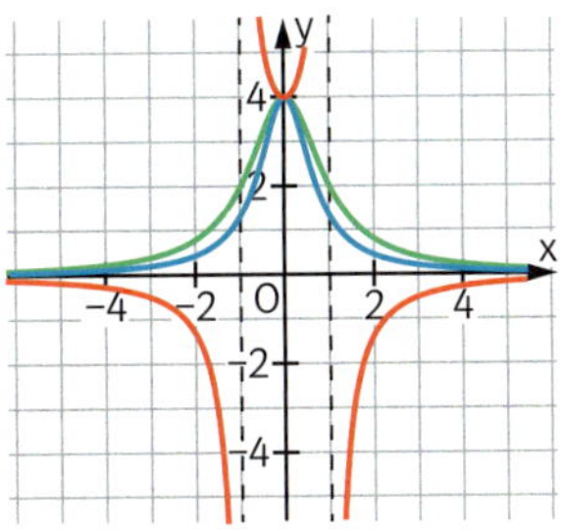


**12**

a) $y = \frac{x^2 - 1}{x + 1}$ b) $y = \frac{x^2 - 4}{x(x - 2)}$ c) $y = \frac{(x^2 - 4)(x + 1)}{(x + 1)(x - 1)^2}$

**13**

$x_0 = 7$; $k(x_0) = 57$

**14**

a) $p_A(x) = \frac{2}{3}x + 2$; $p_N(x) = \frac{72 - 8x}{x + 9}$

b) $p_A(x) = \frac{3}{2}x + 1$; $p_N(x) = \frac{30 - 3x}{2x + 2}$

c) $p_A(x) = \frac{3}{5}x + 1$; $p_N(x) = \frac{200 - 20x}{x + 20}$

**15**

a) $E(x) = 14x$; $G(x) = -0{,}4x^3 + x^2 + 10x - 10$;
$k(x) = 0{,}4x^2 - x + 4 + \frac{10}{x}$; $g(x) = -0{,}4x^2 + x + 10 - \frac{10}{x}$

b) $x_S \approx 0{,}94$; $x_G \approx 5{,}98$; $x_M \approx 3{,}84$; $G(x_M) \approx 20{,}5$

c) $x_0 \approx 2{,}82$; $k(x_0) \approx 7{,}9$

d) siehe Fig. 1

e) $W(x) = \frac{14x}{0{,}4x^3 - x^2 + 4x + 10}$; $R(x) = \frac{-0{,}4x^3 + x^2 + 10x - 10}{14x}$

f)

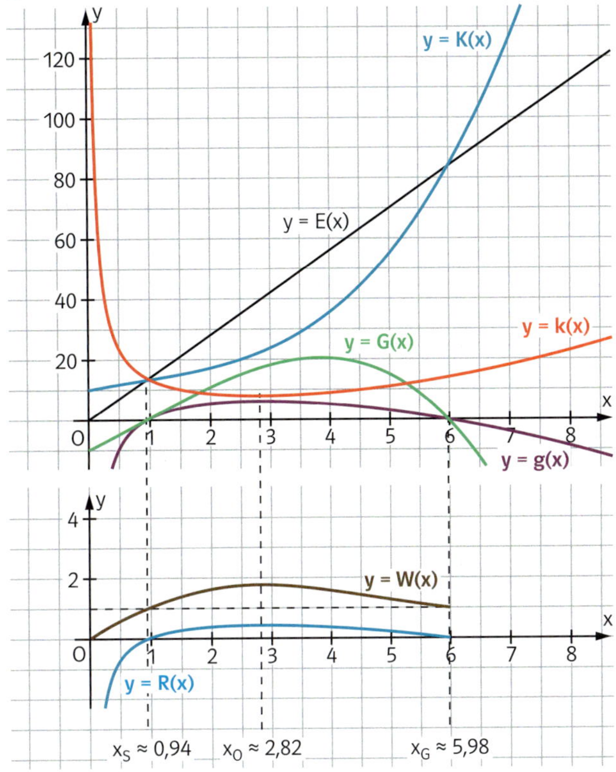


Fig. 1

**16**

a) $E(x) = 60x - 10x^2$; $G(x) = -0{,}4x^3 - 9x^2 + 56x - 10$;
$k(x) = 0{,}4x^2 - x + 4 + \frac{10}{x}$; $g(x) = -0{,}4x^2 - 9x + 56 - \frac{10}{x}$

b) $x_S \approx 0{,}18$; $x_G \approx 4{,}92$; $x_M \approx 2{,}64$; $G(x_M) \approx 67{,}75$

c) $x_0 \approx 2{,}82$; $k(x_0) \approx 7{,}9$

d) siehe Fig. 1, Seite 308

e) $W(x) = \frac{60x - 10x^2}{0{,}4x^3 - x^2 + 4x + 10}$; $R(x) = \frac{-0{,}4x^3 - 9x^2 + 56x - 10}{60x - 10x^2}$

f)

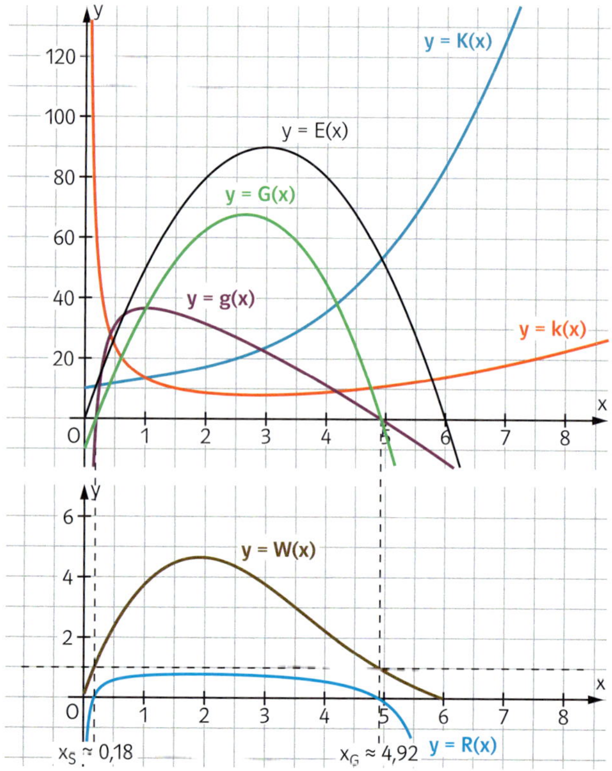


Fig. 1

Der Graph von W bzw. R hat den größten Wert bei 1,92.

**Kapitel V, Zeit zu überprüfen, Seite 197**

## 7

a) Exponentielles Wachstum mit Wachstumsfaktor a = 1,5

b) Lineares negatives Wachstum mit Wachstumssummand m = −2

c) Exponentielles negatives Wachstum mit Wachstumsfaktor a = 0,5

## 8

a) Prognose 1:

| Jahr | 0 | 1 | 2 | 3 | 4 | 5 |
|---|---|---|---|---|---|---|
| Einwohnerzahl | 60 000 | 61 000 | 62 000 | 63 000 | 64 000 | 65 000 |

| Jahr | 6 | 7 | 8 | 9 | 10 |
|---|---|---|---|---|---|
| Einwohnerzahl | 66 000 | 67 000 | 68 000 | 69 000 | 70 000 |

Prognose 2:

| Jahr | 0 | 1 | 2 | 3 | 4 | 5 |
|---|---|---|---|---|---|---|
| Einwohnerzahl | 60 000 | 61 200 | 62 464 | 63 672 | 64 946 | 66 245 |

| Jahr | 6 | 7 | 8 | 9 | 10 |
|---|---|---|---|---|---|
| Einwohnerzahl | 67 570 | 68 921 | 70 300 | 71 706 | 73 140 |

b) Prognose 1: $f_1(x) = 1000x + 60\,000$

Prognose 2: $f_2(x) = 60\,000 \cdot 1{,}02^x$

c)

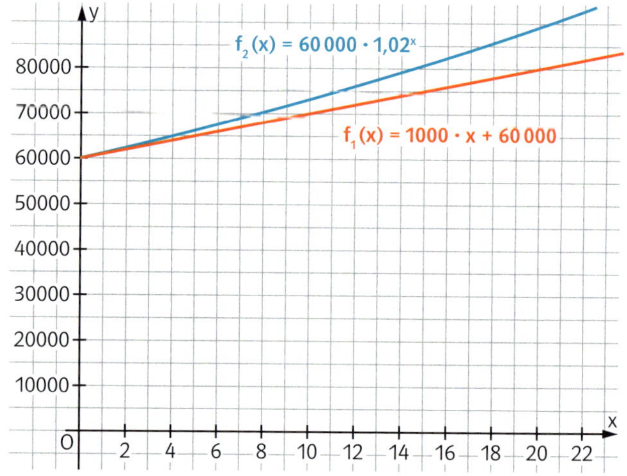


Nach Prognose 1 ist die Einwohnerzahl nach 5 Jahren auf 65 000 angewachsen, nach Prognose 2 bereits nach 4 Jahren.

**Kapitel V, Zeit zu überprüfen, Seite 201**

## 7

a)

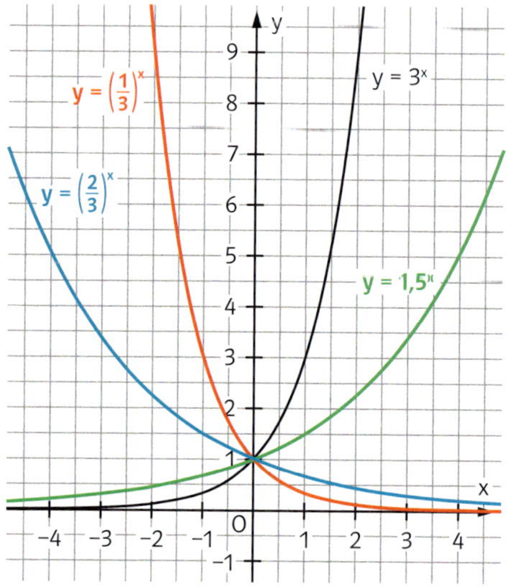

b)

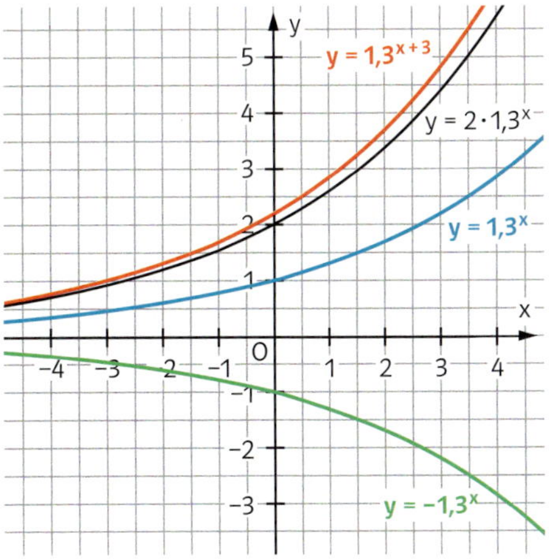


### 8

zu Figur 1:

| | | |
|---|---|---|
| schwarz: | a = 0,25; | b = 1 |
| grün: | a = 0,5; | b = 1 |
| blau: | a = 1,5; | b = 1 |
| rot: | a = 2; | b = 1 |

zu Figur 2:

| | | |
|---|---|---|
| rot: | a = 1,2; | b = 2,5 |
| schwarz: | $a = \frac{4}{3}$; | b = 1,5 |
| blau: | a = 0,63; | b = 4 |
| grün: | $a = \frac{2}{3}$; | b = 6 |

**Kapitel V, Zeit zu überprüfen, Seite 205**

### 8

a) $x \approx 0{,}558$ b) $x \approx 1{,}756$ c) $x \approx 0{,}615$
d) $x \approx -0{,}477$ e) $x \approx -0{,}828$ f) $x \approx 1{,}778$
g) $x \approx 3{,}613$ h) $x \approx -0{,}380$ i) $x \approx -0{,}140$
j) $x \approx -3{,}020$

### 9

$12\,000 \cdot 4^x = 1\,000\,000$ für $x \approx 3{,}191$.
Im vierten Jahr stieg die Anzahl über eine Million.

**Kapitel V, Zeit zu überprüfen, Seite 210**

### 5

a) $K(4) = 100\,000 \cdot 1{,}02^4 \approx 108\,243{,}22$.
Die Schulden betragen nach einem Jahr 108 243,22 €.
b) $1 + i_{eff} = 1{,}02^4 \approx 1{,}08243$.
Der effektive Zinssatz beträgt 8,24 % p.a.
c) $(1 + i_{kon})^4 \approx 1{,}08243 \Rightarrow i_{kon} \approx 0{,}019992$.
Der konforme Zinssatz liegt also bei etwa 2 %.

**Kapitel V, Zeit zu überprüfen, Seite 215**

### 7

a) $A = \frac{12\,500}{0{,}85^5} \approx 28\,171{,}85$. Der Anschaffungswert war 28 171,85 €.
b) $28\,171{,}85 \cdot 0{,}85^n = 1$. Nach etwa 63 Jahren wäre die Maschine auf einen Restbuchwert von 1 € abgeschrieben.

### 8

a) $r = 10\,000 \cdot \frac{1{,}05 - 1}{1{,}05^6 - 1} \approx 1470{,}17$.
Er muss jährlich 1470,17 € einzahlen.
b) $1500 \cdot \frac{1{,}05^n - 1}{1{,}05 - 1} = 20\,000$.
Er müsste etwa 10,47 Jahre lang einen Betrag von 1500 € einzahlen.

**Kapitel V, Zeit zu überprüfen, Seite 220**

### 6

a) $f(x) = 2 \cdot e^{0{,}804719 \cdot x}$ b) $f(x) = 3{,}149803 \cdot e^{0{,}462098 \cdot x}$
c) $f(x) = 5{,}278032 \cdot e^{0{,}138629 \cdot x}$

### 7

a) $p_N(0) = 5$, der Höchstpreis beträgt also $5\,\frac{GE}{ME}$.
Die Gleichung $-\frac{1}{8}e^x + \frac{1}{2}e^{-x} + 5 = 0$ hat die Lösung $x_0 \approx 3{,}69$.
Die Sättigungsmenge liegt bei etwa 3,69 ME.
b) Aus $p_A(x) = p_N(x)$ erhält man die Gleichung
$\frac{1}{2}e^x + \frac{1}{2}e^{-x} = -\frac{1}{8}e^x + \frac{1}{2}e^{-x} + 5$, welche die Lösung $x \approx 2{,}08$ hat.
Das Marktgleichgewicht liegt etwa bei 2,08 ME.

**Kapitel V, Zeit zu überprüfen, Seite 224**

### 3

Für a) und b) gilt $f(0) = 4$, es kommen also nur die letzten beiden Graphen in Frage. Für $x > 0$ gilt $e^{-4x} < e^{-x}$ und damit $5 - e^{-4x} > 5 - e^{-x}$. Also gehört zu der Funktionsgleichung in b) der vierte Graph und zu der in a) der dritte Graph. Analog lässt sich begründen, dass der erste Graph zu der Funktionsgleichung in c) gehört und der zweite Graph zu der Funktionsgleichung in d).

### 4

a) Interpretiert man einen 5-Minuten Takt als eine Zeiteinheit, kann man den Faktor a in der rekursiven Darstellung aus der Gleichung $75 = 80 + a \cdot (18 - 80)$ berechnen. Man erhält $a = \frac{5}{62}$ und hat damit die rekursive Darstellung $B(t + 1) = B(t) + \frac{5}{62} \cdot (18 - B(t))$. Da es sich hier um ein negatives beschränktes Wachstum handelt, ist die Differenz $b = S - B(0) = 18 - 80 = -62$ negativ. Die explizite Darstellung lautet $B(t) = 18 + 62 \cdot e^{\ln\left(1 - \frac{5}{62}\right) \cdot t}$. Einsetzen der Werte zeigt, dass das Modell die Situation recht gut beschreibt.

b)

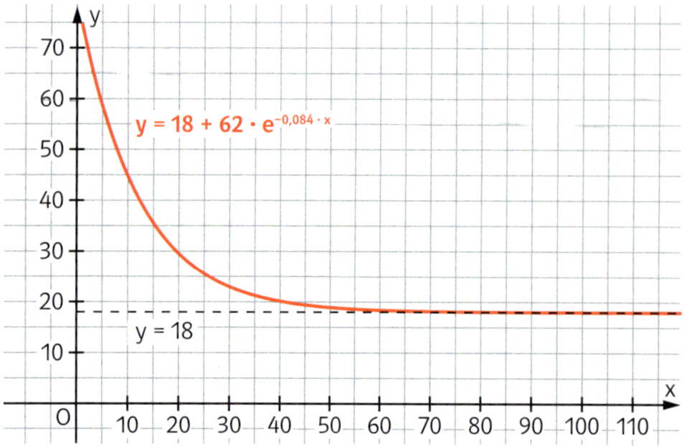


An dem Graphen kann man ablesen, dass nach etwa 60 Zeiteinheiten, also nach etwa 300 Minuten, der Kaffee Raumtemperatur angenommen hat.

**Kapitel V, Training, Seite 232**

## 1

a)

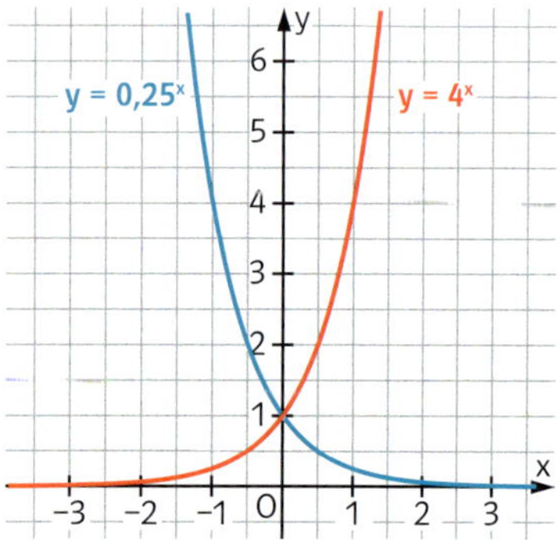


b) Der Graph von f fällt, der Graph von g steigt. Für sehr große x-Werte nähern sich die Funktionswerte von f der x-Achse beliebig nah an, für sehr kleine x-Werte nähern sich die Funktionswerte von g der x-Achse beliebig nah an. Bei beiden Graphen ist die x-Achse also Asymptote. Weiterhin verlaufen beide Graphen oberhalb der x-Achse und gehen durch den Punkt (0 | 1).

c) Die Graphen von f und g liegen zueinander symmetrisch bezüglich der y-Achse.

## 2

a) a = 0,8 und b = 100.

b) $p_N(x) = 100 \cdot 0{,}8^x$. Der Höchstpreis beträgt $100\,\frac{GE}{ME}$ und bei einem Preis von $51{,}2\,\frac{GE}{ME}$ können 3 ME verkauft werden.

c) $f_1(x) = 100 \cdot 0{,}8^x + 10$ (y-Achse) und $f_2(x) = 100 \cdot 0{,}8^{x-10}$ (x-Achse)

## 3

(1) a = 2, b = 1,5: $f_1(x) = 1{,}5 \cdot 2^x$

(2) a = 3, $b = \frac{2}{3}$: $f_2(x) = \frac{2}{3} \cdot 3^x$

(3) $a = \frac{1}{2}$, b = 24: $f_3(x) = 24 \cdot \left(\frac{1}{2}\right)^x$

## 4

a) $f(x) = 6 \cdot \left(\frac{1}{3}\right)^x$ b) $f(x) = \frac{1}{9} \cdot 3^x$ c) $f(x) = 3 \cdot (e^2)^x$

## 5

a) $x = \ln(10) + 4 \approx 6{,}303$ b) $x = \ln(5) \approx 1{,}609$

c) $x_1 = \ln(5) \approx 1{,}609$, $x_2 = 0$

## 6

a) x = 0 b) x = 1 c) x = 0 d) $x = \frac{1}{2}\ln(2)$

## 7

a) $S\left(\ln\left(\frac{1}{2}\right) \middle| \frac{1}{4}\right)$ b) $S_1(0\,|\,1)$, $S_2(10{,}986\,|\,3)$

## 8

Fig. 2; mögliche Begründung: die Funktion f hat für x = 2 eine doppelte Nullstelle, d.h., der Graph berührt im Punkt P(2 | 0) die x-Achse.

## 9

Der Graph von $f_t$ geht aus dem Graphen von $f_1$ hervor durch eine Streckung in y-Richtung um t und eine Verschiebung in x-Richtung um t − 1, oder durch eine Streckung in y-Richtung um $t \cdot e^{-(t-1)}$.

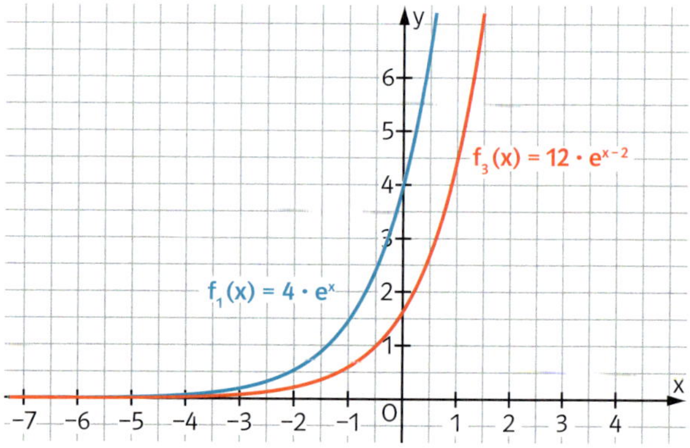


## 10

a) $x_1 = \log_8(4) = \frac{2}{3}$; $x_2 = \log_8(60) \approx 1{,}97$

b) $x_1 \approx -0{,}23$; $x_2 \approx 0{,}23$ c) $x = \ln(\sqrt{2} + 1) \approx 0{,}88$

## 11

a) $f(x) = 2^{0{,}5x-3} = \frac{1}{8} \cdot e^{0{,}5 \cdot \ln(2) \cdot x}$ b) $f(x) = \left(\frac{1}{e}\right)^{2x} = e^{-2x}$

c) $f(x) = e^{2x-5} = \frac{1}{e^5}e^{2x}$

## 12

a) $f(2) = 4{,}5$; $f(3) = 6{,}75$

$\frac{6{,}75}{4{,}5} = 1{,}5$; f(3) ist um 50 % größer als f(2).

b) $\frac{f(x+1)}{f(x)} = \frac{2 \cdot 1{,}5^{x+1}}{2 \cdot 1{,}5^x} = 1{,}5$

## 13

Eine Umsatzsteigerung von jährlich 5 % beträgt in 15 Jahren $1{,}05^{15} \approx 2{,}07893$. Der Umsatz wird sich also mehr als verdoppeln. Die Aussage ist falsch, da hier von einem linearen und nicht von einem exponentiellen Wachstum ausgegangen wird.

## 14

a) (1) $K(5) = 10\,000 \cdot 1{,}06^5 \approx 13\,382{,}26$. Sie müsste in 5 Jahren 13382,26 € zahlen.

(2) $q = \sqrt[8]{\frac{16\,000}{10\,000}} \approx 1{,}0605$. Die Zinssatz ist etwa 6,05 %.

(3) $n = \log_{1{,}055}\left(\frac{19\,012}{10\,000}\right) \approx 12$.

Nach 12 Jahren ist die Rückzahlung zu leisten.

b) (1) Die Gleichung $5000 \cdot 1{,}03 \cdot \frac{1{,}03^n - 1}{1{,}03 - 1} = 300\,000$ ist nach n aufzulösen. Man erhält $n \approx 34{,}19$. Nach gut 34 Jahren verfügt sie über den Betrag.

(2) $R(40) = 6000 \cdot \frac{1{,}03^{40} - 1}{1{,}03 - 1} \approx 452\,408{,}56$.

Sie hat 452 408,56 € zur Verfügung.

(3) Die Gleichung $r \cdot \frac{1{,}03^{45} - 1}{1{,}03 - 1} = 500\,000$ ist nach r aufzulösen.

Man erhält $r \approx 5392{,}59$. Sie muss jedes Jahr 5392,59 € einzahlen.

## 15

a) $f(3) = 10\,000 - 10\,000 \cdot e^{-0{,}4 \cdot 3} \approx 6988$. Die Gesamtbesucherzahl beträgt nach drei Wochen 6988.

b) Die Gesamtbesucherzahl hat eine Obergrenze (Sättigungsmenge) von 10 000. In der ersten Woche ist die Gesamtbesucherzahl $f(1) = 10\,000 - 10\,000 \cdot e^{-0{,}4 \cdot 1} \approx 3297$. Etwa 32,97 % der Interessierten haben sich den Film angeschaut, $10\,000 - 3297 = 6703$ Interessierte bleiben übrig. In der zweiten Woche erhöht sich die Gesamtbesucherzahl auf $f(1) = 10\,000 - 10\,000 \cdot e^{-0{,}4 \cdot 2} \approx 5507$. Es sind also 2210 Kinobesucher hinzugekommen, das sind wieder knapp 33 % der 6703 Interessierten, die den Film noch nicht angeschaut haben. In der dritten Woche kommen noch weniger Besucher hinzu, die Gesamtbesucherzahl liegt jetzt bei 6988 (siehe a)) usw. Die Anzahl der wöchentlichen Kinobesucher nimmt also immer weiter ab, die Gesamtbesucherzahl nähert sich immer mehr den 10 000 an.

## 16

a) $f(t + 1) = f(t) - 0{,}03 \cdot (f(t) - 1600)$ mit $f(0) = 4000$.

b) $f(x) = 1600 + 2400 \cdot e^{\ln(1-0{,}03) \cdot x}$

c) Die Gleichung $1600 + 2400 \cdot e^{\ln(1-0{,}03) \cdot x} = 2000$ hat die Lösung $x \approx 58{,}8$. Nach etwa 4 Jahren und 11 Monaten hat sich die Nachfrage halbiert.

d) Zu lösen ist die Gleichung $1600 + 2400 \cdot e^{\ln(1-a) \cdot 72} = 2000$. Man erhält $a \approx 0{,}0245$. Es ist also ein Prozentsatz von 2,45 Prozent anzustreben.

| | |
|---|---|
| 1 | 4000 |
| 2 | 3928. |
| 3 | 3858.16 |
| 4 | 3790.42 |
| 5 | 3724.7 |
| 6 | 3660.96 |
| 7 | 3599.13 |
| 8 | 3539.16 |
| 9 | 3480.98 |
| 10 | 3424.55 |
| 11 | 3369.82 |
| 12 | 3316.72 |

## 17

a) Die Gleichung $150 \cdot e^{0{,}01x} + 300 = 800$ hat die Lösung $x \approx 120{,}4$. Ab 121 ME sind die Kosten also größer als 800 GE.

b) $K(100) = 150 \cdot e^{0{,}01 \cdot 100} + 300 \approx 707{,}74$. Die Stückkosten betragen also etwa $7{,}08\,\frac{GE}{ME}$.

c) $E(x) = 15x$, $G(x) = 15x - 150 \cdot e^{0{,}01x} - 300$. Zu lösen ist also die Gleichung $15x - 150 \cdot e^{0{,}01x} - 300 = 0$. Ein CAS-System liefert die Lösungen $x_1 \approx 34{,}06$ und $x_2 \approx 349{,}50$. Da $G(34) < 0$ und $G(35) > 0$, liegt die Gewinnschwelle bei 34,06 ME. Die Gewinngrenze wird bei 349,50 ME angenommen, da $G(349) > 0$ und $G(350) < 0$ ist.

**Kapitel VI, Zeit zu überprüfen, Seite 240**

## 7

a) $\frac{f(-1) - f(-100)}{-1 - (-100)} = \frac{-2 - 9997}{99} = \frac{-9999}{99} = -101$

b) $\frac{f(-1) - f(-10)}{-1 - (-10)} = \frac{-2 - 97}{9} = \frac{-99}{9} = -11$

c) $\frac{f(-1) - f(-1{,}1)}{-1 - (-1{,}1)} = \frac{-2 - (-1{,}79)}{0{,}1} = \frac{-0{,}21}{0{,}1} = -2{,}1$

d) $\frac{f(-1) - f(-1{,}01)}{-1 - (-1{,}01)} = \frac{-2 - (-1{,}9799)}{0{,}01} = \frac{-0{,}0201}{0{,}01} = -2{,}01$

## 8

a) $v_m = 1{,}25\,\frac{m}{min}$

b) $v_m = 12{,}5\,\frac{m}{min}$

**Kapitel VI, Zeit zu überprüfen, Seite 244**

## 5

In der Tabelle werden Näherungswerte des Differenzenquotienten für $h \to 0$ (für negative und positive Werte für h) bestimmt:

| h | $f(3 + h) - f(3)$ | $\frac{f(3 + h) - f(3)}{h}$ |
|---|---|---|
| −0,1 | −0,29 | 2,9 |
| −0,01 | −0,0299 | 2,99 |
| −0,001 | −0,002999 | 2,999 |
| … | … | … |

| h | $f(3 + h) - f(3)$ | $\frac{f(3 + h) - f(3)}{h}$ |
|---|---|---|
| 0,1 | 0,31 | 3,1 |
| 0,01 | 0,0301 | 3,01 |
| 0,001 | 0,003001 | 3,001 |
| … | … | … |

Die Ableitung von f an der Stelle $x_0 = 3$ liegt zwischen 2,999 und 3,001. Sie nähert sich also vermutlich dem Wert $f'(3) = 3$.

## 6

a) $s(t) = 4t^2$

Differenzenquotient:

$\frac{s(t + h) - s(t)}{h} = \frac{4(t + h)^2 - 4t^2}{h} = \frac{4t^2 + 8th + 4h^2 - 4t^2}{h} = \frac{8th + 4h^2}{h} = 8t + 4h$

$t_0 = 1$; $h = 0{,}001$: $8 \cdot 1 + 4 \cdot 0{,}001 = 8{,}004$

$t_1 = 5$; $h = 0{,}001$: $8 \cdot 5 + 4 \cdot 0{,}001 = 40{,}004$

b) Die lokale Änderungsrate von s beschreibt die Geschwindigkeit des Körpers.

**Kapitel VI, Zeit zu überprüfen, Seite 247**

## 6

a) $\frac{f(-3 + h) - f(-3)}{h} = \frac{4 \cdot (-3 + h)^2 + 2 - (4 \cdot (-3)^2 + 2)}{h} = \frac{36 - 24h + 4h^2 + 2 - 36 - 2}{h}$

$= \frac{-24h + 4h^2}{h} = -24 + 4h \to -24$ für $h \to 0$.

Also gilt: $f'(-3) = -24$

b) $\frac{f(3 + h) - f(3)}{h} = \frac{0{,}5 \cdot ((3 + h)^2 - 1) - 0{,}5 \cdot (3^2 - 1)}{h} = \frac{4 + 3h + 0{,}5h^2 - 4}{h} = \frac{3h + 0{,}5h^2}{h}$

$= 3 + 0{,}5h \to 3$ für $h \to 0$.

Also gilt: $f'(3) = 3$

**7**

a) Bestimmung der Steigung der Tangenten:

$\frac{f(2+h)-f(2)}{h} = \frac{\frac{1}{4}(2+h)^2 - 1}{h} = \frac{h + \frac{1}{4}h^2}{h} = 1 + \frac{1}{4}h \to 1$ für $h \to 0$.

Also gilt: $f'(2) = 1$

Ansatz: $y = x + n$

Einsetzen der Koordinaten von $P(2|1)$: $1 = 2 + n$. Also ist $n = -1$.

Die Gleichung der Tangente lautet: $y = x - 1$.

b) Bestimmung der Steigung der Tangenten:

$\frac{f(2+h)-f(2)}{h} = \frac{\frac{1}{2+h} + 1 - \left(\frac{1}{2}+1\right)}{h} = \left(\frac{1}{2+h} - \frac{1}{2}\right) \cdot \frac{1}{h} = \frac{2-(2+h)}{(2+h)\cdot 2} \cdot \frac{1}{h}$

$= \frac{-h}{(2+h)\cdot 2} \cdot \frac{1}{h} = \frac{-1}{(2+h)\cdot 2} \to \frac{-1}{4}$ für $h \to 0$.

Also gilt: $f'(2) = -\frac{1}{4}$

Ansatz: $y = -\frac{1}{4}x + n$

Einsetzen der Koordinaten von $P\left(2\middle|\frac{3}{2}\right)$: $\frac{3}{2} = -\frac{1}{2} + n$. Also ist $n = 2$.

Die Gleichung der Tangente lautet: $y = -\frac{1}{4}x + 2$.

c) Bestimmung der Steigung der Tangenten:

$\frac{f(5+h)-f(5)}{h} = \frac{3 - 0{,}5\cdot(5+h)^2 - (3 - 12{,}5)}{h} = \frac{-12{,}5 - 5h - 0{,}5h^2 + 12{,}5}{h}$

$= -5 - 0{,}5h \to -5$ für $h \to 0$.

Also gilt: $f'(5) = -5$

Ansatz: $y = -5x + n$

Einsetzen der Koordinaten von $P(5|-9{,}5)$: $-9{,}5 = -25 + n$.

Also ist $n = 15{,}5$.

Die Gleichung der Tangente lautet: $y = -5x + 15{,}5$.

d) Bestimmung der Steigung der Tangenten:

$\frac{f(1+h)-f(1)}{h} = \frac{(1+h)^3 - 2 - (1-2)}{h} = \frac{(1+2h+h^2)(1+h) - 1}{h}$

$= \frac{1 + 2h + h^2 + h + 2h^2 + h^3 - 1}{h} = \frac{3h + 3h^2 + h^3}{h} = 3 + 3h + h^2 \to 3$ für $h \to 0$.

Also gilt: $f'(1) = 3$

Ansatz: $y = 3x + n$

Einsetzen der Koordinaten von $P(1|-1)$: $-1 = 3 + n$. Also ist $n = -4$.

Die Gleichung der Tangente lautet: $y = 3x - 4$.

**Kapitel VI, Zeit zu überprüfen, Seite 251**

**5**

a) $\frac{f(x_0+h)-f(x_0)}{h} = \frac{(x_0+h)^2 + (x_0+h) - (x_0^2 + x_0)}{h} = \frac{2x_0h + h + h^2}{h}$

$= 2x_0 + 1 + h \to 2x_0 + 1$ für $h \to 0$.

Also gilt: $f'(x) = 2x + 1$

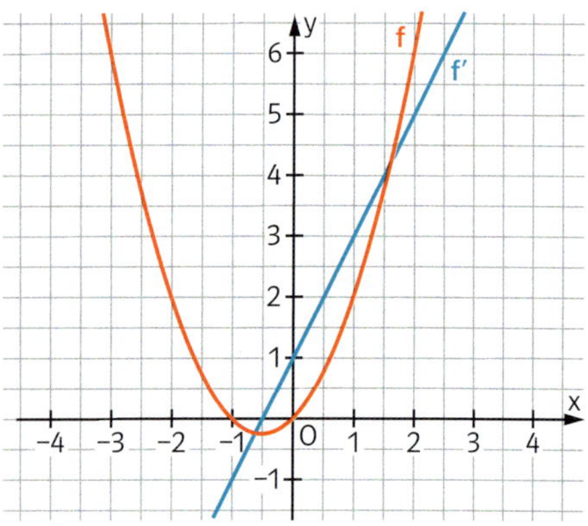


b) $\frac{f(x_0+h)-f(x_0)}{h} = \frac{-(x_0+h) + 2(x_0+h)^2 - (-x_0 + 2x_0^2)}{h} = \frac{4x_0h - h + 2h^2}{h}$

$= 4x_0 - 1 + 2h \to 4x_0 - 1$ für $h \to 0$.

Also gilt: $f'(x) = 4x - 1$

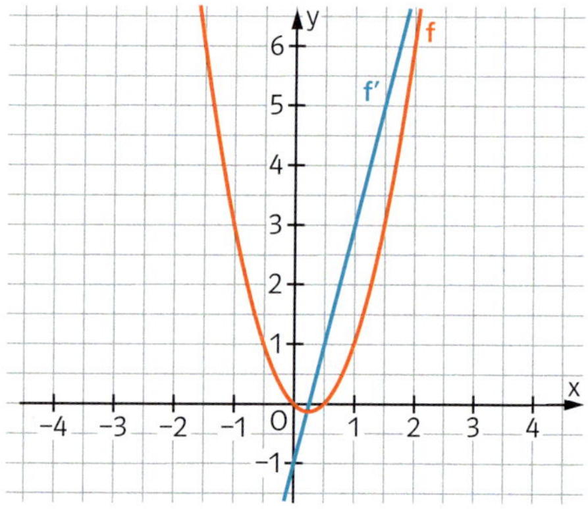


c) $\frac{f(x_0+h)-f(x_0)}{h} = \frac{(x_0+h)^3 - 2 - (x_0^3 - 2)}{h} = \frac{3x_0^2h + 3x_0h^2 + h^3}{h}$

$= 3x_0^2 + 3x_0h + h^2 \to 3x_0^2$ für $h \to 0$.

Also gilt: $f'(x) = 3x^2$

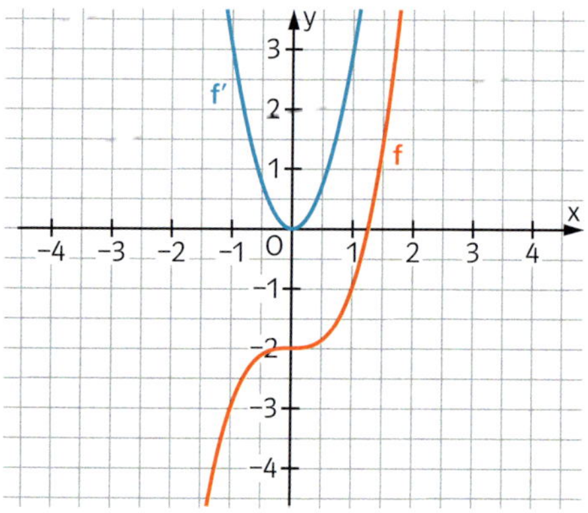


**6**

$\frac{f(x_0+h)-f(x_0)}{h} = \frac{0{,}5(x_0+h)^2 - 2(x_0+h) - (0{,}5x_0^2 - 2x_0)}{h} = \frac{x_0h - 2h + 0{,}5h^2}{h}$

$= x_0 - 2 + 0{,}5h \to x_0 - 2$ für $h \to 0$.

Also gilt: $f'(x) = x - 2$

a) $f'(x) = 3$ gilt für $x = 5$

b) $f'(x) = 0$ gilt für $x = 2$

c) $f'(x) = 1$ gilt für $x = 3$

**Kapitel VI, Zeit zu überprüfen, Seite 254**

**5**

a)

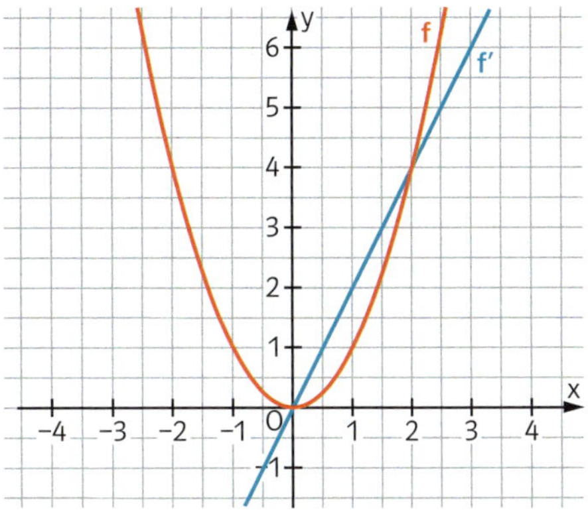


b)

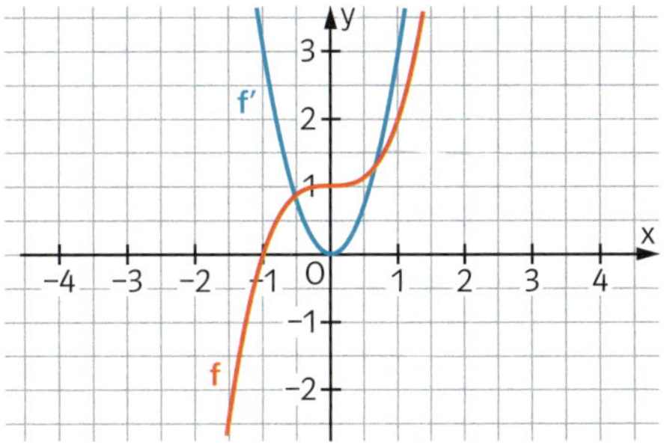


c)

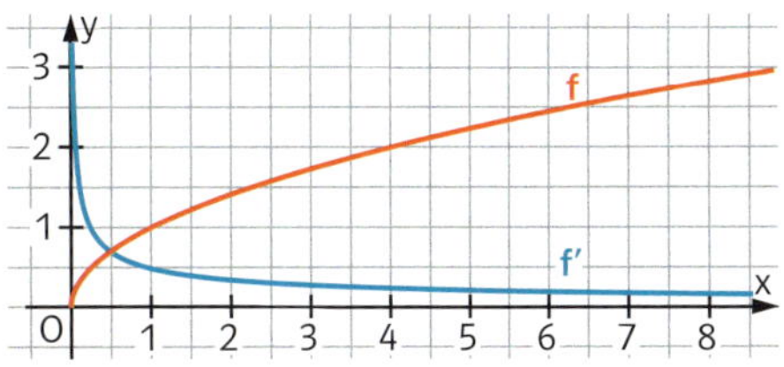


**6**

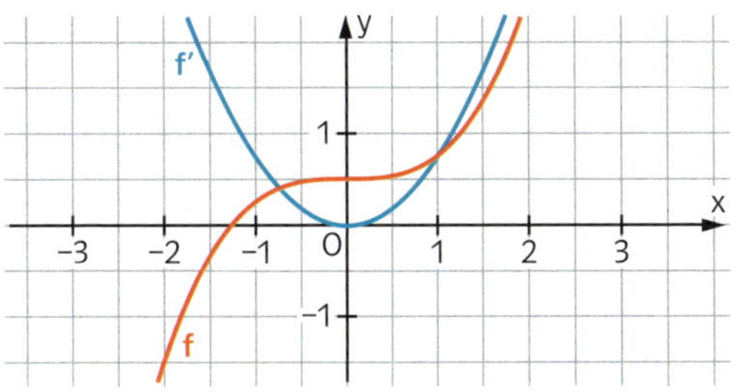


**Kapitel VI, Zeit zu überprüfen, Seite 257**

**4**

a)

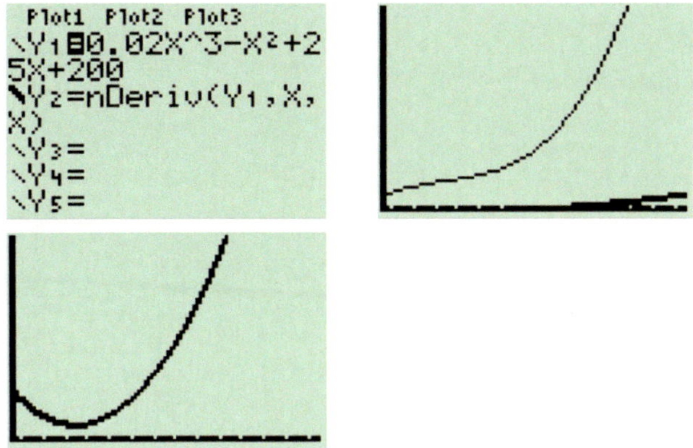


b) $K'(50) = 75$. Wenn das Unternehmen 50 Stück des Gutes herstellt und erhöht die Produktion um ein Stück, so verursacht dieses zusätzliche Stück Kosten in Höhe von 75 €.

c) $K(40) = 880$ und $K'(40) = 41$

d) Bei einer Stückzahl von ca. 43 Stück betragen die Grenzkosten 50 €.

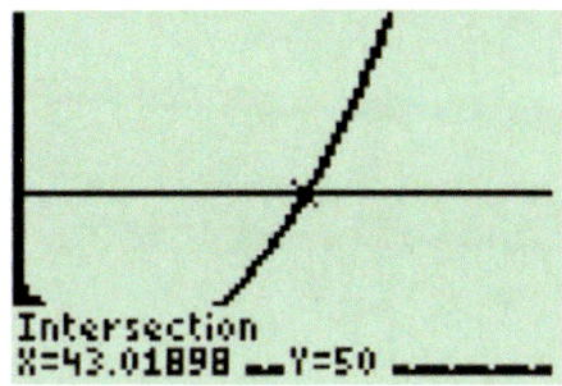


**Kapitel VI, Zeit zu überprüfen, Seite 260**

**7**

a) $f'(x) = 15x^4 - 4x$

b) $f'(x) = -\frac{2}{x^2} + \frac{20}{x^6}$

c) $f'(x) = -4x^{-3} - \frac{1}{2\sqrt{x}}$

d) $f'(x) = 6x - 6$

e) $f'(x) = 6x^2 - 2x$

f) $f'(x) = 12ax^3 - \frac{1}{b}$

**8**

a) $y = 0{,}5x + 1$

b) $y = -5x + 4{,}25$

c) $y = \left(1 + \frac{1}{2\sqrt{2}}\right)x + \sqrt{2} - \frac{1}{\sqrt{2}}$

d) $y = -\frac{4}{27}x + \frac{2}{3}$

e) $y = 1{,}5x - \frac{11}{18}$

f) $y = \left(-\frac{1}{25} - \frac{3}{2}\sqrt{5}\right)x + \frac{2}{5} + \frac{5}{2}\sqrt{5}$

**Kapitel VI, Zeit zu überprüfen, Seite 263**

**4**

a)

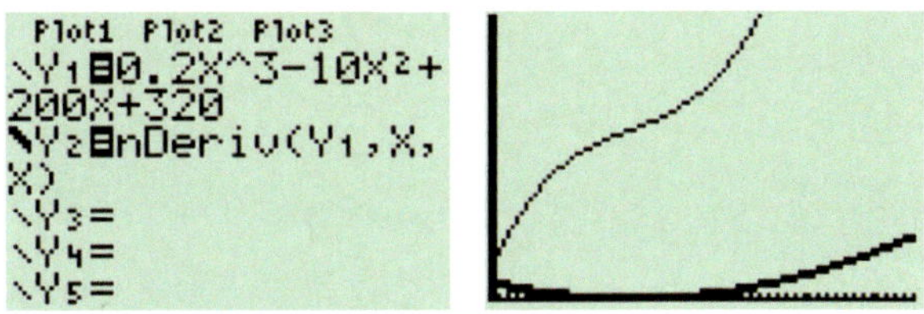


b) $G(x) = -0{,}2x^3 + 10x^2 + 150x - 320$

c) Das Unternehmen maximiert seinen Gewinn bei einer Menge von ca. 40 Einheiten. Der Gewinn beträgt dann 8881,79 €.

**Kapitel VI, Zeit zu überprüfen, Seite 266**

## 6

a) $\sin\left(\frac{\pi}{4}\right) = \cos\left(\frac{\pi}{4}\right)$  b) $\sin(40°) < \sin\left(\frac{3\pi}{4}\right)$

c) $\cos(87°) > \cos(1{,}6)$  d) $\sin(32°) > \cos(132°)$

e) $\cos\left(\frac{5\pi}{6}\right) = \cos\left(\frac{7\pi}{6}\right)$  f) $\cos\left(-\frac{\pi}{3}\right) = \sin\left(\frac{\pi}{6}\right)$

## 7

a) $x_1 = \frac{\pi}{6}$; $x_2 = \frac{5\pi}{6}$  b) $x_1 = \frac{\pi}{6}$; $x_2 = \frac{11\pi}{6}$

c) $x_1 = \frac{\pi}{2}$  d) $x_1 = 0{,}7048\,\pi$; $x_2 = 1{,}2952\,\pi$

**Kapitel VI, Zeit zu überprüfen, Seite 268**

## 5

a) $f'(x) = 4\cos(x)$  b) $f'(x) = -\frac{1}{3}\cos(x)$  c) $f'(x) = 6x - \cos(x)$

## 6

a) $y = 1$

b) $y = \frac{\sqrt{2}}{2}x + \frac{\sqrt{2}}{2}\left(1 - \frac{\pi}{4}\right) \approx 0{,}7071x + 0{,}1517$

c) $y = -\frac{1}{2}x + \frac{1}{3}\pi + \frac{1}{2}\sqrt{3} \approx -0{,}5x + 1{,}913$

**Kapitel VI, Training, Seite 276**

## 1

$[0; 6]$: $\frac{5-0}{6}\frac{\text{km}}{\text{min}} = \frac{5\text{ km}}{6\text{ min}} = \frac{5}{0{,}1}\frac{\text{km}}{\text{h}} = 50\frac{\text{km}}{\text{h}}$

$[12; 18]$: $\frac{20-9}{6}\frac{\text{km}}{\text{min}} = \frac{11\text{ km}}{6\text{ min}} = \frac{11}{0{,}1}\frac{\text{km}}{\text{h}} = 110\frac{\text{km}}{\text{h}}$

$[20; 27]$: $\frac{25-22}{7}\frac{\text{km}}{\text{min}} = \frac{3\text{ km}}{7\text{ min}} \approx 26\frac{\text{km}}{\text{h}}$

## 2

a) $f'(x) = 14x$  b) $f'(x) = 8x - 5$  c) $f'(x) = -\frac{1}{x^2} - 4$

## 3

Die Aussagen A, C und D sind richtig. Die Aussage B ist falsch.

## 4

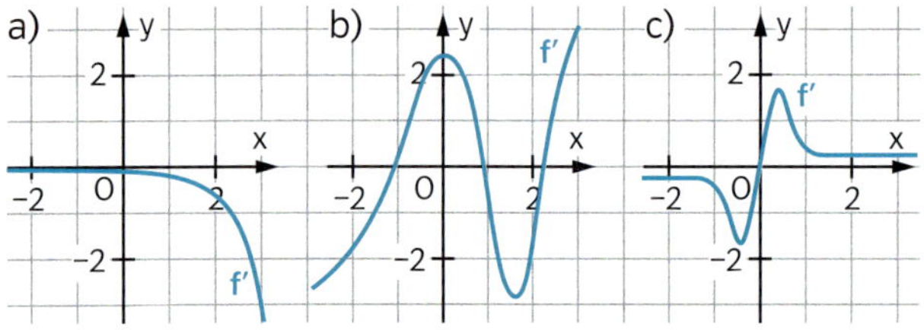


## 5

a) $t(x) = -\frac{11}{2}x - 9$  b) $t(x) = -2x + 2$

## 6

a)

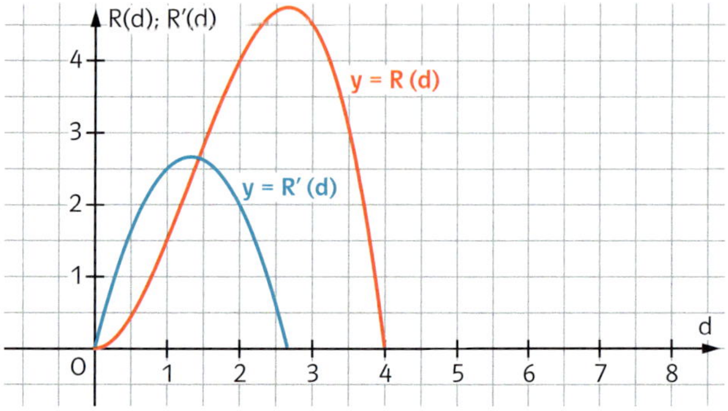


b) Die Reaktionsstärke ist für die Dosis $d = \frac{8}{3} \approx 2{,}67$ am größten. Die Empfindlichkeit ist für die Dosis $d = \frac{4}{3} \approx 1{,}33$ am größten.

## 7

$f'(2000) = 100$ bedeutet, dass die Grenzkosten 100 Euro betragen. Wenn die Mine also 2000 Tonnen Gold fördert und die Förderung um eine Tonne erhöht, so verursacht diese zusätzliche Kosten in Höhe von 100 Euro.

## 8

a) $x^2\left(\frac{1}{4}x^2 - 2{,}25\right) = 0$ hat die Lösungen $x_1 = 0$, $x_2 = -3$ und $x_3 = 3$.
Schnittpunkte mit der x-Achse: $S_1(0\,|\,0)$, $S_2(-3\,|\,0)$ und $S_3(3\,|\,0)$

b) $f'(x) = x^3 - 4{,}5x$

$f'(0) = 0$, $f'(-3) = -13{,}5$, $f'(3) = 13{,}5$

c)

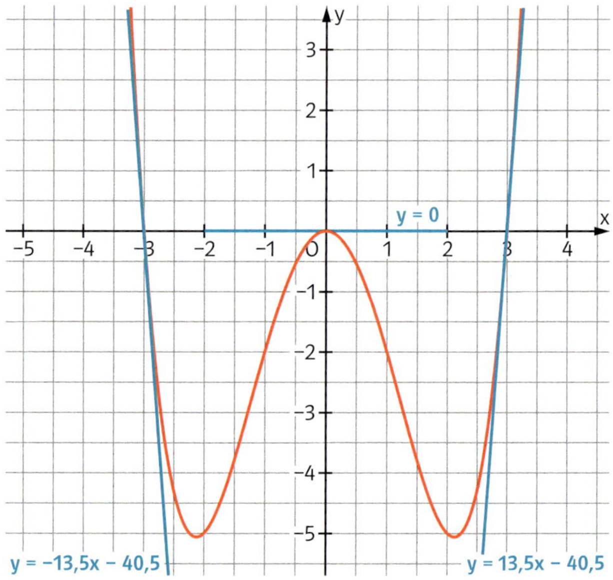

## 9

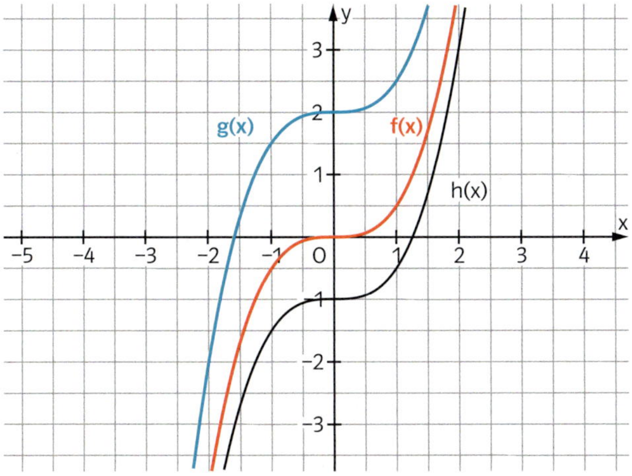


$f'(x) = 1{,}5\,x^2$; $g'(x) = 1{,}5\,x^2$; $h'(x) = 1{,}5\,x^2$

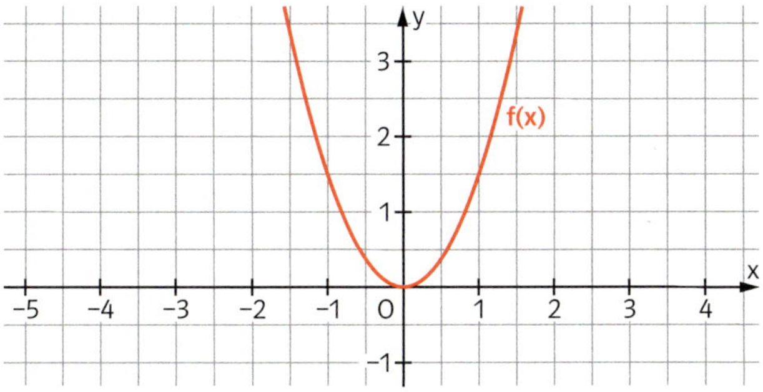


Die Ableitungen stimmen überein. Dies ist anschaulich klar, da die Steigung des Graphen an einer bestimmten Stelle durch eine Verschiebung des Graphen nach oben oder unten nicht verändert wird.

## 10

$f'(x) = 3x^2 - 9$

a) $P(-1\,|\,8)$, $P(1\,|\,-8)$ b) $P(-4\,|\,-28)$, $P(4\,|\,28)$

c) $P(-\sqrt{3}\,|\,6\sqrt{3})$, $P(\sqrt{3}\,|\,-6\sqrt{3})$

## 11

$f'(x) = -\frac{1}{4}x^3 + \frac{3}{4}x$

$f(-1) = 2$, $f'(-1) = -\frac{1}{2}$

Gleichung der Tangente: $y = -\frac{1}{2}x + \frac{3}{2}$

## 12

$f(x) = \sin(x)$, $f'(x) = \cos(x)$,

$f(\pi) = 0$, $f'(\pi) = -1$

Gleichung der Tangente: $y = -x + \pi$

## 13

a) In den ersten zwei Minuten beschleunigt das Auto, danach fährt es zwei Minuten nahezu mit konstanter Geschwindigkeit, ab der vierten Minute bremst es ab.

b) Die momentane Geschwindigkeit nach drei Kilometern beträgt ca. $1\,\frac{\text{km}}{\text{min}}$, dies sind $60\,\frac{\text{km}}{\text{h}}$. Folglich wird der Fahrer geblitzt.

## 14

a) Grenzkostenfunktion $K'(x) = 0{,}006\,x^2 - 0{,}6\,x + 20$

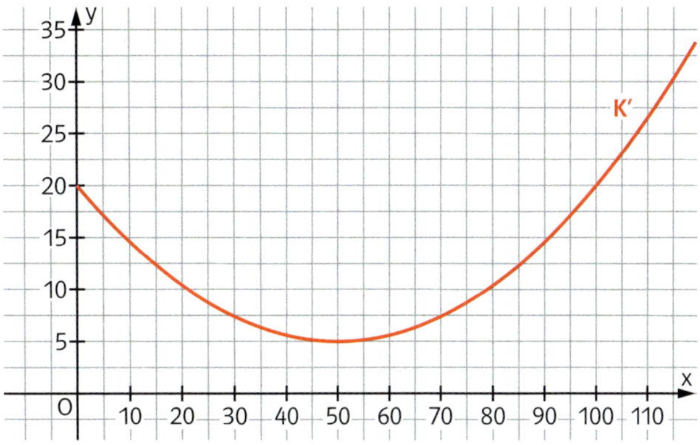


b) $K'(0) = 20$, $K'(20) = 10{,}4$, $K'(100) = 20$

Wenn das Unternehmen 0 oder 100 Einheiten des Guts produziert, betragen die Grenzkosten 20 €. Wenn es 20 Einheiten produziert, betragen sie 10,40 €.

c) Die Gleichung $0{,}006\,x^2 - 0{,}6\,x + 20 = 10$ hat die Lösungen $x_1 \approx 78{,}9$ und $x_2 \approx 21{,}1$. Bei 21 und 79 Einheiten des Guts betragen die Grenzkosten 10 €.

d) $E'(x) = 22$. Die Grenzerlösfunktion ist konstant, d.h., für jede Einheit des Guts wird der gleiche Erlös erzielt, nämlich 22 €.

e) Die Gleichung $0{,}006\,x^2 - 0{,}6\,x + 20 = 22$ hat die Lösungen $x_1 \approx 103{,}2$ und $x_2 \approx -3{,}23$. Die Lösung $x_2$ macht ökonomisch keinen Sinn. Somit sind bei ca. 103 Einheiten des Guts die Grenzkosten gleich dem Grenzerlös. Bei dieser Menge maximiert das Unternehmen seinen Gewinn.

## 15

a) $G(x) = -0{,}03\,x^3 + 3\,x^2 - 45\,x - 145$

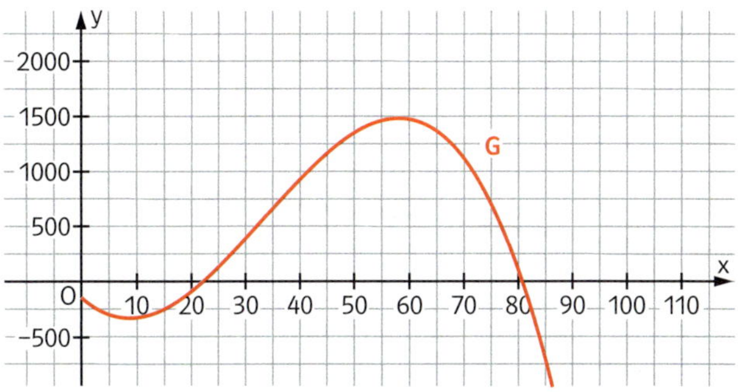


b) Das Unternehmen macht Gewinn, wenn es zwischen $22{,}06\,m^3$ und $80{,}66\,m^3$ Beton produziert.

c) Das Unternehmen maximiert seinen Gewinn, wenn es $58{,}05\,m^3$ Beton produziert. Der Gewinn beträgt dann 1483,65 €.

d) Neue Gewinnfunktion: $G(x) = -0{,}03\,x^3 + 3\,x^2 - 55\,x - 145$.

Das Unternehmen macht nur Gewinn, wenn es zwischen $27{,}80\,m^3$ und $74{,}53\,m^3$ Beton produziert. Es maximiert seinen Gewinn, wenn es $55{,}69\,m^3$ Beton produziert. Der Gewinn beträgt dann 914,71 €.

## 1 Mengen, Seite 279

### 1
a) $A \cap B = \{1; 3; 9\}$; $A \cup B = \{0; 1; 3; 4; 5; 6; 7; 9\}$; $A \cap C = \{4; 9\}$;
$B \cup C = \{0; 1; 2; 3; 4; 5; 7; 8; 9\}$; $A \setminus B = \{4; 6\}$; $B \setminus A = \{0; 5; 7\}$

### 2
a) $A = (-3; 8]$; $B = [1; 6]$; $C = (4; \infty)$; $D = (-\infty; 10]$
b) $C \cap D = (4; 10]$; $B \cup D = (-\infty; 10] = D$; $A \setminus C = (-3; 4]$; $B \setminus D = \{\ \}$;
$A \cup C = (-3; \infty)$

### 3
A ist die Menge der durch 3 teilbaren natürlichen Zahlen bis einschließlich 15.
B ist die Menge der Quadratzahlen bis einschließlich 49.
C ist die Menge der geraden positiven und negativen Zahlen einschließlich der Null.

### 4
a) $A = \{-4; -3; -2; -1; 0; 1; 2; 3; 4\}$ b) $B = \{1; 3; 5; 7; \ldots\}$
c) $C = \{1; 2; 3; 4; 6; 9; 12; 18\}$

### 5
a) $(3; 4)$ b) $[-7; -3]$ c) $(-\infty; -2)$ d) $(-\infty; 2]$
e) $[-3; \infty)$ f) $[2; 5]$ g) $(2; 5)$ h) $(-1; 0)$
i) $(4; \infty)$ j) $[-3; \infty]$

## 2 Rechnen, Rechnen mit Klammern, Seite 281

### 1
a) $a - 3b$ b) $-16x + y$ c) $5u - 24$ d) $6a^2 - 15a$
e) $-7u^2 - 11u + 24$

### 2
a) $17a^2 + 10ab$ b) $3x^2 + 9x$

### 3
a) $-39a^2 + 23ab + 22a$ b) $12u^2 + 63u - 15v$
c) $-6u^2 - 71uv + 12v^2$ d) $-8x^2 + 10x + 11xy - 17y + 5$

### 4
a) $9a^2 + 42ab + 49b^2$ b) $81x^2 - 90xy + 25y^2$
c) $4u^2 - 25v^2$ d) $(3x - 2y)^2$
e) $(12m + 1)^2$ f) $(4uv - 9w)(4uv + 9w)$
g) $x^4 - 4y^2$ h) $(7rs - 2t)^2$

### 5
a) $(3x + 4y)^2 = 9x^2 + 24xy + 16y^2$
b) $(6a^2 - 2b)^2 = 36a^4 - 24a^2b + 4b^2$
c) $\left(\frac{r}{2} + 5s\right)^2 = \frac{r^2}{4} + 5rs + 25s^2$
d) $\left(2x - \frac{y^2}{4}\right)^2 = 4x^2 - xy^2 + \frac{y^4}{16}$
e) $\left(\frac{a}{3} + 9\right)^2 = \frac{a^2}{9} + 6a + 81$
f) $(-4x - (-2))^2 = 16x^2 - 16x + 4$

### 6
a) $(a + 7)(a + 2)$ b) $(x - 5)(x - 1)$
c) $(u - 4)(u + 3)$ d) $(x + 4a)(x + 2a)$
e) $2(x - 9)(x - 1)$ f) $a(x + 3b)(x + b)$
g) $-(y - 3)(y - 2)$ h) $(ax + 6)(ax + 2)$

## 2 Rechnen, Rechnen mit Brüchen, Seite 282

### 7
a) $\frac{66}{13}$ b) $-\frac{4}{3}$ c) $\frac{43}{36}$ d) $\frac{2}{45}$ e) $\frac{15}{56}$ f) $\frac{215}{24}$
g) $\frac{6}{23}$ h) $\frac{9}{5}$ i) $-\frac{12}{5}$ j) $-20$ k) $-\frac{3}{2}$ l) $\frac{21}{10}$

### 8
a) $\frac{9y}{5}$ b) $\frac{2a}{3b}$ c) $\frac{a - b}{a + b}$ d) $\frac{3}{x + 2}$
e) $\frac{y}{3x}$ f) $\frac{2a}{9}$ g) $\frac{3}{y}$ h) $\frac{x - 1}{2}$

### 9
a) $\frac{x}{2y}$ b) $\frac{5b}{6a^2}$ c) $-\frac{4x}{5y}$ d) $\frac{m}{2n}$
e) $\frac{1}{2}$ f) $2$ g) $1$ h) $\frac{8}{(2 - 3x)(2 + 3x)}$

## 2 Rechnen, Rechnen mit Potenzen und Wurzeln, Seite 283

### 10
a) $3^7 = 2187$ b) $10^{-5}$ c) $6^5 = 7776$ d) $3^8 = 6561$
e) $6^{15}$ f) $-\frac{8}{27}$ g) $\frac{1}{9}$ h) $-\frac{27}{64}$

### 11
a) $\square = x^4$ b) $\square = x^3$ c) $\square = y^{-6}$ d) $\square = 3^{-8}$

### 12
a) falsch, da z.B. für $a = 1$ gilt: $\sqrt{5} + \sqrt{8} \approx 5{,}06$, $\sqrt{13} \approx 3{,}61$.
b) richtig, da gilt: $\sqrt{2} + 2\sqrt{2} = 3\sqrt{2}$
c) richtig, da gilt: $6\sqrt{a} + 6\sqrt{a} - 2\sqrt{a} = 10\sqrt{a}$
d) richtig, da $\frac{\sqrt{z}}{z} = \frac{z^{\frac{1}{2}}}{z^1} = z^{\frac{1}{2} - 1} = z^{-\frac{1}{2}}$;
falsch, da $\frac{2z}{\sqrt{2z}} = \frac{2z}{\sqrt{2} \cdot \sqrt{z}} = \frac{2^1 \cdot z^1}{2^{\frac{1}{2}} \cdot z^{\frac{1}{2}}} = 2^{\frac{1}{2}} z^{\frac{1}{2}} \neq 2 \cdot z^{\frac{1}{2}}$
e) richtig, da $(\sqrt{z})^4 = \left(z^{\frac{1}{2}}\right)^4 = z^{\frac{1}{2} \cdot 4} = z^2$;
richtig, da $\left(-\sqrt{2x}\right)^{-2} = \frac{1}{(-\sqrt{2x})^2} = \frac{1}{2x}$
f) falsch, da $\frac{12\sqrt{b}}{\sqrt{12b}} - \frac{12\sqrt{a}}{\sqrt{12a}} + \frac{12\sqrt{c}}{\sqrt{12c}} = \frac{12b^{\frac{1}{2}}}{12^{\frac{1}{2}} \cdot b^{\frac{1}{2}}} - \frac{12a^{\frac{1}{2}}}{12^{\frac{1}{2}} \cdot a^{\frac{1}{2}}} + \frac{12c^{\frac{1}{2}}}{12^{\frac{1}{2}} \cdot c^{\frac{1}{2}}}$
$= 12^{\frac{1}{2}} - 12^{\frac{1}{2}} + 12^{\frac{1}{2}} = 12^{\frac{1}{2}}$

### 13
a) $x^{13}$ b) $a^{2n}$ c) $u^{2r + 6}$ d) $x$
e) $(3x)^4 = 81x^4$ f) $(ab)^{2n}$ g) $(p^2 - q^2)^r$ h) $\left(\frac{x}{2}\right)^{2n}$

**14**

a) $(x-4)^3$ b) $b^3$ c) $x^{4n-1}$ d) $a^{2s} \cdot b^{3s-1}$

e) $\left(\frac{x}{3}\right)^5$ f) $a^8$ g) $\frac{1}{(1-3x)^a}$ h) $(4xy)^{3k}$

i) $3^{4x}$ j) $t^{n^2-1}$ k) $p^{6q}$ l) $x^{9rs}$

**15**

a) $x^2$ b) $\frac{y^4}{4}$ c) $\frac{a^3}{3b}$

d) $(a-2)^2$ e) $a^5b^4$ f) $\frac{2x}{y}$

**16**

a) $x^3$ b) $a^3$ c) $y^8$

d) $c^2$ e) $r^{\frac{1}{2}}$ f) $x^{\frac{1}{8}} = \sqrt[8]{x}$

**3 Gleichungen, Lineare Gleichungen, Seite 285**

**1**

a) $L = \{-2\}$ b) $L = \{\,\}$ c) $L = \mathbb{R}$ d) $L = \left\{\frac{1}{3}\right\}$

**2**

a) $a = 4: L = \mathbb{R}$
$a \neq 4: L = \{2\}$

b) $b = -3: L = \mathbb{R}$
$b \neq -3: L = \{4\}$

c) $a = 2b: L = \mathbb{R}$
$a \neq 2b: L = \{-3a\}$

d) $a = 0 \vee b = 2: L = \mathbb{R}$
$a \neq 0 \wedge b = 2: L = \{0\}$

**3 Gleichungen, Quadratische Gleichungen, Seite 286**

**3**

a) $L = \{-5; -1\}$ b) $L = \{-9; 1\}$ c) $L = \left\{-\frac{2}{3}; 2\right\}$ d) $L = \left\{-\frac{7}{2}; 6\right\}$

e) $L = \{-3 - \sqrt{2}; -3 + \sqrt{2}\}$ f) $L = \{-4; 5\}$

**4**

a) $L = \left\{1; \frac{7}{6}\right\}$ b) $L = \left\{-2 - \frac{1}{2}\sqrt{29}; -2 + \frac{1}{2}\sqrt{29}\right\}$

c) $L = \left\{-\frac{5}{2}; 5\right\}$ d) $L = \{-9; 3\}$

e) $L = \left\{5; \frac{1}{3}\right\}$ f) $L = \left\{-\frac{11}{5}; 3\right\}$

g) $L = \{0; 6\}$ h) $L = \{-5; 2\}$

**5**

a) Die Lösungen verdoppeln sich.
b) Die Lösungen halbieren sich.
c) Die Lösungen bleiben gleich.

**6**

a) $L = \{-4; 0\}$ b) $L = \{0; 5\}$

c) $L = \left\{0; \frac{8}{7}\right\}$ d) $L = \left\{-\frac{1}{2}; 0; \frac{1}{2}\right\}$

e) $L = \{-9; 0; 1\}$ f) $L = \{-2 - \sqrt{5}; 0; -2 + \sqrt{5}\}$

**7**

a) $L = \{-2; 0; 2\}$ b) $L = \left\{\frac{5-\sqrt{5}}{2}; \frac{5+\sqrt{5}}{2}\right\}$ c) $L = \{-4; -2\}$

d) $L = \{-2; 2\}$ e) $L = \{-1; 2\}$ f) $L = \{0; 1\}$

g) $L = \{0; 1\}$ h) $L = \left\{0; \frac{1}{3}\right\}$ i) $L = \left\{-2; -\sqrt{\frac{8}{3}}; \sqrt{\frac{8}{3}}\right\}$

j) $L = \left\{-\frac{3}{2}; 0; \frac{3}{8}; \frac{5}{4}\right\}$

**8**

a) 2 Lösungen für $t > -\frac{1}{4}$: $\frac{1 \pm \sqrt{1+4t}}{2}$;
genau 1 Lösung für $t = -\frac{1}{4}$: $\frac{1}{2}$;
keine Lösung für $t < -\frac{1}{4}$

b) 2 Lösungen für $t < 9 \wedge t \neq 0$: $\frac{-3 \pm \sqrt{9-t}}{t}$
genau 1 Lösung für $t = 9$: $-\frac{1}{3}$
$t = 0$: $-\frac{1}{6}$;
keine Lösung für $t > 9$

c) 2 Lösungen für $t \neq 0$: $-2t$; $t$;
genau 1 Lösung für $t = 0$: 0

d) 2 Lösungen für $t \neq 0$: $-\frac{1}{t}$; $-\frac{1}{3t}$;
keine Lösung für $t = 0$

e) 2 Lösungen für $t < \frac{1}{2} \wedge t \neq 0$:
$2 \cdot \frac{t - 1 \pm \sqrt{1-2t}}{t}$;
genau 1 Lösung für $t = \frac{1}{2}$: $-2$; $t = 0$: 0
keine Lösung für $t > \frac{1}{2}$

f) 2 Lösungen für $t \neq 1$: $-\frac{t+1}{t-1}$; $-1$;
genau 1 Lösung für $t = 1$: $-1$

**9**

a) $k = -3$: $L = \{1\}$; $k = 1$: $L = \{-1\}$
b) $k = 0$: $L = \{0\}$; $k = 4$: $L = \{-2\}$

**3 Gleichungen, Bruchgleichungen, Seite 287**

**10**

a) $D = \mathbb{R}\setminus\{8\}$; $L = \{-1; 9\}$ b) $D = \mathbb{R}\setminus\{2\}$; $L = \left\{-\frac{7}{4} \pm \frac{5}{4}\sqrt{17}\right\}$

c) $D = \mathbb{R}\setminus\{0; 2\}$; $L = \left\{1; \frac{6}{5}\right\}$ d) $D = \mathbb{R}\setminus\left\{-\frac{1}{2}\right\}$; $L = \left\{\frac{5}{2} \pm \frac{1}{2}\sqrt{6}\right\}$

e) $D = \mathbb{R}\setminus\{2\}$; $L = \left\{\frac{9}{2}; 7\right\}$ f) $D = \mathbb{R}\setminus\left\{\frac{3}{2}\right\}$; $L = \left\{\frac{3}{2} \pm \sqrt{5}\right\}$

**11**

a) $D = \mathbb{R}\setminus\{0; 2\}$; $L = \left\{\frac{2}{3}; 3\right\}$ b) $D = \mathbb{R}\setminus\{-8; 0\}$; $L = \left\{-7; \frac{8}{7}\right\}$

c) $D = \mathbb{R}\setminus\{-2; 1\}$; $L = \left\{-\frac{2}{3}; 3\right\}$ d) $D = \mathbb{R}\setminus\left\{-5; -\frac{1}{2}\right\}$; $L = \{-4; 13\}$

**12**

a) $D = \mathbb{R}\setminus\left\{0; \frac{3}{2}\right\}$; $L = \{1\}$ b) $D = \mathbb{R}\setminus\{-4; 4\}$; $L = \{\,\}$

**13**

a) Die Gleichung hat für jedes $a \in \mathbb{R}^*$
zwei Lösungen: $L = \left\{-\frac{a}{2}; 2a\right\}$

b) Die Gleichung hat für jedes $a \in \mathbb{R}^*$
zwei Lösungen: $L = \left\{-\frac{1}{a}; a\right\}$

c) Die Gleichung hat für alle $a, b \in \mathbb{R}^*$
zwei Lösungen: $L = \left\{-\frac{b}{a}; \frac{b}{2a}\right\}$

### 4 Geraden, Seite 290

**1**

a) $m = \frac{1}{2}$; $\alpha \approx 26{,}57°$ b) $m = 1{,}5$; $\alpha \approx 56{,}31°$
c) $m = 6$; $\alpha \approx 80{,}54°$ d) $m = 0{,}1$; $\alpha \approx 5{,}71°$
e) $m = -\frac{1}{6}$; $\alpha \approx 170{,}54°$ f) $m = -1{,}5$; $\alpha \approx 123{,}69°$

**2**

a) $m = -1$ b) $m = \frac{2}{3}$ c) $m = -\frac{8}{15}$

**3**

a) $m_{AB} = -2{,}5$
$m_{BC} = 0{,}4$
$m_{CD} = -2{,}5$
$m_{AD} = 0{,}4$
Parallelogramm

b) $m_{AB} = -\frac{2}{7}$
$m_{BC} = -3$
$m_{CD} = -\frac{1}{4}$
$m_{AD} = -\frac{3}{2}$
kein Trapez

c) $m_{AB} = \frac{1}{3}$
$m_{BC} = -3$
$m_{CD} = \frac{1}{3}$
$m_{AD} = -3$
Parallelogramm

d) $m_{AB} = -\frac{1}{6}$
$m_{BC} = 1$
$m_{CD} = -\frac{1}{6}$
$m_{AD} = \frac{1}{8}$
Trapez

**4**

15 % Steigung bedeutet: $\tan(\alpha) = 0{,}15$ $\alpha \approx 8{,}53°$

**5**

a) $y = 0{,}4x + 3$ b) $y = -2{,}5x + 4$ c) $y = \sqrt{2}x + 3\sqrt{2} - 1$

**6**

a) $m = 3$; $c = 4$ b) $m = -0{,}5$; $c = -2{,}4$ c) $m = 0$; $c = 5$
d) $m = 1$; $c = 0$ e) $m = -1$; $c = 0$ f) $m = -\frac{1}{3}$; $c = 3$

**7**

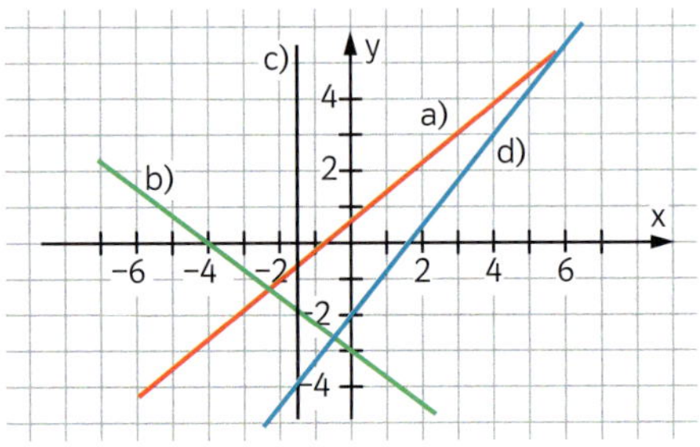


a) $y = \frac{4}{5}x + \frac{3}{5}$
b) $y = -\frac{3}{4}x - 3$
c) $x = -\frac{3}{2}$ Keine Hauptform möglich.
d) $y = \frac{5}{4}x - 2$

**8**

g: $y = -2x - 0{,}5$; h: $y = \frac{3}{4}x + \frac{7}{4}$
i: $y = 0{,}5$; j: $x = 2$

**9**

a) Gerade g duch O und Q: g: $y = \frac{4}{5}x$.
P liegt nicht auf g.
b) Orthogonale h zu $y = 7x - 21$ durch $P(0\,|\,3)$: h: $y = -\frac{1}{7}x + 3$.
Q liegt auf h.
c) $-x + 4y - 6 = 0$ in Hauptform g: $y = \frac{1}{4}x + 1{,}5$.
g ist nicht parallel zu $y = -0{,}25x$.

**10**

a) $c = -\frac{7}{3}$ b) $m = -\frac{6}{5}$; $c = \frac{32}{5}$

**11**

a) $y = -x + \frac{3}{2}$ b) $y = 0{,}9x - 3{,}36$ c) $y = \sqrt{2}x - 4\sqrt{2}$

**12**

a) $y = -x + 6$ b) $y = \frac{5}{3}x + 6$ c) $y = \frac{1}{3}x - 2$

**13**

a) $y = x - 7$ b) $y = 0{,}5x + 0{,}5$

### 5 Lineare Gleichungssysteme mit zwei Variablen, Seite 291

**1**

a) $y = -x - 2$: $m = -1$; $c = -2$
b) $y = \frac{1}{2}x + 1$: $m = \frac{1}{2}$; $c = 1$
c) $y = \frac{1}{3}x - \frac{4}{3}$: $m = \frac{1}{3}$; $c = -\frac{4}{3}$
d) $y = -\frac{3}{4}x + \frac{1}{2}$: $m = -\frac{3}{4}$; $c = \frac{1}{2}$

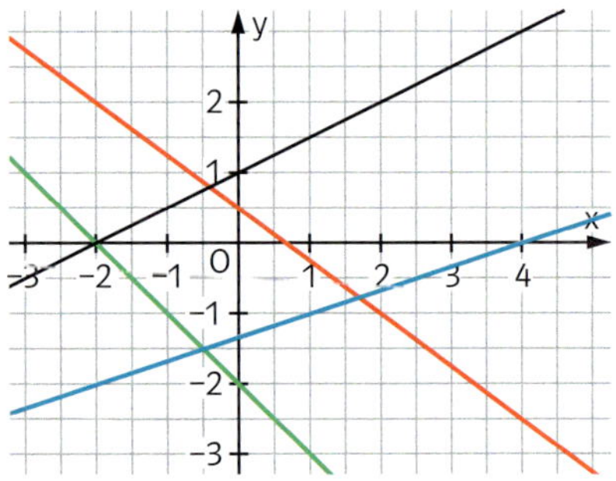


e) $y = 0{,}4x - 0{,}5$: $m = 0{,}4$; $c = -0{,}5$
f) $x = 2$: keine Werte für m und c
g) $y = -3$: $m = 0$; $c = -3$
h) $y = -x + \frac{5}{2}$: $m = -1$; $c = \frac{5}{2}$

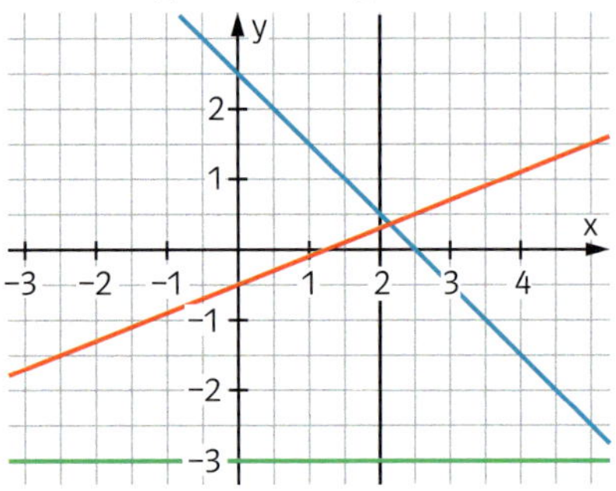

i) $y = \frac{1}{4}x - \frac{1}{4}$: $m = \frac{1}{4}$; $c = -\frac{1}{4}$
j) $x = \frac{5}{3}$: keine Werte für m und c
k) $y = 2x - \frac{3}{2}$: $m = 2$; $c = -\frac{3}{2}$
l) $y = 6x + 2$: $m = 6$; $c = 2$

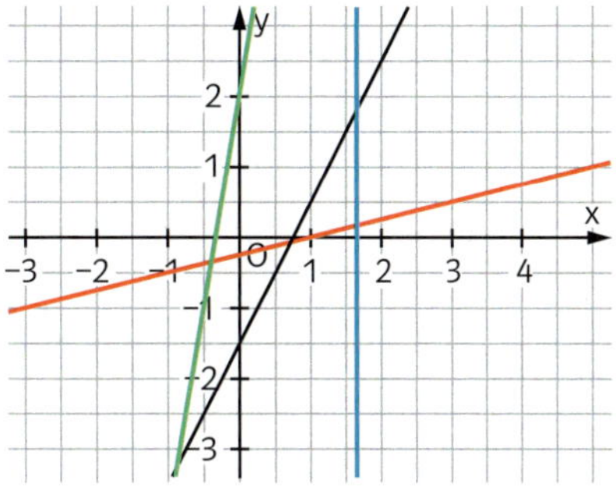


## 2

a) ja　　b) nein　　c) nein　　d) ja

## 3

a) A(2; 1)　　b) B(3; −2)　　c) C(−3; −1)

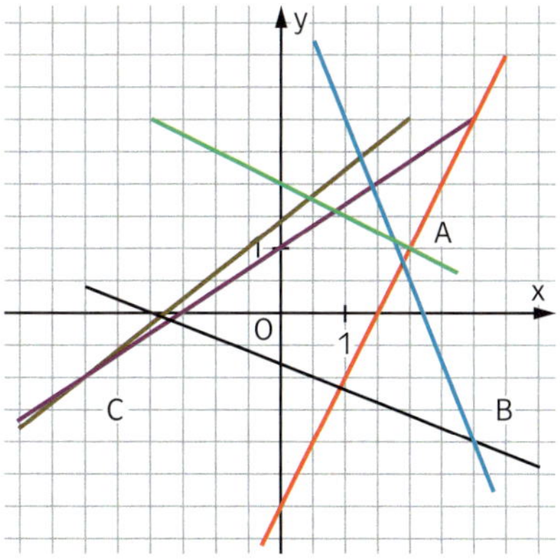


## 4

a) $y = \frac{1}{2}x + \frac{1}{2}$
$y = \frac{1}{2}x - 4$
keine Lösung

b) $y = \frac{3}{2}x - 1$
$y = -\frac{1}{4}x + \frac{7}{4}$
genau eine Lösung

c) $y = 2x + 1{,}5$
$y = 2x + 1{,}5$
unendlich viele Lösungen

d) $x = 1$
$y = 1$
genau eine Lösung

**5 Lineare Gleichungssysteme mit zwei Variablen,**
**Das Additionsverfahren, Seite 292**

## 5

a) (5; −2)　　b) (4; 2)　　c) $\left(2; \frac{1}{3}\right)$　　d) $\left(-\frac{1}{2}; \frac{3}{4}\right)$

## 6

a) (7; −1)　　b) (5,4; 1,3)　　c) (6; 9)　　d) (−9; −10)

## 7

a) (−3; 5)　　b) (5; 2)　　c) (2; −2)

**5 Lineare Gleichungssysteme mit zwei Variablen,**
**Alle Verfahren, Seite 293**

## 8

a) (−1; 4)　　b) (3; 0)　　c) (−7; −20)　　d) L = { }

## 9

a) (−3; 4)　　b) (0,4; 4,8)　　c) (5; 12)　　d) (0,5; −0,5)

## 10

a) (5; 1,5)
b) unendlich viele Lösungen: $y = 4x - 7$
c) $\left(\frac{5}{12}; \frac{1}{3}\right)$
d) (2; 1)

## 11

a) $P_{1;2}(16|0)$; $P_{1;3}(3|2)$; $P_{2;3}(8|10)$
b) $P_{1;2}(-2{,}5|1{,}5)$; $P_{1;3}(5|0)$; $P_{2;3}(-5{,}5|7{,}5)$

# Wichtige Verfahren mit GTR und CAS

Dieser Abschnitt stellt die wichtigsten Verfahren für den GTR TI-84 und das CAS TI-Nspire zusammen, mit denen die Aufgaben dieses Buches bearbeitet werden können. Grundkenntnisse in der Bedienung des GTR und des CAS-Rechners werden vorausgesetzt. Weitergehende Informationen können in den Handbüchern nachgeschlagen werden, für die dieser Abschnitt kein Ersatz ist.
Die Befehle werden anhand der zu bearbeitenden Aufgabenstellungen vorgestellt. In der linken Spalte werden die Verfahren für den TI-84 (und verwandte Rechner), in der rechten Spalte die für den TI-Nspire dargestellt.

## Listen definieren und bearbeiten

Listen

Mit [STAT] [ENTER] können Listen angezeigt und bearbeitet werden. Man bringt den Cursor auf das einzugebende Listenelement und gibt den gewünschten Wert ein. Für globale Definitionen bringt man den Cursor auf den Listenkopf und gibt einen Term ein, der die Liste definiert. Dazu wird man in der Regel die Funktion *seq* aus dem Menü [LIST]-OPS verwenden oder Bezug auf eine vorhandene Liste nehmen.
Schreibt man die Definition in Anführungszeichen und verwendet Variablen, so wird die Liste nach Änderungen der Variablenwerte neu berechnet. Man kann auch in der Standardeingabe mit [STO] direkt Werte in eine Liste schreiben.

In *Lists & Spreadsheet* können Listen angezeigt und bearbeitet werden. Man bringt den Cursor auf das einzugebende Listenelement und gibt den gewünschten Wert ein. In die obere Zelle des Tabellenkopfs schreibt man den Namen einer Variablen, die mit der Spalte verknüpft werden soll. In die untere Zelle kann eine Formel für die Spaltenwerte geschrieben werden, in der als Argumente die Variablennamen anderer Spalten verwendet werden können. Dazu wird in der Regel die *seq*-Funktion mithilfe des Katalogs benutzt, in dem auch eine Syntax-Hilfe angeboten wird.
In *Calculator* kann man auch eine Variable direkt als Liste definieren.

## Statistische Daten auswerten und darstellen

Statistische Daten

Die Lage- und Streuungsmaße eines Merkmals bei einer statistischen Erhebung können im Menü [STAT] [CALC] mit dem Befehl *1:1-Var Stats* berechnet werden, dem als Argument der Listenname folgt, in der die Daten gespeichert sind, also z. B. [L1].
Für die grafische Darstellung ruft man mit [STAT PLOT] das STAT PLOTS-Menü auf. Unter 1:PLOT1, 2:PLOT2 und 3:PLOT3 können bis zu drei statistische Darstellungen definiert und gespeichert werden, wobei die entsprechende Darstellung mit [ON] aktiviert wird. Für jeden einzelnen Plot stehen dabei sechs verschiedene Varianten zur Verfügung.

Die Lage und Streumaße eines Merkmals bei einer statistischen Erhebung können in *Calculator* über den Menüpunkt „Statistik" berechnet werden. Als Argument wird die Listenvariable eingegeben. Die grafische Darstellung erfolgt in *Data & Statistics*. Das Hinzufügen von Statistik-Variablen wird dabei von entsprechenden Hinweisen auf dem Bildschirm gesteuert.

## Funktionsanpassung mit Regressionsmodellen

Die x-Werte und y-Werte der gegebenen Punkte werden in 2 Listen eingegeben (über [STAT] [ENTER]). Danach wird im Menü [STAT] [CALC] die gewünschte Regressionsfunktion ausgewählt. Optional kann eine Funktionsvariable $Y_i$ angegeben werden, in welcher die Regressionsfunktion abgespeichert werden soll. Um den Graphen anzuzeigen, muss diese Option wahrgenommen werden.

Die x- und y-Werte der gegebenen Datenpunkte werden in *Lists & Spreadsheet* in zwei Listen eingegeben und in *Data & Statistics* grafisch dargestellt. Über den Menüpunkt „Analyse" kommt man zu einer Auswahl an Regressionsmodellen. Die ausgewählte Regressionskurve wird dann mit ihrer Gleichung in den Datenplot eingetragen.
Alternativ kann man auch direkt in *Lists & Spreadsheet* über den Menüpunkt „Statistik" die Regression durchführen.

Regression

## Graphen und Wertetabellen von Funktionen anzeigen

Die Funktionen werden im [Y=]-Menü definiert. Mit [TABLE] erhält man eine Wertetabelle. Startwert der Tabelle und Differenz zwischen zwei x-Werten kann man mit [TBLSET] einstellen. Mit [GRAPH] erhält man die Graphen der ausgewählten Funktionen. Die Wertebereiche und Eigenschaften der Darstellung kann man über [WINDOW] einstellen.

Die Funktionen werden im Funktionen-Editor von *Graphs* definiert und dort grafisch dargestellt.
Über den Menüpunkt „Ansicht" kann man eine Wertetabelle einblenden. Die Einstellungen können über den Menüpunkt „Wertetabelle" bearbeitet werden.

Graphen und Wertetabellen

## Bestimmung von Nullstellen von Funktionen

Wenn der Graph mit [GRAPH] angezeigt ist, kann man im [CALC]-Menü mit dem Befehl *2:zero* Nullstellen näherungsweise berechnen. Man muss dazu Unter- und Obergrenze des zu untersuchenden Intervalls und einen Schätzwert eingeben. Dies kann man entweder mit den Pfeiltasten oder durch direkte Eingabe mit der Tastatur bewerkstelligen. Die Nullstelle wird angezeigt und in der Variablen X gespeichert.

In *Graphs* können Nullstellen mit dem Menüpunkt „Graph analysieren" näherungsweise bestimmt werden. Die zu bestimmende Nullstelle muss dazu durch eine untere und eine obere Schranke eingegrenzt werden. Dies kann man mit den Pfeiltasten oder durch direkte Eingabe über die Tastatur bewerkstelligen.
Die x-Koordinate des angezeigten Schnittpunktes mit der x-Achse kann über die (var)-Taste einer Variablen zugeordnet werden.

Nullstellen

## Schnittpunkte von Graphen berechnen

Nachdem die Graphen angezeigt sind, gelangt man mit [CALC] *5:intersect* zur Berechnung der Schnittpunkte. Man muss (auch wenn nur zwei Funktionen definiert sind) die zu schneidenden Graphen auswählen und einen Schätzwert für die x-Koordinate des Schnittpunktes angeben. Der Schnittpunkt wird berechnet und seine Koordinaten in den Variablen X und Y gespeichert.

Nachdem die Graphen angezeigt sind, gelangt man über den Menüpunkt „Graph analysieren" zur Berechnung von Schnittpunkten. Sind mehr als zwei Graphen definiert, müssen zuerst die zu schneidenden Graphen ausgewählt werden. Die zu bestimmende Schnittstelle muss anschließend durch eine untere und eine obere Schranke eingegrenzt werden. Dies kann man mit den Pfeiltasten oder durch direkte Eingabe über die Tastatur bewerkstelligen. Die Koordinaten des angezeigten Schnittpunktes können über die (var)-Taste entsprechenden Variablen zugeordnet werden.

Schnittpunkte von Graphen

## Kurvenscharen anzeigen

Kurvenscharen

Man definiert im [Y=]-Menü eine Funktion mit Parameter, indem man anstelle des Parameters einen Listennamen einsetzt (mit [L1] bis [L6]). In die Liste trägt man die gewünschten Parameter ein und zeigt dann die Funktionenschar mit [GRAPH] an. Auch mithilfe der so definierten Funktionenschar definierte weitere Funktionen (etwa Ableitungen) werden als Schar angezeigt. Beispiel: $Y1=L_1*\sin(L_1*X)$, wobei in $L_1$ die Werte 1, 2 und 3 stehen, liefert die Graphen von $\sin(x)$, $2\sin(2x)$ und $3\sin(3x)$. Im Eingabemodus liefert diese Funktion mit dem Aufruf Y1(1) eine Liste mit den zugehörigen Funktionswerten der Schar. Im [TRACE]-Modus kann man mit den Pfeiltasten zwischen den Graphen umschalten.

Zunächst definiert man in *Calculator* einen Parameter als Listenvariable mit den gewünschten Parameterwerten. Anschließend wird im Funktionen-Editor eine Funktion mit dem Parameter definiert.
Auch mithilfe der so definierten Funktionenschar definierte weitere Funktionen (etwa Ableitungen) werden als Schar angezeigt. In *Calculator* liefert eine als Funktionenschar definierte Funktion f durch Eingabe von f(1) eine Liste mit den zugehörigen Funktionswerten der Schar.

## Extrema bestimmen

Die Bestimmung der Koordinaten von Tief- oder Hochpunkten, z. B. des Scheitelpunktes einer Parabel, erfolgt direkt aus dem angezeigten Graphen, wobei die Art des Extremums (Minimum oder Maximum) schon vor der Bestimmung bekannt sein muss.

Extrema

Im [CALC]-Menü findet man unter *3:minimum* bzw. *4:maximum* die Befehle zur Bestimmung der Extrema. Sind mehrere Graphen angezeigt, so kann man mit den Pfeiltasten den gewünsch-ten Graphen auswählen. Ähnlich wie bei der Nullstellenbestimmung fragt der TI-84 nach einer linken und rechten Intervallgrenze und nach einem Schätzwert für den x-Wert des Extremums, das daraufhin (näherungsweise) berechnet wird. Seine Koordinaten werden in den Variablen X und Y gespeichert.

In *Graphs* findet man unter dem Menüpunkt „Graph analysieren" Befehle zur Bestimmung von Extrema. Sind mehrere Graphen angezeigt, so kann man mit dem Cursor den gewünschten Graphen auswählen.
Die zu bestimmende Extremstelle muss anschließend durch eine untere und eine obere Schranke eingegrenzt werden. Dies kann man mit den Pfeiltasten oder durch direkte Eingabe über die Tastatur bewerkstelligen. Die Koordinaten des angezeigten Extrempunktes können über die (var)-Taste entsprechenden Variablen zugeordnet werden.

## Lokale (momentane) Änderungsrate bestimmen

Änderungsrate

Im [CALC]-Menü befindet sich der Befehl *6:dy/dx* zur Bestimmung einer lokalen Änderungsrate. Man kann die gewünschte Stelle entweder mit dem Cursor auswählen oder den x-Wert direkt eintippen.
Eine andere Möglichkeit bietet das Menü [MATH] und dort der Befehl *8:nDeriv*, dem folgende drei Argumente (mit Komma getrennt) folgen: der Funktionsterm, X, die gewünschte Stelle. Beispielsweise erhält man mit *nDeriv(X^2,X,3)* den Wert 6 für die lokale Änderungsrate der Quadratfunktion bei $x_0 = 3$. Als erstes Argument ist die Nennung von z. B. Y1 ebenfalls möglich.

In *Calculator* findet man unter dem Menüpunkt „Analysis", Untermenüpunkt „Ableitung" die Möglichkeit, den Funktionsterm der Ableitung mit $\frac{d}{dx}(f(x))$ zu bestimmen. Soll der Wert der Ableitung an einer Stelle a bestimmt werden, muss $\frac{d}{dx}(f(x))\,|\,x = a$ eingegeben werden. Eine andere Möglichkeit bietet in *Calculator* der Menüpunkt „Numerische Berechnungen". Mit *nDerivative(f(x),x=a)* wird ein Näherungswert für die Ableitung von f an der Stelle a bestimmt.

### Tangente und Normale in einem Punkt eines Funktionsgraphen

Tangente, Normale

Nur die Bestimmung der Tangente in einem Punkt des Graphen ist möglich. Dazu verwendet man bei angezeigtem Graphen im Menü [DRAW] den Befehl *5:Tangent*. Mit den Pfeiltasten wählt man den gewünschten Graphen aus und gibt dann über die Tastatur den x-Wert des Berührpunktes der gewünschten Tangente ein. Die Tangente wird eingezeichnet und ihre Gleichung im Fenster angezeigt. Da die Berechnung rein numerisch erfolgt, sind Steigung und y-Achsenabschnitt in der Regel auch nur näherungsweise gültig.

In *Calculator* findet man unter dem Menüpunkt „Analysis" die Möglichkeit, einen Term für die Tangente in einem Kurvenpunkt berechnen zu lassen. Z. B. berechnet *tangentLine(x², x, 1.5)* den Tangententerm für $x^2$ an der Stelle x = 1.5. In *Graphs* kann man entsprechend eine Funktion als Tangente definieren und zeichnen lassen.
Eine weitere Möglichkeit bietet in *Graphs* der Menüpunkt „Punkte & Geraden". Damit kann ein Graph ausgewählt und in einem Punkt des Graphen die Tangente eingezeichnet werden.

### Lineare Gleichungssysteme

LGS

Das lineare Gleichungssystem (LGS) muss nach den zu bestimmenden Variablen a, b, c, … geordnet sein und wird dann als Matrix eingegeben. Im Menü [MATRX] erhält man unter EDIT zehn Matrizenvariablen, die nach Auswahl dimensioniert und belegt werden können. Hier gibt man die Koeffizienten des LGS und die Absolutglieder ein. [MATRX] NAMES erlaubt die Auswahl einer Matrix zur Anzeige oder für Berechnungen. Unter [MATRX] MATH befindet sich der Befehl B:rref, der die Matrix in die reduzierte Stufenform bringt, sodass die Lösung direkt abgelesen werden kann. Die Ausgabe als Brüche erfolgt mit [MATH] *1:Frac*. Nicht lösbare oder nicht eindeutig lösbare LGS sind auch zulässig.

In *Calculator* gibt man den Befehl *solve( { eq1,eq2,eq3 },{ Var1,Var2,Var3 } )* ein. Dabei sind eq1, eq2, eq3 die entsprechenden Gleichungen und Var1,Var2,Var3 die Unbekannten.

### Funktionsanpassungen mit linearen Gleichungssystemen

Funktionsanpassung

Will man für eine gegebene Punktmenge ein Polynom n-ten Grades bestimmen, dessen Graph durch diese Punkte geht, so setzt man die n + 1 Koeffizienten als Variablen an und erzeugt für sie mit n + 1 Punkten der Punktmenge ein lineares Gleichungssystem, das dann gelöst wird.

### Anpassung ganzrationaler Funktionen bis vierten Grades

ganzrationale Funktionen

Sind bis zu fünf Punkte gegeben und soll eine ganzrationale Funktion bestimmt werden, deren Graph durch diese Punkte geht, so kann ein passendes Regressionsmodell verwendet werden (vgl. Funktionsanpassung mit Regressionsmodellen). *LinReg* bei zwei Punkten, *QuadReg* bei drei, *CubReg* bei vier und *QuartReg* bei fünf Punkten.

# Register

## G



## H



## I



## K



## L



## M

## N



## O



## P



## Q



## R



## S

**Bildquellennachweis**

**Umschlag.1** Getty Images (Photographer's Choice), München; **8.1** Wirtschaftswoche Nr. 5 vom 1.2.2010, www.wiwo.de. Quelle: ITU, GSMA; **9.1** Robert Bosch GmbH, Stuttgart; **16.1** aus: Typologie der Wünsche (TdW) © Institut für Medien- und Konsumentenforschung IMUK GmbH & Co. KG, Erding; **20.1** aus Kölner Studie 1998 © Polizeipräsidium Köln; **25.1** Klett-Archiv (Cira Moro), Stuttgart; **50.1** MEV Verlag GmbH, Augsburg; **58.1** Wirtschaftswoche Nr. 20 vom 17.05.2010, Quelle: Bank von Estland; **61.1** Klett-Archiv (Wolfgang Riemer), Stuttgart; **62.1** AKG, Berlin/Biblioth.que Nationale, Paris; **63.4** ddp images GmbH (Ulrike Borowsky), Hamburg; **63.5** Picture-Alliance (dpa-infografik), Frankfurt; **67.1** MEV Verlag GmbH, Augsburg; **68.1** Schwaneberger Verlag GmbH, Unterschleißheim; **69.1** culture-images (Rossen Gargolov), Köln; **70.1** Fotolia LLC (Scott Patterson), New York; **74.1** Picture-Alliance (dpa/Thomas Frey), Frankfurt; **81.1** Siemens Corporate Archives, München; **83.1** Fotolia LLC (Uwe Annas), New York; **91.1** shutterstock (Galyna Andrushko), New York, NY; **104.1** Fotolia LLC (Volodymyr Yarosh), New York; **104.2** shutterstock (Vadim Kozlovsky), New York, NY; **109.1** Fotolia LLC (Horticulture), New York; **109.2** ddp images GmbH, Hamburg; **112.1** Thinkstock, München; **112.2** iStockphoto (Craig Dingle), Calgary, Alberta; **114.1** Thinkstock (Hemera), München; **115.1** Corbis (Bettmann), Düsseldorf; **117.1** Fotolia LLC (DX), New York; **117.2** Fotolia LLC (Bronwyn), New York; **122.1** Corbis (Van der Wal), Düsseldorf; **122.1** Getty Images (Stone+), München; **123.1** Getty Images (Faint), München; **133.1** Fotolia LLC (Celso Pupo), New York; **133.2** iStockphoto (Federico Rostagno), Calgary, Alberta; **142.1** Klett-Archiv (Cira Moro), Stuttgart; **162.1** VISUM Foto GmbH (Thies Raetzke), Hamburg; **163.1** Mauritius Images (Alamy), Mittenwald; **166.1** Thinkstock, München; **184.1** Ullstein Bild GmbH, Berlin; **191.1** Tack, Jochen, Essen; **193.1** iStockphoto (Peter Zvonar), Calgary, Alberta; **207.1** Deutsche Bundesbank (Geldmuseum), Frankfurt am Main; **212.1** ddp images GmbH, Hamburg; **221.1** blickwinkel (allover), Witten; **224.1** BITKOM e.V., Berlin-Mitte; **227.1** Corbis (Bettmann), Düsseldorf; **229.1** Teutopress/Süddeutsche Zeitung; **234.1** Corbis (Schlegelmilch), Düsseldorf; **235.1** Picture-Alliance (Wolfram Steinberg), Frankfurt; **238.1** Getty Images, München; **239.1** Thinkstock, München; **244.1** shutterstock (Eric Gevaert), New York, NY; **264.1** shutterstock (jean schweitzer), New York, NY; **271.1** JupiterImages photos.com, Tucson, AZ; **271.2** Wikimedia Deutschland (public domain), Berlin; **272.1** Dreamstime LLC (Georgios Kollidas), Brentwood, TN; **273.1** Picture-Alliance (dpa), Frankfurt; **273.2** Picture-Alliance, Frankfurt; **279** Klett-Archiv (Cira Moro, Stuttgart), Stuttgart

**Sollte es in einem Einzelfall nicht gelungen sein, den korrekten Rechteinhaber ausfindig zu machen, so werden berechtigte Ansprüche selbstverständlich im Rahmen der üblichen Regelungen abgegolten.**

**Textquellennachweis**

**S. 8** Weltautomobilproduktion deutscher Hersteller, www.vda.de/de/zahlen/jahreszahlen/automobilproduktion, Verband der Automobilindustrie e.V. (VDA) – **S. 9** Bruttoverdienste, Pressemitteilung Nr. 074 vom 03.03.2010, Statistisches Bundesamt, Pressestelle, Gustav-Stresemann-Ring 11, 65189 Wiesbaden – **S. 9** Produktionsindex: Originalwert und Trend, Quelle: Statistisches Bundesamt, Wiesbaden 2011 – **S. 10** Mädchen schauen mehr fern als Jungen, Quelle: Presseinformation der media control GmbH & Co. KG vom 09.04.2010 – **S. 10** Entwicklung der Sympathiewerte für Deutschland, Quelle: Perceptions Of Germany And The Germans Among The U.S. Population, page 8 © 2010 Frank N. Magid Associates, Inc.– **S. 12** Wenig junge Lehrer, Altersstruktur der Lehrkräfte bundesweit, GEW 2009 – **S. 12** Schüler des Schuljahres 2009/2010 in Nordrhein-Westfalen, www.itnrw.de/statistik/d/daten/eckdaten/r313schul6.html, Information und Technik Nordrhein-Westfalen, Düsseldorf 2010 – **S. 21** durchschnittliche Nutzungsdauer von Fernsehen, Radio und Internet, Media Perspektiven 7/2009, Frankfurt/Main – **S. 23** Transfair-Umsatz in Deutschland (1992 bis 2009), http://www.fairtrade-deutschland.de/produkte/absatz-fairtrade-produkte, TransFair Verein zur Förderung des Fairen Handels mit der „Dritten Welt" e.V., Köln – **S. 23** Werbefernsehumsätze 2005 bis 2008, Media Perspektiven 6/2010, Frankfurt/Main – **S. 24** Die Entwicklung der Gesamtkriminalität im Kreis Tübingen, Pressemitteilung Die Kriminalstatistik der Polizeidirektion Tübingen, Berichtsjahr 2010 – **S. 24** Die Umsatzentwicklung im Videomarkt (2003 bis 2009), SPIO e.V. Stand 03/2010, FFA /BW/GfK – **S. 33** Jährliche Inflationsrate und jährliche Veränderung des realen Bruttoinlandsproduktes (BIP), EUROSTAT NewCronos/Schlüsselindikatoren zur EU-Politik, Abfrage vom 29.04.2010 – **S. 33** negatives Bevölkerungswachstum Sachsen-Anhalt, Statistisches Landesamt Sachsen-Anhalt, Berechnung des Ministeriums für Landesentwicklung und Verkehr – **S. 44** Umsatzentwicklung der Bio-Lebensmittel in Deutschland, Hamm, Universität Kassel, AMI, AC NIelsen, GfK – **S. 59** Flächenverbrauch in Deutschland, Seite „Flächenverbrauch". In: Wikipedia, Die freie Enzyklopädie. Bearbeitungsstand: 29. September 2011, 11:16 UTC. URL: http://de.wikipedia.org/w/index.php?title=Fl%C3%A4chenverbrauch&oldid=94185282 (Abgerufen: 21. Oktober 2011, 08:31 UTC) – **S. 60** Landwirtschaftliche Betriebe, Statistisches Landesamt Baden-Württemberg, Stuttgart – **S. 67** Computerkriminalität in Deutschland, Polizeiliche Kriminalstatistik (PKS) des Bundeskriminalamts 2007 - 2010 – **S. 190** Wachstum ist das ..., Seite „Wachstum". In: Wikipedia, Die freie Enzyklopädie. Bearbeitungsstand: 3. Juli 2011, 13:34 UTC. URL: http://de.wikipedia.org/w/index.php?title=Wachstum&oldid=90797114 (Abgerufen: 21. September 2011, 10:11 UTC)